地球表层系统模拟分析原理与方法

岳天祥 等 著

国家自然科学基金重点项目（91325204）
国家高技术研究发展计划（2013AA122003）
国家自然科学基金创新群体（4142100101）
国家科技支撑计划（2013BACO3B03）
资助出版

科学出版社
北京

内 容 简 介

地基观测可获得观测点处的高时间分辨率、高精度数据。然而，尽管地基观测点在不断加密，但永远不可能达到区域模拟所需要的观测点密度，尤其是在海洋和无法进入的大片森林地区。卫星遥感可提供地基观测无法提供的空间连续地表信息，但其时间分辨率太粗，不能提供地理和生态过程信息。为了解决由此引起的误差问题、多尺度问题和大数据问题，我们经过 30 年来的持续努力，建立了外蕴量（宏观信息）和内蕴量（细节信息）一体化的高精度地球表层建模方法，并通过大量理论分析和实证研究，提炼形成了地球表层建模基本定理及其关于空间插值、尺度转换、数据融合和数据同化的推论。本书对高精度地球表层建模方法、地球表层建模基本定理及其推论的相关理论方法发展过程与应用案例进行了全面总结和梳理，并展望了需要继续深入研究的主要内容和问题。

本书可供地理信息学、生态信息学和环境信息学等领域的本科生、研究生和学者参阅。

图书在版编目(CIP)数据

地球表层系统模拟分析原理与方法/岳天祥等著. —北京：科学出版社，2017.6

ISBN 978-7-03-052953-4

Ⅰ. ①地… Ⅱ. ①岳… Ⅲ. ①地表–曲面–建立模型 Ⅳ. ①P931.2

中国版本图书馆 CIP 数据核字 (2017) 第 115992 号

责任编辑：韩 鹏 胡晓春 刘浩旻 / 责任校对：张小霞 何艳萍
责任印制：肖 兴 / 封面设计：耕者设计工作室

科学出版社 出版
北京东黄城根北街 16 号
邮政编码：100717
http://www.sciencep.com

中国科学院印刷厂 印刷
科学出版社发行 各地新华书店经销

*

2017 年 4 月第 一 版 开本：890 × 1240 1/16
2017 年 4 月第一次印刷 印张：28 3/4
字数：948 000

定价：268.00 元

(如有印装质量问题，我社负责调换)

前　言

本书在全面总结分析经典曲面建模方法的理论缺陷和克服这些理论缺陷的现代数学理论的基础上，将地球表层系统及其环境要素进行格网化描述，抽象为数学“曲面”，并以微分几何原理和优化控制论为理论基础，开创性地建立了一个以全局性近似数据（包括遥感数据和全球模型粗分辨率模拟数据）为驱动场，以局地高精度数据（包括监测网数据和调查采样数据）为优化控制条件的星空地一体化高精度曲面建模（high accuracy surface modelling，HASM）方法，有效地解决了半个世纪以来困扰曲面建模的误差问题和多尺度问题，形成了相对完整的陆地表层模拟分析理论方法体系。经过 30 多年来的理论发展与应用实验，我们提炼形成了地球表层建模基本定理（FTESM）：**地球表层及其环境要素曲面由外蕴量和内蕴量共同唯一决定，在空间分辨率足够细的条件下，地球表层及其环境要素的高精度曲面可运用集成外蕴量和内蕴量的恰当方法（如 HASM）构建**（Yue *et al*., 2016a）。根据此定理，推演得出了关于空间插值、升尺度、降尺度、数据融合和数据同化等七个推论。

全书分为三部分，第一部分聚焦 HASM 基本原理；第二部分聚焦 HASM 高时效算法；第三部分聚焦 HASM 应用研究。

第一部分由 7 章组成：第 1 章论述了地球表层建模的概念与问题；第 2 章介绍了几种经典曲面建模方法，以便后续章节对 HASM 的模拟精度进行比较分析；第 3 章主要与赵娜和杜正平合作，建立了高精度曲面建模（HASM）方法的基本理论体系；第 4 章主要与陈传法合作，论述了应用型 HASM 方程组求解方法；第 5 章主要与赵娜合作，论述了理论型 HASM 方程组求解方法；第 6 章主要与杜正平合作，解决了 HASM 的高阶处理和复杂边界问题；第 7 章主要与杜正平合作，设计了 HASM 实时动态算法。

第二部分目的在于解决曲面建模速度慢、内存需求大等问题，从而提升 HASM 运算速度和对海量数据的处理能力。第 8 章，主要与宋印军、杨海和赵娜合作，建立了 HASM 多重网格法；第 9 章，主要与陈传法合作，建立了 HASM 适应算法；第 10 章，主要与王世海和赵明伟合作，建立了 HASM 平差计算方法；第 11 章，主要与赵明伟和王世海合作，介绍了 HASM 并行计算流程。

第三部分主要介绍了 HASM 的成功应用案例和潜在的应用领域。第 12 章，主要与陈传法和宋敦江合作，阐述了运用地面测绘点数据建立数字地面模型，以及填补卫星遥感数字地面模型数据空缺部分的方法和过程。第 13 章，主要与杜正平和王铁夫合作，将 HASM 运用于激光雷达点云数据滤波、插值及与其他来源数据的融合，实现了数字地面模型和树高空间分布模拟分析。第 14 章，主要与杜正平合作，完成了升尺度和降尺度 HASM 算法设计与案例分析。第 15 章，主要与王晨亮、赵娜、范泽孟和李婧合作，将气候要素区分为空间平稳和空间非平稳两种类型，详细展示了在仅有地面观测数据的条件下，如何通过统计分析弥补宏观信息并实现空间插值的过程。第 16 章，主要与赵娜、王晨亮、范泽孟和李婧合作，以中国气候未来情景为案例，设计了空间降尺度算法，并论述了其实现过程。第 17 章，主要与杜正平、范泽孟和鹿明合作，实现了 HASM 在江西省的气候曲面动态和生态系统对其动态响应过程的模拟分析。第 18 章，主要与杜正平和李启权合作，运用 HASM 完成了世界上面积最大、黄土层最厚、保存最完整的董志塬土壤性质空间插值和梯条田综合土壤肥力模拟分析。第 19 章，主要与李启权合作，在中国第二次土壤普查数据中，筛选了 6248 个典型土壤剖面，在对其数据空间平稳性分析和主成分分析的基础上，运用 HASM 实现了土壤属性空间插值和土壤质量综合分析。第 20 章，主要与范泽孟合作，在 HASM 产出高精度生物气候曲面的基础上，在中国国家层面模拟了潜在生态系统的变化趋势和未来情景。第 21 章，主要与范泽孟合作，通过建立土地覆盖分类及其概率转移矩阵，发展了一种土地覆被未来情景模拟的新方法。第 22 章，主要与王铁夫和赵明伟合作，以国家森林资源连续清查数据为优化控制条件，以遥感信息模型输出为驱动场，实现了 HASM 对中国森林碳储量的高精度模拟分析。第 23 章，主要与田永中和王晨亮合作，运用我国前辈发展的经验模型，对中国陆地生态系统的人口承载能力进行了模拟分析，为基于 HASM 的食物供给同化模型奠定了基础。第 24 章，主要与王情、王晨亮和刘熠合作，在分析退耕还林还草、城镇化和南水北调等重大工程基础上，结合农业部农业调查数据，对我国粮食供给变化趋势进行了模拟分析。第 25 章，主要与王英安合作，构建了人口分布曲面建模方法，模拟分析了中国人口空间分布的变化趋势和未来情景。第 26 章，对以往研究和未来计划作了简要总结与展望。

在此向为完成本书给予过指导和帮助的老师和前辈，以及付出艰苦劳动和辛勤汗水的弟子们表示真挚的谢意。

岳天祥
2017 年 4 月 24 日

目　　录

第一部分　HASM 基本原理

第二部分 HASM 高时效算法

第三部分　HASM 应用研究

第一部分

HASM基本原理

第 1 章　地球表层建模的概念与问题

地球表层是岩石圈、大气圈、水圈和生物圈的交界面，它包括上至大气对流层顶层，在极地上空约 8km，赤道上空约 17km，平均约 10km；下至岩石圈的上部，在陆地上深 5~6km，海洋下平均深 4km（钱学森，1983）。地球表层包括相互嵌套的 4 个空间尺度层次：局地（local）、区域（regional）、国家（national）和全球（global）。太阳辐射是地球表层的主要能源，地球接受的太阳辐射能总计 1.73×10^{17} W；太阳辐射能占地球表层所获取能量的 99.98%。太阳辐射能进入地球表层后推动大气循环，全球的大气环流模式就是能量稳定的对流传递的方式；太阳辐射能引起的水循环，带动了地球表层大量物质的循环运动，形成地形地貌的侵蚀堆积过程。有机体固定的太阳辐射能是地球表层全部生命运动的能量基础（浦汉昕，1983）。近年来，一些学者（周俊，2004；张猛刚、雷祥义，2005）将地球表层的空间范围外延为包括地球表面上下的岩石圈、水圈、大气圈、生物圈和近地物理（能量）场及其相关作用在内的地球空间，其下界为软流圈，其上界为大气圈最外层。

1.1　地球表层建模研究进展

1.1.1　地球表面形态表达

地球表面形态是地球表层研究的核心，它与人类活动、生物学、生物化学、地球化学、地质学、水文学、地貌学和大气动力学密切相关（Murray *et al.*, 2009）。地表起伏是几乎所有地理科学分析的一个关键参数（Dech, 2005）。数字地面模型和地形数据质量对认识地表过程尤为重要（Tarolli *et al.*, 2009）。

地表高程在空间受重力的约束，不可能无限大或无限小，地球表面一般服从唯一性、连续性、光滑性和有限性条件。对破坏光滑性条件的地形，如不连续性裂缝、悬崖、陡峰、窑洞和深渊等地表属性，可以作为个例进行特别处理。1937 年，de Gbaaff-Hunter 首先根据地面重力场描述了地表的形态。1965 年，Bragard 根据地表重力通过求解两个积分方程，计算了地球的表面形态。1977 年，Petrovskaya 探索了通过球谐函数中地势向地表外扩的广义化，构建了潜在膨胀的可能性。

由于高性能计算机和空间位置明确数据的局限性，在 20 世纪 80 年代之前的主要进展包括小尺度趋势面分析（Ahlberg *et al.*, 1967; Schroeder and Sjoquist, 1976; Legendre and Legendre, 1983）、数字地面模型（Stott, 1977）和地表逼近模拟（Long, 1980）。1993 年，牛文元应用均衡河流剖面的规律，从理论上推演了地表海拔–面积分布的宏观趋势。为了表达地球表面形态，俄罗斯科学院构建了 F 逼近法和 S 逼近法。地球表面形态的 F 逼近法基于线性积分的 Strakhov 方法（Strakhov *et al.*, 1999）；S 逼近法基于谐和函数的基本公式（Stepanova, 2007）。谐和函数用于模拟全球定位系统可捕捉到位移发生时的地球表面（Ionescu and Volkov, 2008）。俄罗斯科学院将地球表面形态表达为 $z=f\left(x,y\right)$，其中，z 为位置 $\left(x,y\right)$ 处的海拔（Kerimov, 2009）。

1.1.2　地球气候系统模拟

地球气候系统可通过地球表层环境要素来表达。全球气候变化的原因包括地球生命中太阳常数的逐渐增加、板块运动、海洋环流、海平面变化、温室气体排放、地表反照率变化、轨道参数变化、火山爆发等随机事件及自然变异（Budyko and Izreal, 1991）。

地球气候系统研究可追溯到 20 世纪初。1904 年，Bjerknes 首次讨论了预测问题有理解的充分必要条件。

1905年，Ekman发现了风对冰和水速的影响。1922年，Richardson发表了他运用观测数据预测小范围气候的方法。1925年，Walker讨论了南方涛动，发现了包括东南太平洋高压和印度洋、西太平洋附近区域低压的交替气压型。1929年，Alt研究了地球表层的热量平衡。1939年，Rossby及其合作者发现了绝对涡度平流与大尺度波动的关系。在20世纪40年代后期的主要进展包括斜压和正压不稳定性理论（Charney, 1947）和等量正压分布概念（Charney and Eliassen, 1949）等。

1950年，Charney等运用正压方程成功预测了24小时天气。1953年，三层绝热准向地性模型被成功用于模拟1950年11月美国上空观测到的暴风雨发展过程（Charney and Phillips, 1953）。1956年，Black模拟了太阳辐射在地球表面的空间分布。Phillips （1956）运用准地转近似方程进行了首次大气环流实验。1957年，Burdecki分析了地表入射辐射和大气热力场。1957年，Chapman在探测月球对地球大气引力的基础上，发表了地球大气模型的思路。1958年，Mintz提出了Mintz-Arakawa模型的基本思路，这个模型包括太阳辐射的季节变化和长波冷却效应。1959年，Phillips证明了非线性计算的不稳定性发生在非发散正压涡度方程的求解过程。

1969年，Arakawa（1969）提出了覆盖全球的两层垂直结构气候模型。1979年发表的第一个多层气候模型与两层模型相比，有许多改进之处，包括水平网格结构的调整、行星边界层主模型的安装启用、增加了Arakawa-Schubert积云参数和臭氧混合率的预测（Schlesinger and Mintz, 1979）。1981年，Arakawa和Lamb（1981）发展了动量方程的水平差分。20世纪80年代后期到90年代后期，气候模型的主要发展包括辐射方案的修正（Harshvardan *et al*., 1987）、地形重力波拖曳参数化（Kim and Arakawa, 1995）、向下气流对积云参数化的影响（Cheng and Arakawa, 1997）、云液态水和冰的准确预测（Koehler *et al*., 1997），以及行星边界层多雨过程的修正（Li *et al*., 1999）。

全球气候是由入射太阳辐射不均匀空间分布驱动以及大气圈、冰圈、水文圈、岩石圈和生物圈相互作用的结果（Stute *et al*., 2001）。全球气候模型应聚焦于大气、海洋、陆地过程和海冰的相互作用。全球气候模型有许多尚未解决的理论问题（Washington and Parkinson, 2005）。例如，由于对气溶胶的组成和空间分布知之甚少，科学家仍然没有搞清楚气溶胶如何改变气候过程；当厄尔尼诺现象和拉尼娜现象发生时，海洋温度异常如何对气候产生影响；火山爆发如何影响平流层中的臭氧量，其冷却效应如何；云–雨物理学尚不十分清楚；云在辐射特性中发挥着非常重要的作用，但我们对其知之甚少；现有气候模型的主要弱点是模拟垂直空气流动的能力很有限。Schiermeier（2010）指出，政府间气候变化专门委员会（IPCC）的模拟结果对全球大部分地区冬季降雨在21世纪末如何变化没有提供任何具有说服力的预测；更糟糕的是，这些气候模型低估了已经发生的降雨变化，这就降低了它们预测未来气候变化的可信度；水的相变是地球气候的主要物理过程，但这个过程在现有的全球气候模型中缺少很好的刻画。Makarieva等（2010）的研究表明，凝结所释放的潜能大约是全球太阳功率的1%，类似于大气环流的固定耗散功率；他们认为水汽的相变在驱动大气动态中发挥着远大于目前人们所认识到的作用。

1.1.3 生态建模

生物圈的生态建模始于19世纪中期，但直到19世纪80年代之前，数学在生物圈的应用几乎没有进展（Israel and Gasca, 2002）。1884年，统计分析和初等定量技术开始被用于处理生物信息（Galton, 1884）。1916年，概率论在先天病理形态研究中得到应用（Ross, 1916）。1920年，逻辑斯蒂曲线被引入理论生物学（Pearl and Reed, 1920）。1925年，统计方法在处理种群基因学问题中得到了发展（Fishcr, 1925）。1926年，常微分方程和积分微分方程被运用于建立生物群丛的理性力学（Volterra, 1926）。这一时期的生物圈建模过程可归纳如下：①识别所研究自然现象的固有特性；②用数学术语进行概括描述；③用定性方法确定参数；④将定量模拟结果与现实进行比较。在20世纪20年代后期和30年代初期，自然选择和进化的数学模型开始兴起（Haldane, 1927; Wright, 1936）。然而，这些特定的定量研究局限于小尺度系统和少数过程。

生物圈定量建模在经历第二次世界大战的间断之后，于20世纪40年代后期逐渐复苏。定量方法不仅限于经典的生物统计方法和微分方程，而且诸如对策论、系统论和信息论等新的数学工具也被用于建模研究。例如，Leslie（1945, 1948）开发了人口增长模型；Sullivan（1961）、Skellam（1951）开发了人口空间分布模型；Beverton 和 Holt（1957）开发了鱼类族群间关系动态模型。

这些早期研究的成功，激发了一系列定量模型的发展。例如，通过模仿电路建立的模型用于分析光合生产力、群集代谢、生物量和物种变异（Odum, 1960）；尽管 Lotka-Volterra 模型受到许多学者的批评（Smith, 1952），但在 20 世纪 60 年代，仍有学者探讨它的改进问题（Garfinkel, 1962, 1967a, 1967b; Garfinkel and Sack, 1964）；通过建立简单数学模型，分析动物种群过程（Holling, 1964）；建立了一维辐射对流平衡模型（Manabe and Strickler, 1964）；运用线性微分方程组模拟浮游生物种群动态（Davidson and Clymer, 1966）；开发了模拟大马哈鱼资源系统的数字模拟模型（Paulik and Greenough, 1966）。

在 20 世纪 70 年代，众学者开发了许多面向计算机的生态系统数学模型。例如，包括 40 个状态变量和几百个参数的草地生态系统模型（Bledsoe *et al.*, 1971; Patten, 1972; Anway *et al.* 1972）；重现混合树种林木种群动态的森林生长半机械计算机模型（Botkin *et al.*, 1972）；模拟湖泊生态系统的通用模型（Park *et al.*, 1974）；模拟国民生产总值与人口增长相互关系的世界模型（Jørgensen, 1975a）。这一时期也出现了许多描述生态系统特性的各种模型。例如，分析生产力–稳定性关系的线性微分方程模型（Rosenzweig, 1971）和分析多样性–稳定性关系的各种模型（Gardner and Ashby, 1970; May, 1972）。

1975 年，首个关于生态系统模拟的学术期刊——*Ecological Modelling* 诞生。这个期刊试图将数学建模、系统分析和计算机技术与生态学和环境管理有机地结合起来（Jørgensen, 1975b）。但这一时期的模型存在着许多问题，如缺少数据和获取数据的调查方法、缺乏适当的建模理论、模型预测的不确定性很大，以及无法解决误差传播问题等（Patten, 1972; Shugart and O'Neill, 1979）。另外，这些模型只强调了生态系统结构和功能在点上的时间变化，没有考虑空间问题（Neuhold, 1975）。

随着遥感和地理信息系统技术与空间数据的积累，20 世纪 80 年代初以来，生态系统空间模拟有了较快的发展。Sklar 等（1985）开发了空间动态模拟模型，将沿海湿地的栖息地变化表达为沼泽类型、水文、沉降和沉积运输的函数。Turner 等（1989）评价了空间模拟模型的性能。Costanza 和 Maxwell（1991）开发了生态系统空间模拟工作站。Gao（1996）提出了用于模拟空间异质生态系统的建模方法。Reich 等（1997）模拟了主要禾本草本植物与非禾本草本植物的空间依赖性。Wu 和 Levin（1997）发展了基于斑块的空间建模方法。Friend（1998）提出了可在 0.5°空间分辨率下运行的日尺度天气生成器。Oezesmi S L 和 Oezesmi V（1999）用人工神经网络方法发展了沼泽地鸟类繁殖栖息地选择的空间模型。

Ji 和 Jeske（2000）提出了可模拟野生种群地理分布的基于地理信息系统的空间建模方法。Beaujouan 等（2001）建立了模拟土壤与地下水空间相互作用的集成模型。Perry 和 Enright（2002）开发了探索干扰变化如何影响景观结构的格网模型。Lehmann 等（2003）运用回归方法建立了响应变量和空间指标之间的相互关系模型。Baskent 和 Keles（2005）提出了将混合建模技术运用于森林空间建模的设想。Williamsona 等（2006）将数字大陆方案用于模拟陆地能量、水和碳储量，以及与大气的交换。全球气候变化情景模型（IPCC, 2000）已被运用于研究气候变化对生态系统、碳汇、食物安全、生物量、水资源、疟疾分布和洪灾等的影响（Hulme *et al.*, 1999; Parry *et al.*, 2004; Rokityanskiy *et al.*, 2007）。空间自相关被用于分析景观异质性（Uuemaa *et al.*, 2008）。高精度高速度曲面建模方法被运用于模拟高空间分辨率的全球生态系统、气候变化和生物量的空间格局和未来情景（Yue, 2011）。

1.1.4　地球表层模拟系统

自 20 世纪 90 年代后期以来，随着海量数据的积累和高性能计算机的发展，建模工作者更系统、更全面地模拟分析地球表层成为可能。日本建立了地球模拟器、美国提出了数字地球系统框架、英国建立了地球系统建模框架、德国建立了行星模拟器。

1997 年，日本地球模拟器研究与发展中心开始研制地球模拟器，历经 5 年时间，于 2002 年按预定计划完成。地球模拟器是由 640 个处理器节点（包括 5120 个算术处理器）组成的超级并行计算机系统。其主要目的是模拟全球气候变化，在计算机上形成一个虚拟的陆地表层（Sato, 2004）。

1998 年，时任美国副总统的 Al Gore 提出了数字地球的概念，将其定义为可以嵌入海量地理数据的、多分辨率的和三维的地球表达。1999 年，美国国家航空航天局（NASA）主导的数字地球工作组将数字地球定义为地球的虚拟表达，其目标是发展通用的建模软件和协议，通过交互运行相互独立的多种模型以达到综合集成。2005 年，谷歌公司在 Keyhole 卫星图像公司成果的基础上发布了 Google Earth。2008 年，美国加利福尼亚大学提出了数字地球系统的框架设计，将其概括为一个综合的、大量的分布式地理信息和知识的组织系统（Grossner *et al.*, 2008）。

2003 年，英国南安普顿大学和东英格兰大学与微软高性能计算研究所合作，建立了网格集成的地球系统建模框架，它可以将海洋、大气、陆地表层、海冰、冰盖和生物地理化学等要素通过模型分解、执行和管理，灵活地在不同分辨率下进行耦合，并形成有能力在千年时间尺度下对地球表层进行模拟的高效气候模型（Lenton *et al.*, 2006）。

2005 年，德国汉堡大学完成了由全球大气环流模型及海洋/海冰模块和陆地土壤/生物圈模块组成的，以并行计算机为硬件支撑的行星模拟器，其主要目的是支持地球和类地球行星的气候动力学数值实验（Fraedrich *et al.*, 2005a, 2005b）。

1.2　有关国际研究计划

自 20 世纪 60 年代初以来，通过实施国际生物圈计划（International Biosphere Programme，IBP）、人与生物圈计划（Man and the Biosphere Programme，MAB）、国际地圈与生物圈计划（International Geosphere-Biosphere Programme，IGBP）、国际全球环境变化人文因素计划（International Human Dimensions Programme on Global Environmental Change，IHDP）、世界气候计划（World Climate Programme，WCP）、生物多样性科学计划（the International Programme of Biodiversity Science，DIVERSITAS）、千年生态系统评估（the Millennium Ecosystem Assessment，MA），以及生物多样性和生态系统服务政府间科学–政策平台（the Intergovernmental Science-Policy Platform on Biodiversity and Ecosystem Services，IPBES），为地球表层建模奠定了知识和数据基础。

国际生物圈计划（IBP）、人与生物圈计划（MAB）和国际地圈与生物圈计划（IGBP）是世界性生态系统研究的三个不同阶段。IBP 是由国际科学联合会（ICSU）于 1965 年发起的为期 10 年的国际生物学计划，旨在运用系统分析手段研究生态系统功能和过程。MAB 是继 IBP 之后由联合国教育、科学及文化组织（UNESCO，以下简称联合国教科文组织）于 1971 年发起的全球性国际科学合作项目，旨在通过全球性科学研究、培训及信息交流为生物圈自然资源的合理利用和保护提供科学依据。IGBP 是由国际科学联合会于 1986 年在 IBP 和 MAB 的基础上组织起来的学科交叉和高度综合科学计划，旨在为提高地球的可持续性提供科学知识。IGBP 由 3 个支撑计划和 8 个核心研究计划组成。3 个支撑计划包括全球分析、解译和建模（GAIM），全球变化分析、研究和培训系统（START）和 IGBP 数据与信息系统（IGBP-DIS）；8 个核心研究计划包括国际全球大气化学计划（IGAC）、全球海洋通量联合研究（JGOFS）、过去全球变化（PAGES）、全球变化与陆地生态系统（GCTE）、水文循环的生物圈方面（BAHC）、海岸带海陆相互作用（LOICZ）、全球海洋生态系统动力学（GLOBEC）和土地利用与土地覆被变化（LUCC）。

1996 年国际科学理事会（ICSU）和国际社会科学联合会（ISSC）创建了全球环境变化的国际人文因素计划（IHDP）。IHDP 的任务是形成人类–环境耦合系统的科学知识，综合地认识全球环境变化过程及其对可持续发展的影响，探索全球环境变化的人文驱动力、对人类生计的影响和全球环境变化的社会反应。研究、研究能力建设和国际科学网是 IHDP 的三大目的。IHDP 的核心项目包括全球环境变化与人类安全（GECHS）、全球环境变化的制度因素（IDGEC）、产业转型（IT）、土地利用与土地覆被变化（LUCC）、海岸带海陆相互作用（LOICZ）、城市化（urbanization）和全球陆地项目（GLP）。

世界气候计划（WCP）成立于 1979 年在瑞士日内瓦举行的第一届世界气候会议。WCP 的目标是提高对气候系统的认识，并使这些认识有益于社会应付气候变化。WCP 的主要发起组织包括世界气象组织

（WMO）、联合国环境规划署（UNEP）、联合国教科文组织的政府间海洋学委员会（IOC）和国际科学联合会（ICSU）。WCP 的四大主干计划包括世界气候数据与监测计划（WCDMP）、世界气候应用和服务计划（WCASP）、世界气候影响评估和反应战略计划（WCIRP）及世界气候研究计划（WCRP）。WCDMP 的基本目标是便利气候数据的有效收集和管理及全球气候系统的监测，包括气候变化的探测与评估。WCASP 的基本目标是促进气候知识和信息对社会公益的有效应用和提供气候服务，包括重要气候异常预测。WCIRP 的基本目标是评估气候异常和变化的影响、为政府提供建议、帮助发展一系列社会经济反应战略。WCRP 的基本目标是提高对气候过程的认识、识别人类对气候的影响程度、增强气候预测能力。

1991 年，联合国教科文组织（UNESCO）、环境问题科学委员会（SCOPE）和生物科学国际联盟（IUBS）发起了生物多样性计划（DIVERSITAS），旨在发展一个国际非政府综合研究计划，解决全球生物多样性丧失和变化形成的复杂科学问题。DIVERSITAS 包括 ecoSERVICES、bioDISCOVERY 和 bioSUSTAINABILITY 三个核心项目。ecoSERVICES 的挑战是认识生态系统多样性与生态系统功能和服务的关系。bioDISCOVERY 的挑战是识别现有生物多样性，认识其如何变化及变化原因。bioSUSTAINABILITY 的挑战是寻找支持生物多样性保护和可持续利用的途径。DIVERSITAS 的目标是提供准确的科学信息和生物多样性状况预测模型，寻找支撑地球生物资源可持续利用的途径，建设世界范围的生物多样性科学。

1998 年，世界气象组织（WMO）、联合国教科文组织（UNESCO）、联合国环境规划署（UNEP）、政府间海洋学委员会（IOC）、联合国粮食及农业组织（FAO）、地球观测卫星委员会（CEOS）、国际地圈与生物圈计划（IGBP）、世界气候研究计划（WCRP）和全球变化研究资助机构国际组织（IGFA）发起了全球综合观测战略合作（IGOS）规划，旨在通过卫星和地面监测计划的联合，有效地实现全球监测活动。IGOS 的基本焦点是为决策者提供环境过程监测信息，包括地球的物理、化学和生态环境数据，人文环境数据，人类对自然环境的压力，环境对人类生计的影响。全球观测系统包括全球气候观测系统（GCOS）、全球海洋观测系统（GOOS）、全球观测系统和世界气象组织的全球大气观测（GOS/GAW），以及全球陆地观测系统（GTOS）。

2000 年 4 月，时任联合国秘书长安南在联合国大会上的新千年报告中，将千年生态系统评估（MA）列为“人类未来持续发展”（sustaining our future）的五大行动之一。在 2001 年 6 月 5 日的世界环境日，联合国、科学团体、国家政府、基金会和其他国际机构联合启动了 MA 计划。自 MA 宣布启动以来，来自 95 个国家的 1300 多名科学家参与了相关工作。MA 是首次在全球范围内开拓性地对生态系统及其对人类福利的影响进行的多尺度综合评估。MA 主要成果的技术报告、综合报告、理事会声明、评估框架和若干个数据库，已在 2005 年圆满完成并公开发布。

2001 年，在阿姆斯特丹举行的第一次全球环境变化科学大会上，来自全球 100 多个国家的 1400 名参会者通过了阿姆斯特丹全球环境变化宣言（Amsterdam Declaration on Global Environmental Change），号召加强全球环境变化研究计划之间的合作。为响应此宣言，生物多样性科学计划、国际地圈与生物圈计划、全球环境变化的国际人文因素计划和世界气候研究计划联合形成了地球系统科学合作联盟（Earth System Science Partnership，ESSP）。

为了满足加强科学团体、各国政府和利益相关者之间关于生物多样性和生态系统服务的对话需要，2005 年 1 月在主题为生物多样性、科学与管理的巴黎会议上，作为 MA 后续过程的一部分，启动了关于生物多样性科学管理国际机制必要性、范围和可能形式的评估与协商。作为 MA 协商过程的产物，2012 年在联合国环境规划署（UNEP）、联合国教科文组织（UNESCO）、联合国粮食及农业组织（FAO）和联合国开发计划署（UNDP）的共同支持下，成立了生物多样性和生态系统服务政府间科学–政策平台（IPBES），以期在生物多样性领域建立一个类似于联合国政府间气候变化专门委员会（IPCC）的政府间科学机制，加强生物多样性和生态系统服务领域科学和政策之间的沟通和联系。目前有 126 个成员国，我国于 2012 年 12 月经国务院批准，正式加入 IPBES。模型模拟和未来情景分析方法是生物多样性和生态系统服务评估的重要手段和核心内容。

1.3 地球表层建模存在的主要问题

地球表层建模是以上有关国际研究计划的重要内容之一，误差问题、运算速度慢、多尺度问题是地球表层建模面临的主要挑战。

1.3.1 误差问题

许多学者已对地球表层系统建模的误差问题进行了长期不懈的研究。例如，Goodchild（1982）将布朗分形过程引入地面模拟模型以提高地球表层系统建模的精度。Walsh 等（1987）发现，通过识别输入数据的固有误差和运算误差，可以使总体误差达到最小。Hutchinson 和 Dowling（1991）为了构建反映流域自然结构的数字高程模型，引入了试图消除假深洼信息的流域强迫规则。Unwin（1995）在回顾了有关研究成果之后提出，检验地理信息系统在运算过程中误差传播的通用工具有助于提高地球表层系统建模的精度。Wise（2000）认为，为了提高地球表层系统建模的精度，当使用地理信息系统的时候，必须区分栅格模型和像元模型，存储在栅格中的信息只与网格的中心点有关，而存储在像元的值代表整个网格。美国地质调查局数字高程模型质量控制系统的主要内容包括精度统计检验、数据文件物理与逻辑格式检验和视觉检验（United States Geological Survey，1997）。Shi 等（2005）提出了减小地球表层系统建模误差的高次插值方法。Podobnikar（2005）认为，通过使用一切可用的数据源（甚至没有高程属性的低质量数据集），可以提高数字地面模型的精度。然而，所有这些方法都没能从根本上解决地球表层系统建模的误差问题。

1.3.2 多尺度问题

20 世纪 60 年代，地球表层学者就注意到了尺度问题的重要性。20 世纪 90 年代以来，多尺度问题被称为地球表层研究的新前缘，受到高度重视。例如，为了认识生态格局、生态过程和尺度之间的关系和解决有关科学问题，美国国家环境保护局建立了多尺度实验生态系统研究中心（MEERC）；为了确定地质变化和植被动态之间的相互作用，Phillips 提出了 4 种尺度指标；为了解决全球变化影响的跨尺度问题，Peterson 引入了等级理论；Stein 等用地统计方法确定了环境变量的最恰当空间和时间尺度；Valdkamp 等提出了农业经济研究的多尺度系统方法；Gardner 等提出了实验生态学的多尺度分析理论；Schulze 分析了气候变化农业水文响应的尺度问题、尺度类型和尺度转换的关键问题；Milne 和 Cohen 根据分形的自相似性建立了针对 MODIS 数据的尺度转换方法；Konarska 等通过比较 NOAA-AVHRR 和 Landsat TM 数据集的分析结果，提出了空间尺度对生态系统服务功能评价影响的分析方法。

20 世纪 80 年代初，多尺度模拟成为地理信息系统的基本问题。1983 年，美国国家航空航天局召集科学家讨论了地理信息系统的研究重点，多尺度问题被遴选为研究重点之一。20 世纪 90 年代初，多尺度表达成为地理信息科学界的共同研究主题。1996 年，多尺度问题被确定为美国地理信息系统科学大学联盟（UCGIS）的十大研究重点之一。20 世纪 90 年代末，欧洲共同体的自动化综合新技术（AGENT）项目进一步推动了多尺度问题的研究。2000 年，国际摄影测量与遥感协会（ISPRS）成立了多尺度问题工作组。2003 年，美国地理信息系科学大学联盟将多尺度问题确定为长期研究重点之一。尺度转换、跨空间尺度相互作用、空间尺度和时间尺度相互关联，以及多空间尺度数据处理问题是多尺度问题需要研究的重要内容。

尺度转换问题：尺度转换可区分为升尺度（upscaling）和降尺度（downscaling）。升尺度是指高分辨率研究结果向低分辨率的转换；降尺度是指低分辨率研究结果向高分辨率的转换。地球表层系统建模需要研究的主要尺度转换问题包括，如何进行观测过程和数学模型的尺度转换；尺度转换如何影响变量灵敏性、空间异质性和系统可预测性；非线性响应被放大或减小的环境条件等。

跨空间尺度相互作用问题：当某一空间尺度的事件或现象影响其他空间尺度的事件或现象时，就产生了跨尺度的联系和相互作用。然而，以往的大多数生态地理研究是在特定的空间尺度下进行的，对跨尺度相互作用的分析非常有限。地球表层系统建模需要研究的主要问题包括，在不同空间尺度同时发生作用的驱动力分析；跨尺度相互作用的识别；生态地理事件在不同空间尺度的相互作用机制；跨尺度相互作用产生的非线性问题；跨尺度相互作用如何影响环境管理；以及在政策制定中如何考虑跨尺度相互作用问题。

空间尺度和时间尺度相互关联的问题：生态地理过程的空间尺度和时间尺度往往是密切相关的。例如，食物生产可以在一年的时间尺度和局部的空间尺度进行仿真分析；生态系统的水调节功能可以在多年的时间尺度和区域的空间尺度进行仿真分析；生态系统的气候调节功能必须在至少几十年的时间尺度和全球的空间尺度进行仿真分析。也就是说，大空间尺度的变化对应大时间尺度的生态地理过程。空间尺度和时间尺度的这种关联是否在地球表层系统建模中可以作为一种普遍规则运用是需要研究的重要内容之一。

多空间尺度数据处理问题：地球表层系统建模必须处理各种不同空间尺度的数据。目前，在生态地理问题的研究中，一般使用低（粗）分辨率数据，即使有高（细）分辨率数据，但由于计算机大数据处理能力的制约，也将其进行升尺度处理后转换为低分辨率数据。这种处理几乎损失了所有局部格局信息和非线性特征信息。因此，如何将高分辨率数据和低分辨率数据结合起来分析生态系统的结构、空间格局和过程，是地球表层系统建模面临的首要挑战。

1.3.3　三维实时可视化问题

时间可表征为自然时–空四维空间的第四维。静态对象可定义为在短时期内不变化的对象。地理信息系统一般处理的是静态信息。然而，在许多情况下，地理信息系统需要处理的信息是动态变化的，往往需要将静态信息和动态信息结合起来。实时（real-time）指事件发生时的片刻瞬间。一般情况下，信息的实时更新是不可能的，都会有一些拖延。一个实时系统的可接受拖延时间长短取决于过程的动态性和决策的时间阈值。虽然当代地理信息系统软件还没有实时功能，但随着计算机技术的迅速发展，实时空间分析和实时数据可视化已势在必行。有关研究表明，地理信息系统是作为制图工具逐渐发展起来的，最近几年才开始开拓建模和模拟功能。因此，当代地理信息系统与模拟模型的集成，还不能实现实时功能。

目前，虽然二维地理信息系统可以用于大量的空间分析和应用，但大多数地理信息系统的研究和发展仍然没有跳出局限于二维数据可视化的传统方法范畴（Brooks and Whalley, 2005）。三维地理信息系统不能付诸实践的主要原因是不能实现实时可视化。通过对 ArcGIS、Imagine Virtual GIS、PAMAP GIS Topographer 和 Geomedia Terrain 的总结分析发现，三维空间数据和空间对象的可视化已经有了一些初步进展，但需要将地理信息系统数据导入可视化软件。

1.3.4　地球表层模拟速度问题

为了实现高分辨率全球尺度地球表层模拟、解决三维实时可视化问题，亟待发展高速度、低内存需求模拟方法。目前，由于地球表层模型极其缓慢的运算速度和巨大的内存需求，全球尺度模拟只能以很粗的空间分辨率运行。由于空间分辨率过粗，其运行结果在区域尺度误差太大，很难在实际中得到应用（Washington and Parkinson, 2005），尤其是全球气候模型，其运行结果在区域尺度方面问题很大，几乎无法用来评估气候变化对区域尺度和局地尺度各种生态系统的影响（Raisanen, 2007）。

1.4　撰写本书的目的

为了刻画地球表层状态及其变化，不仅需要建立新的建模方法，而且这些新的建模方法需要被地球表层研究采用。没有新模型的开发，地球表层研究很难取得有效进展（Murray *et al*., 2009）。直到目前为止，绝大多数模型都聚焦于相对小的空间尺度，建立多尺度地球表层模型已迫在眉睫。新的分析技术和新的计算工具的发展，使我们有能力建立认识地球表层过程及其相互作用的空间模型，模拟高空间分辨率、高时间分辨率下的地球表层变化（Committee on Challenges and Opportunities in Earth Surface Processes, 2010）。

作者及其合作者自 1986 年起，开始尝试建立一个全新的陆地表层模拟模型，并于 1990 年完成了基于曲线论的冰斗形态数学模型（岳天祥、艾南山, 1990），此模型的理论方法在 2002 年成功发展为环境变化探测模型（Yue *et al.*, 2002）。2001 年提出了将曲面论运用于地球表层建模的基本思路（Yue and Liu, 2001）。自 2004 年起，发表了一系列关于解决地理信息系统误差问题的高精度曲面建模（HASM）学术论文（岳天祥等, 2004, 2007a, 2007b, 2007c; 岳天祥、杜正平, 2005, 2006a, 2006b; Yue *et al.*, 2007a）。为了大幅度提高 HASM 的运算速度和对海量数据的处理能力，建立了高精度曲面建模的多重网格法、自适应法、共轭梯度法（Yue and Song, 2008; Yue *et al.*, 2010a, 2010b）和平差算法（Yue and Wang, 2010），并成功地运用于董志塬 10m 分辨率数字高程模型构建和江西省 250m 空间分辨率气候变化趋势模拟，在计算机上的计算能力可达到模拟 7km 空间分辨率的全球问题（Yue, 2011），基本上解决了长期以来困扰地球表层模拟的误差问题、多尺度问题和运算速度问题。在高精度曲面建模方法及其应用的研究和发展过程中，归纳了地球表层建模基本定理及其关于空间插值、空间尺度转换、数据融合和数据同化的推论。本书的主要目的是将作者及其合作者在研究过程中形成的成果奉献给感兴趣的读者，敬请广大读者批评指正。

第 2 章　经典曲面建模方法

曲面建模的目的在于将研究对象在一个格网系统中进行表达，每个格网是此研究对象在这个特定位置的定量描述。将研究对象表达为格网形式至少有四个方面的优点（Martin and Bracken, 1991; Deichmann, 1996; Yue *et al*., 2008a, 2009, 2010b）：①规则的网格表达可容易地被聚合为所需要的任何空间统筹；②将地球表层数据表达为格网形式是保证异构数据集间兼容性的一种有效途径；③将地球表层系统或地球表层环境要素以格网形式表达便于融合多分辨率信息和多源信息；④格网系统表达可避免一些人为的边界问题（Yue, 2011）。

为了在后续章节比较分析有关曲面建模方法的精度，本章重点介绍趋势面分析法、反距离权重法、不规则三角网法、克里金法、样条函数法和薄板样条函数法的理论原理与数学表达。

2.1　经典曲面建模方法的发展及其误差问题

20 世纪 50 年代初以来，各种曲面建模方法相继诞生。1951 年，南非矿业工程师 Krige 提出了克里金法（Kriging）的基本思想，该插值方法考虑了待估计点与已知点的位置关系及变量间的空间相关性，属于线性最小二乘回归方法。1960 年，Birkhoff 和 Garabeddian 将 Schoenberg 于 1946 年首次提出的样条(Spline)逼近法拓展为二维样条函数法，提出了光滑曲面插值的概念。1962 年，de Boor 在二维格网成功发展了双三次样条函数法。1964 年，Bengtsson 和 Nordbeck 建立了用不规则分布点拟合有三角面形成曲面的不规则三角网（TIN）线性插值方法。1967 年，Zienkiewlcz 提出了有限元方法（FEM），Akima（1978a, 1978b）完成了运用有限元拟合曲面的计算机编程。1968 年，Shepard 提出了空间相关性与其空间距离成反比的反距离加权法（IDW），该方法的计算结果与所选取的权函数密切相关（Franke，1982）。1971 年，Hardy 提出了将任意光滑曲面用若干个数学曲面叠加逼近的多元二次曲面法(MQM)。1972 年，Harder 和 Desmarais（1972）发现了基于无限板挠度方程的曲面样条插值方法。1973 年，Maude 通过将五次样条广义化到多个变量，发展了基于矩形的混合方法。1977 年，Talmi 和 Gilat 基于样条方法，构建了曲面的光滑逼近法。1980 年，Foley 和 Nielson 基于伯恩斯坦多项式和双三次样条，提出了可生成近似曲面的迭代方法。

随着计算机进入科研领域，曲面建模在 20 世纪 60 年代开始被运用于地球表层建模研究。然而，由于地球表层建模需要功能强大的软件和大量的空间数据，它在 20 世纪 80 年代之前发展很有限。主要进展包括趋势面分析（TSA）（Ahlberg *et al*., 1967; Schroeder and Sjoquist, 1976; Legendre and Legendre, 1983）、数字地面模型（Stott, 1977）和地球表层环境要素逼近（Long, 1980）。

20 世纪 80 年代以来，曲面建模被广泛用于分析和认识地球表层过程的空间现象。例如，湿地生境空间模拟（Sklar *et al*., 1985）、空间格局匹配（Costanza, 1989）、空间预测（Turner *et al*., 1989）、沿海景观动态模拟（Costanza *et al*., 1990）、优势草本植物间的空间依赖性模拟（Reich *et al*., 1997）和土壤与地下水空间相互作用模拟（Beaujouan *et al*., 2001）等。各种全球碳循环曲面模型不断涌现，生产力、生物量和土壤有机质的空间分布是它们的重要变量（Haxeltine and Prentice, 1996; Svirezhev, 2002）。全球气候变化未来情景曲面模型（IPCC, 2000）广泛用于研究分析气候变化对生态系统、碳汇、食物安全、生物量、水资源、疟疾分布和水灾等的影响（Hulme *et al*., 1999; Parry *et al*., 2004; Rokityanskiy *et al*., 2007; Yue *et al*., 2011）。

Yakowitz 和 Szidarovsky（1985）断言，对相关数据，非参数回归法与克里金法的精度相同；当数据包含了某种趋势特征时，非参数回归法的结果更好一些，因此非参数回归法较克里金法更强健。Laslett 和 McBratney （1990）运用精心设计的土壤 pH 调查，对反距离加权法、样条函数法（Spline）和克里金法的模拟结果进行了比较分析，结果显示，克里金法是最有效的方法。但 Weber 和 Englund（1992）却认为，反距离加权法远胜过其他方法。Wood 和 Fisher（1993）对反距离加权法和样条函数法精度的评估表明，每种方法强调了数字高程模型的一个特定方面，都有不足之处。Hutchinson 和 Gessler（1994）发现，样条函数法较克里金法有较高的精度，而 Myers（1994）则认为，空间数据插值的精度与假设条件和调用的模型密切相关。Mitas 和 Mitasova（1999）发现，不同的方法会产生大为不同的空间表达，评价哪一种方法的结果最接近真实情况，需要深入了解所研究的现象。

Brus 等（1996）运用反距离加权法、样条函数法和克里金法估计土壤性状，结果发现克里金法比较可靠。Desmet（1997）将反距离加权法、样条函数法和克里金法运用于构建不规则空间样点的数字高程模型，结果表明，样条函数法的精度最高。Borga 和 Vizzaccaro（1997）多元二次曲面法和克里金法的比较结果显示，样点密度较低时，克里金法精度较高；当样点密度较高时，两者的精度相似。Carrara 等（1997）发现，每种方法都有各自的优缺点，它们各自的适用性主要取决于数据的收集途径和存储方式。Zimmerman 等（1999）证明，克里金法在所有层面都远优于反距离加权法。Kravchenko（2003）发现，在大多数情况下，有已知方差图参数的克里金法表现远优于反距离加权法；但由于样点数据不足或样点间距离太远而不能获得方差图时，克里金法精度比反距离加权法低很多。Chaplot 等（2006）评价了反距离加权法、克里金法、多元二次曲面法和规则张力样条法（RST）的性能，结果显示，当样点密度较高时，各种方法几乎没有差异；当海拔有较强的空间结构时，克里金法有较高的精度；当海拔的空间结构较弱时，反距离加权法和规则张力样条法性能较好；多元二次曲面法在山区有较高的精度。

李德仁（1988）提出了基于摄影测量平差的误差分析和可靠性理论。朱光（1994）通过建立拓扑迭加操作的灵敏度分析探索误差的传递问题。朱光和邹积亭（1995）对地理信息系统中的主要误差源进行了归纳整理。陶光贵（1998）分析了地形图整体精度与局部精度的关系问题。黄红珍（2003）分析了包括控制点平面位置精度、控制点后程精度、地物精度和地貌精度等因素综合评判问题。Shi 等（2005）提出了减小曲面建模误差的高次插值方法。李焕强等（2005）通过修正易调整的误差因素，来弥补不易调整的误差因素，将模型计算结果的最终误差降到最小。纪小刚和龚光容（2008）在引入曲面轮廓度概念的基础上，定量分析了曲面的重构误差。21 世纪以来，我国学者在测量误差分析和测量不确定度评定方面开展了大量研究工作（杨正一，2000；王武义，2001；丁振良，2002；李德仁、袁修孝，2002；周开学、李书光，2002；杨志强，2002；李金海，2003；沙定国，2003；魏克让、江聪世，2003；钱学伟、陆建华，2007；倪骁骅，2008；梁晋文等，2008；毛丹弘，2008；王中宇，2008；钱政等，2008；武汉大学测绘学院测量平差学科组，2009；吴石林、张玘，2010；燕志明，2010；林洪桦，2010；王穗辉，2010；费业泰，2010；隋立芬等，2010）。

误差问题的主要根源是经典曲面建模方法存在着较大的理论缺陷（岳天祥等，2004，2007a, 2007b, 2007c；岳天祥、杜正平, 2005, 2006a, 2007b）。例如，趋势面分析法是生成曲面的一种最简单方法，它在空间坐标系中通过最小二乘回归方法将离散点拟合为一个趋势面；因为模拟区域每一部分的变化和光滑处理都会影响整个曲面任何部分的拟合，所以它丢失了模拟对象的真实细节信息。反距离加权法通过在采样点邻域内建立反距离加权函数，模拟采样点邻域，忽视了空间结构信息和邻域以外的信息联系。三角网模型是地理信息系统使用最广泛的曲面建模方法，它通过对每三个采样点建立线性函数来模拟此三个采样点的所在区域，丢弃了非线性信息和空间结构信息，不能描绘悬崖和洞穴等曲面现象。克里金法是一种广义的最小二乘回归方法，它通过有效数据的加权平均来估计模拟对象，它的目标是估计值的平均误差为零、误差的方差达到最小；由于估计值的误差和误差的方差总是未知的，所以克里金法的理想目标在实践中很难达到；在实际应用中，通过已知数据建立可以计算估计误差和误差方差的模型来确定计算采样点附近模拟点值的权重，达到最佳（估计误差的方差达到最小）线性无偏（估计值的平均误差为零）估计的目标，但它丢失了非线性信息，同时引入了大量的人为主观因素。样条基函数法将所有曲面近似地用一系列样条基函数进行连续的拼凑模拟，只适用于很有限的一部分特殊曲面；因此，大多数情况下，样条基函数法都会产生较大的模拟误差。

2.2　经典曲面建模方法的数学表达

2.2.1　趋势面分析法

趋势面分析法是生成一个曲面的最简单方法，它使用离散的数据通过最小二乘回归，在一个空间坐标系中来拟合一个趋势面。趋势面可近似地用一个 n 次多项式来表达：

$$z(x,y)=\sum_{i=0}^{n}\sum_{j=0}^{n-i}a_{i,j}x^i y^j \tag{2.1}$$

式中，$z(x,y)$ 为趋势面在格点 (x,y) 的值；x 和 y 为独立变量；$a_{i,j}$ 为多项式系数和常数项（$i=1,\cdots,n; j=1,\cdots,n$）。

趋势面分析法假定拟合曲面各处的残差相互独立，但这一假设大多数情况下是不成立的（Oliver and Webster, 1990）。

2.2.2　反距离权重法

反距离权重法可表达为

$$z_{ij}=\left(\sum_{k=1}^{m_{ij}}\frac{1}{\left(d_{ijk}\right)^a}\right)^{-1}\sum_{k=1}^{m_{ij}}\frac{z_k}{\left(d_{ijk}\right)^a} \tag{2.2}$$

式中，z_{ij} 为 (i,j) 格点的模拟值，它是 m_{ij} 个邻域观测值的函数；z_k 为第 k 个邻域观测值；d_{ijk} 为第 k 个邻域观测值到格点 (i,j) 的距离；a 为待定参数。

反距离权重法用反距离权重函数来确定计算域内给定点的插值（Lee and Angelier，1994），它可以对每个独立变量进行单独的空间分析（Julià *et al.*, 2004）。当所有变量都有类似的权重时，反距离权重法是一种好方法（Sinowski *et al.*, 1997）。然而，反距离权重法不能表达空间结构，同时忽略了领域以外的信息（Magnussen *et al.*, 2007）。

2.2.3　不规则三角网法

不规则三角网法不但具有简单的数据结构，而且易于实施，所以它是运用地理信息系统进行地球表层建模的最常用方法。三角网由顶点、边、三角面和拓扑关系组成，它是描绘数字地面的基本模型之一。假定 (x_1,y_1,z_1)、(x_2,y_2,z_2) 和 (x_3,y_3,z_3) 是三角形的三个顶点，它们所形成三角面的方程可表达为

$$z=ax+by+c \tag{2.3}$$

式中，$a=\dfrac{\begin{vmatrix}z_1 & y_1 & 1\\ z_2 & y_2 & 1\\ z_3 & y_3 & 1\end{vmatrix}}{\begin{vmatrix}x_1 & y_1 & 1\\ x_2 & y_2 & 1\\ x_3 & y_3 & 1\end{vmatrix}}$；$b=\dfrac{\begin{vmatrix}x_1 & z_1 & 1\\ x_2 & z_2 & 1\\ x_3 & z_3 & 1\end{vmatrix}}{\begin{vmatrix}x_1 & y_1 & 1\\ x_2 & y_2 & 1\\ x_3 & y_3 & 1\end{vmatrix}}$；$c=\dfrac{\begin{vmatrix}x_1 & y_1 & z_1\\ x_2 & y_2 & z_2\\ x_3 & y_3 & z_3\end{vmatrix}}{\begin{vmatrix}x_1 & y_1 & 1\\ x_2 & y_2 & 1\\ x_3 & y_3 & 1\end{vmatrix}}$。

基于不规则三角网的地球表层可通过一组线性函数来表达。三角面内任一点的值可根据它的位置坐标 (x,y) 通过上述线性函数计算。然而，不规则三角网法忽略了非线性信息和结构信息（Tse and Gold, 2004）。

2.2.4　克里金法

克里金法是一种最小二乘回归算法（Kleijnen, 2009），包括普通克里金法（Ordinary Kriging）、协克里金法（Co-Kriging）和析取克里金法（Disjunctive Kriging）。它根据南非矿业工程师 D. G. Krige 名字命名，是地统计学中的一种基本工具（Kleijnen and van Beers, 2005）。

随机变量 $\boldsymbol{v}_1,\boldsymbol{v}_2,\cdots,\boldsymbol{v}_n$ 的有效抽样，可通过线性加权形式估计 $\boldsymbol{v}_0$：

$$\boldsymbol{v}_0=\sum_{i=1}^{n}w_i\boldsymbol{v}_i \tag{2.4}$$

式中，$w_1,w_2,\cdots,w_n$ 为待估计权重，且 $\sum_{i=1}^{n}w_i=1$。

$$\sigma(R_0)=c_{0,0}+\sum_{i=1}^{n}\sum_{j=1}^{n}w_iw_jc_{i,j}-2\sum_{i=1}^{n}w_ic_{i,0} \tag{2.5}$$

式中，R_0 为真值与相应估计值的差值；$c_{i,j}$ 为 $\boldsymbol{v}_i$ 和 $\boldsymbol{v}_j$ 的协方差（$i=0,1,2,\cdots,n$；$j=0,1,2,\cdots,n$）；当 $i=j$ 时，$c_{i,i}$ 为 $\boldsymbol{V}_i$ 的方差。

将拉格朗日参数 μ 引入方程（2.5），约束最小化问题可转换为 $\sum_{i=1}^{n}w_i=1$ 无偏条件下的非约束问题：

$$\begin{bmatrix} c_{1,1} & \cdots & c_{1,n} & 1 \\ \vdots & \ddots & \vdots & \vdots \\ c_{n,1} & \cdots & c_{n,n} & 1 \\ 1 & \cdots & 1 & 0 \end{bmatrix}\cdot\begin{bmatrix} w_1 \\ \vdots \\ w_n \\ \mu \end{bmatrix}=\begin{bmatrix} c_{1,0} \\ \vdots \\ c_{2,0} \\ 1 \end{bmatrix} \tag{2.6}$$

若 $\boldsymbol{C}=\begin{bmatrix} c_{1,1} & \cdots & c_{1,n} & 1 \\ \vdots & \ddots & \vdots & \vdots \\ c_{n,1} & \cdots & c_{n,n} & 1 \\ 1 & \cdots & 1 & 0 \end{bmatrix}$，$\boldsymbol{w}=\begin{bmatrix} w_1 \\ \vdots \\ w_n \\ \mu \end{bmatrix}$，$\boldsymbol{d}=\begin{bmatrix} c_{1,0} \\ \vdots \\ c_{2,0} \\ 1 \end{bmatrix}$，则普通克里金法可表达为

$$\boldsymbol{C}\cdot\boldsymbol{w}=\boldsymbol{d} \tag{2.7}$$

产生误差方差为零无偏估计的权重向量可表达为

$$\boldsymbol{w}=\boldsymbol{C}^{-1}\cdot\boldsymbol{d} \tag{2.8}$$

普通克里金法是预期的最优线性无偏估计法。因为它的估计是可用数据的线性加权运算，所以说它是线性的；它试图使其误差为零，因此说它是无偏的；它旨在使其误差的方差达到最小，所以说它是最优估计。

然而，由于平均误差和误差的方差总是未知的，因此普通克里金雄心勃勃的目标在实践中很难达到（Isaaks and Srivastava, 1989）。也就是说，在实践中不能保证平均误差为零、误差的方差达到最小。我们所能做到的是，用可得到的数据建立一个模型，计算这个模型的误差和误差方差，然后选择临近样点的权重使此模型在这些临近样点的平均误差为零、误差方差达到最小。

协克里金法是普通克里金法向多个独立变量情形的逻辑延伸（Oliver and Webster, 1990）。析取克里金法是通过数据的非线性组合对一个属性的最小方差估计，可以确定真值等于或超过某个给定阈值的概率（Yates *et al.*, 1986）。

2.2.5　样条函数法

样条函数法的具体类型包括均匀有理基样条法、均匀无理基样条法、非均匀有理基样条法和非均匀无理基样条法。基样条函数是由任意一个曲线段组成的完整三次多项式（Watt, 2000）。每个曲线段由 4 个控制点确定，每个控制点只会影响 4 个曲线段。一个基础样条曲线 $\boldsymbol{Q}(u)$ 可表达为

$$Q(u)=\sum_{i=0}^{m}P_iB_i(u) \tag{2.9}$$

式中，i 为非局部控制点数；m 为控制点总数；u 为全局参数；P_i 为第 i 个控制点；$B_i(u)$ 为第 i 个基础样条。

如果节点的间隔相等，则此基样条函数称为均匀样条；反之，则为非均匀样条。非均匀基样条（NURBS）是实践中最普遍使用的形式之一。有理曲线是在四维空间定义的曲线，它可投影到三维空间；无理曲线的控制点只能进行仿射变换。

一个样条曲面片可表达为

$$Q(u,v)=\sum_{i=0}^{n}\sum_{j=0}^{m}P_{i,j}B_i(u)B_j(v) \tag{2.10}$$

式中，$P_{i,j}$ 为控制点数组；m 和 n 分别为 v 方向和 u 方向控制点总数；$B_i(u)$ 和 $B_j(v)$ 为单变量三次基样条。

显然，很少一部分曲面可表达为式（2.10）的形式，因此用样条函数法模拟的曲面在大多数情况下误差较大。

2.2.6　薄板样条函数法

Hutchinson（1989，1995）认为，薄板样条函数法（TPS）解决了空间插值的误差问题和计算效率问题。TPS 可以使用各种地形数据集（如河流线、湖泊边界线等）构建规则格网数字高程模型，可以通过采用地形强化（terrain enforce）条件来自动去除虚假深坑，提高了 TPS 在水文领域的适用性。

TPS 的基函数可表达为（Bookstein, 1989）

$$\phi(r)=r^2\cdot\lg r \tag{2.11}$$

式中，r 为两点之间的欧几里得距离。

假定 $\{(x_i,y_i),i=1,2,\cdots,n\}$ 是一组控制点，则 TPS 插值函数可表达为

$$f(x,y)=\sum_{i=1}^{n}c_i\cdot\phi(r) \tag{2.12}$$

式中，$r=\sqrt{(x-x_i)^2-(y-y_i)^2}$。

插值函数经过所有控制点，且弯曲能达到最小。弯曲能可表达为

$$I[f(x,y)]=\iint_{R^2}\left(f_{xx}^2+2f_{xy}^2+f_{yy}^2\right)\mathrm{d}x\mathrm{d}y \tag{2.13}$$

由于 TPS“地形强化”步骤，TPS 会遗失很多地形细节，特别是在“马鞍”处和“弯月”处，地形特征一般很难提取；另外，TPS 有时会出现振荡问题，导致模拟结果有“孤岛”现象（宋敦江等，2012）。

2.3　讨　　论

为了解决经典方法的理论缺陷，引入偏微分方程是一种可供选择的解决方案。将偏微分方程理论用于曲面建模，始于 20 世纪 70 年代（Thompson *et al*., 1974）。后续的研究显示，各种形状的曲面，可以方便地通过调整偏微分方程的边界条件和参数来获得（Bloor and Wilson, 1990; Bloor and Wilson, 1989; Protopopescu *et al*., 1989）。偏微分方程构建的曲面已经证明在许多设计领域有很多建模优势，如曲面混合、自由曲面造型、表面功能规范等（Pasadas and Rodríguez, 2009）。偏微分方程逼近方法在许多研究领域得到应用，如雕塑表面、船体和螺旋桨叶面建模（Bloor and Wilson, 1996）。椭圆方程已经被用来研究各种各样的真实物理过程，如空气污染物的流动、温度变化、静电势、速度势和流函数等（Modani *et al*., 2008）。

诸如隐式曲面造型和快速曲面造型的偏微分方程逼近方法，无论在曲面的边界约束，还是在自由曲面类的生成方面，都是有效的（Walder *et al*., 2006）。与传统方法相比，偏微分方程的方法，可以更方便地

对复杂物体建模（Zhang and You, 2004）。偏微分方程的阶越高，需要的边界条件就越多，而构建的曲面，就能满足更多的要求。不同的偏微分方程，是需要分别处理的，Xu 和 Zhang（2008）为了处理诸如双调和方程、二阶几何方程和高阶几何方程等不同类的几何偏微分方程，针对曲面建模提出了一个总体框架。

然而，求解一个任意边界条件的偏微分方程是个复杂的数学问题。在很多情况下，许多类型的偏微分方程无法解析求解，不得不进行数值逼近。由于过去的偏微分方程逼近法没有严密的数学基本定律作为理论支撑，数值求解过程非常缓慢，有时甚至是不稳定的。本书主要讨论基于微分几何学和优化控制论有机结合的高精度曲面建模方法。

第3章　高精度曲面建模方法的基本理论体系*

地球表层环境位于岩石圈、水圈、大气圈和生物圈交界面（Phillips, 1999），一个地球表层系统是一组相互联系的地球表层环境要素功能复合整体。地球表层建模是对一个地球表层系统或一个地球表层环境要素的空间位置准确数字化描述（Yue, 2011）。地球表层系统及其环境要素空间位置准确的数字描述可抽象为数学“曲面”。曲面建模需要有效的软件和大量空间位置准确的数据，因此，曲面建模研究始于计算机可用于科学计算和数据处理的20世纪60年代（Lo and Yeung, 2002）。曲面建模在20世纪90年代之前的发展很有限，其主要进展包括趋势面分析（Ahlberg *et al.*, 1967; Schroeder and Sjoquist, 1976; Legendre and Legendre, 1983）、数字地面模型（Stott, 1977）、曲面逼近（Long, 1980）、空间模拟（Sklar *et al.*, 1985）、空间格局匹配（Costanza, 1989）、空间预测（Turner *et al.*, 1989）和景观建模（Costanza *et al.*, 1990）。自20世纪90年代初以来，随着遥感、地理信息系统和计算机科学的迅速发展，以及空间数据的积累，曲面建模取得了长足发展。

21世纪初，有关研究成果表明（Phillips, 2002），地球表层系统由全局信息和局地信息共同决定，缺少任何一个方面信息都无法正确认识地球表层及其环境要素动态变化。事实上，根据曲面论基本定律（Somasundaram, 2005），曲面由第一基本量和第二基本量共同唯一决定。第一基本量表达在地球表面之上观测到的细节信息，第二基本量表达在地表之外观测到的宏观信息（Yue *et al.*, 2015a）。

为了解决半个世纪以来困扰曲面建模的误差问题和多尺度问题，本书以微分几何原理和优化控制论为理论基础，建立了一个以全局性近似数据（包括遥感数据和全球模型粗分辨率模拟数据）为驱动场，以局地高精度数据（包括监测网数据和调查采样数据）为优化控制条件的高精度曲面建模方法（Yue *et al.*, 2007a; Yue, 2011）。

3.1　曲面建模方法探索与曲线等同度指数

传统研究认为：坡度和曲率是地表分析的重要变量（Evans，1980）。受此启发，岳天祥和艾南山在1986年，将曲面问题简化为其剖面的拼接问题，并根据曲线论基本定律，建立了曲线等同度指数，将其运用于冰斗形态分析和环境变化探测（岳天祥、艾南山, 1990; Yue *et al.*, 2002）。

根据曲线论基本定律，对允许做刚体运动（平移和旋转）的平面曲线，其形状由曲率唯一决定（Spivak, 1979）。换句话说，两条平面曲线可叠合的充要条件是：在适当地选择自然参数s后，它们有相同的曲率$k(s)$。对允许在平面内做刚体运动的两条曲线，等同度指数E_q可表达为

$$E_q = \frac{1}{L}\int_{S_0}^{S} \left|k_1(s) - k_2(s)\right| ds \tag{3.1}$$

式中，$L = S - S_0$；$k_1(s)$和$k_2(s)$分别为曲线l_1和l_2的相对曲率。

如果平面曲线不允许做刚体运动，则两条曲线的差异可表达为（岳天祥, 1994; Yue *et al.*, 2002; Yue *et al.*, 2016e）

$$E_q = \frac{1}{S - S_0}\int_{S_0}^{S} \left(\left(l_1(S_0) - l_2(S_0)\right)^2 + \left(\alpha_1(s) - \alpha_2(s)\right)^2 + \left(k_1(s) - k_2(s)\right)^2\right)^{\frac{1}{2}} ds \tag{3.2}$$

---

* 赵娜和杜正平为本章主要合著者。

式中，$k_i(s)$和$\alpha_i(s)$分别为平面曲线l_i（$i=1,2$）在s处的曲率和斜率；$l_i(S_0)$为平面曲线初值。

可以证明（Yue *et al.*, 1999; Yue and Zhou, 1999），$E_q(l_1,l_2)$是曲线度量空间的一种距离(Taylor, 1958)。事实上，$E_q(l_1,l_2)$具有以下三个属性：① $E_q(l_1,l_2)\geqslant 0$；②当且仅当$l_1=l_2$时，$E_q(l_1,l_2)=E_q(l_2,l_1)$；③ $E_q(l_1,l_3)\leqslant E_q(l_1,l_2)+E_q(l_2,l_3)$。

如果曲线l_i可表达为

$$y=f_i(x) \tag{3.3}$$

则α_i和k_i可分别表达为

$$\alpha_i(x)=\frac{\mathrm{d}f_i(x)}{\mathrm{d}x} \tag{3.4}$$

$$k_i(x)=\frac{\mathrm{d}\alpha_i(x)}{\mathrm{d}x}\cdot\left(1+\alpha_i^{2}(x)\right)^{-\frac{3}{2}} \tag{3.5}$$

$$\mathrm{d}s=\left(1+\alpha^{2}(x)\right)^{\frac{1}{2}}\mathrm{d}x \tag{3.6}$$

式中，x为直角坐标系的横坐标；s为弧长。

两条空间曲线可叠合的充要条件是：在适当的选择自然参数s后，它们有相同的曲率$k(s)$和挠率$\tau(s)$。对允许做刚体运动的两条空间曲线，等同度指数E_q可表达为

$$E_q=\frac{1}{L}\int_{S_0}^{S}\left(\left(k_1(s)-k_2(s)\right)^2+\left(\tau_1(s)-\tau_2(s)\right)^2\right)^{\frac{1}{2}}\mathrm{d}s \tag{3.7}$$

式中，$k_i(s)$和$\tau_i(s)$分别为空间曲线$l_i(i=1,2)$在s处的曲率和挠率。

如果空间曲线不允许做刚体运动，则两条曲线的等同度指数可表达为

$$E_q=\frac{1}{S-S_0}\int_{S_0}^{S}\left(\left(l_1(S_0)-l_2(S_0)\right)^2+\left(\tau_1(s)-\tau_2(s)\right)^2+\left(k_1(s)-k_2(s)\right)^2+\left|\vec{n}_1(s)-\vec{n}_2(s)\right|^2\right)^{\frac{1}{2}}\mathrm{d}s \tag{3.8}$$

式中，$k_i(s)$、$\tau_i(s)$和$\vec{n}_i(s)$分别为空间曲线$l_i(i=1,2)$在s处的曲率、挠率和方向；$l_i(S_0)$为空间曲线初值。

然而，研究过程中发现，虽然曲线等同度指数在地球信息学领域具有广泛的应用价值，但坡度和曲率只是曲线的决定变量，基于曲线的曲面建模思路是近半个世纪困扰曲面建模误差难题的理论根源之一。2001年，作者及合作者提出了运用曲面论基本定理和控制论创立曲面建模方法、有效融合各种分辨率遥感数据和地面实测数据、解决误差问题的基本思路（Yue and Liu, 2001; 岳天祥、刘纪远, 2001a, 2001b）；2004~2007年，在高精度曲面建模（HASM）方法的数值求解方面取得了突破性进展，发表了一系列学术论文（岳天祥等, 2004, 2007a, 2007b; 岳天祥、杜正平, 2005, 2006a, 2006b; Yue *et al.*, 2007a），形成了基本成熟的高精度曲面建模理论体系，解决了近40年来困扰曲面建模的误差问题。

3.2 基本原理

3.2.1 控制论

控制论的研究对象是系统（钱伟懿等，2010）。控制是指在保证系统适应外部环境变化的过程中，为了改善系统的功能或达到系统的预定目标，对系统施加的一种能动作用（肖冬荣，1995）。1948年，《控制论》一书的出版（Wiener，1948），标志着控制论这门新兴学科的诞生。

最优控制理论是现代控制论发展的重要成就。优化控制是指在给定的约束条件下，寻求一个控制系统，使给定被控系统的性能指标取得最大值或最小值的控制。1950年以来，众学者在优化控制论方面取得了许多重要成果。例如，Wiener（1950）发现，通信噪声可通过线性算子过滤，使其噪声最小化。Bellman（1954, 1957）将一个N维问题简化为N个一维问题系列进行优化处理。Simon（1956）和Theil（1957）的研究结

果表明，极大值原理是控制函数达到最优的必要条件。Stolz（1960）将控制问题归结为估计的反问题。1960 年，在第一届国际自动控制联合会世界大会上，Pontryagin 作了题为“最优控制理论”的学术报告，其结论是：极大值原理可通过动态规划原理推演得出。20 世纪 70 年代，非光滑分析和黏性方法的发展是优化控制方法的一个重大突破，其成果表明，光滑假设条件下的优化问题可推广到非光滑环境（Clarke，1983）。

随着计算机科学和技术的发展，优化控制理论已被广泛运用于许多领域。例如，优化控制理论用于计算火箭的最小燃料轨道，成功操纵了首次登月工程（Breakwell and Dixon，1975）。通过弯曲能最小化的控制约束，建立了空间插值的薄板样条法（Duchon，1977）。优化控制模型被用于莴苣作物栽培的温室气候管理（van Henten，2003）。基于优化控制论，开发了城市废水系统控制与运行的综合模拟模型（Butler and Schutze，2005）。为了达到均匀分布地下水水位，建立了地下水条件优化控制算法（Bobarykin and Latyshev，2007）。优化控制函数被用于渐进稳定无序旋转和最小化所需的类能量成本（El-Gohary，2009）。优化控制模型被用于决定多锅炉蒸汽系统的最优化能量损耗（Bujak，2009）。为了处理年龄依赖生物种群系统的优化控制问题，运用 Ekeland 原理建立了种群优化调节器（Chen and He，2009）。优化控制被用于再生资源选择使用的优化收割/采伐（Piazza and Rapaport，2009）。为了解决能量管理中的负载转移问题，优化控制模型被用于通过传送带控制提高能量效率（Middelberg *et al*., 2009）。污染河段的优化净化被表达为控制约束的双曲优化控制问题（Alvarez-Vazquez *et al*., 2009）。为了减少通风机的能量消耗，优化控制方法被用于分析能量重复利用通风机的制冷和加热年能量消耗（Rasouli *et al*., 2010）。Habib（2012）开发了航天器轨道优化控制算法，通过实际轨迹和期望轨迹之差达到最小，确定控制算法参数的最优解。

HASM 优化控制是指研究对象在高精度信息的约束下，使研究对象的模拟结果与其实际状态的误差达到最小。

3.2.2　微分几何学原理

1. 曲面的第一基本形式

设曲面 S 的表达式为 $\boldsymbol{r}=(x,y,f(x,y))$，点 $p(x,y)$ 和 $p'(x+\Delta x,y+\Delta y)$ 是曲面 S 上的两个相邻的点（图 3.1），则从 p 到 p' 的向量可表达为

$$\Delta\boldsymbol{r}=\boldsymbol{r}(x+\Delta x,y+\Delta y)-\boldsymbol{r}(x,y)=\boldsymbol{r}_x\Delta x+\boldsymbol{r}_y\Delta y+\cdots \tag{3.9}$$

当点 p 和 p' 无限接近时，可略去 Δx 和 Δy 二阶以上的高阶部分，即

$$\mathrm{d}\boldsymbol{r}=\boldsymbol{r}_x\mathrm{d}x+\boldsymbol{r}_y\mathrm{d}y \tag{3.10}$$

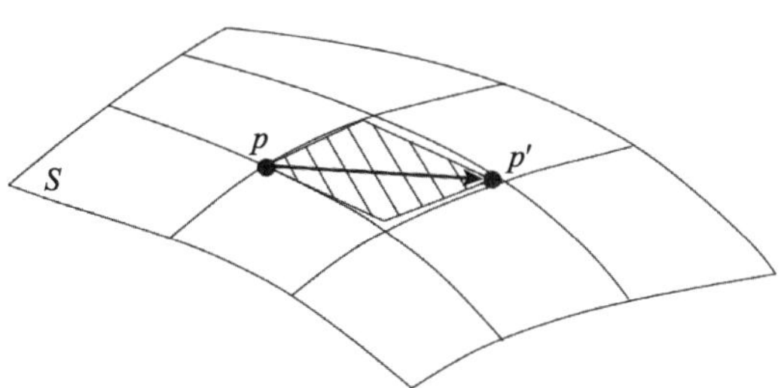

图 3.1　内蕴量表达示意图

此时，从 p 到 p' 的弧长 $\mathrm{d}s$ 可定义为曲面 S 上这两个无限邻近点的距离：

$$\begin{aligned}\mathrm{d}s^2&=\mathrm{d}\boldsymbol{r}\cdot\mathrm{d}\boldsymbol{r}\\&=(\boldsymbol{r}_x\mathrm{d}x+\boldsymbol{r}_y\mathrm{d}y)\cdot(\boldsymbol{r}_x\mathrm{d}x+\boldsymbol{r}_y\mathrm{d}y)\\&=\boldsymbol{r}_x\cdot\boldsymbol{r}_x(\mathrm{d}x)^2+2\boldsymbol{r}_x\cdot\boldsymbol{r}_y\cdot\mathrm{d}x\cdot\mathrm{d}y+\boldsymbol{r}_y\cdot\boldsymbol{r}_y(\mathrm{d}y)^2\end{aligned} \tag{3.11}$$

记 $E=\boldsymbol{r}_x\cdot\boldsymbol{r}_x$， $F=\boldsymbol{r}_x\cdot\boldsymbol{r}_y$， $G=\boldsymbol{r}_y\cdot\boldsymbol{r}_y$，则式（3.11）可改写为

$$I=\mathrm{d}s^2=E\mathrm{d}x^2+2F\mathrm{d}x\mathrm{d}y+G\mathrm{d}y^2 \tag{3.12}$$

式（3.12）称为曲面的第一基本形式，E 、F 和 G 称为曲面的第一基本形式的系数，也叫做曲面的第一类基本量。由 $\mathrm{d}\boldsymbol{r}=\boldsymbol{r}_x\mathrm{d}x+\boldsymbol{r}_y\mathrm{d}y$ 可知，$\mathrm{d}\boldsymbol{r}$ 是曲面的切平面中的一个向量，$\mathrm{d}s^2=\mathrm{d}\boldsymbol{r}\cdot\mathrm{d}\boldsymbol{r}$ 是正定的二次形式，因此，$E>0$ 、$G>0$ 、$EG-F^2>0$ 。

曲面第一类基本量表达的几何量称为内蕴量，如曲面上曲线的长度、两条曲线的夹角、曲面上某一区域的面积、测地线、测地线曲率及总曲率等，它们在曲面发生形变的情况下保持不变。

2. 曲面的第二基本形式

为了研究曲面在点 p 处的弯曲程度，计算点 p' 到点 p 的切平面垂直距离 δ（图 3.2）。

由于从 p 到 p' 的向量可表达为

$$\begin{aligned}\Delta\boldsymbol{r}&=\boldsymbol{r}(x+\Delta x,y+\Delta y)-\boldsymbol{r}(x,y)\\&=\boldsymbol{r}_x\Delta x+\boldsymbol{r}_y\Delta y+\frac{1}{2}(\boldsymbol{r}_{xx}(\Delta x)^2+2\boldsymbol{r}_{xy}\Delta x\Delta y+\boldsymbol{r}_{yy}(\Delta x)^2)+\cdots\end{aligned}\tag{3.13}$$

$$\delta=\Delta\boldsymbol{r}\cdot\boldsymbol{n}=\frac{1}{2}(\boldsymbol{r}_{xx}\cdot\boldsymbol{n}(\Delta x)^2+2\boldsymbol{r}_{xy}\cdot\boldsymbol{n}\Delta x\Delta y+\boldsymbol{r}_{yy}\cdot\boldsymbol{n}(\Delta y)^2)+\cdots\tag{3.14}$$

式中，$\boldsymbol{n}$ 为曲面 S 的法向量。

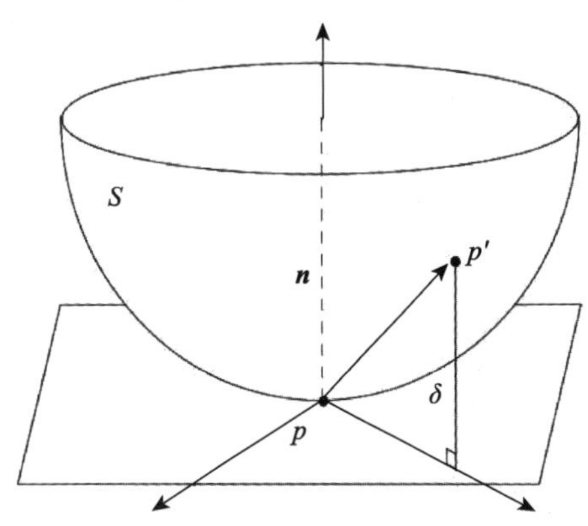

图 3.2　外蕴量表达示意图

令 $L=\boldsymbol{r}_{xx}\cdot\boldsymbol{n}$ ，$M=\boldsymbol{r}_{xy}\cdot\boldsymbol{n}$，$N=\boldsymbol{r}_{yy}\cdot\boldsymbol{n}$ ，则

$$2\delta=L(\Delta x)^2+2M\Delta x\Delta y+N(\Delta y)^2+\cdots\tag{3.15}$$

当 p 和 p' 无限接近时，2δ 的主要部分可表达为

$$\mathrm{II}=L\mathrm{d}x^2+2M\mathrm{d}x\mathrm{d}y+N\mathrm{d}y^2\tag{3.16}$$

式（3.16）称为曲面的第二基本形式，L 、M 和 N 为第二基本形式的系数，也叫做第二类基本量。

由于 $\boldsymbol{r}_x\cdot\boldsymbol{n}=0,\boldsymbol{r}_y\cdot\boldsymbol{n}=0$ ，两边分别对 x 、y 求导可知，$\boldsymbol{r}_{xx}\cdot\boldsymbol{n}+\boldsymbol{r}_x\cdot\boldsymbol{n}_x=0$ ，$\boldsymbol{r}_{xy}\cdot\boldsymbol{n}+\boldsymbol{r}_x\cdot\boldsymbol{n}_y=0$ ，$\boldsymbol{r}_{yx}\cdot\boldsymbol{n}+\boldsymbol{r}_y\cdot\boldsymbol{n}_x=0$ ，$\boldsymbol{r}_{yy}\cdot\boldsymbol{n}+\boldsymbol{r}_y\cdot\boldsymbol{n}_y=0$ ，因此，$L=-\boldsymbol{r}_x\cdot\boldsymbol{n}_x$ ，$M=-\boldsymbol{r}_x\cdot\boldsymbol{n}_y$ ，$N=-\boldsymbol{r}_y\cdot\boldsymbol{n}_y$ 。

第二基本形式可表达为

$$\mathrm{II}=L\mathrm{d}x^2+2M\mathrm{d}x\mathrm{d}y+N\mathrm{d}y^2=-\mathrm{d}\boldsymbol{r}\cdot\mathrm{d}\boldsymbol{n}=-(\mathrm{d}\boldsymbol{n},\mathrm{d}\boldsymbol{r})\tag{3.17}$$

第二基本形式是刻画曲面形状的量，反映了曲面的局部弯曲变化程度。

3.2.3　曲面论基本定理

在曲面论基本定理中，首先需要熟悉 Gauss 方程组、Weingarten 方程组、Gauss-Codazzi 方程组和全微分方程组。Weingarten 方程组为 Gauss 方程组的补充形式，而 Gauss 方程组可视为曲面的偏微分方程组

（Somasundaram, 2005）。当 $f_x(x,y)$、$f_y(x,y)$、$\boldsymbol{n}_x(x,y)$ 及 $\boldsymbol{n}_y(x,y)$ [$\boldsymbol{n}$ 为曲面 $z=f(x,y)$ 的法向量]关于 x、y 的二阶偏导数可交换顺序时，从 Gauss-Weingarten 方程组可导出 Gauss-Codazzi 方程组。

Gauss 方程组的表达式为

$$\begin{cases} f_{xx}=\Gamma_{11}^1\cdot f_x+\Gamma_{11}^2\cdot f_y+\dfrac{L}{\sqrt{E+G-1}} \\ f_{yy}=\Gamma_{22}^1\cdot f_x+\Gamma_{22}^2\cdot f_y+\dfrac{N}{\sqrt{E+G-1}} \\ f_{xy}=\Gamma_{12}^1\cdot f_x+\Gamma_{12}^2\cdot f_y+\dfrac{M}{\sqrt{E+G-1}} \end{cases} \tag{3.18}$$

Weingarten 方程组为

$$\begin{cases} \dfrac{f_y\cdot f_{xy}+f_x\cdot f_{xx}}{(1+f_x^2+f_y^2)^{3/2}}=L\cdot\Gamma_{12}^1+M\cdot(\Gamma_{12}^2-\Gamma_{11}^1)-N\cdot\Gamma_{11}^2 \\ \dfrac{f_x\cdot f_{xy}+f_y\cdot f_{yy}}{(1+f_x^2+f_y^2)^{3/2}}=L\cdot\Gamma_{22}^1+M\cdot(\Gamma_{22}^2-\Gamma_{12}^1)-N\cdot\Gamma_{12}^2 \end{cases} \tag{3.19}$$

Gauss-Codazzi 方程组为

$$\begin{cases} \left(\dfrac{L}{\sqrt{E}}\right)_y-\left(\dfrac{M}{\sqrt{E}}\right)_x-N\dfrac{\sqrt{E_y}}{G}-M\dfrac{\sqrt{G_x}}{\sqrt{EG}}=0 \\ \left(\dfrac{N}{\sqrt{G}}\right)_x-\left(\dfrac{M}{\sqrt{G}}\right)_y-L\dfrac{\sqrt{G_x}}{E}-M\dfrac{\sqrt{E_y}}{\sqrt{EG}}=0 \\ \left(\dfrac{\sqrt{E_y}}{\sqrt{G}}\right)_y-\left(\dfrac{\sqrt{G_x}}{\sqrt{E}}\right)_x+\dfrac{L\cdot N-M^2}{\sqrt{E\cdot G}}=0 \end{cases} \tag{3.20}$$

全微分方程组为

$$\begin{cases} f_{xx}=\Gamma_{11}^1\cdot f_x+\Gamma_{11}^2\cdot f_y+\dfrac{L}{\sqrt{E+G-1}} \\ f_{yy}=\Gamma_{22}^1\cdot f_x+\Gamma_{22}^2\cdot f_y+\dfrac{N}{\sqrt{E+G-1}} \\ f_{xy}=\Gamma_{12}^1\cdot f_x+\Gamma_{12}^2\cdot f_y+\dfrac{M}{\sqrt{E+G-1}} \\ \dfrac{f_y\cdot f_{xy}+f_x\cdot f_{xx}}{(1+f_x^2+f_y^2)^{3/2}}=L\cdot\Gamma_{12}^1+M(\Gamma_{12}^2-\Gamma_{11}^1)-N\cdot\Gamma_{11}^2 \\ \dfrac{f_x\cdot f_{xy}+f_y\cdot f_{yy}}{(1+f_x^2+f_y^2)^{3/2}}=L\cdot\Gamma_{22}^1+M\cdot(\Gamma_{22}^2-\Gamma_{12}^1)-N\cdot\Gamma_{12}^2 \end{cases} \tag{3.21}$$

式中，

$$E=1+f_x^2$$

$$\mathrm{F}=f_x\cdot f_y$$

$$G=1+f_y^2$$

$$L=\frac{f_{xx}}{\sqrt{1+f_x^2+f_y^2}}$$

$$M=\frac{f_{xy}}{\sqrt{1+f_x^2+f_y^2}}$$

$$N = \frac{f_{yy}}{\sqrt{1+f_x^2+f_y^2}}$$

$$\Gamma_{11}^1 = \frac{1}{2}(G \cdot E_x - 2F \cdot F_x + F \cdot E_y)(E \cdot G - F^2)^{-1}$$

$$\Gamma_{11}^2 = \frac{1}{2}(2E \cdot F_x - E \cdot E_y - F \cdot E_x)(E \cdot G - F^2)^{-1}$$

$$\Gamma_{22}^1 = \frac{1}{2}(2G \cdot F_y - G \cdot G_x - F \cdot G_y)(E \cdot G - F^2)^{-1}$$

$$\Gamma_{22}^2 = \frac{1}{2}(E \cdot G_y - 2F \cdot F_y + F \cdot G_x)(E \cdot G - F^2)^{-1}$$

$$\Gamma_{12}^1 = \frac{1}{2}(G \cdot E_y - F \cdot G_x)(E \cdot G - F^2)^{-1}$$

$$\Gamma_{12}^2 = \frac{1}{2}(E \cdot G_x - F \cdot E_y)(E \cdot G - F^2)^{-1}$$

曲面论基本定理（苏步青、胡和生, 1979）：设曲面的第一类和第二类基本量E、F、G、L、M和N满足对称性，E、F、G正定，E、F、G、L、M和N满足 Gauss-Codazzi 方程组，则全微分方程组在$f(x,y)=f(x_0,y_0)$（$x=x_0$，$y=y_0$）初始条件下，存在着唯一的解$z=f(x,y)$。

对地球表层及其环境要素曲面，第一类基本量对应“在地球表面上”测量的地球表面细节信息，第二类基本量对应“在地球之外”观测的宏观信息。

3.2.4　HASM 停机准则

根据曲面论基本定理，当曲面的第一类和第二类基本量对称正定，且满足 Gauss-Codazzi 方程组时，可由 Gauss 方程组解出所要求的曲面。设$\phi_1 = \frac{L}{\sqrt{E}}$，$\phi_2 = \frac{N}{\sqrt{G}}$，$\varphi_1 = \frac{M}{\sqrt{G}}$，$\varphi_2 = \frac{M}{\sqrt{E}}$，$P = \frac{\sqrt{E}_y}{\sqrt{G}}$，$Q = \frac{\sqrt{G}_x}{\sqrt{E}}$，则 Gauss-Codazzi 方程组（3.20）可转化为

$$\begin{cases} \phi_{1y} - \varphi_{2x} - \phi_2 \cdot P - \varphi_1 \cdot Q = 0 \\ \phi_{2x} - \varphi_{1y} - \phi_1 \cdot Q - \varphi_2 \cdot P = 0 \\ Q_x + P_y + \phi_1 \cdot \phi_2 - \varphi_1 \cdot \varphi_2 = 0 \end{cases} \tag{3.22}$$

将式（3.22）作为外迭代停止准则，可保证 HASM 的理论完美性。同时，使得 HASM 的内迭代和外迭代停止准则有了固定的标准。在实际应用中，外迭代停止准则可表达为

$$\left(\phi_{1y} - \varphi_{2x} - \phi_2 \cdot P - \varphi_1 \cdot Q\right)^2 + \left(\phi_{2x} - \varphi_{1y} - \phi_1 \cdot Q - \varphi_2 \cdot P\right)^2 + \left(Q_x + P_y + \phi_1 \cdot \phi_2 - \varphi_1 \cdot \varphi_2\right)^2 \leqslant e_t \tag{3.23}$$

式中，e_t为根据具体应用的精度要求确定的误差阈值。

在程序具体实现过程中，将式（3.23）中的偏微分项进行有限差分离散，对一阶偏导数采用二阶中心离散格式为

$$\begin{cases} f_x = \dfrac{f_{i+1,j} - f_{i-1,j}}{2h} \\ f_y = \dfrac{f_{i,j+1} - f_{i,j-1}}{2h} \end{cases} \tag{3.24}$$

3.3　高精度曲面建模方法

根据曲面论基本定律，一个曲面由第一类基本量和第二类基本量唯一决定（Henderson, 1998）。第一类

基本量提供了曲面的一些几何性质，据此可在曲面上计算曲线长度、切向量角、区域面积和测地线等。这些仅由第一类基本量确定的几何性质和对象被称为内禀几何性质。这些几何性质和对象几何与曲面的形状无关，只与在曲面上进行的量测相关（Toponogov, 2006）。第二类基本量是在曲面之外可观测到的曲面局部变形，也就是局部曲面在所关注点与切平面的偏离（Liseikin, 2004）。第一类基本量是内蕴量，第二类基本量是外蕴量。也就是说，要实现地球表层的准确表达，来自地表之上和地表之外的观测信息缺一不可。

若 $\{(x_i,y_j)\}$ 是计算域 Ω 的正交剖分、$[0,Lx]\times[0,Ly]$ 为无量纲准化计算域、$\max\{Lx,Ly\}=1$、$h=\dfrac{Lx}{I+1}=\dfrac{Ly}{J+1}$ 为计算步长、$\{(x_i,y_j)\,|\,0\leqslant i\leqslant I+1,\ 0\leqslant j\leqslant J+1\}$ 为标准化计算域的栅格，则第一类基本量的有限差分逼近为

$$\begin{cases} E_{i,j}=1+\left(\dfrac{f_{i+1,j}-f_{i-1,j}}{2h}\right)^2 \\ F_{i,j}=\left(\dfrac{f_{i+1,j}-f_{i-1,j}}{2h}\right)\left(\dfrac{f_{i,j+1}-f_{i,j-1}}{2h}\right) \\ G_{i,j}=1+\left(\dfrac{f_{i,j+1}-f_{i,j-1}}{2h}\right)^2 \end{cases} \tag{3.25}$$

第二类基本量的有限差分逼近为

$$\begin{cases} L_{i,j}=\dfrac{\dfrac{f_{i+1,j}-2f_{i,j}+f_{i-1,j}}{h^2}}{\sqrt{1+\left(\dfrac{f_{i+1,j}-f_{i-1,j}}{2h}\right)^2+\left(\dfrac{f_{i,j+1}-f_{i,j-1}}{2h}\right)^2}} \\ M_{i,j}=\dfrac{\left(\dfrac{f_{i+1,j+1}-f_{i+1,j-1}}{4h^2}\right)-\left(\dfrac{f_{i-1,j+1}-f_{i-1,j-1}}{4h^2}\right)}{\sqrt{1+\left(\dfrac{f_{i+1,j}-f_{i-1,j}}{2h^2}\right)^2+\left(\dfrac{f_{i,j+1}-f_{i,j-1}}{2h^2}\right)^2}} \\ N_{i,j}=\dfrac{\dfrac{f_{i,j+1}-2f_{i,j}+f_{i,j-1}}{h^2}}{\sqrt{1+\left(\dfrac{f_{i+1,j}-f_{i-1,j}}{2h}\right)^2+\left(\dfrac{f_{i,j+1}-f_{i,j-1}}{2h}\right)^2}} \end{cases} \tag{3.26}$$

第二类克里斯托弗尔符号的有限差分可表达为

$$(\Gamma_{11}^1)_{i,j}=\frac{G_{i,j}(E_{i+1,j}-E_{i-1,j})-2F_{i,j}(F_{i+1,j}-F_{i-1,j})+F_{i,j}(E_{i,j+1}-E_{i,j-1})}{4\left(E_{i,j}\cdot G_{i,j}-\left(F_{i,j}\right)^2\right)h} \tag{3.27}$$

$$(\Gamma_{12}^1)_{i,j}=\frac{G_{i,j}(E_{i,j+1}-E_{i,j-1})-2F_{i,j}(G_{i+1,j}-G_{i-1,j})}{4\left(E_{i,j}\cdot G_{i,j}-\left(F_{i,j}\right)^2\right)h} \tag{3.28}$$

$$(\Gamma_{22}^1)_{i,j}=\frac{2G_{i,j}(F_{i,j+1}-F_{i,j-1})-G_{i,j}(G_{i+1,j}-G_{i-1,j})-F_{i,j}(G_{i,j+1}-G_{i,j-1})}{4\left(E_{i,j}\cdot G_{i,j}-\left(F_{i,j}\right)^2\right)h} \tag{3.29}$$

$$(\Gamma_{11}^2)_{i,j}=\frac{2E_{i,j}(F_{i+1,j}-F_{i-1,j})-E_{i,j}(E_{i,j+1}-E_{i,j-1})-F_{i,j}(E_{i,j+1}-E_{i,j-1})}{4\left(E_{i,j}\cdot G_{i,j}-\left(F_{i,j}\right)^2\right)h} \tag{3.30}$$

$$(\Gamma_{12}^2)_{i,j}=\frac{E_{i,j}(G_{i+1,j}-G_{i-1,j})-F_{i,j}(E_{i,j+1}-E_{i,j-1})}{4\left(E_{i,j}\cdot G_{i,j}-\left(F_{i,j}\right)^2\right)h} \tag{3.31}$$

$$(\Gamma_{22}^2)_{i,j}=\frac{E_{i,j}(G_{i,j+1}-G_{i,j-1})-2F_{i,j}(F_{i,j+1}-F_{i,j-1})+F_{i,j}(G_{i+1,j}-G_{i-1,j})}{4\left(E_{i,j}\cdot G_{i,j}-\left(F_{i,j}\right)^2\right)h} \tag{3.32}$$

高斯方程组的有限差分形式为

$$\begin{cases}\dfrac{f_{i+1,j}-2f_{i,j}+f_{i-1,j}}{h^2}=(\Gamma_{11}^1)_{i,j}\dfrac{f_{i+1,j}-f_{i-1,j}}{2h}\\ \qquad +\left(\Gamma_{11}^2\right)_{i,j}\dfrac{f_{i,j+1}-f_{i,j-1}}{2h}+\dfrac{L_{i,j}}{\sqrt{E_{i,j}+G_{i,j}-1}}\\ \dfrac{f_{i,j+1}-2f_{i,j}+f_{i,j-1}}{h^2}=(\Gamma_{22}^1)_{i,j}\dfrac{f_{i+1,j}-f_{i-1,j}}{2h}\\ \qquad +\left(\Gamma_{22}^2\right)_{i,j}\dfrac{f_{i,j+1}-f_{i,j-1}}{2h}+\dfrac{N_{i,j}}{\sqrt{E_{i,j}+G_{i,j}-1}}\\ \dfrac{f_{i+1,j+1}-f_{i+1,j}-f_{i,j+1}+2f_{i,j}-f_{i-1,j}-f_{i,j-1}+f_{i-1,j-1}}{2h^2}=(\Gamma_{12}^1)_{i,j}\dfrac{f_{i+1,j}-f_{i-1,j}}{2h}\\ \qquad +\left(\Gamma_{12}^2\right)_{i,j}\dfrac{f_{i,j+1}-f_{i,j-1}}{2h}+\dfrac{M_{i,j}}{\sqrt{E_{i,j}+G_{i,j}-1}}\end{cases} \tag{3.33}$$

HASM 主方程组（3.33）的有限差分迭代格式可表达为

$$\begin{cases}\dfrac{f_{i+1,j}^{(n+1)}-2f_{i,j}^{(n+1)}+f_{i-1,j}^{(n+1)}}{h^2}=(\Gamma_{11}^1)_{i,j}^{(n)}\dfrac{f_{i+1,j}^{(n)}-f_{i-1,j}^{(n)}}{2h}+\left(\Gamma_{11}^2\right)_{i,j}^{(n)}\dfrac{f_{i,j+1}^{(n)}-f_{i,j-1}^{(n)}}{2h}\\ \qquad +\dfrac{L_{i,j}^{(n)}}{\sqrt{E_{i,j}^{(n)}+G_{i,j}^{(n)}-1}}\\ \dfrac{f_{i,j+1}^{(n+1)}-2f_{i,j}^{(n+1)}+f_{i,j-1}^{(n+1)}}{h^2}=(\Gamma_{22}^1)_{i,j}^{(n)}\dfrac{f_{i+1,j}^{(n)}-f_{i-1,j}^{(n)}}{2h}+\left(\Gamma_{22}^2\right)_{i,j}^{(n)}\dfrac{f_{i,j+1}^{(n)}-f_{i,j-1}^{(n)}}{2h}\\ \qquad +\dfrac{N_{i,j}^{(n)}}{\sqrt{E_{i,j}^{(n)}+G_{i,j}^{(n)}-1}}\\ \dfrac{f_{i+1,j+1}^{(n+1)}-f_{i+1,j}^{(n+1)}-f_{i,j+1}^{(n+1)}+2f_{i,j}^{(n+1)}-f_{i-1,j}^{(n+1)}-f_{i,j-1}^{(n+1)}+f_{i-1,j-1}^{(n+1)}}{2h^2}=(\Gamma_{12}^1)_{i,j}^{(n)}\dfrac{f_{i+1,j}^{(n)}-f_{i-1,j}^{(n)}}{2h}\\ \qquad +\left(\Gamma_{12}^2\right)_{i,j}^{(n)}\dfrac{f_{i,j+1}^{(n)}-f_{i,j-1}^{(n)}}{2h}+\dfrac{M_{i,j}^{(n)}}{\sqrt{E_{i,j}^{(n)}+G_{i,j}^{(n)}-1}}\end{cases} \tag{3.34}$$

式中，

$$E_{i,j}^{(n)}=1+\left(\frac{f_{i+1,j}^{(n)}-f_{i-1,j}^{(n)}}{2h}\right)^2$$

$$F_{i,j}^{(n)}=\left(\frac{f_{i+1,j}^{(n)}-f_{i-1,j}^{(n)}}{2h}\right)\left(\frac{f_{i,j+1}^{(n)}-f_{i,j-1}^{(n)}}{2h}\right)$$

$$G_{i,j}^{(n)}=1+\left(\frac{f_{i,j+1}^{(n)}-f_{i,j-1}^{(n)}}{2h}\right)^2$$

$$L_{i,j}^{(n)}=\frac{\dfrac{f_{i+1,j}^{(n)}-2f_{i,j}^{(n)}+f_{i-1,j}^{(n)}}{h^2}}{\sqrt{1+\left(\dfrac{f_{i+1,j}^{(n)}-f_{i-1,j}^{(n)}}{2h}\right)^2+\left(\dfrac{f_{i,j+1}^{(n)}-f_{i,j-1}^{(n)}}{2h}\right)^2}}$$

$$M_{i,j}^{(n)}=\frac{\left(\dfrac{f_{i+1,j+1}^{(n)}-f_{i+1,j-1}^{(n)}}{4h^2}\right)-\left(\dfrac{f_{i-1,j+1}^{(n)}-f_{i-1,j-1}^{(n)}}{4h^2}\right)}{\sqrt{1+\left(\dfrac{f_{i+1,j}^{(n)}-f_{i-1,j}^{(n)}}{2h^2}\right)^2+\left(\dfrac{f_{i,j+1}^{(n)}-f_{i,j-1}^{(n)}}{2h^2}\right)^2}}$$

$$N_{i,j}^{(n)}=\frac{\dfrac{f_{i,j+1}^{(n)}-2f_{i,j}^{(n)}+f_{i,j-1}^{(n)}}{h^2}}{\sqrt{1+\left(\dfrac{f_{i+1,j}^{(n)}-f_{i-1,j}^{(n)}}{2h}\right)^2+\left(\dfrac{f_{i,j+1}^{(n)}-f_{i,j-1}^{(n)}}{2h}\right)^2}}$$

$$(\Gamma_{11}^1)_{i,j}^{(n)}=\frac{G_{i,j}^{(n)}\left(E_{i+1,j}^{(n)}-E_{i-1,j}^{(n)}\right)-2F_{i,j}^{(n)}\left(F_{i+1,j}^{(n)}-F_{i-1,j}^{(n)}\right)+F_{i,j}^{(n)}\left(E_{i,j+1}^{(n)}-E_{i,j-1}^{(n)}\right)}{4\left(E_{i,j}^{(n)}\cdot G_{i,j}^{(n)}-\left(F_{i,j}^{(n)}\right)^2\right)h}$$

$$(\Gamma_{12}^1)_{i,j}^{(n)}=\frac{G_{i,j}^{(n)}\left(E_{i,j+1}^{(n)}-E_{i,j-1}^{(n)}\right)-2F_{i,j}^{(n)}\left(G_{i+1,j}^{(n)}-G_{i-1,j}^{(n)}\right)}{4\left(E_{i,j}^{(n)}\cdot G_{i,j}^{(n)}-\left(F_{i,j}^{(n)}\right)^2\right)h}$$

$$(\Gamma_{22}^1)_{i,j}^{(n)}=\frac{2G_{i,j}^{(n)}\left(F_{i,j+1}^{(n)}-F_{i,j-1}^{(n)}\right)-G_{i,j}^{(n)}\left(G_{i+1,j}^{(n)}-G_{i-1,j}^{(n)}\right)-F_{i,j}^{(n)}\left(G_{i,j+1}^{(n)}-G_{i,j-1}^{(n)}\right)}{4\left(E_{i,j}^{(n)}\cdot G_{i,j}^{(n)}-\left(F_{i,j}^{(n)}\right)^2\right)h}$$

$$(\Gamma_{11}^2)_{i,j}^{(n)}=\frac{2E_{i,j}^{(n)}\left(F_{i+1,j}^{(n)}-F_{i-1,j}^{(n)}\right)-E_{i,j}^{(n)}\left(E_{i,j+1}^{(n)}-E_{i,j-1}^{(n)}\right)-F_{i,j}^{(n)}\left(E_{i,j+1}^{(n)}-E_{i,j-1}^{(n)}\right)}{4\left(E_{i,j}^{(n)}\cdot G_{i,j}^{(n)}-\left(F_{i,j}^{(n)}\right)^2\right)h}$$

$$(\Gamma_{12}^2)_{i,j}^{(n)}=\frac{E_{i,j}^{(n)}\left(G_{i+1,j}^{(n)}-G_{i-1,j}^{(n)}\right)-F_{i,j}^{(n)}\left(E_{i,j+1}^{(n)}-E_{i,j-1}^{(n)}\right)}{4\left(E_{i,j}^{(n)}\cdot G_{i,j}^{(n)}-\left(F_{i,j}^{(n)}\right)^2\right)h}$$

$$(\Gamma_{22}^2)_{i,j}^{(n)}=\frac{E_{i,j}^{(n)}\left(G_{i,j+1}^{(n)}-G_{i,j-1}^{(n)}\right)-2F_{i,j}^{(n)}\left(F_{i,j+1}^{(n)}-F_{i,j-1}^{(n)}\right)+F_{i,j}^{(n)}\left(G_{i+1,j}^{(n)}-G_{i-1,j}^{(n)}\right)}{4\left(E_{i,j}^{(n)}\cdot G_{i,j}^{(n)}-\left(F_{i,j}^{(n)}\right)^2\right)h}$$

设 $\boldsymbol{z}^{(n+1)}=\left(f_{1,1}^{(n+1)},\cdots,f_{1,J}^{(n+1)},\cdots,f_{I-1,1}^{(n+1)},\cdots,f_{I-1,J}^{(n+1)},f_{I,1}^{(n+1)},\cdots,f_{I,J}^{(n+1)}\right)^{\mathrm{T}}$（$n\geqslant 0$），迭代初值 $\boldsymbol{z}^{(0)}=(\tilde{f}_{1,1},\cdots,\tilde{f}_{1,J},\cdots,\tilde{f}_{I-1,1},\cdots,\tilde{f}_{I-1,J},\tilde{f}_{I,1},\cdots,\tilde{f}_{I,J})^{\mathrm{T}}$ 为驱动场，则方程组（3.34）式中的第一个方程用矩阵形式可以表达为

$$\boldsymbol{A}\cdot\boldsymbol{z}^{(n+1)}=\boldsymbol{d}^{(n)} \tag{3.35}$$

式中，$\boldsymbol{A}$ 为系数矩阵；$\boldsymbol{d}^{(n)}=\left[\boldsymbol{d}_1^{(n)},\boldsymbol{d}_2^{(n)},\cdots,\boldsymbol{d}_{I-1}^{(n)},\boldsymbol{d}_I^{(n)}\right]^{\mathrm{T}}$ 为方程的右端项。设 $\boldsymbol{I}_J$ 为 $J\times J$ 单位矩阵，则

$$\boldsymbol{d}_1^{(n)}=\begin{bmatrix}
\dfrac{f_{2,1}^{(n)}-f_{0,1}^{(n)}}{2}\cdot(\Gamma_{11}^1)_{1,1}^{(n)}\cdot h+\dfrac{f_{1,2}^{(n)}-f_{1,0}^{(n)}}{2}\cdot\left(\Gamma_{11}^2\right)_{1,1}^{(n)}\cdot h+\dfrac{L_{1,1}^{(n)}}{\sqrt{E_{1,1}^{(n)}+G_{1,1}^{(n)}-1}}\cdot h^2-f_{0,1}^{(n+1)}\\
\dfrac{f_{2,2}^{(n)}-f_{0,2}^{(n)}}{2}\cdot(\Gamma_{11}^1)_{1,2}^{(n)}\cdot h+\dfrac{f_{1,3}^{(n)}-f_{1,1}^{(n)}}{2}\cdot\left(\Gamma_{11}^2\right)_{1,2}^{(n)}\cdot h+\dfrac{L_{1,2}^{(n)}}{\sqrt{E_{1,2}^{(n)}+G_{1,2}^{(n)}-1}}\cdot h^2-f_{0,2}^{(n+1)}\\
\vdots\\
\dfrac{f_{2,j}^{(n)}-f_{0,j}^{(n)}}{2}\cdot(\Gamma_{11}^1)_{1,j}^{(n)}\cdot h+\dfrac{f_{1,j+1}^{(n)}-f_{1,j-1}^{(n)}}{2}\cdot\left(\Gamma_{11}^2\right)_{1,j}^{(n)}\cdot h+\dfrac{L_{1,j}^{(n)}}{\sqrt{E_{1,j}^{(n)}+G_{1,j}^{(n)}-1}}\cdot h^2-f_{0,j}^{(n+1)}\\
\vdots\\
\dfrac{f_{2,J-1}^{(n)}-f_{0,J-1}^{(n)}}{2}\cdot(\Gamma_{11}^1)_{1,J-1}^{(n)}\cdot h+\dfrac{f_{1,J}^{(n)}-f_{1,J-2}^{(n)}}{2}\cdot\left(\Gamma_{11}^2\right)_{1,J-1}^{(n)}\cdot h+\dfrac{L_{1,J-1}^{(n)}}{\sqrt{E_{1,J-1}^{(n)}+G_{1,J-1}^{(n)}-1}}\cdot h^2-f_{0,J-1}^{(n+1)}\\
\dfrac{f_{2,J}^{(n)}-f_{0,J}^{(n)}}{2}\cdot(\Gamma_{11}^1)_{1,J}^{(n)}\cdot h+\dfrac{f_{1,J+1}^{(n)}-f_{1,J-1}^{(n)}}{2}\cdot\left(\Gamma_{11}^2\right)_{1,J}^{(n)}\cdot h+\dfrac{L_{1,J}^{(n)}}{\sqrt{E_{1,J}^{(n)}+G_{1,J}^{(n)}-1}}\cdot h^2-f_{0,J}^{(n+1)}
\end{bmatrix}_{J\times 1}^{\mathrm{T}}$$

对 $i=2,3,\cdots,I-2,I-1$，则为

$$\boldsymbol{d}_i^{(n)}=\begin{bmatrix}
\dfrac{f_{i+1,1}^{(n)}-f_{i-1,1}^{(n)}}{2}\cdot(\Gamma_{11}^1)_{i,1}^{(n)}\cdot h+\dfrac{f_{i,2}^{(n)}-f_{i,0}^{(n)}}{2}\cdot\left(\Gamma_{11}^2\right)_{i,1}^{(n)}\cdot h+\dfrac{L_{i,1}^{(n)}}{\sqrt{E_{i,1}^{(n)}+G_{i,1}^{(n)}-1}}\cdot h^2\\
\dfrac{f_{i+1,2}^{(n)}-f_{i-1,2}^{(n)}}{2}\cdot(\Gamma_{11}^1)_{i,2}^{(n)}\cdot h+\dfrac{f_{i,3}^{(n)}-f_{i,1}^{(n)}}{2}\cdot\left(\Gamma_{11}^2\right)_{i,2}^{(n)}\cdot h+\dfrac{L_{i,2}^{(n)}}{\sqrt{E_{i,2}^{(n)}+G_{i,2}^{(n)}-1}}\cdot h^2\\
\vdots\\
\dfrac{f_{i+1,j}^{(n)}-f_{i-1,j}^{(n)}}{2}\cdot(\Gamma_{11}^1)_{i,j}^{(n)}\cdot h+\dfrac{f_{i,j+1}^{(n)}-f_{i,j-1}^{(n)}}{2}\cdot\left(\Gamma_{11}^2\right)_{i,j}^{(n)}\cdot h+\dfrac{L_{i,j}^{(n)}}{\sqrt{E_{i,j}^{(n)}+G_{i,j}^{(n)}-1}}\cdot h^2\\
\vdots\\
\dfrac{f_{i+1,J-1}^{(n)}-f_{i-1,J-1}^{(n)}}{2}\cdot(\Gamma_{11}^1)_{i,J-1}^{(n)}\cdot h+\dfrac{f_{i,J}^{(n)}-f_{i,J-2}^{(n)}}{2}\cdot\left(\Gamma_{11}^2\right)_{i,J-1}^{(n)}\cdot h+\dfrac{L_{i,J-1}^{(n)}}{\sqrt{E_{i,J-1}^{(n)}+G_{i,J-1}^{(n)}-1}}\cdot h^2\\
\dfrac{f_{i+1,J}^{(n)}-f_{i-1,J}^{(n)}}{2}\cdot(\Gamma_{11}^1)_{i,J}^{(n)}\cdot h+\dfrac{f_{i,J+1}^{(n)}-f_{i,J-1}^{(n)}}{2}\cdot\left(\Gamma_{11}^2\right)_{i,J}^{(n)}\cdot h+\dfrac{L_{i,J}^{(n)}}{\sqrt{E_{i,J}^{(n)}+G_{i,J}^{(n)}-1}}\cdot h^2
\end{bmatrix}_{J\times 1}^{\mathrm{T}}$$

$$
\boldsymbol{d}_I^{(n)}=\begin{bmatrix}
\frac{f_{I+1,1}^{(n)}-f_{I-1,1}^{(n)}}{2}\cdot(\Gamma_{11}^1)_{I,1}^{(n)}\cdot h+\frac{f_{I,2}^{(n)}-f_{I,0}^{(n)}}{2}\cdot\left(\Gamma_{11}^2\right)_{I,1}^{(n)}\cdot h+\frac{h^2\cdot L_{I,1}^{(n)}}{\sqrt{E_{I,1}^{(n)}+G_{I,1}^{(n)}-1}}-f_{I+1,1}^{(n+1)}\\
\frac{f_{I+1,2}^{(n)}-f_{I-1,2}^{(n)}}{2}\cdot(\Gamma_{11}^1)_{I,2}^{(n)}\cdot h+\frac{f_{I,3}^{(n)}-f_{I,1}^{(n)}}{2}\cdot\left(\Gamma_{11}^2\right)_{I,2}^{(n)}\cdot h+\frac{h^2\cdot L_{I,2}^{(n)}}{\sqrt{E_{I,2}^{(n)}+G_{I,2}^{(n)}-1}}-f_{I+1,2}^{(n+1)}\\
\vdots\\
\frac{f_{I+1,j}^{(n)}-f_{I-1,j}^{(n)}}{2}\cdot(\Gamma_{11}^1)_{I,j}^{(n)}\cdot h+\frac{f_{I,j+1}^{(n)}-f_{I,j-1}^{(n)}}{2}\cdot\left(\Gamma_{11}^2\right)_{I,j}^{(n)}\cdot h+\frac{h^2\cdot L_{I,j}^{(n)}}{\sqrt{E_{I,j}^{(n)}+G_{I,j}^{(n)}-1}}-f_{I+1,j}^{(n+1)}\\
\vdots\\
\frac{f_{I+1,J-1}^{(n)}-f_{I-1,J-1}^{(n)}}{2}\cdot(\Gamma_{11}^1)_{I,J-1}^{(n)}\cdot h+\frac{f_{I,J}^{(n)}-f_{I,J-2}^{(n)}}{2}\cdot\left(\Gamma_{11}^2\right)_{I,J-1}^{(n)}\cdot h+\frac{h^2\cdot L_{I,J-1}^{(n)}}{\sqrt{E_{I,J-1}^{(n)}+G_{I,J-1}^{(n)}-1}}-f_{I+1,J-1}^{(n+1)}\\
\frac{f_{I+1,J}^{(n)}-f_{I-1,J}^{(n)}}{2}\cdot(\Gamma_{11}^1)_{I,J}^{(n)}\cdot h+\frac{f_{I,J+1}^{(n)}-f_{I,J-1}^{(n)}}{2}\cdot\left(\Gamma_{11}^2\right)_{I,J}^{(n)}\cdot h+\frac{h^2\cdot L_{I,J}^{(n)}}{\sqrt{E_{I,J}^{(n)}+G_{I,J}^{(n)}-1}}-f_{I+1,J}^{(n+1)}
\end{bmatrix}_{J\times 1}^{\mathrm{T}}
$$

$$
\boldsymbol{A}=\begin{bmatrix}
-2\boldsymbol{I}_J & \boldsymbol{I}_J & & & \\
\boldsymbol{I}_J & -2\boldsymbol{I}_J & \boldsymbol{I}_J & & \\
 & \ddots & \ddots & \ddots & \\
 & & \boldsymbol{I}_J & -2\boldsymbol{I}_J & \boldsymbol{I}_J\\
 & & & \boldsymbol{I}_J & -2\boldsymbol{I}_J
\end{bmatrix}_{(I\cdot J)\times(I\cdot J)}
$$

第二个方程可以表达为

$$
\boldsymbol{B}\cdot\boldsymbol{z}^{(n+1)}=\boldsymbol{q}^{(n)} \tag{3.36}
$$

式中，$\boldsymbol{B}=\begin{bmatrix}\boldsymbol{B}_J & & \\ & \ddots & \\ & & \boldsymbol{B}_J\end{bmatrix}_{(I\times J)\times(I\times J)}$ 为系数矩阵；$\boldsymbol{q}^{(n)}=\left[\boldsymbol{q}_1^{(n)},\boldsymbol{q}_2^{(n)},\cdots,\boldsymbol{q}_{I-1}^{(n)},\boldsymbol{q}_I^{(n)}\right]^{\mathrm{T}}$ 为方程的右端项；

$$
\boldsymbol{B}_J=\begin{bmatrix}
-2 & 1 & & & & & \\
1 & -2 & 1 & & & & \\
 & \ddots & \ddots & \ddots & & & \\
 & & 1 & -2 & 1 & & \\
 & & & \ddots & \ddots & \ddots & \\
 & & & & 1 & -2 & 1\\
 & & & & & 1 & -2
\end{bmatrix}_{J\times J}
$$

$$
\boldsymbol{q}_i^{(n)}=\begin{bmatrix}
\frac{f_{i+1,1}^{(n)}-f_{i-1,1}^{(n)}}{2}\cdot(\Gamma_{22}^1)_{i,1}^{(n)}\cdot h+\frac{f_{i,2}^{(n)}-f_{i,0}^{(n)}}{2}\cdot\left(\Gamma_{22}^2\right)_{i,1}^{(n)}\cdot h+\frac{N_{i,1}^{(n)}}{\sqrt{E_{i,1}^{(n)}+G_{i,1}^{(n)}-1}}\cdot h^2-f_{i,0}^{(n+1)}\\
\frac{f_{i+1,2}^{(n)}-f_{i-1,2}^{(n)}}{2}\cdot(\Gamma_{22}^1)_{i,2}^{(n)}\cdot h+\frac{f_{i,3}^{(n)}-f_{i,1}^{(n)}}{2}\cdot\left(\Gamma_{22}^2\right)_{i,2}^{(n)}\cdot h+\frac{N_{i,2}^{(n)}}{\sqrt{E_{i,2}^{(n)}+G_{i,2}^{(n)}-1}}\cdot h^2\\
\vdots\\
\frac{f_{i+1,j}^{(n)}-f_{i-1,j}^{(n)}}{2}\cdot(\Gamma_{22}^1)_{i,j}^{(n)}\cdot h+\frac{f_{i,j+1}^{(n)}-f_{i,j-1}^{(n)}}{2}\cdot\left(\Gamma_{22}^2\right)_{i,j}^{(n)}\cdot h+\frac{N_{i,j}^{(n)}}{\sqrt{E_{i,j}^{(n)}+G_{i,j}^{(n)}-1}}\cdot h^2\\
\vdots\\
\frac{f_{i+1,J-1}^{(n)}-f_{i-1,J-1}^{(n)}}{2}\cdot(\Gamma_{22}^1)_{i,J-1}^{(n)}\cdot h+\frac{f_{i,J}^{(n)}-f_{i,J-2}^{(n)}}{2}\cdot\left(\Gamma_{22}^2\right)_{i,J-1}^{(n)}\cdot h+\frac{N_{i,J-1}^{(n)}}{\sqrt{E_{i,J-1}^{(n)}+G_{i,J-1}^{((n))}-1}}\cdot h^2\\
\frac{f_{i+1,J}^{(n)}-f_{i-1,J}^{(n)}}{2}\cdot(\Gamma_{22}^1)_{i,J}^{(n)}\cdot h+\frac{f_{i,J+1}^{(n)}-f_{i,J-1}^{(n)}}{2}\cdot\left(\Gamma_{22}^2\right)_{i,J}^{(n)}\cdot h+\frac{N_{i,J}^{(n)}}{\sqrt{E_{i,J}^{(n)}+G_{i,J}^{(n)}-1}}\cdot h^2-f_{i,J+1}^{(n+1)}
\end{bmatrix}_{J\times 1}^{\mathrm{T}},\quad i=1,2,\cdots,I
$$

第三个方程可以表达为

$$\boldsymbol{C}\cdot\boldsymbol{z}^{(n+1)}=\boldsymbol{h}^{(n)} \tag{3.37}$$

式中，$\boldsymbol{C}$ 为第三个方程的系数矩阵；$\boldsymbol{h}^{(n)}=\left[\boldsymbol{h}_1^{(n)},\boldsymbol{h}_2^{(n)},\cdots,\boldsymbol{h}_{I-1}^{(n)},\boldsymbol{h}_I^{(n)}\right]^{\mathrm{T}}$ 为第三个方程的右端项；

$$\boldsymbol{C}=\begin{bmatrix}\boldsymbol{C}_1 & -\boldsymbol{C}_1 & & & \\ \boldsymbol{C}_3 & \boldsymbol{C}_2 & \boldsymbol{C}_4 & & \\ & \ddots & \ddots & \ddots & \\ & & \boldsymbol{C}_3 & \boldsymbol{C}_2 & \boldsymbol{C}_4 \\ & & & \boldsymbol{C}_1 & -\boldsymbol{C}_1\end{bmatrix}_{(I\times J)\times(I\times J)};\quad \boldsymbol{C}_1=\begin{bmatrix}1 & -1 & & & \\ 1/2 & 0 & -1/2 & & \\ & \ddots & \ddots & \ddots & \\ & & 1/2 & 0 & -1/2 \\ & & & 1 & -1\end{bmatrix}_{J\times J}$$

$$\boldsymbol{C}_2=\begin{bmatrix}0 & 0 & 0 & & \\ -1/2 & 1 & -1/2 & & \\ & \ddots & \ddots & \ddots & \\ & & -1/2 & 1 & -1/2 \\ & & 0 & 0 & 0\end{bmatrix}_{J\times J};\quad \boldsymbol{C}_3=\begin{bmatrix}1/2 & -1/2 & & & \\ 1/2 & -1/2 & & & \\ & \ddots & \ddots & & \\ & & 1/2 & -1/2 & \\ & & & 1/2 & -1/2\end{bmatrix}_{J\times J}$$

$$\boldsymbol{C}_4=\begin{bmatrix}-1/2 & 1/2 & & & \\ & -1/2 & 1/2 & & \\ & & \ddots & \ddots & \\ & & & -1/2 & 1/2 \\ & & & -1/2 & 1/2\end{bmatrix}_{J\times J}$$

$$\boldsymbol{h}_1^{(n)}=\begin{bmatrix}2h\left((\Gamma_{12}^1)_{1,1}^{(n)}(f_{2,1}^{(n)}-f_{0,1}^{(n)})+\left(\Gamma_{12}^2\right)_{1,1}^{(n)}(f_{1,2}^{(n)}-f_{1,0}^{(n)})\right)+\dfrac{4M_{1,1}^{(n)}\cdot h^2}{\sqrt{E_{1,1}^{(n)}+G_{1,1}^{(n)}-1}}+f_{0,2}^{(n+1)}-f_{0,0}^{(n+1)}+f_{2,0}^{(n+1)} \\ 2h\left((\Gamma_{12}^1)_{1,2}^{(n)}(f_{2,2}^{(n)}-f_{0,2}^{(n)})+\left(\Gamma_{12}^2\right)_{1,2}^{(n)}(f_{1,3}^{(n)}-f_{1,1}^{(n)})\right)+\dfrac{4M_{1,2}^{(n)}\cdot h^2}{\sqrt{E_{1,2}^{(n)}+G_{1,2}^{(n)}-1}}+f_{0,3}^{(n+1)}-f_{0,1}^{(n+1)} \\ \vdots \\ 2h\left((\Gamma_{12}^1)_{1,j}^{(n)}(f_{2,j}^{(n)}-f_{0,j}^{(n)})+\left(\Gamma_{12}^2\right)_{1,j}^{(n)}(f_{1,j+1}^{(n)}-f_{1,j-1}^{(n)})\right)+\dfrac{4M_{1,j}^{(n)}\cdot h^2}{\sqrt{E_{1,j}^{(n)}+G_{1,j}^{(n)}-1}}+f_{0,j+1}^{(n+1)}-f_{0,j-1}^{(n+1)} \\ \vdots \\ 2h\left((\Gamma_{12}^1)_{1,J-1}^{(n)}(f_{2,J-1}^{(n)}-f_{0,J-1}^{(n)})+\left(\Gamma_{12}^2\right)_{1,J-1}^{(n)}(f_{1,J}^{(n)}-f_{1,J-2}^{(n)})\right)+\dfrac{4M_{1,J-1}^{(n)}\cdot h^2}{\sqrt{E_{1,J-1}^{(n)}+G_{1,J-1}^{(n)}-1}}+f_{0,J}^{(n+1)}-f_{0,J-2}^{(n+1)} \\ 2h\left((\Gamma_{12}^1)_{1,J}^{(n)}(f_{2,J}^{(n)}-f_{0,J}^{(n)})+\left(\Gamma_{12}^2\right)_{1,J}^{(n)}(f_{1,J+1}^{(n)}-f_{1,J-1}^{(n)})\right)+\dfrac{4M_{1,J}^{(n)}\cdot h^2}{\sqrt{E_{1,J}^{(n)}+G_{1,J}^{(n)}-1}}+f_{0,J+1}^{(n+1)}-f_{0,J-1}^{(n+1)}-f_{2,J+1}^{(n+1)}\end{bmatrix}_{J\times 1}^{\mathrm{T}}$$

对 $i=2,3,\cdots,I-2,I-1$，则为

$$\boldsymbol{h}_i^{(n)}=\begin{bmatrix} 2h\left((\Gamma_{12}^1)_{i,1}^{(n)}(f_{i+1,1}^{(n)}-f_{i-1,1}^{(n)})+\left(\Gamma_{12}^2\right)_{i,1}^{(n)}(f_{i,2}^{(n)}-f_{i,0}^{(n)})\right)+\dfrac{4M_{i,1}^{(n)}\cdot h^2}{\sqrt{E_{i,1}^{(n)}+G_{i,1}^{(n)}-1}}+f_{i+1,0}^{(n+1)} \\ 2h\left((\Gamma_{12}^1)_{i,2}^{(n)}(f_{i+1,2}^{(n)}-f_{i-1,2}^{(n)})+\left(\Gamma_{12}^2\right)_{i,2}^{(n)}(f_{i,3}^{(n)}-f_{i,1}^{(n)})\right)+\dfrac{4M_{i,2}^{(n)}\cdot h^2}{\sqrt{E_{i,2}^{(n)}+G_{i,2}^{(n)}-1}} \\ \vdots \\ 2h\left((\Gamma_{12}^1)_{i,j}^{(n)}(f_{i+1,j}^{(n)}-f_{i-1,j}^{(n)})+\left(\Gamma_{12}^2\right)_{i,j}^{(n)}(f_{i,j+1}^{(n)}-f_{i,j-1}^{(n)})\right)+\dfrac{4M_{i,j}^{(n)}\cdot h^2}{\sqrt{E_{i,j}^{(n)}+G_{i,j}^{(n)}-1}} \\ \vdots \\ 2h\left((\Gamma_{12}^1)_{i,J-1}^{(n)}(f_{i+1,J-1}^{(n)}-f_{i-1,J-1}^{(n)})+\left(\Gamma_{12}^2\right)_{i,J-1}^{(n)}(f_{i,J}^{(n)}-f_{i,J}^{(n)})\right)+\dfrac{4M_{i,J-1}^{(n)}\cdot h^2}{\sqrt{E_{i,J-1}^{(n)}+G_{i,J-1}^{(n)}-1}} \\ 2h\left((\Gamma_{12}^1)_{i,J}^{(n)}(f_{i+1,J}^{(n)}-f_{i-1,J}^{(n)})+\left(\Gamma_{12}^2\right)_{i,J}^{(n)}(f_{i,J+1}^{(n)}-f_{i,J-1}^{(n)})\right)+\dfrac{4M_{i,J}^{(n)}\cdot h^2}{\sqrt{E_{i,J}^{(n)}+G_{i,J}^{(n)}-1}}-f_{i+1,J+1}^{(n+1)} \end{bmatrix}_{J\times 1}^{\mathrm{T}}$$

$$\boldsymbol{h}_I^{(n)}=\begin{bmatrix} 2h\left((\Gamma_{12}^1)_{I,1}^{(n)}(f_{I+1,1}^{(n)}-f_{I-1,1}^{(n)})+\left(\Gamma_{12}^2\right)_{I,1}^{(n)}(f_{I,2}^{(n)}-f_{I,0}^{(n)})\right)+\dfrac{4h^2\cdot M_{I,1}^{(n)}}{\sqrt{E_{I,1}^{(n)}+G_{I,1}^{(n)}-1}}-f_{I+1,2}^{(n+1)}+f_{I+1,0}^{(n+1)}-f_{I-1,0}^{(n+1)} \\ 2h\left((\Gamma_{12}^1)_{I,2}^{(n)}(f_{I+1,2}^{(n)}-f_{I-1,2}^{(n)})+\left(\Gamma_{12}^2\right)_{I,2}^{(n)}(f_{I,3}^{(n)}-f_{I,1}^{(n)})\right)+\dfrac{4h^2\cdot M_{I,2}^{(n)}}{\sqrt{E_{I,2}^{(n)}+G_{I,2}^{(n)}-1}}-f_{I+1,3}^{(n+1)}+f_{I+1,1}^{(n+1)} \\ \vdots \\ 2h\left((\Gamma_{12}^1)_{I,j}^{(n)}(f_{I+1,j}^{(n)}-f_{I-1,j}^{(n)})+\left(\Gamma_{12}^2\right)_{I,j}^{(n)}(f_{I,j+1}^{(n)}-f_{I,j-1}^{(n)})\right)+\dfrac{4h^2\cdot M_{I,j}^{(n)}}{\sqrt{E_{I,j}^{(n)}+G_{I,j}^{(n)}-1}}-f_{I+1,j+1}^{(n+1)}+f_{I+1,j-1}^{(n+1)} \\ \vdots \\ 2h\left((\Gamma_{12}^1)_{I,J-1}^{(n)}(f_{I+1,J-1}^{(n)}-f_{I-1,J-1}^{(n)})+\left(\Gamma_{12}^2\right)_{I,J-1}^{(n)}(f_{I,J}^{(n)}-f_{I,J-2}^{(n)})\right)+\dfrac{4h^2\cdot M_{I,J-1}^{(n)}}{\sqrt{E_{I,J-1}^{(n)}+G_{I,J-1}^{(n)}-1}}-f_{I+1,J}^{(n+1)}+f_{I+1,J-2}^{(n+1)} \\ 2h\left((\Gamma_{12}^1)_{I,J}^{(n)}(f_{I+1,J}^{(n)}-f_{I-1,J}^{(n)})+\left(\Gamma_{12}^2\right)_{I,J}^{(n)}(f_{I,J+1}^{(n)}-f_{I,J-1}^{(n)})\right)+\dfrac{4h^2\cdot M_{I,J}^{(n)}}{\sqrt{E_{I,J}^{(n)}+G_{I,J}^{(n)}-1}}-f_{I+1,J+1}^{(n+1)}+f_{I+1,J-1}^{(n+1)}+f_{I-1,J+1}^{(n+1)} \end{bmatrix}_{J\times 1}^{\mathrm{T}}$$

如果将高斯方程组三个方程依先后顺序依次标记为 a、b 和 c，则 HASMabc 可表达为等式约束的最小二乘问题：

$$\begin{cases} \min\left\|\begin{bmatrix}\boldsymbol{A}\\ \boldsymbol{B}\\ \boldsymbol{C}\end{bmatrix}\cdot\boldsymbol{z}^{(n+1)}-\begin{bmatrix}\boldsymbol{d}\\ \boldsymbol{q}\\ \boldsymbol{h}\end{bmatrix}^{(n)}\right\|_2 \\ s.t.\quad \boldsymbol{S}\cdot\boldsymbol{z}^{(n+1)}=\boldsymbol{k} \end{cases} \tag{3.38}$$

式中，$\boldsymbol{S}$ 和 $\boldsymbol{k}$ 分别为采样矩阵和采样向量；如果 $\overline{f}_{i,j}$ 是 $z=f(x,y)$ 在第 p 采样点 (x_i,y_j) 的值，则 $s_{p,(i-1)\times J+j}=1$，$k_p=\overline{f}_{i,j}$。等式约束的最小二乘问题的通常形式为 $\begin{cases}\min f(x)\\ s.t.\, g(x)=0\end{cases}$，这里 $s.t.$是 subject to 的缩

写，表示当 $g(x)=0$ 时，求 $f(x)$ 的最小值，如式（3.38），表示当 $\boldsymbol{S}\cdot\boldsymbol{z}^{(n+1)}=\boldsymbol{k}$ 时，求 $\left\|\begin{bmatrix}\boldsymbol{A}\\\boldsymbol{B}\\\boldsymbol{C}\end{bmatrix}\cdot\boldsymbol{z}^{(n+1)}-\begin{bmatrix}\boldsymbol{d}\\\boldsymbol{q}\\\boldsymbol{h}\end{bmatrix}^{(n)}\right\|_2$ 的最小值，本书后续在等式约束的最小二乘问题的表达式中，*s.t.*均表示类似含义。

式（3.38）是一个由地面采样约束的最小二乘问题，目的是为了在保证采样点处模拟值等于采样值的条件下，保持整体模拟误差最小。充分利用采样信息，也是保证迭代趋近于最佳模拟效果的有效手段。

对充分大的 λ，HASMabc 可近似地表达为 $\min\limits_{F}\left\|\begin{bmatrix}\boldsymbol{A}\\\boldsymbol{B}\\\boldsymbol{C}\\\lambda\boldsymbol{S}\end{bmatrix}\boldsymbol{z}^{(n+1)}-\begin{bmatrix}\boldsymbol{d}\\\boldsymbol{q}\\\boldsymbol{h}\\\lambda\boldsymbol{k}\end{bmatrix}\right\|_2$，从而获得如下迭代式：

$$\boldsymbol{z}^{(n+1)}=\left(\boldsymbol{A}^{\mathrm{T}}\cdot\boldsymbol{A}+\boldsymbol{B}^{\mathrm{T}}\cdot\boldsymbol{B}+\boldsymbol{C}^{\mathrm{T}}\cdot\boldsymbol{C}+\lambda^2\cdot\boldsymbol{S}^{\mathrm{T}}\cdot\boldsymbol{S}\right)^{-1}\left(\boldsymbol{A}^{\mathrm{T}}\cdot\boldsymbol{d}^{(n)}+\boldsymbol{B}^{\mathrm{T}}\cdot\boldsymbol{q}^{(n)}+\boldsymbol{C}^{\mathrm{T}}\cdot\boldsymbol{h}^{(n)}+\lambda^2\cdot\boldsymbol{S}^{\mathrm{T}}\cdot\boldsymbol{k}\right)\tag{3.39}$$

类似地，基于高斯方程组前两个方程的 HASMab 可表达为

$$\boldsymbol{z}^{(n+1)}=\left(\boldsymbol{A}^{\mathrm{T}}\cdot\boldsymbol{A}+\boldsymbol{B}^{\mathrm{T}}\cdot\boldsymbol{B}+\lambda^2\cdot\boldsymbol{S}^{\mathrm{T}}\cdot\boldsymbol{S}\right)^{-1}\left(\boldsymbol{A}^{\mathrm{T}}\cdot\boldsymbol{d}^{(n)}+\boldsymbol{B}^{\mathrm{T}}\cdot\boldsymbol{q}^{(n)}+\lambda^2\cdot\boldsymbol{S}^{\mathrm{T}}\cdot\boldsymbol{k}\right)\tag{3.40}$$

3.4 HASM 算法设计与比较分析

3.4.1 驱动场选择对算法精度的影响分析

1. 驱动场为零值

为了比较分析 HASMab 和 HASMabc 的模拟精度和速度，在标准化区域 $[0,1]\times[0,1]$，对以下无量纲数学曲面分别进行模拟分析（图 3.3）：

$$z(x,y)=3+2\sin(2\pi x)\cdot\sin(2\pi y)+\mathrm{e}^{(-15(x-1)^2-15(y-1)^2)}+\mathrm{e}^{(-10x^2-15(y-1)^2)}\tag{3.41}$$

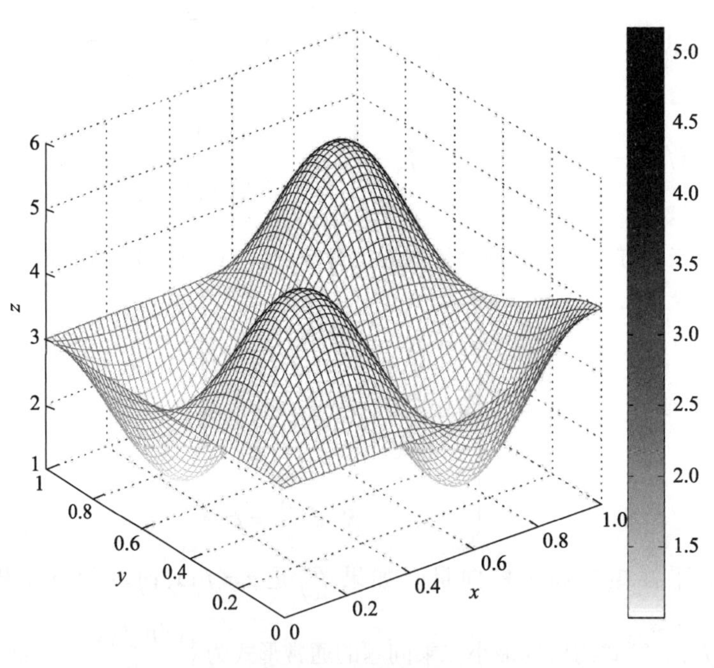

图 3.3 标准曲面

数值实验结果表明（表 3.1），在驱动场为零值、采样间隔为 1 的情况下，基于三个主方程的 HASMabc 在不同计算规模下的模拟精度均高于基于两个主方程的 HASMab。

表 3.1　不同主方程 HASM 在不同计算规模下外迭代 20 次时的计算误差

计算域内像元数	HASMab		HASMabc	
	绝对误差	相对误差	绝对误差	相对误差
256	0.026	0.0072	6.09×10^{-5}	2.43×10^{-5}
576	0.0038	0.0011	2.90×10^{-5}	1.04×10^{-5}
1024	0.0015	0.0004	2.52×10^{-5}	9.06×10^{-6}
1600	0.0011	0.0003	2.49×10^{-5}	9.10×10^{-6}
2304	0.0007	0.0002	2.49×10^{-5}	9.07×10^{-6}
3136	0.0005	0.0002	2.48×10^{-5}	9.08×10^{-6}

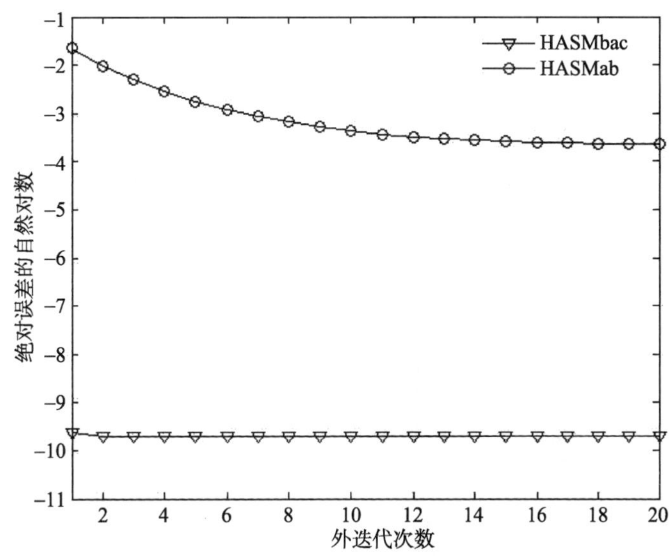

图 3.4　HASMab 和 HASMabc 模拟误差的自然对数在外迭代过程中的变化

图 3.4 表明，HASMab 的模拟误差都随着外迭代次数的增加而缓慢下降，达到一定迭代次数后，误差变化幅度减弱。尽管 HASMab 随着外迭代次数的增加，误差有所下降，但其误差仍大于 HASMabc。而外迭代次数对 HASMabc 的模拟结果没有显著影响，HASMabc 外迭代一次便可达到较好的模拟精度。由此可见，HASMabc 在零作为初值的情况下，不需要多次外迭代便可取得较好的模拟结果。

本小节选择具有特殊几何性质,并在实际生活中有广泛应用的以下 8 个数学曲面为例,来比较 HASMab 与 HASMabc 的模拟精度。这 8 个曲面的对应解析表达式如下（图 3.5）:

$$f_1(x,y)=\cos(10y)+\sin(10(x-y)) \tag{3.42}$$

$$f_2(x,y)=\mathrm{e}^{(-(5-10x)^2/2)}+0.75\mathrm{e}^{(-(5-10y)^2/2)}+0.75\mathrm{e}^{(-(5-10x)^2/2)}\mathrm{e}^{(-(5-10y)^2/2)} \tag{3.43}$$

$$f_3(x,y)=\sin(2\pi\cdot y)\cdot\sin(\pi\cdot x) \tag{3.44}$$

$$\begin{aligned}f_4(x,y)=&0.75\mathrm{e}^{(-((9x-2)^2+(9y-2)^2)/4)}+0.75\mathrm{e}^{(-(9x+1)^2/49-(9y+1)/10)}\\&+0.5\mathrm{e}^{(-((9x-7)^2+(9y-3)^2)/4)}-0.2\mathrm{e}^{(-(9x-4)^2-(9y-7)^2)}\end{aligned} \tag{3.45}$$

$$f_5(x,y)=\frac{1}{9}(\tanh(9y-9x)+1) \tag{3.46}$$

$$f_6(x,y)=\frac{1.25+\cos(5.4y)}{6(1+(3x-1)^2)} \tag{3.47}$$

$$f_7(x,y)=\frac{1}{3}\mathrm{e}^{-(81/16)((x-0.5)^2+(y-0.5)^2)} \tag{3.48}$$

$$f_8(x,y)=\frac{1}{3}\mathrm{e}^{-(81/4)((x-0.5)^2+(y-0.5)^2)} \tag{3.49}$$

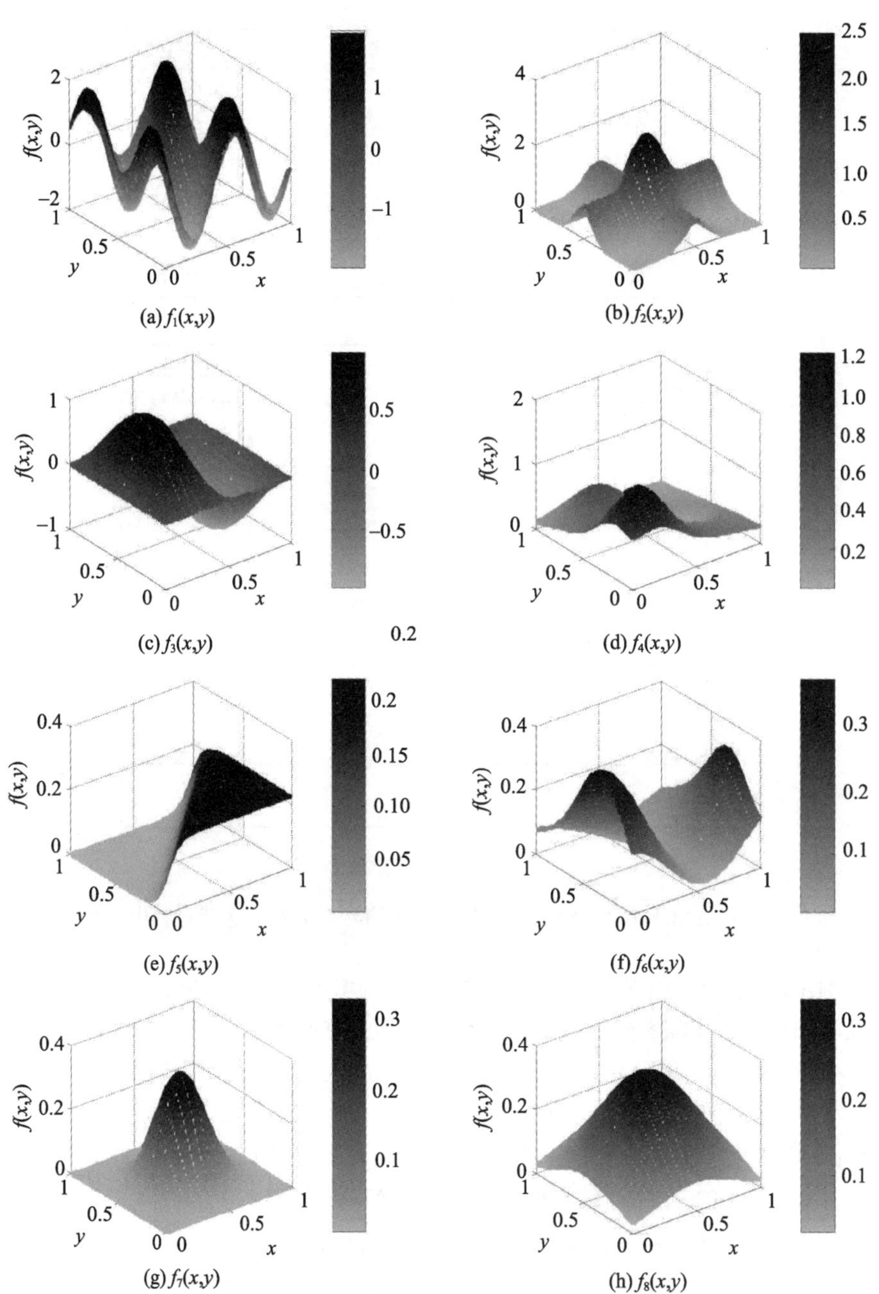

图 3.5　8 个数字曲面

以零作为 HASM 驱动场，并设采样比例为 1/100，内迭代停机准则为

$$\|r\|_2 \leqslant 10^{-12} \tag{3.50}$$

对 HASMabc，则为

$$r=\boldsymbol{A}^{\mathrm{T}}\cdot\boldsymbol{d}^{(n)}+\boldsymbol{B}^{\mathrm{T}}\cdot\boldsymbol{q}^{(n)}+\boldsymbol{C}^{\mathrm{T}}\cdot\boldsymbol{h}^{(n)}+\lambda^2\cdot\boldsymbol{S}^{\mathrm{T}}\cdot\boldsymbol{k}-(\boldsymbol{A}^{\mathrm{T}}\cdot\boldsymbol{A}+\boldsymbol{B}^{\mathrm{T}}\cdot\boldsymbol{B}+\boldsymbol{C}^{\mathrm{T}}\cdot\boldsymbol{C}+\lambda^2\cdot\boldsymbol{S}^{\mathrm{T}}\cdot\boldsymbol{S})\cdot\boldsymbol{z}^{(n+1)} \tag{3.51}$$

对 HASMab，则为

$$r = \boldsymbol{A}^{\mathrm{T}} \cdot \boldsymbol{d}^{(n)} + \boldsymbol{B}^{\mathrm{T}} \cdot \boldsymbol{q}^{(n)} + \lambda^2 \cdot \boldsymbol{S}^{\mathrm{T}} \cdot \boldsymbol{k} - (\boldsymbol{A}^{\mathrm{T}} \cdot \boldsymbol{A} + \boldsymbol{B}^{\mathrm{T}} \cdot \boldsymbol{B} + \lambda^2 \cdot \boldsymbol{S}^{\mathrm{T}} \cdot \boldsymbol{S}) \cdot \boldsymbol{z}^{(n+1)} \tag{3.52}$$

在随机采样的情况下，对于所测试的 8 个数学曲面，HASMabc 的计算精度均高于 HASMab（表 3.2）。HASMabc 的极端最大误差远小于 HASMab 的极端最大误差，特别是曲面 f_2 和 f_5 表现突出。

表 3.2　不同主方程 HASM 在不同计算规模下外迭代 20 次时的计算误差

计算域内像元数	绝对误差		最大误差	
	HASMab	HASMabc	HASMab	HASMabc
f_1	0.0199	0.0027	0.01	0
f_2	0.3270	0.0058	9.28	0.02
f_3	0.0402	0.004	0.01	0
f_4	0.0140	0.0017	0.02	0.01
f_5	0.1142	0.01	0.41	0.03
f_6	0.0097	0.0003	0.005	0.002
f_7	0.0028	0.0003	0.003	0.003
f_8	0.0031	0.0001	0.0001	0.0001

2. 驱动场为经典方法插值结果

本小节仍然选择式（3.42）~式（3.49）数学曲面，对 HASM 及各种经典曲面建模方法的模拟结果进行对比分析。8 个数值实验的计算域都由 121 × 121 个栅格组成，采样方法区分为均匀采样和随机采样。均匀采样间隔为 5 个栅格，共有 625 个采样点；随机采样点个数为 1296 个。误差指标采用平方平均绝对误差 RMSE。为了得到较高精度的驱动场，该实验中 HASM 驱动场不再选用零值，而采用三次立方插值方法获得。

数值实验显示(表 3.3~表 3.6)，在模拟 8 个曲面时，无论均匀采样还是随机采样，HASMab 和 HASMabc 方法较经典曲面建模方法都有明显的精度优势。均匀采样时，HASMab、样条函数法、克里金法、三角网法和反距离权重法对 8 个典型曲面模拟的平均误差分别是 HASMabc 误差的 2 倍、19.2 倍、59 倍、110.7 倍和 581 倍（表 3.4）；随机采样时，HASMab、样条函数法、克里金法、三角网法和反距离权重法对 8 个典型曲面模拟的平均误差分别是 HASMabc 误差的 2.3 倍、19.2 倍、145.4 倍、114.9 倍和 553.1 倍。

表 3.3　均匀采样时各种方法的 RMSE 误差

曲面	HASMabc	HASMab	Spline	Kriging	TIN	IDW
$f_1(x,y)$	8.2×10^{-4}	1.3×10^{-3}	4.0×10^{-3}	1.4×10^{-1}	2.9×10^{-2}	1.4×10^{-1}
$f_2(x,y)$	9.3×10^{-5}	2.3×10^{-4}	2.0×10^{-3}	4.8×10^{-3}	9.0×10^{-3}	4.6×10^{-2}
$f_3(x,y)$	3.3×10^{-5}	4.4×10^{-5}	6.6×10^{-4}	2.5×10^{-3}	4.2×10^{-3}	4.0×10^{-3}
$f_4(x,y)$	1.8×10^{-5}	5.8×10^{-5}	4.4×10^{-4}	1.3×10^{-3}	2.5×10^{-3}	1.4×10^{-2}
$f_5(x,y)$	1.1×10^{-5}	2.9×10^{-5}	1.1×10^{-4}	5.1×10^{-4}	10.0×10^{-4}	4.9×10^{-3}
$f_6(x,y)$	9.4×10^{-6}	1.9×10^{-5}	1.1×10^{-4}	2.6×10^{-4}	5.0×10^{-4}	4.0×10^{-3}
$f_7(x,y)$	5.1×10^{-6}	8.7×10^{-6}	1.6×10^{-4}	4.3×10^{-4}	8.8×10^{-4}	4.7×10^{-3}
$f_8(x,y)$	4.2×10^{-6}	5.8×10^{-6}	6.6×10^{-5}	2.3×10^{-4}	4.0×10^{-4}	3.7×10^{-3}

表 3.4　均匀采样时各种经典方法误差与 HASMabc 方法误差的比值

曲面	HASMab	Spline	Kriging	TIN	IDW
$f_1(x,y)$	1.6	4.9	166.7	35.4	166.7
$f_2(x,y)$	2.5	21.5	51.6	97	494.6
$f_3(x,y)$	1.3	20	75.8	127.2	121.2
$f_4(x,y)$	3.2	24.4	72.2	138.9	777.8

续表

曲面	HASMab	Spline	Kriging	TIN	IDW
$f_5(x,y)$	2.6	10	46.4	90.9	445.5
$f_6(x,y)$	2	11.7	27.7	53.2	425.5
$f_7(x,y)$	1.7	31.4	84.3	172.5	921.6
$f_8(x,y)$	1.4	15.7	54.8	95.2	881
平均	2	19.2	59	110.7	581

表 3.5 随机采样时各种方法的 RMSE 误差

曲面	HASMabc	HASMab	Spline	Kriging	TIN	IDW
$f_1(x,y)$	2.9×10^{-4}	7.8×10^{-4}	4.8×10^{-3}	1.1×10^{-1}	2.7×10^{-2}	1.0×10^{-3}
$f_2(x,y)$	9.1×10^{-5}	2.1×10^{-4}	1.7×10^{-3}	8.3×10^{-3}	9.9×10^{-3}	3.2×10^{-2}
$f_3(x,y)$	2.8×10^{-5}	1.1×10^{-4}	6.0×10^{-4}	3.8×10^{-3}	3.8×10^{-3}	2.5×10^{-2}
$f_4(x,y)$	1.5×10^{-5}	4.0×10^{-5}	3.9×10^{-4}	2.2×10^{-3}	2.5×10^{-3}	1.2×10^{-2}
$f_5(x,y)$	9.9×10^{-6}	2.9×10^{-5}	2.1×10^{-4}	8.9×10^{-4}	1.0×10^{-3}	4.3×10^{-3}
$f_6(x,y)$	8.8×10^{-6}	1.0×10^{-5}	8.0×10^{-5}	5.0×10^{-4}	4.7×10^{-4}	3.3×10^{-3}
$f_7(x,y)$	5.0×10^{-6}	7.0×10^{-6}	1.4×10^{-4}	7.6×10^{-4}	8.6×10^{-4}	4.0×10^{-3}
$f_8(x,y)$	4.3×10^{-6}	5.3×10^{-6}	5.3×10^{-5}	4.8×10^{-4}	3.8×10^{-4}	3.3×10^{-3}

表 3.6 随机采样时各种经典方法误差与 HASMabc 方法误差的比值

平均	HASMab	Spline	Kriging	TIN	IDW
$f_1(x,y)$	2.7	16.6	379.3	93.1	3.4
$f_2(x,y)$	2.3	18.7	91.2	108.8	351.6
$f_3(x,y)$	3.9	21.4	135.7	135.7	892.9
$f_4(x,y)$	2.7	26.0	146.7	166.7	800.0
$f_5(x,y)$	2.9	21.2	89.9	101.0	434.3
$f_6(x,y)$	1.1	9.1	56.8	53.4	375.0
$f_7(x,y)$	1.4	28.0	152.0	172.0	800.0
$f_8(x,y)$	1.2	12.3	111.6	88.4	767.4
平均	2.3	19.2	145.4	114.9	553.1

3.4.2 差分离散格式对算法精度的影响分析

HASM 算法，是以有限差分方法对高斯方程进行差分离散，并在此基础上构建迭代格式，从而完成曲面的模拟，有限差分方法不同的选择方式，有可能会对计算产生一定影响。

本节以高斯合成曲面 $f(x,y)=3(1-x)^2\mathrm{e}^{-x^2-(y+1)^2}-10\left(\frac{x}{5}-x^3-y^5\right)\mathrm{e}^{-x^2-y^2}-\frac{\mathrm{e}^{-(x+1)^2-y^2}}{3}$ 为数值实验对象，来分析高阶差分格式和低阶差分格式对 HASM 模拟精度的影响。对应 HASM 主方程组中 f_x、f_y、f_{xx}、f_{yy}、f_{xy} 的低阶差分格式可表达为

$$
(f_x)_{(i,j)} \approx \begin{cases} \dfrac{f_{1,j}-f_{0,j}}{h}, & i=0 \\ \dfrac{f_{i+1,j}-f_{i-1,j}}{2h}, & i=1,\cdots,I \\ \dfrac{f_{I+1,j}-f_{I,j}}{h}, & i=I+1 \end{cases} \tag{3.53}
$$

$$(f_{xx})_{(i,j)} \approx \begin{cases} \dfrac{f_{0,j}+f_{2,j}-2f_{1,j}}{h^2}, & i=0 \\ \dfrac{f_{i-1,j}-2f_{i,j}+f_{i+1,j}}{2h^2}, & i=1,\cdots,I \\ \dfrac{f_{I+1,j}+f_{I-1,j}-2f_{I,j}}{h^2}, & i=I+1 \end{cases} \tag{3.54}$$

$$(f_y)_{(i,j)} \approx \begin{cases} \dfrac{f_{i,1}-f_{i,0}}{h}, & j=0 \\ \dfrac{f_{i,j+1}-f_{i,j-1}}{2h}, & j=1,\cdots,J \\ \dfrac{f_{i,J+1}-f_{i,J}}{h}, & j=J+1 \end{cases} \tag{3.55}$$

$$(f_{yy})_{(i,j)} \approx \begin{cases} \dfrac{f_{i,0}+f_{i,2}-2f_{i,1}}{h^2}, & j=0 \\ \dfrac{f_{i,j-1}-2f_{i,j}+f_{i,j+1}}{2h^2}, & j=1,\cdots,J \\ \dfrac{f_{i,J+1}+f_{i,J-1}-2f_{i,J}}{h^2}, & j=J+1 \end{cases} \tag{3.56}$$

$$(f_{xy})_{(i,j)} \approx \begin{cases} \dfrac{f_{1,1}-f_{1,0}-f_{0,1}+f_{0,0}}{h^2}, & i=0; j=0 \\ \dfrac{f_{1,J+1}-f_{1,J}-f_{0,J+1}+f_{0,J}}{h^2}, & i=0; j=J+1 \\ \dfrac{f_{1,j+1}-f_{0,j+1}-f_{1,j-1}+f_{0,j-1}}{2h^2}, & i=0; j=1,\cdots,J \\ \dfrac{f_{I+1,1}-f_{I,0}-f_{I,1}+f_{I+1,0}}{h^2}, & i=I+1; j=0 \\ \dfrac{f_{I,J}-f_{I+1,J}-f_{I,J+1}+f_{I+1,J+1}}{h^2}, & i=I+1; j=J+1 \\ \dfrac{f_{I+1,j+1}-f_{I,j+1}-f_{I+1,j-1}+f_{I,J-1}}{2h^2}, & i=I+1; j=1,\cdots,J \\ \dfrac{f_{i+1,1}-f_{i+1,0}-f_{i-1,1}+f_{i-1,0}}{2h^2}, & i=1,\cdots,I; j=0 \\ \dfrac{f_{i+1,J+1}-f_{i+1,J}-f_{i-1,J+1}+f_{i-1,J}}{2h^2}, & i=1,\cdots,I; j=J+1 \\ \dfrac{f_{i+1,j+1}-f_{i-1,j+1}+f_{i-1,j-1}-f_{i+1,j-1}}{4h^2}, & i=1,\cdots,I; j=1,\cdots,J \end{cases} \tag{3.57}$$

高阶差分格式为

$$(f_x)_{(i,j)} \approx \begin{cases} \dfrac{-3f_{0,j}+4f_{1,j}-f_{2,j}}{2h}, & i=0 \\ \dfrac{f_{i+1,j}-f_{i-1,j}}{2h}, & i=1,\cdots,I \\ \dfrac{3f_{I+1,j}-4f_{I,j}+f_{I-1,j}}{2h}, & i=I+1 \end{cases} \tag{3.58}$$

$$(f_{xx})_{(i,j)} \approx \begin{cases} \dfrac{2f_{0,j}-5f_{1,j}+4f_{2,j}-f_{3,j}}{h^2}, & i=0,1 \\ \dfrac{-f_{i+2,j}+16f_{i+1,j}-30f_{i,j}+16f_{i-1,j}-f_{i-2,j}}{12h^2}, & i=2,\cdots,I-1 \\ \dfrac{2f_{I+1,j}-5f_{I,j}+4f_{I-1,j}-f_{I-2,j}}{h^2}, & i=I,I+1 \end{cases} \tag{3.59}$$

$$(f_y)_{(i,j)} \approx \begin{cases} \dfrac{-3f_{i,0}+4f_{i,1}-f_{i,2}}{2h}, & j=0 \\ \dfrac{f_{i,j+1}-f_{i,j-1}}{2h}, & j=1,\cdots,J \\ \dfrac{3f_{i,J+1}-4f_{i,J}+f_{i,J-1}}{2h}, & j=J+1 \end{cases} \tag{3.60}$$

$$(f_{yy})_{(i,j)} \approx \begin{cases} \dfrac{2f_{i,0}-5f_{i,1}+4f_{i,2}-f_{i,3}}{h^2}, & j=0,1 \\ \dfrac{-f_{i,j+2}+16f_{i,j+1}-30f_{i,j}+16f_{i,j-1}-f_{i,j-2}}{12h^2}, & j=2,\cdots,J-1 \\ \dfrac{2f_{i,J+1}-5f_{i,J}+4f_{i,J-1}-f_{i,J-2}}{h^2}, & j=J,J+1 \end{cases} \tag{3.61}$$

$$(f_{xy})_{(i,j)} \approx \begin{cases} \dfrac{f_{1,1}-f_{1,0}-f_{0,1}+f_{0,0}}{h^2}, & i=0;j=0 \\ \dfrac{f_{1,J+1}-f_{1,J}-f_{0,J+1}+f_{0,J}}{h^2}, & i=0;j=J+1 \\ \dfrac{f_{1,j+1}-f_{0,j+1}-f_{1,j-1}+f_{0,j-1}}{2h^2}, & i=0;j=1,\cdots,J \\ \dfrac{f_{I+1,1}-f_{I,0}-f_{I,1}+f_{I+1,0}}{h^2}, & i=I+1;j=0 \\ \dfrac{f_{I,J}-f_{I+1,J}-f_{I,J+1}+f_{I+1,J+1}}{h^2}, & i=I+1;j=J+1 \\ \dfrac{f_{I+1,j+1}-f_{I,j+1}-f_{I+1,j-1}+f_{I,J-1}}{2h^2}, & i=I+1;j=1,\cdots,J \\ \dfrac{f_{i+1,1}-f_{i+1,0}-f_{i-1,1}+f_{i-1,0}}{2h^2}, & i=1,\cdots,I;j=0 \\ \dfrac{f_{i+1,J+1}-f_{i+1,J}-f_{i-1,J+1}+f_{i-1,J}}{2h^2}, & i=1,\cdots,I;j=J+1 \\ \dfrac{f_{i+1,j+1}-f_{i+1,j}-f_{i,j+1}+2f_{i,j}-f_{i-1,j}-f_{i,j-1}+f_{i-1,j-1}}{2h^2}, & i=1,\cdots,I;j=1,\cdots,J \end{cases} \tag{3.62}$$

设 HASMab 低阶差分指 f_x、f_y、f_{xx}、f_{yy} 采用式（3.53）~式（3.56），HASMab 高阶差分指 f_x、f_y、f_{xx}、f_{yy} 采用式（3.58）~式（3.61）。HASMabc 低阶差分为 f_x、f_y、f_{xx}、f_{yy}、f_{xy} 采用式（3.53）~式（3.57）。HASMabc 的高阶差分指 f_x、f_y、f_{xx}、f_{yy}、f_{xy} 采用式（3.58）~式（3.62）。对于不同的计算网格数，在零初值下其结果见表 3.7。

由 HASMab 低阶差分和 HASMab 高阶差分的模拟结果可以看出，高阶差分格式在一定程度上提高了 HASM 模型的模拟效果，但在同样外迭代步数下，二者均随着计算网格数的增多而误差变大；由 HASMab 低阶差分和 HASMabc 低阶差分的模拟结果可知，加入了第三个方程后的 HASM 模型，其模拟精度显著提高，并且其模拟效果要好于只考虑高阶差分格式的 HASMab；加入了第三个方程并采用了高阶差分格式后

表 3.7　HASMab 和 HASMabc 不同离散格式的计算误差（RMSE）

计算栅格总数	289	625	1296	2209	3721
HASMab 低阶差分	0.2021	0.2543	0.3109	0.3593	0.3958
HASMab 高阶差分	0.1959	0.2500	0.2935	0.3393	0.3485
HASMabc 低阶差分	0.0328	0.0436	0.0868	0.0995	0.0946
HASMabc 高阶差分	0.0266	0.0423	0.0719	0.0880	0.0890

的 HASMabc 模拟精度最高。同时，HASMabc 低阶差分、HASMabc 高阶差分随着计算网格数的增加，计算误差在给定的外迭代次数下没有明显增长。这说明考虑了交叉项偏微分方程组的 HASM 模型计算结果更稳定、精度更高。

从上述分析中可以看出，在同等采样和计算等条件下，HASM 模型的模拟精度受 Gauss 方程组中第三个方程（混合偏导数所满足方程）的影响较大，高斯方程离散时有限差分格式的影响次之。

3.4.3　主方程选择对算法计算效率的影响分析

HASMabc 比 HASMab 多考虑了混合偏导数所满足的非线性方程，这使 HASMabc 的计算更复杂，其在存储及计算速度上并不占据优势。统计结果表明，HASMabc 的存储量为 HASMab 的 2 倍左右。随着计算规模的增加，其计算时间相比于 HASMab 有明显增长（图 3.6）。HASMab 更便于在较广泛领域，尤其是大数据领域应用推广。在本章后续的讨论中，如果没有特别说明，HASM 一般指 HASMab。

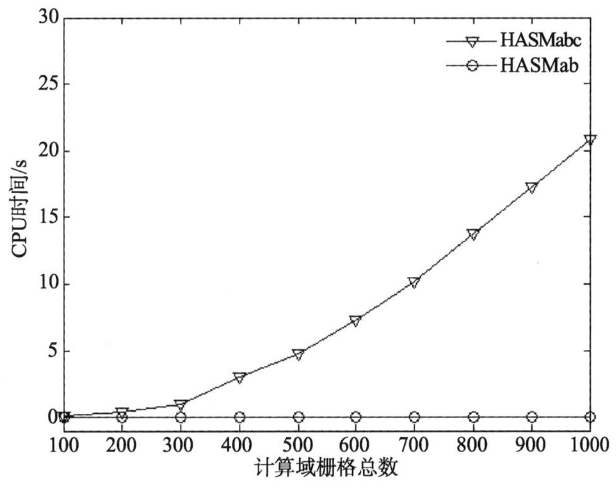

图 3.6　HASMabc 和 HASMab 的 CPU 时间随计算规模的变化过程

3.4.4　采样方式对 HASM 收敛速度的影响分析

为了研究 HASM 收敛速度与计算精度问题，选择计算域为$[0,6]\times[0,6]$的如下无量纲曲面进行数值实验：

$$\begin{aligned}f(x,y)=&\mathrm{e}^{-((x-1)^2+(y-4)^2)}+\mathrm{e}^{-((x-3.5)^2+0.7(y-2.3)^2)}\\&+\mathrm{e}^{-(0.4(x-2.1)^2+(y-1.4)^2)}+\mathrm{e}^{-((x-1.5)^2+0.6(y-0.5)^2)}\\&+\mathrm{e}^{-((x-4)^2+(y-4)^2)+1}\end{aligned}\tag{3.63}$$

$z^{(n)}=\left\{f_{i,j}^{(n)}\right\}$ 为 HASM 第 n 次迭代结果，其中 $f_{i,j}^{(n)}$ 为 HASM 第 n 次迭代在栅格 $\left(x_i,y_j\right)$ 处的模拟值 $(x_i=(i-1)\times h, y_j=(j-1)\times h)$。第 n 次与第 $(n-1)$ 次迭代结果均方根误差定义为

$$\mathrm{RMSE}^{(n)}=\sqrt{\frac{1}{I\cdot J}\sum_{i,j}(Sf_{i,j}^{(n)}-Sf_{i,j}^{(n-1)})^2}\tag{3.64}$$

将 HASM 迭代收敛的判断标准设定为

$$\mathrm{RMSE}^{(n)} \leqslant 10^{-8} \tag{3.65}$$

HASM 的计算量主要来自大规模线性代数方程组的求解，因此影响 HASM 计算速度的主要因素是 HASM 线性代数方程组的求解效率。这里主要从系数矩阵的条件数出发，分析均匀采样和随机采样对 HASM 收敛速度的影响。当系数矩阵的条件数比较大时，收敛速度往往很慢，所得解的误差也会相当大。

这里 HASM 系数矩阵的条件数是指系数矩阵的最大特征值。实验结果表明（图 3.7），均匀采样时，样点越稀疏，HASM 系数矩阵的条件数越大；随机采样时，总体上讲，采样点越少，HASM 系数矩阵的条件数越大，但有时采样点的分布，对条件数也会有一定影响。

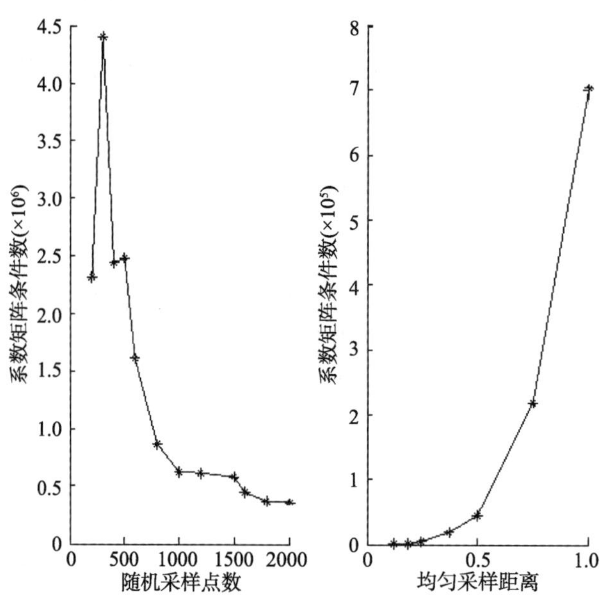

图 3.7　不同采样方式对 HASM 系数矩阵条件数的影响

设置计算域栅格总数为 97 × 97、空间分辨率为 0.0625。各次均匀采样的采样间隔分别设置为 2、3、4、6、8、12、16 个栅格；随机采样时，边界上均匀采样，采样间隔为 4 个栅格，区域内的随机样点数分别为 200、300、400、500、600、800、1000、1200、1500、1800、2000。实验结果显示，随机采样时，样点数越多，HASM 收敛时需要的迭代次数越少；均匀采样时，采样间隔越小，HASM 收敛时需要的迭代次数越少（图 3.8）。均匀采样下，系数矩阵条件数与 HASM 收敛时迭代次数的相关系数为 0.8276；随机采样下，系数矩阵条件数与 HASM 收敛时迭代次数的相关系数为 0.8334。

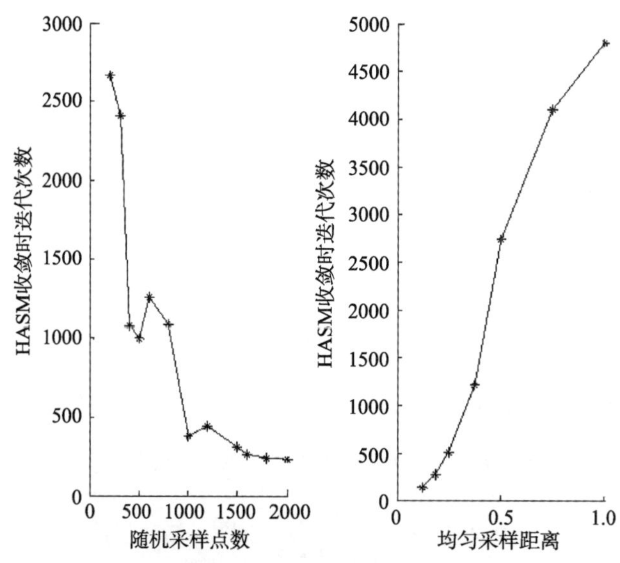

图 3.8　不同采样方式对 HASM 迭代次数的影响

3.4.5　采样方式对 HASM 精度的影响分析

反距离权重法（IDW）、克里金法（Kriging）和样条函数法（Spline）是空间曲面建模的经典方法，本节比较分析 HASM 与这三种经典方法的模拟精度。

反距离权重法、克里金法和样条函数法的计算，利用 ArcGIS 9.2 中空间内插的模块完成，各方法的参数设置均为其默认参数。反距离权重法的权重设置为 2，搜索点数为 12 个；采用普通克里金法，半方差模型为椭球模型，搜索点数为 12 个；样条函数法采用规则样条，权重为 0.1，搜索点数为 12 个。HASMab 不同于其他插值方法的一个明显优势，就是其可以利用其他方法得到的结果作为驱动场、以高精度采样数据作为优化控制条件，提高其他方法的模拟精度。

对空间要素进行采样是估测区域该属性特性统计参数和空间变异分析模型的重要方式。采样数目是决定采样成本和估测精度的关键因素（de Gruijter *et al.*, 2006）。对于给定的计算网格，即模拟空间分辨率一定，采样比例定义为采样数目与计算网格数目的比值。实验中，计算网格为 481×481，分辨率为 0.0125。以式（3.50）为例，采取计算域的均匀间隔采样和区域随机采样两种方式。误差用 RMSE 计算。为了绘图时线条更有区分度，通常对误差 RMSE 取自然对数。

均匀采样间隔分别为 2、3、4、5、6、8、10、12、15 个栅格，样点距离分别为 0.025、0.0375、0.05、0.0625、0.075、0.0875、0.1、0.125、0.15、0.1875。对计算域内的随机采样，首先是在计算域边界上以间隔为 5 个栅格均匀采样，在计算域内部（0, 6）×（0, 6）随机采样，采样点数分别为栅格总数的 1%、2%、3%、4%、5%、10%、20%、30%、40%、50%。

数值实验结果表明，当采样点为均匀采样时（表 3.8），整体来看，采样点越多，各方法的插值精度越高；在随机采样的情况下（表 3.9），整体上采样点越多，各方法的插值精度越高，但在采样点增加不明显的情况下，各方法反而在采样点少的时候插值精度高，如当采样点比例为 10%和 15%时，IDW、Spline 及

表 3.8　均匀采样的模拟误差

采样间隔编号	采样间隔	IDW	Kriging	Spline	HASM
1	2	1.40×10^{-2}	3.28×10^{-3}	3.15×10^{-3}	2.23×10^{-3}
2	3	1.41×10^{-2}	3.29×10^{-3}	3.17×10^{-3}	2.55×10^{-3}
3	4	1.42×10^{-2}	3.42×10^{-3}	3.17×10^{-3}	2.73×10^{-3}
4	5	1.42×10^{-2}	3.53×10^{-3}	3.19×10^{-3}	3.01×10^{-3}
5	6	1.51×10^{-2}	3.69×10^{-3}	3.20×10^{-3}	2.89×10^{-3}
6	8	1.53×10^{-2}	4.01×10^{-3}	3.23×10^{-3}	3.11×10^{-3}
7	10	1.60×10^{-2}	4.27×10^{-3}	3.23×10^{-3}	3.10×10^{-3}
8	12	1.61×10^{-2}	5.12×10^{-3}	3.22×10^{-3}	3.07×10^{-3}
9	15	1.71×10^{-2}	6.00×10^{-3}	3.24×10^{-3}	3.09×10^{-3}

表 3.9　随机采样下各方法的模拟误差

采样比例（内部）	IDW	Kriging	Spline	HASM
1%	2.4×10^{-2}	4.2×10^{-3}	5.7×10^{-4}	4.6×10^{-4}
2%	3.5×10^{-2}	2.4×10^{-3}	2.9×10^{-4}	2.4×10^{-4}
5%	3.6×10^{-2}	1.2×10^{-3}	1.3×10^{-4}	9.1×10^{-5}
10%	3.0×10^{-2}	7.8×10^{-3}	6.7×10^{-5}	6.4×10^{-5}
15%	3.3×10^{-2}	5.3×10^{-4}	2.3×10^{-3}	3.7×10^{-4}
20%	3.1×10^{-2}	4.2×10^{-4}	4.4×10^{-5}	3.9×10^{-5}
30%	3.2×10^{-2}	3.2×10^{-4}	3.6×10^{-5}	3.1×10^{-5}
40%	3.5×10^{-2}	2.4×10^{-4}	3.3×10^{-5}	2.9×10^{-5}
50%	3.5×10^{-2}	1.8×10^{-4}	3.2×10^{-5}	2.8×10^{-5}

HASM 的插值精度均为前者高于后者。这说明，除采样点多少外，各方法模拟精度还和采样点位置及代表性等有关。结合表 3.8 及表 3.9 可以看出，不管是在均匀采样还是随机采样的情况下，HASM 的模拟精度均高于经典的插值方法。HASM 由于具有数据融合的功能，在实际应用中，为了得到较好的模拟结果，可以选取精度较高的驱动场作为输入数据。

同样的采样数据，在分辨率不一样时，反距离权重法、克里金法、样条函数法的模拟误差 RMSE 随分辨率的变化不大；但 HASM 方法则不一样，当计算分辨率提高时，其模拟误差随着分辨率的提高而减小（图 3.9）。HASM 方法之所以有这样的数值特点，是因为 HASM 本身需要求解偏微分方程，虽然采样数据不变，但求解偏微分方程的离散误差会随着分辨率的提高而降低，从而使 HASM 整体模拟误差降低。

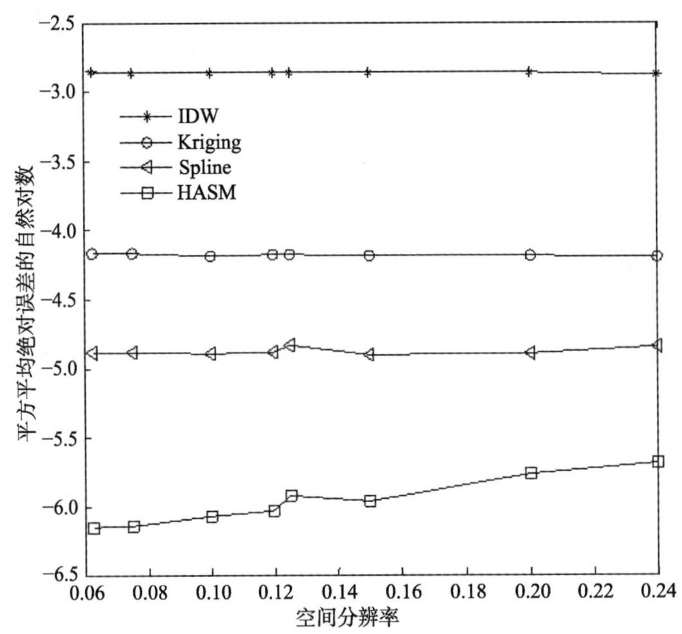

图 3.9　不同分辨率下各种曲面建模方法的模拟精度比较

3.5　曲面复杂度与 HASM 模拟精度关联性分析

数字高程模型（DEM）是一种对地球表面进行数字化描述和模拟的方法，是空间数据基础设施的重要组成部分，分析 DEM 误差的来源，并研究一定条件下误差的大小，及其传播和依赖因素，从而提出减少及控制误差的各种方法，具有重要的理论意义和实际应用价值。DEM 由获得的离散高程数据集进行内插生成，讨论 DEM 插值精度与曲面复杂度的关系，这对 DEM 总体误差的估算具有重要意义。王光霞等（2004）讨论了地形描述误差与空间分辨率和平均剖面曲率之间的关系。汤国安等（2001）研究了空间分辨率与地形的坡度对 DEM 精度的影响。

DEM 曲面复杂度包含曲面崎岖度和曲面起伏度。曲面崎岖度指水平方向曲面变化的频率，而曲面起伏度指垂直方向曲面变化的强度。众多学者提出各种参数用以刻画崎岖度和起伏度。例如，表面投影比、高程频率分布和坡向分布（Hobson，1972），分形维数和分形截距（黄金聪，1999），DEM 高程标准差（Evans，1972），地区中最大高度差与地区最大距离的比值（Elghazali and Hassan，1986），平均剖面曲率（汤国安等，2001），平均法矢量法（汤晓安等，2002），以及通过相邻两空间坡面的空间二面角表达的地形复杂度指数（王雷等，2004）等。也有许多研究者提出了各种混合模型，如地形起伏参数（最大高程与最小高程的差）、DEM 高程标准偏差和等高线密度（单位面积等高线长度总和与面积之比）（Gao，1998），地形起伏参数、高程标准偏差和坡度分布频率（李天文等，2004）。这些 DEM 曲面复杂度指标各有特点，但又有各自的局限性。Evans（1998）认为，地形参数与分形参数只能部分地解释真实地表复杂程度。

总体来说，目前刻画 DEM 曲面复杂度的参数可划分为单点 DEM 曲面参数和区域 DEM 曲面参数两类。单点 DEM 曲面参数中含有其坐标位置的坡度、坡向、曲率（水平曲率和剖面曲率）、DEM 局部崎岖度和 DEM 局部起伏度；DEM 区域曲面参数含有区域表面投影比、区域崎岖度、区域起伏度和单点 DEM 曲面参数的统计数（如均值、标准差和中位数等）。

为了分析 HASM 与其他方法在 DEM 内插时与曲面复杂度的关系，本书从真实曲面 $(x,y,f(x,y)|(x,y)\in\Omega)$ 出发，采用局部曲面投影比的方差作为曲面复杂度指标。一方面，局部曲面投影比可测算周围曲面值对计算网格点的影响；另一方面，方差可从整体区域来衡量曲面的变异。

对 $(x,y,f(x,y)|(x,y)\in\Omega)$ 来说，如果定义离散的正交计算格网点集为 $\bar{\Omega}$，分辨率为 h。对 Ω 的任意子域 Λ，记号 $S(\Lambda)$ 表示 Λ 的面积。对 $\bar{\Omega}$ 的任意子域 $\bar{\Lambda}$，记号 $D(\bar{\Lambda})$ 表示 $\bar{\Lambda}$ 中格网点数。对 $\bar{\Omega}$ 中的任意点 (x_i,y_j) 在 Ω 中的邻域为 $\bar{\Omega}_{i,j}=\left(\left[x_i-h,x_i+h\right]\times\left[y_j-h,y_j+h\right]\right)\cap\Omega$。点 (x_i,y_j) 的局部曲面面积投影比可定义为

$$\mathrm{tc}_{i,j}=\frac{\iint\limits_{\bar{\Omega}_{i,j}}\sqrt{1+f_x^2+f_y^2}\,\mathrm{d}x\mathrm{d}y}{S(\bar{\Omega}_{i,j})} \tag{3.66}$$

设 $\overline{\mathrm{tc}}=\dfrac{\sum\limits_{\bar{\Omega}}\mathrm{tc}_{i,j}}{D(\bar{\Omega})}$，全区域曲面投影化可定义为

$$\mathrm{TC}=\sqrt{\frac{\sum\limits_{\bar{\Omega}}(\mathrm{tc}_{i,j}-\overline{\mathrm{tc}})^2}{D(\bar{\Omega})}} \tag{3.67}$$

$\mathrm{tc}_{i,j}$ 在 $\bar{\Omega}$ 的所有点上都有定义，因此曲面投影比很好地考虑了整个区域的地形特征，适合进行曲面复杂度与 DEM 模拟误差的理论分析。这里采用无量纲的高斯曲面为标准曲面见式（3.68），用以比较分析模拟误差与曲面复杂度的关系。

$$\begin{aligned}G(A,B,C)=&A\times(1-(x-1)^2)\times\mathrm{e}^{(-(x-1)^2-y^2)}\\&-B\times(0.2\times(x-1)-(x-1)^3-(y-1)^5)\times\mathrm{e}^{(-(x-1)^2-(y-1)^2)}\\&-C\times\mathrm{e}^{(-x^2-(y-1)^2)},\qquad(x,y)\in[0,2]\times[0,2]\end{aligned} \tag{3.68}$$

在表 3.10 中，不同参数对应的曲面如图 3.10 所示，后两列表达曲面复杂度指数的曲面投影比和高程标准差都是在 61×61 尺度下进行计算的。从图 3.10 可以看到，不同参数的高斯曲面，大致的形状虽然一样，但高程范围依次扩大，高程标准差依次增大，曲面复杂度值依次增长。

表 3.10　曲面参数与复杂度

曲面	A	B	C	曲面投影比	高程标准差
G1	3	10	1/3	2.4	1.4
G2	30	100	3	24.2	13.5
G3	60	200	6	48.5	27.0
G4	90	300	9	72.8	40.6
G5	120	400	12	97.0	54.1
G6	150	500	24	122.2	69.4

为了比较分析不同复杂度曲面的模拟误差与地形复杂度之间的关系，本书运用 TIN（不规则三角网插值）、Cubic（三次多项式插值）、V4（四点样条插值）和 HASM 4 种方法模拟上述 6 个曲面。DEM 空间采样方法包括特征采样、随机采样、均匀采样和等高线采样等，这里主要针对随机采样进行误差回归分析。误差度量用均方根误差 RMSE，取 500 次随机采样计算结果误差的平均值。

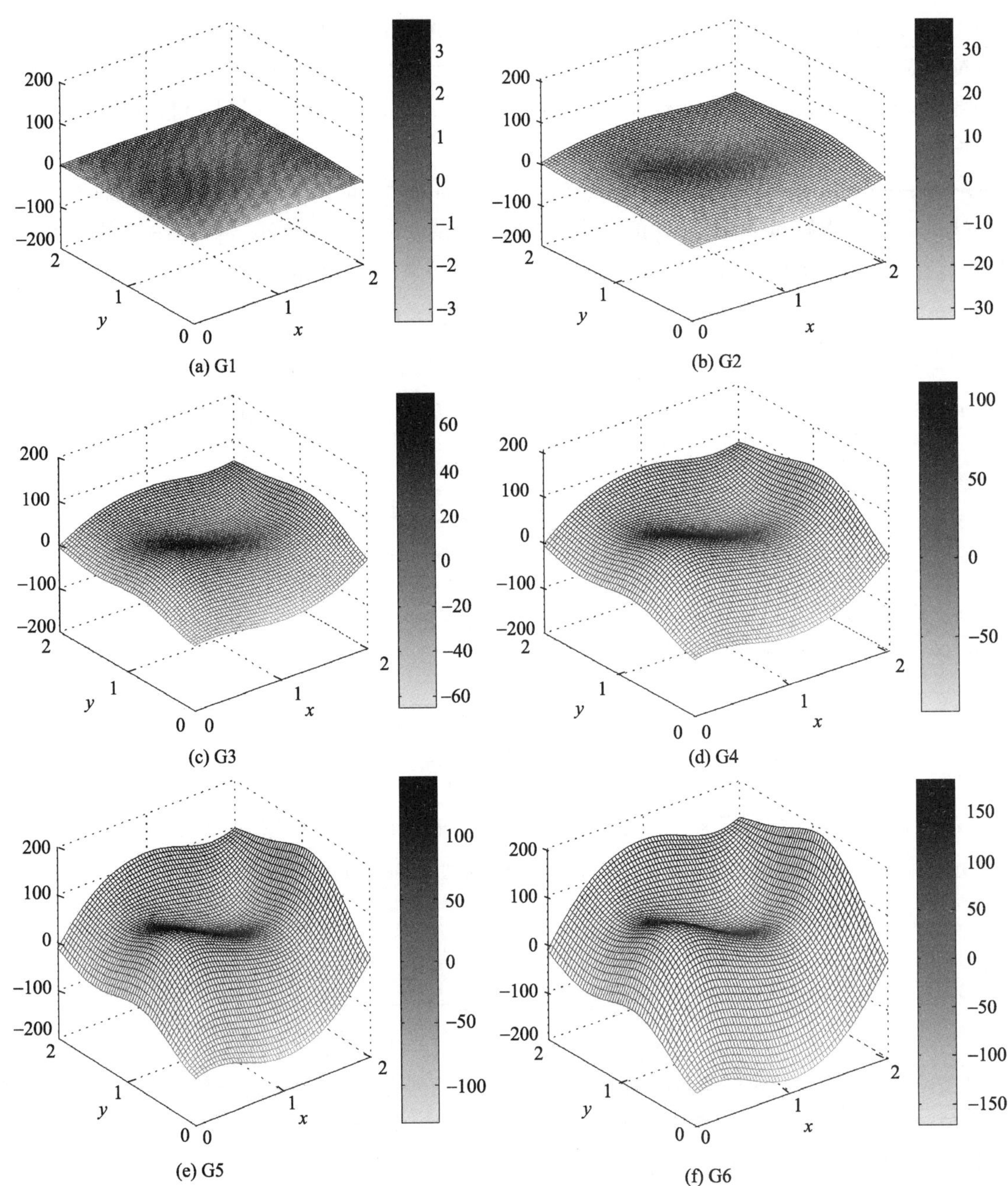

图 3.10　不同地形复杂度的高斯合成曲面

以 61×61 栅格的计算规模、744 个采样点为例，对 $G1$~$G6$ 进行了模拟。模拟结果发现，各种方法的模拟误差 RMSE 与曲面复杂度 TC 有很好的线性关系。当 TC 为 0 时（如曲面为 $f(x,y)=100$ 和 $f(x,y)=23x+14y+12$），TIN、Cubic、V4 和 HASM 四种方法的模拟误差 RMSE 都为 0。因此，RMSE 和 TC 的线性关系可表达为

$$\text{RMSE}=\text{CR}\cdot\text{TC} \tag{3.69}$$

式中，CR 为回归系数，由最小二乘方法计算获得（表 3.11，图 3.11）。回归结果表明，计算误差 RMSE 与曲面复杂度 TC 的相关系数非常接近于 1，对各种方法而言，RMSE 与曲面复杂度指数 TC 有强烈的线性相关性。就回归系数 CR 来说，HASM、V4、Cubic 和 TIN 四种方法对应的 CR 依次增大。也就是说，当曲面复杂度增加时，HASM 误差增加较少（图 3.11）。

通过数值模拟发现，当采样点数变化时，各方法的回归系数 CR 都随着采样点的增加而减少，这说明当曲面复杂度增强时，需要通过增加采样来减小模拟误差。定义采样率为

表 3.11　各方法的回归结果

计算方法	TIN	Cubic	V4	HASM
相关系数	0.9999	0.9999	0.9999	0.9999
RMSE	0.018	0.019	0.016	0.012
CR	7×10^{-3}	4×10^{-3}	0.8×10^{-3}	0.5×10^{-3}

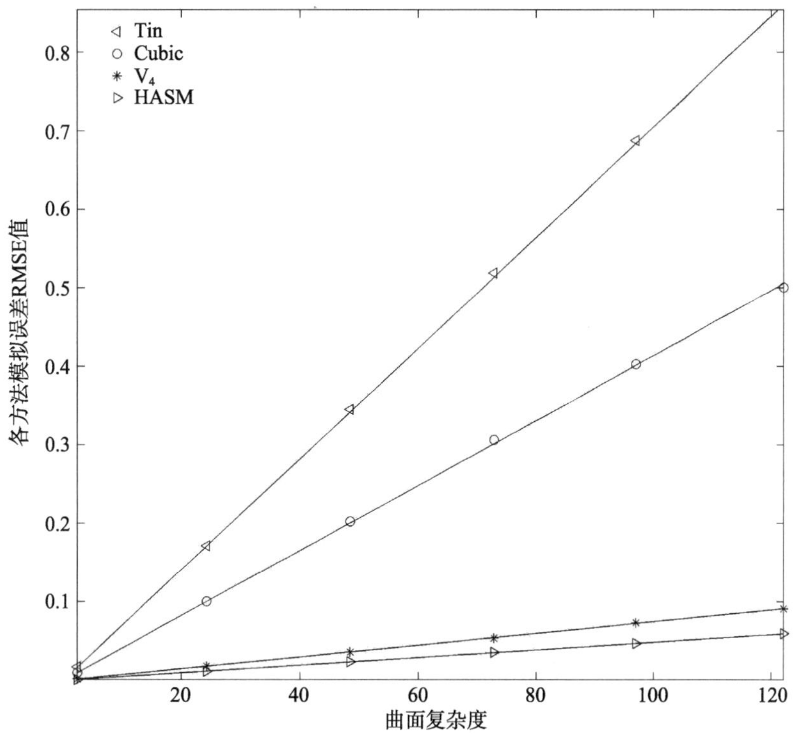

图 3.11　曲面复杂度与模拟误差

$$\mathrm{SR}=\frac{N}{D(\bar{\Omega})} \tag{3.70}$$

式中，N 为采样点个数；$D(\bar{\Omega})$ 为计算域 $\bar{\Omega}$ 中的栅格总数。

对 $G1$~$G6$ 六个曲面，以 31×31 为计算网格规模，分别取 N 为 38、57、76、96、115、134、153、172 和 192，计算曲面复杂度与模拟误差的回归系数 CR 。从计算结果可以看到，回归系数 CR 与采样率 SR 之间并不是简单的线性关系（图 3.12）。理论上，如果采样率 SR 为 100%，则 CR 应该为 0，因为此时各方法的模拟误差应该为 0。回归系数 CR 与采样率的 SR 的回归方程可分别表达为（图 3.12）

$$\mathrm{CR}_{\mathrm{TIN}}=-0.011\times(1-\mathrm{SR}^{-0.7145}) \tag{3.71}$$

$$\mathrm{CR}_{\mathrm{Cubic}}=-0.00496\times(1-\mathrm{SR}^{-0.8623}) \tag{3.72}$$

$$\mathrm{CR}_{\mathrm{V4}}=-0.0006\times(1-\mathrm{SR}^{-1.2188}) \tag{3.73}$$

$$\mathrm{CR}_{\mathrm{HASM}}=-0.0004\times(1-\mathrm{SR}^{-1.3061}) \tag{3.74}$$

将式（3.71）~式（3.74）可抽象为以下统一表达式：

$$\mathrm{CR}=A\cdot(1-\mathrm{SR}^{B}) \tag{3.75}$$

从计算过程可以发现，参数 A 和 B 随着分辨率的变化而变化。设 h 为计算分辨率，N 为采样点数，TC 为曲面复杂度。结合以上的模拟结果，可得

$$\mathrm{RMSE}(\mathrm{TC},h,\mathrm{SR})=\mathrm{CR}\cdot\mathrm{TC}=A\cdot\left(1-\mathrm{SR}^{B}\right)\cdot\mathrm{TC}=\left(a\cdot h^{b}\right)\cdot(1-\mathrm{SR}^{c\cdot h+d})\cdot\mathrm{TC} \tag{3.76}$$

其中各方法参数 a 、b 、c 和 d 的值见表 3.12。

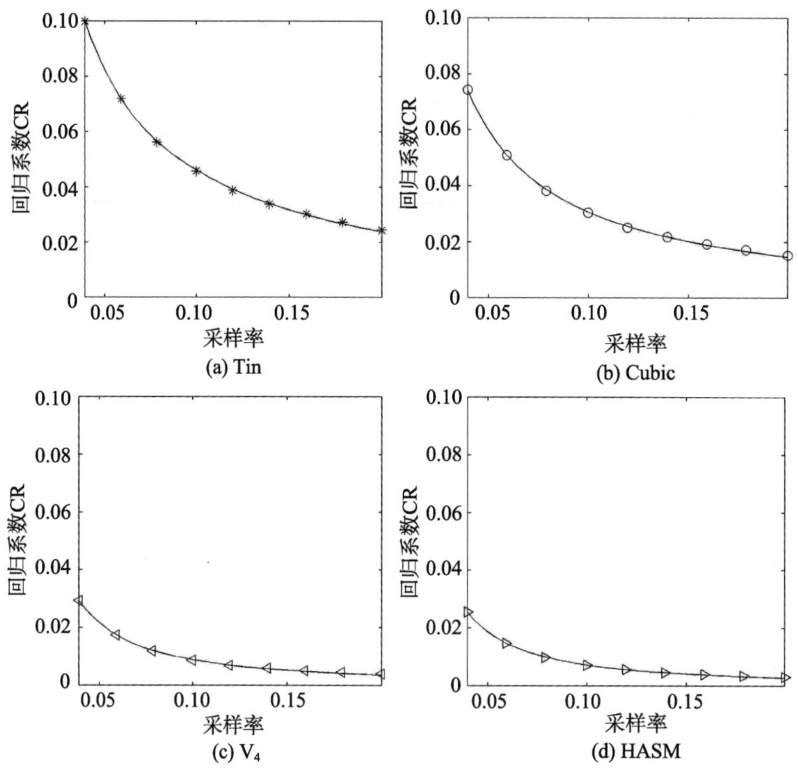

图 3.12　回归系数 CR 与采样率 SR 相互关系

表 3.12　各建模方法误差预测公式的回归参数

建模方法	a	b	c	d
TIN	−3.9664	2.1602	3.1762	−0.9254
Cubic	−1.0274	1.9701	0.3612	−0.9074
V4	−0.0987	1.9544	−6.2493	−0.9226
HASM	−0.0737	2.0407	−8.7071	−0.9054

3.6　讨　　论

在驱动场误差较大的情况下，HASMabc 模拟精度远高于 HASMab；在驱动场精度较高的情况下，HASMabc 模拟精度略高于 HASMab。用户可以根据自己所用计算机的性能和计算需求来选择算法。在计算机性能有保障的情况下，应该选择 HASMabc，以便获得更高的模拟精度；但在大数据且需要快速求解的情况下，可以考虑牺牲一点精度，选择 HASMab。鉴于目前的计算能力（关于并行计算，可参考第 11 章），实用 HASM 的主方程可表达为

$$\begin{cases} \dfrac{f_{i+1,j}^{(n+1)}-2f_{i,j}^{(n+1)}+f_{i-1,j}^{(n+1)}}{h^2}=\left(\Gamma_{11}^1\right)_{i,j}^{(n)}\dfrac{f_{i+1,j}^{(n)}-f_{i-1,j}^{(n)}}{2h}+\left(\Gamma_{11}^2\right)_{i,j}^{(n)}\dfrac{f_{i,j+1}^{(n)}-f_{i,j-1}^{(n)}}{2h} \\ \qquad +\dfrac{L_{i,j}^{(n)}}{\sqrt{E_{i,j}^{n}+G_{i,j}^{n}-1}} \\ \dfrac{f_{i,j+1}^{(n+1)}-2f_{i,j}^{(n+1)}+f_{i,j-1}^{(n+1)}}{h^2}=\left(\Gamma_{22}^1\right)_{i,j}^{(n)}\dfrac{f_{i+1,j}^{(n)}-f_{i-1,j}^{(n)}}{2h}+\left(\Gamma_{22}^2\right)_{i,j}^{(n)}\dfrac{f_{i,j+1}^{(n)}-f_{i,j-1}^{(n)}}{2h} \\ \qquad +\dfrac{N_{i,j}^{(n)}}{\sqrt{E_{i,j}^{(n)}+G_{i,j}^{(n)}-1}} \end{cases} \tag{3.77}$$

式（3.64）的矩形形式为

$$\begin{cases} \boldsymbol{A}\cdot\boldsymbol{z}^{(n+1)}=\boldsymbol{d}^{(n)} \\ \boldsymbol{B}\cdot\boldsymbol{z}^{(n+1)}=\boldsymbol{q}^{(n)} \end{cases} \tag{3.78}$$

结合采样数据，可得到 HASM 的等式约束优化控制表达为

$$\begin{cases} \min\left\|\begin{bmatrix}\boldsymbol{A}\\ \boldsymbol{B}\end{bmatrix}\cdot\boldsymbol{z}^{(n+1)}-\begin{bmatrix}\boldsymbol{d}^{(n)}\\ \boldsymbol{q}^{(n)}\end{bmatrix}\right\| \\ s.t.\quad \boldsymbol{S}\cdot\boldsymbol{z}^{(n+1)}=\boldsymbol{k} \end{cases} \tag{3.79}$$

即，当 $\boldsymbol{S}\cdot\boldsymbol{z}^{(n+1)}=\boldsymbol{k}$ 时，求 $\left\|\begin{bmatrix}\boldsymbol{A}\\ \boldsymbol{B}\end{bmatrix}\cdot\boldsymbol{z}^{(n+1)}-\begin{bmatrix}\boldsymbol{d}^{(n)}\\ \boldsymbol{q}^{(n)}\end{bmatrix}\right\|$ 的最小值。

HASM 迭代模拟过程可总结如下：①将计算域归一化为 $[0,Lx]\times[0,Ly]$（$\max(Lx,Ly)=1$），进行区域离散；②利用采样数据 $(x_i,y_j,\bar{f}_{i,j})$ 对 Ω 进行插值，计算得 $\{\tilde{f}_{i,j}\}$，令 $\{f_{i,j}^{(0)}\}=\{\tilde{f}_{i,j}\}$；③用 $\{f_{i,j}^{(n)}\}$（$n\geqslant 0$）计算第一基本量 $E^{(n)}$、$F^{(n)}$ 和 $G^{(n)}$，以及第二基本量 $L^{(n)}$ 和 $N^{(n)}$；④对 $n\geqslant 0$，求解线性代数方程（3.79），得到 $\{f_{i,j}^{(n+1)}\}$；⑤重复迭代过程直到迭代误差小于收敛参数 ε。

根据实际计算的问题和计算的精度要求，迭代收敛的判断标准可从以下表达中选择：$\max\limits_{i,j}\left(\dfrac{|f_{i,j}^{(n)}-f_{i,j}^{(n+1)}|}{|f_{i,j}^{n+1}|}\right)\leqslant\varepsilon$、$\max\limits_{i,j}(|f_{i,j}^{(n)}-f_{i,j}^{(n+1)}|)\leqslant\varepsilon$、$\sum\limits_{i,j}\left(\dfrac{|f_{i,j}^{(n)}-f_{i,j}^{(n+1)}|}{I\times J|f_{i,j}^{n+1}|}\right)\leqslant\varepsilon$ 或 $\sum\limits_{i,j}\dfrac{|f_{i,j}^{(n)}-f_{i,j}^{(n+1)}|}{I\times J}\leqslant\varepsilon$ 等。

如果在非球面坐标系下进行地球表层系统模拟，必须选择一个恰当的地理坐标与笛卡儿坐标之间的地图投影变换。地理坐标与笛卡儿坐标的相互关系一般可表达为

$$\begin{cases} x=f_1(\phi,\lambda) \\ y=f_2(\phi,\lambda) \end{cases} \tag{3.80}$$

$$\begin{cases} \phi=g_1(x,y) \\ \lambda=g_2(x,y) \end{cases} \tag{3.81}$$

式中，x 为以赤道与格林尼治子午线交点为原点的笛卡儿坐标横坐标；y 为与格林尼治子午线重合的纵坐标；ϕ 为纬度；λ 为经度。

因为 HASM 的计算域一般要求进行正交剖分，所以墨卡托投影是 HASM 的最佳投影变换，其关系式可表达为（Maling, 1992）

$$\begin{cases} x=a\cdot\lambda \\ y=a\cdot\ln\tan\left(\dfrac{\pi}{4}+\dfrac{\phi}{2}\right)\left(\dfrac{1-e\cdot\sin\phi}{1+e\cdot\sin\phi}\right)^{e/2}+C \end{cases} \tag{3.82}$$

式中，x 为以赤道与格林尼治子午线交点为原点的笛卡儿坐标系横坐标；y 为与格林尼治子午线重合的纵坐标；ϕ 为纬度；λ 为经度；a 为地球主半轴；$e=\left(\dfrac{a^2-b^2}{a^2}\right)^{1/2}$，为地球第一离心率；$b$ 为地球次半轴；C 为投影常数。

第 4 章　应用型 HASM 方程组求解方法*

4.1 引　　言

鉴于目前个人计算机的计算能力，为了使 HASM 能得到广泛应用，可以忽略其主方程中有较大内存需求的一个方程，形成了运算度较快的 HASM 简化形式：HASMab。虽然 HASMab 的精度和稳定性有所降低，但仍远优于经典方法。本章的应用型 HASM 方程组求解指 HASMab 方程组求解。

求解大型稀疏线性系统的方法可区分为直接算法和迭代算法（Fox *et al*., 1948; Dietl, 2007）。将系数矩阵分解为便于矩阵求逆的直接算法，只有在完成所有求解步骤以后才可得到系统的解。如果一个问题的解不够精确，逐次逼近的自我修正方法可提供一个收敛于真解的数列，这种逐次逼近方法通常称为迭代算法。迭代算法在每步迭代都可以得到一个近似解，其精度被逐步改进。

如果计算机内存和计算时间允许，直接算法是很有效的（Duff *et al*., 1986; George and Liu, 1981），可以进行相当规模的线性系统求解，尤其是二维问题和非偏微分方程问题（Benzi, 2002）。例如，陈玉明和李洪兴（1996）提出了模糊关系方程保守路径的直接算法。为了改进公钥密码系，付治国等（2010）提出了亏格为 2 的超椭圆曲线除子类群的直接算法。蒋宏锋（2010）基于线性规划逐维迭优强多项式算法的基本理论，提出了运输问题直接算法。徐军和吕英华（2010）利用双细线回路方程构建矩阵模型，直接求解电感矩阵，降低了分析复杂度。然而，对超大规模求解问题，迭代算法是唯一选择。迭代算法较直接算法对计算机内存需求小，需要的运算也少得多。

将一个矩阵分解为一个下三角矩阵和一个上三角矩阵乘积的过程，通常被称为 LU 分解。高斯消去法是基于 LU 分解的最著名直接算法。如果这个矩阵共轭且对称正定，则此 LU 分解可表达为 Cholesky 分解。Fox 等（1948）通过数值实验比较分析了高斯消去法、正交矢量法和 Cholesky 法，结果显示 Cholesky 法速度最快、精度最高。Simon（1989）认为，对不规则结构问题，直接算法仍是备选之法。但是，对于偏微分方程问题和三维建模，由于消去过程太复杂、对计算机内存需求太大，直接算法无法使用，必须用迭代算法求解（Saad and van der Vorst, 2000）。

我国学者在迭代算法方面取得了许多研究成果。例如，钟万勰和林家浩（1990）提出了不对称实矩阵的本征对共轭子空间迭代算法。白中治（1995，1997）基于矩阵多重分裂的概念，运用线性迭代法的松弛加速技巧，提出了异步并行矩阵多分裂块松弛迭代算法。王才良等（2006）通过引入与对极距离有关的权因子，给出了一种高精度估计基础矩阵的线性迭代算法。刘晓辉和张超权（2007）提出了非负不可约矩阵最大特征值的迭代算法。彭谦等（2008）针对输电系统和配电系统不同的量测类型，提出一种基于导纳矩阵方程，计算快速、实施方便的迭代算法。伍俊良等（2009）基于迹占优矩阵和广义迹占优矩阵的概念，结合最优化理论和广义迹占优矩阵的性质，提出了迹占优矩阵的迭代算法。尚丽娜和张凯院（2010）利用共轭梯度法，建立了求解 Lyapunov 矩阵方程双对称解的迭代算法。

如果迭代算法在一些应用中失灵，则需要对求解系统进行预处理（preconditioning）。1937 年，Cesari 将预处理方法首次用于改进迭代过程的收敛速度。1948 年，Turing 使其成为改进求解过程的标准术语。通过将预处理器（preconditioner）引入迭代求解过程，可以最大限度加快收敛速度（Evans, 1968）。

预处理是有效解决科学计算中疑难问题的重要手段（Benzi, 2002）。预处理是指通过改善系数矩阵的谱

* 陈传法为本章主要合著者。

性质将系统 $\boldsymbol{W}\cdot\boldsymbol{z}^{(n+1)}=\boldsymbol{v}^{(n)}$ 转换成有助于迭代求解的另一个系统。预处理器是加速迭代收敛速度的转换矩阵。如果 $\boldsymbol{P}$ 是近似于 $\boldsymbol{W}$ 的非奇异矩阵，也就是说，$\boldsymbol{P}^{-1}\cdot\boldsymbol{W}$ 近似于单位矩阵，则线性系统 $\boldsymbol{P}^{-1}\cdot\boldsymbol{W}\cdot\boldsymbol{z}^{(n+1)}=\boldsymbol{P}^{-1}\cdot\boldsymbol{v}^{(n)}$ 与 $\boldsymbol{W}\cdot\boldsymbol{z}^{(n+1)}=\boldsymbol{v}^{(n)}$ 有相同的解，但 $\boldsymbol{P}^{-1}\cdot\boldsymbol{W}\cdot\boldsymbol{z}^{(n+1)}=\boldsymbol{P}^{-1}\cdot\boldsymbol{v}^{(n)}$ 更易于求解。在这种情况下，$\boldsymbol{P}$ 即为预处理器（Faddeev and Faddeeva, 1963）。

对不同的应用问题，已形成了各种预处理算法。例如，为了解决大尺度边界值问题，提出了半解析法（Bulgakov, 1993）。为了计算包含稠密不可缩病态矩阵的大型线性方程组稳定近似解，发展了逐次逼近的分解预处理算法（Timonov, 2001）。在构建最小二乘逼近基函数的基础上，为具有区域分解功能的径向基函数法发展了预处理方案（Ling and Kansa, 2004）。近似基函数预处理技术被用于求解含径向基函数的偏微分方程问题（Brown *et al.*, 2005）。为了求解二阶标量椭圆型微分方程产生的线性系统，提出了基于聚合的多层代数预处理算法（Notay, 2006）。Darvishi 预处理算法被用于求解时间动态偏微分方程（Javidi *et al.*, 2006）；多层函数预处理算法被用于最优形状设计（Courty and Dervieux, 2006）。叠加倍增二层谱预处理算法被引入对称和非对称线性系统的求解（Carpentier *et al.*, 2007）。实数等价表达的块预处理器被发展用于原始复数表达（Benzi and Bertaccini, 2008）。等价算子预处理算法用于解决椭圆型问题（Axelsson and Karátson, 2009）。简言之，预处理是改进迭代方法收敛性的必不可少技术。

从本章后续的矩阵分析将会发现，高精度曲面建模（HASM）方法的系数矩阵 $\boldsymbol{W}$ 是一个对称正定的大型稀疏矩阵。以下将针对这个特殊的线性系统，比较分析 HASM 高斯消去法（HASM-GE）和 HASM 平方根法（HASM-SR）等直接算法，以及 HASM 高斯–赛德尔算法（HASM-GS）、HASM 预处理高斯–赛德尔算法（HASM-PGS）、HASM 共轭梯度法（HASM-CG）和 HASM 预处理共轭梯度法（HASM- PCG）等迭代算法的计算效率。

4.2 HASM 直接算法

如果 $\{(x_i,y_j)\,|\,0\leqslant i\leqslant I+1,\ 0\leqslant j\leqslant J+1\}$ 为标准化计算域的栅格单元，h 为计算步长，则高精度曲面建模（HASM）方法的主方程有限差分形式可表达为（Yue *et al.*, 2007a, 2008a, 2010b; Yue and Song, 2008）

$$\begin{cases} f_{i+1,j}-2f_{i,j}+f_{i-1,j}=(\Gamma_{11}^1)_{i,j}\cdot\dfrac{f_{i+1,j}-f_{i-1,j}}{2}\cdot h+\left(\Gamma_{11}^2\right)_{i,j}\cdot\dfrac{f_{i,j+1}-f_{i,j-1}}{2}\cdot h+\dfrac{L_{i,j}}{\sqrt{E_{i,j}+G_{i,j}-1}}\cdot h^2 \\ f_{i,j+1}-2f_{i,j}+f_{i,j-1}=(\Gamma_{22}^1)_{i,j}\cdot\dfrac{f_{i+1,j}-f_{i-1,j}}{2}\cdot h+\left(\Gamma_{22}^2\right)_{i,j}\cdot\dfrac{f_{i,j+1}-f_{i,j-1}}{2}\cdot h+\dfrac{N_{i,j}}{\sqrt{E_{i,j}+G_{i,j}-1}}\cdot h^2 \end{cases} \tag{4.1}$$

式中，

$$E_{i,j}=1+\left(\frac{f_{i+1,j}-f_{i-1,j}}{2h}\right)^2$$

$$G_{i,j}=1+\left(\frac{f_{i,j+1}-f_{i,j-1}}{2h}\right)^2$$

$$F_{i,j}=\left(\frac{f_{i+1,j}-f_{i-1,j}}{2h}\right)\left(\frac{f_{i,j+1}-f_{i,j-1}}{2h}\right)$$

$$L_{i,j}=\frac{\dfrac{f_{i+1,j}-2f_{i,j}+f_{i-1,j}}{h^2}}{\sqrt{1+\left(\dfrac{f_{i+1,j}-f_{i-1,j}}{2h}\right)^2+\left(\dfrac{f_{i,j+1}-f_{i,j-1}}{2h}\right)^2}}$$

$$N_{i,j}=\frac{\dfrac{f_{i,j+1}-2f_{i,j}+f_{i,j-1}}{h^2}}{\sqrt{1+\left(\dfrac{f_{i+1,j}-f_{i-1,j}}{2h}\right)^2+\left(\dfrac{f_{i,j+1}-f_{i,j-1}}{2h}\right)^2}}$$

$$(\Gamma_{11}^1)_{i,j}=\frac{G_{i,j}(E_{i+1,j}-E_{i-1,j})-2F_{i,j}(F_{i+1,j}-F_{i-1,j})+F_{i,j}(E_{i,j+1}-E_{i,j-1})}{4\left(E_{i,j}\cdot G_{i,j}-\left(F_{i,j}\right)^2\right)h}$$

$$(\Gamma_{11}^2)_{i,j}=\frac{2E_{i,j}(F_{i+1,j}-F_{i-1,j})-E_{i,j}(E_{i,j+1}-E_{i,j-1})-F_{i,j}(E_{i+1,j}-E_{i-1,j})}{4\left(E_{i,j}\cdot G_{i,j}-\left(F_{i,j}\right)^2\right)h}$$

$$(\Gamma_{22}^1)_{i,j}=\frac{2G_{i,j}(F_{i,j+1}-F_{i,j-1})-G_{i,j}(G_{i+1,j}-G_{i-1,j})-F_{i,j}(G_{i,j+1}-G_{i,j-1})}{4\left(E_{i,j}\cdot G_{i,j}-\left(F_{i,j}\right)^2\right)h}$$

$$(\Gamma_{22}^2)_{i,j}=\frac{E_{i,j}(G_{i,j+1}-G_{i,j-1})-2F_{i,j}(F_{i,j+1}-F_{i,j-1})+F_{i,j}(G_{i+1,j}-G_{i-1,j})}{4\left(E_{i,j}\cdot G_{i,j}-\left(F_{i,j}\right)^2\right)h}$$

设 $\boldsymbol{z}=\left(f_{1,1},\cdots,f_{1,J},\cdots,f_{I-1,1},\cdots,f_{I-1,J},f_{I,1},\cdots,f_{I,J}\right)^{\mathrm{T}}$，$\overline{f}_{i,j}$ 为 $z=f\left(x,y\right)$ 在第 p 个采样点 $\left(x_i,y_j\right)$ 处的采样值，$\tilde{\boldsymbol{z}}=(\tilde{f}_{1,1},\cdots,\tilde{f}_{1,J},\cdots\cdots,\tilde{f}_{I-1,1},\cdots,\tilde{f}_{I-1,J},\tilde{f}_{I,1},\cdots,\tilde{f}_{I,J})^{\mathrm{T}}$ 为基于采样点集 $\left\{\overline{f}_{i,j}\right\}$ 的插值，则 HASM 可表达为以下矩阵表达形式：

$$\begin{bmatrix}\boldsymbol{A}^{\mathrm{T}} & \boldsymbol{B}^{\mathrm{T}} & \lambda\cdot\boldsymbol{S}^{\mathrm{T}}\end{bmatrix}\begin{bmatrix}\boldsymbol{A}\\ \boldsymbol{B}\\ \lambda\cdot\boldsymbol{S}\end{bmatrix}\boldsymbol{z}=\begin{bmatrix}\boldsymbol{A}^{\mathrm{T}} & \boldsymbol{B}^{\mathrm{T}} & \lambda\cdot\boldsymbol{S}^{\mathrm{T}}\end{bmatrix}\begin{bmatrix}\tilde{\boldsymbol{d}}\\ \tilde{\boldsymbol{q}}\\ \lambda\cdot\boldsymbol{k}\end{bmatrix} \tag{4.2}$$

式中，采样位置矩阵 $\boldsymbol{S}$ 的非零元素可表达为 $s_{p,(i-1)\times J+j}=1$；相应采样值向量 $\boldsymbol{k}$ 的元素为 $k_p=\overline{f}_{i,j}$；

$$\tilde{\boldsymbol{d}}=\left[\tilde{\boldsymbol{d}}_1,\tilde{\boldsymbol{d}}_2,\cdots,\tilde{\boldsymbol{d}}_{I-1},\tilde{\boldsymbol{d}}_I\right]^{\mathrm{T}}$$

$$\tilde{\boldsymbol{q}}=\left[\tilde{\boldsymbol{q}}_1,\tilde{\boldsymbol{q}}_2,\cdots,\tilde{\boldsymbol{q}}_{I-1},\tilde{\boldsymbol{q}}_I\right]^{\mathrm{T}}$$

$$\tilde{\boldsymbol{d}}_1=\begin{bmatrix}
\dfrac{\tilde{f}_{2,1}-\tilde{f}_{0,1}}{2}\cdot(\Gamma_{11}^1)_{1,1}\cdot h+\dfrac{\tilde{f}_{1,2}-\tilde{f}_{1,0}}{2}\cdot\left(\tilde{\Gamma}_{11}^2\right)_{1,1}\cdot h+\dfrac{\tilde{L}_{1,1}}{\sqrt{\tilde{E}_{1,1}+\tilde{G}_{1,1}-1}}\cdot h^2-\tilde{f}_{0,1}\\
\dfrac{\tilde{f}_{2,2}-\tilde{f}_{0,2}}{2}\cdot(\tilde{\Gamma}_{11}^1)_{1,2}\cdot h+\dfrac{\tilde{f}_{1,3}-\tilde{f}_{1,1}}{2}\cdot\left(\tilde{\Gamma}_{11}^2\right)_{1,2}\cdot h+\dfrac{\tilde{L}_{1,2}}{\sqrt{\tilde{E}_{1,2}+\tilde{G}_{1,2}-1}}\cdot h^2-\tilde{f}_{0,2}\\
\vdots\\
\dfrac{\tilde{f}_{2,j}-\tilde{f}_{0,j}}{2}\cdot(\tilde{\Gamma}_{11}^1)_{1,j}\cdot h+\dfrac{\tilde{f}_{1,j+1}-\tilde{f}_{1,j-1}}{2}\cdot\left(\tilde{\Gamma}_{11}^2\right)_{1,j}\cdot h+\dfrac{\tilde{L}_{1,j}}{\sqrt{\tilde{E}_{1,j}+\tilde{G}_{1,j}-1}}\cdot h^2-\tilde{f}_{0,j}\\
\vdots\\
\dfrac{\tilde{f}_{2,J-1}-\tilde{f}_{0,J-1}}{2}\cdot(\tilde{\Gamma}_{11}^1)_{1,J-1}\cdot h+\dfrac{f_{1,J}-\tilde{f}_{1,J-2}}{2}\cdot\left(\tilde{\Gamma}_{11}^2\right)_{1,J-1}\cdot h+\dfrac{\tilde{L}_{1,J-1}}{\sqrt{\tilde{E}_{1,J-1}+\tilde{G}_{1,J-1}-1}}\cdot h^2-\tilde{f}_{0,J-1}\\
\dfrac{\tilde{f}_{2,J}-\tilde{f}_{0,J}}{2}\cdot(\tilde{\Gamma}_{11}^1)_{1,J}\cdot h+\dfrac{\tilde{f}_{1,J+1}-\tilde{f}_{1,J-1}}{2}\cdot\left(\tilde{\Gamma}_{11}^2\right)_{1,J}\cdot h+\dfrac{\tilde{L}_{1,J}}{\sqrt{\tilde{E}_{1,J}+\tilde{G}_{1,J}-1}}\cdot h^2-\tilde{f}_{0,J}
\end{bmatrix}_{J\times1}^{\mathrm{T}}$$

对 $i=2,3,\cdots,I-2,I-1$，则为

$$
\tilde{\boldsymbol{d}}_i=\begin{bmatrix}
\dfrac{\tilde f_{i+1,1}-\tilde f_{i-1,1}}{2}\cdot(\tilde\Gamma_{11}^1)_{i,1}\cdot h+\dfrac{\tilde f_{i,2}-\tilde f_{i,0}}{2}\cdot\left(\tilde\Gamma_{11}^2\right)_{i,1}\cdot h+\dfrac{\tilde L_{i,1}}{\sqrt{\tilde E_{i,1}+\tilde G_{i,1}-1}}\cdot h^2\\
\dfrac{\tilde f_{i+1,2}-\tilde f_{i-1,2}}{2}\cdot(\tilde\Gamma_{11}^1)_{i,2}\cdot h+\dfrac{\tilde f_{i,3}-\tilde f_{i,1}}{2}\cdot\left(\tilde\Gamma_{11}^2\right)_{i,2}\cdot h+\dfrac{\tilde L_{i,2}}{\sqrt{\tilde E_{i,2}+\tilde G_{i,2}-1}}\cdot h^2\\
\vdots\\
\dfrac{\tilde f_{i+1,j}-\tilde f_{i-1,j}}{2}\cdot(\tilde\Gamma_{11}^1)_{i,j}\cdot h+\dfrac{\tilde f_{i,j+1}-\tilde f_{i,j-1}}{2}\cdot\left(\tilde\Gamma_{11}^2\right)_{i,j}\cdot h+\dfrac{\tilde L_{i,j}}{\sqrt{\tilde E_{i,j}+\tilde G_{i,j}-1}}\cdot h^2\\
\vdots\\
\dfrac{\tilde f_{i+1,J-1}-\tilde f_{i-1,J-1}}{2}\cdot(\tilde\Gamma_{11}^1)_{i,J-1}\cdot h+\dfrac{\tilde f_{i,J}-\tilde f_{i,J-2}}{2}\cdot\left(\tilde\Gamma_{11}^2\right)_{i,J-1}\cdot h+\dfrac{\tilde L_{i,J-1}}{\sqrt{\tilde E_{i,J-1}+\tilde G_{i,J-1}-1}}\cdot h^2\\
\dfrac{\tilde f_{i+1,J}-\tilde f_{i-1,J}}{2}\cdot(\tilde\Gamma_{11}^1)_{i,J}\cdot h+\dfrac{\tilde f_{i,J+1}-\tilde f_{i,J-1}}{2}\cdot\left(\tilde\Gamma_{11}^2\right)_{i,J}\cdot h+\dfrac{\tilde L_{i,J}}{\sqrt{\tilde E_{i,J}+\tilde G_{i,J}-1}}\cdot h^2
\end{bmatrix}_{J\times 1}^{\mathrm{T}}
$$

$$
\tilde{\boldsymbol{d}}_I=\begin{bmatrix}
\dfrac{\tilde f_{I+1,1}-\tilde f_{I-1,1}}{2}\cdot(\tilde\Gamma_{11}^1)_{I,1}\cdot h+\dfrac{\tilde f_{I,2}-\tilde f_{I,0}}{2}\cdot\left(\tilde\Gamma_{11}^2\right)_{I,1}\cdot h+\dfrac{h^2\cdot\tilde L_{I,1}}{\sqrt{\tilde E_{I,1}+\tilde G_{I,1}^n-1}}-\tilde f_{I+1,1}\\
\dfrac{\tilde f_{I+1,2}-\tilde f_{I-1,2}}{2}\cdot(\tilde\Gamma_{11}^1)_{I,2}\cdot h+\dfrac{\tilde f_{I,3}-\tilde f_{I,1}}{2}\cdot\left(\tilde\Gamma_{11}^2\right)_{I,2}\cdot h+\dfrac{h^2\cdot\tilde L_{I,2}}{\sqrt{\tilde E_{I,2}+\tilde G_{I,2}-1}}-\tilde f_{I+1,2}\\
\vdots\\
\dfrac{\tilde f_{I+1,j}-\tilde f_{I-1,j}}{2}\cdot(\tilde\Gamma_{11}^1)_{I,j}\cdot h+\dfrac{\tilde f_{I,j+1}-\tilde f_{I,j-1}}{2}\cdot\left(\tilde\Gamma_{11}^2\right)_{I,j}\cdot h+\dfrac{h^2\cdot\tilde L_{I,j}}{\sqrt{\tilde E_{I,j}+\tilde G_{I,j}-1}}-\tilde f_{I+1,j}\\
\vdots\\
\dfrac{\tilde f_{I+1,J-1}-\tilde f_{I-1,J-1}}{2}\cdot(\tilde\Gamma_{11}^1)_{I,J-1}\cdot h+\dfrac{\tilde f_{I,J}-\tilde f_{I,J-2}}{2}\cdot\left(\tilde\Gamma_{11}^2\right)_{I,J-1}\cdot h+\dfrac{h^2\cdot\tilde L_{I,J-1}}{\sqrt{\tilde E_{I,J-1}+\tilde G_{I,J-1}-1}}-\tilde f_{I+1,J-1}\\
\dfrac{\tilde f_{I+1,J}-\tilde f_{I-1,J}^n}{2}\cdot(\tilde\Gamma_{11}^1)_{I,J}\cdot h+\dfrac{\tilde f_{I,J+1}-\tilde f_{I,J-1}}{2}\cdot\left(\tilde\Gamma_{11}^2\right)_{I,J}\cdot h+\dfrac{h^2\cdot\tilde L_{I,J}}{\sqrt{\tilde E_{I,J}+\tilde G_{I,J}-1}}-\tilde f_{I+1,J}
\end{bmatrix}_{J\times 1}^{\mathrm{T}}
$$

对 $i=1,2,\cdots,I$，则为

$$
\tilde{\boldsymbol{q}}_i=\begin{bmatrix}
\dfrac{\tilde f_{i+1,1}-\tilde f_{i-1,1}}{2}\cdot(\tilde\Gamma_{22}^1)_{i,1}\cdot h+\dfrac{\tilde f_{i,2}-\tilde f_{i,0}}{2}\cdot\left(\tilde\Gamma_{22}^2\right)_{i,1}\cdot h+\dfrac{\tilde N_{i,1}}{\sqrt{\tilde E_{i,1}+\tilde G_{i,1}-1}}\cdot h^2-\tilde f_{i,0}\\
\dfrac{\tilde f_{i+1,2}-\tilde f_{i-1,2}}{2}\cdot(\tilde\Gamma_{22}^1)_{i,2}\cdot h+\dfrac{\tilde f_{i,3}-\tilde f_{i,1}}{2}\cdot\left(\tilde\Gamma_{22}^2\right)_{i,2}\cdot h+\dfrac{\tilde N_{i,2}}{\sqrt{\tilde E_{i,2}+\tilde G_{i,2}-1}}\cdot h^2\\
\vdots\\
\dfrac{\tilde f_{i+1,j}-\tilde f_{i-1,j}}{2}\cdot(\tilde\Gamma_{22}^1)_{i,j}\cdot h+\dfrac{\tilde f_{i,j+1}-\tilde f_{i,j-1}}{2}\cdot\left(\tilde\Gamma_{22}^2\right)_{i,j}\cdot h+\dfrac{\tilde N_{i,j}}{\sqrt{\tilde E_{i,j}+\tilde G_{i,j}-1}}\cdot h^2\\
\vdots\\
\dfrac{\tilde f_{i+1,J-1}-\tilde f_{i-1,J-1}}{2}\cdot(\tilde\Gamma_{22}^1)_{i,J-1}\cdot h+\dfrac{\tilde f_{i,J}-\tilde f_{i,J-2}}{2}\cdot\left(\tilde\Gamma_{22}^2\right)_{i,J-1}\cdot h+\dfrac{\tilde N_{i,J-1}}{\sqrt{\tilde E_{i,J-1}+\tilde G_{i,J-1}-1}}\cdot h^2\\
\dfrac{\tilde f_{i+1,J}-\tilde f_{i-1,J}}{2}\cdot(\tilde\Gamma_{22}^1)_{i,J}\cdot h+\dfrac{\tilde f_{i,J+1}-\tilde f_{i,J-1}}{2}\cdot\left(\tilde\Gamma_{22}^2\right)_{i,J}\cdot h+\dfrac{\tilde N_{i,J}}{\sqrt{\tilde E_{i,J}+\tilde G_{i,J}-1}}\cdot h^2-\tilde f_{i,J+1}
\end{bmatrix}_{J\times 1}^{\mathrm{T}}
$$

$$\boldsymbol{A}=\begin{bmatrix} -2\boldsymbol{I}_{J\times J} & \boldsymbol{I}_{J\times J} & & & \\ \boldsymbol{I}_{J\times J} & -2\boldsymbol{I}_{J\times J} & \boldsymbol{I}_{J\times J} & & \\ & \ddots & \ddots & \ddots & \\ & & \boldsymbol{I}_{J\times J} & -2\boldsymbol{I}_{J\times J} & \boldsymbol{I}_{J\times J} \\ & & & \boldsymbol{I}_{J\times J} & -2\boldsymbol{I}_{J\times J} \end{bmatrix}_{(I\cdot J)\times(I\cdot J)}$$

$$\boldsymbol{I}_{J\times J}=\begin{bmatrix} 1 & 0 & & & \\ 0 & 1 & 0 & & \\ & \ddots & \ddots & \ddots & \\ & & 0 & 1 & 0 \\ & & & 0 & 1 \end{bmatrix}_{J\times J}$$

$$\boldsymbol{B}=\begin{bmatrix} \boldsymbol{B}_{J\times J} & & \\ & \ddots & \\ & & \boldsymbol{B}_{J\times J} \end{bmatrix}_{(I\times J)\times(I\times J)}$$

$$\boldsymbol{B}_{J\times J}=\begin{bmatrix} -2 & 1 & & & & & \\ 1 & -2 & 1 & & & & \\ & \ddots & \ddots & \ddots & & & \\ & & 1 & -2 & 1 & & \\ & & & \ddots & \ddots & \ddots & \\ & & & & 1 & -2 & 1 \\ & & & & & 1 & -2 \end{bmatrix}_{J\times J}$$

$$\tilde{E}_{i,j}=1+\left(\frac{\tilde{f}_{i+1,j}-\tilde{f}_{i-1,j}}{2h}\right)^2$$

$$\tilde{G}_{i,j}=1+\left(\frac{\tilde{f}_{i,j+1}-\tilde{f}_{i,j-1}}{2h}\right)^2$$

$$\tilde{F}_{i,j}=\left(\frac{\tilde{f}_{i+1,j}-\tilde{f}_{i-1,j}}{2h}\right)\left(\frac{\tilde{f}_{i,j+1}-\tilde{f}_{i,j-1}}{2h}\right)$$

$$\tilde{L}_{i,j}=\frac{\dfrac{\tilde{f}_{i+1,j}-2\tilde{f}_{i,j}+\tilde{f}_{i-1,j}}{h^2}}{\sqrt{1+\left(\dfrac{\tilde{f}_{i+1,j}-\tilde{f}_{i-1,j}}{2h}\right)^2+\left(\dfrac{\tilde{f}_{i,j+1}-\tilde{f}_{i,j-1}}{2h}\right)^2}}$$

$$\tilde{N}_{i,j}=\frac{\dfrac{\tilde{f}_{i,j+1}-2\tilde{f}_{i,j}+\tilde{f}_{i,j-1}}{h^2}}{\sqrt{1+\left(\dfrac{\tilde{f}_{i+1,j}-\tilde{f}_{i-1,j}}{2h}\right)^2+\left(\dfrac{\tilde{f}_{i,j+1}-\tilde{f}_{i,j-1}}{2h}\right)^2}}$$

$$(\tilde{\Gamma}_{11}^1)_{i,j}=\frac{\tilde{G}_{i,j}(\tilde{E}_{i+1,j}-\tilde{E}_{i-1,j})-2\tilde{F}_{i,j}(\tilde{F}_{i+1,j}-\tilde{F}_{i-1,j})+\tilde{F}_{i,j}(\tilde{E}_{i,j+1}-\tilde{E}_{i,j-1})}{4\left(\tilde{E}_{i,j}\cdot\tilde{G}_{i,j}-\left(\tilde{F}_{i,j}\right)^2\right)h}$$

$$(\tilde{\Gamma}_{11}^2)_{i,j}=\frac{2\tilde{E}_{i,j}(\tilde{F}_{i+1,j}-\tilde{F}_{i-1,j})-\tilde{E}_{i,j}(\tilde{E}_{i,j+1}-\tilde{E}_{i,j-1})-\tilde{F}_{i,j}(\tilde{E}_{i+1,j}-\tilde{E}_{i-1,j})}{4\left(\tilde{E}_{i,j}\cdot\tilde{G}_{i,j}-\left(\tilde{F}_{i,j}\right)^2\right)h}$$

$$(\tilde{\Gamma}_{22}^{1})_{i,j}=\frac{2\tilde{G}_{i,j}(\tilde{F}_{i,j+1}-\tilde{F}_{i,j-1})-\tilde{G}_{i,j}(\tilde{G}_{i+1,j}-\tilde{G}_{i-1,j})-\tilde{F}_{i,j}(\tilde{G}_{i,j+1}-\tilde{G}_{i,j-1})}{4\left(\tilde{E}_{i,j}\cdot\tilde{G}_{i,j}-\left(\tilde{F}_{i,j}\right)^{2}\right)h}$$

$$(\tilde{\Gamma}_{22}^{2})_{i,j}=\frac{\tilde{E}_{i,j}(\tilde{G}_{i,j+1}-\tilde{G}_{i,j-1})-2\tilde{F}_{i,j}(\tilde{F}_{i,j+1}-\tilde{F}_{i,j-1})+\tilde{F}_{i,j}(\tilde{G}_{i+1,j}-\tilde{G}_{i-1,j})}{4\left(\tilde{E}_{i,j}\cdot\tilde{G}_{i,j}-\left(\tilde{F}_{i,j}\right)^{2}\right)h}$$

设 $\boldsymbol{W}=\begin{bmatrix}\boldsymbol{A}^{\mathrm{T}} & \boldsymbol{B}^{\mathrm{T}} & \lambda\cdot\boldsymbol{S}^{\mathrm{T}}\end{bmatrix}\begin{bmatrix}\boldsymbol{A}\\ \boldsymbol{B}\\ \lambda\cdot\boldsymbol{S}\end{bmatrix}$，$\tilde{\boldsymbol{v}}=\begin{bmatrix}\boldsymbol{A}^{\mathrm{T}} & \boldsymbol{B}^{\mathrm{T}} & \lambda\cdot\boldsymbol{S}^{\mathrm{T}}\end{bmatrix}\begin{bmatrix}\tilde{\boldsymbol{d}}\\ \tilde{\boldsymbol{q}}\\ \lambda\cdot\boldsymbol{k}\end{bmatrix}$，则 HASM 直接算法的矩阵表达形式为

$$\boldsymbol{W}\cdot\boldsymbol{z}=\tilde{\boldsymbol{v}} \tag{4.3}$$

4.2.1　HASM 高斯消去法

HASM 直接算法的矩阵表达 $\boldsymbol{W}\cdot\boldsymbol{z}=\tilde{\boldsymbol{v}}$ 的代数表达形式为

$$\begin{cases} w_{1,1}\cdot z_1+w_{1,2}\cdot z_2+\cdots+w_{1,I\cdot J}\cdot z_{I\cdot J}=\tilde{v}_1\\ w_{2,1}\cdot z_1+w_{2,2}\cdot z_2+\cdots+w_{2,I\cdot J}\cdot z_{I\cdot J}=\tilde{v}_2\\ \quad\vdots\\ w_{I\cdot J,1}\cdot z_1+w_{I\cdot J,2}\cdot z_2+\cdots+w_{I\cdot J,I\cdot J}\cdot z_{I\cdot J}=\tilde{v}_{I\cdot J}\end{cases} \tag{4.4}$$

如果 $w_{1,1}\neq 0$，则选择 $w_{1,1}$ 及其所在的方程分别为第一步主元素和第一步主方程（Axelsson, 1994），同时将第一步主方程的系数和右端项分别表示为 $w_{i,j}^{(1)}=w_{i,j}$ 和 $v_i^{(1)}=\tilde{v}_i$。将第一步主方程乘以 $-\dfrac{w_{i,1}^{(1)}}{w_{1,1}^{(1)}}$ 加到第 i 个方程（$i=2,3,\cdots,I\cdot J$）上，消去这些方程的第一个变量，并得到以下方程组：

$$\begin{cases} w_{1,1}^{(1)}\cdot z_1+w_{1,2}^{(1)}\cdot z_2+w_{1,3}^{(1)}\cdot z_3+\cdots+w_{1,I\cdot J}^{(1)}\cdot z_{I\cdot J}=v_1^{(1)}\\ w_{2,2}^{(2)}\cdot z_2+w_{2,3}^{(2)}\cdot z_3+\cdots+w_{2,I\cdot J}^{(2)}\cdot z_{I\cdot J}=v_2^{(2)}\\ \quad\vdots\\ w_{I\cdot J,2}^{(2)}\cdot z_2+w_{I\cdot J,3}^{(2)}\cdot z_3+\cdots+w_{I\cdot J,I\cdot J}^{(2)}\cdot z_{I\cdot J}=v_{I\cdot J}^{(2)}\end{cases} \tag{4.5}$$

式中，$w_{i,j}^{(2)}=w_{i,j}^{(1)}-\dfrac{w_{i,1}^{(1)}}{w_{1,1}^{(1)}}\cdot w_{1,j}^{(1)}$；$v_i^{(2)}=v_i^{(1)}-\dfrac{w_{i,1}^{(1)}}{w_{1,1}^{(1)}}\cdot v_1^{(1)}$；$2\leqslant i\leqslant I\cdot J$，$2\leqslant j\leqslant I\cdot J$。

如果 $w_{2,2}^{(2)}\neq 0$，则选择 $w_{2,2}^{(2)}$ 及其所在方程为第二步主元素和第二步主方程，并重复以上消去过程可得：

$$\begin{cases} w_{1,1}^{(1)}\cdot z_1+w_{1,2}^{(1)}\cdot z_2+w_{1,3}^{(1)}\cdot z_3+\cdots+w_{1,I\cdot J}^{(1)}\cdot z_{I\cdot J}=v_1^{(1)}\\ w_{2,2}^{(2)}\cdot z_2+w_{2,3}^{(2)}\cdot z_3+\cdots+w_{2,I\cdot J}^{(2)}\cdot z_{I\cdot J}=v_2^{(2)}\\ w_{3,3}^{(3)}\cdot z_3+\cdots+w_{3,I\cdot J}^{(3)}\cdot z_{I\cdot J}=v_3^{(3)}\\ \quad\vdots\\ w_{I\cdot J,3}^{(3)}\cdot z_3+\cdots+w_{I\cdot J,I\cdot J}^{(3)}\cdot z_{I\cdot J}=v_{I\cdot J}^{(3)}\end{cases} \tag{4.6}$$

重复以上消去过程直到得到下列方程组为止：

$$\begin{cases} w_{1,1}^{(1)}\cdot z_1+w_{1,2}^{(1)}\cdot z_2+w_{1,3}^{(1)}\cdot z_3+\cdots+w_{1,I\cdot J}^{(1)}\cdot z_{I\cdot J}=v_1^{(1)}\\ w_{2,2}^{(2)}\cdot z_2+w_{2,3}^{(1)}\cdot z_3+\cdots+w_{2,I\cdot J}^{(2)}\cdot z_{I\cdot J}=v_2^{(2)}\\ w_{3,3}^{(3)}\cdot z_3+\cdots+w_{3,I\cdot J}^{(3)}\cdot z_{I\cdot J}=v_3^{(3)}\\ \quad\vdots\\ w_{I\cdot J,I\cdot J}^{(I\cdot J)}\cdot z_{I\cdot J}=v_{I\cdot J}^{(I\cdot J)}\end{cases} \tag{4.7}$$

一般而言，$w_{i,j}^{(n+1)} = w_{i,j}^{(n)} - \frac{w_{i,n}^{(n)}}{w_{n,n}^{(n)}} \cdot w_{n,j}^{(n)}$，$v_i^{(n+1)} = v_i^{(n)} - \frac{w_{i,n}^{(n)}}{w_{n,n}^{(n)}} \cdot v_n^{(n)}$。其中，$n+1 \leqslant i \leqslant I \cdot J$，$n+1 \leqslant j \leqslant I \cdot J$。在第 n 步消元时，要求主元素 $w_{n,n}^{(n)} \neq 0$。事实上，即使 $w_{n,n}^{(n)} \neq 0$，如果其绝对值足够小，也会使 $\frac{w_{i,n}^{(n)}}{w_{n,n}^{(n)}}$ 很大，以至于在计算机上运算时溢出而使消元中断，或使最终误差很大。

为了避免上述情况出现，需要在每步消元进行之前做主元素选取。选取主元素的原则是选择 $w_{i,n}^{(n)}$ 中绝对值的最大值作为主元素。选择方法有两种，一种是按列选取主元素，通过行变换使其达到 (n,n) 位置上，然后进行消元计算。另一种是全面选择主元素，通过行变换和列变换使其达到 (n,n) 位置上，然后进行消元计算。这种先选择主元素，再进行消元的方法称为高斯主元素法。

方程组（4.7）可通过逆代法求解，其解可表达为

$$z_{I \cdot J} = \frac{v_{I \cdot J}^{(I \cdot J)}}{w_{I \cdot J, I \cdot J}^{(I \cdot J)}} \tag{4.8}$$

$$z_i = \frac{1}{w_{i,i}^{(i)}} \cdot \left(v_i^{(i)} - \sum_{k=i+1}^{I \cdot J} w_{i,k}^{(i)} \cdot z_k \right) \tag{4.9}$$

式中，$1 \leqslant i \leqslant I \cdot J - 1$。

4.2.2　HASM 的平方根法（HASM-SR）

由于 HASM 的系数矩阵 $\boldsymbol{W}$ 是正定对称矩阵，因此 $\boldsymbol{W}$ 可表达为一个三角矩阵与其转置矩阵的乘积（Faddeev and Faddeeva, 1963）。设

$$\boldsymbol{W} = \boldsymbol{U}^{\mathrm{T}} \cdot \boldsymbol{U} \tag{4.10}$$

$$\boldsymbol{U} = \begin{bmatrix} u_{1,1} & u_{1,2} & \cdots & u_{1,I \cdot J} \\ 0 & u_{2,2} & \cdots & u_{2,I \cdot J} \\ \cdots & \cdots & \cdots & \cdots \\ 0 & 0 & \cdots & u_{I \cdot J, I \cdot J} \end{bmatrix} \tag{4.11}$$

且当 $i < j$ 时，$w_{i,j} = \sum_{k=1}^{i} u_{k,i} \cdot u_{k,j}$；当 $i = j$ 时，$w_{i,i} = \sum_{k=1}^{i} u_{k,i}^2$。

显然，

$$u_{1,1} = \sqrt{w_{1,1}} \tag{4.12}$$

$$u_{1,j} = \frac{w_{1,j}}{u_{1,1}} \tag{4.13}$$

当 $i > 1$ 时，

$$u_{i,i} = \sqrt{w_{i,i} - \sum_{k=1}^{i-1} u_{k,i}^2} \tag{4.14}$$

当 $j > i$ 时，

$$u_{i,j} = \frac{w_{i,j} - \sum_{k=1}^{i-1} u_{k,i} \cdot u_{k,j}}{u_{i,i}} \tag{4.15}$$

当 $j < i$ 时，

$$u_{i,j} = 0 \tag{4.16}$$

$\boldsymbol{W}\cdot\boldsymbol{z}=\boldsymbol{v}$ 可分解为以下两个等式：

$$\boldsymbol{U}^{\mathrm{T}}\cdot\boldsymbol{\rho}=\boldsymbol{v} \tag{4.17}$$

$$\boldsymbol{U}\cdot\boldsymbol{z}=\boldsymbol{\rho} \tag{4.18}$$

向量 $\boldsymbol{\rho}$ 的元素可通过式（4.17）的前向替换计算获得，即

$$\rho_1=\frac{v_1}{u_{1,1}} \tag{4.19}$$

当 $i>1$ 时,

$$\rho_i=\frac{v_i-\sum_{k=1}^{i-1}u_{k,i}\cdot\rho_k}{u_{i,i}} \tag{4.20}$$

$\boldsymbol{W}\cdot\boldsymbol{z}=\boldsymbol{v}$ 最终解可通过式（4.18）逆向替换计算获得，即

$$z_{I\cdot J}=\frac{\rho_{I\cdot J}}{u_{I\cdot J,I\cdot J}} \tag{4.21}$$

当 $i\leqslant I\cdot J-1$ 时,

$$z_i=\frac{\rho_i-\sum_{k=i+1}^{I\cdot J}u_{i,k}\cdot z_k}{u_{i,i}} \tag{4.22}$$

4.2.3　数值实验

以高斯合成曲面 $f(x,y)=3(1-x)^2\mathrm{e}^{\left(-x^2-(y+1)^2\right)}-10\left(\frac{x}{5}-x^2-y^5\right)\mathrm{e}^{\left(-x^2-y^2\right)}-\frac{1}{3}\mathrm{e}^{\left(-(x+1)^2-y^2\right)}$（图 3.3）比较分析 HASM 高斯消去法（HASM-GE）和 HASM 平方根法（HASM-SR）的计算效率。数值实验结果表明，HASM 高斯消去法的运算速度远高于 HASM 平方根法（表 4.1）。HASM 高斯消去法和 HASM 平方根法的运算时间与计算域栅格总数的线性回归方程可分别表达为

$$t_{\mathrm{GE}}=0.012\mathrm{gn}-1854.7\,,\quad R^2=0.9669 \tag{4.23}$$

$$t_{\mathrm{SR}}=0.0387\mathrm{gn}-5896.6\,,\quad R^2=0.9682 \tag{4.24}$$

式中，t_{GE} 为 HASM 高斯消去法运算时间；t_{SR} 为 HASM 平方根法运算时间；gn 为计算域栅格总数。HASM 高斯消去法和 HASM 平方根法的运算时间之差可表达为

$$\Delta t=t_{\mathrm{SR}}-t_{\mathrm{GE}}=0.0268\mathrm{gn}-4041.9\,,\quad R^2=0.9687 \tag{4.25}$$

计算域栅格总数越多，HASM 高斯消去法较 HASM 平方根法的计算时效越高。也就是说，如果使用直接算法，选择 HASM 高斯消去法为佳。

表 4.1　HASM 高斯消去法（HASM-GE）和 HASM 平方根法（HASM-SR）计算时效比较　（单位：s）

计算域栅格总数	101×101	201×201	401×401	801×801	1601×1601
高斯消去法（HASM-GE）	2.8	10.6	72.3	1706.3	29838.4
平方根法（HASM-SR）	8	43.4	339.4	5885.5	96576.6
Δt	5.2	32.8	267.1	4179.3	66738.2

4.3　HASM 迭代法及其系数矩阵结构

4.3.1　HASM 迭代表达

HASM 主方程组的迭代形式可表达为

$$\begin{cases} \boldsymbol{A} \cdot \boldsymbol{z}^{(n+1)} = \boldsymbol{d}^{(n)} \\ \boldsymbol{B} \cdot \boldsymbol{z}^{(n+1)} = \boldsymbol{q}^{(n)} \end{cases} \tag{4.26}$$

式中，$\boldsymbol{z}^{(n+1)} = \left(f_{1,1}^{(n+1)}, \cdots, f_{1,J}^{(n+1)}, \cdots, f_{I,1}^{(n+1)}, \cdots, f_{I,J}^{(n+1)}\right)^{\mathrm{T}} = \left(z_1^{(n+1)}, \cdots, z_J^{(n+1)}, \cdots, z_{(I-1)\cdot J+1}^{(n+1)}, \cdots, z_{I\cdot J}^{(n+1)}\right)^{\mathrm{T}}$，当$1 \leqslant i \leqslant I$，$1 \leqslant j \leqslant J$时，$z_{(i-1)\cdot J+j}^{(n+1)} = f_{i,j}^{(n+1)}$；$f_{i,j}^{(n)}$为$f(x,y)$在栅格$(x_i, y_i)$处的第$n$次迭代值；$\boldsymbol{A}$和$\boldsymbol{B}$分别为HASM主方程组第一个方程和第二个方程的系数矩阵；$\boldsymbol{d}^{(n)}$和$\boldsymbol{q}^{(n)}$分别为第一个方程和第二个方程的右端向量；$\left\{(x_i, y_i) \middle| x_i = i \times h, y_j = j \times h, 0 \leqslant i \leqslant I+1, 0 \leqslant j \leqslant J+1\right\}$为计算域$\Omega$的正交剖分。

HASM主方程组第一个方程和第二个方程的系数矩阵（图4.1和图4.2）可分别表达

$$\boldsymbol{A} = \begin{bmatrix} -2\boldsymbol{I}_{J\times J} & \boldsymbol{I}_{J\times J} & & & \\ \boldsymbol{I}_{J\times J} & -2\boldsymbol{I}_{J\times J} & \boldsymbol{I}_{J\times J} & & \\ & \ddots & \ddots & \ddots & \\ & & \boldsymbol{I}_{J\times J} & -2\boldsymbol{I}_{J\times J} & \boldsymbol{I}_{J\times J} \\ & & & \boldsymbol{I}_{J\times J} & -2\boldsymbol{I}_{J\times J} \end{bmatrix}_{(I\cdot J)\times(I\cdot J)} \tag{4.27}$$

$$\boldsymbol{B} = \begin{bmatrix} \boldsymbol{B}_{J\times J} & & \\ & \ddots & \\ & & \boldsymbol{B}_{J\times J} \end{bmatrix}_{(I\cdot J)\times(I\cdot J)} \tag{4.28}$$

式中，

$$\boldsymbol{I}_{J\times J} = \begin{bmatrix} 1 & 0 & \cdots & 0 \\ 0 & 1 & \cdots & 0 \\ 0 & 0 & \cdots & 0 \\ 0 & 0 & \cdots & 1 \end{bmatrix}_{J\times J}$$

$$\boldsymbol{B}_{J\times J} = \begin{bmatrix} -2 & 1 & & & & & \\ 1 & -2 & 1 & & & & \\ & \ddots & \ddots & \ddots & & & \\ & & 1 & -2 & 1 & & \\ & & & \ddots & \ddots & \ddots & \\ & & & & 1 & -2 & 1 \\ & & & & & 1 & -2 \end{bmatrix}_{J\times J}$$

采样方程可表达为

$$\boldsymbol{S} \cdot \boldsymbol{z}^{(n+1)} = \boldsymbol{k} \tag{4.29}$$

式中，$\boldsymbol{S}$和$\boldsymbol{k}$分别为根据采样点建立的系数矩阵和右端向量。

假定有K个采样点，则

$$\boldsymbol{S} = \begin{bmatrix} 0 & \cdots & 0 & 1 & 0 & \cdots & 0 & 0 & 0 & \cdots & 0 & 0 & 0 & \cdots & 0 \\ 0 & \cdots & 0 & 0 & 0 & \cdots & 0 & 1 & 0 & \cdots & 0 & 0 & 0 & \cdots & 0 \\ \cdots & \cdots & \cdots & \cdots & \cdots & \cdots & \cdots & \cdots & 0 & \cdots & \cdots & \cdots & \cdots & \cdots & \cdots \\ 0 & \cdots & 0 & 0 & 0 & \cdots & 0 & 0 & 0 & \cdots & 0 & 1 & 0 & \cdots & 0 \end{bmatrix}_{K\times(I\cdot J)} \tag{4.30}$$

如果$\bar{f}_{i,j}$为$z = f(x,y)$在第p个采样点(x_i, y_j)的采样值，则$s_{p,(i-1)\times J+j} = 1$，$k_p = \bar{f}_{i,j}$。系数矩阵$\boldsymbol{S}$每行只有一个非零元素1。

根据最小二乘原理，以采样点为等式约束的HASM求解过程，可转换为求解以下线性方程组：

$$\begin{bmatrix} \boldsymbol{A}^{\mathrm{T}} & \boldsymbol{B}^{\mathrm{T}} & \lambda \cdot \boldsymbol{S}^{\mathrm{T}} \end{bmatrix} \begin{bmatrix} \boldsymbol{A} \\ \boldsymbol{B} \\ \lambda \cdot \boldsymbol{S} \end{bmatrix} \boldsymbol{z}^{(n+1)} = \begin{bmatrix} \boldsymbol{A}^{\mathrm{T}} & \boldsymbol{B}^{\mathrm{T}} & \lambda \cdot \boldsymbol{S}^{\mathrm{T}} \end{bmatrix} \begin{bmatrix} \boldsymbol{d}^{(n)} \\ \boldsymbol{q}^{(n)} \\ \lambda \cdot \boldsymbol{k} \end{bmatrix} \tag{4.31}$$

设 $\boldsymbol{W}=\begin{bmatrix}\boldsymbol{A}^{\mathrm{T}} & \boldsymbol{B}^{\mathrm{T}} & \lambda\cdot\boldsymbol{S}^{\mathrm{T}}\end{bmatrix}\begin{bmatrix}\boldsymbol{A}\\ \boldsymbol{B}\\ \lambda\cdot\boldsymbol{S}\end{bmatrix}$，$\boldsymbol{v}^{(n)}=\begin{bmatrix}\boldsymbol{A}^{\mathrm{T}} & \boldsymbol{B}^{\mathrm{T}} & \lambda\cdot\boldsymbol{S}^{\mathrm{T}}\end{bmatrix}\begin{bmatrix}\boldsymbol{d}^{(n)}\\ \boldsymbol{q}^{(n)}\\ \lambda\cdot\boldsymbol{k}\end{bmatrix}$，则方程组（4.31）可表达为

$$\boldsymbol{W}\cdot\boldsymbol{z}^{(n+1)}=\boldsymbol{v}^{(n)} \tag{4.32}$$

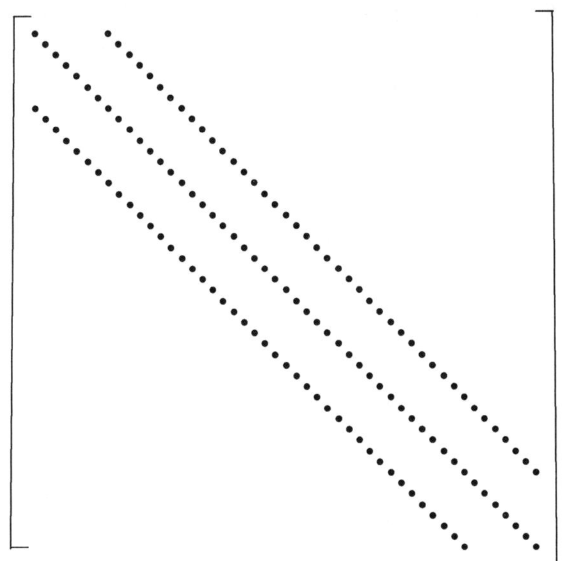

图 4.1　矩阵 ***A*** 非零元素分布略图

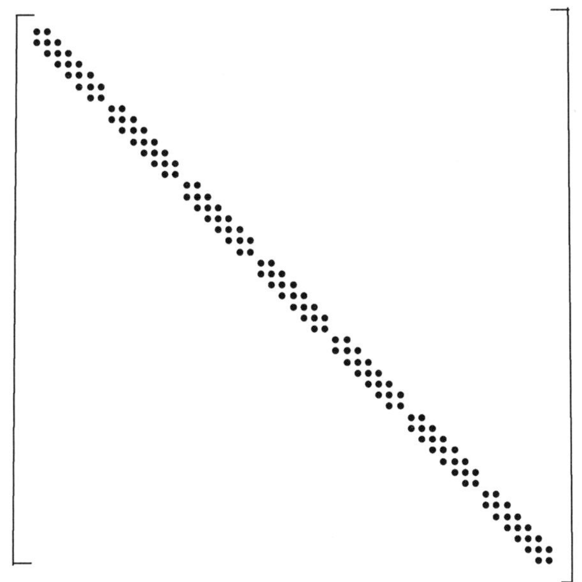

图 4.2　矩阵 ***B*** 非零元素分布略图

4.3.2　系数矩阵结构

式（4.3）和式（4.32）表明，HASM 直接算法和 HASM 迭代算法的系数矩阵相同，都可表达为

$$\boldsymbol{W}=\boldsymbol{A}^{\mathrm{T}}\cdot\boldsymbol{A}+\boldsymbol{B}^{\mathrm{T}}\cdot\boldsymbol{B}+\lambda^{2}\cdot\boldsymbol{S}^{\mathrm{T}}\cdot\boldsymbol{S} \tag{4.33}$$

或

$$
\boldsymbol{W}=\begin{bmatrix}
\boldsymbol{W}_1 & -4\boldsymbol{I}_J & \boldsymbol{I}_J & \boldsymbol{0} & \cdots & \boldsymbol{0} & \boldsymbol{0} & \boldsymbol{0} & \boldsymbol{0}\\
-4\boldsymbol{I}_J & \boldsymbol{W}_2 & -4\boldsymbol{I}_J & \boldsymbol{I}_J & \cdots & \boldsymbol{0} & \boldsymbol{0} & \boldsymbol{0} & \boldsymbol{0}\\
\boldsymbol{I}_J & -4\boldsymbol{I}_J & \boldsymbol{W}_3 & -4\boldsymbol{I}_J & \cdots & \boldsymbol{0} & \boldsymbol{0} & \boldsymbol{0} & \boldsymbol{0}\\
\boldsymbol{0} & \mathbf{I}_J & -4\boldsymbol{I}_J & \boldsymbol{W}_4 & \cdots & \boldsymbol{0} & \boldsymbol{0} & \boldsymbol{0} & \boldsymbol{0}\\
\vdots & \vdots & \vdots & \vdots & \vdots & \vdots & \vdots & \vdots & \vdots\\
\boldsymbol{0} & \boldsymbol{0} & \boldsymbol{0} & \boldsymbol{0} & \cdots & \boldsymbol{W}_{I-3} & -4\boldsymbol{I}_J & \boldsymbol{I}_J & \boldsymbol{0}\\
\boldsymbol{0} & \boldsymbol{0} & \boldsymbol{0} & \boldsymbol{0} & \cdots & -4\boldsymbol{I}_J & \boldsymbol{W}_{I-2} & -4\boldsymbol{I}_J & \boldsymbol{I}_J\\
\boldsymbol{0} & \boldsymbol{0} & \boldsymbol{0} & \boldsymbol{0} & \cdots & \boldsymbol{I}_J & -4\boldsymbol{I}_J & \boldsymbol{W}_{I-1} & -4\boldsymbol{I}_J\\
\boldsymbol{0} & \boldsymbol{0} & \boldsymbol{0} & \boldsymbol{0} & \cdots & \boldsymbol{0} & \boldsymbol{I}_J & -4\boldsymbol{I}_J & \boldsymbol{W}_I
\end{bmatrix}_{I\cdot J\times I\cdot J} \tag{4.34}
$$

子矩阵 $\boldsymbol{W}_i$ 可表达为

$$
\boldsymbol{W}_i=\begin{bmatrix}
w_{i,1} & -4 & 1 & 0 & \cdots & 0 & 0 & 0 & 0\\
-4 & w_{i,2} & -4 & 1 & \cdots & 0 & 0 & 0 & 0\\
1 & -4 & w_{i,3} & -4 & \cdots & 0 & 0 & 0 & 0\\
0 & 1 & -4 & w_{i,4} & \cdots & 0 & 0 & 0 & 0\\
\vdots & \vdots & \vdots & \vdots & \vdots & \vdots & \vdots & \vdots & \vdots\\
0 & 0 & 0 & 0 & \cdots & w_{i,J-3} & -4 & 1 & 0\\
0 & 0 & 0 & 0 & \cdots & -4 & w_{i,J-2} & -4 & 1\\
0 & 0 & 0 & 0 & \cdots & 1 & -4 & w_{i,J-1} & -4\\
0 & 0 & 0 & 0 & \cdots & 0 & 1 & -4 & w_{i,J}
\end{bmatrix}_{J\times J} \tag{3.35}
$$

子矩阵 $\boldsymbol{W}_i$ 的对角线元素 $w_{i,j}$ 可通过以下伪代码计算:

```
If J+1≤i≤(I−1)·J %the simulated grid cell is not located in the first row and the last row
    a=6;
else
    a=5;
end
if (mod(i,J)==1) // mod(i,J)==0) % start and end of every submatrix
    b=5;
else
    b=6;
end
    w=a+b;
If this grid cell is a sampled point
    w=w+λ²;
end
```

根据式（4.34）和式（4.35），系数矩阵 $\boldsymbol{W}$ 的每一行最多有 9 个非零向量。如果将系数矩阵的这些非零向量划分成 I 组，则每组包括 J 行。第一个 J 行和最后一个 J 行的非零元素数量为 $5,6,\overbrace{7,\cdots,7}^{J-4},6,5$。从 $(J+1)$ 行到 $2J$ 行及从 $(I-2)\cdot J$ 到 $(I-1)\cdot J$ 行，非零元素的数量为 $6,7,\overbrace{8,\cdots,8}^{J-4},7,6$。其他 $(I-4)$ 组每 J 行的非零元素数量为 $7,8,\overbrace{9,\cdots,9}^{J-4},8,7$。非零元素的总数可表达为 $n_z=9(I\cdot J)-6I-6J$。如果在运算过程中只存储非零元素，内存空间需求将大大减小。

总之，HASM 的系数矩阵 $\boldsymbol{W}$ 是一个正定对称的稀疏矩阵。$\boldsymbol{W}\cdot\boldsymbol{z}^{(n+1)}=\boldsymbol{v}^{(n)}$ 和 $\boldsymbol{W}\cdot\boldsymbol{z}=\tilde{\boldsymbol{v}}$ 都是大型稀疏线性系统（图 4.3）。

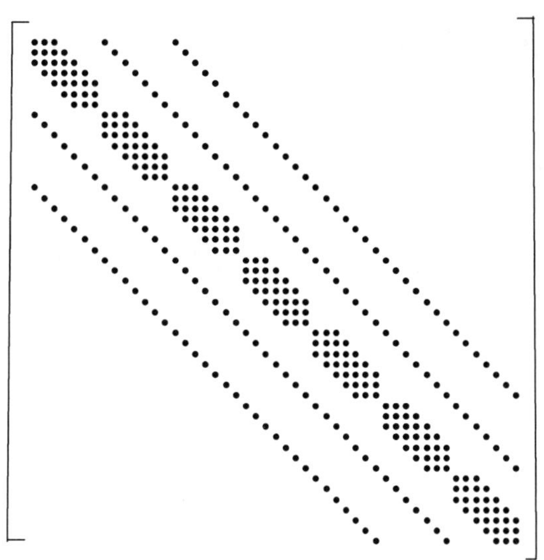

图 4.3　矩阵 $\boldsymbol{W}$ 非零元素分布略图

4.3.3　HASM 高斯–赛德尔算法和 HASM 预处理高斯–赛德尔算法

1. HASM 高斯–赛德尔算法

用迭代法求解大型线性方程系统可追溯到 1823 年高斯的基本思路（Gauss，1823）；1874 年，赛德尔进一步发展了高斯的迭代方法（Seidel，1874）。高斯–赛德尔算法（HASM-GS）被用于求解对角占优稀疏矩阵的大型线性系统，对内存空间需求较小。

1）矩阵表达

大型稀疏线性系统 $\boldsymbol{W}\cdot\boldsymbol{z}^{(n+1)}=\boldsymbol{v}^{(n)}$ 的系数矩阵 $\boldsymbol{W}$ 可表达为三个矩阵的和，即

$$\boldsymbol{W}=\underset{\text{diag}}{\boldsymbol{W}}-\underset{\text{lower}}{\boldsymbol{W}}-\underset{\text{upper}}{\boldsymbol{W}} \tag{4.36}$$

式中，$\underset{\text{diag}}{\boldsymbol{W}}$ 为对角矩阵；$\underset{\text{lower}}{\boldsymbol{W}}$ 为严格下三角矩阵；$\underset{\text{upper}}{\boldsymbol{W}}$ 为严格上三角矩阵。

则，

$$\underset{\text{diag}}{\boldsymbol{W}}\cdot\boldsymbol{z}^{(n+1)}=\boldsymbol{v}^{(n)}+\underset{\text{lower}}{\boldsymbol{W}}\cdot\boldsymbol{z}^{(n+1)}+\underset{\text{upper}}{\boldsymbol{W}}\cdot\boldsymbol{z}^{(n+1)} \tag{4.37}$$

$\left(\boldsymbol{z}^{(n+1)}\right)^{(k+1)}$ 的元素可用式（4.38）计算：

$$\left(z_i^{(n+1)}\right)^{(k+1)}=\frac{1}{w_{i,i}}\left(v_i^{(n)}-\sum_{j=1}^{i-1}w_{i,j}\cdot\left(z_j^{(n+1)}\right)^{(k+1)}-\sum_{j=i+1}^{I\cdot J}w_{i,j}\cdot\left(z_j^{(n+1)}\right)^{(k)}\right),\quad i=1,2,\cdots,I\cdot J \tag{4.38}$$

式中，$(n+1)$ 为第 $(n+1)$ 步外迭代；$(k+1)$ 为第 $(k+1)$ 步内迭代；$k>0$ ，$\left(\boldsymbol{z}^{(n+1)}\right)^{(0)}=\boldsymbol{z}^{(n)}$。

HASM 高斯–赛德尔算法的矩阵表达为

$$\left(\boldsymbol{z}^{(n+1)}\right)^{(k+1)}=(\underset{\text{diag}}{\boldsymbol{W}}-\underset{\text{lower}}{\boldsymbol{W}})^{-1}\cdot\underset{\text{upper}}{\boldsymbol{W}}\cdot\left(\boldsymbol{z}^{(n+1)}\right)^{(k)}+(\underset{\text{diag}}{\boldsymbol{W}}-\underset{\text{lower}}{\boldsymbol{W}})^{-1}\cdot\boldsymbol{v}^{(n)} \tag{4.39}$$

2）向量表达

由于 HASM 系数矩阵 $\boldsymbol{W}$ 是正定对称矩阵，则有

$$\begin{aligned}&\frac{1}{2}\left(\boldsymbol{W}\cdot\boldsymbol{z}^{(n+1)}-\boldsymbol{v}^{(n)}\right)^{\mathrm{T}}\cdot\boldsymbol{W}^{-1}\cdot\left(\boldsymbol{W}\cdot\boldsymbol{z}^{(n+1)}-\boldsymbol{v}^{(n)}\right)\\&=\frac{1}{2}\left(\boldsymbol{z}^{(n+1)}\right)^{\mathrm{T}}\cdot\boldsymbol{W}\cdot\boldsymbol{z}^{(n+1)}-\boldsymbol{v}^{(n)}\cdot\boldsymbol{z}^{(n+1)}+\frac{1}{2}\left(\boldsymbol{v}^{(n)}\right)^{\mathrm{T}}\cdot\boldsymbol{W}^{-1}\cdot\boldsymbol{v}^{(n)}\end{aligned} \tag{4.40}$$

如果定义范数$\|\boldsymbol{u}\|_{\boldsymbol{W}^{-\frac{1}{2}}}=\left\|\boldsymbol{W}^{-\frac{1}{2}}\cdot\boldsymbol{u}\right\|=\left(\boldsymbol{u}^{\mathrm{T}}\cdot\boldsymbol{W}^{-1}\cdot\boldsymbol{u}\right)^{\frac{1}{2}}$，则式（4.40）等价于函数$\left\|\boldsymbol{W}\cdot\boldsymbol{z}^{(n+1)}-\boldsymbol{v}^{(n)}\right\|_{\boldsymbol{W}^{-\frac{1}{2}}}$达到最小。

由于$\boldsymbol{W}$为正定矩阵，因此式（4.40）有唯一最小值。$\frac{1}{2}\left(\boldsymbol{v}^{(n)}\right)^{\mathrm{T}}\cdot\boldsymbol{W}^{-1}\cdot\boldsymbol{v}^{(n)}$是常数，因此式（4.40）达到最小等价于$\Theta\left(\boldsymbol{z}^{(n+1)}\right)=\frac{1}{2}\left(\boldsymbol{z}^{(n+1)}\right)^{\mathrm{T}}\cdot\boldsymbol{W}\cdot\boldsymbol{z}^{(n+1)}-\boldsymbol{v}^{(n)}\cdot\boldsymbol{z}^{(n+1)}$达到最小。

因为$\Theta'\left(\boldsymbol{z}^{(n+1)}\right)=\boldsymbol{W}\cdot\boldsymbol{z}^{(n+1)}-\boldsymbol{v}^{(n)}$，且$\Theta''\left(\boldsymbol{z}^{(n+1)}\right)=\boldsymbol{W}$，所以$\boldsymbol{W}\cdot\boldsymbol{z}^{(n+1)}=\boldsymbol{v}^{(n)}$与式（4.40）有相同的解。求解方程组$\boldsymbol{W}\cdot\boldsymbol{z}^{(n+1)}=\boldsymbol{v}^{(n)}$就可以转换为计算函数$\Theta$的最小值。

给定起始向量$\left(\boldsymbol{z}^{(n+1)}\right)^{(0)}\in\mathbf{R}^{(I\cdot J)\times 1}$和一个路径$\boldsymbol{e}_1\in\mathbf{R}^{(I\cdot J)\times 1}$，依$\boldsymbol{\beta}_1=\left(\boldsymbol{z}^{(n+1)}\right)^{(0)}+\alpha\cdot\boldsymbol{e}_1$选择$\boldsymbol{\beta}_2=\left(\boldsymbol{z}^{(n+1)}\right)^{(0)}+\alpha_1\cdot\boldsymbol{e}_1$，以使对所有实数$\alpha$，$\Theta\left(\left(\boldsymbol{z}^{(n+1)}\right)^{(0)}+\alpha_1\cdot\boldsymbol{e}_1\right)<\Theta\left(\left(\boldsymbol{z}^{(n+1)}\right)^{(0)}+\alpha\cdot\boldsymbol{e}_1\right)$。也就是说，$\Theta(z)$在$\boldsymbol{\beta}_2$达到最小值。然后，以$\boldsymbol{\beta}_2$为始点，确定搜索方向$\boldsymbol{e}_2$，以使对所有实数$\alpha_2$，$\Theta\left(\boldsymbol{\beta}_2+\alpha_2\cdot\boldsymbol{e}_2\right)<\Theta\left(\boldsymbol{\beta}_2+\alpha\cdot\boldsymbol{e}_2\right)$。依此继续，可得到实数$\alpha_1,\alpha_2,\cdots,\alpha_{I\cdot J}$和路径$\boldsymbol{e}_1,\boldsymbol{e}_2,\cdots,\boldsymbol{e}_{I\cdot J}$系列。

其伪代码可描述为。

```
For n = 0,1,2,...
    β_1 = z^(n)
    for i = 0,1,2,...,m
        β_{i+1} = β_i + α_i · e_i
end for i
z^(n+1) = β_{m+1}
Stopping criteria
end for n
```

式中，$\boldsymbol{z}^{(0)}$为初始向量；n为第n步外迭代；m为内迭代步数；$\alpha_i=-\frac{\tau_i}{w_{i,i}}$；$\tau_i=\left(\boldsymbol{w}_i,\boldsymbol{\beta}_i\right)-v_i^{(n)}$；$\boldsymbol{e}_1=(1,0,0,\cdots,0,0)$，$\boldsymbol{e}_2=(0,1,0,\cdots,0,0)$，…，$\boldsymbol{e}_{I\cdot J-1}=(0,0,0,\cdots,1,0)$，$\boldsymbol{e}_{I\cdot J}=(0,0,0,\cdots,0,1)$；$\boldsymbol{w}_i$为矩阵$\boldsymbol{W}$第$i$行向量，$w_{i,i}$为矩阵$\boldsymbol{W}$位于第$i$行、第$i$列的元素，$v_i^{(n)}$为右端项向量$\boldsymbol{v}^{(n)}$的第$i$个元素。$\Theta\left(\boldsymbol{\beta}_{i+1}\right)$在$\boldsymbol{\beta}_i$的泰勒展开可表达为

$$
\begin{aligned}
\Theta\left(\boldsymbol{\beta}_{i+1}\right)&=\Theta\left(\boldsymbol{\beta}_i+\alpha_i\cdot\boldsymbol{e}_i\right)\\
&=\Theta\left(\boldsymbol{\beta}_i\right)+\alpha_i\cdot\left(\boldsymbol{W}\cdot\boldsymbol{\beta}_i-\boldsymbol{v},\boldsymbol{e}_i\right)+\frac{1}{2}\alpha_i^2\cdot\left(\boldsymbol{W}\cdot\boldsymbol{e}_i,\boldsymbol{e}_i\right)\\
&=\Theta\left(\boldsymbol{\beta}_i\right)+\alpha_i\cdot\tau_i+\frac{1}{2}\alpha_i^2\cdot w_{i,i}
\end{aligned}
\tag{4.41}
$$

将$\alpha_i=-\frac{\tau_i}{w_{i,i}}$代入式（4.41）可得

$$
\Theta\left(\boldsymbol{\beta}_{i+1}\right)-\Theta\left(\boldsymbol{\beta}_i\right)=\alpha_i\cdot\tau_i+\frac{1}{2}\alpha_i^2\cdot w_{i,i}=-\frac{\tau_i^2}{2w_{i,i}}\leqslant 0 \tag{4.42}
$$

如果$\hat{z}$是$\boldsymbol{W}\cdot\boldsymbol{z}^{(n+1)}=\boldsymbol{v}^{(n)}$的解，$\boldsymbol{W}$范数表达为$\left\|\boldsymbol{z}^{(n+1)}\right\|_{\boldsymbol{W}}^2=\left(\boldsymbol{W}\cdot\boldsymbol{z}^{(n+1)},\boldsymbol{z}^{(n+1)}\right)$，则

$$\begin{aligned}\left\|\boldsymbol{\beta}_{i+1}-\hat{z}\right\|_{\boldsymbol{W}}^{2}-\left\|\boldsymbol{\beta}_{i}-\hat{z}\right\|_{\boldsymbol{W}}^{2}&=\left(\boldsymbol{W}\cdot\boldsymbol{\beta}_{i+1}-\boldsymbol{W}\cdot\hat{z},\boldsymbol{\beta}_{i+1}-\hat{z}\right)-\left(\boldsymbol{W}\cdot\boldsymbol{\beta}_{i}-\boldsymbol{W}\cdot\hat{z},\boldsymbol{\beta}_{i}-\hat{z}\right)\\&=\left(\boldsymbol{W}\cdot\boldsymbol{\beta}_{i+1},\boldsymbol{\beta}_{i+1}\right)-2\left(\boldsymbol{v}^{(n)},\boldsymbol{\beta}_{i+1}\right)-\left[\left(\boldsymbol{W}\cdot\boldsymbol{\beta}_{i},\boldsymbol{\beta}_{i}\right)-2\left(\boldsymbol{v}^{(n)},\boldsymbol{\beta}_{i}\right)\right]\\&=2\Theta\left(\boldsymbol{\beta}_{i+1}\right)-2\Theta\left(\boldsymbol{\beta}_{i}\right)\\&=-\frac{\tau_i^2}{w_{i,i}}\leqslant 0\end{aligned}\tag{4.43}$$

也就是说，函数Θ减小等价于$\boldsymbol{W}$范数的误差减小，HASM 高斯–赛德尔算法是收敛的。

2. HASM 预处理高斯–赛德尔算法

1）矩阵表达

当系数矩阵$\boldsymbol{W}$转换成非奇异矩阵$\boldsymbol{V}$时，HASM 高斯–赛德尔算法的收敛速度可大幅度提高（Gunawardena *et al*., 1991）。这个转换过程可通过引入以下预处理器完成：

$$\boldsymbol{P}=\boldsymbol{I}+\boldsymbol{\Psi}\tag{4.44}$$

式中，$\boldsymbol{I}$为单位矩阵；$\boldsymbol{\Psi}=\begin{bmatrix}0&-v_{12}&0&&\cdots&0\\0&0&-v_{23}&&\cdots&0\\\cdots&\cdots&\cdots&&\cdots&\cdots\\0&0&0&0&&-v_{I\cdot J-1,I\cdot J}\\0&0&0&0&&0\end{bmatrix}$。

将$\boldsymbol{V}$表达为三个矩阵的和：

$$\boldsymbol{V}=\boldsymbol{V}_{\text{diag}}-\boldsymbol{V}_{\text{lower}}-\boldsymbol{V}_{\text{uper}}\tag{4.45}$$

则，

$$\boldsymbol{V}_{\text{diag}}^{-1}\cdot\boldsymbol{V}=\boldsymbol{I}-\boldsymbol{V}_{\text{diag}}^{-1}\cdot\boldsymbol{V}_{\text{lower}}-\boldsymbol{V}_{\text{diag}}^{-1}\cdot\boldsymbol{V}_{\text{uper}}\tag{4.46}$$

$$\begin{aligned}\bar{\boldsymbol{V}}&=(\boldsymbol{I}+\boldsymbol{\Psi})\cdot\left(\boldsymbol{V}_{\text{diag}}^{-1}\cdot\boldsymbol{V}\right)\\&=\boldsymbol{I}-\boldsymbol{V}_{\text{diag}}^{-1}\cdot\boldsymbol{V}_{\text{lower}}-\boldsymbol{\Psi}\cdot\boldsymbol{V}_{\text{diag}}^{-1}\cdot\boldsymbol{V}_{\text{lower}}-\left(\boldsymbol{V}_{\text{diag}}^{-1}\cdot\boldsymbol{V}_{\text{uper}}-\boldsymbol{\Psi}+\boldsymbol{\Psi}\cdot\boldsymbol{V}_{\text{diag}}^{-1}\cdot\boldsymbol{V}_{\text{uper}}\right)\end{aligned}\tag{4.47}$$

HASM 预处理高斯–赛德尔迭代矩阵可表达为

$$\bar{\boldsymbol{P}}=\left(\boldsymbol{I}-\boldsymbol{V}_{\text{diag}}^{-1}\cdot\boldsymbol{V}_{\text{lower}}-\boldsymbol{\Psi}\cdot\boldsymbol{V}_{\text{diag}}^{-1}\cdot\boldsymbol{V}_{\text{lower}}\right)^{-1}\cdot\left(\boldsymbol{V}_{\text{diag}}^{-1}\cdot\boldsymbol{V}_{\text{uper}}-\boldsymbol{\Psi}+\boldsymbol{\Psi}\cdot\boldsymbol{V}_{\text{diag}}^{-1}\cdot\boldsymbol{V}_{\text{uper}}\right)\tag{4.48}$$

研究表明，如果一些参数选取适当，HASM 预处理高斯–赛德尔迭代法（HASM-PGS）能以相当快的速度收敛（Li, 2003）。Niki 等（2004）对 Milaszewicz（1987）、Gunawardena 等（1991）和 Kohno 等（1997）分别提出的三种预处理器进行了分析，结果显示，预处理器在加速高斯–赛德尔迭代算法收敛速度方面的效果非常明显。

2）向量表达

设$\boldsymbol{\beta}_{i+1}=\boldsymbol{\beta}_i+\zeta_i$，$\boldsymbol{\theta}_{i+1}=\boldsymbol{\beta}_i+\zeta_i+\gamma_i\cdot\xi_i$，$\zeta_i=-\dfrac{\tau_i\cdot\boldsymbol{e}_i}{w_{i,i}}$，其中，$\boldsymbol{e}_1=(1,0,\cdots,0,0)$，$\boldsymbol{e}_2=(0,1,0,\cdots,0,0)$，…，$\boldsymbol{e}_{I\cdot J-1}=(0,0,\cdots,1,0)$，$\boldsymbol{e}_{I\cdot J}=(0,0,\cdots,0,1)$，$\tau_i=\left(\boldsymbol{w}_i,\boldsymbol{\beta}_i\right)-v_i^{(n)}$，$\gamma_i\in\mathbf{R}$，$\xi_i$为$\mathbf{R}^{(I\cdot J)\times 1}$的任意元素，则根据 Ujevic 方法（Ujevic, 2006），可得

$$\begin{aligned}\Theta\left(\boldsymbol{\beta}_i+\zeta_i+\gamma_i\cdot\xi_i\right)&=\Theta\left(\boldsymbol{\beta}_i\right)+\left(\Theta'\left(\boldsymbol{\beta}_i\right),\zeta_i+\gamma_i\cdot\xi_i\right)+\frac{1}{2}\left(\boldsymbol{W}\cdot\left(\zeta_i+\gamma_i\cdot\xi_i\right),\zeta_i+\gamma_i\cdot\xi_i\right)\\&=\Theta\left(\boldsymbol{\beta}_i\right)+\left(\boldsymbol{W}\cdot\boldsymbol{\beta}_i-\boldsymbol{v}^{(n)},\zeta_i\right)+\gamma_i\cdot\left(\boldsymbol{W}\cdot\boldsymbol{\beta}_i-\boldsymbol{v}^{n},\xi_i\right)+\frac{1}{2}\left(\boldsymbol{W}\cdot\zeta_i,\zeta_i\right)\end{aligned}$$

$$+\gamma_i\cdot\left(\boldsymbol{W}\cdot\xi_i,\zeta_i\right)+\frac{\gamma_i^2}{2}\left(\boldsymbol{W}\cdot\xi_i,\xi_i\right)$$

$$=\Theta\left(\boldsymbol{\beta}_{i+1}\right)+\gamma_i\cdot\left(\left(\boldsymbol{W}\cdot\boldsymbol{\beta}_i-\boldsymbol{v}^{(n)},\xi_i\right)+\left(\boldsymbol{W}\cdot\xi_i,\zeta_i\right)\right)+\frac{\gamma_i^2}{2}\left(\boldsymbol{W}\cdot\xi_i,\xi_i\right) \tag{4.49}$$

如果$\Phi(\lambda)=\gamma\cdot\left(\left(\boldsymbol{W}\cdot\boldsymbol{\beta}_i-\boldsymbol{v}^{(n)},\xi_i\right)+\left(\boldsymbol{W}\cdot\boldsymbol{q}_i,\zeta_i\right)\right)+\frac{\gamma^2}{2}\left(\boldsymbol{W}\cdot\xi_i,\xi_i\right)$，则

$$\Phi'(\lambda)=\left(\left(\boldsymbol{W}\cdot\boldsymbol{\beta}_i-\boldsymbol{v}^{(n)},\xi_i\right)+\left(\boldsymbol{W}\cdot\xi_i,\zeta_i\right)\right)+\gamma\cdot\left(\boldsymbol{W}\cdot\xi_i,\xi_i\right) \tag{4.50}$$

$$\Phi''(\lambda)=\left(\boldsymbol{W}\cdot\xi_i,\xi_i\right)>0 \tag{4.51}$$

当$\Phi'(\lambda)=0$，$\gamma_i=-\dfrac{\left(\boldsymbol{W}\cdot\boldsymbol{\beta}_i-\boldsymbol{v}^{(n)},\xi_i\right)+\left(\boldsymbol{W}\cdot\xi_i,\zeta_i\right)}{\left(\boldsymbol{W}\cdot\xi_i,\xi_i\right)}$时，

$$\Phi(\lambda)=-\frac{\left[\left(\boldsymbol{W}\cdot\boldsymbol{\beta}_i-\boldsymbol{v}^{(n)},\xi_i\right)+\left(\boldsymbol{W}\cdot\xi_i,\zeta_i\right)\right]^2}{\left(\boldsymbol{W}\cdot\xi_i,\xi_i\right)}+\frac{\left[\left(\boldsymbol{W}\cdot\boldsymbol{\beta}_i-\boldsymbol{v}^{(n)},\xi_i\right)+\left(\boldsymbol{W}\cdot\xi_i,\zeta_i\right)\right]^2}{2\left(\boldsymbol{W}\cdot\xi_i,\xi_i\right)}$$

$$=-\frac{\left[\left(\boldsymbol{W}\cdot\boldsymbol{\beta}_i-\boldsymbol{v}^{(n)},\xi_i\right)+\left(\boldsymbol{W}\cdot\xi_i,\zeta_i\right)\right]^2}{2\left(\boldsymbol{W}\cdot\xi_i,\xi_i\right)}\leqslant 0 \tag{4.52}$$

$$\Theta\left(\boldsymbol{\theta}_{i+1}\right)-\Theta\left(\boldsymbol{\beta}_i\right)=\Theta\left(\boldsymbol{\beta}_{i+1}\right)-\Theta\left(\boldsymbol{\beta}_i\right)+\gamma_i\cdot\left(\left(\boldsymbol{W}\cdot\boldsymbol{\beta}_i-\boldsymbol{v}^{(n)},\xi_i\right)+\left(\boldsymbol{W}\cdot\xi_i,\zeta_i\right)\right)+\frac{\gamma_i^2}{2}\left(\boldsymbol{W}\cdot\xi_i,\xi_i\right)$$

$$=\Theta\left(\boldsymbol{\beta}_{i+1}\right)-\Theta\left(\boldsymbol{\beta}_i\right)-\frac{\left[\left(\boldsymbol{W}\cdot\boldsymbol{\beta}_i-\boldsymbol{v}^{(n)},\xi_i\right)+\left(\boldsymbol{W}\cdot\xi_i,\zeta_i\right)\right]^2}{2\left(\boldsymbol{W}\cdot\xi_i,\xi_i\right)}\leqslant\Theta\left(\boldsymbol{\beta}_{i+1}\right)-\Theta\left(\boldsymbol{\beta}_i\right) \tag{4.53}$$

也就是说，$\boldsymbol{\theta}_{i+1}$过程较$\boldsymbol{\beta}_{i+1}$过程的误差减小速度更快。HASM 预处理高斯–赛德尔迭代法（HASM-PGS）的伪代码可表达为

for $n=0,1,2,\ldots$

$\boldsymbol{\beta}_1=\boldsymbol{z}^{(n+1)}$

for $i=0,1,2,\ldots,m$

$\boldsymbol{\theta}_{i+1}=\boldsymbol{\theta}_i+\boldsymbol{\zeta}_i+\gamma_i\cdot\xi_i$

end for i

$\boldsymbol{z}^{(n+1)}=\boldsymbol{\theta}_{m+1}$

Stopping criteria

end for n

式中，$\boldsymbol{z}^{(0)}$为通过插值获得的初值；n为第n步外迭代；m为内迭代总步数；$\zeta_i=-\dfrac{\eta_i\cdot\boldsymbol{e}_i}{w_{i,i}}$；$\eta_i=\left(\boldsymbol{w}_i,\boldsymbol{\theta}_i\right)-v_i^{(n)}$；$\gamma_i=-\dfrac{\left(\boldsymbol{W}\cdot\boldsymbol{\theta}_i-\boldsymbol{v}^{(n)},\xi_i\right)+\left(\boldsymbol{W}\cdot\xi_i,\zeta_i\right)}{\left(\boldsymbol{W}\cdot\xi_i,\xi_i\right)}$；$\xi_i$为$\mathbf{R}^{(I\cdot J)\times 1}$的任意元素。

如果$\xi_i=\boldsymbol{e}_j$；当$j<I\cdot J$时，$i=j+1$；当$j=I\cdot J$时，$i=1$；则

$$\boldsymbol{\theta}_{i+1}=\boldsymbol{\theta}_i+\boldsymbol{\zeta}_i+\gamma_i\cdot\boldsymbol{e}_{i-1} \tag{4.54}$$

$$\zeta_i=-\frac{\eta_i\cdot\boldsymbol{e}_i}{w_{i,i}} \tag{4.55}$$

$$\eta_i=\left(\boldsymbol{w}_i,\boldsymbol{\theta}_i\right)-v_i^{(n)} \tag{4.56}$$

$$\gamma_i = -\frac{\left(\boldsymbol{W}\cdot\boldsymbol{\theta}_i - \boldsymbol{v}^{(n)}, \boldsymbol{e}_{i-1}\right) + \left(\boldsymbol{W}\cdot\boldsymbol{e}_{i-1}, \boldsymbol{\zeta}_i\right)}{\left(\boldsymbol{W}\cdot\boldsymbol{e}_{i-1}, \boldsymbol{e}_{i-1}\right)} = -\frac{\eta_{i-1} - \frac{\eta_i}{w_{i,i}}\cdot w_{i,i-1}}{w_{i-1,i-1}} = -\frac{\eta_{i-1}}{w_{i-1,i-1}} + \frac{w_{i,i-1}}{w_{i,i}\cdot w_{i-1,i-1}}\cdot\eta_i \tag{4.57}$$

因此，

$$\begin{aligned}\eta_{i-1} &= \left(\boldsymbol{w}_{i-1}, \boldsymbol{\theta}_i\right) - v_{i-1}^{(n)} \\ &= \left(\boldsymbol{w}_{i-1}, \boldsymbol{\theta}_{i-1} + \boldsymbol{\zeta}_{i-1} + \gamma_{i-1}\cdot\boldsymbol{e}_{i-2}\right) - v_{i-1}^{(n)} \\ &= \left(\boldsymbol{w}_{i-1}, \boldsymbol{\theta}_{i-1}\right) - v_{i-1}^{(n)} + \left(\boldsymbol{w}_{i-1}, -\frac{\eta_{i-1}}{w_{i-1,i-1}}\cdot\boldsymbol{e}_{i-1}\right) + \gamma_{i-1}\cdot\left(\boldsymbol{w}_{i-1}, \boldsymbol{e}_{i-2}\right) \\ &= \eta_{i-1} - \frac{\eta_{i-1}}{w_{i-1,i-1}}\cdot w_{i-1,i-1} + \gamma_{i-1}\cdot w_{i-1,i-2} \\ &= \gamma_{i-1}\cdot w_{i-1,i-2}\end{aligned} \tag{4.58}$$

$$\gamma_i = -\frac{\eta_{i-1}}{w_{i-1,i-1}} + \frac{w_{i,i-1}}{w_{i,i}\cdot w_{i-1,i-1}}\cdot\eta_i = -\frac{w_{i-1,i-2}}{w_{i-1,i-1}}\cdot\gamma_{i-1} + \frac{w_{i,i-1}}{w_{i,i}\cdot w_{i-1,i-1}}\cdot\eta_i \tag{4.59}$$

式中，$\gamma_0=\gamma_n$；$\boldsymbol{e}_0=\boldsymbol{e}_{I\cdot J}$；$\boldsymbol{e}_{-1}=\boldsymbol{e}_{I\cdot J-1}$；$\eta_0=\eta_n$；$\zeta_0=\zeta_n$；$w_{0,0}=w_{I\cdot J,I\cdot J}$；$w_{0,-1}=w_{I\cdot J,I\cdot J-1}$；$w_{1,0}=w_{1,I\cdot J}$。

设 $\omega_i=\frac{w_{i-1,i-2}}{w_{i-1,i-1}}$，$\mu_i=\frac{w_{i,i-1}}{w_{i,i}\cdot w_{i-1,i-1}}$，根据系数矩阵 $\boldsymbol{W}$ 的结构分析结果，可得 $\mu_{i\cdot J+1,i\cdot J}=0$，$\omega_{i\cdot J+2,i\cdot J+1}=0$，$w_{i,i-1}=w_{i-1,i-2}=-4$。系数矩阵 $\boldsymbol{W}$ 每行最多有 9 个非零元素；在预处理高斯–赛德尔迭代（HASM-PGS）运算中，非零元素用于加、减、乘、除算术运算；为了减小计算复杂性，避免进行非零元素和零元素的乘法运算。

3. 数值实验

本小节再次选择高斯合成曲面（图 3.3）为数值实验的标准曲面，分别设计了三个数值实验：①比较分析 HASM 预处理高斯–赛德尔迭代算法（HASM-PGS）与 MATLAB 软件包所有 Krylov 子空间算法的计算时效；②比较分析 HASM 预处理高斯–赛德尔迭代算法（HASM-PGS）与 HASM 高斯–赛德尔迭代算法（HASM-GS）的计算时效；③评价初值对 HASM 预处理高斯–赛德尔迭代算法（HASM-PGS）计算时效的影响。

1）HASM 预处理高斯–赛德尔迭代算法与 Krylov 子空间算法的时效比较

Krylov 子空间算法包括双共轭梯度法（BICG）、稳定双共轭梯度法（BICGSTAB）、平方共轭梯度法（CGS）、共轭梯度最小二乘 QR 算法（LSQR）、最小剩余法（MINRES）、预处理共轭梯度法（PCG）、拟极小剩余算法（QMR）、广义最小残差法（GMRES）和对称最小二乘法（SYMMLQ）。数值实验的最大迭代步数设置为 $\max it=1000$、迭代停止精度为 $tol=10^{-15}$。所有 Krylov 子空间算法和 HASM 预处理高斯–赛德尔迭代算法的初值相同，计算域由空间分辨率为 0.006 的 1001×1001 个栅格组成，采用间隔为 4 个栅格。模拟误差的计算采用均方根误差公式 $\mathrm{RMSE}=\sqrt{\frac{1}{(I+2)\cdot(J+2)}\sum_{i=0}^{I+1}\sum_{j=0}^{J+1}(f_{i,j}-\mathrm{S}f_{i,j})^2}$，式中 $f_{i,j}$ 为 $f(x,y)$ 的真值，$\mathrm{S}f_{i,j}$ 为 $f(x,y)$ 在栅格 (x_i,y_j) 处的模拟值，$I=J=999$。

数值实验结果表明（表 4.2），HASM 预处理高斯–赛德尔迭代算法（HASM-PGS）比上述所有 Krylov 子空间算法的耗时少很多。与最快的 Krylov 子空间的平方共轭梯度法（CGS）相比，HASM 预处理高斯–赛德尔迭代算法（HASM-PGS）计算速度快 11.4 倍；与最慢的 Krylov 子空间的共轭梯度最小二乘 QR 算法（LSQR）相比，HASM 预处理高斯–赛德尔迭代算法（HASM-PGS）快 469 倍。

2）HASM-PGS 与 HASM-GS 的计算时效比较

在此数值实验中，采样间隔为 4 个栅格单元，内迭代停止精度为 10^{-7}，外迭代步数为 1；并通过

表 4.2　均匀采样条件下各种算法计算时效比较

算法	误差	迭代步数	运算时间/s	HASM-PGS 耗费时间与 Krylov 子空间算法耗时的比率
HASM-PGS	2.65×10^{-6}	50	6.521	1
CGS	2.65×10^{-6}	55	80.920	12.409
PCG	2.65×10^{-6}	96	91.860	14.087
BICGSTAB	2.65×10^{-6}	58	108.618	16.657
BICG	2.65×10^{-6}	96	130.002	19.936
QMR	2.65×10^{-6}	92	143.682	22.034
MINRES	2.65×10^{-6}	198	243.246	37.302
GMRES	2.65×10^{-6}	77	270.904	41.543
SYMMLQ	2.65×10^{-6}	225	358.075	54.911
LSQR	2.65×10^{-6}	907	3070.817	470.912

改变计算域栅格单元总数来观察 HASM 预处理高斯–赛德尔迭代算法（HASM-PGS）与 HASM 高斯–赛德尔迭代算法（HASM-GS）的运算时间差异。

数值实验结果表明（表 4.3），HASM 预处理高斯–赛德尔迭代法（HASM-PGS）花费时间远少于高斯–赛德尔迭代法（HASM-GS）。而且计算域栅格总数越大，HASM 预处理高斯–赛德尔迭代法（HASM-PGS）较 HASM 高斯–赛德尔迭代法（HASM-GS）的时效越高。换句话说，HASM 预处理高斯–赛德尔迭代法（HASM-PGS）与 HASM 高斯–赛德尔迭代法（HASM-GS）的运算时间差异的多少与计算域栅格总数密切相关，其线性回归方程可表达为

$$\Delta t = 9\cdot10^{-6}\cdot \mathrm{gn} - 7.2647,\quad R^2 = 0.9172 \tag{4.60}$$

式中，Δt 为 HASM 预处理高斯–赛德尔迭代法（HASM-PGS）与 HASM 高斯–赛德尔迭代法（HASM-GS）的运算时间差；gn 为计算域栅格总数。

表 4.3　HASM-PGS 与 HASM-GS 运算时间比较

计算域栅格总数	HASM-GS 用时/s	HASM-PGS 用时/s	时间差/s
101×101	0.3997	0.3952	0.0045
301×301	3.4381	3.1122	0.3259
501×501	9.5758	8.5352	1.0406
1001×1001	38.5613	34.0659	4.4955
2001×2001	157.3256	136.6111	20.7145
3001×3001	355.0508	310.8424	44.2083
4001×4001	984.5033	820.0605	164.4428

设置采样间距为 4 个栅格、计算域栅格总数为 1001×1001、外迭代步数为 5，通过比较 HASM 预处理高斯–赛德尔迭代法（HASM-PGS）与 HASM 高斯–赛德尔迭代法（HASM-GS）的平方根误差，分析内迭代步数对模拟精度的影响。分析结果（表 4.4）表明，当内迭代步数较少时，HASM 预处理高斯–赛德尔迭代法（HASM-PGS）精度较高；HASM 预处理高斯–赛德尔迭代法（HASM-PGS）收敛速度较快。当内迭代步数为 320 时，HASM 预处理高斯–赛德尔迭代法（HASM-PGS）与 HASM 高斯–赛德尔迭代法（HASM-GS）都达到稳定解，但高斯–赛德尔迭代法（HASM-GS）需要较长时间。

将内迭代步数确定为 50 步，让外迭代步数变化，则分析结果显示（表 4.5），在外迭代步数较小时，HASM 预处理高斯–赛德尔迭代法（HASM-PGS）收敛速率较快。

3）初值对 HASM 预处理高斯–赛德尔迭代法收敛速度的影响

当运算时间限定时，模拟精度与初值密切相关。此数值实验中，设置采样间距为 4 个栅格、计算域栅格总数为 801×801、外迭代次数为 1、内迭代次数为 50，迭代初值分别由线性插值、最近邻法和

表 4.4　HASM-PGS 与 HASM-GS 在不同内迭代步数时的误差比较

内迭代步数	HAMS-GS 误差	HASM-PGS 误差	HASM-PGS 与 HASM-GS 误差的差值
5	6.4517×10^{-3}	3.9587×10^{-3}	2.4390×10^{-3}
10	3.4696×10^{-3}	2.0536×10^{-3}	1.4160×10^{-3}
20	1.8455×10^{-3}	1.3144×10^{-3}	0.5311×10^{-3}
40	1.2548×10^{-3}	1.1298×10^{-3}	0.1250×10^{-3}
80	1.1217×10^{-3}	1.1122×10^{-3}	0.0090×10^{-3}
160	1.1120×10^{-3}	1.1119×10^{-3}	0.0001×10^{-3}
320	1.1119×10^{-3}	1.1119×10^{-3}	0

表 4.5　HASM-PGS 与 HASM-GS 在不同外迭代步数时的误差比较

外迭代步数	HAMS-GS 误差	HASM-PGS 误差	HASM-PGS 与 HASM-GS 误差的差值
2	1.5524×10^{-4}	1.5178×10^{-4}	0.3460×10^{-5}
4	6.6014×10^{-5}	6.4578×10^{-5}	0.1436×10^{-5}
8	3.4646×10^{-5}	3.4426×10^{-5}	0.220×10^{-6}
10	3.0331×10^{-5}	3.0203×10^{-5}	0.128×10^{-6}
20	2.1085×10^{-5}	2.1065×10^{-5}	0.2×10^{-7}
25	1.8870×10^{-5}	1.8865×10^{-5}	0.5×10^{-8}
28	1.7848×10^{-5}	1.7848×10^{-5}	0

样条插值获得。

模拟结果显示，由于样条插值较最近邻法的插值精度高许多，以样条插值为初值的 HASM 预处理高斯–赛德尔迭代（HASM-PGS）误差较以最近邻法插值为初值的误差低 3 个数量级。因此，在使用 HASM 预处理高斯–赛德尔迭代（HASM-PGS）时，以选取尽可能精确的初值为佳。

4.3.4　HASM 共轭梯度法和 HASM 预处理共轭梯度法

1. HASM 共轭梯度法

共轭梯度法（CG）的发展始于 20 世纪 50 年代初，用于获取 Krylov 子空间的近似解（van der Vorst, 2002）。共轭梯度法（CG）适合处理由微分方程产生的线性系统，它们最初被看做是大型线性系统有效解的加速技术（Lanczos, 1952; Hestenes and Stiefel, 1952）。共轭梯度法（CG）在其产生后的最初 20 年中，很少有人使用；在这一时期，稠密矩阵的高斯消去法和稀疏矩阵的 Chebyschev 迭代法备受青睐。然而，研究证明，对 $I\times J$ 维大型稀疏矩阵问题，共轭梯度法（CG）在 $I\times J$ 步迭代后很快就可以得到很好的近似解（Reid, 1971）。随着计算机性能的提高，共轭梯度法（CG）在 20 世纪 70 年代开始被广泛使用（Golub and O'Leary, 1989）。

由于 HASM 的系数矩阵 $\boldsymbol{W}$ 对称正定，HASM 共轭梯度法（HASM-CG）的标准形式可表达为

$$\Lambda\left(\boldsymbol{z}^{(n+1)}\right)=\frac{1}{2}\left(\boldsymbol{r},\boldsymbol{W}^{-1}\cdot\boldsymbol{r}\right) \tag{4.61}$$

式中，$\boldsymbol{r}=\boldsymbol{W}\cdot\boldsymbol{z}^{(n+1)}-\boldsymbol{v}^{(n)}$；$\left(\boldsymbol{r},\boldsymbol{W}^{-1}\cdot\boldsymbol{r}\right)$ 为 $\boldsymbol{r}$ 和 $\boldsymbol{W}^{-1}\cdot\boldsymbol{r}$ 的内积。

同式（4.20），

$$\Lambda\left(\boldsymbol{z}^{(n+1)}\right)=\left\|\boldsymbol{W}\cdot\boldsymbol{z}^{(n+1)}-\boldsymbol{v}^{(n)}\right\|_{\boldsymbol{W}^{-\frac{1}{2}}}=\frac{1}{2}\left(\boldsymbol{z}^{(n+1)}\right)^{\mathrm{T}}\cdot\boldsymbol{W}\cdot\boldsymbol{z}^{(n+1)}-\boldsymbol{v}^{(n)}\cdot\boldsymbol{z}^{(n+1)}+\frac{1}{2}\left(\boldsymbol{v}^{(n)}\right)^{\mathrm{T}}\cdot\boldsymbol{W}^{-1}\cdot\boldsymbol{v}^{(n)} \tag{4.62}$$

$\Lambda\left(\boldsymbol{z}^{(n+1)}\right)$ 的极小是 $\boldsymbol{W}\cdot\boldsymbol{z}^{(n+1)}=\boldsymbol{v}^{(n)}$ 的解，即 $\boldsymbol{z}^{(n+1)}=\boldsymbol{W}^{-1}\cdot\boldsymbol{v}^{(n)}$。$\Lambda$ 在 $\boldsymbol{z}^{(n+1)}$ 处的梯度为

$$\boldsymbol{g}\left(\boldsymbol{z}^{(n+1)}\right)=\left(\frac{\partial\Lambda}{\partial z_1^{(n+1)}},\cdots,\frac{\partial\Lambda}{\partial z_{I\cdot J}^{(n+1)}}\right) \tag{4.63}$$

设$\boldsymbol{\omega}$是$\mathbf{R}^{(I\cdot J)\times 1}$的任意非零向量，且$(\boldsymbol{g},\boldsymbol{\omega})=\lim\limits_{\tau\to 0}\frac{1}{\tau}\left(\Lambda\left(\boldsymbol{z}^{(n+1)}+\tau\cdot\boldsymbol{\omega}\right)-\Lambda\left(\boldsymbol{z}^{(n+1)}\right)\right)$，则

$$\begin{aligned}\Lambda\left(\boldsymbol{z}^{(n+1)}+\tau\cdot\boldsymbol{\omega}\right)-\Lambda\left(\boldsymbol{z}^{(n+1)}\right)&=\frac{1}{2}\cdot\left(\boldsymbol{r}+\tau\cdot\boldsymbol{W}\cdot\boldsymbol{\omega},\boldsymbol{W}^{-1}(\boldsymbol{r}+\tau\cdot\boldsymbol{W}\cdot\boldsymbol{\omega})\right)-\frac{1}{2}\cdot\left(\boldsymbol{r},\boldsymbol{W}^{-1}\cdot\boldsymbol{r}\right)\\&=\tau\cdot(\boldsymbol{r},\boldsymbol{\omega})+\frac{1}{2}\cdot\tau^2\cdot(\boldsymbol{\omega},\boldsymbol{W}\cdot\boldsymbol{\omega})\end{aligned}\tag{4.64}$$

因此，$(\boldsymbol{g},\boldsymbol{\omega})=(\boldsymbol{r},\boldsymbol{\omega})$对任何$\boldsymbol{\omega}$有效，$\boldsymbol{g}=\boldsymbol{r}$成立。也就是说，梯度和残差相等。

为了获得Λ的极小值，构造一个共轭正交于前面搜索方向的新搜索方向$\boldsymbol{\omega}^{(k)}$。计算$\tau=\tau_k$，使$\Lambda\left(\left(\boldsymbol{z}^{(n+1)}\right)^{(k)}+\tau\cdot\boldsymbol{\omega}^{(k)}\right)$通过$\tau_k$达到最小值，$-\infty<\tau<+\infty$，则新的逼近为

$$\left(\boldsymbol{z}^{(n+1)}\right)^{(k+1)}=\left(\boldsymbol{z}^{(n+1)}\right)^{(k)}+\tau_k\cdot\boldsymbol{\omega}^{(k)}\tag{4.65}$$

设$\boldsymbol{r}^{(k)}=\boldsymbol{W}\cdot\left(\boldsymbol{z}^{(n+1)}\right)^{(k)}-\boldsymbol{v}^{(n)}$，$\varepsilon(\tau)=\Lambda\left(\left(\boldsymbol{z}^{(n+1)}\right)^{(k)}+\tau\cdot\boldsymbol{\omega}^{(k)}\right)-\Lambda\left(\left(\boldsymbol{z}^{(n+1)}\right)^{(k)}\right)$，则根据式（4.64）可得

$$\varepsilon(\tau)=\tau\cdot\left(\boldsymbol{r}^{(k)},\boldsymbol{\omega}^{(k)}\right)+\frac{1}{2}\cdot\tau^2\cdot\left(\boldsymbol{\omega}^{(k)},\boldsymbol{W}\cdot\boldsymbol{\omega}^{(k)}\right)\tag{4.66}$$

当$\left(\boldsymbol{r}^{(k)},\boldsymbol{\omega}^{(k)}\right)+\tau\cdot\left(\boldsymbol{\omega}^{(k)},\boldsymbol{W}\cdot\boldsymbol{\omega}^{(k)}\right)=0$时，$\varepsilon(\tau)$达到其最小值，即

$$\tau=\tau_k=-\frac{\left(\boldsymbol{r}^{(k)},\boldsymbol{\omega}^{(k)}\right)}{\left(\boldsymbol{\omega}^{(k)},\boldsymbol{W}\cdot\boldsymbol{\omega}^{(k)}\right)}\tag{4.67}$$

根据式（4.65）可得

$$\boldsymbol{r}^{(k+1)}=\boldsymbol{r}^{(k)}+\tau_k\cdot\boldsymbol{W}\cdot\boldsymbol{\omega}^{(k)}\tag{4.68}$$

则，

$$\left(\boldsymbol{r}^{(k+1)},\boldsymbol{\omega}^{(k)}\right)=\left(\boldsymbol{r}^{(k)}-\frac{\left(\boldsymbol{r}^{(k)},\boldsymbol{\omega}^{(k)}\right)}{\left(\boldsymbol{\omega}^{(k)},\boldsymbol{W}\cdot\boldsymbol{\omega}^{(k)}\right)}\cdot\boldsymbol{W}\cdot\boldsymbol{\omega}^{(k)},\boldsymbol{\omega}^{(k)}\right)=0\tag{4.69}$$

这就意味着梯度正交于前面的搜索方向。

下一步迭代的搜索方向$\boldsymbol{\omega}^{(k+1)}$构造如下（Hestenes and Stiefel, 1952）：

$$\boldsymbol{\omega}^{(k+1)}=-\boldsymbol{r}^{(k+1)}+\beta_k\cdot\boldsymbol{\omega}^{(k)},\quad k=0,1,2,\cdots\tag{4.70}$$

$$\beta_k=\frac{\left(\boldsymbol{r}^{(k+1)},\boldsymbol{W}\cdot\boldsymbol{\omega}^{(k)}\right)}{\left(\boldsymbol{\omega}^{(k)},\boldsymbol{W}\cdot\boldsymbol{\omega}^{(k)}\right)}\tag{4.71}$$

可以证明，

$$\left(\boldsymbol{\omega}^{(k)},\boldsymbol{W}\cdot\boldsymbol{\omega}^{(m)}\right)=0,\quad m\neq k\tag{4.72}$$

$$\left(\boldsymbol{r}^{(k)},\boldsymbol{r}^{(m)}\right)=0,\quad m\neq k\tag{4.73}$$

$$\left(\boldsymbol{r}^{(k)},\boldsymbol{\omega}^{(m)}\right)=0,\quad 0\leqslant m\leqslant k-1,\quad k\geqslant 1\tag{4.74}$$

式中，$\boldsymbol{r}^{(0)}=\boldsymbol{W}\cdot\left(\boldsymbol{z}^{(n+1)}\right)^{(0)}-\boldsymbol{v}^{(n)}$。

这就是说，搜索方向$\boldsymbol{\omega}^{(0)},\boldsymbol{\omega}^{(1)},\cdots,\boldsymbol{\omega}^{(k)}$相互共轭，残差$\boldsymbol{r}^{(0)},\boldsymbol{r}^{(1)},\cdots,\boldsymbol{r}^{(k)}$相互正交。HASM 共轭梯度

法（HASM-CG）可表达为

$$\begin{cases}\tau_k=-\dfrac{\left(\boldsymbol{r}^{(k)},\boldsymbol{r}^{(k)}\right)}{\left(\boldsymbol{\omega}^{(k)},\boldsymbol{W}\cdot\boldsymbol{\omega}^{(k)}\right)}\\ \left(\boldsymbol{z}^{(n+1)}\right)^{(k+1)}=\left(\boldsymbol{z}^{(n+1)}\right)^{(k)}+\tau_k\cdot\boldsymbol{\omega}^{(k)}\\ \boldsymbol{r}^{(k+1)}=\boldsymbol{r}^{(k)}+\tau_k\cdot\boldsymbol{W}\cdot\boldsymbol{\omega}^{(k)}\\ \beta_k=\dfrac{\left(\boldsymbol{r}^{(k+1)},\boldsymbol{r}^{(k+1)}\right)}{\left(\boldsymbol{r}^{(k)},\boldsymbol{r}^{(k)}\right)}\\ \boldsymbol{\omega}^{(k+1)}=-\boldsymbol{r}^{(k+1)}+\beta_k\cdot\boldsymbol{\omega}^{(k)}\end{cases}\tag{4.75}$$

HASM 共轭梯度法包括一个初始步和一个内迭代过程。初始步就是根据 $\boldsymbol{r}^{(0)}=\boldsymbol{W}\cdot\left(\boldsymbol{z}^{(n+1)}\right)^{(0)}-\boldsymbol{v}^{(n)}$ 选择初始向量 $\boldsymbol{\omega}^{(0)}=-\boldsymbol{r}^{(0)}$，其中 $\left(\boldsymbol{z}^{(n+1)}\right)^{(0)}$ 为 $\boldsymbol{W}\cdot\boldsymbol{z}^{(n+1)}=\boldsymbol{v}^{(n)}$ 第 n 步外迭代的近似值，$n=0,1,2,\cdots,n_{\max}$，$n_{\max}$ 为最大外迭代步数。内迭代过程是通过确定 τ_k、$\left(\boldsymbol{z}^{(n+1)}\right)^{(k+1)}$ 和 $\boldsymbol{r}^{(k+1)}$，找到 $\Lambda\left(\boldsymbol{z}^{(n+1)}\right)$ 的极小值。如果内积 $\left(\boldsymbol{r}^{(k+1)},\boldsymbol{r}^{(k+1)}\right)$ 不足以小到终止内迭代 β_k，则需要下一个新的搜索方向 $\boldsymbol{\omega}^{(k+1)}$。

2. HASM 预处理共轭梯度法

由对称正定矩阵 $\boldsymbol{C}$ 可定义内积，即

$$(\boldsymbol{x},\boldsymbol{y})=\boldsymbol{x}^{\mathrm{T}}\cdot\boldsymbol{C}\cdot\boldsymbol{y}\tag{4.76}$$

伪残差 $\boldsymbol{\sigma}^{(k)}=\boldsymbol{C}^{-1}\left(\boldsymbol{W}\cdot\left(\boldsymbol{z}^{(n+1)}\right)^{(k)}-\boldsymbol{v}^{(n)}\right)$。$\boldsymbol{C}^{-1}\cdot\boldsymbol{W}$ 为对称正定矩阵。则 HASM 预处理共轭梯度法（HASM-PCG）可表达为

$$\begin{cases}\tau_k=-\dfrac{\left(\boldsymbol{\sigma}^{(k)},\boldsymbol{C}\cdot\boldsymbol{\sigma}^{(k)}\right)}{\left(\boldsymbol{\omega}^{(k)},\boldsymbol{W}\cdot\boldsymbol{\omega}^{(k)}\right)}\\ \left(\boldsymbol{z}^{(n+1)}\right)^{(k+1)}=\left(\boldsymbol{z}^{(n+1)}\right)^{(k)}+\tau_k\cdot\boldsymbol{\omega}^{(k)}\\ \boldsymbol{\sigma}^{(k+1)}=\boldsymbol{\sigma}^{(k)}+\tau_k\cdot\boldsymbol{C}^{-1}\cdot\boldsymbol{W}\cdot\boldsymbol{\sigma}^{(k)}\\ \beta_k=\dfrac{\left(\boldsymbol{\sigma}^{(k+1)},\boldsymbol{C}\cdot\boldsymbol{\sigma}^{(k+1)}\right)}{\left(\boldsymbol{\sigma}^{(k)},\boldsymbol{C}\cdot\boldsymbol{\sigma}^{(k)}\right)}\\ \boldsymbol{\omega}^{(k+1)}=-\boldsymbol{\sigma}^{(k+1)}+\beta_k\cdot\boldsymbol{\omega}^{(k)}\end{cases}\tag{4.77}$$

式（3.61）可转换为

$$\begin{aligned}\Lambda\left(\boldsymbol{z}^{(n+1)}\right)&=\frac{1}{2}\left(\boldsymbol{\sigma},\left(\boldsymbol{C}^{-1}\cdot\boldsymbol{W}\right)^{-1}\cdot\boldsymbol{\sigma}\right)\\&=\frac{1}{2}\left(\boldsymbol{C}^{-1}\cdot\boldsymbol{r}\right)^{\mathrm{T}}\cdot\boldsymbol{C}\cdot\left(\boldsymbol{C}^{-1}\cdot\boldsymbol{W}\right)^{-1}\cdot\boldsymbol{C}^{-1}\cdot\boldsymbol{r}\\&=\frac{1}{2}\boldsymbol{r}^{T}\cdot\boldsymbol{W}^{-1}\cdot\boldsymbol{r}\end{aligned}\tag{4.78}$$

简言之，HASM 预处理共轭梯度法（HASM-PCG）与共轭梯度法（HASM-CG）一样，都是使同一个函数 $\boldsymbol{r}^{\mathrm{T}}\cdot\boldsymbol{W}^{-1}\cdot\boldsymbol{r}$ 达到最小；所不同的是，HASM-PCG 在 Krylov 子空间 $\left\{\boldsymbol{r}^{(0)},\boldsymbol{W}\cdot\boldsymbol{C}^{-1}\boldsymbol{r}^{(0)},\cdots,\left(\boldsymbol{W}\cdot\boldsymbol{C}^{-1}\right)^{k}\boldsymbol{r}^{(0)}\right\}$ 上。如果预处理器选择适当，这个 Krylov 子空间可生成向量，使 HASM 预处理共轭梯度法（HASM-PCG）较 HASM 共轭梯度法（HASM-CG）收敛速度大幅度提高。换句话说，使 $\Lambda\left(\boldsymbol{z}^{(n+1)}\right)$ 达到最小的速度大幅度加快。

3. 数值实验

本小节仍然以高斯合成曲面（图 3.3）为标准曲面进行数值实验。在此数值实验中，采样间距为 4 个栅格，初值由线性插值获得，外迭代步数为 1。数值实验结果表明（表 4.6），当所有算法设置相同的停止误差时，HASM 预处理共轭梯度法（HASM-PCG）与 HASM 共轭梯度法（HASM-CG）、HASM 预处理高斯–赛德尔迭代法（HASM-PGS）和 HASM 高斯–赛德尔迭代法（HASM-GS）相比，其运算速度最快。当停止误差为 2.7×10^{-4} 时，HASM 预处理的共轭梯度法（HASM-PCG）需要 12 步内迭代和 8.4646s 运算时间完成模拟过程；而 HASM 共轭梯度法（HASM-CG）、HASM 预处理高斯–赛德尔迭代法（HASM-PGS）和 HASM 高斯–赛德尔迭代法（HASM-GS）分别需要 10.0418s、70.7669s 和 85.8354s 运算时间。

HASM 预处理共轭梯度法（HASM-PCG）、HASM 共轭梯度法（HASM-CG）、HASM 预处理高斯–赛德尔迭代法（HASM-PGS）和 HASM 高斯–赛德尔迭代法（HASM-GS）的运算时间与计算域栅格总数之间的关系可分别表达为

$$t_{\mathrm{PCG}}=8\times10^{-6}\cdot\mathrm{gn}+0.096,\quad R^{2}=0.9997 \tag{4.79}$$

$$t_{\mathrm{CG}}=1\times10^{-5}\cdot\mathrm{gn}+0.0943,\quad R^{2}=0.9999 \tag{4.80}$$

$$t_{\mathrm{PGS}}=7\times10^{-5}\cdot\mathrm{gn}-0.1311,\quad R^{2}=1 \tag{4.81}$$

$$t_{\mathrm{GS}}=9\times10^{-5}\cdot\mathrm{gn}+0.1383,\quad R^{2}=0.9999 \tag{4.82}$$

式中，t_{PCG}、t_{CG}、t_{PGS} 和 t_{GS} 分别为 HASM 预处理共轭梯度法（HASM-PCG）、HASM 共轭梯度法（HASM-CG）、HASM 预处理高斯–赛德尔迭代法（HASM-PGS）和 HASM 高斯–赛德尔迭代法（HASM-GS）的运算时间；gn 为计算域栅格总数；R 为运算时间与栅格总数的相关系数。

表 4.6　HASM-PCG 运算速度比较分析

计算域栅格总数	误差	HASM-PCG		HASM-CG		HASM-PGS		HASM-GS	
		运算时间/s	内迭代步数	运算时间/s	内迭代步数	运算时间/s	内迭代步数	运算时间/s	内迭代步数
101×101	0.0275	0.1876	21	0.2105	30	0.6866	200	0.8901	415
201×201	0.0067	0.3794	13	0.4181	18	2.6337	200	3.3227	394
301×301	0.0030	0.8086	12	1.0044	17	6.2149	200	7.7854	376
401×401	0.0017	1.4807	12	1.7117	17	11.2155	200	14.3392	374
501×501	0.0011	2.2711	12	2.6364	17	17.5522	200	21.7859	363
1001×1001	2.7×10^{-4}	8.4646	12	10.0418	17	70.4669	200	85.8354	361

4.4　结　　论

研究结果表明，迭代算法的运算速度远高于直接算法。在模拟精度相同的条件下，HASM 高斯消去法（HASM-GE）的运算时效高于 HASM 平方根法（HASM-SR），因此，如果需要直接算法，建议选择 HASM 高斯消去法（HASM-GE）为佳。由于高斯–赛德尔迭代算法具有需要内存空间小、能保持系数矩阵的稀疏

性等特点，曾被广泛使用，但后来被收敛速度较快的预处理高斯–赛德尔迭代算法取代。本章为了分析 HASM 预处理高斯–赛德尔迭代算法（HASM-GS）的运算时效，设置了三个数值实验。结果显示，HASM 预处理高斯–赛德尔迭代算法（HASM-GS）的运算速度比所有 Krylov 子空间算法快 10 倍以上，包括预处理共轭梯度法（PCG）。对大型稀疏线性系统，共轭梯度法是被广泛接受的高效迭代法。数值实验结果表明，虽然 HASM 预处理共轭梯度法（HASM-PCG）需要较大的内存空间，但收敛速度高于 HASM 预处理高斯–赛德尔迭代算法（HASM-PGS）。这里值得注意的是，高精度曲面建模方法（HASM）与预处理共轭梯度法（PCG）的结合，大大提高了预处理共轭梯度法的时效。

当计算域栅格总数 gn 足够大时，HASM 预处理共轭梯度法（HASM-PCG）、HASM 共轭梯度法（HASM-PCG）、HASM 预处理高斯–赛德尔迭代算法（HASM-PGS）、HASM 高斯–赛德尔迭代算法（HASM-GS）、HASM 高斯消去法（HASM-GE）和 HASM 平方根法（HASM-SR）的运算时间与计算域栅格总数的比值分别可近似为 8×10^{-6}、1×10^{-5}、7×10^{-5}、9×10^{-5}、1.2×10^{-2} 和 3.9×10^{-2}。这就是说，HASM 预处理共轭梯度法（HASM-PCG）的运算速度较 HASM 共轭梯度法（HASM-PCG）、HASM 预处理高斯–赛德尔迭代算法（HASM-PGS）、HASM 高斯–赛德尔迭代算法（HASM-GS）、HASM 高斯消去法（HASM-GE）和 HASM 平方根法（HASM-SR）分别高 1.25、8.75、11.25、1500 和 4875 倍。因此，在内存空间足够大的条件下，HASM 预处理共轭梯度法（HASM-PCG）是处理海量数据最高效的算法。

第 5 章　理论型 HASM 方程组求解方法*

由于现有个人计算机的计算性能还不能满足 HASM 的较大内存需求，第 4 章的 HASMab 算法忽略了方程组中的混合偏导。虽然在驱动场精度较高的情况下，HASMab 与简化之前的 HASMabc 精度差别不大，但是在许多情况下，并不能保证驱动场有足够高的精度。

量子计算机、光子计算机、分子计算机和纳米计算机等计算机技术的发展，将使 HASM 的广泛应用不再受制于计算机性能约束。量子计算机利用量子位进行数据存储，不仅大大提升了存储量，计算速度也将比目前的 Pentium DI 晶片快 10 亿倍。光子计算机利用光子取代电子进行数据运算、传输及存储，运算速度将在现有基础上呈指数增长。分子计算机是吸收分子晶体上以电荷形式存在的信息，并且以有效方式进行组织排列的新型计算机，具有体积小、耗电少、运算快、存储量大等特点。纳米计算机是基于纳米技术研究开发的新型高性能计算机。纳米技术衍生出的纳米管元件不仅取代硅芯片成为新型计算机元件，而且能够放大电子开关和晶体管的功能。计算机性能将越来越高，运算速度将越来越快。

5.1　HASM 快速算法

HASM 基于曲面论基本定理和优化控制论，通过将曲面的偏微分方程进行有限差分离散，最终转换为求解大型稀疏代数方程组问题。针对此类问题，一般通过迭代法来求解，而收敛速度是迭代法成功的关键。经典的迭代法包括 Jacobi 迭代、Gauss-Seidal 迭代、逐次超松弛迭代（SOR）等。Jacobi 迭代在迭代的每一步都要用到上一步结果的全部分量，该方法占用内存较大且收敛很慢。Gauss-Seidal 迭代在 Jacobi 迭代法的基础上进行了改进，使新计算出的分量被充分利用，相比而言提高了求解速度及精度，但对某些问题也会收敛很慢。而 SOR 方法是 Gauss-Seidal 法的推广，是求解大型稀疏方程组的有效方法之一，计算中通过引入松弛参数来提高求解速度。当松弛参数为 1 时，SOR 方法即为 Gauss-Seidal 法。但实际中往往松弛参数的选择是个难题。共轭梯度法（CG）是针对大型稀疏对称正定系统提出来的一种有效求解方法。CG 基于最速下降法，在求解过程中，寻找运算结果误差下降最快的方向。

HASM 可表达为

$$\boldsymbol{W}\cdot\boldsymbol{z}^{(\mathrm{n}+1)}=\boldsymbol{v}^{(n)} \tag{5.1}$$

对固定的外迭代次数 n，共轭梯度法的求解过程如下（Golub and van Loan，2009）：

算法 1: Conjugate Gradients (CG):

Given an initial $\boldsymbol{z}_0^{(n+1)}$,

$k=0$，$\boldsymbol{r}_0^{(n+1)}=\boldsymbol{v}^{(n)}-\boldsymbol{W}\cdot\boldsymbol{z}_0^{(n+1)}$,

while （$\boldsymbol{r}_\mathrm{k}^{(n+1)}\neq 0$）

$k=k+1$

If $k-1$

$\boldsymbol{p}_1^{(n+1)}=\boldsymbol{r}_0^{(n+1)}$

else

$\beta_k=\left(\left(\boldsymbol{r}_{k-1}^{(n+1)}\right)^{\mathrm{T}}\cdot\boldsymbol{r}_{k-1}^{(n+1)}\right)/\left(\left(\boldsymbol{r}_{k-2}^{(n+1)}\right)^{\mathrm{T}}\cdot\boldsymbol{r}_{k-2}^{(n+1)}\right)$

* 赵娜为本章主要合著者。

$$\boldsymbol{p}_k^{(n+1)} = \boldsymbol{r}_{k-1}^{(n+1)} + \beta_k \cdot \boldsymbol{p}_{k-1}^{(n+1)}$$

end

$$\alpha_k = \left(\boldsymbol{r}_{k-1}^{(n+1)}\right)^{\mathrm{T}} \cdot \boldsymbol{r}_{k-1}^{(n+1)} / \left(\left(\boldsymbol{p}_k^{(n+1)}\right)^{\mathrm{T}} \cdot \boldsymbol{W} \cdot \boldsymbol{p}_k^{(n+1)}\right)$$

$$\boldsymbol{z}_k^{(n+1)} = \boldsymbol{z}_{k-1}^{(n+1)} + \alpha_k \cdot \boldsymbol{p}_k^{(n+1)}$$

$$\boldsymbol{r}_k^{(n+1)} = \boldsymbol{r}_{k-1}^{(n+1)} - \alpha_k \cdot \boldsymbol{W} \cdot \boldsymbol{p}_k^{(n+1)}$$

end

$$\boldsymbol{z}^{(n+1)} = \boldsymbol{z}_{\mathrm{k}}^{(n+1)}$$

在 CG 实现过程中，需计算 $\boldsymbol{w}_k^{(n+1)} = \boldsymbol{W} \cdot \boldsymbol{p}_k^{(n+1)}$ 矩阵与向量乘积，$\left(\boldsymbol{r}_{k-1}^{(n+1)}\right)^{\mathrm{T}} \cdot \boldsymbol{r}_{k-1}^{(n+1)}$ 和 $\left(\boldsymbol{p}_k^{(n+1)}\right)^{\mathrm{T}} \cdot \boldsymbol{w}_k^{(n+1)}$ 向量内积，$\beta_k \cdot \boldsymbol{p}_{k-1}^{(n+1)}$、$\alpha_k \cdot \boldsymbol{p}_k^{(n+1)}$ 和 $\alpha_k \cdot \boldsymbol{w}_k^{(n+1)}$ 数与向量的乘积，因此，其时间复杂度为 $Q(n^2)$。存储上需要存储的向量有 $\boldsymbol{w}_k^{(n+1)} = \boldsymbol{W} \cdot \boldsymbol{p}_k^{(n+1)}$、$\boldsymbol{z}_k^{(n+1)}$、$\boldsymbol{r}_k^{(n+1)}$、$\boldsymbol{p}_k^{(n+1)}$ 四个一维向量，其空间复杂度为 $O(n)$。

共轭梯度法的性质如下：

（1）$\left(\boldsymbol{p}_i^{(n+1)}\right)^{\mathrm{T}} \cdot \boldsymbol{r}_j^{(n+1)} = 0$，$0 \leqslant i < j \leqslant k$，$k$ 为当前迭代的次数，$\boldsymbol{p}_i^{(n+1)}$ 为共轭梯度法的搜索方向，$\boldsymbol{r}_j^{(n+1)}$ 为迭代的剩余向量（下同）；

（2）$\left(\boldsymbol{r}_i^{(n+1)}\right)^{\mathrm{T}} \cdot \boldsymbol{r}_j^{(n+1)} = 0$，$i \neq j$，$i, j \leqslant k$；

（3）$\left(\boldsymbol{p}_i^{(n+1)}\right)^{\mathrm{T}} \cdot \boldsymbol{W} \cdot \boldsymbol{p}_j^{(n+1)} = 0$，$i \neq j$。

理论上，CG 方法对于 n 阶线性方程组只需通过 n 次迭代就可达到方程组的精确解。但实际中，计算机舍入误差的存在及系数矩阵 $\boldsymbol{W}$ 的一些病态性质，使得共轭梯度法在计算过程中导致 $\boldsymbol{p}_i^{(n+1)}\ (i = 1,2,\cdots)$ 及 $\boldsymbol{r}_i^{(n+1)}\ (i = 1,2,\cdots)$ 的正交性随着迭代次数的增加而消失。

设 $\boldsymbol{W} \in \mathrm{R}^{m \times m}$，则应用 CG 法求解式（5.1）有如下误差：

$$\left\|\boldsymbol{z}^{(k)} - \boldsymbol{z}^*\right\|_v \leqslant 2\left(\frac{\sqrt{K} - 1}{\sqrt{K} + 1}\right)^k \left\|\boldsymbol{z}^{(0)} - \boldsymbol{z}^*\right\|_v \tag{5.2}$$

式中，$\boldsymbol{z}^{(k)}$ 为第 k 次迭代结果；$\boldsymbol{z}^*$ 为精确解；$\boldsymbol{z}^{(0)}$ 为初值；K 为矩阵 $\boldsymbol{W}$ 的条件数（刻画矩阵病态性质的量），$K = \dfrac{\lambda_n}{\lambda_1} = \left\|\boldsymbol{W}^{-1}\right\|_v \left\|\boldsymbol{W}\right\|_v$，$v = 1,2,\cdots,\infty$。$\lambda_n$ 和 λ_1 分别为矩阵 $\boldsymbol{W}$ 的最大和最小特征值。

由此可以看出，若 $\boldsymbol{W}$ 的条件数 K 很大，或者 λ_n 和 λ_1 相差太大，该方法的收敛速度就很慢，即 CG 法的收敛速度依赖于 $\boldsymbol{W}$ 的条件数或更一般地依赖于 $\boldsymbol{W}$ 的特征值的分布。

由条件数的公式可以看出，$K \geqslant 1$，且当矩阵 $\boldsymbol{W}$ 为单位矩阵 $\boldsymbol{I}$ 时，$K = 1$。当矩阵 $\boldsymbol{W}$ 与单位矩阵 $\boldsymbol{I}$ 接近时，CG 法求解对应的方程组收敛速度很快。然而，HASMab 方程组中，系数矩阵 $\boldsymbol{W}$ 的条件数 K 很大，可达 $O\left(10^{17}\right)$ 量级。

为了改善矩阵 $\boldsymbol{W}$ 的性能，加快收敛速度，Meijerink 和 van der Vorst 于 1977 年提出了预处理共轭梯度算法（PCG）。预处理方法试图通过找一预处理矩阵 $\boldsymbol{M}$，使得 $\boldsymbol{M} \cdot \boldsymbol{W}$ 的条件数尽量小，并将 $\boldsymbol{W} \cdot \boldsymbol{z}^{(n+1)} = \boldsymbol{v}^{(n)}$ 转化成与之同解的方程组 $\boldsymbol{M} \cdot \boldsymbol{W} \cdot \boldsymbol{z}^{(n+1)} = \boldsymbol{M} \cdot \boldsymbol{v}^{(n)}$ 来求解。预处理共轭梯度法的实现过程如下：

算法 2: Preconditioned Conjugate Gradients （PCG）:

Given an initial $\boldsymbol{z}_0^{(\mathrm{n}+1)}$,

$k = 0$，$\boldsymbol{r}_0^{(n+1)} = \boldsymbol{v}^{(n)} - \boldsymbol{W} \cdot \boldsymbol{z}_0^{(n+1)}$,

```
while ( r_k^(n+1) ≠ 0 )
    solve M · x_k^(n+1) = r_k^(n+1)
        k = k + 1
    If k = 1
        p_1^(n+1) = z_0^(n+1)
    else
        β_k = (r_{k-1}^(n+1))^T · x_{k-1}^(n+1) / ((r_{k-2}^(n+1))^T · x_{k-2}^(n+1))
        p_k = x_{k-1}^(n+1) + β_k · p_{k-1}^(n+1)
    end
        α_k = (r_{k-1}^(n+1))^T · x_{k-1}^(n+1) / ((p_k^(n+1))^T · W · p_k^(n+1))
        z_k^(n+1) = z_{k-1}^(n+1) + α_k · p_k^(n+1)
        r_k^(n+1) = r_{k-1}^(n+1) - α_k · W · p_k^(n+1)
end
z^(n+1) = z_k^(n+1)
```

PCG 法与 CG 法相比，每次迭代多求一次 $\boldsymbol{M}\cdot\boldsymbol{x}_k^{(n+1)}=\boldsymbol{r}_k^{(n+1)}$。根据预处理矩阵 $\boldsymbol{M}$ 的不同，时间复杂度为 $O(n^3)$ 或 $O(n^2)$，空间复杂度为 $O(n^2)$ 或 $O(n)$。

本书根据 HASM 方程组中系数矩阵的特点，通过选择不同的预处理矩阵 $\boldsymbol{M}$，使转化后的代数系统具有更快的收敛速度。预处理共轭梯度法（PCG）的思想是把共轭梯度法用到变换了的方程组：

$$\overline{\boldsymbol{W}}\cdot\boldsymbol{z}^{(n+1)}=\overline{\boldsymbol{v}}^{(n)} \tag{5.3}$$

式中，$\overline{\boldsymbol{W}}=\boldsymbol{M}\cdot\boldsymbol{W}$；$\overline{\boldsymbol{v}}^{(n)}=\boldsymbol{M}\cdot\boldsymbol{v}^{(n)}$。若 $K(\overline{\boldsymbol{W}})<K(\boldsymbol{W})$,则由上述分析可得，用 CG 法求解式（5.3）比求解式（5.1）速度要快。根据 HASM 方程组系数矩阵特点，本书比较分析基于不完全 Cholesky 分解的预处理共轭梯度法（ICCG）和基于对称逐步超松弛预处理共轭梯度法（SSORCG）的计算精度和计算效率。

5.1.1 基于不完全 Cholesky 分解的预处理共轭梯度法（ICCG）

设 $\boldsymbol{W}$ 的不完全 Cholesky 分解为

$$\boldsymbol{W}=\boldsymbol{M}+\boldsymbol{R}=\boldsymbol{L}\cdot\boldsymbol{L}^{\mathrm{T}}+\boldsymbol{R} \tag{5.4}$$

式中，$\boldsymbol{L}$ 为使 $\boldsymbol{M}=\boldsymbol{L}\cdot\boldsymbol{L}^{\mathrm{T}}$ 尽可能接近 $\boldsymbol{W}$ 的下三角矩阵，且 $\boldsymbol{L}$ 保持跟 $\boldsymbol{W}$ 一样的稀疏性或具有其他指定的稀疏性；矩阵 $\boldsymbol{R}$ 可以变化。

完全 Cholesky 分解是对系数矩阵 $\boldsymbol{W}$ 进行的三角分解，即 $\boldsymbol{W}=\boldsymbol{L}\cdot\boldsymbol{L}^{\mathrm{T}}$。不完全分解是对矩阵 $\boldsymbol{W}-\boldsymbol{R}$ 进行的三角分解，即 $\boldsymbol{W}-\boldsymbol{R}=\boldsymbol{L}\cdot\boldsymbol{L}^{\mathrm{T}}$。由于矩阵 $\boldsymbol{R}$ 可以变化，所以 $\boldsymbol{L}$ 的稀疏性结构可以预先适当控制，即 $\boldsymbol{L}$ 中哪些元素为 0 可以预先规定，同时还要考虑到 $\boldsymbol{L}\cdot\boldsymbol{L}^{\mathrm{T}}$ 要尽可能地接近 $\boldsymbol{W}$。这样就克服了完全 Cholesky 分解破坏 $\boldsymbol{W}$ 稀疏性的缺点。

在实际计算中，常常考虑 $\boldsymbol{R}$ 有较多的零元素，且 $\boldsymbol{R}$ 元素不应太大。本书考虑没有填充的 Cholesky 分解算法，即对 $\boldsymbol{W}$ 进行 Cholesky 分解时，对应于 $\boldsymbol{W}$ 的零元处的位置在分解过程中不再引入非零元。

此算法的代码如下：

```
W(k,k) = sqrt(W(k,k))
    for i = k+1:n
        if W(i,k) ≠ 0
```

```
          W(i,k) = W(i,k) / W(k,k)
        end
      end
    for j = k+1:n
      for i = j:n
    if W(i,j) ≠ 0
    W(i,j) = W(i,j) − W(i,k)·W(j,k)
        end
      end
    end
end
```

以 $\boldsymbol{M}=\boldsymbol{L}\cdot\boldsymbol{L}^{\mathrm{T}}$ 作为预处理算子，应用共轭梯度法，不难验证预处理后的系数矩阵 $\overline{\boldsymbol{W}}=\boldsymbol{I}$。在具体实现过程中，$\boldsymbol{W}$ 采用行压缩存储，$\boldsymbol{M}\cdot\boldsymbol{x}_k^{(n+1)}=\boldsymbol{r}_k^{(n+1)}$ 可转化为求解 $\boldsymbol{L}^{\mathrm{T}}\cdot\boldsymbol{x}_k^{(n+1)}=\boldsymbol{y}_k^{(n+1)}$ 及 $\boldsymbol{L}\cdot\boldsymbol{y}_k^{(n+1)}=\boldsymbol{r}_k^{(n+1)}$。这样，解方程组的计算量为 $O(n^2)$，比直接求解 $\boldsymbol{M}\cdot\boldsymbol{x}_k^{(n+1)}=\boldsymbol{r}_k^{(n+1)}$ 的计算量降低了一个数量级。

ICCG 方法对小型问题是有效的，针对大型问题，则可以预先对系数矩阵进行 Cholesky 分解，将分解后的下三角矩阵参与 HASM 模型的计算，作为 HASM 模型的输入参数。该方法的空间复杂度与时间复杂度均为 $O(n^2)$。

5.1.2　基于对称逐步超松弛的预处理共轭梯度法（SSORCG）

HASM 的主要计量来自于矩阵的乘积运算和求逆，且求逆运算所花费的时间远远大于矩阵的乘积。上述的不完全 Cholesky 分解预处理方法中每次内迭代都需要求解方程组 $\boldsymbol{M}\cdot\boldsymbol{x}_k^{(n+1)}=\boldsymbol{r}_k^{(n+1)}$。对称逐步超松弛（SSOR）预处理方法，可直接计算系数矩阵的近似逆矩阵，以避免每次迭代求解方程组 $\boldsymbol{M}\cdot\boldsymbol{x}_k^{(n+1)}=\boldsymbol{r}_k^{(n+1)}$，从而减少计算量。该方法中只涉及矩阵与向量的乘积，且很容易实现并行运算。

应用对称逐次超松弛方法（SSOR）（Evans and Forrington,1963），设系数矩阵 $\boldsymbol{W}$ 可以分解为

$$\boldsymbol{W}=\boldsymbol{L}+\boldsymbol{D}+\boldsymbol{L}^{\mathrm{T}} \tag{5.5}$$

式中，$\boldsymbol{D}$ 为 $\boldsymbol{W}$ 的对角线元素构成的对角阵；$\boldsymbol{L}$ 为 $\boldsymbol{W}$ 的下三角部分构成的下三角矩阵。

定义 SSOR 预处理算子为

$$\boldsymbol{M}=\boldsymbol{K}\cdot\boldsymbol{K}^{\mathrm{T}} \tag{5.6}$$

式中，$\boldsymbol{K}=\dfrac{1}{\sqrt{2-w}}\left(\dfrac{1}{w}\boldsymbol{D}+\boldsymbol{L}\right)\left(\dfrac{1}{w}\boldsymbol{D}\right)^{-1/2}$，$0<w<2$。

$\boldsymbol{K}$ 的逆矩阵可表示为

$$\boldsymbol{K}^{-1}=\sqrt{2-w}\left(\frac{1}{w}\boldsymbol{D}\right)^{1/2}\left(\boldsymbol{I}+\frac{1}{w}\boldsymbol{D}^{-1}\cdot\boldsymbol{L}\right)^{-1}\frac{1}{w}\boldsymbol{D}^{-1} \tag{5.7}$$

令 $\dfrac{1}{w}\boldsymbol{D}=\overline{\boldsymbol{D}}$，则，

$$(\boldsymbol{I}+\overline{\boldsymbol{D}}^{-1}\cdot\boldsymbol{L})^{-1}=\boldsymbol{I}-\overline{\boldsymbol{D}}^{-1}\cdot\boldsymbol{L}+(\overline{\boldsymbol{D}}^{-1}\cdot\boldsymbol{L})^2-\cdots \tag{5.8}$$

因此，

$$\boldsymbol{K}^{-1}\approx\sqrt{2-w\cdot\overline{\boldsymbol{D}}}^{-1/2}(\boldsymbol{I}-\overline{\boldsymbol{D}}^{-1}\cdot\boldsymbol{L})\overline{\boldsymbol{D}}^{-1}=\sqrt{2-w\cdot\overline{\boldsymbol{D}}}^{-1/2}(\boldsymbol{I}-\boldsymbol{L}\cdot\overline{\boldsymbol{D}}^{-1})\equiv\overline{\boldsymbol{K}} \tag{5.9}$$

则，矩阵 $\boldsymbol{W}$ 的近似逆矩阵为

$$\overline{\boldsymbol{M}}=\overline{\boldsymbol{K}}^{\mathrm{T}}\cdot\overline{\boldsymbol{K}} \tag{5.10}$$

因此，在预处理共轭梯度法中，可将求解 $\boldsymbol{M}\cdot\boldsymbol{x}_k^{(n+1)}=\boldsymbol{r}_k^{(n+1)}$ 转化为计算 $\boldsymbol{x}_k^{(n+1)}=\overline{\boldsymbol{M}}\cdot\boldsymbol{r}_k^{(n+1)}$，进而在实现过程中，将其分解为计算 $\boldsymbol{y}_k^{(n+1)}=\overline{\boldsymbol{K}}\cdot\boldsymbol{r}_k^{(n+1)}$ 和 $\boldsymbol{x}_k^{(n+1)}=\overline{\boldsymbol{K}}^{\mathrm{T}}\cdot\boldsymbol{y}_k^{(n+1)}$。在此过程中，由于避免了矩阵的求逆运算，且 $\overline{\boldsymbol{K}}$ 具体位置的元素可显式表达，因此在程序实现过程中的存储量和共轭梯度法的存储量相同，其时间和空间复杂度分别为 $O(n^2)$ 和 $O(n)$。

5.2 HASM 迭代格式

在 Gauss 方程组中，f_x 和 f_{xx} 的高阶离散格式可分别表达为

$$(f_x)_{(i,j)}\approx\begin{cases}\dfrac{-3f_{0,j}+4f_{1,j}-f_{2,j}}{2h}, & 当i=0时\\ \dfrac{f_{i+1,j}-f_{i-1,j}}{2h}, & 当i=1,\cdots,I时\\ \dfrac{-3f_{I+1,j}+4f_{I,j}-f_{I-1,j}}{2h}, & 当i=I+1时\end{cases} \tag{5.11}$$

$$(f_{xx})_{(i,j)}\approx\begin{cases}\dfrac{2f_{0,j}-5f_{1,j}+4f_{2,j}-f_{3,j}}{h^2}, & 当i=0,1时\\ \dfrac{-f_{i+2,j}+16f_{i+1,j}-30f_{i,j}+16f_{i-1,j}-f_{i-2,j}}{12h^2}, & 当i=2,\cdots,I-1时\\ \dfrac{2f_{I+1,j}-5f_{I,j}+4f_{I-1,j}-f_{I-2,j}}{h^2}, & 当i=I,I+1时\end{cases} \tag{5.12}$$

类似地，f_y 和 f_{yy} 的离散格式可分别表达为

$$(f_y)_{(i,j)}\approx\begin{cases}\dfrac{-3f_{i,0}+4f_{i,1}-f_{i,2}}{2h}, & 当j=0时\\ \dfrac{f_{i,j+1}-f_{i,j-1}}{2h}, & j=1,\cdots,J时\\ \dfrac{-3f_{i,J+1}+4f_{i,J}-f_{i,J-1}}{2h}, & 当j=J+1\end{cases} \tag{5.13}$$

$$(f_{yy})_{(i,j)}\approx\begin{cases}\dfrac{2f_{i,0}-5f_{i,1}+4f_{i,2}-f_{i,3}}{h^2}, & 当j=0,1时\\ \dfrac{-f_{i,j+2}+16f_{i,j+1}-30f_{i,j}+16f_{i,j-1}-f_{i,j-2}}{12h^2}, & 当j=2,\cdots,J-1时\\ \dfrac{2f_{i,J+1}-5f_{i,J}+4f_{i,J-1}-f_{i,J-2}}{h^2}, & 当j=J,J+1时\end{cases} \tag{5.14}$$

在 HASM 早期版本中（岳天祥、杜正平，2006b），当使用 Gauss-Codazzi 方程中的第三个方程（交叉项方程）时，计算过程出现数据溢出，从而导致计算终止。这主要是由于在对混合偏导数项的有限差分离散方式中，缺少离散点本身的信息，导致最终离散得到的方程组系数矩阵缺乏对角占优性。

HASM 早期版本在区域内部对混合偏导数项的离散格式为

$$(f_{xy})_{(i,j)}=\frac{f_{i+1,j+1}-f_{i-1,j+1}+f_{i-1,j-1}-f_{i+1,j-1}}{4h^2} \tag{5.15}$$

式中，$i=1,\cdots,I$；$j=1,\cdots,J$。

本章对混合偏导数采取如下离散方式：

$$
(f_{xy})_{(i,j)} \approx \begin{cases}
\dfrac{f_{1,1}-f_{1,0}-f_{0,1}+f_{0,0}}{h^2}, & i=0;\ j=0 \\
\dfrac{f_{1,J+1}+f_{0,J}-f_{1,J}-f_{0,J+1}}{h^2}, & i=0;\ j=J+1 \\
\dfrac{f_{1,j+1}-f_{0,j+1}+f_{0,j-1}-f_{1,j-1}}{2h^2}, & i=0;\ j=1,\cdots,J \\
\dfrac{f_{I+1,1}-f_{I,0}-f_{I,1}+f_{I+1,0}}{h^2}, & i=I+1;\ j=0 \\
\dfrac{f_{I,J}-f_{I+1,J}-f_{I,J+1}+f_{I+1,J+1}}{h^2}, & i=I+1;\ j=J+1 \\
\dfrac{f_{I+1,j+1}-f_{I,j+1}+f_{I,j-1}-f_{I+1,j-1}}{2h^2}, & i=I+1;\ j=1,\cdots,J \\
\dfrac{f_{i+1,1}-f_{i+1,0}+f_{i-1,0}-f_{i-1,1}}{2h^2}, & i=1,\cdots,I;\ j=0 \\
\dfrac{f_{i+1,J+1}-f_{i+1,J}+f_{i-1,J}-f_{i-1,J+1}}{2h^2}, & i=1,\cdots,I;\ j=J+1 \\
\dfrac{f_{i+1,j+1}-f_{i+1,j}-f_{i,j+1}+2f_{i,j}-f_{i-1,j}-f_{i,j-1}+f_{i-1,j-1}}{2h^2}, & i=1,\cdots,I;\ j=1,\cdots,J
\end{cases} \tag{5.16}
$$

在网格点 (i,j) 处的该离散格式，充分利用了 (i,j) 处的信息，使最后代数方程组的系数矩阵具有良好的结构，有利于 HASM 模型插值精度的进一步提高。基于此，HASM 方程组可表达为

$$
\begin{cases}
\dfrac{-f_{i+2,j}^{(n+1)}+16f_{i+1,j}^{(n+1)}-30f_{i,j}^{(n+1)}+16f_{i-1,j}^{(n+1)}-f_{i-2,j}^{(n+1)}}{12h^2} \\
=(\Gamma_{11}^1)_{i,j}^{(n)}\dfrac{f_{i+1,j}^{(n)}-f_{i-1,j}^{(n)}}{2h}+(\Gamma_{11}^2)_{i,j}^{(n)}\dfrac{f_{i,j+1}^{(n)}-f_{i,j-1}^{(n)}}{2h}+\dfrac{L_{i,j}^{(n)}}{\sqrt{E_{i,j}^n+G_{i,j}^n-1}} \\
\dfrac{-f_{i,j+2}^{(n+1)}+16f_{i,j+1}^{(n+1)}-30f_{i,j}^{(n+1)}+16f_{i,j-1}^{(n+1)}-f_{i,j-2}^{(n+1)}}{12h^2} \\
=(\Gamma_{22}^1)_{i,j}^{(n)}\dfrac{f_{i,j+1}^{(n)}-f_{i,j-1}^{(n)}}{2h}+(\Gamma_{22}^2)_{i,j}^{(n)}\dfrac{f_{i,j+1}^{(n)}-f_{i,j-1}^{(n)}}{2h}+\dfrac{N_{i,j}^{(n)}}{\sqrt{E_{i,j}^n+G_{i,j}^n-1}} \\
\dfrac{f_{i+1,j+1}^{(n+1)}-f_{i+1,j}^{(n+1)}-f_{i,j+1}^{(n+1)}+2f_{i,j}^{(n+1)}-f_{i-1,j}^{(n+1)}-f_{i,j-1}^{(n+1)}+f_{i-1,j-1}^{(n+1)}}{2h^2} \\
=(\Gamma_{12}^1)_{i,j}^{(n)}\dfrac{f_{i+1,j}^{(n)}-f_{i-1,j}^{(n)}}{2h}+(\Gamma_{12}^2)_{i,j}^{(n)}\dfrac{f_{i,j+1}^{(n)}-f_{i,j-1}^{(n)}}{2h}\dfrac{M_{i,j}^{(n)}}{\sqrt{E_{i,j}^n+G_{i,j}^n-1}}
\end{cases} \tag{5.17}
$$

式中，

$$
L_{i,j}^{(n)}=\frac{-f_{i+2,j}^{(n)}+16f_{i+1,j}^{(n)}-30f_{i,j}^{(n)}+16f_{i-1,j}^{(n)}-f_{i-2,j}^{(n)}}{\sqrt{1+(\dfrac{f_{i+1,j}^{(n)}-f_{i-1,j}^{(n)}}{2h})^2+(\dfrac{f_{i,j+1}^{(n)}-f_{i,j-1}^{(n)}}{2h})^2}}
$$

$$
N_{i,j}^{(n)}=\frac{-f_{i,j+2}^{(n)}+16f_{i,j+1}^{(n)}-30f_{i,j}^{(n)}+16f_{i,j-1}^{(n)}-f_{i-2,j}^{(n)}}{\sqrt{1+(\dfrac{f_{i+1,j}^{(n)}-f_{i-1,j}^{(n)}}{2h})^2+(\dfrac{f_{i,j+1}^{(n)}-f_{i,j-1}^{(n)}}{2h})^2}}
$$

$$
M_{i,j}^{(n)}=\frac{f_{i+1,j+1}^{(n)}-f_{i+1,j}^{(n)}-f_{i,j+1}^{(n)}+2f_{i,j}^{(n)}-f_{i,j-1}^{(n)}+f_{i-1,j-1}^{(n)}}{\sqrt{1+(\dfrac{f_{i+1,j}^{(n)}-f_{i-1,j}^{(n)}}{2h})^2+(\dfrac{f_{i,j+1}^{(n)}-f_{i,j-1}^{(n)}}{2h})^2}}
$$

$$E^{(n)}_{i,j}=1+\left(\frac{f^{(n)}_{i+1,j}-f^{(n)}_{i-1,j}}{2h}\right)^2$$

$$F^{(n)}_{i,j}=\left(\frac{f^{(n)}_{i+1,j}-f^{(n)}_{i-1,j}}{2h}\right)\left(\frac{f^{(n)}_{i,j+1}-f^{(n)}_{i,j-1}}{2h}\right)$$

$$G^{(n)}_{i,j}=1+\left(\frac{f^{(n)}_{i,j+1}-f^{(n)}_{i,j+1}}{2h}\right)^2$$

$$(\Gamma^1_{11})^{(n)}_{i,j}=\frac{G^{(n)}_{i,j}(E^{(n)}_{i+1,j}-E^{(n)}_{i-1,j})-2F^{(n)}_{i,j}(F^{(n)}_{i+1,j}-F^{(n)}_{i-1,j})+F^{(n)}_{i,j}(E^{(n)}_{i,j+1}-E^{(n)}_{i,j-1})}{4(E^{(n)}_{i,j}\cdot G^{(n)}_{i,j}-(F^{(n)}_{i,j})^2)h}$$

$$(\Gamma^2_{11})^{(n)}_{i,j}=\frac{2E^{(n)}_{i,j}(F^{(n)}_{i+1,j}-F^{(n)}_{i-1,j})-E^{(n)}_{i,j}(E^{(n)}_{i,j+1}-E^{(n)}_{i,j-1})-F^{(n)}_{i,j}(E^{(n)}_{i,j+1}-E^{(n)}_{i,j-1})}{4(E^{(n)}_{i,j}\cdot G^{(n)}_{i,j}-(F^{(n)}_{i,j})^2)h}$$

$$(\Gamma^1_{22})^{(n)}_{i,j}=\frac{2G^{(n)}_{i,j}(F^{(n)}_{i,j+1}-F^{(n)}_{i,j-1})-G^{(n)}_{i,j}(G^{(n)}_{i+1,j}-G^{(n)}_{i-1,j})-F^{(n)}_{i,j}(G^{(n)}_{i,j+1}-G^{(n)}_{i,j-1})}{4(E^{(n)}_{i,j}\cdot G^{(n)}_{i,j}-(F^{(n)}_{i,j})^2)h}$$

$$(\Gamma^2_{22})^{(n)}_{i,j}=\frac{E^{(n)}_{i,j}(G^{(n)}_{i,j+1}-G^{(n)}_{i,j-1})-2F^{(n)}_{i,j}(F^{(n)}_{i,j+1}-F^{(n)}_{i,j-1})+F^{(n)}_{i,j}(G^{(n)}_{i+1,j}-G^{(n)}_{i-1,j})}{4(E^{(n)}_{i,j}\cdot G^{(n)}_{i,j}-(F^{(n)}_{i,j})^2)h}$$

$$(\Gamma^1_{12})^{(n)}_{i,j}=\frac{G^{(n)}_{i,j}(E^{(n)}_{i+1,j}-E^{(n)}_{i-1,j})-F^{(n)}_{i,j}(G^{(n)}_{i+1,j}-G^{(n)}_{i-1,j})}{4(E^{(n)}_{i,j}\cdot G^{(n)}_{i,j}-(F^{(n)}_{i,j})^2)h}$$

$$(\Gamma^2_{12})^{(n)}_{i,j}=\frac{E^{(n)}_{i,j}(G^{(n)}_{i+1,j}-G^{(n)}_{i-1,j})-F^{(n)}_{i,j}(E^{(n)}_{i+1,j}-E^{(n)}_{i-1,j})}{4(E^{(n)}_{i,j}\cdot G^{(n)}_{i,j}-(F^{(n)}_{i,j})^2)h}$$

HASM 应满足 $f_{i,j}=\overline{f}_{i,j}$，$(x_i,y_j)\in\Phi=\{(x_i,y_j,\overline{f}_{i,j})\,|\,0\leqslant i\leqslant I+1,0\leqslant j\leqslant J+1\}$，$\Phi$ 为采样点构成的集合。

上述差分方程组对应的矩阵表达形式为

$$\begin{cases}\tilde{\boldsymbol{A}}\cdot\boldsymbol{z}^{(n+1)}=\tilde{\boldsymbol{d}}^{(n)}\\ \tilde{\boldsymbol{B}}\cdot\boldsymbol{z}^{(n+1)}=\tilde{\boldsymbol{q}}^{(n)}\\ \tilde{\boldsymbol{C}}\cdot\boldsymbol{z}^{(n+1)}=\tilde{\boldsymbol{p}}^{(n)}\end{cases}\tag{5.18}$$

式中，

$$\tilde{\boldsymbol{A}}=\begin{bmatrix}2\boldsymbol{I} & -5\boldsymbol{I} & 4\boldsymbol{I} & -\boldsymbol{I} & & & \\ & 2\boldsymbol{I} & -5\boldsymbol{I} & 4\boldsymbol{I} & -\boldsymbol{I} & & \\ -\boldsymbol{I} & 16\boldsymbol{I} & -30\boldsymbol{I} & 16\boldsymbol{I} & -\boldsymbol{I} & & \\ & \ddots & \ddots & \ddots & \ddots & & \\ & & -\boldsymbol{I} & 16\boldsymbol{I} & -30\boldsymbol{I} & 16\boldsymbol{I} & -\boldsymbol{I} \\ & & -\boldsymbol{I} & 4\boldsymbol{I} & -5\boldsymbol{I} & 2\boldsymbol{I} & \\ & & & -\boldsymbol{I} & 4\boldsymbol{I} & -5\boldsymbol{I} & 2\boldsymbol{I}\end{bmatrix}_{(I+2)(J+2)\times(I+2)(J+2)}$$

$$\boldsymbol{I}=\begin{bmatrix}1 & & \\ & \ddots & \\ & & 1\end{bmatrix}_{(J+2)\times(J+2)}$$

$$\tilde{\boldsymbol{B}}=\begin{bmatrix}\overline{\boldsymbol{B}} & & \\ & \ddots & \\ & & \overline{\boldsymbol{B}}\end{bmatrix}_{(I+2)(J+2)\times(I+2)(J+2)}$$

$$\overline{\boldsymbol{B}}=\begin{bmatrix}2 & -5 & 4 & -1 & & & \\ & 2 & -5 & 4 & -1 & & \\ -1 & 16 & -30 & 16 & -1 & & \\ & \ddots & \ddots & \ddots & \ddots & & \\ & & -1 & 16 & -30 & 16 & -1 \\ & & -1 & 4 & -5 & 2 & \\ & & & -1 & 4 & -5 & 2\end{bmatrix}_{(J+2)\times(J+2)}$$

$$\tilde{\boldsymbol{C}}=\begin{bmatrix}\boldsymbol{C}_1 & -\boldsymbol{C}_1 & & & \\ \boldsymbol{C}_3 & \boldsymbol{C}_2 & \boldsymbol{C}_4 & & \\ & \ddots & \ddots & \ddots & \\ & & \boldsymbol{C}_3 & \boldsymbol{C}_2 & \boldsymbol{C}_4 \\ & & & \boldsymbol{C}_1 & -\boldsymbol{C}_1\end{bmatrix}_{(I+2)(J+2)\times(I+2)(J+2)}$$

$$\boldsymbol{C}_1=\begin{bmatrix}1 & -1 & & & \\ 1/2 & 0 & -1/2 & & \\ & \ddots & \ddots & \ddots & \\ & & 1/2 & 0 & -1/2 \\ & & & 1 & -1\end{bmatrix}_{(J+2)\times(J+2)}$$

$$\boldsymbol{C}_2=\begin{bmatrix}0 & 0 & 0 & & \\ -1/2 & 1 & -1/2 & & \\ & \ddots & \ddots & \ddots & \\ & & -1/2 & -1 & -1/2 \\ & & 0 & 0 & 0\end{bmatrix}_{(J+2)\times(J+2)}$$

$$\boldsymbol{C}_3=\begin{bmatrix}1/2 & -1/2 & & & \\ 1/2 & -1/2 & & & \\ \ddots & & \ddots & & \\ & & 1/2 & -1/2 & \\ & & & 1/2 & -1/2\end{bmatrix}_{(J+2)\times(J+2)}$$

$$\boldsymbol{C}_4=\begin{bmatrix}-1/2 & 1/2 & & & \\ & -1/2 & 1/2 & & \\ & & \ddots & \ddots & \\ & & & -1/2 & 1/2 \\ & & & -1/2 & 1/2\end{bmatrix}_{(J+2)\times(J+2)}$$

HASM 可转化为求解以下最小二乘问题：

$$\begin{cases}\min\left\|\begin{bmatrix}\tilde{\boldsymbol{A}} \\ \tilde{\boldsymbol{B}} \\ \tilde{\boldsymbol{C}}\end{bmatrix}\boldsymbol{z}^{(n+1)}-\begin{bmatrix}\tilde{\boldsymbol{d}} \\ \tilde{\boldsymbol{q}} \\ \tilde{\boldsymbol{p}}\end{bmatrix}^{(n)}\right\|_2 \\ s.t.\quad \boldsymbol{S}\cdot\boldsymbol{z}^{(n+1)}=\boldsymbol{k}\end{cases}\tag{5.19}$$

即，当 $\boldsymbol{S}\cdot \boldsymbol{z}^{(n+1)}=\boldsymbol{k}$ 时，求 $\left\|\begin{bmatrix}\tilde{\boldsymbol{A}}\\ \tilde{\boldsymbol{B}}\\ \tilde{\boldsymbol{C}}\end{bmatrix}\boldsymbol{z}^{(n+1)}-\begin{bmatrix}\tilde{\boldsymbol{d}}\\ \tilde{\boldsymbol{q}}\\ \tilde{\boldsymbol{p}}\end{bmatrix}^{(n)}\right\|_2$ 的最小值

式中，$\boldsymbol{S}$ 和 $\boldsymbol{k}$ 分别为采样点系数矩阵和采样点的值。

通过引入权重参数 λ，上述约束最小二乘问题转化为

$$\min\left\|\begin{bmatrix}\tilde{\boldsymbol{A}}\\ \tilde{\boldsymbol{B}}\\ \tilde{\boldsymbol{C}}\\ \lambda\cdot\boldsymbol{S}\end{bmatrix}\boldsymbol{z}^{(n+1)}-\begin{bmatrix}\tilde{\boldsymbol{d}}\\ \tilde{\boldsymbol{q}}\\ \tilde{\boldsymbol{p}}\\ \lambda\cdot\boldsymbol{k}\end{bmatrix}^{(n)}\right\|_2 \tag{5.20}$$

最优化问题式（5.20）等价于式（5.21），

$$\tilde{\boldsymbol{W}}\cdot\boldsymbol{z}^{(\mathrm{n}+1)}=\tilde{\boldsymbol{v}}^{(n)} \tag{5.21}$$

式中，$\tilde{\boldsymbol{W}}=\tilde{\boldsymbol{A}}^{\mathrm{T}}\cdot\tilde{\boldsymbol{A}}+\tilde{\boldsymbol{B}}^{\mathrm{T}}\cdot\tilde{\boldsymbol{B}}+\tilde{\boldsymbol{C}}^{\mathrm{T}}\cdot\tilde{\boldsymbol{C}}+\lambda^2\cdot\boldsymbol{S}^{\mathrm{T}}\cdot\boldsymbol{S}$ 为对称正定大型稀疏矩阵；$\tilde{\boldsymbol{W}}$ 的非零元素的分布结构如图 5.1 所示；$\tilde{\boldsymbol{v}}^{(n)}=\tilde{\boldsymbol{A}}^{\mathrm{T}}\cdot\tilde{\boldsymbol{d}}^{(n)}+\tilde{\boldsymbol{B}}^{\mathrm{T}}\cdot\tilde{\boldsymbol{q}}^{(n)}+\tilde{\boldsymbol{C}}^{\mathrm{T}}\cdot\tilde{\boldsymbol{p}}^{(n)}+\lambda^2\cdot\boldsymbol{S}^{\mathrm{T}}\cdot\boldsymbol{k}$。

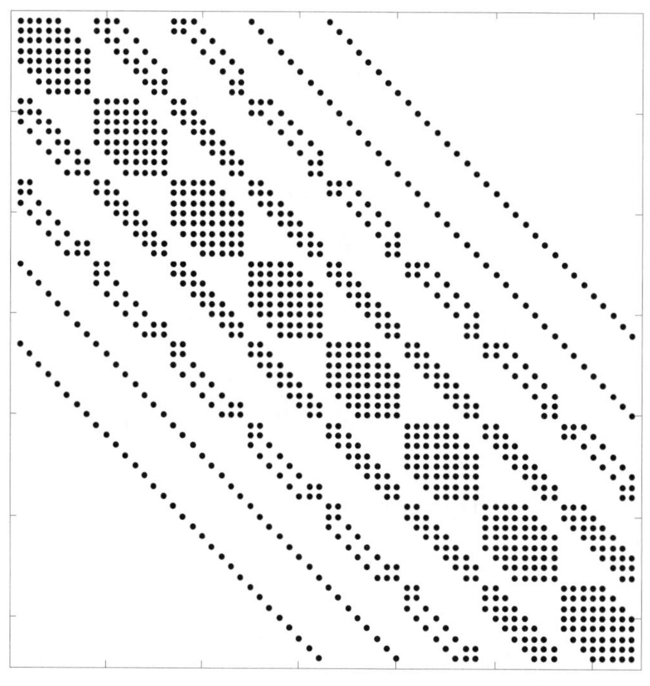

图 5.1　矩阵 $\tilde{\boldsymbol{W}}$ 非零元素分布略图（$\tilde{\boldsymbol{W}}$ 阶数为 81×81，非零元的个数为 1098）

5.3　数 值 实 验

5.3.1　HASM 最佳算法

以高斯合成曲面为标准曲面，比较分析基于对角线预处理算法（DCG）、ICCG 算法和 SSORCG 算法的计算速度。高斯合成曲面的表达式如下：

$$f(x,y)=3(1-x)^2\mathrm{e}^{-x^2-(y+1)^2}-10\left(\frac{x}{5}-x^3-y^5\right)\mathrm{e}^{-x^2-y^2}-\frac{\mathrm{e}^{-(x+1)^2-y^2}}{3} \tag{5.22}$$

其计算区域为 $[-3,3]\times[-3,3]$，值域为 $-6.5510 < f(x,y) < 8.1062$。

取 HASM 求解的迭代收敛标准为 $\left\|\boldsymbol{r}^{(n+1)}\right\|_2 < 10^{-12}$，其中 $\boldsymbol{r}^{(n+1)} = \tilde{\boldsymbol{v}}^{(n)} - \tilde{\boldsymbol{W}} \cdot \boldsymbol{z}^{(n+1)}$。图 5.2 给出了不同算法随计算规模变化的计算时间变化情况。可以看出，当计算域网格总数小于 350 时，三种算法耗费的计算时间差别不大。此时，可选择占用内存相对较少的 DCG 算法或 SSORCG 算法。

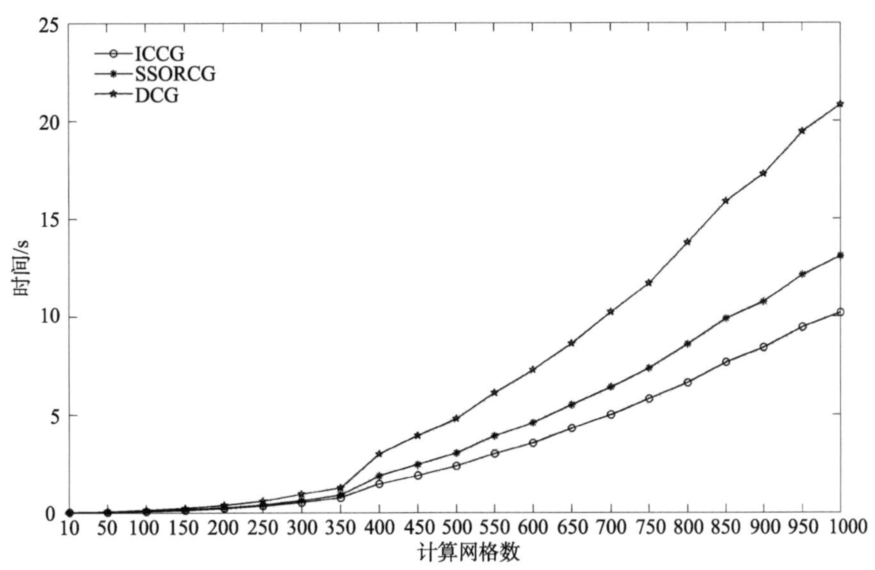

图 5.2　不同计算规模下各算法耗费的计算时间

当计算规模增大时，各算法耗费时间的差异比较明显。DCG 算法的计算时间随着计算网格数的增加而显著增加，计算速度最慢；ICCG 是计算耗时最少的算法。在内存足够的情况下，ICCG 是求解 HASM 方程组的最佳算法。SSORCG 的空间复杂度为 $O(n)$，比 ICCG 法小一个数量级，在兼顾内存及计算时间的情况下，SSORCG 是较理想的算法。

预处理的目的是为了降低系数矩阵的条件数，因此本书计算了经过不同算法预处理后方程组系数矩阵的条件数情况。实验结果表明。采用 ICCG 处理不同规模的矩阵，其条件数约为 89；SSORCG 处理后的矩阵条件数约为 180；DCG 系数矩阵的条件数约为 756。由此可见，ICCG 算法的收敛速度最快，SSORCG 算法次之。

在相同迭代次数条件下，ICCG 计算精度最高，SSORCG 次之，DCG 精度最差。HASM 的模拟过程分为内迭代和外迭代两个过程。在给定外迭代次数下（外迭代为 5 次，计算域网格总数为 101×101），随着内迭代次数的增加，三种算法计算精度均有所上升（表 5.1）；当内迭代为 10 次时，ICCG 就可达到较高的精度，且随着内迭代次数的增加，其计算精度快速提高；DCG 精度最差。当采取相同次数的内迭代时（内迭代为 10 次，计算域网格总数为 501×501），不同算法模拟精度随着外迭代次数的增加有所上升，ICCG 算法的精度上升最快（表 5.2）。同时也可以看出，内迭代对 HASM 模拟精度的改善起着重要的作用；尽管外迭代也对 HASM 的计算精度有所改善，但效果不明显。

表 5.1　不同的内迭代次数条件下各算法的均方根误差（RMSE）

内迭代次数	ICCG	SSORCG	DCG
5	2.3482	7.4335	7.9532
10	0.0395	0.8129	1.9689
20	0.0000	0.0145	0.0876

表 5.2　不同的外迭代次数下各算法的均方根误差（RMSE）

外迭代次数	ICCG	SSORCG	DCG
2	0.0012	0.0170	0.0946
4	0.0001	0.0024	0.0073
6	0.0001	0.0012	0.0033
8	0.0000	0.0008	0.0021

5.3.2　HASMab 与 HASMabc 比较

本节仍然以高斯合成曲面为标准进行数值实验(外迭代 500 次，内迭代停机准则为 $\left\|\tilde{v}^{(n)}-\tilde{W}\cdot z^{(n+1)}\right\|_2\leqslant 10^{-12}$)，比较分析 HASMab 与 HASMabc 的模拟精度和运算速度。

在表 5.3 中，HASMab 指 HASMab 的低阶差分格式(内点采用二阶差分，边界采用一阶差分)；HASMab1 表示 HASMab 的高阶差分格式；HASMabc 表示采用低阶差分离散；HASMabc1 表示采用高阶差分离散。由 HASMab 和 HASMab1 的模拟结果可以看出，高阶差分格式 HASMab1 在一定程度上提高了 HASM 模型的模拟精度，但在同样外迭代步数下，二者均随着计算网格数的增多而误差变大；由 HASMab 和 HASMabc 的模拟结果可知，加入了第三个方程后的 HASM，其模拟精度显著提高；加入了第三个方程并采用了高阶差分格式后的 HASMabc1 模拟精度最高。同时，HASMabc 和 HASMabc1 随着计算网格数的增加，计算误差在给定的外迭代次数下没有明显增长。

表 5.3　不同离散格式和不同方程组合的计算误差（RMSE）

计算网格数	289	625	1296	2209	3721
HASMab	0.2421	0.2543	0.3109	0.3593	0.3958
HASMab1	0.2359	0.2500	0.2935	0.3392	0.3485
HASMabc	0.2312	0.2436	0.2868	0.2995	0.3135
HASMabc1	0.2266	0.2423	0.2719	0.2880	0.3089

从上述分析中可以看出，HASM 模型除了受采样点等外界因素的影响之外，Gauss 方程组中的第三个方程（混合偏导数方程）对模拟精度有较大影响，高阶差分格式影响次之。

5.3.3　HASM 驱动场问题

在此数值实验中，作者分别考虑了驱动场为 Kriging 插值结果和任意选取两种情况，其中内迭代收敛准则为 $\left\|\tilde{v}^{(n)}-\tilde{W}\cdot z^{(n+1)}\right\|_2\leqslant 10^{-8}$，计算域网格总数为 441。

数值实验结果表明，在迭代次数相同的情况下，不同驱动场对 HASMab 计算误差的影响有显著差别；而 HASMabc 计算误差几乎不受驱动场的影响，并且随着迭代的进行，HASMabc 计算误差在外迭代 100 次左右趋于稳定（表 5.4）。当驱动场为 Kriging 插值结果时，HASMab 的均方根误差最终稳定在 0.25 左右；当驱动场为任意选取时，其均方根误差稳定在 2 附近（图 5.3）。HASMab 在不同驱动场下的计算误差具有明显差异。当驱动场为 Kriging 插值结果时，HASMabc 的均方根误差先下降后趋于平稳；当驱动场为任意选取时，其均方根误差与 HASMab 的变化趋势一致，先下降到一定值后又有所上升，并最终趋于稳定。但 HASMabc 对于不同的迭代驱动场，误差的变化大小基本一致，迭代过程中其均方根误差均在 0.245 左右，且随着迭代的进行最终都稳定在 0.2484 左右。由此可见，与 HASMab 相比，HASMabc 降低了对驱动场选取的敏感性。

表 5.4　不同驱动场下计算的均方根误差

应用型 HASM				理论型 HASM			
Kriging 插值		任意驱动场		Kriging 插值		任意驱动场	
5	0.2462	5	0.3967	5	0.2484	5	0.2480
100	0.2545	100	0.3926	100	0.2485	100	0.2484
500	0.2554	500	0.4047	500	0.2484	500	0.2484
1000	0.2550	1000	0.4186	1000	0.2484	1000	0.2484
2000	0.2548	2000	0.4179	2000	0.2484	2000	0.2484
收敛	0.2490	收敛	0.4110	收敛	0.2484	收敛	0.2484

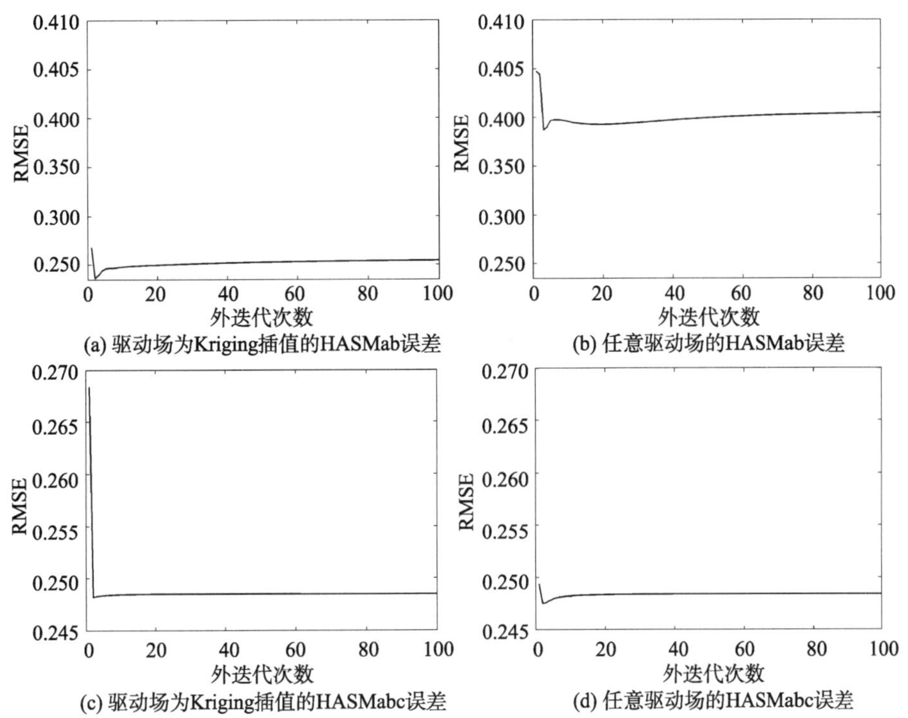

图 5.3　HASMab 和 HASMabc 计算误差

5.3.4　HASM 边界值问题

HASM 边界处的计算误差对整个区域的模拟效果影响较大。数值实验表明（表 5.5），传统 HASM 在边

表 5.5　HASM 在区域边界处的计算误差

	0		1		2	
HASMab	上	0.0497	上	0.6178	上	1.0765
	下	0.0401	下	0.7506	下	1.3122
	左	0.0063	左	0.2125	左	0.3256
	右	0.0055	右	0.2375	右	0.4217
	0		1		2	
HASMabc	上	0.0163	上	0.3525	上	0.9053
	下	0.0392	下	0.4366	下	1.1186
	左	0.0165	左	0.0596	左	0.1818
	右	0.0166	右	0.0597	右	0.1927

界处的计算精度较低。记最外层边界标号为 0，由外向内的此边界标号依次加 1 和 2。本数值实验分别考虑了不同形式的 HASM 在上、下、左、右边界处的均方根误差（RMSE）。

由于 HASMab 在最外层边界处采用插值方法得到的结果，其计算区域为去掉最外层边界的内部部分，HASMab 在最外层边界处的计算误差相对较低，在 1 和 2 层边界处的计算误差较高。在 1 和 2 层边界处，HASMabc 的计算误差均小于 HASMab。由于 HASMab 在 0 和 1 层边界处误差跳跃较大，在边界处出现了振荡现象，而 HASMabc 在一定程度上消除了边界振荡现象。

5.3.5 运算速度、占用内存与模拟精度的权衡

本节分别以计算域网格总数为 625×625 和 5000×5000 的两种计算规模为例，比较分析 HASMab 和 HASMabc 在计算误差为 $\text{RMSE}\in[0.255,0.265]$ 时的运算时间。数值实验结果显示（表 5.6 和表 5.7），对于这两个计算规模，HASMab 的 ICCG 算法运算时间总是最短。

表 5.6　计算规模为 625×625 时的运算时间　　（单位：s）

算法	ICCG	SSORCG	DCG
HASMab	0.61	0.74	0.81
HASMabc	0.78	0.90	1.00

表 5.7　计算规模为 5000×5000 时的运算时间　　（单位：s）

算法	ICCG	SSORCG	DCG
HASMab	2.64×10^5	3.40×10^5	5.46×10^5
HASMabc	3.27×10^5	4.27×10^5	6.39×10^5

由于 HASM 方法的计算过程分为偏微分方程的离散及代数方程组的求解两个阶段，在存储上需分别考虑这两个阶段的内存使用情况。HASMabc 比 HASMab 多考虑了混合偏导数所满足的方程 $f_{xy}=\Gamma_{12}^1 f_x+\Gamma_{12}^2 f_y+\dfrac{M}{\sqrt{E+G-1}}$，因此在偏微分方程离散中，需要额外开辟内存空间来存储由此方程离散产生的代数方程组的右端项及对应的 f_{xy}、Γ_{12}^1、Γ_{12}^2 和 M。设计算域网格总数为 $m\times n$，则在偏微分方程的离散中，HASMabc 比 HASMab 最多多存储 $4m\times n+40m+40n-80$ 个字节，其中 $40m+40n-80$ 是由于 HASMabc 比 HASMab 多计算了最外层边界。

在求解代数方程组阶段，如果考虑系数矩阵的存储，HASMabc 由于混合偏导数的引入及对其采用的高阶差分格式，对应方程组的系数矩阵的稀疏性变差，相同阶数的矩阵，其非零元的数目为 HASMab 的 2.44 倍，即求解方程组阶段，HASMabc 的存储量是 HASMab 的 2.44 倍。然而，如果在求解 HASM 方程组的过程中，采用 SSORCG 法求解，可以避免系数矩阵的输入。即对称逐步超松弛预处理矩阵可以通过显式方式将系数矩阵写入 HASM 程序中，此时 HASMab 和 HASMabc 在求解方程组的过程中只需要存储预处理共轭梯度法中 4 个一维数组，其空间复杂度为 $O(mn)$。因此，在考虑内存的情况下，基于 SSORCG 求解 HASMab 是占用内存最少的方法。

5.4 讨　　论

虽然基于两个主方程的 HASMab 解决了长期困扰曲面建模的误差问题，但仍然存在很多不足，如驱动场依赖于插值方法、存在边界振荡问题、停机准则缺少依据等。基于三个主方程 HASMabc 的驱动场不依赖于插值方法，消除了边界震荡现象，且停机准则具有完美的理论依据。然而，对大规模计算问题，基于

三个主方程的 HASM 仍存在着运算速度慢和内存需求大等问题，需要发展自适应算法，需要发展面向单机图形处理器的 GPU 并行算法和面向高性能计算机集群的 MPI 并行算法，并逐步实现这些算法的耦合集成。

目前，对于大批量任务，HASM 采用重启动的分解策略，需要人工干预计算，这造成了计算时间长，效率低下，阻碍了 HASM 的进一步推广应用。通过引入批处理策略，可消除反复输入过程，使 HASM 可以执行大量任务，特别对于动态过程及长时间序列的模拟具有重要的意义。

对 HASM 的最小二乘问题：

$$\begin{cases}\min\left\|\begin{bmatrix}\boldsymbol{A}\\\boldsymbol{B}\\\boldsymbol{C}\end{bmatrix}\boldsymbol{z}^{(n+1)}-\begin{bmatrix}\boldsymbol{d}\\\boldsymbol{q}\\\boldsymbol{p}\end{bmatrix}^{(n)}\right\|_2\\ s.t.\quad \boldsymbol{S}\cdot\boldsymbol{z}^{(n+1)}=\boldsymbol{k}\end{cases}$$

令

$$\boldsymbol{m}=\begin{bmatrix}\boldsymbol{A}\\\boldsymbol{B}\\\boldsymbol{C}\end{bmatrix}\boldsymbol{z}^{(n+1)}-\begin{bmatrix}\boldsymbol{d}\\\boldsymbol{q}\\\boldsymbol{p}\end{bmatrix}^{(n)}$$

$$\boldsymbol{ot}=\boldsymbol{S}\cdot\boldsymbol{z}^{(n+1)}-\boldsymbol{k}$$

则对时间序列 $\{\boldsymbol{m}(t)\}$ 和 $\{\boldsymbol{ot}(t)\}$ ，$t=t_1,t_2,\cdots,t_n$ ，HASM 的批处理方程组可表达为

$$\begin{cases}\min\sum_{i=1}^{n}\left\|\boldsymbol{m}(t_i)\right\|\\ s.t.\quad \boldsymbol{ot}(t_i)=0\end{cases}\tag{5.23}$$

第 6 章　HASM 的高阶处理和复杂边界问题*

在第 3~5 章，本书分别讨论了在均匀模拟步长和矩形计算域条件下 HASM 的精度问题、运算速度问题和动态模拟问题，而且 HASM 的模拟过程只涉及泰勒展开的二阶截断。然而，在 HASM 的许多应用中，经常会遇到非均匀模拟步长问题和复杂边界问题，有时需要进行泰勒展开的高阶截断处理。本章以 HASMab 为例，讨论其高阶处理和复杂边界问题。

6.1　非均匀步长的 HASM 方法

如果计算区域 Ω 的非均匀剖分为 $\{(x_i, y_j) | 0 \leqslant i \leqslant I+1, 0 \leqslant j \leqslant J+1\}$，$x$ 和 y 方向的模拟步长分别为 $hx_i = x_i - x_{i-1}$ 和 $hy_j = y_j - y_{j-1}$，则 HASM 主方程的变步长迭代表达为

$$\begin{cases}\dfrac{\dfrac{f_{i+1,j}^{(n+1)} - f_{i,j}^{(n+1)}}{hx_{i+1}} - \dfrac{f_{i,j}^{(n+1)} - f_{i-1,j}^{(n+1)}}{hx_i}}{0.5(hx_i + hx_{i+1})} = (\Gamma_{11}^1)_{i,j}^{(n)} \dfrac{f_{i+1,j}^{(n)} - f_{i-1,j}^{(n)}}{hx_i + hx_{i+1}} + \left(\Gamma_{11}^2\right)_{i,j}^{(n)} \dfrac{f_{i,j+1}^{(n)} - f_{i,j-1}^{(n)}}{hy_j + hy_{j+1}} \\ \qquad + \dfrac{L_{i,j}^{(n)}}{\sqrt{E_{i,j}^{(n)} + G_{i,j}^{(n)} - 1}} \\ \dfrac{\dfrac{f_{i,j+1}^{(n+1)} - f_{i,j}^{(n+1)}}{hy_{j+1}} - \dfrac{f_{i,j}^{(n+1)} - f_{i,j-1}^{(n+1)}}{hy_j}}{0.5(hy_j + hy_{j+1})} = \left(\Gamma_{22}^1\right)_{i,j}^{(n)} \dfrac{f_{i+1,j}^{(n)} - f_{i-1,j}^{(n)}}{hx_i + hx_{i+1}} + (\Gamma_{22}^2)_{i,j}^{(n)} \dfrac{f_{i,j+1}^{(n)} - f_{i,j-1}^{(n)}}{hy_j + hy_{j+1}} \\ \qquad + \dfrac{N_{i,j}^{(n)}}{\sqrt{E_{i,j}^{(n)} + G_{i,j}^{(n)} - 1}}\end{cases} \tag{6.1}$$

式中，

$$E_{i,j}^{(n)} = 1 + \left(\frac{f_{i+1,j}^{(n)} - f_{i-1,j}^{(n)}}{hx_i + hx_{i+1}}\right)^2$$

$$F_{i,j}^{(n)} = \left(\frac{f_{i+1,j}^{(n)} - f_{i-1,j}^{(n)}}{hx_i + hx_{i+1}}\right)\left(\frac{f_{i,j+1}^{(n)} - f_{i,j-1}^{(n)}}{hy_j + hy_{j+1}}\right)$$

$$G_{i,j}^{(n)} = 1 + \left(\frac{f_{i,j+1}^{(n)} - f_{i,j-1}^{(n)}}{hy_j + hy_{j+1}}\right)^2$$

$$L_{i,j}^{(n)} = \frac{\dfrac{f_{i+1,j}^{(n)}}{hx_{i+1}} - (\dfrac{1}{hx_{i+1}} + \dfrac{1}{hx_i}) f_{i,j}^{(n)} + \dfrac{f_{i-1,j}^{(n)}}{hx_i}}{\dfrac{hx_i + hx_{i+1}}{2}\sqrt{1 + \left(\dfrac{f_{i+1,j}^{(n)} - f_{i-1,j}^{(n)}}{hx_i + hx_{i+1}}\right)^2 + \left(\dfrac{f_{i,j+1}^{(n)} - f_{i,j-1}^{(n)}}{hy_j + hy_{j+1}}\right)^2}}$$

---

* 杜正平为本章主要合著者。

$$N_{i,j}^{(n)}=\frac{\dfrac{f_{i,j+1}^{(n)}}{hy_{j+1}}-\left(\dfrac{1}{hy_{j+1}}+\dfrac{1}{hy_j}\right)f_{i,j}^{(n)}+\dfrac{f_{i,j-1}^{(n)}}{hy_j}}{\dfrac{hy_j+hy_{j+1}}{2}\sqrt{1+\left(\dfrac{f_{i+1,j}^{(n)}-f_{i-1,j}^{(n)}}{hx_i+hx_{i+1}}\right)^2+\left(\dfrac{f_{i,j+1}^{(n)}-f_{i,j-1}^{(n)}}{hy_j+hy_{j+1}}\right)^2}},$$

$$(\Gamma_{11}^1)_{i,j}^{(n)}=\frac{G_{i,j}^{(n)}(E_{i+1,j}^{(n)}-E_{i-1,j}^{(n)})-2F_{i,j}^{(n)}(F_{i+1,j}^{(n)}-F_{i-1,j}^{(n)})+F_{i,j}^{(n)}(E_{i,j+1}^{(n)}-E_{i,j-1}^{(n)})\dfrac{(hx_i+hx_{i+1})}{(hy_j+hy_{j+1})}}{\left(E_{i,j}^{(n)}\cdot G_{i,j}^{(n)}-\left(F_{i,j}^{(n)}\right)^2\right)(hx_i+hx_{i+1})},$$

$$(\Gamma_{22}^1)_{i,j}^{(n)}=\frac{2G_{i,j}^{(n)}(F_{i,j+1}^{(n)}-F_{i,j-1}^{(n)})-G_{i,j}^{(n)}(G_{i+1,j}^{(n)}-G_{i-1,j}^{(n)})\dfrac{(hy_j+hy_{j+1})}{(hx_i+hx_{i+1})}-F_{i,j}^{(n)}(G_{i,j+1}^{(n)}-G_{i,j-1}^{(n)})}{\left(E_{i,j}^{(n)}\cdot G_{i,j}^{(n)}-\left(F_{i,j}^{(n)}\right)^2\right)(hy_j+hy_{j+1})},$$

$$(\Gamma_{11}^2)_{i,j}^{(n)}=\frac{2E_{i,j}^{(n)}(F_{i+1,j}^{(n)}-F_{i-1,j}^{(n)})\dfrac{(hy_j+hy_{j+1})}{(hx_i+hx_{i+1})}-E_{i,j}^{(n)}(E_{i,j+1}^{(n)}-E_{i,j-1}^{(n)})-F_{i,j}^{(n)}(E_{i,j+1}^{(n)}-E_{i,j-1}^{(n)})}{\left(E_{i,j}^{(n)}\cdot G_{i,j}^{(n)}-\left(F_{i,j}^{(n)}\right)^2\right)(hy_j+hy_{j+1})},$$

$$(\Gamma_{22}^2)_{i.j}^{(n)}=\frac{E_{i,j}^{(n)}(G_{i,j+1}^{(n)}-G_{i,j-1}^{(n)})-2F_{i,j}^{(n)}(F_{i,j+1}^{(n)}-F_{i,j-1}^{(n)})+F_{i,j}^{(n)}(G_{i+1,j}^{(n)}-G_{i-1,j}^{(n)})\dfrac{(hy_j+hy_{j+1})}{(hx_i+hx_{i+1})}}{\left(E_{i,j}^{(n)}\cdot G_{i,j}^{(n)}-\left(F_{i,j}^{(n)}\right)^2\right)(hy_j+hy_{j+1})}。$$

非均匀步长 HASM 算法，可以很方便地在地形变化剧烈的地方，采用高分辨率，小步长，而在地形平缓的地区，采用低分辨率、大步长，既可以更精确地表达地形，又可以不过分增加计算量。

6.2　采样矩阵的高阶处理

采样信息可通过约束方程传递到采样点的周围，采样矩阵的精度对 HASM 算法模拟精度有不可忽视的影响。

设 $f_{i,j}=f(x_i,y_j)$，$x_i=x_0+i\cdot h$，$i=0,1,\cdots,I$；$y_j=y_0+j\cdot h$，$j=0,1,\cdots,J$；(x_0,y_0) 为计算域的左下角点。设 $F_{i,j}$ 为 $f_{i,j}$ 的离散数值解。

对任意采样点 a（图 6.1），设其所有采样点中的序号为 p，离它最近的网格点为 (x_i,y_j)，将函数 $f(x,y)$ 在 (x_i,y_j) 处泰勒展开：

$$\begin{aligned}f(a)=&f_{i,j}+(cx\frac{\partial}{\partial x}+cy\frac{\partial}{\partial y})f_{i,j}+\frac{1}{2!}(cx\frac{\partial}{\partial x}+cy\frac{\partial}{\partial y})^2f_{i,j}\\&+\frac{1}{3!}(cx\frac{\partial}{\partial x}+cy\frac{\partial}{\partial y})^3f_{i,j}+\frac{1}{4!}(cx\frac{\partial}{\partial x}+cy\frac{\partial}{\partial y})^4f_{i,j}+o(\max(cx^4,cy^4))\end{aligned}\tag{6.2}$$

在泰勒展开式中，o 为高阶无穷小量，$o(cx^4)$为比 cx^4 更高阶的无穷小量。

若对式（6.2）进行一阶截断，即 $f(a)\approx f_{i,j}$，则 HASM 的采样矩阵和采样向量分别为 $s_{p,(i-1)\times I+j}=1$，$k_p=\bar{f}_{i,j}$。

为了充分利用采样信息，对 $f(x,y)$ 的展开式中的高阶导数项进行差分逼近，首先定义如下差分算子：$\Delta_x f_{i,j}=f_{i+1,j}-f_{i,j}$，$\nabla_x f_{i,j}=f_{i,j}-f_{i-1,j}$，$\Delta_y f_{i,j}=f_{i,j+1}-f_{i,j}$，$\nabla_y f_{i,j}=f_{i,j}-f_{i,j-1}$。显然，一阶中心差分和二阶中心差分可表达为

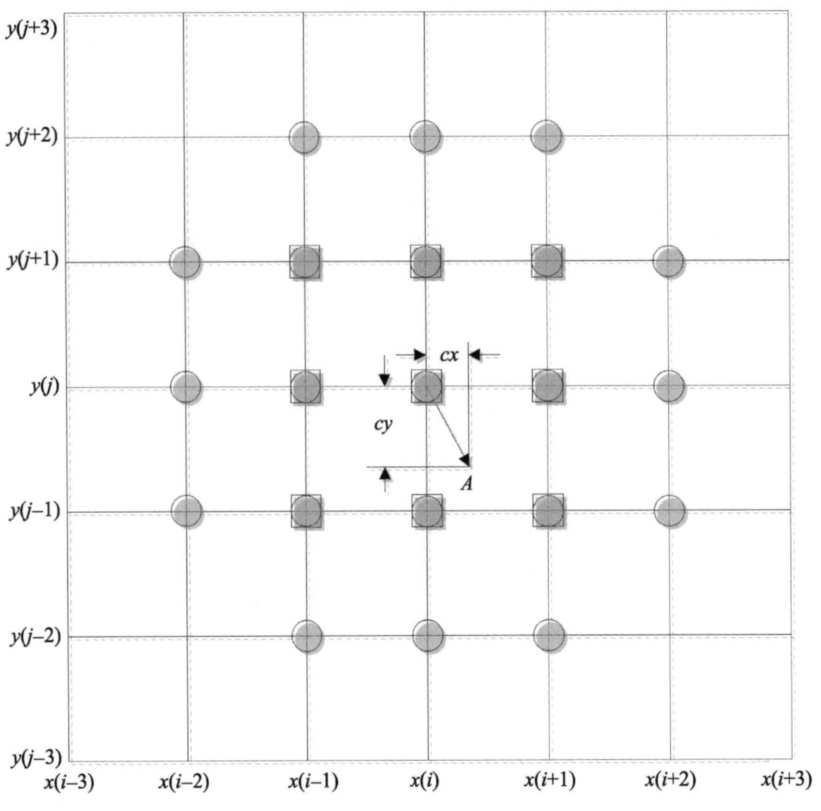

图 6.1　采样点处理示意图

□ 方框表示三阶处理用到的点；○ 圆点表示五阶处理用到的点

$$(\Delta_x+\nabla_x)f_{i,j}=f_{i+1,j}-f_{i-1,j} \tag{6.3}$$

$$(\Delta_y+\nabla_y)f_{i,j}=f_{i,j+1}-f_{i,j-1} \tag{6.4}$$

$$\Delta_x\nabla_x f_{i,j}=f_{i+1,j}-2f_{i,j}+f_{i-1,j} \tag{6.5}$$

$$\Delta_y\nabla_y f_{i,j}=f_{i,j+1}-2f_{i,j}+f_{i,j-1} \tag{6.6}$$

若对 $f(x,y)$ 的泰勒展开进行三阶截断，则

$$f(a)\approx f_{i,j}+(cx\frac{\partial}{\partial x}+cy\frac{\partial}{\partial y})f_{i,j}+\frac{1}{2!}(cx\frac{\partial}{\partial x}+cy\frac{\partial}{\partial y})^2 f_{i,j} \tag{6.7}$$

对式（6.7）中的 $\frac{\partial f(x,y)}{\partial x}$、$\frac{\partial f(x,y)}{\partial y}$、$\frac{\partial^2 f(x,y)}{\partial x^2}$、$\frac{\partial^2 f(x,y)}{\partial y^2}$ 和 $\frac{\partial^2 f(x,y)}{\partial x\partial y}$ 分别在 (x_i,y_j) 点进行中心差分逼近。$f(x,y)$ 在 (x_i,y_j) 点处，其一阶导数的差分逼近为

$$\left.\frac{\partial f(x,y)}{\partial x}\right|_{(x_i,y_j)}=\frac{\Delta_x+\nabla_x}{2h}f_{i,j}+o(h^2) \tag{6.8}$$

$$\left.\frac{\partial f(x,y)}{\partial y}\right|_{(x_i,y_j)}=\frac{\Delta_y+\nabla_y}{2h}f_{i,j}+o(h^2) \tag{6.9}$$

这里 o 为无穷小量，$o(h^2)$ 为比 h^2 更高阶的无穷小量。

对 $f(x,y)$ 在 (x_i,y_j) 点处，其二阶导数的差分逼近为

$$\left.\frac{\partial^2 f}{\partial x^2}\right|_{(x_i,y_j)}=\frac{\Delta_x\nabla_x}{h^2}f_{i,j}+o(h^2)$$

$$\left.\frac{\partial^2 f}{\partial y^2}\right|_{(x_i,y_j)}=\frac{\Delta_y\nabla_y}{h^2}f_{i,j}+o(h^2)$$

$$\left.\frac{\partial^2 f}{\partial x\partial y}\right|_{(x_i,y_j)}=\frac{(\Delta_x+\nabla_x)(\Delta_y+\nabla_y)}{4h^2}f_{i,j}+o(h^2)$$

则

$$\begin{aligned}f(a)=&\left(1-\frac{cx^2+cy^2}{h^2}\right)f_{i,j}+\left(\frac{cx}{2h}+\frac{1}{2}\left(\frac{cx}{h}\right)^2\right)f_{i+1,j}+\left(\frac{1}{2}\left(\frac{cx}{h}\right)^2-\frac{cx}{2h}\right)f_{i-1,j}\\&+\left(\frac{cy}{2h}+\frac{1}{2}\left(\frac{cy}{h}\right)^2\right)f_{i,j+1}+\left(\frac{1}{2}\left(\frac{cy}{h}\right)^2-\frac{cy}{2h}\right)f_{i,j-1}\\&+\frac{1}{4}\frac{cx\cdot cy}{h^2}(f_{i+1,j+1}-f_{i+1,j-1}-f_{i-1,j+1}+f_{i-1,j-1})+o\left(\frac{1}{3}\max(cx\cdot h^2,cy\cdot h^2)\right)\end{aligned}\tag{6.10}$$

因此，若采样数据三阶处理，迭代过程中的采样方程可表达为

$$\begin{aligned}\bar{f}_{i,j}=&\left(1-\frac{cx^2+cy^2}{h^2}\right)f_{i,j}^{(n+1)}+\left(\frac{cx}{2h}+\frac{1}{2}\left(\frac{cx}{h}\right)^2\right)f_{i+1,j}^{(n+1)}+\left(\frac{1}{2}\left(\frac{cx}{h}\right)^2-\frac{cx}{2h}\right)f_{i-1,j}^{(n+1)}\\&+\left(\frac{cy}{2h}+\frac{1}{2}\left(\frac{cy}{h}\right)^2\right)f_{i,j+1}^{(n+1)}+\left(\frac{1}{2}\left(\frac{cy}{h}\right)^2-\frac{cy}{2h}\right)f_{i,j-1}^{(n+1)}\\&+\frac{1}{4}\frac{cx\cdot cy}{h^2}\left(f_{i+1,j+1}^{(n+1)}-f_{i+1,j-1}^{(n+1)}-f_{i-1,j+1}^{(n+1)}+f_{i-1,j-1}^{(n+1)}\right)\end{aligned}\tag{6.11}$$

于是对应的采样矩阵和采样向量的元素为

$$s_{p,i\times J+j-1}=-\frac{1}{4}\frac{cx\cdot cy}{h}\tag{6.12}$$

$$s_{p,(i-1)\times J+j-1}=\frac{1}{2}\left(\frac{cy}{h}\right)^2-\frac{cy}{2h}\tag{6.13}$$

$$s_{p,(i-2)\times J+j-1}=\frac{1}{4}\frac{cx\cdot cy}{h}\tag{6.14}$$

$$s_{p,i\times J+j}=\frac{cx}{2h}+\frac{1}{2}\left(\frac{cx}{h}\right)^2\tag{6.15}$$

$$s_{p,(i-1)\times J+j}=1-\frac{cx^2+cy^2}{h^2}\tag{6.16}$$

$$s_{p,(i-2)\times J+j}=\frac{1}{2}\left(\frac{cx}{h}\right)^2-\frac{cx}{2h}\tag{6.17}$$

$$s_{p,i\times J+j+1}=\frac{1}{4}\frac{cx\cdot cy}{h}\tag{6.18}$$

$$s_{p,(i-1)\times J+j+1}=\frac{1}{2}\left(\frac{cy}{h}\right)^2+\frac{cy}{2h}\tag{6.19}$$

$$s_{p,(i-2)\times J+j+1}=-\frac{1}{4}\frac{cx\cdot cy}{h}\tag{6.20}$$

$$k_p=\bar{f}_{i,j}\tag{6.21}$$

泰勒展开式的三阶截断下，采样矩阵是联系的采样点周围的 9 个网格点（图 6.1）。为了得到更精确的模拟结果，可以考虑泰勒展开式的五阶截断。与三阶截断不同的是，五阶截断在差分逼近一阶导数和二阶导数时，都用高精度的差分逼近格式，而三阶导数和四阶导数，则用普通逼近格式。

$f(x,y)$ 在 (x_i,y_j) 点处一阶导数的四阶精度差分逼近为

$$\left.\frac{\partial f}{\partial x}\right|_{(x_i,y_j)}=\frac{8(f_{i+1,j}-f_{i-1,j})-(f_{i+2,j}-f_{i-2,j})}{12h}+o(h^4)=\frac{-\Delta_x^2+\nabla_x^2+6\Delta_x+6\nabla_x}{12h}f_{i,j}+o(h^4) \tag{6.22}$$

$$\left.\frac{\partial f}{\partial y}\right|_{(x_i,y_j)}=\frac{8(f_{i,j+1}-f_{i,j-1})-(f_{i,j+2}-f_{i,j-2})}{12h}+o(h^4)=\frac{-\Delta_y^2+\nabla_y^2+6\Delta_y+6\nabla_y}{12h}f_{i,j}+o(h^4) \tag{6.23}$$

$f(x,y)$ 在 (x_i,y_j) 点处二阶导数的四阶精度差分逼近为

$$\left.\frac{\partial^2 f}{\partial x^2}\right|_{(x_i,y_j)}=\frac{4(f_{i+1,j}-2f_{i,j}+f_{i-1,j})}{3h^2}-\frac{f_{i+2,j}-2f_{i,j}+f_{i-2,j}}{12h^2}+o(h^4)=\left(\frac{4\Delta_x\nabla_x}{3h^2}-\frac{(\Delta_x+\nabla_x)^2}{12h^2}\right)f_{i,j}+o(h^4) \tag{6.24}$$

$$\left.\frac{\partial^2 f}{\partial y^2}\right|_{(x_i,y_j)}=\frac{4(f_{i,j+1}-2f_{i,j}+f_{i,j-1})}{3h^2}-\frac{f_{i,j+2}-2f_{i,j}+f_{i,j-2}}{12h^2}+o(h^4)=\left(\frac{4\Delta_y\nabla_y}{3h^2}-\frac{(\Delta_y+\nabla_y)^2}{12h^2}\right)f_{i,j}+o(h^4) \tag{6.25}$$

$$\left.\frac{\partial^2 f}{\partial x\partial y}\right|_{(x_i,y_j)}=\frac{(\Delta_x+\nabla_x)(\Delta_y+\nabla_y)}{4h^2}\left(1-\frac{\Delta_x-\nabla_x}{6}-\frac{\Delta_y-\nabla_y}{6}\right)f_{i,j}+o(h^4) \tag{6.26}$$

对 $f(x,y)$ 在 (x_i,y_j) 点处，其三阶导数有如下差分逼近：

$$\left.\frac{\partial^3 f}{\partial x^2\partial y}\right|_{(x_iy_j)}=\frac{\Delta_x\nabla_x(\Delta_y+\nabla_y)}{2h^3}f_{i,j}+o(h^2) \tag{6.27}$$

$$\left.\frac{\partial^3 f}{\partial x\partial y^2}\right|_{(x_iy_j)}=\frac{\Delta_y\nabla_y(\Delta_x+\nabla_x)}{2h^3}f_{i,j}+o(h^2) \tag{6.28}$$

$$\left.\frac{\partial^3 f}{\partial x^3}\right|_{(x_iy_j)}=\frac{\Delta_x^2-\nabla_x^2}{2h^3}f_{i,j}+o(h^2) \tag{6.29}$$

$$\left.\frac{\partial^3 f}{\partial y^3}\right|_{(x_iy_j)}=\frac{\Delta_y^2-\nabla_y^2}{2h^3}f_{i,j}+o(h^2) \tag{6.30}$$

对 $f(x,y)$ 在 (x_i,y_j) 点处，其四阶导数有如下差分逼近：

$$\left.\frac{\partial^4 f}{\partial x^3\partial y}\right|_{(x_iy_j)}=\frac{(\Delta_x^2-\nabla_x^2)(\Delta_y+\nabla_y)}{4h^4}f_{i,j}+o(h^2) \tag{6.31}$$

$$\left.\frac{\partial^4 f}{\partial x\partial y^3}\right|_{(x_iy_j)}=\frac{(\Delta_y^2-\nabla_y^2)(\Delta_x+\nabla_x)}{4h^4}f_{i,j}+o(h^2) \tag{6.32}$$

$$\left.\frac{\partial^4 f}{\partial x^2\partial y^2}\right|_{(x_iy_j)}=\frac{\Delta_x\nabla_x\Delta_y\nabla_y}{4h^4}f_{i,j}+o(h^2) \tag{6.33}$$

$$\left.\frac{\partial^4 f}{\partial x^4}\right|_{(x_i y_j)} = \frac{\Delta_x^2 \nabla_x^2}{4h^4} f_{i,j} + o(h^2) \tag{6.34}$$

$$\left.\frac{\partial^4 f}{\partial y^4}\right|_{(x_i y_j)} = \frac{\Delta_y^2 \nabla_y^2}{4h^4} f_{i,j} + o(h^2) \tag{6.35}$$

采样数据五阶截断处理下，HASM 迭代过程中的采样方程为

$$\begin{aligned}
\overline{f}_{i,j} = {} & f_{i,j}^{(n+1)} + cx\frac{\nabla_x^2 - \Delta_x^2 + 6(\Delta_x + \nabla_x)}{12h} f_{i,j}^{(n+1)} + cy\frac{\nabla_y^2 - \Delta_y^2 + 6(\Delta_y + \nabla_y)}{12h} f_{i,j}^{(n+1)} \\
& + \frac{cx^2}{2}\left(\frac{4\Delta_x\nabla_x}{3h^2} - \frac{(\Delta_x + \nabla_x)^2}{12h^2}\right) f_{i,j}^{(n+1)} + \frac{cy^2}{2}\left(\frac{4\Delta_y\nabla_y}{3h^2} - \frac{(\Delta_y + \nabla_y)^2}{12h^2}\right) f_{i,j}^{(n+1)} \\
& + cx\cdot cy\frac{(\Delta_x + \nabla_x)(\Delta_y + \nabla_y)}{4h^2}\left(1 - \frac{\Delta_x - \nabla_x}{6} - \frac{\Delta_y - \nabla_y}{6}\right) f_{i,j}^{(n+1)} \\
& + \frac{cx^3}{6}\frac{\Delta_x^2 - \nabla_x^2}{2h^3} f_{i,j}^{(n+1)} + \frac{cx^2\cdot cy}{2}\frac{\Delta_x\nabla_x(\Delta_y + \nabla_y)}{2h^3} f_{i,j}^{(n+1)} \\
& + \frac{cx\cdot cy^2}{2}\frac{\Delta_y\nabla_y(\Delta_x + \nabla_x)}{2h^3} f_{i,j}^{(n+1)} + \frac{cy^3}{6}\frac{\Delta_y^2 - \nabla_y^2}{2h^3} f_{i,j}^{(n+1)} \\
& + \frac{cx^3}{6}\frac{\Delta_x^2 - \nabla_x^2}{2h^3} f_{i,j}^{(n+1)} + \frac{cx^2\cdot cy}{2}\frac{\Delta_x\nabla_x(\Delta_y + \nabla_y)}{2h^3} f_{i,j}^{(n+1)} \\
& + \frac{cx\cdot cy^2}{2}\frac{\Delta_y\nabla_y(\Delta_x + \nabla_x)}{2h^3} f_{i,j}^{(n+1)} + \frac{cy^3}{6}\frac{\Delta_y^2 - \nabla_y^2}{2h^3} f_{i,j}^{(n+1)} + \frac{cx^4}{24}\frac{\Delta_x^2\nabla_x^2}{h^4} f_{i,j}^{(n+1)} \\
& + \frac{cx^3\cdot cy}{6}\frac{(\Delta_x^2 - \nabla_x^2)(\Delta_y + \nabla_y)}{4h^4} f_{i,j}^{(n+1)} + \frac{cx^2\cdot cy^2}{4}\frac{\Delta_x\nabla_x\Delta_y\nabla_y}{4h^2} f_{i,j}^{(n+1)} \\
& + \frac{cx\cdot cy^3}{6}\frac{(\Delta_y^2 - \nabla_y^2)(\Delta_x + \nabla_x)}{4h^4} f_{i,j}^{(n+1)} + \frac{cy^4}{24}\frac{\Delta_y^2\nabla_y^2}{h^4} f_{i,j}^{(n+1)}
\end{aligned} \tag{6.36}$$

五阶截断下，采样方程联系了 21 个网格点（图 6.1）。实际计算时，为了计算简单，同时也为了避免 cx 和 cy 过小时离散过程中的计算机舍入误差，可以设定参数 ε，当 $\max(cx,cy) < \varepsilon$ 时，采用一阶截断，即 $f(a) = f_{i,j}^{(n+1)}$，可以根据具体问题，取 $\varepsilon \leqslant \frac{h}{10}$，若未特别说明，后续的计算中，皆取 $\varepsilon = \frac{h}{50}$。

以如下函数为无量纲模型曲面，计算区域为 $[0,6]\times[0,6]$，分别研究不同截断方式下采样矩阵对 HASM 算法的影响：

$$\begin{aligned}
f(x,y) = {} & \mathrm{e}^{-((x-1)^2+(y-4)^2)} + \mathrm{e}^{-((x-3.5)^2+0.7(y-2.3)^2)} + \mathrm{e}^{-(0.4(x-2.1)^2+(y-1.4)^2)} \\
& + \mathrm{e}^{-((x-1.5)^2+0.6(y-0.5)^2)} + \mathrm{e}^{-((x-4.0)^2+(y-4)^2)} + 1
\end{aligned} \tag{6.37}$$

若 $F^n = \left\{f_{i,j}^n\right\}$ 为 HASM 第 n 次迭代的结果，其中 $f_{i,j}^n$ 为 HASM 第 n 次迭代时栅格 $(x_i, y_j)(x_i = (i-1)\times h, y_j = (j-1)\times h)$ 处的模拟值。$\text{error}^n = \sqrt{\frac{\sum_{i=1}^{I}\sum_{j=1}^{J}(f_{i,j}^n - f_{i,j}^{n-1})^2}{I\times J}}$ 为前后 HASM 迭代过程中前后两次迭代结果的平方平均绝对偏差，则 HASM 迭代收敛的判断标准为 $\text{error}^n \leqslant 10^{-7}$。以 HASM-1、HASM-3 和 HASM-5 分别表示采样矩阵以一阶、三阶和五阶截断方式的 HASM 算法。

图 6.2 表现了不同分辨率下，HASM-1、HASM-3 和 HASM-5 的精度变化。采样方式为区域边界上以 0.25 的间隔均匀采样，区域内部为随机采样，样点个数为 200 个。从图 6.2 可以看到，采样矩阵的三阶和五阶处理方式，其计算精度明显比一阶处理方式要高，而且，三阶和五阶处理方式，其计算精度并无太大差别。由于采样是随机的，所以各方法的精度并没有严格按照分辨率的提高而提高，而是总体随分辨率的提高而一定程度上提高的同时，具有一定波折。

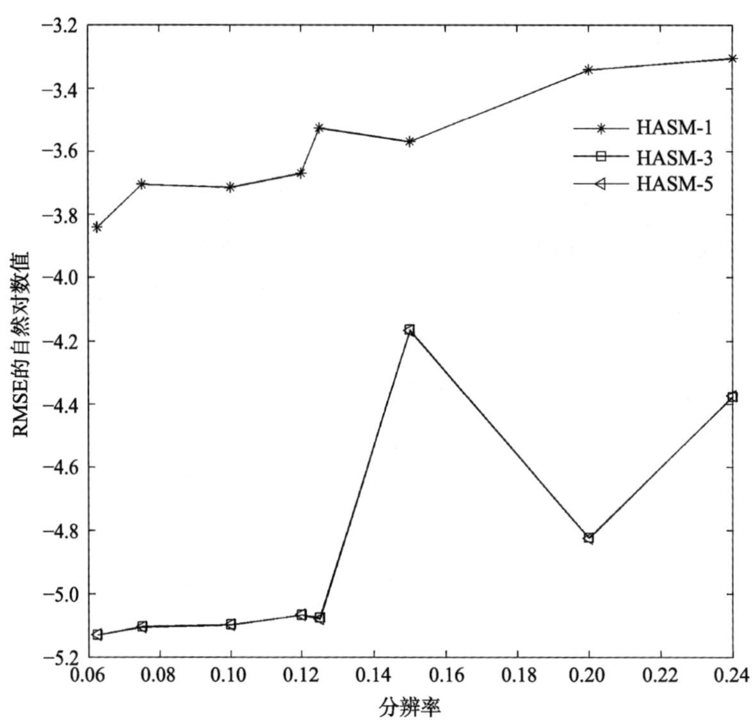

图 6.2　各种采样处理方式在不同空间分辨率的 HASM 模拟误差比较

图 6.3 分析了各采样处理方式 HASM 迭代收敛所需要的迭代次数。从图中可以看出，采样矩阵的高阶处理，不但可以提高精度，也可以加快 HASM 迭代的收敛。采样矩阵的高阶处理可以加快 HASM 迭代的收敛，是因为在采样矩阵采取高阶处理时，可以减小 HASM 迭代系数矩阵的条件数。图 6.4 分析了各采样处理方式 HASM 迭代收敛所需要的 CPU 时间，由于一阶截断采样处理方式下，需要的迭代次数多，其计算所需要的 CPU 时间也大大增加。

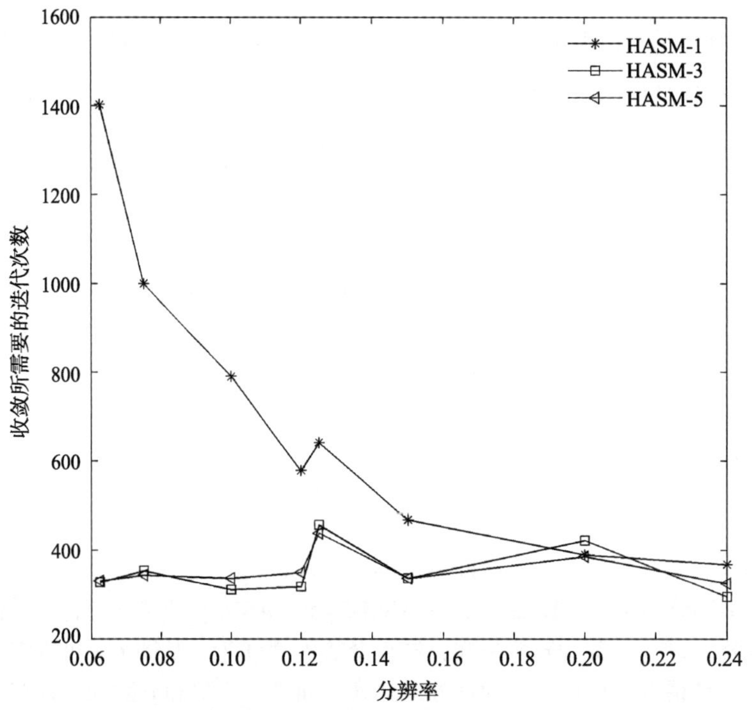

图 6.3　各种采样处理方式在不同空间分辨率的 HASM 迭代次数对比

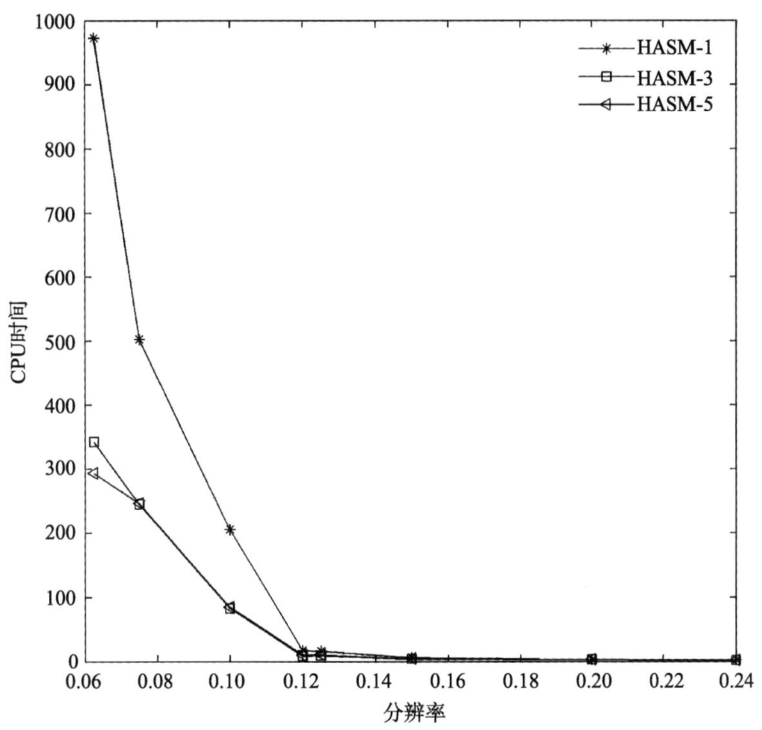

图 6.4　各种采样处理方式在不同空间分辨率的 HASM 计算速度对比

6.3　复杂边界下的 HASM 算法

对直角坐标系下的模拟区域 Λ，设其 x 和 y 方向的最大距离分别为 L_x 和 L_y，即模拟区域 Λ 包含于矩形 $[0,L_x]\times[0,L_y]$ 之中。对区域 $[0,L_x]\times[0,L_y]$ 进行无量纲归一化处理后可表达为 $\left[0,\dfrac{L_x}{\max(L_x,L_y)}\right]\times\left[0,\dfrac{L_y}{\max(L_x,L_y)}\right]$。设归一化以后的模拟区域为 Ω，这里将 Ω 称为计算区域，$\Omega\in\left[0,\dfrac{L_x}{\max(L_x,L_y)}\right]\times\left[0,\dfrac{L_y}{\max(L_x,L_y)}\right]$。设模拟区域 Λ 中曲面建模的分辨率为 H，则其 x 和 y 方向的栅格数分别为 $\left[\dfrac{L_x}{H}\right]$ 和 $\left[\dfrac{L_y}{H}\right]$（这里 $[a]$ 表示取与 a 最接近的整数）。对应到计算区域，设无量纲的计算步长为 h，则 h 与分辨率 H 的转换关系为 $h=\dfrac{H}{\max(L_x,L_y)}$。在 $\left[0,\dfrac{L_x}{\max(L_x,L_y)}\right]\times\left[0,\dfrac{L_y}{\max(L_x,L_y)}\right]$ 中，建立 $\left[\dfrac{L_x}{H}\right]\times\left[\dfrac{L_y}{H}\right]$ 的均匀正交网格，矩形内的所有网格集合为 Π，于是模拟区域 Ω 被离散为节点集 $\Xi\subseteq\Pi$，Ξ 中的每个网格点对应为 Λ 中相应栅格的中心。对 Π 的 $\left[\dfrac{L_x}{H}\right]\times\left[\dfrac{L_y}{H}\right]$ 个计算节点，相对于 Ξ 可分为外点、内点和边界点（图 6.5）。外点集为 Ξ 在 Π 中的补集 $\Pi\setminus\Xi$；Ξ 中的点，如果其八个邻点中有外点，或者该点距离边界线的距离不大于 0.5 个栅格分辨率，则这点为 Ξ 的边界点，边界点集记为 $\partial\Xi$；内点集为所有邻点都在 Ξ 内的点，即 $\Xi\setminus\partial\Xi$。显然，加细分辨率，会对网格点分类有重要影响。

对 Π 中的任意子集 Ξ，都可以建立定义域为 Π 的指标函数 $\lambda_{\Pi,\Xi}$，对 Π 中的任意一点 (x_i,y_i)，$\lambda_{\Pi,\Xi}$ 函数值为

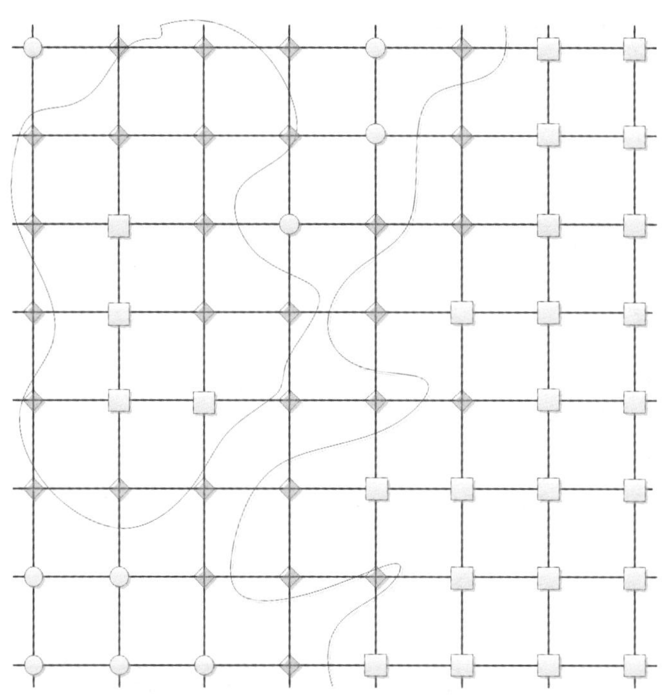

图 6.5　网格点分类示意图（□点为内点，◇点为边界点，○点为外点）

$$\lambda_{\Pi,\Xi}(x_i,y_i)=\begin{cases}1 & (x_i,y_i)\in\Xi\setminus\partial\Xi\\ 0 & (x_i,y_i)\in\partial\Xi\\ -1, & (x_i,y_i)\in\Pi\setminus\Xi\end{cases} \tag{6.38}$$

对子集 Ξ 的任意内点 (x_i,y_i)，建立序号函数 $\tau_{\Xi}(x_i,y_i)$，其函数值为 (x_i,y_i) 在 Ξ 的所有内点中按行优先排序的序号。

如果 h 为差分步长，HASM 主方程为

$$\begin{cases}f_{i+1,j}^{(n+1)}-2f_{i,j}^{(n+1)}+f_{i-1,j}^{(n+1)}=0.5h((\Gamma_{11}^1)_{i,j}^{(n)}(f_{i+1,j}^{(n)}-f_{i-1,j}^{(n)})\\ \qquad +(\Gamma_{11}^2)_{i,j}^{(n)}(f_{i,j+1}^{(n)}-f_{i,j-1}^{(n)}))+\dfrac{h^2L_{i,j}^{(n)}}{\sqrt{E_{i,j}^{(n)}+G_{i,j}^{(n)}-1}}\\ f_{i,j+1}^{(n+1)}-2f_{i,j}^{(n+1)}+f_{i,j-1}^{(n+1)}=0.5h((\Gamma_{22}^1)_{i,j}^{(n)}(f_{i+1,j}^{(n)}-f_{i-1,j}^{(n)})\\ \qquad +(\Gamma_{22}^2)_{i,j}^{(n)}(f_{i,j+1}^{(n)}-f_{i,j-1}^{(n)}))+\dfrac{h^2N_{i,j}^{(n)}}{\sqrt{E_{i,j}^{(n)}+G_{i,j}^{(n)}-1}}\end{cases} \tag{6.39}$$

HASM 主方程的系数可直接用 $\left\{f_{i,j}^{(n)}\right\}$ 表达如下：

$$\begin{aligned}(\Gamma_{11}^1)_{i,j}^{(n)}=&\frac{\left[4h^2+(f_{i,j+1}^{(n)}-f_{i,j-1}^{(n)})^2\right]\left[(f_{i+2,j}^{(n)}-f_{i,j}^{(n)})^2-(f_{i,j}^{(n)}-f_{i-2,j}^{(n)})^2\right]}{16h^3\left[4h^2+(f_{i+1,j}^{(n)}-f_{i-1,j}^{(n)})^2+(f_{i,j+1}^{(n)}-f_{i,j-1}^{(n)})^2\right]}\\ &-\frac{2(f_{i+1,j}^{(n)}-f_{i-1,j}^{(n)})(f_{i,j+1}^{(n)}-f_{i,j-1}^{(n)})\left[(f_{i+2,j}^{(n)}-f_{i.j}^{(n)})(f_{i+1,j+1}^{(n)}-f_{i+1,j-1}^{(n)})-(f_{i,j}^{(n)}-f_{i-2,j}^{(n)})(f_{i-1,j+1}^{(n)}-f_{i-1,j-1}^{(n)})\right]}{16h^3\left[4h^2+(f_{i+1,j}^{(n)}-f_{i-1,j}^{(n)})^2+(f_{i,j+1}^{(n)}-f_{i,j-1}^{(n)})^2\right]}\\ &+\frac{(f_{i+1,j}^{(n)}-f_{i-1,j}^{(n)})(f_{i,j+1}^{(n)}-f_{i,j-1}^{(n)})\left[(f_{i+1,j+1}^{(n)}-f_{i-1,j+1}^{(n)})^2-(f_{i+1,j-1}^{(n)}-f_{i-1,j-1}^{(n)})^2\right]}{16h^3\left[4h^2+(f_{i+1,j}^{(n)}-f_{i-1,j}^{(n)})^2+(f_{i,j+1}^{(n)}-f_{i,j-1}^{(n)})^2\right]}\end{aligned} \tag{6.40}$$

$$
\begin{aligned}
(\Gamma_{11}^{2})_{i,j}^{(n)}=&\frac{2\left[4h^{2}+(f_{i+1,j}^{(n)}-f_{i-1,j}^{(n)})^{2}\right]\left[(f_{i+2,j}^{(n)}-f_{i,j}^{(n)})(f_{i+1,j+1}^{(n)}-f_{i+1,j-1}^{(n)})-(f_{i,j}^{(n)}-f_{i-2,j}^{(n)})(f_{i-1,j+1}^{(n)}-f_{i-1,j-1}^{(n)})\right]}{16h^{3}\left[4h^{2}+(f_{i+1,j}^{(n)}-f_{i-1,j}^{(n)})^{2}+(f_{i,j+1}^{(n)}-f_{i,j-1}^{(n)})^{2}\right]}\\
&-\frac{\left[4h^{2}+(f_{i+1,j}^{(n)}-f_{i-1,j}^{(n)})^{2}\right]\left[(f_{i+1,j+1}^{(n)}-f_{i-1,j+1}^{(n)})^{2}-(f_{i+1,j-1}^{(n)}-f_{i-1,j-1}^{(n)})^{2}\right]}{16h^{3}\left[4h^{2}+(f_{i+1,j}^{(n)}-f_{i-1,j}^{(n)})^{2}+(f_{i,j+1}^{(n)}-f_{i,j-1}^{(n)})^{2}\right]}\\
&-\frac{(f_{i+1,j}^{(n)}-f_{i-1,j}^{(n)})(f_{i,j+1}^{(n)}-f_{i,j-1}^{(n)})\left[(f_{i+2,j}^{(n)}-f_{i,j}^{(n)})^{2}-(f_{i,j}^{(n)}-f_{i-2,j}^{(n)})^{2}\right]}{16h^{3}\left[4h^{2}+(f_{i+1,j}^{(n)}-f_{i-1,j}^{(n)})^{2}+(f_{i,j+1}^{(n)}-f_{i,j-1}^{(n)})^{2}\right]}
\end{aligned}
\tag{6.41}
$$

$$
\begin{aligned}
(\Gamma_{22}^{1})_{i,j}^{(n)}=&\frac{2\left[4h^{2}+(f_{i,j+1}^{(n)}-f_{i,j-1}^{(n)})^{2}\right]\left[(f_{i+1,j+1}^{(n)}-f_{i-1,j+1}^{(n)})(f_{i,j+2}^{(n)}-f_{i,j}^{(n)})-(f_{i+1,j-1}^{(n)}-f_{i-1,j-1}^{(n)})(f_{i,j}^{(n)}-f_{i,j-2}^{(n)})\right]}{16h^{3}\left[4h^{2}+(f_{i+1,j}^{(n)}-f_{i-1,j}^{(n)})^{2}+(f_{i,j+1}^{(n)}-f_{i,j-1}^{(n)})^{2}\right]}\\
&-\frac{\left[4h^{2}+(f_{i,j+1}^{(n)}-f_{i,j-1}^{(n)})^{2}\right]\left[(f_{i+1,j+1}^{(n)}-f_{i+1,j-1}^{(n)})^{2}-(f_{i-1,j+1}^{(n)}-f_{i-1,j-1}^{(n)})^{2}\right]}{16h^{3}\left[4h^{2}+(f_{i+1,j}^{(n)}-f_{i-1,j}^{(n)})^{2}+(f_{i,j+1}^{(n)}-f_{i,j-1}^{(n)})^{2}\right]}\\
&-\frac{(f_{i+1,j}^{(n)}-f_{i-1,j}^{(n)})(f_{i,j+1}^{(n)}-f_{i,j-1}^{(n)})\left[(f_{i,j+2}^{(n)}-f_{i,j}^{(n)})^{2}-(f_{i,j}^{(n)}-f_{i,j-2}^{(n)})^{2}\right]}{16h^{3}\left[4h^{2}+(f_{i+1,j}^{(n)}-f_{i-1,j}^{(n)})^{2}+(f_{i,j+1}^{(n)}-f_{i,j-1}^{(n)})^{2}\right]}
\end{aligned}
\tag{6.42}
$$

$$
\begin{aligned}
(\Gamma_{22}^{2})_{i,j}^{(n)}=&\frac{\left[4h^{2}+(f_{i+1,j}^{(n)}-f_{i-1,j}^{(n)})^{2}\right]\left[(f_{i,j+2}^{(n)}-f_{i,j}^{(n)})^{2}-(f_{i,j}^{(n)}-f_{i,j-2}^{(n)})^{2}\right]}{16h^{3}\left[4h^{2}+(f_{i+1,j}^{(n)}-f_{i-1,j}^{(n)})^{2}+(f_{i,j+1}^{(n)}-f_{i,j-1}^{(n)})^{2}\right]}\\
&-\frac{2(f_{i+1,j}^{(n)}-f_{i-1,j}^{(n)})(f_{i,j+1}^{(n)}-f_{i,j-1}^{(n)})\left[(f_{i+1,j+1}^{(n)}-f_{i-1.j+1}^{(n)})(f_{i,j+2}^{(n)}-f_{i,j}^{(n)})-(f_{i+1,j-1}^{(n)}-f_{i-1,j-1}^{(n)})(f_{i,j}^{(n)}-f_{i,j-2}^{(n)})\right]}{16h^{3}\left[4h^{2}+(f_{i+1,j}^{(n)}-f_{i-1,j}^{(n)})^{2}+(f_{i,j+1}^{(n)}-f_{i,j-1}^{(n)})^{2}\right]}\\
&+\frac{(f_{i+1,j}^{(n)}-f_{i-1,j}^{(n)})(f_{i,j+1}^{(n)}-f_{i,j-1}^{(n)})\left[(f_{i+1,j+1}^{(n)}-f_{i+1,j-1}^{(n)})^{2}-(f_{i-1,j+1}^{(n)}-f_{i-1,j-1}^{(n)})^{2}\right]}{16h^{3}\left[4h^{2}+(f_{i+1,j}^{(n)}-f_{i-1,j}^{(n)})^{2}+(f_{i,j+1}^{(n)}-f_{i,j-1}^{(n)})^{2}\right]}
\end{aligned}
\tag{6.43}
$$

$$
\frac{h^{2}L_{i,j}^{(n)}}{\sqrt{E_{i,j}^{(n)}+G_{i,j}^{(n)}-1}}=\frac{4h^{2}(f_{i+1,j}^{(n)}-2f_{i,j}^{(n)}+f_{i-1,j}^{(n)})}{\left[(f_{i+1,j}^{(n)}-f_{i-1,j}^{(n)})^{2}+(f_{i,j+1}^{(n)}-f_{i,j-1}^{(n)})^{2}+4h^{2}\right]}
\tag{6.44}
$$

$$
\frac{h^{2}N_{i,j}^{(n)}}{\sqrt{E_{i,j}^{(n)}+G_{i,j}^{(n)}-1}}=\frac{4h^{2}(f_{i,j+1}^{(n)}-2f_{i,j}^{(n)}+f_{i,j-1}^{(n)})}{\left[(f_{i+1,j}^{(n)}-f_{i-1,j}^{(n)})^{2}+(f_{i,j+1}^{(n)}-f_{i,j-1}^{(n)})^{2}+4h^{2}\right]}
\tag{6.45}
$$

上述表达表明，(x_i,y_j) 点上建立 $f_{i,j}^{(n+1)}$ 的差分方程，需要用到第 n 次迭代的 13 个点（图 6.6）。(x_i,y_j) 为内点，所以这 13 个点中，除去 (x_i,y_{j+2})、(x_i,y_{j-2})、(x_{i+2},y_j) 和 (x_{i-2},y_j) 4 点外，其余 9 点肯定在计算区域内（但有可能落在边界上）。当 (x_i,y_{j+2})、(x_i,y_{j-2})、(x_{i+2},y_j) 和 (x_{i-2},y_j) 4 点中某点处于计算区域外时，Γ_s^t $(\mathrm{t}=1,2;\mathrm{s}=11,22)$ 的计算式中涉及 (x_i,y_{j+2})、(x_i,y_{j-2})、(x_{i+2},y_j) 和 (x_{i-2},y_j) 的中心差分式，需要改用偏心差分，尽管此时会有一定的精度损失。若 (x_{i+2},y_j) 为外点，则相应的第二类克里斯托弗尔符号可表达为

$$
(\Gamma_{11}^{1})_{i,j}^{(n)}=\frac{\left[4h^{2}+(f_{i,j+1}^{(n)}-f_{i,j-1}^{(n)})^{2}\right]\left[4(f_{i+1,j}^{(n)}-f_{i,j}^{(n)})^{2}-(f_{i,j}^{(n)}-f_{i-2,j}^{(n)})^{2}\right]}{16h^{3}\left[4h^{2}+(f_{i+1,j}^{(n)}-f_{i-1,j}^{(n)})^{2}+(f_{i,j+1}^{(n)}-f_{i,j-1}^{(n)})^{2}\right]}
$$

$$
\begin{aligned}
&-\frac{2(f_{i+1,j}^{(n)}-f_{i-1,j}^{(n)})(f_{i,j+1}^{(n)}-f_{i,j-1}^{(n)})\left[2(f_{i+1,j}^{(n)}-f_{i.j}^{(n)})(f_{i+1,j+1}^{(n)}-f_{i+1,j-1}^{(n)})-(f_{i,j}^{(n)}-f_{i-2,j}^{(n)})(f_{i-1,j+1}^{(n)}-f_{i-1,j-1}^{(n)})\right]}{16h^3\left[4h^2+(f_{i+1,j}^{(n)}-f_{i-1,j}^{(n)})^2+(f_{i,j+1}^{(n)}-f_{i,j-1}^{(n)})^2\right]}\\
&+\frac{(f_{i+1,j}^{(n)}-f_{i-1,j}^{(n)})(f_{i,j+1}^{(n)}-f_{i,j-1}^{(n)})\left[(f_{i+1,j+1}^{(n)}-f_{i-1,j+1}^{(n)})^2-(f_{i+1,j-1}^{(n)}-f_{i-1,j-1}^{(n)})^2\right]}{16h^3\left[4h^2+(f_{i+1,j}^{(n)}-f_{i-1,j}^{(n)})^2+(f_{i,j+1}^{(n)}-f_{i,j-1}^{(n)})^2\right]}
\end{aligned}
\tag{6.46}
$$

$$
\begin{aligned}
(\Gamma_{11}^2)_{i,j}^{(n)}=&\frac{2\left[4h^2+(f_{i+1,j}^{(n)}-f_{i-1,j}^{(n)})^2\right]\left[2(f_{i+1,j}^{(n)}-f_{i,j}^{(n)})(f_{i+1,j+1}^{(n)}-f_{i+1,j-1}^{(n)})-(f_{i,j}^{(n)}-f_{i-2,j}^{(n)})(f_{i-1,j+1}^{(n)}-f_{i-1,j-1}^{(n)})\right]}{16h^3\left[4h^2+(f_{i+1,j}^{(n)}-f_{i-1,j}^{(n)})^2+(f_{i,j+1}^{(n)}-f_{i,j-1}^{(n)})^2\right]}\\
&-\frac{\left[4h^2+(f_{i+1,j}^{(n)}-f_{i-1,j}^{(n)})^2\right]\left[(f_{i+1,j+1}^{(n)}-f_{i-1,j+1}^{(n)})^2-(f_{i+1,j-1}^{(n)}-f_{i-1,j-1}^{(n)})^2\right]}{16h^3\left[4h^2+(f_{i+1,j}^{(n)}-f_{i-1,j}^{(n)})^2+(f_{i,j+1}^{(n)}-f_{i,j-1}^{(n)})^2\right]}\\
&-\frac{(f_{i+1,j}^{(n)}-f_{i-1,j}^{(n)})(f_{i,j+1}^{(n)}-f_{i,j-1}^{(n)})\left[4(f_{i+1,j}^{(n)}-f_{i,j}^{(n)})^2-(f_{i,j}^{(n)}-f_{i-2,j}^{(n)})^2\right]}{16h^3\left[4h^2+(f_{i+1,j}^{(n)}-f_{i-1,j}^{(n)})^2+(f_{i,j+1}^{(n)}-f_{i,j-1}^{(n)})^2\right]}
\end{aligned}
\tag{6.47}
$$

$i,j+2$

$i-1,j+1$　$i,j+1$　$i+1,j+1$

$i-2,j$　$i-1,j$　i,j　$i+1,j$　$i+2,j$

$i-1,j-1$　$i,j-1$　$i+1,j-1$

$i,j-2$

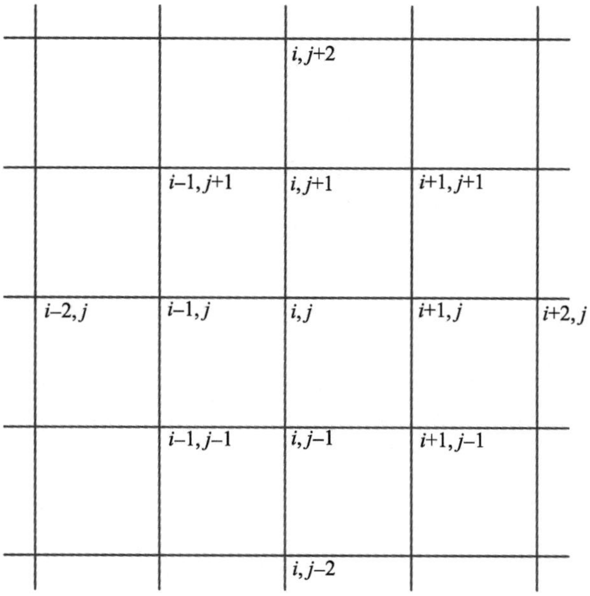

图 6.6　HASM 主方程离散时的联系网格点

对 $(\Gamma_{22}^1)_{i,j}^{(n)}$ 和 $(\Gamma_{22}^2)_{i,j}^{(n)}$，因为其表达式中不涉及 $f_{i+2,j}^{(n)}$，所以其计算方法不变。

对靠近边界的采样点的处理，需要根据采样点距离边界网格点的距离和所需要采用的采样数据处理精度来决定。对模拟区域内的第 p 个采样点，离它最近的网格点为 (x_i,y_j)，一般要求 (x_i,y_{j+1}) 为网格内点，若采样数据采用三阶截断方式，则其采样处理需要用到共 9 个点（图 6.1）。若 (x_i,y_{j+1}) 的 8 个邻点中有边界点，如 (x_i,y_{j+1}) 点在边界上，则根据式（6.11），其三阶截断的采样方程为

$$
\begin{aligned}
\bar{f}_{i,j}-\left(\frac{cy}{2h}+\frac{1}{2}\left(\frac{cy}{h}\right)^2\right)f_{i,j+1}^{(n+1)}=&\left(1-\frac{cx^2+cy^2}{h^2}\right)f_{i,j}^{(n+1)}+\left(\frac{cx}{2h}+\frac{1}{2}\left(\frac{cx}{h}\right)^2\right)f_{i+1,j}^{(n+1)}\\
&+\left(\frac{1}{2}\left(\frac{cx}{h}\right)^2-\frac{cx}{2h}\right)f_{i-1,j}^{(n+1)}+\left(\frac{1}{2}\left(\frac{cy}{h}\right)^2-\frac{cy}{2h}\right)f_{i,j-1}^{(n+1)}
\end{aligned}
$$

$$+\frac{1}{4}\frac{cx\cdot cy}{h^2}\left(f_{i+1,j+1}^{(n+1)}-f_{i+1,j-1}^{(n+1)}-f_{i-1,j+1}^{(n+1)}+f_{i-1,j-1}^{(n+1)}\right) \tag{6.48}$$

由于网格点 (x_i, y_{j+1}) 为边界点，所以实际上 $f_{i,j+1}^{(n+1)}=f_{i,j+1}^{(n)}=f_{i,j+1}^{(0)}=\tilde{f}_{i,j+1}$，即 (x_i, y_{j+1}) 点的模拟值为插值初值。

如果 (x_i, y_j) 的邻点中有边界点，显然不能像式（6.48）那样采用全中心差分逼近的五阶截断，这时可以在边界处都采用三阶截断或可以将式（6.48）中涉及边界点的中心差分改成偏心差分。

6.4　讨　　论

若对等式约束最小二乘问题，采取如第 4 章中的 QR 分解方法精确求解，则需要考虑采样矩阵是否是行满秩的。毫无疑问，当采样数据非常密集，如激光扫描数据等，或者模拟的空间分辨率很粗时，可能会出现一个栅格内有多个采样点。这时候，一阶截断处理下的采样矩阵显然不是行满秩的，若需要采用 QR 分解方法来求解等式约束最小二乘问题，则需要先对采样矩阵进行预处理。一般来说，对一个栅格内有多个采样点的情形，可以保留离栅格中心最近的采样点，其余采样点则舍去；也可以对此栅格内的全部采样点进行反距离插值，获得栅格中心的一个新的“采样点”；更简单地，则可以对此栅格内的全部采样点进行简单的算术平均。三阶或者五阶采样处理下，若非采样点过多（如多于 9 个或者 21 个），其采样矩阵不至于不满秩。如果求解等式约束最小二乘问题，不是采用 QR 分解方法，而是采取引入参数 λ，用拉格朗日近似方法，则采样矩阵是否行满秩不影响其计算的可行性。

等式约束最小二乘问题，若采取精确求解方法，如信赖域法（黄红选、韩继业，2006），其中一个必要条件是约束条件，即 HASM 的采样方程所形成的解空间是非空的。但实际上，有时候 HASM 形成的等式约束最小二乘问题，是满足不了这一条件的，即其采样方程本身是超定无解的，此时 HASM 方法只能采用近似方法求解最小二乘问题。

第 7 章　HASM 实时动态算法*

7.1　引　　言

动态模拟指的是物理系统的实时建模过程（Fishwick, 2007）。到目前为止，已有许多关于地球表层系统动态模拟的研究成果。例如，20 世纪 70 年代发展的空间相互作用模型被用于检验城市空间格局的发展与演变（Harris and Wilson, 1978）。基于住宅选址的元胞模型，建立了进行动态建模的地理信息系统方法（Gimblett, 1989）。通过地理信息系统方法和动态模拟系统的耦合，对空间生态系统模型进行并行处理，并发展形成了用于环境和生态过程模拟与评估的空间动态模拟系统（Costanza and Maxwell, 1991）。通过元胞自动机与地理信息系统的集成，模拟和显示复杂时空动态行为和过程（曹中初、孙苏南, 1999）。

为了模拟城市扩张过程，Dragicevic 和 Marceau（2000）运用基于 GIS 的时空内插方法，模拟分析了两个连贯瞬间变化所丢失的信息。Sydelko 等（2001）将动态信息系统用于评估军用土地的生态影响。韦淑英等（2002）结合地理信息系统与林业专家模型，设计了森林资源动态模拟系统概念框架。Al-Sabhan 等（2003）运用动态水文模型即时预报洪水和防洪减灾。Choi 和 Engel（2003）运用地理信息系统进行流域实时划分和水文模型的互联网操作。Barredo 等（2003）将元胞自动机模型用于描述城市的演化动态。余洁等（2003）通过地理信息系统与系统动力学方法的结合，模拟预测了不同社会经济发展策略对生态环境的动态影响。

王春林等（2006）通过构建干旱强度动态指数和包括经度、纬度、海拔、坡度、坡向 5 个环境因子的地理订正模型，结合地理信息系统，实现了广东干旱发生和发展及其强度和范围的实时动态监测和评估。龚绍琦等（2006）运用时间序列分析法和地理信息系统技术，模拟分析了太湖 1998~2004 年每月的总磷含量动态变化趋势。Shuai 等（2006）运用地理信息系统驱动的实时监测实验系统，帮助加拿大对感染西尼罗河病毒的死鸟进行监测。Aggarwal 等（2006）运用动态农业模型模拟分析农业产量、虫害损失、土壤碳和氮的变化和各种温室气体的排放等。Brown 等（2006）通过地理信息系统和侵蚀模型的耦合，实现了海岸环境演化的动态模拟和可视化。Mitasova 等（2006）提出了构建有形地理空间建模环境的初步框架，在这个建模环境下，用户通过有形物理模型与地理信息系统的链接，可以实现与三维景观数据的互动。

胡卓玮等（2007）以地下水及其赋存地质体观测记录为主要数据源，实现了数据处理、建模、存储、调度、查询及真三维可视化，完成了地下水动态模拟分析功能。Frauenfelder 等（2008）利用元胞自动机模型，对冰石流的空间分布结构动态进行了评估。陈鹏和刘妙龙（2008）针对城市中人群流动，采用多智能体系统的建模方法，构建了城市人群流动动态演化模型。李军等（2009）以复杂适应系统理论为基础，集成多智能体、地理信息系统和元胞自动机模型，建立了城市发展模型。Zhao（2010）集成地理信息系统和地震火灾模型软件系统，实现了震后火灾的动态模拟。

目前，几乎所有地球表层系统动态模拟都基于地理信息系统。然而，多数集成地理信息系统的模拟模型没有动态模拟能力，并且需要预先建模，地理信息系统的实时决策功能让人怀疑（Zerger and Smith, 2003）。地理信息系统在处理时间变化问题时面临着巨大的困难，这主要是因为图幅是基于拓扑构建的。这使其在更新过程中，不容易依次增加或者删除某个特征。因此，需要发展超出传统地理信息系统范畴的空间运算模型，特别是在模拟那些物体需要在空间中移动和拓扑结构需要动态更新时的问题（Gold and Mostafavi, 2000）。

近年来，由于移动设备的飞速发展，无线网络的应用日益广泛，人们对移动地理信息系统的兴趣日趋增加（Yun *et al.*, 2006）。移动地理信息系统中使用的位置数据通常是动态的，经常在特定的时间更新，而

---

* 杜正平为本章主要合著者。

不是更新频率较低的静态数据。因此，使用现有的地理信息系统和空间索引去管理移动地理信息系统需要处理的移动物体的位置数据就失效了。要想有效地为用户提供诸如移动位置服务，必须有一个能够处理移动物体动态位置的实时地理信息系统，需要有一个能处理位置数据特征的位置索引。

迄今为止，多数曲面建模方法都致力于描述静止的瞬间，对现实世界的动态描述严重缺失，只是将现实世界中动态物体以某种方式简化或者抽象为固定或者静止的物体。新一代曲面模型，应该从模拟静止快照转移到模拟更加真实和动态的物体。高精度曲面建模（HASM）方法力图解决目前地理信息系统所面临的挑战。

在地表过程的动态模拟过程，抽象为数学问题后，其主要包括模拟区域的动态变化，采样信息的动态变化等。这里就模拟区域固定而采样点变化的静止窗口实时动态模拟和模拟区域变化且采样点同步变化的移动窗口实时动态模拟，分别给出 HASM 相应的算法。

7.2　静止窗口实时动态模拟的 HASM 算法

7.2.1　数学表达及其求解

地球表层系统的 HASM 模拟可区分为动态与静态两种方式。前者主要涉及布局与结构，而后者则同时还表现变化过程（Clarke *et al.*, 1998）。HASM 动态模拟问题在数学上可理解为动态加点和动态减点问题。在对曲面 $(x,y,f(x,y))$ 进行模拟时，需要先利用采样值通过空间插值获得 HASM 的初始场，然后通过差分离散 HASM 主方程组进行迭代。HASM 主方程组第 t 时间段第 $n+1$ 次迭代的差分迭代方程组可以用矩阵表示为

$$\begin{cases}\boldsymbol{A}\cdot\boldsymbol{z}(t)^{(n+1)}=\boldsymbol{d}(t)^{(n)}\\ \boldsymbol{B}\cdot\boldsymbol{z}(t)^{(n+1)}=\boldsymbol{q}(t)^{(n)}\end{cases}\tag{7.1}$$

设 $\boldsymbol{C}=\begin{bmatrix}\boldsymbol{A}\\ \boldsymbol{B}\end{bmatrix}$，$\boldsymbol{u}(t)^{(n)}=\begin{bmatrix}\boldsymbol{d}(t)^{(n)}\\ \boldsymbol{q}(t)^{(n)}\end{bmatrix}$，构造等式约束的最小二乘问题：

$$\begin{cases}\min\|\boldsymbol{C}\cdot\boldsymbol{z}(t)^{(n+1)}-\boldsymbol{u}(t)^{(n)}\|_2\\ s.t.\ \ \boldsymbol{S}\cdot\boldsymbol{z}(t)^{(n+1)}=\boldsymbol{k}\end{cases}\tag{7.2}$$

式中，$\boldsymbol{C}$ 为 $(2I\cdot J)$ 行 $(I\cdot J)$ 列的矩阵；$\boldsymbol{u}(t)^{(n)}$ 为 $(2I\cdot J)$ 行的列向量；采样矩阵 $\boldsymbol{S}$ 为 s_p 行 $(2I\cdot J)$ 列的矩阵；采样向量 $\boldsymbol{k}$ 为 s_p 行的列向量；$(I\cdot J)$ 为计算网格内部点数；s_p 为采样点数。

对上述等式约束的最小二乘问题，本书采用矩阵分解方法（赵金熙, 1996; Gulliksson and Wedin, 1992）来处理动态采样问题。

从微分方程组的离散不难发现，式（7.2）满足有解的充要条件 $\mathrm{rank}([\boldsymbol{C}^{\mathrm{T}}\ \ \boldsymbol{S}^{\mathrm{T}}]^{\mathrm{T}})=I\times J$ 和 $\mathrm{rank}(\boldsymbol{S})=s_p$ 。

由于 $\min\|\boldsymbol{C}\cdot\boldsymbol{z}(t)^{(n+1)}-\boldsymbol{u}(t)^{(n)}\|_2=\min\left((\boldsymbol{C}\cdot\boldsymbol{z}(t)^{(n+1)}-\boldsymbol{u}(t)^{(n)})^{\mathrm{T}}(\boldsymbol{C}\cdot\boldsymbol{z}(t)^{(n+1)}-\boldsymbol{u}(t)^{(n)})\right)$，式（7.2）等价为

$$\begin{cases}\min((\boldsymbol{z}(t)^{(n+1)})^{\mathrm{T}}\cdot\boldsymbol{C}^{\mathrm{T}}\cdot\boldsymbol{C}\cdot\boldsymbol{z}(t)^{(n+1)}-2(\boldsymbol{u}(t)^{(n)})^{\mathrm{T}}\cdot\boldsymbol{C}\cdot\boldsymbol{z}(t)^{(n+1)}+(\boldsymbol{u}(t)^{(n)})^{\mathrm{T}}\cdot\boldsymbol{u}(t)^{(n)})\\ s.t.\quad \boldsymbol{S}\cdot\boldsymbol{z}(t)^{(n+1)}=\boldsymbol{k}\end{cases}\tag{7.3}$$

根据 Kuhn-Tucker 条件，需要确定 $(I\cdot J)$ 行的列向量 $\boldsymbol{z}(t)^{(n+1)}$ ，s_p 行的列向量 $\boldsymbol{\lambda}$ 满足，

$$\begin{cases}\boldsymbol{C}^{\mathrm{T}}\cdot\boldsymbol{C}\cdot\boldsymbol{z}(t)^{(n+1)}-\boldsymbol{C}^{\mathrm{T}}\cdot\boldsymbol{u}(t)^{(n)}=\boldsymbol{S}^{\mathrm{T}}\cdot\boldsymbol{\lambda}\\ \boldsymbol{S}\cdot\boldsymbol{z}(t)^{(n+1)}=\boldsymbol{k}\end{cases}\tag{7.4}$$

式（7.4）的另一矩阵表达形式为

$$\begin{bmatrix} \boldsymbol{C}^{\mathrm{T}}\cdot\boldsymbol{C} & -\boldsymbol{S}^{\mathrm{T}} \\ \boldsymbol{S} & \boldsymbol{0} \end{bmatrix}\begin{bmatrix} z(t)^{(n+1)} \\ \boldsymbol{\lambda} \end{bmatrix}=\begin{bmatrix} \boldsymbol{C}^{\mathrm{T}}\cdot\boldsymbol{u}(t)^{(n)} \\ \boldsymbol{k} \end{bmatrix} \tag{7.5}$$

因为 $\mathrm{rank}(\boldsymbol{S})=K$，$\mathrm{rank}([\boldsymbol{C}^{\mathrm{T}}\quad \boldsymbol{S}^{\mathrm{T}}]^{\mathrm{T}})=I\cdot J$ 成立，则上述代数方程组的系数矩阵有如下分解式：

$$\begin{bmatrix} \boldsymbol{C}^{\mathrm{T}}\cdot\boldsymbol{C} & -\boldsymbol{S}^{\mathrm{T}} \\ \boldsymbol{S} & \boldsymbol{0} \end{bmatrix}=\begin{bmatrix} \boldsymbol{S}_w & \boldsymbol{0} \\ \boldsymbol{P} & \boldsymbol{S}_c \end{bmatrix}\begin{bmatrix} \boldsymbol{S}_w^{\mathrm{T}} & -\boldsymbol{P}^{\mathrm{T}} \\ \boldsymbol{0} & \boldsymbol{S}_c^{\mathrm{T}} \end{bmatrix} \tag{7.6}$$

$$\begin{bmatrix} \boldsymbol{S}_w & \boldsymbol{0} \\ \boldsymbol{P} & \boldsymbol{S}_c \end{bmatrix}\begin{bmatrix} \boldsymbol{S}_w^{\mathrm{T}} & -\boldsymbol{P}^{\mathrm{T}} \\ \boldsymbol{0} & \boldsymbol{S}_c^{\mathrm{T}} \end{bmatrix}\begin{bmatrix} z(t)^{(n+1)} \\ \boldsymbol{\lambda} \end{bmatrix}=\begin{bmatrix} \boldsymbol{C}^{\mathrm{T}}\cdot\boldsymbol{u}(t)^{(n)} \\ \boldsymbol{k} \end{bmatrix} \tag{7.7}$$

式中，$\boldsymbol{S}_w$ 为 $(I\cdot J)$ 行的方阵；$\boldsymbol{S}_c$ 为 s_p 行的方阵，$\boldsymbol{P}$ 为 s_p 行 $(I\cdot J)$ 列的矩阵。

因此，可以通过求解如下下三角和上三角方程组得到 $\boldsymbol{z}^{(n+1)}$：

$$\begin{bmatrix} \boldsymbol{S}_w & \boldsymbol{0} \\ \boldsymbol{P} & \boldsymbol{S}_c \end{bmatrix}\begin{bmatrix} \hat{z}_1 \\ \hat{z}_2 \end{bmatrix}=\begin{bmatrix} \boldsymbol{C}^{\mathrm{T}}\cdot\boldsymbol{u}(t)^{(n)} \\ \boldsymbol{k} \end{bmatrix} \tag{7.8}$$

$$\begin{bmatrix} \boldsymbol{S}_w^{\mathrm{T}} & -\boldsymbol{P}^{\mathrm{T}} \\ \boldsymbol{0} & \boldsymbol{S}_c^{\mathrm{T}} \end{bmatrix}\begin{bmatrix} z(t)^{(n+1)} \\ \boldsymbol{\lambda} \end{bmatrix}=\begin{bmatrix} \hat{z}_1 \\ \hat{z}_2 \end{bmatrix} \tag{7.9}$$

对式（7.8）和式（7.9）分块系数矩阵代数方程组，由式（7.8）第一行，即代数方程组 $\boldsymbol{S}_w\cdot\hat{z}_1=\boldsymbol{C}^{\mathrm{T}}\cdot\boldsymbol{u}(t)^{(n)}$，可率先求得 $\hat{z}_1$。对应式（7.8）第二行，$\boldsymbol{P}\cdot\hat{z}_1+\boldsymbol{S}_c\cdot\hat{z}_2=\boldsymbol{k}$，即 $\boldsymbol{S}_c\cdot\hat{z}_2=\boldsymbol{k}-\boldsymbol{P}\cdot\hat{z}_1$，由此可以求解得到 $\hat{z}_2$。根据式（7.9）第二行，$\boldsymbol{S}_c^{\mathrm{T}}\cdot\boldsymbol{\lambda}=\hat{\boldsymbol{z}}_2$，可求解得到 $\boldsymbol{\lambda}$。根据式（7.9）第一行，$\boldsymbol{S}_w^{\mathrm{T}}\cdot z(t)^{(n+1)}-\boldsymbol{P}^{\mathrm{T}}\cdot\boldsymbol{\lambda}=\hat{\boldsymbol{z}}_1$，即 $\boldsymbol{S}_w^{\mathrm{T}}\cdot z(t)^{(n+1)}=\hat{\boldsymbol{z}}_1+\boldsymbol{P}^{\mathrm{T}}\cdot\boldsymbol{\lambda}$，由此可以求解得到 $z(t)^{(n+1)}$。

综上所述，求解代数方程组式（7.8）和式（7.9）的步骤依次为：① $\boldsymbol{S}_w\cdot\hat{z}_1=\boldsymbol{C}^{\mathrm{T}}\cdot\boldsymbol{u}(t)^{(n)}$；② $\boldsymbol{S}_c\cdot\hat{z}_2=\boldsymbol{k}-\boldsymbol{P}\cdot\hat{z}_1$；③ $\boldsymbol{S}_c^{\mathrm{T}}\cdot\boldsymbol{\lambda}=\hat{\boldsymbol{z}}_2$；④ $\boldsymbol{S}_w^{\mathrm{T}}\cdot z(t)^{(n+1)}=\hat{\boldsymbol{z}}_1+\boldsymbol{P}^{\mathrm{T}}\cdot\boldsymbol{\lambda}$。

7.2.2　HASM 系数矩阵的分解

本小节讨论式（7.5）的系数矩阵分解问题。由矩阵乘法可知：

$$\begin{bmatrix} \boldsymbol{C}^{\mathrm{T}}\cdot\boldsymbol{C} & -\boldsymbol{S}^{\mathrm{T}} \\ \boldsymbol{S} & \boldsymbol{0} \end{bmatrix}=\begin{bmatrix} \boldsymbol{S}_w & \boldsymbol{0} \\ \boldsymbol{P} & \boldsymbol{S}_c \end{bmatrix}\begin{bmatrix} \boldsymbol{S}_w^{\mathrm{T}} & -\boldsymbol{P}^{\mathrm{T}} \\ \boldsymbol{0} & \boldsymbol{S}_c^{\mathrm{T}} \end{bmatrix}=\begin{bmatrix} \boldsymbol{S}_w\cdot\boldsymbol{S}_w^{\mathrm{T}} & -\boldsymbol{S}_w\cdot\boldsymbol{P}^{\mathrm{T}} \\ \boldsymbol{P}\cdot\boldsymbol{S}_w^{\mathrm{T}} & \boldsymbol{S}_c\cdot\boldsymbol{S}_c^{\mathrm{T}}-\boldsymbol{P}\cdot\boldsymbol{P}^{\mathrm{T}} \end{bmatrix} \tag{7.10}$$

由式（7.10）可得，$\boldsymbol{C}^{\mathrm{T}}\cdot\boldsymbol{C}=\boldsymbol{S}_w\cdot\boldsymbol{S}_w^{\mathrm{T}}$，$\boldsymbol{S}=\boldsymbol{P}\cdot\boldsymbol{S}_w^{\mathrm{T}}$，$\boldsymbol{S}_c\cdot\boldsymbol{S}_c^{\mathrm{T}}=\boldsymbol{P}\cdot\boldsymbol{P}^{\mathrm{T}}$。因此，$\boldsymbol{S}_w$ 就是对称正定矩阵 $\boldsymbol{C}^{\mathrm{T}}\cdot\boldsymbol{C}$ 的 Cholesky 因子。由 $\boldsymbol{S}=\boldsymbol{P}\cdot\boldsymbol{S}_w^{\mathrm{T}}$ 得，$\boldsymbol{P}=\boldsymbol{S}\cdot(\boldsymbol{S}_w^{\mathrm{T}})^{-1}$。由于 $\boldsymbol{P}$ 为行满秩矩阵，故 $\boldsymbol{P}\cdot\boldsymbol{P}^{\mathrm{T}}$ 为正定矩阵。此时，总存在 s_p 行的下三角方阵 $\boldsymbol{S}_c$ 使 $\boldsymbol{S}_c\cdot\boldsymbol{S}_c^{\mathrm{T}}=\boldsymbol{P}\cdot\boldsymbol{P}^{\mathrm{T}}$，从而完成对式（7.5）的系数矩阵分解。

实际计算时，先对 $\boldsymbol{C}$ 做 QR 分解，即 $\boldsymbol{C}=\boldsymbol{Q}\cdot\begin{bmatrix} \boldsymbol{R} \\ \boldsymbol{0} \end{bmatrix}$，其中 $\boldsymbol{Q}$ 为 $(2I\cdot J)$ 行正交矩阵，$\boldsymbol{R}$ 为主对角元均大于 0 的 $(I\cdot J)$ 行上三角方阵。取 $\boldsymbol{S}_w=\boldsymbol{R}^{\mathrm{T}}$，则

$$\boldsymbol{S}_w\cdot\boldsymbol{S}_w^{\mathrm{T}}=\boldsymbol{R}^{\mathrm{T}}\cdot\boldsymbol{R}=[\boldsymbol{R}^{\mathrm{T}}\quad \boldsymbol{0}]\begin{bmatrix} \boldsymbol{R} \\ \boldsymbol{0} \end{bmatrix}=[\boldsymbol{R}^{\mathrm{T}}\quad \boldsymbol{0}](\boldsymbol{Q}_{2(I\cdot J)}^{\mathrm{T}}\cdot\boldsymbol{Q}_{2(I\cdot J)})\begin{bmatrix} \boldsymbol{R} \\ \boldsymbol{0} \end{bmatrix}=\boldsymbol{C}^{\mathrm{T}}\cdot\boldsymbol{C} \tag{7.11}$$

也就是说，$\boldsymbol{S}_w$ 满足 $\boldsymbol{S}_w\cdot\boldsymbol{S}_w^{\mathrm{T}}=\boldsymbol{C}^{\mathrm{T}}\cdot\boldsymbol{C}$。

综上所述，等式约束最小二乘问题即式（7.2）的计算步骤为：

（1）对 $\boldsymbol{C}$ 做 QR 分解，得到 $\boldsymbol{R}$；

（2）取 $\boldsymbol{S}_w=\boldsymbol{R}^{\mathrm{T}}$，$\boldsymbol{P}=\boldsymbol{S}\cdot(\boldsymbol{S}_w^{\mathrm{T}})^{-1}$；

（3）求 $\boldsymbol{S}_c$ 使 $\boldsymbol{S}_c \cdot \boldsymbol{S}_c^{\mathrm{T}} = \boldsymbol{P} \cdot \boldsymbol{P}^{\mathrm{T}}$；

（4）依次求解 $\begin{bmatrix} \boldsymbol{S}_w & \boldsymbol{0} \\ \boldsymbol{P} & \boldsymbol{S}_c \end{bmatrix} \begin{bmatrix} \hat{z}_1 \\ \hat{z}_2 \end{bmatrix} = \begin{bmatrix} \boldsymbol{C}^{\mathrm{T}} \cdot \boldsymbol{u}(t)^{(n)} \\ \boldsymbol{k} \end{bmatrix}$，$\begin{bmatrix} \boldsymbol{S}_w^{\mathrm{T}} & -\boldsymbol{P}^{\mathrm{T}} \\ \boldsymbol{0} & \boldsymbol{S}_c^{\mathrm{T}} \end{bmatrix} \begin{bmatrix} \boldsymbol{z}(t)^{(n+1)} \\ \boldsymbol{\lambda} \end{bmatrix} = \begin{bmatrix} \hat{z}_1 \\ \hat{z}_2 \end{bmatrix}$ 得到 $\boldsymbol{z}(t)^{(n+1)}$。

由于 $\boldsymbol{S}_w$ 和 $\boldsymbol{S}_c$ 都是下三角矩阵，所以步骤 2 和步骤 3 的求解过程并不复杂。设 $\boldsymbol{P} = (p_{i,j})$、$\boldsymbol{S} = (s_{i,j})$、$\boldsymbol{S}_w = ((s_w)_{i,j})$、$\boldsymbol{S}_c = ((s_c)_{i,j})$，则有

$$p_{i,j} = (s_{i,j} - \sum_{k=1}^{j-1} p_{i,k} \cdot (s_w)_{j,k}) / (s_w)_{j,j}, \quad i = 1,2,\cdots,S_p; \quad j = 1,2,\cdots,I \cdot J - 1, I \cdot J \tag{7.12}$$

$$(s_c)_{i,j} = (\sum_{k=1}^{I \cdot J} p_{i,k} \cdot p_{j,k} - \sum_{l=1}^{j-1} (s_c)_{i,l} \cdot (s_c)_{j,l}) / (s_c)_{j,j}, \quad i = 1,2,\cdots,S_p; \quad j = 1,2,\cdots,i \tag{7.13}$$

因为 $\begin{bmatrix} \boldsymbol{S}_w & \boldsymbol{0} \\ \boldsymbol{P} & \boldsymbol{S}_c \end{bmatrix} \begin{bmatrix} \hat{z}_1 \\ \hat{z}_2 \end{bmatrix} = \begin{bmatrix} \boldsymbol{C}^{\mathrm{T}} \cdot \boldsymbol{u}(t)^{(n)} \\ \boldsymbol{k} \end{bmatrix}$ 和 $\begin{bmatrix} \boldsymbol{S}_w^{\mathrm{T}} & -\boldsymbol{P}^{\mathrm{T}} \\ \boldsymbol{0} & \boldsymbol{S}_c^{\mathrm{T}} \end{bmatrix} \begin{bmatrix} \boldsymbol{z}(t)^{(n+1)} \\ \boldsymbol{\lambda} \end{bmatrix} = \begin{bmatrix} \hat{z}_1 \\ \hat{z}_2 \end{bmatrix}$ 的系数矩阵都是三角阵，所以求解过程非常简单。

7.2.3　HASM 动态加点问题

设上一个时间段所求解等式约束的最小二乘问题为

$$\begin{cases} \min \| \boldsymbol{C} \cdot \boldsymbol{z}(t)^{(n+1)} - \boldsymbol{u}(t)^{(n)} \|_2 \\ s.t. \quad \boldsymbol{S} \cdot \boldsymbol{z}(t)^{(n+1)} = \boldsymbol{k} \end{cases} \tag{7.14}$$

若在第 t 时间段模拟的基础上，需要增加采样点进行模拟，则可以设第 $t+1$ 时间段所求解的等式约束的最小二乘问题为

$$\begin{cases} \min \| \boldsymbol{C} \cdot \boldsymbol{z}(t+1)^{(n+1)} - \boldsymbol{u}(t+1)^{(n)} \|_2 \\ s.t. \quad \tilde{\boldsymbol{S}} \cdot \boldsymbol{z}(t+1)^{(n+1)} = \boldsymbol{k} \end{cases} \tag{7.15}$$

考虑采样矩阵增加 $\hat{s}_p$ 行（即新增 $\hat{s}_p$ 组采样数据），新的采样矩阵为 $\tilde{\boldsymbol{S}} = \begin{bmatrix} \boldsymbol{S} \\ \hat{\boldsymbol{S}} \end{bmatrix}$，其中 $\hat{\boldsymbol{S}}$ 为 s_p 行 $(I \cdot J)$ 列的矩阵，则

$$\tilde{\boldsymbol{P}} = \tilde{\boldsymbol{S}} \cdot (\boldsymbol{S}_w^{\mathrm{T}})^{-1} = \begin{bmatrix} \boldsymbol{S} \cdot (\boldsymbol{S}_w^{\mathrm{T}})^{-1} \\ \hat{\boldsymbol{S}} \cdot (\boldsymbol{S}_w^{\mathrm{T}})^{-1} \end{bmatrix} \tag{7.16}$$

设 $\hat{\boldsymbol{P}} = \hat{\boldsymbol{S}} \cdot (\boldsymbol{S}_w^{\mathrm{T}})^{-1}$，则

$$\tilde{\boldsymbol{P}} = \begin{bmatrix} \boldsymbol{S} \cdot (\boldsymbol{S}_w^{\mathrm{T}})^{-1} \\ \hat{\boldsymbol{S}} \cdot (\boldsymbol{S}_w^{\mathrm{T}})^{-1} \end{bmatrix} = \begin{bmatrix} \boldsymbol{P} \\ \hat{\boldsymbol{P}} \end{bmatrix} \tag{7.17}$$

$$\tilde{\boldsymbol{P}} \cdot \tilde{\boldsymbol{P}}^{\mathrm{T}} = \begin{bmatrix} \boldsymbol{P} \\ \hat{\boldsymbol{P}} \end{bmatrix} \begin{bmatrix} \boldsymbol{P}^{\mathrm{T}} & \hat{\boldsymbol{P}}^{\mathrm{T}} \end{bmatrix} = \begin{bmatrix} \boldsymbol{P} \cdot \boldsymbol{P}^{\mathrm{T}} & \boldsymbol{P} \cdot \hat{\boldsymbol{P}}^{\mathrm{T}} \\ \hat{\boldsymbol{P}} \cdot \boldsymbol{P}^{\mathrm{T}} & \hat{\boldsymbol{P}} \cdot \hat{\boldsymbol{P}}^{\mathrm{T}} \end{bmatrix} \tag{7.18}$$

因为 $\boldsymbol{S}_c \cdot \boldsymbol{S}_c^{\mathrm{T}} = \boldsymbol{P} \cdot \boldsymbol{P}^{\mathrm{T}}$，所以可以设 $\tilde{\boldsymbol{P}} \cdot \tilde{\boldsymbol{P}}^{\mathrm{T}}$ 有如下分解式：

$$\tilde{\boldsymbol{P}} \cdot \tilde{\boldsymbol{P}}^{\mathrm{T}} = \begin{bmatrix} \boldsymbol{S}_c & \boldsymbol{0} \\ \boldsymbol{V} & \boldsymbol{S}_a \end{bmatrix} \begin{bmatrix} \boldsymbol{S}_c^{\mathrm{T}} & \boldsymbol{V}^{\mathrm{T}} \\ \boldsymbol{0} & \boldsymbol{S}_a^{\mathrm{T}} \end{bmatrix} \tag{7.19}$$

因此，

$$\begin{bmatrix} \boldsymbol{P} \cdot \boldsymbol{P}^{\mathrm{T}} & \boldsymbol{P} \cdot \hat{\boldsymbol{P}}^{\mathrm{T}} \\ \hat{\boldsymbol{P}} \cdot \boldsymbol{P}^{\mathrm{T}} & \hat{\boldsymbol{P}} \cdot \hat{\boldsymbol{P}}^{\mathrm{T}} \end{bmatrix} = \begin{bmatrix} \boldsymbol{S}_c & \boldsymbol{0} \\ \boldsymbol{V} & \boldsymbol{S}_a \end{bmatrix} \begin{bmatrix} \boldsymbol{S}_c^{\mathrm{T}} & \boldsymbol{V}^{\mathrm{T}} \\ \boldsymbol{0} & \boldsymbol{S}_a^{\mathrm{T}} \end{bmatrix} = \begin{bmatrix} \boldsymbol{S}_c \cdot \boldsymbol{S}_c^{\mathrm{T}} & \boldsymbol{S}_c \cdot \boldsymbol{V}^{\mathrm{T}} \\ \boldsymbol{V} \cdot \boldsymbol{S}_c^{\mathrm{T}} & \boldsymbol{V} \cdot \boldsymbol{V}^{\mathrm{T}} + \boldsymbol{S}_a \cdot \boldsymbol{S}_a^{\mathrm{T}} \end{bmatrix} \tag{7.20}$$

由此可得$\boldsymbol{V}\cdot\boldsymbol{S}_c^{\mathrm{T}}=\hat{\boldsymbol{P}}\cdot\boldsymbol{P}^{\mathrm{T}}$，这样就可以取$\boldsymbol{V}=\hat{\boldsymbol{P}}\cdot\boldsymbol{P}^{\mathrm{T}}(\boldsymbol{S}_c^{\mathrm{T}})^{-1}$，$\boldsymbol{S}_a^{\mathrm{T}}$则可以通过式（7.21）计算，

$$\boldsymbol{S}_a\cdot\boldsymbol{S}_a^{\mathrm{T}}=\hat{\boldsymbol{P}}\cdot\hat{\boldsymbol{P}}^{\mathrm{T}}-\boldsymbol{V}\cdot\boldsymbol{V}^{\mathrm{T}} \tag{7.21}$$

这样，新的下三角阵为

$$\tilde{\boldsymbol{S}}_c=\begin{bmatrix}\boldsymbol{S}_c & \boldsymbol{0}\\ \boldsymbol{V} & \boldsymbol{S}_a\end{bmatrix} \tag{7.22}$$

随着新的采样点的加入，代数方程组更新后的系数矩阵分解式为

$$\begin{bmatrix}\boldsymbol{C}^{\mathrm{T}}\cdot\boldsymbol{C} & -\tilde{\boldsymbol{S}}^{\mathrm{T}}\\ \tilde{\boldsymbol{S}} & \boldsymbol{0}\end{bmatrix}=\begin{bmatrix}\boldsymbol{S}_w & \boldsymbol{0}\\ \tilde{\boldsymbol{P}} & \tilde{\boldsymbol{S}}_c\end{bmatrix}\begin{bmatrix}\boldsymbol{S}_w^{\mathrm{T}} & -\tilde{\boldsymbol{P}}^{\mathrm{T}}\\ \boldsymbol{0} & \tilde{\boldsymbol{S}}_c^{\mathrm{T}}\end{bmatrix}=\begin{bmatrix}\boldsymbol{S}_w & \boldsymbol{0} & \boldsymbol{0}\\ \boldsymbol{P} & \boldsymbol{S}_c & \boldsymbol{0}\\ \hat{\boldsymbol{P}} & \boldsymbol{V} & \boldsymbol{S}_a\end{bmatrix}\begin{bmatrix}\boldsymbol{S}_w^{\mathrm{T}} & -\boldsymbol{P}^{\mathrm{T}} & -\hat{\boldsymbol{P}}^{\mathrm{T}}\\ \boldsymbol{0} & \boldsymbol{S}_c^{\mathrm{T}} & \boldsymbol{V}^{\mathrm{T}}\\ \boldsymbol{0} & \boldsymbol{0} & \boldsymbol{S}_a^{\mathrm{T}}\end{bmatrix} \tag{7.23}$$

式（7.5）可以更新为

$$\begin{bmatrix}\boldsymbol{C}^{\mathrm{T}}\cdot\boldsymbol{C} & -\tilde{\boldsymbol{S}}^{\mathrm{T}}\\ \tilde{\boldsymbol{S}} & \boldsymbol{0}\end{bmatrix}\begin{bmatrix}\boldsymbol{z}(t+1)^{(n+1)}\\ \tilde{\lambda}\end{bmatrix}=\begin{bmatrix}\boldsymbol{S}_w & \boldsymbol{0} & \boldsymbol{0}\\ \boldsymbol{P} & \boldsymbol{S}_c & \boldsymbol{0}\\ \hat{\boldsymbol{P}} & \boldsymbol{V} & \boldsymbol{S}_a\end{bmatrix}\begin{bmatrix}\boldsymbol{S}_w^{\mathrm{T}} & -\boldsymbol{P}^{\mathrm{T}} & -\hat{\boldsymbol{P}}^{\mathrm{T}}\\ \boldsymbol{0} & \boldsymbol{S}_c^{\mathrm{T}} & \boldsymbol{V}^{\mathrm{T}}\\ \boldsymbol{0} & \boldsymbol{0} & \boldsymbol{S}_a^{\mathrm{T}}\end{bmatrix}\begin{bmatrix}\boldsymbol{z}(t+1)^{(n+1)}\\ \lambda\\ \hat{\lambda}\end{bmatrix}=\begin{bmatrix}\boldsymbol{C}^{\mathrm{T}}\cdot\boldsymbol{u}(t+1)^{(n)}\\ \boldsymbol{k}\\ \hat{\boldsymbol{k}}\end{bmatrix} \tag{7.24}$$

式中，$\hat{\boldsymbol{\lambda}}$和$\hat{\boldsymbol{k}}$均为$\hat{s}_p$行的列向量；$\hat{\boldsymbol{k}}$为新加采样点的采样向量。

对比式（7.24）和式（7.5），采样点增加时只需要依次计算三个规模不大的$\hat{s}_p$维矩阵，即$\hat{\boldsymbol{P}}$、$\boldsymbol{V}$和$\boldsymbol{S}_a$。

7.2.4　HASM 动态减点问题

设第 t 时间段所求解等式约束的最小二乘问题为

$$\begin{cases}\min\|\boldsymbol{C}\cdot\boldsymbol{z}(t)^{(n+1)}-\boldsymbol{u}(t)^{(n)}\|_2\\ s.t.\ \ \boldsymbol{S}\cdot\boldsymbol{z}(t)^{(n+1)}=\boldsymbol{k}\end{cases} \tag{7.25}$$

若在第t时间段模拟的基础上，需要减少采样点进行模拟，则可以设第$t+1$时间段所求解的等式约束的最小二乘问题为

$$\begin{cases}\min\|\boldsymbol{C}\cdot\boldsymbol{z}(t+1)^{(n+1)}-\boldsymbol{u}(t+1)^{(n)}\|_2\\ s.t.\ \ \widehat{\boldsymbol{S}}\cdot\boldsymbol{z}(t+1)^{(n+1)}=\boldsymbol{k}\end{cases} \tag{7.26}$$

设需要减少$\breve{s}_p$个采样点，不失一般性，假设删去最后的$\breve{s}_p$个点，则

$$\boldsymbol{S}=\begin{bmatrix}\widehat{\boldsymbol{S}}\\ \breve{\boldsymbol{S}}\end{bmatrix} \tag{7.27}$$

式中，$\widehat{\boldsymbol{S}}$为$(s_p-\breve{s}_p)$行$(I\cdot J)$列的矩阵，$\breve{\boldsymbol{S}}$为$\breve{s}_p$行$(I\cdot J)$列的矩阵。

设$\breve{\boldsymbol{P}}=\breve{\boldsymbol{S}}\cdot(\boldsymbol{S}_w^{\mathrm{T}})^{-1}$，则

$$\boldsymbol{P}=\boldsymbol{S}\cdot(\boldsymbol{S}_w^{\mathrm{T}})^{-1}=\begin{bmatrix}\widehat{\boldsymbol{S}}(\boldsymbol{S}_w^{\mathrm{T}})^{-1}\\ \breve{\boldsymbol{S}}(\boldsymbol{S}_w^{\mathrm{T}})^{-1}\end{bmatrix}=\begin{bmatrix}\widehat{\boldsymbol{P}}\\ \breve{\boldsymbol{P}}\end{bmatrix} \tag{7.28}$$

$$\boldsymbol{P}\cdot\boldsymbol{P}^{\mathrm{T}}=\begin{bmatrix}\widehat{\boldsymbol{P}}\\ \breve{\boldsymbol{P}}\end{bmatrix}\begin{bmatrix}\widehat{\boldsymbol{P}}^{\mathrm{T}} & \breve{\boldsymbol{P}}^{\mathrm{T}}\end{bmatrix}=\begin{bmatrix}\widehat{\boldsymbol{P}}\cdot\widehat{\boldsymbol{P}}^{\mathrm{T}} & \widehat{\boldsymbol{P}}\cdot\breve{\boldsymbol{P}}^{\mathrm{T}}\\ \breve{\boldsymbol{P}}\cdot\widehat{\boldsymbol{P}}^{\mathrm{T}} & \breve{\boldsymbol{P}}\cdot\breve{\boldsymbol{P}}^{\mathrm{T}}\end{bmatrix}=\boldsymbol{S}_c\cdot\boldsymbol{S}_c^{\mathrm{T}} \tag{7.29}$$

如果设$\boldsymbol{S}_c=\begin{bmatrix}\widehat{\boldsymbol{S}}_c & \boldsymbol{0}\\ \breve{\boldsymbol{V}} & \breve{\boldsymbol{S}}_c\end{bmatrix}$，则

$$\boldsymbol{P}\cdot\boldsymbol{P}^{\mathrm{T}}=\boldsymbol{S}_c\cdot\boldsymbol{S}_c^{\mathrm{T}}=\begin{bmatrix}\widehat{\boldsymbol{S}}_c & \boldsymbol{0}\\ \breve{\boldsymbol{V}} & \breve{\boldsymbol{S}}_c\end{bmatrix}\begin{bmatrix}\widehat{\boldsymbol{S}}_c^{\mathrm{T}} & \breve{\boldsymbol{V}}^{\mathrm{T}}\\ \boldsymbol{0} & \breve{\boldsymbol{S}}_c^{\mathrm{T}}\end{bmatrix}=\begin{bmatrix}\widehat{\boldsymbol{S}}_c\cdot\widehat{\boldsymbol{S}}_c^{\mathrm{T}} & \widehat{\boldsymbol{S}}_c\cdot\breve{\boldsymbol{V}}^{\mathrm{T}}\\ \breve{\boldsymbol{V}}\cdot\widehat{\boldsymbol{S}}_c^{\mathrm{T}} & \breve{\boldsymbol{V}}\cdot\breve{\boldsymbol{V}}^{\mathrm{T}}+\breve{\boldsymbol{S}}_c\cdot\breve{\boldsymbol{S}}_c^{\mathrm{T}}\end{bmatrix} \tag{7.30}$$

因此，

$$\widehat{\boldsymbol{P}}\cdot\widehat{\boldsymbol{P}}^{\mathrm{T}}=\widehat{\boldsymbol{S}}_c\cdot\widehat{\boldsymbol{S}}_c^{\mathrm{T}} \tag{7.31}$$

代数方程组系数矩阵更新后的分解式为

$$\begin{bmatrix}\boldsymbol{C}^{\mathrm{T}}\cdot\boldsymbol{C} & -\widehat{\boldsymbol{S}}^{\mathrm{T}}\\ \widehat{\boldsymbol{S}} & \boldsymbol{0}\end{bmatrix}=\begin{bmatrix}\boldsymbol{S}_w & \boldsymbol{0}\\ \widehat{\boldsymbol{P}} & \widehat{\boldsymbol{S}}_c\end{bmatrix}\begin{bmatrix}\boldsymbol{S}_w^{\mathrm{T}} & -\widehat{\boldsymbol{P}}^{\mathrm{T}}\\ \boldsymbol{0} & \widehat{\boldsymbol{S}}_c^{\mathrm{T}}\end{bmatrix} \tag{7.32}$$

式（7.6）可以更新为

$$\begin{bmatrix}\boldsymbol{C}^{\mathrm{T}}\cdot\boldsymbol{C} & -\widehat{\boldsymbol{S}}^{\mathrm{T}}\\ \widehat{\boldsymbol{S}} & \boldsymbol{0}\end{bmatrix}\begin{bmatrix}\boldsymbol{z}(t+1)^{(n+1)}\\ \widehat{\boldsymbol{\lambda}}\end{bmatrix}=\begin{bmatrix}\boldsymbol{S}_w & \boldsymbol{0}\\ \widehat{\boldsymbol{P}} & \widehat{\boldsymbol{S}}_c\end{bmatrix}\begin{bmatrix}\boldsymbol{S}_w^{\mathrm{T}} & -\widehat{\boldsymbol{P}}^{\mathrm{T}}\\ \boldsymbol{0} & \widehat{\boldsymbol{S}}_c^{\mathrm{T}}\end{bmatrix}\begin{bmatrix}\boldsymbol{z}(t+1)^{(n+1)}\\ \widehat{\boldsymbol{\lambda}}\end{bmatrix}=\begin{bmatrix}\boldsymbol{C}^{\mathrm{T}}\cdot\boldsymbol{u}(t+1)^{(n)}\\ \widehat{\boldsymbol{k}}\end{bmatrix} \tag{7.33}$$

由此可见，当删去采样方程的后 $\breve{s}_p$ 行时，$\widehat{\boldsymbol{P}}$ 为 $\boldsymbol{P}$ 的前 $\left(s_p-\breve{s}_p\right)$ 行元素，而 $\widehat{\mathbf{S}}_c$ 则取 $\mathbf{S}_c$ 的左上角 $\left(s_p-\breve{s}_p\right)\times\left(s_p-\breve{s}_p\right)$ 主矩阵。

值得注意的是，动态加点时，如果追求计算速度，对计算精度要求不高，可以用新的分解式模拟一次即可，如果需要提高精度，则一般要求迭代多次。而对于动态减点，则用新的分解式模拟一次即可，因为其本身是在一个高精度下进行的，反复迭代，反而会使计算精度下降，徒劳无益。

7.2.5 数值实验

取无量纲数学函数 $f(x,y)=(2x+y)\sin(2\pi x)\sin(2\pi y)+1$ 为标准曲面（图 7.1），模拟区域为 $[0,1]\times[0,1]$，计算步长采用均匀步长，迭代次数为 20 次，随机动态加点采样分布如图 7.2 所示，初始采样点共 40 个，以后每次增加 20 个采样点。减点模拟与加点模拟的过程正好相反。

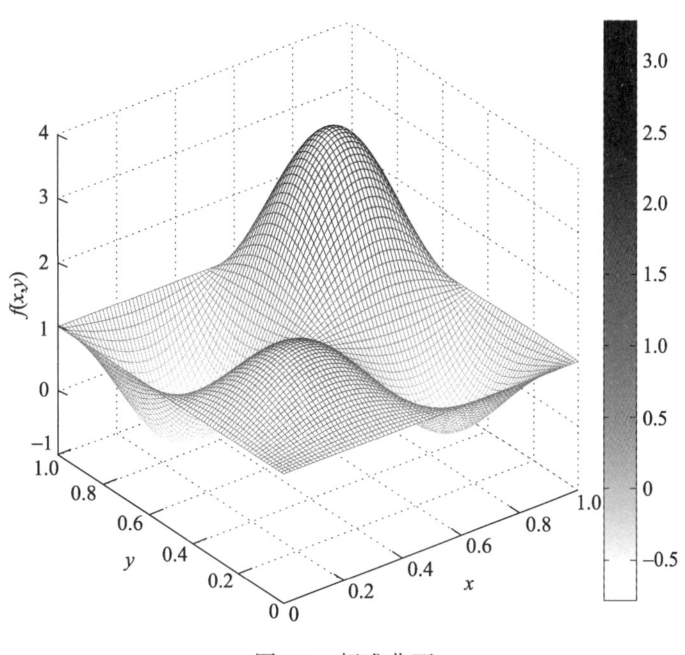

图 7.1　标准曲面

首先进行 HASM 基本表达形式[式（7.2）]与 HASM 矩阵分解表达形式[式（7.10）]的对比实验。数值实验结果表明，式（7.2）与式（7.10）的计算精度相差不多（表 7.1），式（7.10）是精确处理的，所以精度略高，但精度的提高，并不是本质的。为了方便动态采样计算，式（7.10）模拟过程中需要多次三角矩阵求逆，算法相对来说要比式（7.2）复杂。

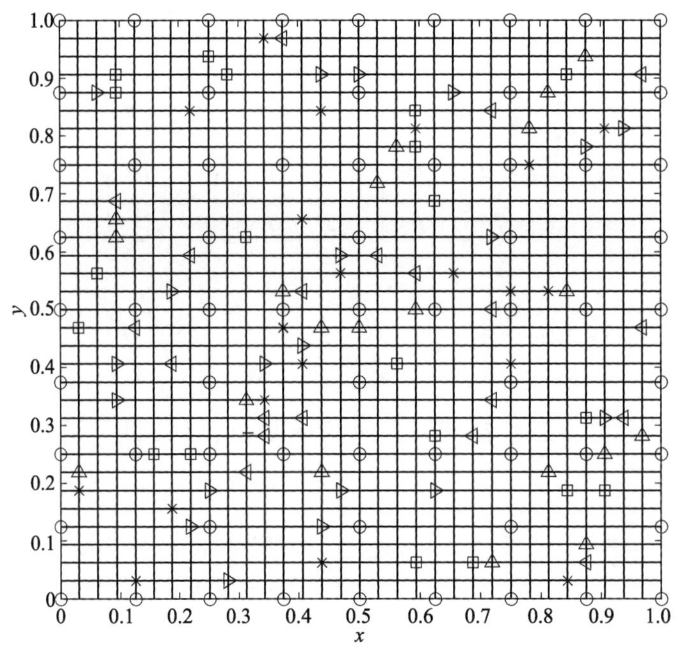

图 7.2　动态加点采样

○为初始采样点，□、△、*、▷、◁ 分别为依次增加（或减少）的采样点

表 7.1　HASM 矩阵分解表达和 HASM 基本表达形式的模拟误差比较

计算域栅格数	采样数	平均绝对误差		平均相对误差	
		HASM 基本表达形式	HASM 矩阵分解表达形式	HASM 基本表达形式	HASM 矩阵分解表达形式
289	33	1.0×10^{-2}	1.0×10^{-2}	1.3×10^{-2}	1.3×10^{-2}
	63	5.0×10^{-3}	5.0×10^{-3}	1.6×10^{-3}	1.6×10^{-3}
625	85	1.9×10^{-3}	2.0×10^{-3}	2.4×10^{-3}	2.4×10^{-3}
	135	1.3×10^{-3}	1.3×10^{-3}	1.6×10^{-3}	1.6×10^{-3}
1089	33	1.0×10^{-2}	1.0×10^{-2}	2.3×10^{-2}	2.3×10^{-2}
	133	2.0×10^{-3}	2.0×10^{-3}	4.6×10^{-3}	4.6×10^{-3}
1681	56	3.5×10^{-3}	3.5×10^{-3}	6.3×10^{-3}	6.3×10^{-3}
	206	8.6×10^{-4}	8.6×10^{-4}	1.2×10^{-3}	1.2×10^{-3}
2401	85	1.8×10^{-3}	1.8×10^{-3}	2.1×10^{-3}	2.1×10^{-3}
	285	5.2×10^{-4}	5.2×10^{-4}	5.8×10^{-4}	5.8×10^{-4}

加点模拟是在 40 个采样点的基础上进行的，每次加 20 个点。初始采样点为 40 个，这时直接模拟和加点模拟计算过程一样，计算精度一致（表 7.2）。由于直接模拟在每组采样点下都只迭代 20 次，而加点模拟在同样多的采样点数下，之前的每次加点都会迭代 20 次，所以随着点数的增加，加点模拟体现出精度优势。

表 7.2　动态加点模拟与直接模拟误差比较

采样点数	平均绝对误差		平均相对误差	
	直接模拟	动态加点模拟	直接模拟	动态加点模拟
40	6.0×10^{-2}	6.0×10^{-2}	6.2×10^{-2}	6.2×10^{-2}
60	1.6×10^{-2}	1.4×10^{-2}	2.2×10^{-2}	1.8×10^{-2}
80	8.9×10^{-3}	7.0×10^{-2}	1.4×10^{-2}	1.0×10^{-2}
100	5.7×10^{-3}	4.9×10^{-3}	1.1×10^{-2}	8.0×10^{-3}
120	6.0×10^{-3}	3.7×10^{-3}	10.0×10^{-3}	6.7×10^{-3}
140	3.5×10^{-3}	2.7×10^{-3}	5.9×10^{-3}	3.8×10^{-3}

其中的“直接模拟”指直接在当时所用的所有采样点下进行 HASM-F 迭代，用以比较动态加点模拟过程。

减点模拟是在 140 个采样点的基础上进行，每次减 20 个点。初始采样点为 140 个，这时直接模拟和减点模拟计算过程一样，计算精度一致，随着采样点的减少（表 7.3），直接模拟的精度下降比较多，而动态模拟，每次采样点减少的时候，只计算一次，并没有过多的消除采样点多时的影响，反而精度下降不多。

表 7.3　动态减点模拟与直接模拟误差比较

采样点数	平均绝对误差		平均相对误差	
	直接模拟	动态减点模拟	直接模拟	动态减点模拟
140	3.3×10^{-3}	3.3×10^{-3}	5.0×10^{-3}	5.0×10^{-3}
120	4.0×10^{-3}	3.4×10^{-3}	5.7×10^{-3}	5.1×10^{-3}
100	5.1×10^{-3}	3.4×10^{-3}	6.5×10^{-3}	5.2×10^{-3}
80	7.8×10^{-3}	3.5×10^{-3}	7.5×10^{-3}	5.1×10^{-3}
60	1.4×10^{-2}	3.6×10^{-3}	1.6×10^{-2}	5.3×10^{-3}
40	6.0×10^{-2}	4.0×10^{-3}	6.2×10^{-2}	5.5×10^{-3}

从理论上讲，数字曲面由采样点唯一确定。假设在一定数量的采样点的基础上，得到一个数字曲面 A，然后逐步加点模拟，而后又逐步减点模拟回到原有的采样点，得到一个数字曲面 B，根据数字曲面由采样点唯一确定的理论，数字曲面 A 应该等同于数字曲面 B。本书进行了这一数值实验，总的网格点为 1089 个，在 21 个采样点的基础上，每次增加 20 个采样点，逐步加点至 121 个采样点，而后每次减少 20 个采样点，直至减少到 21 个采样点。逐步计算所得曲面模拟的平均绝对误差和平均相对误差的自然对数值，由图 7.3 可以看到，在采样点由 21 个逐步增加到 121 个而后逐步减少到 21 个的过程中，整个计算过程的误差曲线基本呈对称状，这说明前后两次得到的曲面是相差无几的。

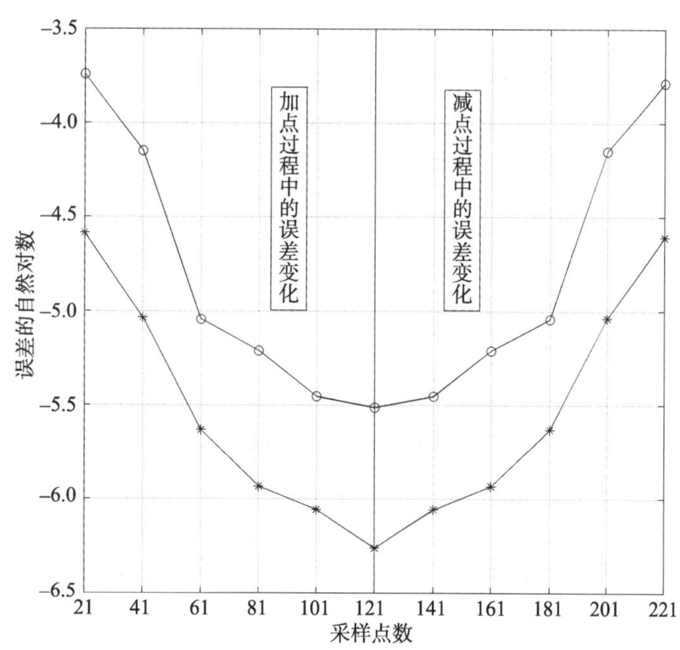

图 7.3　采样点增加和减少时误差变化图

＊为相对误差；○为绝对误差

7.3　移动窗口实时动态模拟的 HASM 算法

移动窗口实时动态 HASM 算法，可以根据三维场景中浏览者视区窗口的变化，动态加点或减点进行地球表层模拟，从而实现地球表层过程的实时动态模拟并进行三维可视化。该算法可以根据需求完成局部地球表层实时动态模拟，而无需事先完成整个计算域三维场景中的地球表层模拟，从而节省了大范围地球表层模拟所需的巨大存储容量。在大数据量的三维场景中，可以根据浏览者的需求，对需要可视化的地球表层系统，实现三维场景的实时动态构建及实时可视化。但是，其挑战在于 HASM 应能快速完成实时动态模拟，以达到三维场景可视化的实时要求。

在三维场景可视化过程中，需要针对当前视区，完成两部分主要处理工作。其一是快速建立当前视区的地球表层系统；其二是对地球表层系统进行处理，得到视点依赖的层次细节模型。在完成以上两部分工作的同时，显示帧速应能达到每秒 25 帧以上。

在第一部分工作当中，HASM 模拟需要进行大规模矩阵计算，最为耗时。为此，可采取三种手段对其加速：①针对算法中最为耗时的矩阵分解进行优化设计，在进行下一帧的模拟时，不重复进行 QR 分解，只需要进行少量的小尺度矩阵的三角分解，以便 HASM 模拟能快速进行；② HASM 方法可以考虑采取并行加速，运用 GPU 并行计算等新兴的快速并行计算技术实现快速动态建模；③考虑到三维场景可视化的精度有时未必有特别高的要求，地球表层系统动态模拟可以考虑以消除高频误差为主，采取较少的迭代次数建立精度较粗的地球表层系统模型，以满足可视化的需求，因此，可以根据视点远近、地表复杂度等情况，自适应设置 HASM 算法的模拟参数，以适应可视化的需要。

第二部分工作，充分减少 CPU 和 GPU 通信瓶颈，充分利用 GPU 的并行处理能力，建立多层次细节模型，进行可视化。鉴于目前的可视化算法已经相对比较成熟，可以优化的空间已经不大，故重点在于对动态实时 HASM 的快速计算优化。

假定浏览者在三维场景中按规则路线向前浏览，则随着浏览时浏览者的移动，带动视点的向前平移，使旧的场景按 L 型离开视区；而新的场景进行相应补充，则可通过减去旧场景中的采样点，而加上新场景中的采样点。通过动态加点减点，实时建立视区的地球表层系统数字模型；充分利用了两次视区中的重叠部分，减少了冗余计算。

然而，浏览者经常会有不按设定路线浏览的情况，如跳跃式的浏览，可能会造成视区的突变，与原来视区无任何重叠的地方，则必须从零重建地球表层系统数字模型，必然会导致速度的减慢；若视点在原地的旋转，其视区也相应地发生变化，也应能实时重建；如果视点从高到低或者从低到高，均造成视区大小的变化及相应的地球表层系统精度可以有相应的变化；再有浏览者前进速度的快慢也有可能对动态建模速度提出不同的要求。算法应能保证实时重建这些情况下的场景。

设在动态模拟并可视化时，第 t 时间段第 n 次 HASM 迭代的模拟结果为 $\boldsymbol{z}(t)^{(n)}$，假定第 t 时间段需要进行 N_t 次 HASM 外迭代，迭代完成后，其模拟结果 $\boldsymbol{z}(t)^{(N_t)}$ 显示出来，即第 t 帧。随后，在第 $t+1$ 时间段，窗口移动至包括新采样点的新模拟区域，再进行 HASM 迭代。若需要进行 N_{t+1} 次 HASM 外迭代，迭代完成后，其模拟结果 $\boldsymbol{z}(t+1)^{(N_{t+1})}$ 显示出来，即第 $t+1$ 帧。为了节省计算量，需要对 $\boldsymbol{z}(t)^{(N_t)}$ 到 $\boldsymbol{z}(t+1)^{(1)}$ 的计算过程进行精心设计，减少计算量，从而缩短第 t 帧到第 $t+1$ 帧地球表层系统的模拟时间。

假定视觉窗口尺寸不变，计算网格不变。在进行地球表层系统模拟时，第 t 时间段的模拟区域为 $\Omega_1 \cup \Omega_2$，第 $t+1$ 时间段的模拟区域为 $\Omega_2 \cup \Omega_3$。这里 Ω_1 为第 t 时间段到第 $t+1$ 时间段时，需要移出视窗的模拟区域；Ω_3 为第 t 时间段到第 $t+1$ 时间段时，需要移入视窗的模拟区域；Ω_2 为第 t 时间段到第 $t+1$ 时间段时，保留在视窗内的模拟区域。显然 Ω_1、Ω_2 和 Ω_3 三个区域两两之间的交集都为空集。

类似于式（7.1），对 HASM 的主方程进行差分离散，视窗内地球表层实时动态模拟的第 t 时间段第 n 次 HASM 迭代时的 HASM 主方程可表达为

$$\begin{cases} \boldsymbol{A}\cdot\begin{bmatrix} z_1(t)^{(n)} \\ z_2(t)^{(n)} \end{bmatrix} = \begin{bmatrix} \boldsymbol{d}_1(t)^{(n-1)} \\ \boldsymbol{d}_2(t)^{(n-1)} \end{bmatrix} \\ \boldsymbol{B}\cdot\begin{bmatrix} z_1(t)^{(n)} \\ z_2(t)^{(n)} \end{bmatrix} = \begin{bmatrix} \boldsymbol{q}_1(t)^{(n-1)} \\ \boldsymbol{q}_2(t)^{(n-1)} \end{bmatrix} \end{cases} \tag{7.34}$$

式中，m 行的列向量 $z_1(t)^{(n)}$（$0 \leqslant n \leqslant N_t$）为第 t 时间段模拟区域 Ω_1 的第 n 次 HASM 迭代模拟值；$(I \cdot J - m)$ 行的列向量 $z_2(t)^{(n)}$（$0 \leqslant n \leqslant N_t$）为第 t 时间段模拟区域 Ω_2 的第 n 次 HASM 迭代模拟值；m 行的列向量 $\boldsymbol{d}_1(t)^{(n-1)}$ 和 $\boldsymbol{q}_1(t)^{(n-1)}$、$(I \cdot J - m)$ 行的列向量 $\boldsymbol{d}_2(t)^{(n-1)}$ 和 $\boldsymbol{q}_2(t)^{(n-1)}$ 分别为第 t 时间段第 n 次 HASM 迭代时 HASM 主方程在 Ω_1 区域和 Ω_2 区域差分离散后代数方程组的右端项。

设 $\boldsymbol{C} = \begin{bmatrix} \boldsymbol{A} \\ \boldsymbol{B} \end{bmatrix}$，HASM 算法第 t 时间段第 n 次 HASM 迭代求解的最小二乘问题为

$$\begin{cases} \min \left\| \boldsymbol{C} \cdot \begin{bmatrix} z_1(t)^{(n)} \\ z_2(t)^{(n)} \end{bmatrix} - \begin{bmatrix} \boldsymbol{d}_1(t)^{(n-1)} \\ \boldsymbol{d}_2(t)^{(n-1)} \\ \boldsymbol{q}_1(t)^{(n-1)} \\ \boldsymbol{q}_2(t)^{(n-1)} \end{bmatrix} \right\|_2 \\ s.t. \quad \begin{bmatrix} \boldsymbol{S}_1 \\ \boldsymbol{S}_2 \end{bmatrix} \cdot \begin{bmatrix} z_1(t)^{(n)} \\ z_2(t)^{(n)} \end{bmatrix} = \begin{bmatrix} \boldsymbol{k}_1 \\ \boldsymbol{k}_2 \end{bmatrix} \end{cases} \tag{7.35}$$

等价于

$$\begin{cases} \min \left(\begin{bmatrix} z_1(t)^{(n)} \\ z_2(t)^{(n)} \end{bmatrix}^{\mathrm{T}} \cdot \boldsymbol{C}^{\mathrm{T}} \cdot \boldsymbol{C} \cdot \begin{bmatrix} z_1(t)^{(n)} \\ z_2(t)^{(n)} \end{bmatrix} - 2 \begin{bmatrix} \boldsymbol{d}_1(t)^{(n-1)} \\ \boldsymbol{d}_2(t)^{(n-1)} \\ \boldsymbol{q}_1(t)^{(n-1)} \\ \boldsymbol{q}_2(t)^{(n-1)} \end{bmatrix}^{\mathrm{T}} \cdot \boldsymbol{C} \cdot \begin{bmatrix} z_1(t)^{(n)} \\ z_2(t)^{(n)} \end{bmatrix} + \begin{bmatrix} \boldsymbol{d}_1(t)^{(n-1)} \\ \boldsymbol{d}_2(t)^{(n-1)} \\ \boldsymbol{q}_1(t)^{(n-1)} \\ \boldsymbol{q}_2(t)^{(n-1)} \end{bmatrix}^{\mathrm{T}} \cdot \begin{bmatrix} \boldsymbol{d}_1(t)^{(n-1)} \\ \boldsymbol{d}_2(t)^{(n-1)} \\ \boldsymbol{q}_1(t)^{(n-1)} \\ \boldsymbol{q}_2(t)^{(n-1)} \end{bmatrix} \right) \\ s.t. \quad \begin{bmatrix} \boldsymbol{S}_1 \\ \boldsymbol{S}_2 \end{bmatrix} \cdot \begin{bmatrix} z_1(t)^{(n)} \\ z_2(t)^{(n)} \end{bmatrix} = \begin{bmatrix} \boldsymbol{k}_1 \\ \boldsymbol{k}_2 \end{bmatrix} \end{cases} \tag{7.36}$$

式中，$\boldsymbol{S}_1$ 为 p_1 行 $(I \cdot J)$ 列的采样矩阵；$\boldsymbol{S}_2$ 为 p_2 行 $(I \cdot J)$ 列的采样矩阵；$\boldsymbol{S}_3$ 为 p_3 行 $(I \cdot J)$ 列的采样矩阵；$\boldsymbol{k}_1$、$\boldsymbol{k}_2$、$\boldsymbol{k}_3$ 分别为对应的 p_1 行、p_2 行和 p_3 行的采样列向量；p_1 为第 t 时间段到第 $t+1$ 时间段更新时，移出视窗需要删除的采样点数；p_2 为更新时保留的采样点数；p_3 为更新时移入视窗需要增加的采样点数；$(I \cdot J)$ 为计算网格内部点数。

第 $t+1$ 时间段 HASM 第 n 次 HASM 迭代主方程可表达为

$$\begin{cases} \boldsymbol{A} \cdot \begin{bmatrix} z_2(t+1)^{(n)} \\ z_3(t+1)^{(n)} \end{bmatrix} = \begin{bmatrix} \boldsymbol{d}_2(t+1)^{(n-1)} \\ \boldsymbol{d}_3(t+1)^{(n-1)} \end{bmatrix} \\ \boldsymbol{B} \cdot \begin{bmatrix} z_2(t+1)^{(n)} \\ z_3(t+1)^{(n)} \end{bmatrix} = \begin{bmatrix} \boldsymbol{q}_2(t+1)^{(n-1)} \\ \boldsymbol{q}_3(t+1)^{(n-1)} \end{bmatrix} \end{cases} \tag{7.37}$$

式中，m 行的列向量 $z_3(t+1)^{(n)}$（$0 \leqslant n \leqslant N_{t+1}$）为第 $t+1$ 时间段模拟区域 Ω_3 的第 n 次 HASM 迭代模拟值；$(I \cdot J - m)$ 行的列向量 $z_2(t+1)^{(n)}$（$0 \leqslant n \leqslant N_{t+1}$）为第 $t+1$ 时间段模拟区域 Ω_2 的第 n 次 HASM 迭代模拟值；m 为本次窗口移动时更新的网格数；$(I \cdot J - m)$ 行的列向量 $\boldsymbol{d}_2(t+1)^{(n-1)}$ 和 $\boldsymbol{q}_2(t+1)^{(n-1)}$ 为第 $t+1$ 时段第 n 次 HASM 迭代时，HASM 主方程在 Ω_2 区域差分离散后代数方程组的右端项；m 行的列向量 $\boldsymbol{d}_3(t+1)^{(n-1)}$ 和 $\boldsymbol{q}_3(t+1)^{(n-1)}$ 为第 $t+1$ 时段第 n 次 HASM 迭代的 HASM 主方程在 Ω_3 区域差分离散后代数方程组的右端项。

所求解的最小二乘问题为

$$\begin{cases}\min\left\|\boldsymbol{C}\cdot\begin{bmatrix}z_2(t+1)^{(n)}\\z_3(t+1)^{(n)}\end{bmatrix}-\begin{bmatrix}\boldsymbol{d}_2(t+1)^{(n-1)}\\\boldsymbol{d}_3(t+1)^{(n-1)}\\\boldsymbol{q}_2(t+1)^{(n-1)}\\\boldsymbol{q}_3(t+1)^{(n-1)}\end{bmatrix}\right\|_2\\ s.t.\ \begin{bmatrix}\boldsymbol{S}_2\\\boldsymbol{S}_3\end{bmatrix}\cdot\begin{bmatrix}z_2(t+1)^{(n)}\\z_3(t+1)^{(n)}\end{bmatrix}=\begin{bmatrix}\boldsymbol{k}_2\\\boldsymbol{k}_3\end{bmatrix}\end{cases} \tag{7.38}$$

等价于

$$\begin{cases}\min\left(\begin{bmatrix}z_2(t+1)^{(n)}\\z_3(t+1)^{(n)}\end{bmatrix}^{\mathrm{T}}\cdot\boldsymbol{C}^{\mathrm{T}}\cdot\boldsymbol{C}\cdot\begin{bmatrix}z_2(t+1)^{(n)}\\z_3(t+1)^{(n)}\end{bmatrix}-2\begin{bmatrix}\boldsymbol{d}_2(t+1)^{(n-1)}\\\boldsymbol{d}_3(t+1)^{(n-1)}\\\boldsymbol{q}_2(t+1)^{(n-1)}\\\boldsymbol{q}_3(t+1)^{(n-1)}\end{bmatrix}^{\mathrm{T}}\cdot\boldsymbol{C}\cdot\begin{bmatrix}z_2(t+1)^{(n)}\\z_3(t+1)^{(n)}\end{bmatrix}+\begin{bmatrix}\boldsymbol{d}_2(t+1)^{(n-1)}\\\boldsymbol{d}_3(t+1)^{(n-1)}\\\boldsymbol{q}_2(t+1)^{(n-1)}\\\boldsymbol{q}_3(t+1)^{(n-1)}\end{bmatrix}^{\mathrm{T}}\cdot\begin{bmatrix}\boldsymbol{d}_2(t+1)^{(n-1)}\\\boldsymbol{d}_3(t+1)^{(n-1)}\\\boldsymbol{q}_2(t+1)^{(n-1)}\\\boldsymbol{q}_3(t+1)^{(n-1)}\end{bmatrix}\right)\\ s.t.\ \begin{bmatrix}\boldsymbol{S}_1\\\boldsymbol{S}_2\end{bmatrix}\cdot\begin{bmatrix}z_2(t+1)^{(n)}\\z_3(t+1)^{(n)}\end{bmatrix}=\begin{bmatrix}\boldsymbol{k}_1\\\boldsymbol{k}_2\end{bmatrix}\end{cases} \tag{7.39}$$

根据 Kuhn-Tucker 条件，需要确定 $(I\cdot J)$ 行的列向量 $\boldsymbol{z}(t)^{(n)}=\begin{bmatrix}z_1(t)^{(n)}\\z_2(t)^{(n)}\end{bmatrix}$、$p_1$ 行的列向量 $\boldsymbol{\lambda}_1(t)^{(n)}$ 和 p_2 行的列向量 $\boldsymbol{\lambda}_2(t)^{(n)}$ 满足，

$$\begin{cases}\boldsymbol{C}^{\mathrm{T}}\cdot\boldsymbol{C}\cdot\begin{bmatrix}z_1(t)^{(n)}\\z_2(t)^{(n)}\end{bmatrix}-\boldsymbol{C}^{\mathrm{T}}\cdot\begin{bmatrix}\boldsymbol{d}_1(t)^{(n-1)}\\\boldsymbol{d}_2(t)^{(n-1)}\\\boldsymbol{q}_1(t)^{(n-1)}\\\boldsymbol{q}_2(t)^{(n-1)}\end{bmatrix}=\begin{bmatrix}\boldsymbol{S}_1\\\boldsymbol{S}_2\end{bmatrix}^{\mathrm{T}}\cdot\begin{bmatrix}\lambda_1(t)^{(n)}\\\lambda_2(t)^{(n)}\end{bmatrix}\\ \begin{bmatrix}\boldsymbol{S}_1\\\boldsymbol{S}_2\end{bmatrix}\cdot\begin{bmatrix}z_1(t)^{(n)}\\z_2(t)^{(n)}\end{bmatrix}=\begin{bmatrix}\boldsymbol{k}_1\\\boldsymbol{k}_2\end{bmatrix}\end{cases} \tag{7.40}$$

式（7.40）的另一矩阵表达形式为

$$\begin{bmatrix}\boldsymbol{C}^{\mathrm{T}}\cdot\boldsymbol{C} & -(\boldsymbol{S}_1)^{\mathrm{T}} & -(\boldsymbol{S}_2)^{\mathrm{T}}\\\boldsymbol{S}_1 & \boldsymbol{0} & \boldsymbol{0}\\\boldsymbol{S}_2 & \boldsymbol{0} & \boldsymbol{0}\end{bmatrix}\begin{bmatrix}\begin{bmatrix}z_1(t)^{(n)}\\z_2(t)^{(n)}\end{bmatrix}\\\lambda_1(t)^{(n)}\\\lambda_2(t)^{(n)}\end{bmatrix}=\begin{bmatrix}\boldsymbol{C}^{\mathrm{T}}\cdot\begin{bmatrix}\boldsymbol{d}_1(t)^{(n-1)}\\\boldsymbol{d}_2(t)^{(n-1)}\\\boldsymbol{q}_1(t)^{(n-1)}\\\boldsymbol{q}_2(t)^{(n-1)}\end{bmatrix}\\\boldsymbol{k}_1\\\boldsymbol{k}_2\end{bmatrix} \tag{7.41}$$

对式（7.41）系数矩阵进行三角分解：

$$\begin{bmatrix}\boldsymbol{C}^{\mathrm{T}}\cdot\boldsymbol{C} & -(\boldsymbol{S}_1)^{\mathrm{T}} & -(\boldsymbol{S}_2)^{\mathrm{T}}\\\boldsymbol{S}_1 & \boldsymbol{0} & \boldsymbol{0}\\\boldsymbol{S}_2 & \boldsymbol{0} & \boldsymbol{0}\end{bmatrix}\begin{bmatrix}\begin{bmatrix}z_1(t)^{(n)}\\z_2(t)^{(n)}\end{bmatrix}\\\lambda_1(t)^{(n)}\\\lambda_2(t)^{(n)}\end{bmatrix}=\begin{bmatrix}\boldsymbol{S}_w & \boldsymbol{0} & \boldsymbol{0}\\\boldsymbol{P}_1 & \boldsymbol{S}_{c1} & \boldsymbol{0}\\\boldsymbol{P}_2 & \boldsymbol{V}_1 & \boldsymbol{S}_{c2}\end{bmatrix}\begin{bmatrix}(\boldsymbol{S}_w)^{\mathrm{T}} & -(\boldsymbol{P}_1)^{\mathrm{T}} & -(\boldsymbol{P}_2)^{\mathrm{T}}\\\boldsymbol{0} & (\boldsymbol{S}_{c1})^{\mathrm{T}} & (\boldsymbol{V}_1)^{\mathrm{T}}\\\boldsymbol{0} & \boldsymbol{0} & (\boldsymbol{S}_{c2})^{\mathrm{T}}\end{bmatrix}\begin{bmatrix}\begin{bmatrix}z_1(t)^{(n)}\\z_2(t)^{(n)}\end{bmatrix}\\\lambda_1(t)^{(n)}\\\lambda_2(t)^{(n)}\end{bmatrix}=\begin{bmatrix}\boldsymbol{C}^{\mathrm{T}}\cdot\begin{bmatrix}\boldsymbol{d}_1(t)^{(n-1)}\\\boldsymbol{d}_2(t)^{(n-1)}\\\boldsymbol{q}_1(t)^{(n-1)}\\\boldsymbol{q}_2(t)^{(n-1)}\end{bmatrix}\\\boldsymbol{k}_1\\\boldsymbol{k}_2\end{bmatrix} \tag{7.42}$$

式中，$\boldsymbol{S}_w$为$(I\cdot J)$行的方阵；$\boldsymbol{P}_1$为p_1行$(I\cdot J)$列的矩阵；$\boldsymbol{P}_2$为p_2行$(I\cdot J)$列的矩阵；$\boldsymbol{S}_{c1}$为p_1行的方阵；$\boldsymbol{S}_{c2}$为p_2行的方阵；$\boldsymbol{V}_1$为p_2行p_1列的矩阵；$\boldsymbol{S}_w$、$\boldsymbol{S}_{c1}$和$\boldsymbol{S}_{c2}$为下三角矩阵。

求解式（7.42）时，需要引入中间变量，$(I\cdot J)$行的列向量$\boldsymbol{y}_1(t)^{(n)}$、$p_1$行的列向量$\boldsymbol{y}_2(t)^{(n)}$和$p_2$行的列向量$\boldsymbol{y}_3(t)^{(n)}$：

$$\begin{bmatrix} \boldsymbol{S}_w & \boldsymbol{0} & \boldsymbol{0} \\ \boldsymbol{P}_1 & \boldsymbol{S}_{c1} & \boldsymbol{0} \\ \boldsymbol{P}_2 & \boldsymbol{V}_1 & \boldsymbol{S}_{c2} \end{bmatrix} \begin{bmatrix} \boldsymbol{y}_1(t)^{(n)} \\ \boldsymbol{y}_2(t)^{(n)} \\ \boldsymbol{y}_3(t)^{(n)} \end{bmatrix} = \begin{bmatrix} \boldsymbol{C}^{\mathrm{T}} \cdot \begin{bmatrix} \boldsymbol{d}_1(t)^{(n-1)} \\ \boldsymbol{d}_2(t)^{(n-1)} \\ \boldsymbol{q}_1(t)^{(n-1)} \\ \boldsymbol{q}_2(t)^{(n-1)} \end{bmatrix} \\ \boldsymbol{k}_1 \\ \boldsymbol{k}_2 \end{bmatrix} \tag{7.43}$$

$$\begin{bmatrix} (\boldsymbol{S}_w)^{\mathrm{T}} & -(\boldsymbol{P}_1)^{\mathrm{T}} & -(\boldsymbol{P}_2)^{\mathrm{T}} \\ \boldsymbol{0} & (\boldsymbol{S}_{c1})^{\mathrm{T}} & (\boldsymbol{V}_1)^{\mathrm{T}} \\ \boldsymbol{0} & \boldsymbol{0} & (\boldsymbol{S}_{c2})^{\mathrm{T}} \end{bmatrix} \begin{bmatrix} \begin{bmatrix} \boldsymbol{z}_1(t)^{(n)} \\ \boldsymbol{z}_2(t)^{(n)} \end{bmatrix} \\ \boldsymbol{\lambda}_1(t)^{(n)} \\ \boldsymbol{\lambda}_2(t)^{(n)} \end{bmatrix} = \begin{bmatrix} \boldsymbol{y}_1(t)^{(n)} \\ \boldsymbol{y}_2(t)^{(n)} \\ \boldsymbol{y}_3(t)^{(n)} \end{bmatrix} \tag{7.44}$$

根据，

$$\begin{bmatrix} \boldsymbol{C}^{\mathrm{T}}\cdot\boldsymbol{C} & -(\boldsymbol{S}_1)^{\mathrm{T}} & -(\boldsymbol{S}_2)^{\mathrm{T}} \\ \boldsymbol{S}_1 & \boldsymbol{0} & \boldsymbol{0} \\ \boldsymbol{S}_2 & \boldsymbol{0} & \boldsymbol{0} \end{bmatrix} = \begin{bmatrix} \boldsymbol{S}_w & \boldsymbol{0} & \boldsymbol{0} \\ \boldsymbol{P}_1 & \boldsymbol{S}_{c1} & \boldsymbol{0} \\ \boldsymbol{P}_2 & \boldsymbol{V}_1 & \boldsymbol{S}_{c2} \end{bmatrix} \begin{bmatrix} (\boldsymbol{S}_w)^{\mathrm{T}} & -(\boldsymbol{P}_1)^{\mathrm{T}} & -(\boldsymbol{P}_2)^{\mathrm{T}} \\ \boldsymbol{0} & (\boldsymbol{S}_{c1})^{\mathrm{T}} & (\boldsymbol{V}_1)^{\mathrm{T}} \\ \boldsymbol{0} & \boldsymbol{0} & (\boldsymbol{S}_{c2})^{\mathrm{T}} \end{bmatrix} \tag{7.45}$$

可得，

$$\boldsymbol{C}^{\mathrm{T}}\cdot\boldsymbol{C} = \boldsymbol{S}_w(\boldsymbol{S}_w)^{\mathrm{T}} \tag{7.46}$$

$$\boldsymbol{S}_1 = \boldsymbol{P}_1(\boldsymbol{S}_w)^{\mathrm{T}} \tag{7.47}$$

$$\boldsymbol{S}_2 = \boldsymbol{P}_2(\boldsymbol{S}_w)^{\mathrm{T}} \tag{7.48}$$

$$\boldsymbol{S}_{c1}(\boldsymbol{S}_{c1})^{\mathrm{T}} - \boldsymbol{P}_1(\boldsymbol{P}_1)^{\mathrm{T}} = 0 \tag{7.49}$$

$$\boldsymbol{S}_{c1}(\boldsymbol{V}_1)^{\mathrm{T}} - \boldsymbol{P}_1(\boldsymbol{P}_2)^{\mathrm{T}} = 0 \tag{7.50}$$

$$\boldsymbol{V}_1(\boldsymbol{V}_1)^{\mathrm{T}} + \boldsymbol{S}_{c2}(\boldsymbol{S}_{c2})^{\mathrm{T}} - \boldsymbol{P}_2(\boldsymbol{P}_2)^{\mathrm{T}} = 0 \tag{7.51}$$

对矩阵$\boldsymbol{C}$进行 QR 分解，设$\boldsymbol{C} = \boldsymbol{Q}\cdot\begin{bmatrix} \boldsymbol{R} \\ \boldsymbol{0} \end{bmatrix}$，其中$\boldsymbol{Q}$为$(2I\cdot J)$行的正交矩阵，$\boldsymbol{R}$为主对角元均大于 0 的$(I\cdot J)$行上三角方阵。取$\boldsymbol{S}_w = \boldsymbol{R}^{\mathrm{T}}$，则

$$\boldsymbol{S}_w\cdot\boldsymbol{S}_w^{\mathrm{T}} = \boldsymbol{R}^{\mathrm{T}}\cdot\boldsymbol{R} = [\boldsymbol{R}^{\mathrm{T}} \quad \boldsymbol{0}]\begin{bmatrix} \boldsymbol{R} \\ \boldsymbol{0} \end{bmatrix} = [\boldsymbol{R}^{\mathrm{T}} \quad \boldsymbol{0}](\boldsymbol{Q}^{\mathrm{T}}\cdot\boldsymbol{Q})\begin{bmatrix} \boldsymbol{R} \\ \boldsymbol{0} \end{bmatrix} = \boldsymbol{C}^{\mathrm{T}}\cdot\boldsymbol{C} \tag{7.52}$$

获得$\boldsymbol{S}_w$后，依次求解出

$$\boldsymbol{P}_1 = \boldsymbol{S}_1\left((\boldsymbol{S}_w)^{\mathrm{T}}\right)^{-1} \tag{7.53}$$

$$\boldsymbol{P}_2 = \boldsymbol{S}_2\left((\boldsymbol{S}_w)^{\mathrm{T}}\right)^{-1} \tag{7.54}$$

$$\boldsymbol{S}_{c1}(\boldsymbol{S}_{c1})^{\mathrm{T}} = \boldsymbol{P}_1(\boldsymbol{P}_1)^{\mathrm{T}} \tag{7.55}$$

$$\boldsymbol{V}_1 = \boldsymbol{P}_2(\boldsymbol{P}_1)^{\mathrm{T}}\left((\boldsymbol{S}_{c1})^{-1}\right)^{\mathrm{T}} = \boldsymbol{P}_2(\boldsymbol{P}_1)^{\mathrm{T}}\left((\boldsymbol{S}_{c1})^{\mathrm{T}}\right)^{-1} \tag{7.56}$$

$$\boldsymbol{S}_{c2}\left(\boldsymbol{S}_{c2}\right)^{\mathrm{T}}=\boldsymbol{P}_{2}\left(\boldsymbol{P}_{2}\right)^{\mathrm{T}}-\boldsymbol{V}_{1}\left(\boldsymbol{V}_{1}\right)^{\mathrm{T}} \tag{7.57}$$

$\boldsymbol{S}_w$ 和 $\boldsymbol{S}_{c1}$、$\boldsymbol{S}_{c2}$ 都是下三角矩阵，因此，上述的求解过程是非常简单的。

设 $\boldsymbol{P}_1=(\overline{p}_{i,j})$、$\boldsymbol{P}_2=(\hat{p}_{i,j})$、$\boldsymbol{S}_w=(s_{i,j})$、$\boldsymbol{S}_1=(\overline{s}_{i,j})$、$\boldsymbol{S}_2=(\hat{s}_{i,j})$、$\boldsymbol{V}_1=(v_{i,j})$、$\boldsymbol{S}_{c1}=(\widehat{s}_{i,j})$、$\boldsymbol{S}_{c2}=(\breve{s}_{i,j})$，则

$$\overline{p}_{i,j}=\left(\overline{s}_{i,j}-\sum_{k=1}^{j-1}\overline{p}_{i,k}\cdot s_{j,k}\right)/s_{j,j},\quad i=1,2,\cdots,p_1;\ j=1,2,\cdots,I\cdot J-1,I\cdot J \tag{7.58}$$

$$\hat{p}_{i,j}=\left(\hat{s}_{i,j}-\sum_{k=1}^{j-1}\hat{p}_{i,k}\cdot s_{j,k}\right)/s_{j,j},\quad i=1,2,\cdots,p_2;\ j=1,2,\cdots,I\cdot J-1,I\cdot J \tag{7.59}$$

$$\widehat{s}_{i,j}=\left(\sum_{k=1}^{I\cdot J}\overline{p}_{i,k}\cdot\overline{p}_{j,k}-\sum_{l=1}^{j-1}\widehat{s}_{i,l}\cdot\widehat{s}_{j,l}\right)/\widehat{s}_{j,j},\quad i=1,2,\cdots,p_1;\ j=1,2,\cdots,i \tag{7.60}$$

$$v_{i,j}=\left(\sum_{k=1}^{I\cdot J}\overline{p}_{i,k}\cdot\hat{p}_{j,k}-\sum_{k=1}^{j-1}v_{i,k}\cdot\hat{s}_{j,k}\right)\hat{s}_{j,j},\quad i=1,2,\cdots,p_2;\ j=1,2,\cdots,p_1 \tag{7.61}$$

$$\breve{s}_{i,j}=\left(\sum_{k=1}^{I\cdot J}\hat{p}_{i,k}\cdot\hat{p}_{j,k}-\sum_{k=1}^{p_1}v_{i,k}\cdot v_{j,k}-\sum_{l=1}^{j-1}\breve{s}_{i,l}\cdot\breve{s}_{j,l}\right)/\breve{s}_{j,j},\quad i=1,2,\cdots,p_2;\ j=1,2,\cdots,i \tag{7.62}$$

类似地，对第 $t+1$ 时间段，有矩阵分解，

$$\begin{bmatrix}\boldsymbol{C}^{\mathrm{T}}\cdot\boldsymbol{C} & -\left(\boldsymbol{S}_2\right)^{\mathrm{T}} & -\left(\boldsymbol{S}_3\right)^{\mathrm{T}}\\ \boldsymbol{S}_2 & \boldsymbol{0} & \boldsymbol{0}\\ \boldsymbol{S}_3 & \boldsymbol{0} & \boldsymbol{0}\end{bmatrix}=\begin{bmatrix}\boldsymbol{S}_w & \boldsymbol{0} & \boldsymbol{0}\\ \boldsymbol{P}_2 & \boldsymbol{S}_{c2} & \boldsymbol{0}\\ \boldsymbol{P}_3 & \boldsymbol{V}_2 & \boldsymbol{S}_{c3}\end{bmatrix}\begin{bmatrix}\left(\boldsymbol{S}_w\right)^{\mathrm{T}} & -\left(\boldsymbol{P}_2\right)^{\mathrm{T}} & -\left(\boldsymbol{P}_3\right)^{\mathrm{T}}\\ \boldsymbol{0} & \left(\boldsymbol{S}_{c2}\right)^{\mathrm{T}} & \left(\boldsymbol{V}_2\right)^{\mathrm{T}}\\ \boldsymbol{0} & \boldsymbol{0} & \left(\boldsymbol{S}_{c3}\right)^{\mathrm{T}}\end{bmatrix} \tag{7.63}$$

则式（7.39）可转换为

$$\begin{bmatrix}\boldsymbol{C}^{\mathrm{T}}\cdot\boldsymbol{C} & -\left(\boldsymbol{S}_2\right)^{\mathrm{T}} & -\left(\boldsymbol{S}_3\right)^{\mathrm{T}}\\ \boldsymbol{S}_2 & \boldsymbol{0} & \boldsymbol{0}\\ \boldsymbol{S}_3 & \boldsymbol{0} & \boldsymbol{0}\end{bmatrix}\begin{bmatrix}\begin{bmatrix}\boldsymbol{z}_2(t+1)^{(n)}\\ \boldsymbol{z}_3(t+1)^{(n)}\end{bmatrix}\\ \boldsymbol{\lambda}_2(t+1)^{(n)}\\ \boldsymbol{\lambda}_3(t+1)^{(n)}\end{bmatrix}=\begin{bmatrix}\boldsymbol{S}_w & \boldsymbol{0} & \boldsymbol{0}\\ \boldsymbol{P}_2 & \boldsymbol{S}_{c2} & \boldsymbol{0}\\ \boldsymbol{P}_3 & \boldsymbol{V}_2 & \boldsymbol{S}_{c3}\end{bmatrix}\begin{bmatrix}\left(\boldsymbol{S}_w\right)^{\mathrm{T}} & -\left(\boldsymbol{P}_2\right)^{\mathrm{T}} & -\left(\boldsymbol{P}_3\right)^{\mathrm{T}}\\ \boldsymbol{0} & \left(\boldsymbol{S}_{c2}\right)^{\mathrm{T}} & \left(\boldsymbol{V}_2\right)^{\mathrm{T}}\\ \boldsymbol{0} & \boldsymbol{0} & \left(\boldsymbol{S}_{c3}\right)^{\mathrm{T}}\end{bmatrix}\begin{bmatrix}\begin{bmatrix}\boldsymbol{z}_2(t+1)^{(n)}\\ \boldsymbol{z}_3(t+1)^{(n)}\end{bmatrix}\\ \boldsymbol{\lambda}_2(t+1)^{(n)}\\ \boldsymbol{\lambda}_3(t+1)^{(n)}\end{bmatrix}=\begin{bmatrix}\boldsymbol{C}^{\mathrm{T}}\cdot\begin{bmatrix}\boldsymbol{d}_2(t+1)^{(n-1)}\\ \boldsymbol{d}_3(t+1)^{(n-1)}\\ \boldsymbol{q}_2(t+1)^{(n-1)}\\ \boldsymbol{q}_3(t+1)^{(n-1)}\end{bmatrix}\\ \boldsymbol{k}_2\\ \boldsymbol{k}_3\end{bmatrix} \tag{7.64}$$

类似地，当 $t+1$ 时间段需要更新时，利用已经计算过的 $\boldsymbol{S}_w$，依次求解可得

$$\boldsymbol{P}_2=\boldsymbol{S}_2\left(\left(\boldsymbol{S}_w\right)^{\mathrm{T}}\right)^{-1} \tag{7.65}$$

$$\boldsymbol{P}_3=\boldsymbol{S}_3\left(\left(\boldsymbol{S}_w\right)^{\mathrm{T}}\right)^{-1} \tag{7.66}$$

$$\boldsymbol{S}_{c2}\left(\boldsymbol{S}_{c2}\right)^{\mathrm{T}}=\boldsymbol{P}_2\left(\boldsymbol{P}_2\right)^{\mathrm{T}} \tag{7.67}$$

$$\boldsymbol{V}_2=\boldsymbol{P}_3\left(\boldsymbol{P}_2\right)^{\mathrm{T}}\left(\left(\boldsymbol{S}_{c2}\right)^{-1}\right)^{\mathrm{T}} \tag{7.68}$$

$$\boldsymbol{S}_{c3}\left(\boldsymbol{S}_{c3}\right)^{\mathrm{T}}=\boldsymbol{P}_3\left(\boldsymbol{P}_3\right)^{\mathrm{T}}-\boldsymbol{V}_2\left(\boldsymbol{V}_2\right)^{\mathrm{T}} \tag{7.69}$$

然而，$\boldsymbol{P}_2$ 在第 t 时间段已经计算获得，因此这里不需要重复计算。

概括地讲，第 t 时间段第 n 次 HASM 迭代可分为以下计算过程：

（1）对矩阵 $\boldsymbol{C}$ 进行 QR 分解 $\boldsymbol{C}=\boldsymbol{Q}\cdot\begin{bmatrix}\boldsymbol{R}\\ \boldsymbol{0}\end{bmatrix}$，取 $\boldsymbol{S}_w=\boldsymbol{R}^{\mathrm{T}}$；

（2）依次求解 $\boldsymbol{P}_1$、$\boldsymbol{P}_2$、$\boldsymbol{S}_{c1}$、$\boldsymbol{S}_{c2}$ 和 $\boldsymbol{V}_1$；

（3）依照下述公式次求解 $\boldsymbol{y}_1(t)^{(n)}$、$\boldsymbol{y}_2(t)^{(n)}$、$\boldsymbol{y}_3(t)^{(n)}$、$\boldsymbol{\lambda}_1(t)^{(n)}$、$\boldsymbol{\lambda}_2(t)^{(n)}$、$\boldsymbol{z}_1(t)^{(n)}$ 和 $\boldsymbol{z}_2(t)^{(n)}$（$0<n\leqslant N_t$，这里 N_t 为第 t 时间段 HASM 的迭代次数）：

$$\boldsymbol{y}_1(t)^{(n)}=\left(\boldsymbol{S}_w\right)^{-1}\boldsymbol{C}^{\mathrm{T}}\cdot\begin{bmatrix}\boldsymbol{d}_1(t)^{(n-1)}\\ \boldsymbol{d}_2(t)^{(n-1)}\\ \boldsymbol{q}_1(t)^{(n-1)}\\ \boldsymbol{q}_2(t)^{(n-1)}\end{bmatrix} \tag{7.70}$$

$$\boldsymbol{y}_2(t)^{(n)}=\left(\boldsymbol{S}_{c1}\right)^{-1}\left(\boldsymbol{k}_1-\boldsymbol{P}_1\boldsymbol{y}_1(t)^{(n)}\right) \tag{7.71}$$

$$\boldsymbol{y}_3(t)^{(n)}=\left(\boldsymbol{S}_{c2}\right)^{-1}\left(\boldsymbol{k}_2-\boldsymbol{P}_2\boldsymbol{y}_1(t)^{(n)}-\boldsymbol{V}_1\boldsymbol{y}_2(t)^{(n)}\right) \tag{7.72}$$

$$\boldsymbol{\lambda}_2(t)^{(n)}=\left(\left(\boldsymbol{S}_{c2}\right)^{\mathrm{T}}\right)^{-1}\boldsymbol{y}_3(t)^{(n)} \tag{7.73}$$

$$\boldsymbol{\lambda}_1(t)^{(n)}=\left(\left(\boldsymbol{S}_{c1}\right)^{\mathrm{T}}\right)^{-1}\left(\boldsymbol{y}_2(t)^{(n)}-\left(\boldsymbol{V}_1\right)^{\mathrm{T}}\boldsymbol{\lambda}_2(t)^{(n)}\right) \tag{7.74}$$

$$\begin{bmatrix}\boldsymbol{z}_1(t)^{(n)}\\ \boldsymbol{z}_2(t)^{(n)}\end{bmatrix}=\left(\left(\boldsymbol{S}_w\right)^{\mathrm{T}}\right)^{-1}\left(\boldsymbol{y}_1(t)^{(n)}+\left(\boldsymbol{P}_2\right)^{\mathrm{T}}\boldsymbol{\lambda}_2(t)^{(n)}+\left(\boldsymbol{P}_1\right)^{\mathrm{T}}\boldsymbol{\lambda}_1(t)^{(n)}\right) \tag{7.75}$$

第 $t+1$ 时间段，第 n 次 HASM 迭代，当然也可以按照上述公式进行类似计算，但为了节省计算量，本书对算法进行优化，充分利用第 t 时间段的计算信息。优化后的计算过程可概括如下：

（1）依次求解 $\boldsymbol{P}_3$、$\boldsymbol{V}_2$ 和 $\boldsymbol{S}_{c3}$；

（2）依照下述公式依次求解 $\boldsymbol{y}_1(t+1)^{(n)}$、$\boldsymbol{y}_2(t+1)^{(n)}$、$\boldsymbol{y}_3(t+1)^{(n)}$、$\boldsymbol{\lambda}_1(t+1)^{(n)}$、$\boldsymbol{\lambda}_2(t+1)^{(n)}$、$\boldsymbol{z}_3(t+1)^{(n)}$ 和 $\boldsymbol{z}_2(t+1)^{(n)}$（$0<n\leqslant N_{t+1}$，这里 N_{t+1} 为第 $t+1$ 时间段 HASM 的迭代次数）：

$$\boldsymbol{y}_1(t+1)^{(n)}=\left(\boldsymbol{S}_w\right)^{-1}\boldsymbol{C}^{\mathrm{T}}\cdot\begin{bmatrix}\boldsymbol{d}_2(t+1)^{(n-1)}\\ \boldsymbol{d}_3(t+1)^{(n-1)}\\ \boldsymbol{q}_2(t+1)^{(n-1)}\\ \boldsymbol{q}_3(t+1)^{(n-1)}\end{bmatrix} \tag{7.76}$$

$$\boldsymbol{y}_2(t+1)^{(n)}=\left(\boldsymbol{S}_{c1}\right)^{-1}\left(\boldsymbol{k}_1-\boldsymbol{P}_1\boldsymbol{y}_1(t+1)^{(n)}\right) \tag{7.77}$$

$$\boldsymbol{y}_3(t+1)^{(n)}=\left(\boldsymbol{S}_{c2}\right)^{-1}\left(\boldsymbol{k}_2-\boldsymbol{P}_2\boldsymbol{y}_1(t+1)^{(n)}-\boldsymbol{V}_1\boldsymbol{y}_2(t+1)^{(n)}\right) \tag{7.78}$$

$$\boldsymbol{\lambda}_2(t+1)^{(n)}=\left(\left(\boldsymbol{S}_{c2}\right)^{\mathrm{T}}\right)^{-1}\boldsymbol{y}_3(t+1)^{(n)} \tag{7.79}$$

$$\boldsymbol{\lambda}_1(t+1)^{(n)}=\left(\left(\boldsymbol{S}_{c2}\right)^{\mathrm{T}}\right)^{-1}\left(\boldsymbol{y}_2(t+1)^{(n)}-\left(\boldsymbol{V}_1\right)^{\mathrm{T}}\boldsymbol{\lambda}_2(t+1)^{(n)}\right) \tag{7.80}$$

$$\begin{bmatrix}\boldsymbol{z}_2(t+1)^{(n)}\\ \boldsymbol{z}_3(t+1)^{(n)}\end{bmatrix}=\left(\left(\boldsymbol{S}_w\right)^{\mathrm{T}}\right)^{-1}\left(\boldsymbol{y}_1(t+1)^{(n)}+\left(\boldsymbol{P}_3\right)^{\mathrm{T}}\boldsymbol{\lambda}_2(t+1)^{(n)}+\left(\boldsymbol{P}_2\right)^{\mathrm{T}}\boldsymbol{\lambda}_1(t+1)^{(n)}\right) \tag{7.81}$$

这里，迭代初值 $\boldsymbol{z}_2(t+1)^{(0)}$ 取为第 t 时间段模拟区域 Ω_2 的模拟结果 $\boldsymbol{z}_2(t)^{(N_t)}$，模拟区域 Ω_3 的 HASM 迭代初值 $\boldsymbol{z}_3(t+1)^{(0)}$ 则需要通过初始插值获得。

对比起来，算法优化后节省的计算量包括：

（1）矩阵 $\boldsymbol{C}$ 进行 QR 分解（计算量巨大）；

（2）$\boldsymbol{P}_2$、$\boldsymbol{S}_{c2}$ 的求解。

7.4 讨　　论

在静态窗口条件下，本章在矩阵分解的基础上，建立了适用于动态采样的 HASM 表达形式。加点模拟时，只需要对新采样点形成的矩阵进行矩阵分解；而减点模拟时，只需要取原有矩阵的子矩阵计算即可。无论加点还是减点，计算量的变化并不大。动态加点模拟时，模拟精度随着加点的进行，表现出了很好的优势，而动态减点模拟时，很好地保持了原有采样点下的计算结果，精度下降不多。

在车载GPS或者机载雷达等动态采样情况下，模拟区域与地面实测点位置都是变化的，此时移动HASM算法可以实现高精度 DEM 的实时生成、存储与显示。移动 HASM 算法，由于充分保留已模拟区域的信息，自然融入新引入地面实测点信息，对局部区域进行后台回溯模拟，因此该算法不但可以使地球表层各部分保持高精度，也使各部分能够尽量无痕平滑衔接。移动 HASM 算法充分利用初始矩阵计算的结果，移动模拟过程中，只进行尽量少的计算，从而实现地球表层的快速模拟，可以满足移动采样时实时地球表层的生成。

由于采样路径不断变化，模拟窗口不断移动，加上局部地形的复杂性，因此，在局部地区，需要构建特殊的非结构格网。实际上，移动 HASM 可以采用全栅格存储和栅格与非结构三角网混合存储两种方式；同样，也可以实现两种混合网格表示下的显示。

与其他实时地球表层生成算法相比，移动 HASM 算法，生成的地球表层更有整体性，连续性。例如，采用局部 IDW 算法生成 DEM，可能会导致 DEM 有跳跃，很不光滑，采样信息的利用可能不充分。

为了实现大规模数据动态模拟，完成面向各种应用的实时动态建模应用系统，需要进一步研究以下 7 方面内容。

（1）模拟边界的自动识别问题：可以采取窗口边界与所模拟区域快速求交的方式实现，这需要高效的数据结构支持。

（2）采样路线方向变化时的地球表层不同格网系统之间的重采样问题：需要实现栅格网与非结构三角网之间地球表层的相互重采样。

（3）模拟过程中分辨率变化、格网变化的问题：在生成地球表层的过程中，局部地形复杂的区域，需要提高分辨率，而在地形平缓的区域，可以降低分辨率，这需要根据采样数据自动判断如何设置分辨率，各分辨率各异的网格如何衔接；分辨率不同，会导致邻接处的三维网格中出现间隙，可以采取强制加密低分辨率的方法进行斜接。

（4）数据即时读写的问题：在进行大规模的地球表层模拟时，由 QR 分解所得矩阵 $\boldsymbol{S}_w$ 需要事先存储在硬盘中，计算过程中用到这个矩阵时，需要实现依次读取其每一行的值，计算以后，再依次存储相关的计算结果；每一阶段地球表层模拟完成后，需要依次存储模拟结果，而进行回溯模拟时，需要能及时准确地提取出地球表层数据进行重二次模拟；地球表层模拟结果的存储，还应该尽量方便实时三维显示。

（5）QR 分解的计算加速问题：在普通数据规模下，可采取并行方法或 GPU 并行计算方法加速；大数据量下，在并行机上进行大规模矩阵的 QR 分解与存储。

（6）需要更新的区域迭代初值的问题：对新加入采样点的区域，HASM 迭代初值可以考虑用 TIN 或者 IDW 算法获得。

（7）大规模数据处理的问题：可通过对大规模数据建立高效的数据结构，采取多线程后台并发读取操作的方式解决。

第二部分

HASM高时效算法

第 8 章　HASM 多重网格法*

8.1　引　　言

计算数学界普遍认为，多重网格法（multigrid method）是求解偏微分方程的一种快速数值方法（Trottenberg *et al.*, 2001）。多重网格法巧妙地结合了迭代法与粗网格修正格式，前者可以去除高频误差分量，后者则可以有效地去除光滑的低频分量（刘超群, 1995）。

多重网格法的原始概念可以在误差平滑的松弛处理、总量约简和嵌套迭代方法中找到。20 世纪 30 年代，Southwell（1935, 1946）发现了松弛处理的误差平滑属性。20 世纪 50 年代初，Schroeder（1954）发展了将较粗网格上计算与递归应用联系在一起的约简方法，即嵌套迭代被用于在较粗网格上获取较细网格上的首次近似值。Fedorenko（1962, 1964）描述了二重网格迭代，强调了雅克比迭代（Jacobi iteration）和粗网格修正的互补作用，构建了第一个多重网格算法，证明了算法的收敛性。Bakhvalov（1966）考虑了更复杂的情况，显示了多重网格与嵌套迭代结合的可能性。Astrakhantsev（1971）将 Bakhvalov 的结果推广到了广义边界条件。

Brandt（1973）认证了多重网格法的实际效率，并概括了多重网格法的主要原理和实用性，将多重网格法概括为两个互补方法：①将较粗网格作为修正网格，通过有效清算平滑误差分量，在最细网格上加速松弛算法的收敛速度；②将较细网格作为修正网格，通过修正强迫项，提高较粗网格上的精度（Brandt, 1977）。Brandt 在早期研究中引入了非线性多重网格和自适应技术，讨论了广域和局部网格细化问题，系统应用了嵌套迭代思想，为理论研究提供了局部傅里叶分析工具（Stueben and Trottenberg, 1982）。Nicolaides（1975） 在泊松方程多重网格算法的基础上，讨论了多重网格与有限元离散问题。Hackbusch（1980）提出了多重网格的广义收敛理论。自 20 世纪 80 年代初起，关于多重网格的论文发表日益剧增（Wesseling, 1992）。Hackbusch（1985）和 Wesseling（1992）的专著基本概括了 20 世纪 90 年代初之前的所有研究成果。

多重网格法基于误差平滑（error smoothing）和粗网格修正（coarse grid correction）两个原则（Trottenberg *et al.*, 2001）。如果计算机程序编辑恰当，可在求解离散问题算数运算数与未知变量数成正比的意义上达到最优。如果计算设计得当，独立于空间分辨率的收敛因子可以很小，每个未知变量在每次迭代中的操作数也可以很小。

多重网格收敛速度与网格单元大小无关、每次迭代的算数操作次数与网格单元数成正比是多重网格法的特有性能。多重网格法是一种微分问题的求解方法，它的目标是微分误差最小化，而不是代数误差最小化。

HASM 方法所求解的数值系统最终可转化成大型稀疏线性系统，求解这一系统的方法可分为直接求解法与迭代法（Yue, 2011）。直接法包括高斯消去法与平方根法；迭代法包括高斯–赛德尔迭代法、预处理高斯–赛德尔法、共轭梯度法及预处理共轭梯度法。数值实验表明，在所有这些 HASM 算法中，从模拟精度角度分析，预处理共轭梯度法（HASM-PCG）是最有效的方法。本章通过与 HASM 预处理共轭梯度法比较，探讨多重网格法（HASM-MG）精度和速度问题。

8.2　HASM 多重网格表达

HASM 多重网格法可表达为（Yue, 2011; Yue *et al.*, 2013b）

---

* 宋印军、杨海和赵娜为本章主要合著者。

$$A_h \cdot u^{(n+1)} = b_h^{(n)} \tag{8.1}$$

式中，h 为网格单元大小（空间分辨率）；A_h 为 HASM 方程组在空间分辨率为 h 时的系数矩阵；$u^{(n+1)}$ 为待求解向量；$b_h^{(n)}$ 为在空间分辨率为 h 时 HASM 方程组的右端项；n 为迭代次数。

HASM 多重网格法伪代码表达如下：

```
Multigrid(u,b,l,Smoother,v1,v2,γ){
   for v1 steps
      u_l = Smoother(A_l,b_l,u_l)        - pre-smoothing
   endfor
   r_l = b_l - A_l u_l                   - residual computation
   r_{l+1} = R_l r_l                     - restrict the residual
   if(l<n) then
      e_{l+1} = 0
      for γ steps
         e_{l+1} = Multigrid(e_{l+1},r_l,l+1,Smoother,v1,v2,γ)
                                         - multigrid recursion
      endfor
   else
      e_{l+1} = A_{l+1}^{-1} r_{l+1}     - direct solve
   endif
   e_l = P_l e_{l+1}                     - error interpolation
   u_l = u_l + e_l                       - error correction
   for v2 steps
      u_l = Smoother(A_l,b_l,u_l)        - post- smoothing
   endfor
   return (u)
}
```

在求解 HASM 多重网格法的过程中，求解方程组的迭代循环称为内迭代，更新右端项的过程被称为外迭代。如果在求解 HASM 方程组的过程中引入较粗的网格单元，且其空间分辨率为 $2h$，则可形成二重网格法。二重网格法的每次迭代包括前光滑（pre-smoothing）（粗网格修正）和后光滑（post-smoothing）（误差光滑）两部分（Trottenberg *et al*., 2001）。多重网格法 $(\Phi_h,\Phi_{2h},\Phi_{4h},\cdots,\Phi_{h\max})$ 是二重网格法 (Φ_h,Φ_{2h}) 的拓展，其中 $\Phi_{h\max}$ 为多重网格法求解过程中的最粗网格。

多重网格循环结构一般可区分为 V 型循环和 W 型循环。本章采用 V 型循环（图 8.1）。图 8.1 中的●代表 GS 迭代，R 代表由限制算子将信息向下传递，P 代表由插值算子信息向上传递，■表示直接法求解。

HASM 多重网格法针对系数矩阵非零元素的分布规律，只需存储不同网格层 $(A_h,A_{2h},\cdots,A_{h\max})$ 的对角线元素，从而可大大减小存储量，其解算步骤可归纳如下：

（1）建立一系列粗网格层，其像元大小分别为 $2h\times 2h$，$4h\times 4h$，…，$h_{\max}\times h_{\max}$，在每层粗网格层上，重复 $h\times h$ 网格层建立方程（8.1）的过程，得到 $A_h,A_{2h},\cdots,A_{h\max}$；

（2）在最细网格层上，$A_h\cdot u^{(n+1)} - b_h^{(n)}$，以 $\left(u_h^{(n+1)}\right)^{(0)} - u_h^{(n+1)}$ 为迭代初值，前光滑使用 Gauss-Seidel 迭代法迭代 v_1 次，得到近似解 $\left(u_h^{(n+1)}\right)^{(1)}$；

（3）设残余 $\gamma_h^{(0)} = b_h^{(n)} - A_h\left(u_h^{(n+1)}\right)^{(1)}$，计算得出 $\gamma_h^{(0)}$；

（4）限制算子将 $\gamma_h^{(0)}$ 的信息传递到下一层粗网格，令 $b_{2h}^{(n)} = I_h^{2h}\cdot\gamma_h^{(0)}$ 为下一网格层线性方程组的右端项向量，其中 I_h^{2h} 为限制算子；

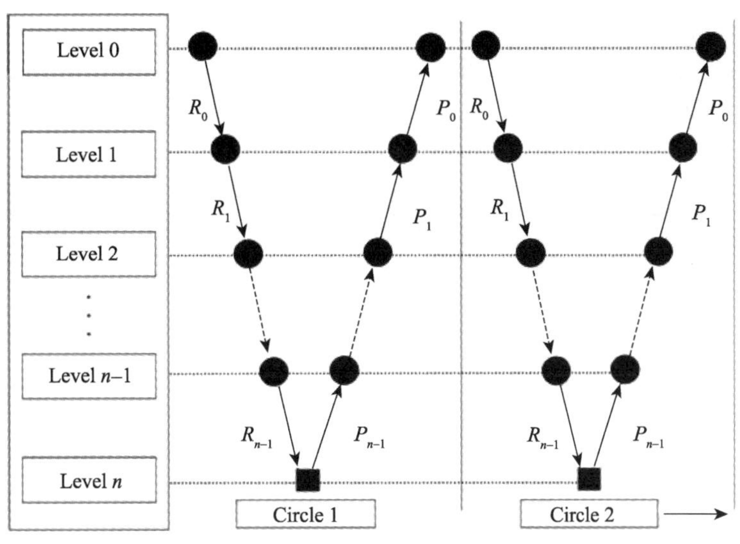

图 8.1　V 型循环结构

（5）重复第 2 步到第 4 步，直到最粗网格层，最粗网格层方程为 $\boldsymbol{A}_{h_{\max}}\cdot\boldsymbol{u}^{(n+1)}=\boldsymbol{b}_{h_{\max}}^{(n)}$，直接精确求解此方程，可得到 $\left(\boldsymbol{u}_{h_{\max}}^{(n+1)}\right)^{(1)}$；

（6）插值算子将 $\left(\boldsymbol{u}_{h_{\max}}^{(n+1)}\right)^{(1)}$ 的信息传到较细一层网格，此网格层方程为 $\boldsymbol{o}_X=\boldsymbol{I}_{h_{\max}}^X\left(\boldsymbol{u}_{h_{\max}}^{(n+1)}\right)^{(1)}$，其中 X 为此网格层步长，$\boldsymbol{I}_{h_{\max}}^X$ 为插值算子。令 $\left(\boldsymbol{u}_X^{(n+1)}\right)^{(0)}=\left(\boldsymbol{u}_X^{(n+1)}\right)^{(1)}+\boldsymbol{o}_X$，其中 $\left(\boldsymbol{u}_X^{(n+1)}\right)^{(1)}$ 是向下传递过程中计算得到的近似解；

（7）以 $\left(\boldsymbol{u}_X^{(n+1)}\right)^{(0)}$ 为初值，对方程 $\boldsymbol{A}_X\cdot\boldsymbol{u}^{(n+1)}=\boldsymbol{b}_X^{(n)}$ 进行后光滑 v_2 次 Gauss-Seidel 迭代，得到近似解 $\left(\boldsymbol{u}_X^{(n+1)}\right)^{(2)}$；

（8）重复第 6 步和第 7 步，直到返回最细网格层，得到最细网格层上的近似解 $\left(\boldsymbol{u}_h^{(n+1)}\right)^{(2)}$；

（9）以 $\left(\boldsymbol{u}_h^{(n+1)}\right)^{(0)}=\left(\boldsymbol{u}_h^{(n+1)}\right)^{(2)}$ 为初值，重复第 2 步到第 8 步，不断更新 $\left(\boldsymbol{u}_X^{(n+1)}\right)^{(2)}$，直到得到满意的精度。

8.3　数 值 实 验

本小节仍选择高斯合成曲面（图 8.2）作为标准曲面进行数值实验。高斯合成曲面的计算域为 $[-3,3]\times[-3,3]$，值域为 $-6.5510<f(x,y)<8.1062$。高斯合成曲面的数学表达为

$$f(x,y)=3(1-x)^2\mathrm{e}^{-x^2-(y+1)^2}-10(x/5-x^3-y^5)\mathrm{e}^{-x^2-y^2}-\mathrm{e}^{-(x+1)^2-y^2}/3 \tag{8.2}$$

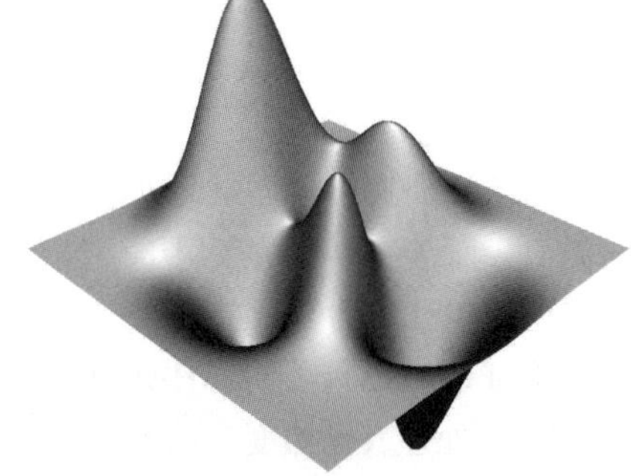

图 8.2　高斯合成曲面

为比较不同计算规模下 HASM 多重网格法法与 HASM 预处理共轭梯度法的性能，在 $513\times513=263169$ 个网格单元的计算规模下进行实验。采用随机采样，采样点比例为 10%，网格分辨率为 $h=6/513\approx0.01$，多重网格法计算共分成 6 层，最粗网格层规模为 65×65。设置前光滑迭代次数 $v_1=2$，后光滑迭代次数 $v_2=1$，延拓算子使用九点延拓，限制算子使用九点限制。比较达到收敛时不同

方法的计算时间及计算精度。

数值实验结果表明（表 8.1），与 HASM 预处理共轭梯度法相比, HASM 多重网格法具有明显的速度优势；从计算精度而言，HASM 预处理共轭梯度法要好于 HASM 多重网格法方法。

表 8.1　插值结果比较

方法	HASM 多重网格法	HASM 预处理共轭梯度法
运行时间/s	17	102
均方根误差	0.0046	0.0034

8.4　实 证 研 究

从全国 735 个气象台站，剔除重复站点及时间序列较短站点，最终筛选出 712 个台站（图 8.3）。通过利用 HASM 多重网格法与 HASM 预处理共轭梯度法分别对这 712 个气象台站在 1971~2000 年降雨量观测值进行年均降水量空间插值，比较分析 HASM 多重网格法和 HASM 预处理共轭梯度法的运算速度及模拟精度。

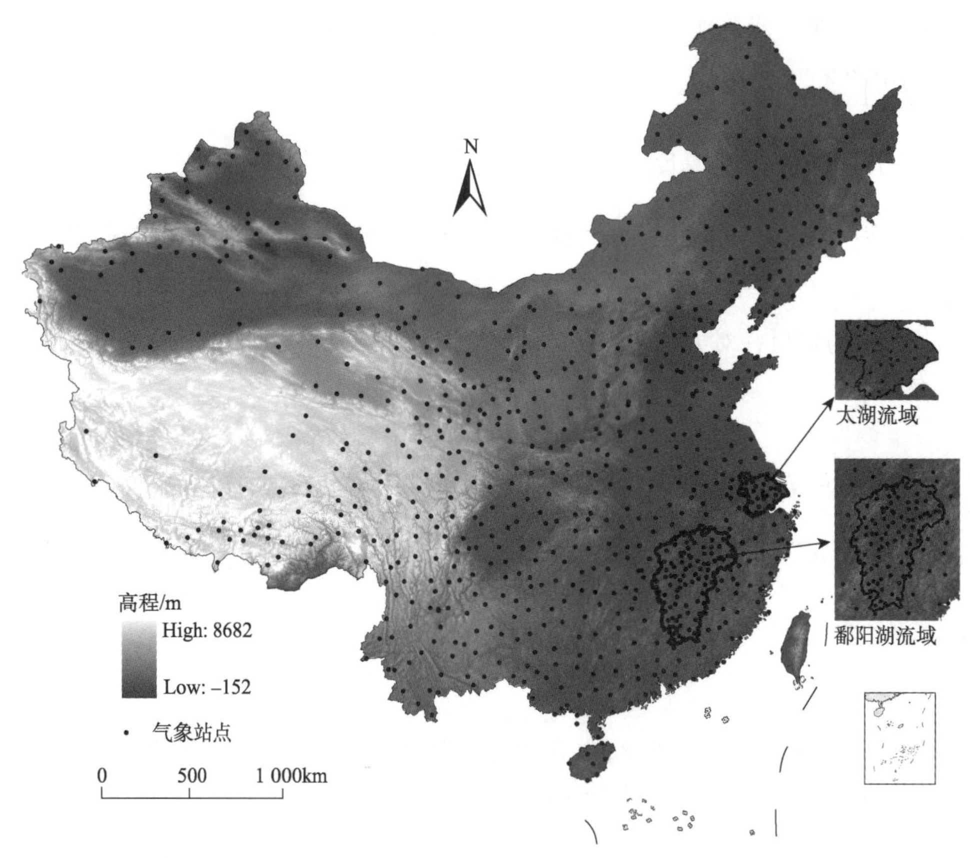

图 8.3　中国内地数字高程模型与气象台站空间分布

在实证研究中，以空间分辨率为 1km × 1km 的数字高程模型为辅助数据，随机抽取 606 个站点进行空间插值，保留 106 个站点用于插值精度验证。HASM 多重网格法算法采用 V 型循环结构，共分为 7 层，最粗层网格单元数为 81 × 81。

实证研究结果表明，HASM 多重网格法较 HASM 预处理共轭梯度法具有明显的运算速度优势；而 HASM 预处理共轭梯度法的模拟精度略高于 HASM 多重网格法（表 8.2）。

HASM 多重网格法和 HASM 预处理共轭梯度法的年平均降水插值结果表明（图 8.4 和图 8.5），HASM 预处理共轭梯度法受气象台站的约束效果比较明显，模拟结果与 HASM 多重网格法相比具有明显的震荡性；

表 8.2　全国尺度插值结果比较

方法	运行时间/s	均方根误差/mm	平均绝对误差/mm
HASM 多重网格法	4395	125.03	82.06
HASM 预处理共轭梯度法	38907	122.83	81.77

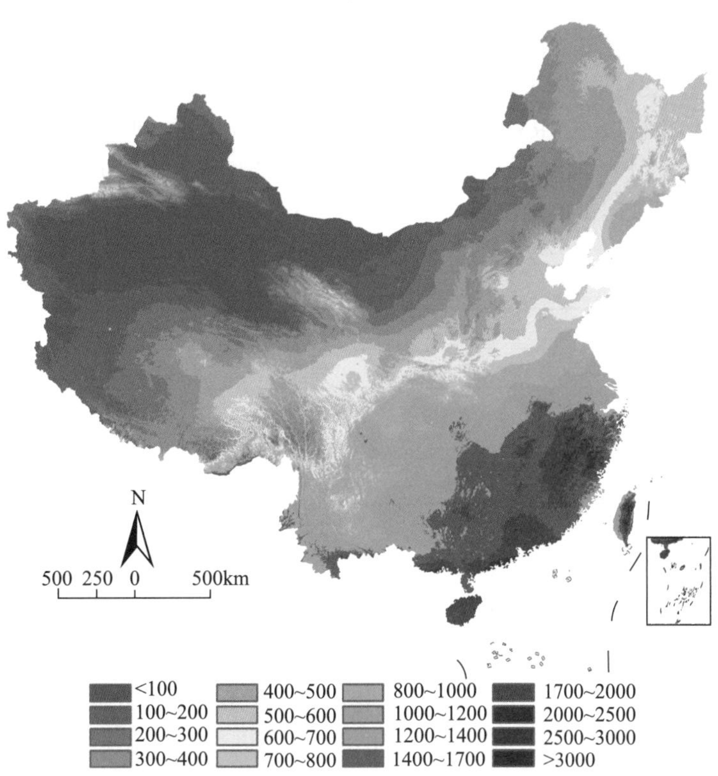

图 8.4　年平均降水 HASM 多重网格法插值结果（单位：mm）

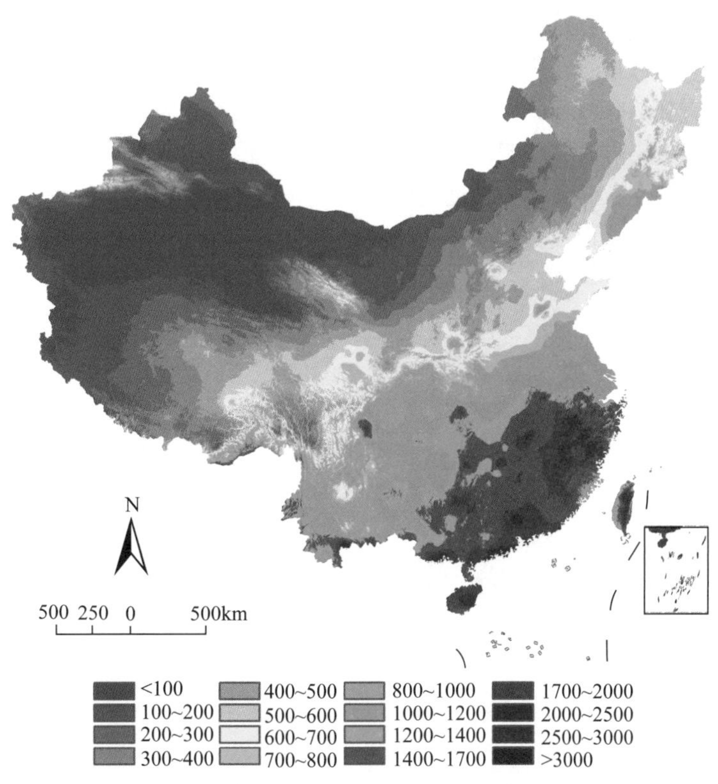

图 8.5　年平均降水 HASM 预处理共轭梯度法插值结果（单位：mm）

HASM 多重网格法滤去了高频振荡部分，并消除低频误差，空间变异性较小，降水模拟面更加平滑。

为了比较分析地形因子对 HASM 多重网格法与 HASM 预处理共轭梯度法插值结果的影响，本书选择地形较复杂的鄱阳湖流域和地形相对平坦的太湖流域为案例区。为了保证在鄱阳湖流域和太湖流域的气象台站密度相同，保证在这两个流域的插值结果具有可比性，在鄱阳湖流域及其周边选择 106 个气象台站用于空间插值，保留 17 个气象台站作精度检验台站；在太湖流域及其周边选择 34 个气象台站用于空间插值，保留 8 个气象台站作精度检验台站。

局地模拟结果表明，HASM 多重网格法在鄱阳湖流域和太湖流域的计算时间均少于 HASM 预处理共轭梯度法（表 8.3）；而由均方根误差（RMSE）和平均绝对误差（MAE）可以看出，HASM 预处理共轭梯度法的模拟精度要好于 HASM 多重网格法方法。相比 HASM 多重网格法，HAM-PCG 在地形复杂地区的高精度优势更加明显。在精度要求不高的情况下，可以选取 HASM 多重网格法方法取得更快的模拟速度。

表 8.3　局地尺度插值结果比较

对比指标	鄱阳湖流域			太湖流域		
	HASM-MG	HASM-PCG	差值	HASM-MG	HASM-PCG	差值
运行时间/s	1477	14430	12953	1384	13683	12299
均方根误差/mm	56.17	50.75	5.42	42.93	39.71	3.22
平均绝对误差/mm	41.01	39.03	1.98	38.85	36.90	1.95

8.5　结论与展望

HASM 多重网格法与 HASM 预处理共轭梯度法相比，速度优势更加明显。实际应用中，在精度要求不高的情况下，不论对地形复杂地区还是平缓地区，HASM 多重网格法均是一种比较理想的方法；当精度要求有所提高时，HASM 多重网格法也是地形平坦地区降雨量模拟的可选方法之一；但在地形复杂的地区，HASM 预处理共轭梯度法优势更加明显。

由于插值误差的低频分量和高频分量是相对的，与网格尺度有关。细网格上视为光滑的分量，放到粗网格上可能被认为是摆动的分量。在多重网格法中，细网格上光滑的分量，可以使用迭代法在粗网格上消除掉，如此一层层下去直到消除各种误差分量，可见多重网格法能有效地消除高频误差。然而在随机采样下，当采样点不在像元的中心点时，越粗网格上产生的由空间位置引起的误差越大，由粗网格向细网格传递时会将误差传送到细网格上，导致模拟精度较低。为了降低空间位置误差的影响，采用较少的网格层数会导致该方法模拟时间增加，从而使其优势不再明显。

第 9 章　HASM 适应算法*

9.1　引　　言

以往在模拟地球表层环境要素和地球表层系统的过程中，格网空间分辨率的选择往往具有随机性和盲目性。格网空间分辨率提高一倍，其数据量相应地增加四倍。选择满足精度要求又要充分估计计算机容量和处理能力的最佳格网分辨率，是科学家一直追求的目标（Gao, 1997）。适应算法首先必须使用粗格网对研究区域全局模拟，因此选择合适的初始格网分辨率可以极大地提高适应算法的计算效率。数字高程模型初始空间分辨率可通过建立模拟误差、网格分辨率和地形复杂度的关系来确定（Aguilar *et al*., 2007; Florinsky, 1998）。

在大多数偏微分方程数值过程中，首先需要在近似有限维空间对代数方程进行离散化，然后数值过程可转化为大型离散方程系统。在此离散过程中，由于无法预测恰当的空间分辨率和在每个位置的近似阶，因此为了提高运算精度，生成过细的格网，形成了过大计算规模的代数系统（Brandt, 1977）。适应算法的目的就是生成一种格网系统，使代数系统的解以最小的计算量达到精度要求。也就是说，为了节约计算时间和内存需求，在满足精度要求的前提下，格网的空间分辨率应尽可能的粗。对静态问题，当运算结果在所有栅格的误差基本相等时，格网系统为最优（Schmidt and Siebert，2005）。因此，运算误差较大的栅格需进一步细化，以提高其空间分辨率，运算结果达到精度要求的栅格分辨率则保持不变甚至粗化。

微分方程数值求解的适应算法研究始于 20 世纪 50 年代后期。Birchfield（1960）的飓风研究发现，在空间分辨率为 300km × 300km 栅格形成的格网系统，如果旋风周围栅格的空间分辨率提高到 150km × 150km，可减小飓风运动轨迹的截断误差。Morrison（1962）研究结果表明，固定步长是常微分方程系统积分的最简单方法，然而在一些积分段，采用较大步长对局部截断误差影响并不是很大。Harrison（1973）提议，为了大幅度减小计算空间和时间需求，应保持最小的最高分辨率计算区域。也就是说，在研究的重点区域使用精细空间分辨率格网，而其周围地区则用相对粗的空间分辨率。Ley 和 Elsberry（1976）指出，如果仅仅在中心附近需要精细空间分辨率，嵌套的多空间分辨率格网比计算域的所有栅格保持相同的大小更高效。Kurihara 等（1979）、Kurihara 和 Bender（1980）提出了粗空间分辨率和粗分辨率网格并存且相互作用的双重体系。自 20 世纪 70 年代后期以来，几何格网的适应精细化方法在数值分析的许多领域逐渐得到广泛应用（Rheinboldt, 198; Brackbill and Saltzman, 1982; Bastian *et al*., 1997; Haefner and Boy, 2003）。

近年来，在求解常微分方程和偏微分方程的数值过程中，适应有限元方法得到高度重视（Segeth, 2010）。例如，Nguyen 等（2009）为了在保证精度要求的前提下使计算时间达到最短，提出了基于双重加权回归技术的适应响应曲面方法。适应格网细化方法被用于解决栅格 Boltzmann 法的气泡模拟问题（Yu and Fan, 2009）。适应有限元被用于解决对流－扩散问题，可对格网系统进行动态细化或粗化（de Frutos *et al*., 2011）。为解决随机对流–扩散问题的面向目标，适应算法被运用于最优解的证明（Almeida and Oden, 2011）。

9.2　HASM 适应算法

9.2.1　HASM 适应算法主方程表达

对充分大的参数 λ，HASM 主方程可转换为无约束的最小二乘近似表达式（Yue, 2011; Yue *et al*., 2010a）：

* 陈传法为本章主要合著者。

$$\begin{bmatrix} A_h^{\mathrm{T}} & B_h^{\mathrm{T}} & \lambda \cdot S^{\mathrm{T}} \end{bmatrix} \begin{bmatrix} A_h \\ B_h \\ \lambda \cdot S \end{bmatrix} z^{(n+1)} = \begin{bmatrix} A_h^{\mathrm{T}} & B_h^{\mathrm{T}} & \lambda \cdot S^{\mathrm{T}} \end{bmatrix} \begin{bmatrix} d_h^{(n)} \\ q_h^{(n)} \\ \lambda \cdot k \end{bmatrix} \tag{9.1}$$

设

$$W_h = \begin{bmatrix} A_h^{\mathrm{T}} & B_h^{\mathrm{T}} & \lambda \cdot S^{\mathrm{T}} \end{bmatrix} \begin{bmatrix} A_h \\ B_h \\ \lambda \cdot S \end{bmatrix} \tag{9.2}$$

$$v_h^{(n)} = \begin{bmatrix} A_h^{\mathrm{T}} & B_h^{\mathrm{T}} & \lambda \cdot S^{\mathrm{T}} \end{bmatrix} \begin{bmatrix} d_h^{(n)} \\ q_h^{(n)} \\ \lambda \cdot k \end{bmatrix} \tag{9.3}$$

则 HASM 适应算法（HASM-AM）可表达为（Yue *et al*., 2010a）

$$W_h \cdot z^{(n+1)} = v_h^{(n)} \tag{9.4}$$

9.2.2　误差估值器

误差估值器（error estimator）不仅是格网适应优化的工具,而且可用来评价运算结果的可靠性。Miel（1977）提出了以常数 α 为界的后验误差估计停止不等式。Babuska 和 Rheinboldt（1978，1981）发展了后验误差估计的数学理论。Kelly 等（1983）发现，后验误差估计的主要特征是局部计算误差，当与适应细化算法结合时，是保证精度的渐进表达形式。De 等（1983）提出了在何时停止适应计算过程的误差估值器。

HASM 适应算法的误差估值器可表达为

$$\mathrm{RMSE} = \sqrt{\frac{1}{I}\sum_{i=1}^{I}(f_i - Sf_i)^2} \tag{9.5}$$

式中，RMSE 为均方根误差；f_i 为第 i 个采样点的高程采样值；I 为采样点总数；Sf_i 为 $f(x,y)$ 在第 i 个采样点的模拟值。

9.2.3　格网细化

偏微分方程离散化需要对计算域进行细分，三角剖分是一种独特的细分法（Baensch，1991）。全局细分和局部细分是三角格网细分的两种常用方法。对许多重要的应用问题，偏微分方程数值求解是数学模型计算最密集的部分，因此很多研究致力于寻找求解偏微分方程的快速算法（Vey and Voigt，2007）。

格网细分是格网适应过程的重要步骤。Kim 和 Thompson（1990）将适应格网策略划分为格点再分配和局部格网细化。在模拟过程中，为了增加格点密度，格点再分配策略允许特定数量的格点连续移动；为了增加某区域格点密度、降低其他区域格点密度及减小截断误差，局部细化策略在静态格网系统中嵌入和提取格点。Dietachmayer 和 Droegemeier（1992）将格网细化方法区分为格网变换和嵌套格网两种策略。第一种策略将特定数量的格点重新分配，以提高局部分辨率，确定如何随时间重新分配格点的指标，是此策略的最重要环节；第二种策略包括在计算过程中局部增加格点或细化格网，以增加局部计算域的空间分辨率。Behrens（2006）将适应原理区分为两类，一类不改变格点的数量和相互连接性，而是通过转换函数改变格点之间的距离（Brackbill and Saltzman, 1982; Iselin *et al*., 2002）；另一类通过嵌入或删除格点细化或粗化格网。

格网适应细化包括格网标识和格网细化两个步骤。求解偏微分方程时，离散格网的适应细化在减小线性系统计算规模方面已被证明是很成功的手段。为了局部提高偏微分方程系统解的精度，计算格网的局部细化已成功运用于二维和三维问题（Kossaczky，1994）。二维格网细化方法可区分为规则细化法、两分法和最新节点法。规则细化法将三角形各边的中点连接起来形成相似三角形。两分法将三角形一个顶点与对边中点连接，形成面积相等的两个三角形（Bank and Welfert，1991）。在最新节点法中，总是以最新节点将三角形进行对分，但并不是向两分法那样局限于对最长边进行两分。Mitchell（1989）通过对这三种方法比较分析发现，这三种方法对均匀细化都很适用，很难选出一种最优的方法。Maubach（1995）提出了适用于 n 维问题的局部两分细化法。

9.2.4 误差指示器

误差指示器（error indicator）只需要指示哪些格网单元的误差较大，没有必要显示具体误差值是多少（Mitchell，1989），它用于指示在何处对格网进行细化。Loehner（1987）认为误差指示器应满足以下条件：①应无量纲，以便可同时对多个变量进行检测；②应当有界，以使指示器使用者不做进一步处理就可直接运用；③不仅标出需要细化栅格的强激波区域，而且标出不连续等弱激波区域；④应当具有较快的运算速度。

对 HASM 适应算法，误差指示器可定义为

$$\mathrm{EI}_{i,j} = \frac{\mathrm{AE}_{i,j}}{\mathrm{AE}_{re}} \tag{9.6}$$

式中，$\mathrm{EI}_{i,j}$ 为误差指示器在栅格 (i,j) 的取值；$\mathrm{AE}_{i,j}$ 为模拟结果在栅格 (i,j) 处的绝对误差，表达为 $\mathrm{AE}_{i,j} = \left|f_{i,j} - Sf_{i,j}\right|$，$f_{i,j}$ 为 $f(x,y)$ 在 (i,j) 处的真值或采样值，$Sf_{i,j}$ 为 $f(x,y)$ 在 (i,j) 处的模拟值；AE_{re} 为模拟精度要求。

当 $\mathrm{EI}_{i,j} \leqslant 1$ 时，细化过程停止；如果 $\mathrm{EI}_{i,j} > 1$，则对栅格进行细化。栅格细化包括 7 个步骤：①在整个计算域以初选 $h \times h$ 空间分辨率运行 HASM 算法；②计算每个栅格 (i,j) 处的误差指示器 $\mathrm{EI}_{i,j}$，如果 $\mathrm{EI}_{i,j} > 1$，则 (i,j) 标记为待细化栅格；③将待细化栅格划归为 K 个不同子计算域 $\mathrm{SD}_{1,1}, \mathrm{SD}_{1,2}, \cdots, \mathrm{SD}_{1,K}$；④将每个待细化子区域中的每个栅格的两边中点与对边中点连接，形成个面积相等的较小栅格，其空间分辨率为 $\frac{h}{2} \times \frac{h}{2}$；⑤将粗栅格上的信息转存到细栅格上；⑥在子计算域 $\mathrm{SD}_{1,1}, \mathrm{SD}_{1,2}, \cdots, \mathrm{SD}_{1,K}$ 求解 HASM 方程，$\boldsymbol{W}_{\frac{h}{2}} \cdot \boldsymbol{z}^{(n+1)} = \boldsymbol{v}_{\frac{h}{2}}^{(n)}$；⑦重复步骤 2 至步骤 6，直到所有栅格满足精度要求。

9.3 应 用 案 例

9.3.1 案例区及其数据获取

董志塬位于甘肃东部的庆阳市腹地，地处 35°28′~35°40′N 和 107°39′~108°05′E，介于地处泾水以北的马莲河和蒲河之间，平均海拔 1350m。总面积 $2778\mathrm{km}^2$，其中塬面面积 $910\mathrm{km}^2$。董志塬涉及庆阳市的西峰区、庆城县、宁县、合水县 4 个县区，包括 24 个乡镇的 268 个村，2007 年的人口约 61 万，是庆阳市的主要农业产粮区。

许多学者认为，黄土物质在风力的作用下，经历几百万年的地质综合作用形成了黄土塬面。董志塬以其塬面保存最完整、塬面面积最大、黄土层最厚而被誉为“天下黄土第一塬”。由于植被减少和水土流失等因素，原来较为完整的董志塬已经变得支离破碎，沟壑纵横。伸向董志塬腹地的马莲河和蒲河的一级支沟 181 条、500m 以上的支毛沟 2000 余条，平均沟壑密度 $2.17\mathrm{km/km}^2$。水土流失面积 $2724\mathrm{km}^2$，占塬区总面积的 98.1%。年均侵蚀模数 $5500\mathrm{t/km}^2$，年平均径流模数 $32500\mathrm{m}^3/\mathrm{km}^2$，年产泥沙 1315 万 t。据黄河水利委员会西峰水土保持监督局多年的监测结果表明，董志塬 60%以上的径流来自塬面，80%左右的泥沙来自于沟谷。塬面径流溯源侵蚀使沟头不断延伸、下切，重力侵蚀造成沟岸扩张、塬面崩塌，严重的水土流失问题导致塬面迅速萎缩。据记载，唐代（618～917 年）时，董志塬塬长 110km、塬宽 32km。现在塬长大致如故，但最宽处只有 18km，最窄处仅 50m（图 9.1）。

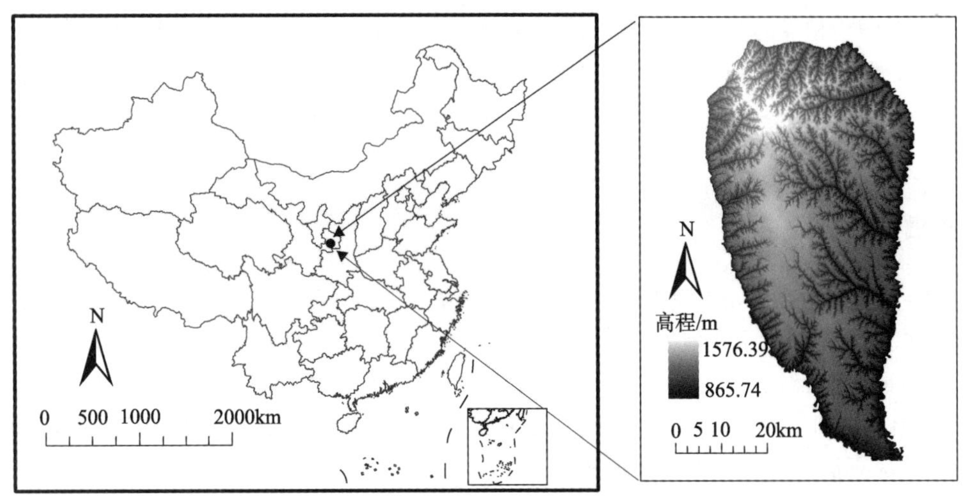

图 9.1　董志塬地理位置及轮廓

董志塬数字高程模型数据来自于 197 幅 1：10000 和 1：5000 比例尺地形图的扫描和数字化文件，这些地形图包括等高线和散布于董志塬的 6692 个高精度高程控制点等信息。运用 Gauss-Krueger 投影，将 1954 年北京坐标转换为笛卡儿直角坐标，并将董志塬投影到第 36 经度区，高程基准面为 1956 年黄海高程系。

9.3.2　董志塬数字高程模型构建

董志塬数字高程模型模拟误差指示器定义为

$$\mathrm{EI}_{i,j}=\frac{\mathrm{AE}_{i,j}}{40} \tag{9.7}$$

式中，$\mathrm{EI}_{i,j}$ 为误差指示器在栅格 (i,j) 的取值；$\mathrm{AE}_{i,j}$ 为模拟结果在栅格 (i,j) 处的绝对误差；董志塬数字高程模型的精度要求为误差不超过 40m。

HASM-AM 模拟董志塬数字高程的步骤为：

（1）粗网格模拟，即对整个区域以分辨率 h（粗网格分辨率为 160m）解算 HASM 方程组 $\boldsymbol{W}_h\boldsymbol{z}^{(n+1)}=\boldsymbol{v}_h^n$，得到粗网格模拟值 $\boldsymbol{u}_0$；

（2）计算每个网格点的误差阈值因子 EI_{ij}，如果 $\mathrm{EI}_{ij}>1$，则标记该点为加细点；

（3）将标记出的加细点分成不同的加细组；

（4）对每个加细组用 $h/2$ 网格分辨率细分，然后用九点延拓方法将粗网格模拟值传递到细网格，作为细网格初始值；

（5）对每个加细组解算 $\boldsymbol{W}_{h/2}\boldsymbol{z}^{(n+1)}=\boldsymbol{v}_{h/2}^n$，得出每个加细区域的模拟值。

重复步骤 2 至步骤 5 直至每个网格点满足精度要求或者加细层数达到初始阈值。

董志塬包括塬、残塬、低丘、墚状丘陵、墚峁丘陵和丘陵沟壑区 6 种典型地貌类型（表 9.1）。不同地貌类型的地形复杂度影响 HASM 的模拟精度，在相同的分辨率条件下，黄土塬区精度最高，而黄土沟壑区精度最低。也就是说，地形越复杂，模拟精度越低。

表 9.1　实验区主要地形参数

地形参数	塬	残塬	低丘	墚状丘陵	墚峁丘陵	丘陵沟壑
高程标准差/m	20.9	43.0	64.4	74.3	60.4	69
平均高程/m	1371	1380	1233	1383	1326	1256
沟壑密度/(km/km^2)	0.36	0.73	0.89	1.94	2.14	2.35
平均坡度/(°)	1.97	6.67	14.1	22.3	24.5	25.7

随着空间分辨率的降低，HASM 模拟平方根误差不断增加且呈很好的线性相关性（表 9.2）。在塬面、残塬、低丘、梁状丘陵、梁峁丘陵和丘陵沟壑区，空间分辨率 h 与平方根误差 RMSE 的线性回归方程分别可表达为

$$\mathrm{RMSE}=2.622+0.099h,\ R^2=0.947 \tag{9.8}$$

$$\mathrm{RMSE}=5.825+0.142h,\ R^2=0.963 \tag{9.9}$$

$$\mathrm{RMSE}=3.085+0.34h,\ R^2=0.994 \tag{9.10}$$

$$\mathrm{RMSE}=6.601+0.342h,\ R^2=0.990 \tag{9.11}$$

$$\mathrm{RMSE}=7.785+0.375h,\ R^2=0.977 \tag{9.12}$$

$$\mathrm{RMSE}=9.157+0.397h,\ R^2=0.975 \tag{9.13}$$

表 9.2　空间分辨率对 HASM 模拟误差的影响

分辨率/m	塬/m	残塬/m	低丘/m	梁状丘陵/m	梁峁丘陵/m	丘陵沟壑/m
10	3.35	5.97	7.47	9.37	11.05	12.73
15	3.36	6.65	8.33	10.82	12.98	13.66
20	3.38	7.54	9.75	12.63	12.52	15.21
25	3.55	8.43	11.35	13.35	14.65	16.76
30	5.83	10.19	12.42	15.77	17.15	18.40
40	6.82	11.36	15.93	20.32	21.44	24.90
50	8.36	15.04	19.02	25.06	25.11	29.84

塬面、残塬、低丘、梁状丘陵、梁峁丘陵和丘陵沟壑区的上述线性回归方程可抽象为

$$\mathrm{RMSE}=a+b\cdot h \tag{9.14}$$

式中，a 和 b 为沟壑密度确定的待定参数。

根据董志塬数字高程数据的统计分析结果，参数 a 和 b 可分别表达为沟壑密度 GD 的以下回归方程：

$$a=3.068+0.472\cdot\mathrm{GD}+0.830\cdot\mathrm{GD}^2,\ R^2=0.807 \tag{9.15}$$

$$b=-0.038+0.416\cdot\mathrm{GD}-0.103\cdot\mathrm{GD}^2,\ R^2=0.818 \tag{9.16}$$

因此，董志塬平方根误差与沟壑密度和空间分辨率的线性回归方程可表达为

$$\begin{aligned}\mathrm{RMSE}=&3.068+0.472\cdot\mathrm{GD}+0.830\cdot\mathrm{GD}^2\\&+\left(-0.038+0.416\cdot\mathrm{GD}-0.103\cdot\mathrm{GD}^2\right)h\end{aligned} \tag{9.17}$$

根据地形图数字化数据的统计结果可知，董志塬沟壑密度是 0.79km/km^2。如果模拟精度要求为绝对误差不超过 40m，根据式（9.17），董志塬数字高程模型的空间分辨率应高于 160m×160m。因此，董志塬数字高程适应模拟的起始分辨率为 160m×160m。

第一次模拟完成后，误差指示器在塬面的所有栅格满足 $\mathrm{EI}_{i,j}\leqslant 1$，整个董志塬的最大模拟误差为 224.7m，平均绝对误差为 43.2m，均方根误差为 33.0m，$\mathrm{EI}_{i,j}>1$ 的栅格数比例为 30%（表 9.3）。

表 9.3　适应算法加细次数与模拟误差关系

加细次数	加细网格分辨率/m	最大绝对误差/m	平均绝对误差/m	均方根误差/m	EI>1 的栅格数百分比/%
1	160	224.7	43.2	33.0	30
2	80	149.4	27.3	20.1	24
3	40	99.4	15.9	10.8	3
4	20	64.3	10.7	6.7	0.1
5	10	40	8.5	5.3	0

为了提高模拟精度，将 $\mathrm{EI}_{i,j}>1$ 的栅格对分细化为 80m 分辨率栅格，并用 HASM-AM 进一步模拟。模

拟结果最大误差为 149.4m，平均误差为 27.3m，均方根误差为 20.1m，比全局模拟结果分别减少 75.3m、15.9m 和 12.9m，24%栅格处的误差指示器 $EI_{i,j}>1$。

将上述 24%的 $EI_{i,j}>1$ 的栅格对分细化为 40m 分辨率，并进行第三次模拟。模拟结果的最大误差为 99.4m，平均误差为 15.9m，均方根误差为 10.8m，比第二次模拟结果误差分别减少了 50m、11.4m 和 9.3m。没有达到精度要求的栅格占 3%。

对没有达到精度要求的栅格继续进行局部细分。模拟结果表明，第四次模拟结果的最大误差为 64.3m，平均误差为 10.7m，均方根误差为 6.7m，分别比第三次模拟的最大误差减少 35.1m、平均误差减小 5.3m、均方根误差减小 4.2m，但仍有 0.1%的栅格未达到精度要求。为了使所有栅格处的模拟结果达到精度要求，对 $EI_{i,j}>1$ 的 0.1%栅格局部细化，并在这部分细化栅格上以 10m 空间分辨率再次模拟。局部加细栅格处的模拟误差最大值为 40 m，平均误差为 8.5m，均方根误差为 5.3m。第五次模拟完成后，整个董志塬所有栅格处的模拟值都达到了精度要求（图 9.2）。各次栅格局部细化和未达到精度要求栅格比例的逐步消亡过程见表 9.3。

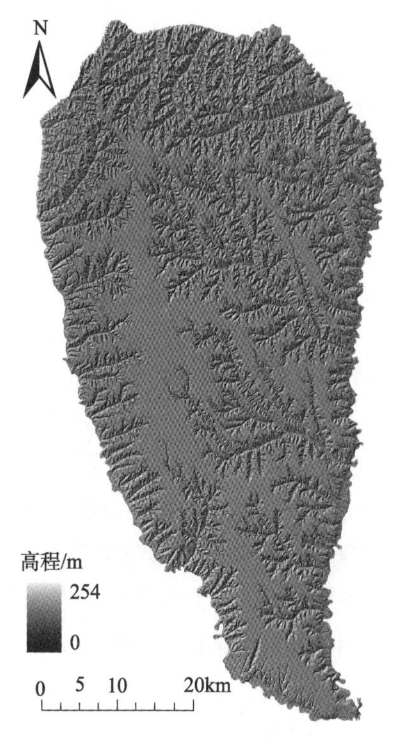

图 9.2　董志塬 10m 空间分辨率数字高程模型（方位角 315°，高度角 45°）

与全局单一空间分辨率模拟相比，适应算法仅对 $EI_{i,j}>1$ 栅格进行局部细化模拟，栅格数明显减少，存储量相应大幅度降低。事实上，如果所有栅格的空间分辨率都为 10m，则 HASM 需要对 272400 万个栅格进行处理。也就是说，适应法的引入使其计算量减少到了原来的 1.36%。模拟过程表明，HASM 适应算法回避了没有必要的计算量，节约了内存；HASM 模拟 10m 分辨率董志塬数字高程需要 21003.1s，而 HASM 适应算法仅需要 3788.4s，适应算法的引入使其计算速度提高了 4.544 倍。

鉴于整个董志塬对反距离加权法（IDW）、克里金法（Kriging）和样条函数法（Spline）等经典方法来说，计算量太大而无法运行，本书在董志塬选择一个在 35°49′59″~35°52′30″N 和 107°33′45″~107°37′30″E 的较小区域，用于比较分析 HASM 适应算法相对于经典方法的运算速度优势。此实验区面积为 26.5km^2，海拔在 1450~1225m（图 9.3）。

用于运算速度模拟比较分析的数字高程模型由 265000 个 10m × 10m 栅格组成。模拟分析结果表明，HASM 适应算法与反距离加权法、克里金法和样条函数法经典方法相比，运算速度最快、模拟精度最高（表 9.4）。

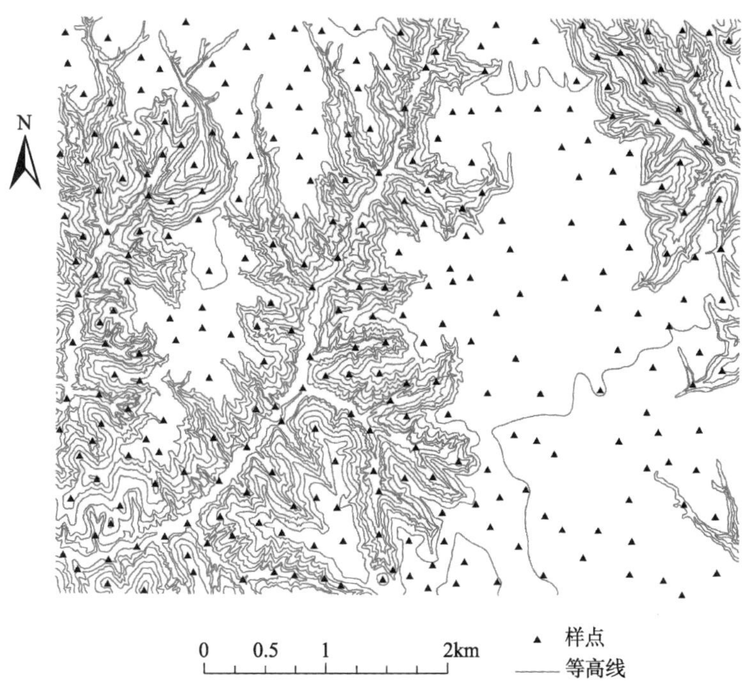

图 9.3　运算速度实验区的等高线及采样点分布

表 9.4　各种方法运算时间及模拟精度比较

方法	计算时间/s	均方根误差/m	平均绝对误差/m
反距离加权（IDW）	449	12.15	9.96
样条函数法（Spline）	438	31.47	14.39
克里金法（Kriging）	2807	12.30	10.11
高精度曲面建模适应法（HASM-AM）	10.92	11.07	8.55

HASM 适应算法的均方根误差和平均绝对误差分别为 11.07m 和 8.55m，运算时间为 10.92s。反距离加权法、克里金法和样条函数法分别占用了 2807s、449s 和 438s 完成了模拟过程，产生的平均绝对误差分别为 9.96m、10.11m 和 14.39m。

9.4　讨　　论

当模拟区域变化不均匀时，如果使用统一的栅格分辨率模拟，将导致较大的计算量和存储空间需求。发展格网适应性原理是数值模拟和科学计算的主要发展趋势之一。在大多数情况下，没有必要细化整个计算域，只需要在误差比较大的局部区域进行细化。

格网的适应细化包括预定义加细和自适应加细（Griebel, 1998; Han *et al*., 2002）。预定义加细是在计算之前确定加细的区域及加细的格网分辨率；自适应加细是根据一定的准则在计算过程中动态加细（Trottenberg *et al*., 2001）。在董志塬数字高程曲面的模拟实验中，首先根据模拟误差与格网空间分辨率和沟壑密度的关系，确定 HASM 适应算法的初始粗栅格分辨率；然后引入误差估值器和误差指示器，对计算区域进行嵌套式局部动态细化模拟。模拟结果表明，HASM 适应算法大幅度减小了计算量和内存需求；其模拟速度和精度远高于反距离加权法、克里金法和样条函数法等经典方法。

第 10 章　HASM 平差计算*

10.1　平 差 计 算

由于观测结果不可避免地存在着误差，因此如何处理带有误差的观测值，找出未知量的最佳估计值，是平差计算的主要目的（Ghilani and Wolf, 2006）。换句话说，平差计算就是依据某种最优化准则，用一系列带有观测误差的测量数据，求取未知量最佳估计值的方法（武汉大学测绘学院测量平差学科组，2009）。

在数理统计中，最优估计量应具有无偏性、一致性和有效性。对于一定容量的子样，按不同的点估计方法，可以得到待估参数不同的估计量。根据有效性的要求，围绕待估参数摆动最小的估计量是最优的，即方差最小的估计量是最优的。即，当$\sigma\left(\hat{\theta}\right)<\sigma\left(\hat{\theta}'\right)$时，估计量$\hat{\theta}$较$\hat{\theta}'$更有效。

对同一个待估参数，应用不同的估计方法所求得的无偏估计量中，相应的方差$\sigma\left(\hat{\theta}\right)$有一个下界$\sigma_m^2$，这个关系可由罗–克拉美不等式表达（Rao, 1945; Cramér, 1946）：

$$\sigma\left(\hat{\theta}\right)\geqslant\sigma_m^2=\frac{-1}{n\cdot E\left\{\dfrac{\partial^2}{\partial\theta^2}\ln f(x;\theta)\right\}}\tag{10.1}$$

式中，$f(x;\theta)$为母体概率密度；n为子样容量。

如果能找到某个无偏估计量$\hat{\theta}$，其方差$\sigma\left(\hat{\theta}\right)=\sigma_m^2$，即方差为最小值，那么该估计量就是有效估计量，或最优无偏估计量；同时，该估计量也具有一致性。

对于线性数学模型，则有

$$\boldsymbol{W}\cdot\boldsymbol{x}-\boldsymbol{v}=\boldsymbol{r}\tag{10.2}$$

式中，$\boldsymbol{W}$为已知的系数矩阵；$\boldsymbol{x}$为待估参数向量；$\boldsymbol{v}$为观测序列；$\boldsymbol{r}$为残差向量。

最小二乘准则表明，$\boldsymbol{x}$向量的最佳估计量，是使加权残差平方和为最小的估计量，即

$$\boldsymbol{r}^{\mathrm{T}}\cdot\boldsymbol{P}\cdot\boldsymbol{r}=\min\tag{10.3}$$

由于最小二乘是不考虑任何统计特性的一种估计方法，对于具有式（10.2）线性关系的参数估计问题，不论观测序列的分布如何，都可按最小二乘法进行参数估计。也就是说，最小二乘法是可以不考虑观测序列的任何统计特性的一种估计方法。如果把观测值的协方差矩阵的逆选作权矩阵，最小二乘估值就是最小方差估值；如果观测误差符合正态分布，最小二乘方差估值就是最大似然估值。

要求估值具有方差最小的性质，在数据平差中称为最小中误差原理，它与数据处理中采用的最小二乘原理是一致的。因此，按最小二乘准则求出的估值，必然是最优无偏估计量（王世海，2011）。

19 世纪初，高斯根据带有误差的观测结果，成功运用其提出的最小二乘法计算了谷神星的运行轨道，使天文学家及时找到了这颗彗星（Gauss, 1809）。从 19 世纪初到 20 世纪 60 年代的 150 多年中，许多学者在大量研究基础上，提出的针对各类问题的平差方法都基于最小二乘原则，一般称其为经典最小二乘平差（隋立芬等，2010）。20 世纪 60 年代以来，随着计算机技术、矩阵代数、泛函分析、优化理论和概率统计在平差计算中的广泛应用，出现了许多新的平差理论和平差方法。

然而，近期研究结果表明，与所有其他单凭经验的方法相比，最小二乘法仍然有很大优势（Ghilani,

---

* 王世海和赵明伟为本章主要合著者。

2010)。在最小二乘平差中，迫使误差与其权重乘积的平方和达到最小。最小二乘平差的优势源于：①最小二乘基于严格的概率论，而其他方法则无此理论基础；②最小二乘平差允许诸如距离、水平角、方位角、天顶角、高差和坐标等所有观测变量同时进入平差计算；③该方法可根据观测变量的相对可靠性赋予相应的权重。

参数平差和条件平差是最小二乘平差计算的两种基本形式。在执行参数平差时，按照未知参数表达观测，在条件平差中，根据各观测元素间所构成的几何条件，按最小二乘法的原理求得各观测值的最或然值，以消除由于多次观测产生的矛盾。

10.1.1　参数平差

线性观测方程组可表达为

$$\boldsymbol{W}\cdot\boldsymbol{x}=\boldsymbol{v}+\boldsymbol{r} \tag{10.4}$$

式中，$\boldsymbol{x}=\begin{bmatrix}x_1\\x_2\\\vdots\\x_n\end{bmatrix}$；$\boldsymbol{W}=\begin{bmatrix}w_{11}&w_{12}&\cdots&w_{1n}\\w_{21}&w_{22}&\cdots&w_{2n}\\\vdots&\vdots&&\vdots\\w_{m1}&w_{m2}&\cdots&w_{mn}\end{bmatrix}$；$\boldsymbol{v}=\begin{bmatrix}v_1\\v_2\\\vdots\\v_m\end{bmatrix}$；$\boldsymbol{r}=\begin{bmatrix}r_1\\r_2\\\vdots\\r_m\end{bmatrix}$。$\boldsymbol{x}$ 为未知数；$\boldsymbol{W}$ 为未知系数；$\boldsymbol{v}$ 为观测值；$\boldsymbol{r}$ 为残差。

方程(10.4)的解应满足 $\boldsymbol{r}^{\mathrm{T}}\cdot\boldsymbol{P}\cdot\boldsymbol{r}=\min$，即

$$\frac{\partial\left(\boldsymbol{r}^{\mathrm{T}}\cdot\boldsymbol{P}\cdot\boldsymbol{r}\right)}{\partial\boldsymbol{x}}=2\boldsymbol{r}^{\mathrm{T}}\cdot\boldsymbol{P}\cdot\frac{\partial\boldsymbol{r}}{\partial\boldsymbol{x}}=2\boldsymbol{r}^{\mathrm{T}}\cdot\boldsymbol{P}\cdot\boldsymbol{W}=0 \tag{10.5}$$

式中，$\boldsymbol{P}$ 为 $\boldsymbol{v}$ 的权重矩阵。

将方程(10.4)代入式(10.5)可得

$$\boldsymbol{W}^{\mathrm{T}}\cdot\boldsymbol{P}\cdot\left(\boldsymbol{W}\cdot\boldsymbol{x}-\boldsymbol{v}\right)=0 \tag{10.6}$$

则法方程可表达为

$$\boldsymbol{W}^{\mathrm{T}}\cdot\boldsymbol{P}\cdot\boldsymbol{W}\cdot\boldsymbol{x}=\boldsymbol{W}^{\mathrm{T}}\cdot\boldsymbol{P}\cdot\boldsymbol{v} \tag{10.7}$$

或

$$\boldsymbol{x}=\left(\boldsymbol{W}^{\mathrm{T}}\cdot\boldsymbol{P}\cdot\boldsymbol{W}\right)^{-1}\boldsymbol{W}^{\mathrm{T}}\cdot\boldsymbol{P}\cdot\boldsymbol{v} \tag{10.8}$$

如果 $\boldsymbol{P}=\boldsymbol{I}$ 为单位矩阵，则

$$\boldsymbol{W}^{\mathrm{T}}\cdot\boldsymbol{W}\cdot\boldsymbol{x}=\boldsymbol{W}^{\mathrm{T}}\cdot\boldsymbol{v} \tag{10.9}$$

$$\boldsymbol{x}=\left(\boldsymbol{W}^{\mathrm{T}}\cdot\boldsymbol{W}\right)^{-1}\boldsymbol{W}^{\mathrm{T}}\cdot\boldsymbol{v} \tag{10.10}$$

通过泰勒级数近似线性化的非线性方程组可表达为

$$\boldsymbol{J}\cdot\boldsymbol{x}=\boldsymbol{v}+\boldsymbol{r} \tag{10.11}$$

式中，$\boldsymbol{x}=\begin{bmatrix}\mathrm{d}x_1\\\mathrm{d}x_2\\\vdots\\\mathrm{d}x_n\end{bmatrix}$；$\boldsymbol{J}=\begin{bmatrix}\frac{\partial f_1}{\partial x_1}&\frac{\partial f_1}{\partial x_2}&\cdots&\frac{\partial f_1}{\partial x_n}\\\frac{\partial f_2}{\partial x_1}&\frac{\partial f_2}{\partial x_2}&\cdots&\frac{\partial f_2}{\partial x_n}\\\vdots&\vdots&&\vdots\\\frac{\partial f_m}{\partial x_1}&\frac{\partial f_m}{\partial x_2}&\cdots&\frac{\partial f_m}{\partial x_n}\end{bmatrix}$；$\boldsymbol{r}=\begin{bmatrix}r_1\\r_2\\\vdots\\r_m\end{bmatrix}$；$\boldsymbol{k}=\begin{bmatrix}v_1-f_1\left(x_1,x_2,\ldots,x_n\right)\\v_2-f_2\left(x_1,x_2,\ldots,x_n\right)\\\vdots\\v_m-f_m\left(x_1,x_2,\ldots,x_n\right)\end{bmatrix}$。$\boldsymbol{x}$ 为未知数；$\boldsymbol{J}$ 为雅可比矩阵；$\boldsymbol{r}$ 为残差；$\boldsymbol{k}$ 为常数。

相同权重的最小二乘改正数向量可表达为

$$\boldsymbol{x}=(\boldsymbol{J}^{\mathrm{T}}\cdot\boldsymbol{J})^{-1}\boldsymbol{J}^{\mathrm{T}}\cdot\boldsymbol{k} \tag{10.12}$$

非线性方程组的最小二乘求解包括以下 5 个步骤：①写出每个方程的一阶泰勒级数近似表达；②确定步骤 1 中方程的未知数初始近似值；③运用最小二乘法求步骤 1 中方程的解；④将改正书应用到初始近似值；⑤重复步骤 1 到步骤 4，直到改正数达到充分小为止。

10.1.2　条件平差

假定 $\underset{n\times 1}{\boldsymbol{v}}=\begin{pmatrix}v_1\\v_2\\\vdots\\v_n\end{pmatrix}$ 是观测值；$\underset{n\times n}{\boldsymbol{P}}=\begin{pmatrix}p_1&0&\dots&0\\0&p_2&\dots&0\\\vdots&\vdots&&\vdots\\0&0&\dots&p_n\end{pmatrix}$ 为权重矩阵；$\underset{n\times 1}{\boldsymbol{r}}=\begin{bmatrix}r_1\\r_2\\\vdots\\r_n\end{bmatrix}$ 和 $\underset{n\times 1}{\hat{\boldsymbol{v}}}=\begin{pmatrix}\hat{v}_1\\\hat{v}_2\\\vdots\\\hat{v}_n\end{pmatrix}$ 分别为改正值和平差值。$\underset{n\times 1}{\boldsymbol{v}}$ 具有 n 个独立随机误差，且服从正态分布。如果执行另外 m 个附加观测，则 $\underset{n\times 1}{\hat{\boldsymbol{v}}}$ 满足 m 个条件方程：

$$\boldsymbol{W}\cdot\hat{\boldsymbol{v}}+\boldsymbol{c}_0=0 \tag{10.13}$$

式中，$\underset{m\times n}{\boldsymbol{W}}=\begin{pmatrix}a_1&a_2&\dots&a_n\\b_1&b_2&\dots&b_n\\\vdots&\vdots&&\vdots\\q_1&q_2&\dots&q_n\end{pmatrix}$ 为条件方程系数；$\underset{m\times 1}{\boldsymbol{c}_0}=\begin{pmatrix}a_0\\b_0\\\vdots\\q_0\end{pmatrix}$ 为常数。

因为 $\hat{v}_i=v_i+r_i$　（$i=1,2,\cdots,n$），条件方程可表达为

$$\underset{m\times n}{\boldsymbol{W}}\cdot\underset{n\times 1}{\boldsymbol{r}}+\underset{m\times 1}{\boldsymbol{c}}=0 \tag{10.14}$$

式中，$\underset{m\times 1}{\boldsymbol{c}}=\underset{m\times n}{\boldsymbol{W}}\cdot\underset{n\times 1}{\boldsymbol{v}}+\underset{m\times 1}{\boldsymbol{c}_0}$。

$\boldsymbol{r}^{\mathrm{T}}\cdot\boldsymbol{P}\cdot\boldsymbol{r}=\min$ 的唯一解可借助拉格朗日乘子法获得（Kolman and Trend，1971），即令

$$\varPhi=\boldsymbol{r}^{\mathrm{T}}\cdot\boldsymbol{P}\cdot\boldsymbol{r}-2\boldsymbol{k}^{\mathrm{T}}(\boldsymbol{A}\cdot\boldsymbol{r}+\boldsymbol{c}) \tag{10.15}$$

以 $\boldsymbol{r}$ 为自变量，对 $\varPhi$ 求导，并令导数为 0，则有

$$\frac{\mathrm{d}\varPhi}{\mathrm{d}\boldsymbol{r}}=2\boldsymbol{r}^{\mathrm{T}}\cdot\boldsymbol{P}-2\boldsymbol{k}^{\mathrm{T}}\cdot\boldsymbol{W}=0 \tag{10.16}$$

从而可以得到

$$\underset{n\times 1}{\boldsymbol{r}}=\underset{n\times n}{\boldsymbol{P}^{-1}}\cdot\underset{n\times m}{\boldsymbol{W}^{\mathrm{T}}}\cdot\underset{m\times 1}{\boldsymbol{k}} \tag{10.17}$$

式中，$\boldsymbol{k}^{\mathrm{T}}=\left(k_a,k_b,\cdots,k_q\right)$ 为联系数向量。

将方程（10.17）代入方程（10.14）得

$$\underset{m\times n}{\boldsymbol{W}}\cdot\underset{n\times n}{\boldsymbol{P}^{-1}}\cdot\underset{n\times m}{\boldsymbol{W}^{\mathrm{T}}}\cdot\underset{m\times 1}{\boldsymbol{k}}+\underset{m\times 1}{\boldsymbol{c}}=0 \tag{10.18}$$

令 $\underset{m\times m}{\boldsymbol{S}}=\underset{m\times n}{\boldsymbol{W}}\cdot\underset{n\times n}{\boldsymbol{P}^{-1}}\cdot\underset{n\times m}{\boldsymbol{W}^{\mathrm{T}}}$，则 $\boldsymbol{S}^{\mathrm{T}}=\boldsymbol{S}$，且联系数法方程可表达为以下线性对称方程组：

$$\underset{m\times m}{\boldsymbol{S}}\cdot\underset{m\times 1}{\boldsymbol{k}}+\underset{m\times 1}{\boldsymbol{c}}=0 \tag{10.19}$$

由于 $\boldsymbol{S}$ 的秩为 m，所以可从方程（10.19）求得 $\boldsymbol{k}$ 的唯一解。将 $\boldsymbol{k}$ 的唯一解代入方程（10.17）可得 $\boldsymbol{r}$ 的值，进而最终获得平差值 $\hat{\boldsymbol{v}}=\boldsymbol{v}+\boldsymbol{r}$。

10.1.3　逐次条件平差

如果 $\boldsymbol{P}=\boldsymbol{I}$ 为单位矩阵，联系数法方程（10.18）可简化为

$$\underset{m\times n}{\boldsymbol{W}}\cdot\underset{n\times m}{\boldsymbol{W}^{\mathrm{T}}}\cdot\underset{m\times 1}{\boldsymbol{k}}+\underset{m\times 1}{\boldsymbol{c}}=0 \tag{10.20}$$

改正值方程（10.17）可表达为

$$\underset{n\times 1}{\boldsymbol{r}}=\underset{n\times m}{\boldsymbol{W}}^{\mathrm{T}}\cdot\underset{m\times 1}{\boldsymbol{k}} \tag{10.21}$$

根据逐次条件平差的克里金法，所有条件方程可分解为两组：

$$\underset{m_1\times n}{\boldsymbol{W}_1}\cdot\underset{n\times 1}{\boldsymbol{r}}+\underset{m_1\times 1}{\boldsymbol{c}_1}=0 \tag{10.22}$$

$$\underset{(m-m_1)\times n}{\boldsymbol{W}_2}\cdot\underset{n\times 1}{\boldsymbol{r}}+\underset{(m-m_1)\times 1}{\boldsymbol{c}_2}=0 \tag{10.23}$$

则条件方程（10.14）可重写为

$$\begin{bmatrix}\boldsymbol{W}_1\\ \boldsymbol{W}_2\end{bmatrix}\boldsymbol{r}+\begin{bmatrix}\boldsymbol{c}_1\\ \boldsymbol{c}_2\end{bmatrix}=0 \tag{10.24}$$

令 $\underset{(m-m_1)\times n}{\bar{\boldsymbol{W}}_2}=\underset{(m-m_1)\times n}{\boldsymbol{W}_2}+\underset{(m-m_1)\times m_1}{\boldsymbol{\rho}^{\mathrm{T}}}\cdot\underset{m_1\times n}{\boldsymbol{W}_1}$，则方程（10.24）可转换为

$$\begin{bmatrix}\boldsymbol{W}_1\\ \bar{\boldsymbol{W}}_2\end{bmatrix}\boldsymbol{r}+\begin{bmatrix}\boldsymbol{c}_1\\ \bar{\boldsymbol{c}}_2\end{bmatrix}=0 \tag{10.25}$$

式中，$\boldsymbol{\rho}$ 为转换矩阵。

法方程可表达为

$$\begin{bmatrix}\boldsymbol{W}_1\\ \bar{\boldsymbol{W}}_2\end{bmatrix}\begin{bmatrix}\boldsymbol{W}_1^{\mathrm{T}} & \bar{\boldsymbol{W}}_2^{\mathrm{T}}\end{bmatrix}\begin{bmatrix}\boldsymbol{k}_1\\ \boldsymbol{k}_2\end{bmatrix}+\begin{bmatrix}\boldsymbol{c}_1\\ \bar{\boldsymbol{c}}_2\end{bmatrix}=0 \tag{10.26}$$

或

$$\begin{bmatrix}\boldsymbol{W}_1\cdot\boldsymbol{W}_1^{\mathrm{T}} & \boldsymbol{W}_1\cdot\bar{\boldsymbol{W}}_2^{\mathrm{T}}\\ \bar{\boldsymbol{W}}_2\cdot\boldsymbol{W}_1^{\mathrm{T}} & \bar{\boldsymbol{W}}_2\cdot\bar{\boldsymbol{W}}_2^{\mathrm{T}}\end{bmatrix}\begin{bmatrix}\boldsymbol{k}_1\\ \boldsymbol{k}_2\end{bmatrix}+\begin{bmatrix}\boldsymbol{c}_1\\ \bar{\boldsymbol{c}}_2\end{bmatrix}=0 \tag{10.27}$$

通过转换将方程（10.27）分解为两个独立方程组，即寻找 $\boldsymbol{\rho}$ 使得式（10.28）成立，

$$\boldsymbol{W}_1\cdot\bar{\boldsymbol{W}}_2^{\mathrm{T}}=\boldsymbol{W}_1\left(\boldsymbol{W}_2+\boldsymbol{\rho}^{\mathrm{T}}\cdot\boldsymbol{W}_1\right)^{\mathrm{T}}=\boldsymbol{W}_1\cdot\boldsymbol{W}_1^{\mathrm{T}}\cdot\boldsymbol{\rho}+\boldsymbol{W}_1\cdot\boldsymbol{W}_2^{\mathrm{T}}=0 \tag{10.28}$$

从而可以保证式（10.29）成立，

$$\begin{bmatrix}\boldsymbol{W}_1\cdot\boldsymbol{W}_1^{\mathrm{T}} & 0\\ 0 & \bar{\boldsymbol{W}}_2\cdot\bar{\boldsymbol{W}}_2^{\mathrm{T}}\end{bmatrix}\begin{bmatrix}\boldsymbol{k}_1\\ \boldsymbol{k}_2\end{bmatrix}+\begin{bmatrix}\boldsymbol{c}_1\\ \bar{\boldsymbol{c}}_2\end{bmatrix}=0 \tag{10.29}$$

由此可得以下两个法方程组：

$$\boldsymbol{W}_1\cdot\boldsymbol{W}_1^{\mathrm{T}}\cdot\boldsymbol{k}_1+\boldsymbol{c}_1=0 \tag{10.30}$$

$$\bar{\boldsymbol{W}}_2\cdot\bar{\boldsymbol{W}}_2^{\mathrm{T}}\cdot\boldsymbol{k}_2+\bar{\boldsymbol{c}}_2=0 \tag{10.31}$$

求解方程（10.30）可得 $\boldsymbol{k}_1$，求解方程（10.31）可得 $\boldsymbol{k}_2$，则 $\boldsymbol{r}_1=\boldsymbol{W}_1^{\mathrm{T}}\cdot\boldsymbol{k}_1$，$\boldsymbol{r}_2=\bar{\boldsymbol{W}}_2^{\mathrm{T}}\cdot\boldsymbol{k}_2$。$\boldsymbol{W}\cdot\boldsymbol{r}+\boldsymbol{w}=0$ 的改正值即为 $\boldsymbol{r}=\boldsymbol{r}_1+\boldsymbol{r}_2$。

10.1.4　逐次独立条件平差

如果条件方程由式（10.22）和式（10.23）两个方程构成，则

$$\begin{pmatrix}\boldsymbol{W}_1\\ \boldsymbol{W}_2\end{pmatrix}\cdot\boldsymbol{r}+\begin{pmatrix}\boldsymbol{c}_1\\ \boldsymbol{c}_2\end{pmatrix}=0 \tag{10.32}$$

则改正值可表达为

$$\boldsymbol{r}=\boldsymbol{P}^{-1}\begin{pmatrix}\boldsymbol{W}_1^{\mathrm{T}} & \boldsymbol{W}_2^{\mathrm{T}}\end{pmatrix}\begin{pmatrix}\boldsymbol{k}_1\\ \boldsymbol{k}_2\end{pmatrix} \tag{10.33}$$

式中，$\boldsymbol{k}_1$ 和 $\boldsymbol{k}_2$ 为条件方程（10.32）的两个联系数向量。

对独立的条件平差，$\boldsymbol{P}$ 是对称正定矩阵，法方程可表达为

$$\begin{pmatrix} \boldsymbol{W}_1 \\ \boldsymbol{W}_2 \end{pmatrix} \boldsymbol{P}^{-1} \left(\boldsymbol{W}_1^{\mathrm{T}} \boldsymbol{W}_2^{\mathrm{T}} \right) \begin{pmatrix} \boldsymbol{k}_1 \\ \boldsymbol{k}_2 \end{pmatrix} + \begin{pmatrix} \boldsymbol{c}_1 \\ \boldsymbol{c}_2 \end{pmatrix} = 0 \tag{10.34}$$

或

$$\begin{pmatrix} \boldsymbol{W}_1 \cdot \boldsymbol{P}^{-1} \cdot \boldsymbol{W}_1^{\mathrm{T}} & \boldsymbol{W}_1 \cdot \boldsymbol{P}^{-1} \cdot \boldsymbol{W}_2^{\mathrm{T}} \\ \boldsymbol{W}_2 \cdot \boldsymbol{P}^{-1} \cdot \boldsymbol{W}_1^{\mathrm{T}} & \boldsymbol{W}_2 \cdot \boldsymbol{P}^{-1} \cdot \boldsymbol{W}_2^{\mathrm{T}} \end{pmatrix} \begin{pmatrix} \boldsymbol{k}_1 \\ \boldsymbol{k}_2 \end{pmatrix} + \begin{pmatrix} \boldsymbol{c}_1 \\ \boldsymbol{c}_2 \end{pmatrix} = 0 \tag{10.35}$$

方程（10.35）可重写为

$$\boldsymbol{S}_{11} \cdot \boldsymbol{k}_1 + \boldsymbol{S}_{12} \cdot \boldsymbol{k}_2 + \boldsymbol{c}_1 = 0 \tag{10.36}$$

$$\boldsymbol{S}_{21} \cdot \boldsymbol{k}_1 + \boldsymbol{S}_{22} \cdot \boldsymbol{k}_2 + \boldsymbol{c}_2 = 0 \tag{10.37}$$

式中，$\boldsymbol{S}_{11} = \boldsymbol{W}_1 \cdot \boldsymbol{P}^{-1} \cdot \boldsymbol{W}_1^{\mathrm{T}}$；$\boldsymbol{S}_{12} = \boldsymbol{W}_1 \cdot \boldsymbol{P}^{-1} \cdot \boldsymbol{W}_2^{\mathrm{T}}$；$\boldsymbol{S}_{21} = \boldsymbol{W}_2 \cdot \boldsymbol{P}^{-1} \cdot \boldsymbol{W}_1^{\mathrm{T}}$；$\boldsymbol{S}_{22} = \boldsymbol{W}_2 \cdot \boldsymbol{P}^{-1} \cdot \boldsymbol{W}_2^{\mathrm{T}}$。

根据方程（10.36），可得

$$\boldsymbol{k}_1 = -\boldsymbol{S}_{11}^{-1} \left(\boldsymbol{S}_{12} \cdot \boldsymbol{k}_2 + \boldsymbol{c}_1 \right) \tag{10.38}$$

将方程（10.38）代入方程（10.37）得

$$-\boldsymbol{S}_{21} \cdot \boldsymbol{S}_{11}^{-1} \left(\boldsymbol{S}_{12} \cdot \boldsymbol{k}_2 + \boldsymbol{c}_1 \right) + \boldsymbol{S}_{22} \cdot \boldsymbol{k}_2 + \boldsymbol{c}_2 = 0 \tag{10.39}$$

则

$$\boldsymbol{k}_2 = \left(\boldsymbol{S}_{22} - \boldsymbol{S}_{21} \cdot \boldsymbol{S}_{11}^{-1} \cdot \boldsymbol{S}_{12} \right)^{-1} + \left(\boldsymbol{c}_2 - \boldsymbol{S}_{21} \cdot \boldsymbol{S}_{11}^{-1} \cdot \boldsymbol{c}_1 \right) \tag{10.40}$$

如果逐次求解式（10.32），第一个方程的改正值可表达为

$$\boldsymbol{r}_1' = \boldsymbol{Q}_{LL} \cdot \boldsymbol{W}_1^{\mathrm{T}} \cdot \boldsymbol{k}_1' \tag{10.41}$$

式中，$\boldsymbol{Q}_{LL} = \boldsymbol{P}^{-1}$ 为权重矩阵 $\boldsymbol{P}$ 的逆矩阵。

联系数 $\boldsymbol{k}_1'$ 是以下法方程的解，

$$\boldsymbol{S}_{11} \cdot \boldsymbol{k}_1' + \boldsymbol{c}_1 = 0 \tag{10.42}$$

即

$$\boldsymbol{k}_{11}' = -\boldsymbol{S}_{11}^{-1} \cdot \boldsymbol{c}_1 = -\boldsymbol{S}_{11}^{-1} \left(\boldsymbol{W}_1 \cdot \boldsymbol{v} + \boldsymbol{c}_1^0 \right) \tag{10.43}$$

式中，$\boldsymbol{v}$ 为初始观测值；$\boldsymbol{c}_1^0$ 为初始条件方程常数项的第一部分分量。

将第一组改正值 $\boldsymbol{r}_1'$ 加到观测值 $\boldsymbol{v}$，可得第一组方程的计算结果：

$$\begin{aligned} \boldsymbol{v}' &= \boldsymbol{v} + \boldsymbol{r}_1' = \boldsymbol{v} + \boldsymbol{Q}_{LL} \cdot \boldsymbol{W}_1^{\mathrm{T}} \cdot \boldsymbol{k}_1' = \boldsymbol{v} - \boldsymbol{Q}_{LL} \cdot \boldsymbol{W}_1^{\mathrm{T}} \cdot \boldsymbol{S}_{11}^{-1} (\boldsymbol{W}_1 \cdot \boldsymbol{v} + \boldsymbol{c}_1^0) \\ &= \left(\boldsymbol{I} - \boldsymbol{Q}_{LL} \cdot \boldsymbol{W}_1^{\mathrm{T}} \cdot \boldsymbol{S}_{11}^{-1} \cdot \boldsymbol{W}_1 \right) \cdot \boldsymbol{v} - \boldsymbol{Q}_{LL} \cdot \boldsymbol{W}_1^{\mathrm{T}} \cdot \boldsymbol{S}_{11}^{-1} \cdot \boldsymbol{c}_1^0 \end{aligned} \tag{10.44}$$

权矩阵的逆可表达为

$$\begin{aligned} \boldsymbol{Q}_{L'L'} &= \left(\boldsymbol{I} - \boldsymbol{Q}_{LL} \cdot \boldsymbol{W}_1^{\mathrm{T}} \cdot \boldsymbol{S}_{11}^{-1} \cdot \boldsymbol{W}_1 \right) \boldsymbol{Q}_{LL} \left(\boldsymbol{I} - \boldsymbol{Q}_{LL} \cdot \boldsymbol{W}_1^{\mathrm{T}} \cdot \boldsymbol{S}_{11}^{-1} \cdot \boldsymbol{W}_1 \right)^{\mathrm{T}} \\ &= \boldsymbol{Q}_{LL} - \boldsymbol{Q}_{LL} \cdot \boldsymbol{W}_1^{\mathrm{T}} \cdot \boldsymbol{S}_{11}^{-1} \cdot \boldsymbol{W}_1 \cdot \boldsymbol{Q}_{LL} \end{aligned} \tag{10.45}$$

根据方程（10.39），可得

$$\left(\boldsymbol{S}_{22} - \boldsymbol{S}_{21} \cdot \boldsymbol{S}_{11}^{-1} \cdot \boldsymbol{S}_{12} \right) \boldsymbol{k}_2 + \left(\boldsymbol{c}_2 - \boldsymbol{S}_{21} \cdot \boldsymbol{S}_{11}^{-1} \cdot \boldsymbol{c}_1 \right) = 0 \tag{10.46}$$

或

$$\begin{aligned} &\boldsymbol{W}_2 \cdot \left(\boldsymbol{P}^{-1} - \boldsymbol{P}^{-1} \cdot \boldsymbol{W}_1^{\mathrm{T}} \cdot \boldsymbol{S}_{11}^{-1} \cdot \boldsymbol{W}_1 \cdot \boldsymbol{P}^{-1} \right) \cdot \boldsymbol{W}_2^{\mathrm{T}} \cdot \boldsymbol{k}_2 \\ &+ \left(\left(\boldsymbol{W}_2 \cdot \boldsymbol{v} + \boldsymbol{c}_2^0 \right) - \boldsymbol{W}_2 \cdot \boldsymbol{P}^{-1} \cdot \boldsymbol{W}_1^{\mathrm{T}} \cdot \boldsymbol{S}_{11}^{-1} \left(\boldsymbol{W}_1 \cdot \boldsymbol{v} + \boldsymbol{c}_1^0 \right) \right) = 0 \end{aligned} \tag{10.47}$$

综合式（10.45）、式（10.44）和式（10.47）可得

$$\boldsymbol{W}_2 \cdot \boldsymbol{Q}_{L'L'} \cdot \boldsymbol{W}_2^{\mathrm{T}} \cdot \boldsymbol{k}_2 + \left(\boldsymbol{W}_2 \cdot \boldsymbol{v}' + \boldsymbol{c}_2^0 \right) = 0 \tag{10.48}$$

综合式（10.33）、式（10.38）、式（10.41）和式（10.45）可得

$$
\begin{aligned}
\boldsymbol{r} &= \boldsymbol{Q}_{LL}(\boldsymbol{W}_1^{\mathrm{T}} \cdot \boldsymbol{k}_1 + \boldsymbol{W}_2^{\mathrm{T}} \cdot \boldsymbol{k}_2) \\
&= \boldsymbol{Q}_{LL}\left(\boldsymbol{W}_1^{\mathrm{T}}\left(-\boldsymbol{S}_{11}^{-1}\left(\boldsymbol{S}_{12} \cdot \boldsymbol{k}_2 + \mathrm{c}_1\right)\right)\right) + \boldsymbol{Q}_{LL} \cdot \boldsymbol{W}_2^{\mathrm{T}} \cdot \boldsymbol{k}_2 \\
&= -\boldsymbol{Q}_{LL} \cdot \boldsymbol{W}_1^{\mathrm{T}} \cdot \boldsymbol{S}_{11}^{-1} \cdot \mathrm{c}_1 - \boldsymbol{Q}_{LL} \cdot \boldsymbol{W}_1^{\mathrm{T}} \cdot \boldsymbol{S}_{11}^{-1} \cdot \boldsymbol{S}_{12} \cdot \boldsymbol{k}_2 + \boldsymbol{Q}_{LL} \cdot \boldsymbol{W}_2^{\mathrm{T}} \cdot \boldsymbol{k}_2 \\
&= \boldsymbol{Q}_{LL} \cdot \boldsymbol{W}_1^{\mathrm{T}} \cdot \boldsymbol{k}_1' - \boldsymbol{Q}_{LL} \cdot \boldsymbol{W}_1^{\mathrm{T}} \cdot \boldsymbol{S}_{11}^{-1} \cdot \boldsymbol{W}_1 \cdot \boldsymbol{Q}_{LL} \cdot \boldsymbol{W}_2^{\mathrm{T}} \cdot \boldsymbol{k}_2 + \boldsymbol{Q}_{LL} \cdot \boldsymbol{W}_2^{\mathrm{T}} \cdot \boldsymbol{k}_2 \\
&= \boldsymbol{r}_1' + \left(\boldsymbol{Q}_{LL} - \boldsymbol{Q}_{LL} \cdot \boldsymbol{W}_1^{\mathrm{T}} \cdot \boldsymbol{S}_{11}^{-1} \cdot \boldsymbol{W}_1 \cdot \boldsymbol{Q}_{LL}\right)\boldsymbol{W}_2^{\mathrm{T}} \cdot \boldsymbol{k}_2 \\
&= \boldsymbol{r}_1' + \boldsymbol{Q}_{L'L'} \cdot \boldsymbol{W}_2^{\mathrm{T}} \cdot \boldsymbol{k}_2 \\
&= \boldsymbol{r}_1' + \boldsymbol{r}_2''
\end{aligned}
\tag{10.49}
$$

$$
\boldsymbol{r}_2'' = \boldsymbol{Q}_{L'L'} \cdot \boldsymbol{W}_2^{\mathrm{T}} \cdot \boldsymbol{k}_2 \tag{10.50}
$$

简单地说，逐次独立条件平差的基本步骤可概括为：①将条件方程分解为两个方程组，并根据式（10.41）、式（10.43）、式（10.44）和式（10.45）计算 $\boldsymbol{r}'$ 、$\boldsymbol{k}_1'$ 、$\boldsymbol{v}'$ 和 $\boldsymbol{Q}_{L'L'}$ ；②在第一组平差值 $\boldsymbol{v}'$ 的基础上建立第二个方程组，即式（10.48）；③根据第二个条件方程组求解联系数 $\boldsymbol{k}_2$ ，并根据方程（10.50）计算第二组改正值 $\boldsymbol{r}_2''$ ；④计算平差值 $\hat{\boldsymbol{v}} = \boldsymbol{v}' + \boldsymbol{r}_2'' = \boldsymbol{v} + \boldsymbol{r}_1' + \boldsymbol{r}_2''$ 。

10.2 HASM 平差计算

HASM 平差计算的条件方程组由高斯方程和实际采样点方程组成。假定采样点所在栅格的坐标为 (l,k) 、对应的采样值为 $\overline{f}_{l,k}$ 、栅格大小为 h ，则 HASM 平差计算的有限差分方程组可表达为（Yue and Wang, 2010; Yue, 2011）

$$
\begin{cases}
\dfrac{f_{i+1,j} - 2f_{i,j} + f_{i-1,j}}{h^2} = (\Gamma_{11}^1)_{i,j} \dfrac{f_{i+1,j} - f_{i-1,j}}{2h} + \left(\Gamma_{11}^2\right)_{i,j} \dfrac{f_{i,j+1} - f_{i,j-1}}{2h} + \dfrac{L_{i,j}}{\sqrt{E_{i,j} + G_{i,j} - 1}} \\
\dfrac{f_{i,j+1} - 2f_{i,j} + f_{i,j-1}}{h^2} = (\Gamma_{22}^1)_{i,j} \dfrac{f_{i+1,j} - f_{i-1,j}}{2h} + \left(\Gamma_{22}^2\right)_{i,j} \dfrac{f_{i,j+1} - f_{i,j-1}}{2h} + \dfrac{N_{i,j}}{\sqrt{E_{i,j} + G_{i,j} - 1}} \\
\dfrac{f_{i+1,j+1} - f_{i-1,j+1} + f_{i-1,j-1} - f_{i+1,j+1}}{4h^2} = (\Gamma_{12}^1)_{i,j} \dfrac{f_{i+1,j} - f_{i-1,j}}{2h} + \left(\Gamma_{12}^2\right)_{i,j} \dfrac{f_{i,j+1} - f_{i,j-1}}{2h} + \dfrac{M_{i,j}}{\sqrt{E_{i,j} + G_{i,j} - 1}} \\
f_{l,k} = \overline{f}_{l,k}
\end{cases}
\tag{10.51}
$$

式中，$\left(\Gamma_{11}^1\right)_{i,j}$ 、$\left(\Gamma_{12}^1\right)_{i,j}$ 、$\left(\Gamma_{22}^1\right)_{i,j}$ 、$\left(\Gamma_{11}^2\right)_{i,j}$ 、$\left(\Gamma_{12}^2\right)_{i,j}$ 和 $\left(\Gamma_{22}^2\right)_{i,j}$ 为第二类克里斯托弗尔符号； $E_{i,j}$ 、$F_{i,j}$ 和 $G_{i,j}$ 为第一类基本量； $L_{i,j}$ 、$M_{i,j}$ 和 $N_{i,j}$ 为第二类基本量；它们可分别表达为

$$
E_{i,j} = 1 + \left(\frac{f_{i+1,j} - f_{i-1,j}}{2h}\right)^2
$$

$$
G_{i,j} = 1 + \left(\frac{f_{i,j+1} - f_{i,j-1}}{2h}\right)^2
$$

$$
F_{i,j} = \left(\frac{f_{i+1,j} - f_{i-1,j}}{2h}\right)\left(\frac{f_{i,j+1} - f_{i,j-1}}{2h}\right)
$$

$$
L_{i,j} = \frac{\dfrac{f_{i+1,j} - 2f_{i,j} + f_{i-1,j}}{h^2}}{\sqrt{1 + \left(\dfrac{f_{i+1,j} - f_{i-1,j}}{2h}\right)^2 + \left(\dfrac{f_{i,j+1} - f_{i,j-1}}{2h}\right)^2}}
$$

$$N_{i,j}=\frac{\dfrac{f_{i,j+1}-2f_{i,j}+f_{i,j-1}}{h^2}}{\sqrt{1+\left(\dfrac{f_{i+1,j}-f_{i-1,j}}{2h}\right)^2+\left(\dfrac{f_{i,j+1}-f_{i,j-1}}{2h}\right)^2}}$$

$$M_{i,j}=\frac{\left(\dfrac{f_{i+1,j+1}-f_{i+1,j-1}}{4h^2}\right)-\left(\dfrac{f_{i-1,j+1}-f_{i-1,j-1}}{4h^2}\right)}{\sqrt{1+\left(\dfrac{f_{i+1,j}-f_{i-1,j}}{2h}\right)^2+\left(\dfrac{f_{i,j+1}-f_{i,j-1}}{2h}\right)^2}}$$

$$(\Gamma_{11}^1)_{i,j}=\frac{G_{i,j}\cdot(E_{i+1,j}-E_{i-1,j})-2F_{i,j}\cdot(F_{i+1,j}-F_{i-1,j})+F_{i,j}\cdot(E_{i,j+1}-E_{i,j-1})}{4\left(E_{i,j}\cdot G_{i,j}-\left(F_{i,j}\right)^2\right)h}$$

$$(\Gamma_{11}^2)_{i,j}=\frac{2E_{i,j}\cdot(F_{i+1,j}-F_{i-1,j})-E_{i,j}\cdot(E_{i,j+1}-E_{i,j-1})-F_{i,j}\cdot(E_{i+1,j}-E_{i-1,j})}{4\left(E_{i,j}\cdot G_{i,j}-\left(F_{i,j}\right)^2\right)h}$$

$$(\Gamma_{22}^1)_{i,j}=\frac{2G_{i,j}\cdot(F_{i,j+1}-F_{i,j-1})-G_{i,j}\cdot(G_{i+1,j}-G_{i-1,j})-F_{i,j}\cdot(G_{i,j+1}-G_{i,j-1})}{4\left(E_{i,j}\cdot G_{i,j}-\left(F_{i,j}\right)^2\right)h}$$

$$(\Gamma_{22}^2)_{i,j}=\frac{E_{i,j}\cdot(G_{i,j+1}-G_{i,j-1})-2F_{i,j}\cdot(F_{i,j+1}-F_{i,j-1})+F_{i,j}(G_{i+1,j}-G_{i-1,j})}{4\left(E_{i,j}\cdot G_{i,j}-\left(F_{i,j}\right)^2\right)h}$$

$$(\Gamma_{12}^1)_{i,j}=\frac{G_{i,j}\cdot(E_{i,j+1}-E_{i,j-1})-F_{i,j}\cdot(G_{i+1,j}-G_{i-1,j})}{4\left(E_{i,j}\cdot G_{i,j}-\left(F_{i,j}\right)^2\right)h}$$

$$(\Gamma_{12}^2)=\frac{E_{i,j}\cdot(G_{i+1,j}-G_{i-1,j})-F_{i,j}\cdot(F_{i,j+1}-F_{i,j-1})}{4\left(E_{i,j}\cdot G_{i,j}-\left(F_{i,j}\right)^2\right)h}$$

每次求解 HASM 平差计算（HASM-AC）的有限差分方程组需要 5×5 个栅格，其中 9 个内栅格点用于求解过程，其他的 12 个边界栅格点只用于计算第一类基本量和第二类基本量。可建立$3+m$个约束条件，法方程系数阵的最高阶数也为$3+m$，其中m为在内栅格点的采样点数，$0\leqslant m\leqslant 9$。

HASM-AC 改正数向量 $\underset{9\times 1}{\boldsymbol{r}}$ 可表达为

$$\underset{9\times 1}{\boldsymbol{r}}=\begin{bmatrix} r_{i-1,j-1}\\ r_{i-1,j}\\ r_{i-1,j+1}\\ r_{i,j-1}\\ r_{i,j}\\ r_{i,j+1}\\ r_{i+1,j-1}\\ r_{i+1,j}\\ r_{i+1,j+1}\end{bmatrix}\rightarrow\begin{bmatrix} r_0\\ r_1\\ r_2\\ r_3\\ r_4\\ r_5\\ r_6\\ r_7\\ r_8\end{bmatrix}\tag{10.52}$$

根据逐次独立条件平差计算原理，方程组（10.51）可重写为

$$
\begin{cases}
\dfrac{(f_{i+1,j}+r_7)-2(f_{i,j}+r_4)+(f_{i-1,j}+r_1)}{h^2} \\
=(\Gamma_{11}^1)_{i,j}\dfrac{(f_{i+1,j}+r_7)-(f_{i-1,j}+r_1)}{2h}+\left(\Gamma_{11}^2\right)_{i,j}\dfrac{(f_{i,j+1}+r_5)-(f_{i,j-1}+r_3)}{2h}+ \\
\dfrac{L_{i,j}}{\sqrt{E_{i,j}+G_{i,j}-1}}\dfrac{(f_{i,j+1}+r_5)-2(f_{i,j}+r_4)+(f_{i,j-1}+r_3)}{h^2} \\
=(\Gamma_{22}^1)_{i,j}\dfrac{(f_{i+1,j}+r_7)-(f_{i-1,j}+r_1)}{2h}+\left(\Gamma_{22}^2\right)_{i,j}\dfrac{(f_{i,j+1}+r_5)-(f_{i,j-1}+r_3)}{2h} \\
+\dfrac{N_{i,j}}{\sqrt{E_{i,j}+G_{i,j}-1}}\dfrac{(f_{i+1,j+1}+r_8)-(f_{i-1,j+1}+r_2)+(f_{i-1,j-1}+r_0)-(f_{i+1,j=1}+r_6)}{4h^2} \\
=(\Gamma_{12}^1)_{i,j}\dfrac{(f_{i+1,j}+r_7)-(f_{i=1,j}+r_1)}{2h}+\left(\Gamma_{12}^2\right)_{i,j}\dfrac{(f_{i,j+1}+r_5)-(f_{i,j=1}+r_3)}{2h}+\dfrac{M_{i,j}}{\sqrt{E_{i,j}+G_{i,j}-1}} \\
\overline{f}_{m,n}+r_q=\overline{f}_{m,n}
\end{cases}
\tag{10.53}
$$

则 HASM-AC 的条件方程可表达为

$$
\underset{(3+m)\times 9}{\boldsymbol{W}}\cdot\underset{9\times 1}{\boldsymbol{r}}+\underset{(3+m)\times 1}{\boldsymbol{c}}=0
\tag{10.54}
$$

式中，$\underset{(3+m)\times 9}{\boldsymbol{W}}$ 为条件方程的系数矩阵；$\underset{9\times 1}{\boldsymbol{r}}$ 为改正数向量/残差向量；$\underset{(3+m)\times 1}{\boldsymbol{c}}$ 为常数向量。

系数矩阵为

$$
\underset{(3+m)\times 9}{\boldsymbol{W}}=\begin{bmatrix}\underset{3\times 9}{\boldsymbol{W}_1}\\ \underset{m\times 9}{\boldsymbol{W}_2}\end{bmatrix}
\tag{10.55}
$$

式中，$\underset{3\times 9}{\boldsymbol{W}_1}$ 由高斯方程组确定，可以表达为

$$
\underset{3\times 9}{\boldsymbol{W}_1}=\begin{bmatrix}
0 & \dfrac{(2+h(\Gamma_{11}^1)_{i,j})}{2h^2} & 0 & \dfrac{(\Gamma_{11}^2)_{i,j}}{2h} & -\dfrac{2}{h^2} & -\dfrac{(\Gamma_{11}^2)_{i,j}}{2h} & 0 & \dfrac{(2-h(\Gamma_{11}^1)_{i,j})}{h^2} & 0 \\
0 & \dfrac{(\Gamma_{22}^1)_{i,j}}{2h} & 0 & \dfrac{(2+h(\Gamma_{22}^2)_{i,j})}{2h^2} & -\dfrac{2}{h^2} & \dfrac{(2-h(\Gamma_{22}^2)_{i,j})}{2h^2} & 0 & -\dfrac{(\Gamma_{22}^1)_{i,j}}{2h} & 0 \\
\dfrac{1}{4h^2} & \dfrac{(\Gamma_{12}^1)_{i,j}}{2h} & -\dfrac{1}{4h^2} & \dfrac{(\Gamma_{12}^2)_{i,j}}{2h} & 0 & -\dfrac{(\Gamma_{12}^2)_{i,j}}{2h} & -\dfrac{1}{4h^2} & \dfrac{(\Gamma_{12}^1)_{i,j}}{2h} & \dfrac{1}{4h^2}
\end{bmatrix}
\tag{10.56}
$$

$\underset{m\times 9}{\boldsymbol{W}_2}$ 的行数由计算单元内的采样点个数 $(m\leqslant 9)$ 决定，其中各行的系数则根据采样点的位置进行确定。对于具有 m 个采样点的计算单元，可建立 m 个采样约束方程。采样点格网坐标分别对应修正数向量 $\boldsymbol{r}^{\mathrm{T}}=\left[r_0,r_1,\cdots,r_8\right]$ 中的元素，则在矩阵 $\underset{m\times 9}{\boldsymbol{W}_2}$ 的每个行向量中，除了与采样点相对应的元素的系数为 1 外，其他的元素都均为 0。即矩阵 $\underset{m\times 9}{\boldsymbol{W}_2}$ 的元素满足如下条件：

对该矩阵的第 i（$1\leqslant i\leqslant m$）行，有

$$
w_{i,j}=\begin{cases}1 & \text{若第}j\text{个格网点为采样点}\left(0\leqslant j\leqslant 8\right)\\ 0 & \text{其他}\end{cases}
\tag{10.57}
$$

常数向量 $\underset{(3+m)\times1}{\boldsymbol{c}}$ 由高斯方程和采样点方程所产生的常数向量两部分组成。对于采样点条件方程，由于进行了高精度的实际采样，在计算中，将这些采样值作为真实值看待。因此，此类方程的常数项为 0，而高斯方程的常数项可根据初值计算，即

$$\underset{(3+m)\times1}{\boldsymbol{c}}=\begin{bmatrix} (\Gamma_{11}^{1})_{i,j}\dfrac{f_{i+1,j}-f_{i-1,j}}{2h}+(\Gamma_{11}^{2})\dfrac{f_{i,j+1}-f_{i,j-1}}{2h}+\dfrac{L_{i,j}}{\sqrt{E_{i,j}+G_{i,j}-1}}-\dfrac{f_{i+1,j}-2f_{i,j}+f_{i-1,j}}{h^{2}} \\ (\Gamma_{22}^{1})_{i,j}\dfrac{f_{i+1,j}-f_{i-1,j}}{2h}+(\Gamma_{22}^{2})_{i,j}\dfrac{f_{i,j+1}-f_{i,j-1}}{2h}+\dfrac{N_{i,j}}{\sqrt{E_{i,j}+G_{i,j}}-1}-\dfrac{f_{i,j+1}-2f_{i,j}+f_{i,j-1}}{h^{2}} \\ (\Gamma_{12}^{1})_{i,j}\dfrac{f_{i+1,j}-f_{i-1,j}}{2h}+(\Gamma_{12}^{2})_{i,j}\dfrac{f_{i,j+1}-f_{i,j-1}}{2h}+\dfrac{M_{i,j}}{\sqrt{E_{i,j}+G_{i,j}-1}}-\dfrac{f_{i+1,j+1}-f_{i-1,j+1}+f_{i-1,j-1}-f_{i+1,j-1}}{4h^{2}} \\ 0 \\ \vdots \\ 0 \end{bmatrix} \tag{10.58}$$

从而条件方程可以表示为

$$\begin{pmatrix} \underset{3\times9}{\boldsymbol{W}_1} \\ \underset{m\times9}{\boldsymbol{W}_2} \end{pmatrix}\cdot r+\begin{pmatrix} \underset{3\times1}{\boldsymbol{c}_1} \\ \underset{m\times1}{\boldsymbol{c}_2} \end{pmatrix}=0 \tag{10.59}$$

改正值可表达为

$$\boldsymbol{r}=\boldsymbol{P}^{-1}\begin{pmatrix} \underset{3\times9}{\boldsymbol{W}_1^{\mathrm{T}}} & \underset{m\times9}{\boldsymbol{W}_2^{\mathrm{T}}} \end{pmatrix}\begin{pmatrix} \boldsymbol{k}_1 \\ \boldsymbol{k}_2 \end{pmatrix} \tag{10.60}$$

式中，$\boldsymbol{k}_1$ 和 $\boldsymbol{k}_2$ 为条件方程（10.59）的两个联系数向量。

对独立的条件平差，$\boldsymbol{P}$ 为对称正定矩阵，法方程可表达为

$$\begin{pmatrix} \underset{3\times9}{\boldsymbol{W}_1} \\ \underset{m\times9}{\boldsymbol{W}_2} \end{pmatrix}\boldsymbol{P}^{-1}\begin{pmatrix} \underset{3\times9}{\boldsymbol{W}_1^{\mathrm{T}}} & \underset{m\times9}{\boldsymbol{W}_2^{\mathrm{T}}} \end{pmatrix}\begin{pmatrix} \boldsymbol{k}_1 \\ \boldsymbol{k}_2 \end{pmatrix}+\begin{pmatrix} \underset{3\times1}{\boldsymbol{c}_1} \\ \underset{m\times1}{\boldsymbol{c}_2} \end{pmatrix}=0 \tag{10.61}$$

或

$$\begin{pmatrix} \underset{3\times9}{\boldsymbol{W}_1}\cdot\boldsymbol{P}^{-1}\cdot\underset{3\times9}{\boldsymbol{W}_1^{\mathrm{T}}} & \underset{3\times9}{\boldsymbol{W}_1}\cdot\boldsymbol{P}^{-1}\cdot\underset{m\times9}{\boldsymbol{W}_2^{\mathrm{T}}} \\ \underset{m\times9}{\boldsymbol{W}_2}\cdot\boldsymbol{P}^{-1}\cdot\underset{3\times9}{\boldsymbol{W}_1^{\mathrm{T}}} & \underset{m\times9}{\boldsymbol{W}_2}\cdot\boldsymbol{P}^{-1}\cdot\underset{m\times9}{\boldsymbol{W}_2^{\mathrm{T}}} \end{pmatrix}\begin{pmatrix} \boldsymbol{k}_1 \\ \boldsymbol{k}_2 \end{pmatrix}+\begin{pmatrix} \underset{3\times1}{\boldsymbol{c}_1} \\ \underset{m\times1}{\boldsymbol{c}_2} \end{pmatrix}=0 \tag{10.62}$$

方程（10.62）可重写为

$$\boldsymbol{S}_{11}\cdot\boldsymbol{k}_1+\boldsymbol{S}_{12}\cdot\boldsymbol{k}_2+\boldsymbol{c}_1=0 \tag{10.63}$$

$$\boldsymbol{S}_{21}\cdot\boldsymbol{k}_1+\boldsymbol{S}_{22}\cdot\boldsymbol{k}_2+\boldsymbol{c}_2=0 \tag{10.64}$$

式中，$\boldsymbol{S}_{11}=\underset{3\times9}{\boldsymbol{W}_1}\cdot\boldsymbol{P}^{-1}\cdot\underset{3\times9}{\boldsymbol{W}_1^{\mathrm{T}}}$；$\boldsymbol{S}_{12}=\underset{3\times9}{\boldsymbol{W}_1}\cdot\boldsymbol{P}^{-1}\cdot\underset{m\times9}{\boldsymbol{W}_2^{\mathrm{T}}}$；$\boldsymbol{S}_{21}=\underset{m\times9}{\boldsymbol{W}_2}\cdot\boldsymbol{P}^{-1}\cdot\underset{3\times9}{\boldsymbol{W}_1^{\mathrm{T}}}$；$\boldsymbol{S}_{22}=\underset{m\times9}{\boldsymbol{W}_2}\cdot\boldsymbol{P}^{-1}\cdot\underset{m\times9}{\boldsymbol{W}_2^{\mathrm{T}}}$。

根据方程（10.63），可得

$$\boldsymbol{k}_1=-\boldsymbol{S}_{11}{}^{-1}\left(\boldsymbol{S}_{12}\cdot\boldsymbol{k}_2+\boldsymbol{c}_1\right) \tag{10.65}$$

将方程（10.65） 代入方程（10.64）得

$$-\boldsymbol{S}_{21}\cdot\boldsymbol{S}_{11}^{-1}\left(\boldsymbol{S}_{12}\cdot\boldsymbol{k}_2+\mathrm{c}_1\right)+\boldsymbol{S}_{22}\cdot\boldsymbol{k}_2+\boldsymbol{c}_2=0 \tag{10.66}$$

则

$$\boldsymbol{k}_2=\left(\boldsymbol{S}_{22}-\boldsymbol{S}_{21}\cdot\boldsymbol{S}_{11}^{-1}\cdot\boldsymbol{S}_{12}\right)^{-1}+\left(\boldsymbol{c}_2-\boldsymbol{S}_{21}\cdot\boldsymbol{S}_{11}^{-1}\cdot\boldsymbol{c}_1\right) \tag{10.67}$$

如果逐次求解方程（10.59），第一个方程组的改正值可表达为

$$\boldsymbol{r}_1' = \boldsymbol{Q}_{LL} \cdot \underset{3\times 9}{\boldsymbol{W}_1^{\mathrm{T}}} \cdot \boldsymbol{k}_1' \tag{10.68}$$

式中，$\boldsymbol{Q}_{LL} = \boldsymbol{P}^{-1}$ 为权重矩阵 $\boldsymbol{P}$ 的逆矩阵。

联系数 $\boldsymbol{k}_1'$ 是以下法方程的解：

$$\boldsymbol{S}_{11} \cdot \boldsymbol{k}_1' + \boldsymbol{c}_1 = 0 \tag{10.69}$$

也就是说，

$$\boldsymbol{k}_{11}' = -\boldsymbol{S}_{11}^{-1} \cdot \boldsymbol{c}_1 = -\boldsymbol{S}_{11}^{-1}\left(\underset{3\times 9}{\boldsymbol{W}_1} \cdot \boldsymbol{v} + \boldsymbol{c}_1{}^0\right) \tag{10.70}$$

将第一组改正值 $\boldsymbol{r}_1'$ 加到观测值 $\boldsymbol{v}$，可得第一组方程的计算结果：

$$\begin{aligned}\boldsymbol{v}' &= \boldsymbol{v} + \boldsymbol{r}_1' = \boldsymbol{v} + \boldsymbol{Q}_{LL} \cdot \underset{3\times 9}{\boldsymbol{W}_1^{\mathrm{T}}} \cdot \boldsymbol{k}_1' = \boldsymbol{v} - \boldsymbol{Q}_{LL} \cdot \underset{3\times 9}{\boldsymbol{W}_1^{\mathrm{T}}} \cdot \boldsymbol{S}_{11}^{-1}(\underset{3\times 9}{\boldsymbol{W}_1} \cdot \boldsymbol{v} + \boldsymbol{c}_1{}^0) \\ &= \left(\boldsymbol{I} - \boldsymbol{Q}_{LL} \cdot \underset{3\times 9}{\boldsymbol{W}_1^{\mathrm{T}}} \cdot S_{11}^{-1} \cdot \underset{3\times 9}{\boldsymbol{W}_1}\right) \cdot \boldsymbol{v} - \boldsymbol{Q}_{LL} \cdot \underset{3\times 9}{\boldsymbol{W}_1^{\mathrm{T}}} \cdot \boldsymbol{S}_{11}^{-1} \cdot \boldsymbol{c}_1{}^0\end{aligned} \tag{10.71}$$

权矩阵的逆可表达为

$$\begin{aligned}\boldsymbol{Q}_{L'L'} &= \left(\boldsymbol{I} - \boldsymbol{Q}_{LL} \cdot \underset{3\times 9}{\boldsymbol{W}_1^{\mathrm{T}}} \cdot \boldsymbol{S}_{11}^{-1} \cdot \underset{3\times 9}{\boldsymbol{W}_1}\right)\boldsymbol{Q}_{LL}\left(\boldsymbol{I} - \boldsymbol{Q}_{LL} \cdot \underset{3\times 9}{\boldsymbol{W}_1^{\mathrm{T}}} \cdot \boldsymbol{S}_{11}^{-1} \cdot \underset{3\times 9}{\boldsymbol{W}_1}\right)^{\mathrm{T}} \\ &= \boldsymbol{Q}_{LL} - \boldsymbol{Q}_{LL} \cdot \underset{3\times 9}{\boldsymbol{W}_1^{\mathrm{T}}} \cdot \boldsymbol{S}_{11}^{-1} \cdot \underset{3\times 9}{\boldsymbol{W}_1} \cdot \boldsymbol{Q}_{LL}\end{aligned} \tag{10.72}$$

根据方程（10.66），可得

$$\left(\boldsymbol{S}_{22} - \boldsymbol{S}_{21} \cdot \boldsymbol{S}_{11}^{-1} \cdot \boldsymbol{S}_{12}\right)\boldsymbol{k}_2 + \left(\boldsymbol{c}_2 - \boldsymbol{S}_{21} \cdot \boldsymbol{S}_{11}^{-1} \cdot \boldsymbol{c}_1\right) = 0 \tag{10.73}$$

或

$$\begin{aligned}&\underset{m\times 9}{\boldsymbol{W}_2} \cdot \left(\boldsymbol{P}^{-1} - \boldsymbol{P}^{-1} \cdot \underset{3\times 9}{\boldsymbol{W}_1^{\mathrm{T}}} \cdot \boldsymbol{S}_{11}^{-1} \cdot \underset{3\times 9}{\boldsymbol{W}_1} \cdot \boldsymbol{P}^{-1}\right) \cdot \underset{m\times 9}{\boldsymbol{W}_2^{\mathrm{T}}} \cdot \boldsymbol{k}_2 \\ &+ \left(\left(\underset{m\times 9}{\boldsymbol{W}_2} \cdot \boldsymbol{v} + \boldsymbol{c}_2^0\right) - \underset{m\times 9}{\boldsymbol{W}_2} \cdot \boldsymbol{P}^{-1} \cdot \underset{3\times 9}{\boldsymbol{W}_1^{\mathrm{T}}} \cdot \boldsymbol{S}_{11}^{-1}\left(\underset{3\times 9}{\boldsymbol{W}_1} \cdot \boldsymbol{v} + \boldsymbol{c}_1^0\right)\right) = 0\end{aligned} \tag{10.74}$$

综合式（10.72）、式（10.71）和式（10.74）可得

$$\underset{m\times 9}{\boldsymbol{W}_2} \cdot \boldsymbol{Q}_{L'L'} \cdot \underset{m\times 9}{\boldsymbol{W}_2^{\mathrm{T}}} \cdot \boldsymbol{k}_2 + \left(\underset{m\times 9}{\boldsymbol{W}_2} \cdot \boldsymbol{v}' + \boldsymbol{c}_2^0\right) = 0 \tag{10.75}$$

综合式（10.60）、式（10.65）、式（10.68）和式（10.72）可得

$$\begin{aligned}\boldsymbol{r} &= \boldsymbol{Q}_{LL}(\underset{3\times 9}{\boldsymbol{W}_1^{\mathrm{T}}} \cdot \boldsymbol{k}_1 + \underset{m\times 9}{\boldsymbol{W}_2^{\mathrm{T}}} \cdot \boldsymbol{k}_2) \\ &= \boldsymbol{Q}_{LL}\left(\underset{3\times 9}{\boldsymbol{W}_1^{\mathrm{T}}}\left(-\boldsymbol{S}_{11}^{-1}\left(\boldsymbol{S}_{12} \cdot \boldsymbol{k}_2 + \mathrm{c}_1\right)\right)\right) + \boldsymbol{Q}_{LL} \cdot \underset{m\times 9}{\boldsymbol{W}_2^{\mathrm{T}}} \cdot \boldsymbol{k}_2 \\ &= -\boldsymbol{Q}_{LL} \cdot \underset{3\times 9}{\boldsymbol{W}_1^{\mathrm{T}}} \cdot \boldsymbol{S}_{11}^{-1} \cdot \mathrm{c}_1 - \boldsymbol{Q}_{LL} \cdot \underset{3\times 9}{\boldsymbol{W}_1^{\mathrm{T}}} \cdot \boldsymbol{S}_{11}^{-1} \cdot \boldsymbol{S}_{12} \cdot \boldsymbol{k}_2 + \boldsymbol{Q}_{LL} \cdot \underset{m\times 9}{\boldsymbol{W}_2^{\mathrm{T}}} \cdot \boldsymbol{k}_2 \\ &= \boldsymbol{Q}_{LL} \cdot \underset{3\times 9}{\boldsymbol{W}_1^{\mathrm{T}}} \cdot \boldsymbol{k}_1' - \boldsymbol{Q}_{LL} \cdot \underset{3\times 9}{\boldsymbol{W}_1^{\mathrm{T}}} \cdot \boldsymbol{S}_{11}^{-1} \cdot \underset{3\times 9}{\boldsymbol{W}_1} \cdot \boldsymbol{Q}_{LL} \cdot \underset{m\times 9}{\boldsymbol{W}_2^{\mathrm{T}}} \cdot \boldsymbol{k}_2 + \boldsymbol{Q}_{LL} \cdot \underset{m\times 9}{\boldsymbol{W}_2^{\mathrm{T}}} \cdot \boldsymbol{k}_2 \\ &= \boldsymbol{r}_1' + \left(\boldsymbol{Q}_{LL} - \boldsymbol{Q}_{LL} \cdot \underset{3\times 9}{\boldsymbol{W}_1^{\mathrm{T}}} \cdot \boldsymbol{S}_{11}^{-1} \cdot \underset{3\times 9}{\boldsymbol{W}_1} \cdot \boldsymbol{Q}_{LL}\right)\underset{m\times 9}{\boldsymbol{W}_2^{\mathrm{T}}} \cdot \boldsymbol{k}_2 \\ &= \boldsymbol{r}_1' + \boldsymbol{Q}_{L'L'} \cdot \underset{m\times 9}{\boldsymbol{W}_2^{\mathrm{T}}} \cdot \boldsymbol{k}_2 \\ &= \boldsymbol{r}_1' + \boldsymbol{r}_2''\end{aligned} \tag{10.76}$$

$$\boldsymbol{r}_2'' = \boldsymbol{Q}_{L'L'} \cdot \underset{m\times 9}{\boldsymbol{W}_2^{\mathrm{T}}} \cdot \boldsymbol{k}_2 \tag{10.77}$$

当求解过程完成时，模拟误差 $\boldsymbol{\varDelta}$ 的空间分布可表达为

$$\underset{9\times 9}{\boldsymbol{\varDelta}^2} = \sigma_0^2 \cdot \underset{9\times 9}{\boldsymbol{Q}} \tag{10.78}$$

式中，

$$\sigma_0^2 = \frac{\underset{9\times 1}{\boldsymbol{r}^{\mathrm{T}}} \cdot \underset{9\times 9}{\boldsymbol{P}} \cdot \underset{9\times 1}{\boldsymbol{r}}}{3+m} = -\frac{\underset{(3+m)\times 1}{\boldsymbol{c}^{\mathrm{T}}} \cdot \underset{(3+m)\times 1}{\boldsymbol{k}}}{3+m}$$

$$\underset{9\times 9}{\boldsymbol{Q}} = \underset{9\times 9}{\boldsymbol{P}^{-1}} - \underset{9\times 9}{\boldsymbol{P}^{-1}} \cdot \underset{9\times(3+m)}{\boldsymbol{W}^{\mathrm{T}}} \cdot \underset{(3+m)\times(3+m)}{\boldsymbol{S}^{-1}} \cdot \underset{(3+m)\times 9}{\boldsymbol{W}} \cdot \underset{9\times 9}{\boldsymbol{P}^{-1}}$$

$\underset{9\times1}{\boldsymbol{r}}$ 为改正值；$\underset{9\times9}{\boldsymbol{P}}$ 为权重矩阵；$\underset{(3+m)\times1}{\boldsymbol{k}}$ 为联系数；$\underset{(3+m)\times1}{\boldsymbol{c}} = -\underset{(3+m)\times9}{\boldsymbol{W}} \cdot \underset{9\times1}{\boldsymbol{v}}$；$\underset{(3+m)\times9}{\boldsymbol{W}}$ 为条件方程的系数矩阵；$\underset{(3+m)\times(3+m)}{\boldsymbol{S}} = \underset{(3+m)\times9}{\boldsymbol{W}} \cdot \underset{9\times9}{\boldsymbol{P}^{-1}} \cdot \underset{9\times(3+m)}{\boldsymbol{W}^{\mathrm{T}}}$。

对于一个独立计算单元而言，其解算方程的最高阶数不超过 12；无论是高斯约化，还是对法方程求逆，计算量都很小，一般的设备都可满足，因此能大幅度消减在计算时间上的花销，有效降低存储资源的占用。

而对于整个计算域而言，区域内所建立的数值方程，是由域中所有能构成计算单元的格网点所建立的方程组成。对域中所有计算单元建立数值计算方程进行解算，就可得到区域内所有格网点的拟合结果。

随着计算区域的增大，计算区域内所形成的计算单元数将快速增加，其数量为 $15\times(I-1)\times(J-1)+I\times J$，其中 I 和 J 分别为计算域横向和纵向不重叠计算单元的个数。待解算的数值方程个数也增为 $3\times(15\times(I-1)\times(J-1)+I\times J)+m$，其中 m 为采样点数。对计算区域进行单元划分后，整个区域中所列立的条件方程，都可根据各自所属的单元进行划分。由于条件方程的数量随着区域的增大而快速增加，如果对区域中所有的条件方程进行联立求解，即使对于大型计算机，也并非易事。因此，必须对其进行分组处理，将其分割为多个小型方程组进行解算。

逐次独立条件平差利用矩阵分块法则，将数值方程分为两组或多组，对各分组内的方程进行求解。每个计算单元与距其中心 4 个单位间隔的相邻单元，解向量相互独立（图 10.1）。因此可将这些解向量相互独立的计算单元划分为同一个分组；对于研究区域而言，最多可划分 16 个分组。在指定的计算域中，所有 16 个分组的中心起始坐标位于图中标注圆圈的 16 个格网点上（图 10.2）。而在同一分组中，相邻的计算单元中心间隔相同，因此可以根据每个分组中起始单元的中心位置和偏移量对整个分组中的单元进行处理。图 10.2 中标注三角形的格网点，为同一分组中相邻计算单元的中心位置。由解算模型可知，与曲面单元中心间隔 4 个单位的相邻单元，在解向量上是相互独立的。因此，可根据每个曲面单元中心起始位置来对整个计算域进行独立曲面单元的划分。

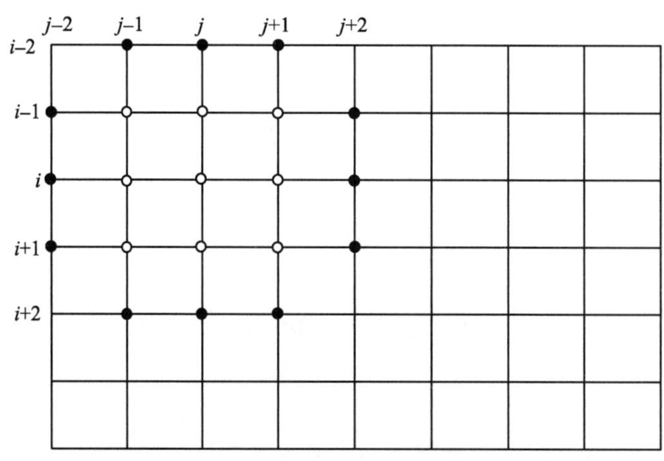

图 10.1　内栅格点与边界栅格点

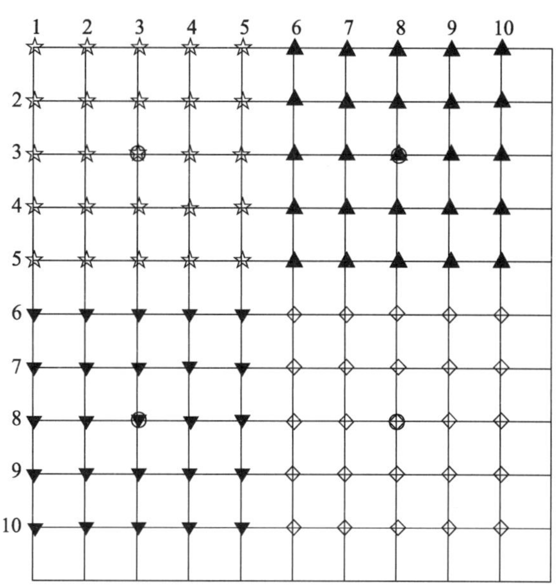

图 10.2　分组划分的计算单元中心起始点位置○

对计算区域内条件方程进行分组，根据独立曲面单元的起始点进行划分，把相互独立的曲面单元分为一组。整个区域的条件方程可划分为 16 个分组，每一组只包含解向量相互独立的曲面单元。每个分组中待求解的方程，由于只含有解向量相互独立的计算单元，因此法方程可表达为

$$\underset{q\times q}{\boldsymbol{S}}\cdot\underset{q\times 1}{\boldsymbol{k}}+\underset{q\times 1}{\boldsymbol{c}}=\boldsymbol{0} \tag{10.79}$$

式中，$\underset{q\times q}{\boldsymbol{S}}=\begin{bmatrix}\boldsymbol{Q}_1 & & & & \\ & \boldsymbol{Q}_2 & & & \\ & & \boldsymbol{Q}_3 & & \\ & & & \ddots & \\ & & & & \boldsymbol{Q}_k\end{bmatrix}$，$\boldsymbol{Q}_1$、$\boldsymbol{Q}_2$、$\boldsymbol{Q}_3$、…、$\boldsymbol{Q}_k$ 为对应独立计算单元的矩阵。

根据矩阵分割原理，$\underset{q\times q}{\boldsymbol{S}^{-1}}=\begin{bmatrix}\boldsymbol{Q}_1^{-1} & & & & \\ & \boldsymbol{Q}_2^{-1} & & & \\ & & \boldsymbol{Q}_3^{-1} & & \\ & & & \ddots & \\ & & & & \boldsymbol{Q}_k^{-1}\end{bmatrix}$。因此，整个求解过程可转化为逐次求解 16 个分组，每个分组的求解过程可转化为逐次求解每个独立计算单元的方程组。按照这一法则对计算域进行分组解算，解算过程只是重复地对 5×5 计算区域进行求解。在每个独立计算单元中，由于法方程阶数不超过 12，无论是高斯约化，还是对法方程系数矩阵直接求逆，计算量都很小；而且对计算机的存储空间占用很低。HASM 平差计算（HASM-AC）的计算时间可表达为

$$t=\sum_{i=1}^{q}t_i \tag{10.80}$$

式中，$q=15(I-1)\cdot(J-1)+I\cdot J$；$t_i$ 为第 i 计算单元的计算时间。

也就是说，对于整个计算域的求解，可以转化为对 16 个分组逐次求解的过程；而在每个分组中的解算，可以转化为对各个独立单元的分别求解。如上所述，由于分组内各计算单元的解向量线性无关，对每个分组的求解可转化为对该分组内各个独立计算单元的依次求解。

在实际计算时，HASM-AC 方法采取以下步骤进行处理：①根据计算单元中心位置将计算域划分为相互独立的计算单元；②在每个计算单元内，利用数值方程模型求解单元内的网格点改正值和验后协因数阵；③对所计算的网格点数据添加改正值后，形成虚拟观测值；④重复步骤 2 和步骤 3，直至解算完所有分组方程。

10.3 HASM-AC 时间复杂度和空间复杂度

10.3.1 时间复杂度

HASM-AC 方法在计算过程中，每次只是针对一个独立的计算单元进行处理。因而，无需将所有数值方程的计算数据输入计算机内存，而是以独立计算单元为单位进行实时读取、处理，从而大幅降低计算过程中内存空间的占用（图 10.3）。

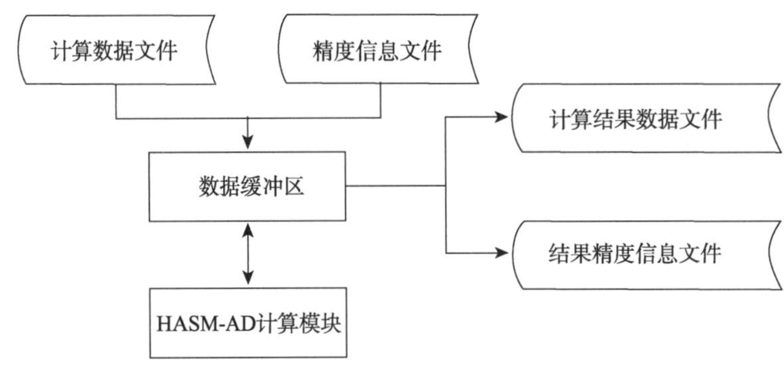

图 10.3 HASM-AC 数据处理流程

HASM-AC 算法在模拟过程中，对计算方程进行分组处理，其计算时间应为所有分组处理时间之和，而每个分组的计算时间等于该分组内所有独立计算单元的处理时间之和[式（10.80）]。由于各个曲面单元法方程系数矩阵的秩没有太大差异，因而其处理时间接近，算法的时间复杂度为 $O(q)$，即与 q 同阶。对于一个 $I \times J$ 的正交格网区域，其中所包含的计算单元数 $q \approx 16 \times \dfrac{I}{4} \times \dfrac{J}{4} \approx 16 \times \dfrac{I \times J}{16} = I \times J$ 。

10.3.2 空间复杂度

HASM-AC 将整体求解转化为对所有计算单元的逐次计算，降低了计算的时间复杂度。同时由于计算过程是基于解向量相互独立的计算单元；因此，实际计算中，无需为所有计算数据开辟存储空间，而只需将当前处理单元导入内存即可。采用实时读取方法对数据进行动态操作，使得在计算过程中，空间复杂度与数据规模无关。因此在理论上，该方法的空间复杂度为 $O(1)$ 。

然而在实际处理数据时，前一个分组的数据将作为下一个分组解算的起始数据。因此，每一个分组的结果数据也应保持与原始计算数据相同的空间顺序进行存储，即必须保持单元间相对位置的不变。在文件写数据时，当一个曲面单元处理完成后，如果立即把该单元的处理数据写入文件，由于文件是以二进制顺序文件格式进行存储，则数据在计算域中的相对位置就会发生改变。这就要求在计算程序中，对结果数据进行预存，以保持各计算单元的相对位置不变。在程序中，可通过设立数据缓冲区来解决该问题。当每个单元处理完成后，必须等待至与该单元具有相同行编号的单元全部处理完后，才把这些单元中的数据逐行写入文件（图 10.4）。

当数据缓冲区状态为满，程序才进行数据传输，将数据写入文件存储。而缓冲区容量由计算区域中

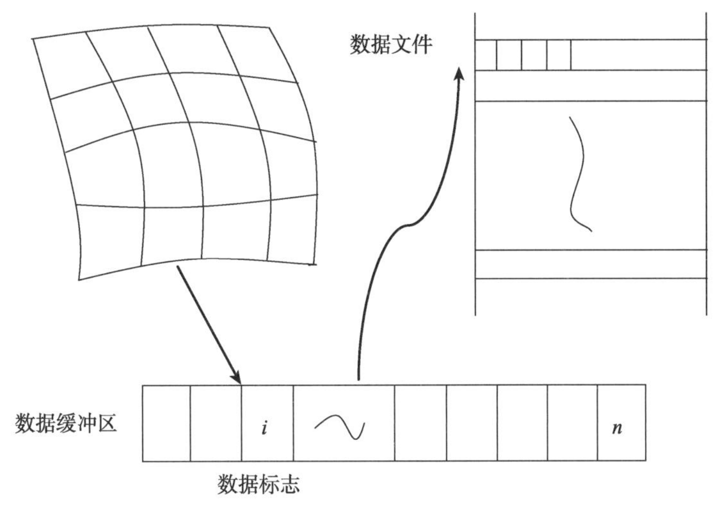

图 10.4　数据存储处理过程

横向的格网数决定，其大小应近似于 $\sqrt{q}$ 。该方法的实际空间复杂度与数据缓冲区的大小相关，在最不利的情况下，为 $O(\sqrt{q})$ 。

使用不同规模的数据集对计算模型进行验证，表明该算法所消耗的处理时间远小于整体迭代求解的算法。而且在计算过程中，无需导入整个计算域的数据进行处理，因此可以大幅降低对计算机内存空间的占用。基于单元的逐步最小二乘的 HASM 计算模型在实际应用中降低了计算过程对资源的占用，降低了算法的时间复杂度，有效提高了程序的执行效率。

10.4　HASM-AC 误差控制

10.4.1　计算模型与数据精度的匹配

HASM-AC 将数据精度信息也作为建模中的重要信息，从而为计算结果的可靠性检验提供指标。因此，在进行曲面拟合时，可通过对计算前后数据协因数的变化分析，对数据的改正值进行甄别，消除计算中的数据突变。对计算区域格网点进行的每次分组解算前后的协因数变化进行对比，发现在计算过程中并不是在每个分组中都出现计算溢出；而所有出现数据溢出的格网点，其协因数在解算后都变为负值。

根据式（10.58），有 $\underset{9\times9}{\boldsymbol{Q}}=\underset{9\times9}{\boldsymbol{P}^{-1}}-\underset{9\times9}{\boldsymbol{P}^{-1}}\cdot\underset{9\times(3+m)}{\boldsymbol{W}^{\mathrm{T}}}\cdot\underset{(3+m)\times(3+m)}{\boldsymbol{S}^{-1}}\cdot\underset{(3+m)\times9}{\boldsymbol{W}}\cdot\underset{9\times9}{\boldsymbol{P}^{-1}}$，而 $\underset{9\times9}{\boldsymbol{Q}_{v}}=\underset{9\times9}{\boldsymbol{P}^{-1}}\cdot\underset{9\times(3+m)}{\boldsymbol{W}^{\mathrm{T}}}\cdot\underset{(3+m)\times(3+m)}{\boldsymbol{S}^{-1}}\cdot\underset{(3+m)\times9}{\boldsymbol{W}}\cdot\underset{9\times9}{\boldsymbol{P}^{-1}}$，因此，可得

$$\underset{9\times9}{\boldsymbol{Q}}=\underset{9\times9}{\boldsymbol{P}^{-1}}-\underset{9\times9}{\boldsymbol{Q}_{vv}} \tag{10.81}$$

式中，$\underset{9\times9}{\boldsymbol{P}^{-1}}$ 为改正数协因数；$\underset{9\times9}{\boldsymbol{Q}_{vv}}$ 为计算前的协因数。

拟合后估值的协因数是计算前该参数的协因数与改正数的协因数之差。当 $\boldsymbol{P}^{-1}>\boldsymbol{Q}_{VV}$ 时，即改正数的精度高于起始数据精度时，计算后估值的精度会得到提高。反之，则表明计算出的改正数精度低于起始数据精度。

计算中出现改正数的精度低于起算数据的现象，这就表明在数据处理中，计算模型中的约束条件已经不能对该精度的数据起任何作用。换言之，处理数据的精度已达到计算模型极限精度，再使用模型对数据进行处理，对数据精度的改善已无增益。

对于 HASM-AC 方法而言，其计算模型以 Gauss 方程作为约束条件；该方程属于二次微分方程，在计算时以有限差分方法对该方程组进行解算。在对模型进行线性化时，会产生截断误差。在进行分组逐次解算的过程中，拟合区域中格网数据的精度也在逐步提高；而当计算数据的误差与模型的截断误差接近时，

模型中的约束条件将失效，从而造成计算结果异常，并出现数据精度较计算前下降的现象。

10.4.2　HASM-AC 误差控制

当模型约束条件与计算数据精度不相适应时，如果仍按照方程进行求解，将会导致对计算数据的错误改正，从而导致结果异常。因此，在 HASM-AC 方法中，必须建立某种机制，对建模误差进行控制。在计算结果中，将这些与数据精度不符的改正值进行甄别、剔除，消除计算中的数据异常。

根据数理统计知识，对于服从和近似服从正态分布的随机变量，其误差落在$(-\sigma,\sigma)$、$(-2\sigma,2\sigma)$和$(-3\sigma,3\sigma)$的概率分别为68.3%、95.5%和99.7%。也就是说，绝对值大于中误差的偶然误差出现概率为31.7%，而绝对值大于 2 倍中误差的偶然误差出现概率为 4.5%；绝对值大于 3 倍中误差的偶然误差出现概率仅为0.3%，这已经是概率接近于零的小概率事件，或者说这是不可能发生的事件。通常以 3 倍中误差作为偶然误差的极限值，随机变量偶然误差 $\varDelta$ 不会大于3σ。

由于已经对起算数据消除了系统性误差的影响，只存在偶然性误差；在数据处理过程中，按近似正态分布进行处理。当曲面单元解算完成后，对计算的改正值进行甄别，当$|\boldsymbol{r}|\geqslant 3\sigma$时，认为模型中的约束条件已不能对该精度的数据进行约束，此单元内计算点已不能通过约束方程进行计算。可以将该规则称为筛选规则，此时，计算得到的改正数无效，无需对该单元的计算数据进行改正。

10.4.3　数值实验

以$z=2\sin(\pi x)\times\sin(\pi y)+1$为标准曲面，把计算区域$[0,1]\times[0,1]$划分为 45×45 网格。在计算数据中引入随机误差ε，对于数据最小识别单位，其统计特性为$E(\varepsilon)=0$和$\sigma_{\varepsilon}=\pm0.001$。由于$|\sigma_{\varepsilon}|$很小，可认为计算数据的精度很高。理论上，在曲面拟合过程中，数据中所含的随机误差对拟合结果应该不产生影响。换句话说，拟合曲面应该与理论曲面一致。因此，通过对两种拟合曲面结果的对比，就可判断处理过程中的筛选准则是否有效。

在未开启筛选规则的拟合曲面和等高线图中可看到（图 10.5），所生成的等高线出现很多凸出，变得不再光滑；生成的曲面也变得粗糙，曲面的形态虽然没有发生大的改变，但在曲面上出现了很多细小凸起。也就是说，部分格网点在计算处理后，σ_{ε}变大。因此，将 Gauss 方程组作为约束条件进行拟合的过程中，的确存在计算数据精度和约束条件不匹配的问题。从而引发在数据处理过程中，数据精度下降，拟合结果在其中一些计算阶段发生异常的现象。

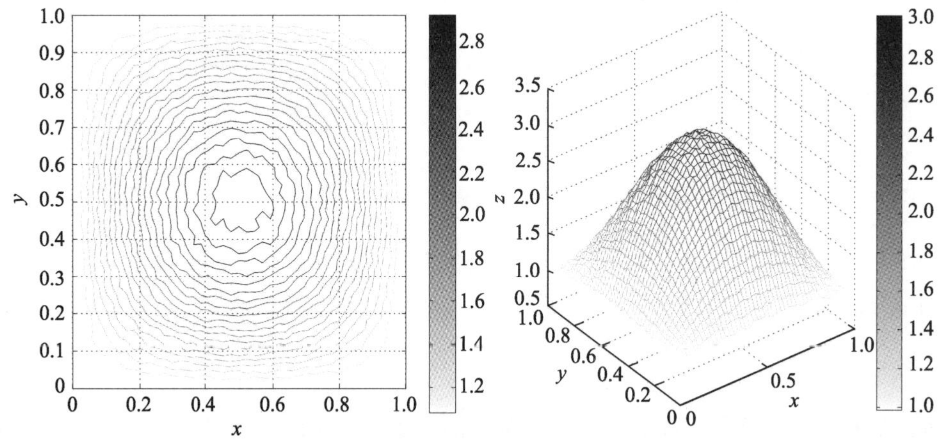

图 10.5　未加入筛选规则时 HASM 所拟合的曲面和等高线

从计算过程中使用了筛选规则而生成的等高线图和曲面图中可看到（图 10.6），经过处理后的等高线变得光滑、规则，与标准曲面的等高线形状一致。由计算数据拟合生成的曲面表面光滑，在格网点正确值附近曲面形态没有出现任何可分辨的变化。

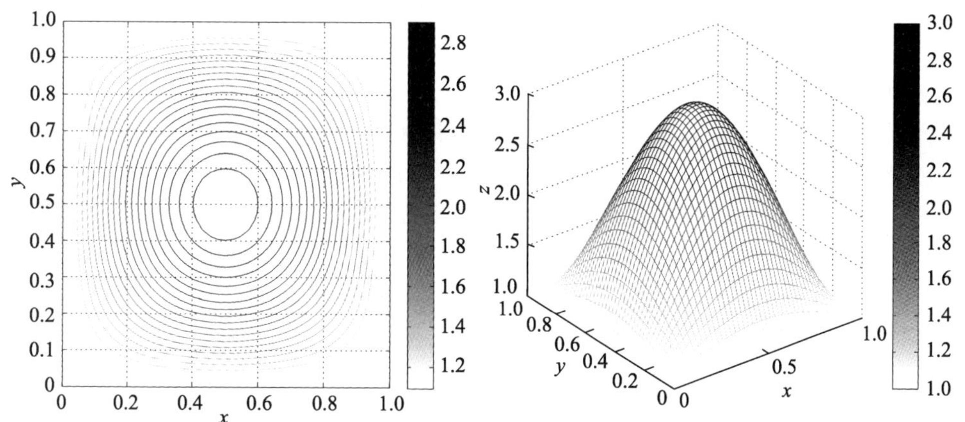

图 10.6　加入筛选规则后 HASM 所拟合的曲面和等高线

计算过程中未进行误差控制时，拟合曲面 S' 与理想曲面 S 各格网点的差值为

$$\left|S'-S\right| \leqslant 1\times10^{-1} \tag{10.82}$$

对建模误差进行控制后为

$$\left|S'-S\right| \leqslant 4\times10^{-3} \tag{10.83}$$

使用筛选准则前后，曲面拟合的结果与理想曲面的差值相差两个数量级；使用筛选准则后的拟合结果与理想曲面相差甚微，就所给定的数据精度而言，两者是相等的。

数据实验的结果表明，使用 HASM-AC 方法进行曲面拟合时，根据数据的精度信息，对计算数据的改正值进行甄别、剔除。能有效遏制计算过程中由于约束条件与计算数据精度不匹配而产生的数据异常，并对曲面建模过程中的误差进行有效控制，防止数据精度损失。

10.5　实 证 研 究

10.5.1　误差表达

本书将误差定义为真值与模拟值之差。绝对误差（AE）和均方根误差（RMSE）分别被表达为

$$\text{AE} = f_{i,j} - Sf_{i,j} \tag{10.84}$$

$$\text{RMSE} = \left(\frac{1}{I\times J}\sum_{i=1}^{I}\sum_{j=1}^{J}\left(f_{i,j} - Sf_{i,j}\right)^2\right)^{-1/2} \tag{10.85}$$

式中，$Sf_{i,j}$ 为 $f(x,y)$ 在栅格 (i,j) 处的模拟值；$f_{i,j}$ 为 $f(x,y)$ 在栅格 (i,j) 处的真值或采样值；$i=1,2,\cdots,I$；$j=1,2,\cdots,J$ 。

10.5.2　精度数值实验

为了保证标准曲面的绝对精度、比较分析 HASM-AC 相对于经典方法的精度优势，本节选择标准数学曲面：

$$z(x,y) = 3 + 2\sin(2\pi x)\sin(2\pi y) + \mathrm{e}^{(-15(x-1)^2-15(y-1)^2)} + \mathrm{e}^{(-10x^2-15(y-1)^2)} \tag{10.86}$$

由于标准曲面为标准数学曲面，其离散网格点的数值都可由式（10.86）确定，这些数据为精确值。因此，对不同方法模拟精度的检验，就可转化为对不同方法的模拟曲面与标准数学曲面之间误差的比较和验证。

将标准曲面的计算域标准化为$[0,1]\times[0,1]$，生成标准曲面 50×50 的格网数据，将这些离散格网点作为采样点数据，以分辨率 0.01 模拟 100×100 格网的标准曲面。上述过程等效于对该区域进行间隔采样模拟，采样率为 25%。

模拟结果表明，经典方法的模拟结果均含有较大的插值误差，这些误差直方图呈双峰对称；而 HASM-AC 误差直方图近似于绝对误差为零且垂直于绝对误差轴的直线（图 10.7）。模拟误差空间分布图显示（图 10.8），IDW、Spline 和 Kriging 的误差具有系统性变化趋势，在曲面的峰、谷区域出现最大绝对误差，即出现了削峰、填谷的现象；而 HASM-AC 模拟结果没有明显的系统性特征，误差呈随机分布，误差分布曲面接近一个平面，模拟曲面与标准数学曲面很相近。

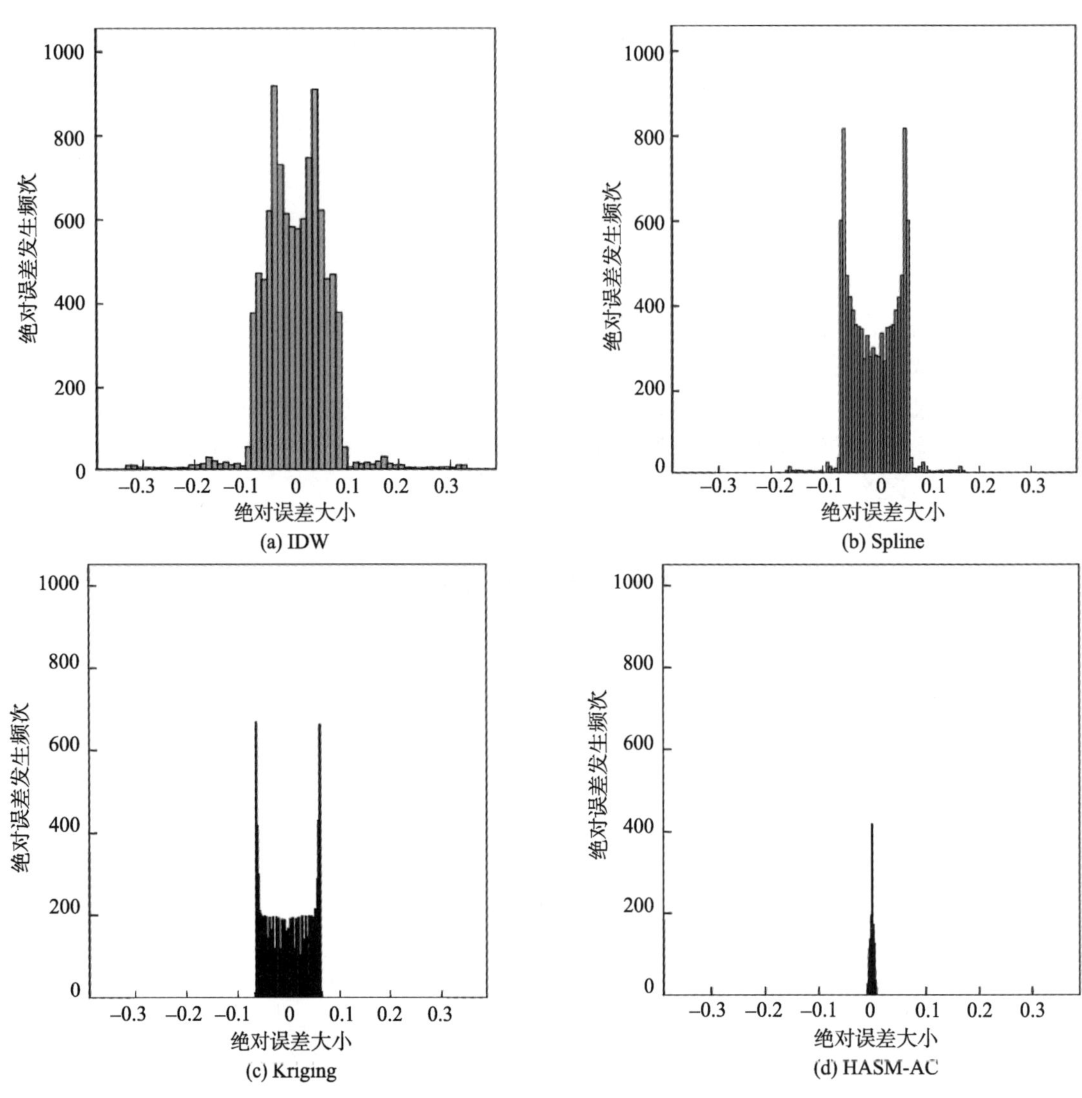

图 10.7　误差直方图

误差分析结果表明（表 10.1），HASM-AC 绝对误差的绝对值小于 0.008；而 IDW、Kriging 和 Spline 的绝对误差小于 0.008 的模拟格点比例分别是 8.21%、8.05%和 7.92%。IDW、Kriging 和 Spline 的均方根误差分别是 HASM-AC 均方根误差的 21.67、16.67 和 15.67 倍。

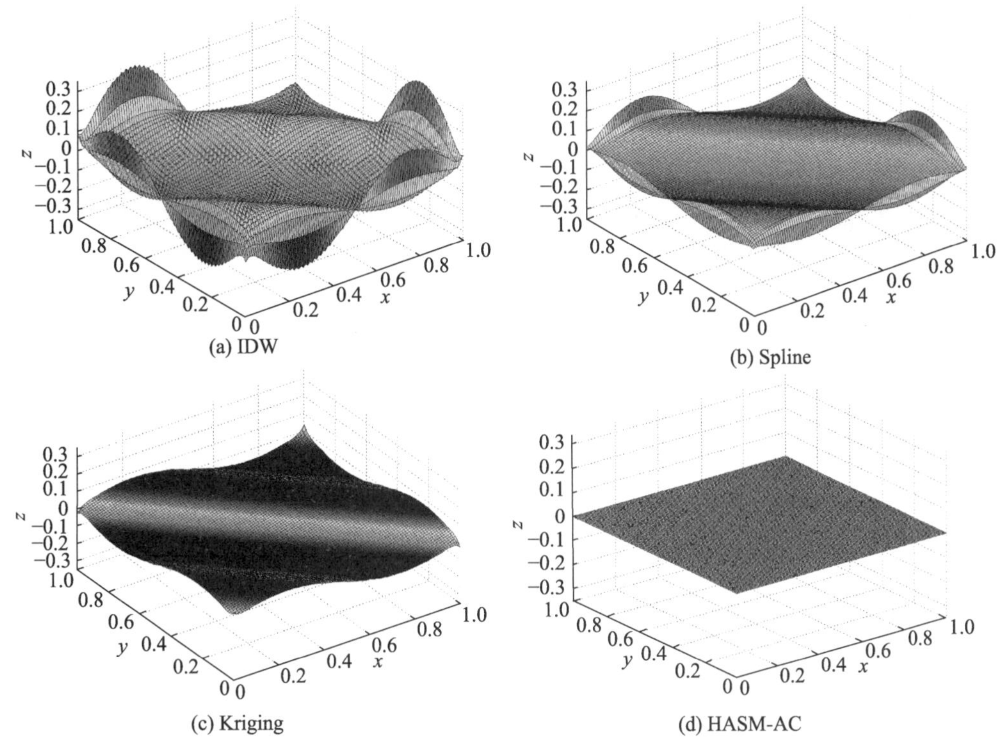

图 10.8　模拟误差空间分布

表 10.1　经典方法与 HASM-AC 模拟结果比较分析

方法	最小绝对误差	最大绝对误差	均方根误差
Spline	−0.065	0.065	0.044
Kriging	−0.168	0.168	0.047
IDW	−0.330	0.332	0.062
HASM-AC	−0.008	0.008	0.003

10.5.3　精度交叉验证

1. 实验区域概况

实验区域位于北京市通州区，为一矩形区域，东西长 0.5km，南北长约 0.4km，区域面积为 0.2km^2。北运河从北向南流经该区域，将该区域分为东西两个部分（图 10.9）。该区域地形较为平坦，高程在 14~

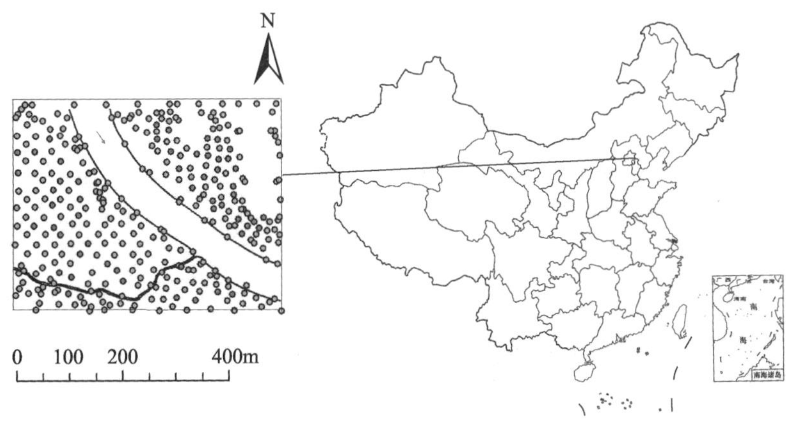

图 10.9　研究区域采样点分布

22m。采用全站仪对该区域进行实地采样，获得采样点 395 个，数据精度为 0.01m。此实验区域高程变化平缓，数据的空间结构较弱，是模拟分析各种方法模拟精度细微差异的适宜区域。

2. 模拟误差交叉验证

分别采用 5m、15m、25m、35m 和 45m 多个空间分辨率进行精度验证。每个空间分辨率的交叉验证过程包括五个主要步骤：①在 395 个采样点中随机抽取 48 个高程点；②运用其余 347 个高程点生成数字高程曲面；③计算验证误差，还原抽取的 48 个采样点；④重复上述 3 个步骤，直到所有采样点数据都被抽取进行精度验证；⑤计算各次精度验证误差的平均值，即为交叉验证误差。

5m 分辨率精度检验结果表明（表 10.2），传统的空间插值方法中，IDW 方法模拟的结果优于其他两种方法，具有最小的误差均值和均方根差。基于地统计理论的 Kriging 方法与基于样条的 Spline 方法模拟精度相当，但 Spline 模拟结果的误差分布区间较大。与传统方法相比，HASM-AC 综合考虑了数据邻域相关性和采样点数据精度对模拟结果的影响，获得了与实际曲面拟合最好的结果。其模拟误差分布区间、平均误差和均方根误差均优于传统方法。

表 10.2　空间分辨率对误差的影响　（单位：m）

方法	空间分辨率	最小绝对误差	最大绝对误差	绝对误差振幅	均方根误差
Spline	45×45	−2.47	1.64	4.11	0.79
	35×35	−2.35	1.32	3.67	0.61
	25×25	−1.65	1.70	3.35	0.51
	15×15	−1.56	1.02	2.58	0.34
	5×5	−0.50	1.38	1.88	0.35
Kriging	45×45	−1.35	1.05	2.4	0.42
	35×35	−0.89	0.91	1.8	0.33
	25×25	−0.96	1.34	2.3	0.36
	15×15	−1.09	0.77	1.86	0.28
	5×5	−0.74	0.75	1.49	0.36
IDW	45×45	−1.78	1.25	3.03	0.49
	35×35	−0.80	0.68	1.48	0.28
	25×25	−0.44	0.84	1.28	0.25
	15×15	−0.39	0.99	1.38	0.21
	5×5	−1.01	1.16	2.17	0.24
HASM-AC	45×45	−0.76	1.66	2.42	0.40
	35×35	−1.02	0.56	1.58	0.30
	25×25	−0.77	0.95	1.72	0.25
	15×15	−0.66	1.06	1.72	0.20
	5×5	−0.29	0.38	0.67	0.11

经典方法和 HASM-AC 在不同分辨率下的交叉验证结果表明（表 10.2），当空间分辨率从 5m 降低到 45m 时，HASM-AC 交叉验证的均方根误差由 0.11m 单调递增为 0.4m。而 Spline、Kriging 和 IDW 等经典方法在空间分辨率为 15m 时，其均方根误差达到最小；空间分辨率为 5m 时，Spline 的绝对误差振幅达到最小；空间分辨率为 35m 时，Kriging 绝对误差振幅达到最小；空间分辨率为 25m 时，IDW 绝对误差振幅达到最小。HASM-AC 随空间分辨率变低，模拟精度变化稳定，而 Spline、Kriging 和 IDW 等经典方法模拟精度很不稳定。

采样间距在 15m 空间分辨率对模拟精度影响的检验结果表明（表 10.3），当空间分辨率变大时，HASM-AC 模拟精度单调降低，而经典方法的模拟精度震荡变化。当平均采样间距小于 26m 时，HASM-AC

表 10.3　采样间距对误差的影响　　　　（单位：m）

方法	采样点数	平均采样间隔	最小绝对误差	最大绝对误差	绝对误差振幅	均方根误差
Spline	347	24	−1.56	1.02	2.58	0.34
	299	26	−1.04	0.75	1.79	0.40
	251	28	−2.12	1.60	3.72	0.52
	203	32	−2.15	1.03	3.18	0.45
	155	36	−2.03	3.01	5.04	0.64
Kriging	347	24	−1.09	0.77	1.86	0.28
	299	26	−0.94	0.55	1.49	0.32
	251	28	−1.12	0.72	1.84	0.35
	203	32	−1.26	0.60	1.86	0.39
	155	36	−1.88	0.34	2.22	0.48
IDW	347	24	−0.39	0.99	1.38	0.21
	299	26	−0.64	0.61	1.25	0.21
	251	28	−1.16	0.17	1.33	0.23
	203	32	−1.21	0.24	1.45	0.22
	155	36	−1.67	0.32	1.99	0.36
HASM-AC	347	24	−0.66	1.06	1.72	0.20
	299	26	−0.66	0.46	1.12	0.21
	251	28	−0.67	0.54	1.21	0.24
	203	32	−1.15	0.73	1.88	0.29
	155	36	−1.61	1.44	3.05	0.43

与经典方法相比，具有最高的模拟精度；但是，当采样间距大于 26m 时，IDW 模拟精度较 HASM-AC 高。HASM-AC 与 Spline、Kriging 相比，不管采样间距多大，模拟精度总是较高。当采样间距变大时，HASM-AC 和 Kriging 的绝对误差振幅单调变大，Spline 的绝对误差振幅震荡变化。也就是说，HASM-AC 模拟结果精度最高、最稳定；Spline 模拟结果误差最大、最不稳定。

实地调研表明，HASM-AC 的模拟结果最符合实际地形（图 10.10）。HASM-AC 和 Spline 都较好地模拟出了河流的基本形状，但 Spline 模拟结果在东北角发生很大振荡，使其模拟误差远大于 IDW 和 Kriging。IDW 和 Kriging 模拟结果没能反映出河流的基本位置和形状，此外 IDW 和 Kriging 的模拟结果产生了严重的洼地填平问题。由于 HASM-AC 模型是在考虑曲面单元邻域细节的同时，求取整体符合最佳的结果；因而，从理论上讲，该方法在不同数据分辨率下的模拟结果都优于传统方法，是顺理成章的结论。

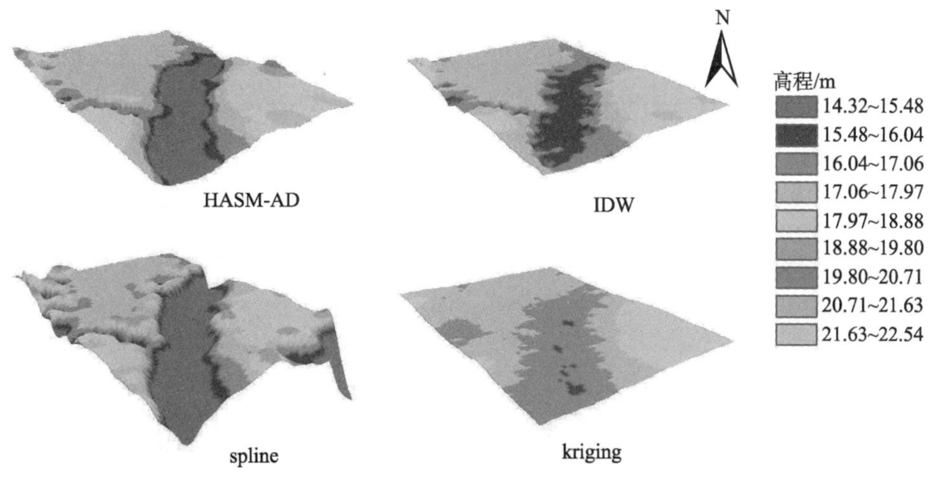

图 10.10　实验区域模拟结果比较

10.5.4 计算效率分析

由于北京市通州实验区面积太小，运算量不足以识别各种方法的运算速度差异，因此本书选择由空间分辨率为 3′×3′的 6000×6000 个像元组成的青海、甘肃和四川交界区作为实验区，比较分析各种方法运算速度的差异。此实验区位于 100°~105°E、30°~35°N，海拔在 333~5739m，包括高原、山岭、丘陵和平原等各种地形。区域西北部为青藏高原东缘，经岷山山脉和横断山脉，地势从 4000m 左右下降到海拔 1000m 左右；区域中部地形起伏显著，沟壑纵横，相对高差较大，串状盆地和小盆地广泛分布；区域东南侧是地形平坦的川西平原，地形地势变化平缓，并逐渐向丘陵地带过渡；区域东北部则是甘南高原向黄土高原、陇南山地的过渡地带（图 10.11）。

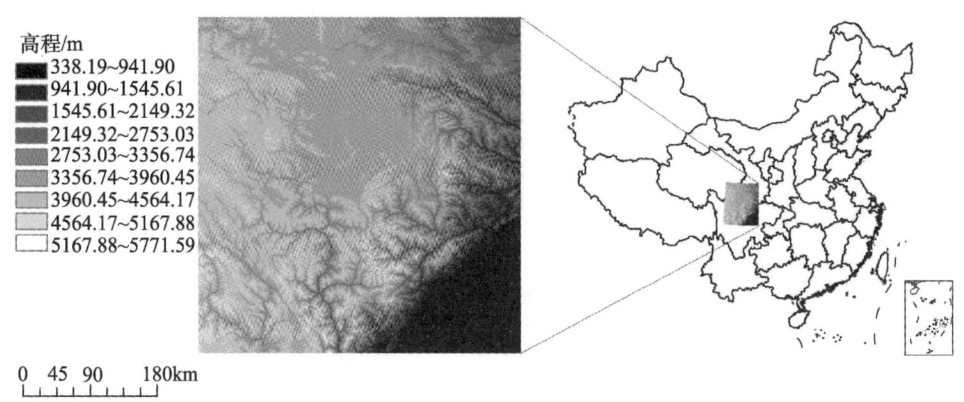

图 10.11　运算速度实验区及其地理位置

在比较分析 IDW、Spline、Kriging 和 HASM-AC 的计算速度实验中，计算机配置为 Intel Core Duo、2.67 GHz CPU、DDR2 800/2G 内存、P35 主板处理芯片、SATA2/320G 硬盘、Windows XP 操作系统和.NET Framework 2.0 程序运行环境。

实验结果表明，HASM-AC 用了 5798s 完成了实验区的模拟，而 Spline、IDW 和 Kriging 的模拟时间分别为 46213s、61413s 和 3262560s（表 10.4）。HASM-AC 运算速度分别是 Spline、IDW 和 Kriging 的 8 倍、11 倍和 563 倍。IDW 和 Spline 的计算速度处于同一量级水平。而 Kriging 计算过程时间消耗巨大，处理时间远高于其他几种方法。

基于逐次最小二乘的高精度曲面建模（HASM-AC）方法，由于将计算过程转化为对不同分组中独立计算单元的逐个计算，大幅提高了计算速度，其处理时间优于其他方法。同时，算法采用对数据进行动态读取、存储，降低了计算过程对计算资源的占用，可以有效处理大规模数据集。

表 10.4　不同方法运算时间比较

方法	处理时间/s
IDW	61413
Spline	46213
Kriging	3262560
HASM-AC	5798

10.6 结　　论

研究结果表明：① HASM 与数据平差理论结合是可行的，HASM-AC 模拟精度优于所有经典方法；② HASM-AC 引入了数据的精度信息，在模拟过程中对不同精度的数据进行区分处理，提高了模拟结果的精度；③ HASM-AC 在运算过程中，不同区域中的数据并非只对所在区域产生影响，它们的误差相互传递；引入数据平差理论后，计算区域内的模拟误差得到合理分配；④使用基于分组的逐次最小二乘方法，突破了以往 HASM 算法中数据规模对计算的限制，降低了对计算资源的占用，提高了计算速度，能有效处理大规模数据集。

HASM-AC 将计算数据的精度作为必要信息进行处理。解算结束后，可提供每个结果数据的估计精度。利用这些数据信息，可获得计算过程中数据溢出的成因，进而对建模误差进行控制。有效防止了数据精度损失、计算结果突变的情况，提高了曲面的拟合精度。

HASM-AC 采用分组计算，需要进行组间的数据融合，融合过程会占用一定的计算时间。理论上，一次完整的计算需要进行 16 次分组计算才能得到最终的结果。但由于后续计算中数据精度提高的幅度会逐步降低，一些分组的计算对精度已无增益；在满足精度要求的前提下，可以舍弃对其余分组的处理。

HASM-AC 是一种适宜采用并行计算的方法，并行算法的发展是其下一步的研究重点，它将大幅度提高 HASM-AC 的运算速度，为实现三维动态可视化奠定基础。

第 11 章　HASM 并行算法*

11.1　引　　言

并行算法是用多台处理器联合求解问题的方法和步骤，它首先将给定的问题分解成若干个尽量相互独立的子问题，然后使用多台计算机同时求解，最终求得原问题的解，其主要目的是快速求解大型且复杂的计算问题（陈国良，2009）。

串行计算是指在具有单个中央处理单元的单个计算机上执行软件读写操作，逐个使用一系列指令解决问题。并行计算是在串行计算的基础上演变而来，可分为时间上的并行和空间上的并行。并行计算与高性能计算及超级计算是同义词。并行计算主要包括了并行计算的硬件平台（并行计算机）、并行计算的软件支撑（并行程序设计），并行计算的理论基础（并行算法），以及并行计算的具体应用。

11.1.1　并行计算的发展

20 世纪 60 年代初期，由于晶体管及磁芯存储器的出现，处理单元变得越来越小，存储器也更加小巧和廉价。这些技术发展的结果导致了并行计算机的出现，这一时期的并行计算机多是规模不大的共享存储多处理器系统。

20 世纪 60 年代末期，同一个处理器开始设置多个功能相同的功能单元，出现了流水线技术。与单纯提高时钟频率相比，这些并行特性在处理器内部的应用大大提高了并行计算机系统的性能。

从 20 世纪 80 年代开始，微处理器技术一直在高速前进。微处理器随着机器的字长从 4 位、8 位、16 位一直增加到 32 位，其性能也随之显著提高；稍后又出现了非常适合于对称多处理器的总线协议；同一时期，基于信息传递机制的并行计算机也开始不断涌现。

20 世纪 80 年代末到 90 年代初，共享存储器方式的大规模并行计算机又获得了新的发展。随着商品化微处理器、网络设备的发展，以及信息传递界面等并行编程标准的发布，机群架构的并行计算机出现。在这些系统中，各个节点采用的都是标准的商品化计算机，它们之间通过高速网络连接起来。

20 世纪 90 年代初期，大规模并行处理系统已开始成为高性能计算机发展的主流，大规模并行处理系统由多个微处理器通过高速互联网络构成，每个处理器之间通过消息传递的方式进行通信和协调。较大规模并行处理系统早几年问世的对称多处理系统由数目相对较少的微处理器共享物理内存和输入/输出总线形成。早期的对称多处理系统和大规模并行处理系统相比扩展能力有限，不具有很强的计算能力，但单机系统兼容性好，所以 20 世纪 90 年代中后期的一种趋势是将对称多处理系统的优点和大规模并行处理系统的扩展能力结合，发展成后来的分布式共享内存结构（迟志斌、赵毅，2007）。

并行计算研究可划分为三个阶段：20 世纪 60 年代末至 70 年代末，主要从事大型机中的并行处理技术研究；70 年代末至 80 年代初，主要从事向量机和并行多处理器系统研究；80 年代末至今，主要从事大规模并行处理机系统及工作站集群系统研究（陈国良等，2009）。

并行计算的最新发展主要包括多核体系结构和云计算。多核技术是指在同一个处理器中集成两个或多个完整的计算内核，每个计算内核实质上都是一个相对简单的微处理器；多个计算内核可以并行地执行指令，从而实现一个芯片内的线程级并行，并可在特定的时间内执行更多任务实现任务级并行，从而提高计算能力。云计算是指基于当前已相对成熟与稳定的互联网的新型计算模式，把原本存储于个人电脑、移动设备等个人设备上的大量信息集中在一起，在强大的服务器端协同工作；云计算是分布式计算、并行计算

---

* 赵明伟和王世海为本章主要合著者。

和网格计算的最新发展。

11.1.2　并行计算机体系结构

组成并行机的三个基本要素为节点、互联网络和内存。每个节点有多个处理器构成，可以直接输入输出。所有节点通过互联网络相互通信。内存由多个存储模块组成，这些模块对称的分布在互联网的两侧或者位于各个节点内部。

按照弗林分类法，根据指令流和数据流的不同，通常把计算机系统分为四类（Flynn, 1972）：单指令流单数据流(SISD)，单指令流多数据流(SIMD)，多指令流单数据流(MISD)和多指令流多数据流(MIMD)。单指令流多数据流相当于串行计算机系统；单指令流多数据流每个处理器同步执行相同的指令，但操作不同的数据；多指令流单数据流很少使用；多指令流多数据流每个处理器执行的指令不同，操作的数据也不同，是最常用的并行平台。

基于单指令流多数据流结构的计算机系统包括向量处理机、单指令流多数据流并行处理机和图形处理单元（GPU）。向量处理机（或阵列处理机）是可以同时进行多数据要素的中央处理器（Kurz, 1988）。在 20 世纪 80 年代和 90 年代的科学计算领域，向量处理机是大多数超级计算机的大众化组成部分。目前，已被更高效和更便宜的图形处理单元替代。单指令流多数据流并行处理机由单指令流多数据流多微机系统构成（Michael, 1990）。显卡的图形处理单元使用成千上万个流处理器来提高芯片级并行度（Kehtarnavaz and Gamadia, 2006），近年来，图形处理单元的高速计算能力被用于提高计算速度。由于图形处理单元的单指令流多数据流构架，它只适合于数据并行问题（Gao and Qian, 2011）。

目前主要的高性能并行及体系有四种：对称多处理机（symmetric multi processor, SMP）、分布式共享存储多处理机（distributed shared memory, DSM）、大规模并行处理机（massively parallel processor, MPP）和机群（cluster）系统。

1. 对称多处理机

对称多处理机系统的简单结构，由处理单元、高速缓存、总线或交叉开关、共享内存，以及输入/输出等组成。对称多处理机系统的特点可归纳如下。

（1）对称共享存储：系统中的任何处理器均可直接访问任何内存模块的存储单元和输入/输出模块连接的输入/输出设备，且访问的延迟、带宽和访问成功率是一致的；所有内存模块的地址单元是统一编码的，各个处理器之间的地位相同；操作系统可以运行在任意一个处理机上。

（2）单一的操作系统映像：全系统只有一个操作系统驻留在共享存储器中，它根据各个处理器的负载情况，动态分配各个处理器的负载，并保持每个处理器的负载均衡。

（3）局部高速缓存及其数据一致性：每个处理器均有自己的高速缓存，它们可以拥有独立的局部数据，但是这些数据必须保持与存储器中的数据是一致的。

（4）低通信延迟：各个进程根据操作系统提供的读/写操作，通过共享数据缓存区来完成处理器之间的通信，其延迟通常远小于网络通信的延迟。

（5）共享总线的带宽：所有处理器共享同一个总线带宽，完成对内存模块的数据和输入/输出设备的访问。

（6）支持信息传递、共享存储模式的并行程序设计。

2. 分布共享存储处理机

分布共享存储处理机较好地改善了对称多处理机的可扩展能力，是目前高性能计算机的主流发展方向之一。分布式共享存储多处理机的特点可归纳如下。

（1）并行计算机以节点为单位：每个节点由一个或多个中央处理器组成，每个中央处理器拥有自己的局部高速缓冲存储器（cache），并共享局部存储器和输入/输出设备，所有节点通过高性能网络互联。

（2）物理上分布存储：内存模块局部在各节点中，并通过高性能网络相互连接，避免了对称多处理机访存总线的带宽瓶颈，增强了并行计算机系统的可扩展能力。

（3）单一的内存地址空间：尽管内存模块分布在各个节点，但是所有这些内存模块都由硬件进行了统一编址，并通过互联网络连接形成了并行计算机的共享存储器；各个节点既可以直接访问局部内存单元，又可以访问其他节点的局部存储单元。

（4）非一致内存访问模式：由于远端访问必须通过高性能互联网络，而本地访问只需直接访问局部内存模块；因此远端访问的延迟一般是本地访问延迟的 3 倍左右。

（5）单一的操作系统映像：类似于对称多处理机，在分布式共享存储多处理器并行计算机中，用户只看到一个操作系统，它可以根据各个节点的负载情况，动态地分配进程。

（6）基于高速缓冲存储器的数据一致性：通常采用基于目录的高速缓冲存储器一致性协议来保证各节点的局部高速缓存数据与存储器中的数据是一致的。

3. 大规模并行处理机

大规模并行处理机是并行计算机发展过程中的主力，现在已经发展到由上万个处理器构成一个系统。随着并行计算机的发展，几十万个处理器的超大规模系统也会在不久的将来问世。大规模并行处理机的特点可概括为：①节点数量多，这些节点由局部网卡通过高性能互联网络连接；②每个节点都相对独立，并拥有一个或多个微处理机，这些微处理机都有局部高速缓存，并通过局部总线或互联网络与局部内存模块和输入/输出设备相连接；③大规模并行处理机的各个节点均拥有不同的操作系统映像，一般情况下，用户可以将作业提交给作业管理系统，由它来调度当前系统中有效的计算节点来执行该作业，同时，大规模并行处理机系统也允许用户登录到指定的节点，或到某些特定的节点上运行作业；④各个节点上的内存模块是相互独立的，且不存在全局内存单元的统一硬件编址，一般情况下，各个节点只能直接访问自身的局部内存模块，如果需要直接访问其他节点的内存模块，则必须有操作系统提供特殊的软件支持。

4. 机群系统

机群系统是多个独立计算机互相连接起来的集合，这些计算机可以是单机或多处理器系统，每个结点都有自己的存储器、输入/输出设备和操作系统。机群对用户和应用来说是一个单一的系统，它可以提供低价高效的高性能环境和快速可靠的服务。

机群的特点为：①系统规模可从单机、少数几台联网的微机直到包括上千个结点的大规模并行系统；②既可作为廉价的并行程序调试环境，也可设计成真正的高性能并行机；③性价比高，可靠性、可扩展性、可管理性强，应用支持性好。

尽管机群系统在通信性能、稳定性和使用方便性方面还有待提高，但凭借其他并行机无法比拟的性价比，已经成为了高性能并行计算中的重要力量。

11.1.3　并行编程环境

高性能计算的原理是将计算负荷由多台通用主机共同分担，同时并行处理计算，使大规模、复杂问题得以在短时间内得到解决。高性能计算不仅对计算机硬件提出了要求，也需要提高并行计算能力。而提高并行计算能力，关键在于软件。

1. 并行编程环境

在当前并行机上，主要的并行编程环境可分为三类：①共享内存模型，假定所有的数据结构分配在一个公用区中，且所有处理器均可访问该公共区。②信息传递模型，假定每个处理器（或进程）有自己的私有数据空间，处理机之间通过相互发送消息来实现数据交换。③数据并行模型，用户通过指导语句指示编译系统将数据分布到各个处理器上，编译系统根据数据分布的情况生成并行程序。

共享存储并行编程和数据并行编程是基于细粒度的编程，仅被 SMP、DSM 和 MPP 并行机所支持，移植性不如信息传递并行编程。但是，由于它们支持数据的共享存储，所以并行编程难度较小。当处理机数目较多时，其并行性能明显低于信息传递编程。信息传递并行编程，基于进程级，其移植性最好，几乎被当前流行的各类并行机支持，且具有很好的可扩展性。但信息传递并行编程只支持进程间的分布存储模式，各个进程只能直接访问其局部内存空间，对其他进程局部空间的访问只能通过信息传递来实现，因此，并行编程难度大于前两种模式。

2. 信息传递编程接口

MPI 是基于信息传递编写并行程序的一种用户界面，信息传递是目前并行计算机上广泛使用的一种程序设计模式。特别是对分布式存储的可扩展的并行计算机 SPCs（scalable parallel computers）和工作站机群 NOWs（networks of workstations）或 COWs（clusters of workstations）。尽管还有很多其他的程序实现方式，但是过程之间的通信采用信息传递已经是一种共识。在 MPI 和 PVM 问世以前，并行程序设计与并行计算机系统是密切相关的，对不同的并行计算机就要编写不同的并行程序，给并行程序设计和应用带来了许多麻烦，广大并行计算机的用户迫切需要一些通用的信息传递用户界面，使并行程序具有和串行程序一样的可移植性。

在过去的 4 年中，国际上确定了 MPI 为信息传递用户界面标准，自从 1994 年 6 月推出 MPI 以来，它已被广泛接受和使用，目前国际上推出的所有并行计算机都支持 MPI 和 PVM。对于使用 SPCs 的用户来说，编写 SPMD 并行程序使用 MPI 可能更为方便。

MPI 按照进程组（process group）方式工作，所有 MPI 程序在开始时均被认为是在通信子 MPI_COMM_WORLD 所拥有的进程组中工作，之后用户可以根据自己的需要，建立其他的进程组。需注意的是，所有 MPI 的通信一定要在通信子（communicator）中进行。一旦分配好工作，就可以给每个节点发送一条消息，让它们执行自己的那部分工作。工作被放入 HPC 单元中同时发送给每个节点，通常会期望每个节点同时给出结果作为响应。来自每个节点的结果通过 MPI 提供的另一条消息返回给主机应用程序，然后由该应用程序接收所有消息，这样工作就完成了。

3. 并行编程模式

并行编程模式主要有三种类型：①主从模式（Master-slave），有一个主进程，其他为从进程；在这种模式中，主进程一般负责整个并行程序的数据控制，从进程负责对数据的处理和计算任务；当然，主进程也可以参与对数据的处理和计算；一般情况下，从进程之间不发生数据交换，数据的交换过程是通过主进程来完成的。②对称模式（SPMD），在这种编程模式中，没有哪个进程是主进程，每个进程的地位是相同的。然而，在并行实现过程中，总是要在这些进程中选择一个进行输入输出的进程，它扮演的角色和主进程类似。③多程序模式（MPMD），在每个处理机器执行的程序可能是不同的，在某些处理器上可能执行相同的程序。

并行程序和串行程序没有很大的差别，但是为了实现并行算法在并行计算机上的执行，程序中增加了对各个进程并行处理的控制，主要包括以下三个部分。

（1）进入并行环境：这部分是要让系统知道此程序是并行程序，启动并行计算环境；在这个过程中，产生并行程序所需要的各种环境变量。

（2）主体并行任务：这是并行程序的实质部分，所有需要并行来完成的任务都在这里进行；在这个部分中，实现并行算法在并行计算机上的执行过程。

（3）退出并行环境：通知并行计算系统，从这里开始，不再使用并行计算环境；一般来说，只要退出并行计算环境，意味着将结束程序的运行。

MPI 并行程序设计采用何种编程模式，要视具体应用问题的特征而定，它们在并行程序设计的难度和并行计算性能上没有本质的区别。但是，为了降低使用和维护并行应用软件的复杂度，一般采用 SPMD 模式。进程控制是并行程序的重要组成部分，所有的数据处理和交换过程都离不开进程标志。在 SPMD 并行模式编程过程中，因为只有一份程序，每个处理器上执行的是相同的程序。因此，对于每个进程来说，需要知道自己是属于哪个处理器，从而来确定该进程需要完成的任务。

11.1.4　并行计算时间效率测定

使用 n 个并行处理器的加速比可定义为（Gebali，2011）

$$S(n)=\frac{T_p(1)}{T_p(n)} \tag{11.1}$$

式中，$T_p(1)$ 为单个处理器处理时间；$T_p(n)$ 为 n 处理器处理时间；$S(n)$ 为加速比。

如果处理器与内存之间的通信时间可以忽略，$T_p(n)=T_p(1)/n$，则式（11.1）可简化为

$$S(n)=n \tag{11.2}$$

不管是单计算机系统还是并行计算机系统，都需要从内存中读取数据，并将计算结果写回内存。由于处理器与内存之间的速度失谐，与内存的通信需要占用时间。此外，对并行计算机系统，处理器之间需要进行数据交换。

假定并行算法由 n 个独立的任务组成，它们可在一个处理器上执行，也可在 n 个处理器上执行。在这种理想环境中，数据在处理器和内存之间交换，没有处理器之间通信。单处理器处理时间和并行处理器处理时间可分别表达为

$$T_p(1)=n\cdot\tau_p \tag{11.3}$$

$$T_p(n)=\tau_p \tag{11.4}$$

式中，τ_p 为处理每个任务的时间。

假定每个任务对应一组数据。也就是说，n 个任务需要读 n 组数据。单处理器和并行处理器从内存中读数据所需时间可分别表达为

$$T_r(1)=n\cdot\tau_m \tag{11.5}$$

$$T_r(n)=\alpha\cdot T_r(1)=\alpha\cdot n\cdot\tau_m \tag{11.6}$$

式中，τ_m 为读取一组数据的内存访问时间；α 为访问共享内存的限制因子。

对分布式内存，$\alpha=1/n$；对无冲突共享内存，$\alpha=1$；对有冲突共享内存，$\alpha>1$。

类似地，单处理器和并行处理器将计算结果写回内存所需时间可分别表达为

$$T_w(1)=n\cdot\tau_m \tag{11.7}$$

$$T_w(n)=\alpha\cdot T_w(1)=\alpha\cdot n\cdot\tau_m \tag{11.8}$$

对单处理器和并行处理器完成任务的总时间分别为

$$T_{\text{Total}}(1)=T_r(1)+T_p(1)+T_w(1)=N\left(2\tau_m+\tau_p\right) \tag{11.9}$$

$$T_{\text{Total}}(n)=T_r(n)+T_p(n)+T_w(n)=2\cdot n\cdot\alpha\cdot\tau_m+\tau_p \tag{11.10}$$

考虑了通信开销的加速比为

$$S(n)=\frac{T_{\text{total}}(1)}{T_{\text{total}}(n)}=\frac{2\alpha\cdot n\cdot\tau_m+n\cdot\tau_p}{2\alpha\cdot n\cdot\tau_m+\tau_p}=\frac{2\alpha\cdot R\cdot n+n}{2\alpha\cdot R\cdot n+1} \tag{11.11}$$

式中，$R=\frac{\tau_m}{\tau_p}$ 为内存失谐率。

当 $R\cdot n$ 远小于 1 时，通信开销可以忽略，式（11.11）可近似表达为式（11.2）。

11.2　HASM-AC 的并行算法

11.2.1　HASM-AC 并行算法架构

HASM 平差计算（HASM-AC）在曲面建模中引入了数据的精度信息，有效控制了建模过程中的计算误差。已完成的数据实验结果表明（Yue and Wang, 2010），该方法计算精度优于经典曲面建模方法；由于计算中对数据进行实时处理，显著提高了其计算效率，降低了计算资源的消耗。

虽然 HASM 平差计算较经典曲面建模方法在计算速度上有了很大提高，具备处理大规模数据的能力，但还难以对全国、全球规模的数据集进行高分辨率的快速模拟。HASM 平差计算的并行算法进行研究，将进一步提高计算速度，使该方法具备快速处理大规模数据集能力，实现对全球尺度地球表层系统及其环境要素的快速模拟分析，推动高精度曲面建模方法在生态、气象、测绘等相关领域中的广泛应用。

在 HASM 平差计算方法中，引入逐次最小二乘方法，对计算区域进行处理。通过对计算区域内独立计算单元的划分和归并，实现对计算法方程的简化，将整体求解转化为对独立计算单元的重复处理，降低算法时间复杂度。信息传递并行编程环境（MPI）是目前主要的并行计算平台之一， HASM 平差计算方法的并行计算采用 MPI 与 C 语言联合编程的方案。

HASM 平差计算的并行算法研究主要包括三个方面：①HASM 平差计算的并行计算模型。因为高斯方程的有限差分形式具有很好的规律性，可转化为稀疏线性方程求解，间隔为 4 个格网距离的曲面单元，其解向量相互独立，所以可根据方程的特性，建立 HASM 平差计算方法组内并行的计算模型。②信息传递并行编程环境下，不同分组进程的启动机制。在计算中，数据分割发送给不同的进程处理；而后又将不同进程的处理结果进行合并；计算过程中，对分组间数据传递进行管理，通过动态发送数据，使后续分组进程的启动无需等待至前一组所有计算完成，改变分组间的串行结构，实现对数据的并行处理。③并行环境下的数据处理。基于逐次最小二乘的 HASM 平差计算模型，将整体求解转化为多次分组解算，降低了算法的时间复杂度；但多次分组需要对各分组的中间结果进行相应的处理；在并行计算中，由于各分组间数据流的串行结构已被改变，对各进程输出数据流的操作更为复杂，对中间数据文件的操作更为频繁，必须对操作进行细致规划（图 11.1）。

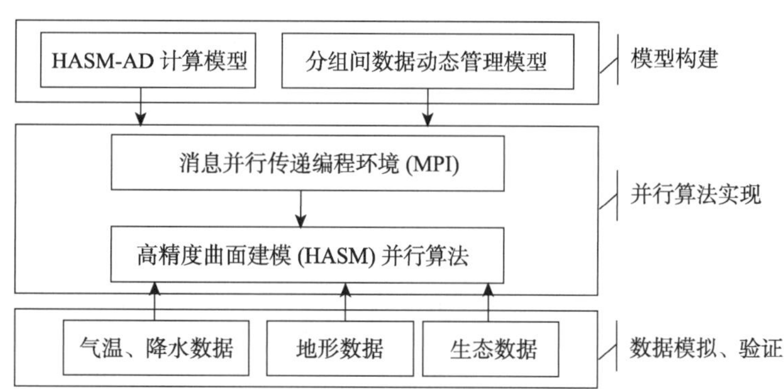

图 11.1　HASM 平差计算的并行算法概念模型

11.2.2　HASM-AC 并行算法

1. HASM-AC 并行计算基础

HASM 平差计算将整个计算域的求解转化为对 16 个分组逐次求解的过程。由于每个计算分组只含有解向量相互独立的计算单元，因此法方程 $\underset{q\times q}{\boldsymbol{S}}\cdot\underset{q\times 1}{\boldsymbol{k}}=-\underset{q\times 1}{\boldsymbol{w}}$ 中的系数矩阵在形式上应为

$$\underset{q\times q}{\boldsymbol{S}}=\begin{bmatrix}\boldsymbol{Q}_1 & & & & \\ & \boldsymbol{Q}_2 & & & \\ & & \ddots & & \\ & & & \boldsymbol{Q}_{k-1} & \\ & & & & \boldsymbol{Q}_k\end{bmatrix} \tag{11.12}$$

式中，$\boldsymbol{Q}_1$、$\boldsymbol{Q}_2$、…、$\boldsymbol{Q}_{k-1}$ 和 $\boldsymbol{Q}_k$ 分别为各独立曲面单元的子阵，它们只存在于法方程系数阵 $\underset{q\times q}{\boldsymbol{S}}$ 的对角线上。按照矩阵分解原则，$\underset{q\times q}{\boldsymbol{S}}^{-1}$ 也应该是一个对角阵：

$$\underset{q\times q}{S}^{-1}=\begin{bmatrix} Q_1^{-1} & & & & \\ & Q_2^{-1} & & & \\ & & \ddots & & \\ & & & Q_{k-1}^{-1} & \\ & & & & Q_k^{-1} \end{bmatrix} \tag{11.13}$$

因此，对每个分组中方程的解算，可转化为对各个独立单元的分别求解。HASM-AC 方法的计算过程中，数据处理流程如图 11.2 所示。

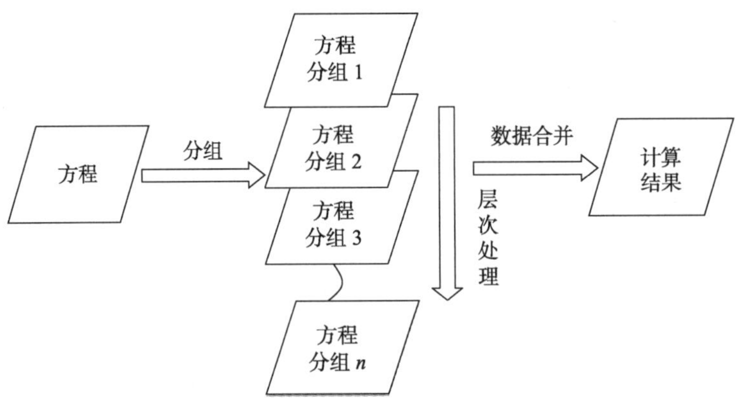

图 11.2 HASM-AC 方法的分组处理过程

2. 不同数据组织方式的并行计算方法

每个分组内各计算单元的解向量线性无关，对每个分组的求解被转化为对该分组内各个独立计算单元的依次求解。而这些计算单元在求解顺序上是可以并发进行的。

因此，当处理大规模区域时，可采用区域分解方法对计算区域进行划分。可将每个分组内的计算区域分解为条状区域，将这些条状计算区域分配至不同处理器进行并行处理。当所有分块数据计算完成后，通过数据合并，重新恢复不同分块数据的空间相对位置，为下一个分组的处理提供计算数据。

对于以单个数据文件组织的计算区域，使用上述方法可以实现 HASM-AC 方法的并行计算。在该数据组织形式下，HASM-AC 方法每个分组内的并行计算的数据流程如图 11.3 所示。

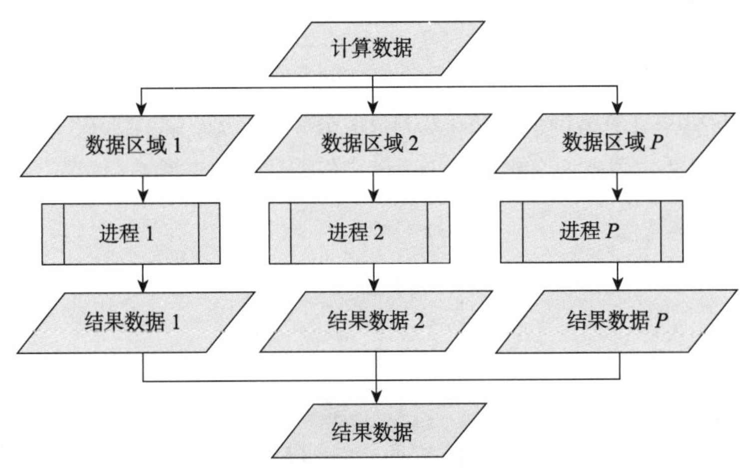

图 11.3 分组内数据区域分解的并行计算

而对于以分块数据文件形式组织的遥感数据，计算区域已经以分块形式对数据进行了空间划分。因此，可以在文件的层次上，对区域中的数据文件进行并行处理。也就是通过进程控制，将数据文件分配至不同处理器上进行计算。计算结果，仍以分块数据文件提供。这种处理模式，尤其适合处理大规模（全国、全球规模）的数据集。由于处理过程中，无需进行数据通信，因此可以在较短时间内，完成对计算区域的模拟。

以分块数据文件组织的计算区域，HASM-AC 并行计算的数据处理流程如图 11.4 所示。

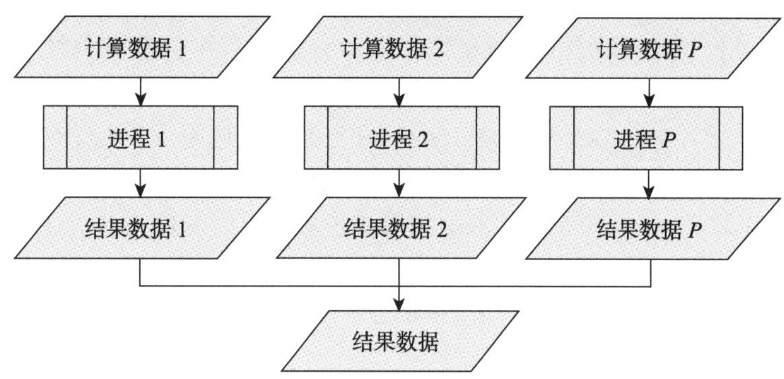

图 11.4　以分块数据文件组织的并行计算

11.3　HASM-AC 并行算法实现

11.3.1　MPI 与 C 语言联合编程

在 HASM-AC 方法的并行计算研究中，选择深腾 7000 的集群部分（由刀片节点构成）作为并行计算的运行环境，其中 Intel C/Fortran 编译器/Cluster OpenMP 可以在 8 个登录节点（LB270107~LB270110，LB270207~LB270210）上使用；Intel C/C++/Fortran/idb、GNU C/C++/Fortran 及 PGI 编译器的环境变量已在系统中设为默认，可直接使用（图 11.5），其中数字代表作业执行顺序。

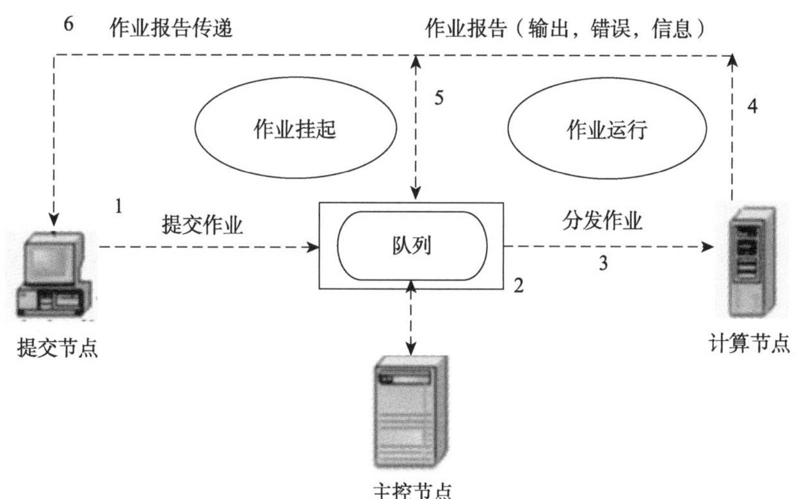

图 11.5　LSF 作业运行过程

深腾 7000 上安装的 MPI 版本有 IntelMPI 3.2、MVAPICH2-1.2pl、OpenMPI 1.3.2，用户可在用户主目录下编写.mpi_type 文件，指定想要使用的 MPI 版本（如 intelmpi、mvapich、openmpi），登陆时，系统会自动为用户设置相应 MPI 环境变量，若不指定，缺省使用 IntelMPI。

MPI 是信息传递并行编程环境接口，它将信息传递并行环境分解为两部分，第一是构成该环境的信息传递函数的标准接口说明；第二是各并行机厂商提供的对这些函数的具体实现。通常意义下，MPI 指的是具有标准接口说明的信息传递函数所构成的函数库。

在标准串行程序设计语言（C，Fortran, C++）的基础上，再加入实现进程间通信的 MPI 信息传递函数，就构成了 MPI 并行程序设计所依赖的并行编程环境。相对于其他并行编程环境，MPI 具有很好的可移植性、可扩展性，是高效率大规模并行计算最可信赖的平台。

MPI 系统提供给程序设计语言的是一个标准信息传递函数库，在编写并行程序中，通过调用该库中的函数，就可组织各进程间的数据交换和同步通信。在构成 MPI 程序的主程序和子程序中，只要调用 MPI 函数，该程序必须包含 MPI 系统头文件"mpi.h"（C 语言），该文件中包含了 MPI 程序编译所必需的 MPI 系统预定义的常数、宏、数据类型和函数类型。

从图 11.6 可看出，在使用 MPI 函数前，MPI_Init（ ）必须首先调用，对执行 MPI 程序的各个进程进行初始化，使之进入 MPI 系统。然后，各个进程就可以调用其他 MPI 函数进行数据通信。当各个进程结束前，必须调用函数 MPI_Finalize（ ）来通知 MPI 系统，表明该进程将退出 MPI 系统。通过调用 MPI_Initi（ ）函数，各处理进程获得一个编号，称为进程序号（rank），它是进程间相互区别的唯一标志，其编号从 0 开始（如果执行 MPI 程序的进程总数为 n，进程序号依次为 0, 1, 2⋯, $n-1$）。在并行计算中，利用进程编号，可以对各个进程的计算进行有效控制。

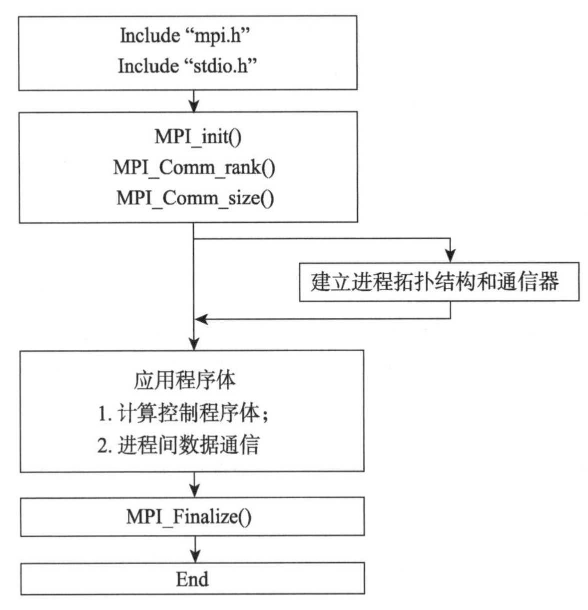

图 11.6　MPI 并行程序流程图

进程序号可用函数 MPI_Comm_rank（ ）来获得，调用该函数，有两个参数，其中 comma 为输入参数，是进程通信器。当 MPI_Init（ ）函数调用后，MPI 系统为所有执行进程提供一个已定义好的通信器 MPI_COMM_WORLD,它包含所有执行进程，这些进程可以基于该通信器进行信息传递。而执行 MPI 程序的各进程可通过调用 MPI_Comm_size（ ），来获得通信器中所包含的进程总数。

MPI 程序经过初始化，并建立所需的通信器和进程拓扑结构后，就可以进行并行程序设计。这个时候，就可根据各个进程的序号，选择执行并行程序的不同任务。在各进程运行过程中，可以调用 MPI 函数组织进程间的信息传递，进行交换数据。

11.3.2　并行处理中的进程映射

HASM-AC 方法的并行计算程序在编程时，采用单指令多数据流（SIMD）模式。当执行 MPI 程序时，N 个完全独立的进程将会同时启动，它们执行的是同一个 MPI 程序，但根据各自进程序号的不同，它们将执行 MPI 不同的指令路径。每个处理器上执行的是相同的程序，对于每个进程来说，需要知道自己是属于哪个处理器，从而确定该进程需要完成的任务。

因此，进程映射是 MPI 编程中的一个重要部分，将各个处理进程正确地映射到具体的处理器，是进行正确并行计算的基础。进程映射通常有两种方式：①用户分配任务，指定处理器运行各个进程，从而获得最优的计算效率；②用户将 MPI 程序提交给具体并行机的作业调度系统，由它来分配处理器。

HASM-AC 方法在并行计算中，主要通过对计算区域进行分解，将不同区域分配至各个处理器进行处理，实现并行计算。对于两种不同的数据组织方式，需要以不同的方式进行进程映射。因此，在 HASM-AC 方法并行程序编写过程中，设计了两种进程映射算法对不同处理器任务进行控制。

对于以单个数据文件形式组织的计算区域，HASM-AC 方法采用组内区域分解的方法，实现并行计算。这种方法在每个分组的计算中，将计算区域进行一维分解，划分为多个条状区域；每个处理器被分配一个条状区域进行处理，各个进程的处理区域根据其序号进行指定。

计算区域以单个数据文件进行存储，计算数据的空间相对位置可以根据数据的格网坐标唯一确定。各个进程处理数据，在文件中的起始位置可以根据区域划分方式进行确定。一般对计算区域采用平均分解，每个条状区域的大小相同（除了最后一个条状区域）。因此，各进程的计算数据的位置按式（11.14）确定：

$$\text{Position} = n \times \text{size} \tag{11.14}$$

式中，$n = 0,1,2,\cdots,P-1$；n 为进程序号；size 为条状区域的数据量（以字节为单位）；P 为并行计算所使用的处理器数目。

对于以分块数据文件形式组织的计算区域，HASM-AC 方法对分块数据文件进行并行计算。这种处理模式下的进程映射，就是根据各个进程的序号，将处理进程与不同的文件相对应。对于这种数据组织形式，可以通过数据文件名与进程序号的结合，实现进程映射（图 11.7）。

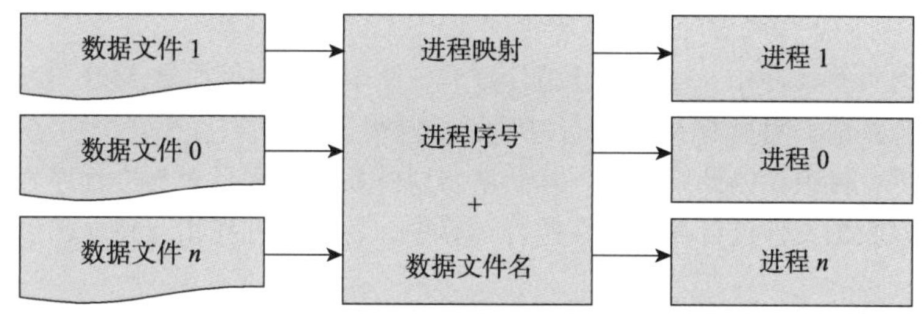

图 11.7　数据文件组织形式下的进程映射

在进程映射中，使用的复合文件标志为每个处理器指定数据文件；而复合文件标志有两部分构成：进程序号和共用文件名。各处理器上的执行进程序号可通过调用 MPI_Comm_rank（ ）函数获得，而共用文件名部分对于各个处理进程都是相同的。因此，只要获得各个执行进程的序号，使用如下的函数，将两者组合在一起，就得到了对应于每个进程的数据文件标志；在计算开始前，将包含不同处理文件的指令集映射到各个处理器。该算法代码如下：

```
pathn=string_add(pathn,id_processor);
char* string_add(char *dest, char *sur)
      {
          int count,length;
          char *convert;
          count=strlen(dest);
          length=strlen(sur);
          length=count+length;
          convert=dest;
          dest=(char*)malloc(length*sizeof(char));
          dest[0]='\0';
          strcat(dest,sur);
          return dest;
      }
```

对于两种不同的数据组织形式，使用上述两种方法就能实现 HASM-AC 方法并行计算中的进程映射。HASM-AC 方法的这两种并行计算方式，由于进程间没有数据交换，在计算中通信延迟影响可以忽略，计算效率更高。

11.3.3　HASM-AC 方法并行计算中的进程同步

HASM-AC 方法并行计算中，程序都以数据文件作为处理对象，数据都从文件中实时读取，计算结果都输出到文件。两种不同的数据组织形式的并行计算方式，需要对数据文件采取不同的处理方法。

对于以单个文件为数据组织形式的计算区域，HASM-AC 方法采用分组内区域分解进行并行计算。在计算中，所有执行的 MPI 处理进程都从同一个数据文件中读取数据进行计算，而没有任何写操作，每个进程访问的同一个数据单元的值是相同的，数据的一致性可以得到保证。

当每个分组计算完成后，必须对不同处理器的计算结果进行合并，恢复不同条状区域数据的相对空间位置。此时，需要将所有 MPI 执行进程的计算结果进行合并，写入同一个数据文件，为下个分组计算准备数据。各 MPI 执行进程在计算中是并发进行的；因此，在对各进程的计算结果合并前，必须在进程组成员之间进行同步操作。从而在进行数据合并操作前，保证所有执行进程都已完成了计算任务，避免由于进程间的不同步，引起数据合并时出现错误。

MPI 提供同步通信函数 MPI_BARRIER（comm），当调用该函数时，它将阻塞式等待所有进程。也就是说，当属于同一通信器 comm 的进程组所有成员都已到达函数调用点时，各进程才能继续执行后续语句；否则，先到达的进程必须空闲等待其他未到达的进程。因此，该函数在并行程序中的调用点也是该程序的同步点。

在 HASM-AC 并行计算程序中，在每个分组计算后，使用同步通信函数 MPI_BARRIER（comm）设置同步点；在进行文件合并前，对所有 MPI 执行进程进行同步。

而对于以分块数据文件组织的计算区域，由于各个 MPI 执行进程只对与进程序号相对应的文件进行处理，计算结果同样也以数据文件进行存储。在并行计算中，各执行进程相互独立，也就无需对各执行进程进行同步。

11.3.4　HASM-AC 并行计算的文件输出

在 HASM-AC 方法的并行计算中，对分块数据文件组织的计算区域，各执行进程只处理与其相对应的数据文件，而不是对同一个文件并行操作。因此，各执行进程无需同步操作。但各执行进程在处理中，每个分组计算完成后，要为后续计算输出计算结果。对文件的并行处理是 HASM-AC 并行计算（对于分块数据文件）的关键，需要对文件的 I\O 操作进行设计。

目前，MPI 程序的 I\O 通常只按三种方法来组织：①串行 I\O 方式，执行进程中，进程 0 负责所有进程的 I\O，即进程 0 读入其他各进程需要的数据，并将这些数据传送给其他各进程；另一方面，其他各进程将它们各自的输出数据传送给进程 0，由进程 0 负责具体输出；②非 MPI 并行 I\O 方式，各执行进程完全独立地进行 I\O 操作，即不同的进程访问不同的文件。MPI 程序虽然可以执行并行 I\O 操作，但与 MPI 系统无关，直接利用所使用的编程语言的 I\O 函数实现；③MPI 并行 I\O 方式，MPI 2.0 版本在 1.0 版本基础上，提供一类特殊的函数，它们能辅助执行 MPI 程序的各个进程并行地访问不同的文件，或者并行地访问同一个文件，执行并行 I\O 操作。

以串行 I\O 方式对文件进行操作，各进程的数据输出都需要借助进程 0 来实现，对于大规模的数据集而言，大量的数据通信将引起计算效率下降。而 MPI 的并行 I\O 函数虽然能使各进程并行操作文件，但 MPI 的 I\O 函数只支持对无格式数据文件的访问。

HASM-AC 对分块数据文件作并行计算时，各执行进程同时处理与其进程序号相符合的文件；且各进程也是输出各自的计算结果。在计算过程中，每次分组计算都要输出计算结果和精度数据，作为下一个分组的起算数据，各个进程的输出的数据量大。串行 I\O 的方式难以满足大规模、频繁的数据输出。MPI 并行 I\O 函数虽然提供了较强的并行操作文件的功能，但对文件其他操作功能较弱，缺少计算文件长度的功能函数。而 HASM-AC 方法在计算中，必须确定计算单元数据在文件中的位置；而且在对分块数据文件组织的区域进行计算时，不需要对一个文件进行并行写操作。C 语言本身就具有丰富的文件操作函数，同时深腾 7000 并行机也支持相关的功能函数。

因此，为了程序的顺利移植，减小并行程序的开发难度，在 HASM-AC 并行计算程序中，没有使用 MPI 并行 I\O 函数对执行进程的文件输出进行操作。而是采用了非 MPI 并行 I\O，直接用 C 语言提供的文件操作函数，对各执行进程的结果输出进行并行处理（图 11.8）。

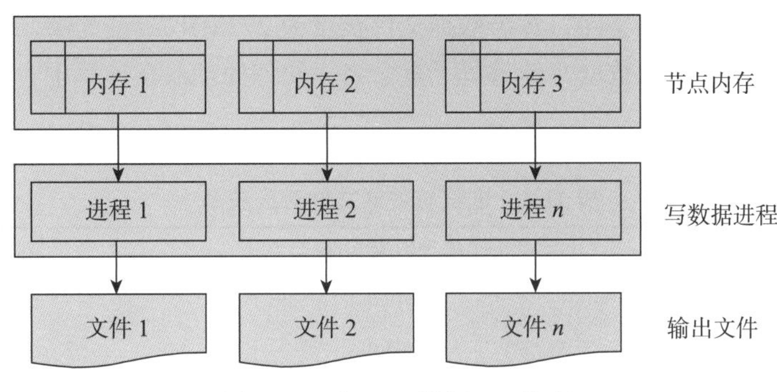

图 11.8　非 MPI 并行 I\O 处理

11.4　并行计算验证

HASM-AC 并行计算程序编程实现后，在深腾 7000 并行计算机上对该程序进行了调试，使用 SRTM 数据对该程序的计算效率进行了验证。并行计算在深腾 7000 的刀片节点上进行，刀片节点的单机配置如下：配置 2 个 Intel Xeon E5450 四核处理器（3.0GHz，L1 为 32KB+32KB, L2 为 2×6MB，4 条浮点流水线，单核心性能为 12Gflops，单 CPU 性能为 48Gflops，TDP 为 80W），内存 32GB，配备 4×DDR infiniband 网卡（HCA），配备千兆以太网卡，IO 结点、启动结点等配备 4Gbps 光纤卡（HBA）。

在深腾 7000 并行计算机上开设的计算账户硬盘空间为 8GB，HASM-AC 在计算中需要占用一定的硬盘空间以存储计算过程中的输出结果。因此，在实验中仅使用 4 个 SRTM 的分块数据文件进行验证。

数据实验中，使用了 4 个 STRM 分块数据文件对 HASM-AC 并行计算程序进行验证。其编号分别为 59-06、59-07、60-06、60-07，数据文件以栅格形式进行存储，每个文件的栅格数量为 6000×6000。

整个计算区域范围为 110°~120°E，25°~35°N，覆盖了湖南、江西、湖北、安徽、河南、福建和江苏、浙江大部分地区。整个区域西高东低，地势由西向东从山地过渡到丘陵；从北到南，有华北平原、长江中下游平原，平原的边缘镶嵌着低山和丘陵（图 11.9）。

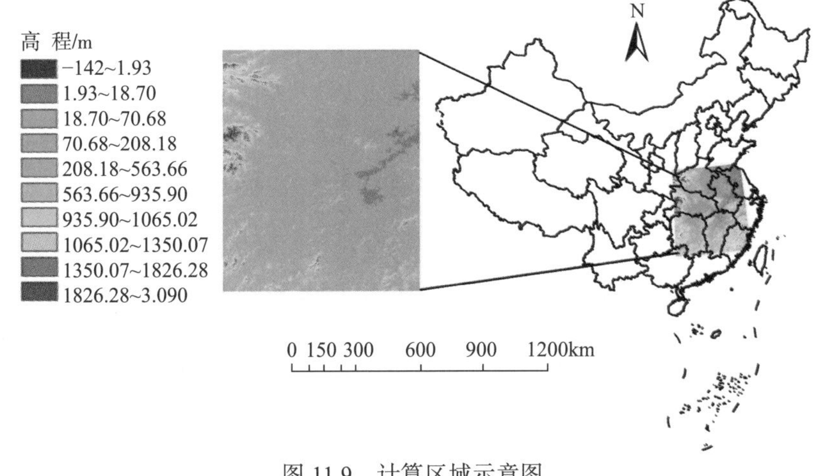

图 11.9　计算区域示意图

HASM-AC 并行计算使用的 SRTM 数据是以 TIFF（标签图像文件格式）形式提供的，因此，首先要将数据格式转换为计算所对应的 ASCII 格式。使用 Arcinfo 软件将 SRTM 的图像文件转换为 ASCII 码文本文件，转换后的文本文件中，各像素值按图像的栅格行、列格式排列，数据长度不一。HASM-AC 方法在计算中，需要根据数据的空间位置和每个数据的长度来确定数据在文件中的存储位置，访问计算所需的数据。因此，每个数据的存储长度必须相同。

在计算程序中，根据实际处理数据的取值范围，将计算数据的存储长度设置为 8 个字节；对于 ASCII 码文本文件的数据进行逐行处理，将其中每个数据项的长度转换为规定的长度。经过预处理后，SRTM 的数据文件被转换为顺序存储的文本文件，每个数据文件长度为 273MB。

根据计算任务的分配，对每个数据文件进行了重命名，使各处理器在计算中，能据此对相应的数据进行处理，其对应关系见表 11.1。

表 11.1　进程与数据文件对应关系

进程编号	处理数据文件	对应 SRTM 数据文件
0	0data.dat	59-06
1	1data.dat	59-07
2	2data.dat	60-06
3	3data.dat	60-07

HASM-AC 并行计算使用 4 个计算核心对 SRTM 分块数据进行并行处理。计算过程中，MPI 共建立 4 个执行进程，每个进程对根据自身进程序号去处理事先分配的数据文件。在程序进入和结束计算时，使用 MPI 系统提供的函数 MPI_WTIME( )，获取 MPI 执行进程的格林尼治时间，从而得到不同进程的计算时间。

深腾 7000 刀片节点上的处理器性能（3.0 G）较串行计算所使用的处理器性能（2.66G）高。因此，在 HASM-AC 并行计算中，每个数据文件的计算时耗比单机串行计算有大幅提高。并行计算中，MPI 各执行进程的计算时间见表 11.2。

表 11.2　各处理进程计算时耗

进程编号	计算时间/s
0	2392
1	2360
2	2368
3	2375

从表 11.2 中各执行进程的计算时耗可知，在 4 个执行进程的计算效率相近。MPI 标准规定只有进程 0 具备标准输入功能，外部输入信息必须经过进程 0 发送给其他进程。进程 0 除了数据计算，还承担着向其他执行进程发送消息的任务。因此，其计算时间较其他 3 个执行进程多；但在 HASM-AC 方法的并行计算中，进程间的数据通信较少，进程间计算时耗差异并不显著。

该并行算法的加速比为 $S(n)=\dfrac{9495}{2392}=3.97$。对 SRTM 数据文件的计算结果表明，对于以分块数据文件形式组织的区域，HASM-AC 方法的并行程序实现了对分块文件的并行处理，在单位数据文件的计算时耗内，完成了对计算区域中所有分块数据文件的处理。HASM-AC 并行算法的加速比为 3.97，接近所使用的计算核心数，该算法达到了近似线性的加速比。

HASM-AC 并行计算所处理的分块数据文件数量与计算时间没有关系；整个区域的计算时间不会超过所有执行进程中的最长计算时耗。数据实验表明，HASM-AC 方法的并行计算程序能够快速处理以分块数据文件形式组织的大规模区域。

11.5 结　　论

根据 HASM-AC 方法计算模型的特点，建立了两种针对不同数据组织方式的并行计算方法。使用执行进程序号和数据文件名，建立了 HASM-AC 并行计算 MPI 执行进程的映射机制；并采用非 MPI 并行 I\O，实现了处理中对计算结果的并行输出。结合信息传递并行编程环境（MPI），编写了适用于深腾 7000 高性能计算机的并行计算程序。使用 SRTM 分块数据文件，对 HASM-AC 的并行计算方法进行了数据实验。计算结果表明，该方法能够快速处理以分块数据文件形式组织的大规模区域，且并行计算能达到线性的加速比。HASM-AC 方法并行计算的实现，使该方法能够快速、高精细度地对大规模区域进行模拟。

在串行计算模式下，由于计算性能的制约，难以高效处理海量数据，对大规模区域的高分辨率模拟已成为地理信息系统技术亟待解决的问题。HASM-AC 在逐次最小二乘分组计算的模型上，通过区域分解和数据文件–进程的映射模型，建立基于并行架构，适用于多核处理器的并行算法，实现了对海量数据的高效计算。

HASM-AC 并行计算通过对计算数据的分布处理，提高了曲面建模的精细度和计算速度，使建模过程中的数值模拟达到高分辨率、高逼真度、全系统的规模和能力。可以使用以往无法达到的分辨率对研究区域进行计算，使全球尺度的高空间分辨率动态模拟成为可能。

HASM-AC 并行计算，将高性能计算应用到空间数据建模中，通过对数据的分布计算，实现了对海量数据的处理，以及对大规模区域的快速模拟。使并行架构下的高分辨率的地理计算、模拟成为可能，为数据空间分析高效计算提供技术支撑，为并行架构下的复杂地理计算框架的研究进行了有益的探索。

第三部分

HASM应用研究

第 12 章　数字地面模型构建*

12.1 引　　言

数字地面模型（digital terrain model）是高程值空间分布的有序数值阵列，是裸地地形的数字表达，不包括植被、建筑物和其他人为特征（Doytsher *et al*., 2009）。数字地面模型与植被和建筑物等其他非地形要素形成的整体，被称为数字表面模型（digital surface model）。

数字地面模型原始数据主要是高程和平面位置数据，主要来源于地形图数字化、航空与卫星遥感和地面实测等。数字地面模型构建是在计算机存储介质上科学地表达和模拟地形实体，是地形数据的建模过程（汤国安等，2005）。地形表面特征的描述、分析和信息提取是地球表层及其环境要素模拟分析的基础资料和基本信息源，数字地面模型是地表热量空间分配、降水的空间变化，以及物种及其生态系统空间分布等模拟的基础。

任何数字地面模型都是真实世界连续地面的近似表达（Carter, 1988）。数字地面模型的误差主要来自原数据、数据采集仪器、控制点转换、空间分辨率、定位和构建数字地面模型的数学模型（Zhou and Liu, 2002; Zhu *et al*., 2005）。这些误差通过各种模拟过程进行传播，影响最终产品的质量（Huang and Lees, 2005; Oksanen and Sarjakoski, 2005）。

为了解决数字地面模型的误差问题，许多学者开展了大量的研究工作。Goodchild（1982）为了提高数字地面模型的精度，将分形布朗过程引入了地面模拟模型。Walsh 等（1987）发现，通过区分输入数据的内在误差和数据处理过程中的操作误差，可以使整体误差达到最小。Li（1988）提出了一种估算数字地面模型精度的综合指标。Hutchinson 和 Dowling（1991）为了剔除虚假洼陷，使构建的数字地面模型能反映流域的自然结构，引入了流域强迫算法。Li（1993）的研究发现，数字地面模型的误差可表达为空间分辨率、坡度和原数据误差的函数。Wise（2000）认为，在使用地理信息系统的时候，要清楚地区分栅格模型和像元模型，存储在像元中的值代表整个网格单元，而存储在栅格中的值则仅代表网格单元的中心点。

Florinsky（2002）提出了四种方法来减小有吉布斯现象产生的数字地面模型误差（将具有不连续点的周期函数进行傅立叶级数展开后，选取有限项进行合成；当选取的项数越多，在所合成的波形中出现的峰起越靠近原信号的不连续点；当选取的项数很大时，该峰起值趋于一个常数，大约等于总跳变值的 9%，这种现象称为吉布斯现象）。Shi 等（2005）为了减小数字地面模型的误差，对高阶插值算法进行了研究。Bonin 和 Rousseaux（2005）分别运用不规则三角网线性插值法（TIN）、反距离权重法（IDW）和规则张力样条法（RST），在同一组数据集支持下，生成了三个数字地面模型；关于高程、坡度和坡向的误差分析结果表明，TIN 关于高程和坡度的模拟结果最佳，尤其是关于坡度的模拟，TIN 的精度远高于其他方法，而所有方法关于坡向的模拟结果基本类同。

Chaplot 等（2006）对 IDW、普通克里金（OK）、多元二次径向基函数法（MRBF）和 RST 的比较分析结果发现，如果不考虑空间分辨率和海拔的变异性，在采样密度较高的情况下，这些经典方法的精度几乎没有差别；在采样密度较低的情况下，如果变异系数低、空间结构强、各向异性低，则 OK 精度最高；对低空间变异系数和弱空间结构，RST 结果最佳；在高变异系数、强空间结构和各向异性条件下，IDW 较其他方法精度略高一点。为了使 TIN 能够识别山峰、深坑、山脊、渠道和山口等地形特征，Wang 等（2008）发展了基于高斯加权平均曲率的中心环绕过滤器模型和半边折叠方法。Bjørke 和 Nilsen（2007）将地统计方法运用于估算数字地面模型的随机误差，实验结果表明，通过去除趋势面信息后残差数据集的变异图来推测相对一组实测数据的误差，可提高误差分析效率。Sharma 等（2009）比较分析了运用 TIN、IDW、薄

---

* 陈传法和宋敦江为本章主要合著者。

板样条（TPS）、OK 和 TOPOGRID 算法构建基于等高线数据的数字地面模型精度，结果表明，TOPOGRID 的垂直误差总是大于其他算法，TIN、IDW、TPS 和 OK 的垂直误差相当；TOPOGRID 的水平误差小于其他所有算法，IDW 的水平精度最不稳定；TPS 的形状误差最小，OK 的形状误差最大。

为了提高地壳地貌板块的划分精度，Gil'manova 等（2011）将梯度模数和高斯曲面的拉普拉斯算子引入了数字地面模型处理过程。为了分析多波束测深参数和算法对海底数字地面模型精度的影响，Maleika 等（2012）发展了虚拟调查（virtual survey）模拟分析方法。

以往的研究主要侧重三个方面：①精度最高和效率最佳的经典空间插值方法比较选择；②高效的数字地面模型误差分析方法；③在数字地面模型构建过程引入新的数据处理算法。很少有研究试图从理论根源上解决数字地面模型的误差问题。到目前为止，还没有从经典方法中找出一种在任何条件下都适用的数字地面模型构建方法。

自 1986 年以来，根据微分几何学的曲面论基本定律，作者提出和发展了高精度曲面建模（HASM）方法（Yue, 2011），具有构建高精度数字地面模型的功能。本章主要讨论运用 HASM 运行空间采样数据和填补 SRTM 数字地面模型空缺来构建数字地面模型的优势。

12.2　数字地面模型构建

12.2.1　基于实测数据的数字地面模型

陕西省咸阳市彬县大佛寺煤矿位于 35°05′N、108°00′E，属渭北旱塬墚沟壑区，多山丘，地形起伏大，适合进行数字地面模型的实证研究。该区面积约为 1.4km^2，采用 GPS 控制网作为图根控制，测区内布设 GPS 控制点 12 个，精度等级采用 E 级。碎部点测量采用标称精度为测角 2′、测距 2+2ppm①的徕卡 TC403 全站仪。以 GPS 控制点为基础，运用极坐标法进行实测，在该区域共计采集了 3856 个离散点，从中随机取出 771 个点用于构建数字地面模型，而剩下的 3085 个点用于检验所构建数字地面模型的精度（图 12.1）。

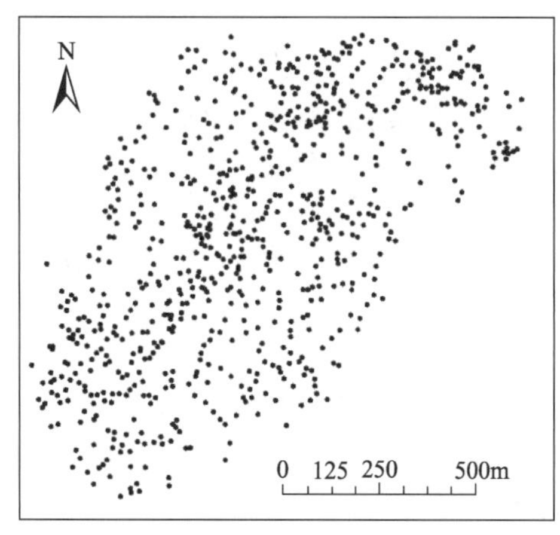

(a) 用于构建数字地面模型的采样点

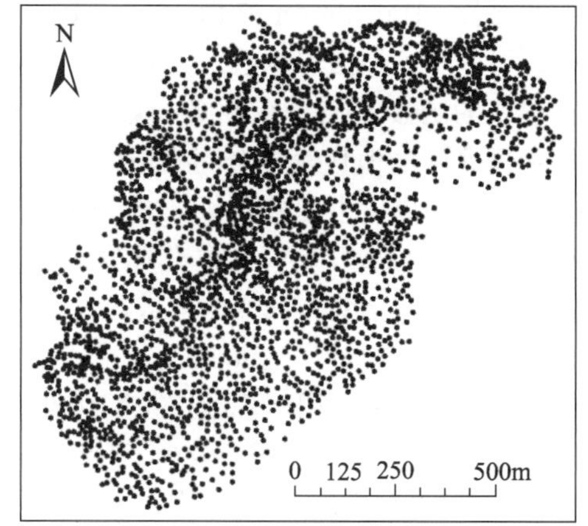

(b) 用于精度检验的采样点

图 12.1　大佛寺煤矿采样数据空间分布

在模拟结果精度分析中,平均绝对误差（MAE）和中误差（RMSE）误差分别表达为

$$\mathrm{MAE}=\frac{1}{I\times J}\sum_{i=1}^{I}\sum_{j=1}^{J}\left(f_{i,j}-Sf_{i,j}\right) \tag{12.1}$$

$$\mathrm{RMSE}=\left(\frac{1}{I\times J}\sum_{i=1}^{I}\sum_{j=1}^{J}\left(f_{i,j}-Sf_{i,j}\right)^2\right)^{-1/2} \tag{12.2}$$

① 全站仪测距 1km，最大测距误差不大于 3mm。

式中，$Sf_{i,j}$ 为栅格 (i,j) 处的插值结果；$f_{i,j}$ 为 (i,j) 处的真值；$i=1,2,\cdots,I$ ；$j=1,2,\cdots,J$ 。

分别采用 HASM、Kriging、TIN、Spline 和 IDW 构建大佛寺煤矿 1m 分辨率数字地面模型，并制作相应的光照阴影图（shaded relief）。地形光照阴影图可以快速可视化地检查出来数字地面模型的局部异常，可以很好地表示地形的高低起伏，从而很容易地检查出数字地面模型数据中的错误。阴影图的光照方向为以正北为 0 方向，顺时针 0°~360°，高度角为 45°，高度角 0°为水平方向，90°为垂直从上至下方向。由光照阴影图可以看出（图 12.2），Kriging 模拟的数字地面模型表面非常破碎，TIN 的数字地面模型出现峰值削平和洼地填平的现象，Spline 的数字地面模型在边界处出现震荡现象，IDW 的数字地面模型有很多“牛眼”。

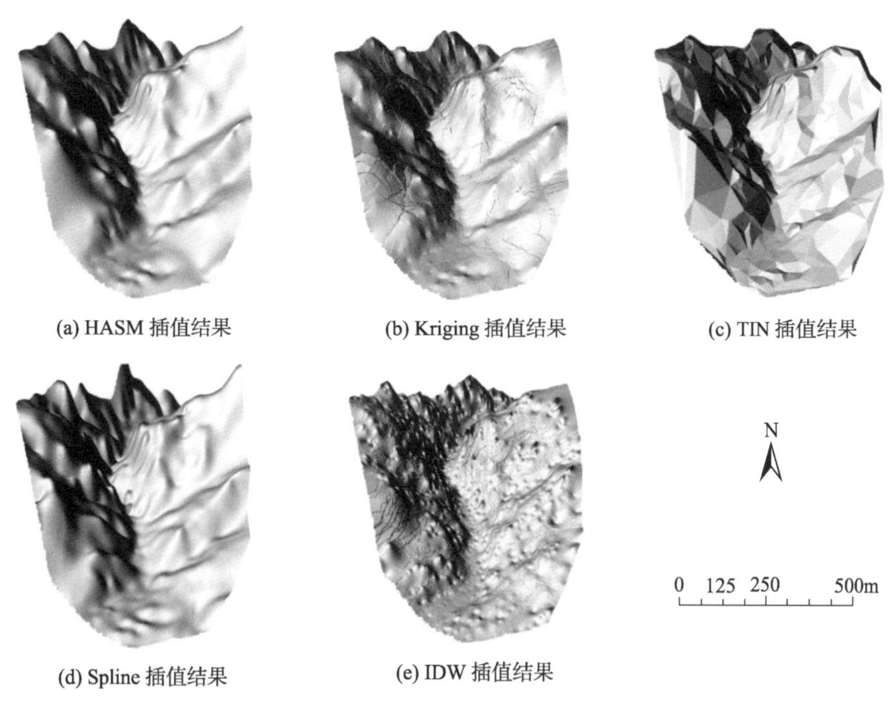

图 12.2　各种方法构建的大佛寺煤矿地形光照阴影图

上述五种方法的中误差（RMSE）分析结构表明，虽然在构建大佛寺煤矿数字地面模型中，HASM 的误差小于其他四种方法（表 12.1），但 HASM 的精度仅比 Kriging 高 0.8m，远不如数值实验中的精度优势显著。究其原因发现，运用 HASM 构建数字地面模型时，总假定采样点位于模拟栅格的中心，但实际上，大多数采样点并不在相应栅格的中心。这种采样点位置与栅格中心的差异导致了模拟结果的位置误差，使均方根误差增大。

表 12.1　各种方法构建的大佛寺煤矿数字地面模型误差分析　（单位：m）

方法	HASM	Kriging	TIN	Spline	IDW
均方根误差	6.7	7.5	7.7	7.9	11.5

12.2.2　高程异常曲面模拟

GPS 的出现是测量历史上的一次革命，它的出现不但给我们带来了方便，也带来了测量精度的提高。目前，GPS 测量在平面上的精度达到 10^{-8}m~10^{-6}m。在高程测量方面，GPS 提供的是大地高 H ，即以参考椭球面为基准面的高程，但我国的高程基准采用的是以似大地水准面为基准面的正常高 h ，两者的差值即为高程异常（图 12.3）：

$$\varepsilon = H - h \tag{12.3}$$

由于水准测量获取正常高费时费力，因此如果已知某点的高程异常和 GPS 点获取的大地高，利用式（12.3）很容易计算正常高。地面起伏的连续性及地壳的均衡性，导致大地水准面的均衡性，而高程异常是参考椭球面和似大地水准面的垂直距离，必然导致高程异常的均衡性，因此可以使用一个连续的数学模型来描述高程异常变化。传统的高程异常曲面拟合方法主要有二次曲面拟合法、多面函数法，以及 GIS 中的 Spline、Kriging、IDW 插值法等。研究表明，它们的模拟精度并不能满足高精度的测量需求。尽管很多学者对传统模型进行了改进，但精度并没有明显提高（李丽华等，2006；刘麦喜等，2007）。

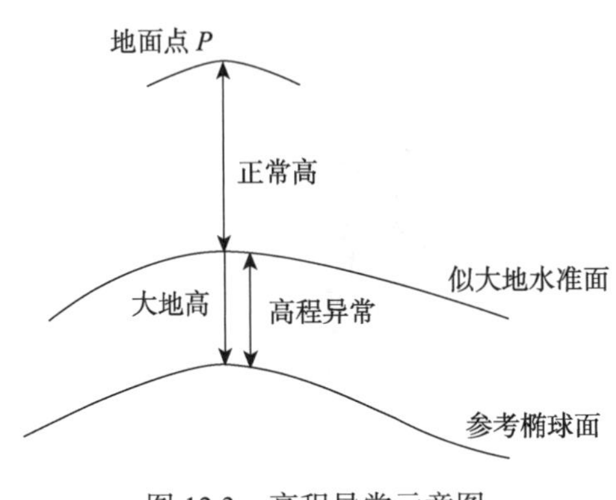

图 12.3　高程异常示意图

1. HASM 空间位置误差及格网分辨率确定

HASM 在模拟计算和精度分析时，都必须将已知点和检核点近似到离其最近的栅格中心点，如果已知点和其对应的近似栅格中心点高程异常不相等，将带来 HASM 模拟计算的精度损失，这可归结为 HASM 空间位置误差问题（Yue *et al.*, 2007a）。

如图 12.4 所示，A 点为已知点，其不在栅格中心点（虚线交点），但 HASM 模拟计算时，需要将 A 点近似到离其最近的栅格中心点 (i, j)，这样就带来了空间位置误差，因此可以无限的提高格网分辨率来降低空间位置误差，但这样会带来极大的计算量。在特定的精度范围内，本节将从误差理论角度，确定 HASM 模拟计算的格网分辨率临界值，使模拟计算格网分辨率小于该临界值时，认为格网内高程处处相等，从而避免空间位置误差对 HASM 模拟精度的影响。

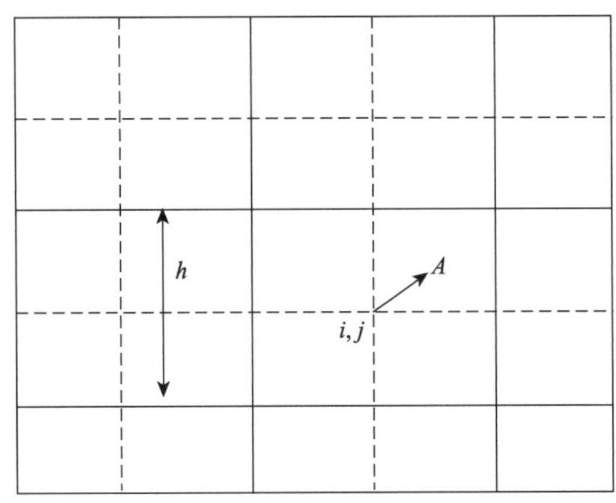

图 12.4　空间位置误差

在 GPS 水准网中，布设区域内任一点（内插点）的高程异常误差 m_ε 主要来自两个方面（陈俊勇，2005）：一个是起始误差，即已知点高程异常的插值误差 m_0；另一个是内插点所在的栅格内高程异常非均匀性变化引起的误差，它主要源自栅格所在的局部地区重力场短波扰动的影响 m_g。根据误差传播定律，高程异常误差可表达为

$$m_{\varepsilon} = \pm\sqrt{{m_0}^2 + {m_g}^2} \tag{12.4}$$

式中，重力扰动误差 $m_g = 0.14c \cdot d\sqrt{\lambda}$，$\lambda$ 为内插点所在区域栅格的平均重力异常分辨率，d 为 GPS 水准网分辨率；m_g 单位为 cm，d 单位为 km，λ 单位为分；c 为误差系数，与地形密切相关，在我国平原、丘陵、山区和高山区的 c 值分别为 0.54、0.81、1.08 和 1.50（Chen, 1986）。

在特定精度范围内，假设 m_g 为临界值，即当重力场短波扰动误差 $m_{gi} \leqslant m_g$ 时，可以忽略它对内插点高程异常误差影响，使 $m_{\varepsilon} = m_0$，则格网分辨率临界值 d 可表达为

$$d = 7.15 m_g c^{-1} \lambda^{-1/2} \tag{12.5}$$

也就是说，格网分辨率 d 与重力场短波扰动误差 m_g 成正比。因此，在特定精度范围内，当格网分辨率 $d_i \leqslant d$ 时，可以完全忽略重力场短波扰动误差 m_g 的影响。

2. 实验研究

选择山东省某测区作为研究对象，研究区域覆盖面积约为 1500km^2。对该测区，按照 GPS 测量规范，布设 38 个 D 级、E 级控制点，点位分布如图 12.5 所示。获取控制点 GPS 数据，求算大地高；进行四等水准观测求算正常高。根据每个 GPS 水准点的大地高和正常高，求算它们的高程异常。为了检验 HASM 模拟高程异常曲面精度，选择 10 个点作为已知数据，其余 28 个点用于精度分析。利用式（12.5）计算出的格网分辨率的临界值为 228m。

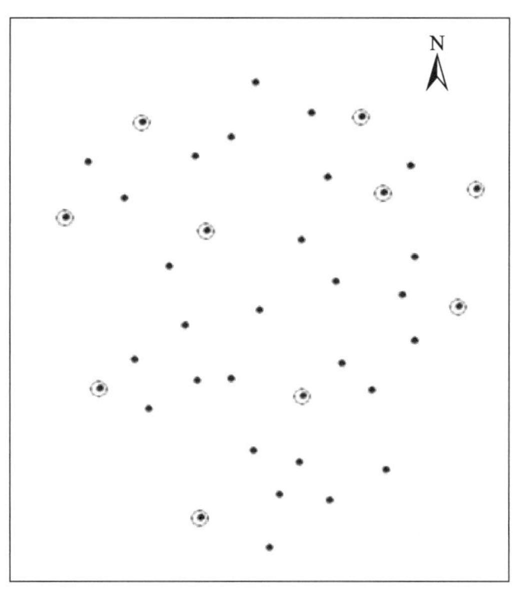

图 12.5　点位分布图（⊙表示已知点，●表示检核点）

高程异常曲面的模拟结果显示（表 12.2），Spline、IDW 和 Kriging 插值精度较低；传统曲面拟合法相对而言精度稍高，而 HASM 插值精度较传统方法有较大提高。与曲面拟合法、Spline、Kriging 和 IDW 的中误差分别为 HASM 方法的 1.86 倍、4 倍、2.59 倍和 3.45 倍，平均绝对误差分别为 HASM 方法的 1.82 倍、4.65 倍、2.41 倍和 3.41 倍，最大误差分别为 HASM 方法的 1.76 倍、2.24 倍、3.02 倍和 3.29 倍。

为了更准确地反映各检核点的模拟值与准确值之间的差别，绘制了各种方法模拟结果的散点图（图 12.6）。散点图以模拟值为纵轴、准确值为横轴建立直角坐标系，当模拟值和准确值相等时，散点落在直线上；当模拟值大于真值时，散点落在直线上方；当模拟值小于真值，散点落在下方。离散度的大小反映了各插值方法中误差的大小。可以看出，HASM 模拟结果离散度最小，精度最高。

表 12.2　各方法模拟误差比较

误差＼方法	HASM	曲面拟合法	Spline	Kriging	IDW
中误差/cm	2.2	4.1	8.8	5.7	7.6
平均绝对误差/cm	1.7	3.1	7.9	4.1	5.8
最大误差/cm	6.3	11.1	14.1	19.0	20.7
与 HASM 中误差比值/%	100	186	400	259	345
与 HASM 平均误差比值/%	100	182	465	241	341
与 HASM 最大误差比值/%	100	176	224	302	329

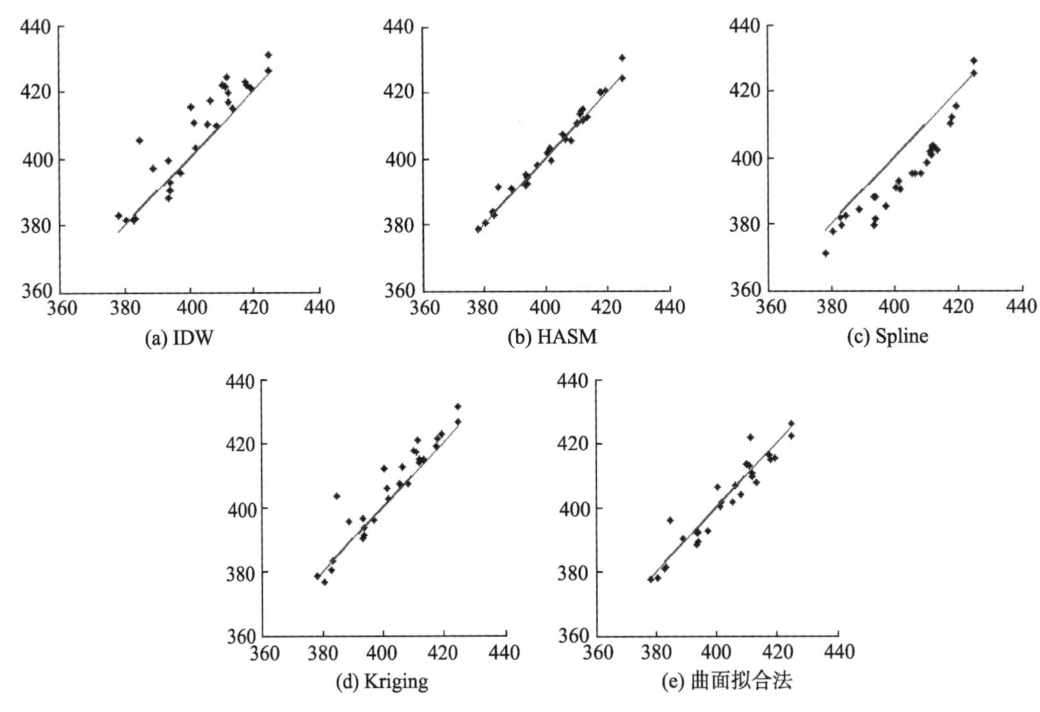

图 12.6　各种方法模拟结果的散点图

在对陕西省咸阳市彬县大佛寺煤矿的应用案例中，由于空间位置误差的存在，HASM 的优势并没有显现出来。由表 12.2 和图 12.6 可以发现，HASM 模拟值的平均误差和中误差较 Spline、Kriging 和 IDW 均有大幅度降低。这表明，从误差理论角度确定 HASM 格网分辨率的临界值，可以大幅度降低空间位置误差对 HASM 模拟精度的影响（陈传法等，2008）。

12.2.3　考虑地形特征点的数字地面模型模拟

研究结果表明（Aumann *et al*., 1991; Dakowicz and Gold, 2002; Maunder, 1999），考虑了特征点（山脊点、山谷点、鞍部点等）数字地面模型的精度要远高于没有考虑特征点数字地面模型的精度。例如，以等高线为数据源如果忽略特征点，利用 TIN 构建的数字地面模型会产生“平三角”。由于历史的原因，掌握在作者手头的数据大部分是等高线数据，因此直接从等高线数据中提取特征点更有实际意义。

1. 特征点提取方法

特征点主要包括山脊线和山谷线上的候选点，这些特征点的常用提取方法包括等高线最大曲率判别法、地形断面极值法和等高线骨架法（黄培之, 2001）。等高线最大曲率判别法是先计算每一条等高线上各点处的曲率值，然后找出其局部曲率最大值点。地形断面极值法是采用计算地形断面和找出其高程极值点的办法。由于地形断面极值法通常只采用两个正交方向上的地形断面，因此它会丢失某些方向的山脊线和山谷线上的点。

骨架法又称为中心轴法，近年来被广泛用于图形图像处理。基于 Voronoi 图的骨架法常用于山脊线和山谷线提取（Gold and Snoeyink, 2001）。如果使用原始等高线数据生成不规则三角网（TIN），则它对应的 Voronoi 多边形的各个顶点将构成地形骨架点。这些骨架点构成的内容由三部分组成：骨架线或中心轴线，地形特征线和毛刺（李志林、朱庆, 2000）。中心轴线上点的高程值是包围该点的两条相邻等高线高程的平均值。

本书使用 ArcGIS 软件提供的生成 Voronoi 模块生成骨架线，然后利用 Split 算法提取特征点（靳海亮、康高, 2005）。对于闭合曲线，先用曲线的最左边和最右边的两个点作为起始点；对于非闭合曲线，选择其两个端点作为起始点。起始点确定后，按顺序计算曲线上位于两个起始点之间的每一个点距两个起始点连线的垂距，并找出其最大垂距点，判断曲线在该点的转角，如果转角大于指定的阈值，则标记该点为特征点。再用该点分别与原两个起始点构成两对新的起始点，直到找出曲线的特征点（图 12.7）。对出现的特殊情况，Split 算法可能无法很好地找出特征点，因此利用该算法计算完成后，再进一步人工检查，并添加或者删除不必要的点。

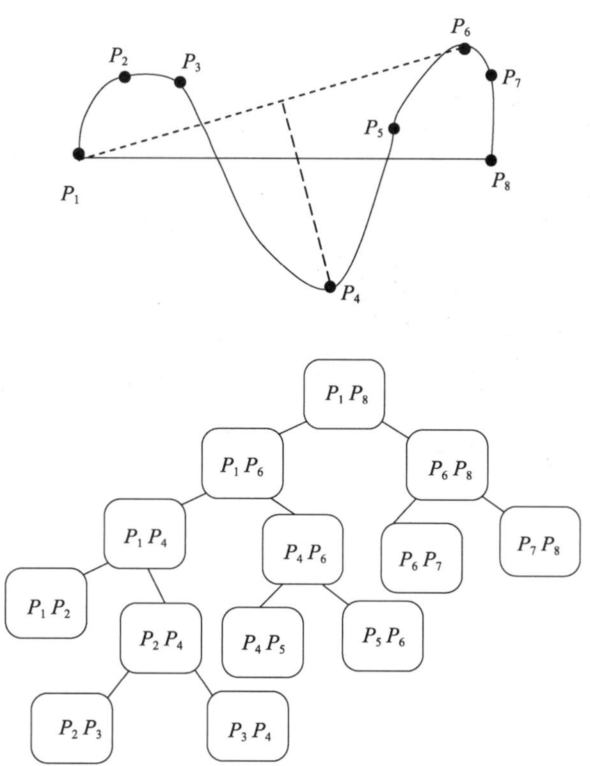

图 12.7　Split 算法提取特征点的原理及其过程（黄培之，2001）

2. 实验研究

选择甘肃省庆阳市董志塬某测区作为研究对象，该测区面积为 2837m×2330m，地形复杂，数据来源于一幅 1：5000 地形图，等高距为 5m。该地形图采用的是 1954 年北京坐标系，1956 年黄海高程系统。为了降低工作量，对该地形图扫描后，每隔 25m 数字化一条等高线。利用 Voronoi 图生成等高线的中轴线，然后利用 Split 算法和人工交互方式提取特征点（图 12.8）。然后，分别在考虑和忽略特征点的前提下，构建 1m 空间分辨率数字地面模型，并对其精度进行分析。

考虑和忽略特征点的两种数字地面模型山体阴影图如图 12.9 所示，其中太阳的角度方位为 315°，高度角为 45°。比较图 12.9（a）和图 12.9（b）可见，不包含特征点的数字地面模型对山顶有削平现象（如右下角圆圈处）、对山谷有填埋现象（如左上角圆圈处）。因此考虑特征点生成的数字地面模型精度高于忽略特征点数字地面模型。

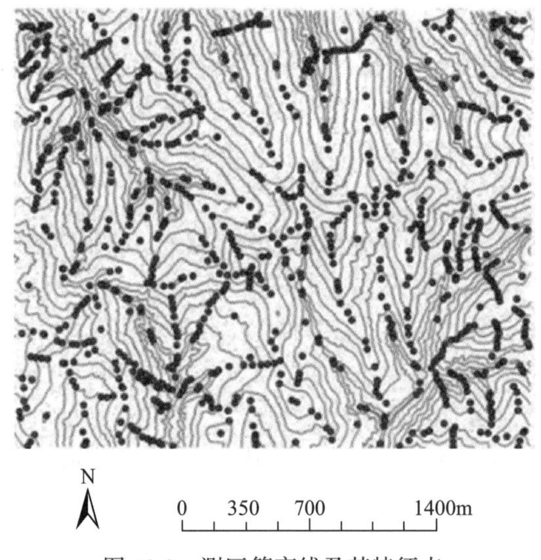

图 12.8　测区等高线及其特征点

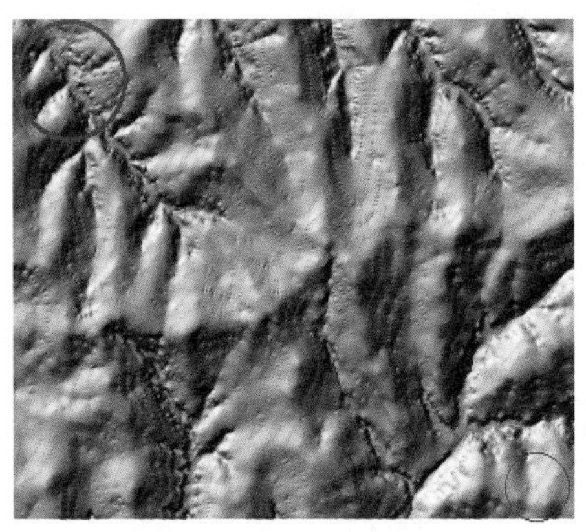

(a) 考虑有特征点

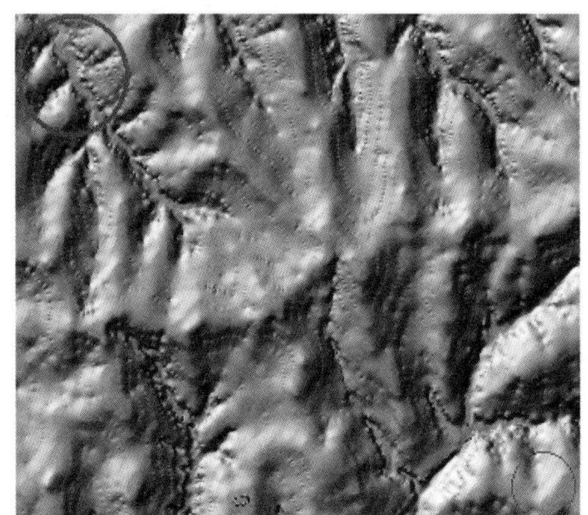

(b) 忽略特征点

图 12.9　测区山体阴影图

在图 12.10 中，红色等高线为原始等高线，等高距为 25m；蓝色为等高线中轴线；黑色等高线为考虑特征点数字地面模型生成的等高距为 5m 等高线，绿色等高线为没有考虑特征点数字地面模型生成的等高距为 5m 的等高线；点为特征点。等高线回放的分析结果表明，不管是否考虑特征点，生成的 25m 间距等高线与原来的基础等高线基本吻合，这表明 HASM 可以充分利用基础等高线数据。

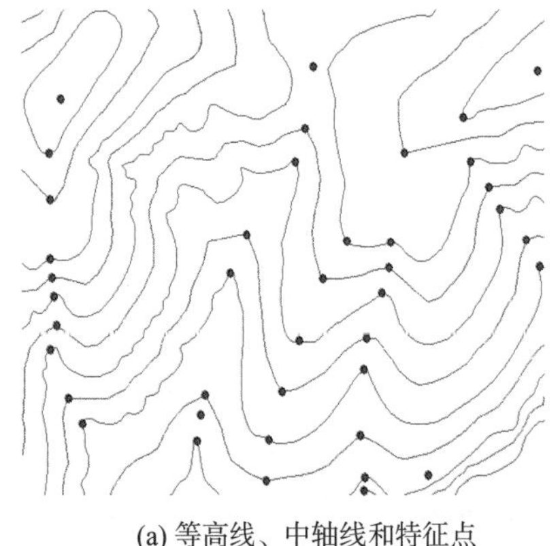

(a) 等高线、中轴线和特征点

(b) 等高线对比

图 12.10　局部等高线回放

等高线回放分析结果表明，仅仅回放基础等高线数据，考虑特征点和不考虑特征点没有区别，但是回放基础等高线中间等高线发现，考虑特征点生成的中间等高线弯曲走势与基础等高线基本吻合，特别是基础等高线弯曲较大的地方，没有考虑特征点生成的中间等高线将抹去等高线的弯曲，造成数字地面模型的失真。

除了考虑新生成的等高线与基础等高线的重合度外，比较相邻两条基础等高线（如等高距为 25m）与中间等高线（如等高距小于 25m）的弯曲走势也能验证数字地面模型精度。当中间等高线的弯曲走势与相邻基础等高线一致时，表明数字地面模型精度相对较高（Goncalves *et al.*, 2002）。由图 12.10（b）可见，考虑特征点的中间等高线与基础等高线的弯曲走势要好于不考虑特征点的等高线，基础等高线弯曲度越大时，两种数据源生成的数字地面模型差距越明显，因此 HASM 在考虑特征点时能生成更高精度的数字地面模型。

当测区地形复杂，而等高距较大时，基于等高线构建的数字地面模型容易出现阶梯状或者 Gibbs 现象使其失真（Gousie and Franklin, 2005）。克服该缺点的方法除了增加特征点外，还应在基础等高线中间增加等高线或者使用线性插值（Florinsky, 2002）。

12.3　SRTM 数字地面模型空缺填补

12.3.1　数据与方法

2000 年 2 月开展的航天雷达地形测量任务（shuttle radar topography mission, SRTM），获取了全球 80% 的数字地面高程模型，覆盖了 56°S~60°N 的空间范围（van Zyl, 2001）。SRTM 数字地面模型的空间分辨率主要有 1 弧秒（SRTM1，30m）和 3 弧秒（SRTM3，90m）两种（Guth，2006）。SRTM 是目前现势性最好、分辨率最优、精度最高的全球性数字地面模型，该数据为 GIS 空间分析、遥感图像纠正、陆地表层过程模拟、地球重力场建模、大地水准面求定等提供了重要的数据基础（陈俊勇，2005）。在使用合成孔径雷达获取 SRTM 高程数据的过程中，雷达阴影、镜面反射、相位解缠误差或者回波滞后等问题，导致数据出现空缺区域（Grohman *et al.*, 2006）。分析表明，空缺区域数据约占全部数据的 0.15%，有些区域占到 30%以上（Reuter *et al.*, 2007），在我国约占到 3%（游松财、孙朝阳，2005）。我国的 SRTM 空值区域主要分布在冰雪覆盖和地形复杂的第一、第二阶梯区域（图 12.11）。要使用 SRTM 数据，就必须对这些空缺区域进行填补。

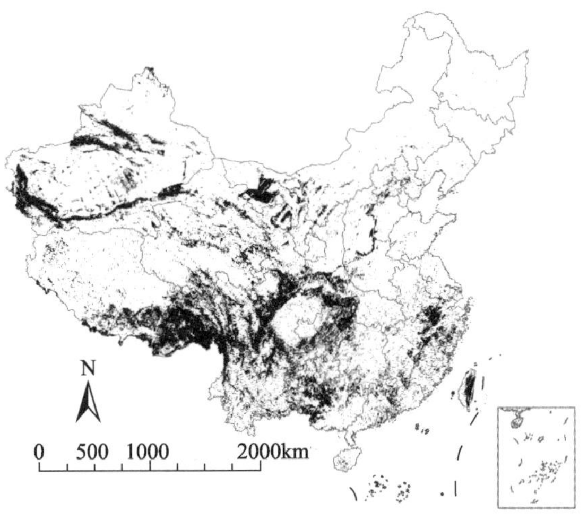

图 12.11　我国 SRTM 高程空值区域分布（黑色阴影表示空缺）

目前空缺填补方法主要有两种：①利用空缺区域周围数据直接插值，该方法主要适用于空缺较小区域，但不同的插值方法得出的填补精度不尽相同（Reuter *et al.*, 2007）；②借助辅助数据填补空缺区域，并对接边处进行平滑处理（Grohman *et al.*, 2006; Luedeling *et al.*, 2007），该方法主要用于填补较大空缺区域。辅助数据和 SRTM 在高程基准、格网分辨率、数据误差、模型误差等方面可能存在差异，因此要实现不同数据有效融合，须进行繁杂的数据预处理（Reuter *et al.*, 2007）。分辨率为 30 弧秒的 SRTM30 是利用分辨率为 30 弧秒、覆盖全球的高程数据 GTOPO30，对 SRTM 精化处理得到的，可以认为是 GTOPO30 的升级。在没有更高分辨率数据时，SRTM30 可作为 SRTM3 空缺填补的数据源。

常用的空缺填补插值方法主要有三角网线性插值（TIN）、样条函数插值法（Spline）和反距离权重法（IDW）等（Wood and Fisher, 1993）。TIN 借助相邻采样点构建的狄洛尼三角形来模拟采样点之间的值，该法丢弃了采样点之间的非线性和相关性。Spline 采用区域分块法来模拟地表，每块定义一个不同的多项式拟合，并保证相邻分块的光滑性，该法采用弹性力学条件，忽略了地表并不具备采用弹性力学条件的前提。IDW 方法通过反距离权函数模拟采样点的邻域，忽视了空间结构信息和领域以外的信息联系。研究表明，以曲面论为理论基础建立的高精度曲面建模方法（HASM）从理论上解决了曲面模拟误差问题，且插值精度较传统的方法高许多倍（Yue *et al.*, 2007a）。

选择我国丘陵、高原和高山 3 种不同地形的 9 个不同空缺面积测区的 SRTM3 为实验对象（图 12.12，表 12.3），针对各种空间插值方法的空缺填补精度进行模拟实验。实验分两种情况：①利用空缺区域周围数据借助 HASM 填补，并与 TIN、Spline、ANUDEM、Kriging 和 IDW 比较，验证 HASM 应用于填补空缺的精度；②使用 SRTM3 空缺区域处对应 SRTM30 数据作为辅助数据进行填补，并比较以上插值方法的模拟精度。

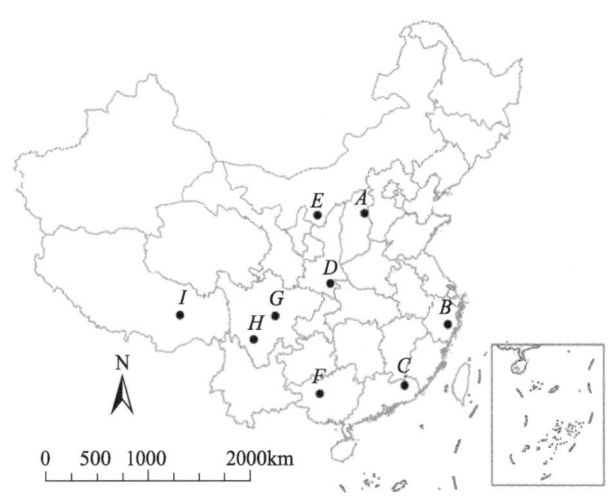

图 12.12　实验区分布图

表 12.3　实验区地形参数

	高程最小值/m	高程最大值/m	高程平均值/m	高程标准差/m	空缺像元数
丘陵 *A*	469	1816	1023	263	520
丘陵 *B*	71	1060	343	199	177
丘陵 *C*	113	673	193	61	442
高原 *D*	276	2324	1187	455	712
高原 *E*	1310	1510	1385	36	3230
高原 *F*	–25	1143	466	214	84891
高山 *G*	567	5922	2161	405	2109
高山 *H*	1225	5125	3041	742	104514
高山 *I*	2519	6841	4620	670	197708

9 个实验区的 SRTM3 数据来源于网站 http://srtm.csi.cgiar.org/，从该网站下载的数据包括已经填补了空值区域的 SRTM3 和原始数据空缺区域资料；辅助数据 SRTM30 来源于网站 http://www.dgadv.com/srtm30/。为了便于标记，将 9 个实验区分别编号为 *A*、*B*、…、*I*。实验步骤如下：①在原始 SRTM3 数据非空缺处挖出一块空缺区域，将挖出的数据作为真值；②运用各种插值方法对挖出的空缺区域利用四周外扩的 100 个

像元进行插值，得到各种方法的插值结果（DTM1）；③以空缺区域处对应 SRTM30 数据作为辅助数据，利用被挖出空缺区域四周外扩的 100 个像元进行插值，得到各种方法的插值结果（DTM2）；④以步骤 1 挖出的数据为标准，分析各种插值方法填补结果的中误差（RMSE）和平均绝对误差（MAE）。

12.3.2　空缺填补结果分析

如果以高程标准差作为判断地形复杂度标准，则可以发现在 3 个丘陵实验区（表 12.4）中，实验区 *A* 的地形复杂度最高、空缺像元数最多（空缺面积最大），实验区 *C* 的地形复杂度最低，实验区 *B* 的空缺像元数最少（空缺面积最小）。

表 12.4　丘陵实验区的填补精度比较

实验区	方法	平均绝对误差/m		中误差/m	
		无辅助数据	有辅助数据	无辅助数据	有辅助数据
A	TIN	57.1	79.2	75.7	116.6
	IDW	47.7	54.8	64.1	81.8
	Spline	57.4	80.9	78.3	122.3
	Kriging	44.2	58.6	60.4	88.2
	ANUDEM	49.7	62.9	68.6	92.7
	HASM	38.5	45.9	51.6	62.0
B	TIN	45.4	49.1	57.1	61.8
	IDW	41.2	41.5	52.4	52.3
	Spline	25.4	26	36.6	36.2
	Kriging	44.8	44.1	55.3	54.9
	ANUDEM	40.7	40.9	53.5	53.8
	HASM	24.6	25.5	34.0	34.9
C	TIN	4.7	3.9	6.0	4.9
	IDW	4.3	4.1	5.5	5.3
	Spline	11.3	7.4	16.4	10.1
	Kriging	4.4	4.2	5.5	5.2
	ANUDEM	5.4	4.1	6.6	5.1
	HASM	4.2	4.0	5.3	5.1

实验区 *A* 位于 38°29′11″~38°30′39″N 和 113°22′56″~113°25′9″E。填补结果显示，如果使用辅助数据，TIN、IDW、Spline、Kriging、ANUDEM 和 HASM 的平均绝对误差与不使用辅助数据相比，分别提高了 38.7%、14.9%、40.9%、32.6%、26.6%和 19.2%；中误差分别提高了 54%、27.6%、56.2%、46%、35.1% 和 20.2%。Spline 和 TIN 的填补误差最大，在不使用辅助数据的情况下，它们的平均绝对误差分别为 80.9m 和 79.2m；HASM 误差最小，在不使用辅助数据的前提下，平均绝对误差为 45.9m。

实验区 *B* 位于 28°41′13″~28°42′12″N 和 120°35′41″~120°36′51″E。当引入辅助数据时，TIN、ANUDEM 和 HASM 的绝对平均误差和中误差都明显增加，它们的平均绝对误差分别增加了 8.1%、0.5%和 3.7%，中误差增加了 8.2%、0.6%和 2.6%。而 Kriging 的平均绝对误差和中误差由于辅助数据引入则分别减小了 1.6% 和 0.7%。IDW 和 Spline 的平均绝对误差分别增加了 0.7%和 2.7%，而它们的中误差则分别减小了 0.2% 和 1.1%。TIN 精度最差，HASM 精度最高。

实验区 *C* 位于 24°15′11″~24°16′4″N 和 115°41′27″~115°43′10″E。辅助数据的引入，减小了所有方法的填补误差，使 TIN、IDW、Spline、Kriging、ANUDEM 和 HASM 的平均绝对误差分别减小了 17%、4.7%、34.5%、4.5%、24.1%和 4.8%；它们的中误差分别减小了 18.3%、3.6%、38.4%、5.5%、22.7%和 3.8%。Spline 填补误差最大，HASM 误差最小。

丘陵地区的实验结果表明：①地形复杂度对各种方法的填补精度影响较大；②Spline 对辅助数据的反应最敏感，在复杂度高的地区，辅助数据会导致较大的误差，在复杂度较低的地区，辅助数据会使精度有较大幅度的提高；③在任何情况下，HASM 的精度都高于所有经典方法；④所有方法在实验区 *C* 的精度远高于在实验区 *A* 和实验区 *B* 的精度。

在高原地区（表 12.5），实验区 *D* 的地形复杂度最高，空缺面积最小；实验区 *E* 的地形复杂度最低；实验区 *F* 的空缺面积最大（表 12.3）。实验区 *D* 的经纬度坐标区间为 33°0′19″~33°3′19″N 和 109°12′4″~109°14′11″E。辅助数据 SRTM30 的引入使 TIN、Spline 和 ANUDEM 的平均绝对误差分别增加了 41.9%、36%和 16.3%，使中误差增加了 58.7%、41.1%和 22.1%。然而，SRTM30 引入空缺填补过程使 IDW 和 HASM 的平均绝对误差减小了 4.7%和 4.5%；中误差分别减小了 4.1%和 3.3%。IDW 精度最低，HASM 精度最高。

实验区 *E* 位于 38°36′16″~38°40′49″N 和 108°5′59″~108°12′42″E，实验区 *F* 的经纬度区间为 23°46′54″~24°14′3″N 和 107°5′40″~108°2′10″E。SRTM30 辅助数据的引入使所有方法的填补精度大幅度提高，尤其是 Spline 的平均绝对误差和中误差在实验区 *E* 分别降低了 51.9%和 55.8%，在实验区 *F* 分别降低了 88.6%和 88.7%。在这两个实验区，HASM 的精度最高，Spline 的精度最低。

表 12.5　高原实验区的填补精度比较

实验区	方法	平均绝对误差/m		中误差/m	
		无辅助数据	有辅助数据	无辅助数据	有辅助数据
D	TIN	30.3	43.0	39.7	63.0
	IDW	87.1	83.0	113.1	108.5
	Spline	36.9	50.2	65.7	92.7
	Kriging	53.8	53.8	77.9	79.0
	ANUDEM	30.1	35.0	39.0	47.6
	HASM	22.3	21.3	30.2	29.2
E	TIN	5.3	3.3	7.5	4.5
	IDW	7.3	5.4	9.8	7.1
	Spline	10.6	5.1	16.5	7.3
	Kriging	6.3	3.6	8.8	4.9
	ANUDEM	4.9	3.0	7.4	4.0
	HASM	4.9	3.0	7.2	4.0
F	TIN	54.4	41.5	68	50.2
	IDW	70.0	37.4	93.5	46.3
	Spline	454	51.7	759.7	86.2
	Kriging	69.6	36.9	92.5	45.6
	ANUDEM	48.7	40.1	63.3	48.8
	HASM	48.6	36.3	63.1	44.9

在高原实验区，所有方法在实验区 *E* 的空缺填补精度远高于在实验区 *D* 和实验区 *F* 的填补精度；在实验区 *D* 误差最大的方法是 IDW，Spline 在实验区 *E* 和实验区 *F* 的填补误差远大于其他方法。不管使用辅助数据还是不使用辅助数据，HASM 在所有实验区的精度都高于其他方法。

在山区（表 12.6），位于 27°58′47″~28°43′6″N 和 101°32′1″~101°51′27″E 的实验区 *H* 地形复杂度最高，地形复杂度最低、空缺面积最小的实验区 *G* 位于 30°23′53″~30°27′19″N 和 103°30′41″~103°33′43″E。实验区 *I* 的空缺面积最大，其经纬度范围为 30°3′54″~30°41′15″N 和 93°54′7″~94°32′12″E。

在实验区 *G*，所有方法的空间填补误差远小于在数验区 *H* 和实验区 *I* 的误差，辅助数据 SRTM30 的引入，使 ANUDEM、HASM、TIN 和 IDW 的中误差分别提高了 55.6%、11.5%、5.9%和 1.4%，但使 Spline 和 Kriging 的中误差分别减小了 2.7%和 2.8%。在实验区 *H* 和实验区 *I*，使用辅助数据提高了所有方法的空缺填补精度，使其中误差至少降低 52%。对所有方法而言，它们的最大误差都出现在空缺面积最大的实验区 *I*。

表 12.6 山区实验区的填补精度比较

实验区	方法	平均绝对误差/m		中误差/m	
		无辅助数据	有辅助数据	无辅助数据	有辅助数据
G	TIN	98.7	108.8	138.7	146.9
	IDW	109.2	110.1	148.4	150.5
	Spline	114.8	120.9	168.0	163.5
	Kriging	113.1	111.1	151.2	146.9
	ANUDEM	68.1	103.3	90.3	140.5
	HASM	65.8	73.1	86.0	95.9
H	TIN	196.9	88.2	292.9	115.9
	IDW	312.3	109.3	448.9	140.6
	Spline	435.6	104.3	758.4	145.6
	Kriging	312.1	140.4	447.3	181.7
	ANUDEM	239.5	78.4	359.5	104.0
	HASM	187.4	77.7	277.7	103.4
I	TIN	364.9	168.4	503.5	221.1
	IDW	487.9	202.1	666.6	258.6
	Spline	1175.6	172.7	2242.4	247.5
	Kriging	492.1	251.8	668.3	318.9
	ANUDEM	408.5	160.4	574.6	208.3
	HASM	331.6	136.1	481.4	182.2

在使用填补数据的情况下，Spline 在实验区 *G* 的误差最大，Kriging 在实验区 *H* 和实验区 *I* 的误差最大。在不使用填补数据的情况下，Spline 在所有实验区的误差大于其他方法。在引入填补数据和不引入填补数据的情况下，HASM 在所有实验区都有最高的填补精度。

12.4 讨　论

本章讨论了利用空间采样数据、地形图数字化数据和 SRTM 遥感数据运行 HASM 构建高精度数字地面模型的过程。在利用空间采样数据构建 HASM 数字地面模型时，由于格网分辨率不可能无限小，必然存在空间位置误差。如何降低空间位置误差是提高 HASM 模拟精度的关键。作者利用了高程异常在某特定格网分辨率内不变的性质，借助误差转播定律推导出了通用的计算格网分辨率阈值公式。实证研究表明，确定 HASM 格网分辨率的临界值，可大幅度降低空间位置误差对 HASM 模拟精度的影响；同时，可降低 HASM 的计算量。在运用地形图数字化数据构建数字地面模型时，如果输入特征点信息，可生成更高精度的数字地面模型。

在运用 HASM 对 SRTM 数字地面模型的空缺填补实证研究中，在丘陵、高原和高山 3 种地形中选择了 9 个不同空缺面积区域。实证研究结果表明，不管地形复杂度高或低、空缺面积大或小、使用辅助数据或不使用辅助数据，HASM 的填补精度都远高于 TIN、IDW、SPLINE、Kriging 和 ANUDEM 等经典方法的填补精度。

HASM 在不使用和使用辅助数据的条件下，地形复杂度最低实验区的精度明显高于复杂度较高的实验区。在地形复杂度低和空缺面积较小得到区域，HASM 填补精度要优于地形复杂度高且空缺面积大的区域。需注意的是，对于地形复杂度较高的区域，仅借助空缺区域周围数据和低分辨率辅助数据进行填补无法满足中大比例尺的测图精度要求，必须借助高精度的辅助数据。

第 13 章　LiDAR 点云数据 HASM 算法*

13.1　引　　言

激光雷达（light detection and ranging，LiDAR）技术是近六十年来遥感领域革命性的成就之一。用 LiDAR 来确定地面上目标点的高度，始于 20 世纪 70 年代后期。当时的系统一般称为机载轮廓记录仪（airborne profile recorder, APR），主要用于辅助空中三角测量（隋立春、张宝印，2006）。因为没有高效的航空全球定位系统（global position system, GPS）和高精度惯性导航系统（inertial navigation system, INS），所以很难确定原始激光数据的精确地理坐标，其应用受到了限制。

自 20 世纪 80 年代后期以来，机载 LiDAR 数据得到了广泛应用。例如，Nelson 等（1988）利用机载 LiDAR 估测了美国佐治亚州南部松林的树冠高度、生物量和材积。Nilsson（1996）借助机载 LiDAR 系统估测了瑞典斯德哥尔摩南部阿洛小岛的平均高度为 12.5m 的松树林树高和材积，与地面实测结果相比，低估了 3.5m 左右。Zimble 等（2003）用小足印 LiDAR 数据刻画了美国西部山脉地区森林的垂直结构，其关于单层和多层垂直结构的景观尺度分类精度可达到 97%。Riaño 等（2004）在西班牙实验区研究证明，机载 LiDAR 可用于森林叶面积指数和覆盖度的高空间分辨率测绘。Patenaude 等（2004）运用 LiDAR 遥感对英国蒙克斯国家自然保护区地上碳含量进行了定量分析，与地面实测数据的对比分析表明，在林分尺度，LiDAR 结果与实测数据的相关系数为 0.85；在林地尺度，比地面实测结果低 24%。Bortolot 和 Wynne（2005）利用小足印 LiDAR 数据估测了美国弗吉尼亚林区样方的地上生物量，其估测值与实测值之间的相关系数在 0.59 和 0.82 之间。

Donoghue 等（2007）运用机载雷达数据对苏格兰加洛韦研究区的松树和云杉混交林各树种所占比例进行了探测，其探测结果的相关系数分别为 0.956 和 0.964。Popescu（2007）在美国东南部的研究区的实证结果表明，机载 LiDAR 对单株树的地上生物量估测精度可达 93%。为了估算美国亚利桑那州河滨林的用水量，Farid 等（2008）利用机载 LiDAR 成功测算了三叶杨幼林、成林和老林的叶面积指数。Antonarakis 等（2008）采用机载 LiDAR 对法国加伦河和阿列河三个小流域的植被进行了分类实验，其整体分类精度可达 94%。Korpela 等（2009）在芬兰南部的实验结果显示，机载 LiDAR 可以很好地识别树的种类，但不能刻画 LiDAR 小物种植物群的差异。Richardson 等（2009）在美国西雅图华盛顿植物园用四种不同的 LiDAR 数据模型对叶面积指数进行了估算，精度最高模型的估算结果与地面实测数据的相关系数可达到 0.82。

Mascaro 等（2011）使用机载 LiDAR 数据测绘了巴拿马巴洛科罗拉多岛热带雨林的碳储量，并通过地面实测数据对其精度进行了验证，结果表明，其误差为 10%。Glenn 等（2011）用 LiDAR 数据提取美国爱达荷州西南部坡地的灌木高度和灌木冠面积，结果显示，灌木高度低估了 0.32mm，灌木冠面积低估了 49%。Jaskierniak 等（2011）采用激光雷达数据在澳大利亚西南部实验区提取了刻画桉树林多层垂直结构的定量指标。Richardson 和 Moskal（2011）以机载 LiDAR 数据为基础，发展了以树冠为单元的森林密度和立体构型量化方法，在美国华盛顿州实验区的精度分析结果显示，此方法对高于 20m 的树木实现了高精度无偏估计，但低估了低于 20m 的树木密度。Korhonen 等（2011）运用机载 LiDAR 数据估测了芬兰南部实验区的树冠垂直覆盖度、郁闭度和叶面积指数，研究发现，其与地面实测结果有非常高的统计相关性。

LiDAR 的应用还包括模拟森林的植被净初级生产力（Maselli *et al.*, 2011）和提取居民区树冠形态及其空间分布（Liu *et al.*, 2013）等更广泛的应用。LiDAR 技术对各种植物参数的估测都基于其相对于数字高程的相对高度，因此数字高程模型的构建是 LiDAR 观测的重要基础。Brovelli 等（2004）将数字高程模型（digital

---

* 杜正平和王轶夫为本章主要合著者。

elevation model, DEM）区分为描述包括所有地物的数字表面模型（digital surface model, DSM）和仅体现自然裸露地表的数字地面模型（digital terrain model, DTM），并以此概念为基础，在地理资源分析支持系统（GRASS）框架下，运用国际摄影测量与遥感国际协会委员会第三次会议（ISPRS Commission III, WG III/3）机载 LiDAR 数据，阐述了建立数字表面模型和数字地面模型的具体过程和精度。James 等（2007）使用机载 LiDAR 数据提取美国皮德蒙特高原东南部森林覆盖区的沟渠形态信息，结果表明，低估了沟壑的深度、高估了沟头的宽度；分析发现，误差高的主要原因来自激光足印密度太低、沟底遮蔽影像和滤波算法问题。王铁军等（2009）研究结果表明，由机载 LiDAR 数据提取的数字高程模型精度较高，所需的地面控制较少，与其他数据源融合还可以进一步提高精度。赵礼剑等（2009）在湖北测区和浙江测区的激光点云高程精度检核发现，航高越高精度越差；点云误差的来源主要包括定位误差、地形特征变化和地面反射物引起的误差及滤波误差。Werbrouck 等（2011）运用高密度机载 LiDAR 数据构建了比利时根特北部的高精度数字地面模型，并将其应用于居民区和环境变化分析。昝峰（2011）通过构建数字地面模型将 LiDAR 运用于喀什－伊尔克什坦高速公路的测量和设计。

13.1.1　滤波算法

随着全球定位系统和惯性导航系统定位精度的提高，以激光测距技术为代表的空间对地观测为获取高时空分辨率的地球表面空间信息提供了一种全新的技术手段，利用机载 LiDAR 数据获取数字高程模型及其地物特征已经日益得到应用。长期以来，制约机载 LiDAR 应用的一个关键问题就是点云数据的分类。

LiDAR 获取的激光足印数据在空间上的分布很不规则，呈现为随机的离散点云，在这些点中，有些点位于真实地形表面，有些点位于人工建筑物或自然植被，因此，运用 LiDAR 点云数据的首要任务就是有效地识别地面点和非地面点，通常称为点云的滤波处理（万幼川等，2007）。也就是说，滤波是对激光扫描点云数据进行地面点和非地面点分类的过程。滤波效果的好坏直接影响数字高程模型的生成精度和地物的提取精度（许晓东等，2007）。

滤波算法是 LiDAR 应用研究的重要内容之一，目前已形成了许多很有价值的成果。例如，Axelsson（2000）基于参考地面点生成的不规则三角网，根据点位之间的边角关系设定阈值，通过选择种子点和迭代计算，不断地加密地面点生成的不规则三角网，从而实现滤波过程。Gamba 和 Houshmand（2002）以旧金山普雷西迪奥地区为案例区，探讨了运用合成孔径雷达（synthetic aperture radar, SAR）和 LiDAR 数据进行滤波和数据处理，提取数字地面模型和三维建筑形状的自动算法。李瑞林和李涛（2007）提出首先对原始 LiDAR 点云数据进行栅格化处理，生成数字表面模型，然后对数字表面模型按栅格进行滤波，最后利用梯度阈值对数字地面模型进行平滑。邬建耀和林思立（2007）提出了基于伪扫描线的一维邻域搜索滤波法，首先在对 LiDAR 点云数据进行栅格化的基础上，对格网进行 Z 字形遍历、构造 Z 扫描线，然后等分 Z 扫描线、构造出若干条伪扫描线，最后根据伪扫描线的高程突变信息来区分地面点和非地面点。贾玉明等（2007）根据数学形态学原理，重复利用平坦操作和圆顶转换，实现滤波。万幼川等（2007）提出了基于多分辨率方向预测的 LiDAR 点云滤波方法，首先构建多种分辨率数据集，然后基于方向预测法进行数据集的平滑处理，最后通过比较原始 LiDAR 点云数据到平滑数据的距离进行滤波。毛建华等（2007）根据典型点云空间分布及邻近点云高程突变规律，设计了基于不规则三角网的点云过滤法。

孟峰等（2008）提出了建筑物特征线提取方案。沈蔚等（2008）提出了适用于凸凹多边形建筑内外轮廓线提取与规则化的 α-shape 算法。乔纪纲等（2009）设计了一个综合应用斜率分割、反射强度分割和高度分割来提取水下地形、出露沙洲和有水沟槽地等地面特征的技术方案。张皓等（2009）提出了一种基于虚拟网格与改进坡度滤波算法的 LiDAR 数据滤波方法。Ali 和 Mehrabian（2009）发展了一个利用 LiDAR 点云数据生成不规则三角网算法，在美国俄亥俄州西北部埃丽湖边的实验结果显示，其计算时间复杂度可达到 $O(n\ln)$。

魏蔚（2010）发展了基于坡度的伪扫描线滤波算法。叶岚等（2010）引入的高程阈值滤波法，通过寻找高程数据的最佳阈值，对地面点和非地面点进行分类。杨应等（2010）针对茂密植被区域点云数据的特点，提出了以移动窗口和坡度算法为基础的滤波算法。

熊俊华等（2011）采用模型驱动与数据驱动相结合的立体几何学模型提取建筑物信息。Belkhouche 和 Buckles（2011）构建了基于不规则三角网插值的自动迭代滤波法，将点云数据插值为三角网，把所有三角形分为边缘三角形和非边缘三角形两类，以坡度为判别函数，通过迭代实现滤波。郭清风等（2011）提出了对植被、土壤、水体等主要地物引入光谱信息、激光反射率、回波强度等信息的滩涂、海岸带主要地物提取方法。李鹏程等（2011）提出了一种基于扫描线的数学形态学 LiDAR 点云滤波方法，该方法可直接在扫描线上进行数学形态学运算。Tang 等（2012）基于高程和正规变差两个特征变量，发展了直接运用 LiDAR 离散点数据提取城区树木和建筑物的新方法。

近 20 年来，大量的针对机载 LiDAR 点云数据的处理算法逐渐形成。国际摄影测量与遥感学会（international society for photogrammetry and remote sensing）组织学者对各类滤波算法进行的比较研究发现，大多数滤波算法针对特定区域特定地形特征下可以取得良好结果，但没有一种通用的适合各种地形条件的高效滤波算法，并认为未来的滤波算法应该融合多源数据分析、分类识别等辅助手段（Sithole and Vosselman, 2004）。

目前，具有代表性的滤波算法大概可以分为如下几类：以形态学为基础的滤波算法；以坡度或者邻近点高差为基础的滤波算法；以点云平差为基础的线性预测滤波算法；以内插不规则三角网为基础的渐进加密滤波算法；以扫描线为基础的滤波算法；基于稳健拟合的迭代最小二乘滤波算法和基于回波信号强度分析的滤波算法等。但现有的点云滤波算法在多数情况下，割裂了点云滤波和数字表面模型生成两个数据处理与分析过程，很少有算法能耦合点云滤波与空间曲面插值。例如，目前应用较多的渐进加密三角网滤波算法，以一个迭代的过程，逐步将满足阈值条件的地面点加入，但这个过程中，并不能同时生成高精度的数字地面模型。总体来说，需要进一步发展适合各种地形条件的滤波算法，一方面可以很好地还原整体地形轮廓，同时又可以精确地表征局部复杂地形特点。需要进一步发展适合多源数据融合的滤波算法，通过多重数据的互相印证，提高点云数据分类的精确性，在完成点云滤波的同时，也期待即时完成数字地面模型和数字表面模型的生成，为后续的地表要素特征的精确提取完成高质量的数据准备，而动态高精度曲面建模（HASM）算法的引入，必将有效地解决这些点云数据处理的需要。

13.1.2　LiDAR 点云数据空间插值

Lloyd 和 Atkinson (2002)运用反距离加权法（IDW）、普通克里金法（OK）和结合趋势模型的克里金法（KT）对在英国获取的 LiDAR 数据构建了数字表面模型，精度评估结果显示，普通克里金法和结合趋势模型克里金法的插值精度高于反距离加权法；当点云密度较低时，结合趋势模型的克里金法的优势变得更加明显。Clark 等（2004）以哥斯达黎加东部大西洋低地热带雨林景观为案例区，运用反距离权重法与普通克里金法来建立基于小足印 LiDAR 数据的数字地面模型，与地面 3859 个地面实测数据的比较分析表明，普通克里金插值精度高于反距离权重法的精度。Anderson 等（2005）以美国北卡罗来纳州东部低滨海平原为案例区，比较分析了普通克里金和反距离权重线性插值模型关于 LiDAR 数据的插值效果，交叉验证结果表明，对给定的 LiDAR 点云密度，普通克里金和反距离权重法的插值精度很相似；在所有点云密度条件下，普通克里金和反距离权重法的平均误差小于 1cm、均方根误差小于 36cm。Shi 等（2009b）为了用机载 LiDAR 数据生成数字表面模型，提出了一种基于最小二乘向量机的光滑拟合方法（least squares support vector machine, LS-SVM），验证结果证明，最小二乘向量机模拟精度、计算效率和噪声抑制都优于径向基函数（radial basis function, RBF）和不规则三角网方法。Bater 和 Coops（2009）在加拿大不列颠哥伦比亚省的范库弗峰岛，对线性插值、自然邻域法、各种样条函数法和反距离权重法构建数字高程模型的精度进行了验证，结果发现，线性插值和自然邻域法的整体误差范围最小。

黄先锋等（2011）对移动平均插值法、移动曲面插值法、距离倒数加权插值法、径向基函数插值法和薄板样条曲面插值法的多核并行计算效率和加速比进行了比较分析，结果表明，移动曲面插值法和薄板样条曲面插值法耗时较多，移动平均插值法、反距离加权插值法和径向基函数插值法的效率提高较大。

13.1.3　地面实测数据、卫星遥感数据和 LiDAR 点云数据融合

许多专家发现，不管在军事领域还是在民用领域，只有当 LiDAR 数据与其他遥感数据和地面实测数据

融合时，才能体现它的真正价值（Buxbaum,2012)。近年来，许多研究开始将卫星遥感数据和 LiDAR 数据结合起来，分析地球表层及其环境要素的空间变化。例如， Morris 等（2005）集成机载 LiDAR 和多光谱影像，刻画了美国东南海滨河口盐沼景观。Lefsky 等（2005）利用陆地卫星多时间序列遥感影像测绘了实验区林区的林龄，然后结合 LiDAR 数据估测的树高和地上生物量计算了林区的净初级生产力。

森林动态可通过连续的生长和不连续的扰动进行刻画；光学遥感变化探测技术可捕捉扰动变化，但捕捉森林连续变化的方法仍很不成熟；光学遥感影像可捕捉水平的分布状态、结构和变化，而 LiDAR 更适合于捕捉垂直的森林结构和变化。光学遥感影像和 LiDAR 数据的集成，为描绘森林的三维动态变化提供了条件 (Wulder *et al*., 2007)。Bork 和 Su（2007）在加拿大西部阿斯彭公园的植被分类实验表明，多光谱影像对三级植被分类的精度为 74.6%，而 LiDAR 的分类精度是 64.8%；LiDAR 和多光谱影像集成后的分类精度大大提高，可达 91%。Holmgren 等（2008）运用机载 LiDAR 数据和机载多光谱遥感数据，对于瑞典南部实验区进行了树种分类实验，实验结果显示，整体分类精度可达 96%。Boudreau 等（2008）在加拿大魁北克省东部林区的实验表明，机载 LiDAR 可辅助星载 LiDAR 开展地上生物量及其分布的估测和清查。Clawges 等（2008）运用机载 LiDAR 定量分析了美国南达科他州黑山森林实验区植被的三维结构，用 IKONOS 卫星遥感多光谱数据将研究区分为五类栖息地，据此分析了实验区松林 / 山杨林鸟类的多样性和密度。St-Onge 等（2008）运用机载 LiDAR 数据和 IKONOS 卫星遥感影像估测了加拿大魁北克省迪帕尔凯湖地区的森林高度和生物量，结合地面实测数据，对其估测精度进行了评估，结果证明，在有 LiDAR 数据的地区，通过 LiDAR 数据和 IKONOS 卫星遥感影像的结合，能以较高的精度实现较大范围森林高度和生物量信息的迅速更新。

Arroyo 等（2010）通过集成快鸟卫星遥感数据和机载 LiDAR 数据测绘了澳大利亚昆士兰州实验区的热带草原的生物物理参数和土地覆盖类型。Perroy 等（2010）以美国加利福尼亚州海岸中部的圣克鲁什岛小流域为案例区，分析了用机载雷达和地面雷达估测水土流失量的可行性；研究结果表明，机载雷达和地面雷达都低估了沟壑的水土流失量；也就是说，没有地面实测数据，只使用 LiDAR 数据来定量估测景观层面的沟壑侵蚀是行不通的。Dong 等（2010）利用陆地卫星对土地利用 / 覆被进行分类、利用 LiDAR 数据生成数字地面模型和数字表面模型，然后在人口普查数据的基础上，评估了美国得克萨斯州丹顿市东部的人口密度。

在目前条件下，由于机载 LiDAR 数据作业幅宽较窄，只有在需要提高卫星影像覆盖地区的时间片段或空间片段的精度时才使用。Tonolli 等（2011）通过融合机载 LiDAR 数据和卫星多光谱数据，预测了意大利北部特兰托省阿尔卑斯山区的森林材积量；Kim 和 Muller（2011）通过结合 IKONOS 卫星遥感影像的叶面积指数（NDVI）信息和机载 LiDAR 的数字高程信息，探测伦敦东部市区的建筑和树冠分布。对生长在佛罗里达州东海岸地区的红树林，在 IKONOS 卫星遥感影像中很难与其他海岸植被区分，Chadwick（2011）根据红树林生长于低洼地区的特点，结合 LiDAR 数据提取的数字地面模型，绘制了红树林的空间分布。Pavria 等（2011）通过集成 ASTER 多光谱卫星遥感数据和 LiDAR 数据，测绘了美国东海岸雷坝尔 · 卡逊国家自然保护区的湿地分布格局，LiDAR 在多光谱数据无法识别的植被微小尺度变化和水信号方面起到了重要弥补作用。

Tian 等（2011）通过融合机载 LiDAR 数据和 SPOT-5 卫星遥感数据，并借助地面数据，估测了中国西北干旱区黑河流域的零平面位移高度和空气动力学粗糙度。虽然机载 LiDAR 数据导出的高空间分辨率数字树冠模型可以提供森林垂直结构的细节信息，但要用 LiDAR 小脚点数据形成卫星数据空间范围数字树冠模型，在目前技术条件下，需要非常高昂的费用；为了减小利用 LiDAR 数据获得高空间分辨率树冠模型的费用，Chen 和 Hay（2011）以加拿大不列颠哥伦比亚省州的范库弗峰小岛为案例，提出了通过卫星遥感光学影像和 LiDAR 样带模拟全景树冠的机载 LiDAR 采样策略。Irvine-Fynn 等（2011）在高北极地区的研究证明，LiDAR 适用于模拟冰川环境的地表和近地表过程，但为了更全面认识地貌变化过程，需要耦合遥感方法和地面实测研究。

13.2　HASM 算法

为了实现滤波及数字地面模型和数字表面模型的实时模拟，本书构造如下 HASM 算法：

$$
\begin{cases}
\min \left\| \begin{matrix} \boldsymbol{C}\cdot \boldsymbol{dtm}^{(n+1)} - \boldsymbol{u}_1^{(n)} \\ \boldsymbol{C}\cdot \boldsymbol{dsm}^{(n+1)} - \boldsymbol{u}_2^{(n)} \end{matrix} \right\|_2 \\
s.t. \\
\quad \boldsymbol{S}_1^{(n)} \cdot \boldsymbol{dtm}^{(n+1)} = \boldsymbol{k}_1,\ \ \Omega_1^{(n)} \\
\quad \boldsymbol{S}_2^{(n)} \cdot \boldsymbol{dsm}^{(n+1)} = \boldsymbol{k}_2,\ \ \Omega_2^{(n)} \\
\quad \boldsymbol{dtm}^{(n+1)} \leqslant \boldsymbol{dsm}^{(n+1)}
\end{cases}
\tag{13.1}
$$

式中，$\boldsymbol{C}$ 为 $(2I\cdot J)$ 行 $(I\cdot J)$ 列的矩阵；$\boldsymbol{u}_1^{(n)}$ 和 $\boldsymbol{u}_2^{(n)}$ 为 $(2I\cdot J)$ 行的列向量；$\boldsymbol{S}_1^{(n)}$ 为 $p(\Omega_1^{(n)})$ 行 $(2I\cdot J)$ 列的矩阵；$\Omega_1^{(n)}$ 为第 n 次迭代时的地面点集合，$p(\Omega_1^{(n)})$ 为集合 $\Omega_1^{(n)}$ 的点数；$\Omega_2^{(n)}$ 为第 n 次迭代时的地物表面点集合，$p(\Omega_2^{(n)})$ 为集合 $\Omega_2^{(n)}$ 的点数；$\boldsymbol{S}_2^{(n)}$ 为 $p(\Omega_2^{(n)})$ 行 $(2I\cdot J)$ 列的矩阵；$\boldsymbol{k}_1^{(n)}$ 为 $p(\Omega_1^{(n)})$ 行的列向量；$\boldsymbol{k}_2^{(n)}$ 为 $p(\Omega_2^{(n)})$ 行的列向量；$(I\cdot J)$ 为计算网格内部点数。

点云数据 HASM 算法，在滤波过程中，以迭代的方式对数字地面模型和数字表面模型同时进行优化模拟，力图在尽可能获得最佳的滤波效果的同时实现最优的数字地面模型和数字表面模型模拟结果(图 13.1)。

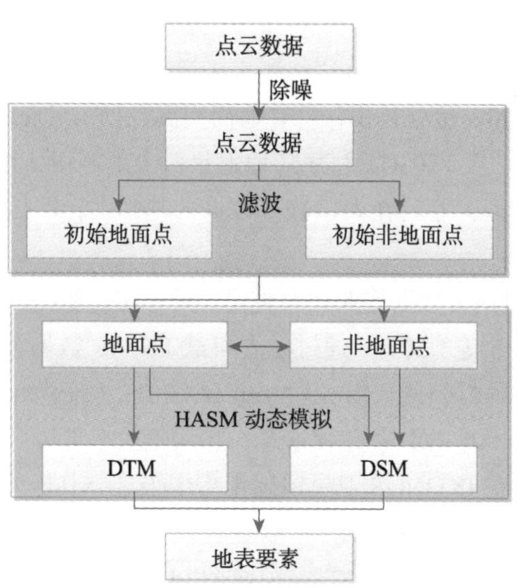

图 13.1　技术路线图

本书采用基于伪扫描线的滤波算法。伪扫描线是将水平面上二维离散分布激光点重新组织成一维线状连续分布点序列的一种数据结构。伪扫描线滤波算法的基本思想是基于如下假设：两点之间的高度差是由自然地形的起伏和地物的高度共同引起的；两个邻近点之间的高度差越大，这个高度差由自然地形引起的可能性越小；较高点位于地物上，而较低点位于地面上。

假定 p_1 和 p_2 是两个邻近的激光脚点，且 p_1 是地面点、p_2 是它的邻近点。如果它们的高度值 h_1 和 h_2 满足条件：$h_2 - h_1 \leqslant \Delta h_{\max} \times d$，其中 $\Delta h_{\max}$ 是高差的容差，d 是它们之间的水平距离，那么就认为 p_2 也是地面点，否则就认为 p_2 是非地面点。基于伪扫描线的滤波算法把二维滤波问题简化为一维滤波问题，算法构造简单，有效地减少了滤波的计算量并且保证了准确性。

13.3 数字地面模型与树高模拟分析

13.3.1 样地尺度案例

以天姥池小流域为例，取一块 20m × 30m 样地用于数值实验。该样地的主要植被为青海云杉，林下分布少量金露梅和鬼箭锦鸡儿的灌木。样地中一共有 1081 个激光脚点（图 13.2），点云平均密度为每平方米 1 个点；其中地面点为 281 个，地物表面点为 800 个。运用高精度曲面建模（HASM）方法建立该样地空间分辨率为 1m 的数字表面模型（DSM）（图 13.3）和数字地面模型（DTM）（图 13.4），由此可获得树木冠层高度模型（canopy height model, CHM）（图 13.5）。树高识别分析发现，该样地共有青海云杉 23 棵，与实际调查结果相符。

样地尺度案例表明，HASM 动态加点和减点算法，可以有效地运用于山地针叶林区域的滤波及数字地面模型和林冠高度模型的高效快速构建；可通过 LiDAR 点云数据，对地面目标进行实时识别。这一 HASM 算法可运用于军事、生态环境、公共安全等领域。

13.3.2 小流域尺度案例

1. 实验区与数据

天涝池流域（38°23′55″~38°26′57″N，99°53′45″~99°57′12″E）位于黑河上游，地处甘肃省肃南裕固

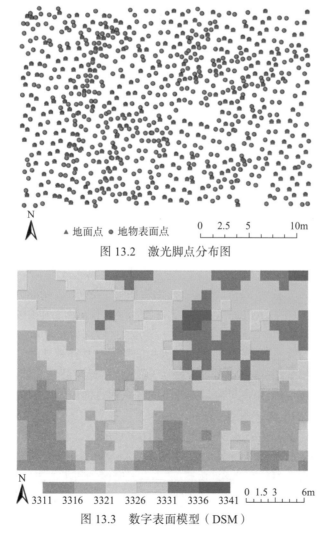

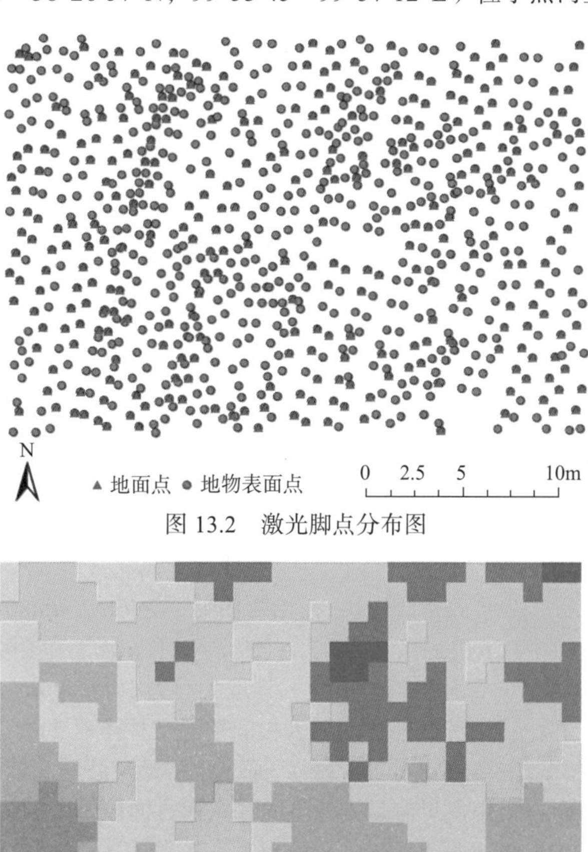

图 13.2 激光脚点分布图

图 13.3 数字表面模型（DSM）

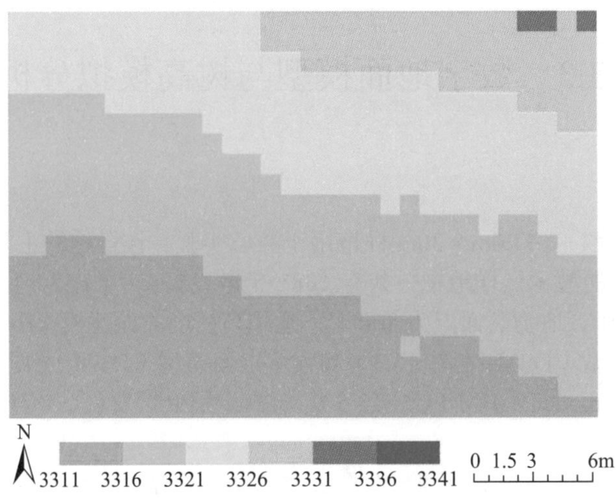

图 13.4　数字地面模型（DTM）

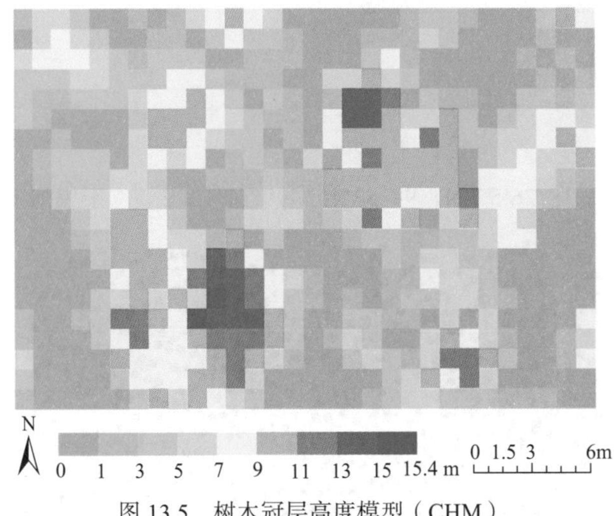

图 13.5　树木冠层高度模型（CHM）

族自治县寺大隆林区，海拔 2600~4400 m，属高寒半干旱山地森林草原气候，年平均气温为 0.6℃，1 月和 7 月平均气温分别为−13.1℃和 12.1℃；年降水量为 437.2mm，雨季（5~9 月）降雨占 84.2%，年蒸发量为 1066.2mm，年平均相对湿度为 59%，土壤和植被随山地地形和气候的差异形成明显的垂直分布带。土壤类型主要有山地灰褐土、亚高山草甸土、高山草甸土及寒漠土等。森林类型主要为青海云杉（*Picea crassifolia*）林和祁连圆柏（*Sabina przewalskii*）林，主要分布在中高山、亚高山地带。前者多在阴坡组成纯林，构成林区森林的主体；后者多在阳坡形成稀疏林分。灌木优势种有金露梅（*Potentilla fruticosa*）、鬼箭锦鸡儿（*Caragana jubata*）、吉拉柳（*Salix gilashanica*）、高山绣线菊（*Spiraea alpina*）等。草本植物主要有冰草（*Agropyron cristatum*）、针茅（*Stipa capillata*）、乳白香青（*Anaphalis lactea*）和萎陵菜（*Potentilla chinensis*）等。

2013 年 8 月，在天涝池流域设置森林样地 30 块，样地大小为 10m × 20m，样地长边与山坡走向平行，其中青海云杉林样地 26 块，祁连圆柏林样地 2 块，云杉圆柏混交林样地 2 块（表 13.1）。在样地内，采用围尺测量每株树木的胸径（树干 1.3m 高度处的直径），采用手持超声波测高器测量每株树木的树高、枝下高（树冠下端第一活枝的高度），采用皮尺测量南北方向和东西方向冠幅，利用差分 GPS 对样地进行定位（图 13.6），其坐标系统为 WGS-84 坐标系统。

LiDAR 点云数据来源于“黑河生态水文遥感实验（HiWATER）”，获取时间为 2012 年 7 月 25 日，利用的仪器是运 12 飞机搭载的 Leica 公司 ALS70 LIDAR 系统。ALS70 发射的激光波长为 1064nm，多次回波（1 次、2 次、3 次和末次）。飞行绝对航高为 4800m，平均点云密度为每平方米 1 个脚点。通过参数检校、点云自动分类和人工编辑等步骤，最终将激光点分成地面点（ground）、植被点（vegetation）和其他点（肖青等，2012）。

表 13.1　样地基本信息表

序号	森林类型	海拔/m	坡位	坡向	坡度/(°)	序号	森林类型	海拔/m	坡位	坡向	坡度/(°)
01	祁连圆柏	3111	中	S	39	16	青海云杉	3038	下	N	10
02	祁连圆柏	3150	上	S	30	17	青海云杉	2984	中	NE	25
03	青海云杉	3141	中	W	25	18	青海云杉	2991	上	NE	30
04	青海云杉	3089	下	SW	25	19	青海云杉	3032	上	NW	31
05	混交林	3117	下	SW	25	20	青海云杉	2926	中	N	32
06	青海云杉	3045	下	N	7	21	青海云杉	2828	下	N	10
07	青海云杉	3078	中	N	24	22	青海云杉	2808	下	NW	38
08	青海云杉	3123	中	N	22	23	青海云杉	2692	下	N	23
09	青海云杉	3157	中	N	16	24	青海云杉	2724	下	N	20
10	青海云杉	3203	上	NE	35	25	青海云杉	2737	中	N	30
11	青海云杉	3225	上	NE	34	26	青海云杉	2881	上	N	38
12	青海云杉	3205	上	NW	35	27	青海云杉	2931	上	NE	40
13	青海云杉	3029	平	-	3	28	青海云杉	2925	下	NW	37
14	青海云杉	3041	下	N	10	29	青海云杉	2905	下	NW	39
15	青海云杉	3099	中	E	35	30	混交林	2909	下	SW	41

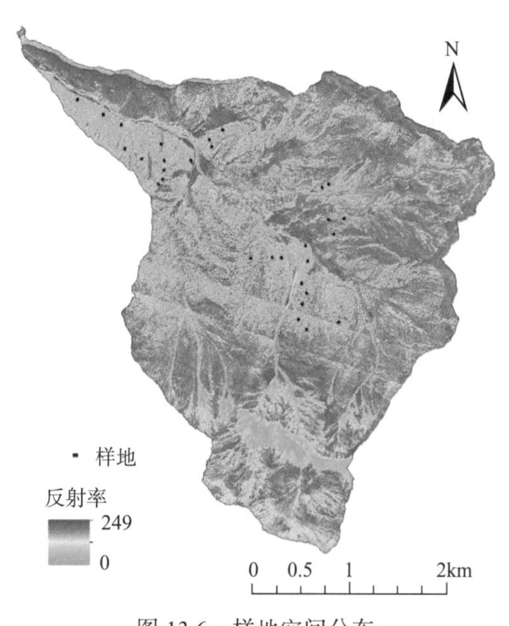

图 13.6　样地空间分布

本书的模拟分析结果表明，在不少区域出现数字地面模型的值小于数字表面模型的值，滤波结果不够准确。因此，本书在其初始滤波基础上，运用 HASM 算法，进行重新滤波及数字表面模型（图 13.7）和数字地面模型（图 13.8）的构建。

2. 单木树高提取算法

单木树高的提取基于树冠高度模型，其关键是准确地从树冠高度模型上找出树冠顶点。树冠顶点识别算法可概括为两类：①直接在给定的滤波窗口内查找局部最大值（如将半径为 3 个格网的圆形窗口内的中心点与窗口内其他点进行比较，若其值为最大值，则判定为树冠顶点），或者首先限定相邻顶点间隔范围，再进行局部最大值查找；②先识别树冠形状，再在树冠多边形内查找树冠顶点。对于树冠形状的识别，主要有两种方法：①结合航空相片和树冠高度模型提取树冠多边形，其缺点在于航空照片获取成本较高；②采用 Pouring 算法（Koch 等, 2006）或双正切角树冠识别算法（刘清旺等, 2008）识别树冠，但这两种算法均是在识别出树冠顶点之后识别树冠形状，无法提高树顶点的提取精度。

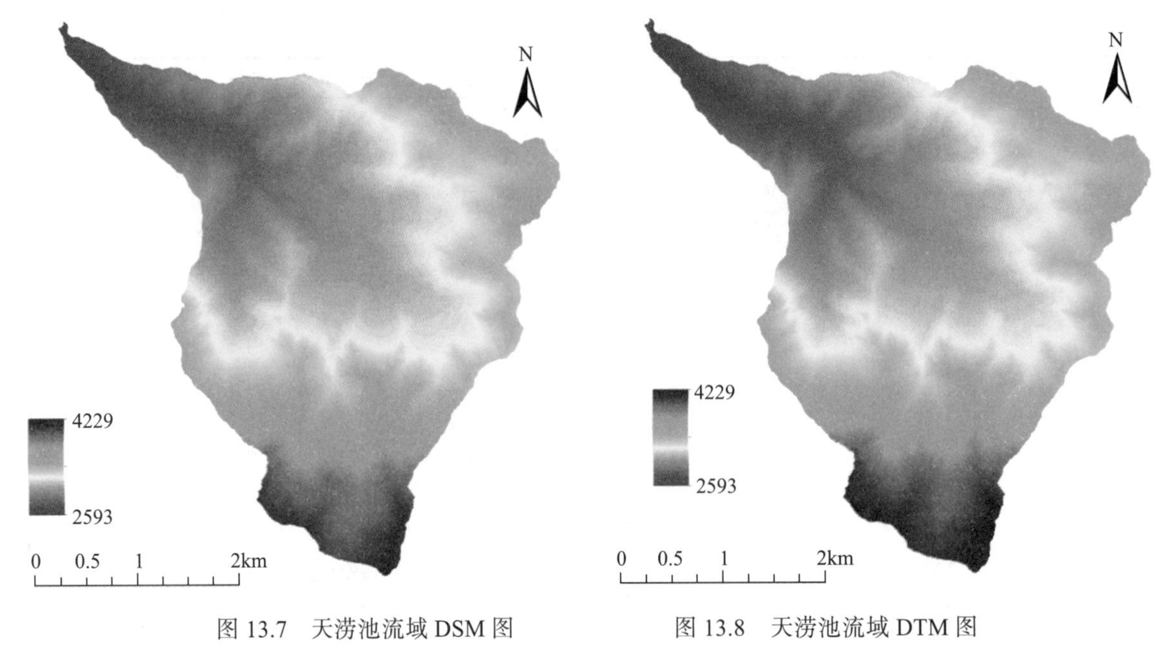

图 13.7　天涝池流域 DSM 图　　图 13.8　天涝池流域 DTM 图

本书采用的树顶点识别算法属于第一类算法：用给定搜索半径的圆形窗口，通过树冠高度模型查找局部最大值，若圆心像元值为最大值，则判定为树冠顶点，提取的树顶点像元属性值即为树高。影响树顶点提取效果的主要因素包括树冠高度模型的空间分辨率和查找局部最大值时搜索半径的大小。为对比分析这两个主要因素对树顶点提取精度的影响，将 LiDAR 点云生成不同空间分辨率树冠高度模型；在提取树顶点时，搜索半径设置为不同的大小（表 13.2）。

表 13.2　对比实验参数设置

实验序号	空间分辨率	搜索半径/m
1	0.1m × 0.1m	0.5
2	0.25m × 0.25m	0.5
3	0.5m × 0.5m	0.5
4	0.5m × 0.5m	1.0
5	0.5m × 0.5m	1.5

首先将搜索半径设置为 0.5m，将树冠高度模型分辨率分别设置为 0.1m、0.25m 和 0.5m，实验结果表明，在搜索半径相同时，树冠高度模型的空间分辨率在 1m 基础上继续提高，对树顶点的提取精度影响甚微（图 13.9）。当树冠高度模型空间分辨率固定为 0.5m，而搜索半径分别为 0.5m、1.0m 和 1.5m 时，随着搜索半径的增大，提取的树顶点个数逐渐减少，表明搜索半径对树顶点的识别有明显影响，这与研究区天然次生林的林分结构有关。

研究区域的天然次生林中，呈聚集分布，树木之间的间隔大小不一，间隔大时可以形成林窗，而间隔小的树木几乎生长在一起。因此，当搜索半径较大时，聚集在一起的多株树木不能被全部识别出来，使识别的树顶点数减少。为消除搜索半径的影响，本书采用 0.5m 空间分辨率的树冠高度模型，设置搜索半径为 0.5m，对天涝池树高的空间分布进行提取（图 13.10）。

鉴于在野外采样时，未对样地中的每株树木定位，本书对树高提取结果只进行样地尺度上的精度分析。树高提取结果在 30 个样地的分析结果显示（表 13.3），提取的样地平均树高与实测的样地平均树高之间存在明显的线性相关性，但是回归系数仅为 0.694。

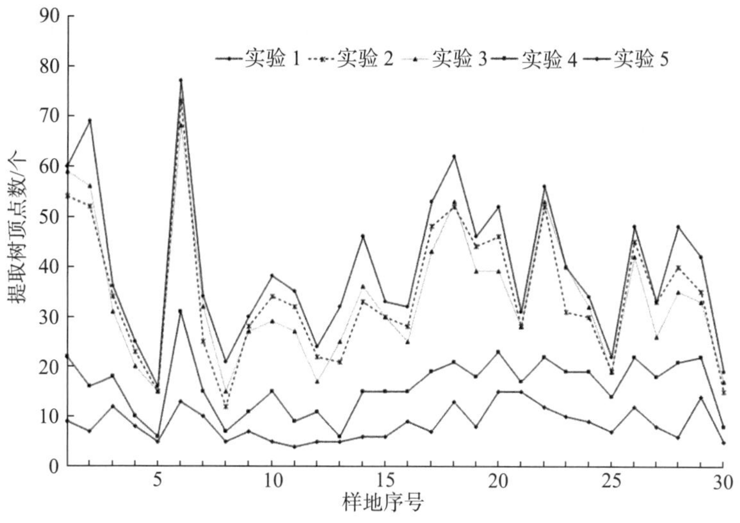

图 13.9 参数设置对树顶点提取的影响

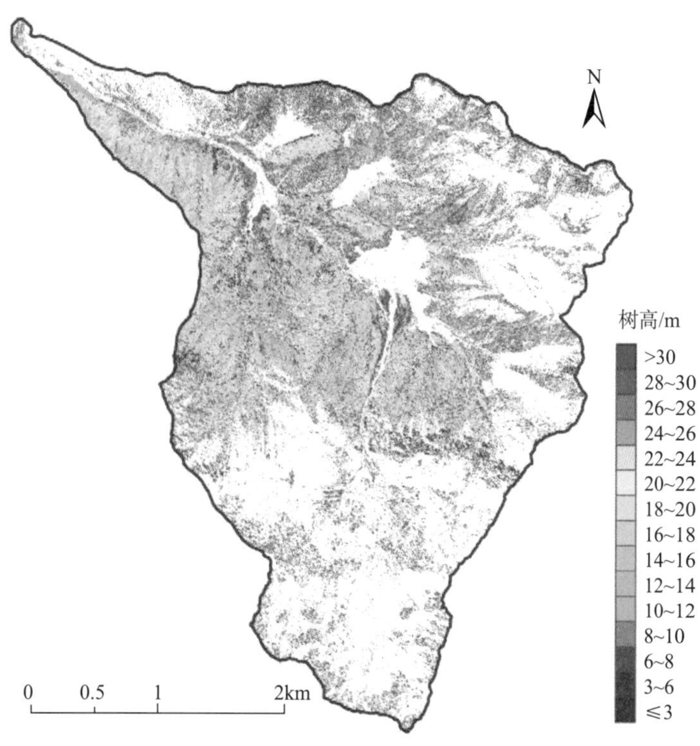

图 13.10 天涝池树高提取结果

表 13.3 提取树高与实测树高的回归关系

线性回归方程	R^2	说明
$y_1=0.819x_1+5.032$	0.694	y_1 和 x_1 分别为提取的平均树高和实测的平均树高
$y_2=0.845x_2+2.390$	0.850	y_2 和 x_2 分别为提取的最大树高和实测的最大树高
$y_3=1.582x_3+2.340$	0.111	y_3 和 x_3 分别为提取的最小树高和实测的最小树高
$y_4=0.145x_4+10.01$	0.339	y_4 和 x_4 分别为提取的林分株数和实测的林分株数

分析结果表明，林分密度较大时，提取株数明显小于实测株数，说明在提取树顶点时存在漏判，且随着密度的增加，漏判的株数增加。本书对每个样地提取的最大树高和实测的最大树高、提取的最小树高和实测的最小树高分别进行回归分析。结果表明，提取的最大树高和实测的最大树高回归关系较好，R^2=0.85，

说明树顶识别算法对较大的树木树冠识别效果较好；而提取的最小树高和实测的最小树高的回归关系很差，R^2=0.111，说明树顶识别算法对小树的识别效果较差，对小树存在较大的漏判。这是由于落在小树上的激光脚点很容易被旁边大树上的激光脚点湮没，在生成数字表面模型和树冠高度模型时，小树顶点无法形成峰值，因此，不能被识别为小树的顶点。

13.4　讨　论

HASM-AC 高速度高精度曲面建模方法已在多个领域得到成功应用，与经典方法相比有更高的精度和效率。该方法在高密度采样条件下，能够更好地突出峰值，这正是利用 LiDAR 点云数据构建树冠高度模型的需求，因此，从理论角度讲，HASM-AC 能更准确地提取树高。

天涝池流域 LiDAR 点云数据的平均密度为每平方米 1 个激光脚点，本书采用 HASM-AC 并行算法生成空间分辨率为 0.5m 的数字高程模型和数字表面模型，并进行识别运算得到树冠高度模型，获得了较好的树高提取效果。如果能够提高 LiDAR 点云数据的密度，可降低小树被其旁边大树湮没的概率。尤其在密度较大林分或树丛中，点云密度的提高能够有效地提高树顶点的提取精度。

通过在给定窗口内查找最大值的树顶识别算法能够较好地识别树顶点，尤其在排列整齐的人工林中，能够获得较准确的结果。然而，在天然林中，次生林年龄不一，分布不均，树高参差不齐，采用此方法时小树易被大树湮没。

近年来，虽有很多研究对树冠识别算法进行了改进，但在树顶点识别算法方面的进展较小，因此，要进一步提高树高的提取精度，树顶点识别算法仍然是一个重要的研究课题。

第 14 章　数字地面模型 HASM 尺度转换*

14.1　引　　言

尺度是观测、过程或过程模型在空间或时间方面的基准尺寸，它囊括过程的离散状态或过程状态间的临界点。尺度转换、跨尺度相互作用、空间尺度与时间尺度相互关联和多空间尺度数据处理问题是生态和地理建模需要研究的重要内容（岳天祥、刘纪远，2001a, 2001b）。

尺度是地理学中普遍存在的问题之一，常被定义为研究某一物体或现象时所采用的空间或时间单位，同时又可指某一现象或过程在空间或时间上所涉及的范围和发生的频率。尺度问题是地学研究中普遍存在的问题。作为地球表层的数字化表达，数字地面模型以离散方式表达连续变化地表过程时，存在尺度依赖性。在许多地理信息系统中，大都存储同一地区按不同比例尺重复采集的数据，它不仅造成了人力、物力与财力的大量浪费，也造成了数据库存储空间的浪费与数据冗余，导致空间数据的一致性难以维持；同时，数据的实时更新也无法实现。因此，国内外针对多尺度表达及尺度变换问题进行了大量的研究。

20 世纪 60 年代，生态学家和地理学家就注意到了尺度问题的重要性（Stommel, 1963；Schumm and Lichty, 1965）。20 世纪 90 年代以来，多尺度问题被称为生态学和地理学的新前缘，受到生态地理学界的高度重视。许多学者对尺度问题进行了大量的研究，主要集中在尺度效应、最佳尺度选择及尺度转换问题的研究上。例如，为了认识生态格局、过程和尺度之间的关系，以及解决有关科学问题，美国国家环境保护局建立了多尺度实验生态系统研究中心（MEERC）。为了确定地质变化和植被动态之间的相互作用，Phillips（1995）提出了 4 种尺度指标。Milne 和 Cohen（1999）根据分形的自相似性建立了针对 MODIS 数据的尺度转换方法。为了解决全球变化影响的跨尺度问题，Peternson（2000）引入了等级理论。Stein 等（2001）用地统计方法确定环境变量的最恰当空间和时间尺度。Gao 等（2001）通过对草地模拟模型中的非线性函数进行泰勒展开，减小了由于空间尺度变化产生的误差。Veldkamp 等（2001）提出了农业经济研究的多尺度系统方法。Gardner 等（2001）提出了实验生态学的多尺度分析理论；Schulze（2000）分析了气候变化农业水文响应的尺度问题、尺度类型和尺度转换的关键问题。Konarska 等（2002）通过比较 NOAA-AVHRR 和 Landsat TM 数据集的分析结果，提出了空间尺度对生态系统服务功能评价影响的分析方法。吕一河和傅伯杰（2001）对生态学中常见的尺度转换方法进行了分析和总结。Yue 等（2007c）根据多样性由丰富度（richness）和均匀度（evenness）合成的特点，建立了多尺度生态多样性模型。

尺度转换一直是地球表层系统研究的基本问题（Atkinson and Tate, 2000；岳天祥、刘纪远，2001a, 2001b），也是时空建模与模拟分析的“瓶颈”问题（李双成、蔡运龙，2005）。汤国安等（2006）从对象、抽样、分析等方面对数字地面模型（DTM）尺度的概念与类型、地形分析的尺度效应及地形分析尺度关键问题进行了论述。刘学军等（2007）等将数字地面模型的尺度归结为地理尺度、采样尺度、结构尺度、分析尺度和表达尺度。尺度在不同学科背景下有不同的含义，在地理信息科学领域，不同尺度数字地面模型所表达的信息密度有很大差异，尺度转换即为不同尺度间信息传送，是指利用某一尺度上所获得的信息和知识来推测其他尺度的现象，包括升尺度和降尺度。

升尺度是指将细分辨率研究结果向粗分辨率转换；降尺度转换是指将粗分辨率结果向细分辨率转换（Yue *et al.*, 2016d）。地球表层建模需要研究的主要尺度转换问题包括：如何进行观测过程和数学模型的尺度转换，尺度转换如何影响变量灵敏性、空间异质性和系统可预测性，非线性响应被放大或减小的环境条件等。在尺度转换过程中，要求保持相应尺度的空间精度和空间特征，保持与抽象程度相适应的较高的信

* 杜正平为本章主要合著者。

息密度，维护空间目标的语义及空间关系的一致性。经典尺度转换方法主要包括小波变换、滤波、三维 Douglas-Peucker 算法和点扩散函数等方法。

小波变换是 DTM 尺度变换最常用的方法，有大量学者就此进行了研究。例如，吴凡和祝国瑞（2001）基于小波多分辨率分析原理，研究多尺度的地貌综合与简化。王宇宙和赵宗涛（2003）提出了一种基于多进制小波变换。杨族桥等（2003）研究了新的小波方法在数字地面模型多尺度表达中的应用。刘春等（2004）采用 Daubechies-4 小波用于 DTM 数据的简化。汪汇兵等（2005）提出了尺度依赖的地形数据多尺度表达模型。费立凡等（2006）提出的三维 Douglas-Peucker 算法能较好地甄别数字地面模型整体及局部范围的地貌特征点。陈仁喜等（2006）将整型小波变换运用于 DTM 数据分析。杨万春（2007）研究了基于小波分解的 DTM 数据简化。吕希奎等（2007）研究了利用多进制小波变换压缩 DTM 数据的方法。杨勤科等（2008）引入了数字图像处理中的滤波分析方法，对高分辨率数字地面模型进行简化。于浩等（2008）研究了基于小波多尺度分析的 DTM 数据简化及尺度转换问题。杨锦玲（2009）研究了由小波派生的多尺度 DTM 精度变异，分析了地形因子在不同分辨率下的变化规律。

数字地面重采样是升尺度的主要传统方法，重采样指在原采样的基础上再进行一次采样。根据重采样的定义可知，数字地面模型重采样可以将数字地面模型从高分辨率转换到低分辨率。常用的重采样方法主要包括最邻近法、双线性内插法、立方卷积法等。最邻近法是取待采样点周围四个相邻格网中距离最近的一个相邻点高程值作为该点的高程值。双线性内插法是利用周围四个相邻点的高程值在两个方向上作线性内插以得到待采样点的高程值，根据待采样点与相邻点的距离确定相应的权值。立方卷积法考虑到各邻点间高程值变化率的影响，利用了待采样点周围更大邻域内的高程值作三次插值。与双线性内插法相比，立方卷积法不仅考虑了直接邻点的高程值，还考虑了更远邻点间高程值变化率的影响，因此后者所求得的待采样点灰度值更接近原值。

近年来，涌现了许多新的和改进的尺度转换方法。例如，Ferreira 等（2011）通过地理镶嵌结构引入了时空过程多尺度动态模型，并通过将大数据分析问题分解为多个小数据问题，提高运算效率。Hattab 等（2014）提出了分级滤波方法，在嵌套尺度对海洋物种分布进行了模拟分析。Rashid 等（2016）提出了一种适用于空间非平稳、多分辨率问题的降尺度方法，将降雨序列数据分解为不同组成部分，以分离降雨的尺度依赖属性。在很细分辨率水库流量过程模拟的计算成本很高，甚至有时采用并行计算也无法完成模拟；为了节省计算成本，需要将细分辨率格网升尺度为粗分辨率格网；但随着升尺度率的增加，模拟精度逐渐减小；为了达到减小计算成本与模拟精度需求的平衡，Mehmood 和 Awotunde（2016）提出了一种基于灵敏度的升尺度方法。

14.2　降尺度算法

对同一个区域，定义两个粗细不一的格网 $\Omega(H)$ 和 $\Omega(h)$：

$$\Omega(H)=\left\{(I,J)\,|\,(I\times H,J\times H)\right\},(0<I\leqslant I_H,0<J\leqslant J_H) \tag{14.1}$$

$$\Omega(h)=\left\{(i,j)\,|\,(i\times h,j\times h)\right\},(0<i\leqslant I_h,0<j\leqslant J_h) \tag{14.2}$$

这两个格网的空间分辨率分别为 H 和 h，其中 $H>h$，$H\times I_H=h\times I_h$，$H\times J_H=h\times J_h$，这里 I_H 和 J_H 分别为格网 $\Omega(H)$ 的行数和列数；I_h 和 J_h 分别为格网 $\Omega(h)$ 的行数和列数。

格网 $\Omega(H)$ 对应的 DTM 为 $\{f_H\}=\left\{f_{I,J}=f(I,J),0<I\leqslant I_H,0<J\leqslant J_H\right\}$，格网 $\Omega(h)$ 对应的数字地面模型为 $\{f_h\}=\left\{f_{i,j}=f(i,j),0<i\leqslant I_h,0<j\leqslant J_h\right\}$。

定义对应格网 $\Omega(H)$ 和 $\Omega(h)$ 的数字地面模型分别为

$$\boldsymbol{x}_h=\left(f_{1,1},\cdots,f_{1,J_h},\cdots,f_{I_h-1,1},\cdots,f_{I_h-1,J},f_{I_h,1},\cdots,f_{I_h,J_h}\right)^{\mathrm{T}} \tag{14.3}$$

$$\boldsymbol{x}_H=\left(f_{1,1},\cdots,f_{1,J_H},\cdots,f_{I_H-1,1},\cdots,f_{I_H-1,J},f_{I_H,1},\cdots,f_{I_H,J_H}\right)^{\mathrm{T}} \tag{14.4}$$

即

$$\boldsymbol{x}_h(i,j)=f_{i,j},0<i\leqslant I_h,0<j\leqslant J_h$$

$$\boldsymbol{x}_H(I,J)=f_{I,J},0<I\leqslant I_H,0<J\leqslant J_H$$

定义为

$$\boldsymbol{x}_h^{(n)}=\left(f_{1,1}^{(n)},\cdots,f_{1,J_h}^{(n)},\cdots,f_{I_h-1,1}^{(n)},\cdots,f_{I_h-1,J}^{(n)},f_{I_h,1}^{(n)},\cdots,f_{I_h,J_h}^{(n)}\right)^{\mathrm{T}},n\geqslant 0$$

$$\boldsymbol{x}_H^{(n)}=\left(f_{1,1}^{(n)},\cdots,f_{1,J_H}^{(n)},\cdots,f_{I_H-1,1}^{(n)},\cdots,f_{I_H-1,J}^{(n)},f_{I_H,1}^{(n)},\cdots,f_{I_H,J_H}^{(n)}\right)^{\mathrm{T}},n\geqslant 0$$

即

$$\boldsymbol{x}_h^{(n)}(i,j)=f_{i,j}^{(n)},0<i\leqslant I_h,0<j\leqslant J_h$$

$$\boldsymbol{x}_H^{(n)}(1,J)=f_{i,j}^{(n)},0<I\leqslant I_H,0<J\leqslant J_H$$

设$\left\{\tilde{f}_h\right\}=\left\{\tilde{f}_{i,j}=\tilde{f}(i,j),0<i\leqslant I_h,0<j\leqslant J_h\right\}$为格网$\Omega(h)$下利用常规插值方法获得的插值曲面。迭代初值$\boldsymbol{x}_h^{(0)}=(\tilde{f}_{1,1},\cdots,\tilde{f}_{1,J_h},\cdots,\tilde{f}_{I_h-1,1},\cdots,\tilde{f}_{I_h-1,J},\tilde{f}_{I_h,1},\cdots,\tilde{f}_{I_h,J_h})^{\mathrm{T}}$为驱动场，则 HASM 主方程组可表达为

$$\boldsymbol{A}_h\cdot\boldsymbol{x}_h^{(n+1)}=\boldsymbol{b}_h^{(n)} \tag{14.5}$$

式中，$\boldsymbol{A}_h$为系数矩阵；$\boldsymbol{b}_h^{(n)}$为右端项。

定义格网空间分辨率为h，样点集合为Π，基于等式约束的 HASM 算法为$\mathrm{HASM}(\Pi,h)$，其表达式为等式约束最小二乘迭代过程：

$$\begin{cases}\min\left\|\boldsymbol{A}_h\cdot\boldsymbol{x}_h^{(n+1)}-\boldsymbol{b}_h^{(n)}\right\|_2\\ s.t\quad \boldsymbol{C}_h\cdot\boldsymbol{x}_h^{(n+1)}=\boldsymbol{d}_h^{(n)}|_{\Pi}\end{cases} \tag{14.6}$$

式中，$\boldsymbol{A}_h$为格网$\Omega(h)$下的系数矩阵；$\boldsymbol{x}_h^{(n+1)}$为格网$\Omega(h)$下的未知量；$\boldsymbol{b}_h^{(n)}$为格网$\Omega(h)$下的右端项；$\boldsymbol{C}_h$为格网$\Omega(h)$下采样方程的系数矩阵；$\boldsymbol{d}_h^{(n)}$为格网$\Omega(h)$下采样方程的右端项。

本书考虑如下具有数据融合内涵的数字地面模型尺度转换问题，即在较低分辨率H数字地面模型$\{f_H\}$和点数据Π的基础上，通过降尺度生成较高分辨率h的数字地面模型$\{f_h\}$。在这个降尺度过程中，低分辨率数字地面模型提供的是曲面整体趋势，而点数据的补充，则增加了曲面的细节信息，由此，期望降尺度既保留了曲面整体趋势又增加了曲面细节信息。

构建降尺度 HASM-D 算法如下等式约束最小二乘迭代过程：

$$\begin{cases}\min\left\|\boldsymbol{A}_h\cdot\boldsymbol{x}_h^{(n+1)}-\boldsymbol{b}_h^{(n)}\right\|_2\\ s.t\quad \boldsymbol{C}_h\cdot\boldsymbol{x}_h^{(n+1)}=\boldsymbol{d}_h^{(n)}|_{\Pi}\\ \qquad\quad \mathrm{G}_H^h\left(\boldsymbol{x}_h^{(n+1)}\right)=\boldsymbol{x}_H\end{cases} \tag{14.7}$$

式中，$\boldsymbol{C}_h\cdot\boldsymbol{x}_h^{(n+1)}=\boldsymbol{d}_h^{(n)}|_{\Pi}$为样点等式约束，目的在于引入局部细节信息；$\mathrm{G}_H^h(\boldsymbol{x}_h^{(n+1)})=\boldsymbol{x}_H$为格网约束，目的在于引入粗格网$\{f_H\}$信息，$\mathrm{G}_H^h$为格网$\Omega(H)$到$\Omega(h)$投影算子。

数字地面模型格网数据可区分为栅格数据和像元数据。一个栅格的值是指其中心点（或角点）的高程值；一个像元的值是其覆盖区域的高程平均值。在这两种情况下，进行尺度转换所采用的格网投影算子需要不同的处理方法。

针对栅格数据，把粗格网点上的值，类似作为一个点信息，引进数字地面模型的构建中（图 14.1）。根据泰勒展开，格网约束$\boldsymbol{x}_h^{(n+1)}(i,j)=\boldsymbol{x}_H(I,J)$的误差为

$$E_{\mathrm{dlc}} = O(\tan(S) \cdot D((I,J),(i,j))) \tag{14.8}$$

式中，E_{dlc} 为栅格格网约束误差；S 为点 $(i+1, j-1)$ 附近的平均坡度；$D((I,J),(i,j))$ 为点 (I,J) 到点 (i,j) 的距离；O 符号表示误差与 $(\tan(S) \cdot D((I,J),(i,j)))$ 是同阶的。

由于 $D((I,J),(i,j)) \leqslant \frac{\sqrt{2}}{2}h$（图 14.1），在坡度不是太大的情况下，这种格网投影算子虽然有一定的精度损失，但并不太大。

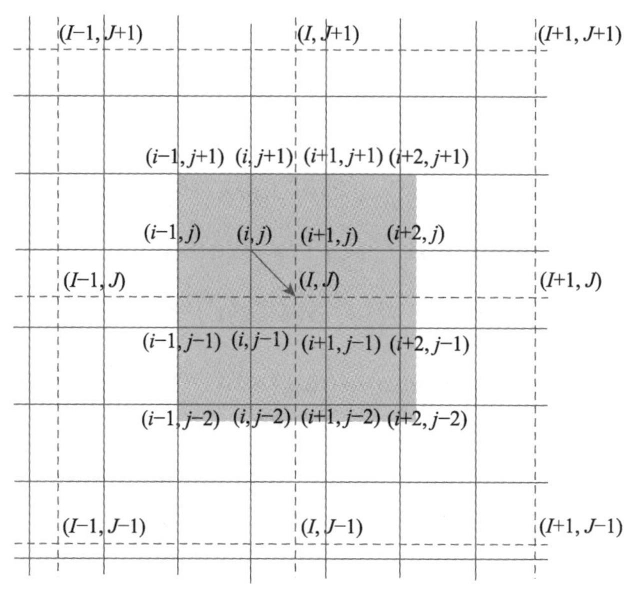

图 14.1　降尺度格网投影

对于像元格网，如果还是依照 $\boldsymbol{x}_h^{(n+1)}(i,j) = \boldsymbol{x}_H(I,J)$ 构建网格约束，约束的误差估计为

$$E_{\mathrm{dpc}} = O(R \cdot H^2) \tag{14.9}$$

式中，E_{dpc} 为降尺度像元格网约束误差；R 为误差系数；$O(R \cdot H^2)$ 表示误差与格网分辨率 H 的平方是同阶的。

鉴于上述像元格网约束误差较大，需要采用新的格网投影算子，以便减小尺度转换过程中的精度损失。设计新的格网投影算子，粗格网像元 $\boldsymbol{x}_H(I,J)$ 的高程值为其像元内细格网所有像元高程值的平均值（图 14.1），新的格网投影算子 $\mathrm{G}_H^h(\boldsymbol{x}_h^{(n+1)}) = \boldsymbol{x}_H$ 表达式如下

$$\begin{aligned}
&\boldsymbol{x}_h^{(n+1)}(i-1,j+1) + \boldsymbol{x}_h^{(n+1)}(i-1,j) + \boldsymbol{x}_h^{(n+1)}(i-1,j-1) + \boldsymbol{x}_h^{(n+1)}(i-1,j-2) + \\
&\quad \boldsymbol{x}_h^{(n+1)}(i,j+1) + \boldsymbol{x}_h^{(n+1)}(i,j) + \boldsymbol{x}_h^{(n+1)}(i,j-1) + \boldsymbol{x}_h^{(n+1)}(i,j-2) + \\
&\quad \boldsymbol{x}_h^{(n+1)}(i+1,j+1) + \boldsymbol{x}_h^{(n+1)}(i+1,j) + \boldsymbol{x}_h^{(n+1)}(i+1,j-1) + \boldsymbol{x}_h^{(n+1)}(i+1,j-2) + \\
&\quad \boldsymbol{x}_h^{(n+1)}(i+2,j+1) + \boldsymbol{x}_h^{(n+1)}(i+2,j) + \boldsymbol{x}_h^{(n+1)}(i+2,j-1) + \boldsymbol{x}_h^{(n+1)}(i+2,j-2) = \\
&\quad 16\boldsymbol{x}_H(I,J)
\end{aligned} \tag{14.10}$$

通过泰勒展开分析可知，该约束的误差为 $O(R \cdot h^2)$，即该约束误差与格网分辨率 h 的平方是同阶的，相比式（14.7）的误差 $O(R \cdot H^2)$，有较大幅度降低。

14.3　升尺度算法

在同一个区域，定义两个格网 $\Omega(H)$ 和 $\Omega(h)$：

$$\Omega(H)=\left\{(I,J)\mid(I\times H,J\times H)\right\},0<I\leqslant I_H,0<J\leqslant J_H \tag{14.11}$$

$$\Omega(h)=\left\{(i,j)\mid(i\times h,j\times h)\right\},0<i\leqslant I_h,0<j\leqslant J_h \tag{14.12}$$

两个格网的空间分辨率分别为 H 和 h，其中 $H>h$，$H\times I_H=h\times I_h$，$H\times J_H=h\times J_h$，这里 I_H 和 J_H 分别为格网 $\Omega(H)$ 的行数和列数；I_h 和 J_h 分别为格网 $\Omega(h)$ 的行数和列数。格网 $\Omega(H)$ 对应的数字地面模型为 $\left\{f_H\right\}=\left\{f_{I,J}=f(I,J),0<I\leqslant I_H,0<J\leqslant J_H\right\}$，格网 $\Omega(h)$ 对应的数字地面模型为 $\left\{f_h\right\}=\left\{f_{i,j}=f(i,j),\right.$ $\left.0<i\leqslant I_h,0<j\leqslant J_h\right\}$。

设 $\left\{\tilde{f}_H\right\}=\left\{\tilde{f}_{I,J}=\tilde{f}(I,J),0<I\leqslant I_H,0<J\leqslant J_H\right\}$ 为格网 $\Omega(H)$ 下利用常规插值方法获得的插值曲面。

定义格网分辨率为 H，样点集合为 Π，基于等式约束的 HASM 算法为 HASM(Π,h)，其表达式为

$$\begin{cases}\min\left\|\boldsymbol{A}_H\cdot\boldsymbol{x}_H^{(n+1)}-\boldsymbol{b}_H^{(n)}\right\|_2\\ s.t\quad \boldsymbol{C}_H\cdot\boldsymbol{x}_H^{(n+1)}=\boldsymbol{d}_H^{(n)}\mid_\Pi\end{cases} \tag{14.13}$$

式中，$\boldsymbol{A}_H$ 为格网 $\Omega(H)$ 下的系数矩阵；$\boldsymbol{x}_H^{(n+1)}$ 为格网 $\Omega(H)$ 下的未知量；$\boldsymbol{b}_H$ 为格网 $\Omega(H)$ 下的右端项；$\boldsymbol{C}_H$ 为格网 $\Omega(H)$ 下采样方程的系数矩阵；$\boldsymbol{d}_H^{(n)}$ 为格网 $\Omega(H)$ 下采样方程的右端项。

在空间分辨率为 h 的数字地面模型格网数据 $\left\{f_h\right\}$ 和点数据 Π 基础上，通过升尺度生成低空间分辨率 H 的格网数据 $\left\{f_H\right\}$。在升尺度过程中，粗分辨率数字地面模型在保持数字地面模型整体趋势的基础上，通过点数据补充，维持了数字地面模型的细节信息。与 HASM 降尺度算法类似，可以类似将 HASM 升尺度算法表达为等式约束最小二乘迭代过程，并记为 HASM-U1：

$$\begin{cases}\min\left\|\boldsymbol{A}_H\cdot\boldsymbol{x}_H^{(n+1)}-\boldsymbol{b}_H^{(n)}\right\|_2\\ s.t\quad \boldsymbol{C}_H\cdot\boldsymbol{x}_H^{(n+1)}=\boldsymbol{d}_H^{(n)}\mid_\Pi\\ \qquad \mathrm{G}_h^H\left(\boldsymbol{x}_H^{(n+1)}\right)=\boldsymbol{x}_h\end{cases} \tag{14.14}$$

式中，$\boldsymbol{C}_H\cdot\boldsymbol{x}_H^{(n+1)}=\boldsymbol{d}_H^{(n)}\mid_\Pi$ 为样点等式约束，目的在于引入局部细节信息；$\mathrm{G}_h^H(\boldsymbol{x}_H^{(n+1)})=\boldsymbol{x}_h$ 为格网约束，目的在于引入细格网数据 $\left\{f_h\right\}$ 的信息，G_h^H 为格网 $\Omega(h)$ 到 $\Omega(H)$ 投影算子。

对栅格格网（图 14.2），常用的格网约束为 $\boldsymbol{x}_H^{(n+1)}(I,J)=\boldsymbol{x}_h(i+1,j-1)$。根据泰勒展开分析，栅格格网约束误差为

$$E_{\mathrm{ulc}}=O(\tan(S)\cdot D((I,J),(i+1,j-1))) \tag{14.15}$$

式中，S 为点 (I,J) 附近的平均坡度；$D((I,J),(i+1,j-1))$ 为点 (I,J) 到点 $(i+1,j-1)$ 的距离。

由图 14.2 可以发现，$D((I,J),(i+1,j-1))\leqslant\dfrac{\sqrt{2}}{2}h$，在坡度不大的情况下，栅格格网投影算子精度损失不大。

对像元格网，如果还是依照 $\boldsymbol{x}_H^{(n+1)}(I,J)=\boldsymbol{x}_h(i+1,j-1)$，则约束误差为

$$E_{\mathrm{ulc}}=O(R\cdot H^2) \tag{14.16}$$

式中，E_{ulc} 为升尺度像元格网约束误差；R 为误差系数；$O(R\cdot H^2)$ 表示误差与像元格网空间分辨率 H 的平方是同阶的。

此时格网约束的误差较大，与粗格网分辨率的平方同阶。为了减小升尺度转换过程中的精度损失，设计的新格网投影算子 $\mathrm{G}_h^H(\boldsymbol{x}_H^{(n+1)})=\boldsymbol{x}_h$ 可表达为

$$
\begin{aligned}
\boldsymbol{x}_H^{(n+1)}(I,J) = (&\boldsymbol{x}_h(i-1,j+1)+\boldsymbol{x}_h(i-1,j)+\boldsymbol{x}_h(i-1,j-1)+\\
&\boldsymbol{x}_h(i-1,j-2)+\boldsymbol{x}_h(i,j+1)+\boldsymbol{x}_h(i,j)+\boldsymbol{x}_h(i,j-1)+\boldsymbol{x}_h(i,j-2)+\\
&\boldsymbol{x}_h(i+1,j+1)+\boldsymbol{x}_h(i+1,j)+\boldsymbol{x}_h(i+1,j-1)+\boldsymbol{x}_h(i+1,j-2)+\\
&\boldsymbol{x}_h(i+2,j+1)+\boldsymbol{x}_h(i+2,j)+\boldsymbol{x}_h(i+2,j-1)+\boldsymbol{x}_h(i+2,j-2))/16
\end{aligned} \tag{14.17}
$$

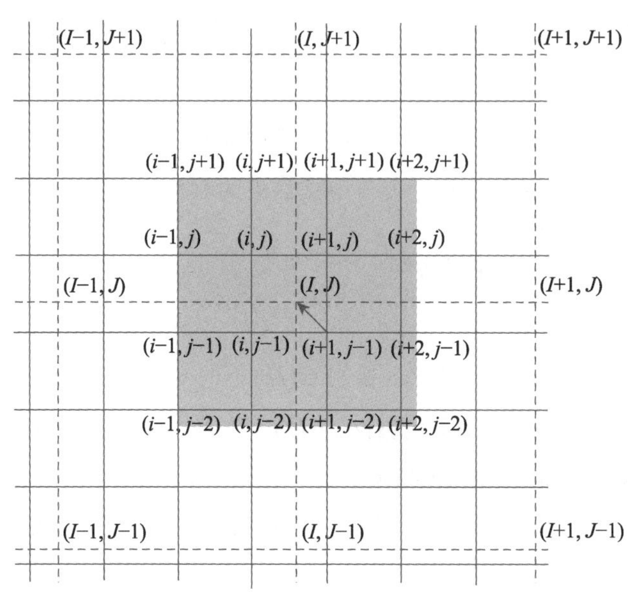

图 14.2　升尺度格网投影

需要特别注意的是，升尺度格网投影算子[式（14.17）]和降尺度格网投影算子[式（14.10）]表达式类似，但在升尺度格网算子中，未知量是粗格网的数字地面模型高程值，降尺度格网算子中，未知量是细格网的数字地面模型高程值。

通过泰勒展开分析可以发现，式（14.17）约束的误差为 $O(R\cdot h^2)$，与细格网的分辨率的平方同阶，较式（14.16）的误差 $O(R\cdot h^2)$ 有较大幅度的降低。

由于 $\Omega(H)$ 格网单元比较稀疏，因此在 $\Omega(H)$ 的每个格网单元上，都会有类似的格网约束。实际上，此格网约束类似于 ArcGIS 中采用的均值赋值重采样原则（抽稀）。如果将 $\Omega(H)$ 格网下对 $\{f_h\}$ 的重采样结果标记为 $\{\bar{f}_h\}=\{\bar{f}_{i,j}=\bar{f}(i,j),0<i\leqslant I_h,0<j\leqslant J_h\}$，并记 $\bar{\boldsymbol{x}}_h=\left(\bar{f}_{1,1},\cdots,\bar{f}_{1,J_h},\cdots,\bar{f}_{I_h-1,1},\cdots,\bar{f}_{I_h-1,J},\bar{f}_{I_h,1},\cdots,\bar{f}_{I_h,J_h}\right)^{\mathrm{T}}$，则迭代升尺度过程 HASM-U1 可具体表达为

$$
\begin{cases}
\min\left\|\boldsymbol{A}_H\cdot\boldsymbol{x}_H^{(n+1)}-\boldsymbol{b}_H^{(n)}\right\|_2\\
s.t\quad \boldsymbol{C}_h\cdot\boldsymbol{x}_H^{(n+1)}=\boldsymbol{d}_H^{(n)}|_{\Pi}\\
\qquad\quad \boldsymbol{x}_H^{(n+1)}=\bar{\boldsymbol{x}}_h
\end{cases} \tag{14.18}
$$

值得注意的是，在 HASM-U1 尺度转换过程中，把每个像元内的采样点和每个像元所对应的细格网重采样（抽稀），同时作为等式约束进行 HASM 模拟。

根据应用需求，还可设计另一种升尺度算法：

$$
\begin{cases}
\min\left\|\boldsymbol{A}_H(\boldsymbol{x}_H^{(n+1)}-\bar{\boldsymbol{x}}_h)-\boldsymbol{b}_H^{(n)}\right\|_2\\
s.t\quad \boldsymbol{C}_h(\boldsymbol{x}_H^{(n+1)}-\bar{\boldsymbol{x}}_h)=\boldsymbol{d}_H^{(n)}|_{\Pi}-\boldsymbol{C}_h\cdot\bar{\boldsymbol{x}}_h
\end{cases} \tag{14.19}
$$

本书把这一升尺度算法记为 HASM-U2。实际上，在 HASM-U2 中，以 $\bar{\boldsymbol{x}}_h$ 作为趋势面，计算采样点集合 Π 与趋势面的残差，对残差进行 HASM 模拟，获得一个栅格残差曲面，再叠加趋势面 $\bar{\boldsymbol{x}}_h$，从而获得最

终的数字地面模型。

HASM-U1 在计算时，每个像元，已经有重采样获得的近似值$\{\overline{f}_h\}$，有的像元，还有采样点。其模拟过程，是在求解式（14.18）这个约束数肯定大于未知量个数的超定方程时，对$\{\overline{f}_h\}$和采样点采取同样的权重求取最小二乘解。而 HASM-U2 所求解的式（14.19），约束数是小于未知量个数的，而且，通过优化残差曲面，采样点信息明显可以更好地被引入最后的数字高程曲面。

14.4 实 证 研 究

14.4.1 DTM 降尺度

天姥池流域（38°23′55″~38°26′57″N，99°53′45″~99°57′12″E）位于黑河上游，地处甘肃省肃南裕固族自治县寺大隆林区，海拔 2600m~4400m，属高寒半干旱山地森林草原气候，年平均气温为 0.6℃，1 月和 7 月平均气温分别为–13.1℃和 12.1℃；年降水量为 437.2mm，雨季（5~9 月）降雨占 84.2%，年蒸发量为 1066.2mm，年平均相对湿度为 59%，土壤和植被随山地地形和气候的差异形成明显的垂直分布带。土壤类型主要有山地灰褐土、亚高山草甸土、高山草甸土及寒漠土等。森林类型主要为青海云杉（*Picea crassifolia*）林和祁连圆柏（*Sabina przewalskii*）林，主要分布在中高山、亚高山地带。前者多在阴坡组成纯林，构成林区森林的主体；后者多在阳坡形成稀疏林分。灌木优势种有金露梅（*Potentilla fruticosa*）、鬼箭锦鸡儿（*Caragana jubata*）、吉拉柳（*Salix gilashanica*）、高山绣线菊（*Spiraea alpina*）等。草本植物主要有冰草（*Agropyron cristatum*）、针茅（*Stipa capillata*）、乳白香青（*Anaphalis lactea*）和萎陵菜（*Potentilla chinensis*）等。

用于降尺度的数据包括 90m 空间分辨率的航天飞机雷达地形测绘任务（SRTM）数据、30m 空间分辨率的先进星载热发射和反射辐射仪全球数字高程模型（ASTER GDEM）数据，以及光探测与测量（LiDAR/激光雷达）点云数据。激光雷达点云数据来源于“黑河生态水文遥感实验（HiWATER）”，获取时间为 2012 年 7 月 25 日，利用的仪器是运 12 飞机搭载的 Leica 公司 ALS70 LIDAR 系统。ALS70 发射的激光波长为 1064nm，多次回波（1 次、2 次、3 次和末次）。飞行绝对航高为 4800m，平均点云密度为每平方米 1 个脚点。通过参数检校、点云自动分类和人工编辑等步骤，最终将激光点分成地面（ground）点、植被（vegetation）点和其他点（肖青等，2012）。

分别将 90m 空间分辨率的 SRTM 数据[图 14.3（a）]和 30m 空间分辨率的 ASTER GDEM 数据图[14.3（b）]重采样为 10m 空间分辨率的 SRTM10 和 ASTER GDEM10[图 14.3（c），图 14.3（d）]。在重采样后的 SRTM 和 ASTER GDEM 的 10m 空间分辨率像元中，选择精度较高的像元形成统一的 HASM 降尺度算法驱动场，抽取 10%的 LiDAR 点云数据（12735 个点）为优化控制条件，得到第三组 10m 空间分辨率数字地面模型图[图 14.3（e）]；剩余的 90% LiDAR 点云数据[图 14.3（f）]作为“真值”用于验证 SRTM 和 ASTER GDEM 的重采样降尺度数据精度及 HASM 降尺度精度。

用于精度验证的平均绝对误差和最大误差可分别表达为

$$e_d = \sum_{i=1}^{I} |l_i - d_i| \tag{14.20}$$

$$e_{d\max} = \max_i \{|l_i - d_i|\} \tag{14.21}$$

式中，e_d 为平均绝对误差；$e_{d\max}$ 为最大误差；l_i 为用于精度验证的 LiDAR 点云数据在第 i 个验证点的海拔值；d_i 为降尺度结果在第 i 个验证点的海拔值。

从模拟结果来看，90m 分辨率的 SRTM 极大值为 4407m，极小值为 2702m；重采样为 10m 空间分辨率后的 SRTM10 极大值为 4415m，极小值为 2686m；30m 分辨率的 ASTER GDEM 极大值为 4400m，极小值为 2676m；重采样为 10m 分辨率后的 ASTER GDEM10 极大值为 4399m，极小值为 2674m；雷达点云数据栅格化为 10m 分辨率的数字地面模型极大值为 4411.3m，极小值为 2629.08m；HASM 降尺度融合后的 10m 分辨率数字地面模型极大值为 4408.38m，极小值为 2649.45m；从极值来看，无论是极大值还是极小值，

HASM 降尺度模拟结果都最接近雷达点云数据栅格化为 10m 分辨率的数字地面模型。

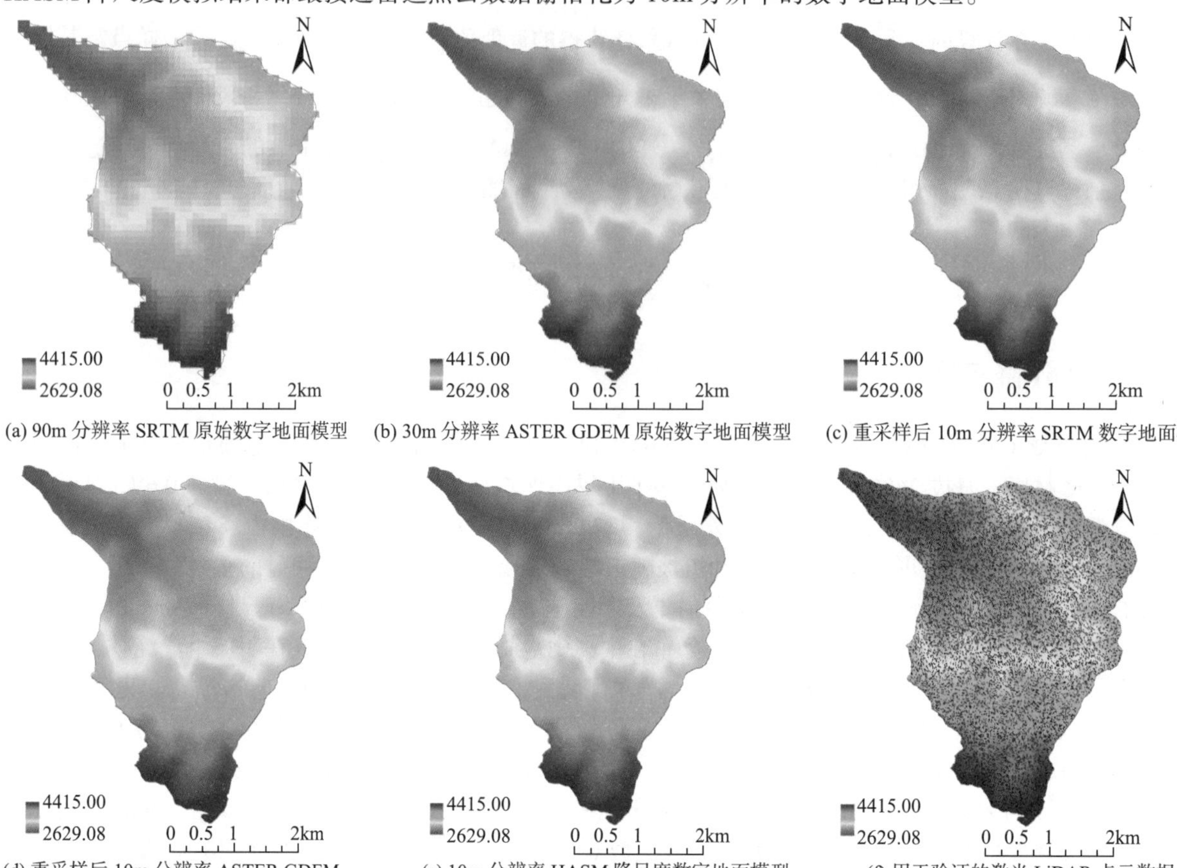

(a) 90m 分辨率 SRTM 原始数字地面模型　(b) 30m 分辨率 ASTER GDEM 原始数字地面模型　(c) 重采样后 10m 分辨率 SRTM 数字地面模型

(d) 重采样后 10m 分辨率 ASTER GDEM 数字地面模型　(e) 10m 分辨率 HASM 降尺度数字地面模型　(f) 用于验证的激光 LiDAR 点云数据

图 14.3　原始数据与各种方法降尺度结果比较

误差分析结果显示（表 14.1），如果运用重采样法将 30m 空间分辨率的 ASTER GDEM 数据降尺度到 10m 空间分辨率，其平均绝对误差为 49.26m、相对误差为 1.51%、最大误差为 129.34m。当 90m 空间分辨率的 SRTM 数据重采样到 10m 分辨率时，平均绝对误差为 52.09m、相对误差为 3.73%、最大误差为 125.8m。利用 HASM 降尺度方法通过数据融合得到 10m 空间分辨率数据的误差大幅度降低，平均绝对误差仅为 12.63m、相对误差为 0.39%、最大误差为 27.99m。

表 14.1　降尺度结果误差统计与比较

数据名称	误差指标	最大误差	平均绝对误差
ASTER GDEM10	绝对误差/m	129.34	49.26
	相对误差/%	3.63	1.51
SRTM10	绝对误差/m	125.80	52.09
	相对误差/%	3.73	1.61
HASM 降尺度的数字地面模型	绝对误差/m	27.99	12.63
	相对误差/%	0.84	0.39

14.4.2　DTM 升尺度

黑河源于祁连山脉，全长 948km，流域面积 4.44 万 km^2，主要支流有山丹河、民乐洪水河、童子坝河、大都麻河、酥油河、梨园河、摆浪河、马营河、丰乐河、洪水坝河、讨赖河等。黑河流域是我国西北地区第二大内陆河，流域范围在 98°~102°E 和 37°50′~42°40′N，涉及青海、甘肃、内蒙古三省（自治区），占土地面积 14.29 万 km^2，其中甘肃省 6.18 万 km^2，青海省 1.04 万 km^2，内蒙古自治区 7.07 万 km^2。

黑河干流全长 821km，出山口莺落峡以上为上游，河道长 303km，面积 1.0 万 km^2，河道两岸山高谷深，河床陡峻，是黑河流域的产流区。莺落峡至正义峡为中游，河道长 185km，面积 2.56 万 km^2。两岸地势平坦。正义峡以下为下游，河道长 333km，面积 8.04 万 km^2，除河流沿岸和居延三角洲外，大部分为沙漠戈壁。

利用现有的黑河流域高程数据，运用前述的升尺度算法，模拟获得 1km 分辨率的黑河流域数字地形模型。用于升尺度的黑河流域高程数据包括激光雷达点云数据、气象台站高程数据、人工测绘数据、样方提取的高程数据、90m 分辨率的 SRTM 格网数据、30m 分辨率的 ASTER GDEM 网格数据。

1. 现有高程数据的精度校验

黑河流域的可用高程数据，包括高程点数据（气象台站高程数据、测绘数据和样方高程数据）、激光雷达点云数据、90m 分辨率 SRTM 格网数据、30m 分辨率 ASTER GDEM 格网数据等。首先以激光雷达点云数据对格网数据进行精度评估；其次，以精度有保障的气象台站高程数据来验证手持 GPS 测绘数据、90m 分辨率 SRTM 数据和 30m 分辨率 ASTER GDEM 数据。

高精度的机载激光雷达数据分别为 2013 年航飞实验的 5 个小区域及 2008 年航飞的 7 个小区域，激光脚点密度约为每平方米 1 个点。将这些 LiDAR 点云数据分别生成 30m、90m 和 1000m 空间分辨率的高精度数字地面模型，作为 ASTER GDEM 原始数据 ASTER GDEM30 和重采样为 1km 分辨率的 ASTER GDEM1000 数据，以及 SRTM 原始数据 SRTM90 和重采样为 1km 分辨率的 SRTM1000 数据的精度验证标准数据（图 14.4）。

图 14.4　激光雷达点云数据分布（图中黑白颜色区域和条带为点云雷达数据）

误差分析结果表明（表 14.2），30m 空间分辨率 ASTER GDEM 原始数据的平均绝对值误差为 51.56m，当通过重采样到 1km 空间分辨率时，平均绝对误差增加至 62.97m；90m 空间分辨率 SRTM 原始数据平均绝对值误差为 54.54m，当通过重采样到 1km 时，平均绝对值误差增至 67.72m。可见，简单的重采样法会使误差明显增加。

莺落峡（海拔大约为 1731m）是黑河流域中游和上游的分界点。上游主要地貌主要包括起伏较大的山地和河滩平地，中下游则是相对起伏较小的冲积平原和荒漠。精度验证结果显示（表 14.3），在黑河上游，地形起伏度较大，因此空间分辨率对数字地面模型的精度影响较大；当 GDEM 数字地面模型的分辨率由 30m 重采样为 1km 时，平均绝对值误差增加了 0.71%，最大误差则降低了 14.6%；90m 空间分辨率 SRTM 数字地面模型重采样为 1km 时，平均绝对值误差增加了 0.82%，最大误差降低了 5.6%。

表 14.2　全黑河流域原始数据与重采样数据误差分析

数据	误差指标	最大误差	平均绝对值误差
原始 ASTER GDEM30	绝对误差/m	962	51.56
	相对误差/%	30.27	2.44
重采样 ASTER GDEM1000	绝对误差/m	502	62.97
	相对误差/%	15.67	2.79
原始 SRTM90	绝对误差/m	761	54.54
	相对误差/%	26.11	2.68
重采样 SRTM1000	绝对误差/m	528	67.72
	相对误差/%	15.97	3.06

在黑河上游，重采样（一种传统升尺度方法）后的 ASTER GDEM1000 数字地面模型误差为 78.16m，而原始的 ASTER GDEM30 平均绝对值误差为 56.82m；重采样后的 SRTM1000 平均绝对值误差为 80.48m，原始 SRTM90 平均绝对值误差为 55.04m。在上游地区，重采样后的数字地面模型精度要比 30m 分辨率的原始数字地面模型精度低大约 21m（表 14.3）。但在中下游地区，重采样后 ASTER GDEM1000 和原始 ASTER GDEM30 精度几乎没有差别，平均绝对值误差大约为 46m；SRTM1000 和 SRTM90 误差大约为 54m（表 14.4）。

表 14.3　黑河上游原始数据与重采样数据误差分析

数据	误差指标	最大误差	平均绝对值误差
原始 ASTER GDEM30	绝对误差/m	962	56.82
	相对误差/%	30.27	1.83
重采样 ASTER GDEM1000	绝对误差/m	502	78.16
	相对误差/%	15.67	2.54
原始 SRTM90	绝对误差/m	761	55.04
	相对误差/%	21.57	1.78
重采样 SRTM1000	绝对误差/m	528	80.48
	相对误差/%	15.97	2.60

表 14.4　黑河中下游原始数据与简单重采样数据误差分析

数据	误差指标	最大误差	平均绝对值误差
原始 ASTER GDEM30	绝对误差/m	441	46.06
	相对误差/%	27.91	3.08
重采样 ASTER GDEM1000	绝对误差/m	120	46.01
	相对误差/%	6.98	3.07
原始 SRTM90	绝对误差/m	413	54.02
	相对误差/%	26.11	3.61
重采样 SRTM1000	绝对误差/m	130	53.5
	相对误差/%	7.56	3.58

2. 基于多源数据融合的升尺度结果精度验证

采用 HASM-U1 和 HASM-U2，以及反距离权重法（IDW）和克里金法（Kriging）等多种方法，将 30m

空间分辨率 ASTER GDEM 数据、90m 分辨率 SRTM 数据、部分区域 LiDAR 点云数据和样点高程数据，融合生成 1km 空间分辨率的高精度数字地面模型。根据精度验证结果，ASTER GDEM1000 在黑河中下游具有较高的精度，在黑河上游地区，ASTER GDEM1000 和 SRTM1000 精度相当，但 SRTM1000 由于在高海拔地区精度损失更小，如 SRTM1000 的最大值就明显比 ASTER GDEM1000 大，所以，用于数据融合的趋势面 $\{\bar{x}_H\}$ 在上游地区采用 SRTM1000，中下游地区采用 ASTER GDEM1000（图 14.5）。

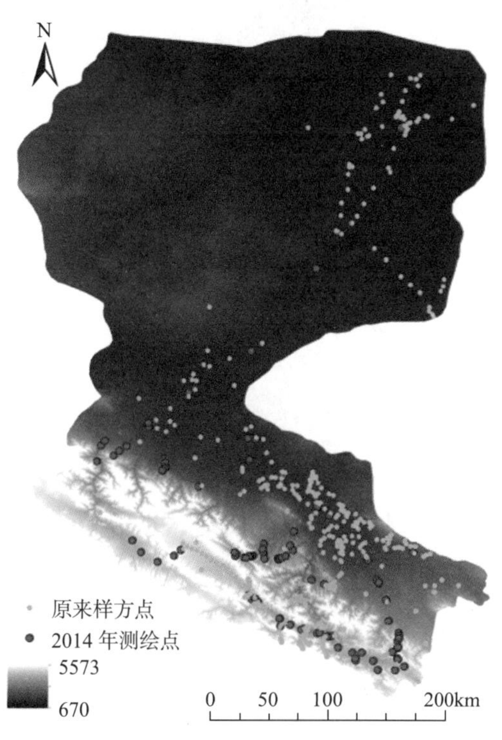

图 14.5　黑河流域样点分布

在 HASM-U1 和 HASM-U2 数据融合过程中，根据各点源数据精度，赋予激光雷达点云数据的权重为 1、国家气象台站标高数据的权重为 0.8、样方 GPS 数据的权重为 0.6、从植被土壤样地提取的高程数据权重为 0.2；IDW 法和 Kriging 法以 $\{\bar{x}_H\}$ 为趋势面，计算采样点集合 Π 与趋势面的残差，对残差运用 IDW 法和 Kriging 法进行插值，获得一个格网残差曲面，再叠加趋势面 $\{\bar{x}_H\}$，从而获得最终的数字地面模型。

在上述数据融合过程中，在激光雷达点云数据和 648 个样点中随机取 90%的点用于模拟，剩余 10%的点用于交叉验证。误差统计显示，HASM-U2 精度明显高于 HASM-U1、Kriging 和 IDW。HASM-U2 误差较 HASM-U1、Kriging 和 IDW 分别低 14.75m、17.82m 和 17.46m（表 14.5、图 14.6）。

表 14.5　交叉验证结果误差统计分析

方法	误差指标	最大误差	平均绝对值误差
HASM-U2	绝对误差/m	192.32	53.62
	相对误差/%	9.92	2.36
HASM-U1	绝对误差/m	213.45	68.37
	相对误差/%	11.08	3.01
IDW	绝对误差/m	233.53	71.08
	相对误差/%	12.03	3.12
Kriging	绝对误差/m	278.81	71.44
	相对误差/%	14.43	3.13

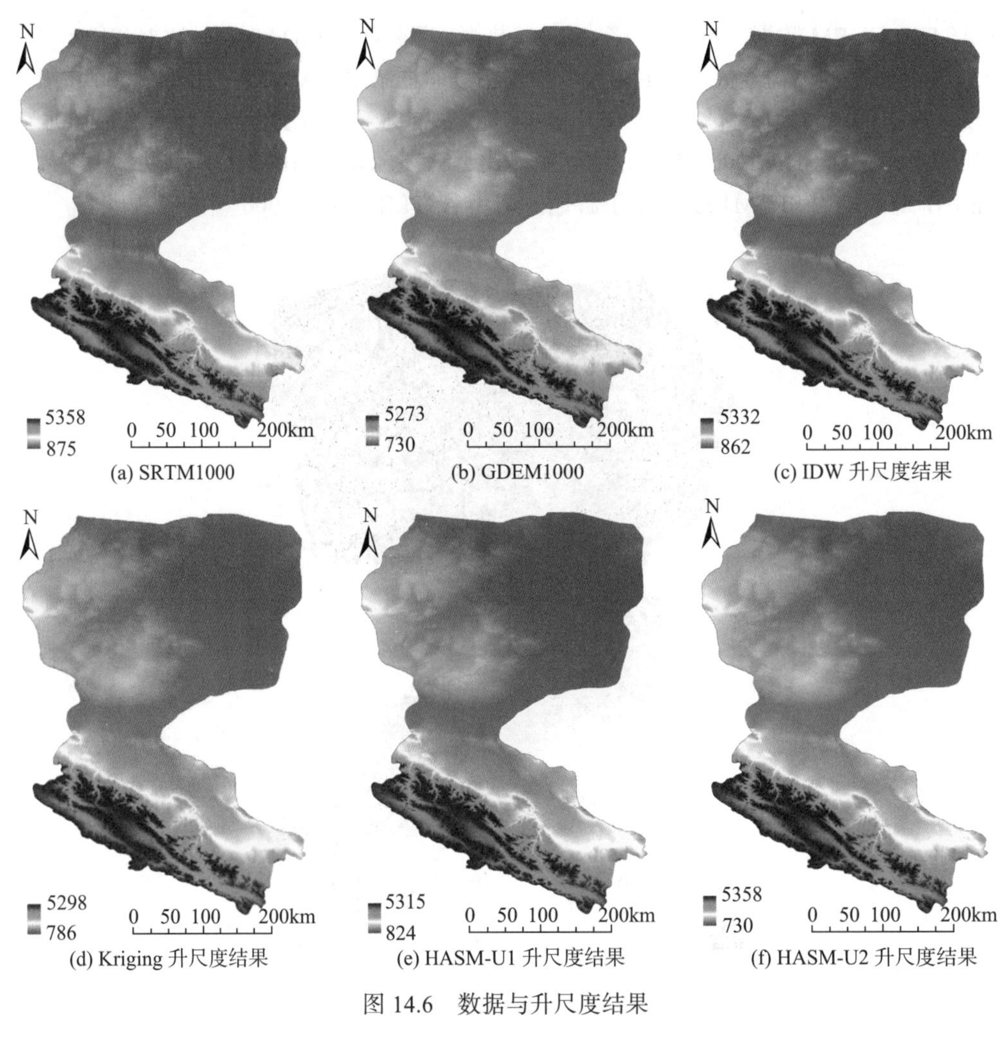

图 14.6　数据与升尺度结果

14.5　讨　　论

在地球表层建模基本定律（FTESM）(Yue *et al*., 2016a）的 7 个推论中，关于尺度转换的推论表达如下。

（1）**降尺度推论**：当粗分辨率宏观数据可用时，应补充地面观测信息，并运用 HASM 对此粗分辨率数据进行降尺度处理，可获取更高精度的高分辨率曲面。

（2）**升尺度推论**：当运用 HASM 将细分变率曲面转化为较粗分辨率曲面时，引入地面观测数据可提高升尺度结果的精度。

本章对升尺度算法和降尺度算法的结构和定量表达进行了细致的理论分析和设计。在升尺度算法和降尺度算法中，地面观测点数据的引入，增加了数字地面模型的细节信息；而尺度投影算子的运用，有效地把原有数字地面模型的整体信息融入了新的数字地面模型。

根据数字地面模型的实际应用需求，数字地面模型尺度转换应满足以下基本规则：①通过尺度转换建立的数字地面模型应保持原始数字地面模型的形态和地形特征；②地形本身具有较强的空间自相关性，因此，经尺度转换后的数字地面模型也应具有较强的空间自相关性；③经过尺度转换后的数字地面模型，应按照不同的应用需求达到不同的精度指标，精度是数字地面模型用于地形分析和工作底图的基础和前提。

检查点法是数字地面模型尺度转换常用的精度评价方法，即通过数字地面模型的高程值与实际观测值的统计比较而得。等高线套合法也是对尺度转换后的数字地面模型精度进行评判的常用方法，即利用尺度转换后的数字地面模型实验数据，通过内插得到等高线，将其与原始的等高线进行套合，通过判断二者是否完全重叠来判断尺度转换后数字地面模型的精度。

第 15 章　中国气候空间插值与变化趋势模拟分析*

15.1　引　　言

气候数据主要来源包括气象台站观测数据和全球气候模式（GCM）的模拟数据。稀疏的气象观测站点无法满足高分辨率地球表层系统及其环境要素的空间模拟，需要通过空间插值（spatial interpolation）估算没有气象台站栅格的气候要素值（Akinyemi and Adejuwon, 2008）。

15.1.1　空间插值

基于地理信息系统的空间插值技术已被广泛应用于气候变量点状数据的空间插值(Agnew and Palutikof, 2000; Yue,2011)。例如，Jeffrey 等（2001）将普通克里金法（OK）运用于澳大利亚地面观测数据的日降水量和月降水量的空间插值。Lloyd（2005）对比分析了移动窗口回归（MWR）、反距离权重（IDW）及克里金（Kriging）等不同方法的空间插值效果，结果发现，气温、降水和蒸散等气候要素与海拔存在一定的相关性，在插值过程中使用高程数据作为辅助数据的插值结果普遍优于未使用数字高程的插值结果。Hancock 和 Hutchinson（2006）运用薄板样条（Spline）对澳大利亚和非洲大陆地区的年平均气温进行了空间插值处理。Ruelland 等（2008）运用泰森多边形（TP）、反距离权重法、样条函数法和普通克里金法对西非一个流域气象台站降水量观测数据进行了空间插值，将其 13 个气象台站 1950~1992 年的日时间序列数据插值为格网降水量曲面；对各种插值方法插值结果的评估表明，反距离权重法和普通克里金法较样条函数法和泰森多边形的插值效果更佳。Ashiq 等（2010）根据区域气候模式（PRECIS）的基准期（1960~1990 年）数据，运用地理信息系统环境的各种插值模型，生成了喜马拉雅山西北部和巴基斯坦印度河上游平原 250m 空间分辨率的降水量曲面；结果发现，使用高程数据为辅助数据的普通克里金法（尤其在季风期）是插值效果最佳的模型。Samanta 等（2012）运用反距离权重法、样条函数法和普通克里金法对印度东部的月平均气温、季平均气温和年平均气温进行了空间插值；结果表明，样条函数法较反距离权重法和普通克里金法速度更快，更便于使用。

许多学者运用中国气象台站观测数据生成了各种气温和降水曲面，并对它们的插值精度进行了分析。尚宗波（2001）运用反距离权重法，以数字高程模型为辅助数据，对中国 1951~1990 年的年平均降水量进行了空间插值，其平均绝对误差为 102.23mm。林忠辉等（2002）采用反距离权重法和普通克里金法估算了中国 1951~1990 年 10 日平均气温曲面，结果表明，反距离权重法和普通克里金法的平均绝对误差分别为 1.9℃和 2.15℃。潘耀忠等（2004）运用反距离权重法对中国大陆 726 气象台站 1961~2000 年的年平均气温观测数据进行了空间插值处理，其平均绝对误差为 1.51℃。Hong 等（2005）用 1971~2000 年中国的气象台站观测数据，生成了 1 月、4 月、7 月和 10 月的月平均气温和降水的薄板样条曲面，插值误差的统计结果显示，月平均气温的插值误差范围为 0.42~0.83℃，月平均降水的误差为 8%~13%。

统计传递函数和空间插值法是对没有原始数据区域气候变量值进行估算的最常用手段。目前，有关研究存在的主要问题包括：①在统计传递函数中，很少进行空间非平稳性分析；②还没有找到在任何情况下都有效的通用方法。

15.1.2　空间非平稳性分析

如果自变量与因变量之间的关系在整个研究区内恒定不变，则称为是空间平稳的；如果自变量与因变

* 王晨亮、赵娜、范泽孟和李婧为本章主要合著者。

量之间的关系随空间位置的变化而发生变化或在某局部地区发生了变化，则称为是空间非平稳的(Brunsdon 等, 1996)。由于不同地理位置自然差异引起的空间关系变化反映了自然现象特性，在空间分析中尤为重要。

自相关分析是空间非平稳性分析的重要手段。如果空间数据的高值位于其他高值附近，低值总靠近其他低值，则这些空间数据是正空间自相关；如果高值位于低值附近，则这些数据为负空间自相关（Fotheringham *et al.*, 2002）。在许多情况下，正空间自相关性和负空间自相关性同时存在。空间自相关性是空间依赖性的量度，莫兰指数（MI）是最常用的空间自相关性分析手段（Moran, 1950）。如果空间数据是空间平稳的，表达空间插值模型的空间趋势部分可采用诸如普通最小二乘回归（ordinary linear square, OLS）或趋势面分析（TSA）等全局统计关系表达；如果空间非平稳，则空间插值模型的空间趋势部分必须采用地理加权回归（geographically weighted regression, GWR）表达。在许多情况下，回归方程的系数并不是恒定不变的，往往随空间位置的不同而发生变化。为了探索这种现象，Cassetti（1972）提出了回归方程系数随空间位置变化的具体函数表达，发展了空间扩展方法(SEM)。Cleveland 和 Devlin(1988)提出了局部加权回归法(LWR)。Gorr 和 Olligschlaeger（1994）建立了空间适应加权滤波法（WSAF）。Brunsdon 等（1998）提出了 GWR 方法，并对其进行了蒙特卡洛（Monte Carlo）检验。Bitter 等（2007）在研究美国亚利桑那州的房地产市场时发现，房地产市场有很强的空间依赖性和空间异质性，空间非平稳插值法的比较分析显示，GWR 比 SEM 有更强的房地产价格预测能力和预测精度。Bevan 和 Conolly（2009）发现大多数空间统计方法都假定遵循空间平稳原则，但他们对希腊安提凯希拉小岛的陶器分布研究表明，实际中存在的空间变异和空间自相关往往推翻了空间平稳性假设，空间异质和空间非平稳的空间插值问题需要运用 GWR 进行探索。Gao 和 Li（2011）对中国深圳市的景观研究表明，景观破碎性与其影响因素的空间关系是非平稳的，对同一组变量，GWR 比 OLS 有更强的预测性。

空间非平稳性在空间数据中普遍存在，因此在对空间数据进行回归分析时，因变量与自变量之间的回归关系往往随地理位置的变化而变化，这种复杂的不稳定回归关系难以用特定形式的函数描述。例如，不同地区的管理和经济政策，自然条件等在不同地理位置对人口吸引的力度不同，从而引起了人口迁移和分布不平均，造成了自变量与因变量之间的空间不稳定的关系结构。

本章所指“空间非平稳”指的是回归关系或回归参数的空间不稳定性，而非地统计中的二阶平稳性概念或时间序列的平稳性。严格地说，空间数据都具有空间非平稳性，一种指的是空间上发生明显变化的非平稳关系，另一种是由于测量误差等原因使稳定的全局关系也表现的不平稳，此种“非平稳性”在空间分析中应视为平稳规律来处理。

15.2　趋势面模拟与空间平稳性分析方法

15.2.1　趋势面模拟

根据 HASM 基本原理（Yue,2011），地球表层系统环境要素曲面由全局信息和局地信息共同决定。也就是说，全局信息和局地信息对地球表层系统环境要素曲面模拟缺一不可。对气温和降雨等气候要素，每个气象台站观测数据是一种局地信息，要完成气候曲面模拟，必须补充全局信息。这种全局信息可区分为空间平稳和空间非平稳两类（Yue *et al.*, 2013a），空间平稳的全局信息可用普通线性回归表达，空间非平稳信息可用地理加权回归表达。

1. 普通线性回归

气候要素的空间分布具有结构性和随机性的特点（Odeha *et al.*, 1994; Tomislav *et al.*, 2004），空间上每一点 i 的气候观测值视为该点的气候趋势值（以气候要素与相关地理因子之间的关系描述气候空间分布的宏观地学规律）及其误差值之和：

$$f_i = \theta_0 + \sum_{j=1}^{J} x_{i,j}\theta_j + \varepsilon_i \tag{15.1}$$

式中，$i = 1,2,\cdots,n$，n 为空间位置个数；$j = 1,2,\cdots,J$，J 为相关因子个数；$x_{i,j}$ 为空间位置 i 上的第 j 个地理因子；θ_j 为 $x_{i,j}$ 的未知参数；θ_0 为截距；$\theta_0 + \sum_{j=1}^{q} x_{i,j}\theta_j$ 为普通线性回归（OLS）拟合的气候要素趋势值；ε_i 为趋势面误差。

式（15.1）的矩阵形式可表达为

$$\boldsymbol{f} = \boldsymbol{X}\cdot\boldsymbol{\theta} + \boldsymbol{\varepsilon} \tag{15.2}$$

式中，$\boldsymbol{\theta} = \left[\theta_0, \theta_1, \cdots, \theta_J\right]^{\mathrm{T}}$ 为未知参数向量；$\boldsymbol{f} = \left[f_1, f_2, \cdots, f_n\right]^{\mathrm{T}}$ 为观测台站的气候要素观测向量；$\boldsymbol{X} = \begin{bmatrix} 1 & x_{1,1} & \cdots & x_{1,J} \\ 1 & x_{2,1} & \cdots & x_{2,J} \\ \vdots & \vdots & & \vdots \\ 1 & x_{n,1} & \cdots & x_{n,J} \end{bmatrix}$ 为已知解释变量列向量组成的因子矩阵；$\boldsymbol{\varepsilon} = \left[\varepsilon_1, \varepsilon_2, \cdots, \varepsilon_n\right]^{\mathrm{T}}$ 为随机误差向量。

为了方便进行模型的参数估计和假设检验，对式（15.2）有如下基本假定：① $\mathrm{rank}(\boldsymbol{X}) < n$，即矩阵 $\boldsymbol{X}$ 是满秩矩阵，且自变量列之间不相关；②随机误差假定满足正态分布且独立等方差，即

$$\begin{cases} \varepsilon_i \sim N(0,\sigma^2), i = 1,2,\cdots,n \\ \mathrm{cov}(\varepsilon_i, \varepsilon_j) = 0, i \neq j \end{cases}$$

对式（15.2）采用普通最小二乘估计，可以获得其未知回归参数 $\boldsymbol{\theta}$ 的估计，以向量形式可表达为

$$\boldsymbol{\theta} = \left(\boldsymbol{X}^{\mathrm{T}}\cdot\boldsymbol{X}\right)^{-1}\boldsymbol{X}^{\mathrm{T}}\cdot\boldsymbol{f} \tag{15.3}$$

各观测站点气候要素的回归值为

$$\boldsymbol{f} = \boldsymbol{X}\cdot\left(\boldsymbol{X}^{\mathrm{T}}\cdot\boldsymbol{X}\right)^{-1}\boldsymbol{X}^{\mathrm{T}}\cdot\boldsymbol{f} \tag{15.4}$$

各观测站点气候要素的回归残差值为

$$\boldsymbol{f} = \left(\boldsymbol{X}\cdot\left(\boldsymbol{X}^{\mathrm{T}}\cdot\boldsymbol{X}\right)^{-1}\cdot\boldsymbol{X}^{\mathrm{T}} - I\right)\cdot\boldsymbol{f} \tag{15.5}$$

2. 地理加权回归

地理加权回归（GWR）一般假定观测数据服从正态分布（Box and Cox, 1964），因此，在回归分析之前，如果通过数据分析发现观测数据不满足正态分布，则需要将观测数据正态化。设研究区域有 m 个气象观测站，第 i 观测站的气候要素观测结果为 f_i，它的 BOX-COX 变换值为 $\varPsi_{\tau}\left(f_i\right)$，则可建立以下关系式：

$$\varPsi_{\tau}\left(f_i\right) = \theta_{i,0}\left(u_i, v_i\right) + \sum_{j=1}^{q} x_{i,j}\cdot\theta_{i,j}\left(u_i, v_i\right) + \varepsilon_i \tag{15.6}$$

式中，$\left(u_i, v_i\right)$ 为栅格 i 的中心点坐标；$\theta_{i,0}\left(u_i, v_i\right) + \sum_{j=1}^{q} x_{i,j}\cdot\theta_{i,j}\left(u_i, v_i\right)$ 为栅格 i 处的气候趋势值；$\theta_{i,0}\left(u_i, v_i\right)$ 为栅格 i 处的截距；$\theta_{i,j}\left(u_i, v_i\right)$ 为栅格 i 处的第 j 个未知参数 $(j = 1,2,\cdots,J)$；ε_i 为栅格 i 处的残差，且对 $i = 1,2,\cdots,n$，$\varepsilon_i \sim N(0,\sigma^2)$，当 $i \neq j$ 时，$\mathrm{cov}(\varepsilon_i, \varepsilon_j) = 0$。

未知参数矩阵可表达为

$$\boldsymbol{\varTheta} = \left[\boldsymbol{\theta}\left(u_1, v_1\right)\ \boldsymbol{\theta}\left(u_2, v_2\right)\cdots\boldsymbol{\theta}\left(u_{\mathrm{n}}, v_{\mathrm{n}}\right)\right] = \begin{bmatrix} \theta_0\left(u_1, v_1\right) & \theta_0\left(u_2, v_2\right) & \cdots & \theta_0\left(u_{\mathrm{n}}, v_{\mathrm{n}}\right) \\ \theta_1\left(u_1, v_1\right) & \theta_1\left(u_2, v_2\right) & \cdots & \theta_1\left(u_{\mathrm{n}}, v_{\mathrm{n}}\right) \\ \vdots & \vdots & & \vdots \\ \theta_{\mathrm{J}}\left(u_1, v_1\right) & \theta_{\mathrm{J}}\left(u_2, v_2\right) & \cdots & \theta_J\left(u_{\mathrm{n}}, v_{\mathrm{n}}\right) \end{bmatrix} \tag{15.7}$$

在栅格 i 处，未知参数的向量（也就是矩阵 $\boldsymbol{\Theta}$ 的第 i 行）可用式（15.8）估计：

$$\hat{\boldsymbol{\theta}}(u_i,v_i)=\left(\boldsymbol{X}^{\mathrm{T}}\cdot\boldsymbol{W}(u_i,v_i)\cdot\boldsymbol{X}\right)^{-1}\boldsymbol{X}^{\mathrm{T}}\cdot\boldsymbol{W}(u_i,v_i)\cdot\Psi_\tau(\boldsymbol{f}) \tag{15.8}$$

式中，$\boldsymbol{X}=\begin{bmatrix}1 & x_{1,1} & \cdots & x_{1,J}\\ 1 & x_{2,1} & \cdots & x_{2,J}\\ \vdots & \vdots & & \vdots\\ 1 & x_{n,1} & \cdots & x_{n,J}\end{bmatrix}$为解释变量矩阵；$\boldsymbol{W}(u_i,v_i)=\begin{bmatrix}w_{i,1} & 0 & \cdots & 0\\ 0 & w_{i,2} & \cdots & 0\\ \vdots & \vdots & & \vdots\\ 0 & 0 & \cdots & w_{i,n}\end{bmatrix}$为第 i 个栅格 (u_i,v_i) 处的权重矩阵；$\varPsi_\tau(\boldsymbol{f})=\left[\varPsi_\tau(f_1)\ \ \varPsi_\tau(f_2)\cdots\varPsi_\tau(f_n)\right]^{\mathrm{T}}$ 为观测台站气候要素观测向量的 BOX-COX 变换。

对 $f_i>0$，

$$\Psi_\tau(f_i)=\begin{cases}\dfrac{f_i^\tau-1}{\tau}, \tau\neq 0\\ \ln f_i, \tau=0\end{cases} \tag{15.9}$$

对 $f_i>-\tau_2$，

$$\varPsi_\tau(f_i)=\begin{cases}\dfrac{(f_i+\tau_2)^{\tau_1}-1}{\tau_1}, \tau_1\neq 0\\ \ln(f_i+\tau_2), \tau_1=0\end{cases} \tag{15.10}$$

$\varPsi_\tau$ 算子的参数 τ 根据极大似然估计而得。

$\varPsi_\tau(\boldsymbol{f})$ 的回归值为

$$\hat{\varPsi}_\tau(\boldsymbol{f})=\boldsymbol{X}\cdot\left(\boldsymbol{X}^{\mathrm{T}}\cdot\mathbf{W}(u_i,v_i)\cdot\boldsymbol{X}\right)^{-1}\cdot\boldsymbol{X}^{\mathrm{T}}\cdot\boldsymbol{W}(u_i,v_i)\cdot\varPsi_\tau(\boldsymbol{f}) \tag{15.11}$$

$\varPsi_\tau(\boldsymbol{f})$ 的残差值为

$$\tilde{\varPsi}_\tau(\boldsymbol{f})=\left(\boldsymbol{X}\cdot\left(\boldsymbol{X}^{\mathrm{T}}\cdot\boldsymbol{W}(u_i,v_i)\cdot\boldsymbol{X}\right)^{-1}\cdot\boldsymbol{X}^{\mathrm{T}}\cdot\boldsymbol{W}(u_i,v_i)-\boldsymbol{I}\right)\cdot\varPsi_\tau(\boldsymbol{f}) \tag{15.12}$$

GWR 采用加权最小二乘，估计空间上连续变化的回归系数，实质为普通线性回归在局部空间上的扩展模型。地理加权回归模型的核心是空间权重函数，常用的空间权重函数，包括距离阈值法、距离反比法、Gauss 函数法和截尾型函数法等，其中 Gauss 函数和截尾型的 Bi-square 函数是目前地理加权回归模型中最常用的两类权函数方法。

以 Gauss 函数法构建空间权重矩阵为例，$w_{i,k}$ 由空间核函数确定：

$$w_{i,k}=\exp\left\{-\left(\frac{d_{i,k}}{b}\right)^2\right\} \tag{15.13}$$

式中，$d_{i,k}$ 为栅格 i 与观测点 k 之间的欧氏距离；b 为权重带宽。

地理加权回归只对带宽的选择敏感，对权重函数的形式不敏感，常通过交叉验证等优化准则选择最优带宽，

$$c(b)=\frac{1}{n}\sum_{i=1}^{n}\left(f_i-f_{(\neq i)}(b)\right)^2 \tag{15.14}$$

式中，f_i 为气候要素在栅格 i 处的观测值；$f_{(\neq I)}(b)$ 为 b 带宽下回归点周围的模拟点。

对一系列 b，通过计算相应 $v(b)$，选择出最佳带宽 b_0，使得

$$c(b_0)=\min_{b>0}c(b) \tag{15.15}$$

15.2.2　空间平稳性分析方法

空间平稳性分析从以下 5 个方面展开：①通过线性相关检验，考察自变量与因变量的线性关系及多重

共线性；②对趋势面残差进行频率分布检验；③对趋势面残差的自相关性进行检验；④计算回归系数曲面的变异系数，分析回归关系的空间平稳性；⑤统计比较地理加权回归与普通线性回归的拟合优度，检验回归模型的空间非平稳性。

1. 残差自相关检验方法

当普通线性回归（OLS）的残差具有很强的空间自相关性时，OLS 不是最优线性无偏估计，R^2 等检验不能反映实际情况，模拟结果不可靠。全局莫兰指数（global moran's index，GMI）是应用最广泛的空间自相关性定量方法。全局莫兰指数值域为[−1,1]，取值为−1 表示完全负相关，取值为 1 表明完全正相关，取值为 0 表明不相关。全局莫兰指数可表达为（Moran, 1950; Li *et al.*, 2007）

$$I=\frac{\sum_{i=1}^{n}\sum_{k=1}^{n}\left[\delta_{i,k}\cdot\left(f_i-\overline{f}\right)\cdot\left(f_k-\overline{f}\right)\right]}{\frac{1}{n}\left(\sum_{i=1}^{n}\sum_{k=1}^{n}\delta_{i,k}\right)\sum_{i=1}^{n}\left(f_i-\overline{f}\right)^2} \tag{15.16}$$

式中，f_i 和 f_k 为某气候要素在栅格 i 和 k 处的属性值；$\overline{f}$ 为此气候要素属性值的平均值；$\delta_{i,k}$ 为此气候要素在栅格 i 和 k 之间的空间权重，当栅格 i 和 k 相邻接时取值为 1，否则取值为 0；n 为研究区内栅格总数。

根据期望指数和方差，Z 得分计算公式可表达为

$$Z=\frac{I-E(I)}{\sqrt{V(I)}} \tag{15.17}$$

式中，对无空间自相关的零假设，期望指数 $E(I)=\frac{-1}{n-1}$；方差 $V(I)=E\left(I^2\right)-\left(E(I)\right)^2$。

全局莫兰指数反映整体的自相关性，局部莫兰指数（local moran's index，LMI）可反映空间自相关性的空间格局（空间聚类与异常值）。局部莫兰指数及其相应 Z 得分计算公式可分别表达为

$$I_i=\frac{n^2}{\sum_{i=1}^{n}\sum_{k=1}^{n}\delta_{i,k}}\frac{\left(f_i-\overline{f}\right)\sum_{j=1}^{n}\left[\delta_{i,k}\cdot\left(f_k-\overline{f}\right)\right]}{\sum_{k=1}^{n}\left(f_k-\overline{f}\right)^2} \tag{15.18}$$

$$Z_i=\frac{I_i-E\left(I_i\right)}{\sqrt{V\left(I_i\right)}} \tag{15.19}$$

式中，期望指数 $E(I)=-\frac{1}{n}\sum_{k=1}^{n}\delta_{i,k}$；方差 $V\left(I_i\right)=E\left(I_i^2\right)-\left(E\left(I_i\right)\right)^2$。

全局莫兰指数和局部莫兰指数的关系为

$$\sum_{i=1}^{n}I_i=n\cdot I \tag{15.20}$$

若 I 为正数，说明一个高值被高值所包围（高值聚类）或一个低值被低值包围（低值聚类）；若为负数则表示低值被高值包围或高值被低值包围，该要素值为异常值。

2. 空间平稳性统计检验

对 $J+1$ 个解释变量、I 个案例的一组观测 $\left\{x_{i,j}\right\}$ $(j=0,1,2,\cdots,J;i=1,2,\cdots,n)$，则第 i 个案例的因变量 y_i 可表达为

$$y_i=\theta_{i,0}\left(u_i,v_i\right)+\sum_{j=1}^{J}x_{i,j}\cdot\theta_{i,j}\left(u_i,v_i\right)+\varepsilon_i \tag{15.21}$$

式中，$\left\{\theta_{i,0}\left(u_i,v_i\right),\cdots,\theta_{i,J}\left(u_i,v_i\right)\right\}$ 为研究区域位置 (u,v) 的 $J+1$ 个连续函数；ε_i 为随机误差项。

在地理加权回归（GWR）的基础模型中，假定随机误差服从均值为零的独立正态分布，且标准差为σ^2。如果参数j的标准差用σ_j表示，则

$$\sigma_j=\sqrt{\frac{1}{n}\sum_{i=1}^{n}\left(\hat{\theta}_{i,j}-\frac{1}{n}\sum_{i=1}^{n}\hat{\theta}_{i,j}\right)^2} \tag{15.22}$$

式中，$\hat{\theta}_{i,j}$为$\theta_{i,j}$的估计值。

即使被估计的参数在地理意义下是不变的，这个参数的局地估计值也可能会有一些变异，这里的问题是这种局地变异能否足以拒绝这个参数全局不变的假设。为此，需要进行这个假设条件下的方差零分布检验。变异系数（coefficient of variation, CV）是反映观测值变异程度的统计量：

$$\mathrm{CV}=\frac{\sigma}{\bar{Z}}\times 100\% \tag{15.23}$$

式中，σ为标准差；$\bar{Z}$为其属性均值。$|\mathrm{CV}|\leqslant 10\%$时称为弱变异，$10\%<|\mathrm{CV}|<100\%$时为中等变异，$|\mathrm{CV}|\geqslant 100\%$时为强变异（雷志栋等，1988）。

地理加权回归（GWR）是否整体优于最小二乘回归（OLS）可通过两种回归的残差平方和之比的F分布逼近检验，但是对于有残差修正的模拟方法检验需要用修正后的残差平方和进行比较（Leung *et al*., 2000; Fotheringham *et al*., 2002）。为此对 HASM-GWR 与 HASM-OLS 的残差进行同一分布的假设检验，判别不同模型的结果差异的显著性。

对参数组$\left\{\theta_{i,j}\middle|i=1,2,\cdots,n\right\}$，若某参数在研究区域变化不显著，则可将其作为常数处理。它的假设检验可表达如下：

$$\begin{cases}H_0: \theta_{1,j}=\theta_{2,j}=\cdots=\theta_{n,j} \text{ for } a \ given \ j\\ H_1: not \ all \ \theta_{i,j} \ (i=1,2,\cdots,n) \ are \ equal\end{cases} \tag{15.24}$$

式中，$\theta_{i,0}$为观测位置i的截距；$\theta_{i,j}$为观测位置i的第j个未知参数$(j=1,2,\cdots,J)$；原假设（零假设）H_0表示第j个参数在研究区内处处相等；备选假设H_1表示第j个参数在研究区内有变化。

根据该参数在观测位置估计值的标准差，构建检验统计量，

$$F_j=\frac{\hat{\sigma}_j^2/\gamma_1}{\hat{\sigma}^2} \tag{15.25}$$

式中，$\hat{\sigma}_j^2=\frac{1}{n}\sum_{i=1}^{n}\left(\hat{\theta}_{i,j}-\frac{1}{n}\sum_{i=1}^{n}\hat{\theta}_{i,j}\right)^2=\frac{1}{n}\hat{\boldsymbol{\theta}}_j^{\mathrm{T}}\left(\boldsymbol{I}-\frac{1}{n}\boldsymbol{U}\right)\hat{\boldsymbol{\theta}}_j$，$\hat{\boldsymbol{\theta}}_j^{\mathrm{T}}=\left[\theta_{1,j},\theta_{2,j},\cdots,\theta_{I,j}\right]$，$\boldsymbol{I}$为单位矩阵，$\boldsymbol{U}$为每个元素都为 1 的$n\times n$阶矩阵；$\hat{\sigma}$为$\sigma$的无偏估计；$\gamma_1=\mathrm{tr}\left[\frac{1}{n}\boldsymbol{B}^{\mathrm{T}}\left(\boldsymbol{I}-\frac{1}{n}\boldsymbol{U}\right)\boldsymbol{B}\right]$（如果矩阵$\boldsymbol{A}$可表达为

$$\boldsymbol{A}=\begin{bmatrix}a_{11} & a_{12} & \dots & a_{1n}\\ a_{21} & a_{22} & \dots & a_{2n}\\ \vdots & \vdots & & \vdots\\ a_{n1} & a_{n2} & \dots & a_{nn}\end{bmatrix}$$

，则矩阵$\boldsymbol{A}$的迹可表达为$\mathrm{tr}[\boldsymbol{A}]=\sum_{i=1}^{n}a_{ii}$）。

在零假设条件下，所有$\theta_{i,j}\ (i=1,2,\cdots,n)$都相等，由此可得

$$\mathrm{E}\left(\hat{\theta}_{1,j}\right)=\mathrm{E}\left(\hat{\theta}_{2,j}\right)=\cdots=\mathrm{E}\left(\hat{\theta}_{n,j}\right)=\mu_j \tag{15.26}$$

据此可得

$$\hat{\sigma}_j^2=\frac{1}{n}\left(\hat{\boldsymbol{\theta}}_j-\mathrm{E}\left(\hat{\boldsymbol{\theta}}_j\right)\right)^{\mathrm{T}}\left(\boldsymbol{I}-\frac{1}{n}\boldsymbol{U}\right)\left(\hat{\boldsymbol{\theta}}_j-\mathrm{E}\left(\hat{\boldsymbol{\theta}}_j\right)\right) \tag{15.27}$$

设$\boldsymbol{e}_j$为第$j+1$个元素为 1，而其他元素都为零的向量，则

$$\hat{\theta}_{i,j}=\boldsymbol{e}_j^{\mathrm{T}}\cdot\hat{\boldsymbol{\theta}}(u_i,v_i)=\boldsymbol{e}_j^{\mathrm{T}}\cdot\left(\boldsymbol{X}^{\mathrm{T}}\cdot\boldsymbol{W}(u_i,v_i)\cdot\boldsymbol{X}\right)^{-1}\cdot\boldsymbol{X}^{\mathrm{T}}\cdot\boldsymbol{W}(u_i,v_i)\cdot\Psi_\tau(\boldsymbol{f}) \tag{15.28}$$

$$\hat{\boldsymbol{\theta}}_j=\boldsymbol{B}\cdot\Psi_\tau(\boldsymbol{f}) \tag{15.29}$$

式中，$\boldsymbol{B}=\begin{pmatrix}\boldsymbol{e}_j^{\mathrm{T}}\cdot\left(\boldsymbol{X}^{\mathrm{T}}\cdot\boldsymbol{W}(u_1,v_1)\cdot\boldsymbol{X}\right)^{-1}\cdot\boldsymbol{X}^{\mathrm{T}}\cdot\boldsymbol{W}(u_1,v_1)\\ \boldsymbol{e}_j^{\mathrm{T}}\cdot\left(\boldsymbol{X}^{\mathrm{T}}\cdot\boldsymbol{W}(u_2,v_2)\cdot\boldsymbol{X}\right)^{-1}\cdot\boldsymbol{X}^{\mathrm{T}}\cdot\boldsymbol{W}(u_2,v_2)\\ \vdots\\ \boldsymbol{e}_j^{\mathrm{T}}\cdot\left(\boldsymbol{X}^{\mathrm{T}}\cdot\boldsymbol{W}(u_n,v_n)\cdot\boldsymbol{X}\right)^{-1}\cdot\boldsymbol{X}^{\mathrm{T}}\cdot\boldsymbol{W}(u_n,v_n)\end{pmatrix}$。

将式（15.29）代入式（15.27）可得

$$\hat{\sigma}_j^2=\frac{1}{n}\left(\Psi_\tau(\boldsymbol{f})-\mathrm{E}\left(\Psi_\tau(\boldsymbol{f})\right)\right)^{\mathrm{T}}\cdot\boldsymbol{B}^{\mathrm{T}}\cdot\left(\boldsymbol{I}-\frac{1}{n}\boldsymbol{U}\right)\cdot\boldsymbol{B}\cdot\left(\Psi_\tau(\boldsymbol{f})-\mathrm{E}\cdot\left(\Psi_\tau(\boldsymbol{f})\right)\right)=$$
$$\boldsymbol{\varepsilon}^{\mathrm{T}}\cdot\left[\frac{1}{n}\boldsymbol{B}^{\mathrm{T}}\cdot\left(\boldsymbol{I}-\frac{1}{n}\boldsymbol{U}\right)\cdot\boldsymbol{B}\right]\cdot\boldsymbol{\varepsilon} \tag{15.30}$$

式中，$\boldsymbol{\varepsilon}$ 服从 $N\left(\boldsymbol{0},\sigma^2\boldsymbol{I}\right)$；$\left[\frac{1}{n}\boldsymbol{B}^{\mathrm{T}}\cdot\left(\boldsymbol{I}-\frac{1}{n}\boldsymbol{U}\right)\cdot\boldsymbol{B}\right]$为半正定矩阵。

在式（15.26）的零假设条件下，其分布可用分子自由度为 γ_1^2/γ_2 和分母自由度为 δ_1^2/δ_2 的 F 分布来逼近。这里 γ_1、γ_2、δ_1 和 δ_2 可分别表达为

$$\gamma_1=\mathrm{tr}\left[\frac{1}{n}\boldsymbol{B}^{\mathrm{T}}\cdot\left(\boldsymbol{I}-\frac{1}{n}\boldsymbol{U}\right)\cdot\boldsymbol{B}\right] \tag{15.31}$$

$$\gamma_2=\mathrm{tr}\left[\frac{1}{n}\boldsymbol{B}^{\mathrm{T}}\cdot\left(\boldsymbol{I}-\frac{1}{n}\boldsymbol{U}\right)\cdot\boldsymbol{B}\right]^2 \tag{15.32}$$

$$\delta_1=\mathrm{tr}\left[(\boldsymbol{I}-\boldsymbol{L})^{\mathrm{T}}\cdot(\boldsymbol{I}-\boldsymbol{L})\right] \tag{15.33}$$

$$\delta_2=\mathrm{tr}\left[(\boldsymbol{I}-\boldsymbol{L})^{\mathrm{T}}\cdot(\boldsymbol{I}-\boldsymbol{L})\right]^2 \tag{15.34}$$

式中，$\boldsymbol{L}=\begin{pmatrix}\boldsymbol{x}_1^{\mathrm{T}}\cdot\left(\boldsymbol{X}^{\mathrm{T}}\cdot\boldsymbol{W}(u_1,v_1)\cdot\boldsymbol{X}\right)^{-1}\cdot\boldsymbol{X}^{\mathrm{T}}\cdot\boldsymbol{W}(u_1,v_1)\\ \boldsymbol{x}_2^{\mathrm{T}}\cdot\left(\boldsymbol{X}^{\mathrm{T}}\cdot\boldsymbol{W}(u_2,v_2)\cdot\boldsymbol{X}\right)^{-1}\cdot\boldsymbol{X}^{\mathrm{T}}\cdot\boldsymbol{W}(u_2,v_2)\\ \vdots\\ \boldsymbol{x}_n^{\mathrm{T}}\cdot\left(\boldsymbol{X}^{\mathrm{T}}\cdot\boldsymbol{W}(u_n,v_n)\cdot\boldsymbol{X}\right)^{-1}\cdot\boldsymbol{X}^{\mathrm{T}}\cdot\boldsymbol{W}(u_n,v_n)\end{pmatrix}$，$\boldsymbol{x}_i=\left(1,x_{i,1},x_{i,2},\cdots,x_{i,J}\right)$为矩阵 $\boldsymbol{X}$ 第 i 行。

对给定的显著性水平 α，如果 $F\geqslant F_\alpha\left(\gamma_1^2/\gamma_2,\delta_1^2/\delta_2\right)$，则拒绝 H_0；反之，则接受 H_0 假设。

15.3　空间非平稳和空间平稳气候要素分类

15.3.1　数据

气温年平均值（MAT）和降水年平均值（MAP）来自中国 752 个气象台站 1961~2010 年的逐月气象数据（图 15.1）。用于气候曲面模拟的辅助数据为 90m 空间分辨率的 DEM，来源于 USGS（http://srtm.csi.cgiar.org），在国家尺度气候曲面模拟中，将其重采样为 1km 空间分辨率的 DEM 数据。

中国气象台站地理位置的分析结果表明，中国气象台站主要分布在地形平坦且开阔处，坡度多近似 0

值；而台站处坡向的分布较为分散。直方图分析表明（图 15.2），坡向均值北偏西 70.446°，变异系数为 0.608；地形开阔度与坡度负相关，统计结果显示，地形开阔度均值为 0.999，变异系数为 0.004，因此，在国家尺度的气候回归模拟中，地形开阔度作为地形因子参与回归模拟没有任何意义。

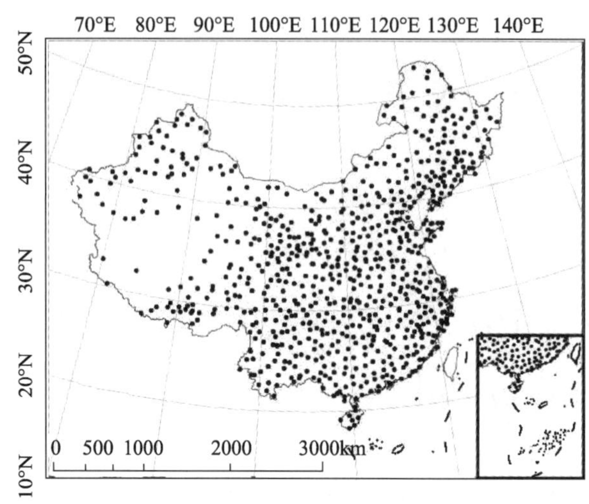

图 15.1　中国 752 个气象台站的空间分布

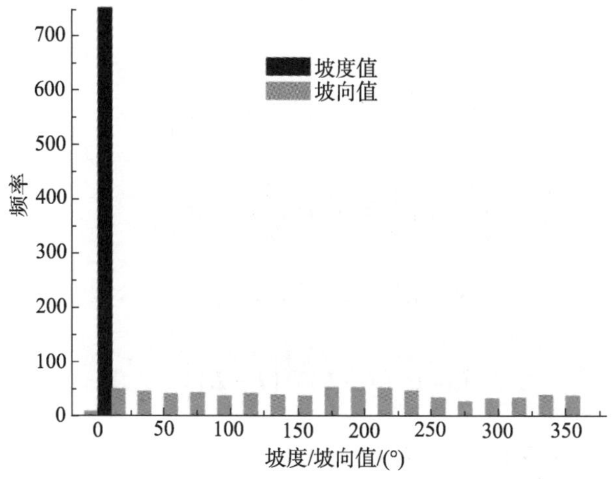

图 15.2　气象台站的坡度与坡向直方图

15.3.2　国家尺度年平均气温空间平稳性分析

在全国尺度，气温随海拔增高递减，随纬度变化由南向北递减。根据我国 752 个气象台站 1961~2010 年的观测数据，年平均气温的普通最小二乘回归（OLS）趋势面可表达为

$$\mathrm{MAT} = 38.552 - 0.705\mathrm{Lat} - 0.003\mathrm{Ele} \tag{15.35}$$

式中，MAT 为年平均气温；Lat 为纬度坐标；Ele 为海拔。

统计分析表明，年平均气温与残差均为近似正态分布（图 15.3），气温残差均值为 0.8，这说明普通最小二乘回归（OLS）方程所表达的趋势面包含了大部分确定性信息；年平均气温（℃）与纬度（°）和 DEM（m）都有显著性线性相关关系，高程与纬度之间无显著线性相关关系，OLS 模型中不存在多重共线性。

为分析全国尺度气温与相关因子关系的空间平稳性，用与普通最小二乘回归（OLS）相同解释变量和样本点的地理加权回归（GWR）获得截距、纬度回归系数及高程回归系数的三个曲面；根据式（15.8）的计算，各曲面均属于弱变异水平（变异系数 CV 绝对值小于 10%），且各系数均值接近 OLS 对应参数值，这表明气温的空间分布规律相对稳定。

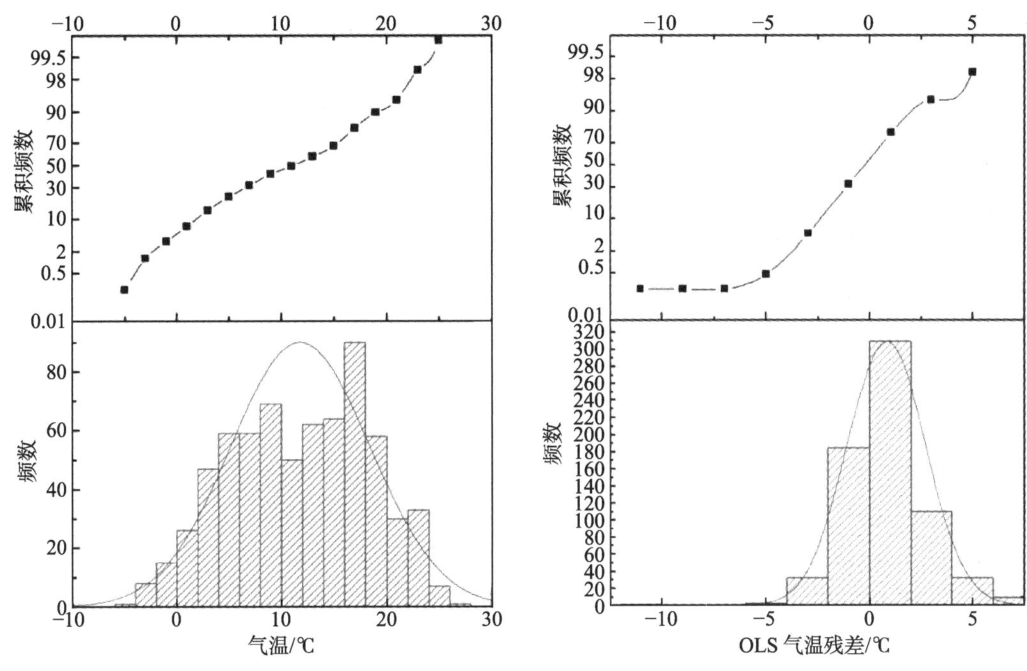

图 15.3　年平均气温与残差的直方图

回归点上估计参数的平稳性检验结果表明（表 15.1）,气温与高程的回归关系在 0.01 显著性水平下可认为是平稳关系，高程回归系数可作为常系数描述气温和高程之间的气温垂直递减率。在国家尺度，高程每增高 1m，年平均气温减少约 0.003℃。

表 15.1　OLS 与 GWR 的气温回归系数比较

估计参数	OLS 参数估计	GWR 参数曲面		GWR 回归点参数平稳性检验	
	均值	均值	变异系数/%	*F* 值	*p* 值
截距	38.552	39.189	6.02	5.3352	<0.01**
纬度回归系数	–0.705	–0.694	–9.475	6.1084	<0.01**
高程回归系数	–0.003	–0.003	–8.35	1.2788	>0.01
R^2	0.922	0.952			
校正 R^2	0.922	0.951			

** 0.01 显著水平

普通最小二乘回归（OLS）方程所表达年平均气温（1961~2010 年）的残差可通过比较 OLS 模拟值与气象台站观测值来计算。用空间分辨率为 1km 的 19606916 个栅格组成的矩形可覆盖中国大陆，将每个气象台站处的残差输入 HASM 模型，可计算这个矩形计算域中每个栅格处的残差。也就是说，这个矩形计算域中每个栅格 *i* 处的年平均温度是 OLS 趋势面值与 HASM 残差值之和，此计算过程简写为 HASM-OLS，其数学表达式为

$$\mathrm{TS}_i(t)=\boldsymbol{\theta}_{\mathbf{ols}}\cdot\boldsymbol{x}^{\mathrm{T}}+\mathrm{HASM}\left(T_k(t)-\boldsymbol{\theta}_{\mathbf{ols}}\cdot\boldsymbol{x}^{\mathrm{T}}\right) \tag{15.36}$$

$$\boldsymbol{\theta}_{\mathbf{ols}}\cdot\boldsymbol{x}^{\mathrm{T}}=(38.552,\quad 0.705,\quad 0.003)\begin{pmatrix}1\\ \mathrm{Lat}_i\\ \mathrm{Ele}_i\end{pmatrix}=38.552+0.705\mathrm{Lat}_i+0.003\mathrm{Ele}_i \tag{15.37}$$

式中， $\boldsymbol{x}=(1,\mathrm{Lat}_i,\mathrm{Ele}_i)$ ； $\boldsymbol{\theta}_{\mathbf{ols}}=(38.552,0.705,0.003)$ ； $T_k(t)$ 为在气象台站 *k* 处运用第 *t* 年观测值计算的年平均气温。

本书运用用 Kolmogorov-Smirnov 方法（Durbin, 1973），对 HASM-GWR 和 HASM-OLS 的气温模拟残差是否来自同一总体分布进行了检验。检验结果表明，HASM-GWR 和 HASM-OLS 两种方法的模拟残差来

自同一总体分布，不存在统计上的显著性差异。也就是说，对于年平均气温的 HASM 模拟，OLS 和 GWR 的两种趋势面对最终结果的影响没有统计意义上的显著差异。

为分析高精度曲面建模（HASM）、普通克里金（Kriging）、反距离加权（IDW）、规则样条函数（Spline）四种不同方法对年平均气温模拟精度的影响，重复 20 组多年平均气温数据集，每组随机均匀抽取 5%（38 个站点）的数据作为验证集，剩余 95%站点数据为该组训练集，分别对每组采用不同方法模拟，计算每种方法 20 组结果的平均误差。平均绝对误差（MAE）和平均相对绝对误差（MRE）分别表达如下

$$\mathrm{MAE}=\frac{1}{n}\sum_{k=1}^{n}\left|o_k-s_k\right| \tag{15.38}$$

$$\mathrm{MAE}=\left(\frac{1}{n}\sum_{k=1}^{n}\left|o_k-s_k\right|/o_k\right)\cdot 100\% \tag{15.39}$$

式中，o_k 为第 k 个气象台站的观测值；s_k 为第 k 个气象台站所在栅格的模拟值；n 为验证台站总数。

验证结果表明（表 15.2），高精度曲面建模与 OLS 趋势面结合（HASM-OLS）的模拟精度远高于普通克里金（Kriging）、反距离加权（IDW）和规则样条函数（Spline）等经典方法与 OLS 趋势面结合的精度。对空间平稳要素，地理加权趋势面（GWR）在未知点上的估计不如全局模型在未知点上的估计更合理，导致 HASM 与 GWR 结合（HASM-GWR）的模拟精度与 HASM-OLS 相比，精度有一定程度上的下降。由此可见，国家尺度的年平均气温可近似视为空间平稳要素，可用普通线性回归方程（OLS）表达其趋势面。HASM-OLS 的年平均气温模拟结果如图 15.4 所示。

表 15.2　不同方法年平均气温模拟精度比较

插值方法	趋势面	平均绝对误差/℃	平均相对误差/%
HASM	普通最小二乘回归（OLS）	0.747	11.7
Kriging	普通最小二乘回归（OLS）	0.797	12.8
IDW	普通最小二乘回归（OLS）	0.815	14
Spline	普通最小二乘回归（OLS）	1.289	21.8
HASM	地理加权回归（GWR）	0.765	12.4

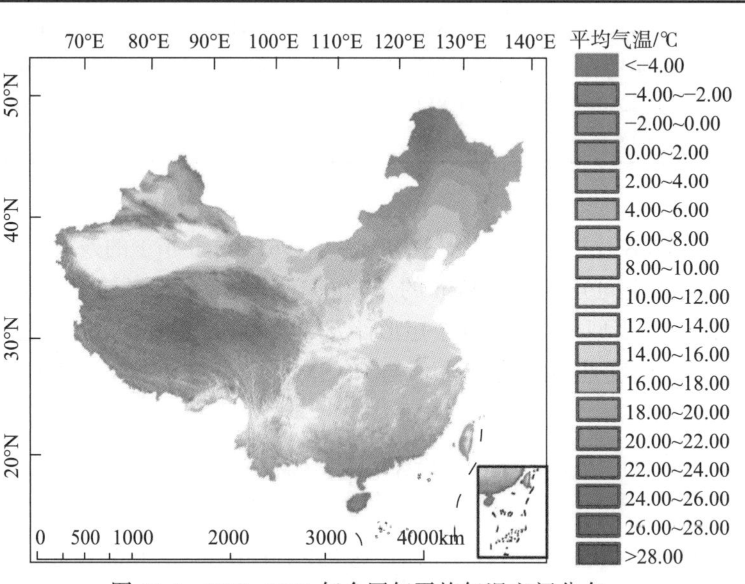

图 15.4　1961~2010 年全国年平均气温空间分布

15.3.3　国家尺度的年平均降水空间非平稳性分析

大多数大气水分来自海洋水蒸发，并由热带地区到极地地区的气团输送控制。在气团输送期间，气团冷却导致了从低纬度到高纬度的连续水蒸气凝结和降水（van der Veer *et al.*，2009），因此，纬度和经度可

以用来表达大气环流和大陆度对降水量的影响。在复杂地形地带，海拔和风向导致了降水量的空间变异性（Franke *et al.*，2008）。

由于中国气象站几乎都建在局部地形平坦地区，根据 1961~2010 年气象台站的降水观测数据，年平均降水（MAP）的普通最小二乘回归（OLS）方程可表达为

$$\text{MAP} = 2645.319051 + 0.000175\text{Log} - 0.0.000487\text{Lat} - 0.090910\text{Ele} + 10.569860\text{ICA} \quad (15.40)$$

式中，MAP 为年平均降水；Log 为经度坐标；Lat 为纬度坐标；Ele 为海拔；ICA 为坡向因子。

每个栅格单元的坡向值从正北按顺时针方向计量，正北为 0°，正东为 90°，正南为 180°，正西为 270°。由于中国受西南和东南季风（来自太平洋和印度洋暖湿气流）的影响，南坡降水量最大。在有坡度地区，坡向因子 ICA 在正南和正北分别为 1 和–1；在平坦地区取值为 0。ICA 可表达为（Yue, 2011）

$$\text{ICA} = \begin{cases} -\cos\left(\pi \cdot \left(\text{Aspect} / 180°\right)\right) & \text{有坡度区} \\ 0 & \text{平坦区} \end{cases} \quad (15.41)$$

1961~2010 年年平均降水量大致呈 Gamma 分布（图 15.5），其偏态性体现了降水量的空间分布不均匀性，累积概率分布曲线显示降水极值概率呈非线性增长；普通线性回归（OLS）等同广义线性模型中的高斯正态分布族，模拟偏态数据会发生比较大的误差。非正态样本的影响及 OLS 趋势丢失的大量确定性信息，造成了 OLS 回归趋势面的较大误差。

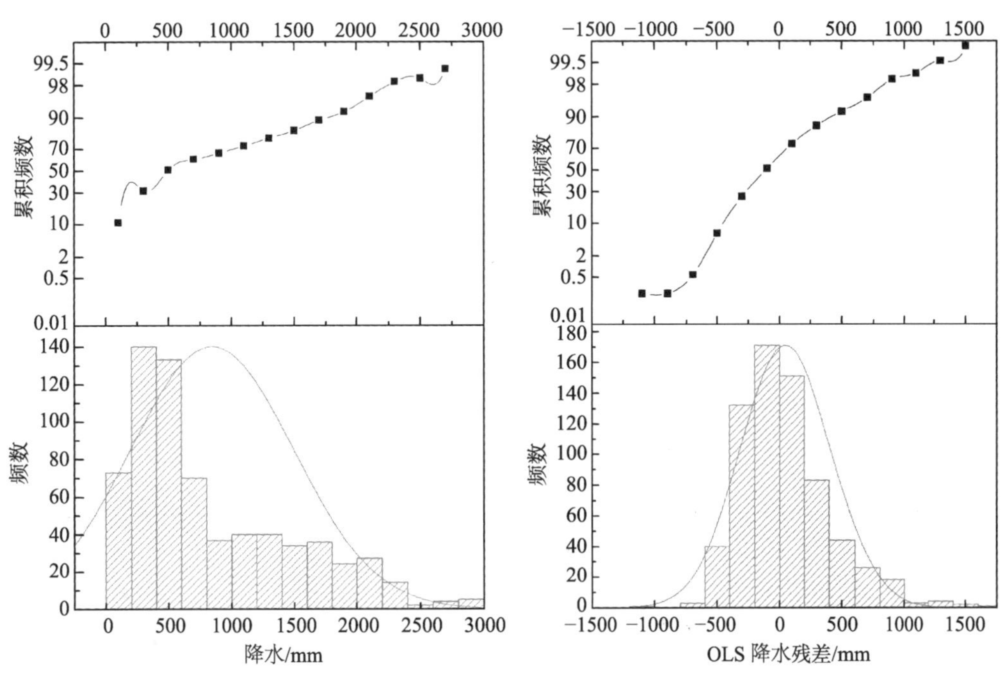

图 15.5　降水量与残差的直方图

事实上，由于受来自太平洋和印度洋暖湿气流（季风气候）的影响，我国降水量的空间分布与相关地理因子的关系不平稳，难以用 OLS 的全局关系描述。为解决这一问题，首先对气象台站观测值进行 BOX-COX 变换，然后对变换后的年平均降水量进行地理加权回归（GWR）得到年平均降水量趋势面，此趋势面值与 HASM 残差曲面之和即为每个栅格的年平均降水。为了叙述方便，年平均降水量观测 BOX-COX 变换值的地理加权回归简写为 GWR-BC，此年平均降水模拟过程简写为 HASM-GB，其数学表达为

$$\Psi_\alpha\left(\text{PS}_i(t)\right) = \boldsymbol{\theta}_{\text{gwr}} \cdot \boldsymbol{x}^{\text{T}} + \text{HASM}\left(\Psi_\alpha\left(P_k(t)\right) - \boldsymbol{\theta}_{\text{gwr}} \cdot \boldsymbol{x}^{\text{T}}\right) \quad (15.42)$$

$$\boldsymbol{\theta}_{\text{gwr}} \cdot \boldsymbol{x}^{\text{T}} = \left(\theta_{i,0}, \theta_{i,1}, \theta_{i,2}, \theta_{i,3}, \theta_{i,4}\right)\begin{pmatrix} 1 \\ \text{Log}_i \\ \text{Lat}_i \\ \text{Ele}_i \\ \text{ICA}_i \end{pmatrix} = \left(\theta_{i,0} + \theta_{i,1}\text{Log}_i + \theta_{i,2}\text{Lat}_i + \theta_{i,3}\text{Ele}_i + \theta_{i,4}\text{ICA}_i\right) \quad (15.43)$$

式中，$\mathrm{PS}_i(t)=\dfrac{\mathrm{MAP}_i(t)}{\mathrm{MAX}\{\mathrm{MAP}_i(t)\}}$，$\mathrm{MAP}_i(t)$ 为栅格 i $(i=1,2,\cdots,19606916)$ 处第 t 年的年平均降水量模拟值；$P_k(t)=\dfrac{\mathrm{MAP}_k(t)}{\mathrm{MAX}\{\mathrm{MAP}_k(t)\}}$ 为气象台站 k 第 t 年年平均降水量观测值的归一化值；$\Psi_\alpha(P_k(t))=(P_k^\alpha(t)-1)/\alpha$ 为 $P_k(t)$ 的 BOX-COX 变换，α 为待定参数；Log_i 为栅格 i 的经度坐标；Lat_i 为栅格 i 的纬度坐标；Ele_i 为栅格 i 的海拔；ICA_i 为栅格 i 的坡向因子；$\theta_{i,j}$ $(j=1,\cdots,5)$ 为待定系数。

$$\mathrm{MAP}_i(t)=\mathrm{MAX}\{\mathrm{MAP}_i(t)\}\cdot\left(\alpha\cdot\Psi_\alpha(\mathrm{PS}_i(t))+1\right)^{\frac{1}{\alpha}} \tag{15.44}$$

用 Kolmogorov-Smirnov 方法检验 HASM-GB 和 HASM-OLS 年平均降水的模拟残差是否来自同一总体分布。检验结果表明，在 0.01 显著性水平下，OLS 和 GWR-BC 两种趋势面对最终结果的影响存在统计意义上的显著差异性。OLS 趋势面与 GWR-BC 趋势面的比较分析显示（图 15.6），OLS 趋势面在部分台站上出现负值，这显然不符合常理，是错误的结果；GWR-BC 趋势面基本合理，与 OLS 趋势面相比，更加接近实测值；GWR-BC 的 HASM 残差分布为均值是−0.047 的正态分布（图 15.7）。OLS 回归残差的全莫兰

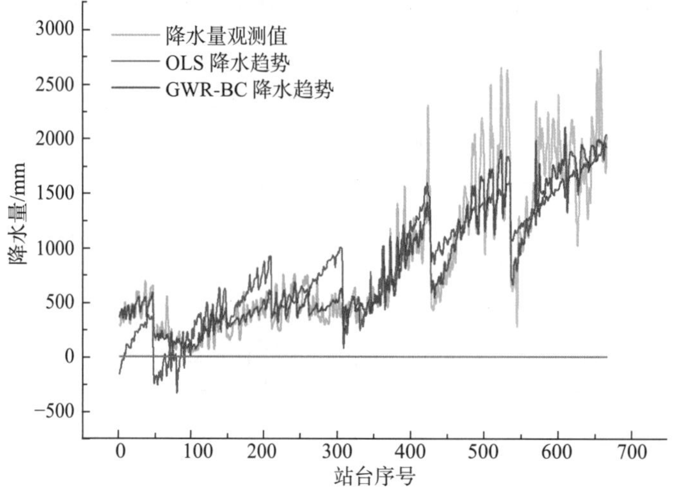

图 15.6　年平均降水量观测值与 OLS 和 GWR-BC 趋势面值比较

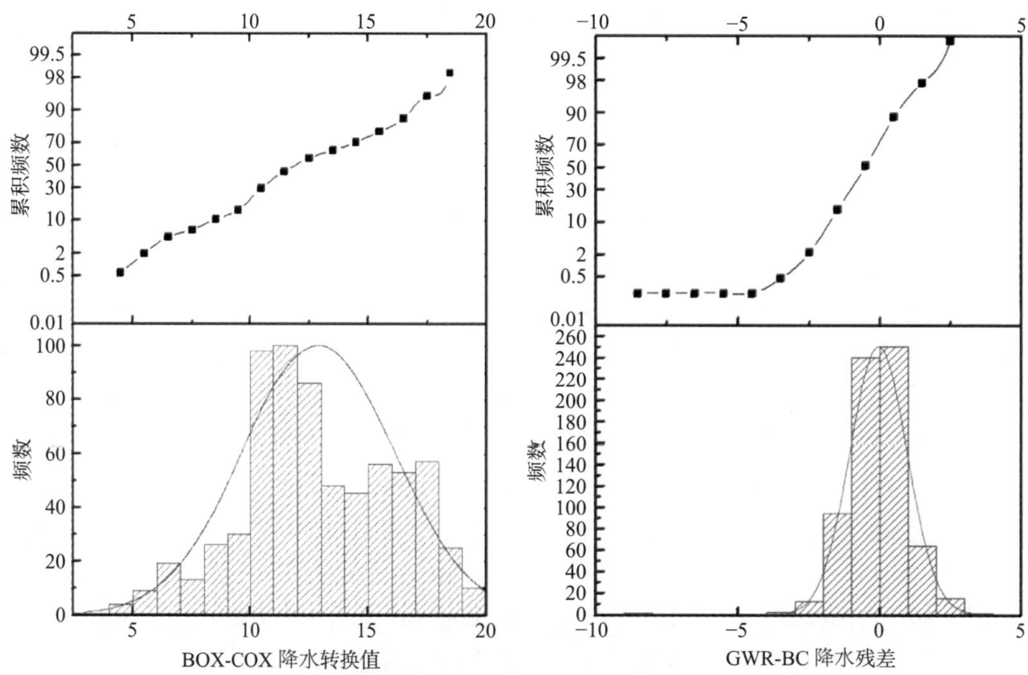

图 15.7　降水量的 BOX-COX 转换值与 GWR-BC 残差直方图

表 15.3　降水各模拟量的全局莫兰指数

要素	莫兰指数	期望指数	方差	Z 评分	P 值
降水采样值	0.9043	–0.0015	0.0001	75.6462	<0.01
OLS 回归残差	0.7266	–0.0015	0.0001	60.8770	<0.01
GWR-BC 回归残差	0.2212	–0.0015	0.0001	18.7037	<0.01

指数是 GWR-BC 回归残差全莫兰指数的 3.3 倍（表 15.3）。OLS 残差中具有很强的空间自相关性，表明 OLS 残差中存在着趋势面丢失的大量空间确定性信息，造成了某些地区趋势模拟的异常；GWR-BC 趋势面误差远小于 OLS 趋势面，通过叠加高精度 HASM 残差曲面，可获得更接近真实降水量的空间预测值。

OLS 和 GWR-BC 残差的局部莫兰指数（LMI）聚类和异常值的分析（图 15.8）表明，GWR-BC 的残差在空间上具有最少的空间聚类或异常值，在西北干旱地区的低值聚类明显少于样本观测及 OLS 残差，而 OLS 趋势的缺陷引起的低值聚类使得该区域趋势值偏低，稀疏的样本点缺少足够的局部修正信息，造成降水量模拟精度的损失。

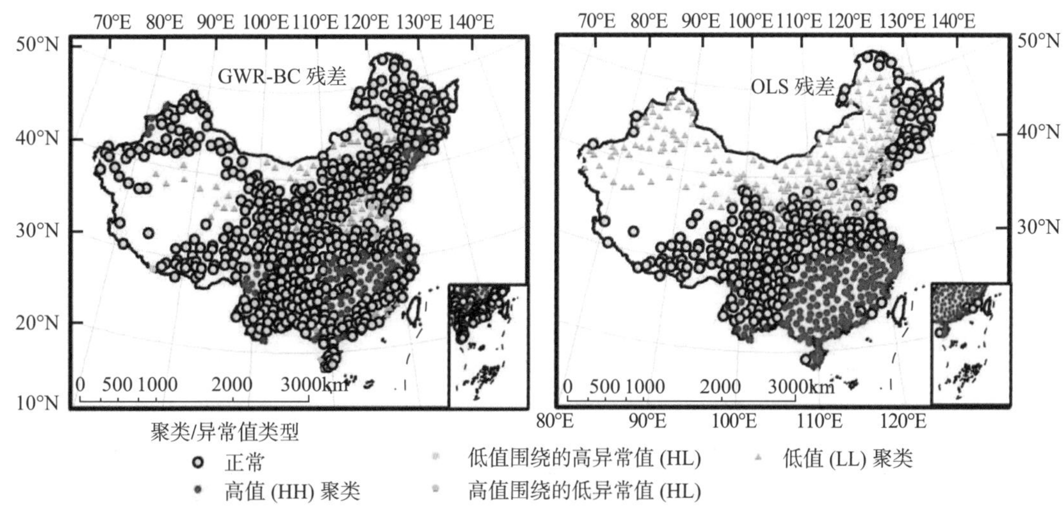

图 15.8　降水量观测值与 OLS 和 GWR-BC 残差的空间聚类与异常值比较

为分析全国尺度降水与相关因子关系的空间平稳性，用与普通最小二乘（OLS）回归相同的解释变量和观测值，通过地理加权回归（GWR）得到截距、经度回归系数、纬度回归系数、高程回归系数及坡向因子的五个回归系数曲面。根据式（15.18），高程回归系数曲面的变异系数大于 100%，属于强变异；其余各曲面变异系数绝对值均大于 10%，均属于中等变异（表 15.4）。在 0.01 显著性水平下，降水量与截距、经度、纬度、高程和坡向因子之间在空间上均为非平稳关系。可见全国尺度降水与其解释因子之间是复杂的空间非平稳关系，无法用一个 OLS 全局性模型表达。

表 15.4　OLS 与 GWR 的降水回归系数比较

估计参数	OLS 参数估计	GWR 参数曲面	
		均值	变异系数/%
截距	2645.3191	2482.3270	21
经度回归系数	0.0002	0.0002	56
纬度回归系数	–0.0005	–0.0005	–28
高程回归系数	–0.0909	–0.0276	–222
坡向因子回归系数	10.5699	13.0805	–92
R^2	0.7723	0.8345	
校正 R^2	0.7710	0.8316	

为分析高精度曲面建模（HASM）法及克里金（Kriging）法、反距离权重（IDW）法和样条函数（Spline）法在各种趋势面条件下的年平均降水模拟精度，本书重复 20 组年平均降水量数据集，每组随机均匀抽取 5%的（38 个站点）数据作为验证集，剩余 95%站点数据为该组训练集。计算结果见表 15.5，其中 GWR-BC 表示年平均降水量观测值经 BOX-COX 转换后的地理加权趋势面，BOX-COX 的转换参数为 0.4753；GWR 表示地理加权趋势面；OLS 表示普通最小二乘回归趋势面。选择平均绝对误差（MAE），平均相对误差（MRE）作为误差指标，其定义见式（15.38）和式（15.39）。趋势面平均误差比较分析发现，无论在哪种趋势面条件下，HASM 模拟精度总高于经典方法；所有方法在 GWR-BC 趋势面背景值下的模拟精度都高于在 GWR 和 OLS 趋势面背景值下的模拟精度。Kriging、IDW 和 Spline 的相对误差分别是 HASM-GWR-BC 相对误差的 1.6 倍、1.5 倍和 2.3 倍。

表 15.5　不同方法的降水模拟精度比较

插值方法	趋势面	平均绝对误差/mm	平均相对误差/%	数值范围（观测值范围为 14.98~2738.04）/mm
HASM	GWR-BC	48.667	9.5	14.19~2788.92
	GWR	51.432	10.4	–128.27~2643.94
	OLS	71.557	19.9	–64.47~2696.78
Kriging	GWR-BC	64.478	15.5	15.98~2799.59
	GWR	66.363	17.2	–127.57~2625.87
	OLS	82.696	25.9	–332.75~2025.91
IDW	GWR-BC	64.246	14.1	12.78~2741.95
	GWR	66.685	15.4	–152.11~2735.68
	OLS	76.867	20.4	–334.77~2668.7
Spline	GWR-BC	123.440	21.9	1.13~3212.04
	GWR	133.171	25.7	–1937.98~2800.37
	OLS	154.986	32.4	–1624.57~2974.89

趋势面比较分析发现，基于 GWR 趋势面的插值精度普遍比采用 OLS 趋势面的插值精度高，但两者均有栅格的年平均降水量出现负值；而 GWR-BC 趋势面修正了许多降水插值方法的负值问题，提高了趋势面精度。综上所述，GWR-BC 趋势面可有效降低趋势面误差造成的精度损失，通过叠加高精度的 HASM 插值结果 HASM-GWR-BC 可得到最优的模拟结果（图 15.9）。

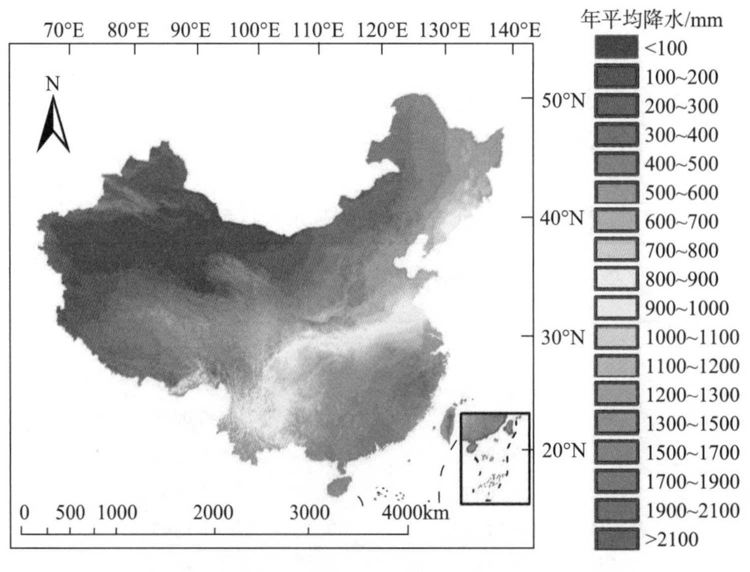

图 15.9　1961~2010 年全国年平均降水的空间分布

15.4　气候要素空间插值结果

为了便于分析气温和降水量的时空变化规律，根据气温、降水量和土壤条件将中国划分为 9 个区域（周立三等，1981），并分别以 R_i $(i=1,2,\cdots,9)$ 表示（图 15.10）

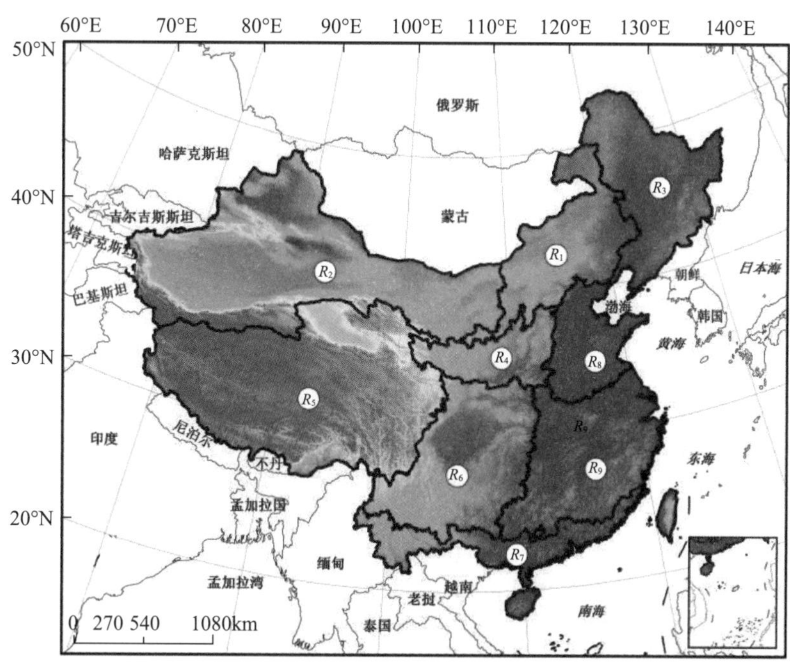

图 15.10　中国数字高程模型及其分区

15.4.1　年平均气温变化趋势分析

1961~2010 年，我国每年年平均温度的增长率为 0.033℃，每年年平均温度（ATOA）时间序列（图 15.11）可表达为相关系数为 0.85、置信度为 0.001 的线性回归方程：

$$\mathrm{Tem}(t)=0.033t-58.33 \tag{15.45}$$

式中，$t=1,2,\cdots,49,50$ 分别为 1961 年、1962 年、…、2009 年、2010 年；$\mathrm{Tem}(t)$ 为第 t 年年平均温度。

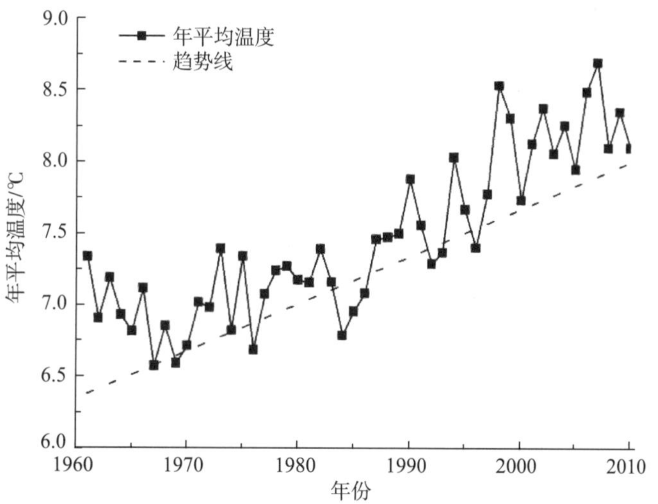

图 15.11　每年年平均温度时间序列及其增长趋势

为了便于叙述和分析，本书将 1961~1970 年、1971~1980 年、1981~1990 年、1991~2000 年和 2001~2010 年分别用 C_1、C_2、C_3、C_4 和 C_5 表示。C_1 到 C_5 这五个时期，整个中国内地的年平均温度分别是 6.91℃、7.15℃、7.33℃、7.82℃和 8.35℃（表 15.6）。在表 15.6 中，$\Delta C21$ 表示 C_2 时期的年平均温度减去 C_1 时期的年平均温度；$\Delta C32$ 表示 C_3 时期的年平均温度减去 C_2 时期的年平均温度，依次类推；PGCIT 表示年平均温度增加的栅格百分比。在整个中国大陆$\Delta C21$、$\Delta C32$、$\Delta C43$ 和$\Delta C54$ 分别为 0.25℃、0.18℃、0.47℃和 0.53℃，它们的增长率分别为 4%、3%、6%和 7%。也就是说，在近四个时期，整个中国大陆有加速增温趋势。

表 15.6　中国各区年平均温度变化趋势

区域		R_1	R_2	R_3	R_4	R_5	R_6	R_7	R_8	R_9	整个中国大陆
C_1 到 C_2 期间	C_1 时期的年平均温度/℃	3.33	5.68	1.61	8.31	−0.33	14.44	20.11	12.89	16.61	6.91
	$\Delta C21$/℃	0.23	0.34	0.14	0.19	0.56	0.02	0.00	0.04	−0.09	0.25
	变化率/%	7	6	9	2	170	0	0	0	−1	4
	PGCIT/%	94	85	85	95	93	56	48	58	18	75
C_2 到 C_3 期间	C_2 时期的年平均温度/℃	3.57	6.11	1.75	8.49	0.24	14.45	20.11	12.93	16.51	7.15
	$\Delta C32$/℃	0.30	0.23	0.57	0.02	0.14	−0.08	0.06	0.14	0.04	0.18
	变化率/%	8	4	33	0	59	−1	0	1	0	3
	PGCIT/%	92	87	100	52	78	42	74	77	66	77
C_3 到 C_4 期间	C_3 时期的年平均温度/℃	3.87	6.34	2.33	8.50	0.37	14.37	20.18	13.07	16.52	7.33
	$\Delta C43$/℃	0.72	0.48	0.55	0.61	0.46	0.23	0.32	0.53	0.43	0.47
	变化率/%	19	8	24	7	124	2	2	4	3	6
	PGCIT/%	100	92	98	95	91	83	91	99	100	94
C_4 到 C 期间	C_4 时期的年平均温度/℃	4.60	6.81	2.87	9.10	0.85	14.59	20.49	13.62	16.97	7.82
	$\Delta C54$/℃	0.36	0.63	0.11	0.45	0.75	0.56	0.39	0.27	0.54	0.53
	变化率/%	8	9	4	5	90	4	2	2	3	7
	PGCIT/%	84	92	63	83	94	92	89	82	95	88

空间分辨率为 1km 的 HASM-OLS 模拟结果表明（图 15.12），每个栅格在各时期的年平均温度都或者增加或者减小，没有不发生变化的栅格。C_1 时期到 C_2 时期，整个中国大陆增温的栅格占 75%；除 R_9 有降温趋势外，其他 8 个区都呈增温趋势；R_4 是年平均温度增加栅格百分比最大的地区，其值为 95%；年平均温度增加栅格百分比最小的地区是 R_9，其值为 18%；R_5 年平均气温增加了 0.56℃，是增温最大的地区。C_2 到 C_3 时期，整个中国大陆增温的栅格占 77%；这一时期，除 R_6 区有变冷趋势，其他 8 个区都有增温趋势；R_3 区所有栅格都增温，增温幅度为 0.57℃，温度平均增加 33%。C_3 时期到 C_4 时期，整个中国大陆增温栅格百分比为 94%，温度升高 0.47℃；R_1 和 R_9 区增温栅格的百分比都是 100%；R_1 区温度升幅最大，为 0.72℃，增长率为 19%；R_6 去增温栅格的百分率最小、增温幅度最小、增温率也最小，它们分别为 83%、0.23℃和 2%。C_4 时期到 C_5 时期，全国大陆增温栅格百分比为 88%，增温幅度为 0.53℃，平均增温率为 7%；R_9 区增温栅格百分比最大，其值为 95%；R_5 区增温栅格百分比次之，但增温幅度最大，其值为 0.75℃，增温率为 90%。

除 R_9 区从 C_1 到 C_2 时期和 R_6 区从 C_2 到 C_3 时期有降温趋势外，其他各区在其他所有时期都是增温趋势。尤其是 R_5 区（青藏高原）在过去的 50 年中，年平均温度增加了 1.91℃，增温率为 443%；R_1、R_2、R_3 和 R_4 区的年平均气温分别增加了 1.61℃、1.68℃、1.37℃和 1.27℃，其增长率分别为 42%、27%、79% 和 14 %；而 R_6、R_7、R_8 和 R_9 区的增温率相对较低，分别为 5%、4%、7%和 5%，年平均温度增长幅度分别为 0.73℃、0.77℃、0.98℃和 0.92℃。

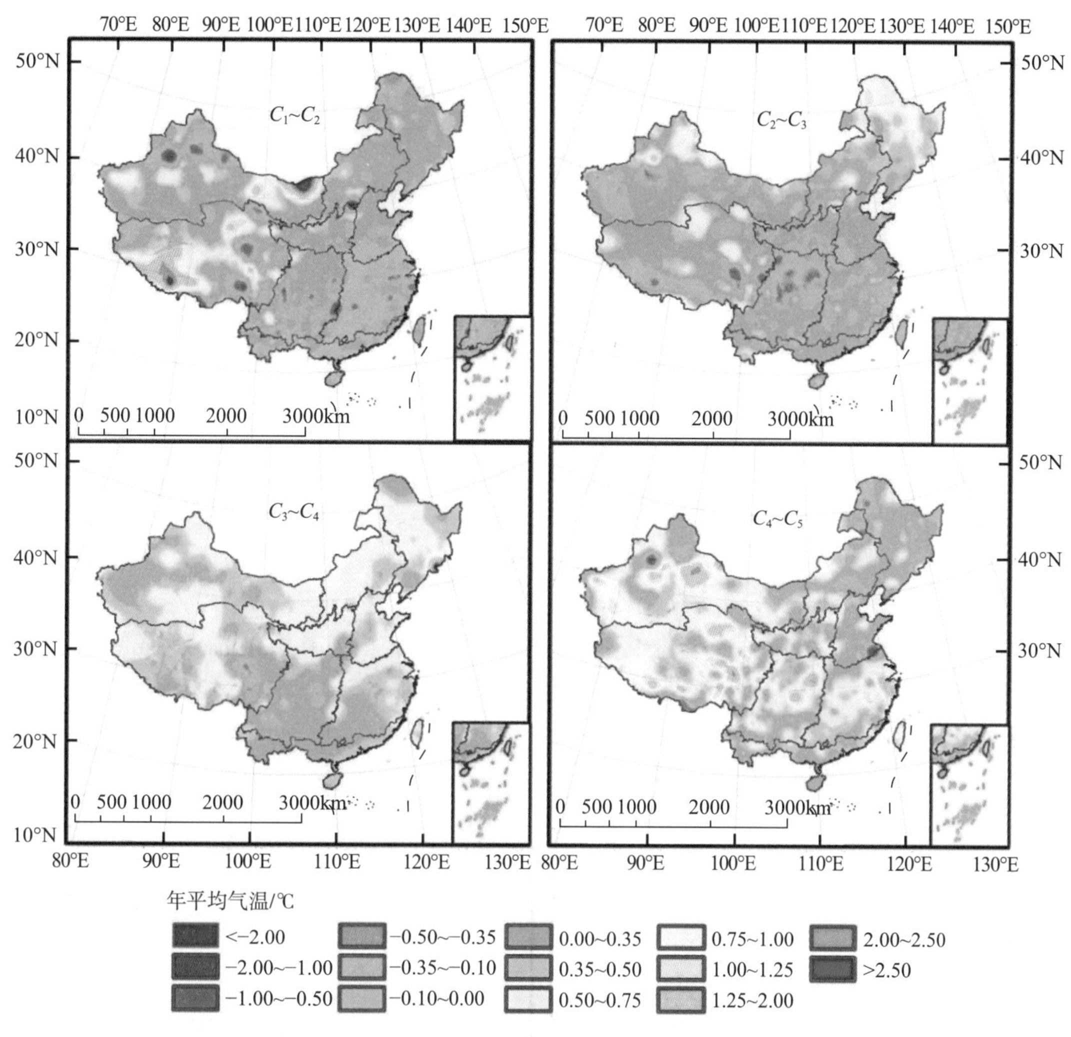

图 15.12　中国大陆年平均气温变化趋势

15.4.2　年平均降水变化趋势分析

整个中国大陆在 C_1~C_5 时期的年平均降水量分别为 583.78mm、585.16mm、591.08mm、593.03mm 和 585.78mm（表 15.7）。在时段 C_1 到 C_2、C_2 到 C_3 和 C_3 到 C_4，年平均降水的增加幅度分别为 1.39mm、5.93mm 和 1.93mm。然而，从时段 C_4 到 C_5，年平均降水量减少了 7.25mm。在表 15.7 中，$\Delta C21$ 表示 C_2 时期的年平均降水减去 C_1 时期的年平均降水；$\Delta C32$ 表示 C_3 时期的年平均降水减去 C_2 时期的年平均降水，依次类推；PGCIP 表示年平均降水增加的栅格百分比。

空间分辨率为 1km 的 HASM-GWR-BC 模拟结果显示（图 15.13），在 C_1~C_5 的所有时期，九个区域所有栅格的降水量都在增加或减小，没有年平均降水量不发生变化的栅格。从 C_1 到 C_2 时期，整个中国大陆有 55%栅格的年平均降水量呈现增加趋势，平均增加量为 1.39mm，增加率接近于 0；R_5 区 86%栅格的年平均降水量增加；其增加率最高，年平均降水增加量和增加率分别为 19.6mm 和 5%；R_7 区年平均降水量增加最多，增加量和增加率分别为 47.34mm 和 3%；R_4 区年平均降水量减少量和减少率最多，分别为–43.45mm 和–8%。从 C_2 到 C_3 时期，整个中国大陆 59%栅格的降水量呈增减趋势，平均增加量为 5.93mm，增加率为 1%；R_3 区年平均降水量增加的栅格比率、年降水增加量和年降水增加率与其他区相比最大，其值分别为 98%、91.8mm 和 18%；R_8 区年平均降水量增加的栅格比率最小，年降水减少量和减少率最大，其值分别为 14%、–46.62mm 和–7%。C_3 到 C_4 时期，全国大陆年平均降水量增加栅格百分比为 53%，平均增加量为 1.93mm，其增加率几乎为 0；R_9 区年平均降水量增加的栅格比率为 83%，平均增加量为 71.49mm，与其他

表 15.7　中国各区年平均降水变化趋势

	区域	R_1	R_2	R_3	R_4	R_5	R_6	R_7	R_8	R_9	整个中国大陆
C_1 到 C_2 期间	C_1 时期的年平均降水/mm	324.60	117.44	547.12	529.77	371.80	1037.60	1465.40	734.78	1414.95	583.78
	$\Delta C21$/mm	−3.34	3.15	−25.08	−43.45	19.60	−22.95	47.34	−18.74	15.3	1.39
	变化率/%	−1	3	−5	−8	5	−2	3	−3	1	0
	PGCIT/%	55	71	15	5	86	18	64	11	58	55
C_2 到 C_3 期间	C_2 时期的年平均降水/mm	321.26	120.58	522.03	486.31	391.39	1014.60	1512.71	716.03	1430.30	585.16
	$\Delta C32$/mm	6.32	3.71	91.80	15.19	5.27	−4.96	−13.56	−46.62	3.44	5.93
	变化率/%	2	3	18	3	1	−1	−1	−7	0	1
	PGCIT/%	45	61	98	68	59	57	44	14	58	59
C_3 到 C_4 期间	C_3 时期的年平均降水/mm	327.57	124.28	613.82	501.49	396.65	1009.64	1499.14	669.45	1433.75	591.08
	$\Delta C43$/mm	3.57	8.58	−29.92	−54.11	2.75	−39.48	16.87	6.53	71.49	1.93
	变化率/%	1	7	−5	−11	1	−4	1	1	5	0
	PGCIT/%	57	76	7	4	45	37	72	58	83	53
C_4 到 C_5 期间	C_4 时期的年平均降水/mm	331.15	132.85	549.36	447.40	399.43	970.21	1516.06	675.97	1505.18	593.03
	$\Delta C54$/mm	−48.33	5.42	−32.30	24.23	24.93	5.34	−24.82	38.15	−89.62	−7.25
	变化率/%	−14	4	−6	5	6	1	−2	6	−6	−1
	PGCIT/%	8	60	15	88	87	62	27	79	11	53

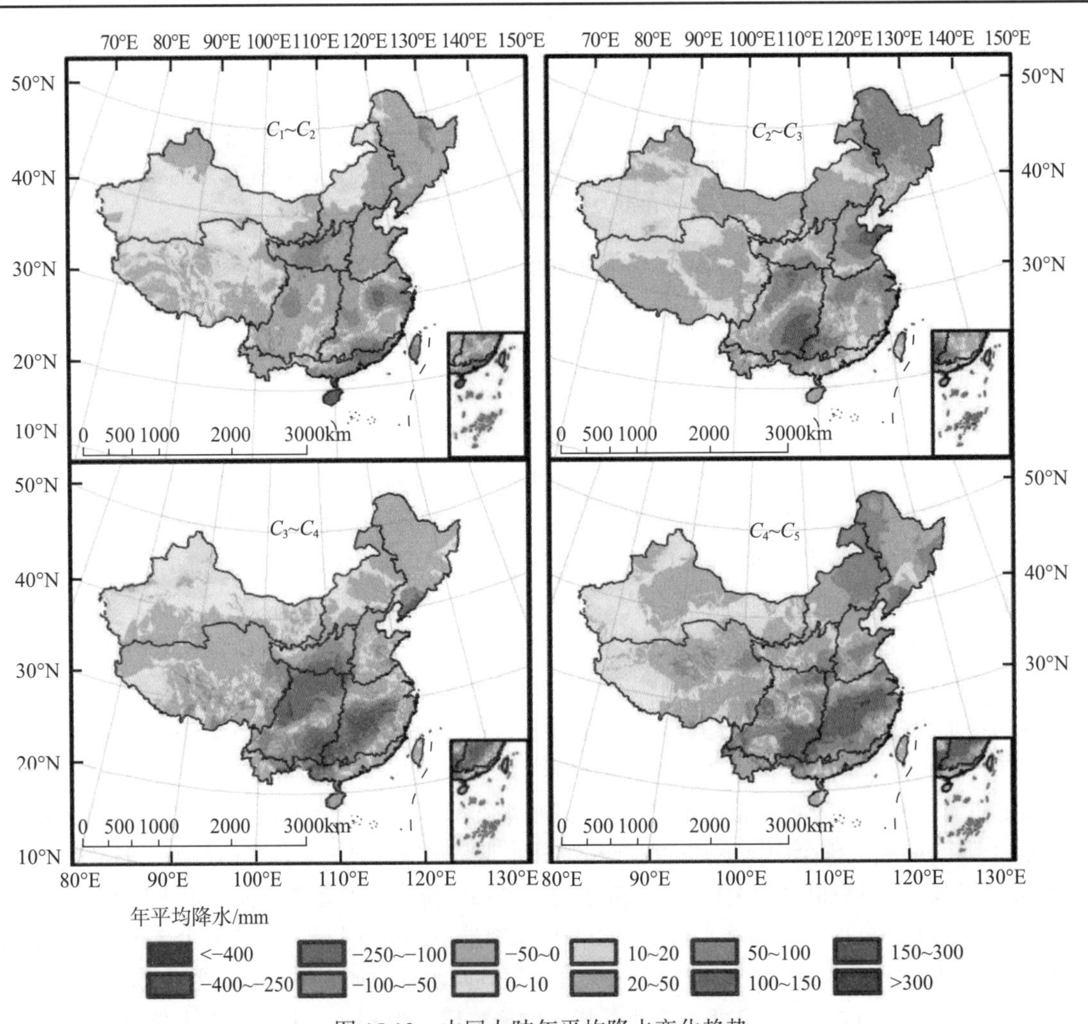

图 15.13　中国大陆年平均降水变化趋势

八个区域相比为最大值；R_2区平均降水增加率最大，其增加率和增加量分别为 7%和 8.58mm；R_4仅有 4%栅格的年降水量有增加趋势，年平均降水量减少 54.11mm，变化率为–11%。从 C_4到 C_5时期，中国大陆有 53%的栅格呈降水增多趋势，全国平均年降水量减少 7.25mm，变化率为–1%；R_4区降水增多栅格最多，占总栅格数的 88%，年平均降水量增加 24.23mm；R_8 区年平均降水量增加最多，增加量和增加率分别为 38.15mm 和 6%；R_1区 92%栅格呈现降水量减少趋势，年平均降水量减少 48.33mm，变化率为–14%；R_9区年平均降水量减少幅度最大，减少量和变化率分别为 89.62mm 和–6%。

自 20 世纪 60 年代以来，R_5区和 R_2区年平均降水量持续增加；近 50 年来，R_5区和 R_2区增加量分别为 52.55mm 和 20.86mm，增加率各为 13%和 17%。其余七区各年代或增或减，R_1、R_4、R_6和 R_8在五个时期的平均年降水量分别减少了 41.78mm、58.14mm、62.05mm 和 20.68mm，其相应变化率为–12%、–11%、–6%和–3%。在 R_3、R_7和 R_9区，年平均降水量分别增加了 4.5mm、25.83mm 和 0.61mm，相应的增加率为 2%、1%和 0%。

15.5　不同时期各区最大年平均温度变化和最大年平均降水量变化

15.5.1　年平均温度

为了分析年平均温度在各区不同时期的最大变化，引入最大增温率（MWR）、最大增温幅度（MWA）、最大降温率（MCR）和最大降温幅度（MCA）：

$$\mathrm{MWR}\left(R_i,C_t\right)=\max_{(j,k)\in Ri}\left\{\frac{\mathrm{MAT}_{j,k}(R_i,C_{t+1})-\mathrm{MAT}_{j,k}(R_i,C_t)}{\mathrm{MAT}_{j,k}\left(R_i,C_t\right)}\times 100\%\right\} \tag{15.46}$$

$$\mathrm{MWA}\left(R_i,C_t\right)=\max_{(j,k)\in R_i}\left\{\mathrm{MAT}_{j,k}(R_i,C_{t+1})-\mathrm{MAT}_{j,k}(R_i,C_t)\right\} \tag{15.47}$$

$$\mathrm{MCR}\left(R_i,C_t\right)=\max_{(j,k)\in R_i}\left\{\frac{\mathrm{MAT}_{j,k}(R_i,C_t)-\mathrm{MAT}_{j,k}(R_i,C_{t+1})}{\mathrm{MAT}_{j,k}\left(R_i,C_t\right)}\times 100\%\right\} \tag{15.48}$$

$$\mathrm{MCA}\left(R_i,C_t\right)=\max_{(j,k)\in R_i}\left\{\mathrm{MAT}_{j,k}(R_i,C_t)-\mathrm{MAT}_{j,k}(R_i,C_{t+1})\right\} \tag{15.49}$$

式中，$(j,k)\in R_i$表示(j,k)是R_i区中任一栅格，$i=1,2,\cdots,9$；$\mathrm{MAT}_{j,k}(R_i,C_t)$为$R_i$区中栅格$(j,k)$在时期$C_t$的年平均温度，$t=1,2,3,4$。

按照年平均温度的最大变化率（表 15.8），从 C_1到 C_2时期，最大增温率大于 300%的栅格出现在 R_2的东北部和 R_5区西部，最大增温幅度分别为 447%和 337%，相应增温幅度为 5.01℃和 3.64℃；最大降温率为 66%，出现在 R_3北部，降温幅度为 1.22℃。C_2到 C_3时期，最大增温率为 136%，发生在 R_3东南部，增温 1.74℃；最大降温 1.58℃，降温率为 223%，发生在 R_5东部。C_3到 C_4时期，最大增温幅度和增温率分别为 2.45℃和 340%，出现在 R_2区西部；最大降温和降温率为 1.59℃和 20%，发生在 R_5区东南部。C_4到 C_5时期，最大增温栅格在 R_3区的东南部，增温率和增温幅度分别是 101%和 4.7℃；最大降温栅格在 R_2区西部，降温率和降温量分别为 229%和 2.47℃。

表 15.8　各区不同时期的最大年平均温度变化

区域		R_1	R_2	R_3	R_4	R_5	R_6	R_7	R_8	R_9
从 C_1时期到 C_2时期	MWA/℃	0.88	5.01	0.67	0.77	3.64	0.7	0.46	1.21	0.38
	MWR/%	19	447	46	10	337	12	4	15	3
	MCA/℃	0.66	0.63	1.22	0.67	3.33	2.03	0.78	0.85	1.86
	MCR/%	8	5	66	8	50	13	3	11	13

续表

区域		R_1	R_2	R_3	R_4	R_5	R_6	R_7	R_8	R_9
从 C_2 时期到 C_3 时期	MWA/℃	1.44	1.28	1.74	1.46	1.77	1.02	1.47	1.18	0.84
	MWR/%	66	66	136	25	25	8	8	14	6
	MCA/℃	0.6	0.46	0.18	0.62	1.58	0.94	1.32	0.47	0.36
	MCR/%	8	4	5	8	223	6	11	3	3
从 C_3 时期到 C_4 时期	MWA/℃	3.09	2.45	4.5	3.09	2.31	1.93	2.53	2.11	2.27
	MWR/%	140	340	276	46	120	13	20	26	15
	MCA/℃	0.04	0.51	0.66	0.95	1.59	1.02	1.52	0.45	0.28
	MCR/%	1	6	10	7	20	7	7	3	2
从 C_4 时期到 C_5 时期	MWA/℃	1.79	3.5	4.7	1.76	3.81	4.98	3.76	1.49	2.22
	MWR/%	30	37	101	14	57	30	16	11	15
	MCA/℃	0.92	2.47	1.58	2.43	1.67	2.54	1.74	2.58	1.46
	MCR/%	103	229	27	38	43	22	9	24	8

按照年平均温度的最大变化幅度，在 C_1 到 C_2、C_2 到 C_3、C_3 到 C_4 和 C_4 到 C_5 各时期，最大增温栅格分别出现在 R_2 东北、R_5 东南、R_3 东南和 R_6 东南，它们的增温幅度分别为 5.01℃、1.77℃、4.5℃和 4.98℃；最大降温幅度分别为 3.33℃、1.58℃、1.59℃和 2.58℃，发生在 R_5 东南、R_5 东部、R_5 东南和 R_8 中部。

15.5.2　年平均降水量

最大年平均降水量增加率（MWER）、最大年平均降水增加量（MWEA）、最大年平均降水量减少率（MDR）和最大年平均降水减少量（MDA）分别表达如下：

$$\mathrm{MWER}\left(R_i,C_t\right)=\max_{(j,k)\in R_i}\left\{\frac{\mathrm{MAP}_{j,k}(R_i,C_{t+1})-\mathrm{MAP}_{j,k}(R_i,C_t)}{\mathrm{MAP}_{j,k}\left(R_i,C_t\right)}\times 100\%\right\} \tag{15.50}$$

$$\mathrm{MWEA}\left(R_i,C_t\right)=\max_{(j,k)\in R_i}\left\{\mathrm{MAP}_{j,k}(R_i,C_{t+1})-\mathrm{MAP}_{j,k}(R_i,C_t)\right\} \tag{15.51}$$

$$\mathrm{MDR}\left(R_i,C_t\right)=\max_{(j,k)\in R_i}\left\{\frac{\mathrm{MAP}_{j,k}(R_i,C_t)-\mathrm{MAT}_{j,k}(R_i,\mathrm{C}_{t+1})}{\mathrm{MAP}_{j,k}\left(R_i,C_t\right)}\times 100\%\right\} \tag{15.52}$$

$$\mathrm{MDA}\left(R_i,C_t\right)=\max_{(j,k)\in R_i}\left\{\mathrm{MAP}_{j,k}(R_i,C_t)-\mathrm{MAP}_{j,k}(R_i,C_{t+1})\right\} \tag{15.53}$$

式中，$(j,k)\in R_i$ 表示 (j,k) 是 R_i 区中任一栅格，$i=1,2,\cdots,9$；$\mathrm{MAP}_{j,k}(R_i,C_t)$ 为 R_i 区中栅格 (j,k) 在时期 C_t 的年平均温度，$t=1,2,3,4$。

按照年平均降水量变化率（表 15.9），在 C_1 到 C_2、C_2 到 C_3、C_3 到 C_4 和 C_4 到 C_5 时期，最大年平均降水量增加率出现在 R_5 西南、R_2 区南部、R_2 西南和 R_3 区西南，其增加率分别为 47%、47%、48%和 89%，相应增加量为 149.23mm、39.92mm、140.25mm 和 650.66mm；最大年平均降水量减少率分别出现在 R_2 西部、R_8 西南、R_3 西南和 R_1 中部，减少率分别为 32%、18%、82%和 36%，相应的减少量分别为 66.23mm、131.92mm、693.91mm 和 116.52mm。

按照变化量，C_1 到 C_2 时期的最大增加量为 276.69mm，变化率为 19%，出现在 R_7 南部；C_2 到 C_3 时期最大增加量为 177.71mm，变化率为 9%，发生在 R_3 东南；C_3 到 C_4 时期的最大增加量发生在 R_9 东南，变化量为 335.66mm，变化率为 20%；C_4 到 C_5 时期的最大增加量出现在 R_6 中部，增加量是 762.00mm，相应变化率为 69%。各时期最大年平均降水减少量分别出现在 R_7 东南、R_7 西南、R_6 西南和 R_9 东南部，减少量分别为 145.98mm、253.20mm、723.98mm 和 474.91mm，相应的变化率为–8%、–14%、–63%和–29%。

表 15.9　各区不同时期的最大年平均降水量变化

区域		R_1	R_2	R_3	R_4	R_5	R_6	R_7	R_8	R_9
从 C_1 时期到 C_2 时期	MWEA/mm	39.92	43.69	61.84	37.13	149.23	53.21	276.69	40.77	157.35
	MWER/%	13	23	18	7	47	8	19	5	11
	MDA/mm	69.34	66.23	91.70	80.84	42.94	100.74	145.98	73.22	109.09
	MDR/%	19	32	10	16	13	9	8	9	7
从 C_2 时期到 C_3 时期	MWEA/mm	72.21	39.92	177.71	95.68	57.68	116.63	119.46	94.96	112.26
	MWER/%	19	47	9	14	7	16	7	10	10
	MDA/mm	42.47	45.39	65.33	33.12	63.44	176.92	253.20	131.92	228.03
	MDR/%	8	15	10	10	16	14	14	18	11
从 C_3 时期到 C_4 时期	MWEA/mm	71.01	140.25	72.66	46.32	153.84	288.31	238.95	159.18	335.66
	MWER/%	13	48	15	12	24	22	14	24	20
	MDA/mm	135.82	43.44	693.91	176.27	229.67	723.98	254.67	160.87	493.48
	MDR/%	40	17	82	22	47	63	13	18	28
从 C_4 时期到 C_5 时期	MWEA/mm	58.01	66.81	650.66	128.23	289.52	762.00	158.34	305.71	476.73
	MWER/%	16	32	89	21	36	69	9	60	26
	MDA/mm	116.52	47.8	130.95	47.45	118.92	301.44	230.99	202.45	474.91
	MDR/%	36	14	28	9	23	20	12	21	29

15.6　结　　论

15.6.1　方法

运用高精度曲面建模方法生成年平均温度和年平均降水曲面的过程可归纳为 4 个步骤（图 15.14）：①对气象台站观测数据或未来情景模型模拟数据的正态性进行统计检验，如果不服从正态分布，则进行正态性变换使其尽量服从正态分布；②对正态分布数据进行空间平稳性分析，如果空间平稳，则运用普通最小二乘回归方程表达其趋势面，如果空间非平稳，则运用地理加权回归方程表达其趋势面；③在每一个栅格，对趋势面值和运用高精度曲面建模方法优化的残差进行加法运算；④对加法运算后的结果进行逆正态性变换，获得年平均温度和年平均降水的目标曲面。

研究结果表明，中国大陆年平均气温空间平稳，而年平均降水量空间非平稳。年平均温度的趋势面可表达为自变量为纬度和海拔的普通最小二乘线性回归方程，年平均降水量的 BOX-COX 变换值趋势面可表达为坡向、纬度、经度和海拔的地理加权回归方程。年平均温度的趋势面与高精度曲面建模（HASM）方法获取的年平均温度残差曲面之和，即为各栅格点年平均温度模拟值；年降水量 BOX-COX 变换值趋势面与其高精度曲面建模（HASM）方法残差曲面之和，则为每个栅格处年降水量 BOX-COX 变换值的模拟值，经 BOX-COX 变换求逆之后，即为年平均降水量模拟值。

对空间分辨率为 1km 模拟结果的交叉比较验证结果显示，以普通最小二乘线性回归方程为年平均温度平均趋势面，以高精度曲面建模（HASM）方法求解残差曲面时，相对误差为 11.70%；而以普通最小二乘线性回归方程为趋势面，分别以普通克里金（OK）、反距离加权（IDW）和样条函数（Spline）法求取残差曲面时，平均相对误差各为 12.80%、14.00%和 21.80%。若以地理加权回归方程为年平均降水量趋势面，运用高精度曲面建模方法求解的残差曲面，年平均降水量的平均相对误差为 9.50%；而以同样的地理加权回归方程为年平均降水量趋势面，分别用普通克里金、反距离加权和样条函数法求取残差曲面，年平均降水量的平均相对误差则分别为 15.50%、14.10%和 21.90 %。显然，基于高精度曲面建模方法的模拟精度远高于基于普通克里金法、反距离加权法和样条函数法等经典方法的模拟精度。

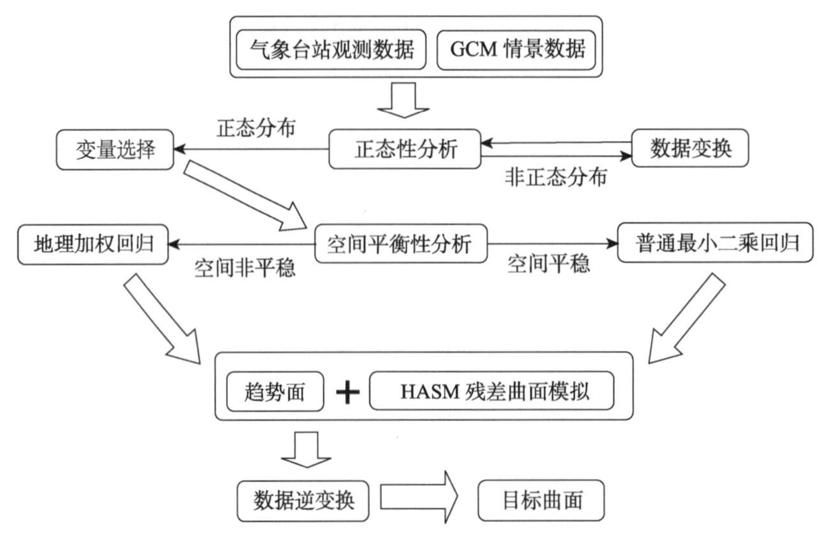

图 15.14　HASM 空间插值与降尺度流程图

15.6.2　气候变化趋势

中国地势东高西低，形成了地形上的三级阶梯（图 15.10）。青藏高原是第一级阶梯；青藏高原往北、往东，地势显著降低，第二级地形阶梯随之展现；大兴安岭、太行山、伏牛山至雪峰山一线以东为第三级阶梯（中国科学院《中国自然地理》编辑委员会，1985）。中国年平均温度增温率在第二、第三级阶梯所在区域由南向北逐渐增大，尤其在黑龙江省，自 20 世纪 60 年代以来，≥10℃的年积温 2100℃ · d 等值线向西北移动了 255km，使黑龙江省适合种植早稻的面积扩大了 380 万 hm^2；≥10℃的 2400℃ · d 等值线向北移动了 167km，使黑龙江适合种植玉米的土地增加了 550 万 hm^2。

中国年平均温度自 20 世纪 60 年代以来呈上升趋势，尤其是 20 世纪 80 年代以来出现了加速增温趋势。在 20 世纪 60 年代、70 年代、80 年代、90 年代和 21 世纪 10 年代，中国大陆 10 年年平均温度分别为 6.91℃、7.15℃、7.33℃、7.82℃和 8.35℃，每 10 年比前 10 年的年平均温度的增长率分别是 4%、3%、6%和 7%。在 20 世纪 60~70 年代、70~80 年代、80~90 年代和 20 世纪 90 年代到 21 世纪 10 年代的四个时期，增温最大的栅格出现在 R_1、R_2、R_3 和 R_5 区。根据温度变化率和增温幅度，青藏高原和中国北部的极端气温事件远高于南方地区（Yue *et al.*, 2013b）。

中国大陆在 20 世纪 60 年代、70 年代、80 年代、90 年代和 21 世纪 10 年代的年平均降水量分别是 583.78mm、585.16mm、591.08mm、593.03mm 和 585.78mm，20 世纪 60~70 年代、70~80 年代、80~90 年代和 20 世纪 90 年代到 21 世纪 10 年代的增雨量分别为 1.39mm、5.93mm、1.93mm 和−7.254mm。也就是说，中国内地的平均状况是，20 世纪 60~90 年代气候有暖湿变化趋势，但到 21 世纪以来，有暖干趋势。然而，自 20 世纪 60 年代以来，青藏高原和西北干旱区的降水量一直持续增加，近 50 年来分别增加了 13%和 17%。

按照变化率，在 1960~2010 年，降水极端事件多发生于中国北方和青藏高原；按照变化量，降水极端事件多发生在中国南方和四川盆地，而且降水极端事件的强度越来越大。

致谢：本章所使用的全球气候模式气候变化预估数据，是由国家气候中心研究人员对数据进行的整理、分析和惠许使用。原始数据由各模式组提供，由 WGCM（JSC/CLIVAR working group on coupled modelling）组织 PCMDI（program for climate model diagnosis and intercomparison）搜集归类，多模式数据集的维护由美国能源部科学办公室提供资助。

第 16 章　中国气候未来情景降尺度模拟分析*

16.1　引　　言

全球气候模式（GCM）模拟数据是气候未来情景数据的主要来源。大多数 GCM 模拟气候数据的空间分辨率均在 200~500km，能在全球尺度上对未来气候情景进行宏观模拟，但很难用于区域尺度上各种生态系统对气候响应模拟（Xue *et al*., 2007），需要通过降尺度处理（downscaling）将空间分辨率提高到 10m 至 1km。

利用观测数据建立的统计模型，将粗分辨率的 GCMs 数据转换为较高分辨率的局地尺度信息，通常称为统计降尺度方法（Zorita and von Storch, 1999）。统计传递函数（STF）是最常用的降尺度方法，它是由观测数据建立的一种统计关系（Hewitson and Crane, 1996; Murphy, 1999）。目前，已有许多关于中国区域统计传递函数的研究成果。例如，Chu 等（2010）根据海河流域 11 个气象台站 1961~2000 年的日气温、降水量和蒸发量观测数据，建立了统计传递函数，分析结果表明，降尺度的平均气温、降水量和蒸发量与其观测值的决定系数分别为 99%、73%和 93%。Liu 等（2011）运用统计传递函数，在黄河流域将 HadCM3 全球气候模式的气温和降水模拟结果转换为日时间序列数据。Jia 等（2011）在柴达木盆地建立了降水与地形和植被等环境要素之间的统计关系，并将其运用于遥感产品的降尺度处理。Yang 等（2012）在东江流域建立了统计传递函数，根据 HadCM3 全球气候模式的 A2 和 B2 排放情景，建立了 21 世纪极端日气温和日降水的未来情景，其日最高气温、最低气温和降水的偏差分别为 1.1℃、0.12℃和 0.39mm。Li 等（2012）为了预测黄土高原在 21 世纪极端气候的时空变化，运用统计传递函数对六种全球气候模式（CNRM-CM3、GFDL-CM2.1、INM-CM3.0、IPSL-CM4、MIROC3.2-M 和 NCAR-PCM）在 A1B、A2 和 B1 三种排放情景下的极端降水和气温进行了降尺度处理，结果表明，当前的极端气候变化趋势将在 21 世纪继续发展；也就是说，热浪持续时间更长、极端寒冷天气变少、强降水更频繁和持续干旱时间更长。

von Storch 等（1993）认为 GCMs 的模拟结果能否用于区域尺度存在可疑性；Ciret 和 Sellers（1998）认为，GCMs 模拟的空间分辨率与区域气候的模拟精度直接相关，提高 GCMs 的空间分辨率，将会提高气候模拟精度，从而增加运用 GCMs 数据对生态系统响应模拟的可信度；Covery 等（2003）则认为很难确定这些 GCM 模型能否很好地对气候变化的过去趋势或未来情景进行模拟和预测；Raisanen（2007）认为，目前的气候模式不能用于大多数的小尺度过程的准确模拟；Prudhomme 和 Davies（2009）研究表明，在相同的大气和洋流驱动下，GCMs 也往往会模拟出不同的结果，尤其是在区域尺度上这种问题更加明显。

为了提高 GCMs 在区域和局地尺度的模拟精度，相继产生了许多动力学降尺度方法和统计学降尺度方法（Charles *et al*., 1999; Ashiq *et al*., 2010）。例如，有限域模型（LAMs）在 GCM 粗栅格中嵌套了细格网（Anthes, 1983; Giorgi, 1990; Walsh and McGregor, 1997）。区域尺度气候模拟数值方法以 GCM 大尺度气候系统模拟结果为其中尺度模型的高分辨率模拟提供边界条件（Dickinson *et al*., 1989）。单向嵌套方法用于发展 GCM 模拟结果驱动的 50km 分辨率区域气候模式（Jones *et al*., 1995）。运用横向嵌套法在不同尺度上对 GCM 模拟结果进行修正和补充（Xue *et al*., 2007）。天气预报模式（WRF）被嵌入大气–海洋耦合环流模式（CGCM）的气候预测系统，对中国大陆 1982~2008 年的冬季降水预测进行了降尺度处理，使其误差减小了 30%（Yuan *et al*., 2012）。

---

* 赵娜、王晨亮、范泽孟和李婧为本章主要合著者。

16.2　CMIP5 年平均气温、降水的降尺度模型

16.2.1　气候情景

为了便于研究，利用简单平均法将 21 个 CMIP5[the world climate research programme's（WCRP's）coupled model intercomparison project phase 5（CMIP5）multi-model dataset]全球气候模式的模拟结果（Moss *et al.* 2008）生成月平均数据，通过插值降尺度到 1°的同一空间分辨率（简称其为 CMIP5 全球数据集），包括历史气候模拟及 RCP2.6、RCP4.5 和 RCP8.5 情景（表 16.1）。

RCP2.6 情景基于全球环境综合评估模式（IMAGE），把全球平均温度上升限制在 2.0℃之内，其中 21 世纪后半叶能源应用为负排放；辐射强迫在 2100 年之前达到峰值，到 2100 年下降至 2.6W/m^2；通过采取一系列减缓、适应气候变化的政策，增加化石能源的价格，生物能源核能等清洁能源的比例逐渐升高，与其他情景不同，该情景化石能源的使用出现减少的趋势。

RCP4.5 情景基于全球评估模式（GCAM），其 2100 年辐射强迫稳定在 4.5W/m^2；2100 年主要能源消耗达到 750~900 EJ，低于 RCP8.5 情景；假定人口最少，增长最慢，GDP 增速高于 RCP8.5，低于 RCP2.6；考虑了与全球经济框架相适应的、长期存在的全球温室气体和短期生存的物质排放，以及土地利用和陆面变化。

RCP8.5 情景基于国际应用系统分析研究所（IIASA）的综合评估框架和能源供应选择及其总环境影响（MESSAGE）模式，假定人口最多、技术革新率不高、能源改善缓慢，所以收入增长慢；这将导致长时间高能源需求及高温室气体排放，而缺少应对气候变化的政策；2100 年辐射强迫上升至 8.5W/m^2。

表 16.1　典型浓度路径 RCPs 特征概述（van Vuuren *et al.*, 2011）

名称	辐射强迫*	浓度**	路径形态
RCP8.5	在 2100 年，>8.5W/m^2	在 2100 年，>1370CO_2 当量	逐渐上升
RCP4.5	2100 年后稳定在 4.5W/m^2	2100 年后稳定在 650CO_2 当量	稳定，非超限
RCP2.6	2100 年前峰值达到 2.6W/m^2，其后下降	2100 年前峰值达到 490CO_2 当量，其后下降	达到峰值后下降

*各近似的辐射强迫水平被定义为上述水平的 ± 5%（以 W/m^2 为单位），辐射强迫值包括所有人为的温室气体和其他强迫因子的净效应；

**各近似的 CO_2 当量

16.2.2　空间平稳性分析与降尺度模型表达

从 CMIP5 全球数据集中，截取包含中国的矩形区域（60°~149°E，0.5°~69.5°N）的平均气温和降水数据（共 90×70=6300 个栅格，简称其为 CMIP5 中国数据集）。数据的时间段分为 1976~2005 年（t_1）、2011~2040 年（t_2）、2041~2070 年（t_3）和 2071~2100 年（t_4）。采用与普通最小二乘回归（OLS）相同解释变量和样本点的地理加权回归（GWR）获得截距、纬度回归系数及高程回归系数三个曲面，计算变异系数：

$$\mathrm{CV} = \frac{\sigma}{\bar{Z}} \times 100\% \tag{16.1}$$

式中，σ 为标准差；$\bar{Z}$ 为其属性均值。计算结果显示，截距、纬度回归系数和高程回归系数曲面的变异系数值分别为 24.66%、23.36%和 21.30%，均小于 25%，属于中等偏弱变异水平，这表明气温的空间分布规律相对稳定。因此，对气温的背景趋势值，可采用普通最小二乘回归的方式进行拟合。

将 CMIP5 中国数据集的历史时期平均气温点数据与空间分辨率为 1km 的 DEM 栅格数据叠加，并进行投影变换，获取模式点的高程数据、计算点数据的经纬度坐标(x, y)。对全国平均气温与高程和纵坐标的相关关系进行回归分析，得到回归方程如下：

$$\mathrm{RMAT}(x,y,t_1)=41.585-\left(0.982y-404.090\mathrm{Ele}(x,y)\right)\cdot 10^{-5} \tag{16.2}$$

式中，$\mathrm{RMAT}(x,y,t_1)$ 为 t_1 时段 CMIP5 年平均气温的回归趋势面；y 为纬度坐标(m)；$\mathrm{Ele}(x,y)$ 为栅格 (x,y) 的高程（m）。

利用气象站点观测数据，计算原始 CMIP5 年平均气温的回归趋势面在气象站点的修正残差，用 HASM 对气象站点残差进行空间插值（Yue, 2011；Yue *et al.*, 2013a）。空间分辨率为 1km 的残差曲面表示为 $\varepsilon=\mathrm{HASM}\{\mathrm{MAT}_j-\mathrm{RMAT}_j\}$，CMIP5 中国数据集年平均气温的降尺度公式可表达为

$$\mathrm{DMAT}(x,y,t_1)=\mathrm{RMAT}(x,y,t_1)+\mathrm{HASM}\{\mathrm{MAT}_j-\mathrm{RMAT}_j\} \tag{16.3}$$

式中，$\mathrm{DMAT}(x,y,t_1)$ 为 t_1 时段年平均气温的降尺度结果；RMAT_j 为 CMIP5 年平均气温的回归趋势面在气象站点 j 处的取值；MAT_j 为气象台站年平均温度观测值。

对 CMIP5 的原始年平均降水数据，通过地理加权回归（GWR）获得截距、经度、纬度、高程及坡向因子五个回归系数曲面。根据式（16.1），坡向因子回归曲面、经度回归曲面的变异系数均大于 100%，属于强变异；其余各曲面变异系数绝对值都大于 40%，属于中等变异。在 0.01 显著性水平下，降水量与截距、经度、纬度、高程和坡向因子之间在空间上都为非平稳关系。因此对降水的背景趋势需采用 GWR 进行拟合。

为避免模拟过程中出现极端值，首先对模式数据进行归一化处理，

$$P(x,y,t_1)=\frac{\mathrm{OMAP}(x,y,t_1)}{\mathrm{MAX}\{\mathrm{OMAP}(x,y,t_1)\}} \tag{16.4}$$

式中，$P(x,y,t_1)$ 为栅格 (x,y) 处 t_1 时段 CMIP5 的原始年平均降水的归一化值；$\mathrm{OMAP}(x,y,t_1)$ 为 t_1 时段 CMIP5 的原始年平均降水；$\mathrm{MAX}\{\mathrm{OMAP}(x,y,t_1)\}$ 为 t_1 时段 CMIP5 原始年平均降水的最大值。

为保证数据的正态性，对 $P(x,y,t_1)$ 作 BOX-COX 变换（Box and Cox, 1964）：

$$\Psi_{0.4}\left(P(x,y,t_1)\right)=\left(\left(P(x,y,t_1)\right)^{0.4}-1\right)/0.4 \tag{16.5}$$

将 BOX-COX 变换后 CMIP5 的原始年平均降水与空间分辨率为 1km 的 DEM 栅格数据和坡向指数栅格数据叠加，并进行投影变换。用地理加权回归（GWR）模块拟合 CMIP5 的原始年平均降水，得到趋势值，

$$\Psi_{0.4}\left(P(x,y,t_1)\right)=\theta_0(x,y)+\theta_1(x,y)\cdot x+\theta_2(x,y)\cdot y+\theta_3(x,y)\cdot \mathrm{Ele}(x,y)+\theta_4(x,y)\cdot \mathrm{ICA}(x,y) \tag{16.6}$$

式中，x、y、$\mathrm{Ele}(x,y)$、$\mathrm{ICA}(x,y)$ 分别为经度、纬度、高程和坡向指数；$\theta_0(x,y)$、$\theta_1(x,y)$、$\theta_2(x,y)$、$\theta_3(x,y)$ 和 $\theta_4(x,y)$ 为常数项和对应解释变量的系数，随着地理位置的变化而变化。

利用气象站点观测数据对趋势值进行修正，可得 HASM 优化的 1km 空间分辨率残差曲面及 CMIP5 年平均降水量的降尺度 BOX-COX 变换表达为

$$\begin{aligned}\Psi_{0.4}(d\mathrm{MAP}(x,y,t_1))=\ &\Psi_{0.4}\left(P(x,y,t_1)\right)+\\ &\mathrm{HASM}\{\Psi_{0.4}(\mathrm{MAP}_j/\mathrm{MAX}\{\mathrm{MAP}_j(x,y,t_1)\})-\Psi_{0.4}(P(x,y,t_1))\}\end{aligned} \tag{16.7}$$

式中，MAP_j 为气象台站观测的年平均降水量；$d\mathrm{MAP}(x,y,t_1)$ 为 t_1 时段 CMIP5 年平均降水降尺度结果的归一化值。

进行反 BOX-COX 变换及反归一化处理，即得 CMIP5 年平均降水的降尺度模型：

$$D\mathrm{MAP}(x,y,t_1)=\mathrm{MAX}\{\mathrm{OMAP}(x,y,t_1)\}\cdot\left(0.4\cdot\Psi_{0.4}(d\mathrm{MAP}(x,y,t_1))+1\right)^{\frac{1}{0.4}} \tag{16.8}$$

16.2.3　降尺度方法精度比较

为了考察各种降尺度方法的精度，对空间平稳的年平均气温，比较分析以下模拟结果：①普通线性回归模型（OLS）加其残差的 IDW 内插（IDW-OLS）；②普通线性回归模型（OLS）加其残差的 Kriging 内插

（Kriging-OLS）；③普通线性回归模型（OLS）加其残差的 Spline 内插（Spline-OLS）；④普通线性回归模型（OLS）加其残差的 HASM 内插（HASM-OLS），对空间非平稳的年平均降水，比较分析以下不同处理结果；⑤BOX-COX 变换的地理加权回归模型（GWR-BC）加其残差的 IDW 内插（IDW-GB）；⑥BOX-COX 变换的地理加权回归模型（GWR-BC）加其残差的 Kriging 内插（Kriging-GB）；⑦BOX-COX 变换的地理加权回归模型（GWR-BC）加其残差的 Spline 内插（Spline-GB）；⑧BOX-COX 变换的地理加权回归模型（GWR-BC）加其残差的 HASM 内插（HASM-GB）。

若 DMAT_j 和 DMAP_j 分别为 CMIP5 年平均温度和年平均降水量的降尺度处理结果；MAT_j 和 MAP_j 分别为气象台站（图 16.1）观测的年平均温度和年平均降水量，CMIP5 年平均温度和年平均降水量降尺度处理的平均绝对误差和平均相对误差可分别表达为

$$\mathrm{DTAE}=\frac{1}{n}\times\sum_{j=1}^{n}\left|\mathrm{DMAT}_j-\mathrm{MAT}_j\right| \tag{16.9}$$

$$\mathrm{DTRE}=100\%\times\mathrm{DTAE}\Big/\left(\frac{1}{n}\sum_{j=1}^{n}\left|\mathrm{MAT}_j\right|\right) \tag{16.10}$$

$$\mathrm{DPAE}=\frac{1}{n}\times\sum_{j=1}^{n}\left|\mathrm{DMAP}_j-\mathrm{MAP}_j\right| \tag{16.11}$$

$$\mathrm{DPRE}=100\%\times\mathrm{DPAE}\Big/\left(\frac{1}{n}\sum_{j=1}^{n}\left|\mathrm{MAP}_j\right|\right) \tag{16.12}$$

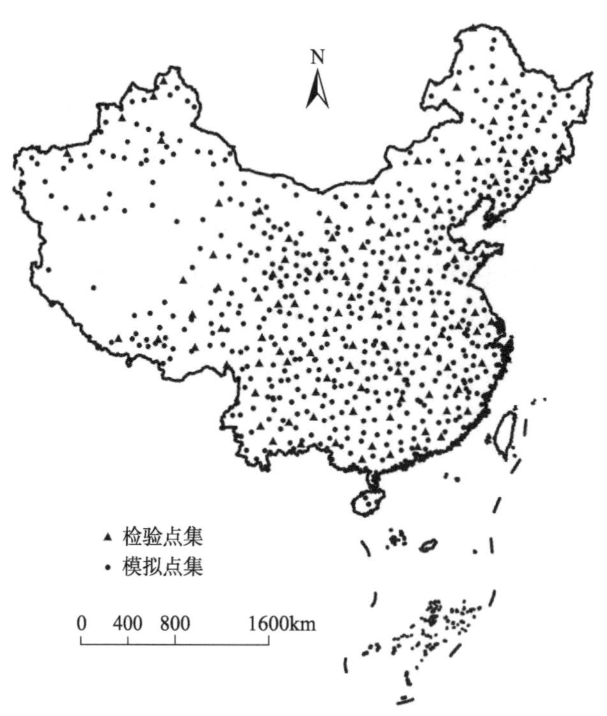

图 16.1　气象站点分布图

各种处理方法对 CMIP5 模式数据处理结果的统计分析表明（表 16.2），引入空间平稳性分析可有效提高气象要素的模拟精度。对空间平稳的年平均气温， IDW-OLS、Kriging-OLS 和 Spline-OLS 的混合降尺度方法较 IDW、Kriging 和 Spline 直接降尺度处理的误差分别降低了 122%、122%和 118%。对空间非平稳的年平均降水， IDW-GB、GWR-BC、Kriging-GB 和 Spline-GB 的混合降尺度结果较 IDW、Kriging 和 Spline 直接降尺度处理的误差分别降低了 31%、32%和 25%。值得注意的是，Spline-GB 对异常点很敏感，容易产生异常高值和异常低值。

表 16.2　CMIP5 全球气候模式与降尺度方法精度比较

误差		IDW	Kriging	Spline	OLS-IDW	OLS-Kriging	OLS-Spline	OLS-HASM
年平均气温	DTAE/℃	14.11	14.15	14.16	0.66	0.67	1.11	0.66
	DTRE/%	128	128	128	6	6	10	5
年平均降水	DPAE/mm	332.67	333.84	333.46	86.30	81.12	139.16	79.08
	DPRE/%	42	42	42	11	10	17	9

同时，可以发现，不管对空间平稳的年平均气温还是空间非平稳的年平均降水，基于 HASM 的混合尺度方法的模拟精度都高于所有其他方法至少 1%。也就是说，考虑空间平稳性特性并采用 HASM 模拟，可最大程度提高气象要素降尺度的模拟精度。

16.3　CMIP5 精度分析

16.3.1　CMIP5 基准数据与气象台站观测数据比较分析

在气象观测台站 j 处（ $j=1,2,\cdots,735$ ），以 OMAT_j 和 OMAP_j 分别代表 CMIP5 的原始年平均温度和年平均降水量。回归分析结果显示，在整个中国大陆， CMIP5 的原始年平均温度 $\left\{\mathrm{OMAT}_j\right\}$ 和气象台站观测年平均温度 $\left\{\mathrm{MAT}_j\right\}$ 、CMIP5 年平均温度 HASM-OLS 降尺度结果 $\left\{\mathrm{DMAT}_j\right\}$ 和气象台站观测年平均温度 $\left\{\mathrm{MAT}_j\right\}$ 、CMIP5 的原始年平均降水 $\left\{\mathrm{OMAP}_j\right\}$ 和气象台站观测年平均降水 $\left\{\mathrm{MAP}_j\right\}$ ，以及 CMIP5 年平均降水 HASM-GB 降尺度结果 $\left\{\mathrm{DMAP}_j\right\}$ 和气象台站观测年平均降水 $\left\{\mathrm{MAP}_j\right\}$ 的平均相关系数分别为 0.90、0.99、0.82 和 0.97。也就是说，降尺度处理使 CMIP5 模式年平均气温数据与气象台站观测年平均气温数据的相关系数提高 10%，使 CMIP5 模式年平均降水数据与气象台站观测年平均降水数据的相关系数增加 18%（图 16.2 和图 16.3）。

为了分析气象台站观测数据与 CMIP5 模拟结果的可比性，以及降尺度处理对 CMIP5 模拟结果精度的提高程度，在全国陆地随机抽取 90%的气象站点数据用于降尺度模拟；全国其余的 10%气象观测台站数据用于对比验证。

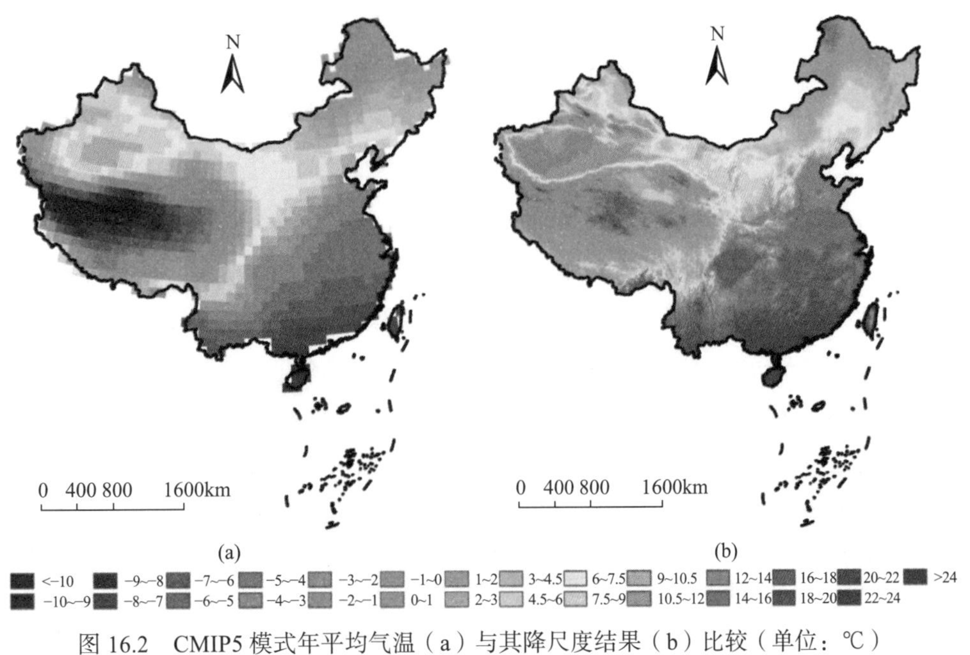

图 16.2　CMIP5 模式年平均气温（a）与其降尺度结果（b）比较（单位：℃）

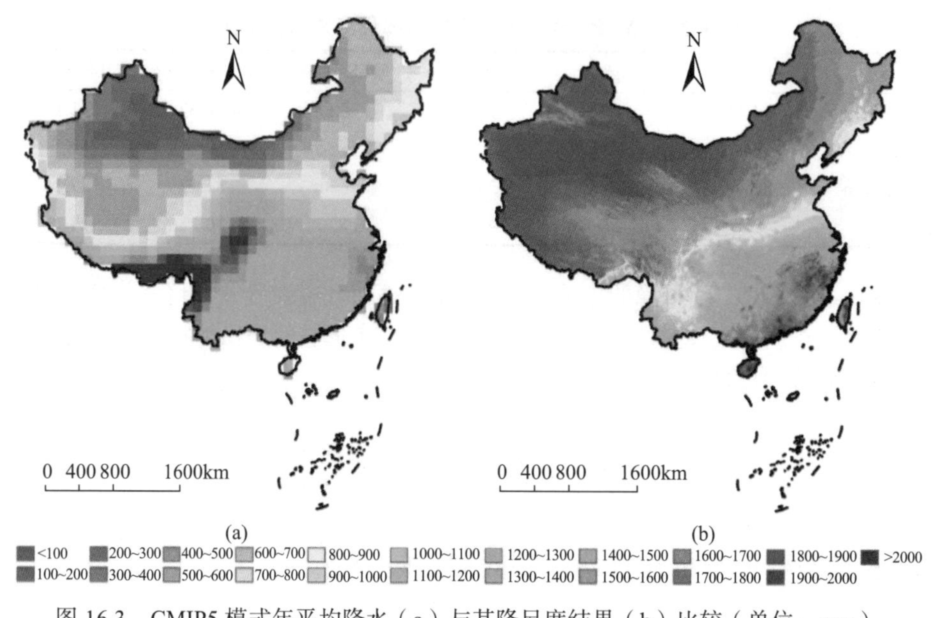

图 16.3　CMIP5 模式年平均降水（a）与其降尺度结果（b）比较（单位：mm）

除 CMIP5 降尺度处理年平均温度绝对误差 DTAE 和 CMIP5 降尺度处理年平均降水量绝对误差 DPAE 外，本书设计了 CMIP5 年平均气温绝对误差 OTAE 、CMIP5 年平均温度降尺度处理精度提高率 RT 、CMIP5 年平均降水量绝对误差 OPAE 和 CMIP5 降尺度处理年平均降水量精度提高率 RP 指标，它们可表达为如下形式：

$$\mathrm{OTAE}(i)=\frac{1}{n_i}\times\sum_{j=1}^{n_i}\left|\mathrm{OMAT}_j(i)-\mathrm{MAT}_j(i)\right| \tag{16.13}$$

$$\mathrm{OPAE}(i)=\frac{1}{n_i}\times\sum_{j=1}^{n_i}\left|\mathrm{OMAP}_j(i)-\mathrm{MAP}_j(i)\right| \tag{16.14}$$

$$\mathrm{DTAE}(i)=\frac{1}{n_i}\times\sum_{j=1}^{n_i}\left|\mathrm{DMAT}_j(i)-\mathrm{MAT}_j(i)\right| \tag{16.15}$$

$$\mathrm{DPAE}(i)=\frac{1}{n_i}\times\sum_{j=1}^{n_i}\left|\mathrm{DMAP}_j(i)\text{-}\mathrm{MAP}_j(i)\right| \tag{16.16}$$

$$\mathrm{RT}(i)=100\%\times\left(\mathrm{OTAE}(i)-\mathrm{DTAE}(i)\right)/\mathrm{OTAE}(i) \tag{16.17}$$

$$\mathrm{RP}(i)=100\%\times\left(\mathrm{OPAE}(i)-\mathrm{DPAE}(i)\right)/\mathrm{OPAE}(i) \tag{16.18}$$

式中，$i=1,2,\cdots,8$ 和 9 分别代表 R_1、R_2、…、R_8 和 R_9 区（图 15.10）；n_i 为位于 R_i 区气象台站总数；$\mathrm{OMAT}_j(i)$ 为 R_i 区第 j 个气象台站处 CMIP5 全球气候模式的年平均气温；$\mathrm{DMAT}_j(i)$ 为 R_i 区第 j 个气象台站处 CMIP5 降尺度处理结果的年平均气温；$\mathrm{MAT}_j(i)$ 为 R_i 区第 j 个气象台站处气温观测数据的年平均值；$\mathrm{OMAP}_j(i)$ 为 R_i 处 CMIP5 全球气候模式的年平均降水；$\mathrm{DMAP}_j(i)$ 为 R_i 区第 j 个气象台站处 CMIP5 降尺度处理结果的年平均降水；$\mathrm{MAP}_j(i)$ 为 R_i 区第 j 个气象台站处降水观测数据的年平均值。

对比各分区 CMIP5 全球气候模式模拟值与气象台站观测结果发现（表 16.3），整个中国区域 CMIP5 的年平均温度绝对误差达到 2.04℃；误差大于全国平均水平的区域包括 R_5 区（青藏高原）、R_2 区（新疆、甘肃和内蒙古干旱区）、R_4 区（黄土高原地区）和 R_6 区（四川盆地和云贵高原地区），它们的误差分别为 4.64℃、3.39℃、2.58℃和 2.64℃；以上区域的 CMIP5 平均气温模拟值普遍低于气象台站观测值；华南地区平均气温绝对误差最小，绝对误差为 0.62℃。降尺度处理后，各区年平均温度绝对误差均降低，整个中国区域精度提高率达 67.16%；青藏高原，新疆，甘肃和内蒙古干旱区及黄土高原精度提高率分别为 84.48%、75.22%和 68.6%。

表 16.3 CMIP5 全球气候模式数据与降尺度数据对比

区域	OTAE/℃	DTAE/℃	OTAE-DTAE/℃	RT/%	OPAE/mm	DPAE/mm	OPAE-DPAE/mm	RP/%
R_1	1.53	0.68	0.85	55.56	255.98	29.63	226.35	88.42
R_2	3.39	0.84	2.55	75.22	290.13	10.60	279.53	96.35
R_3	1.12	0.44	0.68	60.71	170.59	19.56	151.03	88.53
R_4	2.58	0.81	1.77	68.60	656.57	56.84	599.73	91.34
R_5	4.64	0.72	3.92	84.48	770.51	99.50	671.01	87.09
R_6	2.64	1.13	1.51	57.20	386.03	87.55	298.48	77.32
R_7	0.62	0.21	0.41	66.13	252.03	151.03	101.00	40.07
R_8	1.19	0.43	0.76	63.87	211.19	86.19	125.00	59.19
R_9	1.21	0.61	0.6	49.59	225.47	151.28	74.19	32.90
中国内地	2.04	0.67	1.37	67.16	350.52	79.12	271.40	77.43

原始 CMIP5 模式平均降水量在整个中国区域的绝对误差高达 350.52mm，绝对误差大于全国平均水平的区域包括青藏高原、黄土高原，以及四川盆地和云贵高原地区，其中青藏高原年平均降水量的绝对误差为 770.51mm、黄土高原为 656.57mm、四川盆地和云贵高原地区为 386.03mm；以上区域的 CMIP5 平均降水量模拟值普遍高于气象台站观测值；东北地区平均降水量绝对误差最小，其值为 170.59mm，该区域 CMIP5 平均降水量模拟值普遍高于气象台站观测值。降尺度处理使 CMIP5 绝对误差大幅度降低，整个中国区域年平均降水量的精度提高率为 77.43%；精度提高率大于全国平均水平区域的包括干旱区（新疆、甘肃和内蒙古干旱区）、黄土高原、东北、内蒙古东部和青藏高原，它们分别为 96.35%、91.34%、88.53%、88.42%和 97.09%。

总之，CMIP5 全球气候模式不能很好地反映中国区域尺度的气候特点及区域内部的气候差异性，高精度曲面建模方法（HASM）与统计回归模型结合的降尺度方法可以有效地将 CMIP5 全球气候模式模拟的粗分辨率气候情景数据降尺度为高分辨率的区域尺度气候数据；与此同时，由于气象台站长年观测数据的引入，大幅度提高了降尺度结果的精度，从而克服和弥补了 CMIP5 全球气候模式数据不能对区域气候变化特征及趋势进行刻画的缺陷。

16.3.2 RCPs 情景误差分析

根据 2006~2010 年空间分辨率为 1°的 RCP2.6、RCP4.5 和 RCP8.5 气候情景，利用高精度曲面建模（HASM）与统计回归模型结合的降尺度方法，得到 2006~2010 年 1km 空间分辨率的年平均气温和年平均降水。为表达 RCP2.6、RCP4.5 和 RCP8.5 情景及其降尺度处理的误差，将 RCP2.6、RCP4.5 和 RCP8.5 情景及其降尺度处理结果与 2006~2010 年我国气象观测站点的年平均气温和年平均降水观测结果对比，分区统计气象台站处 RCP2.6、RCP4.5 和 RCP8.5 情景的降尺度年平均气温绝对误差和年平均降水绝对误差。

在 RCP2.6、RCP4.5 和 RCP8.5 情景下，年平均气温和年平均降水的平均绝对误差可分别表达如下：

$$\mathrm{DTAE}_k(i)=\frac{1}{n_i}\times\sum_{j=1}^{n_i}\left|\mathrm{DMAT}_{k,j}(i)-\mathrm{MAT}_j(i)\right| \tag{16.19}$$

$$\mathrm{DPAE}_k(i)=\frac{1}{n_i}\times\sum_{j=1}^{n_i}\left|\mathrm{DMAP}_{k,j}(i)-\mathrm{MAP}_j(i)\right| \tag{16.20}$$

$$\mathrm{OTAE}_k(i)=\frac{1}{n_i}\times\sum_{j=1}^{n_i}\left|\mathrm{OMAT}_{k,j}(i)-\mathrm{MAT}_j(i)\right| \tag{16.21}$$

$$\mathrm{OP}AE_k(i)=\frac{1}{n_i}\times\sum_{j=1}^{n_i}\left|\mathrm{OMAP}_{k,j}(i)-\mathrm{MAP}_j(i)\right| \tag{16.22}$$

$$\mathrm{RT}_k(i)=100\%\times\left(\mathrm{OTAE}_k(i)-\mathrm{DTAE}_k(i)\right)/\mathrm{OTAE}_k(i) \tag{16.23}$$

$$\mathrm{RP}_k(i)=100\%\times\left(\mathrm{OPAE}_k(i)-\mathrm{DPAE}_k(i)\right)/\mathrm{OPAE}_k(i) \tag{16.24}$$

式中，下标 $k=1$、2 和 3 分别代表情景 RCP2.6、RCP4.5 和 RCP8.5；$\mathrm{DMAT}_{k,j}(i)$ 和 $\mathrm{DMAP}_{k,j}(i)$ 分别为 R_i 区第 j 个气象台站处情景 k 的降尺度年平均气温和年平均降水量；$\mathrm{OMAT}_{k,j}(i)$ 和 $\mathrm{OMAP}_{k,j}(i)$ 分别为 R_i 区第 j 个气象台站处情景 k CMIP5 的原始年平均气温和年平均降水量；$\mathrm{MAT}_j(i)$ 和 $\mathrm{MAP}_j(i)$ 分别为 R_i 区第 j 个气象台站处根据观测数据计算的年平均气温和年平均降水量；n_i 为 R_i 区气象台站总数。

分析结果表明，三种情景下，年平均温度绝对误差空间分布具有很强的相似性（图 16.4），全国大陆三

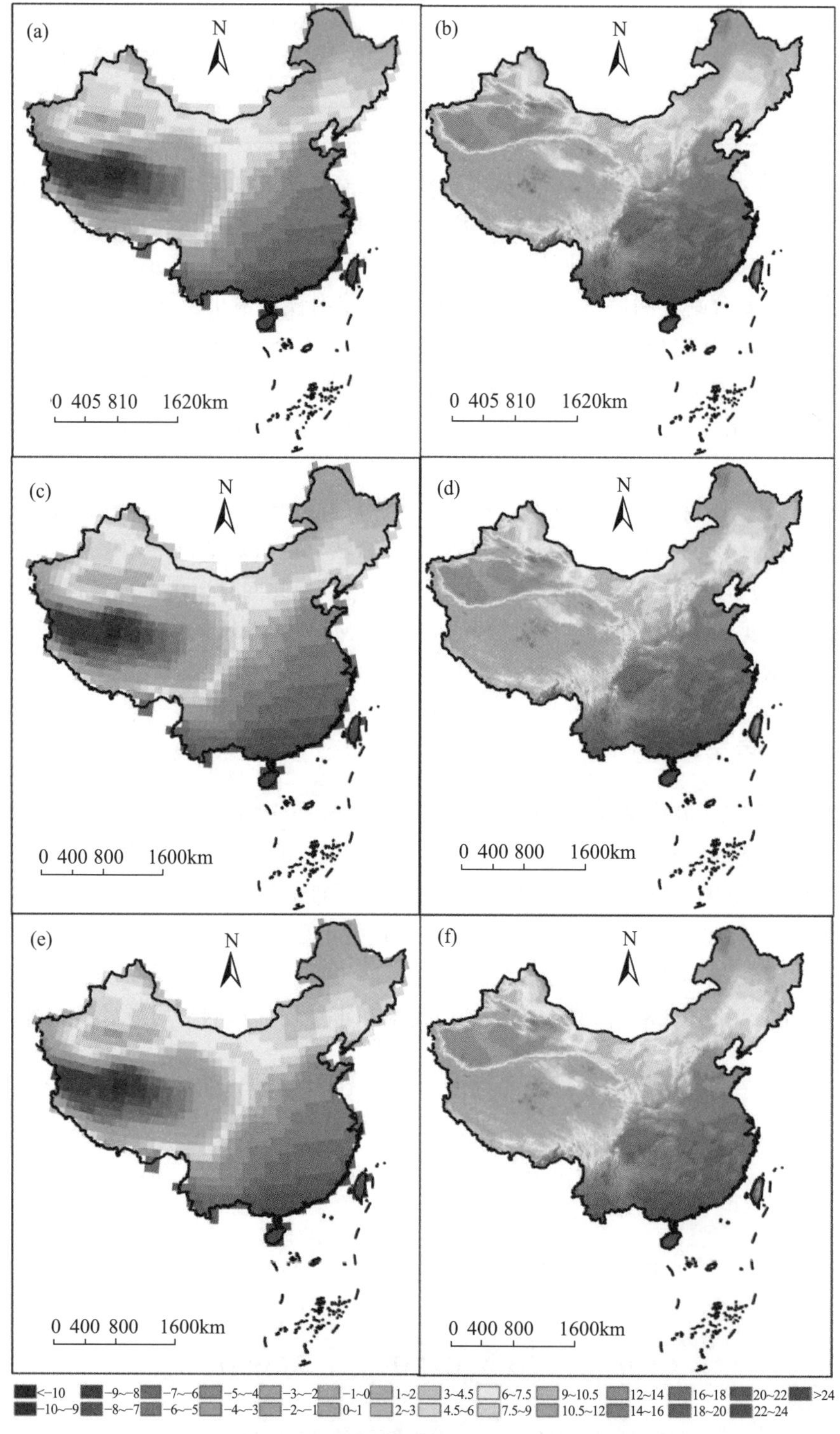

图 16.4　RCPs 气温情景与其降尺度结果比较（单位：℃）

（a）RCP2.6 原始数据；（b）RCP2.6 降尺度结果；（c）RCP4.5 原始数据；（d）RCP4.5 降尺度结果；（e）RCP8.5 原始数据；（f）RCP8.5 降尺度结果

种情景绝对误差都约为 2.2℃。误差大于全国平均水平的区域包括青藏高原、西部干旱区、黄土高原、四川盆地和云贵高原。青藏高原 RCP2.6、RCP4.5 和 RCP8.5 情景的绝对误差分别为 5.43℃、5.32℃和 5.37℃；西部干旱区三种情景的绝对误差分别为 4.27℃、4.24℃和 4.14℃；黄土高原三种情景的绝对误差分别为 2.67℃、2.64℃和 2.56℃；四川盆地和云贵高原地区三种情景的绝对误差分别为 2.65℃、2.62℃和 2.61℃。降尺度处理后，中国大陆 RCP2.6、RCP4.5 和 RCP8.5 情景的绝对误差减小到大约 0.61℃，精度提高率在 72%以上；青藏高原三种情景的绝对误差分别降至 0.69℃、0.70℃和 0.69℃，精度提高了 87%；西部干旱区三种情景的绝对误差分别减小到了 0.86℃、0.85℃和 0.86℃，精度提高率在 79%以上；黄土高原精度提高率大于 62%；四川盆地和云贵高原地区的精度提高率约 68%(表 16.4)。绝对误差值统计结果发现，降尺度处理后，RCP4.5 情景绝对误差值最大，其次是 RCP8.5 情景。就全国而言，RCP2.6、RCP4.5 和 RCP8.5 情景的绝对误差值皆约为 0.61℃。

表 16.4　RCPs 年平均温度情景绝对误差

区域	$OTAE_1$/℃	$DTAE_1$/℃	RT_1/%	$OTAE_2$/℃	$DTAE_2$/℃	RT_2/%	$OTAE_3$/℃	$DTAE_3$/℃	RT_3/%
R_1	1.45	0.67	53.58	1.46	0.68	53.67	1.42	0.67	52.64
R_2	4.27	0.86	79.92	4.24	0.85	79.84	4.14	0.86	79.31
R_3	0.90	0.46	48.26	0.92	0.46	49.67	0.89	0.46	48.01
R_4	2.67	0.98	63.26	2.64	0.98	62.89	2.56	0.98	61.78
R_5	5.43	0.69	87.26	5.32	0.70	86.93	5.37	0.69	87.09
R_6	2.65	0.85	67.97	2.62	0.85	67.59	2.61	0.85	67.51
R_7	1.13	0.29	74.49	1.07	0.29	73.02	1.13	0.29	74.40
R_8	1.58	0.32	79.91	1.55	0.32	79.55	1.52	0.32	79.21
R_9	1.48	0.40	73.14	1.48	0.40	73.14	1.45	0.40	72.58
中国内地	2.22	0.61	72.62	2.20	0.61	72.32	2.18	0.61	72.02

注：OTAE、DTAE 和 RT 的下标 1、2 和 3 分别代表 RCP2.6、RCP4.5 和 RCP8.5 情景

RCP2.6、RCP4.5 和 RCP8.5 年平均降水量三个情景绝对误差的空间分布基本类同(图 16.5，表 16.5)。RCP2.6、RCP4.5 和 RCP8.5 三个情景原始数据的误差统计结果表明，三种情景在整个中国内地的绝对误差分别为 345.88mm、338.18mm 和 340.93mm；误差大于全国平均水平的地区包括青藏高原、黄土高原，以及四川盆地和云贵高原地区；三种情景在青藏高原的绝对误差分别为 758.52mm、765.54mm 和 765.01mm，在黄土高原的误差分别为 583.55mm、589.49mm 和 581.03mm，在四川盆地和云贵高原地区分别为 400.94mm、392.47mm 和 402.05mm。

降尺度处理后，年平均降水量精度大幅提高，全国平均精度提高率达 70%以上；三种情景在青藏高原地区的绝对误差分别减小到了 72.89mm、71.87mm 和 72.55mm，精度提高率大于 90%。降尺度处理后的平均降水量最大绝对误差出现在长江中下游地区，三种情景的误差分别为 165.27mm、163.34mm 和 163.97 mm；内蒙古东部地区绝对误差值最小，误差值在 13mm 左右。

表 16.5　RCPs 年平均降水量情景绝对误差

区域	$OPAE_1$/mm	$DPAE_1$/mm	RP_1/%	$OPAE_2$/mm	$DPAE_2$/mm	RP_2/%	$OPAE_3$/mm	$DPAE_3$/mm	RP_3/%
R_1	284.65	13.19	95.37	263.52	12.91	95.10	271.36	13.82	94.91
R_2	229.66	20.79	90.95	228.15	20.43	91.05	220.40	20.46	90.72
R_3	211.68	37.99	82.05	197.19	37.77	80.84	209.16	38.07	81.80
R_4	583.55	67.74	88.39	589.49	66.39	88.74	581.03	68.01	88.29
R_5	758.52	72.89	90.39	765.54	71.87	90.61	765.01	72.55	90.52
R_6	400.94	59.90	85.06	392.47	56.39	85.63	402.05	56.55	85.93
R_7	308.54	92.25	70.10	309.56	91.15	70.55	302.86	93.34	69.18
R_8	252.95	70.60	72.09	230.29	70.66	69.32	246.40	70.89	71.23
R_9	211.93	165.27	22.02	204.29	163.34	20.04	202.04	163.97	18.84
中国内地	345.88	71.01	79.47	338.18	70.21	79.24	340.923	70.85	79.22

注：OPAE、DPAE 和 RT 的下标 1、2 和 3 分别代表 RCP2.6、RCP4.5 和 RCP8.5 情景

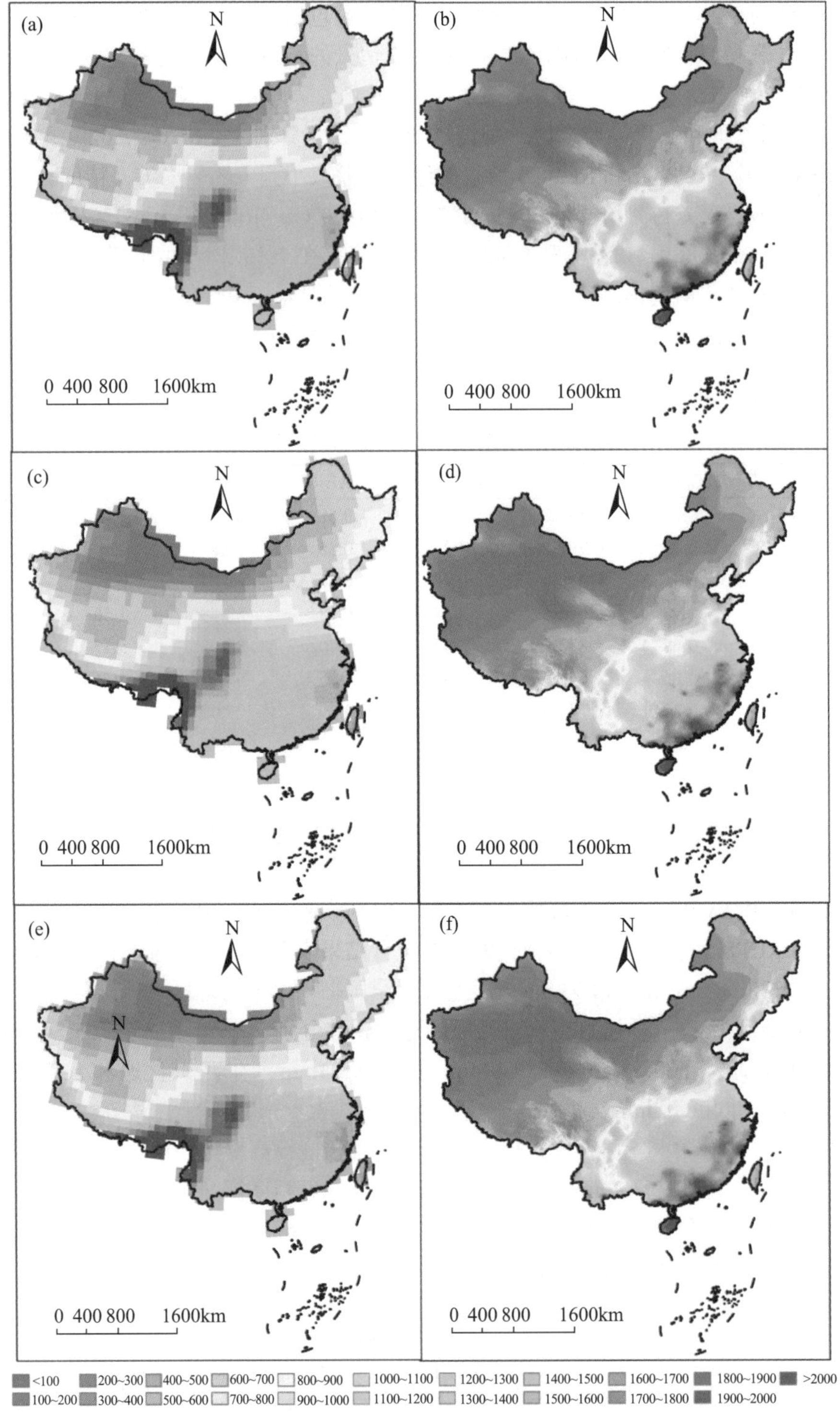

图 16.5 RCPs 降水情景与其降尺度结果比较（单位：mm）

（a）RCP2.6 原始数据；（b）RCP2.6 降尺度结果；（c）RCP4.5 原始数据；（d）RCP4.5 降尺度结果；（e）RCP8.5 原始数据；（f）RCP8.5 降尺度结果

16.4 气候情景模拟分析

CMIP5 气候未来情景降尺度处理公式表达如下：

$$\mathrm{SMAT}(x,y,t_k)=\mathrm{DMAT}\left(x,y,t_1\right)+\mathrm{HASM}\left(\mathrm{OMAT}\left(x,y,t_k\right)-\mathrm{OMAT}\left(x,y,t_1\right)\right) \tag{16.25}$$

$$\mathrm{SMAP}(x,y,t_k)=\mathrm{DMAP}\left(x,y,t_1\right)+\mathrm{HASM}\left(\mathrm{OMAP}\left(x,y,t_k\right)-\mathrm{OMAP}\left(x,y,t_1\right)\right) \quad (16.26)$$

式中，当 $k=1$、2、3 和 4 时，t_k 分别代表 1976~2005 年、2011~2040 年、2041~2070 年和 2071~2100 年；$\mathrm{SMAT}(x,y,t_k)$ 和 $\mathrm{SMAP}(x,y,t_k)$ 分别为修正的 t_k（$k=2$、3 和 4）时期年平均气温和年平均降水量，空间分辨率为 1km；$\mathrm{DMAT}(x,y,t_1)$ 和 $\mathrm{DMAP}(x,y,t_1)$ 分别为历史时期（1976~2005 年）CMIP5 年平均气温和年平均降水量的降尺度结果；$\mathrm{OMAT}\left(x,y,t_k\right)$ 和 $\mathrm{OMAP}\left(x,y,t_k\right)$ 分别为原始 CMIP5 全球气候模式的年平均气温和年平均降水量。

16.4.1　年平均气温

根据 HASM-OLS 的 CMIP5 年平均气温降尺度结果，按照 RCP2.6 情景（表 16.6，图 16.6），在 t_1 到 t_2 时段，除 R_5 区（青藏高原）有 2%区域将变冷外，全国其他所有地区均将出现变暖趋势，全国平均将增温 1.41℃；年平均气温增加大于全国平均水平的区域将包括 R_1 区（内蒙古东北地区）、R_4 区（黄土高原地区）、R_8 区、R_2 区和 R_3 区，分别增温 1.99℃、1.95℃、1.80℃、1.75℃和 1.65℃。在 t_2 到 t_3 时段，全国 94.96%区域出现降温趋势，平均降温 0.38℃；降温大于全国平均水平的地区包括 R_5 区、R_6 区、R_7 区和 R_4 区，分别降温 0.62℃、0.54℃、0.54℃和 0.52℃。在 t_3 到 t_4 时段，全国约 80%的区域将出现升温趋势，年平均气温将上升 0.49℃；升温幅度大于全国平均水平的地区包括 R_9、R_6、R_7、R_5 和 R_2 区，分别将升温 1.05℃、0.98℃、0.9℃、0.73℃和 0.51℃；但 R_1 和 R_3 区（中国东北地区）将出现降温趋势。

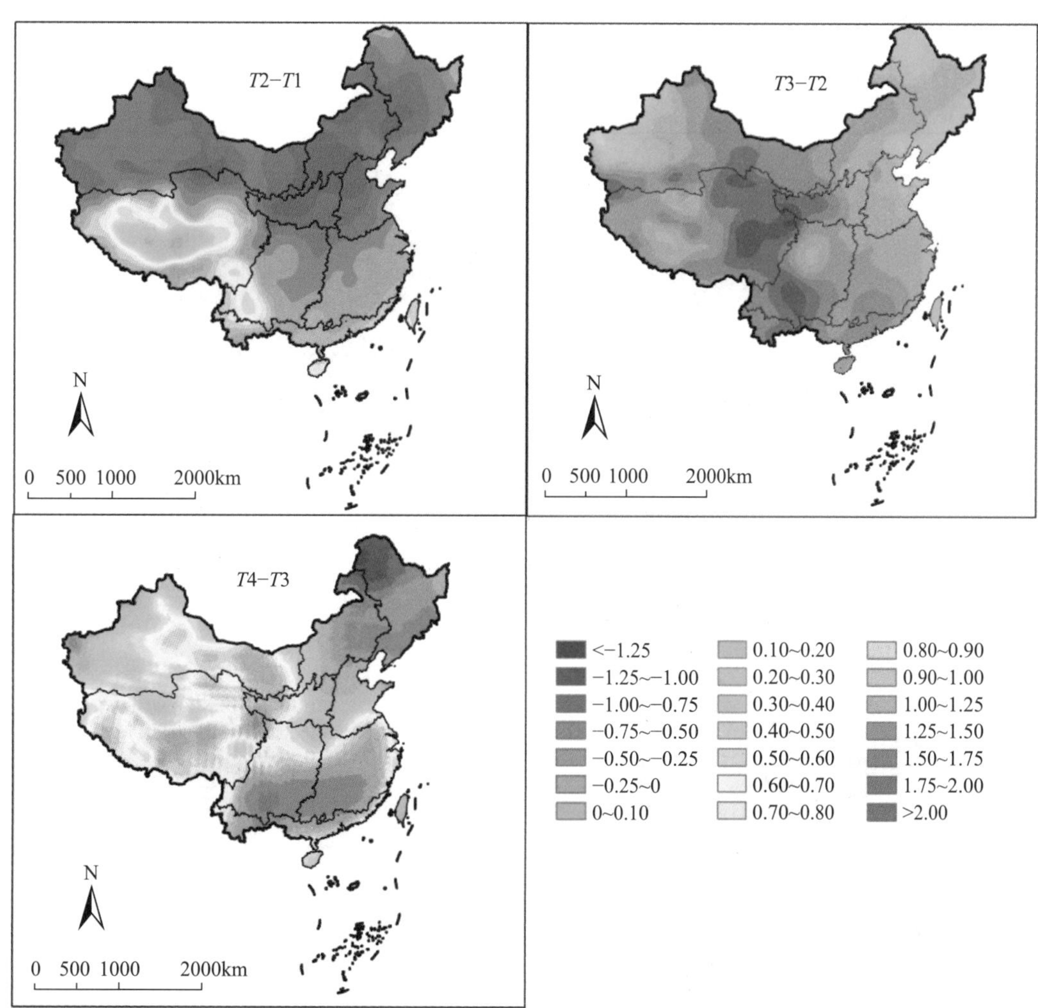

图 16.6　RCP2.6 情景下气温的变化趋势（单位：℃）

表 16.6　RCP2.6 情景下的气温变化分区统计

分区	$T2-T1$		$T3-T2$		$T4-T3$	
	气温增加的栅格比例/%	$\Delta T21$/℃	气温增加的栅格比例/%	$\Delta T32$/℃	气温增加的栅格比例/%	$\Delta T43$/℃
R_1	100	1.99	15.37	−0.21	20.83	−0.31
R_2	100	1.75	21.46	−0.35	93.08	0.51
R_3	100	1.65	66.31	0.05	0.02	−0.64
R_4	100	1.95	0.00	−0.52	89.09	0.49
R_5	98	0.88	1.00	−0.62	100.00	0.73
R_6	100	1.18	2.01	−0.54	100.00	0.98
R_7	100	0.93	7.36	−0.54	100.00	0.90
R_8	100	1.80	9.76	−0.13	66.99	0.19
R_9	100	1.19	6.10	−0.27	100.00	1.05
全国	99	1.41	5.04	−0.38	79.69	0.49

注：$T1$、$T2$、$T3$ 和 $T4$ 分别为 HASM-OLS 在 t_1、t_2、t_3 和 t_4 时段的年平均气温；$\Delta T21$ 为 t_2 时段年平均气温减去 t_1 时段年平均气温的差值，$\Delta T32$、$\Delta T43$ 依次类推

按照 RCP4.5 情景（表 16.7，图 16.7），从 t_1 到 t_2 时段，全国所有地区将全部出现升温趋势，全国年平均温度上升 2.03℃；升温幅度大于全国平均水平的地区将包括 R_1、R_3、R_4 和 R_2 区及 R_9 区，分别将升温 2.98℃、2.82℃、2.42℃、2.37℃和 2.15℃。从 t_2 到 t_3 时段，全国 71.7%区域将出现升温趋势，尤其是青藏高原将全境变暖，将升温 1.72℃；但中国东北和华北地区将出现降温趋势。从 t_3 到 t_4 时段，全国将有 71.06%的区域出现升温趋势，平均升温 0.2℃；但青藏高原的 95%区域将出现降温趋势，年平均气温将下降 0.65℃。

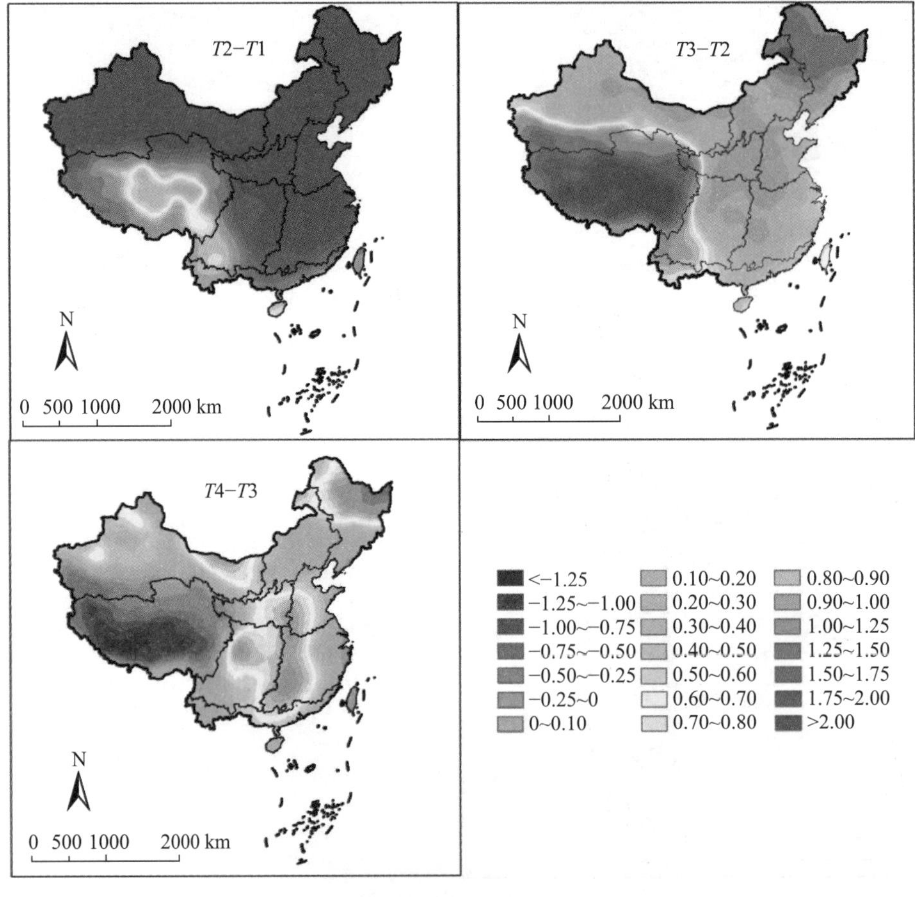

图 16.7　RCP4.5 情景下气温的变化趋势（单位：℃）

表 16.7　RCP4.5 情景下的气温变化分区统计

分区	$T2-T1$		$T3-T2$		$T4-T3$	
	气温增加的栅格比例/%	$\Delta T21$/℃	气温增加的栅格比例/%	$\Delta T32$/℃	气温增加的栅格比例/%	$\Delta T43$/℃
R_1	100.00	2.98	29.44	–0.12	100.00	0.32
R_2	100.00	2.37	88.66	0.45	78.89	0.26
R_3	100.00	2.82	7.79	–0.45	98.88	0.71
R_4	100.00	2.42	31.09	0.14	84.28	0.49
R_5	100.00	1.13	100.00	1.72	4.93	–0.65
R_6	100.00	1.64	76.22	0.38	98.36	0.57
R_7	100.00	1.25	100.00	0.54	92.61	0.38
R_8	100.00	1.79	40.67	–0.01	98.54	0.59
R_9	100.00	2.15	77.07	0.17	95.47	0.62
全国	100.00	2.03	71.70	0.54	71.06	0.20

在 RCP8.5 情景下（表 16.8，图 16.8），从 t_1 到 t_4 时段，年平均温度在全国所有区域都将无一例外出现上升趋势。从 t_1 到 t_2 时段，全国年平均温度将上升 1.59℃，增温将大于全国平均水平的地区包括 R_8、R_4、R_1 及 R_3 和 R_2 区，分别将平均升温 2.10℃、2.01℃、1.92℃、1.79℃和 1.69℃；从 t_2 到 t_3 时段，全国年平均温度将升高 2.43℃，变暖幅度大于全国平均水平的地区包括西部干旱区和青藏高原，分别增温 3.02℃和 2.57℃。从 t_3 到 t_4 时段，全国年平均温度将上升 1.88℃，R_3、R_1、R_2 和 R_8 地区（中国北部区域）的增温将大于全国平均水平，尤其是干旱区将增温 3.77℃。

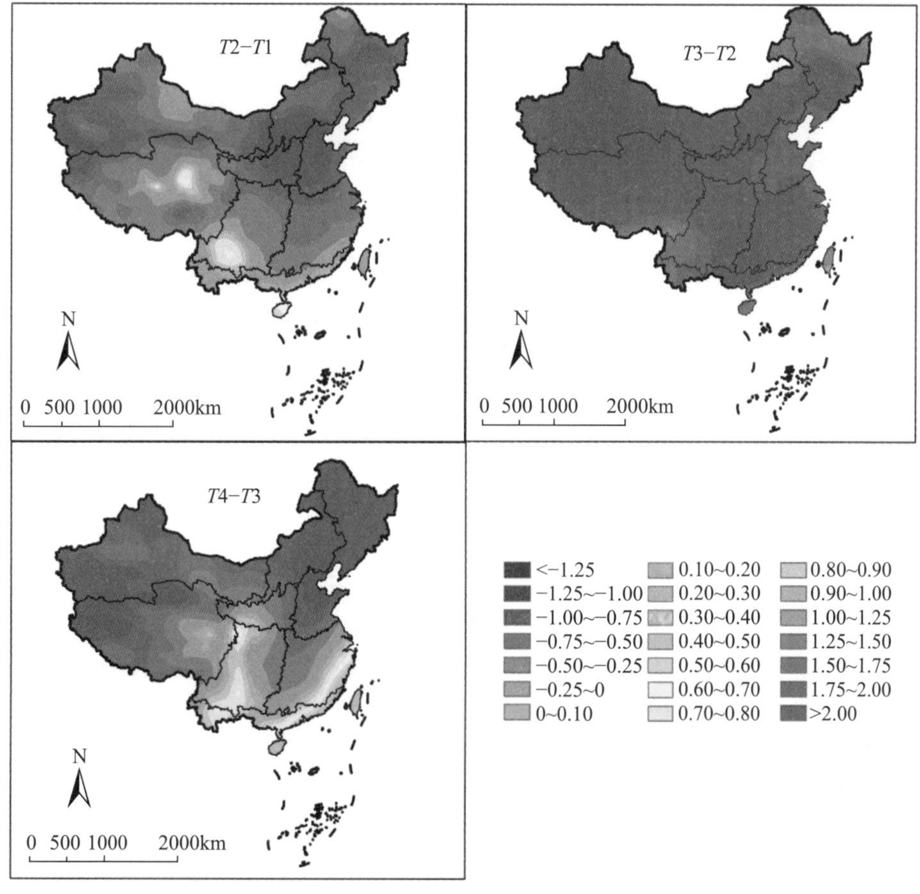

图 16.8　RCP8.5 情景下气温的变化趋势（单位：℃）

表 16.8　RCP8.5 情景下的气温变化分区统计

分区	*T*2–*T*1		*T*3–*T*2		*T*4–*T*3	
	气温增加的栅格比例/%	Δ*T*21/℃	气温增加的栅格比例/%	Δ*T*32/℃	气温增加的栅格比例/%	Δ*T*43/℃
R_1	100.00	1.92	100.00	2.26	100.00	2.88
R_2	100.00	1.69	100.00	3.02	100.00	1.94
R_3	100.00	1.79	100.00	1.93	100.00	3.77
R_4	100.00	2.01	100.00	2.42	100.00	1.33
R_5	100.00	1.41	100.00	2.57	100.00	1.71
R_6	100.00	1.27	100.00	2.16	100.00	1.02
R_7	100.00	1.04	100.00	1.89	100.00	0.71
R_8	100.00	2.10	100.00	1.92	100.00	1.98
R_9	100.00	1.53	100.00	2.18	100.00	1.11
全国	100.00	1.59	100.00	2.43	100.00	1.88

对比三种情景，年平均气温在 RCP8.5 情景下在各时段变化幅度差别不大。在 RCP2.6 及 RCP4.5 情景下，年平均气温从 t_1 到 t_2 时段变化幅度明显高于其他时段。

16.4.2　年平均降水

在 RCPs 情景下，中国大陆地区从总体上讲，年平均降水将持续增加，各时段在不同情景下的变化趋势有所差异，特别是 t_3 时段以后不同 RCPs 情景表现出不同的变化特征。在 RCP2.6 情景下（表 16.9，图 16.9），尽管全国降水量有所增加，但变化趋势逐渐减弱；东北地区、内蒙古地区、干旱区、黄土高原地区，以及华北地区，降水呈现减少的趋势。在 RCP4.5 情景下（表 16.10，图 16.10），从全国大陆来看，降水在 t_2 到 t_3 时段内增加最大，t_1 到 t_2 时段各区降水增加幅度最小；除 t_1 到 t_2 时段四川盆地降水有所减少外，其他时段各区降水均有所增加。在 RCP8.5 情景下（表 16.11，图 16.11），全国降水增加趋势逐渐显著；除四川盆地及长江中下游地区在 t_1 到 t_2 时段降水有所减少外，其他时段各区降水均有所增加；相比于 RCP2.6 和 RCP4.5 情景，降水在 t_2 到 t_3 及 t_3 到 t_4 时段增加量明显；在各时期，青藏高原地区及华北地区的降水增加幅度相对较大。

表 16.9　年平均降水 RCP2.6 情景变化的分区统计

分区	*P*2–*P*1		*P*3–*P*2		*P*4–*P*3	
	降水增加的栅格比例/%	Δ*P*21/mm	降水增加的栅格比例/%	Δ*P*32/mm	降水增加的栅格比例/%	Δ*P*43/mm
R_1	99.29	30.37	100.00	12.24	43.46	–1.03
R_2	100.00	24.70	80.49	3.33	42.03	–0.70
R_3	99.99	27.37	100.00	23.91	29.95	–2.93
R_4	97.76	27.94	100.00	18.33	52.60	0.81
R_5	97.77	37.88	96.96	26.95	81.10	5.76
R_6	48.96	5.07	100.00	37.99	87.76	11.76
R_7	48.76	11.24	100.00	37.73	21.48	–9.24
R_8	94.93	37.73	100.00	19.58	82.47	3.07
R_9	72.56	7.58	100.00	39.49	70.21	3.70
全国	88.23	24.69	94.68	22.15	58.97	2.1

注：*P*1、*P*2、*P*3 和 *P*4 分别为 HASM-GB 在 t_1、t_2、t_3 和 t_4 时段的年平均降水；Δ*P*21 为 t_2 时段年平均降水减去 t_1 时段年平均降水的差值，Δ*P*32、Δ*P*43 依次类推

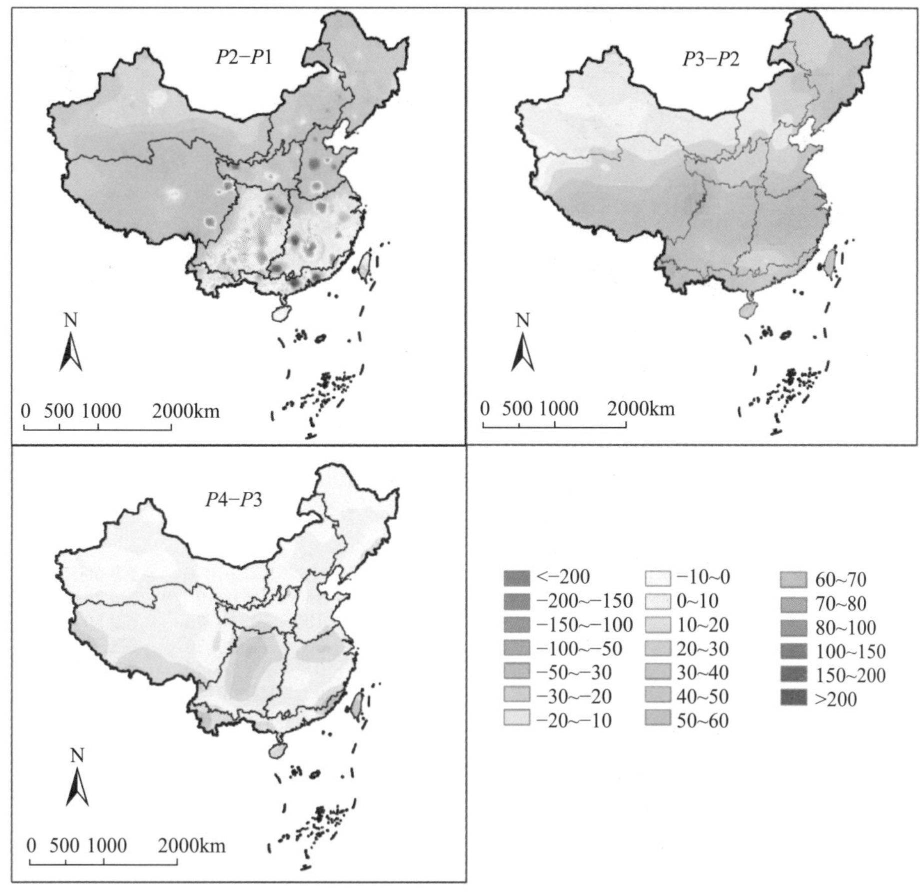

图 16.9　年平均降水 RCP2.6 情景变化趋势（单位：mm）

表 16.10　年平均降水 RCP4.5 情景变化的分区统计

分区	*P*2–*P*1		*P*3–*P*2		*P*4–*P*3	
	降水增加的栅格比例/%	Δ*P*21/mm	降水增加的栅格比例/%	Δ*P*32/mm	降水增加的栅格比例/%	Δ*P*43/mm
R_1	98.57	22.69	100.00	37.44	79.06	9.25
R_2	100.00	19.93	96.33	9.86	98.59	11.24
R_3	99.97	29.43	100.00	38.45	75.53	5.60
R_4	94.26	18.38	100.00	41.39	100.00	36.42
R_5	97.50	33.31	95.41	46.34	100.00	34.18
R_6	34.41	−2.02	100.00	48.85	100.00	32.52
R_7	58.85	12.17	100.00	47.86	91.49	13.67
R_8	94.28	28.24	100.00	42.52	100.00	24.77
R_9	69.07	9.60	100.00	42.94	100.00	26.67
全国	86.55	20.72	98.10	35.81	52.01	21.50

根据 RCP2.6 情景，从 t_1 到 t_2 时段，全国约 88%的区域将出现降水增加趋势，全国年平均降水将增加 24.69mm；降水增加幅度大于全国平均水平的地区包括 R_5、R_8、R_1、R_4、R_3 和 R_2 区，分别增加了 37.88mm、37.73mm、30.37mm、27.94mm、27.37mm 和 24.70mm；即青藏高原和北方地区的年平均降水增幅将大于全国平均水平。从 t_2 到 t_3 时段，全国大约 95%的区域将出现降水增加趋势，平均增幅将为 22.15 mm；增幅大于全国平均水平的地区包括 R_9、R_6、R_7、R_5 和 R_3 地区，分别将增加 39.49mm、37.99mm、37.33mm、26.95mm 和 23.91mm；也就是说，南方地区和青藏高原的降水量将出现增加趋势。从 t_3 到 t_4 时段，全国 59%的区域将有降水增多趋势，约增加 2.1mm；增幅将大于全国平均水平的地区包括 R_6、R_5、R_9 和 R_8 区，分别将增加 11.76mm、5.76mm、3.7mm 和 3.07mm；但 R_7、R_3、R_1 和 R_2 区的降水将出现减少趋势，减少幅度分别为 9.24mm、2.93mm、1.03mm 和 0.7mm。

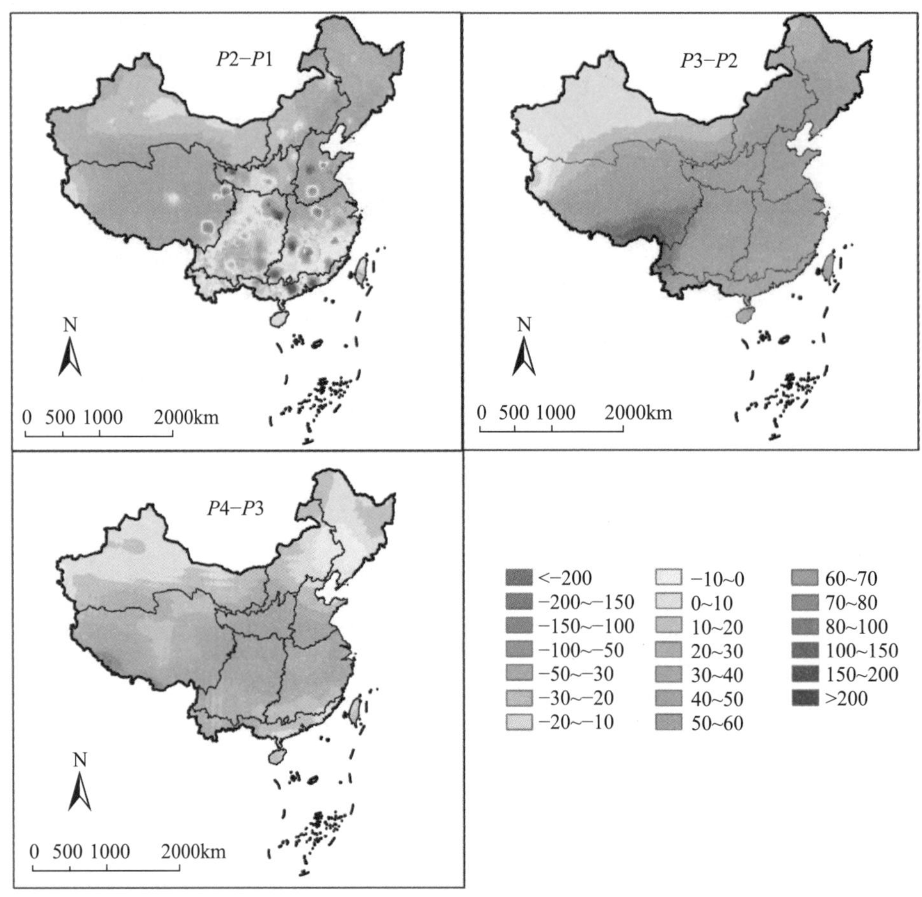

图 16.10 年平均降水 RCP4.5 情景变化趋势（单位：mm）

表 16.11 年平均降水 RCP8.5 情景变化的分区统计

分区	P2–P1		P3–P2		P4–P3	
	降水增加的栅格比例/%	ΔP21/mm	降水增加的栅格比例/%	ΔP32/mm	降水增加的栅格比例/%	ΔP43/mm
R_1	98.15	19.94	100.00	45.05	100.00	47.11
R_2	100.00	23.88	100.00	18.72	98.97	18.10
R_3	99.80	23.99	100.00	44.91	100.00	57.51
R_4	90.65	21.25	100.00	55.70	100.00	49.80
R_5	81.96	38.84	100.00	67.69	100.00	74.41
R_6	23.43	–13.30	100.00	53.26	100.00	54.75
R_7	38.30	4.11	100.00	45.05	99.77	33.89
R_8	93.62	30.16	100.00	54.06	100.00	50.58
R_9	33.29	–8.97	100.00	43.14	100.00	37.56
全国	80.54	18.88	100.00	45.63	99.79	47.11

根据年平均降水的 RCP4.5 情景，在 t_1 到 t_2 时段，全国将有 86.55%的区域出现降水增加现象，全国平均降水量将增加 20.72mm；年平均降水量增幅大于全国平均水平的地区包括 R_5、R_3、R_8 和 R_1 区，分别将增加 33.31mm、29.43mm、28.24mm 和 22.69mm；然而，R_6 区的降水量将减少 2.02mm。在 t_2 到 t_3 时段，全国 98.1%区域将出现降水增加趋势，全国年平均降水量将增加 35.81mm；降水量增幅较大的地区依次为 R_6、R_7、R_5、R_9、R_8 和 R_4 区，年降水增幅分别为 48.85mm、47.86mm、46.34mm、42.94mm、42.52mm 和 41.39mm。在 t_3 到 t_4 阶段，全国只有 52.01%的区域将出现降水量增加趋势，年平均降水量将增加 21.5mm；R_4、R_5、R_6、R_9 和 R_8 区的降水增幅将大于全国平均水平，年降水量将分别增加 36.42mm、34.18mm、32.52mm、26.67mm 和 24.77mm。

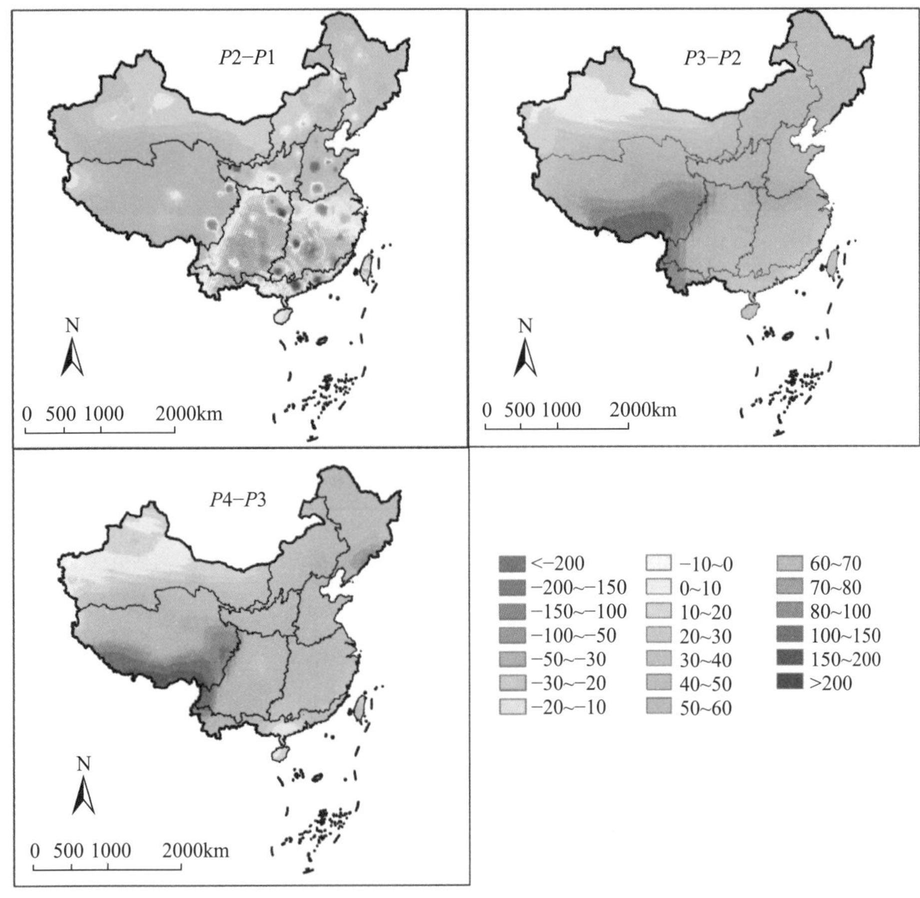

图 16.11　年平均降水 RCP8.5 情景变化趋势（单位：mm）

根据年平均降水的 RCP8.5 情景，从 t_1 到 t_4 时期，全国年平均降水量将出现持续加速增加趋势；t_1 到 t_2 时段，将增加 18.88mm；t_2 到 t_3 时段，将增加 45.63mm；t_3 到 t_4 时段，将增加 47.11mm。在 t_1 到 t_2 时段，中国南方大多数区域年降水量将出现下降趋势，北方和青藏高原将出现降水增加趋势。在 t_2 到 t_3 时段，全国各地都将出现降水增加趋势，年降水量增加幅度超过全国平均水平的地区包括 R_5、R_4、R_8 和 R_6 区，将分别增加 67.69mm、55.7mm、54.06mm 和 53.26mm。在 t_3 到 t_4 时段，全国将有 99.79%的区域出现年降水量增加趋势，R_5、R_3、R_6、R_8 和 R_4 区的年降水量增幅将大于全国平均水平，将分别增加 74.41mm、57.51mm、54.75mm、50.58mm 和 49.8 mm。

16.5　讨　　论

通过比较 CMIP5 模拟值与气象观测台站实测值发现，年平均气温的 CMIP5 模拟值与站点观测值差异显著（表 16.12，图 16.12），大部分模拟结果低于站点观测值（图 16.13）。CMIP5 模拟值在 78%的气象观测站低于其观测值，全国平均低估了−1.83℃，其中低估站点年平均气温被平均低估了−2.81℃。低估幅度高于全国平均水平的地区包括 R_4、R_5、R_6 和 R_2 区，分别被平均低估了−2.6℃、−4.09℃、−2.88℃和−3.36℃；在低估站点，R_4 区被平均低估了−3.20℃、R_5 区被低估了−4.88℃、R_6 区被低估了−3.72℃、R_2 区被低估了−4.49℃。年平均气温被高估的站点主要分布在东部及南部沿海地区，其中 R_3 南部、R_8 东部、R_9 东南部及 R_7 地区被高估的相对较多，被高估的站点分别占总气象观测站的 27.71%、18.18%、20.49%和 40.82%；在高估站点分别被高估了 0.81℃、1.12℃、2.10℃、0.48℃。在全国范围内，高估站点占所有站点的 22.05%，高估站点被平均高估了 1.57℃。

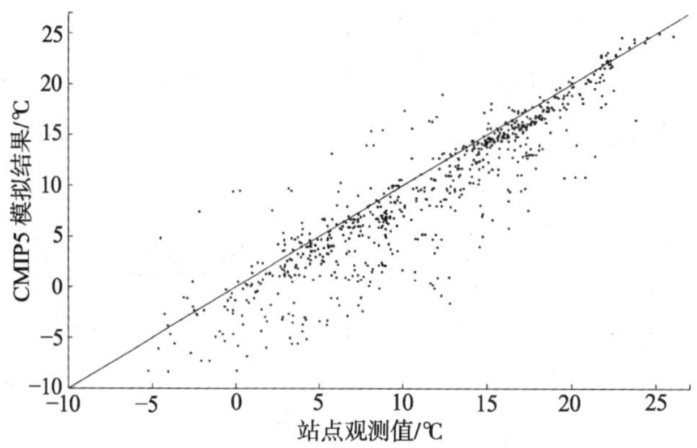

图 16.12　CMIP5 气温模式结果与站点观测值比较

表 16.12　气象台站观测的年平均气温与 CMIP5 模式结果比较（t_1 时段）

分区	气象台站观测 MAT/℃	CMIP5 模式 MAT/℃	CMIP5 与观测值之差/℃	低估站点的平均低估值/℃	高估站点处的平均高估值/℃	高估站点百分比/%
R_1	5.29	4.60	−0.69	−1.28	1.22	23.53
R_2	7.88	4.52	−3.36	−4.49	1.78	18.18
R_3	4.58	3.92	−0.66	−1.22	0.81	27.71
R_4	9.58	6.98	−2.6	−3.20	3.09	9.43
R_5	3.56	−0.53	−4.09	−4.88	3.08	9.80
R_6	15.65	12.77	−2.88	−3.72	2.01	14.68
R_7	21.63	21.07	−0.56	−1.34	0.48	40.82
R_8	13.32	12.19	−1.13	−1.63	1.12	18.18
R_9	17.07	16.61	−0.46	−1.12	2.10	20.49
全国平均	11.20	9.37	−1.83	−2.81	1.57	22.05

图 16.13　CMIP5 气温模拟值与站点模拟值差异分布

就年平均降水而言，CMIP5 模拟值在大多数气象观测站处有高估问题，但在年平均降水量大于 1500mm 的地区有低估问题（表 16.13，图 16.14，图 16.15）。全国范围内，年平均降水被平均高估了 263.09mm，高估气象台站占全国站点总数的 80%，高估台站处的年平均降水量被高估了 393.96mm。在 R_4、R_5、R_1、R_8、

R_2、R_3 和 R_6 区，被高估的气象台站分别占所在区域气象台站的 100%、100%、98%、96%、93%、93%和 84%，年平均降水量分别被高估了 535.18mm、841.5mm、239.25mm、188.46mm、259.72mm、171.91mm 和 502.09mm。降水被低估的气象台站主要分布在 R_7 区和 R_9 区，被低估的气象台站分别占其气象台站总数的 78%和 56%，在被低估的气象台站处，年平均降水分别被低估了 449.19mm 和 204.54mm。

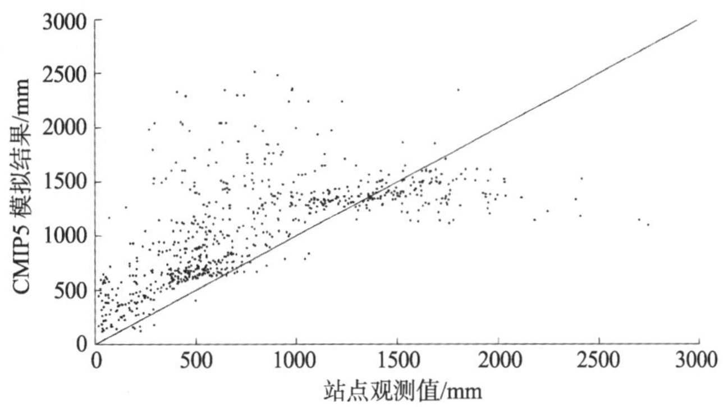

图 16.14　CMIP5 降水模式结果与站点观测值比较

表 16.13　气象台站观测的年平均降水量与 CMIP5 模式结果比较（t_1 时段）

分区	气象台站观测 MAP/mm	CMIP5 模式 MAP/mm	CMIP5 与观测值之差/mm	低估气象台站处的平均低估值/mm	高估气象台站处的平均高估值/mm	高估台站百分比/%
R_1	355.11	589.00	233.89	–33.90	239.25	98.04
R_2	130.18	367.29	237.11	–71.85	259.72	93.26
R_3	581.55	733.82	152.27	–99.85	171.91	92.77
R_4	490.72	1025.90	535.18	0	535.18	100.00
R_5	491.34	1332.84	841.5	0	841.5	100.00
R_6	1085.02	1484.85	399.83	–117.20	502.09	83.49
R_7	1606.41	1317.03	–289.38	–449.19	262.69	22.45
R_8	670.27	844.09	173.82	–128.94	188.46	96.36
R_9	1463.36	1417.00	–46.36	–204.54	156.60	43.80
全国平均	800.69	1063.78	263.09	–261.30	393.96	79.92

图 16.15　CMIP5 降水模拟值与站点模拟值差异分布

统计分析结果表明，CMIP5 情景数据在中国区域内，年平均气温空间平稳，年平均降水空间非平稳。与经典方法相比，普通线性回归模型（OLS）加其残差 HASM 内插（HASM-OLS）的降尺度年平均气温和 BOX-COX 变换地理加权回归模型（GWR-BC）加其残差 HASM 内插（HASM-GB）的降尺度年平均降水量精度最高。在基准年 t_1（1976~2005 年）时段，CMIP5 全球气候模式数据在中国西部地区误差最大，在全中国区域的年平均温度绝对误差为 2.04℃、年平均降水量绝对误差为 350.52mm。HASM-OLS 降尺度处理的全中国平均精度提高率为 67.16%，使年平均温度绝对误差降低到 0.67℃；HASM-GB 降尺度处理的精度提高率为 77.43%，使年平均降水量绝对误差降低为 79.12mm。CMIP5 数据的 HASM-OLS 年平均气温降尺度结果和 HASM-GB 年平均降水量降尺度结果与气象台站观测结果的相关系数分别为 0.99 和 0.97。

中国内地气候在 t_1 到 t_2 时段，RCP2.6、RCP4.5 和 RCP8.5 情景都将出现暖湿化趋势，RCP4.5 情景增温最快，RCP2.6 情景增温最小，RCP8.5 情景增温 1.59℃，介于 RCP4.5 和 RCP2.6 情景；但 RCP2.6 情景降水量增加最多，RCP8.5 情景降水量增加最慢，RCP4.5 情景的年平均降水量将增加 20.72mm。在 t_2 到 t_3 时段，RCP8.5 情景增温最大，年平均温度将增加 2.43℃，但按照 RCP2.6 情景，年平均气温将降低情景 0.38℃；RCP2.6、RCP4.5 和 RCP8.5 情景都将出现明显的降水量增加趋势，尤其是 RCP8.5 情景降水量增幅最大，年平均降水量将增加 45.63mm。在 t_3 到 t_4 时段，RCP8.5 情景有很强的暖湿趋势，全中国几乎所有地区将增温、增水，年平均降水和年平均温度将分别增加 47.11mm 和 1.88℃；RCP2.6 和 RCP4.5 情景将有 40%以上地区的降水量减少，20%以上地区气候变冷。未来 90 年，中国内地积温有增加趋势，等积温线在大部分地区出现了北移现象，这使水稻及玉米的种植区域均有可能向北扩展。

致谢：本章所使用的全球气候模式气候变化预估数据，是由国家气候中心研究人员对数据进行的整理、分析和惠许使用。原始数据由各模式组提供，由 WGCM（JSC/CLIVAR working group on coupled modelling）组织 PCMDI（program for climate model diagnosis and intercomparison）搜集归类，多模式数据集的维护由美国能源部科学办公室提供资助。

第 17 章　气候变化及森林生态系统响应模拟分析*

17.1 引　　言

Pastor 和 Post（1988）通过气候模型输出结果驱动森林生产力和土壤过程模型，对北美洲东北部森林对暖干气候响应的模拟结果发现，在冷温带森林边缘区域的森林生产力下降趋势尤为明显。Wright（2005）通过对长期林斑数据分析发现，热带森林结构正在发生变化，其立木度、更新率、死亡率和地上生物量都呈增加趋势，而且全球生态系统过程模型的模拟结果也同样表明，随着全球气候变暖，热带森林生产力出现下降趋势（Cramer *et al*., 2001; Clark, 2007）。有关研究结果显示（European Environment Agency, 2004; IPCC, 2007），欧洲变暖高于全球平均水平，许多地区出现暖干趋势，尤其是极端天气事件频发，导致欧洲森林生产力急剧下降、森林火灾频发和材积损失增加。另外，由于气候变化引发旱灾发生频次、持续时间和严重性的增加，许多地区森林的组成、结构和生物地理都发生了根本性变化，尤其是树的死亡率增加、病虫害暴发成灾、林野火灾频发、冰冻和风暴时有发生（Allen *et al*., 2010）。有关加拿大北方森林对气候变化响应的研究结果显示（Ise and Moorcroft, 2010），虽然温度升高延长了北方森林的生长季，但由于干旱加重和自养呼吸增强，对森林生长产生了负面影响。

国际上在森林生态系统对气候变化响应的情景研究方面，同样开展了大量研究。Pitman 等（2007）关于气候变化对森林火灾影响的未来情景的模拟结果显示，在高排放情景下，到 2050 年的火灾发生概率将提高 25%；而在低排放情景下，2100 年火灾的发生概率与 2050 年相比，将提高 20%。Urban 等（1993）运用林窗模型进行气候变化对太平洋西北部针叶林潜在影响评估的结果表明，由于森林不同类型区的空间位移，高海拔林种面临灭种危险。Flannigan 和 Woodward（1994）运用响应曲面模型对 CO_2 倍增情景下气候变化对北美北部红松分布影响的模拟发现，红松的分布区将向东北移动 600~800km，红松总面积将减小，但单位面积材积将呈增加趋势。Sykes 和 Prentice（1995）结合林窗模型与生物气候模型对北欧北方森林的气候响应模拟表明，许多北方林种的分布范围、森林的结构和组分特征，在未来的不同气候变化情景下将发生显著变化。

Dixon 和 Wlsniewski（1995）对全球森林植被对气候变化响应的研究过程中发现，全球森林植被和土壤的含碳量为 1146 PgC，其中低纬度森林占 37%、中纬度森林占 14%、高纬度森林占 49%，未来气候变化将对高纬度地区森林分布和生产力产生较大影响。Leathwick 等（1996）利用非参数回归方法，运用 14500 个林斑数据，在对新西兰 41 个树种分布与温度、太阳辐射、水平衡和岩性之间关系进行分析的基础上，对温度上升 2℃对树种分布的影响进行了综合评估。Iverson 和 Prasad（1998）运用地理信息系统技术和树种回归统计分析模型，定量分析 CO_2 倍增时，气候变化对美国东部 80 个树种空间分布的影响结果显示，大约 30 个树种的分布范围将会扩大，36 个树种至少北移 100km，4~9 个树种将北移出境进入加拿大。He 等（1999）结合生态系统过程模型和空间景观模型，进行美国威斯康星州北部林种对气候变暖的响应的模拟结果显示，其北方林种将在 300 年内消失，并将演替为南方林种。Scheller 和 Mladenoff（2004）结合空间景观动态模拟模型和广义生态系统过程模型，对气候变化干扰、森林分布、树林生物量和林木死亡率，以及林种间和林种内竞争的可行性进行了模拟分析。

Alkemade 等（2011）通过全球环境综合评估模型（IMAGE）与气候包络线模型的集成，对全球变暖与树种分布关系的模拟结果表明，到 2100 年，北欧地区树种将发生较大的变化，届时 35%以上的树种将是新出现的树种，现有树种的 25%以上将在这一地区消失。另外，有关研究表明，在 CO_2 倍增的情况下，中

---

* 杜正平、范泽孟和鹿明为本章主要合著者。

国东部地区阔叶林将增加、针叶林将减少（Yu *et al*., 2002）；气候变暖将导致寒温带冷杉林转变为目前广泛分布于西藏高原东部山地的桦林，寒温带森林将移动到目前为冻原的高寒地区（Wang *et al*., 2011）。

虽然气候变化是决定森林类型分布的主要因素，植被分布规律与气候之间密切相关这一客观事实早被人们所认知，而且大量研究结果表明在高海拔和高纬度地区的森林分布、树种和生产力对气候变化更具敏感性，但是，目前尚处在基于气候与植被物种间的关系来描绘未来气候变化条件下物种和森林分布的阶段。此外，由于树木群落的相互作用，森林对气候变化的响应尤为复杂（Canadell *et al*., 2007）。因此，目前人类关于森林生态系统变化对气候变化响应的研究与认识仍然处于初级阶段（McMahon *et al*., 2009）。

国内在森林生态系统对气候变化响应研究方面开展了大量的研究工作，尤其是进入 20 世纪以来，在气候变化对森林类型分布的影响、森林生态系统对气候变化的敏感性、气候变化对森林灾害的影响、树木年轮对气候变化的响应，以及物候对气候变化的响应方面取得了系列研究进展。方精云（2000）研究分析了气候变化引起的森林光合作用、呼吸作用和土壤有机碳分解等系列森林生态系统的生物物理过程的改变机理，以及森林生态系统的结构、分布和生产力变化特征。延晓冬等（2000）运用自主研发的中国东北森林生长演替模拟模型（NEWCOP），对中国东北森林生长演替过程及其气候敏感性的模拟分析表明，未来东北森林中落叶阔叶树的比例将大幅度增加。赵宗慈（1989）、刘世荣等（1998）运用 7 个全球气候模式（GCMs）所提供的 2030 年中国气候情景预测数据，构建了中国森林气候生产力模型，并对中国森林第一性生产力的未来情景进行了预测分析，其研究结果表明：气候变化引起的中国森林第一性生产力变化率从东南向西北递增（递增幅度为 1%~10%）。根据气候变化引起的森林生产力变化率的地理格局和树种分布状况的预测，揭示了中国主要造林树种生产力的变化是兴安落叶松生产力增益最大（8%~10%）、红松次之（6%~8%）、油松为 2%~6%（局部地区达 8%~10%）、马尾松和杉木为 1%~2%、云南松为 2%、川西亚高山针叶林增加可达 8%~10%；而主要用材树种生产力增加从大到小的顺序为兴安落叶松、红松、油松、云南松、马尾松和杉木，增加幅度为 1%~10%。丁一汇（2008，2011）有关气候变化对森林灾害影响的研究结果表明，气候变化引起水热区域和季节分配发生变化，一方面温度升高可以延长生长季，提高森林生产力；另一方面可能引发倒春寒甚至春季冻害的发生。

树木年轮对气候变化响应主要体现在对气温和降水两个主要气候要素的响应。有关研究表明，春季降水量与当年树轮宽度呈正相关（王亚军等，2001），干旱半干旱地区树木生长对气温的高低尤为敏感（吴祥定，1990），在当年的生长季节，较高的气温有利于光合作用，温度与年轮宽度显著正相关（邵雪梅、吴祥定，1997）。但是，如果生长季节气温过高则容易加快土壤蒸发并提高饱和水汽压差，从而限制树木的生理代谢活动，导致生长季的高温与年轮宽度呈负相关（王婷等，2003）。另外，其他气候因素与树木生长具有不同程度的相关关系，如大气 CO_2 浓度增加对辽东栎次生木质生长具明显的正效应（梁尔源等，2000）。在物候对气候变化的响应方面，徐雨晴等（2005）采用统计学方法对北京地区 1963~1988 年 20 种树木芽萌动期及 1950~2000 年 4 种树木开花期的变化及其对气温变化响应的研究结果表明，北京树木芽萌动的早晚主要受冬季气温的影响，冬季及秋末气温的升高使春芽萌动提前。萌芽早的树木萌动期长，萌芽晚的树木萌动期短，前者对温度的变化反应更敏感，且前者的萌动期长度随着萌动期间（主要在早春）气温的升高而缩短，后者的萌动期长度随着初冬、秋末平均最低气温的升高而延长。始花前 2~9 旬，特别是前 5 旬，气温对始花期影响最显著、始花期对气温变化的响应最敏感。北京春温每升高 1℃，开花期平均提前 3.6 天。

上述综述表明，气候要素变化的模拟结果对生态系统变化评估起着至关重要的作用。如果气候变化模拟结果误差过大，将导致生态系统对气候变化响应的错误结论。

本章森林生态系统响应模拟分析包含两方面内容：①森林生态系统模拟结果对不同方法所产生气候模拟误差的响应；②森林生态系统对实际气候变化的响应。

17.2　气候变化模拟误差及生态系统响应模拟分析

17.2.1　气候模拟误差分析

根据全国一级气象观测站点及江西二级气象观测站点资料数据，观测时间序列较为完整的观测站在江西省境内有 85 个，在周边地区有 21 个，总计 106 个。取江西省内 90%的气象台站（77 个台站）及江西省外周边的 21 个气象台站，共计 98 个站点数据用于空间插值，江西省境内剩余的 10%气象台站（8 个站点）数据用于交叉验证。江西省及其周边的 90m 空间分辨率 SRTM 数字高程数据来自 http://srtm.csi.cgiar.org 网站。SRTM 数字高程数据经过重采样生成的 250m 空间分辨率数字高程模型作为辅助数据（图 17.1），用于气象台站数据的空间插值，形成地表温度和降水量曲面。

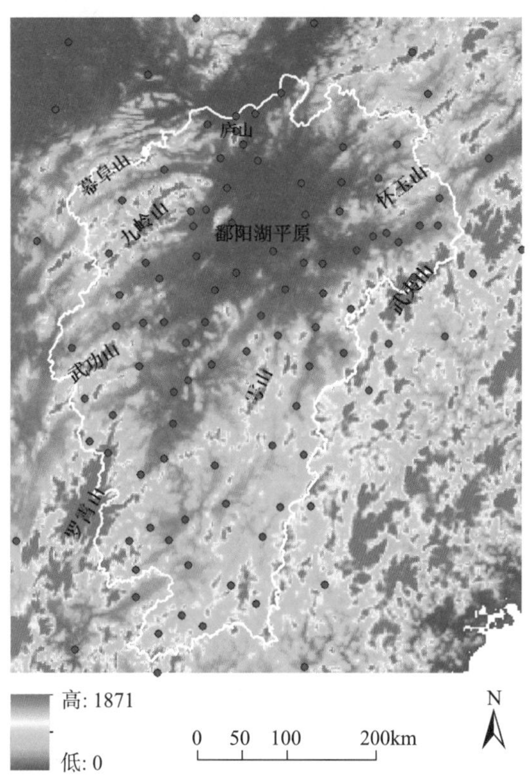

图 17.1　江西省数字地面模型（DTM）及气象台站分布

气候曲面插值的趋势面由地理加权回归（GWR）生成，高精度曲面建模方法（HASM）用于优化趋势面的残差曲面。为了比较分析 HASM 气候空间插值误差，本书同时运用克里金法（Kriging）、反距离权重法（IDW）和样条函数法（Spline）优化地理加权回归所生成趋势面的残差曲面，并比较它们的插值误差。

设第 j 组抽样时第 i 个验证点的模拟值为 $sf_{i,j}$，第 j 组抽样时第 i 个验证点气象台站测量值为 $f_{i,j}$，各种误差指标可表达为

$$\mathrm{ME}=\frac{1}{I\times J}\sum_{j=1}^{J}\left(\sum_{i=1}^{I}\left(sf_{i,j}-f_{i,j}\right)\right)\tag{17.1}$$

$$\mathrm{MAE}=\frac{1}{I\times J}\sum_{j=1}^{J}\left(\sum_{i=1}^{I}\left|sf_{i,j}-f_{i,j}\right|\right)\tag{17.2}$$

$$\mathrm{RMSE}=\frac{1}{I\times J}\sum_{j=1}^{J}\left(\sqrt{\frac{1}{I}\sum_{i=1}^{I}\left(sf_{i,j}-f_{i,j}\right)^{2}}\right)\tag{17.3}$$

式中，$I=8$；$J=15$ 时计算的误差值基本达到稳定；平均误差指标 ME 可提供围绕误差零值的振荡信息；绝对值误差 MAE 可提供误差叠加总值信息；RMSE 表达的信息与 MAE 类同，但许多学者用 RMSE 计算其模拟误差，为了便于比较，也将其纳入比较分析内容。

为了比较温暖与寒冷、湿润与干旱等区域气候模拟的相对误差，本书引入对应以上三个误差指标的相对误差：

$$\mathrm{MRE}=\frac{1}{I\times J}\sum_{j=1}^{J}\left(\sum_{i=1}^{I}\frac{sf_{i,j}-f_{i,j}}{f_{i,j}}\right) \tag{17.4}$$

$$\mathrm{MRAE}=\frac{1}{I\times J}\sum_{j=1}^{J}\left(\sum_{i=1}^{I}\left|\frac{sf_{i,j}-f_{i,j}}{f_{i,j}}\right|\right) \tag{17.5}$$

$$\mathrm{RMSRE}=\frac{1}{I\times J}\sum_{j=1}^{J}\left(\sqrt{\frac{1}{I}\sum_{i=1}^{I}\left(\frac{sf_{i,j}-f_{i,j}}{f_{i,j}}\right)^{2}}\right) \tag{17.6}$$

交叉验证结果表明，HASM 插值精度高于反距离插值（IDW）、克里金插值（Kriging）和样条插值（Spline）等经典方法（表 17.1，表 17.2）。在 1951~2010 年，HASM 的年平均温度绝对值误差为 0.27℃，比 IDW、Kriging 和 Spline 分别低 4%、7%和 30%；HASM 的年平均降水量绝对值误差为 37.21mm，比 IDW、Kriging 和 Spline 分别小 11%、6%和 41%。通过对比平均绝对值误差（MAE）和平均误差（ME）可以发现，Spline 误差值的振荡最大。

表 17.1　绝对误差统计表

气候要素	误差指标	HASM	IDW	Kriging	Spline
气温/℃	ME	0.07	0.11	0.08	0.03
	MAE	0.27	0.28	0.29	0.35
	RMSE	0.37	0.41	0.41	0.45
降水/mm	ME	–2.45	–5.06	–4.91	–14.71
	MAE	37.21	41.42	39.37	52.54
	RMSE	43.97	50.15	48.06	63.70

表 17.2　相对误差统计表

气候要素	误差指标	HASM	IDW	Kriging	Spline
气温	MRE	0.54%	0.85%	0.72%	0.42%
	MRAE	1.72%	1.83%	1.86%	2.16%
	RMSRE	2.50%	2.79%	2.82%	2.94%
降水	MRE	0.08%	–0.16%	–0.17%	–0.79%
	MRAE	2.29%	2.53%	2.39%	3.20%
	RMSRE	2.71%	3.03%	2.88%	3.82%

江西省 1951~2010 年各栅格年平均气温的空间插值结果表明，Spline 插值结果的最小值偏小、最大值偏大，有明显的数值振荡，夸大了江西省地表温度的空间差异；IDW 和 Kriging 插值结果的最低气温值偏大，一定程度上低估了江西省地表温度的空间差异（表 17.3）。年平均气温的空间插值结果表明（图 17.2），Spline 和 Kriging 低估了年平均气温 17℃和 18℃等温线围成的区域面积，高估了 16~17℃和 18~19℃等温线区域面积；IDW 则低估了年均气温在 18~19℃的区域面积和大于 19℃的区域面积，同时，也在一定程度上低估了年平均气温低于 13℃低温区的面积。

表 17.3　各方法气温模拟结果统计表　　（单位：℃）

统计指标	最小值	最大值	平均值
HASM	7.45	19.74	17.23
IDW	7.54	19.74	17.24
Kriging	7.50	19.74	17.23
Spline	7.35	19.93	17.24

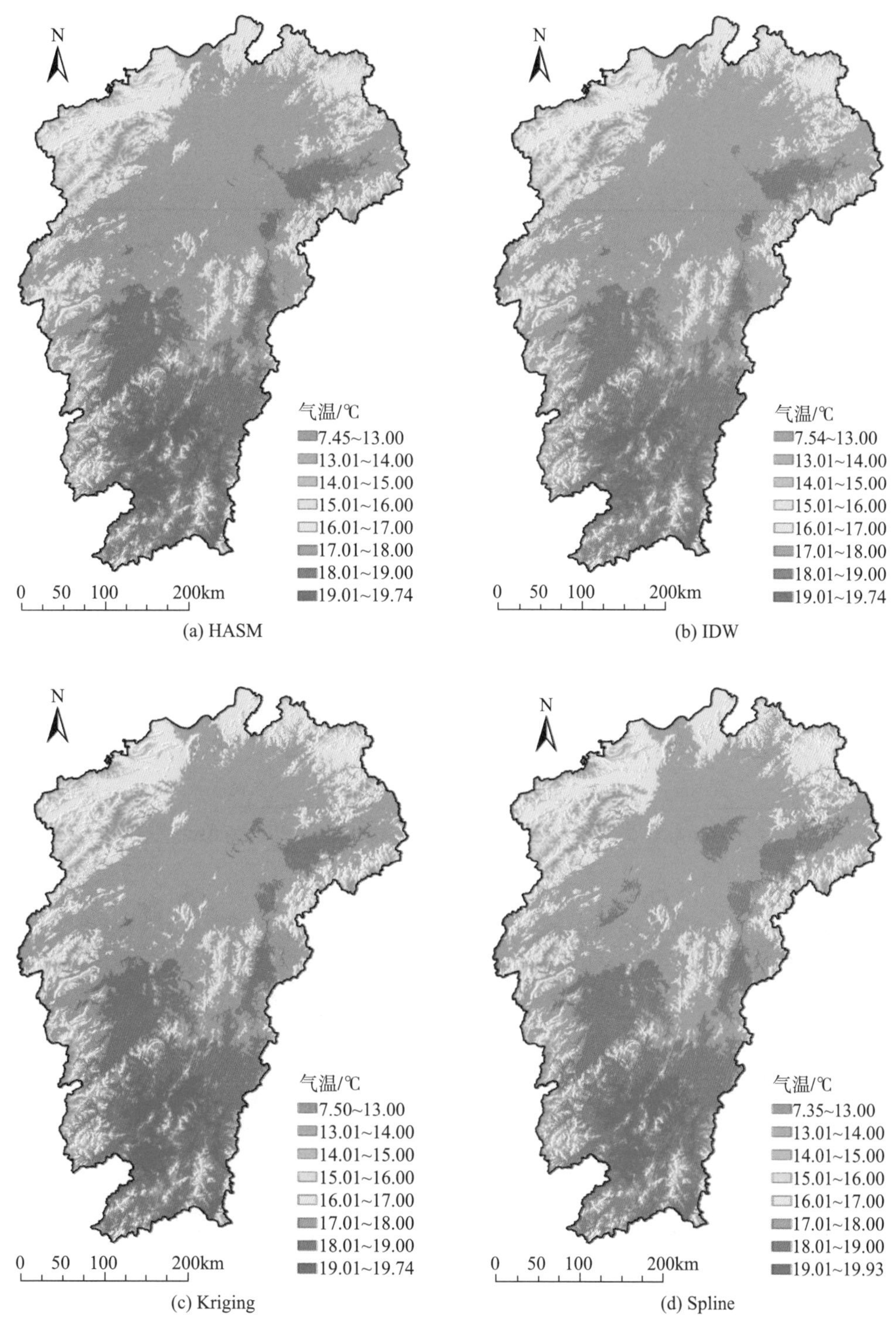

图 17.2　1951~2010 年各种方法的年平均气温空间插值结果

江西省 1951~2010 年的年平均降水插值结果分析表明（表 17.4），Spline 插值结果的最小值偏小，最大值偏大，有明显的数值振荡，夸大了江西省降水的空间差异；同时，Spline 空间插值的全江西整体年平均降水量偏大，高估了江西省总降水量；Kriging 的最小降水量和最大降水量均偏大。年平均降水插值曲面显示（图 17.3），各方法在一定程度上都能捕捉到江西相对干旱区和相对湿润区的信息。江西北部的庐山周边地区和吉泰盆地降水比较少，江西东北部的怀玉山地区和武夷山地区降水比较多。然而，Spline 高估了两个干旱地区的面积，同时也高估了降水大于 2000mm 地区的面积；Kriging 低估了吉泰盆地的干旱程度，丢失了江西省东北部与浙江交界地区年均降水量为 1600~1700mm 的区域，IDW 则高估了年平均降水量在 1500~1700mm 的区域面积。

表 17.4　各方法降水模拟结果统计表　　　　（单位：mm）

统计指标	最小降水量	最大降水量	年平均降水量
HASM	1367	2461	1661
IDW	1363	2459	1661
Kriging	1375	2477	1661
Spline	1312	2499	1665

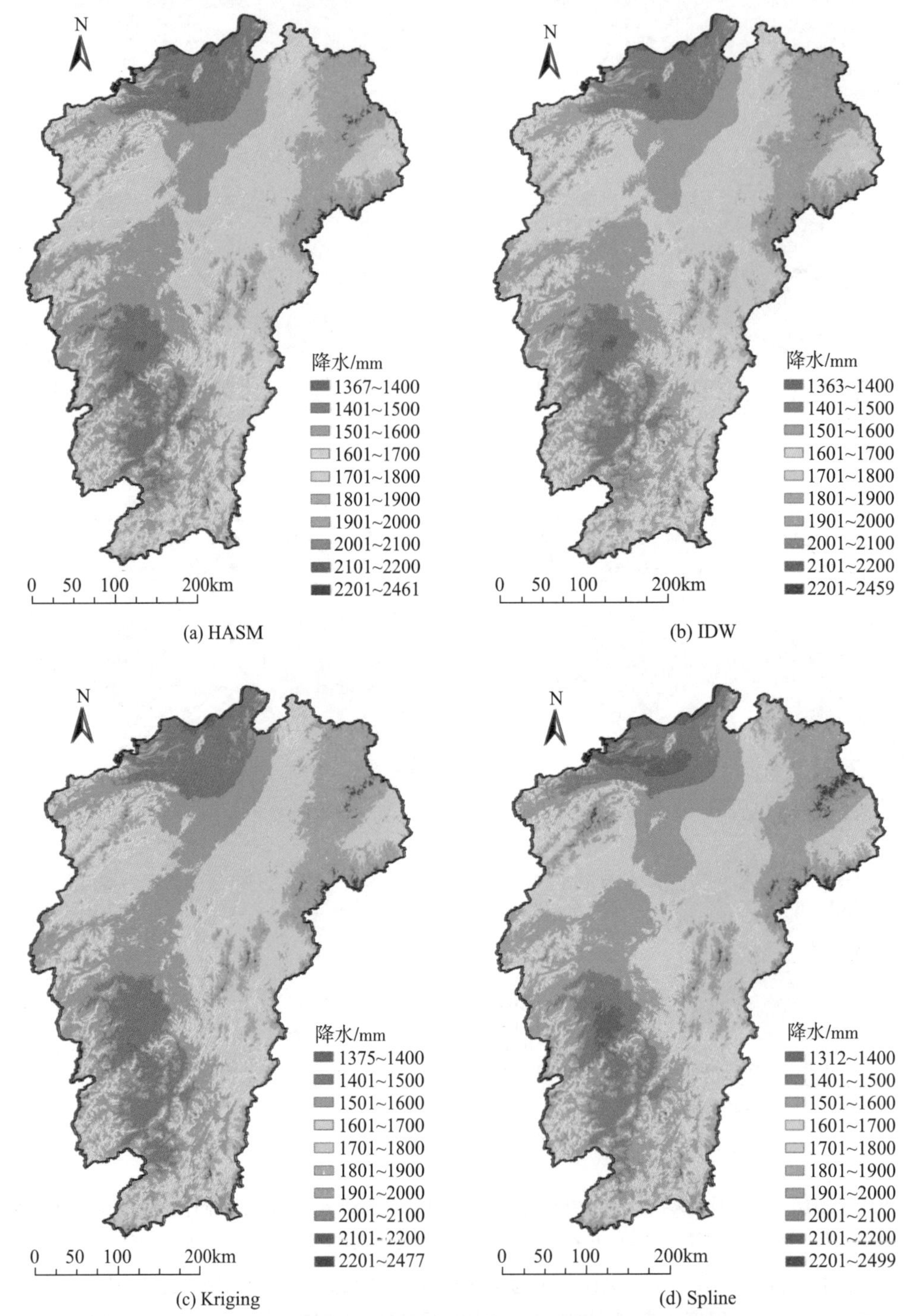

图 17.3　1951~2010 年各种方法的年平均降水量空间插值结果

17.2.2　HLZ 生态系统模拟对气候变化插值误差的响应

Holdridge 生命地带模型（HLZ）由年平均生物温度、年平均降水量与潜在蒸散率三个气候指标决定：

$$d_i(x,y)=\sqrt{\left(T(x,y)-T_i\right)^2+\left(P(x,y)-P_i\right)^2+\left(\mathrm{PE}(x,y)-\mathrm{PE}_i\right)^2} \tag{17.7}$$

式中，$T(x,y)=\ln \mathrm{MAT}(x,y)$，$\mathrm{MAT}(x,y)$ 为栅格 (x,y) 处年平均生物气温；$P(x,y)=\ln \mathrm{MAP}(x,y)$，$\mathrm{MAP}(x,y)$ 为栅格 (x,y) 处年平均降水；$\mathrm{PE}(x,y)=\ln \mathrm{MPE}(x,y)$，$\mathrm{MPE}(x,y)=\dfrac{58.93\mathrm{MAT}(x,y)}{\mathrm{MAP}(x,y)}$ 为栅格 (x,y) 处年平均潜在蒸散率；T_i、P_i 和 PE_i 分别为 HLZ 系统中第 i 类生态系统年平均生物气温、年平均降水和年平均潜在蒸散率标准值的对数值。

亚热带湿润森林分布最广，约占江西省总面积的 70%，其次是暖温带湿润森林类型，约占江西省总面积的 24%。各方法的模拟结果，一定程度上都可以捕捉到这一现象，但由于不同方法年平均温度和年平均降水量曲面的模拟精度差异， HLZ 模型各类生态系统面积和比例出现一定差异（图 17.4，表 17.5）。基于

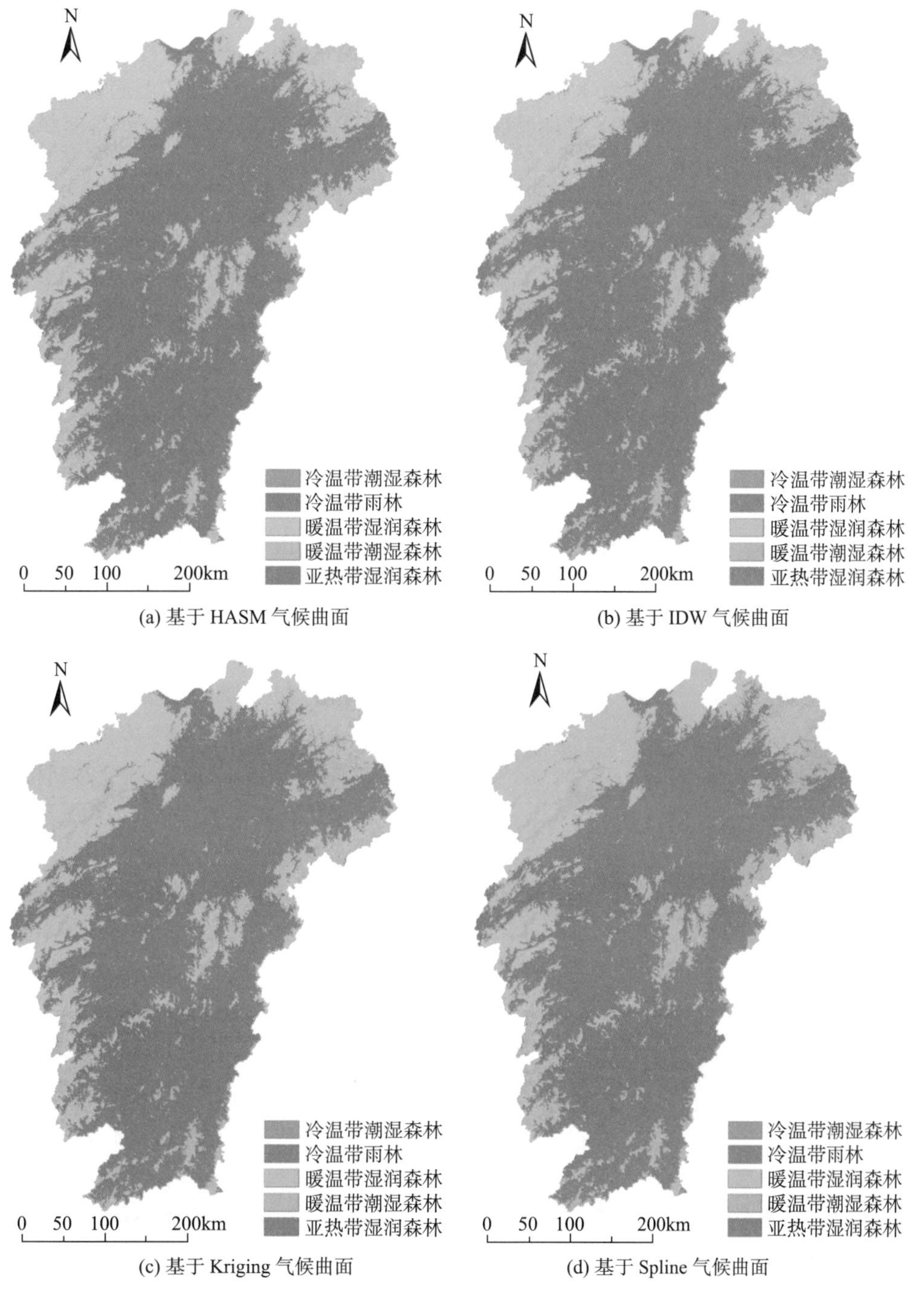

(a) 基于 HASM 气候曲面　(b) 基于 IDW 气候曲面

(c) 基于 Kriging 气候曲面　(d) 基于 Spline 气候曲面

图 17.4　江西省基于不同气候曲面的 250m 空间分辨率 60 年（1951~2010 年）平均森林生态系统空间格局

表 17.5　基于各方法的 60 年（1951~2010 年）HLZ 生态系统比较

森林类型		冷温带潮湿森林	冷温带雨林	暖温带湿润森林	暖温带潮湿森林	亚热带湿润森林
HASM	像元数	5787	1245	656841	129116	1878405
	百分比/%	0.22	0.05	24.59	4.83	70.32
IDW	像元数	5866	1187	647322	128069	1888950
	百分比/%	0.22	0.04	24.23	4.79	70.71
Kriging	像元数	5930	1284	669432	128827	1865921
	百分比/%	0.22	0.05	25.06	4.82	69.85
Spline	像元数	3138	1511	655618	158132	1852995
	百分比/%	0.12	0.06	24.54	5.92	69.36

IDW 气候曲面的森林生态系统模拟增大了亚热带湿润森林和冷温带潮湿森林的面积比例，减少了暖温带湿润森林和暖温带潮湿森林面积比例；基于 Kriging 气候曲面的模拟，减少了亚热带湿润森林的面积比例，增加了暖温带湿润森林的比例；基于 Spline 气候曲面模拟减少了冷温带潮湿森林和亚热带湿润森林的比例，增加了暖温带潮湿森林的面积比例。

17.3　气 候 变 化

17.3.1　年平均气温变化

根据 HASM 模拟结果，江西省 1951~1980 年（*P*1 时期）和 1981~2010 年（*P*2 时期）两个时期的年平均气温分别为 17.05℃和 17.46℃，呈现出上升趋势，上升了 0.41℃。*P*1 时期的年平均气温最低值为 7.32℃，*P*2 时期为 7.44℃。*P*1 时期的年平均气温最高值为 19.59℃，*P*2 时期为 20.36℃。最低年平均气温值上升了 0.12℃；最高气温值变化较大，升高了 0.77℃。江西省气候变暖趋势明显，99.98%的栅格气候变暖，仅有 0.02%的少量栅格出现气候变冷；*P*1 时期最低均温与最高均温相差 12.27℃，*P*2 时期相差 12.92℃。

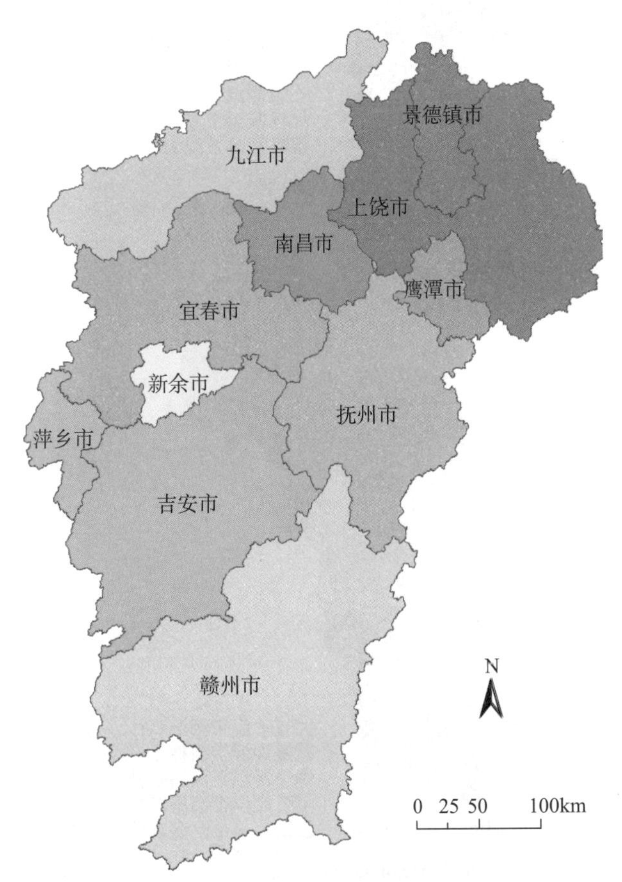

图 17.5　江西省行政区

*P*1 时期低于 16℃的区域主要分布在宜春市九江市交界的九岭山，九江市西部的幕阜山，上饶市东北部的莲花山、中西部的怀玉山、南部的武夷山，萍乡市、吉安市和和宜春市交界处的武功山，吉安西部的罗霄山和抚州市吉安市赣州市交界的雩山等区域，约占江西省总面积的 14.73%（图 17.5）。高于 18℃的区域主要分布在吉安市的中南部，赣州市的河谷低山地区，抚州市、鹰潭市和上饶市的个别地区等，约占总面积的 16.58%。江西大部地区温度都在 16~18℃，占总面积的 59%，如图 17.6（a）所示。

*P*2 时期年平均气温低于 16℃的区域仍主

要分布在九岭山、幕阜山、怀玉山、武功山等区域，占总面积的 10.57%，相对于前 30 年大幅度减少，减少了 28.24%。高于 18℃的区域拓展到赣州、吉安中南部等区域，此外，鹰潭市、景德镇市、抚州市、南昌市、宜春市和新余市等地大面积出现了高于 18℃的区域，面积占江西总面积的 34.78%，相对前 30 年增加了 109.77%，即 *P*2 时期的高温区，是 *P*1 时期的 1 倍多。江西大部分地区仍以 16~18℃为主，占总面积的 55%左右，较前 30 年面积变化不大（减少了 6.78%），主要表现为空间上的变化，即江西北部区域和中部区域温度的增加引起的变化，如图 17.6（b）所示。

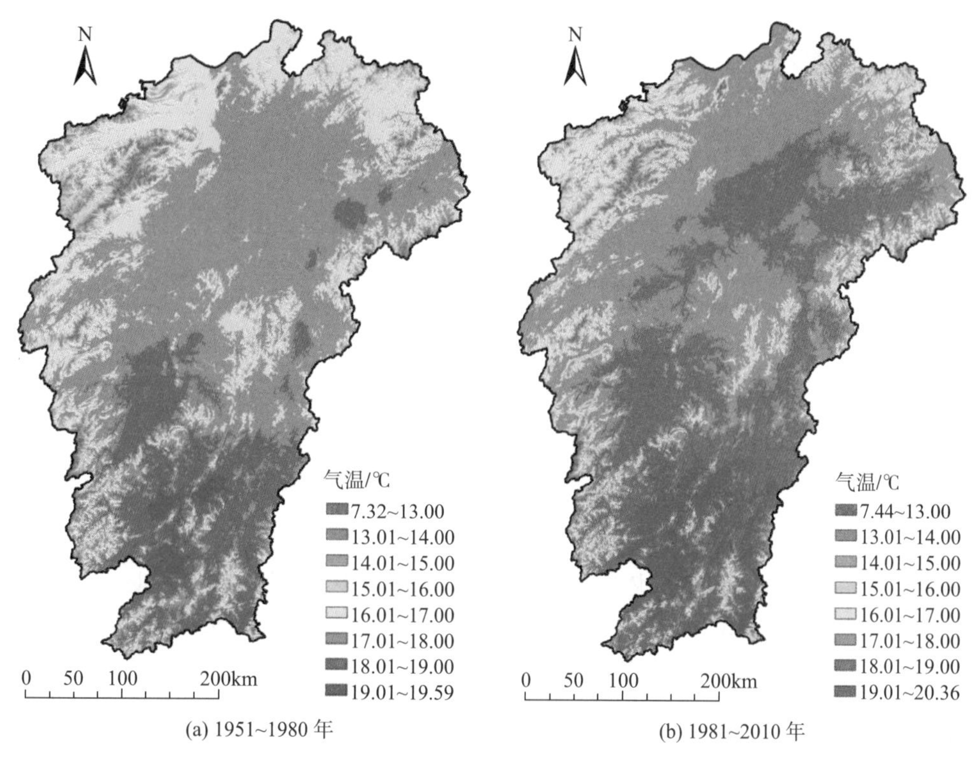

图 17.6 江西省 250m 空间分辨率的 HASM 年平均气温曲面

17.3.2 年平均降水变化变化

*P*1 和 *P*2 时期的年平均降水量分别为 1602mm 和 1718mm，年平均降水量总体为增加趋势，增加了 116mm。*P*1 时期年平均降水量最低值为 1288mm、年平均降水量最高值为 2557 mm；*P*2 时期最低值为 1283mm，最高值为 2583mm。最高值增加了 26mm；最低值小幅减少 5mm。*P*1 时期的年平均降水量最低值与最高值相差 1269mm；*P*2 时期相差 1300mm。

在 *P*1 时期，年平均降水量低于 1500mm 的区域主要分布在九江市、南昌市、吉安市的大部分地区，宜春市东部和赣州市部分地区，占总面积的 24.96%。降水高于 1800mm 的地区主要分布在怀玉山、武夷山、九岭山、罗霄山、雩山等区域，面积占总面积的 9.39%。大部地区年平均降水量在 1500~1800mm，占总面积的 65.65%。年平均降水呈现出山区多、盆地少的空间分布格局，如图 17.7（a）所示。

在 *P*2 时期，年平均降水量低于 1500mm 的地区主要分布在吉安市南部、赣州市北部地区，九江市北部环庐山地区，面积占江西省总面积的 5.59%，较前 30 年明显减少（减少 77.6%）。降水在 1800mm 以上的区域主要分布在江西东部景德镇市、上饶市、鹰潭市、抚州市的大部分地区及江西西部的宜春市、九江市的九岭山与幕阜地区，以及赣州市、吉安市的罗霄山等地区，面积占总面积的 28.95%，相较前 30 年增加了 208.36%。大部分地区降水量集中在 1500~1800mm，面积占总面积的 65.46%，与 *P*1 时期相比变化不大。降水总体上呈现出东西多，中部少，山地多，盆地少的空间分布特点，相较前 30 年有明显的增加的趋势，如图 17.7（b）所示。

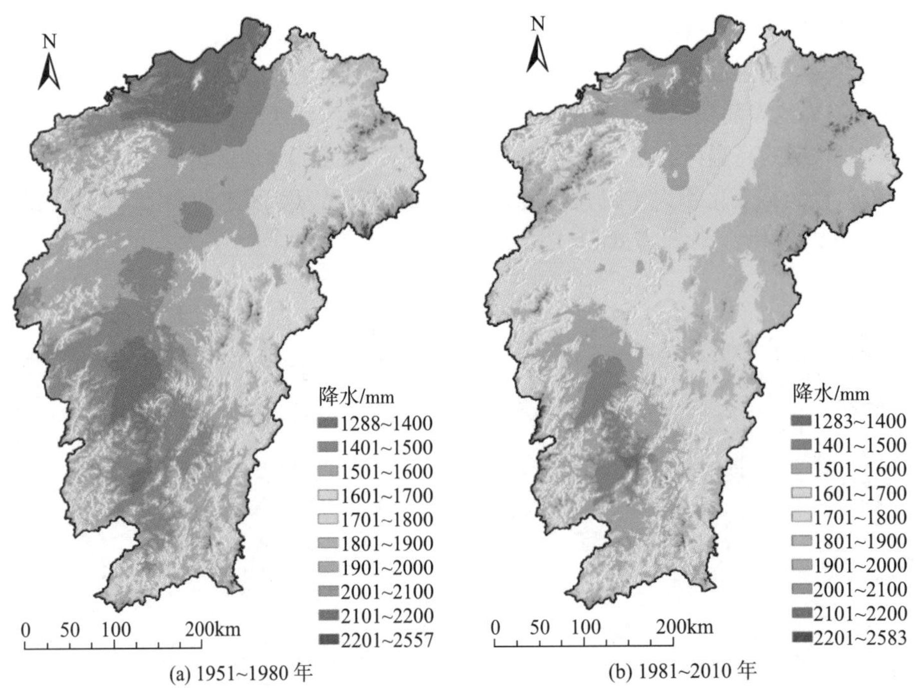

(a) 1951~1980 年　　(b) 1981~2010 年

图 17.7　江西省 250m 空间分辨率的 HASM 年平均降水曲面

17.3.3　气候变化

相对于 *P*1 时期，*P*2 时期江西省整体气温升高，只是在西部罗霄山脉的局部地区，出现气温降低的情况；这一时期，气温升高比较大的地区，主要分布在江西北部、江西中东部地区和江西南部赣州东北部和赣州南部地区[图 17.8（a）]。相对于 *P*1 时期，*P*2 时期江西省整体降水增多，但在江西省东北部的怀玉山，江西省中部的雩山，江西省与福建省交界的武夷山，以及江西南部的若干地区出现降水减少，其中降水减少程度最大的是江西东北部武夷山的高海拔地区。降水增加幅度最大的地区，主要分布在江西东北部的上饶和景德镇地区、江西西北部的幕阜山和九岭山地区，以及南昌市的局部地区[图 17.8（b）]。

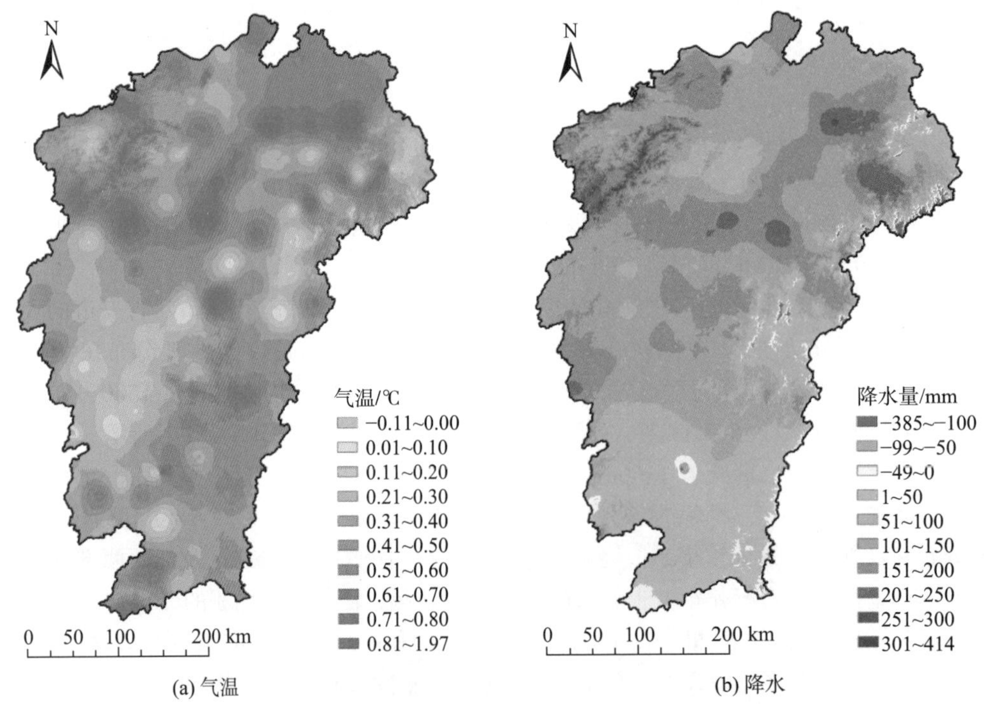

(a) 气温　　(b) 降水

图 17.8　江西省 250m 空间分辨率气温和降水变化曲面

通常气温升高，降水减少称为暖干化；气温升高，降水增加为暖湿化；气温降低，降水减少为冷干化；气温降低，降水增加为冷湿化。相对于 *P*1 时期，江西省 96.815%的地区呈现气候暖湿化，3.16%的地区呈现气候暖干化，0.024%的地区呈现气候冷湿化，0.001%的地区呈现气候冷干化（图 17.9）。江西省绝大部分地区出现气候暖湿化趋势；出现气候暖干化趋势的地区主要分布在怀玉山、江西东部与东北部的武夷山脉、江西中南部的雩山山脉和江西南部的南岭等较高海拔地区；出现气候冷湿化趋势的地区主要分布在江西东南部罗霄山脉的高海拔地区；气候冷干化主要分布在上饶市南部武夷山的高海拔地区。

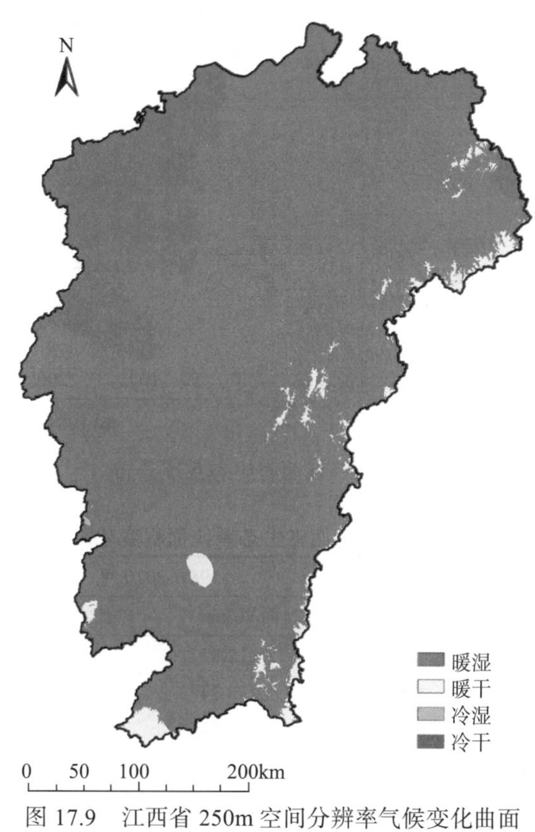

图 17.9　江西省 250m 空间分辨率气候变化曲面

17.4　生态系统变化趋势

17.4.1　生态系统分布与面积变化

在 *P*1 时期，冷温带潮湿森林在九岭山、幕阜山有大量分布，在庐山和武功山地区有零星分布，其面积占江西省总面积的 0.655%；冷温带雨林在江西的分布很少，仅分布在怀玉山、武夷山和罗霄山的很小区域，占全省总面积的 0.047%；暖温带湿润森林是江西的第二大主要生态系统类型，占总面积的 30.814%，在幕阜山、九岭山、庐山、怀玉山、武夷山、武功山、罗霄山和雩山都有大量的分布；暖温带潮湿森林占总面积的 3.693%，在幕阜山、九岭山、庐山、武功山、罗霄山、武夷山、雩山和怀玉山，以及赣州的部分区域都有分布；亚热带湿润森林是江西的主要森林生态系统类型，占江西总面积的 64.792%，江西绝大部分地区都有分布；亚热带潮湿森林在江西分布非常稀少，零星的分布于赣州东部边界处和武夷山西南部[图 17.10(a)，表 17.6]。

受气候变化的影响，*P*2 时期与 *P*1 时期相比（图 17.10（b），表 17.6，表 17.7），江西省 15.15%的森林生态系统类型在发生了变化。受降水量增加影响，18.31km^2 的冷温带潮湿森林转化为冷温带雨林，占江西省总面积的 0.011%，主要分布于九岭山高海拔地区；3849.56km^2 的暖温湿润森林转化为暖温带潮湿森林，占江西省面积的 2.306%，广泛分布于江西北部、东部和西部的中海拔地区；387.06km^2 的暖温带潮湿森林转化暖温带潮湿森林，占江西省面积的 0.232%，广泛分布于江西省南部、中部、东部和东北部的中高山地区。

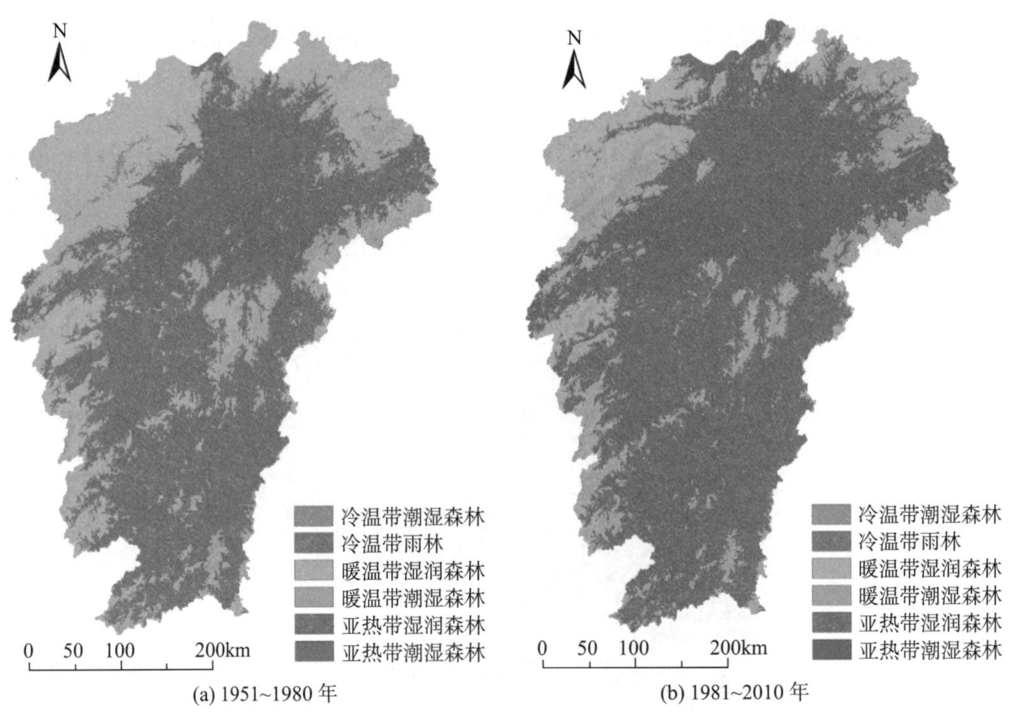

(a) 1951~1980 年　　(b) 1981~2010 年

图 17.10　江西省生态系统分布

表 17.6　江西省生态系统面积变化

生态系统类型	1951~1980 年		1981~2010 年		面积变化/km^2	面积变化比例/%
	面积/km^2	比例/%	面积/km^2	比例/%		
冷温带潮湿森林	1092.65	0.66	12.87	0.01	−1079.87	−98.82
冷温带雨林	77.87	0.05	79.24	0.05	1.37	1.76
暖温带湿润森林	51443.15	30.81	28113.08	16.84	−23332.18	−45.35
暖温带潮湿森林	6165.13	3.69	10640.16	6.37	4475.44	72.59
亚热带湿润森林	108167.6	64.79	128089.8	76.73	19923.94	18.42
亚热带潮湿森林	0.56	0.00	11.87	0.01	11.32	2021.43

表 17.7　*P*1 和 *P*2 两个时期生态系统转换矩阵　　（单位：像元数）

	冷温带潮湿森林	冷温带雨林	暖温带湿润森林	暖温带潮湿森林	亚热带湿润森林	亚热带潮湿森林
冷温带潮湿森林	13	193	0	0	0	0
冷温带雨林	293	835	0	140	0	0
暖温带湿润森林	0	0	443657	6193	0	0
暖温带潮湿森林	17178	218	61593	91269	0	0
亚热带湿润森林	0	0	317866	908	1730839	9
亚热带潮湿森林	0	0	49	141	0	0

受气温升高影响，1073.6km^2 的冷温带潮湿森林转化为暖温带潮湿森林，占江西省面积的 0.643%，主要分布于庐山、幕阜山、九岭山和武功山等地高海拔地区；19866.63km^2 的暖温带湿润森林转化为亚热带湿润森林，占江西省面积的 11.899%，广泛分布于江西北部、东部和西部的中低丘陵地带；8.81km^2 的暖温带潮湿森林转化为亚热带潮湿森林，占江西省面积的 0.005%，主要分布在赣州市南部与广东交界的高山地区。

由于气温升高和降水减少，56.75km^2 的暖温带潮湿森林转化为亚热带湿润森林，占江西省面积的 0.0340%，主要分布在赣州东北部武夷山脉高海拔地区和赣州南部与广东交界的高山中山地区；13.63km^2 的冷温带雨林转化为暖温带潮湿森林，占江西省面积的 0.008%，主要分布于江西省上饶市东部怀玉山和南部武夷山的高海拔地区。

由于气温升高和降水量增加，3.06km^2 的暖温带湿润森林转化为亚热带潮湿森林，占江西省面积的 0.002%，主要分布在抚州市东北部武夷山中海拔地区。由于气温降低和降水增多，8.75km^2 的暖温带潮湿森林转化为冷温带雨林，占江西省面积的 0.005%，零星分布于江西西部的罗霄山脉高海拔地区。

受降水减少影响，0.56km^2 的亚热带潮湿森林转化为亚热带湿润森林，占江西省面积的 0.0003%，主要分布于赣州南部的若干零星高山地区；12.06km^2 的冷温带雨林转化为冷温带潮湿森林，占江西省面积的 0.007%，主要分布于江西省上饶市南部武夷山的高海拔地区。

生态系统发生变化的主要驱动因素是气候变暖，暖温带湿润森林转化为亚热带湿润森林的面积最大，主要分布于北部的河谷与低山丘陵，中南部的中低山丘陵等区域。82.81%的生态系统由于气候变暖发生了变化；15.29%的生态系统因为气候变湿发生了变化，1.58%的生态系统因为气候变干发生了变化，0.01%生态系统因为气候暖湿化发生变化，0.28%生态系统由于气候暖干化发生变化。没有栅格因为气候变冷、气候冷湿化或冷干化发生变化（图 17.11）。

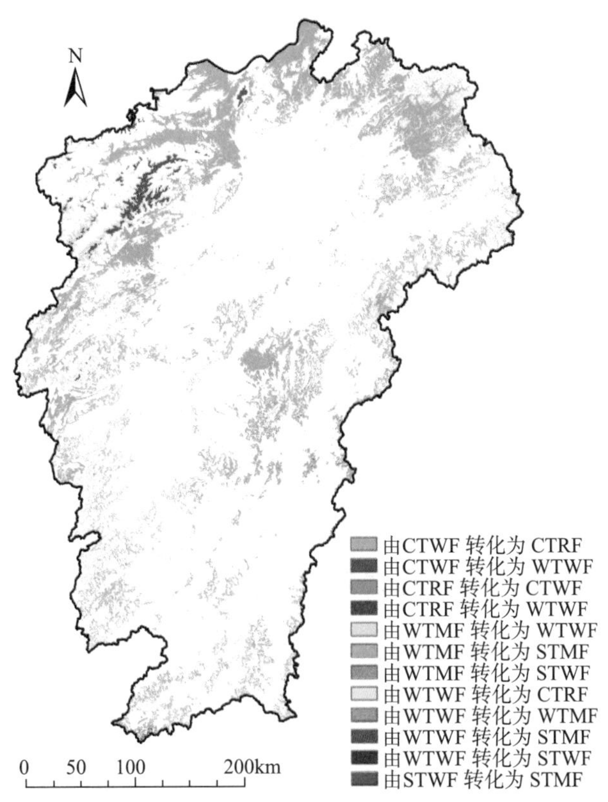

图 17.11　1951~1980 年 1981~2010 年两个时期的生态系统转化

CTWF 代表冷温带潮湿森林；CTRF 代表冷温带雨林；WTMF 代表暖温带湿润森林；WTWF 代表暖温带潮湿森林；STMF 代表亚热带湿润森林；STWF 代表亚热带潮湿森林

17.4.2　生态系统平均中心移动

冷温带潮湿森林平均中心在 1951~1980 年分布于九岭山区，到 1981~2010 年，其平均中心向东南移动了 291km，出现在武夷山区；其主要原因是由于气候变暖，1951~1980 年分布在幕阜山脉、九岭山脉和庐山的冷温带潮湿森林到 1981~2010 年几乎全部消失，在武夷山脉仍有少量分布。冷温带雨林的平均中心在 1951~1980 年分布于雩山西北部的抚州境内，到 1981~2010 年向西移动了 104km，到达武功山东南的吉安境内；这表明冷温带雨林的面积在武夷山脉、怀玉山脉和雩山有减少趋势。暖温带湿润森林在前后 30 年的平均中心变化不大，平均中心位于宜春西部，仅向西南移动了 21km。暖温带潮湿森林平均中心在 1951~1980 年位于雩山东北部的抚州境内，到 1981~2010 年向西北移动 79km，进入宜春西部。亚热带湿润森林的平均中心在前后 30 年变化不大，位于靠近吉安东北的抚州境内，平均中心向北移动了 17km。亚热带潮湿森林的平均中心在 1951~1980 年位于赣州东部边界外，1981~2010 年向西南移动了 122km（图 17.12）。

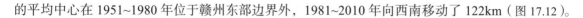

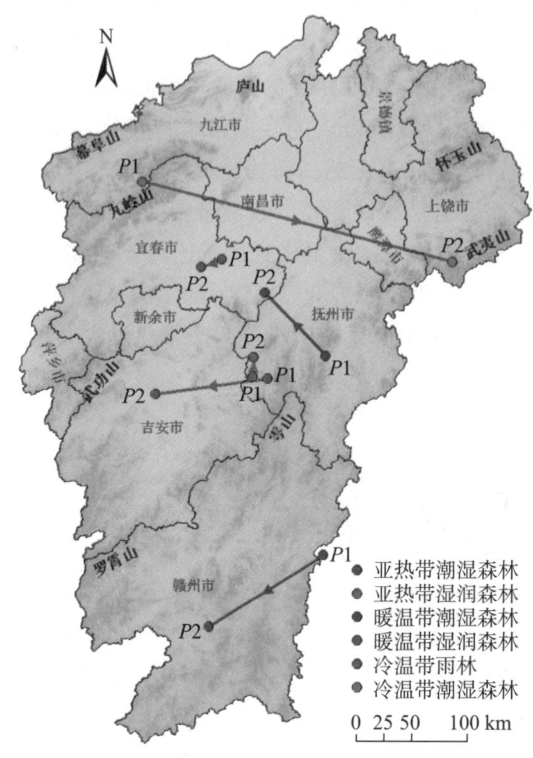

图 17.12　江西省 30 年时间尺度生态系统平均中心移动

17.5　结　论

17.5.1　生态系统模拟结果对气候模拟误差的响应

交叉验证与误差分析结果表明，高精度曲面建模方法被用于气候要素模拟时，可以很好地反映气候变化的空间分布，其精度要优于目前常用的经典方法。高精度曲面建模方法关于 1951~2010 年的年平均气温平均绝对误差为 0.27℃，比反距离加权法、克里金法和样条函数法分别小 4%、7%和 30%；年平均降水量的年平均绝对误差为 37.21mm，较反距离加权法、克里金法和样条函数法分别小 11%、6%和 41%。

气温与降水是 HLZ 生态系统空间分析的基础数据，其精度高低对 HLZ 生态系统的分类结果有较大影响。例如，由于样条函数法的震荡问题，夸大了气候变化幅度，HLZ 生态系统类型会出现多余的斑块；克里金法平滑效应显著，忽略了一些气候变化的典型区域，给区域气候变化分析带来一定程度的不确定性，低估了气候变化的影响；反距离加权法的总体模拟效果较好，但由于其忽略了空间自相关性，容易出现景观破碎化，给生态系统对气候变化响应分析带来困难。

17.5.2　森林生态系统对实际气候变化的响应

根据高精度曲面建模方法的模拟结果，1951~1980 年的年平均气温和年平均降水分别为 17.05℃和 1602mm，1981~2010 年的年平均气温和年平均降水分别为 17.46℃和 1718mm。也就是说，江西省近 60 年气候变化呈现暖湿趋势。年平均气温升高了 0.41℃、降水量增加了 116mm。

由于气候变化，出现在鄱阳湖流域的 6 种 HLZ 生态系统类型发生了很大变化。1981~2010 年与 1951~1980 年相比，冷温带潮湿森林由 1092.65km^2 退缩为 12.87km^2，几乎消失殆尽；亚热带潮湿森林从几乎没有（0.56km^2 面积可看做是误差所致），扩展到了 11.87km^2；暖温带潮湿森林的面积比例由 3.69%增加到 6.37%。

暖温带湿润森林和亚热带湿润森林是江西省的优势 HLZ 生态系统，按照 1951~2010 年的 60 年平均结果，它们占江西省总面积的 94.99%。1981~2010 年与 1951~1980 年相比，暖温带湿润森林的面积比例由 30.81%缩减至 16.84%，而亚热带湿润森林的面积比例由 64.79%扩展到 76.73%。

江西省优势 HLZ 生态系统的平均中心相对稳定，然而，稀少 HLZ 生态系统的平均中心变化很大。冷温带潮湿森林向东南移动了 291km，冷温带雨林向西移动了 104km，亚热带潮湿森林向西南移动了 122km。

值得注意的是，在 30 年时间尺度下，1951~1980 年和 1981~2010 年都有亚热带潮湿森林，但 1951~1980 年有亚热带潮湿森林的栅格到 1981~2010 年全部变为其他生态系统类型；1981~2010 年有亚热带潮湿森林的栅格在 1951~1980 年全部被其他生态系统类型覆盖。也就是说，没有一个栅格在 1951~1980 年和 1981~2010 年同时出现亚热带潮湿森林。因此，在基于 1951~2010 年 60 年平均气候曲面的生态系统模拟结果中，没有亚热带潮湿森林出现。

第 18 章　土壤质量空间模拟分析实验*

18.1　引　　言

土壤是通过地球上母岩、气候、地形、植物、动物的相互作用、腐殖化和风化，以及腐殖化、风化产物的移动而形成的地壳表层疏松部分，是岩石圈、大气圈、水圈和生物圈交互的临界环境。土壤质量评价研究还仅仅处于起步阶段，有关土壤质量的许多理论问题及过程机理尚不清楚，到目前为止，仍未形成统一的土壤质量定义（熊东红等, 2005）。

美国土壤科学学会将土壤质量定义为由土壤特性或间接观测推断的土壤本质属性（如压塑性、侵蚀度和肥力）（Soil Science Society of America, 1987）。Larson 和 Pierce（1991）将土壤质量表达为一种土壤在生态系统边界内部和与生态系统外部环境发生作用的能力。Parr 等（1992）将土壤质量描述为在不损害自然资源基础或环境的条件下土壤持续生产作物的能力、改善人类和动物健康的能力。Doran 和 Parkin（1994）将土壤质量定义为一种土壤为了支持生物生产力、保持环境质量、促进植物和动物健康，在生态系统边界内部发挥作用的能力。Johnson 等（1997）将土壤质量定义为土壤条件相对于需要的度量。Bezdicek 等（1996）认为，对大多数土壤而言，土壤质量可根据一两种最重要的土壤属性（如 pH 或土壤养分）定义。曹志洪（2001）结合我国土壤的具体特点，将土壤质量定义为土壤在一定的生态系统内提供生命必需养分和生产生物物质的能力，容纳、降解、净化污染物质和维护生态平衡的能力，影响和促进植物、动物和人类生命安全和健康的能力。刘占锋等（2006）将土壤质量表达为土壤肥力质量、土壤环境质量及土壤健康质量的综合量度。

虽然土壤质量不能直接测量，但对管理变化反应敏感的土壤属性可以用作土壤质量指标对其进行估算（Kellogg, 1951; Larson and Pierce, 1991）。关于土壤质量指标的表达，目前仍处于百花齐放、百家争鸣的时期，还没有形成统一的认识。

Parr 等（1992）将土壤质量指标表达为土壤属性、潜在生产力、环境因素、动物健康、侵蚀度、生物多样性、食物质量和管理投入的函数。在土壤质量统计分析中，Reganold 等（1993）、Wardle（1994）用容积密度、耐穿透性、碳、呼吸、可矿化氮、可矿化氮与碳的比率、表土厚度、阳离子交换量、全氮、全麟、有效磷、有效硫、有效钙、有效镁、速效钾和酸碱度等土壤属性描述新西兰的土壤质量。Doran 和 Parkin（1994）提出了一个综合的土壤质量指标，并表达其为食物和纤维产量、侵蚀度、地下水质量、地表水质量、空气质量及食物质量的函数。Larson 和 Pierce（1994）将土壤质量表述为可度量土壤属性的函数。Bezdicek 等（1996）将土壤质量表达为含水量、结构指数、生根深度、阳离子交换量、营养供应能力和土壤多样性的函数。

土壤质量指标是可用来监测土壤变化的物理、化学和生物属性，以及过程和特征（Muckel and Mausbach, 1996）。土壤厚度、质地、坡度、土壤有机质、全氮、碱解氮、全磷、有效磷、全钾、速效钾、阳离子交换量和酸碱度被用于评价中国江西省千烟洲生态实验站的土壤质量（Wang and Gong, 1998）。土壤有机质、全氮、酸碱度、电导率、钠吸附比、阳离子交换量、有效钾和水稳性团聚体，以及有效铁、镁和锌被用作美国加利福尼亚中央谷地土壤质量的评价指标（Andrews *et al.*, 2002）。土壤有机质用于评价加拿大土壤质量（Carter, 2002）。土壤有机质、有效磷、速效钾和酸碱度被用于评价中国亚热带丘陵区土壤的时空变化（Sun *et al.*, 2003）。在法国和丹麦，田块尺度的土壤质量评价基于土壤多样性和土壤功能（Bohanec *et al.*, 2007）。Nemoro 指数被用于分析中国江西省农业区的土壤质量（Qi *et al.*, 2009）。生物可达性模型和生物标记指数

---

* 杜正平和李启权为本章主要合著者。

被用于评估加拿大盖奇敦空军基地的土壤质量（Berthelot *et al.*, 2009）。

张华和张甘霖（2001）认为，土壤物理指标、化学指标和生物指标等的不同取值组合决定了土壤质量的状况。袁红等（2006）选择土壤容重、黏粒含量、有机质、全氮、有效磷、速效钾、pH、有效铁、有效氮、速效钙、全磷、阳离子交换量作为土壤质量评价指标。李阳兵等（2007）将土壤质量指标归纳为有机质含量、土壤供持水能力、土壤结构状况和土壤微生物特性。李希灿等（2008）将全铁、有机质、全氮、全磷、碱解氮、CEC、速效钾、土壤容重、pH、土壤含水量、全钾和速效磷描述为土壤质量指标。

在标准的康奈尔土壤健康测试中，土壤质量指标包括土壤质地、聚集稳定性、有效水容量、表层硬度和亚表层硬度 5 个物理指标，有机质含量、活性炭含量、可矿化氮和烂根率 4 个生物指标及酸碱度、有效磷、有效钾和微量元素含量 4 个化学指标（Moebius-Clune *et al.*, 2011）。土壤碳含量和土壤侵蚀被用于模拟欧洲的土壤质量变化（Podmanicky *et al.*, 2011）。

为了选择土壤质量和土壤属性空间插值的最佳方法，已开展了大量插值方法、插值效果的比较研究。例如，Laslett 等（1987）运用表层土酸碱度调查数据检验了全局平均值和中位数（GMM）、移动平均（MA）、反距离权重（IDW）、Akima 插值（AI）、自然邻域插值（NNI）、二次趋势面（QTS）、拉普拉斯光滑样条（LSS）和普通克里金（OK）的插值行为，分析结果表明 LSS 和 OK 插值结果精度最高。Weber 和 Englund（1992）在美国 Walker 湖的研究结果显示，IDW 模拟结果优于克里金（Kriging）法，但这并不意味着在所有情况下 IDW 都比 Kriging 优越（Weber and Englund, 1994）。Hosseini 等(1994)在伊朗西南部 16000hm^2 的区域内采集 341 个电导率数据，并利用这些数据对最近邻居法（CN）、Kriging、IDW 和薄板光滑样条（TPSS）的模拟精度进行了交叉验证，其结果表明，TPSS 和 Kriging 是精度最高的方法。Gotway 等（1996）的研究结果表明，Kriging 与 IDW 相比，模拟精度较高。Kravchenko 和 Bullock（1999）运用美国伊利诺伊州、印第安纳州和爱荷华州 30 个实验区的磷和钾数据，对 IDW 和 Kriging 的性能进行了比较分析，结果显示，在大多数情况下，Kriging 具有较高的模拟精度。Robinson 和 Metternicht（2006）在澳大利亚西南部实验区的研究发现，OK 在模拟表土酸碱度时精度最高、对数正态克里金（LOK）模拟的表土电导率结果最好、IDW 内插的底土酸碱度具有最高的精度；在内插有机物时，样条函数法（Spline）比 Kriging 和 IDW 的结果都好。Shi 等（2009a）、史文娇等（2011a, 2011b），模拟了江西省典型红壤丘陵区土壤的有效磷、锂、酸碱度、碱解氮、全钾和铬六种土壤属性的空间分布结果表明，高精度曲面建模（HASM）方法在任何情况下，其模拟精度都高于 Kriging、IDW 和 Spline 等经典的插值方法。

基于可获取的数据现状，本章将根据土壤酸碱度、全氮、全磷、碱解氮、有效磷、速效钾和土壤有机质来模拟分析董志塬梯条田的土壤质量，并对各种方法的模拟精度进行比较分析。

18.2　数据与方法

18.2.1　研究区域

董志塬位于甘肃省东部，地处黄土高原腹地，是世界上面积最大、黄土层最厚、保存最完整的一块塬面，属黄河上中游多沙粗沙区域。关于董志塬的成因，有水成、残积、风成和多成因 4 种说法。中外学者多主张风成说，认为黄土物质在风力的作用下，经历几百万年的地质综合作用而形成了黄土塬面，黄土堆积层平均达到 100m 以上。董志塬位于 107°27′26″~107°57′45″E，35°15′50″~36°3′50″N，南北最长处 89km，东西最宽处 46km。董志塬属黄土高原沟壑区和黄土丘陵沟壑区第二副区，海拔在 882~1540m（图 18.1），总面积为 2765.5km^2，其中塬面面积为 960.5km^2，塬区面积占总面积的 34.72%（图 18.1）。董志塬由于黄土层深厚，除塬面以外，丘陵起伏，沟壑纵横，植被稀少，加之土壤疏松裸露，降水集中，水土流失十分严重，其水土流失面积达 2735.95km^2，占总面积的 98.9%。水土流失以水蚀为主，平均侵蚀模数为 6150t/(km^2·a)。

董志塬地处中纬度地带，深居内陆，温带大陆性气候明显，属温带半湿润、半干旱气候区。年平均日照时数为 2432h，太阳年辐射总量为 129Kcal/cm^2，多年平均气温为 8~10℃，≥10℃的活动积温为 3600.5℃。

董志塬降水量分布不均匀，由南向北递减，历年平均降水量在 512~579mm，水面蒸发量为 1050mm。多年平均降水量为 548mm，降水年际变化大，年内分配不均，大部分集中在 7 月、8 月、9 月，其降水量占年降水总量的 58.5%。平均年径流深 35mm，年径流模数为 35000m^3/(km^2 · a)，径流的年际变化大，年内分配不均，7 月、8 月、9 月的径流量占年径流总量的 58.5%。

董志塬涉及 24 个乡镇（图 18.2），耕地面积为 115120hm^2，占总面积为 41.63%，其中水平（条）梯田 79592hm^2，占耕地面积的 69.1%。董志塬的土壤类型主要有黑垆土、黄绵土两种。黑垆土在董志塬中面积最大，主要分布在塬面、丘陵区的梁峁顶部及川区台地，土壤肥沃，土层深厚，有机质含量较为丰富，土质疏松，耕作性、渗透性好，蓄水保肥性强。董志塬中的黄绵土主要分布在高原沟壑区和残塬沟壑区的塬坡、梁坡、峁坡。黄绵土的颗粒组成以粉粒为主，颗粒较细，质地疏松，易于渗水，有机质含量低，耕作性较好，但在大雨、暴雨的情况下，极易被雨水冲刷，造成水土流失。

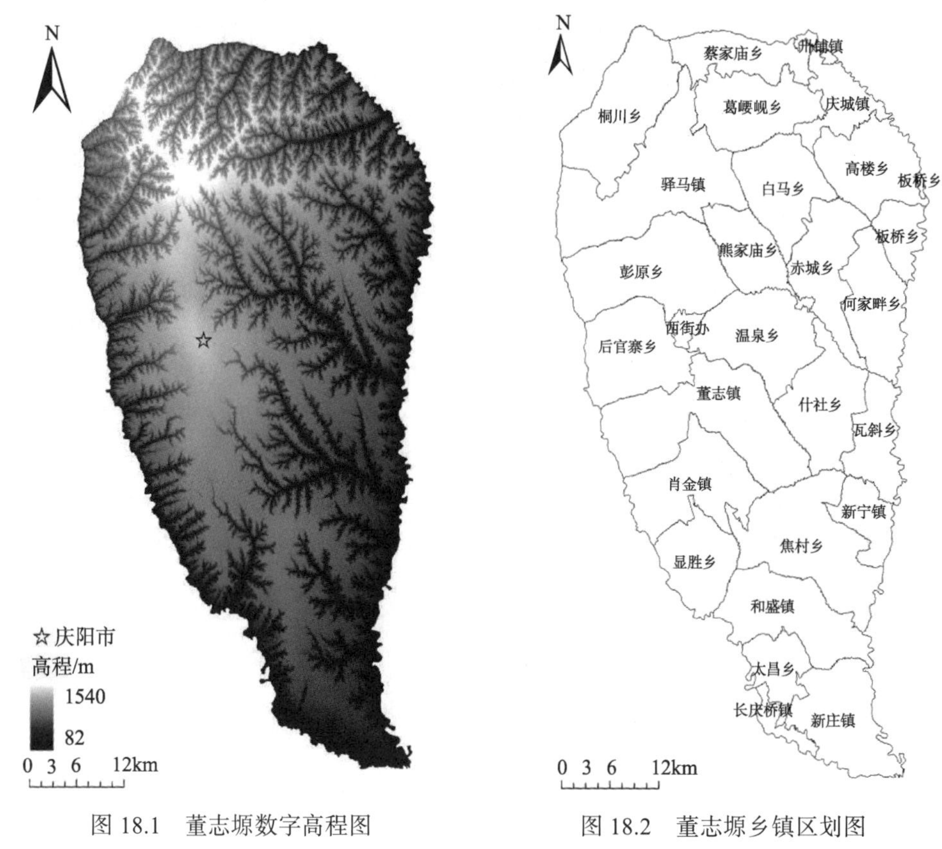

图 18.1　董志塬数字高程图　　　　图 18.2　董志塬乡镇区划图

18.2.2　数据获取

对甘肃省庆阳市农业技术推广中心提供的董志塬 2007~2010 年国家第三次农田土壤普查的梯条田土壤属性数据，除去有高程错误(高程不在 882~1540m)、测试结果明显超出正常范围、坐标超出实验区域、地面坐标信息（如所在乡、村信息）与实际不符合、与土地利用类型图不符合(采样点在土地利用类型图上落到梯条田图斑以外)、同一位置上有多个采样点等错误样点。经过错误数据筛选，最后用于模拟的土壤样点为 4534 个（图 18.3，图 18.4）。

克里金（Kriging）、反距离加权（IDW）和样条函数法（Spline）是常用的土壤属性空间插值和变异分析方法。本书用这三种方法与 HASM 进行对比实验。IDW 和 Spline 采用 ArcGIS 9.2 的空间插值模块完成，其参数设置为默认参数。IDW 模拟时，搜索半径为 12 个点，其幂指数设置为 2；样条方法，采用规则样条，权重为 1，搜索半径为 12 个点。Kriging 首先运用 GS++软件对数据进行分析，获得合理的参数后，再利用

ArcGIS 9.2 进行内插，Kriging 的 lag size 均为 30000，number of lags 均为 10，其他相关的参数设置见表 18.1。各方法模拟的空间分辨率为 150m。

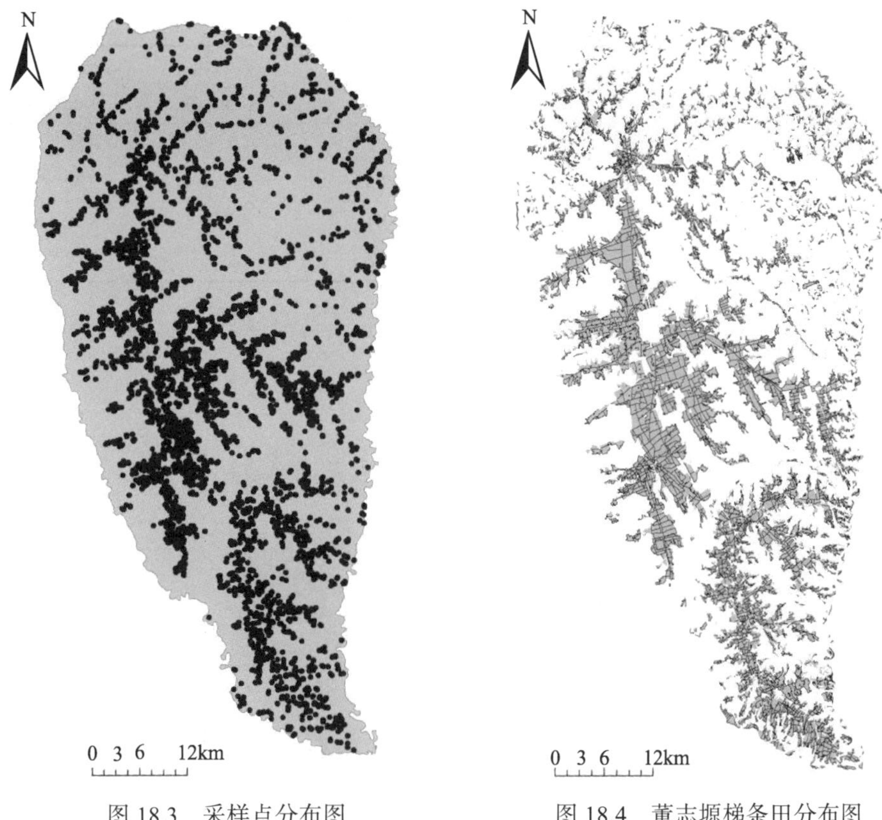

图 18.3　采样点分布图　　图 18.4　董志塬梯条田分布图

表 18.1　Kriging 方法模拟时其主要参数

元素	Model	Co	C/(Co+C)	Range	R^2	Residual SS
有机质	指数	1.73	0.867	4800	0.430	2.45
全氮	高斯	0.0207	0.745	80540	0.995	8.311×10^{-6}
碱解氮	线性	485.12	0	47372	0.6	6197
全磷	指数	0.00113	0.877	3900	0.190	1.912×10^{-6}
有效磷	指数	3.88	0.890	2100	0.035	4.13
速效钾	指数	1535	0.5	188100	0.978	12668
pH	高斯	0.0265	0.751	52308	0.980	1.336×10^{-4}

18.2.3　基于内梅罗指数的土壤质量评估方法

在土壤属性值均没有丰富到造成土壤污染的条件下，修正的内梅罗指数可用于计算土壤质量。第 j 个栅格的土壤质量综合指数 P_j 可表达为

$$P_j=\frac{I-1}{I}\sqrt{\frac{\left(\min\limits_{i=1}^{I}(p_{i,j})\right)^2+\left(\operatorname*{mean}\limits_{i=1}^{I}(p_{i,j})\right)^2}{2}} \tag{18.1}$$

式中，I 为用于土壤质量评估的土壤属性指标总数；$\min\limits_{i=1}^{I}(p_{i,j})$ 为第 j 栅格点 I 种土壤属性中，土壤养分丰度指数或者酸碱度指数的最小值；$\operatorname*{mean}\limits_{i=1}^{I}(p_{i,j})$ 为第 j 栅格点 I 种土壤属性中，土壤养分丰度指数和酸碱度指数的平均值。

假定 $X_{i,k}$（$k=1,2,3,4$）为第 i 种属性值的丰富度阈值，其具体取值主要参考第二次全国土壤普查标准，同时结合董志塬具体情况确定（表 18.2）。

表 18.2 土壤属性分级阈值

阈值	有机质 /(g/kg)	全氮 /(g/kg)	碱解氮 /(mg/kg)	全磷 /(g/kg)	有效磷 /(mg/kg)	速效钾 /(mg/kg)	pH
$X_{i,4}$	30	1.5	120	0.8	20	150	7
$X_{i,3}$	20	1.0	90	0.6	10	100	7.5
$X_{i,2}$	10	0.75	60	0.4	5	50	8.5
$X_{i,1}$	6	0.5	30	0.2	3	30	9.5

若第 j 个栅格第 i 种土壤属性值 $f_{i,j}$ 为极缺乏等级，即 $f_{i,j} \leqslant X_{i,1}$，则

$$p_{i,j} = \frac{f_{i,j}}{X_{i,1}} \tag{18.2}$$

若第 j 个栅格第 i 种土壤属性值 $f_{i,j}$ 为缺乏等级，即 $X_{i,1} < f_{i,j} \leqslant X_{i,2}$，则

$$p_{i,j} = 1 + \frac{f_{i,j} - X_{i,1}}{X_{i,2} - X_{i,1}} \tag{18.3}$$

若第 j 个栅格第 i 种属性值 $f_{i,j}$ 为一般等级，即 $X_{i,2} < f_{i,j} \leqslant X_{i,3}$，则

$$p_{i,j} = 2 + \frac{f_{i,j} - X_{i,2}}{X_{i,3} - X_{i,2}} \tag{18.4}$$

若第 j 个栅格第 i 种属性值 $f_{i,j}$ 为丰富等级，即 $X_{i,3} < f_{i,j} \leqslant X_{i,4}$，则

$$p_{i,j} = 3 + \frac{f_{i,j} - X_{i,3}}{X_{i,4} - X_{i,3}} \tag{18.5}$$

若第 j 个栅格第 i 种属性值 $f_{i,j}$ 为极丰富等级，即 $f_{i,j} > X_{i,4}$，则

$$p_{i,j} = 4 \tag{18.6}$$

由于董志塬地区的 pH 范围为$[7.2 \quad 9.7]$，整体偏碱，因此 pH 越大，对作物越不利。若第 j 个栅格的 pH $f_{7,j}$ 为中性等级，即 $f_{7,j} \leqslant 7$，则

$$p_{7,j} = 4 \tag{18.7}$$

若第 j 个栅格的 pH f_j 为弱碱性等级，即 $7 < f_{7,j} \leqslant 7.5$，则

$$p_{7,j} = 3 + \frac{\frac{1}{f_{7,j}} - \frac{1}{7.5}}{\frac{1}{7} - \frac{1}{7.5}} \tag{18.8}$$

若第 j 个栅格的 pH $f_{7,j}$ 为碱性等级等级，即 $7.5 < f_{7,j} \leqslant 8.5$，则

$$p_{7,j} = 2 + \frac{\frac{1}{f_{7,j}} - \frac{1}{8.5}}{\frac{1}{7.5} - \frac{1}{8.5}} \tag{18.9}$$

若第 j 个栅格的 pH $f_{7,j}$ 为强碱性等级等级，即 $8.5 < f_{7,j} \leqslant 9.5$，则

$$p_{7,j} = 1 + \frac{\frac{1}{f_j} - \frac{1}{9.5}}{\frac{1}{8.5} - \frac{1}{9.5}} \tag{18.10}$$

若第 j 个点的 pH $f_{7,j}$ 为超强碱性等级，即 $f_{7,j} > 9.5$ ，则

$$p_{7,j} = \frac{9.5}{f_{7,j}} \tag{18.11}$$

分别假定单项土壤属性指数均为 1、2、3、4，可获得其对应的土壤质量指数为 0.8571、1.7143、2.5714、3.4286。也就是说，若 $P_j \leqslant 0.8571$，则此栅格的土壤质量极差；若 $0.8571 < P_j \leqslant 1.7143$，则此栅格土壤质量较差；若 $1.7143 < P_j \leqslant 2.5714$，则此栅格土壤质量一般；若 $2.5714 < P_j \leqslant 3.4286$，则此栅格土壤质量较高；若 $3.4286 < P_j$ ，则此栅格土壤质量极高。

18.2.4　模拟精度分析方法

为了分析模拟结果是否准确反映了采样数据基本属性，考虑到单一误差指标难以衡量模拟方法的优劣，本书对模拟结果采用了多指标评估方法。通过比较模拟结果与采样数据的最小值（Min）、最大值（Max）、平均值（Mean）、中位数（Median）、标准差（SD）、相对离散度（RD），分析模拟结果的精度。

对比模拟结果与采样数据的最小值和最大值，可以弄清楚区域土壤质量指数的大致范围。平均值是为了给一个总体的评估，但实际上，很多时候由于某些过大值、过小值的影响，平均值不能准确反映数据的分布情况，所以，同时采用了中位数进行分析和评估。一般来说，若平均值小于中位数，则说明土壤质量整体偏低；若平均值大于中位数，则说明土壤质量整体偏高。标准差（SD）可用于对比分析土壤质量的空间变异性。有关误差分析模型分别表达为

$$\mathrm{RE}_{\mathrm{Mean}} = \left(f_{\mathrm{Mean}} - s_{\mathrm{Mean}}\right) / s_{\mathrm{Mean}} \tag{18.12}$$

$$\mathrm{RE}_{\mathrm{Median}} = \left(f_{\mathrm{Median}} - s_{\mathrm{Median}}\right) / s_{\mathrm{Median}} \tag{18.13}$$

$$\mathrm{RE}_{\mathrm{SD}} = \left(f_{\mathrm{SD}} - s_{\mathrm{SD}}\right) / s_{\mathrm{SD}} \tag{18.14}$$

式中，$\mathrm{RE}_{\mathrm{Mean}}$、$\mathrm{RE}_{\mathrm{Median}}$ 和 $\mathrm{RE}_{\mathrm{SD}}$ 分别为平均值、中位数和标准差的相对误差；f_{Mean}、f_{Median} 和 f_{SD} 分别为模拟结果的平均值、中位数和标准差；s_{Mean}、s_{Median} 和 s_{SD} 分别为采样点土壤质量指数的平均值、中位数和标准差。

上述统计模型只能反映模拟结果的整体状况，不能确定土壤内某种属性值的丰富程度，因此，根据各属性值的丰度等级阈值，引入各土壤属性模拟结果的丰度等级频率，即计算土壤质量模拟值处于极差、较差、一般、较高和极高水平的各级别的比例，并将它们分别用 p_{ae1}、p_{ae2}、p_{ae3}、p_{ae4} 和 p_{ae5} 及其频率向量 $\boldsymbol{p}_{\mathbf{ae}}$ 表示。频率误差可表达为

$$E_{p_{\mathrm{ae}}} = \frac{1}{5}\sum_{i=1}^{5}\left|f_{p_{\mathrm{ae}i}} - s_{p_{\mathrm{ae}i}}\right| \tag{18.15}$$

式中，$E_{p_{\mathrm{ae}}}$ 为频率误差；$f_{p_{\mathrm{ae}i}}$ 和 $s_{p_{\mathrm{ae}i}}$ 分别为土壤质量模拟值和采样值处于极差（$i=1$）、较差（$i=2$）、一般（$i=3$）、较高（$i=4$）和极高（$i=5$）的频率。

18.3　模拟结果对比分析

18.3.1　有机质模拟结果对比

土壤有机质是土壤质量的主要物质基础之一，是土壤养分的有机来源供应者，参与土壤结构的形成和物性改良，又是土壤养分保持者，对土壤质量的影响非常大。

从有机质模拟结果的统计来看（表 18.3，表 18.4），董志塬地区梯条田平均有机质含量在 12.5g/kg 左右，丰度处于中等偏下的水平，74%左右的区域有机质含量只是一般水平，而有机质处于缺乏或者极缺乏水平的区域超过 22%。根据《甘肃庆阳土壤》，第二次全国土壤普查时，庆阳地区覆盖黑垆土土属耕作层，有机

质的平均含量为 10.8g/kg，标准差为 2.2；典型黑垆土土属，有机质的平均含量为 9.5g/kg，标准差为 1.96。根据《庆阳地区土种志》,庆阳地区厚覆盖黑垆土土种，耕作层的有机质平均含量为 10.8g/kg，标准差为 1.43；薄覆盖黑垆土土种，耕作层的有机质平均含量为 10.6g/kg，标准差为 1.04；条田黑垆土土种，耕作层的有机质平均含量为 9.3g/kg，标准差为 0.56。总体来说，相比于第二次土壤普查的结果，董志塬地区耕地土壤的有机质含量提高了 20%左右，从标准差来看，此次土壤普查采样数据的有机质含量标准差为 3.58，也比第二次土壤普查的结果增大 50%~600%，说明 30 年以来，董志塬地区耕地肥力有一定程度的提高，但有机质的空间分布变得非常不均衡。

表 18.3　有机质的各种方法模拟结果统计比较　(单位：k/kg)

对比参数	最小值	最大值	平均值	中位数	标准差	离散度
样点数据	2.70	30.00	12.83	12.50	3.58	0.2789
HASM	2.70	29.60	12.60	12.49	3.27	0.2593
IDW	4.02	28.35	12.55	12.80	2.33	0.1856
Spline	−2876	323	6.82	11.57	91.97	13.48
Kriging	5.78	24.96	12.54	12.77	2.24	0.1787

表 18.4　有机质的各方法模拟结果丰度等级频率比较

丰度等级	极缺乏	缺乏	一般	丰富	极丰富
样点数据	0.0077	0.2175	0.7426	0.0322	0
HASM	0.0058	0.2225	0.7520	0.0198	0
IDW	0.0006	0.1619	0.8350	0.0025	0
Spline	0.2107	0.1973	0.4176	0.0945	0.0799
Kriging	8.2807×10^{-5}	0.1567	0.8424	0.0007	0

采样数据的中位数小于平均值−2.57%，因此从采样数据来看，有机质含量数据的分布偏右，但 IDW 和 Kriging 方法的模拟结果却表现出数据分布偏左，中位数略大于平均值。HASM 方法的平均值、中位数和标准差非常接近采样数据的平均值、中位数和标准差，其相对偏差分别为−1.85%、−0.12%和−8.73%，IDW 和 Kriging方法模拟结果的平均值和中位数，偏差略大，但也在−2.50%以内。在各元素中，有机质是模拟方法与采样数据的标准差和离散度偏差比较大的，即有机质的数值模拟，平滑效应相对各元素比较大；IDW 和 Kriging 方法，标准差的相对误差都在−30%以上，是 HASM 对应的相对偏差的 4 倍左右。从有机质的丰度等级频率对比来看，HASM 方法比较好地反映了各丰度水平的有机质含量，而 IDW 和 Kriging 方法，对有机质的丰度水平高估，其缺乏和极缺乏水平的模拟结果的分布频率都小于采样数据。HASM 等级频率误差之和为 0.0287，而 IDW 和 Kriging 的相应误差为 HASM 的 6~7 倍（表 18.5）。

图 18.5　采样数据有机质丰度等级图

表 18.5　各种方法的误差统计

方法	平均值误差	中位数误差	标准差误差	等级频率误差之和
HASM	−1.85%	−0.12%	−8.73%	0.0287
IDW	−2.14%	−2.43%	−34.85%	0.1848
Spline	−46.83%	−7.44%	2471%	0.6903
Kriging	−2.26%	−2.14%	−37.36%	0.1997

从采样数据有机质空间分布图（图 18.5）和模拟结果的空间分布图（图 18.6）来看，HASM 更多地保持了有机质丰度的图斑

多样性，HASM很好地模拟了董志塬中部地区的有机质分布情况。IDW和Kriging方法平滑效应明显，Kriging甚至还忽略掉了有机质极缺乏的图斑。

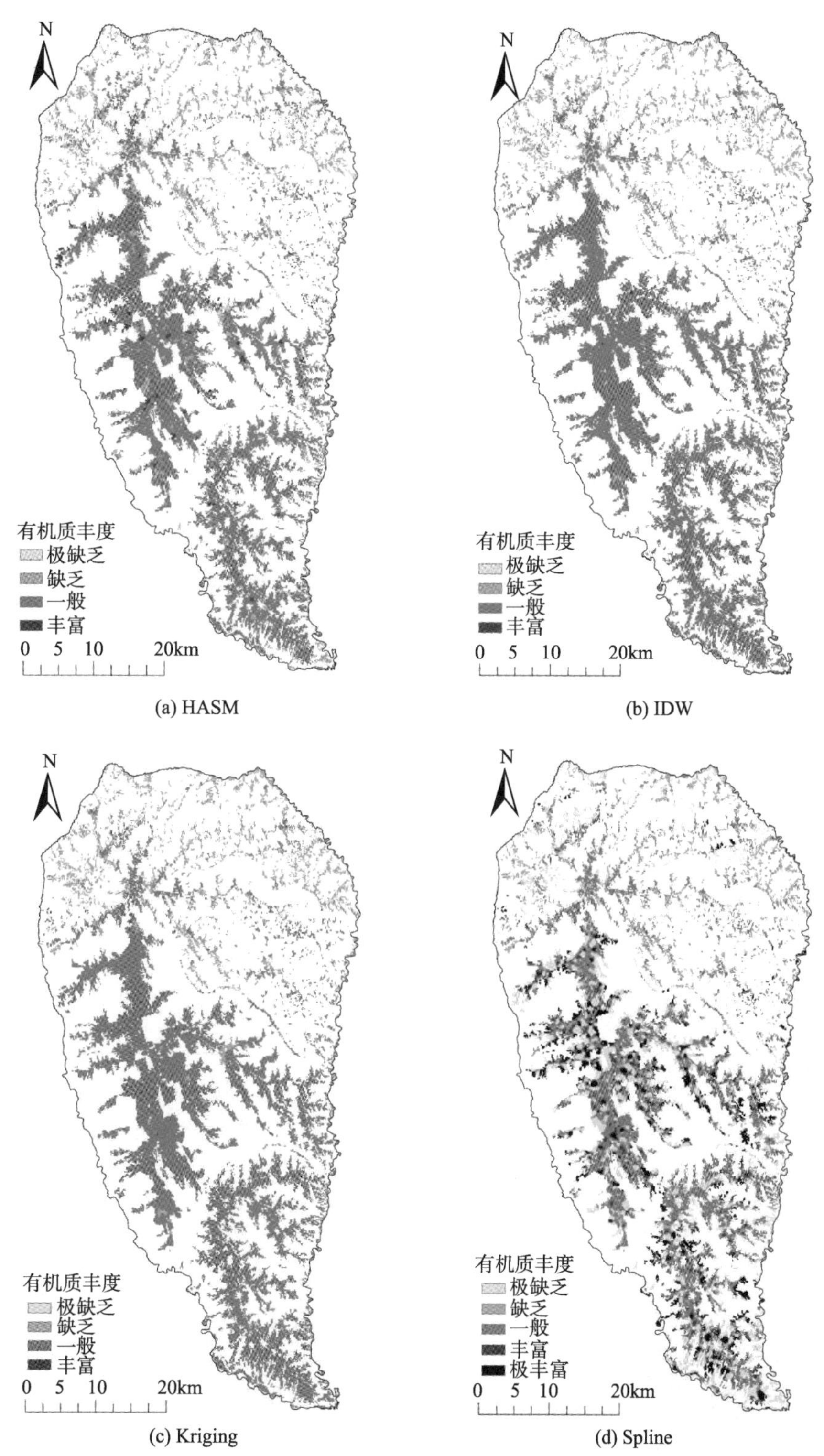

图 18.6　各方法模拟结果有机质丰度等级图

18.3.2　全氮模拟结果对比

土壤中氮素的总储量及其存在状态，与作物的产量在某种条件下有一定的正相关关系。土壤中的氮素主要来源包括动植物残体的积累、有机和无机肥料的使用、土壤微生物与大气降水带入的氮等。我国大部分土壤缺氮，施用氮肥在一定程度上可以提高农作物产量。

从采样和数值模拟（表 18.6~表 18.8）来看，董志塬地区梯条田中全氮的含量在 0.8g/kg 左右，处于中等偏下水平，30%以上的区域，全氮处于极缺乏或者缺乏水平。根据《甘肃庆阳土壤》，第二次全国土壤普查时，庆阳地区覆盖黑垆土土属耕作层，全氮的平均含量为 0.71g/kg，标准差为 0.18；典型黑垆土土属，全氮的平均含量为 0.66g/kg，标准差为 0.16。根据《庆阳地区土种志》，庆阳地区厚覆盖黑垆土土种，耕作层的全氮平均含量为 0.78g/kg，标准差为 0.14；薄覆盖黑垆土土种，耕作层的全氮平均含量为 0.73g/kg，标准差为 0.14；条田黑垆土土种，耕作层的全氮平均含量为 0.74g/kg，标准差为 0.11。总体来说，相比较第二次土壤普查的结果，董志塬地区耕地土壤的全氮含量提高了 10%左右，从标准差来看，此次土壤普查采样数据的全氮含量标准差接近 0.2，也比第二次土壤普查的结果增大 50%以上。

表 18.6　梯条田全氮各方法模拟结果的统计对比　　(单位：g/kg)

对比参数	最小值	最大值	平均值	中位数	标准差	离散度
样点数据	0.17	1.74	0.81	0.83	0.1978	0.2443
HASM	0.22	1.72	0.79	0.82	0.2003	0.2536
IDW	0.26	1.57	0.79	0.84	0.1762	0.2232
Spline	−31.89	37.72	0.74	0.76	1.5608	2.1184
Kriging	0.36	1.09	0.79	0.85	0.1602	0.2029

表 18.7　梯条田全氮各方法模拟结果的丰度等级频率分布

丰度等级	极缺乏	缺乏	一般	丰富	极丰富
样点数据	0.0953	0.2353	0.5287	0.1392	0.0015
HASM	0.1240	0.2256	0.5227	0.1277	2.7602×10^{-5}
IDW	0.1189	0.1377	0.6947	0.0486	5.5204×10^{-5}
Spline	0.2772	0.2099	0.2369	0.1780	0.0980
Kriging	0.1098	0.1232	0.7608	0.0062	0

表 18.8　各方法的误差统计

方法	平均值误差	中位数误差	标准差误差	等级频率误差之和
HASM	−2.44%	−0.61%	1.27%	0.0575
IDW	−2.50%	1.80%	−10.93%	0.3794
Spline	−8.99%	−7.53%	689%	0.6344
Kriging	−2.50%	3.03%	−19.03%	0.4932

图 18.7　采样数据全氮丰度等级图

IDW 和 Kriging 方法，模拟结果的中位数都大于采样数据的中位数，实际上，结合丰度等级频率来看，IDW 和 Kriging 方法，把超过总区域 10%的全氮含量属于缺乏水平的地区，将其全氮含量模拟成一般水平。全氮缺乏与极缺乏的样点在全部样点中达到 33%左右，HASM 的对应的模拟结果为 35%左右，虽然略偏大，但误差不大，而 IDW 和 Kriging 方法的模拟结果，其缺乏和极缺乏水平的比例分别为 25.66%和−23.3%，严重低估；IDW 和 Kriging 方法估计全氮缺乏和极缺乏水平的比例，其误差分别为 HASM 方法误差的 4 倍和 5 倍左右。HASM 方法，其模拟结果的丰度等级频率分布，与采样数据的丰度等级频率分布非常接近，误差仅为 0.0575，而 IDW 和 Kriging 方法，由于严重高估丰度一般水平的比例，低估缺乏和丰富等级的比例，其频率分布误差分别达到 0.3794 和 0.4932，是 HASM 相应误差的 6.6 倍和 8.6 倍。

全氮的空间分布（图 18.7），极缺乏全氮的地区主要是北边，中部地区全氮含量主要是一般水平，但城区周围，有不少的地块缺乏全氮，南部地区全氮的含量主要是一般水平与丰富水平，塬边少量地块属于缺乏水平。总体来说，虽然董志塬地区全氮的含量南高北低，但均衡性很差，图斑非常破碎。从图 18.8 来看，HASM 方法很好地表现了全氮的空间分布特点，其标准差的相对偏差只有−1.27%，略高估全氮分布的离散程度，而 IDW 和 Kriging 方法对应的误差分别为−10.93%和−19.03%，分别是 HASM 方法的 8.6 倍和 15 倍，IDW 和 Kriging 方法在模拟全氮时，平滑效应比较明显，模拟结果破坏了采样数据图斑多样性，低估了全氮的空间变异度。

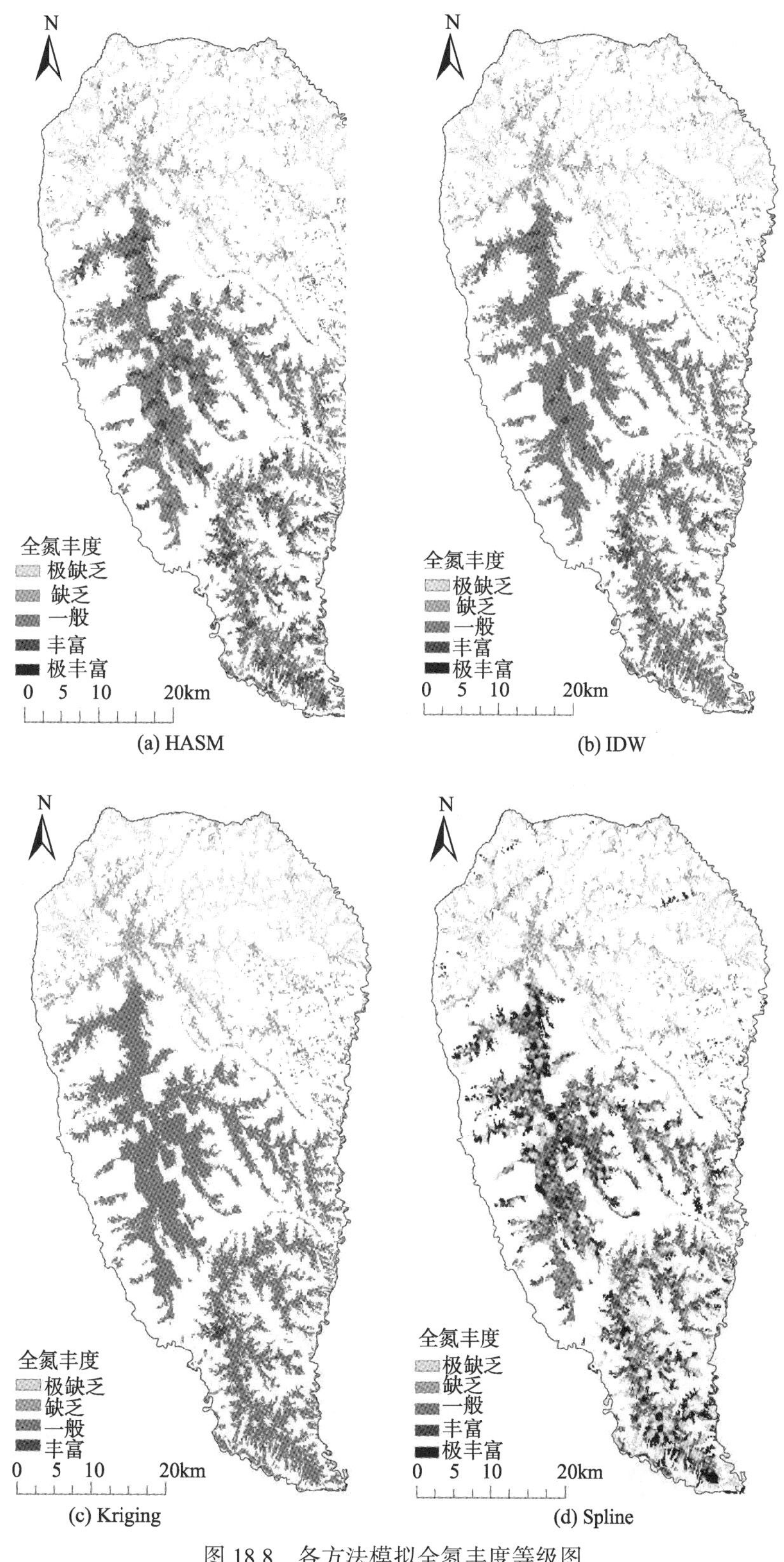

图 18.8　各方法模拟全氮丰度等级图

18.3.3　碱解氮模拟结果对比

根据表 18.9，董志塬地区梯条田的碱解氮的含量比较低，平均为 55mg/kg 左右，处于一个较低的水平，事实上，有 58.93%的采样点，其碱解氮含量处于缺乏或者极缺乏水平。根据表 18.10 和表 18.11，HASM 方法的模拟结果，碱解氮丰度缺乏和极缺乏水平的比例之和为 62.13%，与样点相差 3.20%；IDW 和 Kriging 的模拟结果，其碱解氮丰度缺乏和极缺乏水平的比例之和分别为 66.78%和 71.93%。数值模拟高估了碱解氮丰度缺乏水平的比例，尤其是 Kriging 方法。另外，Kriging 方法的模拟结果，碱解氮没有丰富和极丰富水平的点，这与采样数据不符。

采样点碱解氮的离散度达到 0.4，处于一个非常高的水平，说明在董志塬地区，碱解氮的含量不但比较低，其分布还非常不均衡。HASM 方法很好地反映了碱解氮变异大的特点，其标准差的相对误差只有−7.79%，而 IDW 和 Kriging 方法的相对偏差分别高达−40.29%和−56.97%，分别是 HASM 方法的 5.2 倍和 7.3 倍。

采样数据的均值大于中位数，因此数据分布为中间偏右，但 IDW 和 Kriging 方法的模拟结果的数据分布为中间偏左。IDW 方法和 Kriging 方法的模拟结果，其碱解氮含量的中位数，都比 HASM 方法模拟结果的中位数要更接近采样数据，但由于这两种方法平滑效应明显，总体模拟效果，与 HASM 方法相比相差甚远。HASM 方法模拟结果碱解氮的丰度等级频率误差仅为 0.0734，很好地反映了董志塬地区碱解氮的含量水平，而 IDW 和 Kriging 方法，其相应的误差分别为 0.3164 和 0.4634，分别是 HASM 方法误差的 4.3 倍和 6.3 倍。

图 18.9 和图 18.10 分别为采样数据碱解氮丰度的等级分布与模拟结果碱解氮丰度的等级分布，从模拟结果来看，HASM 方法很好地模拟出董志塬梯条田中碱解氮含量总体南高北低，而且城区附近空间变异最大，碱解氮丰度最不均衡的现状。而 IDW 和 Kriging 方法虽然可以表现南高北低的现状，但一定程度上忽略了碱解氮丰度空间变异大的特性。

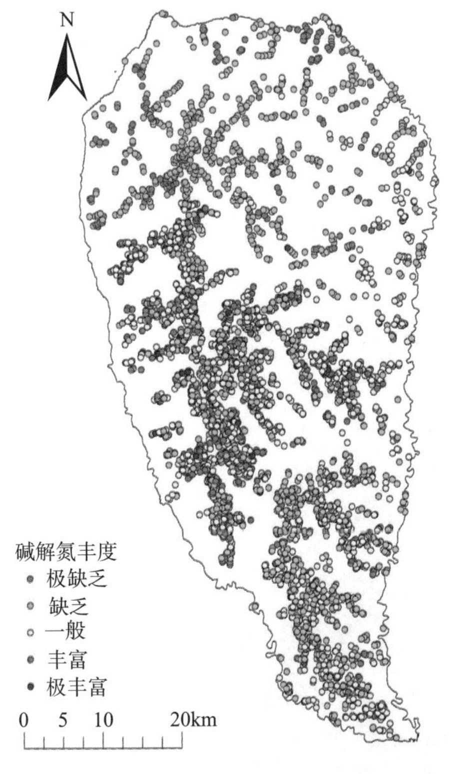

图 18.9　采样数据碱解氮丰度等级图

表 18.9　梯条田碱解氮各方法模拟结果的统计对比　(单位：mg/kg)

对比参数	最小值	最大值	平均值	中位数	标准差	离散度
样点数据	8	227	56.01	55	21.9095	0.3912
HASM	10.80	166.10	54.61	53.15	20.2020	0.3699
IDW	11.10	203.12	54.33	54.85	13.0832	0.2408
Spline	−2710	2863	51.85	50.03	190.86	3.6809
Kriging	18.55	80.85	54.32	55.5	9.4271	0.1735

表 18.10　梯条田碱解氮各方法模拟结果的丰度等级频率分布

丰度等级	极缺乏	缺乏	一般	丰富	极丰富
样点数据	0.1061	0.4832	0.3586	0.0443	0.0077
HASM	0.1014	0.5199	0.3344	0.0384	0.0059
IDW	0.0264	0.6414	0.3257	0.0059	0.0006
Spline	0.2905	0.3025	0.1900	0.0807	0.1362
Kriging	0.0043	0.7150	0.2808	0	0

表 18.11　各方法的误差统计

方法	平均值误差	中位数误差	标准差误差	等级频率误差之和
HASM	−2.50%	−3.37%	−7.79%	0.0734
IDW	−3.00%	−0.27%	−40.29%	0.3164
Spline	−7.43%	−9.03%	711%	0.6986
Kriging	−3.02%	0.91%	−56.97%	0.4634

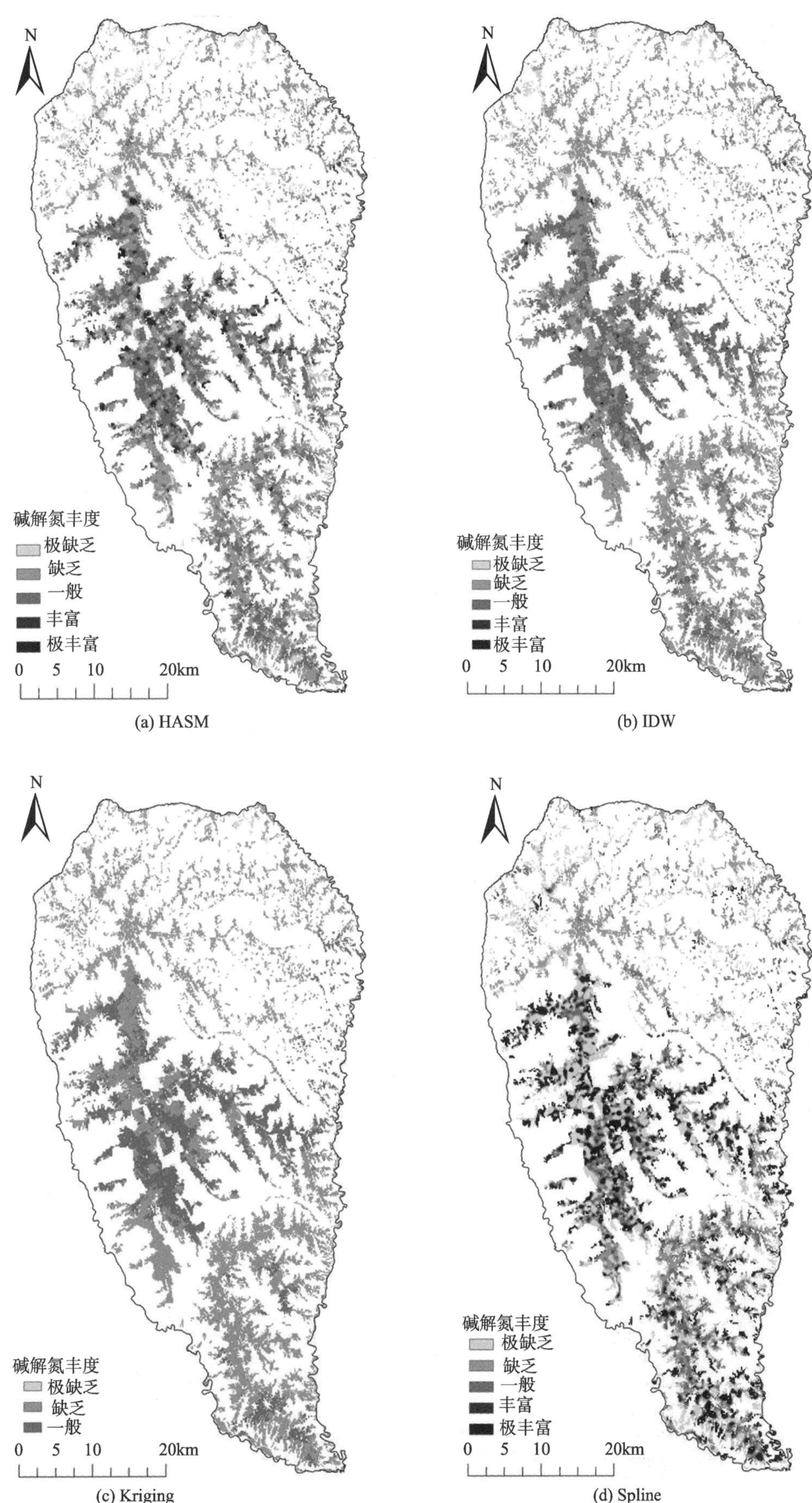

图 18.10　各方法模拟结果碱解氮丰度等级图

18.3.4　全磷模拟结果对比

土壤中的磷素是许多重要物质，如核蛋白、核酸和卵磷脂等的重要组成部分，土壤含磷量通常受成土母质、成土过程、耕作习惯、施肥方式与施肥量的影响。

董志塬地区梯条田中，磷的含量相对比较丰富。根据表 18.12，采样数据的全磷的平均含量为 0.7g/kg 左右，近 89%样点的全磷为丰富水平或者极丰富水平，缺乏、极缺乏水平的样点数不到 1%。根据《甘肃庆阳土壤》，第二次全国土壤普查时，庆阳地区覆盖黑垆土土属耕作层，全磷的平均含量为 0.69g/kg，标准差为 0.27；典型黑垆土土属，全磷的平均含量为 0.60g/kg，标准差为 0.08。根据《庆阳地区土种志》，庆阳地区厚覆盖黑垆土土种，耕作层的全磷平均含量为 0.62g/kg，标准差为 0.097；薄覆盖黑垆土土种，耕作层的全磷平均含量为 0.58g/kg，标准差为 0.072；条田黑垆土土种，耕作层的全磷平均含量为 0.63g/kg，标准差为 0.12。总体来说，相比较第二次土壤普查的结果，董志塬地区耕地土壤的全磷含量有略微提高，从标准差来看，此次土壤普查采样数据的全磷含量标准差与第二次土壤普查的结果相当。

根据表 18.13，从数值模拟对比来看，IDW 和 Kriging 方法都低估了全磷缺乏水平、一般水平和极丰富水平的频率，丰富水平的频率则高估，相比来看，HASM 方法很好地反映了全磷的丰度等级。HASM 方法的频率误差值，只有 0.0190，而 IDW 和 Kriging 方法的分别为 0.2705 和 0.2929，是 HASM 方法的 14 倍和 15 倍以上。

根据表 18.14，从标准差和离散度来看，HASM 方法很好地反映了区域磷含量的均衡性水平，而 IDW 和 Kriging 方法则低估了全磷含量空间的差异。HASM、IDW 和 Kriging 方法的标准差的相对误差分别为 −3.04%、−30.73%和−32.68%，IDW 和 Kriging 方法的误差分别是 HASM 方法误差的 10 倍以上。

图 18.11 和图 18.12 分别为全磷含量丰度的采样数据和模拟结果的空间分布图。从采样数据来看，全磷含量整体较为丰富，但北部地区和城区附近有少量梯条田含量丰度为一般或者缺乏。从模拟结果来看，HASM 模拟结果的空间分布与采样数据的空间分布较为接近，Kriging 方法则对空间变异表现不足，而 Spline 方法基本上不能反映全磷丰度的空间分布。

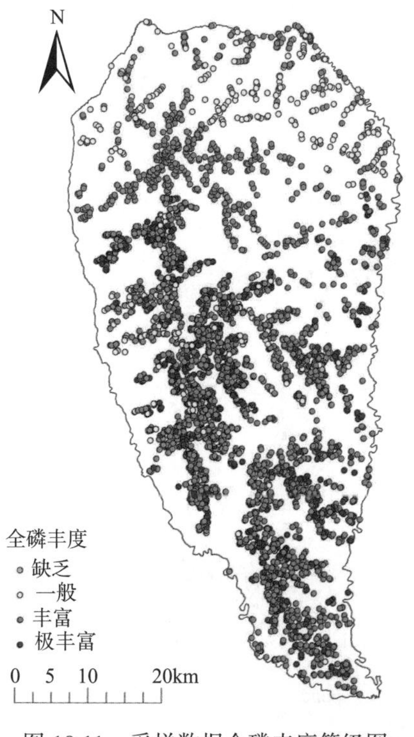

图 18.11　采样数据全磷丰度等级图

表 18.12　梯条田全磷各方法模拟结果的统计对比　(单位：g/kg)

对比参数	最小值	最大值	平均值	中位数	标准差	离散度
样点数据	0.22	1.01	0.71	0.72	0.0954	0.1335
HASM	0.26	1.01	0.71	0.71	0.0925	0.1303
IDW	0.25	1.00	0.71	0.72	0.0661	0.0930
Spline	−24.71	19.93	0.68	0.71	1.0503	1.5371
Kriging	0.43	0.96	0.71	0.72	0.0642	0.0904

表 18.13　梯条田全磷各方法模拟结果的丰度等级频率分布

丰度等级	极缺乏	缺乏	一般	丰富	极丰富
样点数据	0	0.0066	0.1072	0.7309	0.1553
HASM	0	0.0037	0.1167	0.7254	0.1542
IDW	0	8.2807×10^{-5}	0.0825	0.8662	0.0512
Spline	0.0707	0.0425	0.1633	0.4171	0.3064
Kriging	0	0	0.0776	0.8774	0.0450

表 18.14　各方法的误差统计

方法	平均值误差	中位数误差	标准差误差	等级频率误差之和
HASM	−0.62%	−0.77%	−3.04%	0.0190
IDW	−0.56%	0.07%	−30.73%	0.2705
Spline	−4.40%	−1.68%	1000.62%	0.6276
Kriging	−0.61%	0. 02%	−32.68%	0.2929

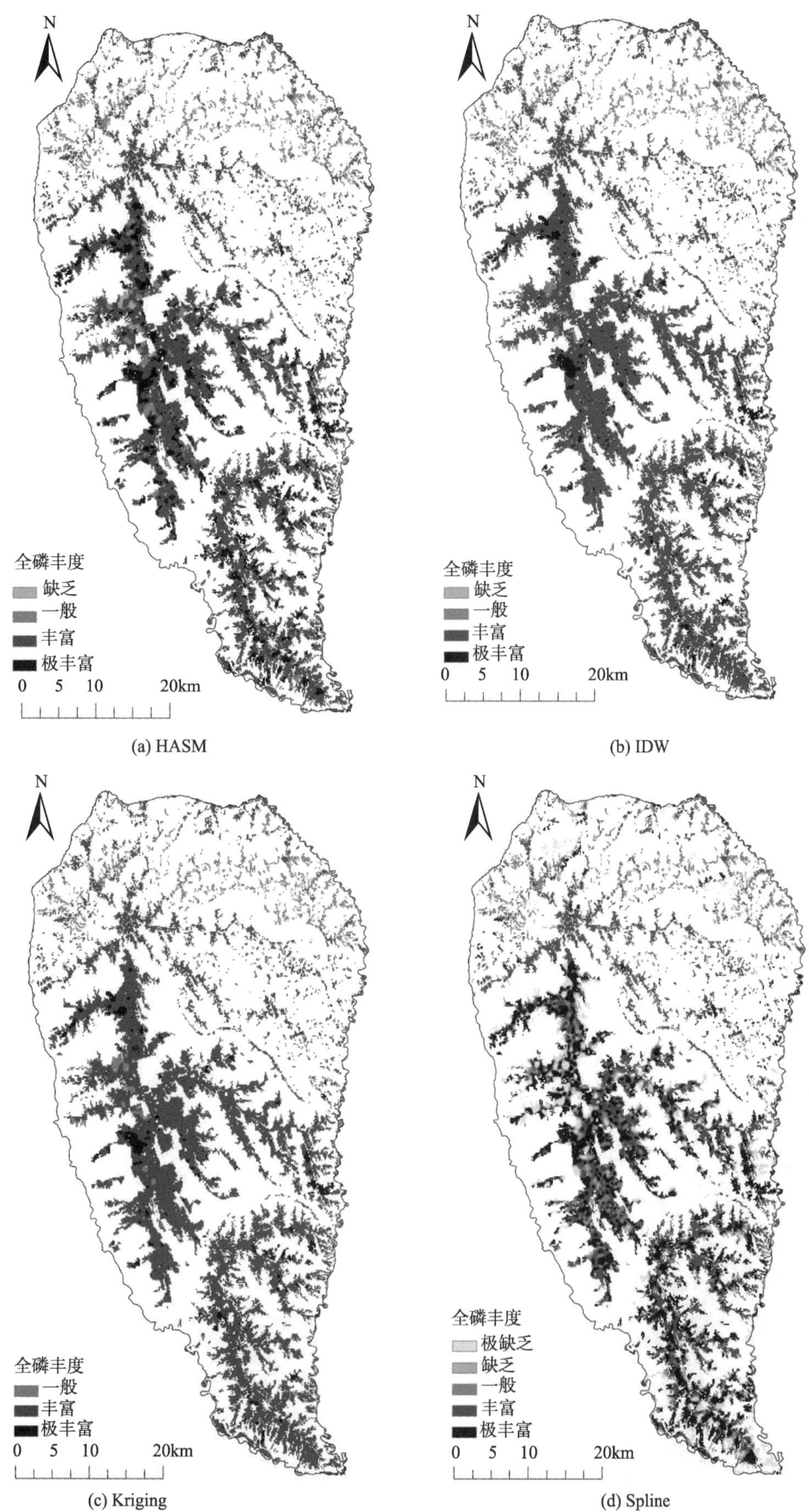

图 18.12　各方法模拟结果全磷丰度等级图

18.3.5　有效磷模拟结果对比

根据表 18.15，董志塬地区梯条田中有效磷的平均含量为 14.5mg/kg 左右，80%左右的样点其有效磷含量为丰富或者极丰富水平，缺乏和极缺乏有效磷的样点仅有 1.5%。根据《甘肃庆阳土壤》，第二次全国土壤普查时，庆阳地区覆盖黑垆土土属耕作层，有效磷的平均含量为 6.9mg/kg，标准差为 4.76；典型黑垆土土属，有效磷的平均含量为 7.4mg/kg，标准差为 5.2。总体来说，相比较第二次土壤普查的结果，董志塬地区耕地土壤的有效磷含量提高 100%左右，从标准差来看，此次土壤普查采样数据的速效磷含量标准差比第二次土壤普查的结果增大 10%~20%。

从表 18.16 来看，HASM 方法有效磷的模拟效果极佳，完全反映了董志塬地区有效磷含量的极值范围，平均水平，空间变异度，真实反映了董志塬地区有效磷丰度各水平的比例。IDW 方法和 Kriging 方法的模拟，低估了有效磷缺乏、极缺乏水平、一般水平和极丰富水平的频率，丰富水平的频率则高估了，丰富水平高估了 34 左右%。

表 18.15　梯条田有效磷各方法模拟结果的统计对比　(单位：mg/kg)

对比参数	最小值	最大值	平均值	中位数	标准差	离散度
样点数据	1.80	62.60	15.08	14.50	5.9261	0.3931
HASM	1.80	56.63	15.11	14.54	6.1035	0.4041
IDW	2.29	50.81	14.83	14.66	3.5747	0.2410
Spline	−781	1865	12.68	14.00	64.3046	5.0713
Kriging	4.36	45.07	14.83	14.62	3.5195	0.2373

表 18.16　梯条田有效磷各方法模拟结果的丰度等级频率分布

丰度等级	极缺乏	缺乏	一般	丰富	极丰富
样点数据	0.0029	0.0121	0.1804	0.6359	0.1687
HASM	0.0067	0.0122	0.1764	0.6330	0.1717
IDW	2.7602×10^{-5}	6.3485×10^{-4}	0.0764	0.8534	0.0696
Spline	0.2078	0.0283	0.1265	0.3276	0.3098
Kriging	0	1.3801×10^{-4}	0.0747	0.8532	0.0720

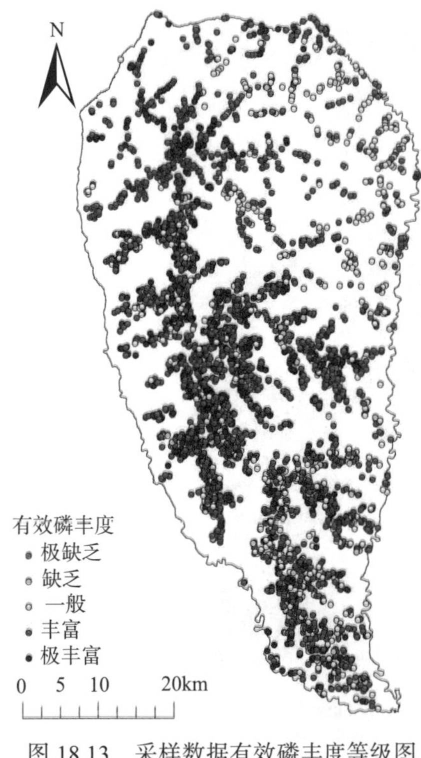

图 18.13　采样数据有效磷丰度等级图

根据表 18.17，从模拟结果有效磷的标准差来看，IDW 和 Kriging 的模拟相对偏差分别高达－39.68%和－40.61%，严重低估了有效磷的空间变异，其误差分别是 HASM 方法误差 2.99%的 13.3 倍和 13.4 倍。从丰度等级频率差来看，HASM、IDW 和 Kriging 方法分别为 0.0137、0.4350 和 0.4346，IDW 和 Kriging 方法的误差分别是 HASM 方法误差的 31.8 倍和 31.7 倍。

表 18.17　各方法的误差统计

方法	平均值误差	中位数误差	标准差误差	等级频率误差之和
HASM	0.19%	0.29%	2.99%	0.0137
IDW	−1.62%	1.11%	−39.68%	0.4350
Spline	−15.90%	−3.45%	985.11%	0.7244
Kriging	−1.63%	0.81%	−40.61%	0.4346

根据图 18.13 来看，董志塬梯条田中有效磷的含量丰度，东北部含量一般，其他地区则多为丰富或者极丰富。只有少量样点为缺乏或者极缺乏。从图 18.14 来看，HASM 方法的模拟结果与样点的分布结果最为接近，基本能表现出有效磷丰富的整体分布情况。

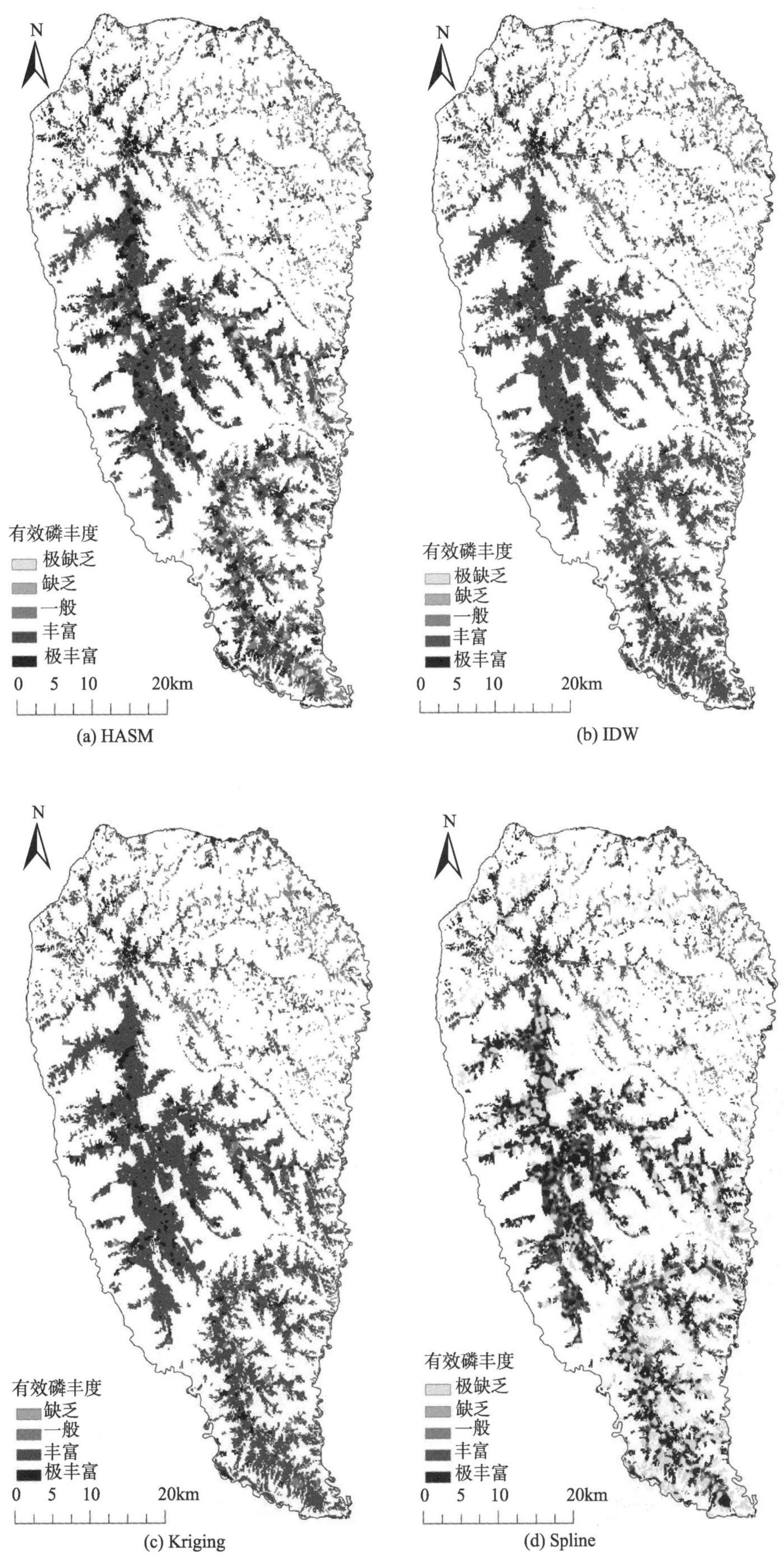

图 18.14　各方法模拟结果有效磷丰度等级图

18.3.6　速效钾模拟结果对比

根据表 18.18，董志塬地区钾的含量非常丰富，速效钾处于极丰富水平的地区高达 90%以上，没有缺乏和极缺乏水平的样点。根据《甘肃庆阳土壤》，第二次全国土壤普查时，庆阳地区覆盖黑垆土土属耕作层，速效钾的平均含量为 202mg/kg，标准差为 56.5；典型黑垆土土属，速效钾的平均含量为 181mg/kg，标准差为 60.34。总体来说，相比较第二次土壤普查的结果，此次普查结果速效钾含量的平均值与标准差与第二次土壤普查的结果相当，说明 30 年来，董志塬地区耕地中钾的供应相对发展平稳。

表 18.18　梯条田速效钾各方法模拟结果的统计对比　(单位：mg/kg)

对比参数	最小值	最大值	平均值	中位数	标准差	离散度
样点数据	76.00	898.00	196.39	190	45.3655	0.2310
HASM	76.00	474.00	198.49	192.89	40.4829	0.2040
IDW	76.26	605.30	196.71	192.98	27.7175	0.1409
Spline	−11791	10141	202.47	188.47	477.4682	2.3582
Kriging	134.99	264.53	196.89	194.01	18.3524	0.0932

根据表 18.19 的数值模拟结果来看，IDW 和 Kriging 方法，将部分地区钾的含量高估，即将一般或者丰富水平模拟成极丰富水平。另外，从标准差来看，IDW 和 Kriging 模拟结果比采样数据小了不少，即 IDW 和 Kriging 方法的模拟结果，不能很好地反映区域速效钾含量的空间不均衡性，相比来说，HASM 方法的模拟效果各个方面都不错。根据表 18.20，HASM、IDW 和 Kriging 方法模拟结果标准差的相对误差分别为 −10.76%、−38.90%和−59.55%，IDW 和 Kriging 方法的误差分别是 HASM 方法误差的 3.6 倍和 5.5 倍。

表 18.19　梯条田速效钾各方法模拟结果的丰度等级频率分布

丰度等级	极缺乏	缺乏	一般	丰富	极丰富
样点数据	0	0	0.0018	0.0900	0.9082
HASM	0	0	0.0017	0.0776	0.9207
IDW	0	0	0.0004	0.0305	0.9691
Spline	0.1113	0.0125	0.0536	0.1283	0.6943
Kriging	0	0	0	0.0061	0.9939

表 18.20　各方法的误差统计

方法	平均值误差	中位数误差	标准差误差	等级频率误差之和
HASM	1.07%	1.52%	−10.76%	0.0249
IDW	0.16%	1.57%	−38.90%	0.1217
Spline	3.10%	−0.81%	952.49%	0.4278
Kriging	0.26%	2.11%	−59.55%	0.1714

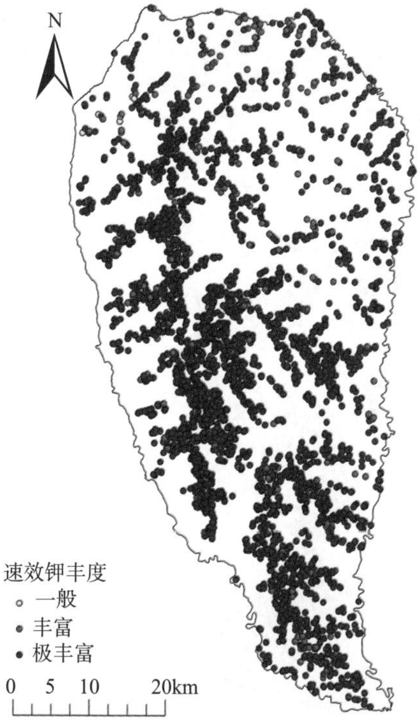

图 18.15　采样数据速效钾丰度等级图

根据图 18.15，就采样点来说，虽然近 90%的点的速效钾是极丰富的，但很散乱地分布有速效钾为丰富水平的采样点。根据图 18.16，HASM 的空间分布很好地反映了速效钾的空间变异性，市区附近、北部丘陵地带和东南部残塬边缘的梯条田都分布有丰度级别为丰富水平的图斑，而这些图斑在 IDW 和 Kriging 方法的模拟图中并没有很好地体现，特别是在区域的中部和东南部，丰富水平的图斑近乎忽略。

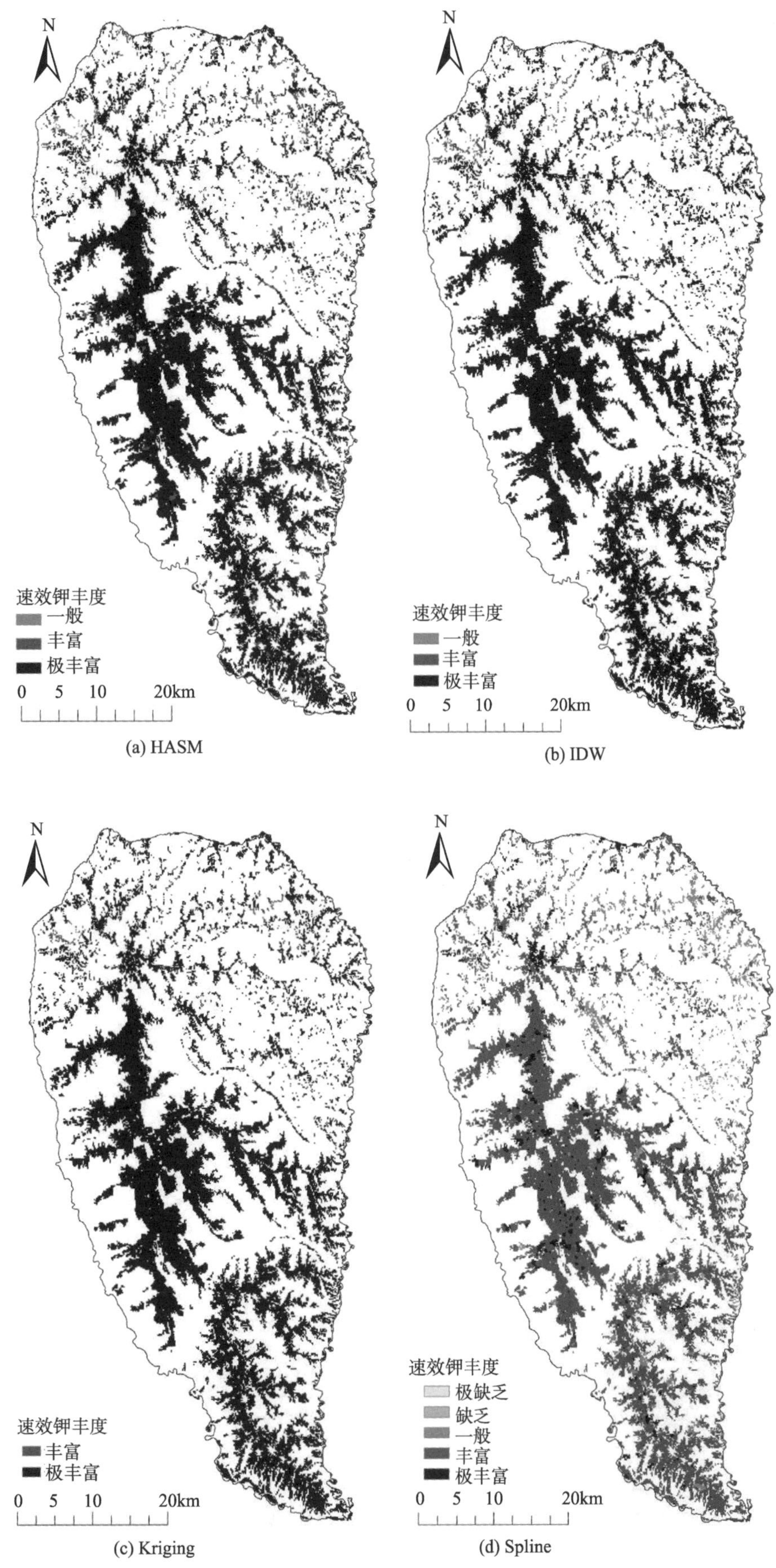

图 18.16　各方法模拟结果速效钾丰度等级图

18.3.7　pH 模拟结果对比

土壤 pH 是土壤的基本化学性质之一，是盐基状况的综合反映，它不仅影响土壤微生物的生长，影响植物所必需的营养元素转化及有效性，同时还影响土壤重金属含量和存在形态等。

根据表 18.21，数值模拟结果表明，董志塬地区的 pH，平均为 8.4~8.5，属于碱性土壤。根据庆阳地区土壤普查办公室编的《甘肃庆阳土壤》，第二次全国土壤普查时，庆阳地区覆盖黑垆土土属耕作层，pH 的平均值为 8.4，标准差为 0.18；典型黑垆土土属，pH 的平均值为 8.4，标准差为 0.207。根据庆阳地区土壤普查办公室编的《庆阳地区土种志》，庆阳地区厚覆盖黑垆土土种，耕作层的 pH 平均值为 8.3，标准差为 0.195；薄覆盖黑垆土土种，耕作层的 pH 平均值为 8.3，标准差为 0.14；条田黑垆土土种，耕作层的 pH 平均值为 8.4，标准差为 0.23。总体来说，相比较第二次土壤普查的结果，董志塬地区耕地土壤的 pH 略有升高，说明 30 年以来，董志塬地区耕地有一定程度的碱化。从标准差来看，此次土壤普查采样数据的 pH 标准差为 0.25，也比第二次土壤普查的结果大，这说明，30 年以来，由于农业发展的不均衡，土壤 pH 的空间变异扩大。根据表 18.22 和表 18.23，对 pH 的模拟时，HASM、IDW 和 Kriging 三种方法的数值模拟结果相近；HASM 方法的模拟结果虽然无论平均值、中位数、标准差和酸碱度等级频率分布误差都比 IDW 和 Kriging 方法有优势，但并没有数量级上的优势，特别与 IDW 方法相比，两者各项指标都比较接近，从模拟结果来看，HASM 方法未能模拟出超强碱性的图斑，IDW 则保留了超强碱性的图斑。根据图 18.17 可以看到，董志塬地区梯条田的土壤 pH 基本为碱性和强碱性，其中城区附近 pH 碱性更强。从图 18.18 来看，HASM 和 IDW 方法的模拟结果与采样数据的空间分布更为接近，而 Kriging 方法的模拟结果忽略了弱碱性和超强碱性的图斑。

表 18.21　梯条田 pH 各方法模拟结果的统计对比

对比参数	最小值	最大值	平均值	中位数	标准差	离散度
样点数据	7.20	9.70	8.46	8.50	0.2533	0.0300
HASM	7.30	8.90	8.42	8.46	0.2361	0.0280
IDW	7.26	9.66	8.42	8.46	0.2314	0.0275
Spline	−14.16	27.91	8.39	8.42	1.3076	0.1558
Kriging	7.74	8.74	8.42	8.46	0.2121	0.0252

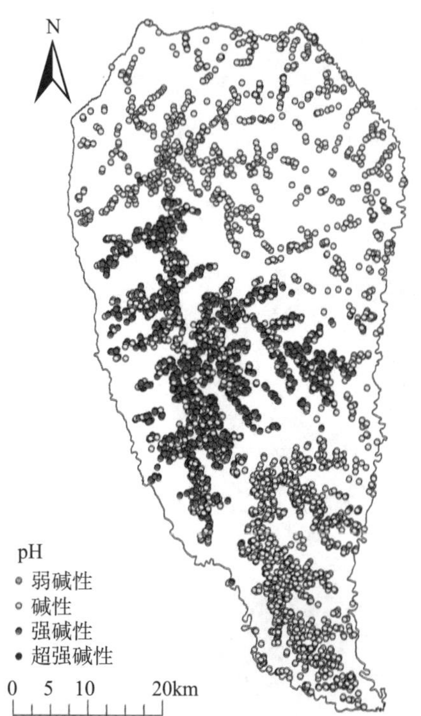

图 18.17　采样数据 pH 等级图

表 18.22　梯条田 pH 各方法模拟结果的酸碱度等级频率分布

丰度等级	中性	弱碱性	碱性	强碱性	超强碱性
样点数据	0	0.0044	0.6495	0.3458	2.2056×10^{-4}
HASM	0	7.4526×10^{-4}	0.6693	0.3300	0
IDW	0	6.3485×10^{-4}	0.6291	0.3702	2.7602×10^{-5}
Spline	0.0377	0.0299	0.5263	0.3499	0.0562
Kriging	0	0	0.6003	0.3997	0

表 18.23　各方法的误差统计

方法	平均值误差	中位数误差	标准差误差	等级频率误差之和
HASM	−0.46%	−0.45%	−6.78%	0.0395
IDW	−0.49%	−0.49%	−8.66%	0.0488
Spline	−0.77%	−0.92%	416.22%	0.2464
Kriging	−0.48%	−0.53%	−16.26%	0.1078

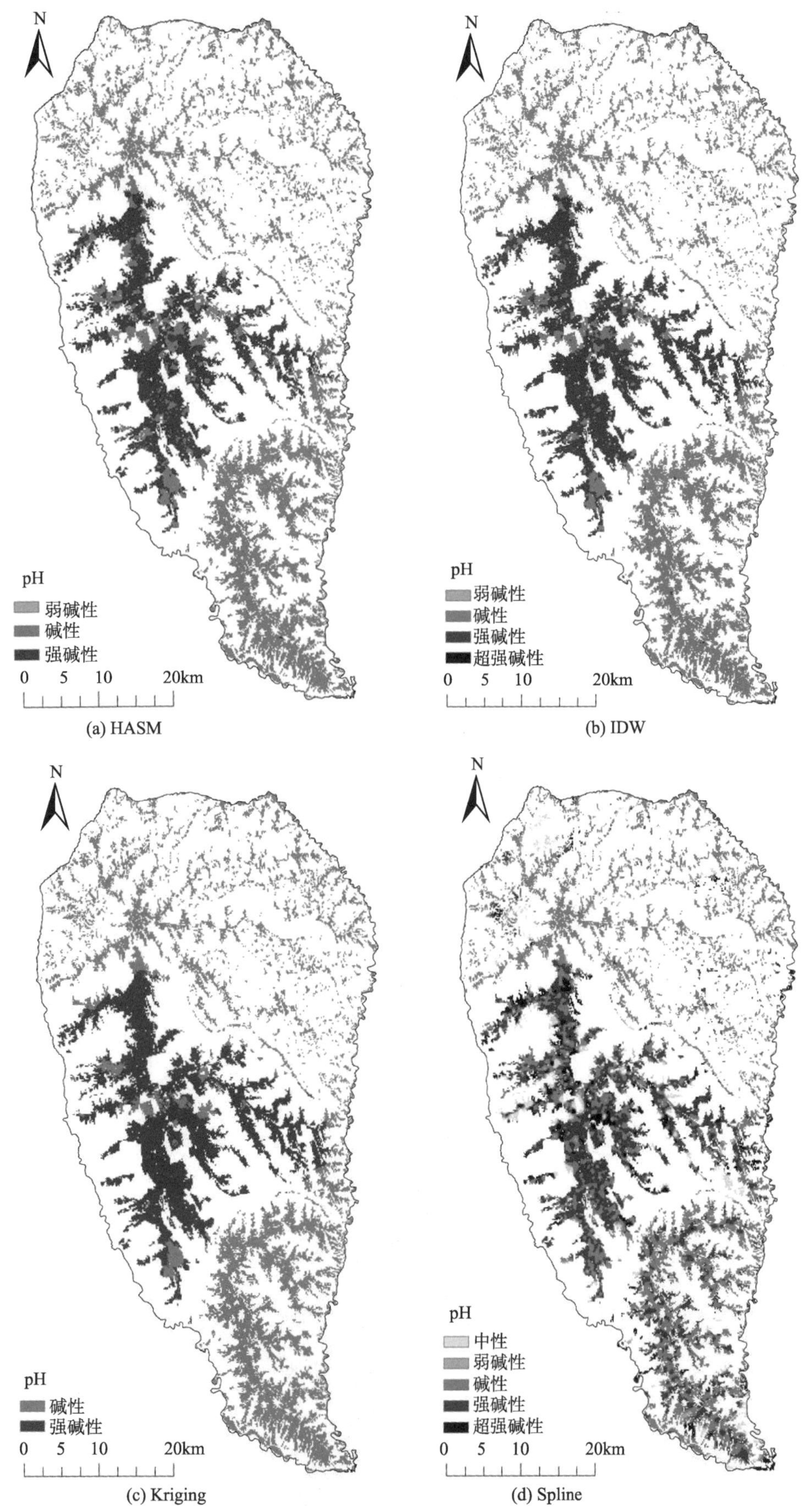

图 18.18　各方法模拟结果 pH 等级空间分布图

18.3.8　碳氮比和氮磷比模拟结果对比

碳氮比是土壤理化指标中非常重要的一项。土壤有机质的转化，是通过微生物活动进行的，为了充分发挥有机质的作用，就需要调节土壤中微生物的活动，使得有机质能及时分解。碳氮比对有机质的分解速率有非常大的影响。碳氮比太大时，微生物的分解速率会慢，而且还会与作物争夺有效氮，从而造成作物缺氮而生长不良，此时需要往耕地中施入氮肥，来调节微生物的活动；碳氮比过小时，有机质的分解速度过快，会造成土壤物理、化学、生物等多方面的恶化。根据表 18.24 和表 18.25，董志塬地区，梯条田中碳氮比的均值为 9.3~9.6，其中北部地区一般为 10 左右，南部地区一般小于 8，中部地区则变异较大，有的地块碳氮比大于 20，有的地块碳氮比小于 5。从数值曲面的平均值误差和中位数误差来看，HASM 方法的模拟结果相对较好，但优势不大。但从标准差来看，HASM 更多地保留了碳氮比的空间变异，这点也可以由空间分布图（图 18.19 和图 18.20）得到验证。Kriging 方法模拟结果碳氮比的空间分布图显示，其北部地区，碳氮比估计过高，造成北部地区过多地块碳氮比大于 15。对耕地碳氮比空间模拟的失误，会造成诸如秸秆还田等施肥方式的运用错误，导致耕地肥力状况更加恶化。

表 18.24　梯条田各方法碳氮比模拟结果的统计对比

碳氮比	最小值	最大值	平均值	中位数	标准差
样点数据	1.9979	44.3565	9.5719	9.3836	2.9023
HASM	1.8664	43.6109	9.6481	9.4806	2.7247
IDW	2.5657	32.9339	9.4914	9.2855	1.6943
Spline	−155571	30979	5.1269	9.3029	858.38
Kriging	3.8866	16.5136	9.4151	9.1960	1.5459

表 18.25　各方法碳氮比的模拟误差统计

方法	平均值误差	中位数误差	标准差误差
HASM	0.7964%	1.0338%	−6.1198%
IDW	−0.8413%	−1.0454%	−41.6234%
Spline	−46.4380%	−0.8596%	29475%
Kriging	−1.6380%	−1.9995%	−46.7359%

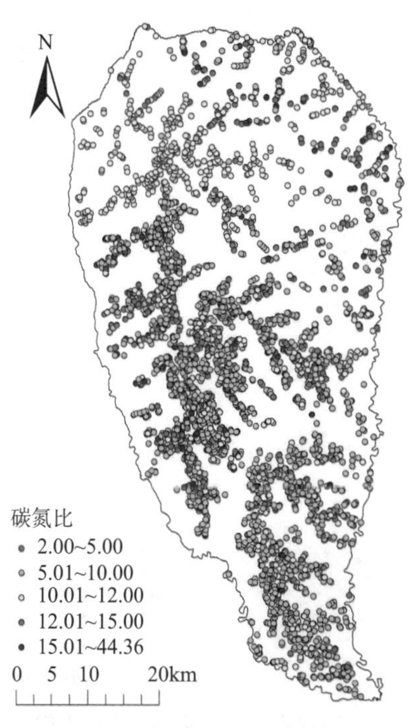

图 18.19　采样数据碳氮比空间分布图

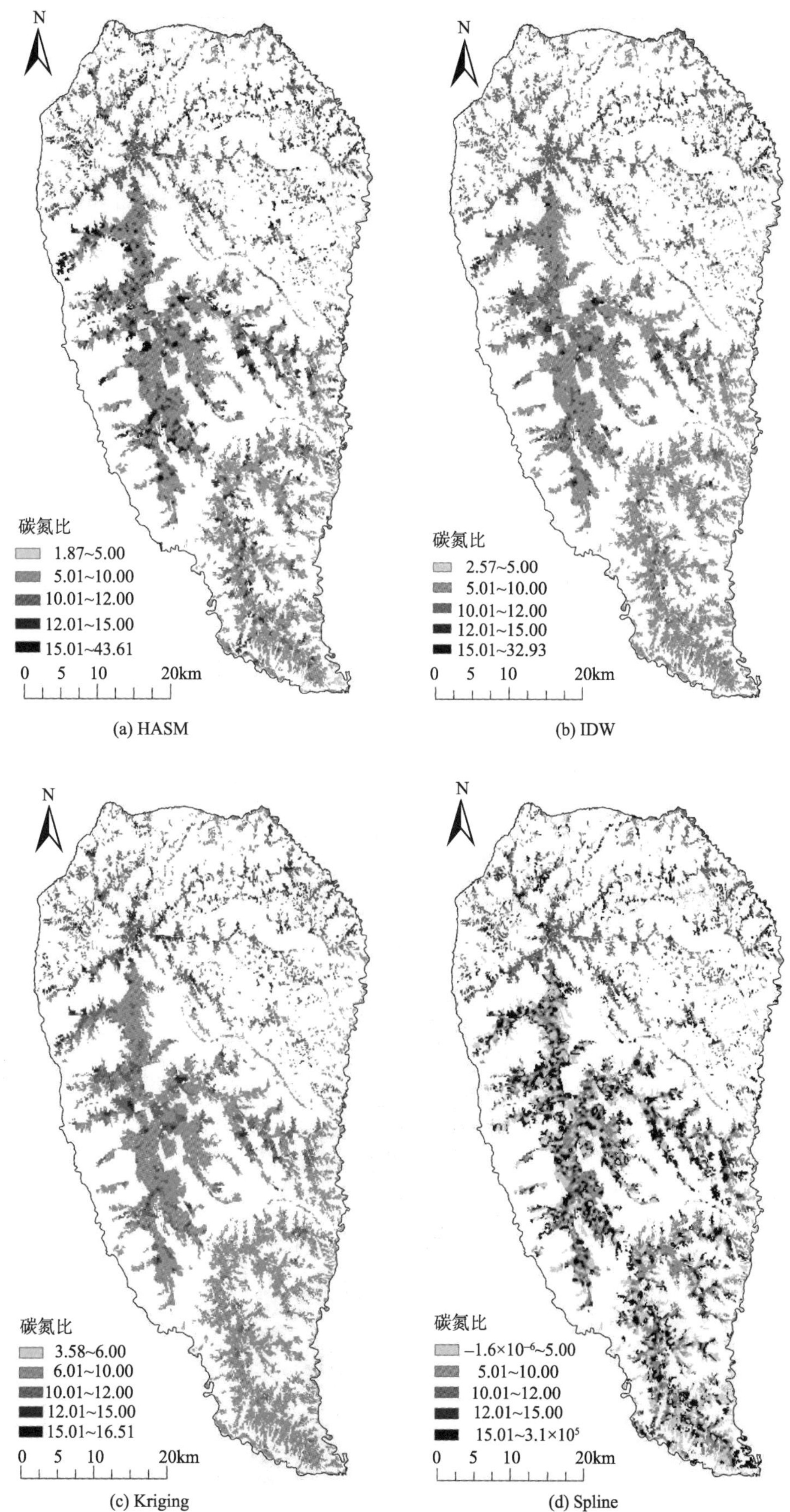

图 18.20　各方法模拟结果碳氮比空间分布图

耕地中的氮磷比是土壤质量中的重要指标，合适的氮磷比，可以更好地调节作物的生长，提高作物的产量。董志塬地区碳磷比的均值为 1.14 左右，即氮：磷大约为 1：0.88。董志塬地区，小麦生长的合适的氮磷比为（1：0.5）~（1：0.7），即氮磷比值为 1.4286~2.0。可见，董志塬地区，氮磷比值偏低，磷相对比较充裕，而氮则明显不足。根据表 18.26 和表 18.27，从各方法的模拟效果来看，HASM 方法明显具有优势，其氮磷比的平均值、中位数和标准差都更接近采样数据。根据图 18.21 和图 18.22 来看，HASM 方法模拟结果空间分布图更接近采样数据的空间分布图，即氮磷比整体南高北低，城区附近空间变异更大，更不均衡。

表 18.26　梯条田各方法氮磷比模拟结果的统计对比

氮磷比	最小值	最大值	平均值	中位数	标准差
样点数据	0.2698	3.8846	1.1448	1.1324	0.3058
HASM	0.2842	4.3780	1.1183	1.1212	0.2874
IDW	0.3065	3.7690	1.1065	1.1486	0.2212
Spline	−7942	1074	0.8669	1.0162	45.7195
Kriging	0.5317	1.9925	1.1073	1.1566	0.1966

表 18.27　各方法的氮磷比误差统计

方法	平均值误差	中位数误差	标准差误差
HASM	−2.3189%	−0.9839%	−6.0191%
IDW	−3.3460%	1.4372%	−27.6664%
Spline	−24.2739%	−10.2544%	14853%
Kriging	−3.2787%	2.1382%	−35.6900%

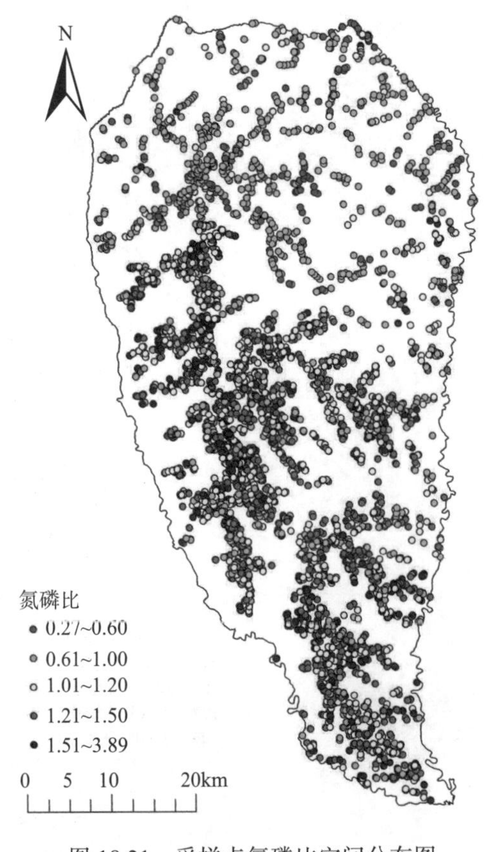

图 18.21　采样点氮磷比空间分布图

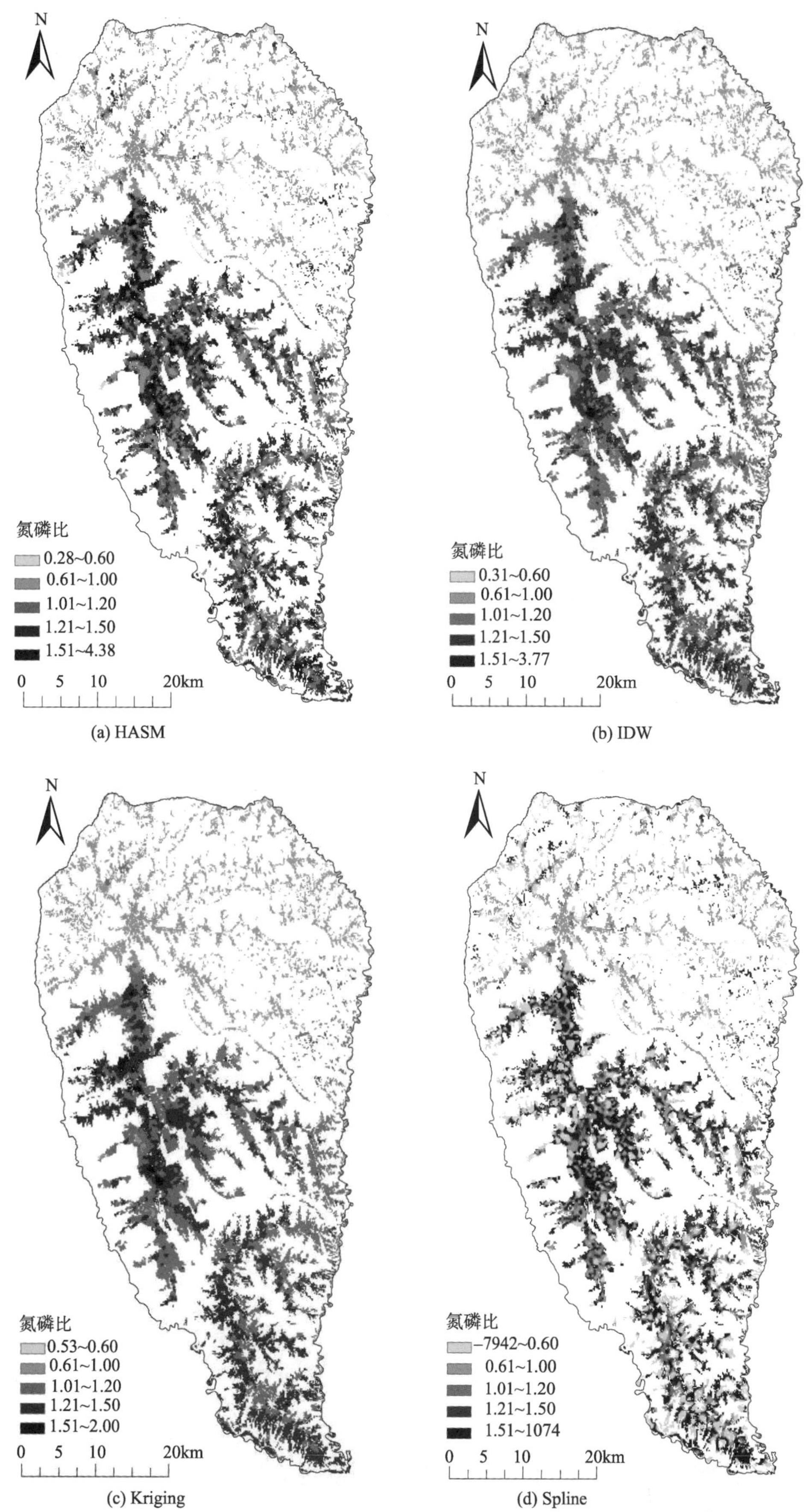

图 18.22　各方法模拟结果氮磷比空间分布图

18.3.9　综合肥力模拟结果对比

通过内梅罗指数，计算了样点的肥力指数及各方法的肥力指数曲面，表 18.28 和表 18.29 为基本的统计信息。从表 18.28 可以看到，Spline 方法模拟的肥力指数严重不符合样点数据，有大量的异常值出现。HASM、IDW 和 Kriging 方法，基本符合采样数据，模拟结果均在样点数据的极值范围内。从平均值、中位数和标准差来看，HASM 模拟的肥力指数曲面，其统计量比 IDW 和 Kriging 方法更接近采样数据。IDW 方法和 Kriging 方法，一定程度上高估了董志塬地区耕地的肥力。HASM、IDW 和 Kriging 方法模拟的肥力指数平均值的相对偏差分别为–0.5%、2.0%和 2.9%，IDW 和 Kriging 的模拟误差分别为 HASM 模拟误差的 4 倍和 6 倍左右。HASM、IDW 和 Kriging 方法模拟的肥力指数中位数的相对偏差分别为–0.5%、3.7%、4.5%，IDW 和 Kriging 的模拟误差分别为 HASM 模拟误差的 7.3 倍和 9.0 倍。根据表 18.30，从标准差和离散度指标来看，HASM 方法很好地保持了采样数据的空间变异，保持了肥力等级图的图斑多样性，HASM、IDW 和 Kriging 方法模拟的肥力指数标准差的模拟相对偏差分别为 2.8531%、–8.4907%、–14.8736%，三种方法偏差都不算大。

从表 18.30 中的等级频率误差之和可以得到各方法对肥力贫瘠耕地划分误差的优劣，HASM 方法的模拟结果表明，董志塬梯条田中，肥力为贫瘠的为 25.08%，与采样数据（采样数据中肥力贫瘠点的比例为 23.00%）的相对偏差为 9%，HASM 方法略高估了肥力贫瘠耕地的范围；相应地，IDW 方法的模拟偏差为–21.52%，Kriging 方法的模拟偏差为–29%，IDW、Kriging 方法的模拟偏差分别是 HASM 方法的 2.38 倍、3.21 倍。从模拟结果看，Spline 方法的模拟结果严重失真，偏离了董志塬耕地的实际肥力状况，而 IDW 和 Kriging 方法不同程度上低估了肥力贫瘠耕地的比例，会为耕地保护和区域综合治理带来一定程度的不利影响。

表 18.28　梯条田各方法模拟结果肥力指数的统计对比

肥力指数	最小值	最大值	平均值	中位数	标准差	离散度
样点数据	1.2295	2.5382	1.9017	1.9455	0.2192	0.1153
HASM	1.2050	2.4061	1.8923	1.9357	0.2255	0.1191
IDW	1.2611	2.4506	1.9391	2.0173	0.2006	0.1034
Spline	0.6911	300.54	4.1683	1.8556	12.3319	2.9585
Kriging	1.4038	2.2407	1.9566	2.0335	0.1866	0.0954

表 18.29　梯条田各方法模拟结果的肥力等级频率分布

肥力等级	极贫瘠	贫瘠	一般	肥沃	极肥沃
样点数据	0	0.2300	0.7700	0	0
HASM	0	0.2508	0.7492	0	0
IDW	0	0.1805	0.8195	0	0
Spline	0.0009	0.3791	0.4347	0.0332	0.1521
Kriging	0	0.1633	0.8367	0	0

表 18.30　各方法的误差统计

方法	平均值误差	中位数误差	标准差误差	等级频率误差之和
HASM	–0.4954%	–0.5024%	2.8531%	0.0415
IDW	1.9674%	3.6909%	–8.4907%	0.0991
Spline	119.1891%	–4.6226%	5526%	0.6705
Kriging	2.8844%	4.5210%	–14.8736%	0.1335

由于内梅罗指数的计算方法为单项指标的最小值和平均值的均方根，为了弄清楚各方法综合指数具体如何受单项指数的影响，表 18.31 和表 18.32 分别给出平均指数和单项最小值的分布的情况。由表 18.31 可以看到，采样点中，有 89%左右的点，其 7 个单项指标的平均值大于 2 而小于等于 3，从表中还可以看到，

除了 Spline 方法，各方法模拟结果 7 个单项指标的平均值的等级分布都与采样数据对应的等级分布有比较好的相关性，尤其 HASM 方法，平均值的分布情况与采样数据相差极小，IDW 和 Kriging 方法，其不少点 7 个单项指标的平均值在[3, 4]区间被低估。

从表 18.32 可以看出 7 个单项指标在综合指数中的主要影响项目，采样点中，有 41.82%的采样点，单项指标值最小的是碱解氮，即 41.82%的采样点，碱解氮丰度最差，若按照内梅罗指数法，影响董志塬梯条田肥力的主要是其土壤中的碱解氮成分。除了碱解氮，pH、全氮和有机质也是影响土壤质量综合指标的重要元素，特别是 pH，可见耕地的碱化对耕地肥力的影响有很重要的作用。从各方法的模拟来看，HASM、IDW 和 Kriging 三种方法，在模拟碱解氮时，模拟值偏小，导致有过多的栅格，其碱解氮的单项指数在 7 种土壤属性中最小。其中 HASM 方法模拟误差为 2.43%，即有 2.43%左右的栅格点，HASM 低估了碱解氮含量导致其单项指数偏低。IDW 和 Kriging 方法对应的模拟误差分别为 6.58%和 7.18%，分别是 HASM 模拟误差的 3 倍左右。采样数据，有 32.77%的点，pH 过大，土壤碱化，其单项指数在 7 个单项指数中最小，即 32.77%的区域，对土壤质量影响最大的是其 pH，对应的频率指数，IDW 方法和 Kriging 方法模拟结果较好，HASM 方法对 pH 模拟整体偏大，这点从表 18.22 可以看出，HASM 方法弱碱性和碱性的比例，均比样点数据略高。对有机质的模拟，各方法模拟值偏高，这样导致其单项指数偏大，使有机质的单项指数最小的点的比例偏小，IDW 和 Kriging 方法尤其明显。总体来看，HASM 方法更能反映各单项属性对土壤质量的影响力的大小。

表 18.31　各方法 7 个单项指标平均值的等级频率分布

指标等级	≤1	≤2	≤3	≤4	>4
样点数据	0	4.4111Γ×10^{-4}	0.8869	0.1127	0
HASM	0	4.9684×10^{-4}	0.9103	0.0892	0
IDW	0	2.7602×10^{-5}	0.9709	0.0290	0
Spline	0.1491	0.1300	0.6130	0.1079	0
Kriging	0	0	0.9947	0.0053	0

表 18.32　各方法 7 个单项指标最小值所在元素的频率分布

元素	有机质	全氮	碱解氮	全磷	有效磷	速效钾	pH
样点数据	0.0679	0.1760	0.4182	8.8×10^{-4}	0.0093	0	0.3277
HASM	0.0558	0.2104	0.4425	2.8×10^{-4}	0.0111	0	0.2799
IDW	0.0102	0.1833	0.4840	2.8×10^{-5}	0.0003	0	0.3221
Spline	0.1245	0.2012	0.2919	0.0181	0.1580	0.0704	0.1358
Kriging	0.0090	0.1916	0.4900	0	8.3×10^{-5}	0	0.3093

从图 18.23 和图 18.24 可以看到各方法模拟结果肥力分级的空间差异。图 18.23 为各采样点的肥力等级分布，从中可以看到，北部地区的采样点基本为肥力贫瘠。北部地区年降水量比南部地区少 50~100mm，水分条件差；其次，北部地区就地形来说，主要为黄土残塬区，地表丘陵化，不容易保水保肥；北部地区不少梯条田是近些年来由坡耕地改造而成，整体肥力状况还有待改善。另外，北部地区农民经济条件不如南部地区，耕地方面的投入不足，也是北部土壤质量贫瘠的一个重要因素，从土壤属性来看，北部地区贫瘠的主要原因在于有机质和氮的缺乏。庆阳市区附近、驿马镇等几个大的城镇周边的采样点，也分布较多的肥力贫瘠采样点。从土壤属性来看，市区附近土地贫瘠的主要影响因素是土壤的碱化，其次是有机质和氮的缺乏。这部分地区，一方面可能是因为劳动力容易转移到城区就业，农田管理疏忽；另一方面可能是因为紧挨城区，部分耕地可能受到城市废弃物的污染导致土壤质量下降。此外，塬边的梯条田，保水保肥能力差，有些塬边的条田为坡耕地改造而成，这部分梯条田，土壤类型可能为黄绵土，肥力状况不如塬心的黑垆土。从图 18.23 可以看到，董志塬中南部，塬边上分布有不少肥力贫瘠的采样点。图 18.24 分别给出了 HASM、IDW、Kriging 三种方法的内梅罗指数肥力分级图，这里忽略了 Spline 模拟图，主要是因其模拟效果完全失真。从图 18.24 可以看到，HASM 方法不但很好地表现了南肥沃北贫瘠的整体趋势，也很好地

获取了董志塬地区梯条田肥力状况的细部特征，如城区周边的肥力状况的不均衡性，如部分塬边梯条田的贫瘠事实等。IDW 和 Kriging 方法，虽然获得了董志塬地区梯条田肥力状况的整体趋势，但细部特征则大量损失，耕地肥力状况的图斑多样性没有得到表现。城区周边，基本没有体现出部分地块贫瘠的事实，塬边梯条田的肥力状况也没有表现出来，Kriging 方法模拟的结果中没有等级为肥沃的耕地图斑，这与采样事实不符。

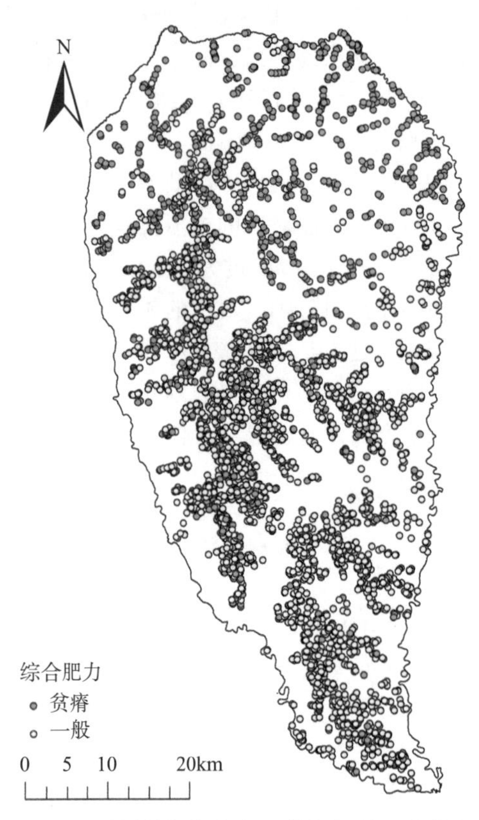

图 18.23　采样数据与各方法模拟结果肥力分级图

从各单项元素的丰度优势级别来看，有机质的优势级别是一般水平，全氮的优势级别是一般水平，碱解氮的优势级别为缺乏水平，全磷的优势级别为丰富水平，有效磷的优势级别为丰富水平，速效钾的优势级别为极丰富水平，pH 的优势级别为碱性级别。只有碱解氮的优势级别为一般水平以下，这也从另一个角度佐证了表 18.32，说明，影响董志塬梯条田肥力状况的主要元素为碱解氮。样点数据各元素缺乏和极缺乏水平的比例之和，分别如下：有机质为 22.52%、全氮为 33.06%、碱解氮为 58.93%、全磷为 0.66%、有效磷为 1.50%、速效钾为 0%，pH 强碱性和超强碱性的比例之和为 34.6%。各属性从高到低分别为碱解氮、pH、全氮和有机质，这一排序和 7 个单项指标最小值所在元素的频率分布非常符合。磷和钾在董志塬地区并不缺乏。从各元素的变异程度来看，各元素的离散度指数，分别如下：有机质为 0.2789，全氮为 0.2443，碱解氮为 0.3912、全磷为 0.1335、有效磷为 0.3931、速效钾为 0.2310、pH 为 0.0300，可见，碱解氮和有效磷的变异最大，其次则是有机质和全氮。

数值模拟，经常会低估数据的空间变异程度。从土壤的 7 种属性和碳氮比、氮磷比的模拟，以及综合肥力指数的计算来看，只有 HASM 方法在模拟有效磷和 pH 时，其标准差比采样数据标准差略大或者近乎相等，其余的情况，数值模拟的标准差都小于采样数据的标准差。

通过四种方法模拟效果的多方对比，综合来看，HASM 方法很好地反映了董志塬地区梯条田的肥力状况。而 IDW 和 Kriging 方法则高估了董志塬地区的肥力水平。主要在于 IDW 和 Kriging 模拟有机质和全氮时，将部分缺乏水平的地区模拟成一般水平。IDW 和 Kriging 方法的平滑效应，各个元素的单项模拟结果都有反映，如模拟结果各元素的标准差都偏小，即 IDW 和 Kriging 方法不能反映地区肥力状况的差异水平，会或多或少地忽略肥力状况的空间差异，而 Spline 方法基本上不能用于该地区土壤属性的数值模拟，不能用于该地区土壤肥力的综合评估。

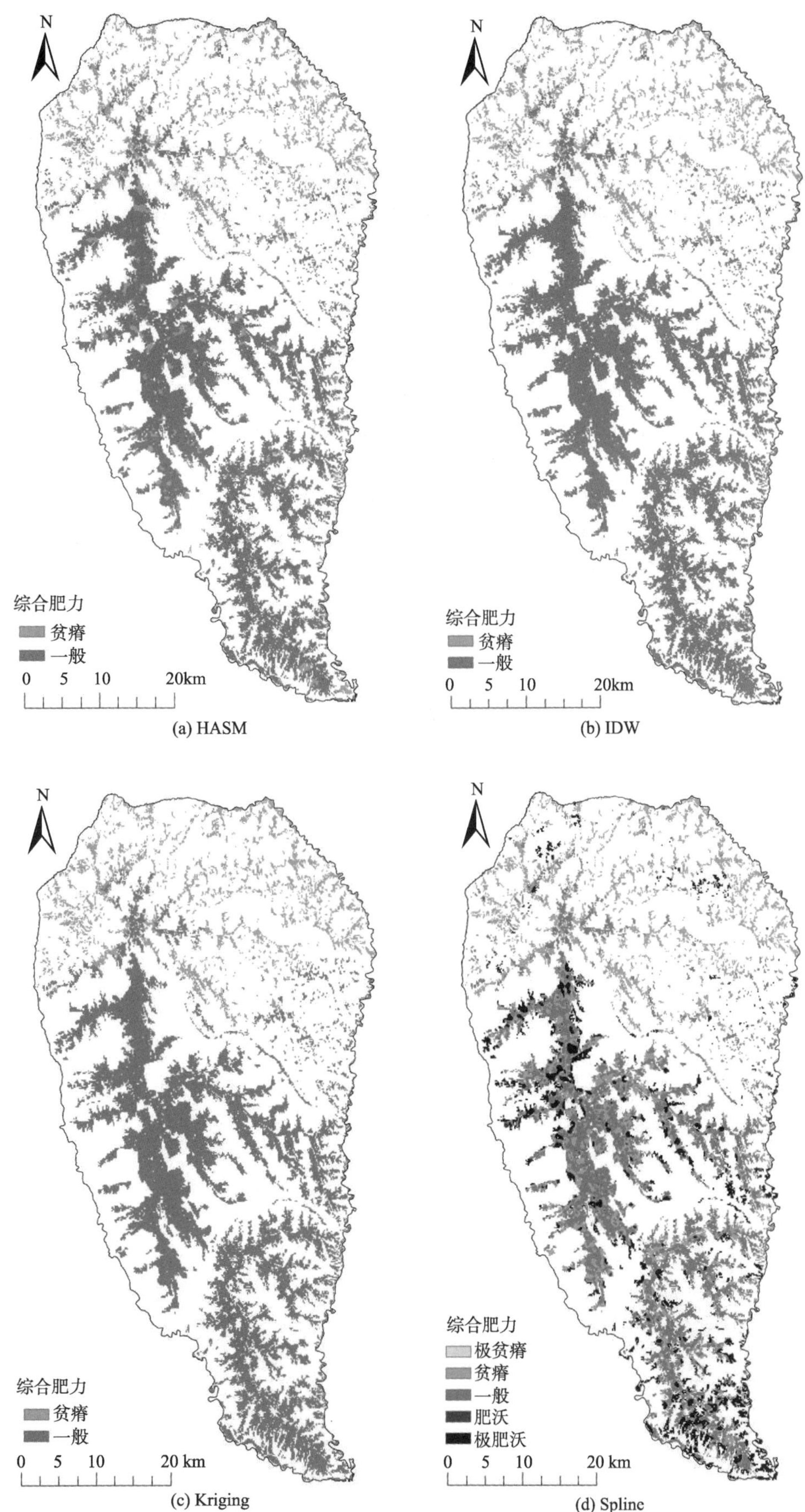

图 18.24　各方法模拟结果肥力分级图

18.4 讨　论

在作者进行董志塬的耕地土壤质量模拟时，空间跨度不大，属于同一气候类型，因此可以认为气候因素在空间上是均一的；由于只考虑梯条田，而董志塬地区的梯条田多半还是分布在塬面上，只有很少量的梯条田是残塬或者丘陵地区由坡耕地改造而成，总体来说，基本可以忽略地形因素的影响；从土壤类型来说，梯条田的土壤类型，一般都是典型黑垆土或者覆盖黑垆土土属，少量是条田黑垆土土属，这些都属于黑垆土土类，只有极少量的黄绵土，总体来说，也可以忽略土壤类型的因素；董志塬地区，其耕地的成土母质都是马兰黄土；因此，总的来说，可以忽略土壤的背景信息对插值效果的影响，避免因为背景信息的引入方式对内插方法的评估的影响。从数值模拟结果来看，IDW 方法比 Kriging 方法略有优势，其主要原因，一方面是采样密集，另一方面是空间变异大，Kriging 方法的平滑效果导致其不容易捕捉局部空间变异。同样由于采样密集和空间变异大，Spline 方法模拟时出现剧烈的震荡，模拟出的土壤属性，完全超过正常的土壤属性值范围。HASM 方法无论是各单项属性的模拟，还是诸如碳氮比、氮磷比的模拟，还是综合评估效果，都有非常明显的优势，既体现了董志塬地区耕地土壤质量的整体趋势，又很好地模拟出其局部空间的变异特点。应该说，不等式约束优化控制 HASM 方法，可以很好地用于农业土壤普查中的土壤综合评价，为精细农业的可持续发展做出贡献。

第 19 章　中国土壤质量综合评价*

19.1　引　　言

地表自然界是由包括生物和非生物要素在内的各种地理要素组成的，具有内在联系、相互制约并有规律结合在一起的统一整体，在空间分布上具有高度的不均一性。土壤是地表自然界中非生物要素中的重要组成部分，也是陆地生态系统的核心，决定着陆地上生命的存在和灭亡。土壤还是最大的有机碳库，其碳储量的微小变化将引起大气 CO_2 浓度的较大波动，进而影响温室效应和全球气候变化。对人类社会而言，土壤不仅可以提供食物和纤维，高质量的土壤还是清洁空气的处理器、水资源的储存库和洁净水体的过滤器，在维护当地、地区乃至全球的环境质量、平衡全球生态系统方面均起着重要的作用（徐建明，2010）。

本章在中国第二次土壤普查数据中筛选了 6248 个典型土壤剖面数据，并通过回归模型与高精度曲面建模（HASM）方法的有机结合，模拟中国表层土壤指标的空间分布格局；在此基础上，结合中国生态地理区域系统，采用修正的内梅罗指数法，分析不同生态区土壤质量状况，以期为各生态区土壤资源的合理利用、土壤退化防治、土地利用方式提供科学依据。

19.2　数据与方法

19.2.1　土壤数据

新中国成立以来，在全国范围内进行了两次大规模的土壤普查，获得了大量土壤普查数据。1958 年开始进行第一次土壤普查，从 1979 年起，在第一次土壤普查的基础上，开展了第二次全国土壤普查，历时 16 年，于 1994 年完成。这次土壤普查，依据全国统一的调查技术规程和土壤分类系统，从县和乡的土壤详查做起，共计完成了 2444 个县、312 个国营农（牧、林）场和 44 个林业区的土壤调查，参加此次普查的各级领导干部、农业科技人员达 84000 人，获得了较为详尽的土壤数据资料，形成了一系列土壤普查的成果。在这次土壤普查过程中，按不同土种，在全国范围内，采集大量的土壤剖面进行了理化分析。我国多个出版社出版的《中国土种志》及各省级土种志，全面介绍了我国主要土种在土壤分类系统中的归属、分布地域、分布面积、土种的主要性状，同时也记录了各土种的典型剖面。各土种的典型剖面体现了该土种的中心概念，起到定位、定性和定量的作用。在中国农业出版社出版的六卷《中国土种志》中，一共记录了 2473 个典型土壤剖面；另外，各省级土种志中也记录了相应省区范围内各土种的典型土壤剖面。在这些典型土壤剖面数据的记录中，详实地记叙了剖面的采样地点、生境条件、地形部位、海拔、母质或母土、植被或土地利用方式，以及气象指标；同时还记录了土壤剖面各土壤发生层的理化性质，包括土壤剖面厚度、土壤颗粒组成、有机质、氮素、磷素、钾素、pH、交换酸、交换性盐基、盐基饱和度、阳离子交换量、微量元素等指标。这些土壤剖面数据资料为开展国家尺度土壤性质空间分布研究提供了一套较为充实的数据。

本书收集了《中国土种志》及各省级土种志 30 多本出版物中记录的典型土壤剖面，去除《中国土种志》中与省级土种志中重复记录的土壤剖面，共收集整理了 6248 个典型土壤剖面（图 19.1），建立了典型土壤剖面属性数据库，记录了每个典型土壤剖面的详细信息。在这些剖面数据记录中，部分剖面的属性记录缺失。其中，pH、有机质、全氮、全磷、全钾、碱解氮、有效磷、速效钾和表土厚度分别有 5981 条、6227

* 李启权为本章主要合著者。

条、6182 条、6074 条、4778 条、2516 条、4366 条、4382 条、6225 条记录。

19.2.2　环境数据

在国家尺度，影响土壤性质的因素包气候、地形、植被等成土要素的相关因子（Jenny, 1941; Herrick and Whitford,1995; McBratney *et al.*, 2003）。气温、降水、相对湿度、日照时数、太阳辐射等气候因素是国家尺度上土壤性质空间分布变化的主导因素。气温和降水是最基本的气象指标（Yue *et al.*, 2013a）；相对湿度反映大气中水分变化，影响着地表水分的蒸散，进而影响土壤水分和性质的变化；太阳辐射和日照时数反映了温度因子作用的强度和持续时间。研究基于 1971~2000 年全国 671 个气象站多年平均气温、降水、相对湿度、日照时数、太阳辐射站点数据，采用普通克里金法生成全国 1km 分辨率气象因子空间分布数据。

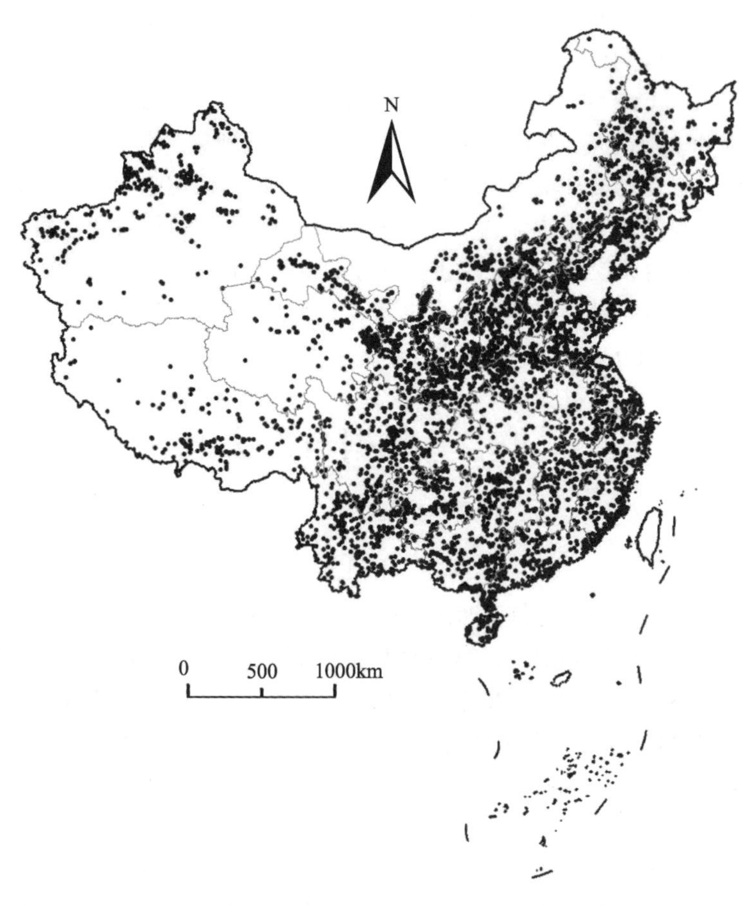

图 19.1　典型土壤剖面（6248 个）空间分布

图中黑点代表典型土壤剖面空间位置

植被是影响土壤性质的另一个重要因素。植被指数是从遥感影像获取大范围植被信息常用的经济且有效的办法，能定量地反映植被的特征，它与植被的盖度、生物量等有较好的相关性（高志海等, 1998）。随着遥感技术的发展，植被指数作为用来表征地表植被覆盖和生长状况的度量参数，已经在环境、生态、农业等领域得到了广泛的应用（连纲等, 2006）。考虑到第二次土壤普查的时间，选择 1992 年 4 月至 1993 年 3 月 1km 空间分辨率高级超高分辨率辐射仪（AVHRR）36 旬数据。对此 36 旬数据取平均值，获得全国 1km 空间分辨率的年平均归一化植被指数（NDVI）空间分布格网数据。

在基于环境因子土壤性质模拟中，数字地形模型（DTM）派生的地形因子占 80%，而其他因子不超过 35%（McBratney *et al.*, 2003）。在这些研究中，高程、地面坡度、坡向、汇流面积、地形指数被认为是最能反映土壤过程的地形因子(McSweeney *et al.*, 1994)。利用全国 1km 空间分辨率数字地面模型数据，在 ArcGIS 软件中获得 1km 分辨率的坡度、汇流面积和地形指数栅格数据，其中汇流面积数值较大，对其作自然对数转换。

母质是土壤形成的物质基础，然而在气候等因素的长期作用下，大多数土壤性质与母质有较大差异，而相同土壤类型与环境因素的关系却具有更大的相似性。相同分类下的土壤往往与某些特定的因素有着相似的密切程度。根据中国土壤分类系统，全国土壤类型共有 12 个土纲、28 个亚纲和 61 个土类。12 个土纲分别是淋溶土、半淋溶土、钙层土、干旱土、漠土、初育土、半水成土、水成土、盐碱土、人为土、高山土和铁铝土（图 19.2）。由于有限的典型土壤剖面数目，本书将 12 个土纲作为模型模拟时考虑的约束条件之一，所使用的土壤类型数据为 1∶100 万土壤矢量数据（Shi *et al.*, 2004），来源于中国科学院资源环境科学数据中心。

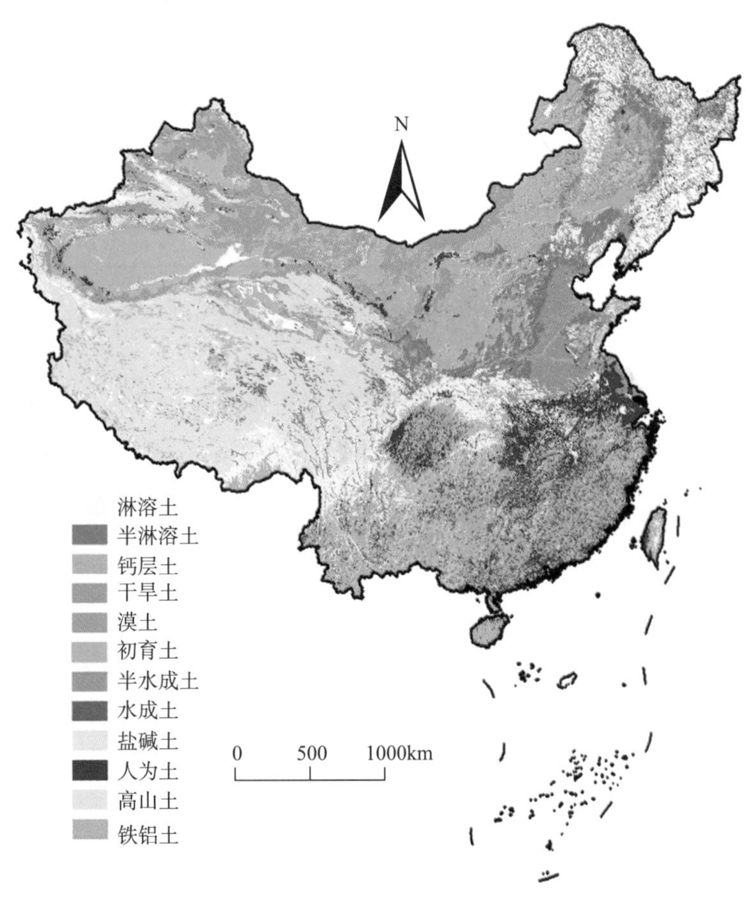

图 19.2　土壤类型（土纲）分布

19.2.3　研究方法

1. 内梅罗指数法

土壤质量综合指数可采用内梅罗指数法（Nemerow *et al.*, 1980）进行计算。有机质、全氮、碱解氮、全磷、有效磷、全钾、速效钾和表土厚度等土壤属性的单指标丰度指数可表达如下：

（1）若第 j 个点第 i 个土壤属性指标的值 $f_{i,j}$ 丰度为极缺乏等级，即 $f_{i,j} \leqslant X_{i,1}$；则此点的丰度指数为 $p_{i,j} = f_{i,j} / X_{i,1}$；

（2）若第 j 个点第 i 个土壤属性指标的值 $f_{i,j}$ 丰度为缺乏等级，即 $X_{i,1} < f_{i,j} \leqslant X_{i,2}$,则此点的丰度指数为 $p_{i,j} = 1 + \left(f_{i,j} - X_{i,1}\right) / \left(X_{i,2} - X_{i,1}\right)$；

（3）若第 j 个点第 i 个土壤属性指标的值 $f_{i,j}$ 丰度为一般等级，即 $X_{i,2} < f_{i,j} \leqslant X_{i,3}$，则此点的丰度指数

为 $p_{i,j}=2+\left(f_{i,j}-X_{i,2}\right)/\left(X_{i,3}-X_{i,2}\right)$；

（4）若第 j 个点第 i 个土壤属性指标的值 $f_{i,j}$ 丰度为丰富等级，即 $X_{i,3}<f_{i,j}\leqslant X_{i,4}$，则此点的丰度指数为 $p_{i,j}=3+\left(f_{i,j}-X_{i,3}\right)/\left(X_{i,4}-X_{i,3}\right)$；

（5）若第 j 个点第 i 个土壤属性指标的值 $f_{i,j}$ 丰度为极丰富等级，即 $f_{i,j}>X_{i,4}$，则此点的丰度指数为 $p_{i,j}=4$。

这里 $X_{i,k}$ 为第 i 个土壤属性指标的丰富度阈值，参考第二次全国土壤普查标准，其具体取值见表 19.1。

表 19.1　土壤属性分级阈值

阈值	有机质 /(g/kg)	全氮 /(g/kg)	碱解氮 /(mg/kg)	全磷 /(g/kg)	有效磷 /(mg/kg)	速效钾 /(mg/kg)	pH	全钾 /(g/kg)	表土厚度 /cm
$X_{i,4}$	30	1.5	120	0.8	20	150	6.5~7.5	20	40
$X_{i,3}$	20	1.0	90	0.6	10	100	5.5~6.5 或 7.5~8.5	15	25
$X_{i,2}$	10	0.75	60	0.4	5	50	4.5~5.5 或 8.5~9.5	10	15
$X_{i,1}$	6	0.5	30	0.2	3	30	<4.5 或>9.5	5	10

全国范围内，土壤酸碱度从极酸到极碱，而对多数植物来说，中性土壤更好。因此，土壤 pH 的评价指数可表达如下：

（1）若第 j 个点的 pH=7，即 $f_{i,j}=7$，则此点的酸碱度指数为 $p_{i,j}=4$；

（2）若第 j 个点的 pH 为中性，即 $7\leqslant f_{i,j}<7.5$ 或 $6.5\leqslant f_{i,j}<7$，则此点的酸碱度指数为 $p_{i,j}=4-\left(f_{i,j}-7\right)/\left(7.5-7\right)$ 或 $p_{i,j}=3+\left(f_{i,j}-6.5\right)/\left(7-6.5\right)$；

（3）若第 j 个点的 pH 为弱碱或弱酸性，即 $7.5\leqslant f_{i,j}<8.5$ 或 $5.5\leqslant f_{i,j}<6.5$，则此点的酸碱度指数为 $p_{i,j}=3-\left(f_{i,j}-7.5\right)/\left(8.5-7.5\right)$ 或 $p_{i,j}=2+\left(f_{i,j}-5.5\right)/\left(6.5-5.5\right)$；

（4）若第 j 个点的 pH 为碱性或酸性，即 $8.5\leqslant f_{i,j}<9.5$ 或 $4.5\leqslant f_{i,j}<5.5$，则此点的酸碱度指数为 $p_{i,j}=2-\left(f_{i,j}-8.5\right)/\left(9.5-8.5\right)$ 或 $p_{i,j}=1+\left(f_{i,j}-4.5\right)/\left(5.5-4.5\right)$；

（5）若第 j 个点的 pH 为强碱或强酸性，即 $f_{i,j}\geqslant 9.5$ 或 $f_{i,j}<4.5$，则此点的酸碱度指数为 $p_{i,j}=1-\left(f_{i,j}-9.5\right)/\left(11.5-9.5\right)$ 或 $p_{i,j}=\left(f_{i,j}-2.5\right)/\left(4.5-2.5\right)$。

采用修正的内梅罗公式对土壤质量进行综合评估，第 j 个点的土壤质量指数 P_j 计算公式如下：

$$P_j=\frac{8}{9}\sqrt{\frac{\left(\min\limits_{i=1}^{9}(p_{i,j})\right)^2+\left(\operatorname*{mean}\limits_{i=1}^{9}(p_{i,j})\right)^2}{2}} \tag{19.1}$$

式中，$\min\limits_{i=1}^{9}(p_{i,j})$ 为第 j 个点 8 个土壤属性指标的丰度指数及酸碱度指数的最小值；$\operatorname*{mean}\limits_{i=1}^{9}(p_{i,j})$ 为第 j 个点 8 个土壤属性指标的丰度指数和酸碱度指数的平均值。

分别假定单项丰度指数均为 1、2、3 或 4，可获得其对应的上壤质量指数为 0.889、1.778、2.667 或 3.556。也就是说，若 $P_j\leqslant 0.889$，则此点土壤质量为差；若 $0.889<P_j\leqslant 1.778$，则此点土壤质量为一般；若 $1.778<P_j\leqslant 2.667$，则此点土壤质量为较高；若 $2.667<P_j\leqslant 3.556$，则此点土壤质量为高。

2. 生态分区

不同生态类型区内气候、植被及地形等因素存在明显差异，因而不同生态区土壤性质明显不同。郑度（2008）以温度、水分和地貌等因子作为分区指标，将全国划分为 11 个温度带、21 个干湿地区和 49 个自然区。考虑到土壤剖面数量，本书以 11 个温度带和 21 个干湿地区为基础，将全国划分为 20 个温湿类型区（图 19.3），它们分别是北亚热带湿润地区、边缘热带湿润地区、高原温带半干旱地区、高原温带干旱地区、高原温带湿润地区、高原亚寒带半干旱地区、高原亚寒带半湿润地区、高原亚寒带干旱地区、寒温带湿润地区、南亚热带湿润地区、暖温带半干旱地区、暖温带半湿润地区、暖温带干旱地区、暖温带湿润地区、中热带湿润地区、中温带半干旱地区、中温带半湿润地区、中温带干旱地区、中温带湿润地区、中亚热带湿润地区。以此温湿类型区统计揭示不同生态区内土壤性质差异。

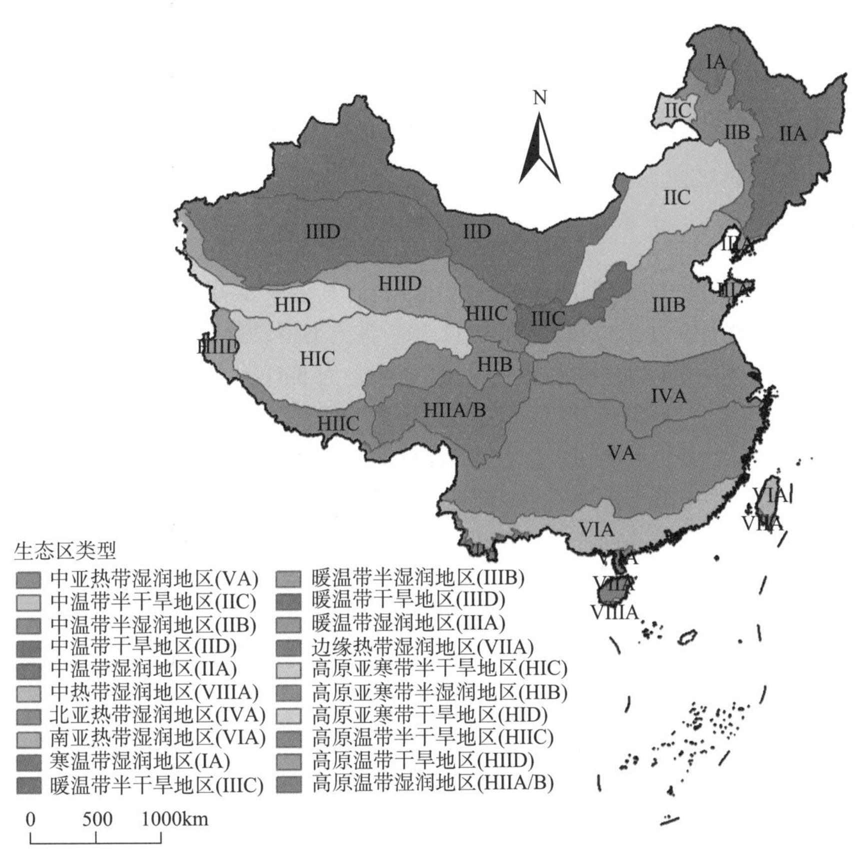

图 19.3　生态类型区分布（郑度，2008）

3. 土壤性质曲面建模

所选择的环境因子相互间存在一定的相关性，为避免这些因子间因存在信息重叠而夸大某些因素的作用，采用主成分分析方法对各环境因子进行处理，将所选择的环境因子组合为各不相关的主成分，用作模拟各土壤指标空间分布格局的辅助因子。

在地理系统中，一个地理要素往往受到多个要素的影响。多元回归模型可表达某个地理要素与其影响因素之间具体的数量关系，它是目前用于建立土壤性质与其环境影响因子间关系的常用方法之一(Grunwald, 2009)。

高精度曲面建模（HASM）方法可表达为等式约束的最小二乘问题（Yue, 2011）：

$$\begin{cases}\min\left\|\begin{bmatrix}\boldsymbol{A}\\\boldsymbol{B}\end{bmatrix}\cdot\boldsymbol{z}^{(n+1)}-\begin{bmatrix}\boldsymbol{d}^{(n)}\\\boldsymbol{q}^{(n)}\end{bmatrix}\right\|\\ s.t.\quad \boldsymbol{S}\cdot\boldsymbol{z}^{(n+1)}=\boldsymbol{k}\end{cases} \tag{19.2}$$

式中，$\boldsymbol{z}^{(n+1)}=\left(f_{1,1}^{(n+1)},\cdots,f_{1,J}^{(n+1)},\cdots,f_{I-1,1}^{(n+1)},\cdots,f_{I-1,J}^{(n+1)},f_{I,1}^{(n+1)},\cdots,f_{I,J}^{(n+1)}\right)^{\mathrm{T}}$（$n\geqslant0$）；$\boldsymbol{A}$ 和 $\boldsymbol{B}$ 为系数矩阵；$\boldsymbol{d}^{(n)}$ 和 $\boldsymbol{q}^{(n)}$ 为方程的右端项；$\boldsymbol{S}$ 和 $\boldsymbol{k}$ 分别为采样矩阵和采样向量，如果 $\overline{f}_{i,j}$ 为 $z=f(x,y)$ 在第 p 采样点 (x_i,y_j) 的值，

则 $s_{p,(i-1)\times J+j}=1$，$k_p=\overline{f}_{i,j}$。

采用多元回归模型与高精度曲面模型相结合的方法，实现中国表层土壤性质的空间分布格局模拟。将典型土壤剖面点的值看作土壤性质空间分布曲面上的真值，并以此真值作为目标，通过不断迭代，使初始曲面不断逼近真实的曲面。具体过程可概述为：①按不同土纲分析各土壤性质与各环境因子主成分的相关关系；②在不同土纲内建立各土壤性质与环境因子主成分间的多元回归模型，并据此完成基于多元线性回归模型的土壤性质空间分布图；③运用 HASM 实现对多元回归模型残差空间分布的模拟；④将多元回归模型模拟结果与 HASM 模型对回归残差的模拟结果相加，即得到各土壤性质的空间分布格局。

19.3　典型土壤剖面统计特征

19.3.1　土壤 pH

对分布于全国的 5981 个典型土壤剖面点进行统计分析，其结果表明（表 19.2，表 19.3），中国表层土壤 pH 的平均值为 7.09，最小值为 2.5，最大值为 11.50。各土纲中，分布于西北地区的干旱土和漠土平均 pH 最大，平均值分别为 8.43 和 8.42；铁铝土平均 pH 最小，为 5.41。

土壤 pH 的变异程度较低，全部样点统计的变异系数为 18.33%，接近弱空间变异性。各土纲内土壤 pH 的变异程度均比较小，除人为土的土壤 pH 接近全部样点的变异程度外，其他各土纲的土壤 pH 明显小于全部样点的变异程度；其中，半淋溶土、钙层土、干旱土及漠土 pH 的变异系数小于 10%，为弱空间变异性。

表 19.2　各土纲土壤 pH 统计特征

土纲	典型剖面数	最小值	最大值	平均值	标准差	变异系数/%
淋溶土	538	3.60	8.30	6.17	0.79	12.77
半淋溶土	644	5.20	11.50	7.64	0.68	8.87
钙层土	432	6.60	9.60	8.16	0.42	5.18
干旱土	106	7.70	9.70	8.43	0.33	3.88
漠土	78	7.90	9.20	8.42	0.28	3.31
初育土	804	4.00	9.30	7.28	1.13	15.55
半水成土	1018	2.50	10.50	7.78	1.00	12.88
水成土	123	4.80	9.55	7.31	1.23	16.86
盐碱土	190	3.40	10.60	8.36	1.13	13.50
人为土	1232	3.50	9.50	6.56	1.21	18.45
高山土	162	3.80	8.90	7.29	1.12	15.36
铁铝土	654	3.70	8.60	5.41	0.76	14.12
总计	5981	2.50	11.50	7.09	1.30	18.33

注：变异系数=(标准差/平均值)×100%

表 19.3　各生态区土壤 pH 统计特征

生态区	典型剖面数	最小值	最大值	平均值	标准差	变异系数/%
寒温带湿润地区	2	4.60	5.10	4.85	0.35	7.29
中温带湿润地区	309	3.60	10.00	6.40	0.93	14.59
中温带半湿润地区	162	5.10	10.60	7.65	0.97	12.63
中温带半干旱地区	394	5.60	11.50	8.23	0.76	9.30
中温带干旱地区	400	5.40	10.20	8.24	0.70	8.47
暖温带湿润地区	90	5.20	8.60	6.69	0.78	11.62

续表

生态区	典型剖面数	最小值	最大值	平均值	标准差	变异系数/%
暖温带半湿润地区	1298	5.20	10.50	7.88	0.68	8.67
暖温带半干旱地区	208	6.20	9.55	8.15	0.54	6.61
暖温带干旱地区	143	5.50	9.80	8.29	0.45	5.45
北亚热带湿润地区	535	3.70	8.90	6.68	1.01	15.14
中亚热带湿润地区	1393	3.70	9.50	6.07	1.12	18.48
南亚热带湿润地区	470	3.40	8.60	5.82	1.04	17.95
边缘热带湿润地区	114	4.10	8.10	5.68	0.84	14.86
中热带湿润地区	7	5.10	7.00	5.80	0.65	11.13
高原亚寒带半湿润地区	45	5.30	9.00	6.95	0.89	12.84
高原亚寒带半干旱地区	29	6.60	8.90	8.02	0.67	8.39
高原亚寒带干旱地区	3	8.10	8.60	8.40	0.26	3.15
高原温带湿润地区	151	2.10	8.60	6.92	1.14	16.44
高原温带半干旱地区	184	4.90	8.90	7.97	0.65	8.09
高原温带干旱地区	44	7.60	9.70	8.40	0.41	4.83

注：变异系数=(标准差/平均值)×100%

19.3.2　土壤有机质

1. 各土壤类型土壤有机质统计特征

基于对 6227 个样点的描述性统计分析表明（表 19.4），第二次土壤普查所得的中国表层土壤有机质含量的平均值为 30.76g/kg；最大值为 801.80g/kg，出现在泥炭土中；最小值为 0.20g/kg，出现在新疆伽师县的龟裂土中。不同土纲土壤有机质含量明显不同。水成土土纲有机质含量普遍较高，平均值高达 111.34g/kg，居各土纲首位；其次是高山土，平均含量为 65.92g/kg；有机质含量最低的是主要分布于西北的漠土和干旱土，平均值分别为 9.07g/kg 和 11.62g/kg。

中国表层土壤有机质的变异系数高达 135.40%，表现为极强烈的变异性。从不同土纲土壤有机质的变异系数来看，有机质含量较小的土纲变异程度相对较小，而有机质含量较大的土纲变异程度较大。干旱土和漠土土壤有机质变异系数最小，分别为 58.22%和 58.65%，半水成土和水成土土壤有机质变异系数最大，分别为 163.85%和 129.33%。

表 19.4　各土纲土壤有机质统计特征

土纲	典型剖面数	最小值/(g/kg)	最大值/(g/kg)	平均值/(g/kg)	标准差/(g/kg)	变异系数/%
淋溶土	571	4.50	528.30	52.32	57.35	109.62
半淋溶土	672	1.70	227.60	28.79	30.48	105.88
钙层土	470	2.30	212.80	26.20	23.92	91.29
干旱土	110	1.50	38.00	11.62	6.77	58.22
漠土	83	1.30	26.20	9.07	5.32	58.65
初育土	849	0.20	269.10	21.28	23.92	112.43
半水成土	1072	0.80	801.80	23.51	38.53	163.85
水成土	135	0.80	678.90	111.34	143.99	129.33
盐碱土	195	1.10	79.70	13.29	10.77	81.03
人为土	1254	2.00	307.10	28.20	19.52	69.21
高山土	162	2.00	343.30	65.92	65.83	99.85
铁铝土	654	0.70	151.50	32.19	22.84	70.96
总计	6227	0.20	801.80	30.76	41.65	135.40

注：变异系数=(标准差/平均值)×100%

2. 各生态区土壤有机质统计特征

低温湿润的地区土壤有机质含量较高，高温湿润的热带亚热带地区土壤有机质含量中等，低温干旱地区土壤有机质含量较低。具体而言，亚寒带、温带干旱半干旱地区土壤有机质含量低，高原亚寒带干旱地区土壤有机质平均含量仅为 11.17g/kg；而高原亚寒带半湿润地区土壤有机质含量最高，平均值高达 144.80g/kg（表 19.5）。

从变异程度来看，中温带干旱地区、高原亚寒带半干旱地区、暖温带干旱地区、暖温带半干旱地区、中温带湿润地区、高原温带半干旱地区、暖温带半湿润地区、高原温带干旱地区、中亚热带湿润地区和高原亚寒带半湿润地区土壤有机质含量变异程度较高，均表现为极强烈的空间变异性；其中，中温带干旱地区和高原亚寒带半干旱地区土壤有机质含量变异最高，均在 150%以上。其余各生态区变异系数在 10%~100%，为中等程度的空间变异性。

表 19.5　各生态区土壤有机质统计特征

生态区	典型剖面数	最小值/(g/kg)	最大值/(g/kg)	平均值/(g/kg)	标准差/(g/kg)	变异系数/%
寒温带湿润地区	2	106.30	107.40	106.85	0.78	0.73
中温带湿润地区	382	2.80	550.70	57.56	71.09	123.49
中温带半湿润地区	210	1.50	100.20	24.81	15.97	64.40
中温带半干旱地区	419	0.80	164.50	18.44	17.94	97.30
中温带干旱地区	414	1.50	516.00	31.26	51.75	165.56
暖温带湿润地区	91	0.60	89.30	12.58	9.90	78.65
暖温带半湿润地区	1327	0.30	213.10	18.72	22.10	118.07
暖温带半干旱地区	217	1.30	235.60	21.40	28.94	135.22
暖温带干旱地区	158	0.20	286.70	17.08	24.51	143.55
北亚热带湿润地区	556	3.90	211.50	26.00	22.32	85.82
中亚热带湿润地区	1398	3.40	801.80	37.57	40.30	107.28
南亚热带湿润地区	470	0.70	307.10	27.83	22.91	82.32
边缘热带湿润地区	114	3.10	85.90	26.47	15.49	58.51
中热带湿润地区	7	5.20	57.60	20.74	17.86	86.11
高原亚寒带半湿润地区	45	2.60	678.90	144.80	146.08	100.89
高原亚寒带半干旱地区	30	4.00	306.40	38.52	58.98	153.13
高原亚寒带干旱地区	3	5.10	14.70	11.17	5.28	47.26
高原温带湿润地区	151	7.10	528.30	75.69	71.21	94.09
高原温带半干旱地区	187	0.70	386.00	37.79	45.73	120.99
高原温带干旱地区	46	1.60	92.10	15.68	17.98	114.68

注：变异系数=(标准差/平均值)×100%

19.3.3　土壤全氮

1. 各土壤类型土壤全氮统计特征

根据 6182 个典型剖面点的统计分析结果，中国表层土壤全氮含量的平均值为 1.57g/kg。各土纲中，水成土土纲全氮含量最高，平均值高达 4.41g/kg，远高于第二位的高山土（平均含量为 3.13g/kg）；与土壤有机质相似，土壤全氮含量最低的土壤类型是分布于西北的漠土和干旱土，平均值分别为 0.58g/kg 和 0.73g/kg（表 19.6）。

从变异程度来看，中国表层土壤全氮含量的变异系数达到 112.61%，表现出极强的空间变异性。不同土纲内土壤全氮的变异程度不同，漠土、干旱土、铁铝土、淋溶土、人为土、高山土和钙层土为中等程度的变异，变异系数在 50%~100%；初育土、半水成土、水成土、半淋溶土和盐碱土变异系数均超过 100%，属于强变异性，其中盐碱土变异程度最大，变异系数高达 140.28%。

表 19.6　各土纲土壤全氮统计特征

土纲	典型剖面数	最小值/(g/kg)	最大值/(g/kg)	平均值/(g/kg)	标准差/(g/kg)	变异系数/%
淋溶土	568	0.10	15.20	2.28	1.94	85.10
半淋溶土	672	0.10	37.90	1.56	1.93	123.72
钙层土	470	0.10	17.20	1.53	1.36	89.19
干旱土	107	0.20	1.90	0.73	0.40	54.39
漠土	78	0.10	1.80	0.58	0.33	56.76
初育土	841	0.10	25.90	1.22	1.55	127.63
半水成土	1070	0.10	14.90	1.24	1.43	115.34
水成土	135	0.10	24.60	4.41	4.85	109.95
盐碱土	187	0.10	14.30	0.84	1.18	140.28
人为土	1242	0.10	28.20	1.59	1.36	85.51
高山土	160	0.20	15.80	3.13	2.71	86.69
铁铝土	652	0.20	6.90	1.47	0.89	60.24
总计	6182	0.10	37.90	1.57	1.77	112.61

注：变异系数=(标准差/平均值)×100%

2. 各生态区土壤全氮统计特征

中国表层土壤全氮含量变化规律与土壤有机质的变化规律一致。低温湿润地区土壤全氮含量较高，高温湿润地区全氮含量中等，而低温干旱地区土壤全氮含量最低。高原亚寒带半湿润地区土壤全氮含量达到 6.15g/kg，远高于其他地区（表 19.7）。

表 19.7　各生态区土壤全氮统计特征

生态区	典型剖面数	最小值/(g/kg)	最大值/(g/kg)	平均值/(g/kg)	标准差/(g/kg)	变异系数/%
寒温带湿润地区	2	3.10	4.60	3.85	1.06	27.55
中温带湿润地区	380	0.30	24.60	2.60	2.48	95.45
中温带半湿润地区	207	0.10	4.90	1.41	0.79	56.03
中温带半干旱地区	417	0.10	37.90	1.14	2.20	193.42
中温带干旱地区	397	0.10	17.50	1.60	2.08	129.71
暖温带湿润地区	90	0.10	3.10	0.71	0.40	56.28
暖温带半湿润地区	1326	0.10	11.20	1.06	1.06	100.46
暖温带半干旱地区	214	0.10	8.80	1.21	1.25	103.35
暖温带干旱地区	154	0.10	14.30	0.94	1.30	138.13
北亚热带湿润地区	554	0.10	25.90	1.46	1.43	98.39
中亚热带湿润地区	1390	0.10	28.20	1.85	1.71	92.40
南亚热带湿润地区	469	0.10	9.00	1.38	0.97	70.45
边缘热带湿润地区	114	0.20	3.40	1.30	0.69	53.35
中热带湿润地区	7	0.30	1.90	0.96	0.53	55.89
高原亚寒带半湿润地区	45	0.30	17.80	6.15	4.64	75.54
高原亚寒带半干旱地区	30	0.20	12.60	1.91	2.48	129.84
高原亚寒带干旱地区	3	0.30	1.10	0.73	0.40	55.11
高原温带湿润地区	151	0.50	15.80	3.47	2.46	70.94
高原温带半干旱地区	187	0.20	15.60	2.00	1.86	92.82
高原温带干旱地区	45	0.10	5.30	0.97	1.08	111.05

注：变异系数=(标准差/平均值)×100%

各生态区表层土壤全氮的变异系数计算结果表明，暖温带半湿润地区、暖温带半干旱地区、高原温带干旱地区、中温带干旱地区、高原亚寒带半干旱地区、暖温带干旱地区和中温带半干旱地区土壤全氮含量的变异系数均在大于 100%，空间变异性强烈。中温带半干旱地区土壤全氮含量变异系数最高达到 193.42%；其余各生态区土壤全氮含量变异数在 27.55%~98.39%，表现为中等程度的空间变异性。

19.3.4　土壤全磷

1. 各种土壤类型土壤全磷统计特征

通过对6074个典型土壤剖面点的统计分析发现(表19.8)，中国表层土壤全磷含量的平均值为0.76g/kg，变异系数为101.26%，属于强空间变异性。高山土土纲土壤全磷含量最高，平均值高达1.15g/kg，居各土纲首位；其次是干旱土和水成土，土壤全磷平均含量分别为1.02g/kg和0.95g/kg。漠土、铁铝土和人为土土壤全磷含量较低，平均值分别为0.64g/kg、0.65g/kg和0.68g/kg。

不同土纲内土壤全磷含量的变异程度不同，干旱土、盐碱土全磷变异系数超过200%，为极强烈的空间变异性。铁铝土变异系数大于100%，为强烈的空间变异性。其余几个土纲变异系数均小于100%，为中等程度的变异性。而漠土土纲土壤全磷变异程度最低，仅为33.19%。

表19.8　各土纲土壤全磷统计特征

土纲	典型剖面数	最小值/(g/kg)	最大值/(g/kg)	平均值/(g/kg)	标准差/(g/kg)	变异系数/%
淋溶土	560	0.10	6.30	0.90	0.77	85.26
半淋溶土	665	0.10	4.80	0.74	0.53	71.43
钙层土	467	0.10	5.50	0.74	0.50	67.31
干旱土	104	0.20	25.60	1.02	2.56	250.49
漠土	74	0.30	1.40	0.64	0.21	33.19
初育土	825	0.10	10.80	0.74	0.73	98.61
半水成土	1050	0.10	7.50	0.79	0.56	71.38
水成土	133	0.10	3.40	0.95	0.64	67.46
盐碱土	174	0.10	17.40	0.75	1.54	206.84
人为土	1217	0.10	8.80	0.68	0.56	81.92
高山土	158	0.20	6.10	1.15	0.98	84.70
铁铝土	647	0.10	12.90	0.65	0.85	130.77
总计	6074	0.10	25.60	0.76	0.77	101.26

注：变异系数=(标准差/平均值)×100%

2. 各生态区土壤全磷统计特征

从不同生态区来看，低温湿润地区整体上土壤全磷含量相对较高，而高温湿润地区全磷含量相对较低。高原亚寒带半干旱地区土壤全磷含量平均值最高，为1.52g/kg，中热带湿润地区含量最低，平均含量仅为0.17g/kg（表19.9）。

不同生态区土壤全磷变异程度差异较大。北亚热带湿润地区、边缘热带湿润地区、南亚热带湿润地区、中温带干旱地区和高原亚寒带半干旱地区5个生态区土壤全氮变异系数在100%以上，表现为极强烈的空间变异性。寒温带湿润地区和高原亚寒带干旱地区土壤全氮变异系数略低，为弱变异性。其余各生态区土壤全氮含量表现为中等程度的空间变异性，变异系数在44.31%～98.55%。

表19.9　各生态区土壤全磷统计特征

生态区	典型剖面数	最小值/(g/kg)	最大值/(g/kg)	平均值/(g/kg)	标准差/(g/kg)	变异系数/%
寒温带湿润地区	2	0.70	0.80	0.75	0.07	9.43
中温带湿润地区	379	0.10	6.30	0.83	0.64	77.68
中温带半湿润地区	202	0.10	1.70	0.46	0.34	72.28
中温带半干旱地区	411	0.10	4.90	0.82	0.57	68.92
中温带干旱地区	372	0.10	25.60	0.96	1.54	161.10
暖温带湿润地区	90	0.10	1.00	0.35	0.19	54.89

续表

生态区	典型剖面数	最小值/(g/kg)	最大值/(g/kg)	平均值/(g/kg)	标准差/(g/kg)	变异系数/%
暖温带半湿润地区	1310	0.10	6.10	0.72	0.52	71.95
暖温带半干旱地区	213	0.20	5.50	0.78	0.46	58.75
暖温带干旱地区	147	0.30	2.20	0.71	0.33	46.38
北亚热带湿润地区	526	0.10	11.00	0.78	0.80	101.80
中亚热带湿润地区	1376	0.10	11.10	0.72	0.71	98.55
南亚热带湿润地区	470	0.10	12.90	0.67	0.87	130.18
边缘热带湿润地区	111	0.10	4.80	0.67	0.77	115.07
中热带湿润地区	7	0.10	0.40	0.17	0.11	64.91
高原亚寒带半湿润地区	45	0.30	2.80	1.11	0.51	46.02
高原亚寒带半干旱地区	30	0.20	17.40	1.52	3.11	204.17
高原亚寒带干旱地区	3	0.50	0.60	0.57	0.06	10.19
高原温带湿润地区	149	0.20	4.70	1.28	0.81	63.32
高原温带半干旱地区	187	0.20	2.90	0.89	0.39	44.31
高原温带干旱地区	44	0.20	1.60	0.62	0.27	44.32

注：变异系数=(标准差/平均值)×100%

19.3.5　土壤全钾

1. 各土壤类型土壤全钾统计特征

4778 个典型土壤剖面点的统计分析表明（表 19.10），中国表层土壤全钾含量的平均值为 18.65g/kg，变异系数为 41.05%，总体变异程度不大，属于中等程度的空间变异。不同土纲土壤全钾含量有所不同，但相差不大，平均值在 14.75~21.21g/kg。铁铝土全钾含量明显低于其他土纲，平均值为 14.75g/kg。

各土纲全钾含量变异系数明显小于土壤有机质、全氮和全磷的变异系数，除铁铝土外，变异系数均小于 50%，属于中等程度的空间变异；铁铝土变异系数略大于其他土纲，但也仅有 64.20%，也属于中等程度的空间变异。

表 19.10　各土纲土壤全钾统计特征

土纲	典型剖面数	最小值/(g/kg)	最大值/(g/kg)	平均值/(g/kg)	标准差/(g/kg)	变异系数/%
淋溶土	463	3.60	141.00	19.33	8.46	43.77
半淋溶土	491	1.20	87.00	20.21	6.00	29.69
钙层土	325	9.30	46.60	21.21	4.71	22.21
干旱土	72	5.30	30.40	19.02	3.76	19.77
漠土	47	8.80	29.30	18.74	4.17	22.25
初育土	661	0.40	130.00	18.44	8.94	48.48
半水成土	691	0.60	68.10	20.10	5.60	27.86
水成土	100	2.80	36.00	17.61	5.58	31.69
盐碱土	135	0.30	80.00	19.96	8.03	40.23
人为土	1027	0.40	47.60	17.82	7.48	41.98
高山土	153	8.80	40.00	20.99	6.07	28.92
铁铝土	613	0.30	118.00	14.75	9.47	64.20
总计	4778	0.30	141.00	18.65	7.66	41.07

注：变异系数=(标准差/平均值)×100%

2. 各生态区土壤全钾统计特征

高温湿润地区土壤全钾含量相对较低，低温干旱地区相对较高。边缘热带湿润地区全钾含量最低，平均值为 11.45g/kg，远低于其他地区；高原亚寒带半干旱地区土壤全钾含量最高，平均值达到 25.44g/kg（表 19.11）。

表 19.11　生态区土壤全钾统计特征

生态区	典型剖面数	最小值/(g/kg)	最大值/(g/kg)	平均值/(g/kg)	标准差/(g/kg)	变异系数/%
寒温带湿润地区	2	19.90	26.90	23.40	4.95	21.15
中温带湿润地区	356	1.20	141.00	21.06	8.34	39.59
中温带半湿润地区	160	8.80	33.00	20.82	4.93	23.69
中温带半干旱地区	297	0.40	130.00	21.27	8.90	41.84
中温带干旱地区	224	0.60	32.10	19.36	4.31	22.29
暖温带湿润地区	65	6.50	38.00	18.77	5.43	28.94
暖温带半湿润地区	837	0.50	87.00	19.51	5.41	27.74
暖温带半干旱地区	123	10.50	27.50	18.19	3.13	17.20
暖温带干旱地区	77	7.20	49.50	17.70	6.09	34.41
北亚热带湿润地区	400	1.60	49.40	19.00	5.87	30.90
中亚热带湿润地区	1208	0.40	80.00	17.59	8.02	45.59
南亚热带湿润地区	465	0.30	118.00	14.78	10.35	70.01
边缘热带湿润地区	114	0.40	43.80	11.45	10.37	90.60
中热带湿润地区	7	7.20	28.00	14.77	8.72	59.02
高原亚寒带半湿润地区	45	8.50	28.60	17.93	5.47	30.50
高原亚寒带半干旱地区	30	11.30	80.00	25.44	11.77	46.25
高原亚寒带干旱地区	2	16.20	19.70	17.95	2.47	13.79
高原温带湿润地区	143	4.80	50.50	22.34	6.71	30.04
高原温带半干旱地区	184	9.30	40.00	20.55	4.17	20.28
高原温带干旱地区	39	8.90	30.40	18.47	4.31	23.35

注：变异系数=(标准差/平均值)×100%

从变异系数来看，各生态区土壤全钾含量变异程度相对较小，变异系数均在 10%~100%，均表现为中等程度的空间变异性。边缘热带湿润地区土壤全钾含量变异系数最大，为 90.60%，接近强空间变异程度。

19.3.6　土壤碱解氮

1. 各土壤类型土壤碱解氮统计特征

2516 个典型土壤剖面样点的统计结果表明（表 19.12），中国表层土壤碱解氮平均含量为 119.55mg/kg。各土纲碱解氮平均含量差异明显，漠土、干旱土和盐碱土平均含量远远低于其他土纲，其含量值分别为 38.59mg/kg、38.94mg/kg 和 48.35mg/kg。水成土碱解氮含量远高于其他土纲，平均含量达到 246.50mg/kg。

各土纲土壤碱解氮含量变异系数在 10%~100%，平均值为 86.07%，属于中等程度的变异性。漠土、人为土、铁铝土和干旱土变异系数相对较小，半水成土和盐碱土变异系数相对较大。总体而言，土壤碱解氮含量变异系数明显小于土壤有机质、全氮和全磷等指标，但略大于土壤全钾。

2. 各生态区土壤碱解氮统计特征

低温湿润地区土壤碱解氮含量明显高于其他地区，而低温干旱地区碱解氮含量较低。高原亚寒带半湿润地区土壤碱解氮平均含量达到 306.76mg/kg，高原温带湿润地区达到 232.56mg/kg。暖温带干旱地区、高原亚寒带干旱地区土壤碱解氮含量则远低于其他生态区，土壤碱解氮含量仅为 38.00mg/kg 和 48.00mg/kg（表 19.13）。

从变异程度来看，高原亚寒带半干旱地区土壤碱解氮含量变异系数为 109.84%，表现为强烈的空间变异性，其余各生态区土壤碱解氮含量变异系数在 10%~100%，为中等程度的空间变异性；其中高原温带干旱地区、高原温带半干旱地区、暖温带半干旱地区和中温带干旱地区土壤碱解氮含量变异系数在90%~100%，接近强烈的空间变异性。

表 19.12　各土壤类型土壤碱解氮统计特征

土纲	典型剖面数	最小值/(mg/kg)	最大值/(mg/kg)	平均值/(mg/kg)	标准差/(mg/kg)	变异系数/%
淋溶土	251	5.90	887.00	187.64	153.76	81.94
半淋溶土	211	10.00	472.00	116.70	94.97	81.38
钙层土	105	11.00	586.00	107.86	77.93	72.26
干旱土	52	10.00	140.00	38.94	22.80	58.57
漠土	15	18.90	73.00	38.59	18.39	47.65
初育土	379	1.71	621.00	78.43	67.70	86.32
半水成土	288	4.00	595.00	98.83	93.07	94.17
水成土	40	7.00	756.00	246.50	221.49	89.85
盐碱土	71	1.00	295.00	48.35	44.78	92.61
人为土	653	1.54	742.00	121.44	65.73	54.12
高山土	130	16.00	644.00	196.60	163.92	83.38
铁铝土	321	11.00	390.00	120.86	67.21	55.61
总计	2516	1.00	887.00	119.55	102.90	86.07

注：变异系数=(标准差/平均值)×100%

表 19.13　各生态区土壤碱解氮统计特征

生态区	典型剖面数	最小值/(mg/kg)	最大值/(mg/kg)	平均值/(mg/kg)	标准差/(mg/kg)	变异系数/%
寒温带湿润地区	1	186.00	186.00	186.00	—	—
中温带湿润地区	159	19.00	887.00	180.57	138.22	76.55
中温带半湿润地区	35	5.20	171.60	77.46	35.78	46.19
中温带半干旱地区	29	5.00	181.00	55.58	48.65	87.52
中温带干旱地区	116	7.60	448.00	56.28	54.98	97.68
暖温带湿润地区	49	5.90	125.00	52.73	23.76	45.07
暖温带半湿润地区	311	1.71	396.00	62.55	43.10	68.90
暖温带半干旱地区	76	6.30	363.00	54.76	52.95	96.70
暖温带干旱地区	5	21.00	72.00	38.00	23.70	62.36
北亚热带湿润地区	192	9.60	713.00	114.74	76.63	66.79
中亚热带湿润地区	813	1.54	754.00	130.68	87.54	66.99
南亚热带湿润地区	185	4.00	705.00	118.63	79.24	66.80
边缘热带湿润地区	112	22.00	307.00	108.24	54.86	50.68
中热带湿润地区	7	28.00	212.00	104.29	67.05	64.30
高原亚寒带半湿润地区	36	15.00	756.00	306.76	184.97	60.30
高原亚寒带半干旱地区	29	1.00	552.00	117.17	128.70	109.84
高原亚寒带干旱地区	2	28.00	68.00	48.00	28.28	58.93
高原温带湿润地区	147	18.00	827.00	232.56	147.22	63.30
高原温带半干旱地区	173	4.00	595.00	119.60	115.37	96.46
高原温带干旱地区	39	8.00	295.00	55.59	52.84	95.06

注：变异系数=(标准差/平均值)×100%

19.3.7　土壤有效磷

1. 各土壤类型土壤有效磷统计特征

4366 个典型剖面表层土壤有效磷含量的统计结果表明（表 19.14），中国表层土壤有效磷平均含量为

7.83mg/kg。盐碱土有效磷含量为 16.84mg/kg，远高于其他各土纲。其他各土纲平均值在 5.15~9.97mg/kg；钙层土有效磷含量最低，为 5.15mg/kg。

从变异系数来看，中国表层土壤有效磷含量变异程度较高，变异系数高达 203.99%。但各土纲之间差异明显，除钙层土、水成土和高山土有效磷变异系数略小于 100%外；其余土纲有效磷变异系数均在 100%以上，尤其是盐碱土有效磷变异程度最大，达到了 440.98%。

表 19.14　各土壤类型土壤有效磷统计特征

土纲	典型剖面数	最小值/(mg/kg)	最大值/(mg/kg)	平均值/(mg/kg)	标准差/(mg/kg)	变异系数/%
淋溶土	391	0.40	316.00	9.97	18.47	185.18
半淋溶土	423	0.20	130.00	7.53	9.18	121.86
钙层土	236	0.10	30.00	5.15	4.29	83.32
干旱土	81	1.00	41.00	7.68	7.93	103.31
漠土	47	1.00	41.00	6.89	6.93	100.51
初育土	621	0.01	102.00	5.69	7.21	126.75
半水成土	691	0.10	90.00	7.60	9.04	119.02
水成土	83	1.00	45.00	9.26	7.97	86.07
盐碱土	129	0.30	835.00	16.84	74.27	440.98
人为土	1033	0.20	104.00	8.96	8.98	100.19
高山土	143	0.90	44.00	7.55	6.83	90.49
铁铝土	488	0.04	79.00	5.95	7.16	120.44
总计	4366	0.01	835.00	7.83	15.98	203.99

注：变异系数=(标准差/平均值)×100%

2. 各生态区土壤有效磷统计特征

土壤有效磷含量在不同生态区的差异明显（表 19.15）。高原亚寒带干旱地区和中热带湿润地区土壤有效磷含量最小，分别为 3.50mg/kg 和 3.86mg/kg，而高原温带地区和高原亚寒带半干旱地区土壤有效磷含量相对较高，分别为 36.80mg/kg 和 26.00mg/kg。各生态区中土壤有效磷含量最大值是最小值的 10.51 倍。

变异系数计算结果表明，高原亚寒带干旱地区、中热带湿润地区、高原亚寒带半湿润地区、暖温带半干旱地区、高原温带半干旱地区、暖温带湿润地区、北亚热带湿润地区和高原温带湿润地区土壤有效磷含量变异系数在 10%~100%，为中等程度的空间变异性。其余各生态区内土壤有效磷含量变异程度较高，为强烈的空间变异性；其中，中温带湿润地区和高原亚寒带半干旱地区最大，分别为 219.78%和 417.51%。

表 19.15　各生态区土壤有效磷统计特征

生态区	典型剖面数	最小值/(mg/kg)	最大值/(mg/kg)	平均值/(mg/kg)	标准差/(mg/kg)	变异系数/%
寒温带湿润地区	1	26.00	26.00	26.00	—	—
中温带湿润地区	199	0.10	316.00	10.98	24.12	219.78
中温带半湿润地区	78	0.30	72.85	6.75	11.00	162.94
中温带半干旱地区	192	0.39	72.00	5.29	6.92	130.82
中温带干旱地区	274	0.70	94.00	9.27	9.50	102.44
暖温带湿润地区	64	0.20	28.00	6.96	5.79	83.18
暖温带半湿润地区	891	0.10	130.00	6.24	7.79	124.80
暖温带半干旱地区	123	0.40	24.00	6.84	5.03	73.64
暖温带干旱地区	80	1.00	45.00	8.39	8.61	102.57
北亚热带湿润地区	357	0.20	57.00	7.39	6.63	89.79
中亚热带湿润地区	1130	0.01	79.00	7.35	7.72	105.08
南亚热带湿润地区	421	0.04	145.00	8.33	12.15	145.86

续表

生态区	典型剖面数	最小值/(mg/kg)	最大值/(mg/kg)	平均值/(mg/kg)	标准差/(mg/kg)	变异系数/%
边缘热带湿润地区	111	0.20	66.00	7.53	9.60	127.41
中热带湿润地区	7	1.00	8.00	3.86	2.41	62.49
高原亚寒带半湿润地区	43	1.00	23.00	7.48	4.85	64.89
高原亚寒带半干旱地区	29	1.00	835.00	36.80	153.64	417.51
高原亚寒带干旱地区	2	3.00	4.00	3.50	0.71	20.20
高原温带湿润地区	146	0.70	93.00	12.53	11.89	94.89
高原温带半干旱地区	178	0.30	41.00	7.91	6.11	77.25
高原温带干旱地区	40	1.50	104.00	11.31	17.62	155.80

注：变异系数=(标准差/平均值)×100%

19.3.8　土壤速效钾

1. 各土壤类型土壤速效钾统计特征

对 4382 个剖面数据的统计结果表明（表 19.16），中国表层土壤速效钾平均含量为 136.51mg/kg。盐碱土和漠土平均含量最高，分别达到 355.46mg/kg 和 227.91mg/kg；人为土平均含量最低，为 99.47mg/kg。

中国表层土壤速效钾变异系数为 88.95%，表现为中等程度的空间变异性。不同土纲变异程度不同，其中盐碱土变异系数为 102.19%，表现为强变异性；其余各土纲速效钾变异系数均在 100%以下，表现为中等程度的变异性；漠土变异程度最小，为 57.48%。

表 19.16　各土壤类型土壤速效钾统计特征

土纲	典型剖面数	最小值/(mg/kg)	最大值/(mg/kg)	平均值/(mg/kg)	标准差/(mg/kg)	变异系数/%
淋溶土	403	12.90	717.00	149.19	99.60	66.76
半淋溶土	419	10.00	680.00	154.98	94.58	61.03
钙层土	234	3.55	1180.00	174.71	137.38	78.64
干旱土	80	55.00	1369.00	198.40	159.85	80.57
漠土	46	60.00	659.00	227.91	131.01	57.48
初育土	623	1.80	423.00	113.54	72.75	64.08
半水成土	684	9.00	850.00	144.76	108.50	74.96
水成土	84	40.00	1000.00	173.34	150.49	86.82
盐碱土	118	1.00	2511.00	355.46	363.24	102.19
人为土	1032	4.00	1076.00	99.47	79.89	80.31
高山土	140	26.00	995.00	159.20	126.94	79.74
铁铝土	519	5.90	568.00	105.36	73.80	70.05
总计	4382	1.00	2511.00	136.51	121.42	88.95

注：变异系数=(标准差/平均值)×100%

2. 各生态区土壤速效钾统计特征

干旱地区土壤速效钾含量高于湿润地区。边缘热带湿润地区平均含量最低，为 77.00mg/kg；其次为暖温带湿润地区和南亚热带湿润地区，其土壤速效钾平均含量分别为 82.21mg/kg 和 82.92mg/kg。高原亚寒带半干旱地区和暖温带干旱地区土壤速效钾平均含量较高，分别为 314.32mg/kg 和 265.48mg/kg。

各生态区土壤速效钾含量变异程度差异较大，暖温带湿润地区和高原亚寒带半干旱地区土壤速效钾含量变异系数大于 100%，表现为强烈的空间变异性。其余各生态区变异程度相对较小，变异系数在 10%~100%，表现为中等程度的空间变异性（表 19.17）。

表 19.17　各生态区土壤速效钾统计特征

生态区	典型剖面数	最小值/(mg/kg)	最大值/(mg/kg)	平均值/(mg/kg)	标准差/(mg/kg)	变异系数/%
中温带湿润地区	201	36.00	1076.00	144.24	106.39	73.76
中温带半湿润地区	79	24.00	250.00	115.37	47.92	41.54
中温带半干旱地区	191	8.10	669.70	136.44	102.16	74.88
中温带干旱地区	267	43.00	1385.00	261.24	196.21	75.11
暖温带湿润地区	64	16.00	680.00	82.21	83.68	101.78
暖温带半湿润地区	880	1.80	1470.00	142.39	105.33	73.98
暖温带半干旱地区	113	10.00	475.00	178.57	91.55	51.27
暖温带干旱地区	65	3.00	882.00	265.48	149.16	56.19
北亚热带湿润地区	368	12.90	600.00	106.33	57.80	54.36
中亚热带湿润地区	1163	5.20	524.00	104.60	69.61	66.55
南亚热带湿润地区	429	1.00	623.00	82.92	71.95	86.77
边缘热带湿润地区	112	6.00	494.00	77.00	66.36	86.18
中热带湿润地区	7	41.00	167.00	93.86	47.96	51.10
高原亚寒带半湿润地区	44	40.00	388.00	144.92	67.49	46.57
高原亚寒带半干旱地区	29	9.30	1624.00	314.32	362.08	115.19
高原亚寒带干旱地区	2	100.00	169.00	134.50	48.79	36.28
高原温带湿润地区	147	13.50	762.00	212.23	150.75	71.03
高原温带半干旱地区	181	3.55	670.00	183.24	120.61	65.82
高原温带干旱地区	40	60.00	2511.00	262.38	402.79	—

注：变异系数=(标准差/平均值)×100%

19.3.9　表层土壤厚度

1. 各土壤类型表层土壤厚度统计特征

根据 6225 个样点数据的统计结果，中国表层土壤的平均厚度为 17.9cm。各土纲因发育过程和发育条件不同，其表层发生层厚度有所不同，各土纲表层厚度在 15.0~22cm；其中，钙层土和水成土表土厚度最大，分别为 22.0cm 和 21.5cm，盐碱土最小，为 15cm。

总体上，表层厚度变异性不大，变异系数略大于 pH，但远小于其他各项指标，表现为中等程度的变异性。除漠土、水成土和盐碱土表土厚度变异系数大于 50%外，其余各土纲表土厚度变异系数均在 50%以下，表现出相对较弱的空间变异性（表 19.18）。

表 19.18　各土纲表层土壤厚度统计特征

土纲	典型剖面数	极小值/cm	极大值/cm	均值/cm	标准差/cm	变异系数/%
淋溶土	571	3.0	40.0	16.7	5.9	35.5
半淋溶土	672	2.0	65.0	18.5	6.7	36.0
钙层土	470	4.0	78.0	22.0	10.0	45.2
干旱土	110	3.0	43.0	19.1	6.1	32.0
漠土	83	3.0	35.0	17.8	9.4	53.0
初育土	848	2.5	57.0	17.2	6.8	39.6
半水成土	1072	3.0	65.0	19.5	6.9	35.5
水成土	135	3.0	80.0	21.5	12.1	56.3
盐碱土	193	2.0	40.0	15.0	8.5	56.6
人为土	1255	4.0	55.0	16.8	4.8	28.7
高山土	161	2.0	56.0	15.3	7.6	49.9
铁铝土	655	2.0	46.0	16.2	6.6	40.7
总计	6225	2.0	80.0	17.9	7.2	40.0

注：变异系数=(标准差/平均值)×100%

2. 各生态区表层土壤厚度统计特征

各生态区表土厚度在 7.0~21.5cm，差异大于各土纲统计结果。寒温带湿润地区和高原亚寒带干旱地区表土厚度最小，分别为 7cm 和 11.3cm；中温带干旱地区、中温带湿润地区和中温带半干旱地区相对较高，平均表土厚度均在 20cm 以上；其中，中温带半干旱地区表土厚度最大，为 21.5cm。

从变异程度来看，各生态区表土厚度变异程度不高，变异系数在 18.4%~56.2%，均表现为中等程度的空间变异性。中温带半干旱地区、中温带半湿润地区和高原温带干旱地区表土厚度变异程度相对较大，变异系数在 50%以上；其余各生态区相对较低，其中，中热带湿润地区表土厚度变异程度最低，为 18.4%（表 19.19）。

表 19.19　各生态区表层土壤厚度统计特征

生态区	典型剖面数	极小值/cm	极大值/cm	均值/cm	标准差/cm	变异系数/%
寒温带湿润地区	2	5.0	9.0	7.0	2.8	40.4
中温带湿润地区	382	3.0	80.0	20.5	9.6	46.9
中温带半湿润地区	210	2.0	68.0	19.7	10.3	52.6
中温带半干旱地区	419	5.0	78.0	21.5	11.1	51.8
中温带干旱地区	412	2.0	52.0	20.0	8.3	41.4
暖温带湿润地区	90	6.0	38.0	19.8	5.1	25.6
暖温带半湿润地区	1328	2.0	44.0	18.3	5.9	32.5
暖温带半干旱地区	217	5.0	36.0	18.9	5.4	28.7
暖温带干旱地区	156	3.0	55.0	18.6	7.8	41.8
北亚热带湿润地区	558	4.0	40.0	16.1	5.2	32.1
中亚热带湿润地区	1398	2.0	56.0	16.3	5.8	35.7
南亚热带湿润地区	470	4.0	45.0	16.2	5.0	31.0
边缘热带湿润地区	114	6.0	40.0	16.9	5.6	33.0
中热带湿润地区	7	13.0	22.0	17.4	3.2	18.4
高原亚寒带半湿润地区	45	6.0	40.0	16.7	7.2	43.4
高原亚寒带半干旱地区	30	2.0	25.0	12.4	5.4	43.7
高原亚寒带干旱地区	3	10.0	14.0	11.3	2.3	20.4
高原温带湿润地区	151	4.0	40.0	15.9	5.0	31.8
高原温带半干旱地区	187	4.0	57.0	17.6	6.7	37.8
高原温带干旱地区	46	3.0	52.0	16.5	9.3	56.2

注：变异系数=(标准差/平均值)×100%

19.4　土壤性质模拟分析

19.4.1　主成分分析

通过主成分分析，将原来 11 个环境变量转换为 5 个相互之间不存在信息重叠的主成分（表 19.20），这 5 个主成分累积解释了数据总方差的 92.97%。其中第一主成分解释了数据总方差的 46.82%，在各气象因子上具有较高的载荷。第一主成分主要反映的是温度与湿度的综合变化信息。第二、第三主成分主要反映的是地形特征，其中第二主成分在汇流面积和地形湿度指数上载荷较大，即第二主成分反映地面的平坦和低洼状况；第三主成分在坡度、高程和汇流面积上载荷较大，即第三主成分体现地面坡度状况和地势高低。第四主成分反映的是植被因子。第五主成分则集中体现温度因子。

表 19.20　环境因子主成分分析结果

环境因子	主成分因子载荷				
	PC1	PC2	PC3	PC4	PC5
DEM	−0.60	−0.43	0.54	−0.08	0.09
S	−0.04	−0.65	0.64	0.02	−0.03
CA	−0.17	0.78	0.58	0.09	−0.02
TI	−0.14	0.93	0.27	0.09	0.01
NDVI	0.20	−0.19	−0.02	0.96	−0.01
T	0.87	0.04	0.11	−0.04	0.40
P	0.90	−0.08	0.17	−0.02	0.15
DS	−0.88	0.11	−0.28	0.11	0.26
RH	0.93	−0.05	0.09	−0.01	−0.16
SR	−0.84	−0.13	0.04	0.04	0.49
AT	0.88	0.11	−0.05	−0.02	0.42
特征值	5.15	2.18	1.23	0.96	0.71
贡献率	46.82	19.81	11.22	8.70	6.41
累积贡献率	46.82	66.63	77.86	86.56	92.97

注：DEM 为数字高程；*S* 为坡度；CA 为作自然对数转换后的汇流面积；TI 为地形指数；NDVI 为归一化植被指数；*T* 为年均温；*P* 为年均降水量；DS 为年均日照时数；RH 为相对湿度；SR 为年均太阳辐射量；AT 为有效积温（>10℃）

19.4.2　回归分析

考虑到不同土纲内土壤性质与各影响因素间相关关系的空间非平稳性，分土纲建立预测各土壤性质的多元回归模型（表 19.21~表 19.29）。从回归模型的拟合程度来看，多数回归方程的复相关系数较高，在 0.10~0.72，回归模型达到显著水平。但有少数方程没有达到显著水平，表明在部分土纲内，少数土壤性质的决定性影响因素可能没有包含在所选择的环境要素中，或者该土壤性质与环境因子间并非线性关系，这需要进一步探讨。

从多元回归模拟结果来看，预测不同土纲不同土壤性质的回归方程不同。也就是说，不同土纲内不同土壤性质的环境影响因子不同。这与我国土壤性质的实际分布特征一致。在国家尺度上，不同的土纲往往分布于一定的区域。例如，铁铝土分布于我国降水量较大的南方，高山土分布于我国海拔较高的青藏高原，而漠土则分布于我国降水量较小的西北地区。不同区域内影响土壤过程的控制因子明显不同。

表 19.21　各土纲土壤 pH 回归预测模型参数

土纲	回归系数						相关系数	显著水平
	常量	PC1	PC2	PC3	PC4	PC5		
淋溶土	5.66	0.00	1.14	0.00	0.51	0.00	0.27	0.00
半淋溶土	9.30	0.00	0.73	0.33	−2.21	0.00	0.21	0.00
钙层土	8.18	0.00	0.00	0.00	−1.03	1.19	0.24	0.00
干旱土	8.09	−0.05	0.11	0.00	0.00	0.39	0.14	0.65
漠土	7.55	0.22	0.00	0.00	1.04	0.00	0.20	0.49
初育土	9.30	−1.46	1.28	−1.27	−0.21	−1.23	0.58	0.00
半水成土	6.79	−1.07	2.44	−3.04	0.19	1.68	0.57	0.00
水成土	4.27	−1.64	1.21	−2.14	0.00	5.24	0.72	0.00
盐碱土	11.86	−0.96	0.00	0.00	0.15	−4.11	0.68	0.00
人为土	9.42	−2.03	0.48	−0.71	−1.17	−0.48	0.60	0.00
高山土	6.09	−3.20	0.13	0.00	0.00	0.60	0.71	0.00
铁铝土	8.39	−2.08	0.98	−1.04	−1.23	0.00	0.48	0.00

表 19.22　各土纲土壤有机质回归预测模型参数

土纲	回归系数						相关系数	显著水平
	常量	PC1	PC2	PC3	PC4	PC5		
淋溶土	4.54	−1.23	−2.82	2.23	0.00	−1.41	0.63	0.00
半淋溶土	3.49	−1.29	−1.86	1.72	0.00	−0.49	0.60	0.00
钙层土	4.49	−2.24	−1.96	0.97	3.25	−5.83	0.68	0.00
干旱土	3.35	0.00	−0.49	0.00	0.93	−2.27	0.39	0.00
漠土	1.73	−0.07	0.00	0.00	2.48	−2.23	0.34	0.05
初育土	2.02	0.51	−2.67	2.81	0.00	−0.08	0.56	0.00
半水成土	4.12	0.00	−2.65	2.86	−0.09	−1.82	0.55	0.00
水成土	7.81	0.00	−1.24	2.90	0.00	−6.58	0.70	0.00
盐碱土	1.30	0.08	0.00	0.00	0.55	0.73	0.16	0.24
人为土	2.57	0.41	−1.02	1.22	0.49	−0.30	0.48	0.00
高山土	6.21	2.30	−0.19	0.00	0.00	−2.62	0.67	0.00
铁铝土	2.24	0.00	−2.72	3.41	0.00	0.11	0.52	0.00

表 19.23　各土纲土壤全氮回归预测模型参数

土纲	回归系数						相关系数	显著水平
	常量	PC1	PC2	PC3	PC4	PC5		
淋溶土	1.35	−0.95	−2.34	1.98	0.00	−1.25	0.63	0.00
半淋溶土	0.66	−0.88	−1.71	1.69	0.00	−0.68	0.61	0.00
钙层土	1.89	−1.89	−1.89	1.12	2.65	−5.47	0.66	0.00
干旱土	0.93	0.00	0.00	0.27	0.00	−1.91	0.31	0.01
漠土	−2.19	0.00	0.00	0.00	3.01	−1.27	0.30	0.05
初育土	−0.48	0.45	−2.44	2.49	0.00	−0.40	0.56	0.00
半水成土	1.13	0.00	−2.26	2.39	−0.03	−1.65	0.53	0.00
水成土	4.49	0.00	−1.15	2.24	0.00	−5.89	0.70	0.00
盐碱土	−0.76	0.15	0.00	−0.30	0.43	0.00	0.13	0.46
人为土	0.23	0.28	−0.81	1.07	0.00	−0.38	0.41	0.00
高山土	3.24	1.64	−0.25	0.00	0.00	−2.75	0.64	0.00
铁铝土	−0.46	0.00	−2.16	2.82	0.00	−0.11	0.52	0.00

表 19.24　各土纲土壤全磷回归预测模型参数

土纲	回归系数						相关系数	显著水平
	常量	PC1	PC2	PC3	PC4	PC5		
淋溶土	−0.90	0.00	−1.45	2.05	0.00	0.00	0.48	0.00
半淋溶土	0.73	−0.31	−0.61	0.85	0.00	−1.75	0.52	0.00
钙层土	−0.64	−0.32	−1.40	2.02	0.00	0.00	0.42	0.00
干旱土	0.54	0.58	0.00	0.00	0.00	−1.26	0.36	0.00
漠土	0.61	0.17	0.00	0.00	0.00	−1.36	0.44	0.00
初育土	−0.36	0.00	0.00	0.85	0.00	−0.69	0.22	0.00
半水成土	−0.33	−0.24	0.00	0.68	0.00	−0.33	0.23	0.00
水成土	0.59	0.00	0.00	1.63	0.00	−1.92	0.52	0.00
盐碱土	−0.13	−0.22	0.00	0.00	0.32	−0.96	0.32	0.00
人为土	−0.27	−0.39	0.00	0.00	0.16	−0.23	0.24	0.00
高山土	1.13	1.02	0.25	0.00	−1.18	0.00	0.42	0.00
铁铝土	0.03	−0.92	0.00	0.68	−0.19	−0.09	0.28	0.00

表 19.25　各土纲土壤全钾回归预测模型参数

土纲	回归系数						相关系数	显著水平
	常量	PC1	PC2	PC3	PC4	PC5		
淋溶土	3.29	−0.11	0.00	0.00	0.00	−0.51	0.21	0.00
半淋溶土	3.28	0.03	0.00	0.13	0.00	−0.49	0.22	0.00
钙层土	3.27	0.00	0.18	0.00	0.27	−0.70	0.30	0.00
干旱土	1.91	0.40	0.00	0.00	1.33	−0.09	0.32	0.10
漠土	2.41	0.63	−0.72	1.72	0.00	0.43	0.40	0.20
初育土	3.52	−0.22	0.00	−0.24	0.00	−0.74	0.24	0.00
半水成土	3.11	−0.06	−0.08	−0.08	0.00	−0.17	0.10	0.22
水成土	2.82	0.30	0.00	−0.28	0.00	0.00	0.24	0.09
盐碱土	3.88	−0.22	0.00	0.00	0.18	−1.27	0.47	0.00
人为土	3.49	−0.27	0.09	0.00	0.00	−0.68	0.28	0.00
高山土	2.49	−0.16	0.29	0.00	0.56	0.00	0.31	0.01
铁铝土	3.64	−0.24	−0.60	0.00	0.00	−1.01	0.29	0.00

表 19.26　各土纲土壤碱解氮回归预测模型参数

土纲	回归系数						相关系数	显著水平
	常量	PC1	PC2	PC3	PC4	PC5		
淋溶土	4.96	−1.00	−1.58	1.30	0.00	0.00	0.55	0.00
半淋溶土	4.64	−1.21	−0.91	0.95	0.00	0.06	0.63	0.00
钙层土	1.33	−1.77	−1.01	0.15	7.10	−3.95	0.68	0.00
干旱土	4.94	0.00	−0.41	0.00	−0.68	−0.98	0.22	0.57
漠土	−2.00	−0.55	0.00	−0.46	6.82	−0.39	0.62	0.25
初育土	3.38	0.51	−1.83	2.31	0.00	0.00	0.55	0.00
半水成土	4.96	0.00	−2.08	2.01	0.00	−0.95	0.56	0.00
水成土	6.01	0.00	0.00	2.37	0.00	−2.68	0.52	0.01
盐碱土	2.16	0.00	1.25	−1.96	0.58	1.11	0.22	0.56
人为土	4.82	0.31	−0.34	0.00	0.00	−0.35	0.27	0.00
高山土	6.94	1.67	−0.50	0.00	0.00	−2.09	0.62	0.00
铁铝土	3.44	0.00	−1.60	2.06	0.95	−0.15	0.39	0.00

表 19.27　各土纲土壤有效磷回归预测模型参数

土纲	回归系数						相关系数	显著水平
	常量	PC1	PC2	PC3	PC4	PC5		
淋溶土	3.45	−0.81	−0.71	0.00	1.31	0.00	0.30	0.00
半淋溶土	4.79	−0.38	0.00	0.66	0.00	−1.28	0.30	0.00
钙层土	6.63	0.00	−1.59	2.53	−2.12	−2.18	0.42	0.00
干旱土	4.92	0.00	0.40	0.70	0.00	−1.54	0.29	0.09
漠土	−1.24	0.00	0.00	0.19	6.05	0.00	0.32	0.11
初育土	3.51	−0.39	0.00	1.06	0.00	0.00	0.20	0.00
半水成土	5.19	0.00	0.00	1.11	−1.86	0.00	0.24	0.00
水成土	4.32	0.65	−0.93	1.47	−0.22	−0.32	0.38	0.05
盐碱土	6.12	0.23	0.61	1.77	0.00	−3.20	0.43	0.00
人为土	4.00	−0.29	0.00	0.00	0.03	0.44	0.15	0.00
高山土	2.16	0.61	0.00	0.76	2.02	0.00	0.24	0.06
铁铝土	4.20	−0.60	−0.35	0.00	0.00	0.00	0.14	0.01

表 19.28　各土纲土壤速效钾回归预测模型参数

土纲	回归系数						相关系数	显著水平
	常量	PC1	PC2	PC3	PC4	PC5		
淋溶土	4.53	0.00	−0.80	1.10	0.00	0.00	0.34	0.00
半淋溶土	6.85	−0.80	−0.05	0.37	−1.86	−0.35	0.39	0.00
钙层土	6.85	0.00	−1.46	1.90	0.00	−2.96	0.44	0.00
干旱土	6.66	0.78	0.00	−0.34	0.00	−1.80	0.43	0.00
漠土	2.29	2.72	0.00	0.51	−0.43	4.39	0.57	0.00
初育土	4.74	−0.27	−0.51	0.00	0.69	−0.70	0.28	0.00
半水成土	5.21	−0.76	0.00	0.00	−0.17	−0.06	0.38	0.00
水成土	3.82	−0.20	0.14	0.00	0.75	0.64	0.19	0.60
盐碱土	5.79	−1.12	−0.62	1.37	0.00	−0.32	0.44	0.00
人为土	5.75	−1.26	−0.33	0.51	−0.40	−0.34	0.58	0.00
高山土	5.67	0.13	0.00	0.00	0.00	−1.02	0.22	0.06
铁铝土	4.45	−1.03	−1.52	1.23	1.31	−0.54	0.50	0.00

表 19.29　各土纲表层土壤厚度回归预测模型参数

土纲	回归系数						相关系数	显著水平
	常量	PC1	PC2	PC3	PC4	PC5		
淋溶土	9.85	0.00	2.30	0.00	7.98	0.00	0.15	0.00
半淋溶土	15.40	0.00	4.02	−7.77	12.93	−8.70	0.23	0.00
钙层土	5.93	0.00	0.00	−8.08	26.54	−6.61	0.15	0.01
干旱土	14.05	2.61	0.00	−1.72	6.84	0.00	0.11	0.74
漠土	0.74	−7.17	0.00	0.00	19.78	0.00	0.18	0.26
初育土	21.19	−3.05	0.00	0.00	0.00	−3.26	0.18	0.00
半水成土	20.13	−0.62	6.02	−7.90	0.00	0.00	0.19	0.00
水成土	45.61	7.41	0.00	0.00	−13.53	−20.33	0.32	0.00
盐碱土	3.35	1.44	0.00	0.00	0.00	13.61	0.25	0.00
人为土	24.54	−6.29	0.00	1.34	−4.68	−0.12	0.42	0.00
高山土	6.66	8.44	4.47	0.00	12.78	0.00	0.30	0.00
铁铝土	14.07	−1.91	0.00	0.00	2.47	2.03	0.08	0.22

19.4.3　中国表层土壤主要指标模拟结果

将回归模型模拟结果和 HASM 模型对回归残差的模拟结果相加，得到中国表层土壤性质的空间分布（图 19.4~图 19.10）。从图 19.4 可以看出，中国表层土壤南酸北碱趋势明显。南部高温高湿的亚热带湿润地区土壤 pH 明显小于温带干旱半干旱地区。此外，东北寒温带湿润地区和中温带湿润地区的土壤 pH 也较低，多为酸性土壤。土壤 pH 最大的区域出现在暖温带干旱地区的塔里木盆地荒漠区。

中国表层土壤有机质含量的空间分布模拟结果表明（图 19.5），青藏高原东部的高原亚寒带半湿润地区、高原温带湿润半湿润地区、中亚热带湿润地区，东北的寒温带湿润地区、中温带湿润地区，西北的天山山地荒漠草原针叶林区的土壤有机质含量较高，多在 100g/kg 以上。土壤有机质含量较低的区域主要为东部的暖温带湿润半湿润地区，北部的暖温带半干旱地区、中温带干旱地区，西部的高原温带干旱半干旱地区，含量多在 10 g/kg 以下。中部和南部的北亚热带湿润地区、中亚及南亚热带湿润地区有机质含量处于中等水平，含量多在 20~50g/kg。

中国表层土壤全氮含量的空间分布模拟结果显示（图 19.6），中国表层土壤全氮含量的空间分布趋势与土壤有机质的分布趋势基本一致。高温干旱的北部及西北地区全氮含量较低，含量多在 0.5g/kg 以下。低温高湿的东北地区和青藏高原东部土壤全氮含量较高，多在 2.0~5.0g/kg。

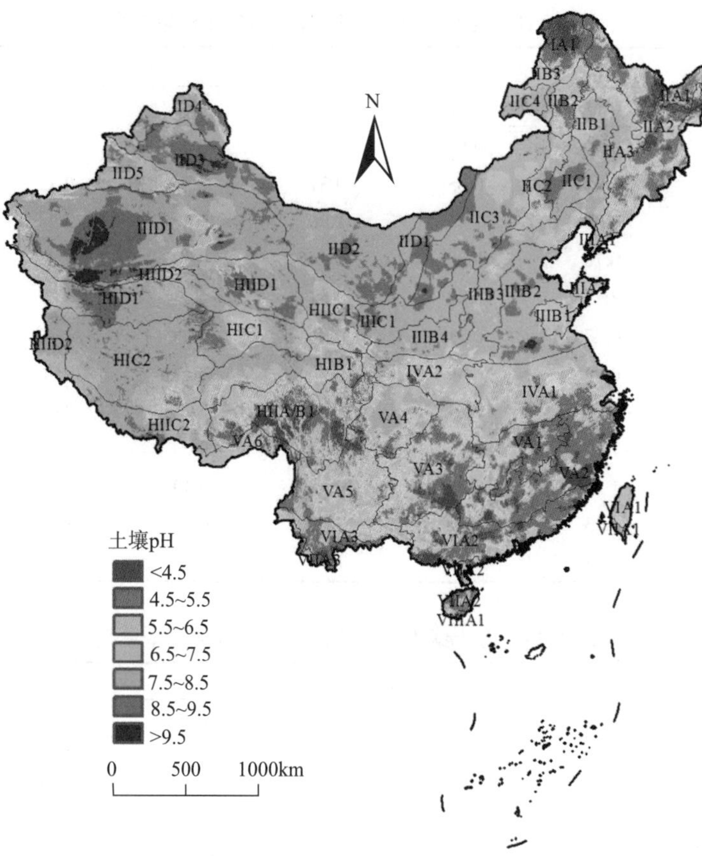

图 19.4　中国表层土壤酸碱度（pH）空间分布

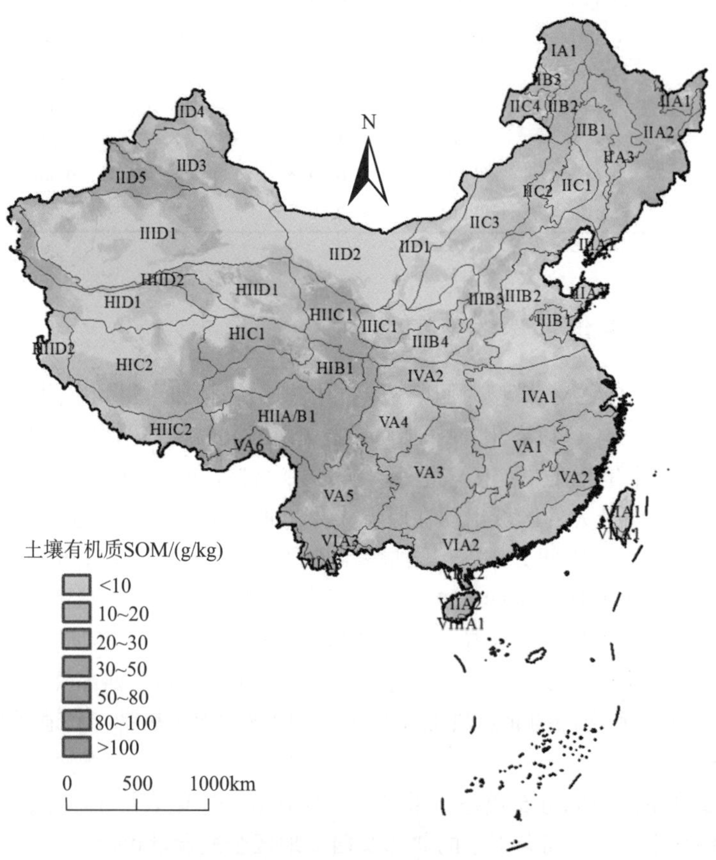

图 19.5　中国表层土壤有机质（SOM）空间分布

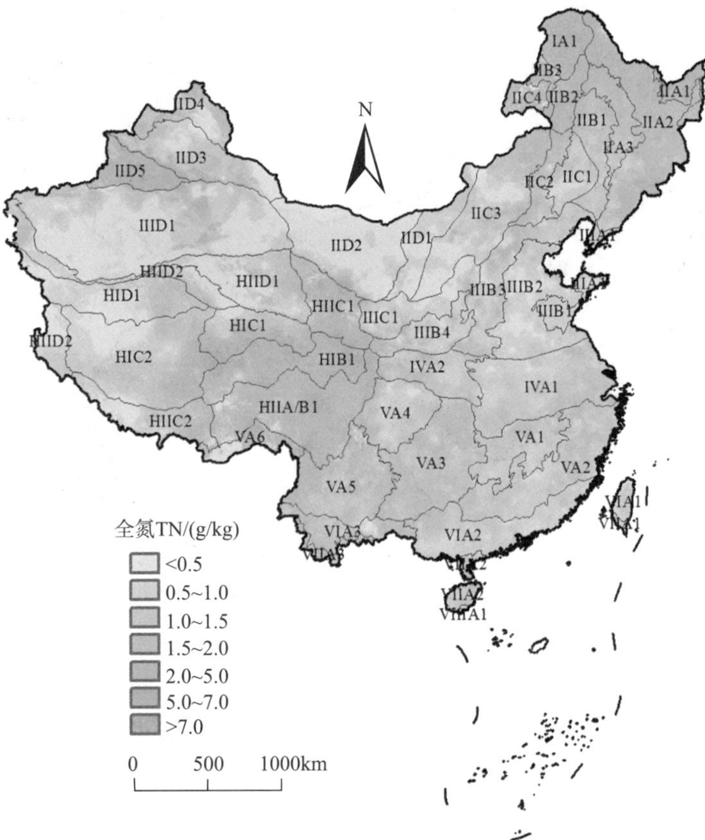

图 19.6　中国表层土壤全氮（TN）空间分布

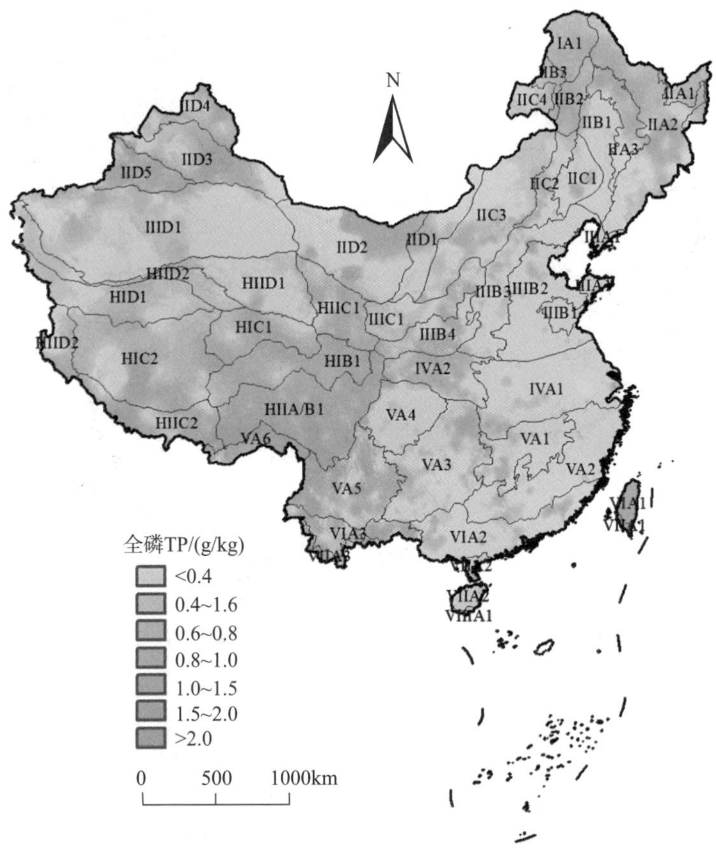

图 19.7　中国表层土壤全磷（TP）空间分布

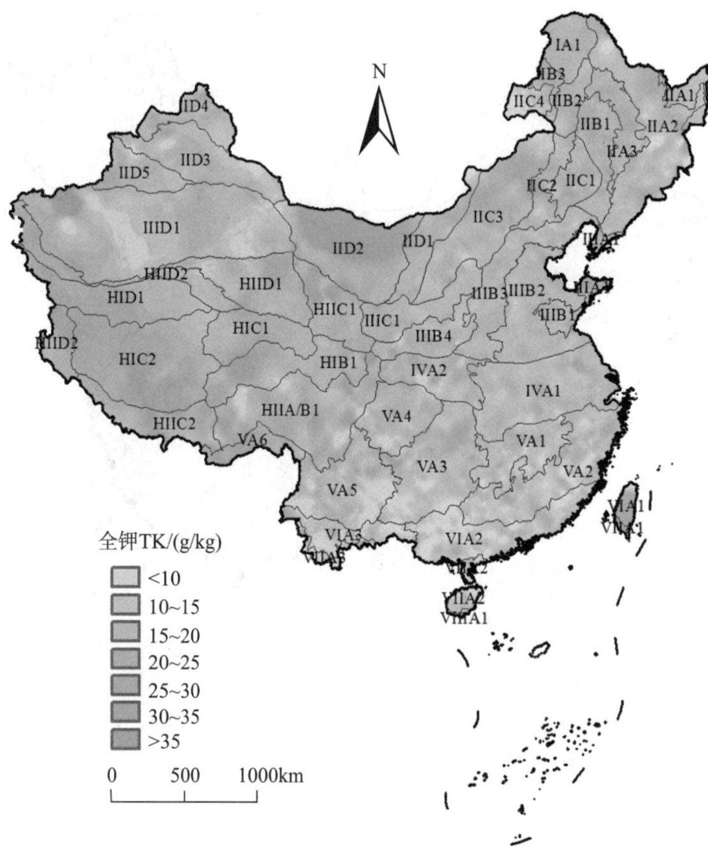

图 19.8　中国表层土壤全钾（TK）空间分布

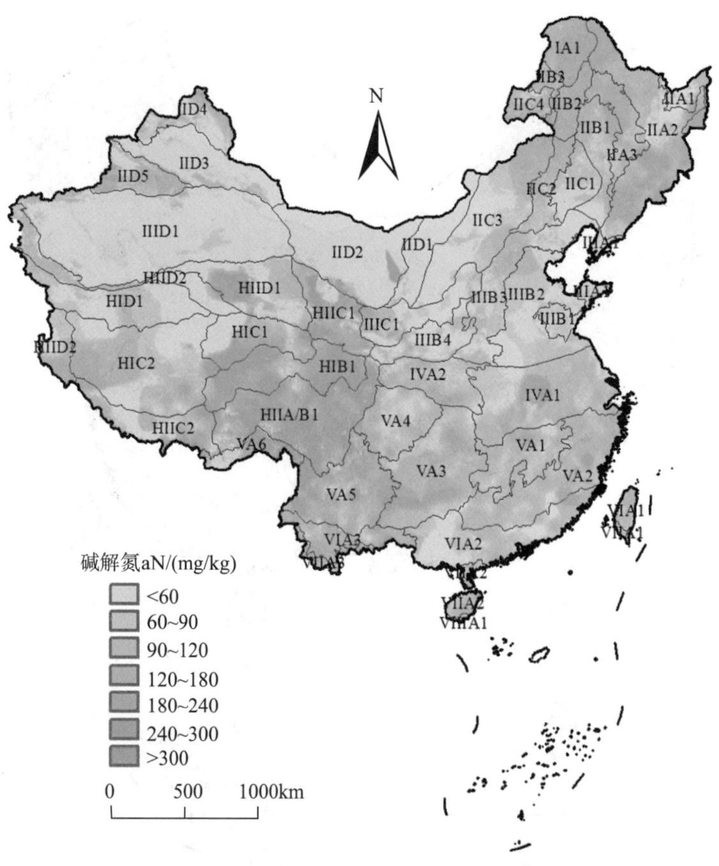

图 19.9　中国表层土壤碱解氮（aN）空间分布

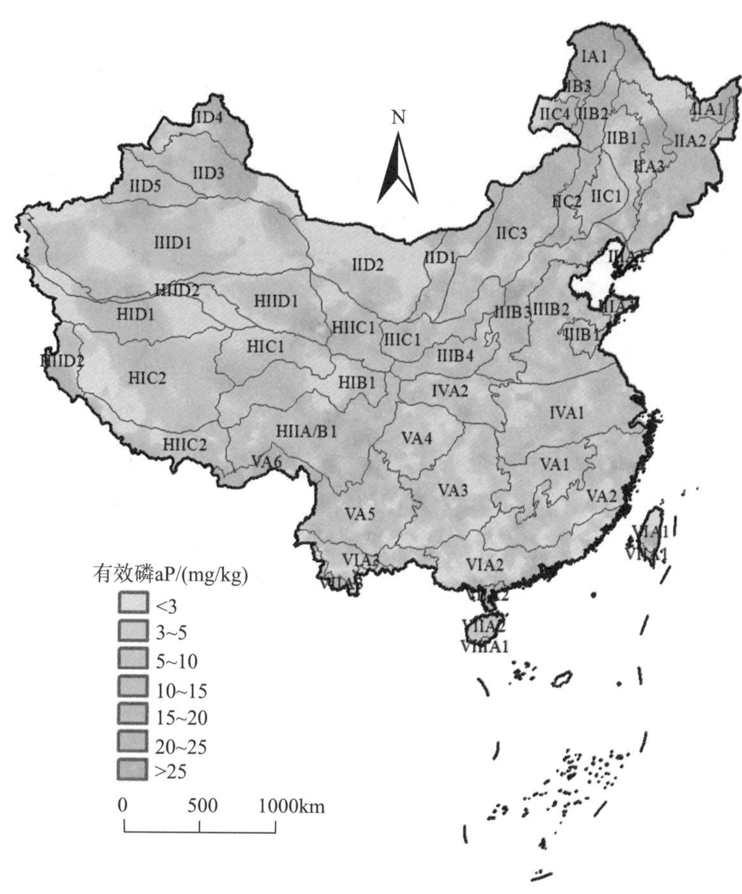

图 19.10　中国表层土壤有效磷（aP）空间分布

中国表层土壤全磷含量空间分布差异明显（图 19.7），高原亚寒带半湿润地区、高原温带湿润半湿润地区、中亚热带湿润地区表层土壤全磷含量整体较高，多在 1.0~2.0g/kg。而东北部的中温带半湿润半干旱地区，东部的暖温带湿润半湿润地区，南部的北亚热带湿润地区及热带亚热带湿润地区土壤全磷含量较低，多数区域不到 0.4g/kg。

中国表层土壤全钾含量空间变化相对较小，多数地区全钾含量在 15~25g/kg（图 19.8）。从空间分布来看，高原温带干旱半干旱地区土壤全钾含量整体高于其他区域，多在 25~35g/kg。南部的南亚热带湿润地区土壤全钾低于其他地区，含量多在 15g/kg 以下，其中小于 10g/kg 的面积明显大于其他区域。

中国表层土壤碱解氮含量空间变化趋势与土壤有机质和全氮基本一致（图 19.9）。土壤碱解氮含量较高的区域主要出现在青藏高原东部的高原亚寒带半湿润地区、高原温带湿润半湿润地区、中亚热带湿润地区，以及东北的寒温带湿润地区。而中温带干旱地区、暖温带干旱地区土壤碱解氮含量多数不足 60mg/kg。

中国表层土壤有效磷的空间变化趋势不明显（图 19.10）。寒温带湿润地区、中温带湿润地区及青藏高原地区土壤有效磷含量整体上略高于其他地区，西北部的中温带干旱地区及高原温带干旱地区土壤有效磷含量较小的面积较大。

中国表层土壤速效钾含量呈西北部高、东北及东南低的趋势（图 19.11）。西北部的中温带及暖温带干旱区、高原亚寒带干旱区土壤速效钾含量明显高于其他区域；东北部的寒温带湿润地区、中温带湿润地区，以及东南部的中亚热带和南亚热带湿润区土壤速效钾含量整体较低，含量小于 100mg/kg 的区域所占比例较大。

表层土壤厚度总体上呈现北高南低的趋势（图 19.12）。北部多数地区在 20~25cm；南部表土厚度为 15~20cm 的区域占多数，其次为 10~15cm；而青藏高原地区表土厚度多数在 15cm 以下。其中，北部中温带半干旱地区、中温带半湿润地区、中温带半湿润地区、中温带半干旱地区、中温带干旱地区和中温带干旱地区表土层最厚，部分区域表土厚度在 30cm 以上，个别地区甚至超过 40cm。西南部喀斯特地区及东部地区表土厚度在 10~15cm 的区域占有一定比例，其余多数地区在 15~20cm。

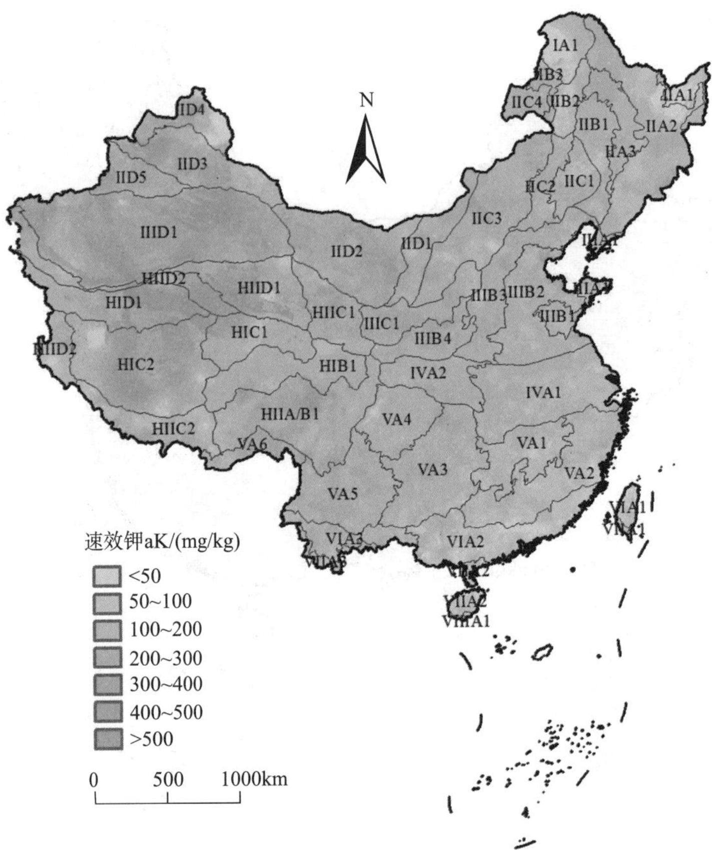

图 19.11 中国表层土壤速效钾（aK）空间分布

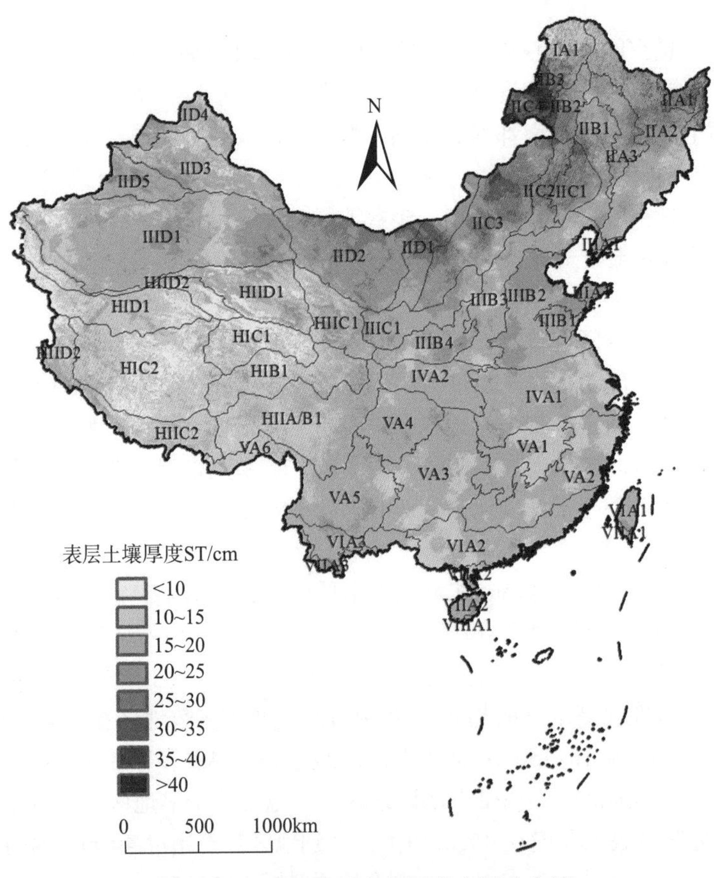

图 19.12 中国表层土壤厚度空间分布图

19.4.4　中国表层土壤质量综合评价结果

根据修正的内梅罗指数法，中国土壤质量指数在 0.277~3.450，可划分出差、一般、较高和高 4 个等级（图 19.13）。土壤质量等级为差（$P_j \leqslant 0.889$）的土地面积占 1.22%，分布于中温带及暖温带干旱地区的部分区域。这些区域土壤 pH 高，多为强碱性土壤（pH>8.5），并且除土壤钾素含量较高外，其他指标含量均较低，已不适宜多数植物生长，因而评价为极差土壤。

土壤质量等级为一般（$0.889 < P_j \leqslant 1.778$）的土地面积占 47.50%，分布于中温带干旱半干旱地区、暖温带干旱区、暖温带半湿润区，以及中亚热带和南亚热带部分区域。中温带干旱半干旱地区主要表现为土壤有机质、全氮、碱解氮及全磷含量较低；暖温带干旱区表现为土壤 pH 较高而各养分指标含量均不高；暖温带半湿润区表现为土壤 pH 较高、氮素及磷素含量不高；中亚热带和南亚热带则表现为土壤 pH 较低（呈强酸性）且土壤钾素含量不高。

土壤质量等级为较高（$1.778 < P_j \leqslant 2.667$）的土地面积占 48.79%，主要分布于寒温带中温带湿润区、中温带干旱区的阿尔泰山和天山地区、高原亚寒带及高原温带湿润半湿润地区，以及亚热带湿润地区。这些区域土壤 pH 适中，各养分指标含量相对较高。

土壤质量等级为高（$2.667 < P_j \leqslant 3.450$）的土地面积占 2.49%，主要分布于寒温带中温带湿润区、中温带干旱区的阿尔泰山和天山地区、高原亚寒带及高原温带湿润半湿润地区，以及中亚热带湿润地区中的部分区域。这些区域土壤 pH 多为中性，各养分含量极高。

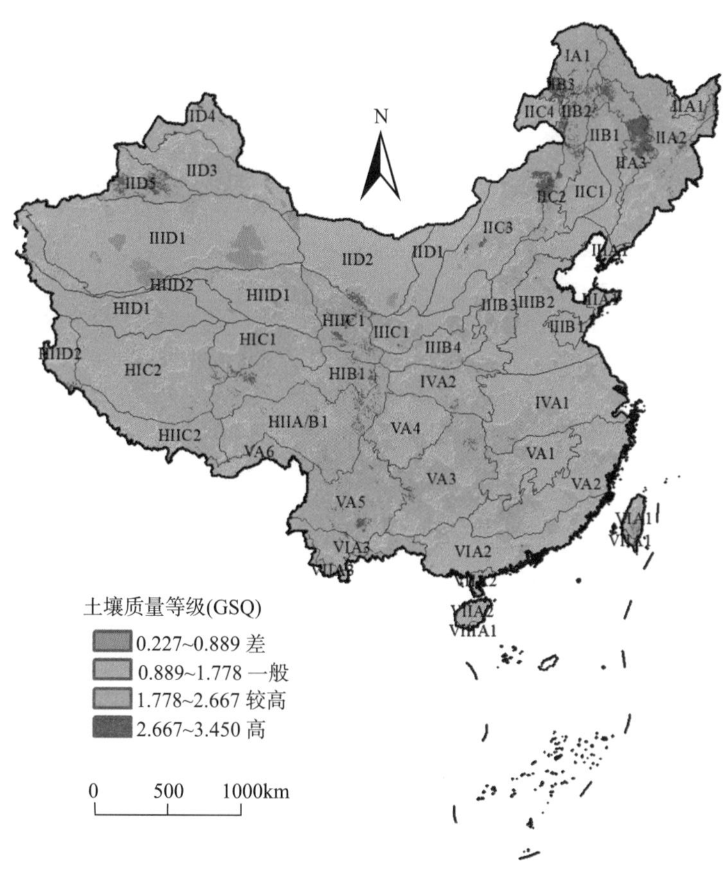

图 19.13　中国表层土壤质量等级（GSQ）空间分布

19.5　讨　　论

空间变异性分析结果表明，各类土壤的 pH 在各种生态区的空间变异系数都小于 20%，属于空间平稳的土壤性质。表层土壤厚度、全钾含量、碱解氮含量和速效钾含量呈现为中等程度的变异性。表层土壤有机质、全氮含量、全磷含量和有效磷含量的平均变异系数都在100%以上，属于非空间平稳的土壤性质。也就是说，在运用高精度曲面建模进行土壤性质空间模拟分析时，除表层土壤pH可用普通最小二乘回归外，表层土壤全钾含量、土壤碱解氮含量和速效钾含量，以及有机质含量、全氮含量、全磷含量和有效磷含量以地理加权回归为佳。

综合评价结果表明，湿润地区土壤质量整体高于干旱地区，温度较低的区域整体优于温度较高的地区。温湿度是影响中国表层土壤指标空间分布规律的决定因子，以如下现象为例：①干旱区土壤pH高而湿润地区土壤pH较低；②低温湿润的地区土壤有机质、全氮和碱解氮含量较高，高温湿润的热带亚热带地区含量中等，低温干旱地区含量较低；③低温湿润地区整体上土壤全磷含量相对较高，而高温湿润地区全磷含量相对较低；④高温湿润地区土壤全钾含量相对较低，而低温干旱地区相对较高；⑤土壤有效磷在不同温湿度地区有一定差异，但不明显；⑥干旱地区土壤速效钾含量高于湿润地区；⑦表土厚度总体表现为北高南低的趋势，青藏高原地区表土厚度明显低于其他地区。

中国土壤质量整体不高。全国有1.22%的区域土壤质量表现为差，分布于中温带及暖温带干旱地区的部分区域；有47.50%的区域土壤质量表现为一般，主要分布于干旱地区、土壤磷含量较低的暖温带半湿润区，以及土壤钾含量较低的亚热带湿润地区；土壤质量表现为较高的占48.79%，主要分布于低温湿润的东北及青藏高原地区；土壤质量高的区域占2.49%，主要分布于低温湿润区的部分区域。

第 20 章　陆地生态系统变化模拟分析*

20.1　引　　言

19 世纪 80 年代初期以来，地球表层学领域在全球环境分类方面开展了大量研究工作（Humboldt, 1807; Schouw, 1823; Merriam, 1892; Clements, 1916; Koeppen and Geiger, 1930; Thornthwaite, 1931）。由于早期分类的系统性和普适性差，Holdridge 于 1947 年建立了一种新的分类系统，人们称为 Holdridge 生命带分类系统（HLZ）。该系统是运用三个生物气候变量对大尺度植被分布与气候分布之间关系进行定量化描述的机理模型，已被广泛运用于气候变化对植被分布的影响评估（Belotelov *et al.*, 1996; Chen *et al.*, 2003, 2005; Chinea and Helmer, 2003; Dixon *et al.*, 1999; Feng and Chai, 2008; Kerr *et al.*, 2003; Kirilenko *et al.*, 2000; Metternicht and Zinck, 1998; Peng, 2000; Powell *et al.*, 2000; Post *et al.*, 1982; Smith *et al.*, 1992; Xu and Yan, 2001; Yang *et al.*, 2002; Yue *et al.*, 2001; Yue *et al.*, 2005a, 2006, 2007b, 2011）。研究结果表明，气温升高和降水再分配对植物生理存在显著影响，将导致潜在的植被结构发生主体变化，这通过影响陆地表面的气候条件，引起相应的气候反馈（Pielke *et al.*, 1998; Betts *et al.*, 2000）；在最大气候变化情景下，将有 35%的物种和类型会消亡（Ohlemüller *et al.*, 2006）。

本章拟在高精度曲面建模（HASM）方法产出高精度生物气候曲面的基础上，在中国国家层面模拟潜在生态系统的变化趋势和未来情景。

20.2　方　　法

20.2.1　HLZ 分类系统

HLZ 分类系统根据年平均生物温度（MAB）、年降水量（TAP）和潜在蒸散比率（PER）三个主要的生物气候要素将全球划分为 38 种生命地带类型。生物温度是指每一个研究时段内的大于 0℃而小于 30℃的平均温度（Holdridge *et al.*,1971）。蒸散是指通过蒸发作用和蒸腾作用过程直接返回大气中的水分总量，潜在蒸散是指在一定的土壤湿度和植被覆盖度常态下可能蒸发的水分总量。潜在蒸散比率是指年平均潜在蒸散与年平均总降水量的比率，是一个生物湿度条件指数。换句话说，第 t 年点 (x,y) 的 MAB、MAP 和 PER 可用如下公式进行计算：

$$\mathrm{MAB}(x,y,t)=\frac{1}{365}\sum_{j=1}^{365}\mathrm{TEM}(j,x,y,t) \tag{20.1}$$

$$\mathrm{MAP}(x,y,t)=\sum_{j=1}^{365}P(j,x,y,t) \tag{20.2}$$

$$\mathrm{PER}(x,y,t)=\frac{58.93\mathrm{MAB}(x,y,t)}{\mathrm{MAP}(x,y,t)} \tag{20.3}$$

式中，$\mathrm{TEM}(j,x,y,t)$ 为第 j 天大于 0℃而小于 30℃的平均生物积温；$P(j,x,y,t)$ 为第 j 天的平均降水量。

---

* 范泽孟为本章主要合著者。

生态系统分类指数可表达为

$$c_i(x,y,t)=\sqrt{\left(M(x,y,t)-M_{i0}\right)^2+\left(T(x,y,t)-T_{i0}\right)^2+\left(P(x,y,t)-P_{i0}\right)^2} \tag{20.4}$$

式中，$M(x,y,t)=\ln \mathrm{MAB}(x,y,t)$；$T(x,y,t)=\ln \mathrm{MAP}(x,y,t)$；$P(x,y,t)=\ln \mathrm{PER}(x,y,t)$；$M_{i0}$、$T_{i0}$和$P_{i0}$分别为 HLZ 六边形分类系统中第$i$个生命地带中心的 MAB、TAP 和 PER 的对数标准参考值。

当$c_k(x,y,t)=\min\limits_i\{c_i(x,y,t)\}$时，点$(x,y)$的属性值为第$k$种生命地带类型（图 20.1）。

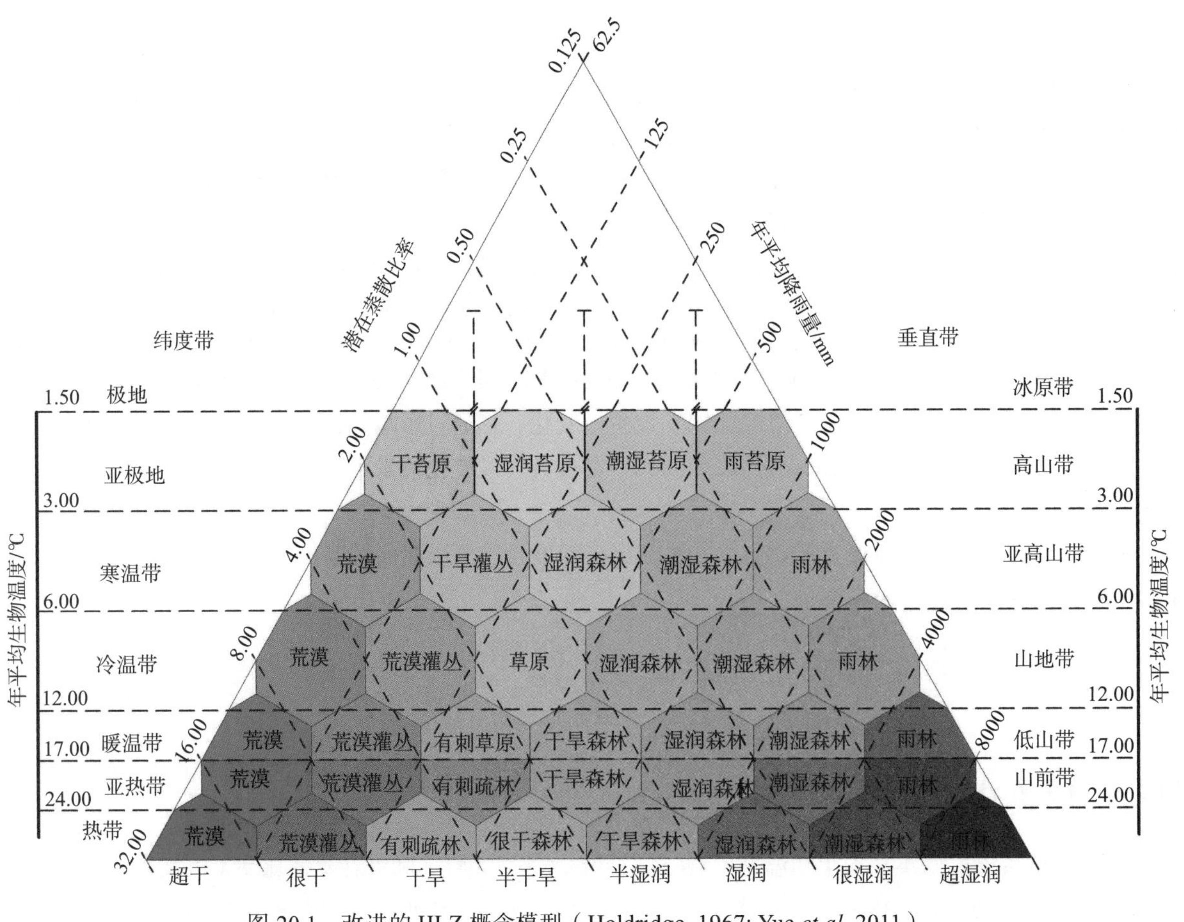

图 20.1　改进的 HLZ 概念模型（Holdridge, 1967; Yue *et al*. 2011）

20.2.2　生态空间分布模型

这里的生态空间分布模型包括生态系统平均中心模型、生态多样性模型和景观斑块连通性模型。生态系统平均中心模型可表达为

$$x_j(t)=\sum_{i=1}^{I_j(t)}\frac{s_{ij}(t)\cdot X_{ij}(t)}{S_j(t)} \tag{20.5}$$

$$y_j(t)=\sum_{i=1}^{I_j(t)}\frac{s_{ij}(t)\cdot Y_{ij}(t)}{S_j(t)} \tag{20.6}$$

式中，t为时间变量；$I_j(t)$为第j种生态系统类型的斑块数；$s_{ij}(t)$为第j种生态系统类型第i个斑块的面积；$S_j(t)$为第j种生态系统类型的总面积；$\left(X_{ij}(t),\ Y_{ij}(t)\right)$为第$j$种生态系统类型第$i$个斑块几何中心的经纬度坐标；$\left(x_j(t),\ y_j(t)\right)$为第$j$种生态系统类型的平均中心坐标。

第 j 种生态系统类型平均中心从 t 到 $t+1$ 时段的移动距离和方向可分别用以下公式进行计算：

$$d_j = \sqrt{\left(x_j(t+1) - x_j(t)\right)^2 + \left(y_j(t+1) - y_j(t)\right)^2} \tag{20.7}$$

$$\theta_j = \operatorname{arctg}\left(\frac{y_j(t+1) - y_j(t)}{x_j(t+1) - x_j(t)}\right) \tag{20.8}$$

式中，d_j 为第 j 种生态系统类型平均中心从 t 到 $t+1$ 时段的移动距离；θ_j 为第 j 种生态系统类型平均中心从 t 到 $t+1$ 时段的移动方向，0°、90°、180°和 270°分别代表正南、正北、正西和正东；$(x_j(t), y_j(t))$ 和 $(x_j(t+1), y_j(t+1))$ 分别为第 j 种生态系统类型 t 时段和 $t+1$ 时段的平均中心坐标；当 $0^\circ < \theta_j < 90^\circ$ 时，代表第 j 种生态系统类型的平均中心从 t 时段到 $t+1$ 时段向东北方向移动，当 $90^\circ < \theta_j < 180^\circ$ 时，代表第 j 种生态系统类型的平均中心从 t 时段到 $t+1$ 时段向西北方向移动，当 $180^\circ < \theta_j < 270^\circ$ 时，代表第 j 种生态系统类型的平均中心从 t 时段到 $t+1$ 时段向西南方向移动，当 $270^\circ < \theta_j < 360^\circ$ 时，代表第 j 种生态系统类型的平均中心从 t 时段到 $t+1$ 时段向东南方向移动。

生态多样性指数 $\operatorname{div}(t)$ 可表达为（Yue *et al.*, 1998, 2001, 2003a, 2005a, 2007c; Yue and Li, 2010）

$$\operatorname{div}(t) = -\frac{\ln\left(\sum_{i=1}^{m(\varepsilon)}\left(p_i(t)\right)^{\frac{1}{2}}\right)^2}{\ln\varepsilon} \tag{20.9}$$

式中，t 为时间变量；$p_i(t)$ 为第 i 种物种或景观元的概率；$m(\varepsilon)$ 为研究区域内物种或景观元类型总数；$\varepsilon = \frac{1}{\mathrm{e}+a}$，$a$ 为研究区总面积，e 取常数值 2.71828。

$\mathrm{CO}(t)$ 为斑块连通性指数，其计算公式为（Yue *et al.*, 2003a, 2004）

$$\mathrm{CO}(t) = \sum_{i=1}^{m(t)}\sum_{j=1}^{n_i(t)} p_{i,j}(t)\cdot \mathrm{se}_{i,j}(t) \tag{20.10}$$

$$\mathrm{se}_{i,j}(t) = \frac{8\sqrt{3}a_{i,j}(t)}{\left(pr_{i,j}(t)\right)^2} \tag{20.11}$$

式中，$\mathrm{se}_{i,j}(t)$ 为物种在斑块 (i,j) 内的迁移效率指数；$a_{i,j}(t)$ 和 $pr_{i,j}(t)$ 分别为第 i 种生态系统第 j 个斑块的面积和周长；系数 $8\sqrt{3}$ 为正方形周长与正六边形周长的比率；$p_{i,j}(t)$ 为第 i 种生态系统类型第 j 个斑块面积占整个研究区域的面积比率；t 为时间变量；$0 \leqslant \mathrm{CO}(t) \leqslant 1.0$，当所有斑块均为正六边形时，$\mathrm{CO}(t)=1.0$。

20.3 国家尺度潜在陆地生态系统模拟

20.3.1 中国陆地生态系统的变化趋势

基于高精度曲面建模（HASM）产出的年平均生物温度（MAB）、年降水量（TAP）和潜在蒸散比率（PER）三个主要生物气候要素曲面，通过运行 HLZ 生态系统模型，可得中国 1964~2007 年平均的 HLZ 生态系统时空分布（图 20.2，表 20.1）。模拟结果表明，在全球 38 个 HLZ 生态系统类型中，中国内地有 28 类，空间分布规律归纳如下：

（1）冰原地带、高山干苔原地带、高山湿润苔原地带主要分布在青藏高原中西部的大部分地区，高山潮湿苔原地带、高山雨苔原地带青藏高原东部、祁连山南部及天山地区。寒温带干旱灌丛地带主要分布在阿尔泰山南面的低山地带、博格达山的低山地带、昆仑山北面的低山地带、喜马拉雅山脉西部、柴达木盆地的寒温带荒漠的边缘地带。荒漠地带主要分布在塔里木盆地和吐鲁番盆地。

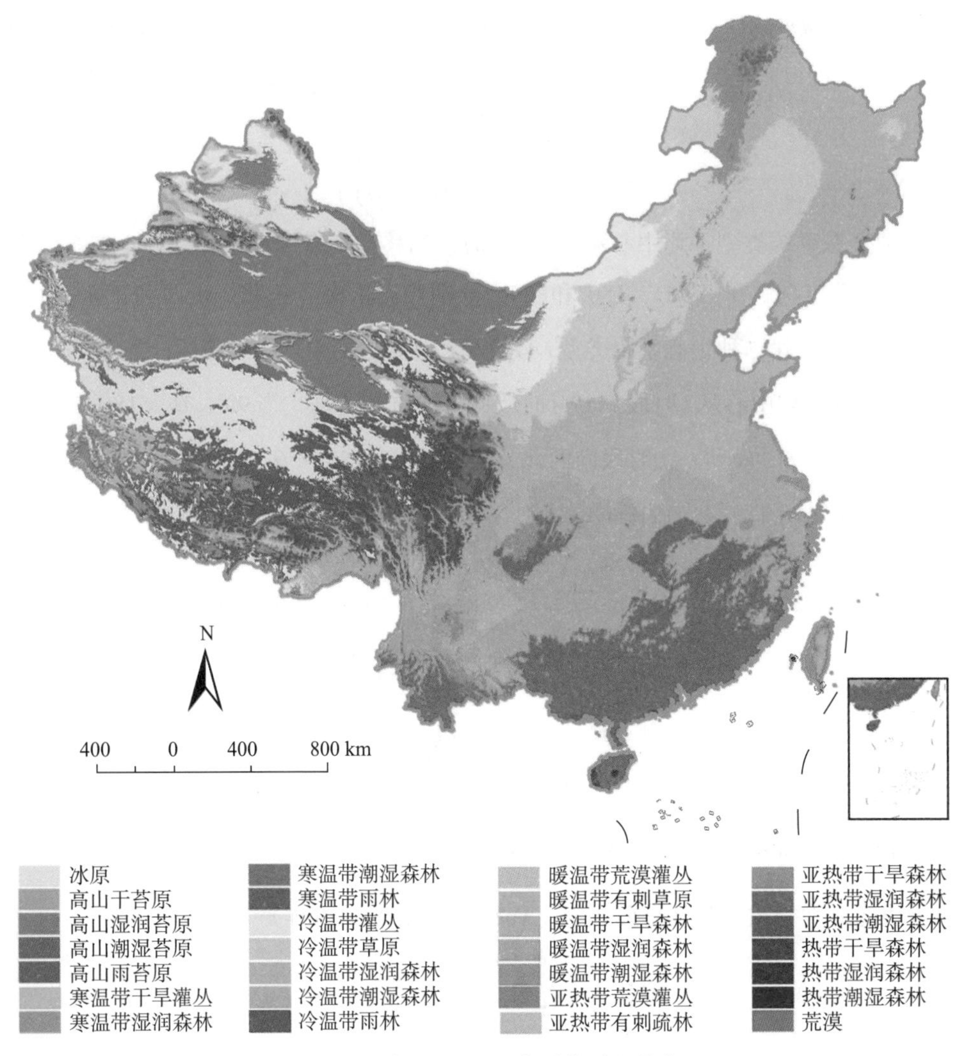

图 20.2　中国 HLZ 生态系统时空分布

（2）冷温带灌丛地带、暖温带荒漠灌丛地带主要分布在祁连山以北的阿拉善高原巴丹吉林沙漠的外围地带、内蒙古高原的西北部地区，以及准噶尔盆地的大部分地区。冷温带草原主要分布在蒙古高原、黄土高原，以及东北平原西部。暖温带有刺草原地带主要分布在喜马拉雅山东南部低山地带、昆仑山北面山脚地带，以及天山西部的伊犁河和北部的艾比湖一带。

（3）寒温带潮湿森林地带、寒温带湿润森林地带主要分布在青藏高原东部及其南部，以及大兴安岭一带，寒温带雨林地带、冷温带湿润森林地带、冷温带潮湿森林地带、主要分布在青藏高原东南部、秦岭高山地带、太行山南部、长白山东部及小兴安岭一带；暖温带干旱森林地带主要分布在云贵高原的高山、秦岭低山地带及华北平原的大部分地区。从所有的 HLZ 生态系统分布图中可以看出暖温带干旱森林是中国 HLZ 生态系统的主要类型之一，它主要分布在降水线为 600~1200mm 的区域，它是干旱半干旱气候带向湿润半湿润气候带转变的过渡地带，基本上覆盖了黄河中下游的大部分地区。

（4）暖温带湿润森林、暖温带潮湿森林主要分布在暖温带干旱森林地带以南降水线为 1200~1400mm 的区域，主要分布在长江流域，以及台湾的高山地区。亚热带干旱森林地带在中国的分布较少，主要分布在云贵高原上的石漠化地区、台湾西部。亚热带湿润森林地带、热带湿润地区，绝大部分分布在降水量为 1400~1800mm 的区域，即天目山东南部、武夷山、南岭、九连山，以及云南南部、海南、台湾的低山地带。热带干旱森林地带则主要分布在海南西南部地区。热带湿润和潮湿森林地带在中国分布较少，主要分布在元江下游的红河流域、珠江入海口及海南的中部地区。

表 20.1　HLZ 模型中正六边形中心点的 MAB、TAP 和 PER 值的分类标准

HLZ 类型	MAB/℃	TAP/mm	PER
极地/冰原	<1.5000	<500.0000	<1.0000
亚极地/高山干苔原	2.1210	88.3880	1.4140
亚极地/高山湿润苔原	2.1210	177.7770	0.7070
亚极地/高山潮湿苔原	2.1210	353.5520	0.3540
亚极地/高山雨苔原	2.1210	707.1070	0.1770
寒温带干旱灌丛	4.2430	177.7770	1.4140
寒温带湿润森林	4.2430	353.5520	0.7070
寒温带潮湿森林	4.2430	707.1770	0.3540
寒温带雨林	4.2430	1414.2130	0.1770
冷温带荒漠灌丛	8.4850	177.7770	2.8280
冷温带草原	8.4850	353.5520	1.4140
冷温带湿润森林	8.4850	707.1070	0.7070
冷温带潮湿森林	8.4850	1414.2130	0.3540
冷温带雨林	8.4850	2828.4270	0.1770
暖温带荒漠灌丛	14.2700	177.7770	5.6750
暖温带有刺草原	14.2700	353.5520	2.8280
暖温带干旱森林	14.2700	707.1070	1.4140
暖温带湿润森林	14.2700	1414.2130	0.7070
暖温带潮湿森林	14.2700	2828.4270	0.3540
暖温带雨林	14.2700	5656.8540	0.1770
亚热带荒漠灌丛	20.1810	177.7770	5.6750
亚热带有刺疏林	20.1810	353.5520	2.8280
亚热带干旱森林	20.1810	707.1070	1.4140
亚热带湿润森林	20.1810	1414.2130	0.7070
亚热带潮湿森林	20.1810	2828.4270	0.3540
亚热带雨林	20.1810	5656.8540	0.1770
热带荒漠灌丛	33.9410	177.7770	11.3140
热带有刺疏林	33.9410	353.5520	5.6750
热带很干森林	33.9410	707.1070	2.8280
热带干旱森林	33.9410	1414.2130	1.4140
热带湿润森林	33.9410	2828.4270	0.7070
热带潮湿森林	33.9410	5656.8540	0.3540
热带雨林	>3.0000	<125.0000	>2.0000

20.3.2　HLZ 生态系统的面积变化趋势

为了便于分析，本书将 1964~1974 年、1975~1985 年、1986~1996 年和 1997~2007 年分别用 $C1$、$C2$、$C3$ 和 $C4$ 表示。模拟结果显示（图 20.3，表 20.2 和表 20.3），在这四个时段中国有 28 种 HLZ 生态系统，除冷温带雨林在 $C4$ 时段没有出现外，其余的 27 种类型在 $C1$~$C4$ 时段均有出现。HLZ 生态系统在 $C1$~$C4$ 时段平均面积所占比例的由大到小分别为荒漠（14.1415%）、暖温带湿润森林（11.6593%）、冷温带草原（11.0247%）、亚热带湿润森林（9.9469%）、冷温带湿润森林（9.6540%）、冰原（9.1675%）、暖温带干旱森林（7.8623%）、冷温带灌丛（5.4822%）、寒温带湿润森林（5.0813%）、高山潮湿苔原（4.0446%）、寒温带潮湿森林（3.2208%）、高山雨苔原（2.4391%）、寒温带干旱灌丛（1.8731%）、高山湿润苔原（1.5903%）、亚热带干旱森林（0.8516%）、冷温带潮湿森林（0.6175%）、暖温带荒漠灌丛（0.5957%）、暖温带有刺草原（0.2774%）、寒温带雨林（0.1402%）、暖温带潮湿森林（0.1170%）、亚热带潮湿森林（0.0578%）、高山干苔原（0.0573%）、热带干旱森林（0.0571%）、热带湿润森林（0.0270%）、亚热带有刺疏林（0.0105%）、亚热带荒漠灌丛（0.0017%）和冷温带雨林（0.0007%）。

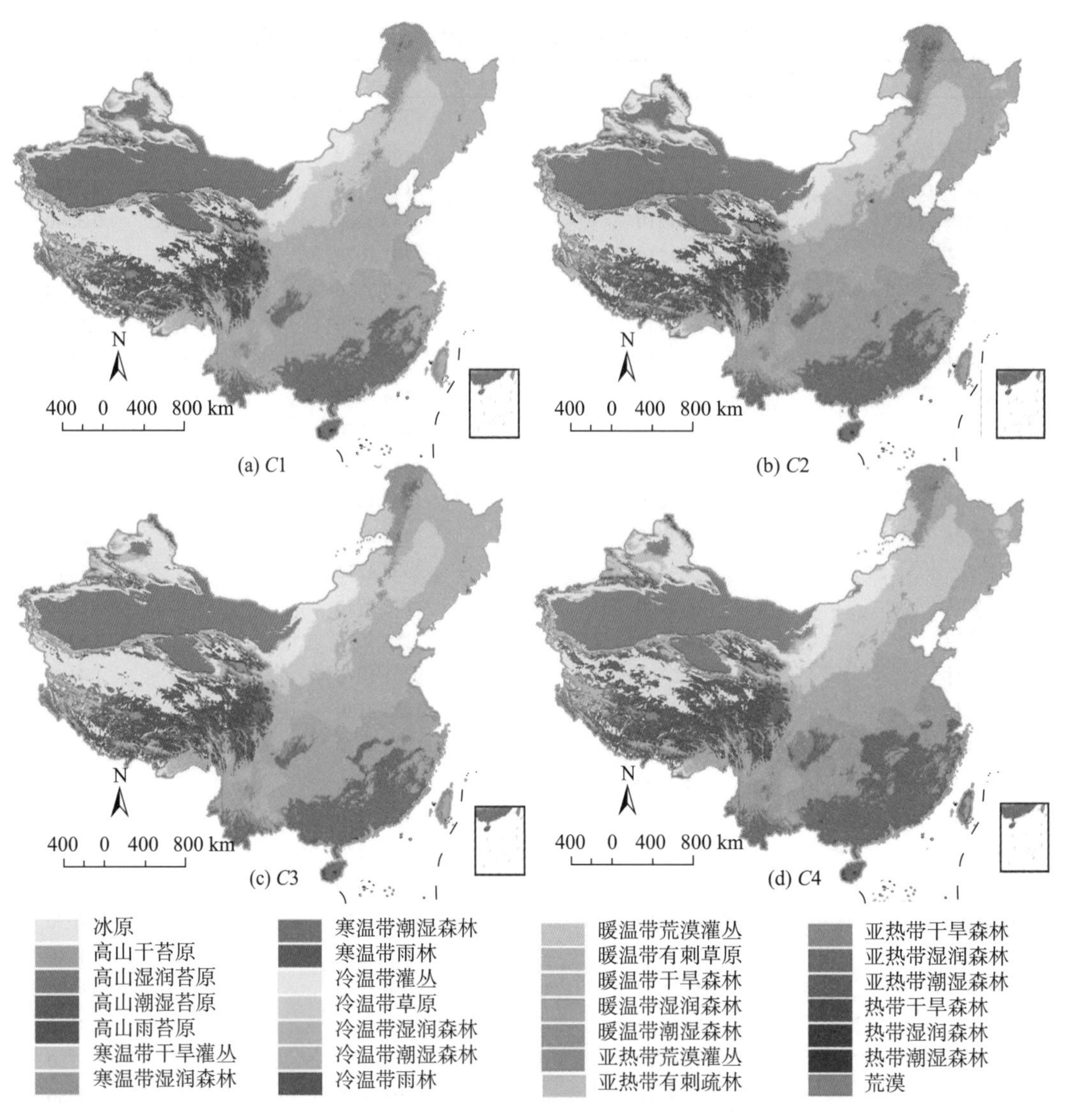

图 20.3　中国四个时段的 HLZ 生态系统时空分布

表 20.2　四个时段各种 HLZ 生态系统类型面积及其比例

HLZ 类型	$C1/10^6hm^2$	$C2/10^6hm^2$	$C3/10^6hm^2$	$C4/10^6hm^2$	平均面积$/10^6hm^2$	比例/%
极地/冰原	98.4985	97.0966	88.0612	64.4489	87.0263	9.1675
亚极地/高山干苔原	1.0438	0.5082	0.5796	0.0431	0.5437	0.0573
亚极地/高山湿润苔原	17.0020	15.1327	15.4845	12.7681	15.0968	1.5903
亚极地/高山潮湿苔原	34.1104	34.5880	37.7579	47.1219	38.3946	4.0446
亚极地/高山雨苔原	21.6542	24.1386	22.4371	24.3883	23.1545	2.4391
寒温带干旱灌丛	18.0057	18.3293	17.1331	17.6547	17.7807	1.8731
寒温带湿润森林	52.4311	47.7893	47.1084	45.6177	48.2366	5.0813
寒温带潮湿森林	27.8403	28.9489	31.0337	34.4775	30.5751	3.2209
寒温带雨林	1.1409	1.4479	1.5992	1.1347	1.3307	0.1402
冷温带荒漠灌丛	48.0095	48.7256	53.3846	58.0487	52.0421	5.4822
冷温带草原	95.7056	102.1505	100.3403	120.4268	104.6558	11.0247
冷温带湿润森林	98.5470	93.5638	101.2761	73.1909	91.6444	9.6540
冷温带潮湿森林	6.6152	6.4073	6.3661	4.0603	5.8622	0.6175
冷温带雨林	0.0027	0.0063	0.0172	—	0.0066	0.0007
暖温带荒漠灌丛	3.0650	3.0027	5.3133	11.2400	5.6552	0.5957

续表

HLZ 类型	$C1$/10^6hm^2	$C2$/10^6hm^2	$C3$/10^6hm^2	$C4$/10^6hm^2	平均面积/10^6hm^2	比例/%
暖温带有刺草原	1.1131	0.9639	1.3715	7.0842	2.6332	0.2774
暖温带干旱森林	64.5734	74.1174	79.8740	79.9770	74.6355	7.8623
暖温带湿润森林	126.1860	120.4295	110.0289	86.0773	110.6804	11.6593
暖温带潮湿森林	1.0881	1.4063	1.2858	0.6625	1.1106	0.1170
亚热带荒漠灌丛	0.0134	0.0188	0.0125	0.0214	0.0165	0.0017
亚热带有刺疏林	0.1289	0.0694	0.0563	0.1442	0.0997	0.0105
亚热带干旱森林	6.7034	6.9784	8.0543	10.5997	8.0840	0.8516
亚热带湿润森林	84.5222	83.6136	90.0933	119.4712	94.4251	9.9469
亚热带潮湿森林	0.7165	0.5444	0.5067	0.4279	0.5489	0.0578
热带干旱森林	0.4972	0.5346	0.5207	0.6170	0.5424	0.0571
热带湿润森林	0.2730	0.2466	0.2577	0.2480	0.2563	0.0270
热带潮湿森林	—	—	—	—	—	—
荒漠	139.8331	138.5198	129.3261	129.3211	134.2500	14.1415

表 20.3　四个时段中国 HLZ 生态系统的面积变化

HLZ 类型	$C2-C1$		$C3-C2$		$C4-C3$	
	增加面积/10^6hm^2	增加比例/%	增加面积/10^6hm^2	增加比例/%	增加面积/10^6hm^2	增加比例/%
极地/冰原	−1.4019	−1.4232	−9.0355	−9.3057	−23.6122	−26.8134
亚极地/高山干苔原	−0.5356	−51.3141	0.0714	14.0512	−0.5365	−92.5626
亚极地/高山湿润苔原	−1.8693	−10.9945	0.3518	2.3246	−2.7164	−17.5425
亚极地/高山潮湿苔原	0.4776	1.4001	3.1699	9.1649	9.3640	24.8000
亚极地/高山雨苔原	2.4844	11.4731	−1.7015	−7.0491	1.9512	8.6964
寒温带干旱灌丛	0.3236	1.7972	−1.1962	−6.5263	0.5216	3.0445
寒温带湿润森林	−4.6418	−8.8531	−0.6810	−1.4249	−1.4906	−3.1643
寒温带潮湿森林	1.1086	3.9821	2.0848	7.2016	3.4438	11.0970
寒温带雨林	0.3070	26.9080	0.1513	10.4518	−0.4645	−29.0457
冷温带荒漠灌丛	0.7161	1.4916	4.6590	9.5618	4.6640	8.7366
冷温带草原	6.4449	6.7341	−1.8102	−1.7721	20.0865	20.0184
冷温带湿润森林	−4.9832	−5.0567	7.7123	8.2428	−28.0851	−27.7313
冷温带潮湿森林	−0.2079	−3.1425	−0.0412	−0.6431	−2.3058	−36.2204
冷温带雨林	0.0036	134.0800	0.0109	172.5312	−0.0172	−100.0000
暖温带荒漠灌丛	−0.0623	−2.0339	2.3106	76.9514	5.9267	111.5466
暖温带有刺草原	−0.1492	−13.4050	0.4076	42.2886	5.7127	416.5253
暖温带干旱森林	9.5440	14.7801	5.7566	7.7669	0.1029	0.1289
暖温带湿润森林	−5.7565	−4.5619	−10.4006	−8.6363	−23.9516	−21.7685
暖温带潮湿森林	0.3182	29.2404	−0.1205	−8.5675	−0.6233	−48.4788
亚热带荒漠灌丛	0.0054	40.4838	−0.0063	−33.3414	0.0088	70.2475
亚热带有刺疏林	−0.0595	−46.1852	−0.0131	−18.8335	0.0879	156.1139
亚热带干旱森林	0.2750	4.1031	1.0758	15.4162	2.5455	31.6041
亚热带湿润森林	−0.9086	−1.0750	6.4798	7.7496	29.3778	32.6082
亚热带潮湿森林	−0.1721	−24.0250	−0.0376	−6.9135	−0.0788	−15.5462
热带荒漠	−0.3770	−1.7202	−7.8774	−36.5776	4.9985	36.5957
热带干旱森林	0.0374	7.5280	−0.0140	−2.6113	0.0963	18.4932
热带湿润森林	−0.0264	−9.6805	0.0111	4.4963	−0.0096	−3.7341
热带潮湿森林	—	—	—	—	—	—
荒漠	−1.3133	−0.9392	−9.1938	6.6372	−0.0048	−0.0037

在 $C1$~$C4$ 时段，有 5 种 HLZ 生态系统类型持续增加。其中，高山潮湿苔原平均每 11 年增加 9.5363%，$C2$ 时段比 $C1$ 时段增加了 $0.4776\times10^6\text{hm}^2$（增加 1.4001%），$C3$ 时段比 $C2$ 时段增加了 $3.1699\times10^6\text{hm}^2$（增加 9.1649%），$C4$ 时段比 $C3$ 时段增加了 $9.3640\times10^6\text{hm}^2$（增加 24.8000%），$C3$~$C4$ 时段增加最快；寒温带潮湿森林平均每 11 年增加 5.9601%，$C2$ 时段比 $C1$ 时段增加了 $1.1086\times10^6\text{hm}^2$（增加 3.9821%），$C3$ 时段比 $C2$ 时段增加了 $2.0848\times10^6\text{hm}^2$（增加 7.2016%），$C4$ 时段比 $C3$ 时段增加了 $3.4438\times10^6\text{hm}^2$（增加 11.0970%），$C3$~$C4$ 时段增加最快；冷温带灌丛平均每 11 年增加 5.2277%，$C2$ 时段比 $C1$ 时段增加了 $0.7161\times10^6\text{hm}^2$（增加 1.4916%），$C3$ 时段比 $C2$ 时段增加了 $4.6590\times10^6\text{hm}^2$（增加 9.5618%），$C4$ 时段比 $C3$ 时段增加了 $4.6640\times10^6\text{hm}^2$（增加 8.7366%），$C2$~$C3$ 时段增加最快；暖温带干旱森林平均每 11 年增加 5.9636%，$C2$ 时段比 $C1$ 时段增加了 $9.5440\times10^6\text{hm}^2$（增加 14.7801%），$C3$ 时段比 $C2$ 时段增加了 $5.7566\times10^6\text{hm}^2$（增加 7.7669%），$C4$ 时段比 $C3$ 时段增加了 $0.1029\times10^6\text{hm}^2$（增加 0.1289%），$C1$~$C2$ 时段增加最快；亚热带干旱森林平均每 11 年增加 14.5312%，$C2$ 时段比 $C1$ 时段增加了 $0.2750\times10^6\text{hm}^2$（增加 4.1031%），$C3$ 时段比 $C2$ 时段增加了 $1.0758\times10^6\text{hm}^2$（增加 15.4162%），$C4$ 时段比 $C3$ 时段增加了 $2.5455\times10^6\text{hm}^2$（增加 31.6041%），$C3$~$C4$ 时段增加最快。

在 $C1$~$C4$ 时段，有 5 种 HLZ 生态系统类型持续减少。冰原平均每 11 年减少 7.9463%，$C2$ 时段比 $C1$ 时段减少了 $1.4019\times10^6\text{hm}^2$（减少 1.4232%），$C3$ 时段比 $C2$ 时段减少了 $9.0355\times10^6\text{hm}^2$（减少 9.3057%），$C4$ 时段比 $C3$ 时段减少了 $23.6122\times10^6\text{hm}^2$（减少 26.8134%），$C3$~$C4$ 时段减少最快；寒温带湿润森林平均每 11 年减少 3.2487%，$C2$ 时段比 $C1$ 时段减少了 $4.6418\times10^6\text{hm}^2$（减少 8.8531%），$C3$ 时段比 $C2$ 时段减少了 $0.6810\times10^6\text{hm}^2$（减少 1.4249%），$C4$ 时段比 $C3$ 时段减少了 $1.4906\times10^6\text{hm}^2$（减少 3.1643%），$C1$~$C2$ 时段减少最快；冷温带潮湿森林平均每 11 年减少 9.6555%，$C2$ 时段比 $C1$ 时段减少了 $0.2079\times10^6\text{hm}^2$（减少 3.1425%），$C3$ 时段比 $C2$ 时段减少了 $0.0412\times10^6\text{hm}^2$（减少 0.6431%），$C4$ 时段比 $C3$ 时段减少了 $2.3058\times10^6\text{hm}^2$（减少 36.2204%），$C3$~$C4$ 时段减少最快；暖温带湿润森林平均每 11 年减少 7.9463%，$C2$ 时段比 $C1$ 时段减少了 $5.7565\times10^6\text{hm}^2$（减少 4.5619%），$C3$ 时段比 $C2$ 时段减少了 $10.4006\times10^6\text{hm}^2$（减少 8.6363%），$C4$ 时段比 $C3$ 时段减少了 $23.9516\times10^6\text{hm}^2$（减少 21.7685%），$C3$~$C4$ 时段减少最快；亚热带潮湿森林平均每 11 年减少 10.0680%，$C2$ 时段比 $C1$ 时段减少了 $0.1721\times10^6\text{hm}^2$（减少 24.0250%），$C3$ 时段比 $C2$ 时段减少了 $0.0376\times10^6\text{hm}^2$（减少 6.9135%），$C4$ 时段比 $C3$ 时段减少了 $0.0788\times10^6\text{hm}^2$（减少 15.5462%），$C1$~$C2$ 时段减少最快。

20.3.3　生态多样性和斑块连通性

在 $C1$~$C4$ 时段，中国 HLZ 生态多样性及其斑块连通性均呈增加趋势（表 20.4），平均每 11 年分别增加 0.7381%和 4.2242%。在 $C1$~$C4$ 时段内，其线性回归方程可分别表达如下：

$$\text{DI}(t)=0.0016\cdot t+0.1765 \tag{20.12}$$

$$\text{CO}(t)=0.0017\cdot t+0.0356 \tag{20.13}$$

式中，$\text{DI}(t)$ 为 HLZ 多样性；$\text{CO}(t)$ 为 HLZ 斑块连通性；t 为时间变量，且 $t=1,2,3,4$ 分别代表 $C1$、$C2$、$C3$ 和 $C4$ 四个时段。HLZ 多样性和斑块连通性与时间的相关系数 R 分别为 0.88 和 0.77。

表 20.4　HLZ 多样性及斑块连通性变化趋势

时段	$C1$	$C2$	$C3$	$C4$	每 11 年的增加比例/%
HLZ 多样性	0.1771	0.1812	0.1814	0.1823	0.7381
斑块连通性	0.0357	0.0416	0.0408	0.0417	4.2242

20.3.4　平均中心移动

为了表征中国各种 HLZ 生态系统类型的时空变化趋势，本书运用生态系统平均中心模型对 $C1$、$C2$、

C3 和 C4 四个时段内各种 HLZ 生态系统移动距离和方向进行模拟分析（图 20.4，表 20.5）。结果表明，冰原生态系统的平均中心在 C1~C2 时段，向东南移动 7.7879km；在 C2~C3 时段，向西北移动 38.4471km；C3~C4 时段，转向南移动 11.4966km。高山干苔原生态系统的平均中心在 C1~C2 时段，向东北移动了 260.5925km；C2~C3 时段，向西南移动 715.8180km；C3~C4 时段，再继续向西南 163.8877km。高山湿润苔原生态系统的平均中心在 C1~C2 时段，向西北移动了 80.4171km；C2~C3 时段，转向东南移动了 359.2612km；C3~C4 时段，转向西北移动 58.6707km。高山潮湿苔原生态系统的平均中心在 C1~C2 时段，向西移动了 58.6626km；C2~C3 时段，转向东北移动 59.1065km，C3~C4 时段，向西北移动 99.0687km。高山雨苔原生态系统的平均中心在 C1~C2 时段，向西北移动了 19.2602km；C2~C3 时段，向西移动 28.0638km；C3~C4 时段，继续向西移动 135.5852km。

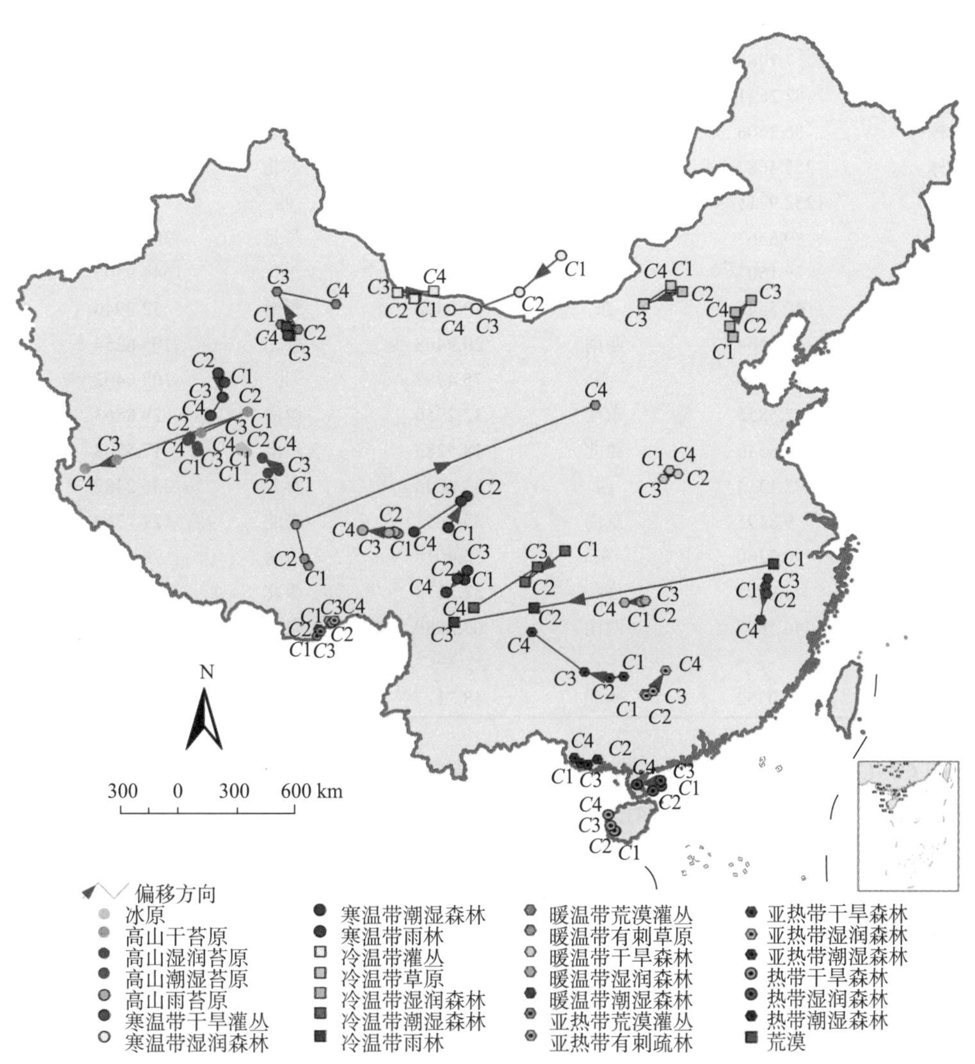

图 20.4　中国 HLZ 生态系统平均中心的时空移动趋势

寒温带干旱灌丛生态系统的平均中心在 C1~C2 时段，向西北移动 55.7868km；C2~C3 时段，向南移动 124.1248km；C3~C4 时段，向西南移动 109.7830km。寒温带湿润森林生态系统的平均中心在 C1~C2 时段，向西南移动 281.6452km；C2~C3 时段，继续向西南移动 235.4414km；C3~C4 时段，向西移动 133.4956km。寒温带潮湿森林生态系统的平均中心在 C1~C2 时段，向东北移动 182.4321km；C2~C3 时段，转向西南移动 38.7310km；C3~C4 时段，继续向西南移动 283.7616km。寒温带雨林生态系统的平均中心在 C1~C2 时段，向西移动 33.6803km；C2~C3 时段，转向东北移动 63.2406km；C3~C4 时段，转向西南移动 153.0424km。

冷温带灌丛生态系统的平均中心在 C1~C2 时段，向西南移动了 7.7485km；C2~C3 时段，转向西北移

表 20.5　中国 HLZ 生态系统平均中心的移动趋势　（单位：km）

HLZ 类型	C1~C2		C2~C3		C3~C4	
	移动距离	移动方向	移动距离	移动方向	移动距离	移动方向
极地/冰原	7.7879	东南	38.4471	西北	11.4966	南
亚极地/高山干苔原	260.5925	东北	715.8180	西南	163.8877	西南
亚极地/高山湿润苔原	80.4171	西北	59.2612	东南	58.6707	西北
亚极地/高山潮湿苔原	58.6626	西	59.1065	东北	99.0687	西北
亚极地/高山雨苔原	19.2602	西北	28.0638	西	135.5852	西
寒温带干旱灌丛	55.7868	西北	124.1248	南	109.7830	西南
寒温带湿润森林	281.6452	西南	235.4414	西南	133.4956	西
寒温带潮湿森林	182.4321	东北	38.7310	西南	283.7616	西南
寒温带雨林	33.6803	西	63.2406	东北	153.0424	西南
冷温带荒漠灌丛	7.7485	西南	90.1884	西北	185.9929	东
冷温带草原	62.2631	东南	206.1511	西南	164.3963	东北
冷温带湿润森林	56.7606	西北	168.8840	东北	100.5148	西南
冷温带潮湿森林	255.4687	西南	98.4038	东北	384.2707	西南
冷温带雨林	1252.9711	西	415.6455	西	—	—
暖温带荒漠灌丛	89.6367	东南	216.7490	西北	309.8927	东
暖温带有刺草原	39.1507	西北	179.2972	北	1644.9307	东北
暖温带干旱森林	49.5548	东	79.9478	西南	52.9940	东北
暖温带湿润森林	6.0564	西南	20.9408	东北	105.6254	西
暖温带潮湿森林	36.7036	南	75.4987	北	208.6402	南
亚热带荒漠灌丛	2.5855	东南	32.2950	西南	29.0863	东北
亚热带有刺疏林	14.8540	西北	18.5283	东南	17.5208	东北
亚热带干旱森林	72.1314	西	133.3046	西北	336.2482	西北
亚热带湿润森林	9.8195	东南	39.9031	东北	121.7762	东北
亚热带潮湿森林	90.7260	东	56.4018	西南	78.4328	西北
热带干旱森林	3.9603	西	32.1138	西北	56.0808	北
热带湿润森林	46.5807	西南	63.3580	东北	120.1246	西
热带潮湿森林	—	—	—	—	—	—
荒漠	21.0352	西北	48.7177	东南	9.0569	西北

动 90.1884km；*C*3~*C*4 时段，向东移动 185.9929km。冷温带草原生态系统的平均中心在 *C*1~*C*2 时段，向东南移动 62.2631km；*C*2~*C*3 时段，转向西南移动 206.1511km；*C*3~*C*4 时段转向东北移动 164.3963km。冷温带湿润森林生态系统的平均中心在 *C*1~*C*2 时段，向西北移动 56.7606km；*C*2~*C*3 时段，转向东北移动 168.8840km；*C*3~*C*4 时段，转向西南移动 100.5148km。冷温带潮湿森林生态系统的平均中心在 *C*1~*C*2 时段，向西南移动 255.4687km；*C*2~*C*3 时段，转向东北移动 98.4038km；*C*3~*C*4 时段又转向西南移动 384.2707km。冷温带雨林生态系统的平均中心在 *C*1~*C*2 时段，向西移动 1252.9711km；*C*2~*C*3 时段，继续向西移动 415.6455km；*C*4 时段没有出现该生态系统类型。

暖温带荒漠灌丛生态系统的平均中心在 *C*1~*C*2 时段，向东南移动 89.6367km；*C*2~*C*3 时段，转向西北移动 216.7490km；*C*3~*C*4 时段，转向东移动 309.8927km。暖温带有刺草原生态系统的平均中心在 *C*1~*C*2 时段，向西北移动 39.1507km；*C*2~*C*3 时段，再向西北移动 179.2972km；*C*3~*C*4 时段，转向东北移动 1644.9307km。暖温带干旱森林生态系统的平均中心在 *C*1~*C*2 时段，向东移动 49.5548km；*C*2~*C*3 时段，转向西南移动 79.9478km；*C*3~*C*4 时段，转向东北移动 52.9940km。暖温带湿润森林生态系统的平均中心在 *C*1~*C*2 时段，向西南移动 6.0564km；*C*2~*C*3 时段，转向东北移动 20.9408km；*C*3~*C*4 时段，转向西移动 105.6254km。暖温带潮湿森林生态系统的平均中心在 *C*1~*C*2 时段，向南移动 36.7036km；*C*2~*C*3 时段，转向北移动 75.4987km；*C*3~*C*4 时段，又转向南移动 208.6402km。

亚热带有刺疏林生态系统的平均中心在 *C*1~*C*2 时段，向西北移动 14.8540km；*C*2~*C*3 时段，转向东南移动 18.5283km；*C*3~*C*4 时段转向东北移动 17.5208km。亚热带干旱森林生态系统的平均中心在 *C*1~*C*2 时段，向西移动 72.1314km；*C*2~*C*3 时段，继续向西移动 133.3046km；*C*3~*C*4 时段，转向西北移动 336.2482km。亚热带湿润森林生态系统的平均中心在 *C*1~*C*2 时段，向东南移动 9.8195km；*C*2~*C*3 时段转向东北移动 39.9031km；*C*3~*C*4 时段，继续向东北移动 121.7762km。亚热带潮湿森林生态系统的平均中心在 *C*1~*C*2 时段，向东移动 90.7260km；*C*2~*C*3 时段，转向西南移动 56.4018km；*C*3~*C*4 时段，转向西北移动 78.4328km。

热带干旱森林生态系统的平均中心在 *C*1~*C*2 时段，向西移动 3.9603km；*C*2~*C*3 时段，转向西北移动 32.1138km；*C*3~*C*4 时段转向北移动 56.0808km。热带湿润森林生态系统的平均中心在 *C*1~*C*2 时段，向西南移动 46.5807km；*C*2~*C*3 时段，转向东北移动 63.3580km；*C*3~*C*4 时段，转向西移动 120.1246km。

荒漠生态系统的平均中心在 *C*1~*C*2 时段，向西北偏移 21.0352km；*C*2~*C*3 时段，向东南移动 48.7177km；*C*3~*C*4 时段，转向西北偏移 9.0569km。

从平均中心移动的总体趋势来看，高山干苔原、寒温带荒漠、寒温带湿润森林、寒温带潮湿森林、冷温带潮湿森林、冷温带雨林、冷温带草原、冷温带湿润森林、暖温带荒漠灌丛、暖温带有刺草原、暖温带潮湿森林、亚热带干旱森林等生态系统类型的移动幅度大于其他生态系统类型的移动幅度。在 *C*1~*C*4 时段，它们在每个时段的平均移动幅度超过 100km（图 20.4，表 20.5）。

20.4　国家尺度的 HLZ 生态系统情景分析

20.4.1　中国 HLZ 生态系统面积变化的未来情景

1. HadCM3 A1Fi 情景的面积变化

为了便于分析说明，用 *T*1、*T*2、*T*3 和 *T*4 分别代表 1960~1999 年、2010~2039 年、2040~2069 年和 2070~2099 年。对应 HadCM3 A1Fi 情景，可模拟得到 *T*1~*T*4 时段的中国 HLZ 生态系统时空变化趋势（图 20.5）。对其各个时段每一种 HLZ 生态系统类型的面积数据进行统计分析，可获得中国 *T*1、*T*2、*T*3 和 *T*4 时段各种 HLZ 生态系统面积的变化趋势数据表（表 20.6，表 20.7）。

模拟结果表明，对应 HadCM3 A1Fi 气候情景，在 *T*1~*T*4 时期，中国有 28 种 HLZ 生态系统类型，其中 HLZ 生态系统趋势中出现的高山干苔原类型在该情景中没有出现，而亚热带荒漠灌丛、亚热带有刺疏林和热带潮湿森林在 *T*1 和 *T*2 时段没有出现，其余 24 种类型在 *T*1~*T*4 时期均有出现。各种 HLZ 生态系统在 *T*1~*T*4 时期的平均面积所占比例按大小顺序分别为：冷温带湿润森林（15.9802%）、亚热带湿润森林（12.8502%）、暖温带湿润森林（10.1129%）、冰原地带（9.0951%）、荒漠（6.7186%）、高山雨苔原（6.368%）、寒温带潮湿森林（6.3449%）、冷温带草原（5.5848%）、暖温带干旱森林（4.498%）、冷温带潮湿森林（3.7967%）、寒温带雨林（3.4336%）、暖温带荒漠灌丛（3.3962%）、冷温带灌丛（3.1375%）、暖温带有刺草原（2.0616%）、寒温带湿润森林（1.9289%）、高山潮湿苔原（0.9985%）、暖温带潮湿森林（0.8565%）、热带湿润森林（0.7241%）、亚热带潮湿森林（0.5656%）、寒温带干旱灌丛（0.4523%）、亚热带干旱森林（0.3897%）、亚热带荒漠灌丛（0.317%）、冷温带雨林（0.2242%）、热带干旱森林（0.0914%）、高山湿润苔原（0.0588%）、亚热带有刺疏林（0.0147%）和热带潮湿森林（0.0001%）。其中，前 10 类生态系统占总面积的 80.3405%，而后 18 类生态系统仅占 19.6595%。

在 *T*1~*T*4 时期，冰原地带、高山湿润苔原、高山潮湿苔原、寒温带干旱灌丛、寒温带湿润森林、暖温带湿润森林等生态系统类型的面积呈持续减少趋势。另外，寒温带雨林、冷温带雨林、暖温带荒漠灌丛、暖温带有刺草原、暖温带干旱森林、暖温带潮湿森林、亚热带干旱森林、亚热带湿润森林、亚热带潮湿森林、热带干旱森林、热带湿润森林等生态系统类型的面积呈持续增加趋势。

1）持续减少的生态系统类型

冰原地带平均每 10 年减少 5.5692%，*T*2 时段比 *T*1 时段将减少 $24.2481\times10^6\text{hm}^2$（减少 17.9187%），*T*3 时段比 *T*2 时段将减少 $41.9336\times10^6\text{hm}^2$（减少 37.7526%），*T*4 时段比 *T*3 时段将减少 $39.3287\times10^6\text{hm}^2$（减

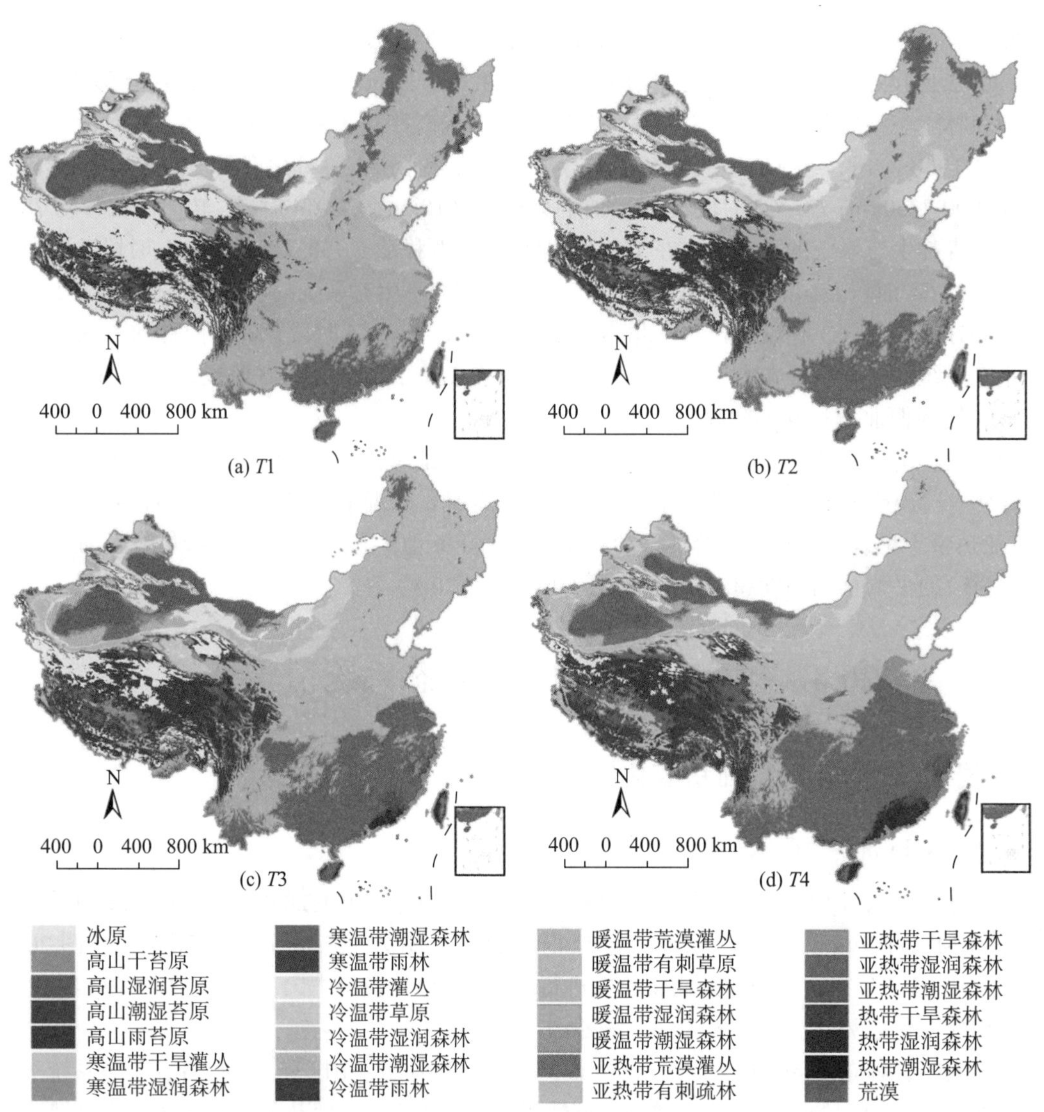

图 20.5　对应 HadCM3 A1Fi 气候情景的中国 HLZ 生态系统未来时空变化

表 20.6　对应 HadCM3 A1Fi 气候情景的 HLZ 面积

HLZ 类型	$T1/10^6hm^2$	$T2/10^6hm^2$	$T3/10^6hm^2$	$T4/10^6hm^2$	平均面积/10^6hm^2	比例/%
极地/冰原	135.3230	111.0749	69.1413	29.8125	86.3379	9.0951
亚极地/高山干苔原	—	—	—	—	—	—
亚极地/高山湿润苔原	1.3618	0.5257	0.3071	0.0366	0.5578	0.0588
亚极地/高山潮湿苔原	13.7260	11.4231	8.3699	4.3967	9.4789	0.9985
亚极地/高山雨苔原	57.1934	63.8448	65.9349	54.8262	60.4498	6.3680
寒温带干旱灌丛	9.6485	4.8729	1.9722	0.6801	4.2934	0.4523
寒温带湿润森林	21.7007	20.0286	17.9329	13.5798	18.3105	1.9289
寒温带潮湿森林	73.9831	57.4636	53.2376	56.2397	60.2310	6.3449
寒温带雨林	23.2188	26.6719	34.2180	46.2699	32.5946	3.4336
冷温带荒漠灌丛	40.5190	41.6211	25.9266	11.0690	29.7839	3.1375
冷温带草原	62.0448	70.0136	45.5701	34.4329	53.0153	5.5848
冷温带湿润森林	134.7165	152.8661	164.3510	154.8546	151.6970	15.9802
冷温带潮湿森林	38.9585	34.6169	34.5079	36.0814	36.0412	3.7967
冷温带雨林	0.4161	0.8437	2.3985	4.8532	2.1279	0.2242
暖温带荒漠灌丛	11.9431	28.2665	39.1508	49.5975	32.2395	3.3962

续表

HLZ 类型	$T1/10^6hm^2$	$T2/10^6hm^2$	$T3/10^6hm^2$	$T4/10^6hm^2$	平均面积$/10^6hm^2$	比例/%
暖温带有刺草原	4.4802	18.0452	19.9358	35.8211	19.5706	2.0616
暖温带干旱森林	25.1999	26.9168	52.5831	66.0945	42.6986	4.4980
暖温带湿润森林	137.4571	120.6781	80.8622	45.0004	95.9994	10.1129
暖温带潮湿森林	5.0912	6.5271	7.8722	13.0302	8.1302	0.8565
亚热带荒漠灌丛	—	—	3.9306	8.1049	3.0089	0.3170
亚热带有刺疏林	—	—	0.1414	0.4181	0.1399	0.0147
亚热带干旱森林	0.3801	0.4037	0.9217	13.0913	3.6992	0.3897
亚热带湿润森林	64.0669	89.5150	144.2427	190.1106	121.9838	12.8502
亚热带潮湿森林	1.5159	2.5450	8.2951	9.1198	5.3689	0.5656
热带干旱森林	0.2974	0.4534	0.8356	1.8860	0.8681	0.0914
热带湿润森林	1.1733	1.6105	7.3341	17.3775	6.8738	0.7241
热带潮湿森林	—	—	0.0019	0.0006	0.0006	0.0001
荒漠	84.8638	58.4502	59.3087	52.4906	63.7783	6.7186

表 20.7　对应 HadCM3 A1Fi 气候情景的 HLZ 面积变化

HLZ 类型	$T2-T1$		$T3-T2$		$T4-T3$	
	增加面积$/10^6hm^2$	增加比例/%	增加面积$/10^6hm^2$	增加比例/%	增加面积$/10^6hm^2$	增加比例/%
极地/冰原	−24.2481	−17.9187	−41.9336	−37.7526	−39.3287	−56.8817
亚极地/高山干苔原	—	—	—	—	—	—
亚极地/高山湿润苔原	−0.8361	−61.3966	−0.2186	−41.5882	−0.2704	−88.0745
亚极地/高山潮湿苔原	−2.3029	−16.7776	−3.0532	−26.7285	−3.9732	−47.4702
亚极地/高山雨苔原	6.6514	11.6297	2.0901	3.2737	−11.1087	−16.8480
寒温带干旱灌丛	−4.7755	−49.4954	−2.9007	−59.5279	−1.2921	−65.5140
寒温带湿润森林	−1.6721	−7.7054	−2.0957	−10.4633	−4.3531	−24.2742
寒温带潮湿森林	−16.5195	−22.3288	−4.2260	−7.3543	3.0021	5.6390
寒温带雨林	3.4531	14.8721	7.5462	28.2926	12.0518	35.2207
冷温带荒漠灌丛	1.1021	2.7199	−15.6944	−37.7079	−14.8576	−57.3064
冷温带草原	7.9688	12.8437	−24.4435	−34.9126	−11.1372	−24.4397
冷温带湿润森林	18.1496	13.4724	11.4849	7.5130	−9.4963	−5.7781
冷温带潮湿森林	−4.3416	−11.1442	−0.1090	−0.3148	1.5735	4.5597
冷温带雨林	0.4277	102.7860	1.5548	184.2761	2.4547	102.3421
暖温带荒漠灌丛	16.3234	136.6770	10.8843	38.5058	10.4467	26.6833
暖温带有刺草原	13.5650	302.7770	1.8906	10.4770	15.8853	79.6824
暖温带干旱森林	1.7169	6.8130	25.6663	95.3541	13.5114	25.6954
暖温带湿润森林	−16.7790	−12.2067	−39.8159	−32.9935	−35.8618	−44.3493
暖温带潮湿森林	1.4359	28.2035	1.3451	20.6076	5.1580	65.5214
亚热带荒漠灌丛	—	—	3.9306	—	4.1742	106.1964
亚热带有刺疏林	—	—	0.1414	—	0.2767	195.6389
亚热带干旱森林	0.0236	6.2224	0.5180	128.3022	12.1696	1320.4038
亚热带湿润森林	25.4481	39.7212	54.7276	61.1379	45.8679	31.7991
亚热带潮湿森林	1.0291	67.8853	5.7502	225.9443	0.8247	9.9414
热带干旱森林	0.1560	52.4597	0.3823	84.3161	1.0503	125.6966
热带湿润森林	0.4373	37.2689	5.7236	355.3888	10.0434	136.9417
热带潮湿森林	—	—	0.0019	—	−0.0013	−69.3164
荒漠	−26.4136	−31.1247	0.8585	1.4475	−6.8181	−11.4960

少 56.8817%），*T*3~*T*4 时段减少最快。高山湿润苔原平均每 10 年减少 6.9508%，*T*2 时段比 *T*1 时段将减少 0.8361×10^6hm^2（减少 61.3966%），*T*3 时段比 *T*2 时段将减少 0.2186×10^6hm^2（减少 41.5882%），*T*4 时段比 *T*3 时段将减少 0.2704×10^6hm^2（减少 88.0745%），*T*3~*T*4 时段减少最快。高山潮湿苔原平均每 10 年减少 4.8549%，*T*2 时段比 *T*1 时段将减少 2.3029×10^6hm^2（减少 16.7776%），*T*3 时段比 *T*2 时段将减少 3.0532×10^6hm^2（减少 26.7258%），*T*4 时段比 *T*3 时段将减少 3.9732×10^6hm^2（减少 47.4702%），*T*3~*T*4 时段减少最快。寒温带干旱灌丛平均每 10 年减少 6.6394%，*T*2 时段比 *T*1 时段将减少 4.7755×10^6hm^2（减少 49.4954%），*T*3 时段比 *T*2 时段将减少 2.9007×10^6hm^2（减少 59.5279%），*T*4 时段比 *T*3 时段将减少 1.2921×10^6hm^2（减少 65.5140%），*T*3~*T*4 时段减少最快。

寒温带湿润森林平均每 10 年减少 2.6730%，*T*2 时段比 *T*1 时段将减少 1.6721×10^6hm^2（减少 7.7054%），*T*3 时段比 *T*2 时段将减少 2.0957×10^6hm^2（减少 10.4633%），*T*4 时段比 *T*3 时段将减少 4.3531×10^6hm^2（减少 24.2742%），*T*3~*T*4 时段减少最快。暖温带湿润森林平均每 10 年减少 4.8044%，*T*2 时段比 *T*1 时段将减少 16.779×10^6hm^2（减少 12.2067%），*T*3 时段比 *T*2 时段将减少 39.8159×10^6hm^2（减少 32.9935%），*T*4 时段比 *T*3 时段将减少 35.8618×10^6hm^2（减少 44.3493%），*T*3~*T*4 时段减少最快。

2）持续增加的生态系统类型

寒温带雨林平均每 10 年增加 7.0913%，*T*2 时段比 *T*1 时段增加了 3.4531×10^6hm^2（增加 14.8721%），*T*3 时段比 *T*2 时段增加了 7.5462×10^6hm^2（增加 28.2926%），*T*4 时段比 *T*3 时段增加了 12.0518×10^6hm^2（增加 35.2207%），*T*3~*T*4 时段增加最快。冷温带雨林平均每 10 年增加 76.1747%，*T*2 时段比 *T*1 时段增加了 0.4277×10^6hm^2（增加 102.786%），*T*3 时段比 *T*2 时段增加 1.5584×10^6hm^2（增加 184.2761%），*T*4 时段比 *T*3 时段增加了 2.4547×10^6hm^2（增加 102.3421%），*T*2~*T*3 时段增加最快。

暖温带荒漠灌丛平均每 10 年增加 22.5202%，*T*2 时段比 *T*1 时段增加 16.3234×10^6hm^2（增加 136.677%），*T*3 时段比 *T*2 时段增加 10.8843×10^6hm^2（增加 38.5058%），*T*4 时段比 *T*3 时段增加 10.4467×10^6hm^2（增加 26.6833%），*T*1~*T*2 时段增加最快。暖温带有刺草原平均每 10 年将增加 49.9672%，*T*2 时段比 *T*1 时段增加 13.565×10^6hm^2（增加 302.777%），*T*3 时段比 *T*2 时段增加 1.8906×10^6hm^2（增加 10.477%），*T*4 时段比 *T*3 时段增加了 15.8853×10^6hm^2（增加 79.6824%），*T*1~*T*2 时段增加最快。暖温带干旱森林平均每 10 年将增加 11.5915%，*T*2 时段比 *T*1 时段增加 1.7169×10^6hm^2（增加 6.813%），*T*3 时段比 *T*2 时段增加 25.6663×10^6hm^2（增加 95.3541%），*T*4 时段比 *T*3 时段将增加 13.5114×10^6hm^2（增加 25.6954%），*T*2~*T*3 时段增加最快。暖温带潮湿森林平均每 10 年增加 11.1382%，*T*2 时段比 *T*1 时段将增加 1.4359×10^6hm^2（增加 28.2035%），*T*3 时段比 *T*2 时段将增加 1.3451×10^6hm^2（增加 20.6076%），*T*4 时段比 *T*3 时段将增加 5.158×10^6hm^2（增加 65.5214%），*T*3~*T*4 时段增加最快。

亚热带干旱森林平均每 10 年增加 238.8695%，*T*2 时段比 *T*1 时段将增加 0.0236×10^6hm^2（增加 6.2224%），*T*3 时段比 *T*2 时段将增加 0.518×10^6hm^2（增加 128.3022%），*T*4 时段比 *T*3 时段将增加 12.1696×10^6hm^2（增加 1320.4038%），*T*3~*T*4 时段增加最快。亚热带湿润森林平均每 10 年增加 14.0527%，*T*2 时段比 *T*1 时段将增加 25.4481×10^6hm^2（增加 39.7212%），*T*3 时段比 *T*2 时段将增加 54.7276×10^6hm^2（增加 61.1379%），*T*4 时段比 *T*3 时段将增加 45.8679×10^6hm^2（增加 31.7991%），*T*2~*T*3 时段增加最快。亚热带潮湿森林平均每 10 年增加 35.8295%，*T*2 时段比 *T*1 时段将增加 1.0291×10^6hm^2（增加 67.8853%），*T*3 时段比 *T*2 时段将增加 5.7502×10^6hm^2（增加 225.9443%），*T*4 时段比 *T*3 时段将增加 0.8247×10^6hm^2（增加 9.9414%），*T*2~*T*3 时段增加最快。

热带干旱森林平均每 10 年增加 38.1545%，*T*2 时段比 *T*1 时段将增加 0.156×10^6hm^2（增加 52.4597%），*T*3 时段比 *T*2 时段将增加 0.3823×10^6hm^2（增加 84.3161%），*T*4 时段比 *T*3 时段将增加 1.0503×10^6hm^2（增加 125.6966%），*T*3~*T*4 时段增加最快。热带湿润森林平均每 10 年增加 98.6485%，*T*2 时段比 *T*1 时段将增加 0.4373×10^6hm^2（增加 37.2689%），*T*3 时段比 *T*2 时段将增加 5.7236×10^6hm^2（增加 355.3888%），*T*4 时段比 *T*3 时段将增加 10.0434×10^6hm^2（增加 136.9417%），*T*2~*T*3 时段增加最快。

2. HadCM3 A2a 的面积变化

对应 HadCM3 A2a 气候情景，中国有 28 种 HLZ 生态系统类型（图 20.6，表 20.8），其中热带潮湿森林

仅出现在 $T4$ 时段，亚热带荒漠灌丛和亚热带有刺疏林均仅出现在 $T3$ 和 $T4$ 时段，其余 25 种类型在 $T1$~$T4$ 时期均有出现。

各种 HLZ 生态系统在 $T1$~$T4$ 时段平均面积所占比例按大小顺序分别为：冷温带湿润森林（15.9969%）、亚热带湿润森林（11.7907%）、暖温带湿润森林（11.3079%）、冰原地带（9.9797%）、荒漠（16.6916%）、高山雨苔原（6.5907%）、寒温带潮湿森林（6.1793%）、冷温带草原（6.0799%）、暖温带干旱森林（4.0493%）、冷温带潮湿森林（3.8301%）、冷温带灌丛（3.4062%）、暖温带荒漠灌丛（3.3774%）、寒温带雨林（3.1895%）、寒温带湿润森林（2.0752%）、暖温带有刺草原（1.6436%）、高山潮湿苔原（1.073%）、暖温带潮湿森林（0.8156%）、热带湿润森林（0.4536%）、寒温带干旱灌丛（0.4375%）、亚热带潮湿森林（0.3774%）、亚热带荒漠灌丛（0.2216%）、冷温带雨林（0.209%）、亚热带干旱森林（0.0862%）、热带干旱森林（0.0618%）、高山湿润苔原（0.0594%）、亚热带有刺疏林（0.0168%）和热带潮湿森林（0.0001%）。其中，前 10 种生态系统类型占了总面积的 82.4961%，后 18 种生态系统类型仅占 17.5039%。

在 $T1$~$T4$ 时段，冰原地带、高山湿润苔原、高山潮湿苔原、寒温带干旱灌丛、寒温带湿润森林、寒温带潮湿森林、荒漠、冷温带灌丛、暖温带湿润森林等生态系统类型的面积呈持续减少趋势。寒温带雨林、暖温带荒漠灌丛、暖温带有刺草原、暖温带干旱森林、亚热带湿润森林、亚热带潮湿森林、热带湿润森林等生态系统类型的面积呈持续增加趋势。

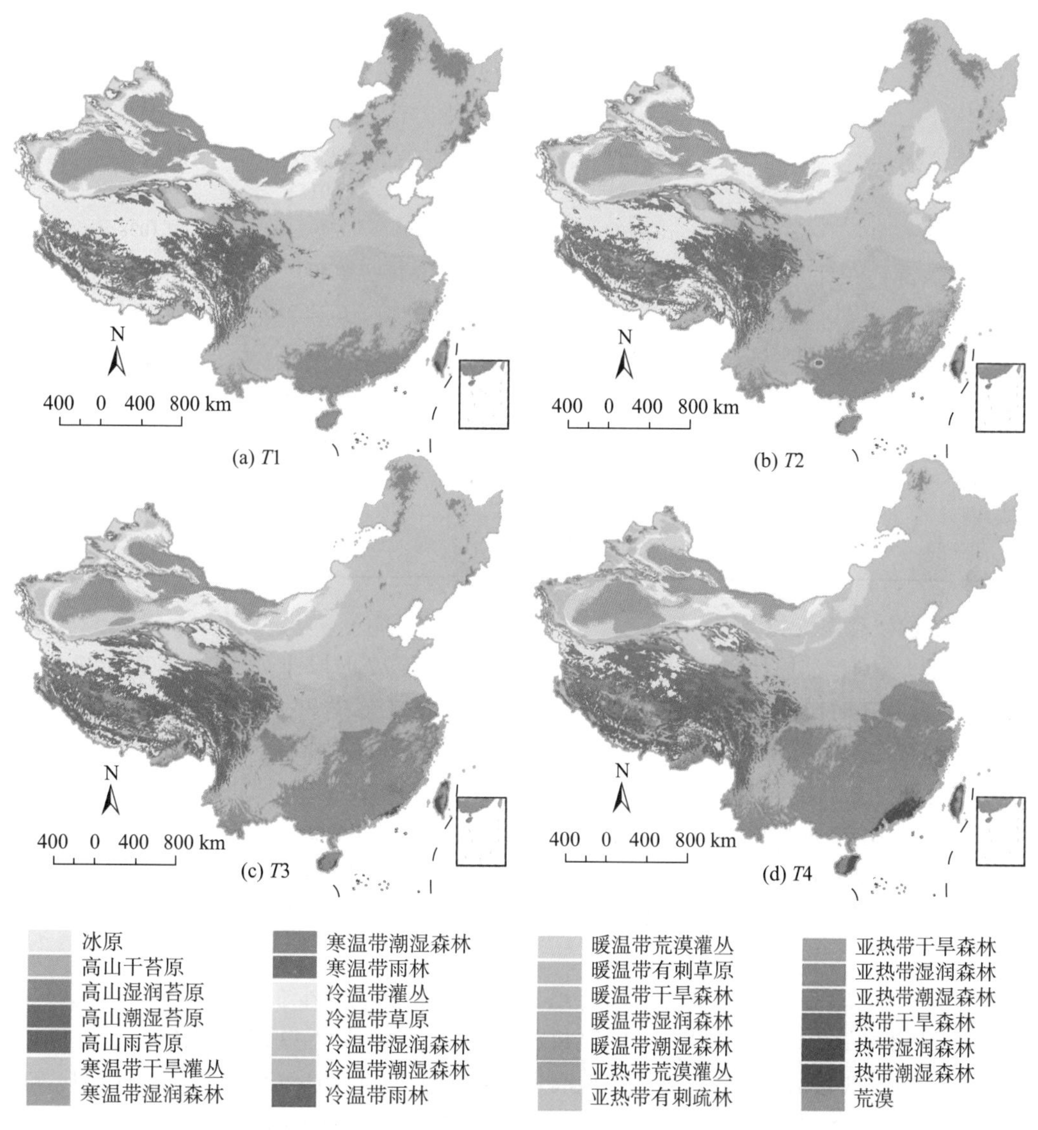

图 20.6　在 HadCM3 A2a 气候情景下中国 HLZ 生态系统未来时空变化

表 20.8　在 HadCM3 A2a 气候情景下各时段 HLZ 面积

HLZ 类型	$T1/10^6hm^2$	$T2/10^6hm^2$	$T3/10^6hm^2$	$T4/10^6hm^2$	平均面积/10^6hm^2	比例/%
极地/冰原	135.1638	112.6623	85.0946	46.0210	94.7354	9.9797
亚极地/高山干苔原	—	—	—	—	—	—
亚极地/高山湿润苔原	1.2662	0.5250	0.3411	0.1250	0.5643	0.0594
亚极地/高山潮湿苔原	14.1398	11.1507	9.4802	5.9718	10.1856	1.0730
亚极地/高山雨苔原	57.4099	63.6747	65.9675	63.2059	62.5645	6.5907
寒温带干旱灌丛	8.4984	5.1532	2.0129	0.9471	4.1529	0.4375
寒温带湿润森林	23.8012	19.5853	17.9994	17.4124	19.6996	2.0752
寒温带潮湿森林	73.6374	56.3697	52.4025	52.2273	58.6592	6.1793
寒温带雨林	23.3369	24.7439	31.8009	41.2286	30.2776	3.1895
冷温带荒漠灌丛	41.9217	39.1044	31.0279	17.2838	32.3345	3.4062
冷温带草原	61.0126	80.7998	49.0448	40.0030	57.7150	6.0799
冷温带湿润森林	134.3747	143.9212	171.7051	157.4197	151.8552	15.9969
冷温带潮湿森林	42.3904	33.3740	34.5046	35.1646	36.3584	3.8301
冷温带雨林	0.7486	0.4978	2.3788	4.3101	1.9838	0.2090
暖温带荒漠灌丛	13.4191	25.8775	39.2504	49.6979	32.0612	3.3774
暖温带有刺草原	3.3071	11.2552	17.1630	30.6836	15.6022	1.6436
暖温带干旱森林	20.9200	27.8403	41.5455	63.4522	38.4395	4.0493
暖温带湿润森林	143.7677	129.8000	96.8820	58.9238	107.3434	11.3079
暖温带潮湿森林	5.4201	5.2837	8.2487	12.0155	7.7420	0.8156
亚热带荒漠灌丛	—	—	1.6227	6.7923	2.1038	0.2216
亚热带有刺疏林	—	—	0.1469	0.4907	0.1594	0.0168
亚热带干旱森林	0.4026	0.1475	0.0015	2.7222	0.8184	0.0862
亚热带湿润森林	59.8524	84.8427	128.3466	174.6657	111.9268	11.7907
亚热带潮湿森林	1.2141	2.1916	3.6984	7.2256	3.5825	0.3774
热带干旱森林	0.2131	0.4947	0.9355	0.7024	0.5864	0.0618
热带湿润森林	1.1304	1.6771	3.4506	10.9660	4.3060	0.4536
热带潮湿森林	—	—	—	0.0032	0.0008	0.0001
荒漠	81.9303	68.3077	54.2284	49.6206	63.5216	6.6916

1）持续减少的生态系统类型

由表 20.9 可以看到，冰原地带平均每 10 年减少 4.7108%，*T*2 时段比 *T*1 时段将减少 $22.5015\times10^6hm^2$（减少 16.6476%），*T*3 时段比 *T*2 时段将减少 $27.5676\times10^6hm^2$（减少 24.4693%），*T*4 时段比 *T*3 时段将减少 $39.0736\times10^6hm^2$（减少 45.9179%），*T*3~*T*4 时段减少最快。高山湿润苔原平均每 10 年减少 6.4377%，*T*2 时段比 *T*1 时段将减少 $0.7412\times10^6hm^2$（减少 58.5385%），*T*3 时段比 *T*2 时段将减少 $0.1839\times10^6hm^2$（减少 35.0299%），*T*4 时段比 *T*3 时段将减少 $0.2161\times10^6hm^2$（减少 63.3584%），*T*3~*T*4 时段减少最快。高山潮湿苔原平均每 10 年减少 4.1261%，*T*2 时段比 *T*1 时段将减少 $2.9891\times10^6hm^2$（减少 21.1393%），*T*3 时段比 *T*2 时段将减少 $1.6705\times10^6hm^2$（减少 14.9812%），*T*4 时段比 *T*3 时段将减少 $3.5084\times10^6hm^2$（减少 37.0078%），*T*3~*T*4 时段减少最快。

寒温带干旱灌丛平均每 10 年减少 6.3468%，*T*2 时段比 *T*1 时段将减少 $3.3452\times10^6hm^2$（减少 39.3628%），*T*3 时段比 *T*2 时段将减少 $3.1403\times10^6hm^2$（减少 60.9392%），*T*4 时段比 *T*3 时段将减少 $1.0657\times10^6hm^2$（减少 52.9459%），*T*2~*T*3 时段减少最快。寒温带湿润森林平均每 10 年减少 1.9173%，*T*2 时段比 *T*1 时段将减少 $4.2159\times10^6hm^2$（减少 17.713%），*T*3 时段比 *T*2 时段将减少 $1.5859\times10^6hm^2$（减少 8.0974%），*T*4 时段比 *T*3 时段将减少 $0.587\times10^6hm^2$（减少 3.2614%），*T*1~*T*2 时段减少最快。寒温带潮湿森林平均每 10 年减

表 20.9　在 HadCM3 A2a 气候情景下各时段 HLZ 面积变化

HLZ 类型	$T2-T1$		$T3-T2$		$T4-T3$	
	增加面积/10^6hm^2	增加比例/%	增加面积/10^6hm^2	增加比例/%	增加面积/10^6hm^2	增加比例/%
极地/冰原	−22.5015	−16.6476	−27.5676	−24.4693	−39.0736	−45.9179
亚极地/高山干苔原	—	—	—	—	—	—
亚极地/高山湿润苔原	−0.7412	−58.5385	−0.1839	−35.0299	−0.2161	−63.3584
亚极地/高山潮湿苔原	−2.9891	−21.1393	−1.6705	−14.9812	−3.5084	−37.0078
亚极地/高山雨苔原	6.2648	10.9124	2.2929	3.6009	−2.7616	−4.1863
寒温带干旱灌丛	−3.3452	−39.3628	−3.1403	−60.9392	−1.0657	−52.9459
寒温带湿润森林	−4.2159	−17.7130	−1.5859	−8.0974	−0.5870	−3.2614
寒温带潮湿森林	−17.2677	−23.4496	−3.9672	−7.0378	−0.1752	−0.3344
寒温带雨林	1.4069	6.0288	7.0570	28.5203	9.4276	29.6458
冷温带荒漠灌丛	−2.8173	−6.7204	−8.0765	−20.6537	−13.7441	−44.2961
冷温带草原	19.7872	32.4314	−31.7549	−39.3008	−9.0418	−18.4359
冷温带湿润森林	9.5465	7.1044	27.7839	19.3049	−14.2854	−8.3197
冷温带潮湿森林	−9.0165	−21.2700	1.1306	3.3878	0.6600	1.9128
冷温带雨林	−0.2508	−33.5041	1.8810	377.8788	1.9313	81.1882
暖温带荒漠灌丛	12.4584	92.8409	13.3730	51.6781	10.4474	26.6174
暖温带有刺草原	7.9482	240.3380	5.9077	52.4889	13.5206	78.7778
暖温带干旱森林	6.9203	33.0797	13.7052	49.2280	21.9067	52.7295
暖温带湿润森林	−13.9677	−9.7155	−32.9181	−25.3606	−37.9581	−39.1798
暖温带潮湿森林	−0.1364	−2.5159	2.9650	56.1148	3.7667	45.6647
亚热带荒漠灌丛	—	—	1.6227	—	5.1696	318.5851
亚热带有刺疏林	—	—	0.1469	—	0.3438	233.9979
亚热带干旱森林	−0.2551	−63.3664	−0.1460	−98.9835	2.7207	181483.0790
亚热带湿润森林	24.9903	41.7532	43.5039	51.2759	46.3191	36.0891
亚热带潮湿森林	0.9775	80.5132	1.5068	68.7519	3.5272	95.3711
热带干旱森林	0.2815	132.0983	0.4408	89.1172	−0.2331	−24.9164
热带湿润森林	0.5467	48.3596	1.7735	105.7475	7.5154	217.7973
热带潮湿森林	—	—	—	—	0.0032	—
荒漠	−13.6226	−16.6271	−14.0793	−20.6116	−4.6078	−8.4970

少 2.0768%，$T2$ 时段比 $T1$ 时段将减少 $17.2677\times10^6hm^2$（减少 23.4496%），$T3$ 时段比 $T2$ 时段将减少 $3.9672\times10^6hm^2$（减少 7.0378%），$T4$ 时段比 $T3$ 时段将减少 $0.1752\times10^6hm^2$（减少 0.3344%），$T1$~$T2$ 时段减少最快。

冷温带灌丛平均每 10 年减少 4.1980%，$T2$ 时段比 $T1$ 时段将减少 $2.8173\times10^6hm^2$（减少 6.7204%），$T3$ 时段比 $T2$ 时段将减少 $8.0765\times10^6hm^2$（减少 20.6537%），$T4$ 时段比 $T3$ 时段将减少 $13.7441\times10^6hm^2$（减少 44.2961%），$T3$~$T4$ 时段减少最快。暖温带湿润森林平均每 10 年减少 4.2153%，$T2$ 时段比 $T1$ 时段将减少 $13.9677\times10^6hm^2$（减少 9.7155%），$T3$ 时段比 $T2$ 时段将减少 $32.9181\times10^6hm^2$（减少 25.3606%），$T4$ 时段比 $T3$ 时段将减少 $37.9581\times10^6hm^2$（减少 39.1798%），$T3$~$T4$ 时段减少最快。

荒漠平均每 10 年减少 6.6916%，$T2$ 时段比 $T1$ 时段将减少 $13.6226\times10^6hm^2$（减少 16.6271%），$T3$ 时段比 $T2$ 时段将减少 $14.0973\times10^6hm^2$（减少 20.6116%），$T4$ 时段比 $T3$ 时段将减少 $4.6078\times10^6hm^2$（减少 8.4970%），$T2$~$T3$ 时段减少最快。

2）持续增加的生态系统类型

由表 20.9 可以看到，寒温带雨林平均每 10 年增加 5.4762%，$T2$ 时段比 $T1$ 时段将增加 $1.4069\times10^6hm^2$（增加 6.0288%），$T3$ 时段比 $T2$ 时段将增加 $7.057\times10^6hm^2$（增加 28.5203%），$T4$ 时段比 $T3$ 时段将增加 $9.4276\times10^6hm^2$（增加 29.6458%），$T3$~$T4$ 时段增加最快。暖温带荒漠灌丛平均每 10 年增加 19.3109%，$T2$ 时段比

*T*1 时段将增加 12.4584 × 10^6hm^2（增加 92.8409%），*T*3 时段比 *T*2 时段将增加 13.373 × 10^6hm^2（增加 51.6781%），*T*4 时段比 *T*3 时段将增加 10.4474 × 10^6hm^2（增加 26.6174%），*T*1~*T*2 时段增加最快。暖温带有刺草原平均每 10 年增加 59.1297%，*T*2 时段比 *T*1 时段将增加 7.9482 × 10^6hm^2（增加 240.338%），*T*3 时段比 *T*2 时段将增加 5.9077 × 10^6hm^2（增加 52.4889%），*T*4 时段比 *T*3 时段将增加 13.5206 × 10^6hm^2（增加 78.7778%），*T*1~*T*2 时段增加最快。暖温带干旱森林平均每 10 年增加 14.5221%，*T*2 时段比 *T*1 时段将增加 6.9203 × 10^6hm^2（增加 33.0797%），*T*3 时段比 *T*2 时段将增加 13.7052 × 10^6hm^2（增加 49.228%），*T*4 时段比 *T*3 时段将增加 21.9067 × 10^6hm^2（增加 52.7295%），*T*3~*T*4 时段增加最快。

亚热带湿润森林平均每 10 年增加 13.7019%，*T*2 时段比 *T*1 时段将增加 24.9903 × 10^6hm^2（增加 41.7532%），*T*3 时段比 *T*2 时段将增加 43.5039 × 10^6hm^2（增加 51.2759%），*T*4 时段比 *T*3 时段将增加 46.3191 × 10^6hm^2（增加 36.0891%），*T*2~*T*3 时段增加最快。亚热带潮湿森林平均每 10 年增加 35.3670%，*T*2 时段比 *T*1 时段将增加 0.9775 × 10^6hm^2（增加 80.5132%），*T*3 时段比 *T*2 时段将增加 1.5068 × 10^6hm^2（增加 68.7519%），*T*4 时段比 *T*3 时段将增加 3.5272 × 10^6hm^2（增加 95.3711%），*T*3~*T*4 时段增加最快。热带湿润森林平均每 10 年增加 62.1474%，*T*2 时段比 *T*1 时段将增加 0.5467 × 10^6hm^2（增加 48.3596%），*T*3 时段比 *T*2 时段将增加 1.7735 × 10^6hm^2（增加 105.7454%），*T*4 时段比 *T*3 时段将增加 7.5154 × 10^6hm^2（增加 217.7973%），*T*3~*T*4 时段增加最快。

3. 对应 HadCM3 B2a 气候情景的中国 HLZ 生态系统面积变化

对应 HadCM3 B2a 气候情景，在 *T*1~*T*4 时期，中国 HLZ 生态系统共有 28 种类型，其中亚热带荒漠灌丛和亚热带有刺疏林均仅出现在 *T*3 和 *T*4 时段，亚热带干旱森林仅出现在 *T*1~*T*2 时段，热带潮湿森林仅出现在 *T*4 时段，其余的 24 种类型在 *T*1~*T*4 时段均有出现（图 20.7，表 20.10）。

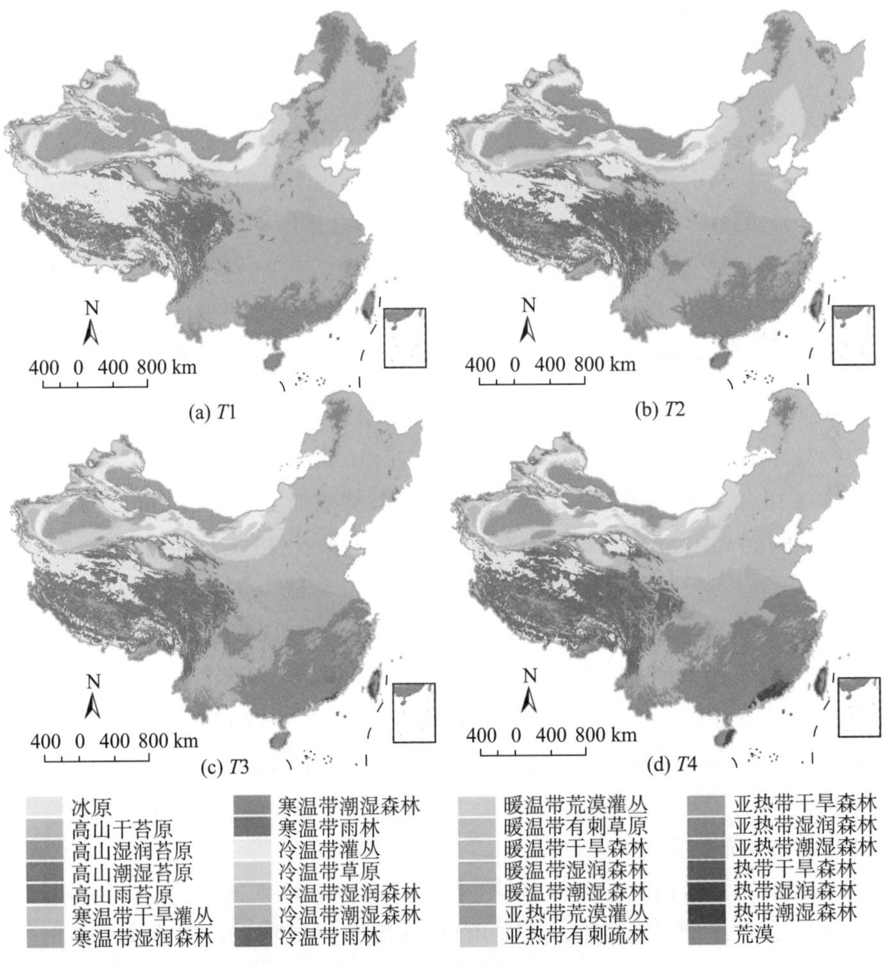

图 20.7　对应 HadCM3 B2a 气候情景的中国 HLZ 生态系统未来时空变化

表 20.10 对应 HadCM3 B2a 气候情景的各时段 HLZ 面积

HLZ 类型	$T1/10^6hm^2$	$T2/10^6hm^2$	$T3/10^6hm^2$	$T4/10^6hm^2$	平均面积/10^6hm^2	比例/%
极地/冰原	134.8838	101.4065	82.5308	64.6449	95.8665	10.0989
亚极地/高山干苔原	—	—	—	—	—	—
亚极地/高山湿润苔原	1.2531	0.6152	0.4111	0.3300	0.6524	0.0687
亚极地/高山潮湿苔原	14.1358	11.2481	9.8365	7.6229	10.7108	1.1283
亚极地/高山雨苔原	57.3639	66.0640	66.8737	66.0411	64.0857	6.7510
寒温带干旱灌丛	8.5102	5.6144	3.0929	1.8328	4.7626	0.5017
寒温带湿润森林	23.7791	19.8286	18.7118	17.0815	19.8502	2.0911
寒温带潮湿森林	73.1119	53.9287	50.6809	49.5127	56.8086	5.9844
寒温带雨林	23.3778	26.4809	32.7578	40.9165	30.8833	3.2533
冷温带荒漠灌丛	41.8927	40.8193	34.8798	28.7996	36.5979	3.8553
冷温带草原	60.9372	81.0933	49.3429	44.4687	58.9605	6.2111
冷温带湿润森林	134.7434	148.8573	175.0115	164.7823	155.8486	16.4176
冷温带潮湿森林	42.4310	32.0778	34.7897	37.6722	36.7427	3.8706
冷温带雨林	0.7463	0.5110	2.4029	4.5159	2.0440	0.2153
暖温带荒漠灌丛	13.4966	22.6053	34.7535	42.2999	28.2888	2.9800
暖温带有刺草原	3.4011	11.5129	15.1520	21.1149	12.7952	1.3479
暖温带干旱森林	21.2660	29.4039	39.7503	45.8584	34.0697	3.5890
暖温带湿润森林	143.9511	122.9965	99.7109	74.8163	110.3687	11.6266
暖温带潮湿森林	5.4307	4.8776	8.5435	13.8716	8.1809	0.8618
亚热带荒漠灌丛	—	—	0.4420	2.1755	0.6544	0.0689
亚热带有刺疏林	—	—	0.0567	0.1613	0.0545	0.0057
亚热带干旱森林	0.4042	0.2401	—	—	0.1611	0.0170
亚热带湿润森林	59.6792	95.6058	126.5892	152.6363	108.6277	11.4432
亚热带潮湿森林	1.2103	2.2491	3.7915	8.2091	3.8650	0.4072
热带干旱森林	0.2128	0.5072	0.7344	0.3065	0.4402	0.0464
热带湿润森林	1.1319	1.6674	3.0597	9.0534	3.7281	0.3927
热带潮湿森林	—	—	—	0.0019	0.0005	0.0001
荒漠	81.9283	69.0682	55.3726	50.5540	64.2308	6.7663

各种 HLZ 生态系统平均面积按所占比例大小顺序分别为冷温带湿润森林（16.4176%）、暖温带湿润森林（11.6266%）、亚热带湿润森林（11.4432%）、冰原地带（10.0989%）、高山雨苔原（6.751%）、冷温带草原（6.2111%）、寒温带潮湿森林（5.9844%）、冷温带潮湿森林（3.8706%）、冷温带灌丛（3.8553%）、暖温带干旱森林（3.589%）、寒温带雨林（3.2533%）、冷温带荒漠（3.2264%）、暖温带荒漠（3.1436%）、暖温带荒漠灌丛（2.98%）、寒温带湿润森林（2.0911%）、暖温带有刺草原（1.3479%）、高山潮湿苔原（1.1283%）、暖温带潮湿森林（0.8618%）、寒温带干旱灌丛（0.5017%）、亚热带潮湿森林（0.4072%）、热带湿润森林（0.3927%）、热带荒漠（0.3353%）、冷温带雨林（0.2153%）、亚热带荒漠灌丛（0.0689%）、高山湿润苔原（0.0687%）、寒温带荒漠（0.061%）、热带干旱森林（0.0464%）、亚热带干旱森林（0.017%）、亚热带有刺疏林（0.0057%）和热带潮湿森林（0.0001%）。其中，前 10 种生态系统类型占了总面积的 79.8476%，后面 20 种生态系统类型仅占 20.1524%。

模拟结果表明，高山湿润苔原、高山潮湿苔原、荒漠、寒温带干旱灌丛、寒温带湿润森林、寒温带潮湿森林、冷温带灌丛、暖温带湿润森林、亚热带干旱森林等生态系统类型的面积呈持续减少趋势；亚热带干旱森林的面积到 $T3$ 时段消失；寒温带雨林、暖温带荒漠灌丛、暖温带有刺草原、暖温带干旱森林、亚热带湿润森林、亚热带潮湿森林、热带湿润森林等生态系统类型的面积呈持续增加趋势。

1）持续减少的生态系统类型

由表 20.11 可以看到，冰原地带平均每 10 年减少 3.7195%，$T2$ 时段比 $T1$ 时段将减少 $33.4772\times10^6hm^2$

表 20.11　在 HadCM3 B2a 情景下 HLZ 面积变化

HLZ 类型	$T2-T1$		$T3-T2$		$T4-T3$	
	增加面积/10^6hm^2	增加比例/%	增加面积/10^6hm^2	增加比例/%	增加面积/10^6hm^2	增加比例/%
极地/冰原	−33.4772	−24.8193	−18.8758	−18.6140	−17.8858	−21.6717
亚极地/高山干苔原	—	—	—	—	—	—
亚极地/高山湿润苔原	−0.6378	−50.9009	−0.2042	−33.1829	−0.0810	−19.7144
亚极地/高山潮湿苔原	−2.8877	−20.4284	−1.4116	−12.5495	−2.2136	−22.5039
亚极地/高山雨苔原	8.7001	15.1665	0.8096	1.2255	−0.8325	−1.2450
寒温带干旱灌丛	−2.8958	−34.0274	−2.5215	−44.9118	−1.2601	−40.7425
寒温带湿润森林	−3.9505	−16.6133	−1.1168	−5.6324	−1.6303	−8.7128
寒温带潮湿森林	−19.1832	−26.2381	−3.2478	−6.0225	−1.1681	−2.3049
寒温带雨林	3.1031	13.2737	6.2769	23.7034	8.1587	24.9060
冷温带荒漠灌丛	−1.0734	−2.5623	−5.9394	−14.5506	−6.0802	−17.4319
冷温带草原	20.1561	33.0769	−31.7505	−39.1530	−4.8741	−9.8781
冷温带湿润森林	14.1140	10.4747	26.1541	17.5699	−10.2292	−5.8449
冷温带潮湿森林	−10.3532	−24.4002	2.7119	8.4542	2.8825	8.2855
冷温带雨林	−0.2353	−31.5282	1.8919	370.2248	2.1130	87.9337
暖温带荒漠灌丛	9.1086	67.4883	12.1483	53.7408	7.5464	21.7139
暖温带有刺草原	8.1118	238.5062	3.6391	31.6086	5.9629	39.3538
暖温带干旱森林	8.1379	38.2672	10.3464	35.1872	6.1081	15.3663
暖温带湿润森林	−20.9546	−14.5568	−23.2857	−18.9320	−24.8946	−24.9668
暖温带潮湿森林	−0.5531	−10.1842	3.6659	75.1565	5.3281	62.3641
亚热带荒漠灌丛	—	—	0.4420	—	1.7335	392.1700
亚热带有刺疏林	—	—	0.0567	—	0.1047	184.6062
亚热带干旱森林	−0.1641	−40.6030	−0.2401	−100.0000	—	—
亚热带湿润森林	35.9266	60.1995	30.9834	32.4074	26.0471	20.5761
亚热带潮湿森林	1.0388	85.8338	1.5424	68.5770	4.4176	116.5120
热带干旱森林	0.2945	138.4075	0.2272	44.7960	−0.4279	−58.2604
热带湿润森林	0.5355	47.3099	1.3923	83.5013	5.9938	195.8959
热带潮湿森林	—	—	—	—	0.0019	—
荒漠	−12.8601	−15.6968	−13.6956	−19.8291	−4.8186	−8.7021

（减少 24.8193%），*T*3 时段比 *T*2 时段将减少 $18.8758\times10^6hm^2$（减少 18.641%），*T*4 时段比 *T*3 时段将减少 $17.8858\times10^6hm^2$（减少 21.6717%），*T*1~*T*2 时段减少最快。高山湿润苔原平均每 10 年减少 5.2615%，*T*2 时段比 *T*1 时段将减少 $0.6378\times10^6hm^2$（减少 50.9009%），*T*3 时段比 *T*2 时段将减少 $0.2042\times10^6hm^2$（减少 33.1829%），*T*4 时段比 *T*3 时段将减少 $0.081\times10^6hm^2$（减少 19.7144%），*T*1~*T*2 时段减少最快。高山潮湿苔原平均每 10 年减少 3.2910%，*T*2 时段比 *T*1 时段将减少 $2.8877\times10^6hm^2$（减少 20.4284%），*T*3 时段比 *T*2 时段将减少 $1.4116\times10^6hm^2$（减少 12.5495%），*T*4 时段比 *T*3 时段将减少 $2.2136\times10^6hm^2$（减少 22.5039%），*T*3~*T*4 时段减少最快。

寒温带干旱灌丛平均每 10 年减少 5.6046%，*T*2 时段比 *T*1 时段将减少 $2.8958\times10^6hm^2$（减少 34.0274%），*T*3 时段比 *T*2 时段将减少 $2.5215\times10^6hm^2$（减少 44.9118%），*T*4 时段比 *T*3 时段将减少 $1.2601\times10^6hm^2$（减少 40.7425%），*T*2~*T*3 时段减少最快。寒温带湿润森林平均每 10 年减少 2.0119%，*T*2 时段比 *T*1 时段将减少 $3.9505\times10^6hm^2$（减少 16.6133%），*T*3 时段比 *T*2 时段将减少 $1.1168\times10^6hm^2$（减少 5.6324%），*T*4 时段比 *T*3 时段将减少 $1.6303\times10^6hm^2$（减少 8.7128%），*T*1~*T*2 时段减少最快。寒温带潮湿森林平均每 10 年减少 2.3056%，*T*2 时段比 *T*1 时段将减少 $19.1832\times10^6hm^2$（减少 26.2381%），*T*3 时段比 *T*2 时段将减少 $3.2478\times10^6hm^2$（减少 6.0225%），*T*4 时段比 *T*3 时段将减少 $1.1681\times10^6hm^2$（减少 2.3049%），*T*1~*T*2 时段减少最快。

冷温带灌丛平均每 10 年减少 2.2324%，*T*2 时段比 *T*1 时段将减少 1.0734×10^6hm^2（减少 2.5623%），*T*3 时段比 *T*2 时段将减少 5.9394×10^6hm^2（减少 14.5506%），*T*4 时段比 *T*3 时段将减少 6.0802×10^6hm^2（减少 17.4319%），*T*3~*T*4 时段减少最快。暖温带湿润森林平均每 10 年减少 3.4305%，*T*2 时段比 *T*1 时段将减少 20.9546×10^6hm^2（减少 14.5568%），*T*3 时段比 *T*2 时段将减少 23.2857×10^6hm^2（减少 18.932%），*T*4 时段比 *T*3 时段将减少 24.8946×10^6hm^2（减少 24.9668%），*T*3~*T*4 时段减少最快。

荒漠平均每 10 年减少 6.7663%，*T*2 时段比 *T*1 时段将减少 12.8601×10^6hm^2（减少 15.6968%），*T*3 时段比 *T*2 时段将减少 13.6956×10^6hm^2（减少 19.8291%），*T*4 时段比 *T*3 时段将减少 4.8186×10^6hm^2（减少 8.7021%），*T*2~*T*3 时段减少最快。

2）持续增加的生态系统类型

由表 20.11 可以看到，寒温带雨林平均每 10 年增加 5.3588%，*T*2 时段比 *T*1 时段将增加 0.4776×10^6hm^2（增加 1.4001%），*T*3 时段比 *T*2 时段将增加 3.1699×10^6hm^2（增加 9.1649%），*T*4 时段比 *T*3 时段将增加 9.3640×10^6hm^2（增加 24.8000%），*T*3~*T*4 时段增加最快。暖温带荒漠灌丛平均每 10 年增加 15.2437%，*T*2 时段比 *T*1 时段将增加 1.1086×10^6hm^2（增加 3.9821%），*T*3 时段比 *T*2 时段将增加 2.084810×10^6hm^2（增加 7.2016%），*T*4 时段比 *T*3 时段将增加 3.4438×10^6hm^2（增加 11.0970%），*T*3~*T*4 时段增加最快。暖温带有刺草原平均每 10 年增加 37.2018%，*T*2 时段比 *T*1 时段将增加 0.7161×10^6hm^2（增加 1.4916%），*T*3 时段比 *T*2 时段将增加 4.6590×10^6hm^2（增加 9.5618%），*T*4 时段比 *T*3 时段将增加 4.6640×10^6hm^2（增加 8.7366%），*T*2~*T*3 时段增加最快。暖温带干旱森林平均每 10 年增加 8.2601%，*T*2 时段比 *T*1 时段将增加 2.4409×10^6hm^2（增加 3.6870%），*T*3 时段比 *T*2 时段将增加 5.1716×10^6hm^2（增加 7.5340%），*T*4 时段比 *T*3 时段将增加 0.5974×10^6hm^2（增加 0.8094%），*T*2~*T*3 时段增加最快。

亚热带湿润森林平均每 10 年增加 11.1258%，*T*2 时段比 *T*1 时段将增加 9.5440×10^6hm^2（增加 14.7801%），*T*3 时段比 *T*2 时段将增加 5.7566×10^6hm^2（增加 7.7669%），*T*4 时段比 *T*3 时段将增加 0.1029×10^6hm^2（增加 0.1289%），*T*1~*T*2 时段增加最快。亚热带潮湿森林平均每 10 年增加 41.3050%，*T*2 时段比 *T*1 时段将增加 0.2750×10^6hm^2（增加 4.1031%），*T*3 时段比 *T*2 时段将增加 1.0758×10^6hm^2（增加 15.4162%），*T*4 时段比 *T*3 时段将增加 2.5455×10^6hm^2（增加 31.6041%），*T*3~*T*4 时段增加最快。热带湿润森林平均每 10 年增加 49.9886%，*T*2 时段比 *T*1 时段将增加 0.2750×10^6hm^2（增加 4.1031%），*T*3 时段比 *T*2 时段将增加 1.0758×10^6hm^2（增加 15.4162%），*T*4 时段比 *T*3 时段将增加 2.5455×10^6hm^2（增加 31.6041%），*T*3~*T*4 时段增加最快。

对应 HadCM3 A1Fi、A2a 和 B2a 气候情景，中国 HLZ 生态系统面积变化在 *T*1~*T*4 时段具有以下规律：①平均面积比例最大的五类生态系统类型均为冷温带湿润森林、亚热带湿润森林、暖温带湿润森林、冰原地带和荒漠，这五类生态系统类型的面积占所有生态系统类型面积的 50%以上，它们在 3 种情景中的总平均面积分别为 519.7964×10^6hm^2、529.3826×10^6hm^2 和 534.9423×10^6hm^2，在每一种情景中所占总平均面积的比例分别为 54.7570%、55.7667%和 56.3525%；②在 3 种情景中，平均面积减少最多的生态系统类型均为冰原地带，平均面积每 10 年分别减少 7.5365×10^6hm^2、6.3673×10^6hm^2 和 5.0171×10^6hm^2，每 10 年的平均减少速度分别为 5.5692%、4.7108%和 3.7195%；而平均面积增加最多的生态系统均为亚热带湿润森林，平均面积每 10 年分别增加 9.0031×10^6hm^2、8.2009×10^6hm^2 和 6.6398×10^6hm^2，每 10 年的平均增加速度分别为 14.0527%、13.7019%和 11.1258%；③寒冷型生态系统的面积均呈不同程度的减少趋势，而湿型生态系统类型则呈不同程度的增加趋势，这与气候未来情景平均气温和降水呈持续增加有关。

如果 $t=1$、$t=2$、$t=3$ 和 $t=4$ 分别代表 *T*1、*T*2、*T*3 和 *T*4 四个时段，那么三种情景的 HLZ 多样性与时间变量 t 之间存在正相关性，R^2 分别为 0.9468、0.94 和 0.9245。其线性回归方程分别可表达如下：

$$D_{\mathrm{A1Fi}}(t)=0.0026\cdot t+0.1759 \tag{20.14}$$

$$D_{\mathrm{A2a}}(t)=0.0012\cdot t+0.1772 \tag{20.15}$$

$$D_{\mathrm{B2a}}(t)=0.0013\cdot t+0.1772 \tag{20.16}$$

式中，$D_{\mathrm{A1Fi}}(t)$、$D_{\mathrm{A2a}}(t)$ 和 $D_{\mathrm{B2a}}(t)$ 分别为对应 A1Fi、A2a 和 B2a 三种气候情景的 HLZ 多样性。

在 *T*1~*T*4 时期，HLZ 生态系统多样性平均每 10 年分别增加 1.0150%、0.4985%和 0.5668%。斑块连通性在 *T*1~*T*2 时段内呈增加趋势，其他时段各种情景均呈减少趋势（表 20.12）。

表 20.12　A1Fi、A2a 和 B2a 三种气候情景下 HLZ 生态系统及斑块连通性指数变化

气候情景	指数	*T*1	*T*2	*T*3	*T*4	10 年变化比例/%
A1Fi	HLZ 生态系统多样性	0.1791	0.1800	0.1843	0.1864	1.0150
	斑块连通性	0.0419	0.0435	0.0422	0.0396	−1.3600
A2a	HLZ 生态系统多样性	0.1788	0.1791	0.1809	0.1823	0.4985
	斑块连通性	0.0418	0.0430	0.0427	0.0409	−0.4897
B2a	HLZ 生态系统多样性	0.1788	0.1795	0.1805	0.1828	0.5668
	斑块连通性	0.0417	0.0428	0.0428	0.0427	0.5533

20.4.2　平均中心移动

在 HadCM3 A1Fi、A2a 和 B2a 三种气候情景下，中国 HLZ 生态系统平均中心移动情景均呈现出如下规律（图 20.8~图 20.10，表 20.13~表 20.15）：①冰原地带生态系统、高山雨苔原和寒温带雨林生态系统的平均中心整体上将向西北移动；②寒温带湿润森林、寒温带潮湿森林、冷温带草原、暖温带有刺草原、暖温带干旱森林、暖温带潮湿森林、亚热带干旱森林等生态系统类型的移动幅度大于其他生态系统类型的移动幅度，其在 1960~2099 年每 10 年段的平均移动距离超过 50km，这表明，在同样的气候变化条件下，以上生态系统类型对气候相关因子的灵敏性高于其他的生态系统类型；③寒温带潮湿森林、寒温带湿润森林等生态系统类型的平均中心整体上向西南方向移动；④冷温带湿润森林、冷温带潮湿森林、暖温带干旱森林、暖温带湿润森林、亚热带湿润森林等生态系统类型平均中心整体上将向北移动。

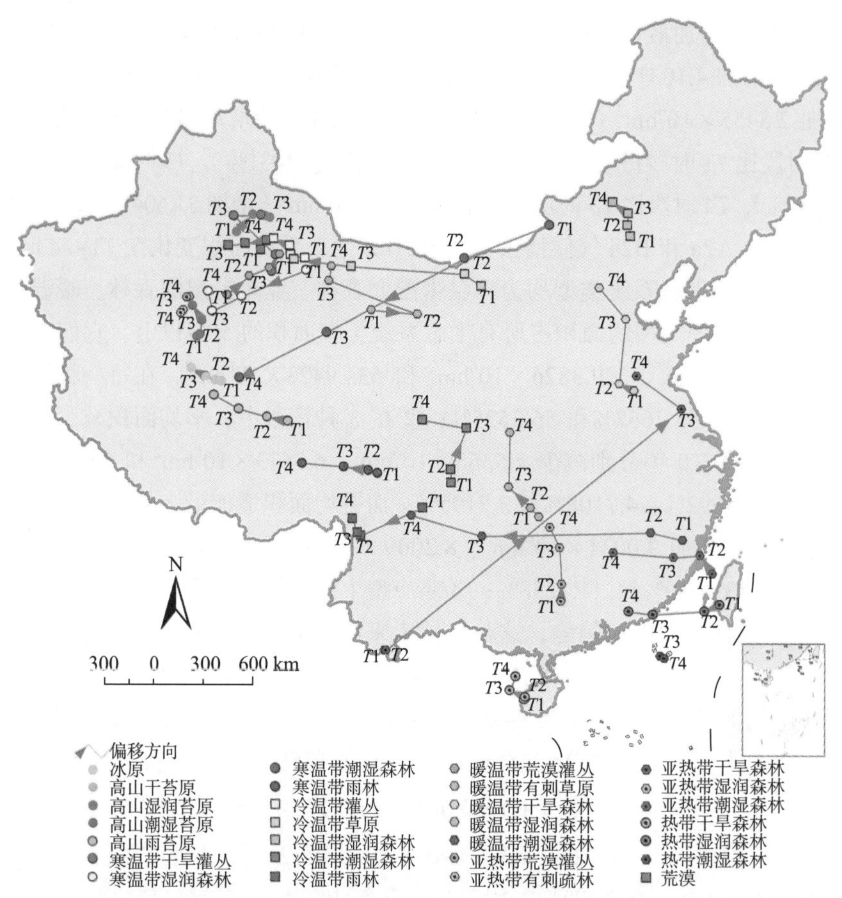

图 20.8　对应 HadCM3 A1fi 气候情景的中国 HLZ 生态系统平均中心未来时空变化

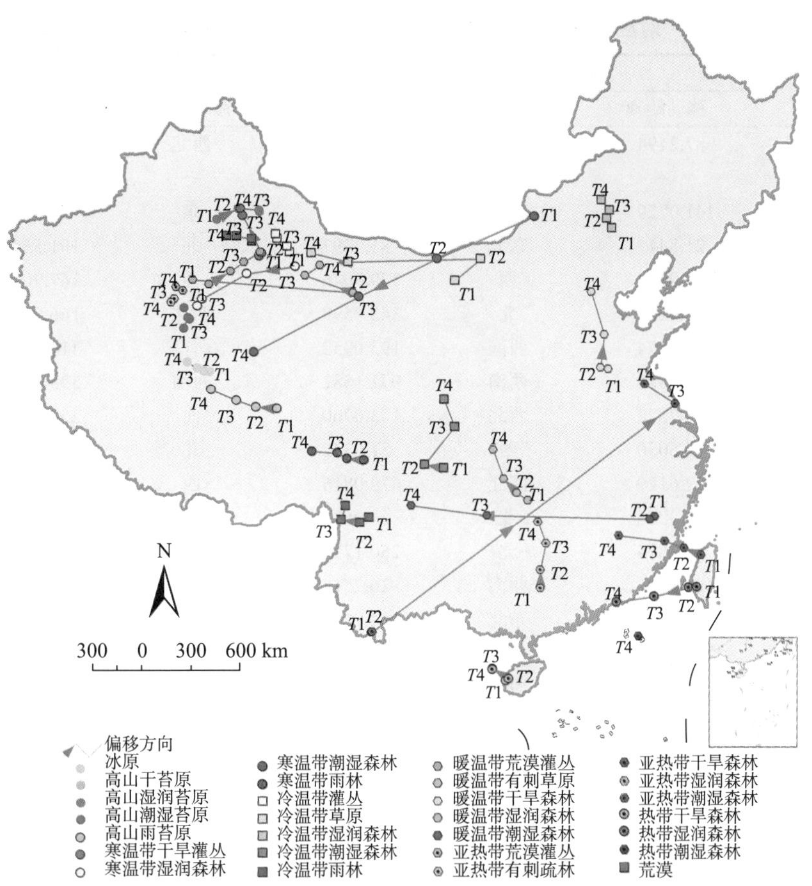

图 20.9　对应 HadCM3 A2a 气候情景的中国 HLZ 生态系统平均中心未来时空变化

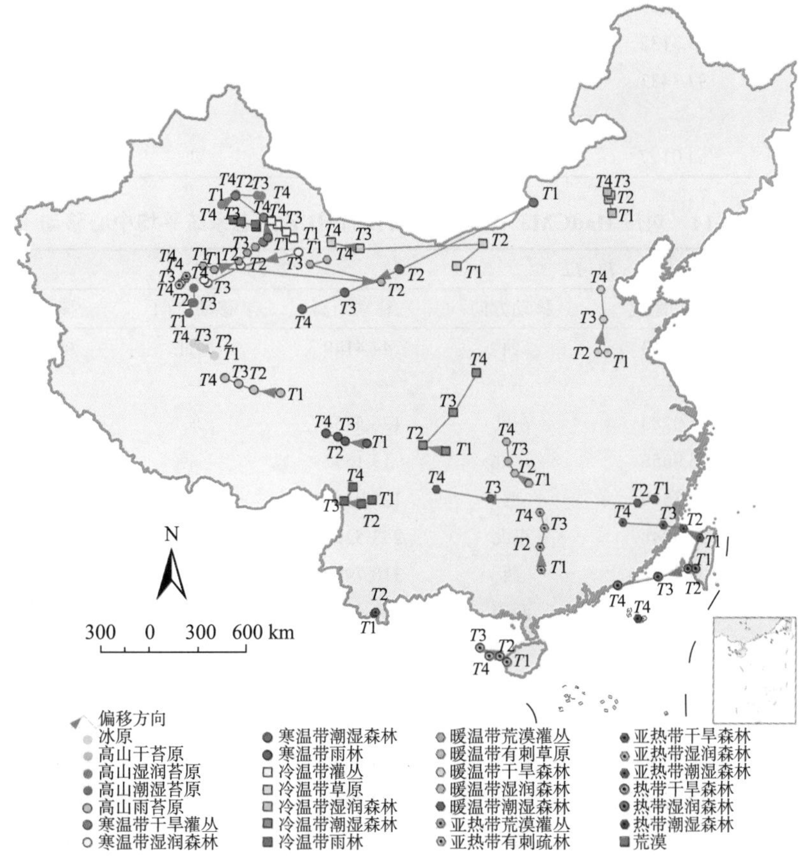

图 20.10　对应 HadCM3 B2a 气候情景的中国 HLZ 生态系统平均中心未来时空变化

表 20.13　对应 HadCM3 A1Fi 气候情景的 HLZ 生态系统平均中心移动　(单位：km)

HLZ 类型	T1~T2		T2~T3		T3~T4	
	移动距离	移动方向	移动距离	移动方向	移动距离	移动方向
极地/冰原	37.2194	西	60.6098	西北	99.6501	西北
亚极地/高山干苔原	—	—	—	—	—	—
亚极地/高山湿润苔原	141.0729	东北	78.3171	东	30.4775	东南
亚极地/高山潮湿苔原	21.8417	东北	81.2397	北	101.5349	西北
亚极地/高山雨苔原	129.9343	西	179.9046	西	167.9019	西北
寒温带干旱灌丛	98.4220	北	343.4599	西北	166.9453	East
寒温带湿润森林	422.4274	西南	193.0952	西南	116.4851	北
寒温带潮湿森林	540.5310	西南	931.1582	西南	593.6569	西南
寒温带雨林	58.7822	西北	153.0260	西	253.3328	西
冷温带荒漠灌丛	87.6030	西	51.9332	北	104.8240	西北
冷温带草原	122.6129	西北	679.0816	西	347.6060	西
冷温带湿润森林	66.3066	北	67.9678	北	113.5406	西北
冷温带潮湿森林	75.7874	北	260.1738	东北	266.9697	西
冷温带雨林	401.3900	西南	26.7518	西北	85.7699	西北
暖温带荒漠灌丛	172.3590	东北	134.7576	东北	101.6592	东北
暖温带有刺草原	274.1663	东	564.6226	西北	85.5257	北
暖温带干旱森林	96.9735	西北	378.5829	北	239.1537	西北
暖温带湿润森林	72.8066	西北	176.5961	西北	316.9810	北
暖温带潮湿森林	195.7823	西	999.8136	西	439.4663	西北
亚热带荒漠灌丛	—	—	—	—	17.3054	西
亚热带有刺疏林	—	—	—	—	24.5570	西南
亚热带干旱森林	9.3037	东	2245.0686	东北	328.7293	西北
亚热带湿润森林	100.6789	北	211.7613	北	129.6742	西北
亚热带潮湿森林	129.0019	西北	160.3973	西	359.0190	西
热带干旱森林	15.3132	东北	99.0169	西北	87.9915	东北
热带湿润森林	97.3433	西南	309.4629	西	145.2467	西
热带潮湿森林	—	—	—	—	25.4139	东南
荒漠	64.0197	东北	133.7741	西	101.2072	西

表 20.14　对应 HadCM3 A2a 气候情景的 HLZ 生态系统平均中心移动　(单位：km)

HLZ 类型	T1~T2		T2~T3		T3~T4	
	移动距离	移动方向	移动距离	移动方向	移动距离	移动方向
极地/冰原	35.2513	西	44.4149	西北	69.7833	西北
亚极地/高山干苔原	—	—	—	—	—	—
亚极地/高山湿润苔原	145.0283	东北	126.5858	东	9.0322	东南
亚极地/高山潮湿苔原	68.9656	东北	13.1552	东南	74.3745	西北
亚极地/高山雨苔原	129.3539	西	125.9363	西北	166.8751	西北
寒温带干旱灌丛	23.3848	东北	253.5297	西北	43.5062	西北
寒温带湿润森林	300.8838	西	310.7990	西南	50.3000	西南
寒温带潮湿森林	641.4670	西南	530.5808	西南	725.0678	西南
寒温带雨林	105.2661	西	69.1078	西北	155.4221	西
冷温带荒漠灌丛	37.7052	西北	77.0694	西北	27.4662	西北
冷温带草原	201.6137	东北	809.1574	西	232.0738	西
冷温带湿润森林	65.9999	西北	50.6007	东北	79.6391	西北
冷温带潮湿森林	117.7265	西	289.3060	东北	176.0143	西北
冷温带雨林	64.7409	西南	114.8759	西	87.4074	东北
暖温带荒漠灌丛	151.7895	东北	98.3391	东北	116.7359	东北

续表

HLZ 类型	T1~T2		T2~T3		T3~T4	
	移动距离	移动方向	移动距离	移动方向	移动距离	移动方向
暖温带有刺草原	985.0514	东	314.4679	西北	110.5791	东北
暖温带干旱森林	48.6522	西	196.3621	北	267.2956	西北
暖温带湿润森林	79.8392	西北	115.2804	西北	185.8942	西北
暖温带潮湿森林	33.0024	西南	999.4259	西	466.2325	西
亚热带荒漠灌丛	—	—	—	—	46.5526	西北
亚热带有刺疏林	—	—	—	—	28.9257	西南
亚热带干旱森林	6.5363	东北	2295.9557	东北	220.8044	西北
亚热带湿润森林	108.2348	北	160.9662	北	137.2133	西北
亚热带潮湿森林	116.1314	西北	126.8190	西北	283.1569	西
热带干旱森林	20.5618	东北	115.1750	西北	4.6331	西南
热带湿润森林	53.1696	西	218.0660	西	234.7223	西
热带潮湿森林	—	—	—	—	—	—
荒漠	13.1868	北	93.3342	西	62.0373	西

表 20.15　对应 HadCM3 B2a 气候情景的 HLZ 生态系统平均中心移动　　(单位：km)

HLZ 类型	T1~T2		T2~T3		T3~T4	
	移动距离	移动方向	移动距离	移动方向	移动距离	移动方向
极地/冰原	75.5579	西北	27.7668	西北	42.9994	西北
亚极地/高山干苔原	—	—	—	—	—	—
亚极地/高山湿润苔原	108.1856	东北	130.5999	东	26.3666	East
亚极地/高山潮湿苔原	63.5463	东北	12.4665	东	88.5478	北
亚极地/高山雨苔原	166.4244	西	99.9990	西北	91.4609	西北
寒温带干旱灌丛	38.6359	东北	121.8549	北	219.0454	西北
寒温带湿润森林	365.9395	西	229.9398	西南	26.8438	西北
寒温带潮湿森林	919.4139	西南	368.1529	西南	283.5834	西南
寒温带雨林	135.8805	西	53.5425	西北	76.0682	西北
冷温带荒漠灌丛	56.3766	西北	71.9718	西北	43.0520	西北
冷温带草原	209.7029	东北	759.6094	西	182.1454	西
冷温带湿润森林	85.0069	西北	30.5507	东北	28.0870	西北
冷温带潮湿森林	145.2420	西	273.4521	东北	276.8163	东北
冷温带雨林	68.9449	西南	108.5113	西	99.9375	东北
暖温带荒漠灌丛	159.3361	东北	72.2974	东北	61.3474	东北
暖温带有刺草原	1108.1778	东	454.1713	西	108.9489	东北
暖温带干旱森林	61.0955	西	198.8580	北	180.7560	北
暖温带湿润森林	104.6603	西北	82.8780	西北	118.9558	北
暖温带潮湿森林	105.3193	西	914.8551	西	336.4942	西
亚热带荒漠灌丛	—	—	—	—	18.2940	东北
亚热带有刺疏林	—	—	—	—	15.7180	西南
亚热带干旱森林	12.0757	东北	—	—	—	—
亚热带湿润森林	141.6918	北	116.4096	北	96.9020	西北
亚热带潮湿森林	119.3966	西北	129.5004	西	250.5218	西
热带干旱森林	56.6797	西北	135.3257	西北	76.8831	东南
热带湿润森林	51.0334	西	192.6599	西	255.9286	西
热带潮湿森林	—	—	—	—	—	—
荒漠	13.3850	西北	91.8621	西	48.7417	西

20.5 讨　论

大量研究表明，空间定量分析依赖于全局信息和局部信息。在模拟分析过程中，应对全局信息和局部控制进行综合考虑。如果忽略局部信息或不考虑全局信息，均不可能实现对生态系统的正确模拟。本章运用区域局部观测数据，建立多尺度统计函数，并基于 HASM 建立的陆地生态系统模拟方法，实现了对不同来源、不同尺度和不同分辨率数据的有效利用，大幅度提高了生态系统空间动态的模拟精度。

在 1964~2007 年，中国有 28 类 HLZ 生态系统，其中面积比例较大的暖温带湿润森林、冷温带草原、亚热带湿润森林、冷温带湿润森林和荒漠五类生态系统占了总面积的 55.9406%，而面积比例较小的亚热带潮湿森林、高山干苔原、热带干旱森林、热带湿润森林、亚热带有刺疏林、亚热带荒漠灌丛和冷温带雨林七类生态系统仅占 0.2121%。虽然前五类生态系统类型代表了中国优势生态系统类型，但后七类生态系统却在中国生态系统多样性中承担着重要的作用，它们对气候因子和人为因子的敏感性要高于前五类生态系统。

如果将 1964~2007 年划分为 *C*1(1964~1974 年)、*C*2(1975~1985 年)、*C*3(1986~1996 年)和 *C*4(1997~2007 年) 四个时段进行模拟，则模拟结果显示，中国 HLZ 生态系统多样性和连通性在这四个时段呈递增趋势。冰原生态系统整体上呈西北移动趋势，它和中国的雪线的不断退缩、永久冻土区域面积的不断减少等实际情况相吻合；亚热带干旱森林、亚热带湿润森林、热带干旱森林等生态系统类型整体上呈向北移动趋势，它指示了中国气温的升高和降水量的增加。

在 HadCM3 A1Fi、A2a 和 B2a 气候情景下，在 *T*1~*T*4 时段，平均面积比例最大的五类生态系统分别为冷温带湿润森林、亚热带湿润森林、暖温带湿润森林、冰原地带和荒漠，这五类生态系统的面积占所有生态系统类型面积的 50%以上。在三种气候情景下，冰原地带平均面积减少最多，亚热带湿润森林平均面积增加最多；HLZ 生态系统多样性呈严格递增趋势。中国“冷干型”生态系统类型将逐渐被更暖一级的生态系统所代替。

第 21 章　土地覆被变化未来情景模拟分析*

21.1　引　　言

土地利用/土地覆盖（LUCC）计划是国际地圈–生物圈计划（IGBP）和国际人文计划（IHDP）的一个核心计划，气候变化如何影响土地覆盖变化是其研究的核心问题之一。到目前为止，国际上已开展了大量研究工作，但也存在诸多问题。例如，IPCC 排放情景特别报告（SRES）中土地覆盖情景模型，假设世界区域土地覆盖在任一种情景下，农田、草地、森林及农作物的生物能量的变化比率都是相同的，而且 SRES 土地覆盖情景没有考虑气候变化对未来土地覆盖的影响（Arnell *et al.*, 2004）。元胞自动机模型（PCAM）运用 IPCCSRES A2 和 B2 两种情景的降尺度处理结果，对纽约都市区 2020 年和 2050 年土地利用变化未来情景进行了实验模拟，阐述了土地覆盖光谱变化的可能性，强调城市生态系统方面（Solecki and Oliveri, 2004）。土地利用转化及其影响模型（CLUE）假设总人口和农业生产力之间为动态平衡，而且仅当土地利用现状所能产生的生物物理量不能满足人类需求时，才产生土地覆盖转化（Veldkamp and Fresco, 1996; Verburg and Veldkamp, 2001; Veldkamp and Lambin, 2001）。投入产出模型（I-O）对土地覆盖情景进行模拟时，社会经济变化对土地覆盖变化的影响是通过其对土地的需求系数来进行表征，而土地需求系数则和具体的经济活动相关联，生物物理量的多少与不同区域的土地需求系数、不同农业生态区投入产出的技术系数直接相关，它不能刻画土地覆盖的空间变化，也没有考虑气候变化对土地覆盖未来情景的可能性影响（Hubacek and Sun, 2001; FAO and IIASA, 1993）。空间随机方法（SESM）是一个在流域水平模拟土地利用变化的方法，但它不考虑生物物理量、经济和人文因素之间的复杂关系（Luijten, 2003）。土地利用变化模拟工具包（LUCK）是基于栅格离散化的流域尺度土地利用情景模型，它通过对每一栅格特征属性与其周围相邻栅格的关系，来确定每一个栅格单元土地覆盖类型的潜在转换概率（Niehoff *et al.*, 2002）。

鉴于土地覆盖情景模型的以上诸多问题，本章尝试发展一种用于土地覆被变化未来情景模拟的新方法。

21.2　土地覆盖分类及其概率转移矩阵

中国 2000 年土地覆盖分类的空间数据，是利用长时间序列的气温和降水数据，以及数字高程等基础数据，将中国分为 9 个生物气候区，通过对这 9 个生物气候区的 AVHRR 数据、归一化植被指数和地理数据进行分析，进而获得每一个分区的土地覆盖数据，将这 9 个分区的土地覆盖数据合并后，最终获得整个中国土地覆盖分类的空间数据（Liu *et al.*, 2003）。利用 Landsat TM 遥感影像解译土地覆盖现状，对利用 AVHRR 和地理数据集成获得的土地覆盖数据进行分类，并对精度进行验证。验证结果表明，各个分区的土地覆盖分类精度在 73%~89%，全国的平均分类精度达到 81%（Liu *et al.*, 2003）。土地覆盖类型包括耕地、林地、草地、建设用地、水域、湿地、冰雪区域、沙漠、裸岩石砾地和荒漠化土地（图 21.1）。

经过对 T_1（1971~2000 年）时段的 HLZ 生态系统类型与 2000 年土地覆盖类型之间的对应概率进行统计分析发现，土地覆盖类型与 HLZ 生态系统类型之间存在很好的对应概率关系。因此，假设如果栅格单元 (i, j) 处的 HLZ 生态系统类型从 T_k 到 T_{k+1} 时段未发生变化，那么认为栅格单元 (i, j) 处的土地覆盖类型从 T_k 到 T_{k+1} 时段也将不发生变化；如果栅格单元 (i, j) 处的 HLZ 生态系统类型从 T_k 到 T_{k+1} 时段发生变化，那么认为栅格单元 (i, j) 处的土地覆盖类型从 T_k 到 T_{k+1} 时也将发生变化，并将其土地覆盖类型赋值为 T_{k+1} 时段

---

* 范泽孟为本章主要合著者。

栅格单元 (i,j) 处 HLZ 生态系统类型所对应的 T_k 时段的最大概率的土地覆盖类型。基于这一思路，构建土地覆盖未来情景的预测模型。

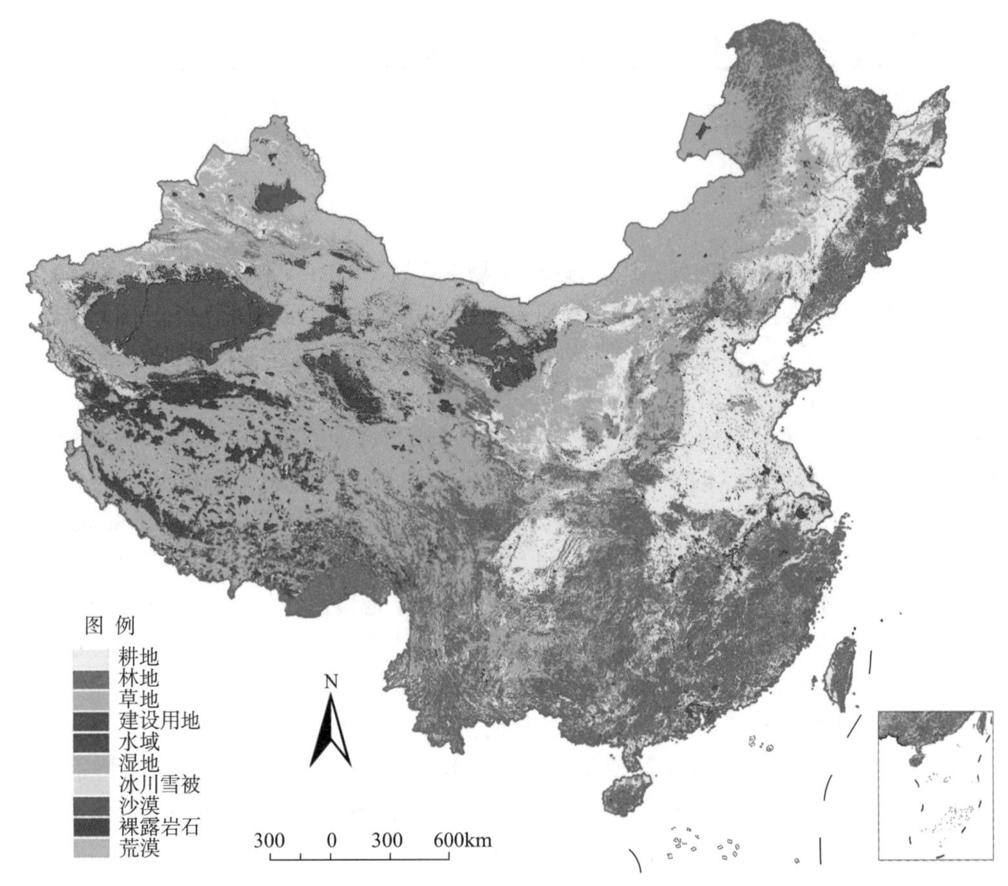

图 21.1　中国 2000 年的土地覆盖图

首先，T_1 时段的 HLZ 生态系统类型与 2000 年土地覆盖类型对应概率矩阵的栅格编码的计算公式可表征为（Yue *et al*., 2007b; 范泽孟等, 2005）

$$C_{i,j}^{2000} = 1000 A_{i,j}^{2000} + A_{i,j}^{T_1} \tag{21.1}$$

式中，$C_{i,j}^{2000}$ 为栅格单元 (i,j) 处 2000 年土地覆盖与 T_1 时段 HLZ 生态系统类型的对应栅格编码矩阵；$A_{i,j}^{2000}$ 和 $A_{i,j}^{T_1}$ 分别为栅格单元 (i,j) 处 2000 年的土地覆盖类型和 T_1 时段的 HLZ 生态系统类型。对每一个栅格单元 (i,j) 的 $C_{i,j}^{2000}$ 进行统计分析获得全国各种土地覆盖类型与 HLZ 生态系统类型之间的对应概率矩阵表（表 21.1）。

其次，根据 T_1（1971~2000 年）和 T_2（2000~2039 年）时段的 HLZ 生态系统类型，建立 T_1~T_2 时段的 HLZ 生态系统类型转移矩阵的栅格编码的计算公式，

$$C_{i,j}^{2039} = 1000 A_{i,j}^{T_1} + A_{i,j}^{T_2} \tag{21.2}$$

式中，$C_{i,j}^{2039}$、$A_{i,j}^{T_1}$ 和 $A_{i,j}^{T_2}$ 分别为栅格单元 (i,j) 处 HLZ 生态系统从 T_1~T_2 时段的转移矩阵的栅格编码、T_1 时段的 HLZ 生态系统类型和 T_2 时段的 HLZ 生态系统类型。

在对 2039 年的土地覆盖情景进行赋值计算时，如果栅格单元 (i,j) 从 T_1 时段到 T_2 时段的 HLZ 生态系统类型不发生变化，则将 2039 年的土地覆盖类型值设置为此栅格单元所对应的 2000 年的土地覆盖类型。如果 HLZ 生态系统类型从 T_1 时段 K 类型转换成 T_2 时段 L 类型，则将栅格 (i,j) 2039 年的土地覆盖类型赋值为 2000 年时 HLZ 生态系统 L 类型所对应的最大转移概率的土地覆盖类型。

表 21.1　2000 年土地覆盖类型与 T_1 时段 HLZ 生态系统类型之间的转移概率矩阵

HLZ 生态系统类型	土地覆盖类型									
	耕地	林地	草地	建设用地	水域	湿地	冰雪	沙漠	裸岩石砾地	荒漠
极地/冰原	0.0004	0.0009	0.4717	0	0.0155	0.0018	0.0488	0.0006	0.2638	0.1089
亚极地/高山干苔原	0.0003	0.0231	0.6034	0	0.0049	0	0.0053	0.0163	0.0461	0.3007
亚极地/高山湿润苔原	0.0008	0.0767	0.7295	0	0.0304	0	0.011	0.0047	0.0244	0.1226
亚极地/高山潮湿苔原	0.0041	0.1694	0.6816	0	0.0339	0.0001	0.0077	0	0.079	0.0243
亚极地/高山雨苔原	0.0099	0.4694	0.4258	0	0.0084	0.0061	0.0057	0	0.051	0.0238
寒温带干旱灌丛	0.0457	0.0671	0.6012	0.0001	0.0127	0	0.0026	0.0136	0.0096	0.2474
寒温带湿润森林	0.0431	0.4317	0.4526	0.0006	0.0333	0.0095	0.002	0.0003	0.0161	0.0109
寒温带潮湿森林	0.0402	0.6631	0.249	0.0001	0.0051	0.003	0.0026	0	0.0188	0.0182
寒温带雨林	0.1388	0.5341	0.3222	0	0	0.0022	0	0	0.001	0.0017
冷温带荒漠灌丛	0.1097	0.0047	0.3718	0.0015	0.0041	0.0001	0	0.0786	0.0051	0.4245
冷温带草原	0.3285	0.1013	0.4954	0.003	0.009	0.0178	0.0001	0	0.0007	0.0443
冷温带湿润森林	0.324	0.5083	0.1301	0.0047	0.006	0.0239	0.0001	0	0.0008	0.0021
冷温带潮湿森林	0.174	0.6697	0.1546	0.0001	0	0	0	0	0	0.0015
暖温带荒漠灌丛	0.0878	0.0004	0.171	0.0012	0.0082	0	0	0.1442	0	0.5873
暖温带有刺草原	0.2264	0.4831	0.1876	0.0018	0.0022	0	0	0	0	0.0988
暖温带干旱森林	0.7009	0.1864	0.0751	0.0139	0.0114	0.0114	0	0	0	0.0009
暖温带湿润森林	0.4152	0.4971	0.0569	0.0055	0.0252	0.0001	0	0	0	0.0001
暖温带潮湿森林	0.1169	0.8516	0.029	0.0005	0.002	0	0	0	0	0
亚热带有刺疏林	0.0045	0.9676	0	0	0.002	0	0	0	0	0.0259
亚热带干旱森林	0.3905	0.5177	0.063	0.0136	0.0086	0	0	0	0	0.0065
亚热带湿润森林	0.3446	0.6009	0.0287	0.0137	0.0121	0	0	0	0	0
亚热带潮湿森林	0.2012	0.7888	0	0.0101	0	0	0	0	0	0
热带干旱森林	0.4083	0.1429	0.4365	0.0079	0.0044	0	0	0	0	0
热带湿润森林	0.4894	0.3384	0	0.0725	0.0997	0	0	0	0	0
荒漠	0.01565	0.005675	0.09875	0.000225	0.004375	0	0.0007	0.2188	0.035625	0.6202

在未来 100 年内，中国耕地总体上大致以大兴安岭—榆林—兰州—青藏高原东及其东南边缘为界，形成我国的农、牧两大生产区域；中国耕地主要集中连片地分布在东北平原、华北平原、长江中下游平原、四川盆地、关中盆地等区域，中国西部的河西走廊及天山南北的河流冲积扇区也有相对集中的耕地分布。另外，在中国南方的低山丘陵地区也广泛而不连续地分布着大量耕地，多半与林地和草地等其他土地覆被类型穿插分布。

类似地可分别获得 T_3（2040~2069 年）和 T_4（2070~2099 年）两个时段的 HLZ 生态系统变化的栅格转移编码矩阵，其计算公式可分别表征为

$$C_{i,j}^{2069} = 1000 A_{i,j}^{T_2} + A_{i,j}^{T_3} \tag{21.3}$$

$$C_{i,j}^{2099} = 1000 A_{i,j}^{T_3} + A_{i,j}^{T_4} \tag{21.4}$$

式中，$C_{i,j}^{2069}$ 和 $C_{i,j}^{2099}$ 分别为栅格单元 (i, j) 处的 HLZ 生态系统类型从 T_2~T_3 时段和从 T_3~T_4 时段的栅格转移编码矩阵。然后根据 $C_{i,j}^{2069}$ 和 $C_{i,j}^{2099}$，以及表 21.1 所表征的每一种 HLZ 生态系统类型所对应的最大概率的土地覆盖类型，运用类似于 2039 年土地覆盖情景的赋值和计算方法，分别获得 2069 年和 2099 年两个时期的不同气候情景的土地覆盖数据。

21.3　土地覆盖空间分布未来情景

本章土地覆盖未来情景基于 HadCM3A1Fi、A_2a 和 B_2a 三种气候情景，为便于叙述，将它们分别记为

情景Ⅰ、情景Ⅱ和情景Ⅲ。在未来的 100 年内，随着气温、降水与蒸腾比率等气候因子的不断变化及人类活动强度的不断增加，中国土地覆被将在空间上发生一系列变化（图 21.2~图 21.10）。

中国复杂的地形特征与多样化的气候条件，各地生态环境的显著性区域差异，导致林地在空间分布上呈现出范围广、差异大的不均衡分布特征。在未来 100 年内，林地整体的空间分布态势表现为：东北主要集中分布在大兴安岭、小兴安岭、长白山及辽东山地；西南主要集中分布在雅鲁藏布江以东及以南的喜马拉雅山和横断山地区、四川盆地周围山地、云贵高原，以及广西的绝大部分丘陵山区；东南主要分布在武夷山脉、南岭、东南丘陵及台湾山脉等低山丘陵地区；大兴安岭—吕梁山—青藏高原东缘一线以西的地区，因降水稀少，气候多为半干旱和干旱气候，宜林范围相对较小，林地分布相对分散，此范围的林地主要分布在天山、阿尔泰山、祁连山、子午岭、贺兰山、六盘山、阴山等山区地区。总之中国林地主要分布在各大山脉地区及中国南方的低山丘陵地区。

在未来 100 年内，草地基本分布在西部地区，东部分布较少。主要集中分布在大兴安岭—阴山—吕梁山—横断山一线以西地区；从地貌类型来看，中国草地主要分布在青藏高原、内蒙古高原、黄土高原、天山山脉、阿尔泰山及塔里木盆地周围；同时，在湖南、湖北、安徽、福建、云南、贵州、四川、广东、广西及台湾等省区的低山丘陵地区也有草地分布，但空间分布上不连续，与相应区域范围内的林地交错分布。

水域是指天然陆地水域和水利设施用地，主要包括河流、湖泊、水库、坑塘、滩涂等。太平洋、印度洋和北冰洋等海洋系统为中国输入的降水超过全部水系的 64%，而内陆河流形成的降水占中国的 36%。五大内陆湖区分别为东北湖区、西北湖区、青藏湖区、东部湖区和南部湖区。这些湖区共包括近 2800 个面积超过 1km^2 的自然湖泊和许多人工湖泊。

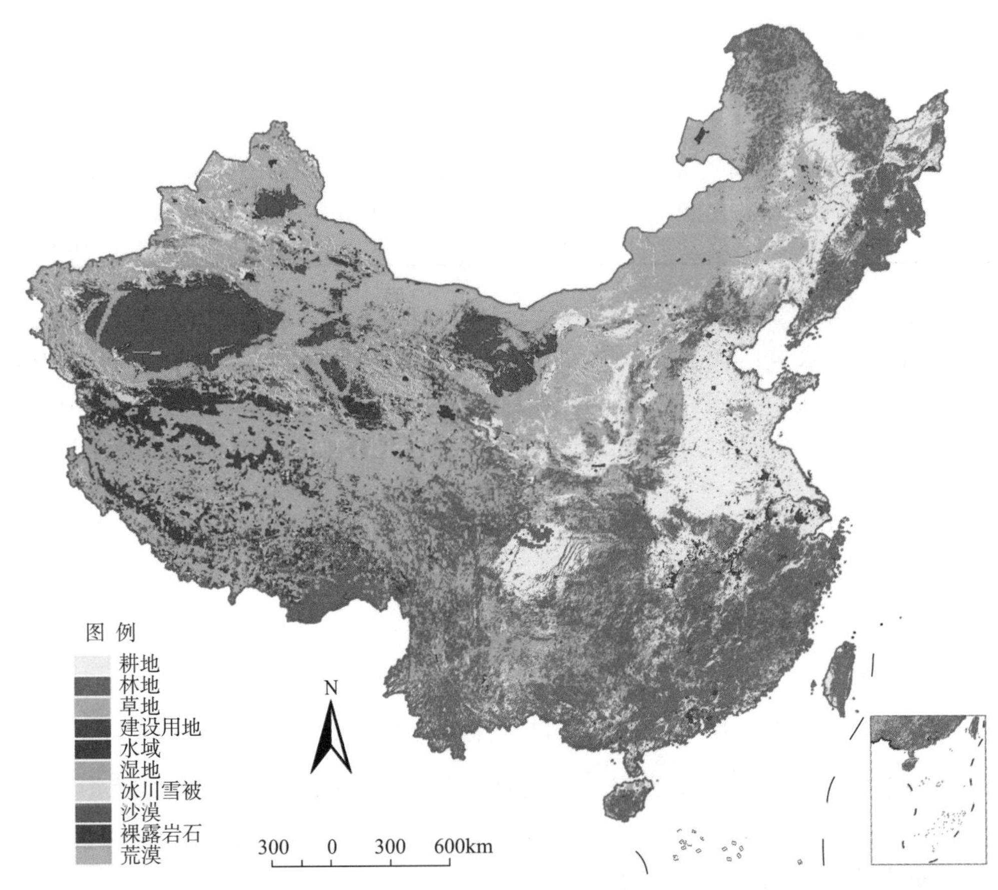

图 21.2　2039 年土地覆盖情景Ⅰ

城市地域形成及其发展因素，以及建设用地的土地利用特征决定了其主要分布在靠近河川、水源充足、交通便利、土地肥沃、物产丰饶的区域范围内。中国特定自然地理条件、社会经济条件等各种因子的共同作用，使中国建设用地在未来 100 年内的总体空间分布格局表现为：东部主要集中分布在沿海的

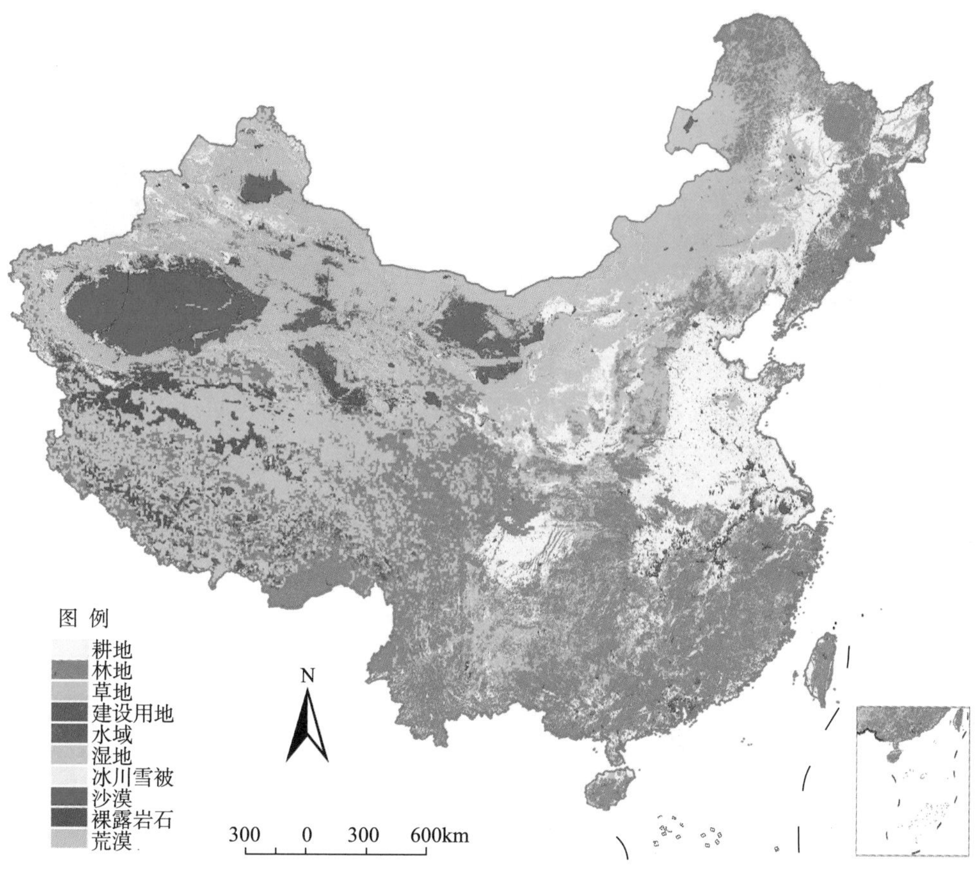

图 21.3　2069 年土地覆盖情景 I

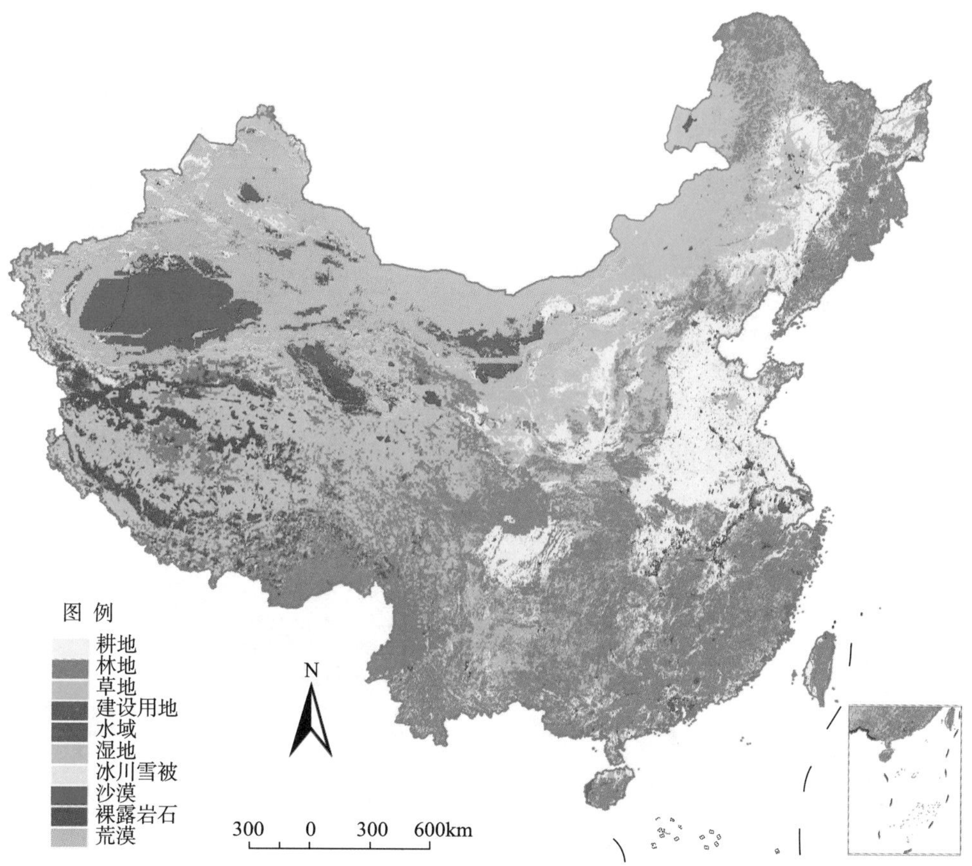

图 21.4　2099 年土地覆盖情景 I

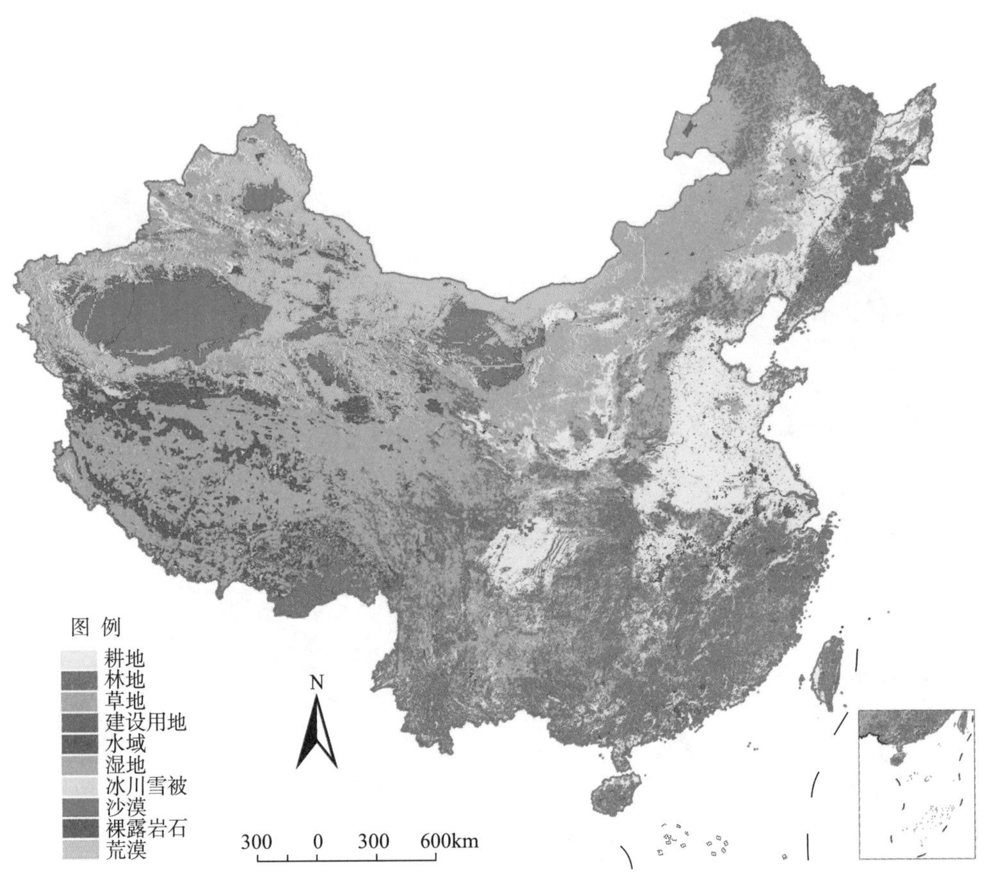

图 21.5　2039 年土地覆盖情景Ⅱ

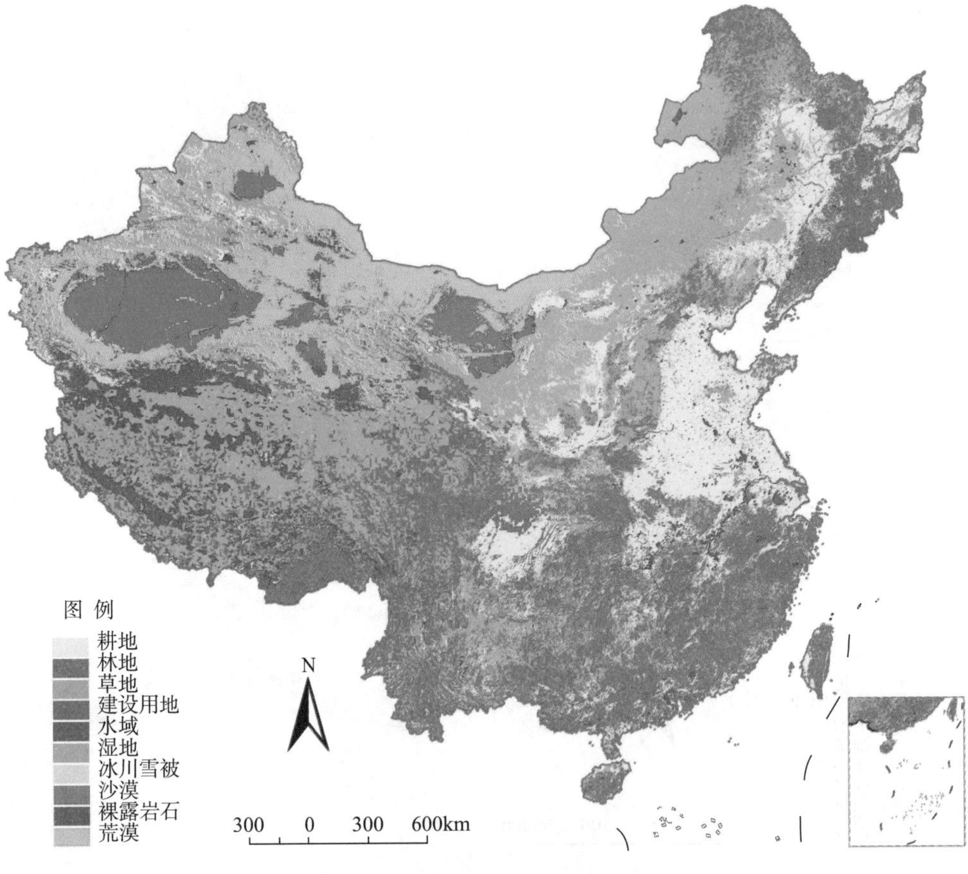

图 21.6　2069 年土地覆盖情景Ⅱ

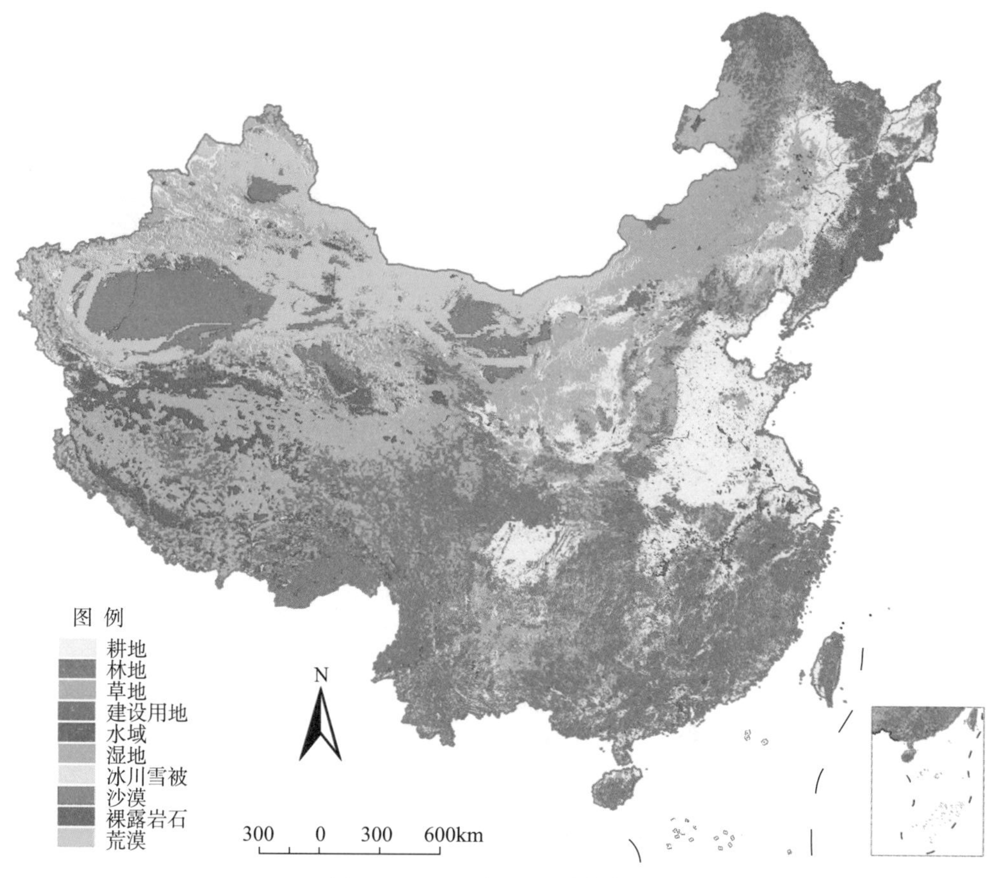

图 21.7　2099 年土地覆盖情景Ⅱ

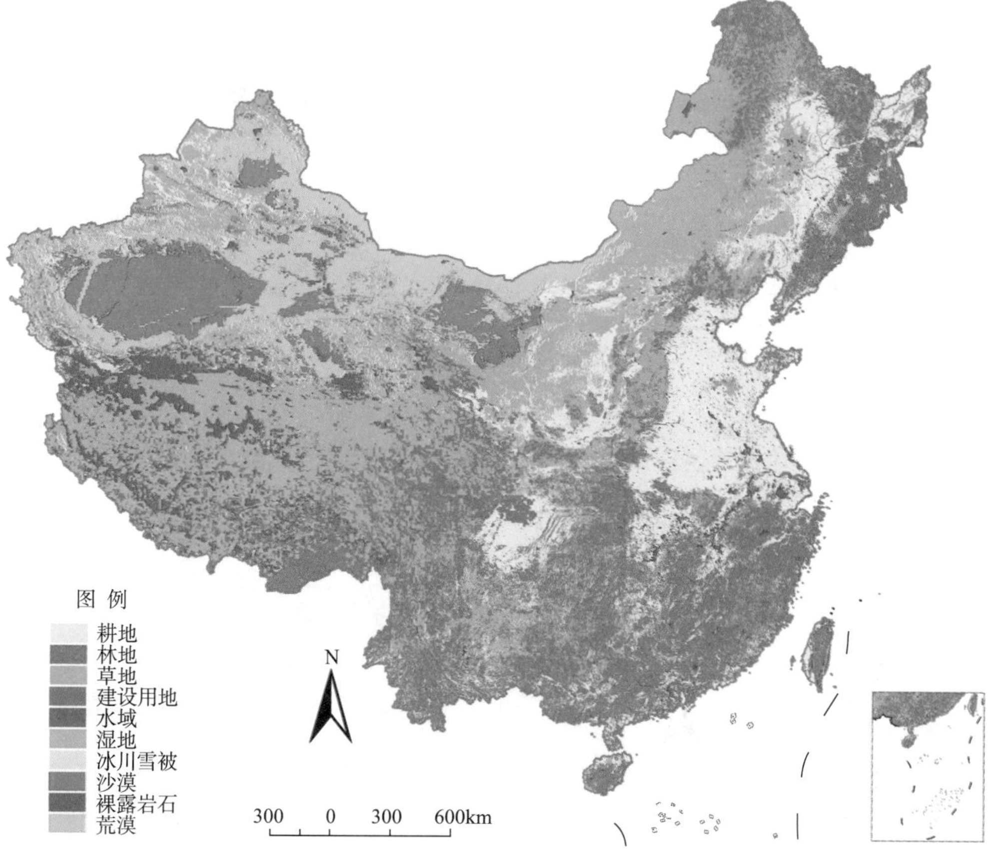

图 21.8　2039 年土地覆盖情景Ⅲ

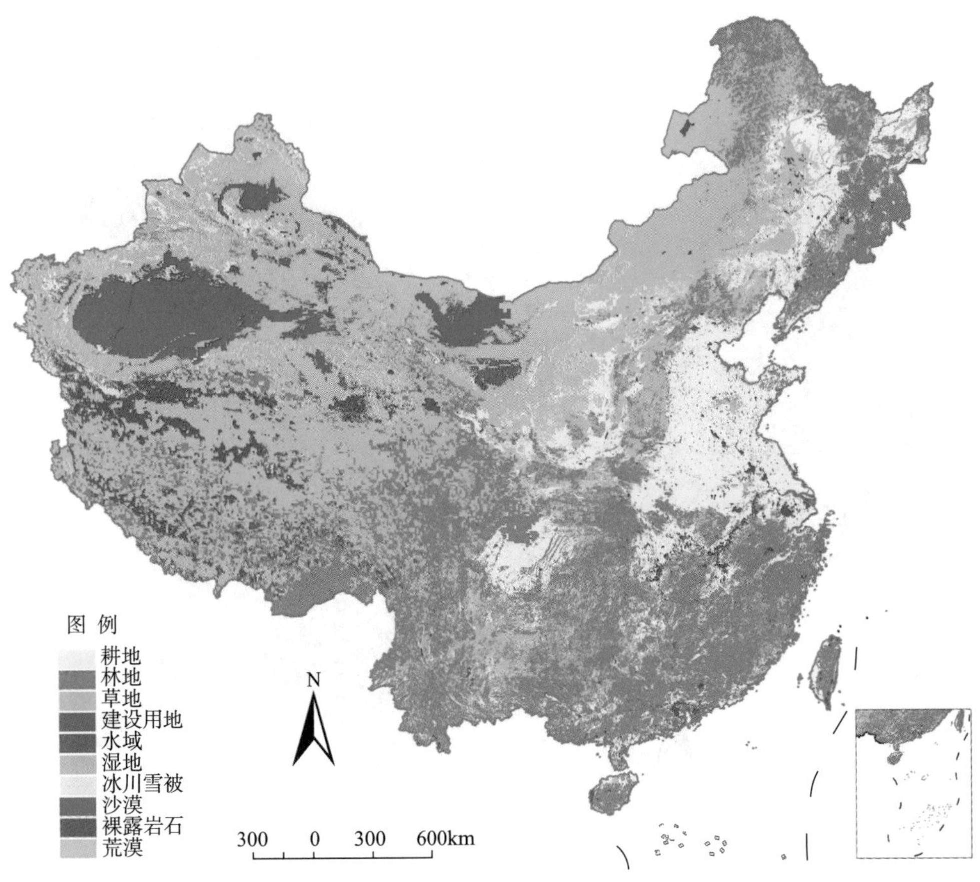

图 21.9　2069 年土地覆盖情景Ⅲ

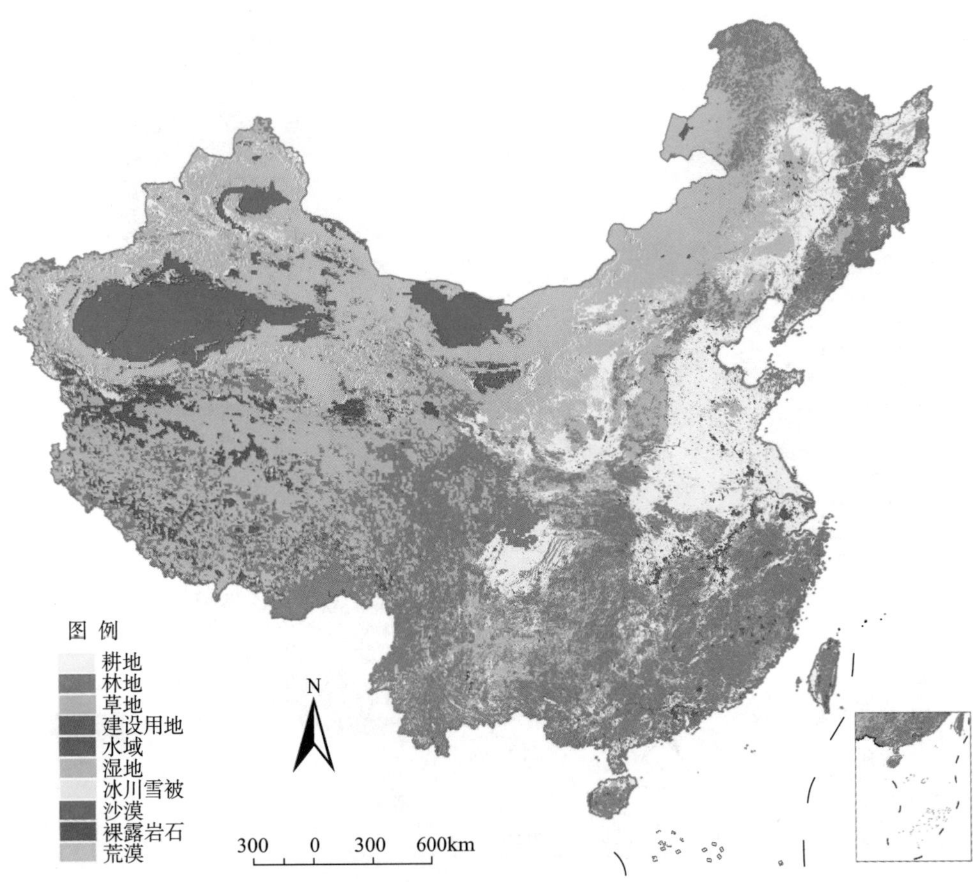

图 21.10　2099 年土地覆盖情景Ⅲ

东北平原、华北平原、长江中下游平原、长江三角洲、珠江三角洲等区域范围内；中国西部建设用地则主要分布在四川盆地、关中盆地、河套平原、河西走廊及新疆绿洲区等自然气候条件、社会经济条件及交通条件相对较好的区域；其他丘陵及山地高原区主要在省会城市及其周围较小范围内有相对集中的建设用地外，其他的建设用地则极为分散。

冰川雪被（冰雪）主要分布在新疆、西藏、青海、甘肃、四川及云南六省（自治区）高大山系的山脊地区，即天山、祁连山、昆仑山、喜马拉雅山、横断山脉的山脊地区。沙漠主要分布在西北干旱荒漠区，即准噶尔盆地的古尔班通古特沙漠、塔里木盆地的塔克拉玛干沙漠、柴达木盆地的中心、腾格里沙漠等地。裸露岩石主要分布在青藏高原上的寒区旱区地区、吐鲁番盆地东部地区，以及中国西南喀斯特地貌类型地区，其他地区分布很少且相对分散。荒漠主要分布中国西北的沙漠外部与草地内部的大范围区域，即新疆除天山山脉外的大部分地区、青海的东北部的柴达木盆地地区、内蒙古西部的阿拉善高原、内蒙古高原西部的大部分地区、甘肃的西北部大部分地区。

21.4　土地覆盖结构变化

在 2000~2039 年、2039~2069 年和 2069~2099 年所有时段，在三种情景下面积均呈增加趋势的土地覆盖类型包括建设用地和荒漠。林地除了情景 I 在 2069~2099 年时段呈减少趋势外，在三种情景的其他所有时段均呈增加趋势。面积在三种情景所有时段均呈减少趋势的土地覆盖类型包括耕地、草地和冰雪。水域面积除了情景 I 在 2069~2099 年时段呈减少趋势外，在三种情景的其他所有时段均呈增加趋势。在 2000~2039 年时段，湿地面积在三种情景下均呈减少趋势；在 2039~2069 年时段，湿地面积情景 I 和 II 呈增加趋势，但是情景 III 呈减少趋势；在 2069~2099 年时段，湿地面积情景 I 和 III 呈增加趋势，但情景 II 呈减少趋势。情景 I 和 II 中沙漠面积在所有时段均呈增加趋势；情景 III 中沙漠面积在 2000~2039 年呈减少趋势，但在其他两个时段呈增加趋势。情景 III 中裸岩石砾地在所有时段均呈减少趋势；但是在情景 II 中，裸岩石砾地在 2000~2039 年和 2069~2099 年时段呈减少趋势，而在 2039~2069 年时段呈增加趋势（表 21.2~表 21.4）。林地增加速率最快，平均每 10 年增加 2.38%，而裸岩石砾地减少最快，平均每 10 年减少 2.38%。

表 21.2　土地覆盖情景 I 面积变化

土地覆盖类型	2000~2039 年		2039~2069 年		2069~2099 年	
	面积/km²	每 10 年减少率/%	面积/km²	每 10 年减少率/%	面积/km²	每 10 年减少率/%
耕地	−104000	−1.25	−1000	−0.02	−28000	−0.47
林地	303300	3.08	143500	1.73	−21700	−0.25
草地	−151200	−1.58	−25500	−0.38	−125100	−1.88
建设用地	600	0.38	900	0.82	1200	1.02
水域	−13800	−2.76	−11400	−3.44	13100	4.40
湿地	−7900	−3.50	2400	1.67	3700	2.41
冰雪	−4800	−1.51	−12800	−5.71	−900	−0.47
沙漠	−15700	−0.72	−20600	−1.29	−100900	−6.57
裸岩石砾地	−46700	−2.40	−117000	−8.88	69000	7.14
荒漠	40300	0.82	41500	1.09	189700	4.81

表 21.3　土地覆盖情景 II 面积变化

土地覆盖类型	2000 ~ 2039 年		2039 ~ 2069 年		2069 ~ 2099 年	
	面积/km²	每 10 年减少率/%	面积/km²	每 10 年减少率/%	面积/km²	每 10 年减少率/%
耕地	−91071	−1.0958	−6482	−0.1088	−9979	−0.1680
林地	181233	1.8412	191106	2.4110	137246	1.6147

续表

土地覆盖类型	2000～2039 年		2039～2069 年		2069～2099 年	
	面积/km^2	每 10 年减少率/%	面积/km^2	每 10 年减少率/%	面积/km^2	每 10 年减少率/%
草地	−64003	−0.6678	−189823	−2.7132	−127870	−1.9897
建设用地	329	0.2218	256	0.2281	2974	2.6314
水域	−8419	−1.6907	−1885	−0.5413	−816	−0.2382
湿地	−7863	−3.4703	4126	2.8193	−830	−0.5229
冰雪	−3925	−1.2372	−2819	−1.2465	−6065	−2.7859
沙漠	−22136	−1.0094	−14169	−0.8977	−47304	−3.0800
裸岩石砾地	−40956	−2.1079	4787	0.3587	−25499	−1.8906
荒漠	56811	1.1536	14903	0.3857	78143	1.9991

表 21.4　土地覆盖情景Ⅲ面积变化

土地覆盖类型	2000～2039 年		2039～2069 年		2069～2099 年	
	面积/km^2	每 10 年减少率/%	面积/km^2	每 10 年减少率/%	面积/km^2	每 10 年减少率/%
耕地	−125179	−1.5062	−44783	−0.7645	−30083	−0.5256
林地	406009	4.1246	180856	2.1028	205325	2.2456
草地	−173510	−1.8104	−112941	−1.6939	−136743	−2.1606
建设用地	1708	1.1513	901	0.7741	2865	2.4057
水域	−18839	−3.7833	−8936	−2.8194	−6227	−2.1462
湿地	−12442	−5.4912	−4840	−3.6498	94	0.0796
冰雪	−5556	−1.7513	−6185	−2.7953	−7132	−3.5183
沙漠	−4983	−0.2272	17800	1.0921	29914	1.7772
裸岩石砾地	−79193	−4.0759	−50308	−4.1248	−60301	−5.6423
荒漠	11985	0.2434	28436	0.7624	2288	0.0600

在 2000~2099 年，大多数土地覆被类型在三种情景下呈现类似的变化趋势。按照情景Ⅰ、Ⅱ和Ⅲ，林地面积分别增加 4249.84 万 hm^2、5095.85 万 hm^2 和 7921.9 万 hm^2，荒漠面积分别增加 2714.33 万 hm^2、1498.57 万 hm^2 和 427.09 万 hm^2，建设用地分别增加 26.79 万 hm^2、35.59 万 hm^2 和 54.74 万 hm^2。耕地和冰雪区面积在三种情景下均呈缩减趋势，耕地面积分别减少 1330.35 万 hm^2、1075.32 万 hm^2 和 2000.45 万 hm^2，冰雪区面积分别减少 184.34 万 hm^2、128.09 万 hm^2 和 188.73 万 hm^2。

按照Ⅰ、Ⅱ和Ⅲ三种情景，耕地、林地、草地和荒漠在所有时段发生转换相对较快。耕地主要转换为林地，其转换率在 2000~2099 年时段逐渐减少；林地主要转换为草地；草地除主要转换为林地外，还有相当部分退化为荒漠；荒漠则主要转换为林地和草地（表 21.5~表 21.13）。

表 21.5　2000~2039 年土地覆盖类型情景Ⅰ转换矩阵　　（单位：km^2）

2000 年 \ 2039 年	耕地	林地	草地	建设用地	水域	湿地	冰雪	沙漠	裸岩石砾地	荒漠	2000 年总面积
耕地	1973766	77686	11778	1098				943	10	1.517	2077798
林地		2412882	41087	18					809	6084	2460880
草地		228763	2120237					1731	1877	43456	2396064
建设用地		537	18	36486				6		41	37088
水域		8645	3965	56	110736			181		905	124488
湿地		7470	466			48706				3	56645
冰雪		928	1883				74511		5	1984	7.311
沙漠		435	1014					522364		24445	548258
裸岩石砾地		9001	33259					206	436081	7195	485742
荒漠		17803	31124					7141	293	1174869	1231230
2039 年总面积	1973766	2764150	2244831	37658	110736	48706	74511	532572	439075	1271499	9497504

表 21.6　2039~2069 年土地覆盖类型情景Ⅰ转换矩阵　　（单位：km^2）

2039 年＼2069 年	耕地	林地	草地	建设用地	水域	湿地	冰雪	沙漠	裸岩石砾地	荒漠	2039 年总面积
耕地	1912007	43679	3580	212						14288	1973766
林地	49042	2512823	172971	1313	4258	5383	2	185	923	17250	2764150
草地	3256	285985	1881030	247	10	9	1		1602	72691	2244831
建设用地	1098	246	9	35987	56					262	37658
水域		7424	7843	4	94151					1314	110736
湿地		2251	692			45756				7	48706
冰雪		1728	7308				60870		242	4363	74511
沙漠	943	113	3034	806	181			490273	206	37016	532572
裸岩石砾地		24597	92782						313995	7701	439075
荒漠	6405	28754	50079	18	637		882	21491	5120	1158113	1271499
2069 年总面积	1972751	2907600	2219328	38587	99293	51148	61755	511949	322088	1313005	9497504

表 21.7　2069~2099 年土地覆盖类型情景Ⅰ转换矩阵　　（单位：km^2）

2069 年＼2099 年	耕地	林地	草地	建设用地	水域	湿地	冰雪	沙漠	裸岩石砾地	荒漠	2069 年总面积
耕地	1900675	43396	22	1240				696		26722	1972751
林地	30463	2513929	275030	1374	10030	3888	2364	185	30283	40054	2907600
草地	4337	314917	1737341	727	6975	7	3178	666	57598	93582	2219328
建设用地	33	1110	204	35932				500		808	38587
水域		797	420	2	94694			25		3355	99293
湿地		0181				50946				21	51148
冰雪		231	2369				53771		103	5281	61755
沙漠		7	0982	99				393522		117339	511949
裸岩石砾地		2610	11960	6					295792	11720	322088
荒漠	9255	8686	65911	387	700	2	1564	15454	7265	1203781	1313005
2099 年总面积	1944763	2885864	2094239	39767	112399	54843	60877	411048	391041	1502663	9497504

表 21.8　2000~2039 年土地覆盖类型情景Ⅱ转换矩阵　　(单位：km^2)

2000 年＼2039 年	耕地	林地	草地	建设用地	水域	湿地	冰雪	沙漠	裸岩石砾地	荒漠	2000 年总面积
耕地	1986727	66827	12492	311				364		11077	2077798
林地		2417957	34795	584					752	6792	2460880
草地		140931	2208783					728	1515	44107	2396064
建设用地		494	12	36422						160	37088
水域		4550	3314		116069			8		547	124488
湿地		7407	451			48782				5	56645
冰雪		6	1871				75386		47	2001	79311
沙漠		158	1457	100				516670		29873	548258
裸岩石砾地		403	32140					559	442100	10540	485742
荒漠		3380	36746					7793	372	1182939	1231230
2039 年总面积	1986727	2642113	2332061	37417	116069	48782	75386	526122	444786	1288041	9497504

表 21.9　2039~2069 年土地覆盖类型情景Ⅱ转换矩阵　（单位：km²）

2039 年 \ 2069 年	耕地	林地	草地	建设用地	水域	湿地	冰雪	沙漠	裸岩石砾地	荒漠	2039 年总面积
耕地	1919417	55480	4562	357						6911	1986727
林地	52461	2431319	139488	563	4364	6547	5	158	504	6704	2642113
草地	3336	276005	1961269	183	2835	386	1375	418	28611	57643	2332061
建设用地	8	838	18	36475						78	37417
水域		8223	230	24	106714					878	116069
湿地		2801	8			45973					48782
冰雪		1734	774				70360		55	2463	75386
沙漠	364	361	1705		8			492876	559	30249	526122
裸岩石砾地		20678	1585						418237	4286	444786
荒漠	4659	35780	32599	71	263	2	827	18501	1607	1193732	1288041
2069 年总面积	1980245	2833219	2142238	37673	114184	52908	72567	511953	449573	1302944	9497504

表 21.10　2069~2099 年土地覆盖类型情景Ⅱ转换矩阵　（单位：km²）

2069 年 \ 2099 年	耕地	林地	草地	建设用地	水域	湿地	冰雪	沙漠	裸岩石砾地	荒漠	2069 年总面积
耕地	1932173	29073	60	315				2		18622	1980245
林地	24257	2628130	129198	2207	6085	525	999	315	12613	28890	2833219
草地	5813	234715	1825477	135	63	8	60	514	1588	73865	2142238
建设用地	239	489	178	36358	20					389	37673
水域		5058	211	7	106440					2468	114184
湿地		1338				51545				25	52908
冰雪		2225	2993				63818		200	3331	7.2567
沙漠		466	831	1099				444663		64894	511953
裸岩石砾地		39175	7169						397368	5861	449573
荒漠	7784	29796	48251	526	760		1625	19155	12305	1182742	1302944
2099 年总面积	1970266	2970465	2014368	40647	113368	52078	66502	464649	424074	1381087	9497504

表 21.11　2000~2039 年土地覆盖类型情景Ⅲ转换矩阵　（单位：km²）

2000 年 \ 2039 年	耕地	林地	草地	建设用地	水域	湿地	冰雪	沙漠	裸岩石砾地	荒漠	2000 年总面积
耕地	1952619	100545	12927	581				2145		8981	2077798
林地		2393115	60446	1756					357	5206	2460880
草地		308602	2050071	5				3855	805	32726	2396064
建设用地		611	26	36373				9		69	37088
水域		11600	6478	2	105649			88		671	124488
湿地		11773	667			44203				2	56645
冰雪		1260	3317				73755		5	974	79311
沙漠		440	1105					522936		23777	548258
裸岩石砾地		13876	54665					634	405254	11313	485742
荒漠		25067	32852	79				13608	128	1159496	1231230
2039 年总面积	1952619	2866889	2222554	38796	105649	44203	73755	543275	406549	1243215	9497504

表 21.12　2039~2069 年土地覆盖类型情景Ⅲ转换矩阵　　（单位：km^2）

2039 年＼2069 年	耕地	林地	草地	建设用地	水域	湿地	冰雪	沙漠	裸岩石砾地	荒漠	2039 年总面积
耕地	1890787	24989	9295	2010	80			3506		21952	1952619
林地	6178	2827075	25833	861	201			46	394	6301	2866889
草地	4660	158541	2002371	506	17		1	2999	618	52841	2222554
建设用地	521	1630	19	36305	2			49		270	38796
水域	373	3725	3527	5	96336			360		1323	105649
湿地	972	3453	404			39361				13	44203
冰雪		743	2738				67553	3		2718	73755
沙漠	2224	431	4009					474018	338	62255	543275
裸岩石砾地		9769	37287					743	354464	4286	406549
荒漠	2121	17389	24130	10	77	2	16	79351	427	1119692	1243215
2069 年总面积	1907836	3047745	2109613	39697	96713	39363	67570	561075	356241	1271651	9497504

表 21.13　2069~2099 年土地覆盖类型情景Ⅲ转换矩阵　　（单位：km^2）

2069 年＼2099 年	耕地	林地	草地	建设用地	水域	湿地	冰雪	沙漠	裸岩石砾地	荒漠	2069 年总面积
耕地	1871116	19350	2992	1040	373	972		1737		10256	1907836
林地	517	3015362	21513	2113	13			15	287	7925	3047745
草地	5419	187455	1876167	14	11		1	1090	1138	38318	2109613
建设用地		92	6	39387				16		196	39697
水域		3099	2672		90089			66		787	96713
湿地		677	195			38485				6	39363
冰雪		815	3887				60437		121	2310	67570
沙漠	338	207	1690					533213	144	25483	561075
裸岩石砾地		13192	44218					1349	293962	3520	356241
荒漠	363	12821	19530	8				53503	288	1185138	1271651
2099 年总面积	1877753	3253070	1972870	42562	90486	39457	60438	590989	295940	1273939	9497504

表 21.14　土地覆盖的生态多样性和斑块连通性

情景	时段	生态多样性	斑块联通性
情景Ⅰ	2000 年	0.0935	0.0528
	2039 年	0.0928	0.0687
	2069 年	0.0917	0.0701
	2099 年	0.092	0.0642
	10 年增加比率	−0.1604	2.1591
情景Ⅱ	2000 年	0.0935	0.0528
	2039 年	0.0929	0.0624
	2069 年	0.0928	0.0661
	2099 年	0.0924	0.0641
	10 年增加比率	−0.1176	2.1402
情景Ⅲ	2000 年	0.0935	0.0528
	2039 年	0.0924	0.0697
	2069 年	0.0918	0.071
	2099 年	0.0912	0.073
	10 年增加比率	−0.2460	3.8258

在 2000~2099 年，中国土地覆盖多样性将呈现出持续减少趋势，而斑块连通性呈现出持续增加趋势。模拟结果显示，情景Ⅰ、情景Ⅱ和情景Ⅲ的景观元多样性分别平均每 10 年减少 0.1604%、0.1176%和 0.2460%；而斑块连通性分别平均每 10 年增加 2.1591%、2.1402%和 3.8258%（表 21.14）。也就是说，气候变化将导致土地覆盖多样性减少、斑块连通性增加。

21.5 土地覆盖类型平均中心移动趋势

根据图 21.11~图 21.13 和表 21.15~表 21.17 可以得出在情景Ⅰ、Ⅱ、Ⅲ下各土地覆盖类型平均中心移动趋势。

耕地平均中心总体上位于华北平原西南部的河南南阳等地区。情景Ⅰ中（表 21.15），耕地的平均中心在 2000~2039 年向东南方向移动约 38km，在 2039~2069 年和 2069~2099 年分别向东北方向移动约 44km 和 36km；情景Ⅱ中（表 21.16），耕地的平均中心在 2000~2039 年和 2069~2099 年均向东南方向分别移动约 47km 和 17km，在 2039~2069 年向东北方向移动约 59km；情景Ⅲ中（表 21.17），所有时段的耕地平均中心均向东南方向移动，在 2000~2039 年、2039~2069 年和 2069~2099 年分别移动约 40km、26km 和 18km。

林地类型平均中心总体上分布在湖北宜昌至重庆万州一带。情景Ⅰ中，林地的平均中心在 2000~2039 年向西北方向移动约 20km，在 2039~2069 年向西南方向移动约 256km，在 2069~2099 年向东北方向移动约 60km；情景Ⅱ中（表 21.16），林地的平均中心在 2000~2039 年向东北方向移动约 78km，在 2039~2069 年向西南方向移动约 306km，在 2069~2099 年向西北方向移动约 69km；情景Ⅲ中（表 21.17），所有时段的林地平均中心均向西南方向移动，在 2000~2039 年、2039~2069 年和 2069~2099 年分别移动约 45km、60km 和 73km。

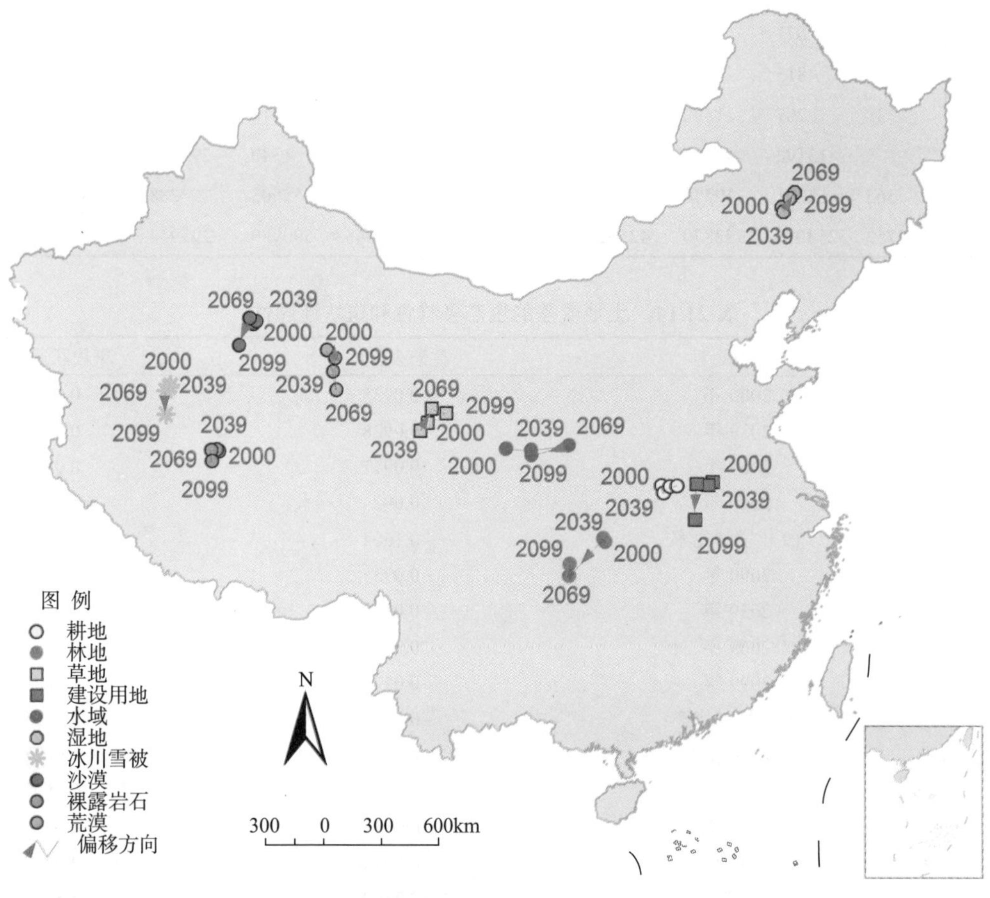

图 21.11　土地覆盖类型情景Ⅰ的平均中心移动

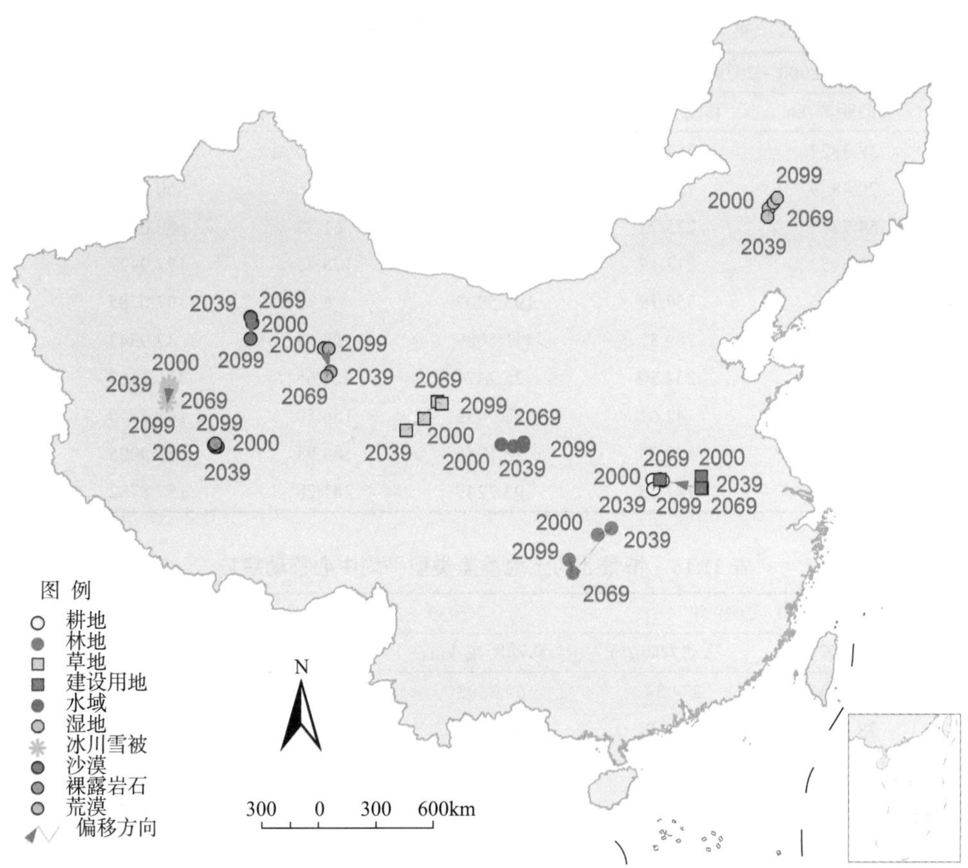

图 21.12　土地覆盖类型情景Ⅱ的平均中心移动

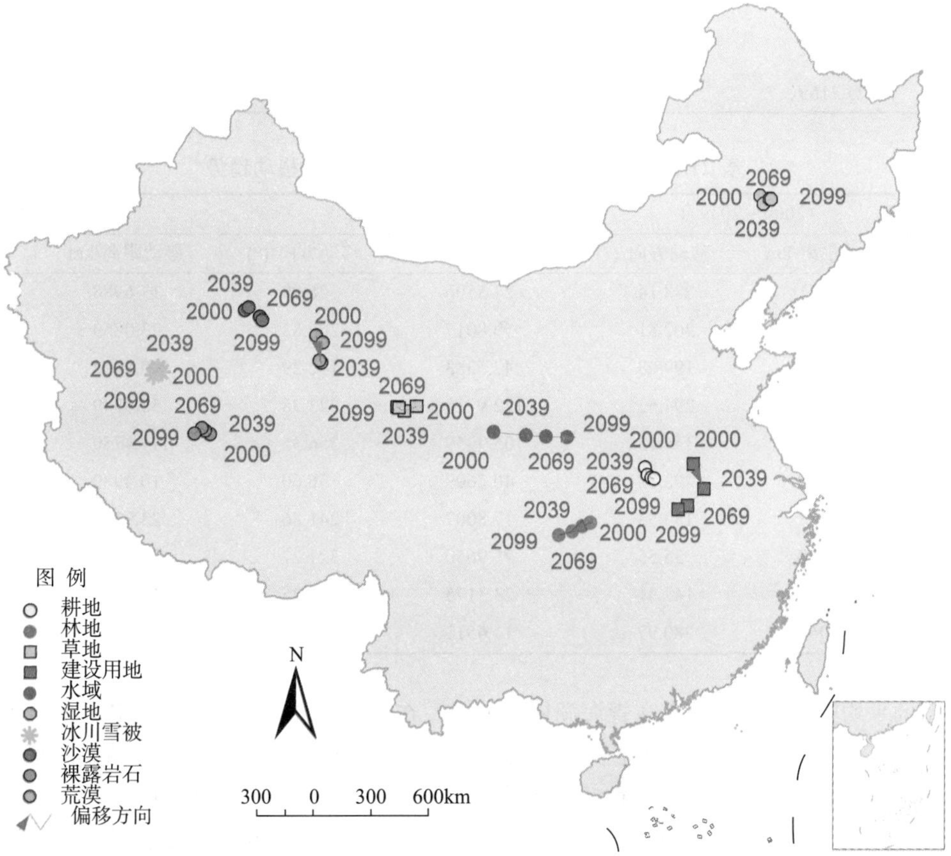

图 21.13　土地覆盖类型情景Ⅲ的平均中心移动

表 21.15　情景 I 的土地覆盖类型平均中心移动趋势

土地覆盖类型	2000～2039 年		2039～2069 年		2069～2099 年	
	移动距离/km	移动方向/(°)	移动距离/km	移动方向/(°)	移动距离/km	移动方向/(°)
耕地	38.3827	287.81	43.7309	44.40	36.3724	5.47
林地	20.4859	123.48	256.2602	227.36	60.2040	86.84
草地	54.7277	225.72	124.7824	61.32	80.0148	343.80
建设用地	25.6433	212.17	58.9676	175.43	177.9427	266.92
水域	128.7035	357.19	195.5907	6.72	197.0785	194.49
湿地	22.8663	289.37	111.5089	58.65	37.9343	229.43
冰雪	11.3650	234.50	25.7471	222.66	116.5167	270.66
沙漠	20.3248	42.61	37.9435	156.50	145.7545	247.51
裸岩石砾地	15.0415	149.93	28.1945	184.93	53.9005	273.03
荒漠	110.9973	287.53	93.2249	281.28	157.8782	92.71

表 21.16　情景 II 的土地覆盖类型平均中心移动趋势

土地覆盖类型	2000～2039 年		2039～2069 年		2069～2099 年	
	移动距离/km	移动方向/(°)	移动距离/km	移动方向/(°)	移动距离/km	移动方向/(°)
耕地	46.5404	274.34	59.3802	54.54	16.5264	340.79
林地	78.1206	25.12	305.8616	228.24	68.7200	106.78
草地	112.1583	212.25	219.4164	41.51	23.2976	336.89
建设用地	60.3967	274.76	7.1556	155.81	225.3487	169.04
水域	65.7434	351.57	56.0458	18.99	18.7554	265.56
湿地	40.9152	263.08	77.7505	66.25	32.1454	48.15
冰雪	18.4164	263.97	20.0544	261.20	56.9311	263.35
沙漠	32.7392	107.86	3.1286	323.86	110.0835	269.38
裸岩石砾地	12.5083	183.61	12.2299	127.59	9.1083	39.87
荒漠	125.2159	285.99	29.8726	228.32	141.0112	85.25

表 21.17　情景 III 的土地覆盖类型平均中心移动趋势

土地覆盖类型	2000～2039 年		2039～2069 年		2069～2099 年	
	移动距离/km	移动方向/(°)	移动距离/km	移动方向/(°)	移动距离/km	移动方向/(°)
耕地	40.4861	288.14	24.5506	326.00	17.6988	342.30
林地	45.1047	202.81	59.8017	206.83	73.0859	194.89
草地	68.7917	199.08	42.5383	152.29	9.8802	330.50
建设用地	138.7902	294.62	122.9710	223.38	53.6349	202.16
水域	169.9664	354.13	105.9959	356.35	111.4750	358.56
湿地	43.8508	293.82	40.2609	36.60	10.4989	352.90
冰雪	25.1487	133.53	17.8007	241.86	23.9020	229.60
沙漠	24.4768	35.55	75.9650	321.27	21.3177	306.87
裸岩石砾地	31.4136	147.31	23.3175	141.45	48.4996	216.60
荒漠	140.8968	280.97	14.4511	125.04	93.5899	79.66

草地类型的平均中心总体上分布在青海湖周围地区。在 2000~2039 年，情景 I 和 II 的草地平均中心均向西南方向移动，情景 III 的草地平均中心向东北方向移动；在 2039~2069 年，三种情景的草地平均中心均向西北方向移动；在 2069~2099 年，三种情景的草地平均中心均向东南方向移动。

建设用地的平均中心总体上分布在华北平原的安徽、河南、湖北的交接地区。情景 I 中，建设用地的平均中心在 2000~2039 年和 2069~2099 年均向西南方向分别移动约 26km 和 178km，在 2039~2069 年向西北方向移动约 59km；情景Ⅱ中，建设用地的平均中心在 2000~2039 年向东南方向移动约 60km，在 2039~2069 年和 2069~2099 年均向西北方向分别移动约 7km 和 225km；情景Ⅲ中，建设用地平均中心在 2000~2039 年向东南方向移动约 139km，在 2039~2069 年和 2069~2099 年均向西南方向分别移动约 123km 和 54km。

水域的平均中心总体上分布在甘南渭河地区。在 2000~2039 年、2039~2069 年和 2069~2099 年，情景Ⅰ和Ⅱ的水域平均中心呈相同的移动趋势，首先向东南方向移动，转向东北方向移动，再转向西南方向移动，情景Ⅲ的水域平均中心均向东南方向移动，三个时段分别移动约 170km、106km 和 111km。

湿地的平均中心总体上分布在东北平原的通辽周围地区。情景Ⅰ中，湿地的平均中心在 2000~2039 年向东南方向移动约 23km，在 2039~2069 年向东北方向移动约 112km，在 2069~2099 年向西南方向移动约 38km；情景Ⅱ中，湿地的平均中心在 2000~2039 年向西南方向移动约 41km，在 2039~2069 年转向东北方向移动约 78km，在 2069~2099 年继续向东北方向移动约 32km；情景Ⅲ中，湿地的平均中心在 2000~2039 年向东南方向移动约 44km，在 2039~2069 年向东北方向移动约 40km，在 2069~2099 年向东南方向移动约 10km。

冰雪的平均中心总体上分布在昆仑山与阿尔金山交接的高寒地区。除情景Ⅲ的冰雪平均中心在 2000~2039 年向西北方向移动外，其余各个时段各种情景的冰雪平均中心均向西南方向移动。

沙漠的平均中心总体上分布在塔里木盆地东部地区。情景Ⅰ中，沙漠的平均中心在 2000~2039 年向东北方向移动约 20km，在 2039~2069 年继续向东北方向移动约 38km，在 2069~2099 年向西南方向移动约 146km；情景Ⅱ中，沙漠的平均中心在 2000~2039 年向西北方向移动约 34km，在 2039~2069 年向西南方向移动约 3km，在 2069~2099 年继续向西南方向移动约 110km；情景Ⅲ中，沙漠的平均中心在 2000~2039 年向东北方向移动约 25km，在 2039~2069 年向东南方向移动约 76km，在 2069~2099 年继续向东南方向移动约 21km。

裸岩石砾地的平均中心总体上分布在青藏高原的可可西里山周围地区。情景Ⅰ中，裸岩石砾地的平均中心在 2000~2039 年向西北方向移动约 15km，在 2039~2069 年向西南方向移动约 28km，在 2069~2099 年向东南方向移动约 54km；情景Ⅱ中，裸岩石砾地的平均中心在 2000~2039 年向西南方向移动约 12km，在 2039~2069 年向西北方向移动约 12km，在 2069~2099 年向东北方向移动约 9km；情景Ⅲ中，裸岩石砾地的平均中心在 2000~2039 年向西北方向移动约 31km，在 2039~2069 年继续向西北方向移动约 23km，在 2069~2099 年向西南方向移动约 48km。

荒漠的平均中心总体上分布在柴达木盆地西北部一带。在 2000~2039 年，三种情景的荒漠的平均中心均向东南方向移动，分别移动约 111km、125km 和 141km；在 2039~2069 年，情景Ⅰ的荒漠的平均中心向东南方向移动约 93km，情景Ⅱ的荒漠的平均中心向西南方向移动约 30km，情景Ⅲ的荒漠的平均中心向西北方向移动约 14km；在 2069~2099 年，情景Ⅰ的荒漠的平均中心向西北方向移动约 158km，情景Ⅱ和情景Ⅲ的荒漠的平均中心均向东北方向移动，分别移动约 141km 和 94km。

21.6　讨　　论

在未来 100 年内，耕地将持续减少，尤其是分布在天山山脉北部和南部、甘肃河西走廊、黄土高原，以及内蒙古高原南部的耕地。耕地的平均中心整体呈向东移动的趋势。随着气温的上升和降水的增加，林地面积将有较大幅度的增加。山区耕地面积的增加将导致该区域的林地和草地面积增加。这些模拟结果与中国实施的退耕还林还草政策的结果具有很好的一致性（Feng *et al.*, 2005）。模拟结果也反映出未来的气候变化，将有助于中国退耕还林还草政策的实施。

随着气温上升、降水和潜在蒸散的增加，冰雪面积将会缩减，生态多样性将有所减少，荒漠面积呈扩大趋势，尤其是在塔里木盆地和准噶尔盆地周边地区的沙漠边缘更为明显。内蒙古高原的荒漠将向东部和东南部拓展，因此水土流失问题将变得更加严重。

总之，如果有效的生态保护与恢复措施得以顺利实施，将大大有益于中国生态系统的改善。但是，如果人类活动强度超出了生态系统自身的承载能力，那么中国生态系统将会变得更加恶化。生态保护与恢复是一项长期的复杂工程，它涉及贫困地区和生态脆弱区数百万人的生计问题，而政府财政补助远远不能解决这些问题。因此，需要建立并颁布一套生态保护与恢复的政策方针。各种经济活动必须经过严格审批，尤其是荒漠化严重的地区更是应该如此。

本章阐述的土地覆盖曲面建模（SMLC）方法，是一个土地覆盖变化的随机模型，它利用综合集成的方法来对空间位置和定量分析问题进行处理，而且不需要对其他模拟模块进行集成。模型可以相对简单地建立 HLZ 生态系统类型与土地覆盖类型之间的转移概率矩阵，而避免 SRES 土地覆盖情景模型中存在过去与未来的时间不连续问题。在对土地覆盖类型空间分布现状和气候变化趋势与情景进行综合集成的基础上，SMLC 模型可以对土地覆盖的未来情景进行模拟，并能够反演过去的土地覆盖变化趋势，从而实现 LUCC 计划的最终目的。在有效的和足够的 LUCC 数据和 IPCC 数据的支持下，SMLC 模型可以方便地运用于任何空间尺度。

全球尺度的生物群落单元已经被拓展到包括受人类影响在内的生态系统，而且运用人口密度和土地利用/覆盖来共同描述人类对地球的影响（Alessa and Chapin, 2008）。在过去，气候和地质条件产生相应生态系统形态并趋势其逐渐演化。但现在，人类力量可以超过地球陆地表面上这些气候和地质的界线，大多数的“自然生态系统”往往是镶嵌人类活动形成的土地利用/覆盖的景观当中（Ellis and Ramankutty, 2008）。当然，SMLC 目前仅主要考虑了纯自然属性的土地覆盖系统状况。因此，在进一步对 SMLC 的研究过程中，将广泛考虑社会、经济和政策因子对土地覆盖系统的驱动作用。

第 22 章　中国碳储量模拟分析*

22.1　引　　言

22.1.1　全球研究概况

早在 1882 年，德国的林学家 Ebermayer 就通过测定几种森林的树枝落叶量和木材重量对巴伐利亚森林的干物质生产力进行了研究（Schroeder, 1919），其结果被后人引用了 50 多年。森林碳储量的传统研究手段主要是样地实测、生理生态模型模拟和遥感信息模型估测三种方法。

在 20 世纪 50 年代，日本、苏联、英国等国科学家就开始对本国主要森林类型的生物量和生产力进行了实际调查和资料收集。20 世纪 60 年代以来，日本科学家吉良龙夫及其研究小组在东南亚热带地区做了大量工作，其研究方法和结论对后来的研究产生了很大影响。各国科学家，不仅对热带森林原始林、次生林，以及轮歇地和造林地森林的碳储量进行了估算，而且对处于不同演替阶段的森林群落和受不同环境因子影响的森林群落的碳储量进行了估测、比较和分析，并对由于土地利用变化所引起的碳储量分配格局的变化进行研究。同时将森林的碳储量与碳排放结合起来，使用涡度相关、生态系统模型及森林清查的生物量资料等不同的方法，深入探讨了热带森林生态系统的碳平衡问题。Fang 等（2001）用森林资源清查资料并结合模型法研究了中国 1949~1998 年森林生物量和碳储量变化。各国研究学者普遍认为，通过森林资源连续清查的资料或生态样地的实测数据，可以估计森林生物量及土壤碳库，并且认为是估计森林碳密度最好的方法（Brown *et al.*, 1996），但根据清查数据转换森林碳密度的方法还需要改进。

以地面调查数据为基础，通过模型模拟方法估计森林生物量和碳储量，并对点或小面积上的碳估计数据进行空间扩展，可以实现对区域森林生态系统的碳储量的估计。纵观国外学者对森林碳储量的研究，他们注重从包括全球、国家、地区等尺度上对不同类型的森林生态系统的碳储量进行评估，并将碳储量和诸多生态学过程和生态因子的变化相联系，建立了各种模型。

随着遥感与信息技术的发展，国外研究者也开始借助遥感手段研究森林碳储量与碳汇问题。早在国际地圈生物圈计划（international geosphere–biosphere program, IGBP）的模型研究计划中，就特别重视利用遥感技术估算全球生态系统的净初级生产力，主要采用美国国家海洋与大气总署（National Oceanic and Atmospheric Administration, NOAA）高级超高分辨率辐射计（advanced very high resolution radiometer, AVHRR）卫星的较长时间序列遥感数据估计净初级生产力（Potter *et al.*, 1993, 2011）。在陆地生态系统碳源汇研究中，人们主要利用遥感技术提取宏观大尺度范围内森林植被的动态（如叶面积指数、生物量等）来研究植被碳储量的变化。

近几十年来，通过地面观测、森林资源清查、大气 CO_2 和 O_2 浓度监测、卫星遥感信息应用、生态和大气模型模拟等研究分析，认为北半球中高纬度上的森林生态系统是一个巨大的碳汇，固定了全球碳循环中大部分的未知碳汇。但是，近年来研究发现，热带森林可能是一个重要的碳汇（Prentice and Lloyd 1998），这表明未知碳汇可能分散在全球更大范围的生态系统中，而不仅仅是过去认为的主要集中在北方中高纬度森林区域。Valentini 等（2000）在 1996~1998 年对欧洲 15 处森林的碳汇研究结果指出，一些北方森林并没有显示出碳汇的作用，与南方的一些森林相比，北方森林释放的碳更多。Ruiz-Benito 等（2014）对西班牙大陆 7 个森林类型的生物多样性与碳储量之间关系进行分析，表明生物多样性对碳储量和森林生产力有显著影响，且这种关系不是线性的，在生物多样性低时，森林碳储量变化更为明显。这也说明了碳循环的未

*王轶夫和赵明伟为本章主要合著者。

知性、复杂性和人们对碳循环认识的不确定。

总体来说，针对同一区域，根据森林资源清查数据估算的碳汇量、涡度观测估计的碳汇量和大气模型模拟估计的碳汇量，存在着不一致性。Schulze 等（1999）经过研究分析，认为这种不确定性，来自不同方法度量碳循环过程的时空尺度的差异，而样地位置的定位误差进一步增大了碳储量估测的不确定性（Jung *et al.*, 2013）。由于陆地表面是一个非常不均匀的系统，森林碳储量和碳汇估计中的不确定性，以目前的数据积累和技术方法，还不能确切回答北半球碳汇的确切数值及其空间分布（IPCC, 2001）。全球气候变化的加剧，又进一步增加了生态系统碳储量估测的难度。Seidl 等（2014）对欧洲森林变化及其对气候的响应的研究发现，风、昆虫和林火对欧洲森林的干扰作用在 21 世纪不断增长，而气候变化是这一增长的关键驱动力，然而，欧洲森林受到的这种干扰状况仍然没有得到解决，在气候变化的情况下，这种干扰可能会强烈影响森林碳循环。

22.1.2 中国研究概况

我国的森林生物量研究始于 20 世纪 70 年代后期。例如，潘维俦等（1978）对杉木人工林生产产量及生产力进行了研究；李文华和王德才（1980）对长白山温带天然林生物量进行了估算；冯宗炜等（1982）采用相对生长测定法测定了马尾松人工林生物量。由于森林群落或生态系统等较大尺度的生物量碳储量无法采用收获法全部实测，几乎所有的研究都是通过间接方法对森林生物量碳储量进行估算。早期的大部分研究是基于森林资源连续清查数据，采用因子转换法对林分进行生物量估算，具有代表性的方法包括调查因子模型法、材积源生物量法（Fang *et al.*, 1998）。

唐建维等（1998）以林分平均胸径、林分平均高和年龄为自变量建立林分生物量模型，分析了西双版纳热带次生林不同年龄林分的生物量及在演替初期阶段生物量的变化趋势。刘玉萃等（1998）对 4 种回归模型（对数函数、二次曲线函数、线性函数和幂函数）进行精度对比，最终选择精度最高的幂函数模型估算了宝天曼自然保护区栓皮栎林生物量。王燕和赵士洞（1999）构建了胸径与树干干重、树枝基径与树枝干重之间的回归模型，估算了树干部分和树枝部分的生物量，求和计算林分总生物量。闵志强和孙玉军（2010）以林分平均胸径、林分平均高和树冠指数为自变量，地上部分总生物量为因变量建立回归模型，模型估测精度达到 94.33%。

方精云等采用平均生物量法、平均换算因子法和换算因子连续函数法估算了 1984~1988 年中国森林生物量，分别为 13.72PgC、7.56PgC 和 8.60PgC（Fang *et al.*, 1998）。在其后续的研究中，采用换算因子连续函数法对 1949~1998 年中国森林碳储量及其变化进行了研究，结果表明，中国森林碳储量在 1949~1980 年以平均每年 0.022PgC 的速度从 5.06PgC 降至 4.38PgC，而从 70 年代后期至 90 年代末则以平均每年 0.021PgC 的速度增长至 4.75PgC（Fang *et al.*, 2001）。在空间分布上，28%~35%的碳储量分布在西南地区，24%~31%分布在东北地区。

骆期邦等（1999）根据杉木、马尾松、阔叶树 3 个树种（组）的样本资料，研究提出了生物量估计与森林蓄积量清查的单木材积估计相兼容的生物量估测模型，在此同时提高了生物量的估测精度。Wang 等（2001）利用第三次全国森林资源连续清查数据，分析了各森林类型、各林龄级林木树干与乔木层生物量的比值和乔木层与群落总生物量（包括林下所有植物的生物量）的比值，并结合中华人民共和国林业部（1982）发布的全国树种木材密度数据，将森林蓄积量转换为生物量、碳储量，估算得出 1984~1988 年中国森林平均碳储量为 3.25PgC，其中 59%分布在黑龙江、四川、云南和内蒙古。王玉辉等（2001）利用收集到的全国 34 组落叶松林实地测量资料，建立了生物量和蓄积量的双曲线关系模型。王仲锋和冯仲科（2006）以树高和胸径为自变量，建立了相对生长模型，取得了较好的效果。Zhao 和 Zhou（2005）基于两次（第三次和第四次）森林资源清查资料和改进的材积源生物量法评估了中国森林的碳储量，分别为 3.48PgC 和 3.78PgC。

随着遥感技术的日渐发展，研究发现，森林生物量与遥感数据或影像上反映的叶绿素含量信息之间具有明显的相关关系。遥感信息参数是植被冠层状态的反映，张佳华和符涂斌（1999）从理论和实验中阐明了反映植物长势的归一化植被指数（NDVI）和反映植被光合面积的叶面积指数（LAI）、光合有效辐射（PAR）及吸收光合有效辐射（APAR）的相互关系，对建立更为机理的生物量遥感模型提供了参考依据。郑元润和周广胜（2000）根据风云一号极轨气象卫星上 AVHRR 探测仪的第一通道（绿光–红光）、第二通道（近红外）数据计算得到的归一化植被指数（NDVI），以及进一步计算得到的叶面积指数（LAI），建立了森林植被净第一性生产力（NPP）模型。

Piao 等（2005）利用第三（1984~1988 年）、第四（1989~1993 年）、第五（1994~1998 年）次森林资源清查生物量资料，构建了实测碳储量和同时期的 NOAA/AVHRR 探测仪获取 NDVI 数据之间的回归关系，发展了基于卫星资料的中国森林碳储量估测方法，模拟了中国森林碳储量的空间分布，并估算了中国森林总碳储量；结果显示，1981~1999 年，中国森林平均总碳储量为 5.79PgC，碳密度为 45.31Mg/hm^2；在空间分布上，西南部和东北部碳储量较高，东部沿海地区碳储量较低。王红岩等（2010）利用 SPOT-5 遥感影像数据及同期获得的野外调查样地数据，研究了河北省丰宁满族自治县森林地上生物量的空间分布，以及绿光、红光、近红外、短波红外四个波段的反射率值与地面样地生物量的多元回归模型。刘双娜等（2012）基于空间降尺度技术，以中国第六次国家森林资源清查资料和 1：100 万植被分布图为基础，结合同期的基于 MODIS 反演的植被净初级生产力空间分布数据，模拟了 1km 分辨率的我国森林生物量空间分布图；结果表明，我国森林生物量存在明显的空间分布规律，与水热条件的空间分布格局基本一致，表现为西部较低，东部较高，大型山脉分布较高，其中高值区主要集中在东北大兴安岭、小兴安岭和长白山地区、新疆山区、西南横断山脉地区及东南武夷山地区。

遥感资料包含的信息量较大，通常森林生物量与多个遥感指数相关，且不同的年龄、树种组成的林分生物量与不同的遥感指数之间的相关性不同（杨存建等, 2004a, 2004b, 2004c, 2005）。一些研究发现，线性或非线性遥感因子模型难以表达出生物量与遥感因子间的复杂关系，因此将人工智能的理念引入到了生物量估测模型的构建过程。例如，国庆喜和张锋（2003）采用小兴安岭南坡 TM 影像和 232 块森林资源一类清查样地数据构建多元回归模型和人工神经网络模型，选取了包括环境因子、生物因子和遥感信息因子的 13 个自变量，估测该地区森林生物量；结果表明，人工神经网络模型估测精度明显优于多元回归模型。王立海和邢艳秋（2008）采用人工神经网络系统仿真的方法构建森林生物量与遥感因子、地形因子等 10 类因子之间的关系模型；模型结果表明，针叶林、阔叶林和针阔混交林模拟结果的平均相对误差均在 5%以下。

高志强和刘纪远（2008）利用卡内基–埃姆斯–斯坦福方法（Carnegie-Ames- Stanford-Approach, CASA）（Potter *et al*., 1993）和全球生产效率模型（global production efficiency model, GloPEM）（Prince, 1991）等光能利用率模式，以及植被、土壤和大气碳交换模型（carbon exchange between vegetation, soil and the atmosphere, CEVSA）（Cao and Woodward, 1998）等生态过程机理模式，以不同的空间分辨率和不同输入参数对中国的植被生产力进行了时空模拟。Piao 等（2009）利用三种相互独立的方法（地面清查资料与遥感数据融合方法、自下而上的生物地球化学模型和自上而下的大气反演模型）定量估测了中国陆地生态系统碳收支。研究表明三类研究方法得到了基本一致的结果。

22.1.3　机理模型

一些学者认为，基于统计学的模型不能完全解释植物碳储量的分布和变化规律，且各类调查采样误差对回归模型精度具有一定影响，因此需要发展基于植物生理生态的机理模型。森林生态系统的生物量和生产力一方面受植物自身的生物学特性、土壤特性等因素限制，另一方面还受控于气候。生理生态模型是通过建立气候因子、生态因子、土壤因子与植物生产力之间的相互关系来估算森林植被的生产力，是研究大尺度森林生态系统碳储量和碳循环的有力手段。早期的机理模型是根据植物生理生态学特点及所建立的联系能量平衡方程和水量平衡方程的区域蒸散模式，建立了联系植物生理生态学特点和水热平衡关系的综合自然植被净第一性生产力模型（周广胜、张新时, 1995）；后来，逐渐引入了植被的光合作用、呼吸作用、分解和物质循环等过程，模拟森林碳、水、氮等随气候变化而产生的一系列反应（Peng, 2002）。

具有代表性的主要机理模型包括全球植被动态模型（dynamic global vegetation model, DGVM）、生物群系-生物地理化学循环模型（biogeochemical cycles, Biome-BGC）模型、大气植被相互作用模型（atmosphere-vegetation interaction model, AVIM）和世纪模型（CENTURY）等。

瑞典隆德大学（Lund University）、德国波茨坦气候影响研究所（Potsdam Institute for Climate Impact Research）和德国耶拿生物地球化学马普研究所（Max Planck Institute for Biogeochemistry, Jena）联合开发

的全球植被动态模型，是在同一个框架中对陆地植被动态、碳循环、水循环等机理性模型的集成。根据不同植被的生理、形态、物候和干扰响应属性，以及生物气候限制等因子，定义了 10 种植被功能型，包括热带常绿阔叶林、温带常绿针叶林、温带常绿阔叶林、温带落叶阔叶林、北方常绿针叶林、北方落叶针叶林和北方落叶阔叶林等 8 种木本植被功能型，以及温带草本植物和热带草本植物 2 种草本植被功能型。模型从植被动力学出发，以冠层能量平衡、光合呼吸过程中的生物化学反应、光合作用的碳同化产物在植物各器官组织内部的分配规则和土壤水平衡等为基础，同时也考虑到生态系统的自然死亡规律和自然干扰因素的影响，模拟生态系统的光合与呼吸作用、叶片的形成、叶片枝叶的凋落、资源竞争、组织周转、种群的建立和死亡等过程（Sitch *et al.*, 2003）。Tao 和 Zhang（2010）结合中国的植被图，修正了 LPJ-DGVM 在中国区域应用时的生物气候参数，模拟了中国历史时期 1900~2000 年及未来 100 年的叶面积指数、净初级生产力和碳储量等。

大气–植被相互作用模型（atmosphere-vegetation interaction model, AVIM）是在一维陆地表面过程模式中加入动态植物生理模型构成的（Ji, 1995; Ji and Hu, 1989）。它将冠层中辐射、热量、水汽和二氧化碳等传输的生物物理过程，以及光合、呼吸、土壤水和热传输等生物地球化学过程联系起来，达到了植被与大气的双向反馈，从而实现了生物圈与大气圈的动态耦合。大气–植被相互作用模型由三个模块组成：①描述植被–大气–土壤的辐射、水、热交换过程的陆面物理过程模块；②基于植被生态生理过程（如光合、呼吸、光合同化物的分配、物候等）的植被生理生长模块；③土壤有机碳转化和分解子模块。当气候变量、植被状况和土壤状况输入模型中的物理模块以后，从物理模块输出冠层及各层土壤的温度、湿度。冠层和土壤的温度和湿度与大气二氧化碳一起作用于植物生理生长模块，植被开始生长。植被的生长就会引起其形态参数，如叶面积指数的变化，叶面积指数的变化又反作用于物理模块，从而影响土壤和冠层的温、湿状况。大气中二氧化碳通过光合作用被植被固定，随着植被的凋落物进入土壤，在土壤中经过有机物的分解和转换，通过微生物异养呼吸而被释放回大气，实现了一个碳的循环过程（黄玫等, 2006）。

生物群系–生物地球化学循环模型是一个研究模拟陆地生态系统植被、土壤中的能量、碳等的生物地球化学循环模型。它是由模拟森林立地碳水循环过程的森林–生物地球化学循环模型（Forest-BGC）演变而来的。以气候、土壤和植被参数作为输入变量，所有的植被参数是通过常规生态生理方法测得，在大量观测数据的基础上，模拟生态系统的光合、呼吸作用，计算植物、土壤、大气之间碳的通量（Running and Coughlan, 1988; Schmid *et al.*, 2006）。

CENTURY 模型起初用于模拟草地生态系统的碳、氮、磷、硫等元素的长期演变过程，后来其应用扩展到模拟森林生态系统地上和地下生物量的动态。模型的参数变量主要有月平均最高气温与最低气温、月降水量、植物木质素的含量、土壤质地等（Parton *et al.*, 1988, 1987）。

22.2　数据与方法

22.2.1　国家森林资源连续清查数据

国家森林资源连续清查是以掌握宏观森林资源现状与动态为目的，以省（直辖市、自治区，以下简称省）为单位，原则上每五年复查一次，利用固定样地为主进行定期复查的森林资源调查方法。森林资源连续清查成果反映了全国和各省森林资源与生态状况，其主要调查内容包括：①土地利用与覆盖，包括土地类型（地类）、植被类型的面积和分布；②森林资源，包括森林、林木和林地的数量、质量、结构和分布，森林起源、权属、龄组、林种、树种面积和蓄积，森林生长量和消耗量及其动态变化；③生态状况，包括森林健康状况与生态功能，森林生态系统多样性，土地沙化、荒漠化和湿地类型的面积和分布及其动态变化。

国家森林资源连续清查始于 20 世纪 70 年代，截至 2008 年已完成了七次调查。本书主要利用第三次至第七次调查统计数据，调查时间分别为 1984~1988 年（*P*1）、1989~1993 年（*P*2）、1994~1998 年（*P*3）、1999~2003 年（*P*4）和 2004~2008 年（*P*5）。各时期乔木林面积、蓄积及单位面积蓄积统计见表 22.1。为了便于模拟中国碳储量的时空变化动态，本书通过将国家森林资源连续清查统计数据与中国植被图（中国科学院中国植被图编辑委员会，2007）上的 25928 个林斑进行匹配，获取统计数据的空间位置信息（图 22.1）。

表 22.1　各时期全国乔木林面积和乔木林蓄积按龄级统计

类别	时期	合计	幼龄林	中龄林	近熟林	成熟林	过熟林
乔木林面积/10^6hm^2	*P*1	102.19	39.58	32.59	9.12	15.28	5.62
	*P*2	108.64	41.33	36.13	11.06	12.69	7.42
	*P*3	129.20	47.58	44.30	14.49	14.19	8.63
	*P*4	142.79	47.24	49.64	19.99	17.15	8.77
	*P*5	155.59	52.62	52.01	23.05	18.71	9.19
乔木林蓄积/10^6m^3	*P*1	8091.49	1028.27	2336.63	987.62	2494.63	1244.34
	*P*2	9087.17	1023.18	2660.34	1221.42	2203.71	1978.52
	*P*3	10085.64	1115.40	3035.71	1511.71	2333.58	2089.23
	*P*4	12097.64	1284.97	3425.72	2245.51	3016.61	2124.83
	*P*5	13362.59	1487.77	3861.42	2649.83	3158.72	2204.85
乔木林平均单位面积蓄积/(m^3/hm^2)	*P*1	79.18	25.98	71.70	108.28	163.30	221.24
	*P*2	83.65	24.75	73.63	110.43	173.68	266.50
	*P*3	78.06	23.44	68.52	104.35	164.41	242.05
	*P*4	84.73	27.20	69.01	112.35	175.92	242.29
	*P*5	85.88	28.27	74.24	114.94	168.80	239.91

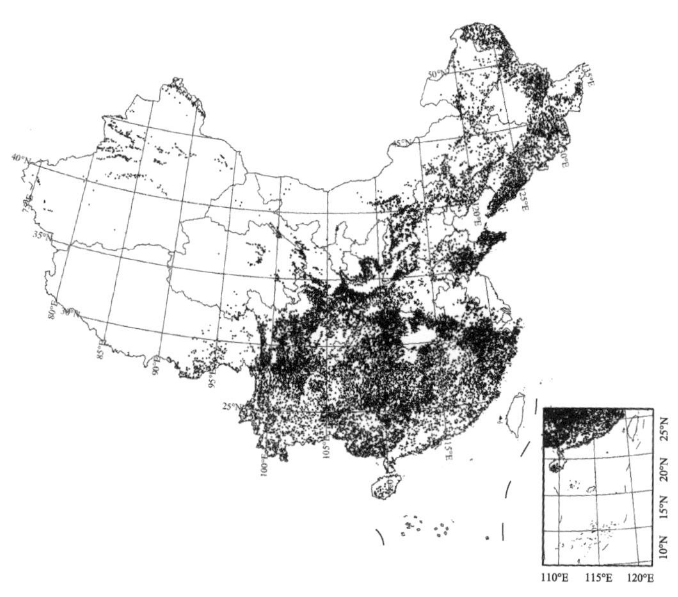

图 22.1　国家森林资源连续清查的固定样地林斑中心点空间分布

图中黑点代表固定样地林斑中心点

22.2.2　方法

以国家森林资源连续清查数据为优化控制条件，以基于卫星遥感归一化植被指数和地理环境要素统计回归曲面为驱动场，运用高精度曲面建模方法（HASM）对中国碳储量的时空动态进行模拟分析。

1. 优化控制条件

采用生物量转换因子连续函数（continuous biomass expansion factor, CBEF）法，运用国家森林资源连续清查统计数据，计算各省各优势树种的森林生物量，生物量乘以含碳系数即为碳储量。具体计算过程可表达如下（Fang *et al.*, 2007）：

$$B_{i,j} = a_j \cdot V_{i,j} + b_j \tag{22.1}$$

$$\mathrm{BCD}_{i,j} = B_{i,j} \cdot c_j \tag{22.2}$$

$$\mathrm{TCS}=\sum_{i}^{m}\sum_{j}^{n}(A_{i,j}\cdot \mathrm{BCD}_{i,j})\cdot 10^{-9} \tag{22.3}$$

式中，$B_{i,j}$为第i省第j种森林类型的单位面积森林生物量（Mg/hm^2）；$V_{i,j}$为第i省第j种森林类型的单位面积森林蓄积（m^3/hm^2）；a_j（Mg/m^3）和b_j（Mg/hm^2）为森林类型参数（表 22.2）；c_j为第j种森林类型含碳率；$\mathrm{BCD}_{i,j}$为碳密度（单位面积碳储量）（Mg/hm^2）；$A_{i,j}$为第i省第j种森林类型的面积（hm^2）；TCS为全国森林总碳储量（Pg），m和n分别为省数和森林类型数。

表 22.2　各森林类型生物量转换因子模型参数

森林类型	森林类型参数 a/（Mg/m^3）	森林类型参数 b/（Mg/hm^2）	样本数	R^2
冷杉林、云杉林	0.5519	48.861	24	0.78
铁杉林、柳杉林、油杉林	0.3491	39.816	30	0.79
落叶松林	0.6096	33.806	34	0.82
红松林	0.5723	16.489	22	0.93
樟子松林	1.112	2.6951	15	0.85
油松林	0.869	9.1212	112	0.91
华山松林	0.5856	18.744	9	0.91
马尾松林、云南松林	0.5034	20.547	52	0.87
杉木林	0.4652	19.141	90	0.94
柏木林	0.8893	7.3965	19	0.87
其他针叶林	0.5292	25.087	19	0.86
栎类林	1.1453	8.5473	12	0.98
桦木林	1.0687	10.237	9	0.7
阔叶混交林、檫木林	0.9788	5.3764	35	0.93
桉树林	0.8873	4.5539	20	0.8
木麻黄林	0.7441	3.2377	10	0.95
杨树林	0.4969	26.973	13	0.92
常绿阔叶林	0.9292	6.494	24	0.83
杂木林	1.1783	2.5585	17	0.95
针阔混交林	0.8136	18.466	10	0.99
热带林	0.7975	0.4204	18	0.87

含碳率的大小是除了生物量外，引起森林碳储量估算结果差异的另一重要因素（表 22.3）。国际上常用的含碳率为 0.45~0.5；我国乔木树种平均含碳率大于 0.45，其中阔叶树平均含碳率大多小于 0.5，而针叶树的平均含碳率大多高于 0.5（马钦彦、谢征鸣, 1996）。树木的主要组成部分包括纤维素、半纤维素和木质素，而这三种成分中的含碳比例是一定的，因此，可通过测定树种这三种成分的含量来计算不同树种的含碳率（佩卿, 1983；江泽慧、彭镇华, 2001），计算公式表达如下：

$$c_j=\frac{4}{9}f_j+\frac{5}{11}h_j+\frac{4.11}{5}l_j \tag{22.4}$$

式中，c_j为第j树种的含碳率；f_j为第j树种的纤维素含量；h_j为第j树种的半纤维素含量；l_j为第j树种的木质素含量。

单位面积森林生物量是碳储量估算的解释变量，一元生物量方程和二元生物量方程是生物量估算的常用手段。一元生物量方程以胸径作为解释变量，在估算林木生物量时，只考虑生物量与胸径之间的相对生长关系，而忽略了生物量与立地条件之间的相关性。二元生物量方程将平均树高引入生物量预测模型（相同年龄的林分，林分平均树高与立地条件呈正相关关系），有利于减小生物量估测的不确定性。在国家森林资源连续清查中，树高并非对每株林木测定，而是在每个样地中对优势树种测定 3~5 株平均木树高，因此对于样地中未测定树高的林木，需采用树高–胸径方程来进行树高预测。本书采用基于地形修正的树高曲线模拟方法，进行各树种树高曲线模拟。

基于地形分级的树高曲线模拟方法，通常以 Chapman-Richard 方程为基础（Chapman，1961；Richards，1959; Peng *et al*., 2001），

$$h_{i,j} = 1.3 + \alpha \cdot (1 - \mathrm{e}^{-\beta \cdot d_{i,j}})^{\gamma} \tag{22.5}$$

式中，$h_{i,j}$ 为第 i 个样地中第 j 株样木的树高；$d_{i,j}$ 为第 i 个样地中第 j 株样木的胸径；α、β 和 γ 为待定参数，（α+1.3）为树高生长最大值，β 和 γ 与树木生长速度有关。

表 22.3　各森林类型的含碳率（李海奎、雷渊才，2010）

森林类型	含碳率	森林类型	含碳率	森林类型	含碳率
红松林	0.5113	云南松林	0.5113	其他硬阔林	0.4834
冷杉林	0.4999	思茅松林	0.5224	椴树林	0.4392
云杉林	0.5208	高山松林	0.5009	檫木林	0.4848
铁杉林	0.5022	杉木林	0.5201	桉树林	0.5253
柏木林	0.5034	柳杉林	0.5235	木麻黄林	0.4980
落叶松林	0.5211	水杉林	0.5013	杨树林	0.4956
樟子松林	0.5223	针叶混交林	0.5101	桐类林	0.4695
赤松林	0.5141	针阔混交林	0.4978	其他软阔林	0.4956
黑松林	0.5146	水胡黄林	0.4827	杂木林	0.4834
油松林	0.5207	樟树林	0.4916	阔叶混交林	0.4900
华山松林	0.5225	楠木林	0.5030	矮林	0.5000
油杉林	0.4997	栎类林	0.5004		
马尾松林	0.4596	桦木林	0.4914		

注：各森林类型的含碳率以优势树种含碳率代替，其中针叶混交林的含碳率为所有针叶树种含碳率的平均值，阔叶混交林的含碳率为所有阔叶树种含碳率的平均值，针阔混交林的含碳率为所有树种含碳率的平均值

基于地形修正的树高曲线模拟方法，建模步骤为（Li *et al*., 2013; Wang *et al*., 2015）：

（1）对所有样木进行径阶整化，可得

$$D_{i,j} = \mathrm{int}\left(d_{i,j} / 2 + 0.5\right) \cdot 2 \tag{22.6}$$

式中，$d_{i,j}$ 为第 i 个样地中第 j 株样木的胸径（cm）；$D_{i,j}$ 为第 i 个样地中第 j 株样木胸径整化后的径阶（cm）；$D_{i,j} \subseteq \{6, 8, \cdots, D_{\max}\}$，$D_{\max}$ 为最大径阶（cm）。

（2）将每个径阶中的样木分别划分为 n 个等级，即最终产生 n 个子样本，并计算 D 径阶的树高最大值 $H_{\max}^{D}$、D 径阶树高最小值 $H_{\min}^{D}$ 和相邻树高级之间的树高间隔 H_{interval}^{D}，各参数表达分别如下：

$$H_{\max}^{D} = \max\left\{h_{i,j} \middle| D_{i,j} = D\right\} \tag{22.7}$$

$$H_{\min}^{D} = \min\left\{h_{i,j} \middle| D_{i,j} = D\right\} \tag{22.8}$$

$$H_{\text{interval}}^{D} = \left(H_{\max}^{D} - H_{\min}^{D}\right) / n \tag{22.9}$$

式中，$h_{i,j}$ 为第 i 个样地中第 j 株样木的树高（m）；D 为径阶，$D_{i,j} \subseteq \{6, 8, \cdots, D_{\max}\}$；$n$ 为根据样本量和树高受立地条件的影响程度而确定，其取值通常在 1~9。

根据以上分级，可按（22.10）确定每株样木所属的树高级：

$$l_{i,j} = \begin{cases} k, & H_{\min}^{D} + (k-1) H_{\text{interval}}^{D} \leqslant h_{ij} \leqslant H_{\min}^{D} + k H_{\text{class}}^{D}, \quad k = 1, 2, \cdots, n-1 \\ n, & H_{\min}^{D} + (k-1) H_{\text{interval}}^{D} \leqslant h_{ij} \leqslant H_{\max}^{D}, \quad k = n \end{cases} \tag{22.10}$$

式中，$l_{i,j}$ 为第 i 个样地中第 j 株样木的树高级。

（3）进入迭代程序，并初始化内迭代次数 II_1 和外迭代的次数 OI_2，令 II_1=0，OI_2=0。

（4）构建判别矩阵如下：

$$\mathrm{DM}_{i,j}(k)=\begin{cases}1, & k=l_{i,j}\\ 0, & k\neq l_{i,j}\end{cases} \tag{22.11}$$

式中，$\mathrm{DM}_{i,j}(k)$ 为第 i 个样地中第 j 株样木判别向量 $\mathbf{DM}_{1\times n}$ 的第 k 个元素，$k=1,2,\cdots,n$。

（5）改进后的 Chapman-Richard 方程为

$$h_{i,j}=1.3+\mathbf{DM}_{1\times n}\cdot\boldsymbol{\alpha}_{n\times 1}(1-\mathrm{e}^{-\beta\cdot d_{i,j}})^{\gamma}+\varepsilon_{i,j} \tag{22.12}$$

式中，参数 $\boldsymbol{\alpha}^{\mathrm{T}}=(\alpha_1,\alpha_2,\cdots,\alpha_n)$、$\beta$ 和 γ 的值可通过拟合获得。

（6）改进后的 Chapman-Richard 方程实际上为 n 条曲线方程，这 n 条曲线分别对应分级后的 n 个子样本树高曲线。然而，并非所有的样本都能被其所属树高级的树高曲线准确预测，因此需计算所有样木实测树高与 n 条树高曲线预测树高之间的误差，并进行比较，将样木重新分级到与之误差最小的树高级中。不断修正样木树高级的过程即为内迭代过程。

$$l_{i,j}^{(\mathrm{II})}=\left\{k\left|\min\left\{\left|1.3+\alpha_k^{(\mathrm{II})}\left(1-\mathrm{e}^{-\beta^{(\mathrm{II})}\cdot d_{i,j}}\right)^{\gamma^{(\mathrm{II})}}-h_{i,j}\right|,k=1,2,\cdots,n\right\}\right.\right\} \tag{22.13}$$

（7）检验是否存在 $l_{i,j}^{(\mathrm{II})}=l_{i,j}^{(\mathrm{II}-1)}$，若存在，结束内迭代，进行下一步外迭代；否则，重复步骤 4 以后的步骤。

（8）计算样地的树高等级，并令同一样地中的多株样木树高级等于样地树高级。不断修正样地树高级的过程即为外迭代过程。

$$l_i^{(\mathrm{OI})}=\left\{k\left|\min\left\{\sum_{j=1}^{\mathrm{ns}_i}\left(1.3+\alpha_k^{(\mathrm{OI})}\left(1-\mathrm{e}^{-\beta^{(\mathrm{OI})}\cdot d_{i,j}}\right)^{\gamma^{(\mathrm{OI})}}-h_{i,j}\right)^2,k=1,2,\cdots,n\right\}\right.\right\} \tag{22.14}$$

式中，l_i 为第 i 个样地的树高级；ns_i 为第 i 个样地中的样木株数。

（9）检验是否存在 $l_i^{(\mathrm{OI})}=l_i^{(\mathrm{OI}-1)}$，若存在，结束外迭代，向下进行；否则，重复步骤 8 以后的步骤。

由于树高等级无法测定，而地形因子则是可以在森林调查中测定的，因此通过分析地形因子与树高级之间的相关关系，将坡向、海拔和坡位等地形因子划分等级，并将式（22.12）中的树高等级用地形因子等级代替，从而实现此方法的预估能力。

首先，令 $l_i=\mathrm{aspect}_i$，$l_{i,j}=l_i$，其中 aspect_i 为第 i 个样地的坡向等级，$\mathrm{aspect}_i=1,2,\cdots,\mathrm{aspect}_{\max}$，其中 $\mathrm{aspect}_{\max}$ 为坡向等级最大值。

执行步骤 4、步骤 5，$n=n_{\mathrm{aspect}}$，并按式（22.15）计算第 k 坡向级对树高曲线的影响系数 f_{aspect}^k：

$$f_{\mathrm{aspect}}^k=\frac{\alpha_{\mathrm{aspect}}^k}{\alpha_{\mathrm{aspect}}^{\max}},k=1,2,\cdots,n \tag{22.15}$$

式中，$\alpha_{\mathrm{aspect}}^k$ 对应式（22.14）中参数向量 $\alpha_{1\times n}$ 的第 k 个元素；$\alpha_{\mathrm{aspect}}^{\max}$ 为 $\alpha_{\mathrm{aspect}}^k$ 的最大值。

每株样木的坡向影响系数可表达为

$$\left(f_{\mathrm{aspect}}\right)_{i,j}=f_{\mathrm{aspect}}^{l_{i,j}} \tag{22.16}$$

式中，$\left(f_{\mathrm{aspect}}\right)_{i,j}$ 为第 i 个样地中第 j 株样木的坡向影响系数。

按照同样的方法计算每株样木的海拔影响系数 $\left(f_{\mathrm{altitude}}\right)_{i,j}$ 和坡位影响系数 $\left(f_{\mathrm{position}}\right)_{i,j}$，并按照式（22.17）计算每株样木的地形影响系数 $\left(f_{\mathrm{terrain}}\right)_{i,j}$：

$$\left(f_{\mathrm{terrain}}\right)_{i,j}=\left(f_{\mathrm{aspect}}\right)_{i,j}\cdot\left(f_{\mathrm{altitude}}\right)_{i,j}\cdot\left(f_{\mathrm{position}}\right)_{i,j} \tag{22.17}$$

地形因子修正的 Chapman-Richard 方程可表达为

$$h_{i,j}=1.3+\left(f_{\text{terrain}}\right)_{i,j}\cdot\alpha\cdot\left(1-\mathrm{e}^{-\beta\cdot d_{ij}}\right)^{\gamma}+\varepsilon_{i,j} \tag{22.18}$$

2. 驱动场

根据碳储量密度（biomass carbon density, BCD）与植被指数、地理因子等因子之间的相关关系，构建遥感信息模型。这里的碳储量密度定义为单位面积的碳储量。选取归一化植被指数（NDVI）、纬度（Lat）和经度（Lon），构建森林碳储量密度线性回归模型。采用该回归模型计算各格网点上的碳储量密度，从而获得中国森林碳储量密度空间分布，以此作为 HASM-S 的驱动场数据。本书中，NDVI 来自于中分辨率成像光谱仪（MODIS）数据产品，空间分辨率为 1km，并取 NDVI 年最大值。

在构建森林生物量多元线性回归遥感因子模型时，首先要利用样本数据建立多元回归模型，然后结合模型诊断选取最优模型。在森林生物量多元回归模型构建过程中，需要分析不同树种、不同植被指数条件。通过相关性分析，选取模型自变量。备选自变量包括遥感因子、地形因子、地理位置因子、气候因子等。

多元回归模型的一般形式为

$$\boldsymbol{Y}=\boldsymbol{X}\cdot\boldsymbol{B}+\boldsymbol{e} \tag{22.19}$$

式中，$\boldsymbol{Y}=\begin{bmatrix}y_1\\y_2\\\vdots\\y_n\end{bmatrix}$；$\boldsymbol{B}=\begin{bmatrix}b_0\\b_1\\\vdots\\b_m\end{bmatrix}$；$\boldsymbol{X}=\begin{bmatrix}1,x_{1,1},x_{1,2},\cdots,x_{1,m}\\1,x_{2,1},x_{2,2},\cdots,x_{2,m}\\\vdots\ \ \vdots\ \ \ \vdots\ \ \ \ \ \ \ \vdots\\1,x_{n,1},x_{n,2},\cdots,x_{n,m}\end{bmatrix}$；$\boldsymbol{e}=\begin{bmatrix}e_1\\e_2\\\vdots\\e_n\end{bmatrix}$；$y_i$ 为第 i 个样本的因变量观测值；$x_{i,1}$、$x_{i,2}$、…、$x_{i,m}$ 为第 i 个样本的第 j 个自变量的观测值；b_0、b_1、…、b_m 为回归系数；e_i 为第 i 个样本的观测误差；n 为样本数；m 为自变量个数。

根据最小二乘法可以求得式（22.19）中的回归系数向量 $\boldsymbol{B}$，可得到多元回归趋势面模型如下：

$$\hat{y}=b_0+b_1x_1+b_2x_2+\cdots+b_mx_m \tag{22.20}$$

式中，$\hat{y}$ 为因变量；x_1、x_2、…、x_m 为自变量。

3. 数据融合

HASM 以多元回归趋势面模型为驱动场，以实测森林清查数据为优化控制条件，通过迭代使得模拟结果不断地逼近实测数据。其迭代模拟步骤可概括为如下：

（1）利用遥感信息、地理因子信息与森林碳储量之间的关系，构建遥感信息模型，模拟森林碳储量趋势面，即为 HASM 模型的驱动场。

（2）计算 HASM 等式左端系数。

（3）计算驱动场曲面的第一基本量和第二基本量，以及第二类克里斯托弗尔（Christoffel）符号，并依此计算 HASM 等式右端项。

（4）通过求解 HASM 等式得到接近真实空间分布格局的结果，并以此结果作为下一次迭代的初始输入曲面。

（5）计算模拟精度，若精度已达到预设精度，则模拟结束，该结果曲面即为最终模拟结果；若模拟精度未达到预设精度，则重复步骤 3、步骤 4，直到模拟精度达到预设精度，或迭代次数达到预设最大迭代次数。

22.2.3　模型评价

本书从交叉验证、省平均值对比和全国总量对比三个方面对模型进行评价，对比分析 HASM-S 模型与 Kriging 法和遥感信息模型法（Satellite-observation-based approach, SOA）的模拟精度（图 22.2）。

首先，采用交叉验证法（Hulme *et al.*, 1999; Holdaway, 2001）对模拟结果进行精度检验。其步骤为：①从优化控制点中抽取 5%的样本作为检验样本，不参与模型模拟；②利用剩余 95%的样本模拟全国森林植被碳储量空间分布；③利用检验样本计算模型预测的平均相对误差（MRE）和平均绝对误差（MAE）；④重新从优化控制点中抽取 5%的样本（与之前的检验样本无重复点）作为检验样本，重复步骤 2、步骤 3；

⑤重复 20 次，所有的优化控制点均被抽取作为检验样本一次且仅一次，计算 MRE 和 MAE 的平均值作为模型的 MRE 和 MAE。

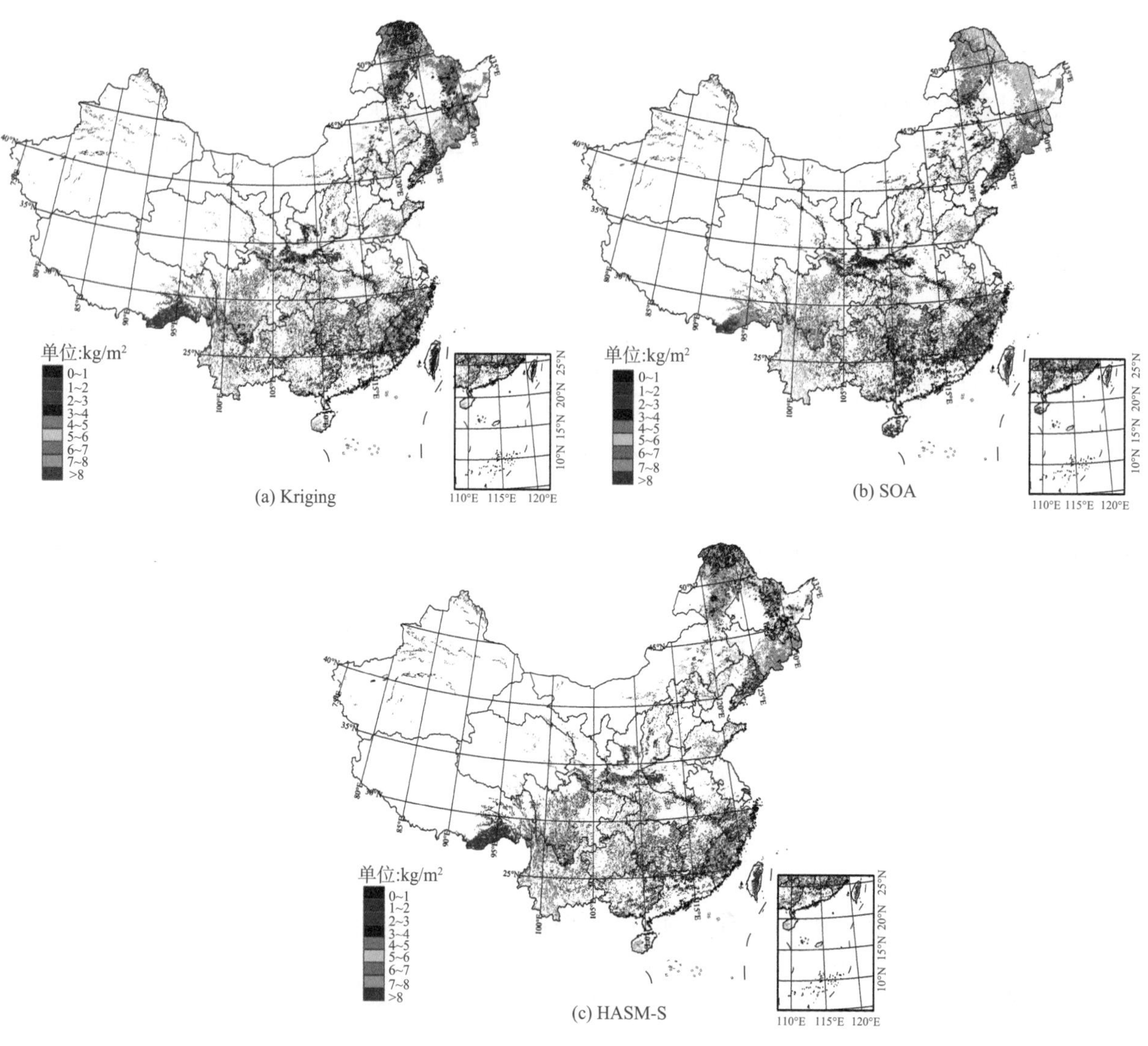

(a) Kriging　(b) SOA　(c) HASM-S

图 22.2　中国森林植被碳储量空间分布模拟结果

$$\text{MAE} = \frac{1}{m}\sum_{j=1}^{m}\left|C_j - Cs_j\right| \tag{22.21}$$

$$\text{MRE} = \frac{1}{m}\sum_{j=1}^{m}\frac{\left|C_j - Cs_j\right|}{C_j} \tag{22.22}$$

式中，C_j 为通过国家森林资源连续清查获得的栅格 j 处碳密度；Cs_j 为模型模拟的栅格 j 处碳密度；m 为检验样本总数。

交叉验证结果显示，SOA、Kriging 和 HASM-S 模拟的 2004~2008 年全国森林植被碳储量年平均值分别为 6.55PgC、7.26PgC 和 7.08PgC。三者平均绝对误差（MAE）分别为 1.92kg/m^2、1.97kg/m^2 和 0.89kg/m^2，平均相对误差（MRE）分别为 48.77%、50.12%和 22.71%（表 22.4）。HASM-S 的精度最高，相对于其他两种方法，误差分别降低了 26.06%和 27.41%。

各省森林植被平均碳密度的模型模拟值与实测值之间的一致性，也能够反映各种模型对森林植被碳储量的模拟能力（图 22.3）。模拟结果显示，Kriging 的模拟值与实测值之间相关性显著，R^2 =0.826，且模拟值与实测值之间一致性较好，但在森林植被碳密度较高的几个省区误差较大，尤其在西藏的模拟值偏高、在新疆模拟值偏低。SOA 模拟值与实测值之间相关性显著，R^2 =0.627，也具有较好的一致性，但在西藏的模拟值与实测值相比偏低很多、在新疆模拟值偏高很多。HASM-S 模拟值与实测值间相关性最为显著，R^2 =0.943，且一致性最好；尤其在西藏和新疆的模拟误差较其他方法均有较大幅度减小。

表 22.4　交叉验证结果分析

方法	森林碳储/PgC	平均绝对误差/（kg/m^2）	平均相对误差/%
SOA	6.55	1.92	48.77
Kriging	7.26	1.97	50.12
HASM-S	7.08	0.89	22.71

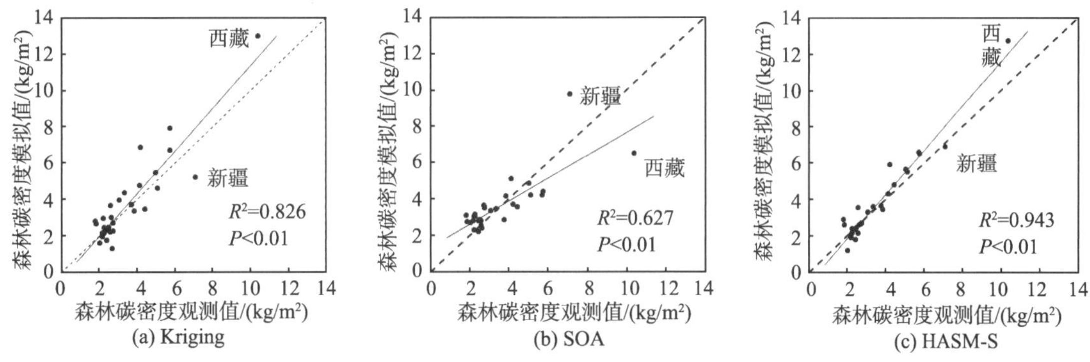

图 22.3　各省森林植被平均碳密度模拟值与实测值一致性

22.3　模型不确定性分析

在森林或林分中，采用收获法对全部生物量进行实测是极难实现的，因此，通常选择若干样木进行整株生物量实测，通过单木生物量方程推出样地生物量，然后通过样地推测林分或森林的生物量。本书在进行森林植被碳储量空间分布模拟和精度验证时，以生物量转换因子连续函数法（continuous biomass expansion factor, CBEF）计算的各省各森林类型碳密度作为检验真值。此真值估算的不确定性，对森林植被碳储量空间分布的模拟和精度验证至关重要。

Fang 等（2007）、Guo 等（2010）、Zhang 等（2013）和 Yue 等（2016b）采用了相同的生物量转换模型，对中国森林碳储量进行了估算（王轶夫, 2016）。不同之处在于，Zhang 等（2013）对生物量转换模型进行了调整；Yue 等（2016b）在计算碳储量时，对含碳率进行了优化。在上述四个研究结果中，Zhang 等（2013）的估算值最低，其 1984~1988 年、1989~1993 年、1994~1998 年和 1999~2003 年的年平均森林植被碳储量分别为 4.18PgC、4.52PgC、4.50PgC 和 5.41PgC。Zhang 等（2013）认为，在 Fang 等（2001, 2007）的研究中，一些落叶林（如桦木林、栎类林、木麻黄林等）在构建的生物量转换模型中，使用的样本量太小而造成不确定性较大，使部分森林类型碳储量估算偏高。在他们的研究中，对这些森林类型进行数据补充，重新确定生物量转换模型参数，从而使其估算结果相对于 Fang 等（2007）得到校正。

根据 Fang 等（2007）估算结果，1984~1988 年、1989~1993 年、1994~1998 年和 1999~2003 年的年平均森林碳储量分别为 4.45PgC、4.63PgC、5.01PgC 和 5.85PgC。Guo 等（2010）对 1994~1998 年和 1999~2003 年的估算结果与 Fang 等（2007）基本一致，但对 1984~1988 年和 1989~1993 年的估算结果则明显低于 Fang 等（2007）。其主要原因是自 1994 年第五次国家森林资源连续清查起，在有林地的划定标准中，郁闭度（ρ）标准由 ρ>0.3 降至 ρ>0.2，即森林面积大为增加。而在 Fang 等（2007）的研究中，通过线性回归方程将 1984~1988 年和 1989~1993 年估算结果转换至新标准下的森林植被碳储量，而 Guo 等（2010）的研究没有进行此转换。Fang 等（2007）的新旧标准转换方程可表达为

$$\mathrm{Area}_{0.2} = 1.183\mathrm{Area}_{0.3} + 12.137,\ R^2 = 0.990; n = 30 \tag{22.23}$$

$$\mathrm{TC}_{0.2} = 1.122\mathrm{TC}_{0.3} + 1.157,\ R^2 = 0.995; n = 30 \tag{22.24}$$

式中，$Area_{0.2}$和$Area_{0.2}$分别为$\rho>0.2$和$\rho>0.3$时的森林面积（万 hm^2）；$TC_{0.2}$和$TC_{0.3}$分别为$\rho>0.2$和$\rho>0.3$时的各省森林碳储量总量；n为省、自治区和直辖市总数。

Fang 等（2007）、Guo 等（2010）和 Zhang 等（2013）将各森林类型含碳率均设定为 0.5。在本书的研究中，针对各类森林类型，引入了不同含碳率。本书估算的 1984~1988 年、1989~1993 年、1994~1998 年和 1999~2003 年的年平均森林碳储量分别为 4.61PgC、5.13PgC、4.97PgC 和 6.15PgC。由于采用了针对各树种的含碳率，估算的年平均森林碳储量高于 Fang 等（2007）。这种差异在各省不同森林类型植被碳储量估算中更为明显。例如，东北地区（黑龙江、吉林和辽宁省）的落叶松林碳储量约占该地区总森林碳储量的 15%，其含碳率为 0.5211，当采用平均含碳率（0.5）进行计算时，其碳储量和碳密度将下降 4.05%；再如江西省马尾松林碳储量约占江西省森林植被碳储量的 14%，其含碳率为 0.4596，当采用平均含碳率进行（0.5）计算时，其碳储量和碳密度将偏高 8.79%。因此，引入比较准确的含碳率参数，会较大幅度提高森林植被碳储量空间分布的模拟精度。

Pan 等（2004）基于生物量转换因子连续函数法，将各森林类型划分为幼龄林、中龄林、近熟林、成熟林和过熟林五个生长阶段，但由于样本量的限制，森林类型数较 Fang 等（2007）和 Guo 等（2010）的 21 类减少至 13 类。Pan 等（2004）估算的 1984~1988 年和 1989~1993 年的年平均碳储量分别为 3.69PgC 和 4.02PgC，低于 Fang 等（2007）和 Guo 等（2010）的估算结果。徐新良等（2007）也从这个角度对生物量转换因子连续函数法进行了改进，其估算结果也偏低，且与 Pan 等（2004）的结果较为接近（表 22.5）。

表 22.5　基于不同生物量转换因子连续函数法的中国森林植被碳储量对比

时间段	碳储量/PgC	参考文献
1984~1988 年	4.06	刘国华等, 2000
1989~1993 年	4.20	刘国华等, 2000
1984~1988 年	3.69	Pan *et al*., 2004
1989~1993 年	4.02	Pan *et al*., 2004
1984~1988 年	4.46	Fang *et al*., 2007
1989~1993 年	4.93	Fang *et al*., 2007
1994~1998 年	5.01	Fang *et al*., 2007
1999~2003 年	5.85	Fang *et al*., 2007
1984~1988 年	3.76	徐新良等, 2007
1989~1993 年	4.11	徐新良等, 2007
1994~1998 年	4.66	徐新良等. 2007
1999~2003 年	5.51	徐新良等. 2007
1984~1988 年	4.02	Guo *et al*., 2010
1989~1993 年	4.45	Guo *et al*., 2010
1994~1998 年	5.02	Guo *et al*., 2010
1999~2003 年	5.86	Guo *et al*., 2010
1984~1988 年	4.18	Zhang *et al*., 2013
1989~1993 年	4.52	Zhang *et al*., 2013
1994~1998 年	4.50	Zhang *et al*., 2013
1999~2003 年	5.41	Zhang *et al*., 2013
2004~2008 年	6.24	Zhang *et al*., 2013
1984~1988 年	4.61	王轶夫, 2016; Yue *et al*., 2016b
1989~1993 年	5.13	王轶夫, 2016; Yue *et al*., 2016b
1994~1998 年	4.97	王轶夫, 2016; Yue *et al*., 2016b
1999~2003 年	6.15	王轶夫, 2016; Yue *et al*., 2016b
2004~2008 年	6.82	王轶夫, 2016; Yue *et al*., 2016b

在不同研究中，运用生物量转换因子连续函数法或改进的生物量转换因子连续函数法，所估算的森林植被碳储量之间都存在一定差异。生物量转换因子连续函数法是一种统计方法，要想得到更加精确与令人信服的估算结果，则需要扩大样本，细化森林类型的划分，构建稳定的生物量转换模型。

22.4　结　　论

陆地生态系统植物生物量是生态系统碳循环的组成要素之一，对植被生物量空间分布格局的模拟是陆地生态系统碳循环研究的重要方面，至今对全球至区域尺度的陆地生态系统碳库已经有很多估算研究，但是不同研究的估计值之间差异较大，存在很大不确定性。

我国对森林生物量的调查研究在 20 世纪 70 年代末就已经开始了，国内已开展了大量针对国家及区域尺度上森林生物量、碳储量及森林植被碳库动态变化的研究，但是限于森林生物量和碳储量实际观测资料的分布分散、复杂性、森林生物量、碳储量测定方法的差异，以及全国性森林碳储量研究的资料极为有限，所产生的研究结果缺乏可比性和足够的精度，无法为国家在二氧化碳减排及维护全球气候等方面提供有效的数据支持。造成这个问题的另一个重要原因是空间尺度的不一致。例如，基于全国连续清查数据的生物量材积源法是采用一定大小的总体内的某森林类型一定年龄林分的生物量平均水平，来表示该森林类型、该年龄段的生物量，以实现空间尺度从样地到群落的转换。基于遥感数据（如归一化差值植被指数）的生物量估测方法和机理模型方法是在特定大小的栅格上计算生物量。

本书基于高精度曲面建模方法（HASM），将具有空间连续性的遥感数据与森林资源清查散点数据进行融合，发展了高精度碳储量模拟模型（HASM-S）。HASM-S 模型包括两个主要模块，即驱动场模块和优化控制条件模块。优化控制条件模块是以生物量转换因子连续函数模型为核心模型，数据源为全国森林资源连续清查统计数据；驱动场模块是以遥感信息模型为核心模型，数据源为 MODIS 数据。与经典方法 Kriging 和 SOA 模型相比，HASM-S 的模拟精度有了很大提高。交叉检验结果表明，HASM-S 的平均相对误差为 22.71%，比经典方法的误差分别下降了 26.06%和 27.41%。

HASM-S 模拟的 2004~2008 年年平均森林植被碳储量为 7.08PgC，其中针叶林碳储量为 2.74PgC、阔叶林碳储量为 3.95PgC、针阔混交林碳储量为 0.39PgC（表 22.6）。中国森林植被碳密度 2004~2008 年的年平均值森林植被碳储量为 4.55kg/m^2、针叶林碳密度为 4.35kg/m^2、阔叶林碳密度为 4.74kg/m^2、针阔混交林碳密度为 4.20kg/m^2。

表 22.6　2004~2008 年中国植被碳储量和碳密度的不同估算方法结果对比

森林类型组	碳储量/碳密度	Kriging	SOA	HASM-S
针叶林	碳储量/PgC	2.76	2.48	2.74
	碳密度/（kg/m^2）	4.38	3.94	4.35
混交林	碳储量/PgC	0.39	0.46	0.39
	碳密度/（kg/m^2）	4.24	4.93	4.20
阔叶林	碳储量/PgC	4.11	3.61	3.95
	碳密度/（kg/m^2）	4.94	4.34	4.74
总计	碳储量/PgC	7.26	6.55	7.08
	碳密度/（kg/m^2）	4.67	4.21	4.55

优化控制数据和驱动场的误差是 HASM-S 模拟结果不确定性的主要来源。HASM-S 模型优化控制条件模块中生物量转换参数和含碳率参数的不确定性对模拟结果有显著影响。HASM-S 的驱动场模块对森林植被碳储量的精确估计，是 HASM-S 高精度模拟的重要保障。驱动场模块对遥感数据的选取，取决于模拟范围及分辨率，但选取不同的遥感数据或采用不同分辨率，其结果之间必然存在差异性。

陆地生物圈和海洋对二氧化碳的吸收导致了二氧化碳浓度的年季变异性。二氧化碳通过温室效应影响气候，气候通过影响碳储量影响二氧化碳浓度。二氧化碳浓度增加导致碳储量增加，碳储量增加会吸收更多的二氧化碳，延缓气候变化。气候变化的准确预测需要更好地理解控制二氧化碳浓度年季变异性的机制和碳源汇的空间分布。因此，碳储量变化与二氧化碳浓度相互作用的定量关系表达至关重要。

第23章　中国人口承载力模拟分析*

23.1　引　　言

23.1.1　土地承载力概念

有关承载力的讨论可以追溯到马尔萨斯关于人口增长理论，该理论假设人口呈指数增长且食物是限制人口增长的唯一因素（Malthus, 1789）。尽管马尔萨斯的理论曾广受批评，但他的论著，对达尔文自然选择概念的形成产生了重大的影响，并且成为人口统计学的早期研究成果，为人口承载力这一概念的提出提供了一个坚实的基础（Seidl and Tisdell, 1999; Price, 1999）。

基于不同的目的和条件，人们对承载力给出了多种不同的定义。例如，1922年，在分析驯鹿群引入美国阿拉斯加对生态环境所产生影响的基础上，承载力被定义为在不被破坏的前提下一个区域所能支撑的牲畜数量（Hawden and Palmer, 1922）。作为一种规划手段，承载力被认为是一个自然或人工生态系统能够满足各种利用需求的能力（Godschalk and Parker, 1975）。在旅游业中，承载力是所能接受最大的游客数量，在该数量下，不会出现不可接受的自然环境恶化，不会显著降低游客的满意度（Mathieson and Wall, 1982）。人口承载力可定义为一种可再生资源的最高开发水平。在一个给定的区域，这种土地的开发是可持续的，不会引起不可逆的土地退化（Kessler, 1994）。人口承载力与技术、偏好、生产和消费结构有关（Arrow *et al.*, 1995）。作为可持续发展的基础，承载力是一个约束性资源生产所需产品以满足更高生活质量的能力，而与此同时要维护所需环境质量及生态健康（Khanna *et al.*, 1999）。对保护区而言，承载力的定义主要关注自然资源的可接受性，以及对旅游的影响，认为与游客数量相比，保护区的生物物理特征、社会因素、管理政策是更为重要的承载力决定因素（Prato, 2001）。在城市规划与管理中，承载力是指在不会引起严重退化或不可逆损害情况下，城市环境所能支撑的人类活动、人口增长和土地利用水平（Oh *et al.*, 2005）。

总的来说，承载力是在不对生态系统产生永久性损害的前提下，特定区域所能支撑的人口、牲畜或野生动物种群的最大数量（Odum, 1989; Rees, 1992; Kessler, 1994; Hui, 2006; Haraldsson and Ólafsdóttir, 2006）。

23.1.2　全球人口承载力估算

从科学文献中，至少可以找到42个全球人口承载力的估算结果（Cohen, 1995），这些估算结果从59亿到1570亿不等。而世界人口的预期范围，2050年是78亿~125亿，到21世纪末是60亿~200亿（Conway, 1997）。

人口承载力估算方法主要包括定性分析法、人口观测推论法、限制因子估测法等。例如，根据Ravenstein（1891）的研究，地球可以承载59.94亿人；Penck（1925）用富饶区域面积乘以单位面积的平均产量，再除以平均每人的营养需求量，其计算结果表明，地球上可承载的人口最大数量为159亿。De Wit（1967）认为，如果每人每年需要100万kCal的热量、人均占用750m^2用于生活和娱乐，那么在全球131亿hm^2土地上，可承载1460亿人；如果每日的饮食中再加上200g肉食，全球的人口承载力将从1460亿减少至1260亿。当1970年世界人口接近37亿时，Hulett（1970）估计，世界最适宜的人口必须低于10亿人。根据Revelle（1976）的估计，全球总的潜在耕地面积是42.3亿hm^2，这些耕地可以承载400亿人。依靠除冰川和冻土区外的123亿hm^2的世界陆地面积，按日本的食物消费标准和亚洲人的木材消费标准，全球潜在的农用地和森林可以满足1570亿人的需要（Clark, 1977）。

---

*田永中和王晨亮为本章主要合著者。

在 1∶500 万空间尺度，将联合国粮食及农业组织的气候地图与土壤地图叠加，并结合多种因素，可以估算每个农业生态区像元内每种作物的生产潜力，再将这种潜力简化为热量单位卡路里。估算结果表明，在高投入条件下，地球依靠水体以外的 64.95 亿 hm^2 陆地，可以为 328 亿人提供与发展中国家相似的温饱型生活食物（Higgins *et al*., 1983; United Nations Fund for Population Activities, 1993）。Millman 等（1991）估计，在基本营养（basic diet）水平下，地球食物供给可以养活 59 亿人；在改善型营养（improved diet）水平下，可以养活 39 亿人；在富足健康营养（full-but-healthy diet）水平下，可以养活 29 亿人口。

23.2　中国土地人口承载力估算方法

23.2.1　生态阈值

在自然科学中，阈值是指一个事件或系统发生剧烈变化的某个点或一段区间（Luck, 2005）。在生态学文献中，提出了许多关于生态阈值的定义（Huggett, 2005）。例如，Friedel（1991）认为阈值是两个不同状态之间在时间和空间上的边界。Muradian（2001）认为阈值是一个独立变量的临界值，从一个稳定状态至另一个稳定状态之间的变化围绕这个临界值发生。Meyers 和 Walker（2003）将生态阈值定义为两个轮替状态的交叉点，通过该点时，系统将会转向一个不同的状态。

生态阈值可以分为灭绝阈值和承载力阈值。在一个生物保护背景下，乡土植被的灭绝阈值被定义为在某种程度上突然发生的、非线性的改变，如物种丧失与生境丧失之间的比率（With and King, 1999; Lindenmayer *et al*., 2005）。在种群生态学中，灭绝阈值表现为一个很低的种群数量，低于该数量，灭绝的风险变得很高，以至可以认为这种高风险是不可接受的（Shaffer, 1981; Hildenbrandt *et al*., 2006）。

如果一个生态系统中的种群密度超过了它的承载力，那么这个生态系统由于过载可能引起破坏，而且过度利用的生态系统可能变成一个不同的生态系统，这可以理解为生态不连续。一般来说，生态不连续被认为是一个生态系统某种属性的突然变化（Muradian, 2001）。生态不连续暗指了该独立变量的临界值，围绕该值，系统从一种稳定状态突变为另一种状态。临界值即是承载力的阈值。自然保护区的承载力阈值是确保自然区域合理发展的重要指标，它是农耕区的 10%~30%（Haber, 1972; Andrén, 1994; Fahrig, 1998; Luck, 2005）。尽管这些承载力阈值仍然是一个争论不休的科学问题，但是，它已经被许多政府用来作为一种环境保护手段（Herrmann *et al*., 2003）。

Odum（1983）在总结相关研究成果（Beverton and Holt, 1957; Odum, 1971）的基础上，得到如下结论：①在易变环境中，可持续发展意义上的种群最佳密度约为理论最大承载力 K 的 50%；②从可持续发展的观点来看，最大承载力与最佳密度之间的区域是种群的可持续增长区；③种群可持续增长的范围常常偏向左侧（以 $n = 0.5K$ 为中轴线）。

Odum 的研究有以下三个遗留问题：①在什么条件下，种群可持续增长区为$[0.5K, K]$；②在什么条件下，种群的可持续增长区偏向左侧；③若种群可持续增长区偏向左侧，偏移距离有多大，其上限和下限是什么本书运用耗散结构理论和种群增长理论建立阈值模型，回答上述问题。

1. 熵、熵产生与超熵产生

系统的总熵变化可表示为

$$\mathrm{d}S = \mathrm{d_e}S + \mathrm{d_i}S \tag{23.1}$$

式中，$\mathrm{d_e}S$ 为穿过系统边界的熵流，$\mathrm{d_i}S$ 为系统内部的熵产生。

根据热力学第二定律，系统内的熵产生为正值（Prigogine, 1968, 1980）。系统的总熵随时间的变化可用式（23.2）表示（Glausdorff and Prigogine, 1971）：

$$\frac{\mathrm{d}S}{\mathrm{d}t} = \int_V \frac{\partial S}{\partial t} \cdot \mathrm{d}V = -\int_\Sigma \mathrm{d}\Sigma n \cdot J_s + \int_V \sigma \cdot \mathrm{d}V \tag{23.2}$$

式中，J_s 为单位面积通过的熵交换率，即熵流；σ 为单位体积内熵产生的比率，即熵产生。

因此，可得

$$\frac{\mathrm{d_i}S}{\mathrm{d}t}=\int_V \sigma\cdot\mathrm{d}V=P \tag{23.3}$$

$$\frac{\mathrm{d_e}S}{\mathrm{d}t}=\int_\Sigma \mathrm{d}\Sigma n\cdot J_s \tag{23.4}$$

式中，V 为体积，Σ 为环绕这个体积的表面积。

那么，熵产生可表示为（Onsager, 1931a, 1931b）

$$\sigma=\sum_k J_k\cdot X_k \tag{23.5}$$

式中，J_k 为第 k 个不可逆过程的广义流，它与速度相关；X_k 为第 k 个不可逆过程的广义力，它与推动力相关。

对于一个开放的系统，当临界条件迫使系统离开平衡状态时，宏观不可逆过程随即开始。由于广义力是广义流产生的原因，因此，广义流可以认为是广义力的一个某种函数。如果这种函数存在并且能在平衡状态的基础上以 Taylor 扩展（根据 Taylor 展开式，在均衡状态中，广义力和广义流均等于 0），可得

$$\begin{aligned}J(X)&=J(X_0)+\left(\frac{\partial J}{\partial X}\right)_0\cdot(X-X_0)+\frac{1}{2}\cdot\left(\frac{\partial^2 J}{\partial X^2}\right)\cdot(X-X_0)^2+\ldots\\&=\left(\frac{\partial J}{\partial X}\right)_0\cdot X+\frac{1}{2}\cdot\left(\frac{\partial^2 J}{\partial X^2}\right)\cdot X^2+..\end{aligned} \tag{23.6}$$

当广义力很弱时，系统偏离平衡态很小，广义力 X 的高次幂可以忽略，因此可得

$$J(X)=\left(\frac{\partial J}{\partial X}\right)_0\cdot X \tag{23.7}$$

满足这种线性关系的区域为非平衡态的线性区。

当广义力非常强时，系统远离平衡状态，$J(X)$ 的展开式中包括了 X 的高次幂，因此广义流是广义力的一个非线性函数，这时它所对应的区域为非平衡状态的非线性区。将熵 S 和熵产生 P 在参考态附近展开，并且通过严密推导可得

$$\frac{\mathrm{d}\left(\frac{1}{2}\left(\delta^2 S\right)\right)}{\mathrm{d}t}=\int\sum_k \delta J_k\cdot\delta X_k\cdot\mathrm{d}V=\delta_X P \tag{23.8}$$

换句话说，$\frac{1}{2}\left(\delta^2 S\right)$ 的时间导数正好就是超熵产生 $\delta_X P$。在 $\delta_X P$ 中，下标变量 X 为广义力，δ 为变分符号。

简言之，在非平衡态线性区，系统的稳定性可以通过熵产生 $P\geqslant 0$ 和 $\frac{\mathrm{d}P}{\mathrm{d}t}\leqslant 0$ 来判断；在非平衡态的非线性区，当超熵产生 $\delta_X P$ 大于零、小于零和等于零时，分别对应系统稳定、不稳定和临界状态。

2. 种群增长的 Logistic 方程

种群都具有增长的特点，并且其基本的增长型可分为两种，即 r 型增长和 k 型增长（McCullough, 1979）。个体体积小、寿命短、再生产率高的昆虫为 r 型增长（Bcgon *et al.*, 1990）。在给定的地区，相对没有环境阻力的 r 型增长可表示为指数方程：

$$\frac{\mathrm{d}n(t)}{\mathrm{d}t}=r\cdot n(t) \tag{23.9}$$

式中，r 为种群的内禀自然增长率；$n(t)$ 为单位面积上种群的个体数量。

个体体积大，寿命长，再生产率低的脊椎动物种群为 k 型增长。也就是说，受环境阻力影响的 k 型增长种群可用 logistic 方程表示，即

$$\frac{\mathrm{d}n(t)}{\mathrm{d}t}=r\cdot n(t)\cdot\left(1-\frac{n(t)}{K}\right) \tag{23.10}$$

式中，K 为单位面积的最大承载力。

3. 种群可持续增长区的理论推导

Haber 按照人类影响强度将生态系统划分为 5 种类型：自然生态系统，近自然生态系统，半自然生态系统，人文生物生态系统和人文技术生态系统（Haber,1990）。如果自然生态系统、近自然生态系统和半自然生态系统按非平衡态线性区处理，人文生物生态系统和人文技术生态系统按非平衡的非线性区处理，在非平衡态线性区，广义流 $J(t)$ 和广义力 $X(t)$ 可分别表达为（Yue, 2000）

$$J(t)=r\cdot n(t) \tag{23.11}$$

$$X(t)=R\cdot\left(1-\frac{n(t)}{K}\right) \tag{23.12}$$

式中，R 为大于零的尺度常数；t 为时间变量。

则熵产生可表达为

$$P(t)=R\cdot r\cdot n(t)\cdot\left(1-\frac{n(t)}{K}\right) \tag{23.13}$$

$$\frac{\mathrm{d}P(t)}{\mathrm{d}t}=R\cdot r\cdot\left(1-\frac{2n(t)}{K}\right)\cdot\frac{\mathrm{d}n(t)}{\mathrm{d}t} \tag{23.14}$$

综合式（23.10）和式（23.14），可得

$$\frac{\mathrm{d}P(t)}{\mathrm{d}t}=R\cdot r^2\cdot n(t)\cdot\left(1-\frac{n(t)}{K}\right)\cdot\left(1-\frac{2n(t)}{K}\right) \tag{23.15}$$

当 $\frac{K}{2}\leqslant n(t)\leqslant K$ 时，$P(t)\geqslant 0$ 且 $\frac{\mathrm{d}P(t)}{\mathrm{d}t}\leqslant 0$。因此，当 $\frac{K}{2}\leqslant n(t)\leqslant K$，生态系统局部稳定。

在非平衡态的非线性区，广义流 $J(t)$ 和广义力 $X(t)$ 可分别表达为（Yue, 2000）

$$J(t)=r\cdot n(t) \tag{23.16}$$

$$X(t)=R\cdot r^2\cdot n(t)\cdot\left(1-\frac{n(t)}{K}\right)\cdot\left(\frac{2\cdot n(t)}{K}-1\right) \tag{23.17}$$

事实上，在非平衡态非线性区，任何一种有序状态的出现，都可以看作某种无序的参考态失去稳定性的结果，因此可将非平衡态非线性区的广义力取 $X(t)=-\frac{\mathrm{d}P(t)}{\mathrm{d}t}$，可得

$$\delta_X P(t)=-\frac{6\cdot r^3\cdot R}{K^2}\cdot\left(n(t)-\left(1+\sqrt{3}\right)\cdot\frac{K}{2}\right)\cdot\left(n(t)-\left(1-\sqrt{3}\right)\cdot\frac{K}{2}\right)\cdot\left(\delta_x n(t)\right)^2 \tag{23.18}$$

由式（23.18）可知，当 $\left(1-\sqrt{3}\right)\cdot\frac{K}{2}<n(t)<\left(1+\sqrt{3}\right)\cdot\frac{K}{2}$ 时，$\delta_X P(t)>0$，生态系统整体稳定；当 $n(t)=\left(1-\sqrt{3}\right)\cdot\frac{K}{2}$ 或 $n(t)=\left(1+\sqrt{3}\right)\cdot\frac{K}{2}$ 时，$\delta_X P(t)=0$，生态系统处于临界状态；当 $n(t)\leqslant\left(1-3^{-\frac{1}{2}}\right)\cdot\frac{K}{2}$ 或 $n(t)\geqslant\left(1+3^{-\frac{1}{2}}\right)\cdot\frac{K}{2}$ 时，$\delta_x P(t)>0$，生态系统整体不稳定。

根据生态阈值的这一模型，对 K 型增长种群而言，在较小扰动的生态系统，如自然生态系统、近自然生态系统和半自然生态系统中，其可持续增长区为 $[0.5K,K]$（K 为生态系统的最大承载力）；对受较大扰动的生态系统，如人文生物生态系统和人文技术生态系统，其可持续增长区为 $[0.211K,0.789K]$。换句话说，对较小扰动的生态系统，其灭绝阈值为 $0.5K$，承载力阈值为 K；对剧烈扰动的生态系统，其灭绝阈值为 $0.211K$，

承载力阈值为 0.789 K 。在本章中计算中国陆地生态系统的人口承载力时，采用 78.9%作为临界值。

23.2.2　陆地生态系统食物供给潜力模型

本章重点关注农业生态系统、草地生态系统、林地生态系统和水生生态系统（Yue *et al.*, 2008b; 田永中, 2004）四类陆地生态系统。农田生态系统的食物供给潜力可表示为

$$Y_{\text{grain}} = Y(Q)\cdot f(T)\cdot f(W)\cdot f(S)\cdot f(M)\cdot \text{CA}\cdot \text{HI}\cdot A_{\text{food}} \tag{23.19}$$

式中，Y_{grain} 为单位面积的粮食产量（kg/hm^2）；CA 为自然灾害的影响系统（%）；HI 为收获系数（%）；$A_{\text{food}} = A_{\text{gross}}\cdot C_{\text{net}}\cdot C_{\text{food}}$ 为耕地的有效面积（hm^2），A_{gross} 为耕地的毛面积（hm^2）；C_{net} 为净耕地系数（%），C_{food} 为用于食物生产的耕地系数（%）；$Y(Q) = 0.219\times Q$ 为作物的光合潜力（kg/hm^2）；Q 为太阳辐射（J/cm^2）；$f(T)$ 、$f(W)$ 、$f(S)$ 和 $f(M)$ 分别为温度、水、土壤和农业生产投入的有效系数（%）；$f(S) = C_{\text{SFI}}\cdot C_{\text{erode}}$，$C_{\text{SFI}}$ 为土壤肥力修正系数（%），C_{erode} 为土壤侵蚀系数（%）；$f(M) = 0.6$ ；$f(T) = \dfrac{1}{1+\mathrm{e}^{2.052-0.161\cdot T}}$，当 $T < -10$ 时，$f(T) = 0$ ；$f(W) = K(0.7C_{\text{slope}}C_{\text{DEM}} + 0.3C_{\text{slopewater}})$，$K$ 为湿润系数（%），C_{slope} 为地面坡度的水分修正系数（%），C_{DEM} 为高程的水分修正系数（%），$C_{\text{slopewater}}$ 为过面平均水量修正系数（%）。

除了粮食外，作物秸秆也可间接转化为食物，其计算公式为

$$Y_{\text{mutton}} = Y_{\text{straw}}\cdot C_{\text{fodder}}\cdot C_{\text{mutton}} \tag{23.20}$$

式中，Y_{mutton} 为从秸秆中转化而成的食物（羊单位）；Y_{straw} 为作物秸秆的产量（kg）；C_{fodder} 为秸秆用比饲料的比例（%）；C_{mutton} 为羊肉与饲料之间的转换系数（%）。

草地生态系统的食物供给潜力可表示为

$$Y_{\text{grassland}} = Y(Q)\cdot f(T)\cdot f(W)\cdot f(S)\cdot f(M)\cdot A_{\text{grass}}\cdot C_{\text{use}}\cdot C_{\text{grassmutton}} \tag{23.21}$$

$$Y(Q) = \text{PAR}\cdot \text{AB}\cdot \text{CL}\cdot G\cdot \text{CH}\cdot E\cdot (1-B)\cdot (1-C)/F \tag{23.22}$$

式中，$Y_{\text{grassland}}$ 为草地生态系统的食物供给力（羊单位）；C_{use} 为牧草的利用率（%）；$C_{\text{grassmutton}}$ 为牧草与羊肉之间的转换率（%）；A_{grass} 为草地面积（hm^2）；PAR 为光合有效辐射（J/cm^2）；AB 为牧草群体对 PAR 的最大吸收率（%）；CL 为草地植被覆盖度修正系数（%）；G 为生长率修正系数（%）；CH 为牧草的收获系数（%）；E 为量子转换率（%）；B 为植被呼吸修正系数（%）；F 为植物干物质含热量（J/g）；C 为牧草灰分率（%）；$f(T)$ 和 $f(W)$ 的计算与农田生态系统中的计算一致；$f(W) = K = \dfrac{R}{E_0} = \dfrac{R}{0.0018(25+T)^2(100-F)}$，$K$ 为某月的湿润度指数（%），R 为该月的降水量（mm），E_0 为该月的蒸发量（mm），T 为该月的平均气温（℃），F 为月平均相对湿度（%）；$f(M) = C_{\text{Pop}}\cdot C_{\text{Scale}}$，$C_{\text{Pop}}$ 为人口密度修正系数（%），C_{Scale} 为草地规模的修正系数（%）。

林地生态系统的食物供给潜力可表示为（田永中, 2004; Liu *et al.*, 2005a）

$$P_{ij} = A_i\cdot N_{ij}\cdot \text{CT}_{ij}\cdot \text{CP}_{ij}\cdot \text{CS}_{ij}\cdot \text{CR}_{ij}\cdot \text{CV}_{ij}\cdot \text{CO}_{ij} \tag{23.23}$$

式中，P_{ij} 为某一像元内第 i 类林地的第 j 类食物的供给力（kg/hm^2）；A_i 为第 i 类林地的面积（hm^2）；N_{ij} 为第 i 类林地第 j 类食物的基准单元值（kg/hm^2）；CT_{ij} 、CP_{ij} 、CS_{ij} 、CR_{ij} 、CV_{ij} 和 CO_{ij} 分别为气温、降水、土壤、太阳辐射、植被及其他修正因子的修正系数（%）。

水生生态系统的食物供给潜力可表示为

$$P_i = \sum_{j=i}^{4} \text{PA}_{ij}\cdot A_{ij}\cdot C_{ij} \tag{23.24}$$

式中，P_i 为第 i 个像元内的人工渔产力（kg/hm^2）；PA_{ij} 为第 i 个像元中第 j 类水体的自然渔产力（kg/hm^2）；

A_{ij} 为第 i 个像元中第 j 类水体的面积（hm^2）；C_{ij} 为人工投入引起的增产系数（%）；j = 1、2、3 和 4 分别表示宜渔水田、水库、湖泊和河流。

根据模拟结果，自然渔产潜力可以表示为

$$PA_{i1} = 0.042\cdot(\ln(SFI_i))^{2.4}\cdot(\ln(P_{mi}))^{1.6}\cdot(\ln(PD_i))^{0.72}\cdot(1+t_i/100)^{3.4} \quad (23.25)$$

$$PA_{i2} = 0.334\cdot(\ln(SFI_i))^{0.72}\cdot(\ln(P_{mi}))^{0.83}\cdot(\ln(PD_i))^{0.45}\cdot(\ln(SR_i))^{1.31}\cdot(1+t_i/100)^{2.42} \quad (23.26)$$

$$PA_{i3} = 3.94\cdot(\ln(SFI_i))^{0.55}\cdot(\ln(P_{mi}))^{1.21}\cdot(\ln(PD_i))^{0.47}\cdot(\ln(NDVI_i))^{0.18}\cdot(\ln(S_i))^{-0.25}\cdot(1+t_i/100)^{3.4} \quad (23.27)$$

$$PA_{i4} = 0.179\cdot(\ln(SFI_i))^{0.81}\cdot(\ln(P_{mi}))^{1.87}\cdot(\ln(PD_i))^{0.56}\cdot(\ln(NDVI_i))^{0.21}\cdot(1+t_i/100)^{1.78} \quad (23.28)$$

式中，SFI 为土壤肥力指数（%）；P_m 为降水系数（mm）；t 为温度（℃）；PD 为人口密度（人/km^2）；S 为坡度；NDVI 为归一化植被指数。

各类生态系统总的食物供给潜力可表示为

$$TN_i = \sum_{j=1}^{m} P_j \cdot N_{ij} \quad (23.29)$$

式中，TN_i 为第 i 类营养物质的潜力（i = 1,2,3，分别代表热量、蛋白质和脂肪）；P_j 为 j 类食物的潜力；m 为食物的类型数量；N_{ij} 为第 j 类食物中第 i 类营养物质的含量。

23.3　数　　据

23.3.1　陆地生态系统的分类数据

生态系统的分类对于陆地生态系统食物供给的空间分析是必不可少的。分类采用 512 景 30m 空间分辨率的 Landsat ETM 影像。这些影像通过实地采集的地面控制点和高分辨率的数字高程模型进行了空间配准和正射较正。在大量实地调查的基础上，对 ETM 影像进行了解译和土地覆被分类。1999~2000 年，对影像的解译结果进行了实地校核，校核采用了 GPS 相机所拍摄的 8000 多张相片，涉及横跨全国 7.5 万 km 的样带。解译所采用的分类系统是由 25 个土地覆被类型所组成的等级分类体系。25 个土地覆被类型被归为 6 个土地覆被大类：耕地、林地、草地、水域、未利用地和建设用地。将这些数据的空间分辨率整合为 1km，用于计算中国陆地生态系统的人口承载力。

23.3.2　计算食物供给潜力的数据

食物供给力模型的主要变量包括太阳辐射、温度、降水、土壤肥力、地形、人口密度及归一化植被指数（NDVI）。NDVI 通过可见光的红光波段和近红外波段的光谱反射率计算而得，它广泛应用于描述植物特征之间的关系（Yue *et al*., 2002）。与变量对应的数据包括 1：100 万植被数据（中国科学院中国植被图编辑委员会, 2001）、空间分辨率为 1km 的气候数据（Yue *et al*., 2005a, 2013b）、空间分辨率为 1km 的数字高程模型（Yue *et al*., 2005b）、空间分辨率为 1km 的 NDVI 数据（http://www.resdc.cn）、土地利用与土地覆被数据（Liu *et al*., 2005a），人口分布数据（Yue *et al*. 2003b, 2005c），自然保护区数据，以及来自于各个县、省，以及国家林业局、国家统计局、农业部等的统计数据。

23.4　陆地生态系统的食物供给潜力

23.4.1　农田生态系统

尽管中国的农田面积只占土地总面积的 14.9%，但却有 86%食物消费源自农田生态系统，可见农田生态系统对于食物供给非常重要。近几年，中国主要的粮食作物有小麦、水稻、玉米、大豆、薯类、燕麦、黑麦、大麦、小米、高粱。在这些作物中，小麦、水稻和玉米产量占粮食总产量的 85%，播种面积占总面积的 93%。中国的水稻主要分布在南方，其平均产量达到 6200kg/hm^2，最高单产达到了 18000kg/hm^2，小麦和玉米主要分布在中国北方，小麦的平均产量为 3700kg/hm^2，西藏地区的达 5000kg/hm^2。玉米的平均产量为 4600kg/hm^2，新疆达到了 7000kg/hm^2。

根据农田生态系统的食物供给力模型，粮食产量主要由太阳辐射、温度、降水、土壤肥力、农业生产投入、收获系数，以及自然灾害影响系数等决定。太阳辐射、温度、降水原始数据源于中国 735 个气象站的观测数据，并结合基于气候分区模式（Yue *et al*., 2006）的高精度表面建模方法（Yue, 2011），生成空间分辨率为 1km 的栅格数据作为模型的输入。

土壤肥力有效系数主要根据土壤质地、有机质、全氮、全磷、有效磷、速效钾和 pH 进行计算，并通过高程、地形因子，以及土壤侵蚀强度进行修正。农业生产投入根据肥料、灌溉、技术进步及管理等因子来确定。

根据联合国粮食及农业组织的研究结果（FAO，1995），随着生态系统管理的改善和技术的进步，各种土壤类型区的粮食产量都在不断提高（Higgins *et al*., 1983）。然而，自然灾害仍然对粮食生产有着重要的影响，自 1950 年以来，自然灾害造成我国粮食平均每年减产 11%。

近年来，25%的作物秸秆用作了饲料。根据中国中长期食物发展研究组的研究，作物秸秆的潜在利用率可达 50%（刘志澄, 1993）。然而，作物秸秆是一种重要的有机质，使用过多的作物秸秆作饲料将会引起土壤中有机质不能得到有效的补充，从而造成土壤退化。因此，本书设定作物秸秆作为饲料的最高比例不超过 40%。

在考虑以上信息的基础上，模型的运算结果表明，农田生态系统可以产生 11.8 亿 t 粮食（图 23.1），可以折算为 4119.1 万亿 Cal 热量、11483.9 万 t 蛋白质、3304.7 万 t 脂肪。此外，农田生态系统还可以生产 8.12 亿 t 秸秆，其中用于饲料的部分可以生产羊肉 1515.74 万 t（图 23.2）。因此，中国农田生态系统可生产的热量、蛋白质和脂肪总量分别为 4155.62 万亿 Cal、11664.27 万 t 和 3624.55 万 t。

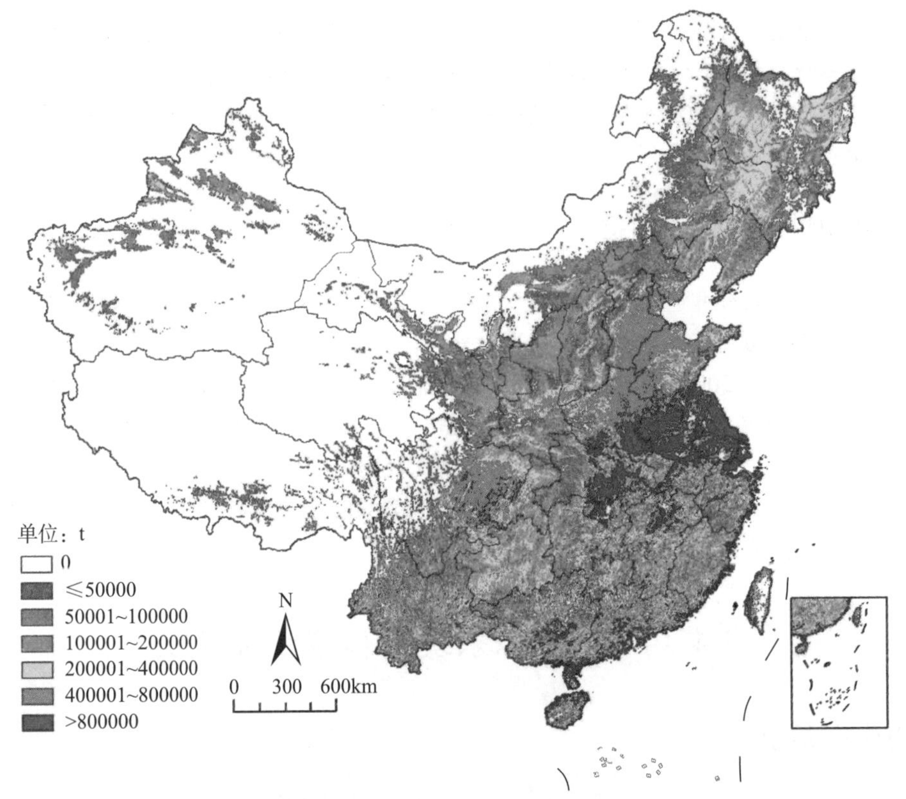

图 23.1 中国农田生态系统的粮食潜力

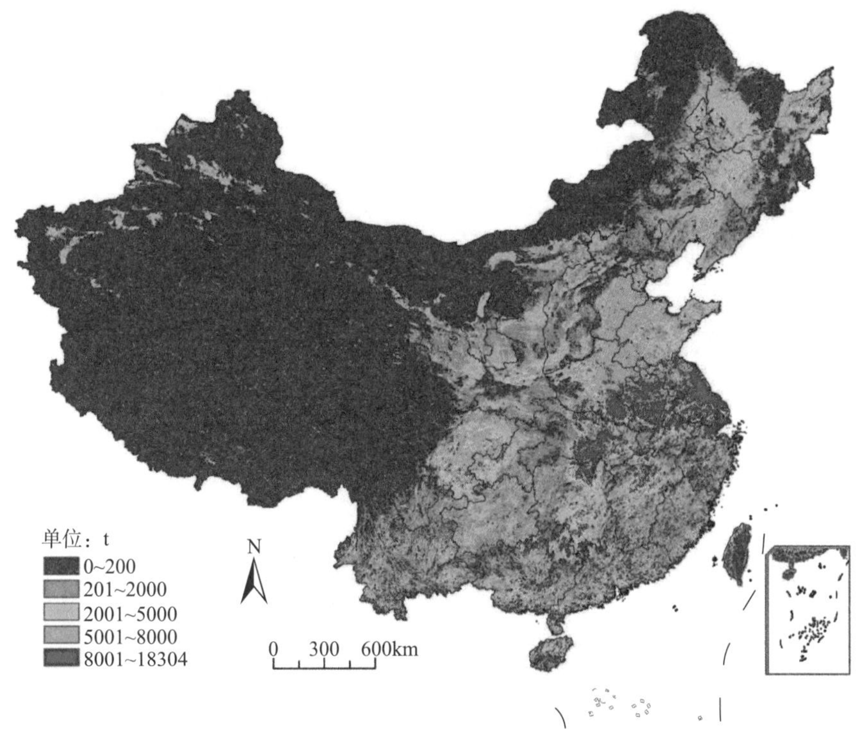

图 23.2　中国农田生态系统的作物秸秆可转换食物潜力

23.4.2　草地生态系统

根据遥感数据，中国有 3.03 亿 hm^2 草地，占土地总面积的 31.9%（Liu *et al.*, 2005b）。然而这些草地中，92.7%分布于中国西部，中部和东部各为 4.4%和 2.9%。某地可以分为草甸草原、牧草地、荒漠草原、草本草原。草甸草原主要分布于东北、内蒙古东部及青藏高原。牧草地主要位于内蒙古高原、黄土高原、青藏高原及北方山区。这些地区的牧草覆盖度、产草量、牧草品质优于荒漠草原，但不及草甸草原。荒漠草原主要分布在西北地区，其优势植被是由生产力很低的旱生灌木所组成。草本草原零星分布于东南部的农业区内。由于该区域气候较为温暖湿润，牧草覆盖度、产草量和牧草品质相对较高。

根据已有的研究成果（田永中, 2004），牧草群体对光合有效辐射 PAR 的最大吸收率 AB = 0.8，生长率修正系数 $G = 0.5$，牧草的收获系数 CH = 0.4，量子转换率 $E = 0.2625$，植被呼吸修正系数 $B = 0.33$，植物干物质含热量 $F = 17.8\text{kJ/g}$，牧草灰分率 $C = (12.622 - 0.2382T)\%$，300kg 干草折合一个羊单位，一个羊单位折合 14kg 羊肉。100g 羊肉折合热量 241Cal、蛋白质 11.9g、脂肪 21.1g（FAO, 1953）。

基于以上认识，对草地生态系统食物供给力模型进行运算。结果表明，中国草地生态系统能够生产 1797 万 t 羊肉（图 23.3），折合营养物质为热量 43.32 万亿 Cal、蛋白质 214 万 t、脂肪 379 万 t。从空间分布上看，具有较高生产潜力的草地生态系统主要分布于内蒙古东部、西藏南部、云南东部和西部、甘肃南部、青海东部、四川西部、新疆西部。潜力（羊肉）最大的六个省（自治区）分别为：内蒙古 368 万 t、西藏 306 万 t、云南 198 万 t、四川 176 万 t、青海 110 万 t、新疆 93 万 t。六个省（自治区）合计 1251 万 t，占全国的 69.73%。

23.4.3　林地生态系统

中国林地面积（包括人工经济林）约 2.27 亿 hm^2（Liu *et al.*, 2005b）。林地生态系统食物供给力计算考虑了来自然保护区以外的林地，如经济林中的肉食、饲料、木本食物油、水果及蔬菜等。

林地是许多野生动物的栖息地，除了野生动物保护法所保护的物种外，其他野生动物可以考虑作为人类食物的来源之一。林地中树木的叶子和枝干、野草可以用作驯养动物的饲料。油茶籽和核桃是中国林地中出产的主要食用油原料，占林地食用油总产出的 99%。林地中产出的水果主要有苹果、橘子、梨、枣、

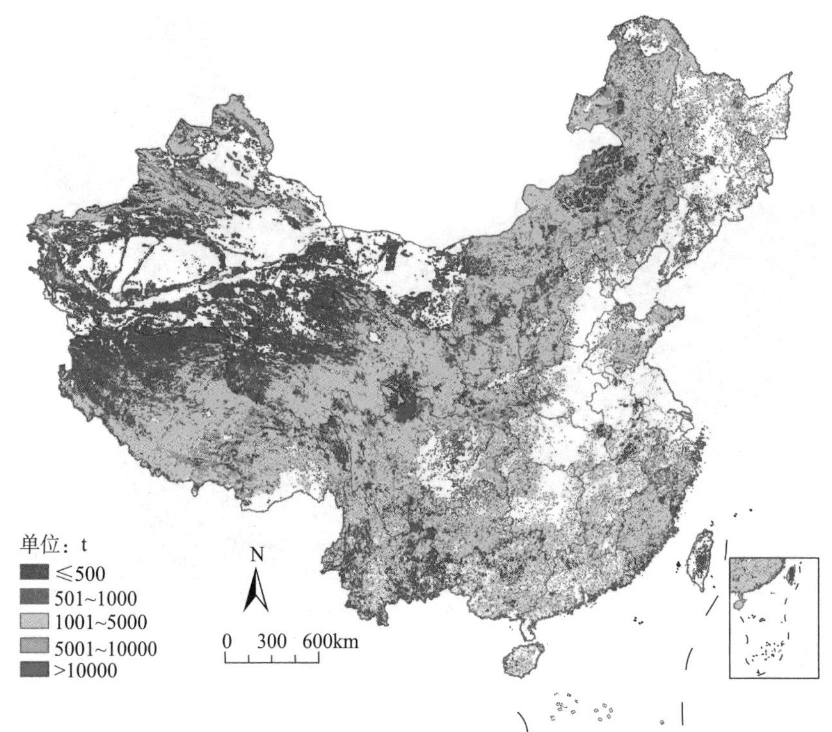

图 23.3　中国草地生态系统的食物潜力

柿子、香蕉、菠萝。可食野生植物的根、茎、叶、花、果和蘑菇等可用为蔬菜，其中竹笋作为一种主要的茎类食物，产量最高。

根据以上分析，对林地生态系统的食物供给模型进行运算。其结果表明，中国林地生态系统可提供 185 万 t 肉食（图 23.4），17108 万 t 饲料（图 23.5），2505 万 t 蔬菜（图 23.6），油料 2038 万 t（图 23.7），47544 万 t 水果（图 23.8）。根据各类林地食物的营养构成，将以上的林地食物可折合成营养物质，可以得到热量 230 万亿 Cal、蛋白质 430 万 t、脂肪 820 万 t。

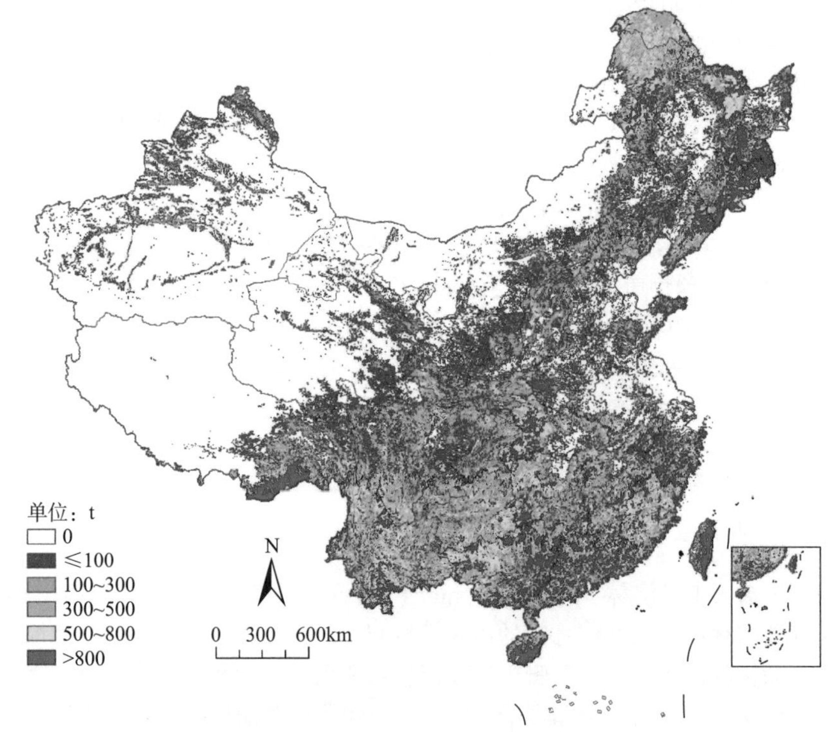

图 23.4　中国林地生态系统的肉食潜力

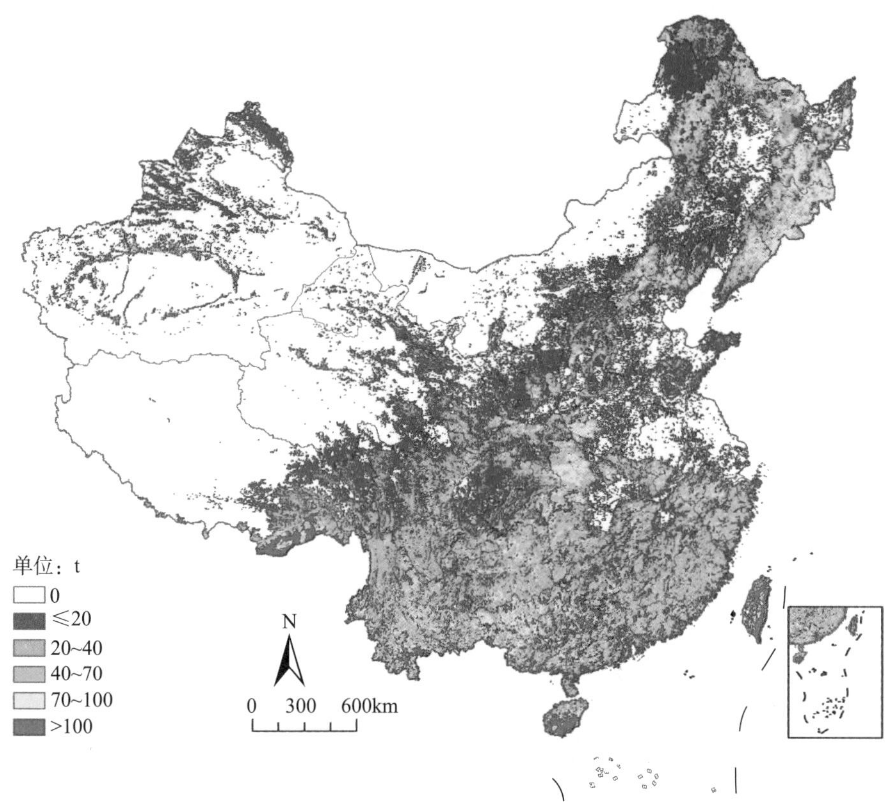

图 23.5　中国林地生态系统的饲料潜力

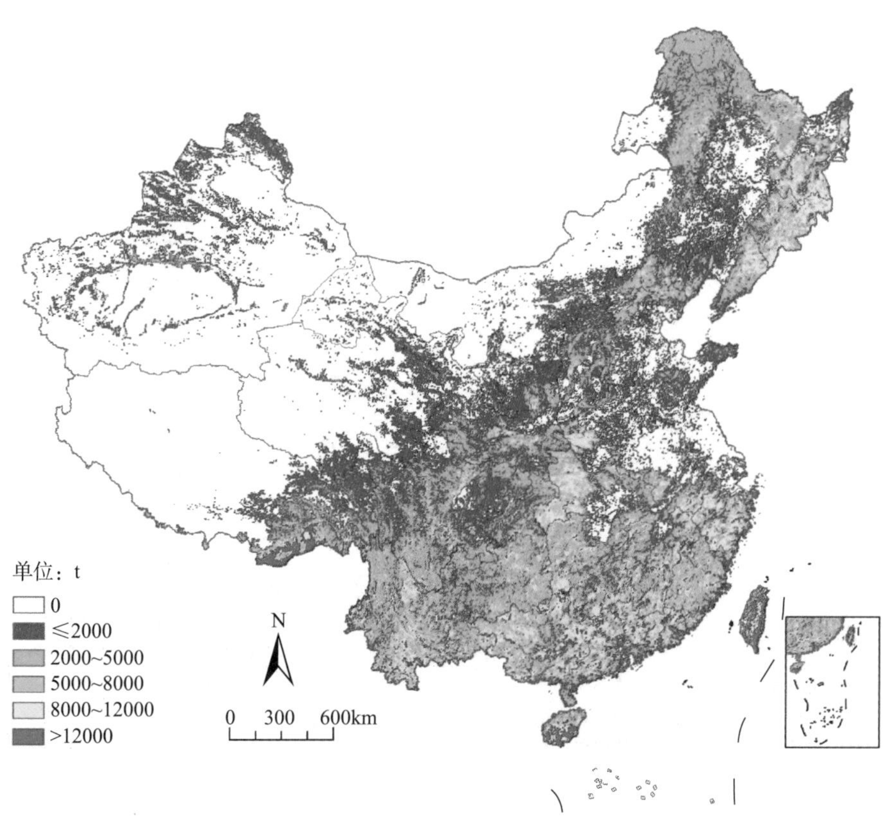

图 23.6　中国林地生态系统的蔬菜潜力

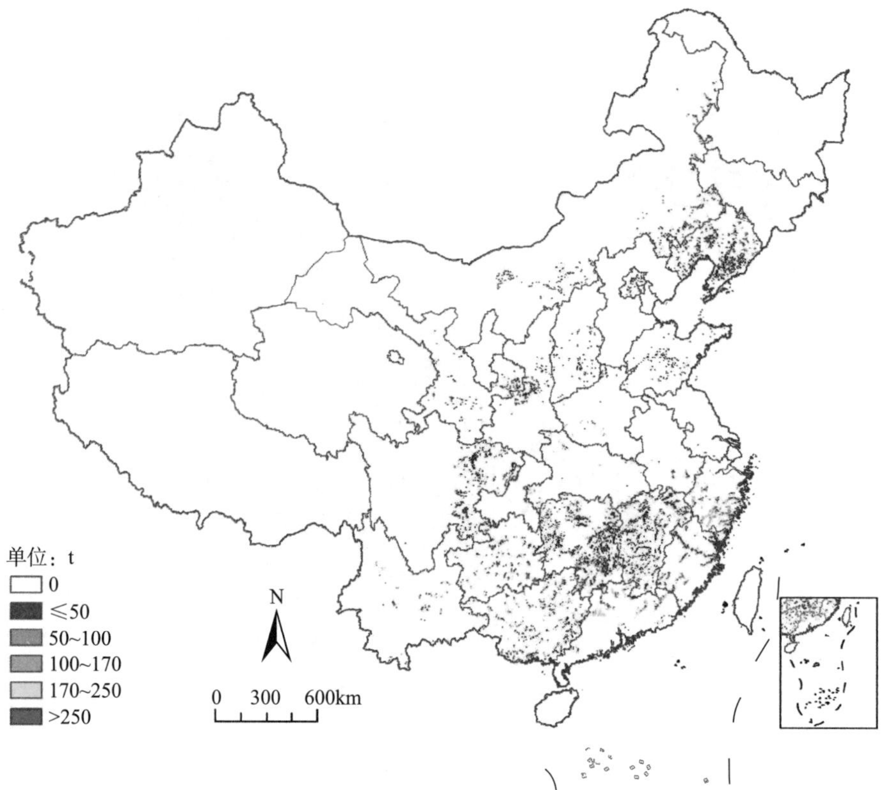

图 23.7　中国林地生态系统的木本食用油潜力

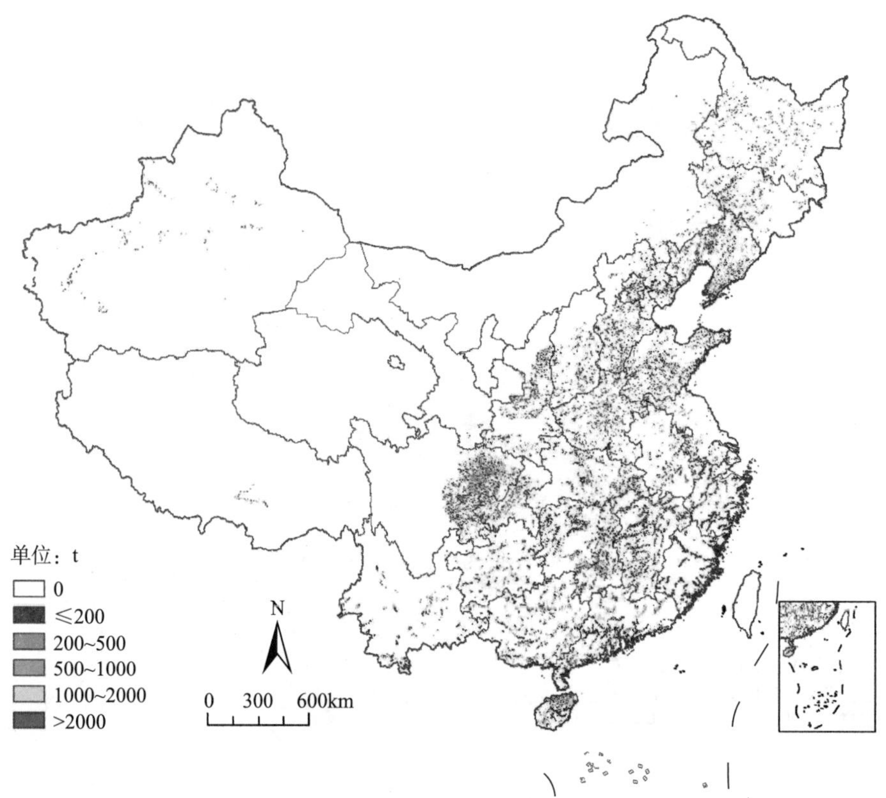

图 23.8　中国林地生态系统的水果潜力

23.4.4　水生生态系统

陆地水生生态系统包括河流、湖泊、水库及稻田。水生生态系统提供了多种的水产品，如鱼、虾、蟹等。为便于计算水生生态系统的食物供给力，本章中将所有的水产品按鱼来进行计算。

1. 稻田

稻田养鱼结合了水稻的生产和水产业的发展，是中国许多地区居民的主要水产品来源。例如，江苏省90%的地区都开展了稻田养鱼，贵州省的养鱼稻田面积达到了 123132hm^2，其渔产量占全省水产品总量的40%。然而，能够用于养鱼的稻田必须要有充足的水资源、良好的水质、肥沃的土壤、充足的光照，中国西北和青藏高原的稻田不适宜于养鱼，适宜养鱼的稻田主要位于四川、重庆、江苏、安徽、湖南、江西、湖北等地。2000 年，中国有稻田养鱼面积 153 万 hm^2，渔产量 74.85 万 t（中华人民共和国农业部，2001）。

2. 渔产力

渔产力可以分为自然渔产力和人工渔产力。自然渔产力是在没有投入的自然状态下所形成的渔产力；人工渔产力是在人类对生态系统进行投入的情况下所具有的最大渔产力。根据对水生生态系统自然渔产力的模拟结果，全国自然渔产力总量可达 366.51 万 t，其中稻田、河流、湖泊、水库的渔产力各占 38.34%、7.08%、25%和 29.58%，其单产分别为 123kg/hm^2、75kg/hm^2、142kg/hm^2 和 263kg/hm^2。

然而，根据统计数据（中华人民共和国农业部，2002），2001 年我国稻田、河流、湖泊、水库的鱼类实际单产分别为 487kg/hm^2、1756kg/hm^2、1043kg/hm^2 和 2910kg/hm^2。根据实验研究，通过施肥、投饵、增氧等方法，稻田的渔产力可达 3700kg/hm^2，水库可达 14530kg/hm^2，湖泊可达 5426kg/hm^2，河流可达 4405kg/hm^2。

应该注意到，并非所有的水体都适宜于养殖。例如，在 1km 的像元尺度上，复合坡度不应高于 1.2°，年平均气温不应低于 0℃。计算的结果表明，水生生态系统的人工渔产量可达 3858.63 万 t（图 23.9），其中来自于稻田、河流、湖泊和水库的渔产量分别为 1627.41 万 t、209.39 万 t、497.12 万 t 和 1524.7 万 t。根据联合国粮食及农业组织的标准，100g 鱼可以提供热量 132Cal、蛋白质 18.8g、脂肪 5.7g，中国水生生态系统可以提供热量 50.93 万亿 Cal、蛋白质 725.5 万 t 和脂肪 220 万 t。

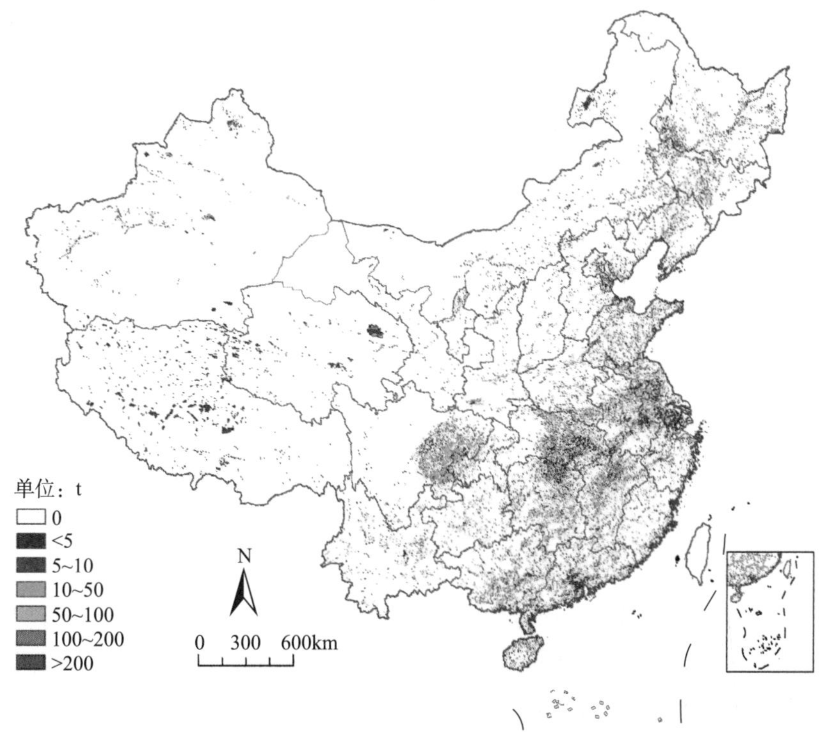

图 23.9　中国水生生态系统的人工渔产力

23.4.5　中国陆地人口承载力

将各类陆地生态系统的食物供给力按营养构成进行汇总，可以发现中国陆地生态系统每年可以提供热量 4479.65 万亿 Cal、蛋白质 13033.6 万 t、脂肪 5043.9 万 t（表 23.1，表 23.2）。考虑到人口承载力阈值（Yue 2000），以及由于自然灾害引起的 11%产量损失（Yue *et al.*, 2008b），全国陆地生态系统可以提供 3101.80 万亿 Cal 的热量、9024.7 万 t 蛋白质和 3492.5 万 t 脂肪用于人类消费。

表 23.1　中国陆地生态系统食物供给力

营养类型	农田生态系统	林地生态系统	草地生态系统	水生生态系统	合计
热量/10^6 Cal	4155620000	229780000	43320000	50930000	4479650000
蛋白质/10^6 kg	116643	4299	2139	7255	130336
脂肪/10^6 kg	36246	8200	3793	2200	50439

表 23.2　各类生态系统各类营养物质供给所占比例

营养类型	农田生态系统	林地生态系统	草地生态系统	水生生态系统
热量/10^6 Cal	92.77%	0.97%	5.13%	1.14%
蛋白质/10^6 kg	89.49%	1.64%	3.30%	5.57%
脂肪/10^6 kg	71.86%	7.52%	16.26%	4.36%

根据中国的食物发展战略和食物安全目标（卢良恕, 2003），中国不同时期的生活标准可以分为以下三类：初级小康型、全面小康型、富裕型。在初级小康型生活水平下，每人每天需要消耗 2289Cal 热量、77g 蛋白质和 67g 脂肪；在全面小康型生活水平下，每人每天需要消耗 2295Cal 热量、81g 蛋白质和 67.5g 脂肪；在富裕型生活水平下，每人每天需要消耗 2347Cal 热量、86g 蛋白质和 72g 脂肪。在初级小康型、全面小康型、富裕型生活水平下，热量的人口承载力分别为 37.65 亿、37.55 亿、36.72 亿，蛋白质的人口承载力分别是 32.65 亿、30.96 亿、29.16 亿，脂肪可以承载的人口分别是 14.48 亿、14.38 亿、13.48 亿（表 23.3 和图 23.10）。

表 23.3　中国陆地生态系统的人口承载力　（单位：10^6 人）

	营养类型	初级小康型生活	全面小康型生活	富裕型生活
营养不均衡	热量	3765	3755	3672
	蛋白质	3256	3096	2916
	脂肪	1448	1438	1348
营养均衡	所有营养	2029	1914	1794

计算结果表明，在当前的农业生产结构下，陆地生态系统提供的营养是不均衡的。如果改进农业生产结构，均衡营养，则各种生活水平下的人口承载力可以表示为

$$\begin{cases} \mathrm{NPF_1} = \mathrm{PF_1}(1-\mathrm{x}) \\ \mathrm{NPF_2} = \mathrm{PF_2} + \mathrm{PF_1} \times x \times y \\ P_{\mathrm{cal}} = (\mathrm{NPF_1} \times \mathrm{U_{cal1}} + \mathrm{NPF_2} \times \mathrm{U_{cal2}})/(\mathrm{UD_{cal}} \times 365) \\ P_{\mathrm{pro}} = (\mathrm{NPF_1} \times \mathrm{U_{pro1}} + \mathrm{NPF_2} \times \mathrm{U_{pro2}})/(\mathrm{UD_{pro}} \times 365) \\ P_{\mathrm{fat}} = (\mathrm{NPF_1} \times \mathrm{U_{fat1}} + \mathrm{NPF_2} \times \mathrm{U_{fat2}})/(\mathrm{UD_{fat}} \times 365) \\ P_{\mathrm{cal}} = P_{\mathrm{pro}} = P_{\mathrm{fat}} \end{cases} \tag{23.30}$$

式中，x 为待求解的未知数，表示第一性食物供给力中用以支撑第二性食物生产的比例，$x \in (0,1)$；$y = 1/3.6$，为料肉比，反映第一性食物转化为第二性食物的能值损失；$\mathrm{PF_1}$ 和 $\mathrm{PF_2}$ 分别为营养均衡前第一性和第二性食物的供给力；$\mathrm{NPF_1}$ 和 $\mathrm{NPF_2}$ 分别为营养均衡后第一性和第二性食物的供给力；P_{cal}、P_{pro} 和 P_{fat} 分别为根据热量、蛋白质、脂肪所计算出的人口承载力；U 为单位食物的营养含量；UD 为在一定生活标

准下，每人每天的营养物质需求量。

通过改进农业生产结构从而使营养均衡后，在考虑人口承载力阈值及 11%自然灾害减产的条件下，中国陆地生态系统在初级小康型、全面小康型、富裕型生活水平下的人口承载力分别为 20.29 亿、19.14 亿、17.94 亿（图 23.10）。

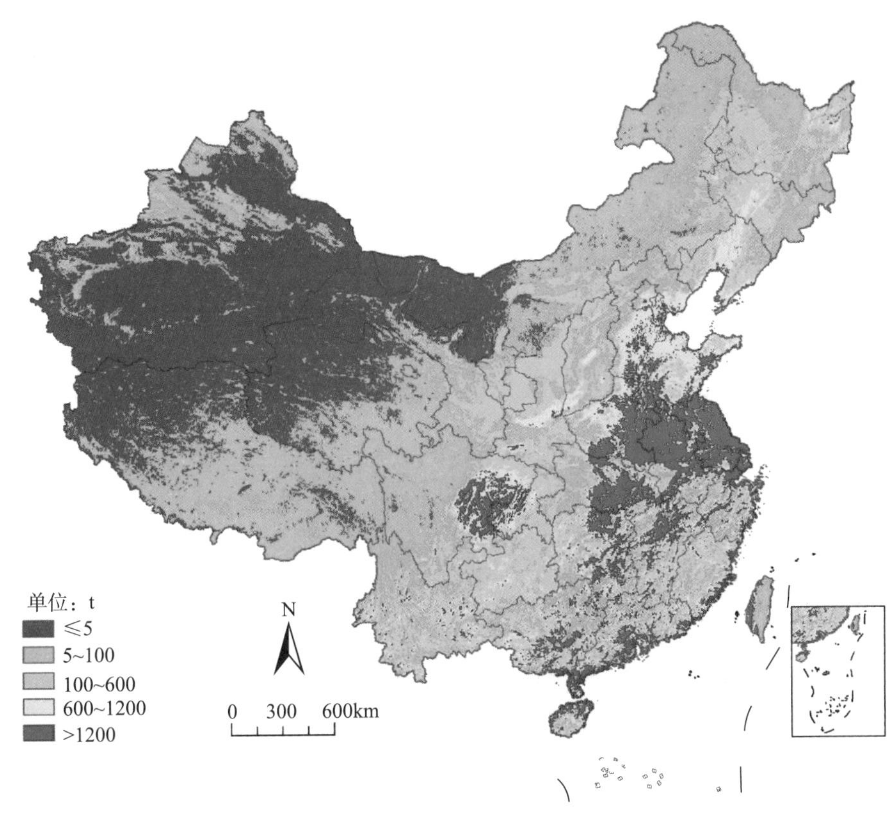

图 23.10　富裕型生活水平下中国陆地生态系统的人口承载力

23.5　讨　　论

关于中国陆地生态系统的人口承载力，有许多不同的研究结果。Brown（1994, 1995）假设中国人均年度粮食消费为 460kg，其研究结果显示，中国到 2030 年将有 4.5 亿~8.02 亿的人口将要挨饿。然而，Harris（1996）认为，如果中国每年的粮食单产能够增长 1.5%~2.0%，中国就能够做到粮食的自给自足。根据作物对自然环境适应性的生态系统，以及自然环境、初级生产者（作物）、次级生产者（牲畜）之间的物质和能量平衡，中国农业生态系统的人口承载力可达到 17.2 亿（Cao *et al*., 1995）。

根据中国科学院国情分析组的研究成果，在高粮食产量情景下，到 2030 年，中国的粮食产量将会达到 7 亿 t；在中等粮食产量情景下，可以达到 6.6 亿 t；在低粮食产量情景下，可以达到 6.3 亿 t。如果年度人均粮食消费是 460kg，则在高、中、低三种粮食产量情景下，人口承载力将分别是 15.22 亿、14.35 亿和 13.70 亿。本书的结果表明，在初级小康型、全面小康型和富裕型三种不同的生活水平下，热量的人口承载力分别为 37.65 亿、37.55 亿和 36.72 亿，蛋白质的人口承载力分别是 32.65 亿、30.96 亿和 29.16 亿，脂肪可以承载的人口分别是 14.48 亿、14.38 亿和 13.48 亿。总的来说，在当前的农业生产结构下，中国食物供给存在结构性短缺问题。

由于中国当前水资源的空间分布极不均衡，因此南水北调工程将对中国的人口承载力产生巨大影响。中国降水的总体趋势是从东南沿海向西北内陆地区逐渐减少。北方地区水资源总量为 5.213 亿 m^3（表 23.4），仅占全国水资源总量的 18.6%，而北方的耕地面积占全国耕地的 64%。中国北方可以分为六个区域，即黄河流域、淮河流域、海河流域、黑龙江流域、辽河流域及西北地区的内陆河流。中国南方可以分为四个区域，即长江流域、珠江流域、东南沿海流域及西南诸河。总体上讲，中国北方水资源严重短缺，而南方水资源过剩，因此可将南方过剩的水资源调至北方，以缓解北方水资源来得不足的状况。

自 20 世纪 50 年代起，水利部、科学技术部和国家发展与改革委员会等许多机构就着手研究南水北调工程，该工程由东线、中线和西线三条调水线路组成。东线工程将长江下游的水资源调到北方；中线工程将长江中游的水资源调到北方；西线工程将长江上游的水资源调到黄河上游。东线和中线工程始于 2003 年，将于 2020 年完工。西线工程的可行性工作方案也已经制定，预计将于 21 世纪 20 年代动工，并于 2050 年前完工。东线工程将为中国北方提供 180 亿 m^3 的水资源，其中 157 亿 m^3 将用于天津和山东的城市化和工业化，其余的 2.3 亿 m^3 将用于水道沿途的农业及运输业。中线工程将调水 220 亿 m^3，其中 100 亿 m^3 将用于满足北京、天津、河北、河南、湖北的城市与工业需求，其余 120 亿 m^3 将用于沿线的农业和生态系统。西线工程调水 170 亿 m^3，其中 53 亿 m^3 用于生态目的、35 亿 m^3 用于城市需求、52 亿 m^3 用于工业、30 亿 m^3 用于农业、林业、畜牧业，惠及省区包括青海、甘肃、宁夏、内蒙古、陕西和山西。

表 23.4　中国年平均水资源的空间分布

区域		面积/km^2	水资源/10^6 m^3	单位面积水资/（m^3/hm^2）
中国北方	东北的河流	1248445	178.3	1428
	海河	318161	42.1	1323
	黄河	794712	74.4	936
	淮河	329211	96.1	2919
	内流河	3374443	130.4	386
	中国北方	**6064972**	**521.3**	**860**
中国南方	长江	1808500	961.3	5315
	东南沿海的河流	239803	259.2	10809
	珠江	580641	470.8	8108
	西南的河流	851406	585.3	6875
	中国南方	**3480350**	**2276.6**	**6541**

因此，173 亿 m^3 水将用于补充中国北方的农业生产需求。由于降水不能满足农业对水资源的需求，中国北方干旱和半干旱区几乎所有的农用地都需要灌溉。非灌区土地的平均粮食产量为 2100kg/hm^2，按增产每千克粮食需要 1.23m^3 的水资源计算，南水北调工程将能够使粮食增产 1400 万 t，在初级小康、全面小康、富裕型生活水平下，分别能够养活 0.29 亿、0.26 亿人、0.23 亿人。

简言之，如果改进农业生产结构从而使营养均衡，中国陆地生态系统在初级小康型、全面小康型和富裕型生活水平下的人口承载力分别为 20.29 亿、19.14 亿和 17.94 亿。如果考虑南水北调工程的贡献，在这三种生活水平下，人口承载力将分别为 20.58 亿、19.40 亿和 18.17 亿。

第 24 章　中国食物供给变化趋势*

24.1　引　　言

根据第 22 章中国陆地生态系统人口承载潜力的模拟结果，中国农田生态系统最大食物供给能力为热量 4.1556×10^{15}kCal、蛋白质 1.1664×10^{11}kg 和脂肪 3.6246×10^{11}kg，草地生态系统最大食物供给折合羊肉 1.797×10^{10}kg，相当于 4.332×10^{13}kCal 热量，2.139×10^{9}kg 蛋白质、3.793×10^{9}kg 脂肪；林地生态系统最大可供给热量 2.2978×10^{14}kCal、蛋白质 4.299×10^{9}kg、脂肪 8.200×10^{9}kg；水域生态系统最大可以供给热量 5.093×10^{13}kCal、蛋白质 7.255×10^{9}kg、脂肪 2.200×10^{9}kg（Yue *et al.*, 2008b）。考虑到土地人口承载力阈值（Yue, 2000），生态系统食物供给的 78.9%可被人类使用；另外，根据统计分析结果，由于自然灾害，生态系统 11%的食物产量被损失。因此，中国陆地生态系统可供给人类利用的最大食物产量为 3.1018×10^{15}kCal 热量、9.0247×10^{10}kg 蛋白质和 3.4925×10^{9}kg 脂肪。

人口承载能力模拟计算出了中国陆地生态系统食物生产可以供养的人口数量上限。实际上，人口供养能力还受政治和经济的影响。中国的食物生产受气候变化、土地利用变化、政策因素（如退耕还林还草工程）、沿海地区渔业发展，以及进出口食物的影响。

24.2　耕 地 变 化

根据中国国家统计局的统计数据，1985 年、1995 年和 2005 年中国的耕地总面积分别为 0.9685 亿 hm^2，0.9497 亿 hm^2，1.3004 亿 hm^2，这低估了中国的耕地面积。遥感监测得到的数据是 1.8368 亿 hm^2，1.8130 亿 hm^2 和 1.7969 亿 hm^2；同样，国土资源部的调查数据也比国家统计局的统计数字平均每年高出 34%（表 24.1）。

国土资源部于 1996 年展开了一次全面的土地调查，根据其调查报告，中国有 1300.39 亿 hm^2 耕地，0.1 亿 hm^2 园地（Lichtenberga and Ding, 2008）。然而农业部的报告数据为，1996 年中国的耕地面积是 1492.65 亿 hm^2，比国土资源部调查的数据值高 922.6 万 hm^2，二者之间的差距达 6.2%。遥感解译所得到的耕地总面积与农业部公布的耕地面积差异达 21.9%。由此可见，如果将农业部的数据作为"真实值"（表 24.1），则遥感解译存在 21.9%的误差。

表 24.1　不同来源的耕地面积数据　（单位：$10^6 hm^2$）

年份	遥感解译	农业部调查	统计数据
1985	183.676	154.651	96.846
1995	181.301	143.196	94.974
2005	179.688	156.988	130.039

24.2.1　退耕还林还草工程

退耕还林还草工程是世界上规模最大的环境保护项目之一，其主要目标就是将部分不宜耕种地区的耕地复原成森林和草地，以防止水土流失。退耕还林还草规划制定者将坡度作为主要指标，来确定退耕的地

* 王情、王晨亮和刘熠为本章主要合著者。

块（Xu *et al*., 2006），整个工程的目标就是，将坡度大于 25° 的耕地都复原为林地或草地。

退耕还林还草工程可分为四个阶段：1999~2001 年为实验阶段，2002~2010 年为建设阶段，2011~2013 年为巩固阶段，2014 年 9 月 25 日新一轮退耕还林工程正式启动（国家林业局退耕还林办公室, 2014）。

1999 年，甘肃、陕西和四川三个省首先施行了退耕还林还草的先期方案，38.1 万 hm^2 的耕地、6.6 万 hm^2 的裸土地转化成了林地。2000 年，先期方案扩展到了 17 个省（直辖市、自治区），共在 41 万 hm^2 耕地退耕造林，以及 44.9 万 hm^2 的裸土地上进行了植树造林。2001 年，20 个省区加入退耕还林还草工程，42 万 hm^2 耕地退耕造林，56.3 万 hm^2 的裸土地上进行了植树造林（表 24.2），到 2001 年年底，已有 120.6 万 hm^2 的坡耕地退耕成林地或者草地，有 109.7 万 hm^2 的裸土地实施造林。2002 年，退耕还林还草工程在全国范围实施。到 2005 年，共有 900.1 万 hm^2 的耕地退耕，进行植树造林或者转化成永久性草地。到 2011 年，包括所有坡度大于 25° 的坡耕地在内的 1466.7 万 hm^2 的耕地实施了退耕还林还草，266.7 万 hm^2 的沙化农田转成草地，在 1733.3 万 hm^2 的裸土地上实施了造林。

新一轮退耕还林工程启动以来，2014 年退耕还林还草 33.33 万 hm^2，其中还林 32.2 万 hm^2、还草 1.1 万 hm^2；2015 年，退耕还林还草 66.66 万 hm^2，其中还林 62.99 万 hm^2、还草 4 万 hm^2（国家林业局退耕还林办公室, 2016）。到 2020 年，将有 282.7 万 hm^2 耕地转换为林地或草地。

表 24.2　退耕还林还草工程各年退耕和裸土造林面积　（单位：10^6hm^2）

年份	退耕面积	裸土造林面积	合计
1999	0.381	0.066	0.448
2000	0.405	0.468	0.872
2001	0.42	0.563	0.983
2002	2.647	3.082	5.729
2003	3.367	3.767	7.133
2004	0.667	3.333	4
2005	1.114	1.321	2.435
2006~2010	5.666	4.733	10.4
2014	0.333	—	0.333
2015	0.667	—	0.667
1999~2015	15.667	17.333	33
2016~2020	1.827	—	1.827

24.2.2　城镇化

建设部的统计数据显示，中国的城镇化水平已经从 1978 年的 17.9%上升到了 2003 年的 40.5%，增长速度为同期世界平均水平的两倍（Chen, 2007）。城镇化是中国经济继续增长、社会持续发展的必经途径，因此在未来的几十年里，中国将继续推进城镇化进程。根据《中国城市发展报告（2001—2002）》（中国市长协会《中国城市发展报告》编辑委员会，2003），到 2020 年，中国城镇人口比例将达 56.22%。城镇化的特点是城市发展、市区扩张，发展到其周边的区域，以及乡镇企业的发展，促使农村建设用地的迅速扩张。

用遥感影像解译城镇用地的精度比解译耕地、草地和林地等其他类用地要高。通过对 AVHRR 影像的解译得出，中国 1985 年、1995 年和 2005 年的城镇用地面积分别为 529.1 万 hm^2、657.9 万 hm^2 和 1913.6 万 hm^2。1985~2005 年，中国的建设用地面积增加了 1384.5 万 hm^2。耕地转化为建设用地主要分布在沿海地区和华中部分省区，1985~1995 年，这些省区净减少了 200 万 hm^2 耕地，1996~2003 年减少了 350 万 hm^2。城市化、工业化、基础设施建设和其他非农产业的发展成为这些沿海城市化迅速发展的省区耕地减少的主要原因（Lichtenberga and Ding, 2008）。

而在中国北方地区，新开垦了不少耕地。例如，2000~2005 年，新疆乌鲁木齐就新开垦了 79 万 hm^2 耕地，年平均增加 13.2 万 hm^2；根据作者的调查，新开垦的耕地中盐碱地、沙地和裸土地分别占 10.47%, 8.95% 和 3.44%。

24.3　耕地食物产量及其变化

24.3.1　作物产量

近 30 年来，中国的谷物单产呈线性增长，从 1978 年的 2528kg/hm^2 增加到 2007 年的 4748kg/hm^2（表 24.3），其增长趋势线性拟合方程[式（24.1）]相关系数 R^2 达到了 0.92。

$$Y_g = 71.44t - 138476 \tag{24.1}$$

式中，Y_g 谷物单产；t 为年份。

表 24.3　近 30 年来中国主要粮食作物单产　（单位：kg/hm^2）

年份	谷物	稻谷	小麦	玉米	大豆	油料
1978	2528	3975	1845	2805	1058	855
1979	2783	4245	2138	2985	1028	908
1980	2738	4133	1890	3075	1095	903
1981	2828	4320	2108	3045	1163	1080
1982	3124	4886	2449	3266	1073	1116
1983	3306	5096	2802	3623	1290	1135
1985	3483	5097	2937	3607	1394	1304
1989	3632	5509	3043	3878	1269	1125
1990	3933	5726	3194	4524	1403	1386
1991	3876	5640	3100	4578	1379	1347
1992	4004	5803	3331	4533	1426	1324
1993	4131	5848	3519	4963	1156	1516
1994	4063	5831	3426	4693	1160	1551
1995	4240	6025	3541	4917	1540	1670
1996	4483	6212	3734	5203	1770	1713
1997	4377	6319	4102	4387	1765	1663
1998	4502	6366	3685	5268	1782	1752
1999	4493	6345	3947	4945	1841	1832
2000	4261	6272	3738	4598	1577	1842
2001	4267	6163	3806	4698	1582	1849
2002	4399	6189	3777	4924	1893	1889
2003	4333	6061	3932	4813	1772	1700
2004	4620	6311	4252	5120	1815	1988
2005	4642	6260	4275	5287	1705	1974
2006	4716	6232	4550	5394	1721	2072
2007	4748	6433	4608	5167	1454	2114

稻谷是中国最重要的粮食作物之一，占中国人口粮食消费量的 65%以上。1978~2007 年，中国的稻谷播种面积占谷物总播面积的 27%~29%，产量占谷物总产量的 41%~45%。1970 年以来，中国的稻谷播种面积就达到了全球稻谷播种面积的近 1/4，中国的稻谷总产量占全球稻谷总产量的 1/3 以上（Tao *et al*., 2008）。随着耕作水平的提高和新品种的培育，稻谷产量得到了稳步提升，年均单产达到了 5665kg/hm^2，年均增长率保持在 2.1%。增长趋势线性拟合方程[式（24.2）]相关系数 R^2 达到了 0.86。

$$Y_{RI}(t) = 78.91t - 151640 \tag{24.2}$$

式中，Y_{RI} 为稻谷单位面积产量；t 为年份。

小麦在中国是仅次于稻谷的重要粮食作物。1978~2007 年，中国小麦年平均单产为 3374kg/hm^2，年增长率 5%，增长趋势线性拟合方程[式（24.3）]相关系数 R^2 达到了 0.94。

$$Y_{\mathrm{w}}(t) = 84.62t - 165305 \quad (24.3)$$

玉米在中国是仅次于稻谷和小麦的重要粮食。随着经济社会的迅速发展和人口的增加，中国对肉类的需求量增大，随之而来的是对饲料粮食的需求量增大，用作饲料的玉米比例日益增加。1978~2007 年，玉米的平均产量为 4396kg/hm^2，年均增长率为 2.8%。增长趋势线性拟合方程[式（24.4）]相关系数 R^2 达到了 0.85。

$$Y_{\mathrm{M}}(t) = 83.18t - 161413 \quad (24.4)$$

除此之外，主要作物还有大豆和油料作物，平均产量分别为 1466kg/hm^2 和 1523kg/hm^2（表 24.3）。增长趋势线性拟合方程[式（24.5）和式（24.6）]相关系数 R^2 分别达到了 0.68 和 0.95。

$$Y_{\mathrm{bean}}(t) = 25.65t - 49672 \quad (24.5)$$

$$Y_{\mathrm{oil}} = 41.27t - 80752 \quad (24.6)$$

24.3.2　食物营养产量

利用式（24.7）将农田生态系统作物产量折算成食物热量、蛋白质和脂肪的产量（表 24.4）:

$$\mathrm{CN}_i(t) = \sum_j P_j(t) \cdot C_{i,j} \quad (24.7)$$

式中，$\mathrm{CN}_i(t)$ 为农田生态系统食物营养总产量；$i = 1,2,3$，分别表示热量（kCal）、蛋白质（kg）和脂肪（kg）；$C_{i,j}$ 为第 j 种农产品转化成第 i 种食物营养成分的折算系数（kCal/kg）。

表 24.4　每 100g 食物中的营养成分含量（杨月欣, 2005）

作物	热量/kCal	蛋白质/g	脂肪/g
稻谷	346	7.4	0.8
小麦	317	11.9	1.3
玉米	335	8.7	3.8
大豆	359	35.0	16.0
油料	298	12.0	25.4

根据中国农业科学研究院提供的产量数据（表 24.5），1980~2005 年农田生态系统作物产量稳步增长，期间存在较小的波动，食物热量、蛋白质和脂肪的产量变化趋势拟合方程见式（24.8）、式（24.9）和式（24.10），相关系数 R^2 分别达到了 0.69、0.76 和 0.91。

$$\mathrm{CN}_1(t) = 21673485t - 41969847292 \quad (24.8)$$

$$\mathrm{CN}_2(t) = 730t - 1418099 \quad (24.9)$$

$$\mathrm{CN}_3(t) = 441t - 864723 \quad (24.10)$$

鉴于气候变化所表现的干旱和洪水规律有 11 年的小周期（Yue *et al.*, 2005a），本书将整个研究分为两个 11 年的时间段，即 1985~1995 年和 1995~2005 年。第一个时间段（1985~1995 年）农田生态系统年平均食物热量、蛋白质和脂肪的总产量分别为 1.1796×10^{15} kCal、3572 万 t 和 1175 万 t，分别可以供养小康营养水平下 14.08 亿人、12.08 亿人和 4.77 亿人。第二个时间段（1995~2005 年）农田生态系统年平均食物热量、蛋白质和脂肪的总产量分别为 1.3895×10^{15} kCal、4288 万 t 和 1669 万 t，分别可以供养小康营养水平下 16.59 亿人、14.50 亿人和 6.78 亿人。第二时间段的年平均热量、蛋白质和脂肪产量比第一时间段分别增产了 2.099×10^{14} kCal、716.0 万 t 和 494.3 万 t（表 24.6）。

表 24.5　中国农田生态系统食物营养总产量

年份	热量/10^6 kCal	蛋白质/10^6kg	蛋白质/10^6kg
1980	826200957	24264.6	7372.2
1981	872359099	25740.6	8194.6
1983	968246183	28983.9	8907.0
1985	1054288320	32032.3	10706.3
1986	1039763722	31998.9	10546.5
1987	1088636935	33318.1	11438.4
1988	1107327802	33873.4	10917.7
1989	1169404140	34978.9	8123.7
1990	1323728223	39006.5	12550.5
1991	1187764119	35562.9	12365.2
1992	1216146710	36613.0	11990.4
1993	1216187430	37200.4	12591.1
1994	1207047938	36762.9	12848.2
1995	1365625568	41576.2	15191.3
1996	1501655704	45426.4	16177.3
1997	1538585251	47168.7	16400.0
1998	1485573785	45410.0	16632.8
1999	1370741536	41922.2	15947.4
2000	1314481390	40851.0	16547.6
2001	1331843249	41249.2	16835.2
2002	1273466903	39993.8	16763.6
2003	1221664463	38794.8	16665.9
2004	1401775069	43549.8	17919.5
2005	1478976303	45741.7	18557.1

表 24.6　农田食物供给变化

食物营养成分	热量/10^6kCal	蛋白质/10^6 kg	脂肪/10^6kg
1985~1995 年	1179629173	35720	11752
1995~2005 年	1389489929	42880	16694
增加值	209860756	7160	4943
增幅/%	18	20	42

前后两个 11 年，农田食物热量和蛋白质高产区都主要集中在黄淮海平原、长江中下游地区、四川盆地，以及东北平原等粮食主产区[图 24.1（a），图 24.1（b），图 24.1（d）和图 24.1（e）]。食物脂肪高产区集中在华北平原和东北平原[图 24.1（c），图 24.1（f）]。

第二个时间段和第一个时间段相比，东部沿海地区和长江中下游地区，以及四川盆地部分地区食物产量有所减少，这些地区在过去 20 年经济发展迅速，城市化进程较快，四川和长江中下游地区也是农民进城务工比较多的地区，当地的口粮需求量减少，同时导致土地撂荒或者由传统的种两季粮食变成种一季，这些原因共同导致粮食减产和食物供给量降低（图 24.2）。西北和东北地区食物供给量有所增加，因为这些地区实施了退耕还林还草工程，低产的耕地都退耕成林地或草地，同时，受益于南水北调中线工程的实施等原因，土地生产效率得以提高（Yue *et al.*, 2008b）。

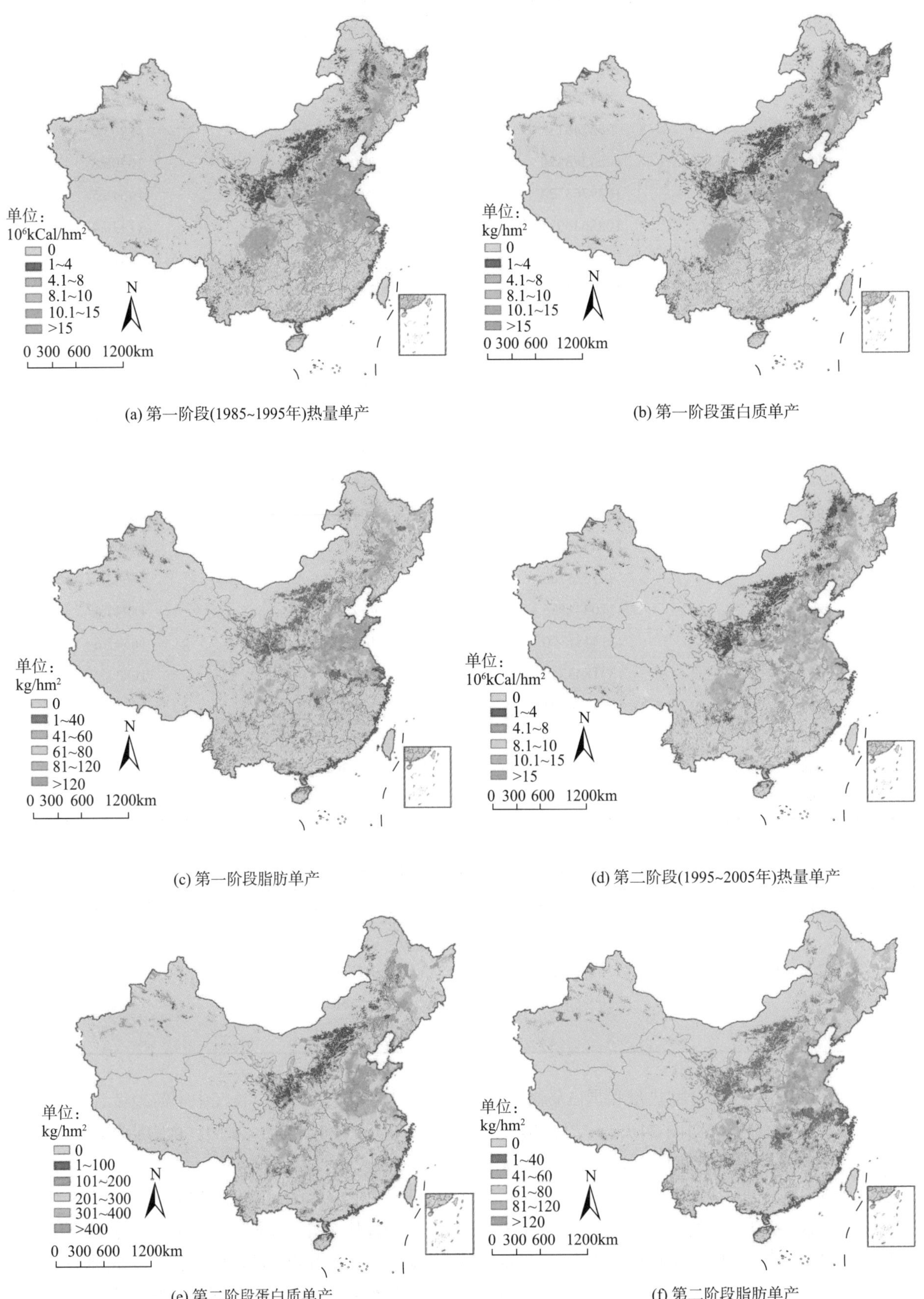

图 24.1　耕地年平均产量

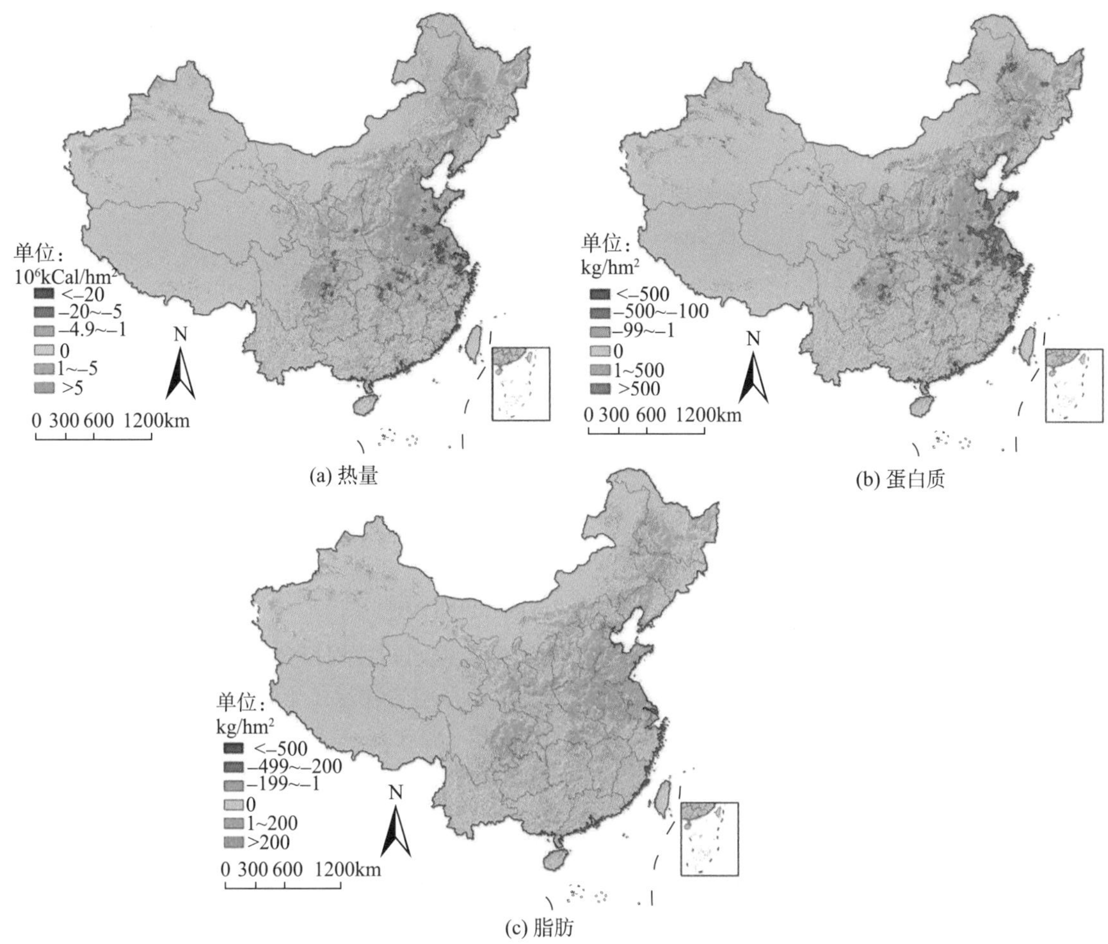

图 24.2　中国农田生态系统 1985~1995 年到 1995~2005 年单产变化

24.4　草地食物生产力

为了研究草地食物供给能力，作者获得了美国马里兰大学 GIMMS 数据中心的 NOAA/AVHRR–NDVI（归一化植被指数）每月两次的最大值合成数字影像，空间分辨率为 8km 和 1km，时间跨度为 25 年（1981~2006 年）。其中，1km 空间分辨率的 NDVI 数据时间跨度为 1992~1996 年。所获得数据均经过了空间校准、大气校正和几何校正。

中国北方草地地上生物量峰值时期一般出现在 8 月末，因此本书选择 8 月末进行草地生物量采样，1992~1994 年的 8 月末共采集了 268 个典型样地，2002~2004 年的 8 月末共采集典型样地 851 个。样地面积为 1km × 1km。根据 1km × 1km 样地内草地组成、分布格局、地形和土壤条件设置 10 个代表样方（草本 1m × 1m，半灌木或高大草本 2m × 2m），用收割法测定地上生物量，根据样地内盖度，换算成 1 km × 1km 样地平均地上生物量。并用 GPS 采集样地中心的经纬度信息。

计算草地生物量，首先就需要将遥感数据和采样数据进行融合。空间分辨率为 8km 的植被指数（NDVI）数据时间序列较长，而空间分辨率为 1km 的植被指数（NDVI）数据在季节上和 1992~1994 年的采样数据匹配很好，但是其时间序列比较短。空间分辨率为 1km 的植被指数（NDVI）数据同 1992~1994 年的 268 个采样点相对应，其栅格值和空间分辨率为 8km 的植被指数（NDVI）数据的栅格中心 1km² 区域的值，经过回归分析，存在式（24.11）的关系（Xie *et al.*, 2009）。

$$\mathrm{NDVI}_{8\times8}=1.01\mathrm{NDVI}_{1\times1} \tag{24.11}$$

式中，$\mathrm{NDVI}_{1\times1}$ 为对应于 268 个采样点中某一个点的 1km×1km 的栅格值；$\mathrm{NDVI}_{8\times8}$ 为 8km×8km 栅格中心区 1km² 区域的平均值；拟合的相关系数 $R^2=0.9751$。

结合式（24.11），可用采样点数据来拟合生物量和空间分辨率为 8km 的 NDVI 数据栅格值之间的匹配关系。从 1992~1994 年和 2002~2004 年所获得的共 1119 个地面考察样地中，随机选取了 787 个来对 NDVI 和生物量的关系值进行模拟，其余的 332 个用来验证模拟结果。

温性典型草原、温性草甸草原、温性荒漠草原、高寒草原、温性灌木荒漠、低地草甸、温性山地草甸、高寒草甸和沙地草地的 NDVI 和生物量模拟结果分别为

$$\text{Biomass} = 37.25 \cdot \exp\{1.73\text{NDVI}\} \tag{24.12}$$

$$\text{Biomass} = 169.38 \cdot \exp\{1.06\text{NDVI}\} \tag{24.13}$$

$$\text{Biomass} = 35.85 \cdot \exp\{1.48\text{NDVI}\} \tag{24.14}$$

$$\text{Biomass} = 29.44 \cdot \exp\{1.49\text{NDVI}\} \tag{24.15}$$

$$\text{Biomass} = 126.57\text{NDVI} + 34.97 \tag{24.16}$$

$$\text{Biomass} = 55.9\exp\{1.79\text{NDVI}\} \tag{24.17}$$

$$\text{Biomass} = 41.06\exp\{2.77\text{NDVI}\} \tag{24.18}$$

$$\text{Biomass} = 39.37\exp\{1.5\text{NDVI}\} \tag{24.19}$$

$$\text{Biomass} = 70.34.37\exp\{1.09\text{NDVI}\} \tag{24.20}$$

对上述模型验证结果表明，模拟草地生物量数据与实测数据回归方程拟合相关系数为 0.75。利用生物量和 NDVI 的拟合方程，计算得出，1982~1992 年中国草地的平均生物量（干物质）产量为 31896.4 万 t，折合羊肉 1488.5 万 t，折合食物热量 3.02×10^{13} kCal、蛋白质 282.8 万 t、脂肪 209.9 万 t。1992~2002 年中国草地的生物量产量可折合食物热量 2.99×10^{13} kCal、蛋白质 280.0 万 t、脂肪 207.8 万 t（表 24.7，图 24.3）。

表 24.7　中国草地食物供给

产量	1982~1992 年平均	1992~2002 年平均	增量
生物量/10^6kg	318964.1	315804.8	–3159.3
羊肉/10^6kg	14885.0	14737.6	–147.4
热量/10^6kCal	30216535	29917240	–299295.2
蛋白质/10^6kg	2828.15	2800.14	–28.0
脂肪/10^6kg	2098.78	2078.00	–20.8

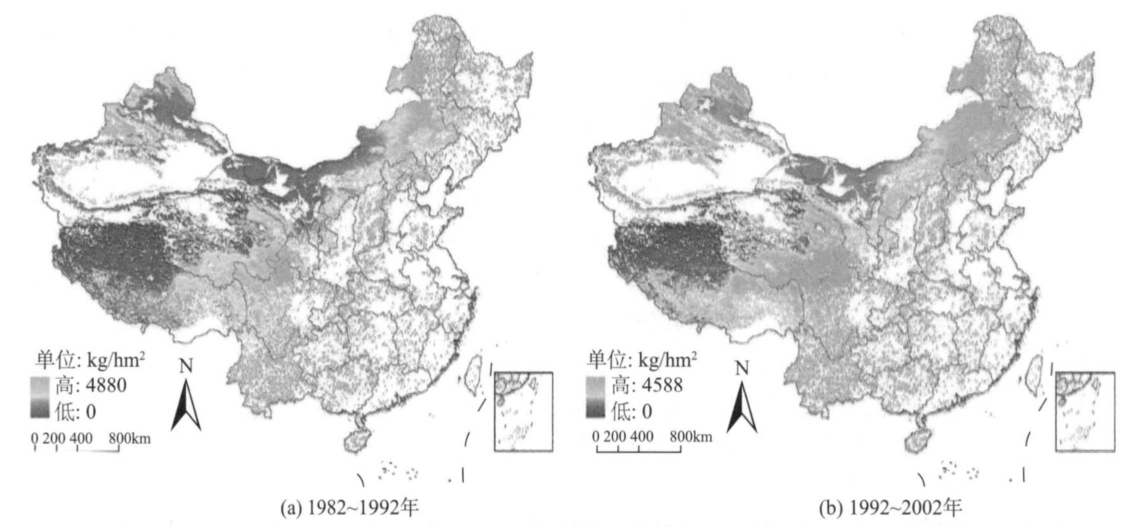

(a) 1982~1992年　　(b) 1992~2002年

图 24.3　中国草地年平均生产力

根据前述已知，11 年是分析我国气候变化较为重要的小周期（Yue *et al*., 2005a），结合本书的数据来源，将草地分析的研究时间段分为 1982~1992 年（第一阶段）和 1992~2002 年（第二阶段）两个阶段，来对比分析草地生产力变化[图 24.3（a），图 24.3（b）]。后一阶段年平均生物量同前一阶段相比，产量减少了 315.9

万 t。生物量减产最多的省区为云南、四川（包括重庆市），减产均超过了 90 万 t，其次为中部和南部的广西、湖北、湖南、贵州、甘肃、广东等省区，减产均超过了 20 万 t；新疆、西藏、内蒙古、河北为增产最多的四个省区，分别为 75.0 万 t、55.1 万 t、36.7 万 t、12.0 万 t（表 24.8，图 24.4）。

表 24.8　1982~1992 年到 1992~2002 年中国部分省（直辖市、自治区）草地生物量变化　（单位：10^6kg）

省区	产量变化	省区	产量变化	省区	产量变化
云南	–993.90	山西	–160.62	新疆	+750.10
四川	–923.57	陕西	–111.72	西藏	+551.47
广西	–523.20	山东	–108.10	内蒙古	+366.73
湖北	–436.66	福建	–86.75	河北	+119.73
湖南	–375.61	辽宁	–77.95	吉林	+54.78
贵州	–279.22	浙江	–67.74	黑龙江	+51.89
甘肃	–240.81	安徽	–61.18	宁夏	+24.90
广东	–226.70	海南	–18.16	青海	+7.74
河南	–193.55	台湾	–12.60	天津	+4.84
江西	–183.54	北京	–2.51	江苏	+3.83

注：①“–”表示减产，“+”表示增产；

② 表中数据未列上海市、香港特别行政区、澳门特别行政区，重庆市数据包含在四川省数据中

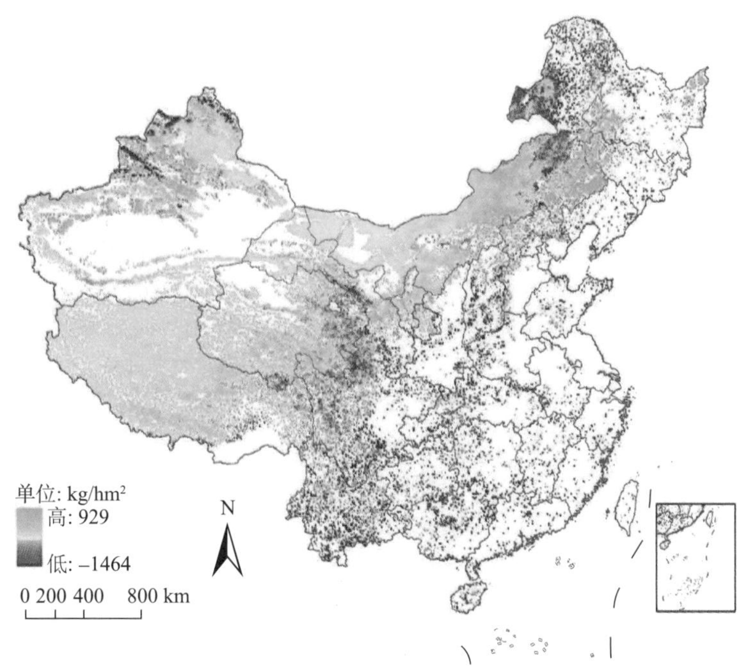

图 24.4　1982~1992 年与 1992~2002 年两个时期草地生产力变化

24.5　水 产 食 物

水域生态系统食物生产，包括内陆水域水产，海水养殖、海水捕捞几大类，各大类又分为鱼类、头足类、甲壳类、贝类、藻类等，按照不同水产品的食物成分折算系数（表 24.9），代入式（24.21）计算，

$$AN_i(t) = \sum_j P_j(t) \cdot C_{i,j} \tag{24.21}$$

式中，$AN_i(t)$ 为所有水产品产量折算的食物营养成分总量；$i = 1,2,3$ 分别代表热量（10^6kCal），蛋白质（万 t）和脂肪（万 t）；$P_j(t)$ 为第 j 种水产品总产量（万 t）；$C_{i,j}$ 为第 j 种水产品转化成第 i 种食物营养成分的

折算系数。

通过式（24.21）计算得到水产类三大类营养成分产量（表 24.10）可以看出，从 1998 年开始，水域生态系统食物产量有较明显的增长趋势（中华人民共和国农业部渔业局，1998~2008），线性拟合方程见式（24.22），相关系数 $R^2 = 0.995$ 。

$$AP(t) = 1674t + 34741 \tag{24.22}$$

式中，$AP(t)$ 为 t 年份的水产食物总量。

2006 年，中国的水产品总产量达到 5290.4 万 t，可折算成 5.085×10^{13}kCal 的热量、824.5 万 t 的蛋白质和 133.3 万 t 的脂肪（表 24.9，表 24.10）。

表 24.9　每 100g 水产食物中的营养成分含量（杨月欣，2005）

水产食物类	热量/kCal	蛋白质/g	脂肪/g
海洋鱼类	112.71	18.93	3.51
海洋贝类	105	19.98	1.48
海洋藻类	134.33	17.83	0.97
海洋头足类动物	85.8	15.82	0.82
其他海产	61.67	8.73	0.27
内陆鱼类	103	16.6	3.3
内陆贝类	95	16.95	2.5
内陆藻类	272.5	42.45	1.8

表 24.10　水产食物总量

年份	水产总量/10^6kg	热量/10^9kCal	蛋白质/10^6kg	脂肪/10^6kg
1998	39066.5	37914.7	6146	1010.8
1999	41224.3	39910.6	6460.9	1058.1
2000	42790	41229.9	6673.9	1087.8
2001	43821	42073.2	6806.6	1107.2
2002	45651.8	45222.4	7346.4	1164.5
2003	47061.1	45298.2	7345.3	1184.3
2004	49017.7	47129.5	7643.3	1227.7
2005	51016.5	49072.6	9955.5	1283.2
2006	52904	50851.5	8245.4	1333.1

24.6　进出口食物

本书获得了 1982~2006 年的进出口食物数据（《中国对外经济贸易年鉴》编辑委员会，1984~2007）（表 24.11）。进出口食物种类庞杂，本书详细计算了谷物、油料、豆类、肉类、水产、饲料、蔬菜和水果等大类共 140 多种主要进口食物（饲料）和 300 多种主要出口食物（饲料）。

油料类和豆类的进口量从 1994 年开始有较快增长，油料的进口量在 1994 年首次超过 400 万 t，此后一直保持增长趋势，2006 年达到 3740 万 t。2000 年豆类的进口量略高于 1000 万 t，到 2006 年已经增长到了 2863.8 万 t。然而，豆类的出口量要远远低于进口量。1995 年以前，中国的动物饲料出口一直高于进口，但 1995 年以来，饲料的进口量增加迅速而出口量有所减少。1997 年，动物饲料的进口量达到峰值，随后有所下降，从 2003 年开始又有增长趋势，到 2006 年，饲料进口量达 671.2 万 t。

1995 年以前的肉类和水产类的进出口数据未能获得，因此从 1995 年开始分析。1995 年开始，肉类一直是出口量大于进口量，且出口量呈增长趋势，在 1999~2000 年有较小的回跌，之后迅速上升，2006 年肉类的出口量达到 568 万 t。水产类进口量和出口量相差较小，二者均有波动上升的趋势，2003 年及以后，进口量超过出口量，增长速度加快，2006 年水产类的出口量和进口量分别达到了 142.9 万 t 和 181.1 万 t。

表 24.11　食物热量、蛋白质和脂肪净进口量

年份	热量/10^6kCal	蛋白质/10^6kg	脂肪/10^6kg
1982	−8125740	−314.20	−396.04
1983	−11357966	−460.81	−580.55
1984	−21079688	−1118.81	−689.49
1985	−42783797	−1833.47	−982.20
1986	−16330068	−1611.92	−564.88
1987	17187953	−870.98	−226.59
1988	21940269	−939.81	−258.42
1989	34897629	−416.65	1179.51
1990	19166035	−1187.49	752.78
1991	−10116500	−1783.03	−278.98
1992	−34086199	−2019.03	−485.78
1993	−44564599	−1895.10	−1009.60
1994	−29187908	−2579.01	−163.49
1995	77965417	1512.48	1827.53
1996	47388461	2046.37	1386.85
1997	13186590	2313.22	1111.84
1998	12699335	2367.40	1502.41
1999	8895110	1280.83	1872.38
2000	5599330	2984.32	2278.13
2001	35433303	4439.88	2154.48
2002	4527890	2600.14	2012.48
2003	24428852	5177.95	4301.61
2004	121460766	7546.39	5880.29
2005	100173412	9287.76	5352.83
2006	118455946	10161.36	5506.84

将食物进口总量减去出口总量，得到净进口量。再将其折算成热量、蛋白质和脂肪三大营养成分产量。结果显示，在 1995~2006 年，三类食物营养成分的净进口量都是正值，即进口大于出口；以 2004 年为例，食物热量净进口量达到 1.21×10^{14}kCal。这相当于小康水平下 1.45 亿人口生活一年所需要的热量。蛋白质和脂肪净进口量分别达到 754.6 万 t 和 5880 万 t，分别相当于小康水平下 2.55 亿人口和 2.39 亿人口生活一年所需要的热量。

1982 年以来的食物热量的净进口量呈线性增长趋势，拟合相关系数 $R^2=0.58$：

$$\mathrm{IN}_1(t)=40720t^3-243277520t^2+484482798086t-321612522017247 \tag{24.23}$$

食物蛋白质的净进口量呈线性增长趋势，拟合相关系数 $R^2=0.92$：

$$\mathrm{IN}_2(t)=36t^2-144287t+143451639 \tag{24.24}$$

食物脂肪的净进口量呈线性增长趋势，拟合相关系数 $R^2=0.88$：

$$\mathrm{IN}_3(t)=16t^2-62613t+62181184 \tag{24.25}$$

式中，$t=1982, 1983, \cdots, 2005, 2006$，代表年份。

24.7　人口供养能力分析

本书所获得的农田食物产量数据为1980~2005年，草地生产力数据为1992~2004年，水产食物数据为1998~2006年，进出口数据为1982~2006年，综上，由于数据来源限制，有交集的年份为1998~2004年，只计算了1998~2004年食物供给总量。这7年间，2004年食物供给总量达到最高值：热量 1.601×10^{15}kCal，蛋白质6163万t，脂肪2717万t（表24.12）。

表 24.12　食物供给总量

年份	热量/10^6kCal	蛋白质/10^6kg	脂肪/10^6kg
1998	1564538245	56577	21115
1999	1449633505	52480	20968
2000	1390347195	53227	21930
2001	1439907348	55356	22219
2002	1353649048	52789	22054
2003	1322033475	54186	24280
2004	1601217474	61627	27170

根据不同生活水平下对食物热量、蛋白质和脂肪的需求（表24.13），中国2004年的食物热量供给量可以供养温饱、小康和富裕水平下的19.17亿、19.12亿和18.69亿人口，食物蛋白质可以供养温饱、小康和富裕水平下的21.93亿、20.84亿和19.63亿人口，食物脂肪可以供养温饱、小康和富裕水平下的11.11亿、11.034亿和10.34亿人口（表24.14）。

表 24.13　不同生活水平人生活所需营养成分

生活水平	热量/kCal	蛋白质/g	脂肪/g
温饱水平	2289	77	67
小康水平	2295	81	67.5
富裕水平	2347	86	72

表 24.14　不同生活水平下食物营养实际可供养人口　　（单位：10^6人）

年份	温饱			小康			富裕		
	热量	蛋白质	脂肪	热量	蛋白质	脂肪	热量	蛋白质	脂肪
1998	1873	2013	863	1868	1914	857	1826	1802	803
1999	1735	1867	857	1731	1775	851	1692	1672	798
2000	1664	1894	897	1660	1800	890	1623	1696	834
2001	1723	1970	909	1719	1872	902	1681	1763	845
2002	1620	1878	902	1616	1786	895	1580	1682	839
2003	1582	1928	993	1578	1833	985	1543	1726	924
2004	1917	2193	1111	1912	2084	1103	1869	1963	1034
平均	1731	1963	933	1726	1866	926	1688	1758	868

2004年中国人口总量为13.0亿。热量和蛋白质都完全能满足这些人口在小康和富裕的水平下生活，而脂肪却存在较大的缺口。由于食物营养供给不均衡，本书设计了一个平衡模型（model for balancing nutrients，MBN），将所有食物分成粮谷、豆类、油料、肉类和水产类五个大类。MBN模型如下：

$$
\begin{cases}
\mathrm{PA}_{11}=\mathrm{PB}_{11}\cdot(1-x_1)\\
\mathrm{PA}_{12}=\mathrm{PB}_{12}\cdot(1-x_2)\\
\mathrm{PA}_{13}=\mathrm{PB}_{13}\cdot(1-x_3)\\
\mathrm{PA}_{21}=\mathrm{PB}_{21}+(\mathrm{PB}_{11}\cdot x_1+\mathrm{PB}_{12}\cdot x_2+\mathrm{PB}_{13}\cdot x_3)\cdot y\\
\mathrm{PA}_{22}=\mathrm{PB}_{22}\\
P_{\mathrm{cal}}=(\mathrm{PA}_{11}\cdot\mathrm{CAL}_{11}+\mathrm{PA}_{12}\cdot\mathrm{CAL}_{12}+\mathrm{PA}_{13}\cdot\mathrm{CAL}_{13}+\mathrm{PA}_{21}\cdot\mathrm{CAL}_{21}+\mathrm{PA}_{22}\cdot\mathrm{CAL}_{22})\div(365\cdot\mathrm{DD}_{\mathrm{cal}})\\
P_{\mathrm{pro}}=(\mathrm{PA}_{11}\cdot\mathrm{PRO}_{11}+\mathrm{PA}_{12}\cdot\mathrm{PRO}_{12}+\mathrm{PA}_{13}\cdot\mathrm{PRO}_{13}+\mathrm{PA}_{21}\cdot\mathrm{PRO}_{21}+\mathrm{PA}_{22}\cdot\mathrm{PRO}_{22})\div(365\cdot\mathrm{DD}_{\mathrm{pro}})\\
P_{\mathrm{fat}}=(\mathrm{PA}_{11}\cdot\mathrm{FAT}_{11}+\mathrm{PA}_{12}\cdot\mathrm{FAT}_{12}+\mathrm{PA}_{13}\cdot\mathrm{FAT}_{13}+\mathrm{PA}_{21}\cdot\mathrm{FAT}_{21}+\mathrm{PA}_{22}\cdot\mathrm{FAT}_{22})\div(365\cdot\mathrm{DD}_{\mathrm{fat}})\\
P_{\mathrm{cal}}=P_{\mathrm{pro}}=P_{\mathrm{fat}}
\end{cases}
\tag{24.26}
$$

设 x_1、x_2 和 x_3 分别为粮谷、豆类、油料转化为动物性食物的比率；y 为料肉比，其值反映第一性食物转化为第二性食物的能值损失，该值采用中国中长期食物发展研究组提出的值，即 $y=1/3.6$（Yue *et al.*, 2008b）；PB_{11}、PB_{12}、PB_{13}、PA_{11}、PA_{12} 和 PA_{13} 分别为第一性食物粮谷、豆类、油料在均衡前后的产量；PA_{21} 和 PB_{21} 分别为第二性食物/肉类在均衡前后的产量；PA_{22} 和 PB_{22} 为水产类在均衡前后的产量；P_{cal}、P_{pro} 和 P_{fat} 分别为热量、蛋白质和脂肪的供给能力；CAL、PRO 和 FAT 为单位食物的营养含量；DD 为在某一生活标准下每人每天需要的营养物质。

通过平衡计算，可得出 1998~2004 年各年中国的人口供给能力（表 24.15）。以 2004 年为例，在温饱、小康、富裕水平下，中国可以供养的人口分别为 15.34 亿，15.00 亿和 14.11 亿，分别比 2004 年的 13.00 亿人口高出 2.34 亿，2.00 亿，1.11 亿。这表明，如果能够进一步调整优化种植结构和食物营养分配，中国实际食物供给较实际人口而言，较为充足。

表 24.15　平衡后不同生活水平下人口供给能力　（单位：10^6 人）

年份	1998	1999	2000	2001	2002	2003	2004	平均
温饱	1290.1	1225.2	1228.1	1371.6	1312.0	1385.3	1533.5	1335.1
小康	1262.0	1198.5	1201.3	1341.8	1283.5	1355.2	1500.2	1306.1
富裕	1187.6	1128.1	1130.5	1262.1	1207.3	1274.3	1410.8	1228.7

24.8　讨　　论

本书从全国食物供给总量中提取出内陆生态系统食物总供给量，包括农田、草地和内陆水域生态系统。以 2004 年为例，中国内陆生态系统实际可供给热量 1.454×10^{15}kCal、蛋白质 4996 万 t、脂肪 2074 万 t（表 24.16）。根据岳天祥等研究得出的中国陆地生态系统食物供给潜力为：热量 4.480×10^{15}kCal、蛋白质 13033 万 t、脂肪 5044 万 t（Yue *et al.*, 2008b）。2004 年中国陆地生态系统食物热量、蛋白质和脂肪实际供给能力分别达到了陆地生态系统生产潜力的 32.46%、38.33 %和 41.12%。

表 24.16　陆地生态系统食物供给

年份	热量/10^6kCal	蛋白质/10^6kg	脂肪/10^6kg
1998	1529617890	50611	19096
1999	1417561778	47455	18564
2000	1361143845	46434	19118
2001	1380708520	47087	19532
2002	1323300606	46001	19485
2003	1272759723	44994	19435
2004	1454237000	49958	20739

农田所供给的食物量占食物总供给量的比例远远高于草地、水域和净进口的比例，不过该比例有下降的趋势，从 1998 年的 84.66%下降到了 2004 年的 74.72%。净进口食物所占比例逐年增长，1998 年仅为 4.04%，2004 年增加到 13.82%（表 12.17）。

表 24.17　农田、草地、水域的食物供给和净进口食物占食物总供给百分比　（单位：%）

年份	1998	1999	2000	2001	2002	2003	2004
农田	84.66	83.5	82.25	80.93	81.95	77.55	74.72
草地	5.28	5.8	5.46	5.61	5.74	5.46	4.83
水域	6.02	6.7	6.82	6.73	7.51	7.29	6.62
净进口	4.04	3.99	5.47	6.73	4.79	9.71	13.82

1998~2004 年，食物热量总供给中，92.94%来自农田生态系统，2.08%来自草地生态系统，2.97%来自水产食物，还有 2.01%来自净进口（表 24.18）；食物蛋白质总供给中，75.63%来自农田生态系统，5.1%来自草地生态系统，12.56%来自水产食物，6.71%来自净进口。食物脂肪总供给中，73.81%来自农田生态系统，9.18%来自草地生态系统，4.92%来自水产食物，12.09%来自净进口。通过各来源食物所占比例的年际变化也可以看出，中国的食物供给，尤其是食物脂肪的供给，对进口的依赖程度越来越高。

表 24.18　农田、草地、水域和净进口的食物热量、蛋白质和脂肪供给变化　（单位：%）

年份	食物来源	1998	1999	2000	2001	2002	2003	2004	平均
热量	农田	94.96	94.56	94.55	92.50	94.08	92.41	87.55	92.94
	草地	1.81	2.07	2.09	2.12	2.25	2.32	1.93	2.08
	水域	2.42	2.75	2.97	2.92	3.34	3.43	2.94	2.97
	净进口	0.81	0.61	0.40	2.46	0.33	1.85	7.58	2.01
蛋白质	农田	80.26	79.88	76.75	74.52	75.76	71.60	70.67	75.63
	草地	4.69	5.37	5.11	5.17	5.40	5.29	4.69	5.10
	水域	10.86	12.31	12.54	12.30	13.92	13.56	12.40	12.56
	净进口	4.18	2.44	5.61	8.02	4.93	9.56	12.25	6.71
脂肪	农田	78.77	76.06	75.46	75.77	76.01	68.64	65.95	73.81
	草地	9.33	9.97	9.20	9.55	9.58	8.77	7.89	9.18
	水域	4.79	5.05	4.96	4.98	5.28	4.88	4.52	4.92
	净进口	7.12	8.93	10.39	9.70	9.13	17.72	21.64	12.09

1998~2004 年，中国年均可供给的食物热量、蛋白质和脂肪，在温饱的生活水平下，分别可供养 17.31 亿、19.63 亿和 9.33 亿人口；在小康的生活水平下，分别可供养 17.26 亿、18.66 亿和 9.26 亿人口；在富裕的生活水平下，分别可供养 16.88 亿、17.58 亿和 8.68 亿人口。可见，食物脂肪存在相当大的缺口。也就是说，中国的食物供给存在很大的结构短缺问题。为此，本书设计了食物营养均衡模型，计算结果显示，在合理的营养种植结构和消费结构下，中国的目前可供给的食物在温饱、小康和富裕的生活水平下，分别可以供养 13.35 亿、13.06 亿和 12.29 亿人口（Yue *et al.*, 2010c）。

自从 1978 年中国开始取消人民公社制度，实行家庭联产承包责任制以来，农民的生产积极性得到了极大提高，1978~2007 年这 30 年间的平均粮食单产达到了 3943kg/hm^2，而前一个 30 年（1949~1978 年）平均粮食单产仅为 1547kg/hm^2。耕地管理水平提高和栽培技术的改进使作物产量得以迅速增加。例如，作者所做的一项调查显示，云南省在过去 30 年的稻谷平均产量仅为 5665km/hm^2，现在达到了 18000kg/hm^2，根据科学技术部 2008 年关于粮食高产科技项目的报导，华北平原的科研实验粮食产量为 20100kg/hm^2，而 2007 年全国平均粮食单产仅为 4748kg/hm^2，也就是说，中国的食物供给还有很大的增长潜力。

第 25 章　人口空间分布变化趋势与未来情景模拟分析*

25.1　引　　言

真实可信的人口数据是科学和政策领域一系列应用问题的基础。如果没有关于人口地理分布及其动态的足够知识，模拟人类活动、生态系统服务、环境压力，以及评估灾害对人类健康的影响都是不可能的（Briggs *et al*., 2007）。

人口空间分布分析方法是地球表层系统建模的重要内容（Woods and Rees, 1986），其研究可追溯到始于 1750 年在欧洲的统计革命时期（Jefferson, 1909），它将常规人口普查数据与注册数据相结合，并在统一的行政单元框架内对这些数据进行处理（Cullen, 1975; Cassedy, 1984）。估算人口分布的方法可归纳为均匀分布（even distribution）、面状信息插值（areal interpolation）、分区密度制图（dasymetric mapping）、内核模式（kernel model）和曲面建模（surface modeling）。

通过人口统计和人口普查等途径获取的公开人口数据集，大多数都按行政单元计算（Mennis, 2003）。在每个普查行政区内人口均匀分布的假设条件下，均匀分布法将普查人口数据转换为栅格人口数据（Tobler *et al*., 1997）。在有人居住和无人居住区域组成的行政单元内，通过这种方法获得的栅格人口数据，无人居住区域与人口密集区域的人口密度相同。这种方法在许多情况下，不能准确表达人口的地理分布（Wu and Murray, 2005）。空间信息层无法匹配是均匀分布法的另一个问题（Goodchild *et al*., 1993），不同的部门和机构在收集人口数据时，并不是按照相同的区域单元进行，其结果是变量之间的关系仅在某个特定的区域单元和尺度有效，但是在进行区域分析和建模时，必须集成这些多源的数据，因此，必须进行面状信息插值。

面状信息插值是根据统计数据进行空间插值的重要问题，是不同面状单元之间的数据转换（Langford, 2006, 2007）。有数据的区域称之为源区，需要预测的区域被称为目标区（Goodchild and Lam, 1980）。然而，这种方法不能运用于居住区中心被绿地分割的地区（Goodchild *et al*., 1993; Moxey and Allanson, 1994）。

使用辅助信息的分区密度制图可弥补均匀分布法的不足（Wright, 1936）。运用遥感影像作为辅助数据，可将有人口的地区从无人区中区分出来，然后，将人口普查数据只在有人居住区进行计算，解决了人口均一分布假设带来的人口空间分布问题（Langford, 2007）。分区密度制图以卫星影像作为辅助数据，对人口统计数据在空间上进行重新分配，相对于简单面状信息插值是一个重大进步。在这方面，已有许多研究。例如，剖析人口数与土地覆被类型相互关系的统计回归模型（Yuan *et al*., 1997; Lo, 2008），城市不透水面与城市建成区相关性分析（Ji and Jensen, 1999），城市建成区域人口密度定量关系研究（Mesev, 1998; Yin *et al*., 2005），通过协同克里金法（Cokriging）与居住区不透水面数据结合来估算城市人口分布（Wu and Murray, 2005），由面到点的残差克里金用于改进普查人口空间插值的精度（Liu *et al*., 2008），通过多光谱卫星影像与邮政数据库集成来模拟城市人口空间分布（Langford *et al*., 2008）。

单中心（Clark, 1951; Newling, 1969; Parr, 1985; Bracken and Martin, 1989; Wang, 1998; Baumont *et al*., 2004; Harris and Chen, 2005）和多中心模型（Gordon *et al*., 1986; Small and Song, 1994; McMillen and McDonald, 1998; Loibl and Toetzer, 2003）的核函数模型是通过距离衰减函数将人口普查数据在空间重新分配的方法（Cressman, 1959; Martin, 1996）。20 世纪 50 年代以前，在许多城市，产业和就业集聚在一个中心，人口分布在这个中心周围，并沿通往这个中心的交通网辐射；然而，到 20 世纪 50 年代以后，中心城市被郊区城市化和去中心化侵蚀（Berry and Kim, 1993）。城市区发展不再基于市中心的单一发展极，而是在郊区出现

---

*王英安为本章主要合著者。

了多个新的中心（Mueller and Rohr-Zaenker, 1995）。20 世纪 60 年代以来，将单一中心城市区转换为多中心城市结构的人口分布估算方法变得越来越普遍（Hall, 1999），尤其在发达国家的大都市区（Bontje, 2005）。许多三次样条函数已被用于描述这些多中心城市结构（Anderson, 1982, 1985; Zheng, 1991）。基于闵可夫斯基距离的空间回归方法被用于模拟单中心城市和多中心城市的人口密度（Griffith and Wong, 2007）。

曲面建模为人口分布空间精准分析提供了格网数据结构（Martin, 1998）。人口分布曲面建模（SMPD）旨在一个规则格网系统中表达人口空间格局，每个格网单元包含着这个特定位置人口数量的估算（Tobler, 1979; Goodchild *et al.*, 1993; Yue *et al.*, 2003b, 2005a, 2005b, 2011）。也就是说，曲面建模将人口分布表达为一个连续变化的曲面，并在任何给定的位置都可测算人口数量。将人口数据以格网形式表达至少有四个优势：①与传统的分区统计法相比，曲面建模提供了更精确的人口分布表达（Langford and Unwin, 1994）；②规则格网很容易重组成所需的任意区域配置；③格网人口数据是保证异质数据集兼容性的一种途径；④将数据转换成格网形式可回避人为政治界限引起的一些问题（Martin and Bracken, 1991; Deichmann, 1996）。

为了在规格一致的坐标系统中应用人口数据，开发了格网化世界人口（GPW）数据集、全球人口数据集（LandScan）和协同克里金法（Cokriging）。GPW 基于人口普查数据，假定人口在人口普查的行政单元均匀分布，将人口普查数据按比例均匀分配到每个行政单元（Tobler *et al.*, 1997），其空间分辨率为 30″，在赤道约为 1km。LandScan 根据公路、坡度、土地覆被和夜间灯光确定的概率系数，将人口普查数据分配到所有格网单元（Dobson *et al.*, 2000; Sutton *et al.*, 2003），空间分辨率为 30″，在赤道约为 1km。Cokriging 法通过模拟人口与不透水面比例之间的空间相关关系，对人口密度进行空间插值（Wu and Murray, 2005）。然而，GPW 关于人口在行政单元内均匀分布假设平滑了人口的局地变异性，使其结果只具有很有限的地理意义。LandScan 运用遥感影像生成的土地覆被数据没有生物信息细节，有限的土地覆被类型太粗以至于很难估算精细的人口密度。Cokriging 法基于遥感数据量化的不透水面信息，其含有大量的非居住区信息，如公路和广场等，导致模拟的人口密度有很大的不确定性。

本章主要介绍作者及研究团队开发的人口分布曲面建模方法（SMPD），在精度和功能方面，较上述方法都有较大优势（Yue *et al.*, 2003b, 2005a）。

25.2　人口分布曲面建模方法

1687 年，Isaac Newton 提出了他的万有引力定律：任何两个物体都是相互吸引的，引力的大小与两个物体的乘积成正比，与它们之间的距离平方成反比。仿照这个物理引力模型，潜在人口分布概念先后得到发展（Plane and Rogerson, 1994; Deichmann, 1996）。一个城市对一个格网单元人口的影响与城市规模成正比，与这个城市到格网单元的距离成反比。在一个给定的临界距离，潜在人口分布可表达为

$$p_{i,j}=\sum_{k=1}^{M}\frac{S_k}{\left(d_{i,j,k}\right)^a} \tag{25.1}$$

式中，$p_{i,j}$ 为格网单元 (i,j) 处的人口数量；S_k 为城市 k 的规模；$d_{i,j,k}$ 为格网单元 (i,j) 与城市 k 之间的距离；M 为给定阈值距离内的城市总数；a 为待模拟指数。

实际上，人口分布受自然因素影响很大。例如，中国大多数人口分布在沿海地区、海拔 500m 以下地区，以及温湿气候区（Zhang, 1999）。这些因素对人口并不直接产生影响，它们还与其他诸如交通基础设施空间分布和城市区位等因素密切相关。例如，穿越青藏高原铁路线的建成通车，改变了青藏高原人口的分布格局。在中国，具有现代交通基础设施的地区与基础设施落后地区的人口密度有明显差异。前者由于城市扩张迅速，人口密度增长较快。交通有利于城市发展，城市是人口的主要聚集区。一般情况下，交通线连接人口密度最大的中心城区，沿交通线有卫星城分布（Deichmann, 1996）。

因此，除城市规模 S_k 及格网单元 (i,j) 与城市 k 之间的距离外，本书在人口分布曲面建模（SMPD）中

增加了海拔、净初级生产力、土地覆被和交通基础设施等要素。SMPD 可表达为计算域(i,j)到物理域$0\left(i,j,\text{MSPD}_{ij}(t)\right)$之间的一种变换（Yue *et al.*, 2003b, 2005a, 2005b）：

$$\text{SMPD}_{i,j}(t)=G(n,t)\cdot W_{i,j}(t)\cdot f_1\left(\text{Tran}_{i,j}(t)\right)\cdot f_2\left(\text{NPP}_{i,j}(t)\right)\cdot f_3\left(\text{DEM}_{i,j}(t)\right)\cdot f_4\left(\text{Ct}_{i,j}(t)\right) \tag{25.2}$$

式中，t 为时间变量；$G(n,t)$ 为格网单元(i,j)所在行政区 n 的总人口；$W_{i,j}(t)$ 为水域指示因子；$f_1\left(\text{Tran}_{i,j}(t)\right)$ 为格网单元(i,j)处交通基础设施的人口影响因子；$f_2\left(\text{NPP}_{i,j}(t)\right)$ 为格网单元(i,j)处气候、土壤等自然条件决定的净初级生产力的人口影响因子；$f_3\left(\text{DEM}_{i,j}(t)\right)$ 为格网单元(i,j)处海拔的人口影响因子；$f_4\left(\text{Ct}_{i,j}(t)\right)$ 为格网单元(i,j)处城市对人口密度的贡献；$\text{Ct}_{i,j}(t)=\sum_{k=1}^{M(t)}\frac{\left(S_k(t)\right)^{a_1}}{d_{i,j,k}(t)}$，$S_k(t)$ 为第 k 个城市规模，a_1 为待模拟参数，$M(t)$ 为搜索范围内城市总数，$d_{i,j,k}(t)$ 为格网单元(i,j)到第 k 个城市核心格网单元（人口密度最大处）的距离；$\text{SMPD}_{i,j}(t)$ 为按照自然和社会经济环境，格网单元(i,j)处应有的常住人口数量。

人口分布曲面建模的主要步骤可概括为（图 25.1）：①利用人口普查等原始资料，调整人口预测基础数据和参数，根据经典人口学的平衡方程，分别构建生育、死亡和迁移的分析预测模型，基于孩次递进生育模型、生命表和迁移预测方法建立统一的人口增长模型，对人口历史数据进行评估和拟合，并根据生育政策调整不同情景，对未来人口增长态势进行分析；②利用人口分布曲面模型（SMPD），在不同空间尺度，综合考虑海拔、陆地植被净第一性生产力、土地利用和土地覆盖、交通基础设施空间分布、相邻城市/城镇居民点规模及其空间分布等因素对人口空间分布的影响，实现人口空间分布的历史反演和未来情景模拟分析。在此过程中，利用格点生成方法将不同尺度和不同来源的空间数据、统计数据，融合到一个标准格网中，得到较精确的人口时空分布。

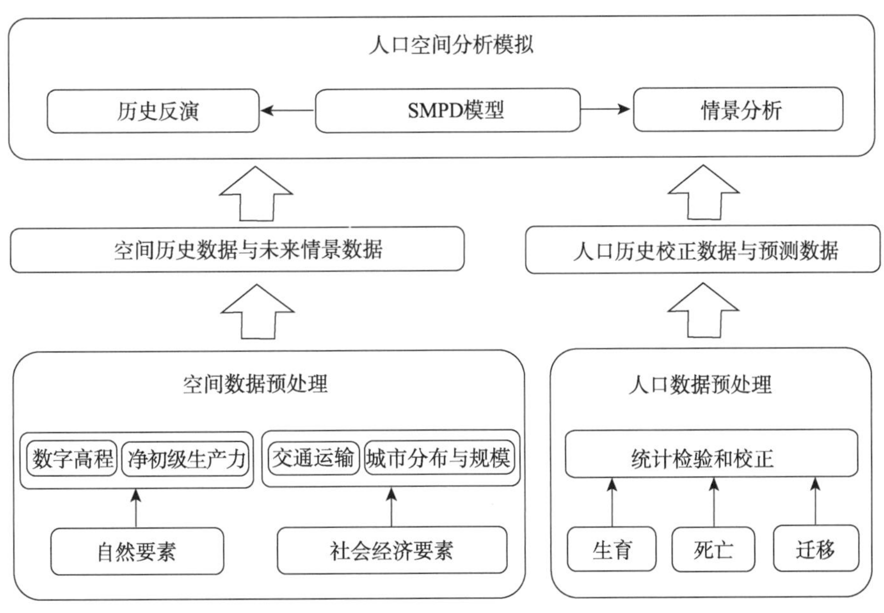

图 25.1　人口分布曲面建模概念模型

25.3　人口增长态势分析

人口预测采用年龄别孩次递进生育模型，以达到充分体现农业人口和非农业人口这两个子类型在生育水平、生育模式，尤其是育龄妇女孩次结构方面的差别对未来人口发展的不同影响。利用递进总和生育率方法推算预测年份出生人数的计算过程如下（马瀛通等，1986；郭志刚, 2004）：

$$f_a^{(p)} = B_a^{(p)} / W_a \tag{25.3}$$

式中，$f_a^{(p)}$ 为 a 岁妇女生育 p 孩的递进生育率；$B_a^{(p)}$ 为生育 p 孩的 a 岁妇女总数；W_a 为 a 岁妇女总人数。

将 15~49 岁妇女生育 p 孩的递进生育率加起来，就是这批妇女的 p 孩总和递进生育率，即这批妇女在整个育龄期生育过 p 孩的比例，

$$R_{(p)} = \sum_a f_a^{(p)} \tag{25.4}$$

式中，$R_{(p)}$ 为分孩次总和递进生育率。

用年龄别孩次递进生育率除以对应孩次的总和递进生育率，就得到该孩次的年龄别递进生育模式，即各年龄递进生育率占该孩次总和递进生育率的相对比例，

$$g_a^{(p)} = f_a^{(p)} / R_{(p)} \tag{25.5}$$

式中，$g_a^{(p)}$ 为分孩次年龄别递进生育模式。

未来 n 年的分孩次递进生育率为

$$f(t+n)_a^{(p)} = g_a^{(p)} \times R(t+n)_{(p)} \tag{25.6}$$

式中，$R = \sum_p R_{(p)}$ 为总和递进生育率。

递进生育率 $f(t+n)_a^{(p)}$ 与递进生育概率 $h(t+n)_a^{(p)}$ 两者可相互推导。对 $a \geqslant 15$，一孩递进生育率：

$$f_{15}^{(1)} = h_{15}^{(1)} \tag{25.7}$$

$$f_{a+1}^{(1)} = B_{a+1}^{(1)} / W_0 = \frac{B_{a+1}^{(1)}}{W_{a+1}^{(0)}} \frac{W_{a+1}^{(0)}}{W_0} = h_{a+1}^{(1)} \prod_{x=15}^{a} (1 - h_x^{(1)}) \tag{25.8}$$

对 $a \geqslant 16$，

$$f_{a+1}^{(2)} = B_{a+1}^{(2)} / W_0 = \frac{B_{a+1}^{(2)}}{W_{a+1}^{(1)}} \frac{W_{a+1}^{(1)}}{W_0} = h_{a+1}^{(2)} \left(\frac{W_a^{(1)}}{W_0} - f_a^{(2)} + f_a^{(1)} \right) = h_{a+1}^{(2)} \left(-\sum_{x=16}^{a} f_x^{(2)} + \sum_{x=15}^{a} f_x^{(1)} \right) \tag{25.9}$$

依此类推，可得三孩及以上年龄别递进生育率与递进生育概率之间的关系。出生人数的预测公式可表达为

$$B(t+1) = \sum_{p=1}^{5} \sum_{a=15}^{49} W_a(t) \cdot h(t+1)_a^{(p)} \tag{25.10}$$

式中，$B(t+1)$ 为第 $t+1$ 年出生人口总数；$h(t+1)_a^{(p)}$ 为递进生育概率；$W_a(t)$ 为第 t 年 a 岁妇女总数。

根据标准生命表或者调查的死亡率数据和预测年份的期望寿命,可估算预测年份的存活概率和死亡率。首先，调用 0 岁的期望寿命相近的标准生命表或者采用调查的死亡率数据生成的生命表。若该生命表的期望寿命与预测年份期望寿命不匹配，采用 Brass 方法调整死亡率（Brass, 1974; Zeng *et al.*, 2000）。

$$D(x,t) = P(x,t) \cdot \big(1 - L(x+1) / L(x)\big) \tag{25.11}$$

式中，$D(x,t)$ 为第 t 年 x 岁人口死亡总数；$P(x,t)$ 为第 t 年 x 岁人口总数；$L(x)$ 为 x 岁存活人数。

人口迁移可分两个步骤估算：①根据预测年份的城镇化水平和全国总人口，推算从农村到城镇的净迁移人数；②根据预测年份的分年龄迁移模式，将从农村到城镇的净迁移人数分解到分城乡分年龄分性别的人口数上。

人口平衡方程可表达为（于学军，2002）

$$P(t+1,x+1) = P(t,x) - D(t,x) + I(t,x) \tag{25.12}$$

式中，$P(t,x)$为 t 年 x 岁人口数；$D(t,x)$为 x 岁人口在 t 到 $t+1$ 年期间的死亡人数；$I(t,x)$为 x 岁人口在 t 到 $t+1$ 年期间的净迁移人数。

25.4　人口空间分布曲面建模方法

人口分布曲面建模（SMPD）方法借鉴国际上较为先进的数据融合理论和格点生成方法，在人口增长模型研究结果基础上，反演中国人口空间分布的历史变化趋势、模拟分析未来情景。SMPD 方法按照均匀分布、规则大小的格网单元来计算人口数量等指标，突破了按行政区界线计算人口指标的传统思路，提高了人口指标的空间精度和应用范围（Yue *et al.*, 2003b）。通过引入交通基础设施规划、城市发展规划、土地覆盖变化和人口总数未来情景的研究成果，模拟人口在时间和空间上的变动规律，展现人口分布的未来情景（Yue *et al.*, 2005b, 2005c）。

除了全国和各级行政区总人口之外，SMPD 方法中各变量对应的主要数据层包括海拔、水系空间分布、植被净第一性生产力（NPP）、交通基础设施空间分布和城镇/居民点规模及空间分布，其中海拔和水系是自然要素，通常在全国尺度上随时间变化非常缓慢，属于空间变量，在 100 年内可以近似看作时间的常量。NPP 虽然可以被人类活动所改变，但主要还是取决于气候、土壤等自然要素，随时间变化也比较缓慢。而交通基础设施和城镇/居民点的规模和布局受自然和人类活动影响大，在空间和时间上变化较快。

25.4.1　人口空间分布历史反演

1. 模型变量历史背景

新中国成立以前，我国铁路发展缓慢（《中国交通 60 年》编审委员会, 2010）。1876 年修建了上海吴淞铁路，1881 年中国兴建了唐山市到丰南县约 9.7km 的铁路。到 1930 年，中国铁路总长为 14411km（图 25.2），1949 年为 21800km（图 25.3），到 2000 年，中国铁路实际运营里程已经达到 68700km（图 25.4）（中国交通年鉴社, 2001）。但是，相关研究结果表明，中国铁路的总长度应在 100000km 以上（陈航, 2000）。

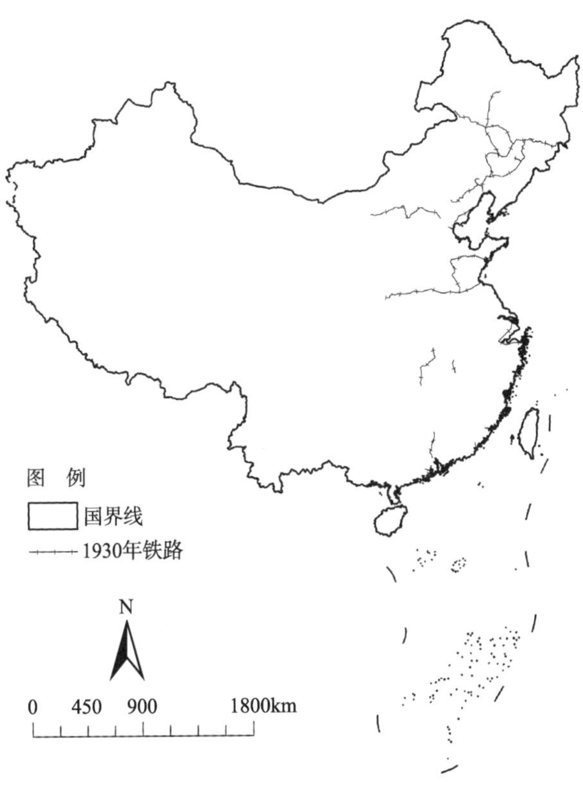

图 25.2　1930 年中国铁路空间分布

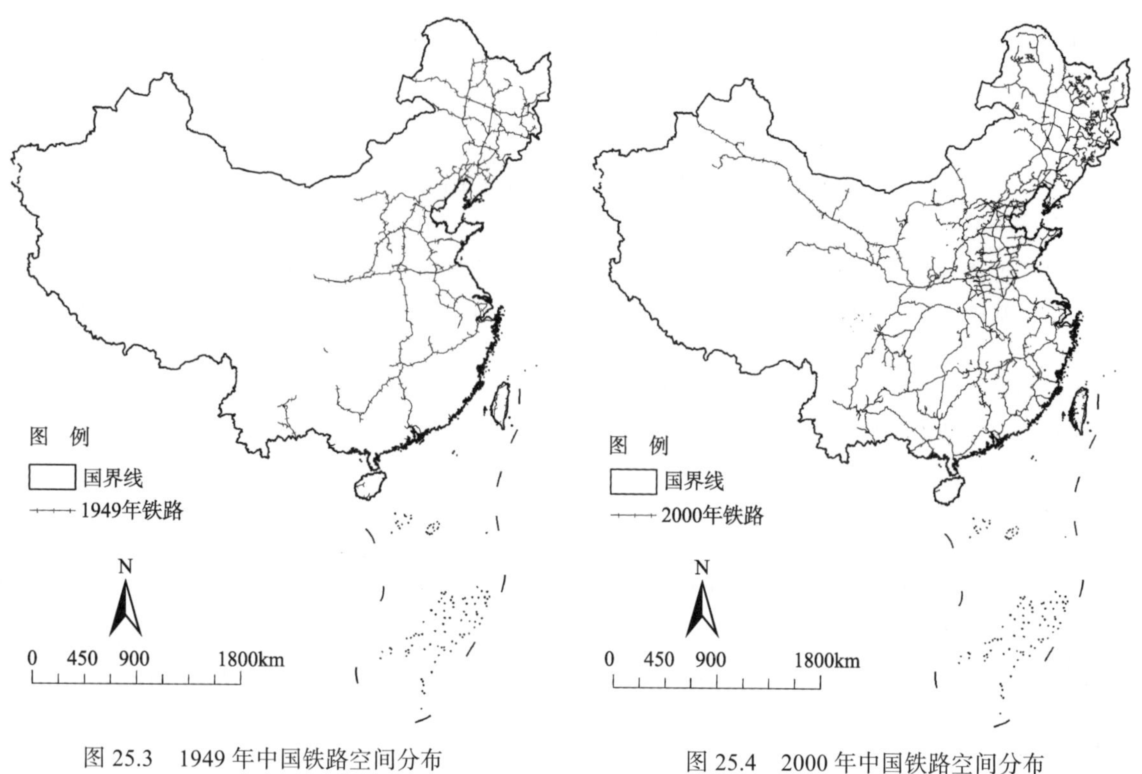

图 25.3　1949 年中国铁路空间分布　　图 25.4　2000 年中国铁路空间分布

1902 年，第一辆汽车进入中国，1906 年第一条公路建成。新中国成立初期，全国（不含港、澳、台地区）公路通车里程仅为 80700km（图 25.5），技术等级十分低下。经过新中国成立后几十年的建设，到 1996 年，全国公路通车里程达 118.6 万 km，其中高速公路 3422km，一级、二级汽车专用公路 15000 多千米，四级及四级以下公路 87 万 km。全国 100%的县城、95%以上的乡镇、74%的行政村通了公路。2000 年中国公路总长度大约为 140 万 km（图 25.6）（中国交通年鉴社, 2001）。

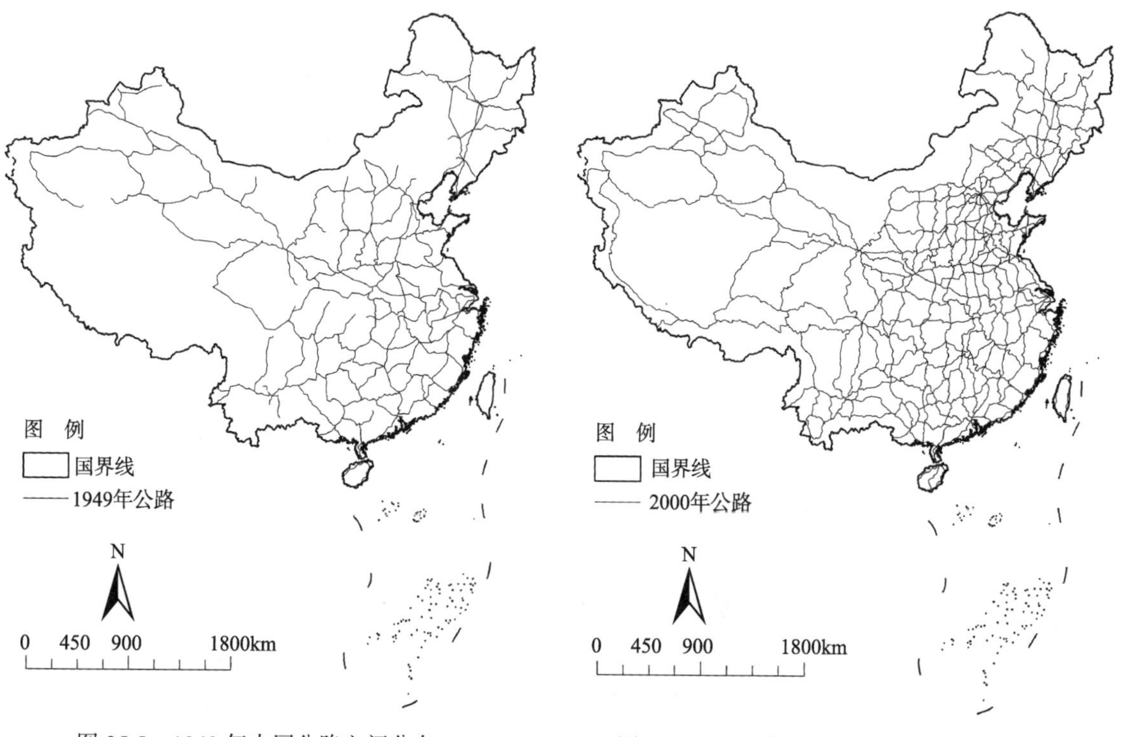

图 25.5　1949 年中国公路空间分布　　图 25.6　2000 年中国干线公路空间分布

在 1843~1893 年，中国城市人口比例缓慢增长，平均增长率在 5.1%~6.0%。其中，长江下游地区城市人口比例增长率在 7.4%~10.6%，南部沿海地区城市人口比例增长率在 7.0%~8.7%，而内陆地区这个比例在 4.0%~5.0%浮动。1895~1931 年，沿海和长江沿岸地区、东北、华北地区城市发展很快，而内陆地区城市发展缓慢甚至停滞不前。在 20 世纪 30 年代初期，中国城市人口比例大约为 9.2%。1931~1949 年，中国社会的动荡导致人口增长缓慢，城市人口比例增长到 10.6%（张善余，1999）。新中国成立初期，中国城市只有 58 个，到 1952 年百万人口以上的城市也只有 9 个。自 1978 年以来，中国城市化进程已进入加速发展的新阶段。城市数量由 1979 年的 193 个发展到 1999 年的 668 个，其中百万人口以上的特大城市 37 个，50 万 ~ 100 万人口的大城市 48 个，20 万 ~ 50 万人口的中等城市 205 个，20 万人口以下的小城市 378 个，其中数量增长最快的是小城市，其次是中等城市。1988~1996 年，改革开放极大地促进了城市综合实力的增强，城市国内生产总值以年均 18%的增幅高速增长，城市的中心地位和作用越来越突出。由于历史、地理条件和社会经济发展等多种因素的影响，中国城市密度在空间上表现为东高西低的分布特征，中国城市主要聚集在沿海地区，特别是长江三角洲、珠江三角洲和北京—天津—唐山地区，东部沿海地区开始形成以特大城市为中心的城市群（带），主要有环渤海城市群、长江三角洲城市群和珠江三角洲城市群。2000 年中国城市人口比例达到 36.22%（中国市长协会《中国城市发展报告》编辑委员会，2004）（图 25.7）。

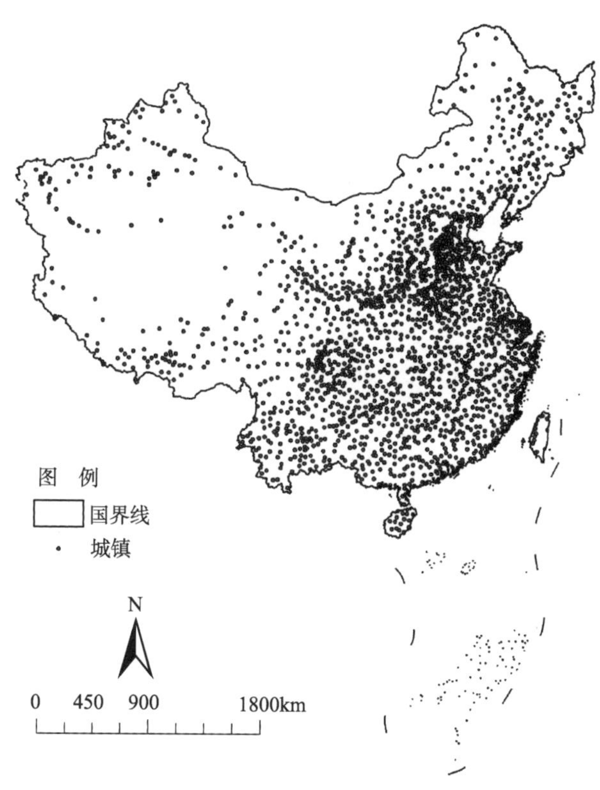

图 25.7　2000 年中国城市空间分布

1930~2000 年，中国人口增长了大约三倍（表 25.1）。胡焕庸（1983）的研究结果显示，1930 年中国总人口为 4.528 亿人，1949 年为 5.4167 亿人。1930~1949 年，人口出生率和死亡率都比较高，而人口自然增长率较低。1950~2000 年，总人口增加了 7.2574 亿，年平均增长率为 2.7%。1950~1973 年，人口数量经历了一个快速增长阶段，在此期间人口出生率高，而死亡率低。1973 年实施计划生育政策之后，一对夫妇只能生育一个孩子，出生率和死亡率都较低，人口增长进入一个相对缓慢阶段。虽然计划生育政策限制了人口的快速增长，但是由于人口基数巨大，中国近年来每年新出生的婴儿仍然超过 950 万（中国社会科学院人口研究中心，2001）。

表 25.1　中国分省区人口统计数据（暂不包括台湾、香港和澳门地区）

区域	面积/km²	总人口/10^6 人			人口密度/（人/km²）		
		1930 年	1949 年	2000 年	1930 年	1949 年	2000 年
中国西部	**6725746**	**110.63**	**174.57**	**354.60**	**16**	**26**	**53**
内蒙古	1143327	4.40	37.88	23.01	4	33	20
广西	236544	11.50	18.42	47.24	49	78	200
重庆	82390	属于四川	属于四川	30.91	属于四川	属于四川	375
四川	483759	51.34	57.30	84.07	106	118	174
贵州	176109	11.03	14.16	36.77	63	80	209
云南	383101	11.52	15.95	40.77	30	42	106
西藏	1201653	0.78	1.00	2.51	1	1	2
陕西	205732	10.39	13.17	35.72	50	64	174
甘肃	404622	5.49	9.68	25.34	14	24	63
青海	716677	1.28	1.48	4.80	2	2	7
宁夏	51785	0.39	1.20	5.54	8	23	107
新疆	1640111	2.51	4.33	17.92	2	3	11
中国中部	**1670726**	**150.15**	**161.41**	**419.41**	**90**	**97**	**251**
山西	156563	11.30	12.81	31.96	72	82	204
安徽	140165	21.92	27.86	62.78	156	199	448
江西	166960	17.16	12.68	41.64	103	76	249
河南	165619	31.92	41.74	95.27	193	252	575
湖北	185950	25.94	25.36	59.36	140	136	319
湖南	211815	29.54	29.87	65.15	139	141	308
吉林	191093	7.82	10.09	26.27	41	53	137
黑龙江	452561	4.55	1.01	36.98	10	2	82
中国东部	**1203528**	**187.23**	**205.68**	**462.71**	**156**	**171**	**384**
北京	16386	1.52	4.14	11.14	93	253	680
天津	11620	1.47	3.99	9.19	126	344	791
河北	188111	30.29	30.86	66.71	161	164	355
辽宁	146316	16.08	18.31	41.35	110	125	283
上海	8013	3.91	5.06	13.22	488	632	1650
江苏	103405	30.29	35.12	70.69	293	340	684
浙江	103196	20.07	20.83	45.01	194	202	436
福建	122468	13.99	11.88	33.05	114	97	270
山东	157119	36.67	45.49	89.75	233	290	571
广东	179776	32.93	30.00	74.99	183	167	417
海南	40070	属于广东	属于广东	7.61	属于广东	属于广东	190

根据目前的生态和经济状况，中国从地理上可分为三个区域：西部、中部和东部。西部地区由西南五省（直辖市、自治区）、西北五省（直辖市、自治区）和内蒙古（直辖市、自治区）自治区、广西壮族自治区组成。西南五省（直辖市、自治区）是四川、重庆、云南、贵州和西藏自治区。西北五省（直辖市、自治区）是陕西、甘肃、宁夏回族自治区、新疆维吾尔自治区和青海省。中国西部面积约 675.46 万 km²，占中国陆地总面积的 70%。中部地区由八个省组成，分别是山西、安徽、江西、河南、湖北、湖南、吉林和黑龙江，面积约 167 万 km²，占中国陆地总面积的 17.4%。东部地区由 11 个省（直辖市）组成，分别是北京、天津、河北、辽宁、上海、江苏、浙江、福建、山东、广东和海南，总面积约 120 万 km²，占中国陆地总面积的 12.5%。

2. 模型实现

在全国尺度上，2000 年的各变量数据层最为详细和准确，因此本书以 2000 年中国人口空间分布为例，介绍 SMPD 模型的实现过程。首先，用 1km 空间分辨率规则格网将中国陆地格网化为 960 万个格网单元，约 4045 行、4833 列，每个格网单元可用行坐标 i（$i=1,2,\cdots,4045$）和列坐标 j（$j=1,2,\cdots,4833$）标出。每一个格网单元的人口数量根据此格网单元及其周边 100km 范围内自然因子和经济因子的多元数据进行模拟。自然因子可归结为数字高程（DEM）和植被净第一性生产力（NPP）。

对人口统计资料和中国数字高程模型的分析发现，中国 90%以上的人口集中分布在黑河—腾冲线以东以南地区，这一地区的平均海拔在 500m 以下。因此，将影响人口空间分布的海拔因子表达为

$$\mathrm{DEM}_{i,j}=\begin{cases}\dfrac{500}{\mathrm{DEM}_{i,j}} & \mathrm{DEM}_{i,j}>500\\ 1 & \mathrm{DEM}_{i,j}\leqslant 500\end{cases} \tag{25.13}$$

对于植被净初级生产力（NPP），经过统计分析发现，耕地的 NPP 平均值为 752g/（m^2·a）左右，因此，将净初级生产力的人口影响因子表达为

$$\mathrm{NPP}_{i,j}=\exp\left\{\left(\mathrm{NPP}_{i,j}-752\right)^2/10^6\right\} \tag{25.14}$$

对公路网数据（图 25.6），以全国标准格网中每一格网单元为中心、1km 为半径搜索相邻公路；如果没有搜索到公路，搜索半径以 1km 为步长增加，重新进行搜索，直到搜索到公路为止。公路基础设施条件对模拟网格单元人口数量的影响系数 $\mathrm{Ro}_{i,j}$ 可表达为

$$\mathrm{Ro}_{i,j}=\sum_{k=1}^{n_{\mathrm{ro}}}\frac{\mathrm{lro}_k}{d_{i,j,k}} \tag{25.15}$$

式中，lro_k 为搜索范围内的第 k 条公路长度；n_{ro} 为搜索范围内公路条数；$d_{i,j,k}$ 为第 k 条公路到模拟格网单元的距离。

对中国铁路网（图 25.4）而言，与公路网计算原理相同，但由于铁路线较稀疏，故搜索半径延长到 10km，搜索步长也增加为 10km。公路基础设施条件对模拟格网单元人口数量的影响系数 $\mathrm{Ra}_{i,j}$ 可表达为

$$\mathrm{Ra}_{i,j}=\sum_{k=1}^{n_{\mathrm{ra}}}\frac{\mathrm{lra}_k}{d_{i,j,k}} \tag{25.16}$$

式中，lra_k 为搜索范围内的第 k 条铁路长度；n_{ra} 为搜索范围内铁路条数；$d_{i,j,k}$ 为第 k 条铁路到模拟格网单元的距离。

将标准化后的铁路和公路网影响系数合并为一个交通基础设施的人口影响因子 $\mathrm{Tran}_{i,j}$，即

$$\mathrm{Tran}_{i,j}=\left(\frac{\mathrm{Ra}_{i,j}}{\mathrm{Max}\left\{\mathrm{Ra}_{i,j}\right\}}+\frac{\mathrm{Ro}_{i,j}}{\mathrm{Max}\left\{\mathrm{Ro}_{i,j}\right\}}\right)\div\mathrm{Max}\left\{\frac{\mathrm{Ra}_{ij}}{\mathrm{Max}\left\{\mathrm{Ra}_{i,j}\right\}}+\frac{\mathrm{Ro}_{ij}}{\mathrm{Max}\left\{\mathrm{Ro}_{i,j}\right\}}\right\} \tag{25.17}$$

式中，$\mathrm{Max}\left\{\mathrm{Ra}_{i,j}\right\}$ 和 $\mathrm{Max}\left\{\mathrm{Ro}_{i,j}\right\}$ 分别为铁路和公路网影响系数的最大值。

城镇是人口集聚的区域，对其周边地区人口具有很大的吸引力。总结前人研究成果发现，城镇对周边地区人口的吸引力与该城镇规模成正比，与到该城镇的距离成反比。在模型中，以模拟格网单元为中心，以 200km 为搜索半径，在中国城市分布数据层（图 25.7）进行搜索，搜索到的每个城镇面积 S_k 和该城镇到这一模拟格网单元距离 $d_{i,j,k}$ 的比值之和即为相邻城市对这一模拟格网单元人口的影响因子

$$\mathrm{Ct}_{i,j}=\sum_{k=1}^{l}\frac{S_k}{D_{i,j,k}} \tag{25.18}$$

根据模拟分析结果，当各影响因子表达为以下形式时，模拟结果与人口普查结果相关系数最大：

$$p_{i,j} = W_{i,j} \cdot \left(\mathrm{DEM}_{i,j}\right)^{0.7} \cdot \left(\mathrm{NPP}_{i,j}\right)^{0.0001} \cdot \left(\mathrm{Tran}_{i,j}\right)^{1.3} \cdot \left(\mathrm{Ct}_{i,j}\right)^{1.2} \tag{25.19}$$

将 2000 年中国统计年鉴中的各省（直辖市、自治区）人口总数 $G(n)$，$n = 1,2,\cdots,34$，按照综合影响力系数分 $p_{i,j}$ 布到各省级行政区的格网单元中，生成中国 2000 年人口空间分布曲面，具体公式表达为

$$\mathrm{SMPD}_{i,j} = G(n) \cdot \frac{p_{i,j}}{\sum p_{i,j}} \tag{25.20}$$

3. SMPD 历史反演结果

1935 年，胡焕庸公布了对中国人口空间分布的研究结果，引入了一条临界线，线的一端是黑龙江省的黑河市，另一端是云南省的腾冲市（胡焕庸, 1935）。这条线位于东南季风和西风带交汇处的生态脆弱区（陈述彭, 2002），其东南部地区平均海拔低于 500m。胡焕庸发现，在这条线的东南部，居住着中国 96%的人口，然而面积却只有 411.7 万 km^2，仅占全国陆地面积的 42.9%。1990 年进行的第四次人口普查表明，这一地区人口占中国总人口的 94.3%，人口密度是该线西北地区的 22 倍（张善余, 1999）。中国人口空间分布模拟结果显示，2000 年，黑河—腾冲线的东南地区人口占全国总人口的 90.8%（图 25.10）。也就是说，黑河—腾冲线的西北地区人口在全国总人口中所占的比例从 1935 年以来一直在增加。1935~1990 年西北地区人口在全国总人口中所占比例的年均增长率为 0.8%，1990~2000 年这个比例的年均增长率是 6.1%。

中国人口空间分布模拟结果在省级行政单位的平均值分析结果表明，2000 年上海、天津和北京的人口密度最大，分别为 2089 人/km^2、861 人/km^2 和 843 人/km^2。江苏、山东、河南的人口密度次之，分别为 719 人/km^2、578 人/km^2 和 559 人/km^2。湖南、湖北、河北、重庆、安徽、浙江和广东的人口密度平均值在 304~481 人/km^2。西藏、青海、新疆和内蒙古的人口密度最低（表 25.1）。大体上，2000 年中国东部和中部的模拟人口密度平均值分别为西部地区的 7.4 倍和 5.7 倍（Yue *et al.*, 2003b）。

对比模拟结果（图 25.8，图 25.9 和图 25.10）可以看出，1930 年、1949 年和 2000 年西部地区人口占中国总人口比例分别为 24%、32%和 29%；中部地区分别为 33%、30%和 34%；东部地区分别为 41%、38%和 37%。1930~2000 年，中国人口有由东部地区向中西部地区流动的趋势。1930~1949 年，西部、中部、东部地区人口平均年增长率分别为 3%、0.4%和 0.5%；1949~2000 年，人口年平均增长率分别为 2%、3.1%和 2.5%（表 25.2）。

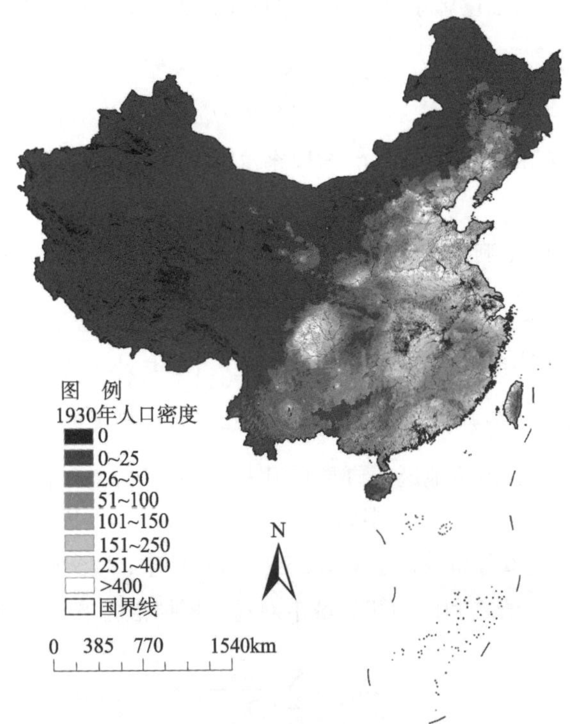

图 25.8　1930 年中国人口空间分布 SMPD 模拟结果（单位：人/km^2）

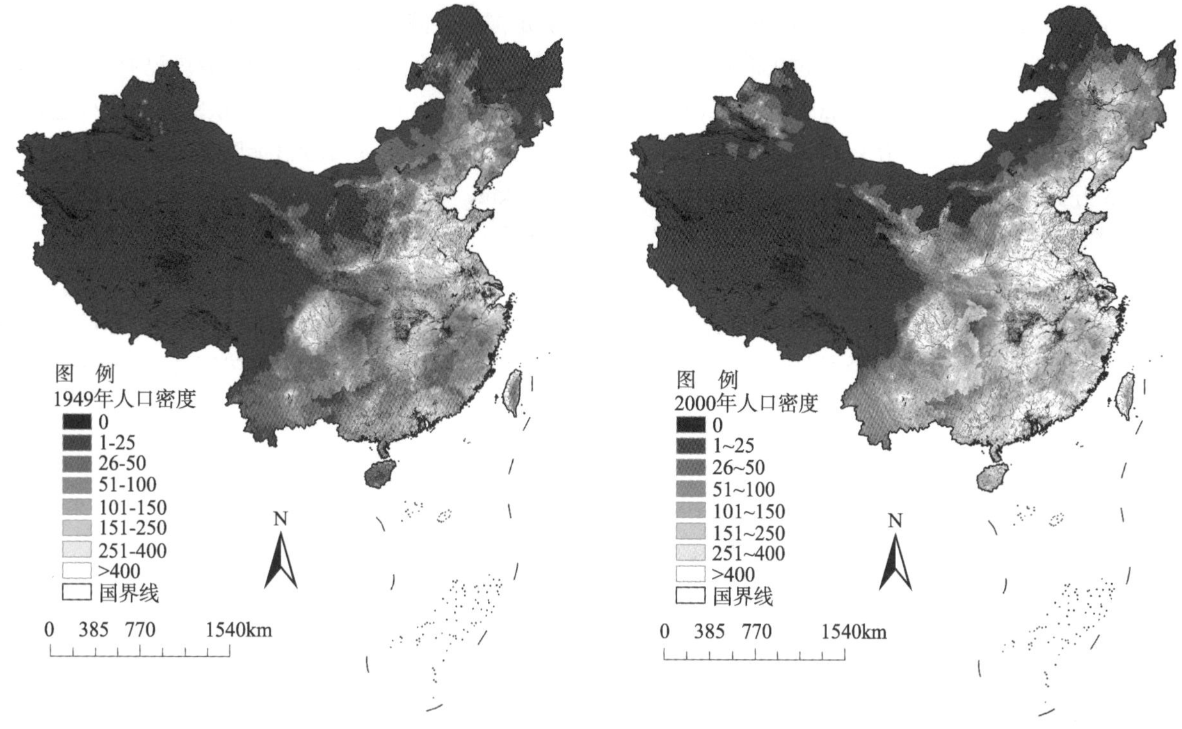

图 25.9　1949 年中国人口空间分布 SMPD 模拟结果（单位：人/km^2）

图 25.10　2000 年中国人口空间分布 SMPD 模拟结果（单位：人/km^2）

表 25.2　中国东中西区域人口时间变化（暂不包括台湾、香港和澳门地区）

年份	西部地区		中部地区		东部地区	
	人口/10^6 人	比例/%	人口/10^6 人	比例/%	人口/10^6 人	比例/%
1930	110.63	24	150.15	33	187.23	41
1949	174.57	32	161.42	30	205.68	38
2000	354.6	29	419.41	34	462.71	37

25.4.2　未来情景模拟分析

1. 交通基础设施规划

为了实施西部大开发计划，中国铁路建设的重点在于加强东西部地区的联系，加快建立与中亚和东南亚的联系，同时增进与西部地区的联系。根据中国《中长期铁路网规划》(以下简称《规划》)，2020 年，中国铁路总长度将达到 100000km（图 25.11）。《规划》主要内容分三大块，高速客运专线、西部开发性新线和能源运输通道。客运专线将包括“四纵四横”铁路快速客运通道，以及三个城际快速客运系统，速度目标值将达到 200km/h 以上。“四纵”客运专线分别是北京—上海客运专线；北京—武汉—广州—深圳客运专线；北京—沈阳—哈尔滨（大连）客运专线；杭州—宁波—福州—深圳客运专线。“四横”客运专线分别是徐州—郑州—兰州客运专线；杭州—南昌—长沙客运专线；青岛—石家庄—太原客运专线；南京—武汉—重庆—成都客运专线。三个城际客运系统则是环渤海地区、长江三角洲地区、珠江三角洲地区城际客运系统，覆盖区域内主要城镇。而有关西部开发性新线部分，以扩大西部路网规模为主，形成西部铁路网骨架，完善中东部铁路网结构，提高对地区经济发展的适应能力。规划建设新线约 1.6 万 km。能源运输通道主要指的是煤炭运输新通道，包括加强既有路网技术改造和枢纽建设，提高路网既有通道能力。规划既有线增建二线 1.3 万 km，既有线电气化 1.6 万 km。建设集装箱中心站，改造集装箱运输集中的线路，开行双层集装箱列车等。该规划方案的目标是，到 2020 年，全国铁路营业里程达到 10 万 km，主要繁忙干线实现客货分线，复线率和电气化率均达到 50%，运输能力满足国民经济和社会发展需要，主要技术装备达到或接近国际先进水平。虽然是到 2020 年的规划，但早在 2003 年开始，《规划》中的内容就已有条不紊地开始实施。《规划》中特别提到了 2005 年和 2010 年两个阶段性目标。2005 年目标是，铁路营业里程达到 7.5 万 km，其中复线铁路 2.5 万 km，电气化铁路 2 万 km 以上；到 2010 年的阶段目标则是，铁路网营业里程达到 8.5 万 km 左右，其中客运专线约 5000km，复线 3.5 万 km，电气化 3.5 万 km。到 2020 年，我国铁路总里程将比 2003 年增加 2.7 万 km，形成横贯东西、纵贯南北、覆盖全国大部分 20 万人口以上城市、大宗资源开发地、主要港口、重要口岸的铁路网。复线里程和电气化铁路里程都达到 5 万 km 左右，分别比 2003 年增加 2.5 万 km 和 3.1 万 km。形成以北京、上海、广州、武汉、成都、西安为中心，京沪、京广、京哈、杭甬深、陇海、浙赣、青太、沪汉蓉客运专线为骨架，客货混跑快速线为连接线的快速客运服务网，总里程达到 3 万 km。

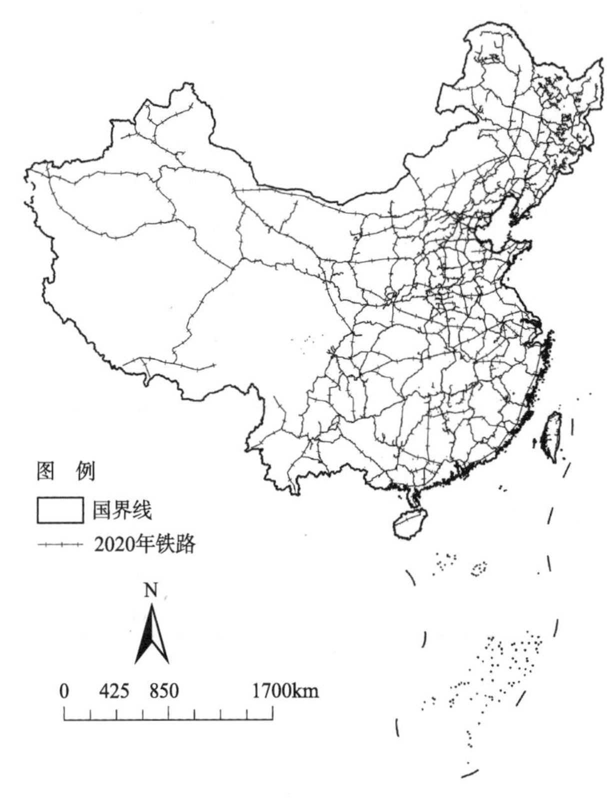

图 25.11　2020 年中国铁路空间规划

2001~2010 年重点建设了“五纵七横”国道主干线中余下的“两纵五横”主要路段；建设了国道主干线系统以外交通特别繁忙的其他高等级公路，改善和提高了边境口岸公路标准，完成了川藏、青藏等国防公路的整治和改造。公路主骨架（简称国道网）分为首都放射线（表 25.3）、南北纵线（表 25.4）和东西横线（表 25.5）。2010 年基本建成了三条首都放射线、五条南北纵线（表 25.6）和七条东西横线（表 25.7），总长度约为 35000km。三条高速公路包括北京—沈阳、北京—上海，以及通往中国西南部的出口通道。五条南北主干线包括黑龙江省同江—海南省三亚、北京—福州、北京—珠海、二连浩特—河口、重庆—湛江。七条东西主干线包括绥芬河—满洲里、丹东—拉萨、青岛—银川、连云港—霍尔果斯、上海—成都、上海—瑞丽、衡阳—昆明。五条南北纵线和七条东西横线构成的主体框架将首都中央政府和各省区省会地方政府直接连接起来，贯通首都和直辖市及各省（自治区）省会城市（自治区首府），将人口在 100 万以上的所有特大城市和人口在 50 万以上大城市的 93%连接在一起，使贯通和连接的城市总数超过 200 个，覆盖的人口约 6 亿，占全国总人口的 50%左右。到 2020 年，中国国家公路网主体框架将基本完成（图 25.12）。

表 25.3　首都放射线公路（至 2010 年）

编号	路线简称	主控点	里程/km
G101	京沈线	北京—承德—沈阳	858
G102	京哈线	北京—山海关—沈阳—长春—哈尔滨	1231
G103	京塘线	北京—天津—塘沽	142
G104	京福线	北京—南京—杭州—福州	2284
G105	京珠线	北京—南昌—广州—珠海	2361
G106	京广线	北京—兰考—黄冈—广州	2497
G107	京深线	北京—郑州—武汉—广州—深圳	2449
G108	京昆线	北京—太原—西安—成都—昆明	3356
G109	京拉线	北京—银川—兰州—西宁—拉萨	3763
G110	京银线	北京—呼和浩特—银川	1063
G111	京加线	北京—通辽—乌兰浩特—加格达奇	2034
G112	京环线	北京环线［宣化—唐山（北）天津—涞源（南）］	942

表 25.4　南北纵线公路（至 2010 年）

编号	路线简称	主控点	里程/km
G201	鹤大线	鹤岗—牡丹江—大连	1822
G202	爱大线	爱辉—大连（原：黑河—哈尔滨—吉林—大连—旅顺）	1696
G203	明沈线	明水—扶余—沈阳	656
G204	烟沪线	烟台—连云港—上海	918
G205	山深线	山海关—淄博—南京—屯溪—深圳	2755
G206	烟汕线	烟台—徐州—合肥—景德镇—汕头	2324
G207	锡海线	锡林浩特—张家口—长治—襄樊—常德—梧州—海安	3566
G208	二长线	二连浩特—集宁—太原—长治	737
G209	呼北线	呼和浩特—三门峡—柳州—北海	3315
G210	包南线	包头—西安—重庆—贵阳—南宁	3005
G211	银陕线	银川—西安	604
G212	兰渝线	兰州—广元—重庆	1084
G213	兰磨线	兰州—成都—昆明—景洪—磨憨	2852
G214	西景线	西宁—昌都—景洪	3008
G215	红格线	红柳园—敦煌—格尔木	645
G216	阿巴线	阿勒泰—乌鲁木齐—巴仑台	826
G217	阿库线	阿勒泰—独山子—库车	1082
G218	伊若线	伊宁—若羌（原：清水河—伊宁—库尔勒—若羌）	1129
G219	叶孜线	叶城—狮泉河—拉孜	2139
G220	北镇线	北镇—郑州（原：东营—济南—郑州）	526
G221	哈同线	哈尔滨—同江	639
G222	伊哈线	哈尔滨—伊春	332
G223	海榆（东）线	海口—榆林（东）	322
G224	海榆（中）线	海口—榆林（中）	296
G225	海榆（西）线	海口—榆林（西）	431
G226	楚墨线	楚雄—墨江	调整后取消
G227	西张线	西宁—张掖	345
G228	资料暂缺	台湾环线	

表 25.5　东西横线公路（至 2010 年）

编号	路线简称	主控点	里程/km
G301	绥满线	绥芬河—哈尔滨—满洲里	1448
G302	珲乌线	珲春—图们—吉林—长春—乌兰浩特	1024
G303	集锡线	集安—四平—通辽—锡林浩特	1265
G304	丹霍线	丹东—通辽—霍林河	818
G305	庄林线	庄河—营口—敖汉旗—林东	561
G306	绥克线	绥中—克什克腾	689
G307	歧银线	歧口—银川（原：黄骅—石家庄—太原—银川）	1193
G308	青石线	青岛—济南—石家庄	659
G309	荣兰线	荣城—济南—宜川—兰州	1961
G310	连天线	连云港—徐州—郑州—西安—天水	1153
G311	徐峡线	徐州—许昌—西峡	694
G312	沪霍线	上海—南京—合肥—西安—兰州—乌鲁木齐—霍尔果斯	4708
G313	安若线	安西—敦煌—若羌	调整后取消
G314	乌红线	乌鲁木齐—喀什—红其拉甫	2073
G315	西莎线	西宁—莎车（原：西宁—若羌—喀什）	2746
G316	福兰线	福州—南昌—武汉—兰州	1985
G317	成那线	成都—昌都—那曲	1917
G318	沪聂线	上海—武汉—成都—拉萨—聂拉木	4907
G319	厦成线	厦门—长沙—重庆—成都	2631
G320	沪瑞线	上海—南昌—昆明—畹町—瑞丽	3315
G321	广成线	广州—桂林—贵阳—成都	1749
G322	衡友线	衡阳—桂林—南宁—凭祥—友谊关	1045
G323	瑞临线	瑞金—韶关—柳州—临沧	2316
G324	福昆线	福州—广州—南宁—昆明	2201
G325	广南线	广州—湛江—南宁	771
G326	秀河线	秀山—毕节—个旧—河口	1239
G327	连荷线	连云港—济宁—菏泽	395
G328	宁海线	南京—海安（原：南京—扬州—南通）	243
G329	杭沈线	杭州—宁波—沈家门	190
G330	温寿线	温州—寿昌	318

表 25.6　五条南北纵线公路（至 2010 年）

编号	路线简称	主控点	里程/km
G010	同三线	同江—哈尔滨（含珲春—长春支线）—长春—沈阳—大连—烟台—青岛—连云港—上海—宁波—福州—深圳—广州—湛江—海安—海口—三亚	5700
G020	京福线	北京—天津—（含天津—塘沽支线）—济南—徐州（含泰安—淮阴支线）—合肥—南昌—福州	2540
G030	京珠线	北京—石家庄—郑州—武汉—长沙—广州—珠海	2310
G040	二河线	二连浩特—集宁—大同—太原—西安—成都—昆明—河口	3610
G050	渝湛线	重庆—贵阳—南宁—湛江	1430

表 25.7　七条东西横线公路（至 2010 年）

编号	路线简称	主控点	里程/km
G015	绥满线	绥芬河—哈尔滨—满洲里	1280
G025	丹拉线	丹东—沈阳—唐山（含唐山—天津支线）—北京—集宁—呼和浩特—银川—兰州—拉萨	4590
G035	青银线	青岛—济南—石家庄—太原—银川	1610
G045	连霍线	连云港—徐州—郑州—西安—兰州—乌鲁木齐—霍尔果斯	3980
G055	沪蓉线	上海—南京—合肥—武汉—重庆—成都（含万州—南充—成都支线）	2970
G065	沪瑞线	上海—杭州（含宁波—杭州—南京支线）—南昌—贵阳—昆明—瑞丽	4090
G075	衡昆线	衡阳—南宁（含南宁—友谊关支线）—昆明	1980

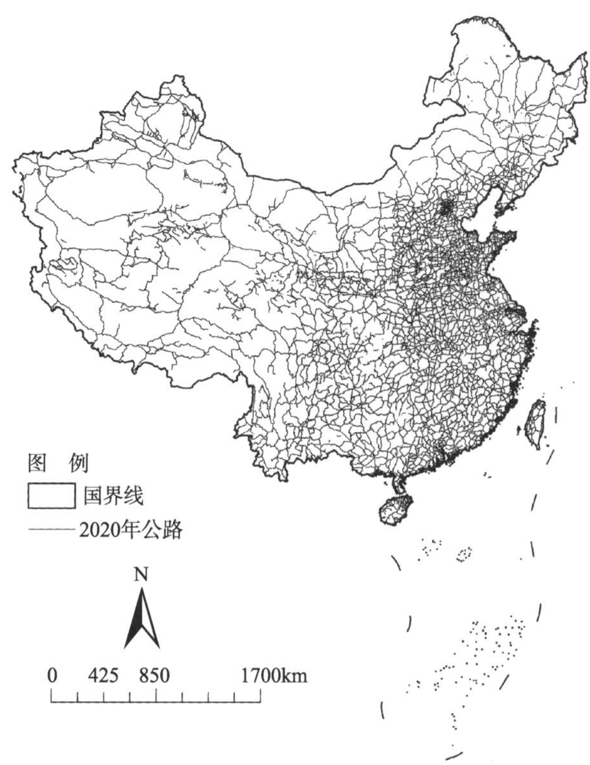

图 25.12　2020 年中国干线公路空间分布情景假设

2. 中国城市化

中国的城市化率从 1978 年的 17.9%上升到 1998 年的 33.35%，20 年间平均每年提高 0.77%。1998~2004 年，全国的总人口从 12.47 亿增加到了 13 亿，在此期间，城市的人口增加了 1.2675 亿，城市化率从 33.35%提高到 41.8%，年均增加 2112 万人。未来几年，仍然是中国城市化快速发展的重要阶段，大城市和大城市为中心带动的城市群（带）要发展；中小城市要崛起，小城镇要发展，而且要由原来的数量增长转变为适度扩大规模、提高质量、综合发展。如果城市化率平均每年提高 1%，从现在到 2020 年，中国城市化的水平将达到 58%左右。如果届时全国总人口为 14.7 亿，城市人口就是 8.4 亿，农村人口为 6.3 亿，城乡人口数字将发生置换。如果城市人口比例以每年 1.44%增加，2020 年将达到 65.02%；若城市人口比例按照平均每年 1.88%增加，2020 年将达到 73.82%（中国市长协会《中国城市发展报告》编辑委员会，2004）。

3. 人口分布曲面模型情景分析

在前面人口增长趋势分析的基础上，人口预测结果显示在高总和生育率假设条件下， 2020 年中国总人口为 14.898 亿；在中总和生育率假设条件下，中国总人口为 14.323 亿；在低总和生育率假设条件下，中国总人口为 14.204 亿。2020 年的三种情景分别定义为Ⅰ、Ⅱ、和Ⅲ，它们基于共同的假定（表 25.8）：铁路、公路规划成功实施，植被净初级生产力（NPP）增长率为 0.49g/（m^2·a），水系和海拔在全国尺度上保持不变。

表 25.8　2020 年中国高中低三种发展情景模式的假设条件

情景	海拔	水系	NPP 增长率/[g/（m^2·a）]	城市化率/%	铁路/km	公路/10^6km	人口/亿人
Ⅰ	不变	不变	0.49	73.82	114030	1.540	14.898
Ⅱ	不变	不变	0.49	65.02	100000	1.470	14.323
Ⅲ	不变	不变	0.49	56.22	85980	1.435	14.204

情景Ⅰ假定在2020年，城镇人口比率为73.82%，高速公路总长度为154万km，铁路总长度为114030km，总人口为14.898亿；情景Ⅱ假定在2020年，城镇人口比率为65.02%，高速公路总长度为147万km，铁路总长度为100000km，总人口为14.323亿；情景Ⅲ假定在2020年，城镇人口比率为56.22%，高速公路总长度为147万km，铁路总长度为85980km，总人口为14.204亿。

基于以上假设，SMPD 模拟结果显示，人口很大程度上将由中西部地区流向东部地区。事实上，从1930~2000 年人口空间分布反演结果就可以看出，中国人口迁移受到省级行政区划的限制。在人口能够在整个中国范围内自由迁移的条件下，西部、中部和东部人口占全国总人口比率的平衡点分别为 16%、33%和 52%（表 25.9，图 25.13）。

表 25.9　中国人口空间分布 2020 年情景

年份		西部地区		中部地区		东部地区	
		总人口数/10^6人	比例/%	总人口数/10^6人	比例/%	总人口数/10^6人	比例/%
2000		354.6	29	419.41	34	462.71	37
2020	情景Ⅰ	230.47	15.47	487.02	32.69	772.31	51.84
	情景Ⅱ	223.30	15.59	468.36	32.7	740.64	51.71
	情景Ⅲ	224.00	15.77	464.47	32.7	731.79	51.52

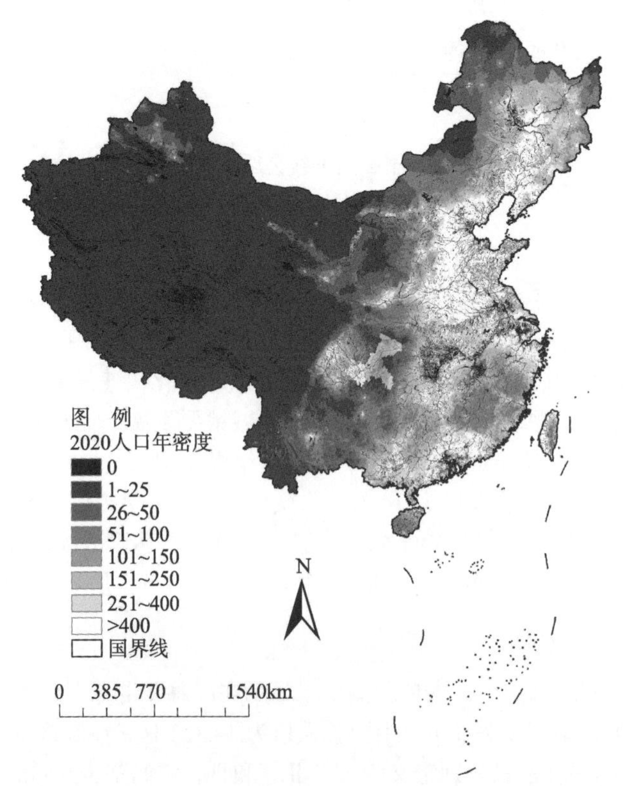

图 25.13　2020 年中国人口空间分布 SMPD 模拟情景Ⅱ（单位：人/km^2）

25.5　讨　　论

在 20 世纪 30 年代中期，胡焕庸（1935）分析了我国不同地区的人口密度，特别是我国东南部和西北部在人口密度方面的鲜明对比，揭示了中国人口分布规律（图 25.14），找出一条自黑龙江的瑷珲（今黑河）直到云南腾冲的直线。在此线的东南全国 36%的土地上，养活了全国 96%的人口。人口分布曲面模型的模拟结果显示（图 25.15），其空间格局与胡焕庸的空间统计分析结果基本类似，但由于人口分布曲面模型采用 1km^2 空间分辨率的统一栅格单元，在细节上与按行政单元统计分析的结果有很大差异。

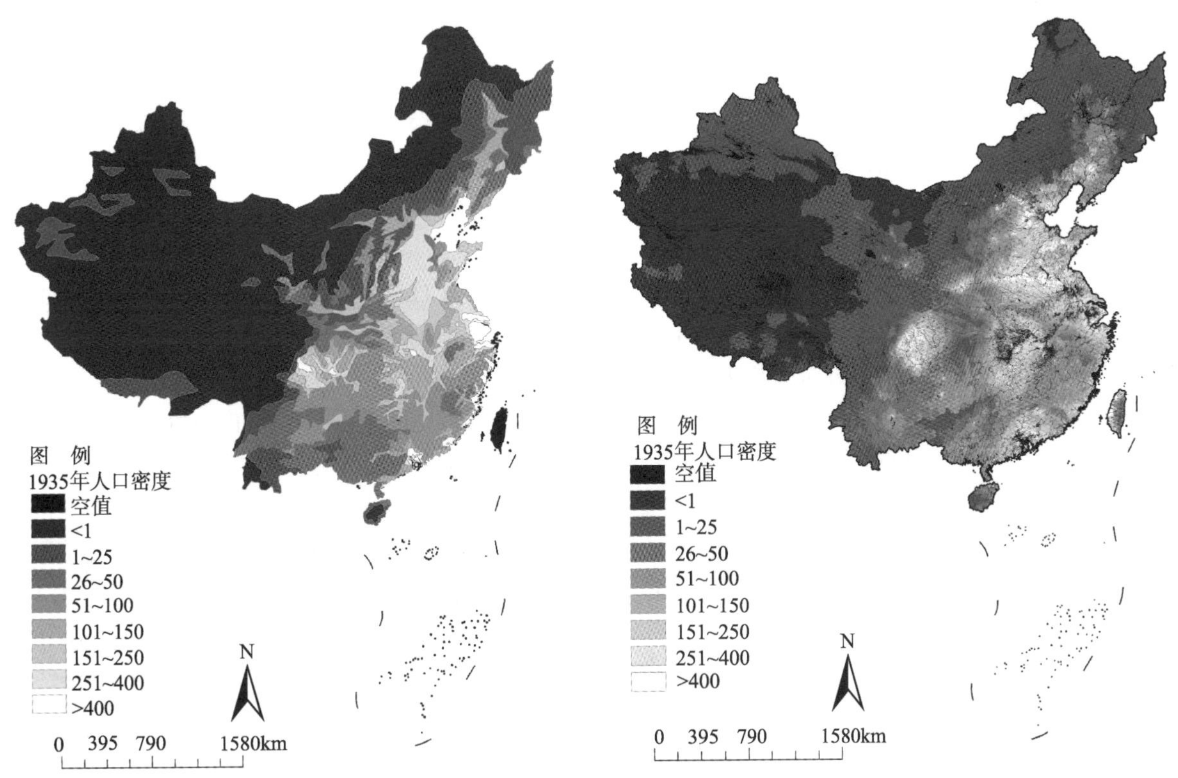

图 25.14　20 世纪 30 年代初期胡焕庸的中国人口空间分布研究结果（单位：人/km^2）

图 25.15　20 世纪 30 年代初期中国人口空间分布 SMPD 模拟结果（单位：人/km^2）

人口空间分布曲面建模（SMPD）方法，在以人口出生、死亡、迁移、年龄结构、性别比例、城乡比例为因变量的人口增长模型基础上，综合考虑了海拔、陆地植被净第一性生产力、土地利用和土地覆盖、交通基础设施空间分布、相邻城市规模及其空间分布等因素对人口空间分布的影响，模拟分析了中国人口空间分布过去的变化趋势和未来情景。结果表明，我国人口空间分布达到稳定格局时的西部、中部和东部人口比例分别为 16%、33%和 52%。

第 26 章　结论与展望

地表观测有能力获取观测点的高精度高时间分辨率数据，但由于这些观测点密度太稀，往往无法达到区域尺度的模拟需求。卫星遥感可频繁提供空间连续的、地面观测不可能获取的地表信息，但卫星遥感没有能力直接获取过程参数信息。遥感观测与地面观测的集成是地球表层建模最有效的方法，然而，在大多数地球表层建模方法中，忽视了遥感观测与地面观测的充分集成。为了解决这个问题，通过微分几何学与优化控制论的有机结合，建立了以卫星遥感（或空间模型输出）的宏观近似信息为驱动场，以地面观测（或空间采样）数据为优化控制条件的高精度曲面建模（HASM）方法。

近 30 多年来，高精度曲面建模（HASM）方法被广泛应用于数字高程、土壤属性、生态服务变化、生态系统变化驱动力等生态环境要素时空动态模拟（Yue *et al.*, 2015a）。在高精度曲面建模（HASM）理论与方法发展及其应用过程中，提炼形成了地球表层建模基本定理（FTESM）：**地球表层及其环境要素曲面由外蕴量和内蕴量共同唯一决定，在空间分辨率足够细的条件下，地球表层及其环境要素的高精度曲面可运用集成外蕴量和内蕴量的恰当方法（如 HASM）构建**（Yue *et al.*, 2016a）。

外蕴量对应在地表之外观测到的宏观信息（如星基观测数据或空间模型输出）、内蕴量对应在地表之上观测到的细节信息（如地基观测或空间采样），这两种信息对地球表层建模缺一不可。

在地球表层建模基本定理中，"空间分辨率足够细的条件"主要是为了保证被模拟曲面满足 HASM 对其二阶可微的需求。对被模拟的目标曲面，有两种可能性：①在特定空间分辨率，如果所模拟的地球表层要素曲面二阶可微，则在一般情况下，可根据精度需求，运用可集成外蕴量和内蕴量的恰当方法（如 HASM）来构建目标曲面；②如果在特定空间分辨率，所模拟的地球表层要素曲面不满足二阶可微条件，甚至不连续，则可通过适应法（以嵌套的方式），使模拟曲面逐渐向目标曲面逼近。当然，对满足二阶可微条件的曲面，有时为了节约计算成本，也可采用适应法。

根据地球表层建模基本定理（FTESM），推演得出了关于空间插值、升尺度、降尺度、数据融合和数据同化方面的七个推论（Yue *et al.,* 2016a）。

推论 1（空间插值）：当只有内蕴量信息时，可通过地统计分析，弥补外蕴量信息缺口，运用 HASM 构建地球表层及其环境要素高精度曲面。

推论 2（降尺度）：当粗分辨率宏观数据可用时，应补充地面观测信息，并运用 HASM 对此粗分辨率数据进行降尺度处理，可获取更高精度的高分辨率曲面。

推论 3（升尺度）：当运用 HASM 将细分辨率曲面转化为较粗分辨率曲面时，引入地面观测数据可提高升尺度结果的精度。

推论 4（数据融合）：卫星遥感信息可用时，必须补充来自地面观测信息，尚可运用 HASM 构建地球表层及其环境要素高精度曲面，得到较遥感信息更高精度的结果。

推论 5（数据融合）：卫星遥感信息和地面观测信息可用时，可运用 HASM 构建地球表层及其环境要素高精度曲面，获得较卫星遥感信息和地面观测信息精度都高的结果。

推论 6（数据同化）：当动态系统模型可用时，补充地面观测信息可提高 HASM 构建地球表层及其环境要素曲面的精度，其精度高于动态系统模型模拟结果。

推论 7（数据同化）：当动态系统模型和地面观测信息可用时，可运用 HASM 构建地球表层及其环境要素高精度曲面，获得较动态系统模型和地面观测信息精度都高的结果。

空间插值就是利用离散点构建一个连续的曲面或将有空缺的曲面填补成一个连续曲面；它的目的是使用有限的已知数据，通过模拟对无数据的点进行填补。许多模型和数据由于空间分辨率太粗而无法用于分析区域尺度和局地尺度问题，为了解决这个问题，需要研发降尺度方法，将粗分辨模型输出结果和粗分辨率数据降尺度为高空间分辨率数据。为了减小计算成本，有时需要将细空间分辨率数据转化为粗空间分辨率数据，此过程称为空间升尺度。数据融合是将表达同一现实对象的多源、多尺度数据和知识集成成为一个一致的有用形式，其主要目的是提高信息的质量，使融合结果比单独使用任何一个数据源都有更高精度。数据同化就是将地面观测数据和卫星观测数据并入系统模型的过程，其目的是提高系统模型的精度。

高精度曲面建模方法和地球表层建模基本定理的发展可划分为 5 个阶段：① 1986~2001 年，基于曲线论基本定理，将曲面问题简化为剖面的拼接问题；虽然没有走出传统惯性思维围城，但提出了曲线等同度指标，对模拟线状问题具有重要意义（Yue *et al*., 2016e）；② 2001~2007 年，通过微分几何学与优化控制论的有机结合，构建了高精度曲面建模方法，解决了多尺度和误差问题；③ 2007~2011 年，发展了 HASM 的适应法、修正共轭梯度法、多重网格法和平差计算法，解决了运算速度慢问题和大内存需求问题；④ 2011~2016 年，提炼形成了"地球表层建模基本定理"及其关于空间插值、升尺度、降尺度、数据融合和数据同化的推论；⑤自 2016 年起，作者聚焦于大数据问题和地球表层系统模拟分析平台建设问题（图 26.1）。

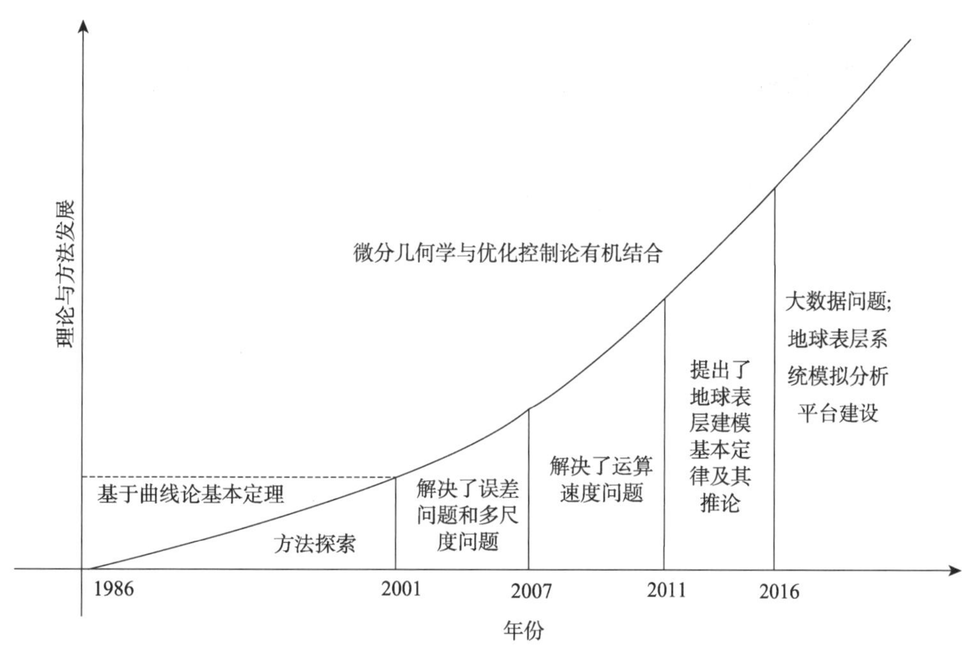

图 26.1　高精度曲面建模方法各发展阶段解决的主要问题

未来需进一步研究的内容包括以下几个方面。

（1）对 HASM 数值求解过程的收敛性和稳定性给出理论分析；研究曲面的 Gauss-Codazzi 方程及几何不变量对 HASM 算法的收敛性和稳定性所产生的影响；分析 HASM 算法各参数的物理意义，以及对 HASM 算法求解精度和速度的影响。

（2）以几何逼近论和曲面表示论为理论依据，研究用球面整体参数化地理信息，在整体球面坐标下建立 Gauss 方程和 Codazzi 方程，构建 HASM 曲面有限元算法。

（3）对 HASM 方程组系数矩阵进行分析，选择最优的预处理算子，发展 HASM 快速数值求解器，加快 HASM 模型的收敛速度，缩短处理时间；发展面向单机的 GPU 并行求解器和面向高性能计算机群的 MPI 并行求解器，解决大数据算法的运算速度缓慢和大内存需求问题。

（4）目标曲面本质特点捕捉是指模拟分析重构曲面对目标曲面的逼近程度，以及捕捉目标曲面的本质特点；研究如何从点状或面状数据的类型出发，针对不同目标曲面和地面实测数据及遥感影像数据，判断目标曲面特点、选用重构方法、表达重构曲面精度和可信度。

（5）回答以下问题：① Weingarten 方程组的物理含义？② Codazzi 方程组的物理含义？③ HASM 优化控制条件可否替代 Weingarten 方程组？④ HASM 有限差分离散将曲面论基本定理由解决局地问题推广

至解决全局问题，在数学上如何解释？⑤ 在 HASM 方程中，交叉项会减少多大误差？

（6）发展和完善地球表层系统模拟分析平台（图 26.2）。

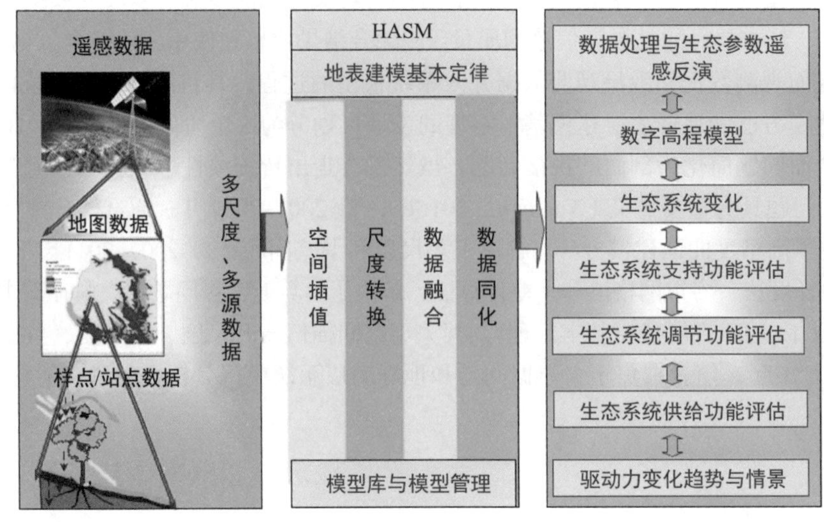

图 26.2　地球表层系统模拟分析平台

参 考 文 献

白中治. 1995. 并行矩阵多分裂块松弛建代算法. 计算数学, 17(3): 238-252.

白中治. 1997. 异步并行矩阵多分裂块松弛迭代算法. 高等学校计算数学学报, 19(1): 28-39.

曹志洪. 2001. 解译土壤质量演变规律, 确保土壤资源持续利用. 世界科技研究与发展, 23(3): 28-32.

曹中初, 孙苏南. 1999. CA 与 GIS 的集成用于地理信息的动态模拟和建模. 测绘通报, 11: 7-9.

陈传法, 岳天祥, 张照杰. 2008. 基于高精度曲面模型的高程异常曲面模拟. 大地测量与地球动力学, 28(5): 82-86.

陈国良. 2009. 并行算法的设计与分析. 北京: 高等教育出版社.

陈国良, 孙广中, 徐云, 等. 2009. 并行计算的一体化研究现状与发展趋势. 科学通报, 54(8): 1043-1049.

陈航. 2000. 中国交通地理. 北京: 科学出版社.

陈俊勇. 2005. 对 SRTM3 和 GTOPO30 地形数据质量的评估. 武汉大学学报信息科学版, 30(11): 941-944.

陈鹏, 刘妙龙. 2008. 基于多智能体的人群集散动态模拟模型与实现. 同济大学学报(自然科学版), 36(2): 193-196.

陈仁喜, 赵忠明, 王殷行. 2006. 基于整型小波变换的 DEM 数据压缩. 武汉大学学报(信息科学版), 4: 344-347.

陈述彭. 2002. 人口统计的时空分析. 中国人口、资源与环境, 12(4): 3-7.

陈玉明, 李洪兴. 1996. Fuzzy 关系方程保守路径的直接算法. 模糊系统与数学, 10(2): 43-46.

迟学斌, 赵毅. 2007. 高性能计算技术及其应用. 中国科学院院刊, 22(4): 306-313.

丁一汇. 2008. 人类活动与全球气候变化及其对水资源的影响. 中国水利, 2: 21-27.

丁一汇. 2011. 季节气候预测的进展和前景. 气象科技进展, 1: 14-27.

丁振良. 2002. 误差理论与数据处理. 哈尔滨：哈尔滨工业大学出版社.

段永惠. 2004. 模糊综合评价在土壤环境质量评估中的应用研究. 农业系统科学与综合研究, 20 (4): 303-305.

范泽孟, 岳天祥, 刘纪远, 等. 2005. 中国土地覆盖时空变化未来情景分析. 地理学报, 60(6): 941-952.

方精云. 2000. 全球生态学: 气候变化与生态响应. 北京: 高等教育出版社.

费立凡, 何津, 马晨燕, 等. 2006. 3 维 Douglas-Peucker 算法及其在 DEM 自动综合中的应用研究. 测绘学报, 35(3): 278-284.

费业泰. 2010. 误差理论与数据处理. 北京: 机械工业出版社.

冯宗炜, 陈楚莹, 张家武, 等. 1982. 湖南会同地区马尾松林生物量的测定. 林业科学, 18(2): 127-134.

付治国, 丁秀欢, 张树功. 2010. 亏格 2 超椭圆曲线除子类群的直接算法. 吉林大学学报 (理学版), 48 (5): 774-776.

高志海, 魏怀东, 丁峰. 1998. TM 影像提取植被信息技术研究. 干旱区资源与环境, 12(3): 98-104.

高志强, 刘纪远. 2008. 中国植被净生产力的比较研究. 科学通报, 53(3): 317-326.

龚绍琦, 黄家柱, 李云梅, 等. 2006. 时间序列分析法在太湖总磷含量动态模拟中的应用. 地理与地理信息科学, 22(6): 89-93.

关治, 陆金甫. 2005. 数值分析基础. 北京: 高等教育出版社.

郭清风, 张峰, 范巍. 2011. 关于 Lidar 数据的滩涂、海岸带主要地物提取方法. 地理空间信息, 9(4): 25-27.

郭志刚. 2004. 关于生育政策调整的人口模拟方法探讨. 中国人口科学, 2: 1-12.

国家林业局退耕还林办公室. 2014. 新一轮退耕还林正式启动. 退耕还林工程简报, 194: 1.

国家林业局退耕还林办公室. 2016. 新年致辞. 退耕还林工程简报, 198: 1.

国家统计局. 2005. 中国统计年鉴. 北京: 中国统计出版社.

国庆喜, 张锋. 2003. 基于遥感信息估测森林的生物量. 东北林业大学学报, 31(2): 13-16.

胡焕庸. 1935. 论中国人口之分布. 地理学报, 2(2): 33-73.

胡焕庸. 1983. 论中国人口之分布. 上海: 华东师范大学出版社.

胡卓玮, 朱琳, 宫辉力. 2007. 虚拟地理信息技术的地下水动态模拟分析应用. 吉林大学学报(地球科学版), 37(4): 761-766.

黄红选, 韩继业. 2006. 数学规划. 北京: 清华大学出版社.

黄红珍. 2003. AHP 模型在地形图质量综合评价中的应用. 湖北师范学院学报(自然科学版), 23(3): 27-30.

黄金聪. 1999. 应用分形维数为地理特征物指针之研究. 新竹: 交通大学博士学位论文.

黄玫, 季劲钧, 曹明奎, 等. 2006. 中国区域植被地上与地下生物量模拟. 生态学报, 26(12): 4156-4163.

黄培之. 2001. 提取山脊线和山谷线的一种新方法. 武汉大学学报(信息科学版), 26(3): 247-252.

黄先锋, 孙岩标, 张帆, 等. 2011. 多核计算环境下的 LiDAR 数据 DEM 内插方法研究. 山东科技大学学报, 30(1): 1-6.

纪小刚, 龚光容. 2008. 重构曲面精度评价方法研究. 机械科学与技术, 27(11): 1315-1319.

贾玉明, 雷鸣, 侯红松. 2007. LIDAR 机载激光雷达数据制作 DEM 原理分析. 大众科技, 96(8): 79-80.

江泽慧, 彭镇华. 2001. 世界主要树种木材科学特性. 北京: 科学出版社.

蒋宏锋. 2010. 运输问题的直接算法. 科学技术与工程, 17: 4109-4112.
靳海亮, 康高. 2005. 利用等高线数据提取山脊（谷）线算法研究. 武汉大学学报(信息科学版), 30(9): 17-20.
雷志栋, 杨诗秀, 谢森传. 1988. 土壤水动力学. 北京: 清华大学出版社.
李德仁. 1988. 误差处理和可靠性理论. 北京: 测绘出版社.
李德仁, 袁修孝. 2002. 误差处理与可靠性理论. 武汉: 武汉大学出版社.
李海奎, 雷渊才. 2010. 中国森林植被生物量和碳储量评估. 北京: 中国林业出版社.
李焕强, 李渝生, 刘涛, 等. 2005. 三维数值分析在岩土工程应用中的误差问题. 岩土力学, 26(12): 1945-1948.
李金海. 2003. 误差理论与测量不确定度评定. 北京: 中国计量出版社.
李军, 肖德渊, 聂云峰, 等. 2009. 基于多智能体与 GIS 的城市土地利用动态模拟系统. 南昌大学学报(理科版), 33(2): 195-199.
李鹏程, 王慧, 刘志青, 等. 2011. 一种基于扫描线的数学形态学 LiDAR 点云滤波方法. 测绘科学技术学报, 28(4): 274-277.
李丽华, 高井祥, 陈健, 等. 2006. 协方差推估在高程异常拟合中的应用. 测绘通报, 5: 1-3.
李启权, 岳天祥, 范泽孟, 等. 2010a. 中国表层土壤全氮的空间模拟分析. 地理研究, 29(11): 1981-1992.
李启权, 岳天祥, 范泽孟, 等. 2010b. 中国表层土壤有机质空间分布模拟分析方法研究. 自然资源学报, 25(8): 1385-1399.
李瑞林, 李涛. 2007. 一种从 LIDAR 点云数据中提取 DTM 的方法. 铁路勘察, 5: 53-57.
李世东. 2006. 中国退耕还林优化模式研究. 北京: 中国环境科学出版社.
李双成, 蔡运龙. 2005. 地理尺度转换若干问题的初步探讨. 地理研究, 24(1): 11-18.
李天文, 刘学军, 汤国安. 2004. 地形复杂度对坡度坡向的影响. 山地学报, 22(3): 272-277.
李文华, 王德才. 1980. 电子计算机符号图在生态学和自然资源研究中的应用. 4(4): 70-81.
李希灿, 王静, 李玉环, 等. 2008. 基于模糊集分析的土壤质量指标高光谱反演. 地理与地理信息科学, 24(4): 25-28.
李阳兵, 邵景安, 魏朝富, 等. 2007. 岩溶山区不同土地利用方式下土壤质量指标响应. 生态与农村环境学报, 23(1): 12-15.
李志林, 朱庆. 2000. 数字高程模型. 武汉: 武汉测绘科技大学出版社.
连纲, 郭旭东, 傅伯杰, 等. 2006. 黄土丘陵沟壑区县域土壤有机质空间分布特征及预测. 地理科学进展, 25(2): 112-122.
梁尔源, 胡玉熹, 林金星. 2000. CO_2浓度加倍对辽东栎维管组织结构的影响. 植物生态学报, 24: 506-510.
梁晋文, 陈林才, 何汞. 2008. 误差理论与数据处理. 北京: 中国计量出版社.
林洪桦. 2010. 测量误差与不确定度评估. 北京: 机械工业出版社.
林忠辉, 莫兴国, 李宏轩, 等. 2002. 中国陆地区域气象要素的空间插值. 地理学报, 57(1): 47-56.
刘超群. 1995. 多重网格法及其计算流体力学中的应用. 北京: 清华大学出版社.
刘春, 王家林, 刘大杰. 2004. 多尺度小波分析用于 DEM 格网数据综合. 中国图象图形学报 A 辑, 9(3): 340-344.
刘国华, 傅伯杰, 方精云. 2000. 中国森林碳动态及其对全球碳平衡的贡献. 生态学报, 20(5): 733-740.
刘清旺, 李增元, 陈尔学, 等. 2008. 利用机载激光雷达数据提取单株木树高和树冠. 北京林业大学学报, 30(6): 83-89.
刘麦喜, 隋立芬, 吴延锋. 2007. 建立高程异常内插计算综合模型的研究. 海洋测绘, 27(5): 8-10.
刘世荣, 郭泉水, 王兵. 1998. 中国森林生产力对气候变化响应的预测研究. 生态学报, 18: 178-483.
刘双娜, 周涛, 舒阳, 等. 2012. 基于遥感降尺度估算中国森林生物量的空间分布. 生态学报, 8: 2320-2330.
刘晓辉, 张超权. 2007. 非负不可约矩阵最大特征值的迭代算法. 桂林航天工业高等专科学校学报, 45(1): 92-93.
刘学军, 卢华兴, 仁政, 等. 2007. 论 DEM 地形分析中的尺度问题. 地理研究, 26(3): 433-442.
刘玉萃, 吴明作, 郭宗民, 等. 1998. 宝天曼自然保护区栓皮栎林生物量和净生产力研究. 应用生态学报, 9(6): 11-16.
刘占锋, 傅伯杰, 刘国华, 等. 2006. 土壤质量与土壤质量指标及其评价. 生态学报, 26(3): 901-913.
刘志澄. 1993. 中国食物中长期发展战略. 北京: 中国农业出版社.
卢良恕. 2003. 中国食物与营养发展. 北京: 中国农业出版社.
吕希奎, 易思蓉, 韩春华. 2007. 基于 M 进制小波技术的 DEM 压缩研究. 水土保持研究, 14(6): 123-125.
吕一河, 傅伯杰. 2001. 生态学中的尺度与尺度转换方法. 生态学报, 21(12): 2096-2105.
骆期邦, 曾伟生, 贺东北, 等. 1999. 立木地上部分生物量模型的建立及其应用研究. 自然资源学报, 14(3): 80-86.
马钦彦, 谢征鸣. 1996. 中国油松林储碳量基本估计. 北京林业大学学报, 18(3): 31-34.
马瀛通, 王彦祖, 杨书章. 1986. 递进人口发展模型的提出与总和递进指标体系的确立. 人口与经济, 2: 40-43.
毛丹弘. 2008. 误差与数据处理. 北京: 化学工业出版社.
毛建华, 何挺, 曾齐红, 等. 2007. 基于 TIN 的 LIDAR 点云过滤算法. 激光杂志, 28(6): 36-38.
孟峰, 李海涛, 吴侃. 2008. LIDAR 点云数据的建筑物特征线提取. 测绘科学, 33(5): 97-99.
闵志强, 孙玉军. 2010. 长白落叶松林生物量的模拟估测. 应用生态学报, 21(6): 1359-1366.
倪骁骅. 2008. 形状误差评定和测量不确定度估计. 北京: 化学工业出版社.
牛文元. 1993. 地球表层形态分析的定量注记. 第四纪研究, 2: 129-141.
潘维俦, 李利村, 高正衡, 等. 1978. 杉木人工林生态系统中的生物产量及其生产力的研究. 湖南林业科技, 5: 1-12.
潘耀忠, 龚道溢, 邓磊, 等. 2004. 基于 DEM 的中国陆地多年平均温度插值方法. 地理学报, 59(3): 366-374.
佩卿. 1983. 木材化学. 北京: 中国林业出版社.
彭谦, 姜彤, 杨以涵. 2008. 应用导纳矩阵方程的配电网状态估计迭代算法. 中国电机工程学报, 28(19): 65-68.

浦汉昕. 1983. 地球表层的系统与进化. 自然杂志, 6(2): 126-128.
钱伟懿, 徐恭贤, 宫召华. 2010. 最优控制理论及其应用. 大连: 大连理工大学出版社.
钱学森. 1983. 保护环境的工程技术——环境系统工程. 环境保护, 6: 1-4.
钱学伟, 陆建华. 2007. 水文测验误差分析与评定. 北京: 中国水利水电出版社.
钱政, 王中宇, 刘桂礼. 2008. 测试误差分析与数据处理. 北京: 北京航空航天大学出版社.
乔纪纲, 黎夏, 刘小平. 2009. 基于地面约束的滨岸湿地微地貌 LiDAR 检测研究. 中山大学学报(自然科学版), 48(4): 118-124.
庆阳地区土壤普查办公室. 1989. 甘肃庆阳土壤. 兰州: 甘肃科学技术出版社.
庆阳地区土壤普查办公室. 1989. 甘肃省庆阳地区土种志.
沙定国. 2003. 误差分析与测量不确定度评定. 北京: 中国计量出版社.
尚丽娜, 张凯院. 2010. 求 Lyapunov 矩阵方程的双对称解的迭代算法. 数学杂志, 30(6): 1008-1016.
尚宗波. 2001. 利用中国气候信息系统研究年降水量空间分布规律. 生态学报, 21(5): 689-694.
邵雪梅, 吴祥定. 1997. 利用树轮资料重建长白山区过去气候变化. 第四纪研究, 1: 76-85.
沈蔚, 李京, 陈云浩, 等. 2008. 基于 LIDAR 数据的建筑轮廓线提取及规则化算法研究. 遥感学报, 5: 692-698.
史文娇, 杜正平, 宋印军, 等. 2011a. 基于多重网格求解的土壤属性高精度曲面建模. 地理研究, 30(5): 861-870.
史文娇, 刘纪远, 杜正平, 等. 2011b. 基于地学信息的土壤属性高精度曲面建模. 地理学报, 66(11): 1574-1581.
宋敦江, 岳天祥, 杜正平. 2012. 一种由等高线构建 DEM 的新方法. 武汉大学学报(信息科学版), 37(4): 472-476.
苏步青, 胡和生. 1979. 微分几何. 北京: 人民教育出版社.
隋立春, 张宝印. 2006. Lidar 遥感基本原理及其发展. 测绘科学技术学报, 23(2): 127-129.
隋立芬, 宋力杰, 柴洪洲. 2010. 误差理论与测量平差基础. 北京: 测绘出版社.
汤国安, 龚健雅, 陈正江, 等. 2001. 数字高程模型地形描述精度量化模拟研究. 测绘学报, 30(4): 361-365.
汤国安, 刘学军, 房亮, 等. 2006. DEM 及数字地形分析中尺度问题研究综述. 武汉大学学报(信息科学版), 31(12): 1059-1066.
汤国安, 刘学军, 闾国年. 2005. 数字高程模型及地学分析的原理与方法. 北京: 科学出版社.
汤晓安, 陈敏, 孙茂印. 2002. 一种基于视觉特征的地形模型数据提取快速显示方法. 测绘学报, 31(3): 266-269.
唐建维, 张建侯, 宋启示, 等. 1998. 西双版纳热带次生林生物量的初步研究. 植物生态学报, 22(6): 10-19.
唐咸远, 周国恩, 梁鑫. 2010. 基于数字图像处理技术的 LiDAR 数据建筑物提取. 四川建筑科学研究, 36(3): 335-337.
陶光贵. 1998. 地形测图叶理精度的分析与探讨. 武汉水利电力大学学报, 20(3): 54-56.
田永中. 2004. 基于栅格的中国陆地生态系统食物供给功能评估. 北京: 中国科学院地理科学与资源研究所博士学位论文.
万幼川, 徐景中, 赖旭东, 等. 2007. 基于多分辨率方向预测的 LIDAR 点云滤波方法. 武汉大学学报(信息科学版), 32(11): 1011-1015.
汪汇兵, 唐新明, 吴凡. 2005. 基于小波变换的地形多尺度表达模型及实现. 中国测绘学会第八次全国会员代表大会暨 2005 年综合性学术年会论文集.
王才良, 史泽林, 李德强. 2006. 图像重构中估计基础矩阵的线性迭代算法. 微计算机信息, 22(3): 221-223.
王春林, 董永春, 李春梅, 等. 2006. 基于 GIS 的广东干旱逐日动态模拟与评估. 华南农业大学学报, 27(2): 20-24.
王光霞, 朱长青, 史文中, 等. 2004. 数字高程模型地形描述精度的研究. 测绘学报, 33(2): 168-173.
王红岩, 高志海, 王琫瑜, 等. 2010. 基于 SPOT5 遥感影像丰宁县植被地上生物量估测研究. 遥感技术与应用, 25(5): 639-646.
王雷, 汤国安, 刘学军, 等. 2004. DEM 地形复杂度指数及提取方法研究. 水土保持通报, 24(4): 55-58.
王立海, 邢艳秋. 2008. 基于人工神经网络的天然林生物量遥感估测. 应用生态学报, 19(2): 261-266.
王世海. 2011. 高精度曲面建模方法 HASM-AC 研究. 北京: 中国科学院地理科学与资源研究所博士后研究报告.
王穗辉. 2010. 误差理论与测量平差. 上海: 同济大学出版社.
王铁军, 陈云, 袁如金. 2009. 基于 LiDAR 数据的 DEM 和矢量自动提取探讨. 测绘与空间地理信息, 32(1): 29-31.
王婷, 于丹, 李江风, 等. 2003. 树木年轮宽度与气候变化关系研究进展. 植物生态学报, 27: 23-33.
王武义. 2001. 误差原理与数据处理. 哈尔滨: 哈尔滨工业大学出版社.
王亚军, 陈发虎, 勾晓华. 2001. 利用树木年轮资料重建祁连山中段春季降水的变化. 地理科学, 21: 373-377.
王燕, 赵士洞. 1999. 天山云杉林生物量和生产力的研究. 应用生态学报, 10(4): 6-8.
王轶夫. 2016. 中国森林植被碳储量高精度曲面建模研究. 北京: 中国科学院大学博士学位论文.
王宇宙, 赵宗涛. 2003. 一种多进制小波变换 DEM 数据简化方法. 计算机应用, 23(6): 107-108.
王玉辉, 周广胜, 蒋延玲, 等. 2001. 基于森林资源清查资料的落叶松林生物量和净生长量估算模式. 植物生态学报, 25(4): 420-425.
王中宇. 2008. 测量误差与不确定度评定. 北京: 科学出版社.
王仲锋, 冯仲科. 2006. 森林蓄积量与生物量转换的 CVD 模型研究. 北华大学学报（自然科学版）, 7(3): 265-268.
王宗跃, 马洪超, 彭检贵. 2010. 利用 LiDAR 数据提取山谷(脊)线的关键技术研究. 山东科技大学学报, 29(6): 19-24.
韦淑英, 张兰, 李刚, 等. 2002. 森林资源动态模拟系统的研制. 中国林副特产, 62(3): 60-61.
魏克让, 江聪世. 2003. 空间数据的误差处理. 北京: 科学出版社.
魏蔚. 2010. 针对 LiDAR 点云中的地面点与非地面点的分离. 西安工程大学学报, 24(3): 310-314.

邬建耀, 林思立. 2007. 机载 LiDAR 数据快速滤波方法. 测绘技术装备, 9(3): 3-5.
吴凡, 祝国瑞. 2001. 基于小波分析的地貌多尺度表达与自动综合. 武汉大学学报（信息科学版), 26(2): 170-174.
吴石林, 张玘. 2010. 误差分析与数据处理. 北京: 清华大学出版社.
吴祥定. 1990. 树木年轮与气候变化. 北京: 气象出版社.
伍俊良, 胡兴凯, 邹黎敏, 等. 2009. 迹占优矩阵的性质和迭代算法. 数值计算与计算机应用, 30(3): 202-210.
武汉大学测绘学院测量平差学科组. 2009. 误差理论与测量平差基础. 武汉: 武汉大学出版社.
肖冬荣. 1995. 控制论: 系统建模与系统分析. 武汉: 武汉工业大学出版社.
辛晓平, 张保辉, 李刚, 等. 2009. 1982-2003 年中国草地生物量时空格局变化研究自然资源学报, 24(9): 1582-1592.
熊东红, 贺秀斌, 周红艺. 2005. 土壤质量评价研究进展. 世界科技研究与发展, 27(1): 71-75.
熊俊华, 方源敏, 付亚梁, 等. 2011. 机载 LIDAR 数据的建筑物三维重建技术. 科学技术与工程, 11(1): 167l-1815.
徐建明. 2010. 土壤质量指标与评价. 北京: 科学出版社.
徐军, 吕英华. 2010. 多导体传输线电感矩阵的直接算法. 电子与信息学报, 32(5): 1224-1228.
徐新良, 曹明奎, 李克让. 2007. 中国森林生态系统植被碳储量时空动态变化研究. 地理科学进展, 26(6): 1-10.
徐雨晴, 陆佩玲, 于强. 2005. 近 50 年北京树木物候对气候变化的响应. 地理研究, 24: 412-420.
许晓东, 张小红, 程世来. 2007. 航空 LiDAR 的多次回波探测方法及其在滤波中的应用. 武汉大学学报（信息科学版), 32(9): 778-781.
延晓冬, 赵士洞, 于振良. 2000. 中国东北森林生长演替模拟模型及其在全球变化研究中的应用. 植物生态学报, 24: 1-8.
燕志明. 2010. 误差理论与测量平差基础. 呼和浩特: 内蒙古大学出版社.
杨存建, 刘纪远, 骆剑承. 2004a. 不同龄组的热带森林植被生物量与遥感地学数据之间的相关性分析. 植物生态学报, 28(6): 862-867.
杨存建, 刘纪远, 张增祥. 2004b. 热带森林植被生物量遥感估算探讨. 地理与地理信息科学, 20(6): 22-25.
杨存建, 张增祥, 党承林, 等. 2004c. 不同树种组的热带森林植被生物量与遥感地学数据之间的相关性分析. 遥感技术与应用, 19(4): 232-235.
杨存建, 刘纪远, 黄河, 等. 2005. 热带森林植被生物量与遥感地学数据之间的相关性分析. 地理研究, 24(3): 473-479.
杨锦玲. 2009. 基于小波变换的多尺度 DEM 研究. 中国地理信息产业论坛暨第二届教育论坛就业洽谈会论文集.
杨勤科, 郭伟玲, 李锐. 2008. 基于滤波方法的 DEM 尺度变换方法研究. 水土保持通报, 28(6): 58-62.
杨万春. 2007. 基于小波多尺度分解的数字高程模型研究. 贵阳: 贵州大学硕士学位论文.
杨应, 苏国中, 周梅. 2010. 茂密植被区域 LiDAR 点云数据滤波方法研究. 遥感信息, 6: 9-13.
杨月欣. 2005. 中国食物成分表 2004. 北京: 北京大学医学出版社.
杨正一. 2000. 误差理论与测量不确定度. 北京: 石油工业出版社.
杨志强. 2002. 误差理论与数据优化处理. 西安: 西安地图出版社.
杨族桥, 熊新阶, 张子宪, 等. 2003. 基于小波变换的 DEM 多尺度分析模型的研究. 黄冈师范学院学报, 23(6): 38-41.
游松财, 孙朝阳, 2005. 中国区域 SRTM 90m 数字高程数据空值区域的填补方法比较. 地理科学进展, 24(6): 88-92.
于贵瑞, 王秋凤, 朱先进. 2011. 区域尺度陆地生态系统碳收支评估方法及其不确定性. 地理科学进展, 30 (1): 103-113.
于浩, 杨勤科, 张晓萍, 等. 2008. 基于小波多尺度分析的 DEM 数据综合研究. 测绘科学, 33(3): 93-95.
于学军. 2002. 对第五次全国人口普查数据中总量和结构的估计. 人口研究, 26(2): 9-15.
余柏蒗, 刘红星, 吴健平. 2010. 一种应用机载 LiDAR 数据和高分辨率遥感影像提取城市绿地信息的方法. 中国图象图形学报, 15(5): 782-788.
余洁, 边馥苓, 胡炳清. 2003. 基于 GIS 和 SD 方法的社会经济发展与生态环境响应动态模拟预测研究. 武汉大学学报(信息科学版), 28(1): 18-24.
袁红, 傅瓦利, 王改改, 等. 2006. 三峡库区万州土壤质量指标选取与综合评价的研究. 安徽农业科学, 34 (13): 3124-312.
岳天祥. 1994. 土地管理与房地产评估的系统模型. 北京: 科学出版社.
岳天祥, 艾南山. 1990. 冰斗形态的数学模型. 冰川冻土, 12(3): 227-234.
岳天祥, 艾南山, 张英保. 1989. 论流域系统稳定性的判别指标——超熵. 水土保持学报, 3(2): 20-28.
岳天祥, 杜正平, 刘纪远. 2004. 高精度曲面建模与误差分析. 自然科学进展, 14(3): 300-306.
岳天祥, 杜正平, 宋敦江. 2007a. 高精度曲面建模与实时空间模拟. 中国图象图形学报, 12(9): 1659-1664.
岳天祥, 杜正平, 宋敦江. 2007b. 高精度曲面建模: HASM4. 中国图象图形学报, 12(2): 343-348.
岳天祥, 杜正平, 宋敦江, 等. 2007c. HASM 应用中的精度损失问题和解决方案. 自然科学进展, 17(5): 624-631.
岳天祥, 杜正平. 2005. 高精度曲面建模: 新一代 GIS 与 CAD 的核心模块. 自然科学进展, 15(4): 423-432.
岳天祥, 杜正平. 2006a. 高精度曲面建模与经典模型的误差比较分析. 自然科学进展, 16(8): 986-991.
岳天祥, 杜正平. 2006b. 高精度曲面建模最佳表达形式的数值实验分析. 地球信息科学, 8(3): 83-87.
岳天祥, 刘纪远. 2001a. 多源信息融合数字模型. 世界科技研究与发展, 23(5): 1-4.
岳天祥, 刘纪远. 2001b. 第四代地理信息系统研究中的尺度转换数字模型. 中国图像图形学报, 6(9): 907-11.
昝峰. 2011. LiDAR 技术在喀什–伊尔克什坦高速公路测量中的应用. 测绘技术装备, 13(2): 43-44.
张皓, 贾新梅, 张永生, 等. 2009. 基于虚拟网格与改进坡度滤波算法的机载 LiDAR 数据滤波. 测绘科学技术学报, 26(3): 224-231.

张华, 张甘霖. 2001. 土壤质量指标和评价方法. 土壤, 6: 326-330.
张佳华, 符淙斌. 1999. 生物量估测模型中遥感信息与植被光合参数的关系研究. 测绘学报, 28(02): 37-41.
张猛刚, 雷祥义. 2005. 地球表层系统浅论. 西北地质, 38(2): 99-101.
张善余. 1999. 人口地理学概论. 上海: 华东师范大学出版社.
张亚南. 2014. DEM 分辨率确定与尺度转换方法研究. 南京: 南京师范大学博士学位论文.
赵金熙. 1996. 解等式约束加权线性最小二乘问题的矩阵校正法. 高等学校计算数学学报, 18(2): 91-103.
赵礼剑, 程新文, 李英成, 等. 2009. 机载 LiDAR 点云高程数据精度检核及误差来源分析. 地理空间信息, 7(1): 58-60.
赵宗慈. 1989. 模拟温室效应对我国气候变化的影响. 气象, 15: 9-13.
郑度. 2008. 中国生态地理区域系统研究. 北京: 商务印书馆.
郑元润, 周广胜. 2000. 基于 NDVI 的中国天然森林植被净第一性生产力模型. 植物生态学报, 24(1): 9-12.
《中国对外经济贸易年鉴》编辑委员会. 1984. 中国对外经济贸易年鉴. 北京: 中国对外经济贸易出版社.
《中国对外经济贸易年鉴》编辑委员会. 1985. 中国对外经济贸易年鉴. 北京: 水利电力出版社.
《中国对外经济贸易年鉴》编辑委员会. 1986. 中国对外经济贸易年鉴. 北京: 中国展望出版社.
《中国对外经济贸易年鉴》编辑委员会. 1987. 中国对外经济贸易年鉴. 北京: 中国展望出版社.
《中国对外经济贸易年鉴》编辑委员会. 1988. 中国对外经济贸易年鉴. 北京: 中国展望出版社.
《中国对外经济贸易年鉴》编辑委员会. 1989. 中国对外经济贸易年鉴. 北京: 中国展望出版社.
《中国对外经济贸易年鉴》编辑委员会. 1990. 中国对外经济贸易年鉴. 北京: 社会出版社.
《中国对外经济贸易年鉴》编辑委员会. 1991. 中国对外经济贸易年鉴. 北京: 社会出版社.
《中国对外经济贸易年鉴》编辑委员会. 1992. 中国对外经济贸易年鉴. 北京: 社会出版社.
《中国对外经济贸易年鉴》编辑委员会. 1993. 中国对外经济贸易年鉴. 北京: 社会出版社.
《中国对外经济贸易年鉴》编辑委员会. 1994. 中国对外经济贸易年鉴. 北京: 社会出版社.
《中国对外经济贸易年鉴》编辑委员会. 1995. 中国对外经济贸易年鉴. 北京: 社会出版社.
《中国对外经济贸易年鉴》编辑委员会. 1996. 中国对外经济贸易年鉴. 北京: 中国经济出版社.
《中国对外经济贸易年鉴》编辑委员会. 1997. 中国对外经济贸易年鉴. 北京: 中国经济出版社.
《中国对外经济贸易年鉴》编辑委员会. 1998. 中国对外经济贸易年鉴. 北京: 中国经济出版社.
《中国对外经济贸易年鉴》编辑委员会. 1999. 中国对外经济贸易年鉴. 北京: 中国对外经济贸易出版社.
《中国对外经济贸易年鉴》编辑委员会. 2000. 中国对外经济贸易年鉴. 北京: 中国对外经济贸易出版社.
《中国对外经济贸易年鉴》编辑委员会. 2001. 中国对外经济贸易年鉴. 北京: 中国对外经济贸易出版社.
《中国对外经济贸易年鉴》编辑委员会. 2002. 中国对外经济贸易年鉴. 北京: 中国对外经济贸易出版社.
《中国对外经济贸易年鉴》编辑委员会. 2003. 中国对外经济贸易年鉴. 北京: 中国对外经济贸易出版社.
《中国对外经济贸易年鉴》编辑委员会. 2004. 中国对外经济贸易年鉴. 北京: 中国对外经济贸易出版社.
《中国对外经济贸易年鉴》编辑委员会. 2005. 中国对外经济贸易年鉴. 北京: 中国对外经济贸易出版社.
《中国对外经济贸易年鉴》编辑委员会. 2006. 中国对外经济贸易年鉴. 北京: 中国对外经济贸易出版社.
《中国对外经济贸易年鉴》编辑委员会. 2007. 中国对外经济贸易年鉴. 北京: 中国对外经济贸易出版社.
《中国交通 60 年》编审委员会. 2010. 中国交通 60 年. 北京: 交通建设与管理杂志社.
中国交通年鉴社. 2001. 中国交通年鉴. 北京: 中国交通年鉴社.
中国科学院《中国自然地理》编辑委员会. 1985. 中国自然地理. 北京: 科学出版社.
中国科学院中国植被图编辑委员会. 2001. 中国植被图集 1：1000000. 北京: 科学出版社.
中国科学院中国植被图编辑委员会. 2007. 中华人民共和国植被图. 北京: 地质出版社.
中国社会科学院人口研究中心. 2001. 中国人口年鉴. 北京: 中国社会科学出版社.
中国市长协会《中国城市发展报告》编辑委员会. 2003. 2001-2002 中国城市发展报告. 北京: 西苑出版社.
中国市长协会《中国城市发展报告》编辑委员会. 2004. 中国城市发展报告 (2002-2003). 北京: 商务印书馆.
中华人民共和国林业部. 1982. 中国木材物理化学性质. 北京: 中国林业出版社.
中华人民共和国农业部. 2001. 中国农业统计资料(2000). 北京: 中国农业出版社.
中华人民共和国农业部. 2002. 中国农业统计资料(2001). 北京: 中国农业出版社.
中华人民共和国农业部. 2005. 中国农业统计资料(2004). 北京: 中国农业出版社.
中华人民共和国农业部渔业局. 1998. 中国渔业统计年鉴. 北京: 中国农业出版社.
中华人民共和国农业部渔业局. 1999. 中国渔业统计年鉴. 北京: 中国农业出版社.
中华人民共和国农业部渔业局. 2000. 中国渔业统计年鉴. 北京: 中国农业出版社.
中华人民共和国农业部渔业局. 2001. 中国渔业统计年鉴. 北京: 中国农业出版社.
中华人民共和国农业部渔业局. 2002. 中国渔业统计年鉴. 北京: 中国农业出版社.
中华人民共和国农业部渔业局. 2003. 中国渔业统计年鉴. 北京: 中国农业出版社.
中华人民共和国农业部渔业局. 2004. 中国渔业统计年鉴. 北京: 中国农业出版社.
中华人民共和国农业部渔业局. 2005. 中国渔业统计年鉴. 北京: 中国农业出版社.
中华人民共和国农业部渔业局. 2006. 中国渔业统计年鉴. 北京: 中国农业出版社.
中华人民共和国农业部渔业局. 2007. 中国渔业统计年鉴. 北京: 中国农业出版社.
中华人民共和国农业部渔业局. 2008. 中国渔业统计年鉴. 北京: 中国农业出版社.

钟万勰, 林家浩. 1990. 不对称实矩阵的本征对共轭子空间迭代算法. 计算结构力学及其应用, 7(4): 1-10.
周广胜, 张新时. 1995. 自然植被净第一性生产力模型初探. 植物生态学报, 19(3): 193-200.
周俊. 2004. 地球表层再讨论. 自然灾害学报, 13(6): 1-7.
周开学, 李书光. 2002. 误差与数据处理理论. 东营: 中国石油大学出版社.
周立三, 孙颔, 沈煜清, 等. 1981. 中国综合农业区划. 北京: 农业出版社.
朱光. 1994. GIS 迭加操作中的属性误差问题. 工程勘察, 2: 54-47.
朱光, 邹积亭. 1995. GIS 的误差问题. 工程勘察, 5: 44-47.

Aggarwal P K, Kalra N, Chander S, *et al.* 2006. InfoCrop: A dynamic simulation model for the assessment of crop yields, losses due to pests, and environmental impact of agro-ecosystems in tropical environments. Agricultural Systems, 89: 1-25.

Agnew M D, Palutikof J P. 2000. GIS-based construction of baseline climatologies for the Mediterranean using terrain variables. Climate Research, 14: 115-127.

Aguilar F J, Aguilar M A, Agera F. 2007. Accuracy assessment of digital elevation models using a non-parametric approach. International Journal of Geographical Information Science, 21(6): 667-686.

Ahlberg J H, Nilson E N, Walsh J L. 1967. The Theory of Splines and Their Application. New York: Academic Press.

Akima H. 1978a. A method of bivariate interpolation and smooth surface fitting for irregularly distributed data points. ACM Transactions on Mathematical Software, 4(2): 148-159.

Akima H. 1978b. An ALGORITHM 526: Bivariate interpolation and smooth surface fitting for irregularly distributed data points. ACM Transactions on Mathematical Software, 4(2): 160-164.

Alessa L, Chapin Ⅲ F S. 2008. Anthropogenic biomes: A key contribution to earth-system science. Trends in Ecology and Evolution, 23 (10): 529-531.

Ali T, Mehrabian A. 2009. A novel computational paradigm for creating a Triangular Irregular Network (TIN) from LiDAR data. Nonlinear Analysis, 71: 624-629.

Alkemade R, Bakkenes M, Eickhout B. 2011. Towards a general relationship between climate change and biodiversity: An example for plant species in Europe. Regional Environment Change, 11(1): 143-150.

Allen C D, Macalady A K, Chenchouni H, *et al.* 2010. A global overview of drought and heat-induced tree mortality reveals emerging climate change risks for forests. Forest Ecology and Management, 259: 660-684.

Almeida R C, Oden J T. 2011. Solution verification, goal-oriented adaptive methods for stochastic advection–diffusion problems. Computer Methods in Applied Mechanics and Engineering, 199: 2472-2486.

Al-Sabhan W, Mulligan M, Blackburn G A. 2003. A real-time hydrological model for flood prediction using GIS and the WWW. Computers, Environment and Urban Systems, 27: 9-32.

Alt E. 1929. Der Stand des meteorologischen Strahlungsproblems. Meteorologische Zeitschrift, 46: 50-54.

Alvarez-Vazquez L J, Martinez A, Vazquez-Mendez M E, *et al.* 2009. An application of optimal control theory to river pollution remediation. Applied Numerical Mathematics, 59 (5): 845-858.

Anderson E S, Thompson J A, Austin R E. 2005. LIDAR density and linear interpolator effects on elevation estimates. International Journal of Remote Sensing, 26(18): 3889-3900.

Anderson J E. 1982. Cubic-spline urban-density functions. Journal of Urban Economics, 12: 155-167.

Anderson J E. 1985. The changing structure of a city: Temporal changes in cubic-spline urban density patterns. Journal of Regional Science, 25: 413-425.

Andrén H. 1994. Effects of habitat fragmentation on birds and mammals in landscapes with different proportions of suitable habitat: A review. Oikos, 71: 355-366.

Andrews S S, Mitchell J P, Mancinelli R, *et al.* 2002. On-farm assessment of soil quality in California's Central Valley. Agronomy Journal, 94: 12-23.

Anthes R A. 1983. Regional models of the atmosphere in middle latitudes. Monthly Weather Review, 111: 1306-1335.

Antonarakis A S, Richards K S, Brasington J. 2008. Object-based land cover classification using airborne LiDAR. Remote Sensing of Environment, 112: 2988-2998.

Anway J C, Brittain E G, Hunt H W, *et al.* 1972. ELM: Version 1. 0. U. S. IBP Grassland Biome Tech. Rep. No. 156. Fort Collins: Colorado State University.

Aparicio V, Costa J L. 2007. Soil quality indicators under continuous cropping systems in the Argentinean pampas. Soil and Tillage Research, 96: 155-165.

Arakawa A. 1969. Parameterization of cumulus clouds. In: Proceedings of the WMO/IUGG Symposium on Numerical Weather Prediction, Tokyo, 1968.

Arakawa A, Lamb V R. 1981. A potential enstrophy and energy conserving scheme for the shallow water equations. Monthly Weather Review, 109: 18-36.

Arnell N W, Livermore M J L, Kovats S, *et al.* 2004. Climate and socio-economic scenarios for global-scale climate change impacts assessments: Characterising the SRES storylines. Global Environmental Change, 14: 3-20.

Arrow K, Bolin B, Constanza R, *et al.* 1995. Economic growth, carrying capacity, and the environment. Science, 268:

520-521.

Arroyo L A, Johansen K, Armston J, *et al.* 2010. Integration of LiDAR and QuickBird imagery for mapping riparian biophysical parameters and land cover types in Australian tropical savannas. Forest Ecology and Management, 259: 598-606.

Ashiq M W, Zhao C Y, Ni J, *et al.* 2010. GIS-based high-resolution spatial interpolation of precipitation in mountain–plain areas of Upper Pakistan for regional climate change impact studies. Theoretical and Applied Climatology, 99: 239-253.

Astrakhantsev G P. 1971. An iterative method of solving elliptic net problems. USSR Computational mathematics and Mathematical Physics, 11: 171-182.

Atkinson P M, Tate N J. 2000. Spatial scale problems and geostatistical solutions: A review. The Professional Geographer, 52(4): 607-623.

Aumann G, Ebner H, Tang L. 1991. Automatic derivation of skeleton lines from digitized contours. ISPRS Journal of Photogrammetry and Remote Sensing, 46(5): 259-268.

Axelsson O. 1994. Iterative Solution Methods. New York: Cambridge University Press.

Axelsson O, Karátson J. 2009. Equivalent operator preconditioning for elliptic problems. Numerical Algorithms, 50: 297-380.

Axelsson P. 2000. DEM Generation from Laser Scanner Data Using Adaptive TIN Models. International Archives of Photogrammetry and Remote Sensing, 33(B4): 110-117.

Babuska I, Rheinboldt W. 1978. Error estimates for adaptive finite element computations. SIAM Journal on Numerical Analysis, 15: 736-754.

Babuska I, Rheinboldt W. 1981. A posteriori error analysis of finite element solutions for one-dimensional problems. SIAM Journal on Numerical Analysis, 18: 565-589.

Baensch E. 1991. Local mesh refinement in 2 and 3 dimensions. IMPACT Computing in Science and Engineering, 3: 181-191.

Bakhvalov N S. 1966. On the convergence of a relaxation method with natural constraints on the elliptic operator. USSR Computational Mathematics and Mathematical Physics, 6: 101-135.

Bakkenes M, Alkemade J R M, Ihle F, *et al.* 2002. Assessing effects of forecasted climate change on the diversity and distribution of European higher plants for 2050. Global Change Biology, 8: 390-407.

Bank R E, Welfert B D. 1991. A posteriori error estimates for the Stokes problem. SIAM Journal on Numerical Analysis, 28: 591-623.

Barredo J I, Kasanko M, McCormick N, *et al.* 2003. Modelling dynamic spatial processes: Simulation of urban future scenarios through cellular automata. Landscape and Urban Planning, 64: 145-160.

Baskent E Z, Keles S. 2005. Spatial forest planning: A review. Ecological Modelling, 188: 145-173.

Bastian P, Birken K, Eckstein K, *et al.* 1997. UG: A flexible software toolbox for solving partial differential equations. Computing and Visualization in Sciences, 1 (1): 27-40.

Bater C W, Coops N C. 2009. Evaluating error associated with lidar-derived DEM interpolation. Computers & Geosciences, 35: 289-300.

Baumont C, Ertur C, Gallo J L. 2004. Spatial analysis of employment and population density: The case of the agglomeration of Dijon 1999. Geographical Analysis, 36(2): 146-176.

Beaujouan V, Durand P, Ruiz L. 2001. Modelling the effect of the spatial distribution of agricultural practices on nitrogen fluxes in rural catchments. Ecological Modelling, 137: 93-105.

Begon M, Harper J L, Townsend C R. 1990. Ecology: Individuals, Populations and Communities. Cambridge: Blackwell Scientific Publications.

Behrens J. 2006. Adaptive Atmospheric Modelling. Berlin: Springer.

Belkhouche M Y, Buckles B. 2011. Iterative TIN-based automatic filtering of sparse LiDAR data. Remote Sensing Letters, 2(3): 231-240.

Bellman R E. 1954. The theory of dynamic programming. Bulletin of the American Mathematical Society, 60: 503-515.

Bellman R E. 1957. Dynamic Programming. Princeton: Princeton University Press.

Belotelov N V, Bogatyrev B G, Kirilenko A P, *et al.* 1996. Modelling of time-dependent biomes shifts under global climate changes. Ecological Modelling, 87: 29-40.

Bengtsson B E, Nordbeck S. 1964. Construction of isarithms and isarithmic maps by computers. BIT, 4: 87-105.

Benzi M. 2002. Preconditioning techniques for large linear systems: A survey. Journal of Computational Physics, 182: 418-477.

Benzi M, Bertaccini D. 2008. Block preconditioning of real-valued iterative algorithms for complex linear systems. IMA Journal of Numerical Analysis, 28: 598-618.

Berry B L L, Kim H M. 1993. Challenges to the Monocentric model. Geographical Analysis, 25 (1): 1-4.

Berthelot Y, Trottier B, Robidoux P Y. 2009. Assessment of soil quality using bioaccessibility-based models and a biomarker index. Environment International, 35: 83-90.

Betts R A, Cox P M, Woodward F I. 2000. Simulated responses of potential vegetation to doubled-CO_2 climate change and feedbacks on near-surface temperature. Global Ecology & Biogeography, 9: 171-180.

Bevan A, Conolly J. 2009. Modelling spatial heterogeneity and nonstationarity in artifact-rich landscapes. Journal of Archaeological Science, 36: 956-964.

Beverton R J H, Holt S J. 1957. On the dynamics of exploited fish populations. London: Her Majesty's Stationery Office.

Bezdicek D F, Papendick R I, Lal R. 1996. Importance of soil quality to health and sustainable land management. In: Doran J W, Jones A J (eds). Methods for Assessing Soil Quality. Madison: Soil Science Society of America.

Biermann F. 2007. 'Earth system governance' as a crosscutting theme of global change research. Global Environmental Change, 17 (3): 326-337.

Birchfield G E. 1960. Numerical prediction of hurricane movement with the use of a fine grid. Journal of Meteorology, 17: 404-414.

Birkhoff G, Garabedian H. 1960. Smooth surface interpolation. Journal of Mathematics and Physics, 39: 258-268.

Bitter C, Mulligan G F, Dall'erba S. 2007. Incorporating spatial variation in housing attribute prices: A comparison of geographically weighted regression and the spatial expansion method. Journal of Geographical Systems, 9: 7-27.

Bjerknes V. 1904. Das Problem von der Wettervorhersage, Betrachtet vom Standpunkt der Mechanik und der Physik. Meteorologisch Zeitung, 21: 1-7.

Bjørke J T, Nilsen S. 2007. Computation of random errors in digital terrain models. Geoinformatica, 11: 359-382.

Black J N. 1956. The distribution of solar radiation over the Earth's surface. Archives for Meteorology, Geophysics, and Bioclimatology, 7(2): 165-189.

Bledsoe L J, Francis R C, Swartzman G L, *et al.* 1971. PWNEE: A Grassland Ecosystem Model. U. S. IBP Grassland Biome Tech. Rep. No. 64. Fort Collins: Colorado State University.

Bloor M I G, Wilson M J. 1989. Generating blend surfaces using partial differential equations. Computer-Aided Design, 21(3): 165-171.

Bloor M I G, Wilson M J. 1990. Using partial differential equations to generate free-form surfaces. Computer-Aided Design, 22(4): 202-212.

Bloor M I G, Wilson M J. 1996. Spectral approximations to PDE surfaces. Computer-Aided Design, 28(2): 145-152.

Bloschl G, Sivapalan M. 1995. Scale issues in hydrological modeling: A review. Hydrol Process, 9: 251-290.

Bobarykin N D, Latyshev K S. 2007. Optimum control of the ground-water level with account for a rain or snow fall-out. Journal of Engineering Physics and Thermophysics, 80(2): 370-373.

Bockheim J G, Gennadiyev A N. 2010. Soil-factorial models and earth-system science: A review. Geoderma, 159: 243-251.

Bohanec M, Cortet J, Griffiths B, *et al.* 2007. A qualitative multi-attribute model for assessing the impact of cropping systems on soil quality. Pedobiologia, 51: 239-250.

Bonin O, Rousseaux F. 2005. Digital terrain model computation from contour lines: How to derive quality information from artifact analysis. GeoInformatica, 9: 253-268.

Bontje M. 2005. Edge cities, European-style: Examples from Paris and the Randstad. Cities, 22 (4): 317-330.

Bookstein F L. 1989. Principal warps: Thin plate splines and the decomposition of deformations. IEEE Transactions on Pattern Analysis and Machine Intelligence, 11: 567-585.

Borga M, Vizzaccaro A. 1997. On the interpolation of hydrologic variables: formal equivalence of multiquadratic surface fitting and Kriging. Journal of Hydrology, 195: 160-171.

Bork E W, Su J G. 2007. Integrating LIDAR data and multispectral imagery for enhanced classification of rangeland vegetation: A meta analysis. Remote Sensing of Environment, 111: 11-24.

Bortolot Z J, Wynne R H. 2005. Estimating forest biomass using small footprint LiDAR data: An individual tree-based approach that incorporates training data. ISPRS Journal of Photogrammetry & Remote Sensing, 59: 342-360.

Boudreau J, Nelson R F, Margolis H A, *et al.* 2008. Regional aboveground forest biomass using airborne and spaceborne LiDAR in Québec. Remote Sensing of Environment, 112: 3876-3890.

Box G E P, Cox D R. 1964. An analysis of transformations. Journal of the Royal Statistical Society (Series B), 26(2): 211-252.

Brackbill J U, Saltzman J S. 1982. Adaptive zoning for singular problems in two dimensions. Journal of computational physics, 46: 342-368.

Bragard L. 1965. Method to determine the shape of the topographical earth surface by means of gravity measurements on that surface by solving two integral equations. Studia Geophysica et Geodaetica, 9(2): 108-112.

Brandt A. 1973. Multi-level adaptive technique (MLAT) for fast numerical solution to boundary value problems. In: Cabannes H, Temam R (eds). Proceedings of the 3rd International Conference on Numerical Methods in Fluid Mechanics, Lecture Notes in Physics 18. Berlin: Springer.

Brandt A. 1977. Multi-level adaptive solutions to boundary-value problems. Mathematics of Computation, 31: 333-390.

Brass W. 1974. Perspectives in population prediction: Illustrated by the statistics of England and Wales. Journal of the Royal Statistical Society, 137(4): 532-583.

Breakwell J V, Dixon J F. 1975. Minimum-fuel rocket trajectories involving intermediate-thrust arcs. Journal of Optimization Theory and Applications, 17: 465-975.

Briggs D J, Gulliver J, Fecht D, *et al.* 2007. Dasymetric mapping of small-area population distribution using land cover and light emissions data. Remote Sensing of Environment, 108: 451-466.

Brovelli M A, Cannata M, Longoni U M. 2004. LiDAR data filtering and DTM interpolation within GRASS. Transactions in GIS, 8(2): 155-174.

Brown D, Ling L, Kansa E, *et al*. 2005. On approximate cardinal preconditioning methods for solving PDEs with radial basis functions. Engineering Analysis with Boundary Elements, 29: 343-353.

Brown I, Jude S, Koukoulas S, *et al*. 2006. Dynamic simulation and visualization of coastal erosion. Computers, Environment and Urban Systems, 30: 840-860.

Brown L R. 1994. Who will feed China? Worldwatch, 7: 10-19.

Brown L R. 1995. Who Will Feed China? Wake-up Call for a Small Planet. New York: W. W. Norton and Company.

Brown S. 1996. Tropical forests and the global carbon cycle: Estimating state and change in biomass density. Forest Ecosystems, Forest Management and the Global Carbon Cycle, 40: 135-144.

Brunsdon C, Fotheringham S, Charlton M. 1996. Geographically weighted regression: A method for exploring spatial nonstationarity. Geographical Analysis, 28(4): 281-298.

Brunsdon C, Fotheringham S, Charlton M. 1998. Geographically weighted regression-modelling spatial non-stationarity. The Statistician, 47: 431-443.

Brus D J, De Gruijter J J, Marsman B A, *et al*. 1996. The performance of spatial interpolation methods and choropleth maps to estimate properties at points: A soil survey case study. Environmetrics, 7: 1-16.

Budyko M I, Izreal Y A. 1991. Anthropogenic Climate Change. Tucson: University of Arizona Press.

Bujak J. 2009. Optimal control of energy losses in multi-boiler steam systems. Energy, 34(9): 1260-1270.

Bulgakov V E. 1993. Multi-level iterative technique and aggregation concept with semi-analytical preconditioning for solving boundary-value problems. Communications in Numerical methods in Engineering, 9: 649-657.

Burdecki F. 1957. Remarks on the distribution of solar radiation over the surface of the Earth. Theoretical and Applied Climatology, 8(3-4): 326-335.

Burke A. 2003. Inselbergs in a changing world——global trends. Diversity and Distributions, 9: 375-383.

Butler D, Schutze M. 2005. Integrating simulation models with a view to optimal control of urban wastewater systems. Environmental Modelling and Software, 20(4): 415-426.

Buxbaum, P. 2012. Shedding light with LiDAR. Geospatial Intelligence Forum, 10(1): 22-25.

Canadell J G, Kirschbaum M U F, Kurz W A, *et al*. 2007. Factoring out natural and indirect human effects on terrestrial carbon sources and sinks. Environmental Science and Policy, 10: 370-384.

Cao M K, Ma S J, Han C R. 1995. Potential productivity and human carrying capacity of an agro-ecosystem: an analysis of food production potential of China. Agricultural Systems, 47: 387-414.

Cao M K, Woodward F I. 1998. Dynamic responses of terrestrial ecosystem carbon cycling to global climate change. Nature, 393: 249-252.

Carpentier B, Giraud L, Gratton S. 2007. Additive and multiplicative two-level spectral preconditioning for general linear systems. SIAM Journal on Scientific Computing, 29(4): 1593-1612.

Carrara A, Bitelli G, Carla R. 1997. Comparison of techniques for generating digital terrain models from contour lines. International Journal of Geographical Information Science, 11: 451-473.

Carter J R. 1988. Digital representations of topographic surfaces. Photogrammetric Engineering and Remote Sensing, 54: 1577-1580.

Carter M R. 2002. Soil quality for sustainable land management: Organic matter and aggregation interactions that maintain soil functions. Agronomy Journal, 94: 38-47.

Cassedy J H. 1984. American Medicine and Statistical Thinking, 1800-1860. Cambridge: Harvard University Press.

Cassetti E. 1972. Generating models by the expansion method: Applications to geographical research. Geographical Analysis, 4: 81-91.

Cendrero A. 1992. Planning the use of the Earth's surface: An overview. Lecture Notes in Earth Sciences, 42: 1-22.

Cesari L. 1937. Sulla risoluzione dei sistemi di equazioni lineari per approssimazioni successive. Ricerca Sci Roma, 25: 422.

Chadwick J. 2011. Integrated LiDAR and IKONOS multispectral imagery for mapping mangrove distribution and physical properties. International Journal of Remote Sensing, 32(21): 6765-6781.

Chaplot V, Darboux F, Bourennane H, *et al*. 2006. On the accuracy of interpolation techniques in digital elevation models for various landscape morphologies, surface areas and sampling densities. Geomorphology, 77: 126-141.

Chapman D G. 1961. Statistical problems in dynamics of exploited fisheries populations. In: Neyman J (ed). Proceedings of 4th Berkeley Symposium on Mathematical Statistics and Probability, vol. 4, Berkeley, CA: 153-168.

Chapman S. 1957. Annals of the International geophysical year, Volume 1: the histories of the International polar years and the inception and development of the International Geophysical Year. London: Pergamon Press.

Charles S P, Bates B C, Whetton P H, *et al*. 1999. Validation of downscaling models for changed climate conditions: Case study of southwestern Australia. Climate Research, 12: 1-14.

Charney J G, Eliassen A. 1949. A numerical method for predicting the pertubations of the middle latitude westerlies. Tellus, 1:

38-54.
Charney J G, Fjørtoft R, von Neumann J. 1950. Numerical integration of the barotropic vorticity equation. Tellus, 2: 237-254.
Charney J G, Phillips N A. 1953. Numerical integration of the quasi-geostrophic equations for barotropic and simple baroclinic flows. Journal of Meteorology, 10: 71-99.
Charney J G. 1947. The dynamics of long waves in a baroclinic westerly current. Journal of Meteorology, 4: 135-162.
Chen C F, Yue T X. 2010. A method of DEM construction and related error analysis. Computers & Geosciences, 36(6): 717-725.
Chen G, Hay G J. 2011. An airborne lidar sampling strategy to model forest canopy height from Quickbird imagery and GEOBIA. Remote Sensing of Environment, 115: 1532-1542.
Chen J J, He Z R. 2009. Optimal control for a class of nonlinear age-distributed population systems. Applied Mathematics and Computation, 214(2): 574-580.
Chen J Y. 1986. Atlas of Geodesy in China. Beijing: State Bureau of Surveying and Mapping.
Chen J. 2007. Rapid urbanization in China: A real challenge to soil protection and food security. Catena, 69: 1-15.
Chen Q, Gong P, Baldocchi D D, *et al*. 2007. Filtering airborne laser scanning data with morphological methods. Photogrammetric Engineering and Remote Sensing, 73: 175-185.
Chen X W, Zhang X S, Li B L. 2003. The possible response of life zones in China under global climate change. Global and Planetary Change, 38: 327-337.
Chen X W, Zhang X S, Li B L. 2005. Influence of Tibetan Plateau on vegetation distributions in East Asia: A modeling perspective. Ecological Modelling, 181: 79-86.
Cheng M D, Arakawa A. 1997. Inclusion of rainwater budget and convective downdrafts in the Arakawa-Schubert cumulus parameterization. Journal of the Atmospheric Sciences, 54: 1359-1378.
Chinea J D, Helmer E H. 2003. Diversity and composition of tropical secondary forests recovering from large-scale clearing: results from the 1990 inventory in Puerto Rico. Forest Ecology and Management, 180: 227-240.
Choi J Y, Engel B A. 2003. Real-time watershed delineation system using Web-GIS. Journal of Computing in Civil Engineering, 17(3): 189-196.
Chu J T, Xia J, Xu C Y, *et al*. 2010. Statistical downscaling of daily mean temperature, pan evaporation and precipitation for climate change scenarios in Haihe River, China. Theoretical and Applied Climatology, 99: 149-161.
Ciret C, Sellers A H. 1998. Sensitivity of ecosystem models to the spatial resolution of the NCAR Community Climate Model CCM2. Climate Dynamics, 14: 409-429.
Clark C. 1958. World population. Nature, 181: 1235-1236.
Clark C. 1977. Population Growth and Land Use (2nd edition). London: Macmillan.
Clark D A. 2007. Detecting tropical forests' responses to global climatic and atmospheric change: Current challenges and a way forward. Biotropica, 39: 4-19.
Clark M L, Clark D B, Roberts D A. 2004. Small-footprint lidar estimation of sub-canopy elevation and tree height in a tropical rain forest landscape. Remote Sensing of Environment, 91: 68-89.
Clarke F H. 1983. Optimization and Nonsmooth Analysis. New York: John Wiley&Sons.
Clarke G, Langley R, Cardwell W. 1998. Empirical applications of dynamic spatial interaction models. Computers, Environment and Urban Systems, 22(2): 157-184.
Clawges R, Vierling K, Vierling L, *et al*. 2008. The use of airborne lidar to assess avian species diversity, density, and occurrence in a pine/aspen forest. Remote Sensing of Environment, 112: 2064-2073.
Clements E. 1916. Climax formations of America. Plant Succession: An Analysis of the Development of Vegetation Washington: Carnegie Institute of Washington.
Cleveland W S, Devlin S J. 1988. Locally weighted regression: An approach to regression analysis by local fitting. Journal of the American Statistical Association, 83: 596-610.
Cohen J E. 1995. How Many People Can the Earth Support? New York: W. W. Norton & Company.
Committee on Challenges and Opportunities in Earth Surface Processes. 2010. Landscapes on the Edge: New Horizons for Research on Earth's Surface. Washington: The National Academies Press.
Conway G. 1997. The Doubly Green Revolution: Food for All the Twenty-First Century. New York: Cornell University Press.
Costanza R. 1989. Model goodness of fit: A multiple resolution procedure. Ecological Modelling, 47: 199-215.
Costanza R, Maxwell T. 1991. Spatial ecosystem modelling using parallel processors. Ecological Modelling, 58(1-4): 159-183.
Costanza R, Sklar F H, White M L. 1990. Modeling costal landscape dynamics. BioScience, 40(2): 91-107.
Courty F, Dervieux A. 2006. Multilevel functional preconditioning for shape optimization. International Journal of Computational Fluid Dynamics, 20(7): 481-490.
Covery C, AchutaRao K M, Cubasch U, *et al*. 2003. An overview of results from the coupled model intercomparison project. Global and Planetary Change, 37: 103-133.
Cramér H. 1946. Mathematical Methods of Statistics. Princeton: Princeton University Press.
Cramer W, Bondeau A, Woodward F I, *et al*. 2001. Global response of terrestrial ecosystem structure and function to CO_2 and

climate change: Results from six dynamic global vegetation models. Global Change Biology, 7: 357-373.

Cramer W, Whittaker R J. 1999. Changing the surface of our planet——results from studies of the global ecosystem. Global Ecology and Biogeography, 8: 363-365.

Cressman G P. 1959. An operational objective analysis system. Monthly Weather Review, 87: 367-374.

Cullen J. 1975. The Statistical Movement in Early Victorian Britain: The Foundation of Empirical Social Science. Brighton: Hassocks.

Dakowicz M, Gold C. 2002. Extracting meaningful slopes from terrain contours. Computational Science—ICCS 2002: 144-153.

Davidson R S, Clymer A B. 1966. The desirability and applicability of simulating ecosystems. Annals of the New York Academy of Sciences, 128: 790-794.

De Boor C. 1962. Bicubic spline interpolation. Journal of Mathematics and Physics, 41: 212-218.

De Frutos J, Garcia-Archilla B, Novo J. 2011. An adaptive finite element method for evolutionary convection dominated problems. Computer Methods in Applied Mechanics and Engineering, 200: 3601-3612.

De Gbaaff-Hunter J. 1937. The shape of the Earth's surface expressed in terms of gravity at ground level. Bulletin Géodésique, 56(1): 191-200.

De J P, Gago S R, Kelly D W, *et al.* 1983. A posteriori error analysis and adaptive processes in the finite element method: Part II—Adaptive mesh refinement. International Journal for Numerical Methods in Engineering, 19: 1621-1656.

De Wit C T. 1967. Photosynthesis: Its relationship to overpopulation. In: Pietro A S, Greer F A, Army T J (eds). Harvesting the Sun: Photosynthesis in Plant Life. New York: Academic Press.

Dech S. 2005. The Earth Surface. In: Feuerbacher B, Stoewer H (eds). Utilization of Space. Bonn: Springer.

Deichmann U. 1996. A Review of Spatial Population Database Design and Modeling. Technical Report 96-3, National Center for Geographic Information and Analysis, USA.

Desmet P J J. 1997. Effects of interpolation errors on the analysis of DEM. Earth Surface Processes and Landforms, 22: 563-580.

Dickinson R E, Errico R M, Giorgi F, *et al.* 1989. A regional climate model for the western U. S. Climatic Change, 15: 383-422.

Dietachmayer G S, Droegemeier K K. 1992. Application of continuous dynamic grid adaptation techniques to meteorological modeling, Part I: Basic formulation and accuracy. Monthly Weather Review, 120: 1675-1706.

Dietl G K E. 2007. Linear Estimation and Detection in Krylov Subspaces. Berlin: Springer.

Ditzler C A, Tugel A J. 2002. Soil quality field tools of USDANRCS soil quality institute. Agronomy Journal, 94: 33-38.

Dixon R K, Smith J B, Brown S, *et al.* 1999. Simulations of forest system response and feedbacks to global change: Experiences and results from the U. S. Country studies Program. Ecological Modelling, 122: 289-305.

Dixon R K, Wlsniewski J. 1995. Global forest systems: An uncertain response to atmospheric pollutants and global climate change? Water Air Soil Pollution, 85: 101-110.

Dobson J E, Bright E A, Coleman P R, *et al.* 2000. LandScan: A global population database for estimating populations at risk. Photogrammetric Engineering & Remote Sensing, 66(7): 849-857.

Dong P L, Ramesh S, Nepali A. 2010. Evaluation of small-area population estimation using LiDAR, Landsat TM and parcel data. International Journal of Remote Sensing, 31(21): 5571-5586.

Donoghue D N M, Watt P J, Cox N J, *et al.* 2007. Remote sensing of species mixtures in conifer plantations using LiDAR height and intensity data. Remote Sensing of Environment, 110(4): 509-522.

Doran J W, Parkin B T. 1994. Defining and assessing soil quality. In: Doran J W, Coleman D C, Bezdicek D F (eds). Defining Soil Quality for a Sustainable Environment. Madison: Soil Science Society of America.

Doytsher Y, Dalyot S, Katzil Y. 2009. Digital terrain models: A tool for establishing reliable and qualitative environmental control processes. In: de Amicis R, Stojanovic R, Conti G (eds). GeoSpatial Visual Analytics: Geographical Information Processing and Visual Analytics for Environmental Security. Dordrecht: Springer.

Dragicevic S, Marceau D J. 2000. An application of fuzzy logic reasoning for GIS temporal modeling of dynamic processes. Fuzzy Sets and Systems, 113: 69-80.

Duchon J. 1977. Splines minimizing rotation invariant seminorms in sobolev spaces. Lecture Notes in Mathematics, 571: 85-100.

Duff I S, Erisman A M, Reid J K. 1986. Direct Methods for Sparse Matrices. Oxford: Clarendon.

Durbin J. 1973. Distribution theory for tests based on the sample distribution function. Philadelphia: Society for Industrial Mathematics.

Ekman V W. 1905. On the influence of the Earth’s rotation on ocean currents. Ark. Mat. Astron. Fys., 2 (11): 1-52.

Elghazali M S, Hassan M M. 1986. A simplified terrain relief classification from DEM data using finite differences. Geo-Processing, 3(2): 167-178.

El-Gohary A. 2009. Chaos and optimal control of steady-state rotation of a satellite-gyrostat on a circular orbit. Chaos, Solitons and Fractals, 42 (5): 2842-2851.

Ellis E C, Ramankutty N. 2008. Putting people on the map: anthropogenic biomes of the world. Frontiers in Ecology and the

Environment, 6(8): 439-447.
Emmerling C, Udelhoven T. 2002. Discriminating factors of the spatial variability of soil quality parameters at landscape-scale. Journal of Soil Science and Plant Nutrition, 165: 706-712.
Escadafal R, Chehbouni A G. 2008. Monitoring arid land surfaces with earth observation techniques: Examples of intense and extensive land uses. In: Qi J, Evered K T (eds.). Environmental Problems of Central Asia and Their Economic, Social and Security Impacts. The Netherlands: Springer Science.
European Environment Agency. 2004. Impacts of Europe's changing climate——An indicator-based assessment. Technical Report, EEA & OPOCE.
Evans D J. 1968. The use of pre-conditioning in iterative methods for solving linear equations with symmetric positive definite matrices. Journal of Applied Mathematics, 4(3): 295-314.
Evans D J, Forrington C V D. 1963. An iterative process for optimizing symmetric successive over-relaxation. The Computer Journal, 6: 271-273.
Evans I S. 1972. General geomorphometry, derivates of attitude, and descriptive statistics. In: Chorley R J (ed). Spatial Analysis in Geomorphology. London: Methuen.
Evans I S. 1980. An integrated system of terrain analysis and slope mapping. Heterocycles, 36: 274-295.
Evans I S. 1998. What do terrain statistics really mean? In: Lane S, Richards K, Chandler J (eds). Landform Monitor, Modeling and Analysis. New Jersey: John Wiley & Sons.
Faddeev D K, Faddeeva V N. 1963. Computational Methods of Linear Algebra. San Francisco: Freeman and Company.
Fahrig L. 1998. When does fragmentation of breeding habitat affect population survival? Ecological Modelling, 105: 273-292.
Fang J Y, Chen A P, Peng C H. 2001. Changes in forest biomass carbon storage in China between 1949 and 1998. Science, 292 (5525): 2320-2322.
Fang J Y, Guo Z D, Piao S L, *et al.* 2007. Terrestrial vegetation carbon sinks in China, 1981-200. Science Chin (Earth Sciences) 50(9): 1341-1350.
Fang J Y, Wang G G, Liu G H, *et al.* 1998. Forest biomass of China: An estimate based on the biomass-volume relationship. Ecological Applications, 8(4): 1084-1091.
FAO 1953. Food Composition Tables for International Use, 2nd edition. Rome: Food and Agriculture Organization of the United Nations.
FAO 1995. FAO Agrostat-PC, Computer Disk. Rome: Food and Agriculture Organization of the United Nations.
FAO, IIASA. 1993. Agro-Ecological Assessment for National Planning: The Example of Kenya. Rome: Food and Agriculture Organization of the United Nations.
Farid A, Goodrich D C, Bryant R, *et al.* 2008. Using airborne lidar to predict Leaf Area Index in cottonwood trees and refine riparian water-use estimates. Journal of Arid Environments, 72: 1-15.
Fedorenko R P. 1962. A relaxation method for solving elliptic difference equations. USSR Computational mathematics and Mathematical Physics, 1: 1092-1096.
Fedorenko R P. 1964. The speed of convergence of one iterative process. USSR Computational mathematics and Mathematical Physics, 4: 227-235.
Feng Q Y, Chai L H. 2008. A new statistical dynamic analysis on vegetation patterns in land ecosystems. Physica A, 387(14): 3583-3593.
Feng Z M, Yang Y Z, Zhang Y Q, *et al.* 2005. Grain-for-green policy and its impacts on grain supply in West China. Land Use Policy, 22(4): 301-312.
Ferreira M A R, Holan S H, Bertolde A I. 2011. Dynamic multiscale spatiotemporal models for Gaussian areal data. Journal of the Royal Statistical Society, 73(5): 663-688.
Fisher R A. 1925. Statistical Methods for Research Workers. Edinburgh: Oliver and Boyd.
Fishwick P A. 2007. Handbook of Dynamic System Modeling. Boca Raton: Chapman & Hall/CRC Taylor & Francis Croup.
Flannigan M D, Woodward F I. 1994. Red pine abundance- current climatic control and responses to future warming. Canadian Journal of forest Research, 24: 1166-1175.
Florinsky I V. 1998. Accuracy of local topographic variables derived from digital elevation models. International Journal of Geographical Information Science, 12(1): 47-62.
Florinsky I. V. 2002. Errors of signal processing in digital terrain modelling. International Journal of Geographical Information Science, 16(5): 475-501.
Flynn M. 1972. Some computer organizations and their effectiveness. IEEE Transactions on Computers, C-21(9): 948-960.
Foley T A, Nielson G M. 1980. Multivariate interpolation to scattered data using delta iteration. In: Cheney E W (ed). Approximation Theory III. New York: Academic Press.
Fotheringham A S, Brunsdon C, Charlton M. 2002. Geographically Weighted Regression. New York: John Wiley & Sons.
Fox L, Huskey H D, Wilkinson J H. 1948. Notes on the solution of algebraic linear simultaneous equations. The Quarterly Journal of Mechanics and Applied Mathematics, 1: 149-173.
Fraedrich K, Jansen H, Kirk E, *et al.* 2005a. The planet simulator: green planet and desert world. Meteorologische Zeitschrift,

14 (3): 305-314.

Fraedrich K, Jansen H, Kirk E, *et al.* 2005b. The planet simulator: Towards a user friendly model. Meteorologische Zeitschrift, 14 (3): 299-304.

Franke J, Haentzschel J, Goldberg V, *et al.* 2008. Application of a trigonometric approach to the regionalization of precipitation for a complex small-scale terrain in a GIS environment. Meteorological Applications, 15: 483-490.

Franke R. 1982. Scattered data interpolation: Tests of some methods. Mathematics of Computation, 38: 181-200.

Frauenfelder R, Schneider B, Kääb A. 2008. Using dynamic modelling to simulate the distribution of rockglaciers. Geomorphology, 93: 130-143.

Friedel M H. 1991. Range condition assessment and the concept of thresholds: A view point. Journal of Range Management, 44: 422-426.

Friend A D. 1998. Parameterisation of a global daily weather generator for terrestrial ecosystem modeling. Ecological Modelling, 109: 121-140.

Galton F. 1884. Life History Album. London: Macmillan.

Gamba P, Houshmand B. 2002. Joint analysis of SAR, LIDAR and aerial imagery for simultaneous extraction of land cover, DTM and 3D shape of buildings. International Journal of Remote Sensing, 23(20): 4439-4450.

Ganguly S, Schull M A, Samanta A, *et al.* 2008. Generating vegetation leaf area index Earth system data record from multiple sensors. Remote Sensing of Environment, 112: 4318-4343.

Gao J B, Li S C. 2011. Detecting spatially non-stationary and scale-dependent relationships between urban landscape fragmentation and related factors using geographically weighted regression. Applied Geography, 31: 292-302.

Gao J. 1997. Resolution and accuracy of terrain representation by grid DEMs at a micro-scale. International Journal of Geographical Information Science, 11(2): 199-212.

Gao J. 1998. Impact of sampling intervals on the reliability of topographic variables mapped from grid DEMs at mirco-scale. International Journal of Geographical Information Science, 2(8): 875-890.

Gao Q, Yu M, Yang X, *et al.* 2001. Scaling simulation models for spatially heterogeneous ecosystems with diffusive transportation. Landscape Ecology, 16: 289-300.

Gao Q. 1996. Dynamic modeling of ecosystems with spatial heterogeneity: A structured approach implemented in Windows environment. Ecological Modelling, 85: 241-252.

Gao W J, Qian K M. 2011. Parallel computing in experimental mechanics and optical measurement: A review. Optics and Lasers in Engineering, 50(4): 608-617.

Gardner M R, Ashby W R. 1970. Connectance of large dynamic (cybernetic) systems: Critical values for stability. Nature, 228: 784.

Gardner R H, Kemp W M, Kennedy V S, *et al.* 2001. Scaling Relations in Experimental Ecology. New York: Columbia University Press.

Garfinkel D, Sack B. 1964. Digital computer simulation of an ecological system based on a modified mass action law. Ecology, 45: 502-507.

Garfinkel D. 1962. Digital computer simulation of ecological systems. Nature, 194: 856-857.

Garfinkel D. 1967a. A simulation study of the effect on simple ecological systems of making rate of increase of population density-dependent. Journal of Theoretical Biology, 14: 46-58.

Garfinkel D. 1967b. Effect on stability of Lotka-Volterra ecological systems of imposing strict territorial limits on populations. Journal of Theoretical Biology, 14: 325-327.

Gauss C F. 1809. Theoria Motus Corporum Coelestium. Reprinted 1963, New York, Dover.

Gauss C F. 1923. Brief und Geling. Werke, 9: 278-281.

Gebali F. 2011. Algorithms and Parallel Computing. Singapore: John Wiley & Sons.

George A, Liu J W. 1981. Computer solution of large sparse positive definite systems. Englewood Cliffs: Prentice Hall.

Ghilani C D. 2010. Adjustment Computations. New York: John Wiley & Sons.

Gil'manova G Z, Rybas O V, Goroshko M V. 2011. Application of modified digital terrain models for geomorphological demarcation of large blocks of the earth's crust. Russian Journal of Pacific Geology, 5(6): 509-517.

Gimblett R. 1989. Linking perception research, visual simulations and dynamic modeling within a GIS framework: The ball state experience. Computers, Environment and Urban Systems, 13: 109-123.

Giorgi F. 1990. Simulation of regional climate using a limited area model nested in a general circulation model. Journal of Climate, 3: 941-963.

Glausdorff P, Prigogine I. 1971. Thermodynamic Theory of Structure, Stability and Fluctuations. New York: Wiley-Interscience.

Glenn N F, Spaete L P, Sankey T T, *et al.* 2011. Errors in LiDAR-derived shrub height and crown area on sloped terrain. Journal of Arid Environments, 75: 377-382.

Godschalk D R, Park F H. 1978. Carrying capacity: A key to environmental planning. Journal of Soil Water Conservation, 30: 160-165.

Gold C, Mostafavi M A. 2000. Towards the global GIS. ISPRS Journal of Photogrammetry and Remote Sensing, 55: 150-163.

Gold C, Snoeyink J. 2001. A one-step crust and skeleton extraction algorithm. Algorithmica, 30(2): 144-163.

Golub G H, O'Leary D P. 1989. Some history of the conjugate gradient and Lanczos algorithms: 1948-1976. SIAM Review, 31: 50-102.

Golub G H, van Loan C F. 2009. Matrix Computations. Beijing: Posts and Telecom Press.

Goncalves G, Julien P, Riazanoff S, *et al.* 2002. Preserving cartographic quality in DTM interpolation from contour lines. ISPRS Journal of Photogrammetry and Remote Sensing, 56(3): 210-220.

Goodchild M F. 1982. The fractal Brownian process as a terrain simulation model. Modelling and Simulation, 13: 1133-1137.

Goodchild M F, Anselin L, Deichmann U. 1993. A framework for the areal interpolation of socioeconomic data. Environment and Planning A, 25: 383-397.

Goodchild M F, Lam N S N. 1980. Areal interpolation: A variant of the traditional spatial problem. Geo-Processing, 1: 297-312.

Gordon P, Richardson H W, Wong H L. 1986. The distribution of population and employment in a polycentric: The case of Los Angeles. Environment and Planning A, 18: 161-173.

Gorr W L, Olligschlaeger A M. 1994. Weighted spatial adaptive filtering: Monte Carlo studies and application to illicit drug market modelling. Geographical Analysis, 26: 67-87.

Gotway C A, Ferguson R B, Hergert G W, *et al.* 1996. Comparison of Kriging and inverse-distance method for mapping soil parameters. Soil Science Society of America Journal, 60(4): 1237-1247.

Gousie M, Franklin W. 2005. Augmenting grid-based contours to improve thin plate dem generation. Photogrammetric Engineering and Remote Sensing, 71(1): 69-79.

Griebel M. 1998. Adaptive sparse grid multilevel methods for elliptic PDEs based on finite differences. Computing, 61(2): 151-179.

Griffith D A, Wong D W. 2007. Modeling population density across major US cities: A polycentric spatial regression approach. Journal of Geographical Systems, 9: 53-75.

Grohman G, Kroenung G, Strebeck J. 2006. Filling SRTM voids: The delta surface fill method. Photogrammetric Engineering and Remote Sensing, 72(3): 213-216.

Grossner K E, Goodchild M F, Clarke K C. 2008. Defining a digital earth system. Transactions in GIS, 12 (1): 145-160.

Grunwald S. 2009. Multi-criteria characterization of recent digital soil mapping and modeling approaches. Geoderma, 152 (3/4): 195-207.

Gulliksson M E, Wedin P A. 1992. Modifying the QR decomposition to weighted and constrained linear least squares. Siam Journal on Matrix Analysis and Applications, 13: 1298-1313.

Gunawardena A D, Jain S K, Snyder L. 1991. Modified iterative methods for consistent linear systems. Linear Algebra and its Applications, 154-156: 123-143.

Guo Z D, Fang J Y, Pan Y D, *et al.* 2010. Inventory-based estimates of forest biomass carbon stocks in China: A comparison of three methods. Forest Ecology and Management, 259: 1225-1231.

Guth P L. 2006. Geomorphometry from SRTM: Comparison to NED. Photogrammetric Engineering and Remote Sensing, 72(3): 269-277.

Haber W. 1972. Grundzuege einer oekologischen theorie der Landnutzung. Innere Kolonisation, 21: 294-298.

Haber W. 1990. Using landscape ecology in planning and management. In: Zonneveld I S, Forman R T T (eds). Changing Landscapes: An Ecological Perspective. New York: Springer.

Habib T M A. 2012. Global optimum spacecraft orbit control subject to bounded thrust in presence of nonlinear and random disturbances in a low earth orbit. The Egyptian Journal of Remote Sensing and Space Science, 15: 1-18.

Hackbusch W. 1980. Convergence of multi-grid iterations applied to difference equations. Mathematics of Computation, 34: 425-440.

Hackbusch W. 1985. Multi-Grid Methods and Applications. Berlin: Springer.

Haefner F, Boy S. 2003. Fast transport simulation with an adaptive grid refinement. Ground Water, 41(2): 273-279.

Haldane J B S. 1927. A mathematical theory of natural and artificial selection, part V: Selection and mutation. Mathematical Proceedings of the Cambridge Philosophical Society, 23: 838-844.

Hall P. 1999. The future of cities. Computers, Environment and Urban Systems, 23: 173-185.

Han B, Zhou X Y, Liu J Q. 2002. Adaptive multigrid method for numerical solutions of elastic wave equation. Applied Mathematics and Computation, 133: 609-614.

Hancock P A, Hutchinson M F. 2006. Spatial interpolation of large climate data sets using bivariate thin plate smoothing splines. Environmental Modelling & Software, 21: 1684-1694.

Haraldsson H V, Ólafsdóttir R. 2006. A novel modelling approach for evaluating the preindustrial natural carrying capacity of human population in Iceland. Science of the Total Environment, 372: 109-119.

Hardy R L. 1971. Multiquadric equations of topography and other irregular surfaces. Journal of Geophysical Research, 76: 1905-1915.

Harder R L, Desmarais R N. 1972. Interpolation using surface Splines. Journal of Aircraft, 9: 189-191.

Harris B, Wilson A G. 1978. Equilibrium values and dynamics of attractiveness terms in production-constrained spatial interaction models. Environment and Planning A, 10: 371-388.

Harris J M. 1996. World agricultural futures: Regional sustainability and ecological limits. Ecological Economics, 17: 95-115.

Harris R, Chen Z Q. 2005. Giving dimension to point locations: Urban density profiling using population surface models. Computers, Environment and Urban Systems, 29: 115-132.

Harrison E J Jr. 1973. Three-dimensional numerical simulations of tropical systems utilizing nested finite grids. Journal of the atmospheric sciences, 30: 1528-1543.

Harshvardan R D, Randall D A, Corsetti T G. 1987. A fast radiation parameterization for atmospheric general circulation models. Journal of Geophysical Research, 92: 1009-1016.

Hattab T, Albouy C, Lasram F B Rais, *et al.* 2014. Towards a better understanding of potential impacts of climate change on marine species distribution: A multiscale modelling approach. Global Ecology and Biogeography, 23: 1417-1429.

Hawden S, Palmer L J. 1922. Reindeer in Alaska. Bulletin of the U. S. Department of Agriculture, 1089: 1-70.

Haxeltine A, Prentice I C. 1996. BIOME3: An equilibrium terrestrial biosphere model based on ecophysiological constraints, resource availability, and competition among plant functional types. Global Biogeochemical Cycles, 10(4): 693-710.

Haynes R J, Tregurtha R. 1999. Effects of increasing periods under intensive arable vegetable production on biological, chemical and physical indices of soil quality. Biology and Fertility of Soils, 28: 259-266.

He H S, Mladenoff D J, Crow T R. 1999. Linking an ecosystem model and a landscape model to study forest species response to climate warming, Ecological Modelling 112: 213-233.

Henderson D W. 1998. Differential Geometry. London: Prentice-Hall.

Herrick J E, Whitford W G. 1995. Assessing the quality of rangeland soils: Challenges and opportunities. Journal of Soil and Water Conservation, 50: 237-242.

Herrmann S, Dabbert S, Raumer H G S. 2003. Threshold values for nature protection areas as indicators for bio-diversity: A regional evaluation of economic and ecological consequences. Agriculture, Ecosystems and Environment, 98: 493-506.

Hestenes M R, Stiefel E L. 1952. Methods of conjugate gradients for solving linear systems. Journal of research of the National Bureau of Standards B, 49: 409-436.

Hewitson B C, Crane R G. 1996. Climate downscaling: Techniques and application. Climate Research, 7: 85-95.

Higgins G M, Kassam A H, Naiken L, *et al.* 1983. Potential population supporting capacities of lands in the developing world. Technical report of project INT/75/P13, Land resources for populations of the future, FPA/INT/513. Rome: Food and Agricultural Organization of the United Nations.

Hildenbrandt H, Mueller M S, Grimm V. 2006. How to detect and visualize extinction thresholds for structured PVA models. Ecological Modelling, 191(3-4): 545-550.

Hobson R D. 1972. Surface roughness in topography: Quantitative approach. In: Chorley R J (ed). Spatial Analysis in Geomorphology. London: Methuen.

Holdridge L R. 1947. Determination of world plant formations from simple climate data. Science 105(2727): 367-368.

Holdridge L R. 1967. Life zone ecology. San Jose: Tropical Science Center.

Holdridge L R, Grenke W C, Hatheway W H, *et al.* 1971. Forest Environments in Tropical Life Zones. Oxford: Pergamon Press.

Holling C S. 1964. The analysis of complex population processes. The Canadian entomologist, 96: 335-347.

Holmgren J, Persson A, Soderman U. 2008. Species identification of individual trees by combining high resolution LiDAR data with multi-spectral images. International Journal of Remote Sensing, 29(5): 1537-1552.

Hong Y, Nix H A, Hutchinson M F, *et al.* 2005. Spatial interpolation of monthly mean climate data for China. International Journal of Climatology, 25: 1369-1379.

Hosseini E, Gallichand J, Marcotte D. 1994. Theoretical and experimental performance of spatial interpolation methods for soil salinity analysis. Transactions of the American Society of Agricultural and Biological Engineers, 37(6): 1799-1807.

Huang Z, Lees B. 2005. Representing and reducing error in natural-resource classification using model combination. International Journal of Geographical Information Science, 19(5): 603-621.

Hubacek K, Sun L X. 2001. A scenario analysis of China's land use and land cover change: Incorporating biophysical information into input-output modeling. Structural Change and Economic Dynamics, 12: 367-397.

Huggett A J. 2005. The concept and utility of 'ecological threshold' in biodiversity conservation. Biological Conservation, 124: 301-310.

Hui C. 2006. Carrying capacity, population equilibrium, and environment's maximal load. Ecological Modelling, 192: 317-320.

Hulett H R. 1970. Optimum world population. BioScience, 20: 160-161.

Hulme M, Mitchell J, Ingram W, *et al.* 1999. Climate change scenarios for global impacts studies. Global Environmental Change, 9: S3-S19.

Humboldt A V. 1807. Ideen zu einer Geographie der Pflanzen nebst einem naturgemaelde der Tropenlaender. Tubingen.

Huntley B, Birks H J B. 1983. An atlas of past and present pollen maps for Europe 0~13000 years ago. Cambridge: Cambridge University Press.

Hutchinson M F. 1989. A new method for gridding elevation and streamline data with automatic removal of pits. Journal of Hydrology, 106: 211-232.

Hutchinson M F. 1995. Interpolating mean rainfall using thin plate smoothing splines. International Journal of Geographical Information Science, 9: 385-403.

Hutchinson M F, Dowling T I. 1991. A continental hydrological assessment of a new grid-based digital elevation model of Australia. Hydrological Processes, 5: 45-58.

Hutchinson M F, Gessler F R. 1994. Splines: More than just a smooth interpolator. Geoderma, 62: 45-67.

Ionescu I R, Volkov D. 2008. Earth surface effects on active faults: An eigenvalue asymptotic analysis. Journal of Computational and Applied Mathematics, 220: 143-162.

IPCC. 2000. Emissions Scenarios: A Special Report of Working Group III of the Intergovernmental Panel on Climate Change. Cambridge: Cambridge University Press.

IPCC. 2001. Climate change: The IPCC third assessment report. Cambridge and New York: Cambridge University Press.

IPCC. 2007. Climate change 2007: The physical science basis. Summary for policymakers. Contribution of Working Group I to the Fourth Assessment Report of the Intergovernmental Panel on Climate Change. Geneva: WMO.

Irvine-Fynn T D L, Barrand N E, Porter P R, *et al.* 2011. Recent High-Arctic glacial sediment redistribution: A process perspective using airborne lidar. Geomorphology, 125: 27-39.

Isaaks E H, Srivastava R M. 1989. Applied Geostatistics. New York: Oxford University Press.

Ise T, Moorcroft P R. 2010. Simulating boreal forest dynamics from perspectives of ecophysiology, resource availability, and climate change. Ecological Research, 25: 501-511.

Iselin J P, Prusa J M, Gutowski W J. 2002. Dynamic grid adaptation using the MPDATA scheme. Monthly Weather Review, 130: 1026-1039.

Israel G, Gasca A M. 2002. The Biology of Numbers. Berlin: Birkhaeuser.

Iverson L R, Prasad A. 1998. Predicting abundance of 80 tree species following climate change in the eastern United States. Ecological Monographs, 68: 465-485.

James L A, Watsona D G, Hansen W F. 2007. Using LiDAR data to map gullies and headwater streams under forest canopy: South Carolina, USA. Catena, 71: 132-144.

Jaskierniak D, Lane P N J, Robinson A, *et al.* 2011. Extracting LiDAR indices to characterize multilayered forest structure using mixture distribution functions. Remote Sensing of Environment, 115: 573-585.

Javidi M. 2006. Pseudospectral method and Darvishi's preconditioning for solving system of time dependent partial differential equations. Applied Mathematics and Computation, 176: 334-340.

Jefferson M. 1909. The anthropography of some great cities: A study in distribution of population. Bulletin of American Geographical Society, 41 (4): 537-566.

Jeffrey S J, Carter J O, Moodie K B, *et al.* 2001. Using spatial interpolation to construct a comprehensive archive of Australian climate data. Environmental Modelling & Software, 16: 309-330.

Jenny H. 1941. Factors of Soil Formation, A System of Quantitative Pedology. New York: McGraw-Hill.

Ji J J. 1995. A climate-vegetation interaction model, simulating physical and biological processes at the surface. Journal of Biogeography, 22: 445-451.

Ji J J, Hu Y C. 1989. A simple land surface process model for use in climate studies. Acta Meteorologica Sinica, 3: 342-351.

Ji M, Jensen J R. 1999. Effectiveness of subpixel analysis in detecting and quantifying urban imperviousness from Landsat Thematic Mapper imagery. Geocarto International, 14(4): 31-39.

Ji W, Jeske C. 2000. Spatial modeling of the geographic distribution of wildlife populations: A case study in the lower Mississippi River region. Ecological Modelling, 132: 95-104.

Jia S F, Zhu W, Lű A F, *et al.* 2011. A statistical spatial downscaling algorithm of TRMM precipitation based on NDVI and DEM in the Qaidam Basin of China. Remote Sensing of Environment, 115: 3069-3079.

Johnson D L, Ambrose S H, Bassett T J, *et al.* 1997. Meanings of environmental terms. Journal of Environmental Quality, 26: 581-589.

Jones P D, Murphy J M, Noguer M. 1995. Simulation of climate change over Europe using a nested regional-climate model, I: Assessment of control climate, including sensitivity to location of lateral boundaries. Quarterly Journal of the Royal Meteorological Society, 121: 1413-1449.

Jørgensen S E. 1975a. A world model of growth in production and population. Ecological Modelling, 1: 199-203.

Jørgensen S E. 1975b. About "Ecological Modelling". Ecological Modelling, 1: 1-2.

Julià M F, Monreal T E, Jiménez A S, *et al.* 2004. Constructing a saturated hydraulic conductivity map of Spain using pedotransfer functions and spatial prediction. Geoderma, 123(3-4): 257-277.

Jung J, Kim S, Hong S, *et al.* 2013. Effects of national forest inventory plot location error on forest carbon stock estimation using k-nearest neighbor algorithm. ISPRS Journal of Photogrammetry and Remote Sensing, 81: 52-92.

Kehtarnavaz N, Gamadia M. 2006. Real-time image and video processing: from research to reality. USA: Morgan & Claypool

Kellogg C E. 1951. Soil and land classification. Journal of Farm Economics, 33(4): 499-513.

Kelly D W, De J P, Gago S R, *et al.* 1983. A posteriori error analysis and adaptive processes in the finite element method: Part I—Error analysis. International Journal for Numerical Methods in Engineering, 19: 1621-1656.

Kerimov I A. 2009. F-approximation of the earth's surface topography. Izvestiya, Physics of the Solid Earth, 45(8): 719-729.

Kerr S, Liu S G, Pfaff A S P, *et al.* 2003. Carbon dynamics and land use choices: Building a regional-scale multidisciplinary model. Journal of Environmental Management, 69: 25-37.

Kessler J J. 1994. Usefulness of the human carrying capacity concept in assessing ecological sustainability of land use in semi-arid regions. Agriculture, Ecosystems & Environment, 48(3): 273-284.

Khanna P, Babu P M, George M S. 1999. Carrying-capacity as a basis for sustainable development: A case study of National Capital Region in India. Progress in Planning, 52: 101-166.

Kim J K, Thompson J R. 1990. Three dimensional adaptive grid generation on a composite-block grid. AIAA Journal, 38: 470-477.

Kim J, Muller J P. 2011. Tree and building detection in dense urban environments using automated processing of IKONOS image and LiDAR data. International Journal of Remote Sensing, 32 (8): 2245-2237.

Kim Y J, Arakawa A. 1995. Improvement of orographic gravity wave parameterization using a mesoscale gravity wave model. Journal of the Atmospheric Sciences, 52: 1875-1902.

Kirilenko A P, Belotelov N V, Bogatyrev B G. 2000. Global model of vegetation migration: Incorporation of climatic variability. Ecological Modelling, 132: 125-133.

Kleijnen J P C. 2009. Kriging metamodeling in simulation: A review. European Journal of Operational Research, 192(3): 707-716.

Kleijnen J P C, van Beers W C M. 2005. Robustness of Kriging when interpolating in random simulation with heterogeneous variances: Some experiments. European Journal of Operational Research, 165 (3): 826-834.

Koehler M, Mechoso C R, Arakawa A. 1997. Ice cloud formulation in climate modelling. In: Proceedings of the 7th Conference on Climate Variations, Long Beach, CA, 2-7 February, 1997. American Meteorological Society: 237-242.

Koeppen W, Geiger R. 1930. Handbuch der Climatologie, Teil I D. Berlin: Borntraeger.

Kohno T, Kotakemori H, Niki H. 1997. Improving the modified Gauss-Seidel method for Z-matrices. Linear Algebra and its Applications, 267: 113-123.

Kohno T, Niki H. 2010. Letter to the Editor: A note on the preconditioned Gauss-Seidel (GS) method for linear systems. Journal of Computational and Applied Mathematics, 233(9): 2413-2421.

Konarska K M, Sutton P C, Castellon M. 2002. Evaluating scale dependence of ecosystem service valuation: A comparison of NOAA-AVHRR and Landsat TM datasets. Ecological Economics, 41: 491-507.

Korhonen L, Korpela I, Heiskanen J, *et al.* 2011. Airborne discrete-return LIDAR data in the estimation of vertical canopy cover, angular canopy closure and leaf area index. Remote Sensing of Environment, 115: 1065-1080.

Körner C. 2000. Why are there global gradients in species richness? Mountains might hold the answer. Trends in Ecology and Evolution, 15: 513-514.

Korpela I, Koskinen M, Vasander H, *et al.* 2009. Airborne small-footprint discrete-return LiDAR data in the assessment of boreal mire surface patterns, vegetation, and habitats. Forest Ecology and Management, 258: 1549-1566.

Kossaczky I. 1994. A recursive approach to local mesh refinement in two and three dimensions. Journal of Computational and Applied Mathematics, 55: 275-288.

Kravchenko A N. 2003. Influence of spatial structure on accuracy of interpolation methods. Soil Science Society of America Journal, 67: 1564-1571.

Kravchenko A, Bullock D G. 1999. A comparative study of interpolation methods for mapping soil properties. Agronomy Journal, 91: 393-400.

Kurihara Y, Bender W A. 1980. Design of a movable nested-mesh primitive equation model for tracking a small vortex. Monthly Weather Review, 108: 1792-1809.

Kurihara Y, Tripoli G J, Bender M A. 1979. Design of a movable nested-mesh primitive equation model. Monthly Weather Review, 107: 239-249.

Kurz V. 1988. Vector and parallel processors in computational science III. Parallel Computing, 6: 127-129.

Lanczos C. 1952. Solution of systems of linear equations by minimized iterations. Journal of Research of the National Bureau of Standards, 49(1): 33-53.

Langford M, Higgs G, Radcliffe J, *et al.* 2008. Urban population distribution models and service accessibility estimation. Computers, Environment and Urban Systems, 32: 66-80.

Langford M, Unwin D J. 1994. Generating and mapping population density surfaces within a geographical information system. The Cartographic Journal, 31: 21-26.

Langford M. 2006. Obtaining population estimates in non-census reporting zones: An evaluation of the 3-class dasymetric method. Computers, Environment and Urban Systems, 30: 161-180.

Langford M. 2007. Rapid facilitation of dasymetric-based population interpolation by means of raster pixel maps. Computers, Environment and Urban Systems, 31: 19-32.

Larson W E, Pierce F J. 1991. Conservation and enhancement of soil quality. In: Evaluation for sustainable land management in the developing world: Proceedings of the International Workshop on Evaluation for Sustainable Land Management in the Developing World, Chiang Rai, Thailand, 15-21 September, 1991. Bangkok: International Board for Soil Research and Management.

Larson W E, Pierce F J. 1994. The dynamics of soil quality as a measure of sustainable management. In: Doran J W, Coleman D C, Bezdicek D F, *et al.* (eds). Defining Soil Quality for a Sustainable Environment. Madison: Soil Science Society of America.

Laslett G M, Mcbratney A B, Pahll P J, *et al.* 1987. Comparison of several spatial prediction methods for soil pH. Journal of Soil Science, 38(2): 325-341.

Laslett G M, Mcbratney A B. 1990. Further comparison of spatial methods for predicting soil pH. Soil Science Society of America Journal, 54: 1553-1558.

Lavorel S. 1999. Global change effects on landscape and regional patterns of plant diversity. Diversity and Distributions, 5: 239-240.

Leathwick J R, Whitehead D, McLeod M. 1996. Predicting changes in the composition of New Zealand's indigenous forests in response to global warming: A modeling approach. Enviromental Software, 11: 81-90.

Lee J C, Angelier J. 1994. Paleostress trajectory maps based on the results of local determinations: The "lissage" program. Computers & Geosciences, 20 (2): 161-191.

Leeuwenhock A. 1948. The Collected Letters, Vol. 3. Amsterdam: Swets and Zeitlinger, Letter 43, 25 April 1679, to Nehemias Grew, Secretary of the Royal Society: 4-35.

Lefsky M A, Turner D P, Guzy M, *et al.* 2005. Combining lidar estimates of aboveground biomass and Landsat estimates of stand age for spatially extensive validation of modeled forest productivity. Remote Sensing of Environment, 95: 549-558.

Legendre L, Legendre P. 1983. Numerical Ecology. Amsterdam: Elsevier Scientific.

Lehmann A, Overton J M, Leathwick J R. 2003. GRASP: Generalized regression analysis and spatial prediction. Ecological Modelling, 160: 165-183.

Lenton T M, Williamson M S, Edwards N R, *et al.* 2006. Millennial timescale carbon cycle and climate change in an efficient Earth system model. Climate Dynamics, 26: 687-711.

Leslie P H. 1945. On the use of matrices in certain population mathematics. Biometrika, 33: 183-212.

Leslie P H. 1948. Some further notes on the use of matrics in population mathematics. Biometrika, 35: 213-245.

Leung Y, Mei C L, Zhang W X. 2000. Statistical tests for spatial nonstationarity based on the geographically weighted regression model. Environment and Planning A, 32(1): 9-32.

Ley G W, Elsberry R L. 1976. Forecasts of typhoon Irma using a nested-grid model. Monthly Weather Review, 104: 1154-1161

Li H F, Calder C A, Cressie N. 2007. Beyond Moran's I: Testing for spatial dependence based on the spatial autoregressive model. Geographical Analysis, 39(4): 357-375.

Li H K, Zhao P X. 2013. Improving the accuracy of the tree-level above ground biomass equations with height classification at a large regional scale. Forest Ecology and Management, 289: 153-163.

Li J L F, Mechoso C R, Arakawa A. 1999. Improved PBL moist processes with the UCLA GCM. In: Proceedings of the 10th Symposium on Global Change Studies, Dallas, Texas, 10-15 January, 1999, American Meteorological Society: 423-426.

Li W. 2003. The convergence of the modified Gauss-Seidel methods for consistent linear systems. Journal of Computational and Applied Mathematics, 154: 97-105.

Li Z L. 1988. On the measure of digital terrain model accuracy. The Photogrammetric Record, 12 (72): 873-877.

Li Z L. 1993. Mathematical models of the accuracy of digital terrain model surfaces linearly constructed from square gridded data. The Photogrammetric Record, 14(82), 661-674.

Li Z, Zheng F L, Liu W Z, *et al.* 2012. Spatially downscaling GCMs outputs to project changes in extreme precipitation and temperature events on the Loess Plateau of China during the 21st Century. Global and Planetary Change, 82-83: 65-73.

Lichtenberga E, Ding C R. 2008. Assessing farmland protection policy in China. Land Use Policy, 25: 59-68.

Lindenmayer D B, Fischer J, Cunningham R B. 2005. Native vegetation cover thresholds associated with species responses. Biological Conservation, 124: 311-316.

Ling L, Kansa E J. 2004. Preconditioning for radial basis functions with domain decomposition methods. Mathematical and Computer Modelling, 40: 1413-1427.

Liseikin V D. 2004. A Computational Differential Geometry Approach to Grid Generation. Berlin: Springer.

Liu J P, Shen J, Zhao R, *et al.* 2013. Extraction of individual tree crowns from airborne LiDAR data in human settlements. Mathematical and Computer Modelling, 58: 524-535.

Liu J Y, Tian H Q, Liu M L, *et al.* 2005a. China's changing landscape during the 1990s: Large-scale land transformations estimated with satellite data. Geophysical Research Letters, 32: 1-5.

Liu J Y, Yue T X, Ju H B, *et al.* 2005b. Integrated Ecosystem Assessment of Western China. Beijing: China Meteorological Press.

Liu J Y, Zhuang D F, Luo D, *et al.* 2003. Land cover classification of China: Integrated analysis of AVHRR imagery and geophysical data. International Journal of Remote Sensing, 24(12): 2485-2500.

Liu L L, Liu Z F, Ren X Y, *et al.* 2011. Hydrological impacts of climate change in the Yellow River Basin for the 21st century using hydrological model and statistical downscaling model. Quaternary International, 244: 211-220.

Liu Q B, Chen G L. 2009. Erratum to: "A note on the preconditioned Gauss-Seidel method for M-matrices" [J. Comput. Appl. Math. 219 (1) (2008) 59-71]. Journal of Computational and Applied Mathematics, 228: 498-502.

Liu X H, Kyriakidis P C, Goodchild M F. 2008. Population-density estimation using regression and area-to-point residual kriging. International Journal of Geographical Information Science, 22(4-5): 431-447.

Lloyd C D. 2005. Assessing the effect of integrating elevation data into the estimation of monthly precipitation in Great Britain. Journal of Hydrology, 308: 128-150.

Lloyd C D, Atkinson P M. 2002. Deriving DSMs from LiDAR data with Kriging. International Journal of Remote Sensing, 23: 2519-2524.

Lo C P. 2008. Population estimation using geographically weighted regression. GIScience & Remote Sensing, 45(2): 131-148.

Loehner R. 1987. An adaptive finite element scheme for transient problems in CFD. Computer Methods in Applied Mechanics and Engineering, 61: 323-338.

Loibl W, Toetzer T. 2003. Modeling growth and densification processes in suburban regions simulation of landscape transition with spatial agents. Environmental Modelling & Software, 18: 553-563.

Long G E. 1980. Surface approximation: A deterministic approach to modeling partially variable systems. Ecological Modelling, 8: 333-343.

Luck G W. 2005. An introduction for thresholds. Biological Conservation, 124: 299-300.

Luedeling E, Siebert S, Buerkert A. 2007. Filling the voids in the SRTM elevation model-A TIN-based delta surface approach. ISPRS Journal of Photogrammetry and Remote Sensing, 62(4): 283-294.

Luijten J C. 2003. A systematic method for generating land use patterns using stochastic rules and basic landscape characteristics: Results for a Colombian hillside shed. Agriculture, Ecosystems and Environment, 95: 427-441.

Magnussen S, Næsset E, Wulder M A. 2007. Efficient multi-resolution spatial predictions for large data arrays. Remote Sensing of Environment, 109(4): 451-463.

Makarieva A M, Gorshkov V G, Sheil D, *et al.* 2010. Where do winds come from? A new theory on how water vapor condensation influences atmospheric pressure and dynamics. Atmospheric Chemistry and Physics Discussions, 10: 24015-24052.

Maleika W, Palczynski M, Frejlichowski D. 2012. Effect of density of measurement points collected from a multibeam echosounder on the accuracy of a digital terrain model. Lecture Notes in Computer Science, 7198: 456-465.

Maling D H. 1992. Coordinate Systems and Map Projections. New York: Pergamon Press.

Malthus T R. 1789. An Essay on the Principle of Population. London: Pickering.

Manabe S, Strickler R F. 1964. Thermal equilibrium of the atmosphere with a convective adjustment. Journal of the Atmospheric Sciences, 21: 361-385.

Martin D, Bracken I. 1991. Techniques for modeling population-related raster databases. Environment and Planning A, 23: 1069-1075.

Martin D. 1996. An assessment of surface and zonal models of population. International Journal of Geographical Information Systems, 10(8): 973-989.

Martin D. 1998. Automatic neighbourhood identification from population surfaces. Computers, Environment and Urban Systems, 22(2): 107-120.

Mascaro J, Detto M, Asner G P, *et al.* 2011. Evaluating uncertainty in mapping forest carbon with airborne LiDAR. Remote Sensing of Environment, 115: 3770-3774.

Maselli F, Chiesi M, Fibbi L, *et al.* 2011. Use of ground and LiDAR data to model the NPP of a Mediterranean pine forest. Remote Sensing Letters, 2(4): 309-316.

Mathieson A, Wall G. 1982. Tourism: Economic, Physical, and Social Impacts. Harlow: Longman.

Matthews E. 1983. Global vegetation and land use: New high-resolution databases for climate studies. Journal of Climate and Applied Meteorology, 22: 474-487.

Maubach J M. 1995. Local bisection refinement for n-simplicial grids generated by reflection. SIAM Journal of Scientific Computing, 16: 210-227.

Maude A D. 1973. Interpolation — mainly for grapher plotters. The Computer Journal, 16(1): 64-65.

Maunder C J. 1999. An automated method for constructing contour-based digital elevation models. Water Resources Research, 35(12): 3931-3940.

May R M. 1972. Will a large complex system be stable? Nature, 238: 413-414.

Mayle F E, Beerling D J, Gosling W D, *et al.* 2004. Responses of Amazonian ecosystems to climatic and atmospheric carbon dioxide changes since the last glacial maximum. Philosophical Transactions of the Royal Society of London, Series B, 359: 499-514.

McBratney A B, Santos M L M, Minasny B. 2003. On digital soil mapping. Geoderma, 17: 3-52.

McGlone M S, Duncan R P, Heenan P B. 2001. Endemism, species selection and the origin and distribution of the vascular plant flora of New Zealand. Journal of Biogeography, 28: 199-216.

McMahon S M, Dietze M C, Hersh M H, *et al.* 2009. A predictive framework to understand forest responses to global change. Annals of the New York Academy of Sciences, 1162: 221-236.

Mcmillen D P, Mcdonald J F. 1998. Population density in Chicago: A bid rent approach. Urban Studies, 7: 1119-1130.

Mehmood S, Awotunde A A. 2016. Sensitivity-based upscaling for history matching of reservoir models. Petroleum Science, 13(3): 517-531.

Meijerink J A, van der Vorst H A. 1977. An iterative solution method for linear systems of which the coefficient matrix is a symmetric M-Matrix. Mathematics of Computation, 31(137): 148-162.

Mennis J. 2003. Generating surface models of population using dasymetric mapping. The Professional Geographer, 55(1): 31-42.

Merriam C H. 1892. The geographic distribution of life in America. Proceedings of the Biological Society of Washington, 7: 1-74.

Mesev V. 1998. The use of census data in urban image classification. Photogrammetric Engineering and Remote Sensing, 64(5): 431-438.

Metternicht G I, Zinck J A. 1998. Evaluating the information content of JERS-1 SAR and Landsat TM data for discrimination of soil erosion features. ISPRS Journal of Photogrammetry & Remote Sensing, 53: 143-153.

Meyer C D. 2000. Matrix Analysis and Applied Linear Algebra. Philadelphia: SIAM.

Meyers J, Walker B H, 2003. Thresholds and alternate states in ecological and social-ecological systems: Thresholds database. http: //www. resalliance. org. au.

Michael H R. 1990. Parallel Supercomputing in SIMD Architectures. New York: CRC Press.

Middelberg A, Zhang J F, Xia X H. 2009. An optimal control model for load shifting-with application in the energy management of a colliery. Applied Energy, 86 (7-8): 1266-1273.

Miel G. 1977. On a posteriori error estimates. Mathematics of Computation, 31(137): 204-213.

Milaszewicz J P. 1987. Improving Jacobi and Gauss-Seidel iterations. Linear Algebra and its Applications, 93: 161-170.

Miles L, Newton A C, de Fries R S, *et al.* 2006. A global overview of the conservation status of tropical dry forests. Journal of Biogeography, 33: 491-505.

Millennium Ecosystem Assessment. 2005. Ecosystems and Human Well-being: Synthesis. Washington: Island Press.

Millman S R, Chen R S, Emlen J, *et al.* 1991. The Hunger Report: Update 1991. Alan Shawn Feinstein World Hunger Program, Brown University.

Milne B T, Cohen W B. 1999. Multiscale assessment of binary and continuous landcover variables for MODIS validation, mapping, and modeling applications. Remote Sensing of Environment, 70: 82-98.

Mintz Y. 1958. Design of some numerical general circulation experiments. Bulletin of the Research Council of Israel, 76: 67-114.

Mitas L, Mitasova H. 1999. Spatial interpolation. In: Longley P, Goodchild K F, Maguire D J, *et al.* (eds). Geographical Information Systems: Principles, Techniques, Management and Applications. New Work: John Wiley&Sons.

Mitasova H, Mitas L, Ratti C, *et al.* 2006. Real-time landscape model interaction using a tangible geospatial modeling environment. IEEE Computer Graphics & Applications, 26(4): 55-63.

Mitchell W F. 1989. A comparison of adaptive refinement techniques for elliptic problems. ACM Transactions on Mathematical Software, 15: 326-347.

Modani M, Sharan M, Rao S C S. 2008. Numerical solution of elliptic partial differential equations on parallel systems. Applied Mathematics and Computation, 195: 162-182.

Moebius-Clune B N, Idowu O J, Schindelbeck R R, *et al.* 2011. Developing standard protocols for soil quality monitoring and assessment. In: Bationo A, Waswa B, Okeyo J M, *et al.* (eds). Innovations as Key to the Green Revolution in Africa. New York: Springer.

Moran P. 1950. Notes on continuous stochastic phenomena. Biometrika, 37: 17-23.

Morris J T, Porter D, Neet M, *et al.* 2005. Integrating LIDAR elevation data, multi-spectral imagery and neural network modelling for marsh characterization. International Journal of Remote Sensing, 26(23): 5221-5234.

Morrison D. 1962. Optimal mesh size in the numerical integration of an ordinary different equation. Journal of the Association for Computing Machinery, 9: 98-103.

Moss R, Babiker M, Brinkman S, *et al.* 2008. Towards New Scenarios for Analysis of Emissions, Climate Change, Impacts, and Response Strategies. Environmental Policy Collection, 5(5): 399-406.

Moxey A, Allanson P. 1994. Areal interpolation of spatially extensive variables: A comparison of alternative techniques. International Journal of Geographical Information Systems, 8(5): 479-487.

Muckel G B, Mausbach M J. 1996. Soil quality information sheets. In: Doran J W, Jones A J (eds). Methods for Assessing Soil Quality. Madison: Soil Science Society of America.

Mueller W, Rohr-Zaenker R. 1995. Neue Zentren in den Verdichtungsraeumen der USA. Raumforschung und Raumordnung, 53(6): 436-443.

Muradian R. 2001. Ecological thresholds: A survey. Ecological Economics, 38: 7-24.

Murphy J M. 1999. An evaluation of statistical and dynamical techniques for downscaling local climate. Journal of Climate, 12: 2256-2284.

Murray A B, Lazarus E, Ashton A, *et al.* 2009. Geomorphology, complexity, and the emerging science of the Earth's surface. Geomorphology, 103: 496-505.

Myers D E. 1994. Spatial interpolation: An overview. Geoderma, 62: 17-28.

Nelson R, Krabill W, Tonelli J. 1988. Estimating forest biomass and volume using airborne laser data. Remote Sensing of Environment, 24(2): 247-267.

Nemerow N L, Farooq S, Sengupta S. 1980. Industrial complexes and their relevance for pulp and paper mills. Environment International, 3(1): 65-68.

Neuhold J M. 1975. Introduction to modeling in the Biome. In: Patten B C (ed). Systems Analysis and Simulation in Ecology. New York: Academic Press.

Newling B E. 1969. The spatial variation of urban population densities. Geographical Review, 59: 242-252.

Nguyen X S, Sellier A, Duprat F, *et al.* 2009. Adaptive response surface method based on a double weighted regression technique. Probabilistic Engineering Mechanics, 24: 135-143.

Nicolaides R A. 1975. On multiple grid and related techniques for solving discrete elliptic systems. Journal of Computational Physics, 19: 418-431.

Niehoff D, Fritsch U, Bronstert A. 2002. Land-use impacts on storm-runoff generation: Scenarios of land-use change and simulation of hydrological response in a meso-scale catchment in SW-Germany. Journal of Hydrology, 267: 80-93.

Niki H, Harada K, Morimoto M, *et al.* 2004. The survey of preconditioners used for accelerating the rate of convergence in the Gauss-Seidel method. Journal of Computational and Applied Mathematics, 164-165: 587-600.

Nilsson M. 1996. Estimation of tree heights and stand volume using an airborne Lidar system. Remote Sensing of Environment, 56: 1-7.

Notay Y. 2006. Aggregation-based algebraic multilevel preconditioning. SIAM Journal on Matrix Analysis and Applications, 27(4): 998-1018.

Nuria R, Jérôme M, Léonide C, *et al.* 2011. IBQS: A synthetic index of soil quality based on soil macro-invertebrate communities. Soil Biology & Biochemistry, 43: 2032-2045.

Odeha I O A, Mcbratney A B, Chittleborough D J. 1994. Spatial prediction of soil properties from landform attributes derived from a digital elevation model. Geoderma, 63 (3-4): 197-214.

Odum E P. 1969. The strategy of ecosystem development. Science, 164: 262-270.

Odum E P. 1971. Fundamentals of Ecology. Philadelphia: W. B. Saunders Company.

Odum E P. 1983. Basic Ecology. Philadelphia: Saunders College Publishing.

Odum E P. 1989. Ecology and Our Endangered Life Support Systems. Sunderland: Sinauer Associates.

Odum H T. 1960. Ecological potential and analogue circuits for the ecosystem. American Sciences, 48: 1-8.

Oezesmi S L, Oezesmi U. 1999. An artificial neural network approach to spatial habitat modelling with interspecific interaction. Ecological Modelling, 116: 15-31.

Oh K, Jeong Y, Lee D, *et al.* 2005. Determining development density using the Urban Carrying Capacity Assessment System. Landscape and Urban Planning 73(1): 1-15.

Ohlemüller R, Gritti E S, Sykes M T, *et al.* 2006. Towards European climate risk surfaces: The extent and distribution of analogous and non-analogous climates 1931-2100. Global Ecology and Biogeography, 15: 395-405.

Oksanen J, Sarjakoski T. 2005. Error propagation of DEM-based surface derivatives. Computers & Geosciences, 31: 1015-1027.

Oliver M A, Webster R. 1990. Kriging: A method of interpolation for geographical information systems. Journal of Geographical Information Science, 4(3): 313-332.

Olson D M, Dinerstein E, Wikramanayake E D, *et al.* 2001. Terrestrial ecoregions of the world: a new map of life on Earth. BioScience, 51: 933-938.

Olwoch J M, Rautenbach C J D W, W, Erasmus BFN, *et al.* 2003. Simulating tick distributions over sub-Saharan Africa: The use of observed and simulated climate surfaces. Journal of Biogeography, 30: 1221-1232.

Onsager L. 1931a. Reciprocal relation in irreversible processes I. Physical Review, 37: 405-426.

Onsager L. 1931b. Reciprocal relation in irreversible processes II. Physical Review, 38: 2265-2279.

Pan Y D, Luo T X, Birdsey R, *et al.* 2004. New estimates of carbon storage and sequestration in China's forests: Effects of age-class and method on inventory-based carbon estimation. Climatic Change, 67: 211-236.

Park R A, Mankin J B, Hoopes J A, *et al.* 1974. A generalized model for simulating lake ecosystems. Simulation 21: 33-50.

Parr J B. 1985. The form of the regional density function. Regional Studies, 19: 535-546.

Parr J F, Papendick R I, Hornick S B, *et al.* 1992. Soil quality: Attributes and relationship to alternative and sustainable

agriculture. American Journal of Alternative Agriculture, 7: 5-11.
Parry M L, Rosenzweig C, Iglesias A, *et al.* 2004. Effects of climate change on global food production under SRES emissions and socio-economic scenarios. Global Environmental Change, 14: 53-67.
Parton W J, Schimel D S, Cole C V, *et al.* 1987. Analysis of factors controlling soil organic-matter levels in great-plains grasslands. Soil Science Society of America Journal, 51: 1173-1179.
Parton W J, Stewart J W B, Cole C V. 1988. Dynamics of C, N, P and S in grassland soils: A model. Biogeochemistry, 5: 109-131.
Pasadas M, Rodríguez M L. 2009. Construction and approximation of surfaces by discrete PDE splines on a polygonal domain. Journal of Computational and Applied Mathematics, 59(1): 205-218.
Pastor J, Post W M. 1988. Response of northern forests to CO_2-induced climate change. Nature, 334: 55-58.
Patenaude G, Hill R A, Milne R, *et al.* 2004. Quantifying forest above ground carbon content using LiDAR remote sensing. Remote Sensing of Environment, 93: 368-380.
Patten B C. 1972. A simulation of the shortgrass prairie ecosystem. Simulation, 19: 177-186.
Paulik G J, Greenough Jr J W. 1966. Management analysis for a salmon resource system. In: Watt K E F (ed). Systems Analysis in Ecology. New York: Academic Press.
Pavria F, Dailey A, Valentine V. 2011. Integrating multispectral ASTER and LiDAR data to characterize coastal wetland landscapes in the northeastern United States. Geocarto International, 26(8): 647-661.
Pearl R, Reed L J. 1920. On the rate of growth of the population of the United States since 1790 and its mathematical representation. Proceedings of the National Academy of Sciences, 6: 275-288.
Penck A. 1925. Das Hauptproblem der physischen Anthropogeographie. Zeitschrift fuer Geopolitik, 2: 330-348.
Peng C H. 2000. From static biogeographical model to dynamic global vegetation model: A global perspective on modelling vegetation dynamics. Ecological Modelling, 135: 33-54.
Peng C, Zhang L, Liu J. 2001. Developing and validating nonlinear height–diameter models for major tree species of Ontario's boreal forests. Northern Journal of Applied Forestry, 18: 87-94.
Pennock D J, Anderson D W, De Jong E. 1994. Landscape-scale changes in indicators of soil quality due to cultivation in Saskatchewan, Canada. Geoderma, 64 (1-2): 1-19.
Perroy R L, Bookhagen B, Asner G P, *et al.* 2010. Comparison of gully erosion estimates using airborne and ground-based LiDAR on Santa Cruz Island, California. Geomorphology, 118: 288-300.
Perry G L W, Enright N J. 2002. Spatial modelling of landscape composition and pattern in a maquis–forest complex, Mont Do, New Caledonia. Ecological Modelling, 152: 279-302.
Peternson D L, Parker V T. 1998. Ecological Scale. New York: Columbia University Press.
Peternson G D. 2000. Scaling ecological dynamics: Self-organization, hierarchical structure, and ecological resilience. Climate Change, 44: 291-309.
Petrovskaya M S. 1977. Generalization of Laplace's expansion to the Earth's surface. Journal of Geodesy, 51: 53-62.
Phillips J D. 1995. Biogeomorphology and landscape evolution: The problem of scale. Geomorphology, 13: 337-347.
Phillips J D. 1999. Earth Surface Systems. Oxford: Blackwell Publishers.
Phillips J D. 2002. Global and local factors in earth surface systems. Ecological Modelling, 149: 257-272.
Phillips N A. 1956. The general circulation of the atmosphere: a numerical experiment. Quarterly Journal of the Royal Meteorological Society, 82: 123-164.
Phillips N A. 1959. An example of nonlinear computational instability. In: Bolin B (ed). The Atmosphere and Sea in Motion, Rossby Memorial Volume. New York: Rockefeller Institute Press.
Piao S L, Fang J Y, Ciais P, *et al.* 2009. The carbon balance of terrestrial ecosystems in China. Nature, 458: 1009-1014.
Piao S L, Fang J Y, Zhu B, *et al.* 2005. Forest biomass carbon stocks in China over the past 2 decades: Estimation based on integrated inventory and satellite data. Journal of Geophysical Research, 110(G1): 12.
Piazza A, Rapaport A. 2009. Optimal control of renewable resources with alternative use. Mathematical and Computer Modelling, 50 (1): 260-272.
Pielke R A, Avissar R, Raupach M, *et al.* 1998. Interactions between the atmosphere and terrestrial ecosystems: influence on weather and climate. Global Change Biology, 4: 461-475.
Pitman A J, Narisma G T, McAneney J. 2007. The impact of climate change on the risk of forest and grassland fires in Australia. Climatic Change, 84: 383-401.
Plane D A, Rogerson P A. 1994. The Geographical Analysis of Population: With Applications to Planning and Business. New York: John Wiley & Sons.
Podmanicky L, Balazs K, Belenyesi M, *et al.* 2011. Modelling soil quality changes in Europe. An impact assessment of land use change on soil quality in Europe. Ecological Indicators, 11: 4-15.
Podobnikar T. 2005. Production of integrated digital terrain model from multiple datasets of different quality. International Journal of Geographical Information Science, 19(1): 69-89.
Pontraygin L S, Boltyanski V G, Gamkrelidge R V, *et al.*. 1962. The Mathematic Theory of Optimal Processes. New York:

Wiley-Interscience.

Popescu S C. 2007. Estimating biomass of individual pine trees using airborne lidar. Biomass and Bioenergy, 31: 646-655.

Popescu S C, Zhao K G, Neuenschwander A, *et al.* 2011. Satellite lidar vs. small footprint airborne lidar: Comparing the accuracy of aboveground biomass estimates and forest structure metrics at footprint level. Remote Sensing of Environment, 115: 2786-2797.

Post W M, Emanuel W R, Zinke P J, *et al.* 1982. Soil carbon pools and world life zones. Nature, 298: 156-159.

Potter C S, Ranserson J T, Field C B, *et al.* 1993. Terrestrial ecosystem production: A process model based on globe satellite and surface data. Globe Biogeochemical Cycle, 7: 811-842.

Potter C, Klooster S, Crabtree R, *et al.* 2011. Carbon fluxes in ecosystems of Yellowstone National Park predicted from remote sensing data and simulation modeling. Carbon Balance and Management, 6: 3.

Powell G V N, Barborak J, Rodriguez M. 2000. Assessing representativeness of the protected natural areas in Costa Rica for conserving biodiversity: A preliminary gap analysis. Biological Conservation, 93: 35-41.

Prato T. 2001. Modeling carrying capacity for national parks. Ecological Economics, 39: 321-331.

Prentice I C, Lloyd J. 1998. C-quest in the Amazon Basin. Nature, 396 (6712): 619-620.

Price D. 1999. Carrying capacity reconsidered. Population and Environment, 21(1): 5-26.

Prigogine I. 1968. Introduction to Thermodynamics of Irreversible Processes. New York: Interscience Publisher.

Prigogine I. 1980. From Being to Becoming. San Francisco: W. H. Freeman and Company.

Prince S D. 1991. A model of regional primary production for use with coarse resolution satellite data. International Journal of Remote Sensing, 12: 1313-1330.

Protopopescu V, Santoro R T, Dockery J. 1989. Combat modeling with partial differential equations. European Journal of Operational Research, 3(2): 178-183.

Prudhomme C, Davies H. 2009. Assessing uncertainties in climate change impact analyses on the river flow regimes in the UK, Part 1: baseline climate. Climatic Change, 93: 177-195.

Qi Y B, Darilek J L, Huang B, *et al.* 2009. Evaluating soil quality indices in an agricultural region of Jiangsu Province, China. Geoderma, 149: 325-334.

Raisanen J. 2007. How reliable are climate models? Tellus A, 59: 2-29.

Rao C R. 1945. Information and the accuracy attainable in the estimation of statistical parameters. Bulletin of the Calcutta Mathematical Society, 37: 81-89.

Rashid M M, Beecham S, Chowdhury R K. 2016. Statistical downscaling of rainfall: A non-stationary and multi-resolution approach. Theoretical and Applied Climatology, 124: 919-933.

Rasouli M, Simonson C J, Besant R W. 2010. Applicability and optimum control strategy of energy recovery ventilators in different climatic conditions. Energy and Buildings, 42(9): 1376-1385.

Ravenstein E G. 1891. Lands of the global still available for European settlement. Proceedings of the Royal Geographical Society, 13: 27-35.

Rees W E. 1992. Ecological footprints appropriated carrying capacity: What urban economics leaves out. Environment and Urbanization, 4: 121-130.

Reganold J P, Palmer A S, Lockhart J C, *et al.* 1993. Soil quality and financial performance of biodynamic and conventional farms in New Zealand. Science, 260: 344-349.

Reich R M, Bonham C D, Metzger K L. 1997. Modeling small-scale spatial interaction of shortgrass prairie species. Ecological Modelling, 101: 163-174.

Reid J K. 1971. On the method of conjugate gradients for the solution of large sparse systems of linear equations. In: Reid J K (ed). Large sparse sets of linear equations: Proceedings of the Oxford conference of the Institute of Mathematics and Its Applications held in April, 1970. London and New York: Academic Press.

Reuter H I, Nelson A, Jarvis A. 2007. An evaluation of void-filling interpolation methods for SRTM data. International Journal of Geographical Information Science, 21(9): 983-1008.

Revelle R. 1974. Food and population. Scientific American, 231: 161-170.

Revelle R. 1976. The resources available for agriculture. Scientific American, 235 (3): 165-178.

Rheinboldt W. 1980. On a theory of mesh-refinement processes. SIAM Journal on Numerical Analysis, 17: 766-778.

Riaño D, Valladares F, Condés S, *et al.* 2004. Estimation of leaf area index and covered ground from airborne laser scanner (Lidar) in two contrasting forests. Agricultural and Forest Meteorology, 124: 269-275.

Richards F J. 1959. A flexible growth function for empirical use. Journal of Experimental Biology, 10: 290-300.

Richardson J J, Moskal L M, Kim S H. 2009. Modeling approaches to estimate effective leaf area index from aerial discrete-return LIDAR. Agricultural and Forest Meteorology, 149: 1152-1160.

Richardson J J, Moskal L M. 2011. Strengths and limitations of assessing forest density and spatial configuration with aerial LiDAR. Remote Sensing of Environment, 115: 2640-2651.

Richardson L F. 1922. Weather Prediction by Numerical Process. Cambridge: Cambridge University Press.

Robinson T P, Metternicht G. 2006. Testing the performance of spatial interpolation techniques for mapping soil properties.

Computers and Electronics in Agriculture, 50: 97-108.

Rokityanskiy D, Benítez P C, Kraxner F, *et al.* 2007. Geographically explicit global modeling of land-use change, carbon sequestration, and biomass supply. Technological Forecasting and Social Change, 74(7): 1057-1082.

Rosenzweig M L. 1971. Paradox of enrichment: Destabilization of exploitation ecosystems in ecological time. Science, 171: 385-387.

Ross R. 1916. An application of the theory of probabilities to the study of a priori pathometry. Proceedings of the Royal Society of London A, 92: 204-230.

Rossby C G, Collaborators. 1939. Relation between variations in the intensity of the zonal circulation of the atmosphere and the displacements of the semi-permanent centers of action. Journal of Marine Research, 2(1): 38-55.

Ruelland D, Ardoin-Bardin S, Billen G, *et al.* 2008. Sensitivity of a lumped and semi-distributed hydrological model to several methods of rainfall interpolation on a large basin in West Africa. Journal of Hydrology, 361: 96-117.

Ruiz-Benito P, Lorena G A, Alain P, *et al.* 2014. Diversity increases carbon storage and tree productivity in Spanish forests. Global Ecology and Biogeography, 23(3): 311-322.

Running S W, Coughlan J C. 1988. A general model of forest ecosystem processes for regional applications: I, Hydrologic balance, canopy gas exchange and primary processes. Ecological Modeling, 42: 125-154.

Saad Y, van der Vorst H A. 2000. Iterative solution of linear systems in the 20th century. Journal of Computational and Applied Mathematics, 123(1-2): 1-33.

Samanta S, Pal D K, Lohar D, *et al.* 2012. Interpolation of climate variables and temperature modeling. Theoretical and Applied Climatology, 107: 35-45.

Sato T. 2004. The earth simulator: Roles and impacts. Parallel Computing, 30: 1279-1286.

Scheller R M, Mladenoff D J. 2004. A forest growth and biomass module for a landscape simulation model, LANDIS: Design, validation, and application. Ecological Modelling, 180: 211-229.

Schiermeier Q. 2010. The real holes in climate science. Nature, 463: 284-287.

Schlesinger M E, Mintz Y. 1979. Numerical simulation of ozone production, transport and distribution with a global atmospheric general circulation model. Journal of the Atmospheric Sciences, 36: 1325-1361.

Schmid S, Zierl B, Bugmann H. 2006. Analyzing the carbon dynamics of central European forests: Comparison of Biome-BGC simulations with measurements. Regional Environmental Change, 6: 167-180.

Schmidt A, Siebert K G. 2005. Design of Adaptive Finite Element Software. Berlin: Springer.

Schoenberg I J. 1946. Contributions to the problem of approximation of equidistant data by analytic functions. Quarterly of Applied Mathematics, 4: 45-99, 112-141.

Schouw J F. 1823. Grundzuege einer allgemeinen Pflanzengeographie. Berlin: Nabu Press.

Schroeder H. 1919. Die jährliche Gesamtproduktion der grünen Pflanzendecke der Erde. Naturwissenschaften, 7(1): 8-12.

Schroeder J. 1954. Zur Loesung von Potentialaufgaben mit Hilfe des Differenzenverfahrens. ZAMM, 34: 241-253.

Schroeder L D, Sjoquist D L. 1976. Investigation of population density gradients using trend surface analysis. Land Economics, 52: 382-392.

Schulze E D, Lloyd J, Kelliher F M, *et al.* 1999. Productivity of forests in the Eurosiberian boreal region and their potential to act as a carbon sink-a synthesis. Global Change Biology, 5(6): 703-722.

Schulze R. 2000. Transcending scales of space and time in impact studies of climate and climate change on agrohydrological responses. Agriculture, Ecosystems and Environment, 82: 185-212.

Schumm S A, Lichty R W. 1965. Time, space, and causality in geomorphology. American Journal of Science, 263: 110-119.

Segeth K. 2010. A review of some a posteriori error estimates for adaptive finite element methods. Mathematics and Computers in Simulation, 80: 1589-1600.

Seidel L. 1874. Ueber ein Verfahren die Gleichungen, auf welche die Methode der kleinsten Quadrate fuehrt, sowie Lineare Gleichungen ueberhaupt, durch successive Annaeherung aufzuloesen. Akademie der Wissenschaften, Mathematisch-Naturwissenschaftliche Klasse, Abhandlungen, 11: 81-108.

Seidl I, Tisdell C A. 1999. Carrying capacity reconsidered: From Malthus' population theory to cultural carrying capacity. Ecological Economics, 31: 395-408.

Seidl R, Schelhaas M J, Rammer W, *et al.* 2014. Increasing forest disturbances in Europe and their impact on carbon storage. Nature Climate Change, 4(9): 806-810.

Shaffer M L. 1981. Minimum population sizes for species conservation. BioScience, 31: 131-134.

Sharma A, Tiwari K N, Bhadoria P B S. 2009. Measuring the accuracy of contour interpolated digital elevation models. Journal of the Indian Society of Remote Sensing, 37: 139-146.

Shepard D. 1968. A two-dimensional interpolation function for irregularly-spaced data. In: Proceedings of the 1968 23rd ACM national conference. New York: Association for Computing Machinery.

Shi W J, Liu J Y, Du Z P, *et al.* 2011. Surface modelling of soil properties based on land use information. Geoderma, 162 (3-4): 347-357.

Shi W J, Liu J Y, Song Y J, *et al.* 2009. Surface modelling of soil pH. Geoderma, 150 (1-2): 113-119.

Shi W J, Yue T X, Du Z P, *et al.* 2016. Surface modeling of soil antibiotics. Science of the Total Environment, 543A: 609-619.

Shi W Z, Li Q Q, Zhu C Q. 2005. Estimating the propagation error of DEM from higher-order interpolation algorithms. International Journal of Remote Sensing, 26(14): 3069-3084.

Shi W Z, Zheng S, Tian Y. 2009. Adaptive mapped least squares SVM-based smooth fitting method for DSM generation of LIDAR data. International Journal of Remote Sensing, 30(21): 5669-5683.

Shi X Z, Yu D S, Warner E D, *et al.* 2004. Soil database of 1: 1000000 digital soil survey and reference system of the Chinese genetic soil classification system. Soil Survey Horizons, 45: 129-136.

Shuai J P, Buck P, Sockett P, *et al.* 2006. A GIS-driven integrated real-time surveillance pilot system for national West Nile virus dead bird surveillance in Canada. International Journal of Health Geographics: 5(1): 17.

Shugart H H, O'Neill R V. 1979. Systems Ecology. Stroudsgurg: Dowden Hutchinson & Ross.

Simon H A. 1956. Dynamic programming under uncertainty with a quadratic criterion function. Econometrica, 24: 74-81.

Simon H D. 1989. Direct sparse matrix methods. In: Almond J C, Young D M (eds). Modern Numerical Algorithms for Supercomputers. Austin: The University of Texas.

Sinowski W, Scheinost A C, Auerswald K. 1997. Regionalization of soil water retention curves in a highly variable soilscape: II. Comparison of regionalization procedures using a pedotransfer function. Geoderma, 78: 145-159.

Sitch S, Smith B, Prentice I C, *et al.* 2003. Evaluation of ecosystem dynamics, plant geography and terrestrial carbon cycling in the LPJ Dynamic Global Vegetation Model. Global Change Biology, 9: 161-185.

Sithole G, Vosselman G. 2004. Experimental comparison of filter algorithms for bare-earth extraction from airborne laser scanning point clouds. ISPRS Journal of Photogrammetry and Remote Sensing, 59(1-2): 85-101.

Skellam J G. 1951. Random dispersal in theoretical populations. Biometrika, 38: 196-218.

Sklar F H, Costanza R, Day Jr J W. 1985. Dynamic spatial simulation modeling of coastal wetland habitat succession. Ecological Modelling, 29(1-4): 261-281.

Small K, Song S. 1994. Population and employment densities: Structure and change. Journal of Urban Economics, 36: 292-313

Smith F E. 1952. Experimental methods in population dynamics: A critique. Ecology, 33: 441-450.

Smith T M, Shugart H H, Bonan G B, *et al.* 1992. Modeling the potential response of vegetation to global climate change. Advances in Ecological Research, 22: 93-116.

Soil Science Society of America. 1987. Glossary of Soil Science Terms. Madison: Soil Science Society of America.

Solecki W D, Oliveri C. 2004. Downscaling climate change scenarios in an urban land use change model. Journal of Environmental Management, 72: 105-115.

Somasundaram D. 2005. Differential Geometry. Harrow: Alpha Science International.

Southwell R V. 1935. Stress calculation in frameworks by the method of systematic relaxation of constraints. Ⅲ Proceeding of the Royal Society of London, 153(878): 41-76.

Southwell R V. 1946. Relaxation Methods in Theoretical Physics. London: Clarendon Press.

Spivak M. 1979. A Comprehensive Introduction to Differential Geometry, Vol 3. Boston: Publish or Peril.

Stein A, Riley J, Halberg N. 2001. Issues of scale forenvironmental indicators. Agriculture, Ecosystems and Environment, 82: 215-232.

Stepanova I E. 2007. S-Approximation of the Earth's Surface Topography. Izvestiya, Physics of the Solid Earth, 43 (6): 466-475.

Stolz Jr G. 1960. Numerical solutions to an inverse problem of heat conduction for simple shapes. Journal of Heat Transfer, 82: 20-26.

Stommel H. 1963. Varieties of oceanographic experience. Science, 139: 572-576.

St-Onge B, Hu Y, Vega C. 2008. Mapping the height and above-ground biomass of a mixed forest using lidar and stereo Ikonos images. International Journal of Remote Sensing, 29(5): 1277-1294.

Stott J P. 1977. Review of surface modelling. In: Proceedings of Surface Modelling by Computer, a conference jointly sponsored by the Royal Institution of Chartered Surveyors and the Institution of Civil Engineers, held in London on 6 October, 1976: 1-8.

Strakhov V N, Kerimov I A, Strakhov A V. 1999. Linear Analytical Approximations of the Earth's Surface Topography. In: Proceedings of the 1st All-Russia Conference on Geophysics and Mathematics, OIFZ RAN, Moscow, 1999: 198-212.

Stueben K, Trottenberg U. 1982. Multigrid methods: Fundamental algorithms, model problem analysis and applications. In: Hackbusch W, Trottenberg U (eds). Multigrid methods, Proceedings of the Conference Held at Koeln-Porz, 23-27 November, 1981. Berlin: Springer.

Stute M, Clement A, Lohmann, G. 2001. Global climate models: Past, present, and future. Proceedings of the National Academy of Sciences, 98 (19): 10529-10530.

Sullivan W. 1961. Assault on the unknown. New York: McGraw-Hill.

Sun B, Zhou S L, Zhao Q G. 2003. Evaluation of spatial and temporal changes of soil quality based on geostatistical analysis in the hill region of subtropical China. Geoderma, 115: 85-99.

Sutton P, Elvidge C, Obremski T. 2003. Building and evaluating models to estimate ambient population density.

Photogrammetric Engineering & Remote Sensing, 69(5): 545-553.

Svirezhev Y M. 2002. Simple spatially distributed model of the global carbon cycle and its dynamic properties. Ecological Modelling, 155: 53-69.

Sydelko P J, Hlohowskyj I, Majerus K, *et al.* 2001. An object-oriented framework for dynamic ecosystem modeling: Application for integrated risk assessment. The Science of the Total Environment, 274: 271-281.

Sykes M T, Prentice I C. 1995. Boreal forest futures-modeling the controls on tree species range limits and transient responses to climate change. Water Air Soil Pollution, 82: 415-428.

Sykes M, Prentice I C, Cramer W. 1996. A bioclimatic model for the potential distributions of European tree species under present and future climates. Journal of Biogeography, 23: 203-233.

Talmi A, Gilat G. 1977. Method for smooth approximation of data. Journal of Computational Physics, 23: 93-123.

Tang S J, Dong P L, Buckles B P. 2012. A new method for extracting trees and buildings from sparse LiDAR data in urban areas. Remote Sensing Letters, 3(3): 211-219.

Tao F L, Hayashi Y, Zhang Z, *et al.* 2008. Global warming, rice production, and water use in China: Developing a probabilistic assessment. Agricultural and Forest Meteorology, 148: 94-110.

Tao F L, Zhang Z. 2010. Dynamic responses of terrestrial ecosystems structure and function to climate change in China. Journal of Geophysical Research Atmospheres, 115(G3):58-72.

Tarolli P, Arrowsmith J R, Vivoni E R. 2009. Understanding earth surface processes from remotely sensed digital terrain models. Geomorphology, 113: 1-3.

Theil H. 1957. A note on certainty equivalence in dynamic planning. Econometrica, 25: 346-349.

Thomas C D, Cameron A, Green R, *et al.* 2004. Extinction risk from climate change. Nature, 427: 145-148.

Thompson J F, Thames F C, Mastin C W. 1974. Automatic numerical generation of body-fitted curvilinear coordinate system for field containing any number of arbitrary two-dimensional bodies. Journal of Computational Physics, 15(3): 299-319.

Thornthwaite C W. 1931. The climates of America according to a new classification. Geographical Review, 21(4): 633-655.

Thuiller W. 2004. Patterns and uncertainties of species' range shifts under climate change. Global Change Biology, 10: 2020-2027.

Tian X, Li Z Y, van der Tol C, *et al.* 2011. Estimating zero-plane displacement height and aerodynamic roughness length using synthesis of LiDAR and SPOT-5 data. Remote Sensing of Environment, 115: 2330-2341.

Timonov A. 2001. Factorized preconditionings of successive approximations in finite precision. BIT, 41(3): 582-598.

Tobler W R. 1979. Smooth pycnophylactic interpolation for geographical regions. Journal of the American Statistical Association, 74: 519-530.

Tobler W, Deichmann U, Gottsegen J, *et al.* 1997. World population in a grid of spherical quadrilaterals. International Journal of Population Geography, 3: 203-225.

Tomislav H, Heuvelink G B M, Alfred S. 2004. A generic framework for spatial prediction of soil variables based on regression-Kriging. Geoderma, 120 (1-2): 75-93.

Tonolli S, Dalponte M, Neteler M, *et al.* 2011. Fusion of airborne LiDAR and satellite multispectral data for the estimation of timber volume in the Southern Alps. Remote Sensing of Environment, 115: 2486-2498.

Toponogov V A. 2006. Differential Geometry of Curves and Surfaces. New York: Birkhaeuser Boston

Trottenberg U, Oosterlee C W, Schueller A. 2001. Multigrid. London: Academic Press.

Tse R O C, Gold C. 2004. TIN meets CAD: Extending the TIN concept in GIS. Future Generation Computer Systems, 20 (7): 1171-1184.

Turing A M. 1948. Rounding-off errors in matrix processes. The Quarterly Journal of Mechanics and Applied Mathematics, 1: 287-308.

Turner M G, Costanza R, Sklar F H. 1989. Methods to evaluate the performance of spatial simulation models. Ecological Modelling, 48 (1-2): 1-18.

Ujevic N. 2006. A new iterative method for solving linear systems. Applied Mathematics and Computation, 179: 725-730.

United Nations Fund for Population Activities. 1993. Population Issues: Briefing kit 1993. New York: United Nations Fund for Population Activities.

United States Geological Survey. 1997. Standards for Digital Terrain Models. Reston: United States Geological Survey.

Unwin D J. 1995. Geographical information systems and the problems of 'error and uncertainty'. Progress in Human Geography, 19(4): 549-558.

Urban D L, Harmon M E, Halpern C B. 1993. Potential response of Pacific Northwestern forests to climatic change effects of stand age and initial composition. Climatic Change, 23: 247-266.

Uuemaa E, Roosaare J, Kanal A, *et al.* 2008. Spatial correlograms of soil cover as an indicator of landscape heterogeneity. Ecological Indicators, 8(6): 783-794.

Valentini R, Matteucci G, Dolman A J, *et al.* 2000. Respiration as the main determinant of carbon balance in European forests. Nature, 404 (6780): 861-865.

van der Veer G, Voerkelius S, Lorentz G, *et al.* 2009. Spatial interpolation of the deuterium and oxygen-18 composition of global precipitation using temperature as ancillary variable. Journal of Geochemical Exploration, 101: 175-184.

van der Vorst H A. 2002. Efficient and reliable iterative methods for linear systems. Journal of Computational and Applied Mathematics, 149: 251-265.

van Henten E J. 2003. Sensitivity analysis of an optimal control problem in greenhouse climate management. Biosystems Engineering, 85 (3): 355-364.

van Vuuren D P, Edmonds J, Kainuma M, *et al.* 2011. The representative concentration pathways: an overview. Climatic Change, 209(1-2): 5-31.

van Zyl J J. 2001. The Shuttle Radar Topography Mission (SRTM): A breakthrough in remote sensing of topography. Acta Astronautica, 48 (5-12): 559-565.

Veldkamp A, Fresco L O. 1996. CLUE-CR: An integrated multi-scale model to simulate land use change scenarios in Costa Rica. Ecological Modelling, 91: 231-248.

Veldkamp A, Kok K, de Koning G H J, *et al.* 2001. Multi-scale system approaches in agronomic research at the landscape level. Soil & Tillage Research, 58: 129-140.

Veldkamp A, Lambin E F. 2001. Predicting land-use change. Agriculture, Ecosystems and Environment, 85: 1-6.

Verburg P H, Veldkamp A. 2001. The role of spatially explicit models in land-use change research: A case study for cropping patterns in China. Agriculture, Ecosystems and Environment, 85: 177-190.

Vey S, Voigt A. 2007. AMDiS: Adaptive multidimensional simulations. Computing and Visualization in Science, 10: 57-67.

Volterra V. 1926. Fluctuations in the abundance of a species considered mathematically. Nature, 118: 558-560.

von Storch H, Zorita E, Cubash U. 1993. Downscaling of global climate change estimates to regional scales: An application to Iberian rainfall in wintertime. Journal of Climate, 6: 1161-1671.

Walder C, Schoelkopf B, Chapelle O. 2006. Implicit surface modeling with a globally regularized basis of compact support. Compnter Graphics Forum, 25(3): 635-644.

Walker G T. 1925. Correlation in seasonal variations of weather: A further study of world weather. Monthly Weather Review, 53: 252-254.

Walsh K J E, McGregor J L. 1997. An assessment of simulations of climate variability over Australia with a limited area model. International Journal of Climatology, 17: 201-223.

Walsh S J, Lightfoot D R, Bulter D R. 1987. Recognition and assessment of error in geographical information systems. Photogrammetric Engineering and Remote Sensing, 53: 1423-1430.

Wang F. 1998. Urban population distribution with various road networks: A simulation approach. Environment Planning B, 25: 265-278.

Wang X D, Cheng G W, Zhong X H. 2011a. Assessing potential impacts of climatic change on subalpine forests on the eastern Tibetan Plateau. Climatic Change, 108: 225-241.

Wang X J, Gong Z T. 1998. Assessment and analysis of soil quality changes after eleven years of reclamation in subtropical China. Geoderma, 81: 339-355.

Wang X K, Feng Z W, Ouyang Z Y. 2001b. The impact of human disturbance on vegetative carbon storage in forest ecosystems in China. Forest Ecology and Management, 148(1-3): 117-123.

Wang Y F, Yue T X, Du Z P, *et al.* 2015. Improving the accuracy of height-diameter equation by using the method of classified factors. Environmental Earth Sciences, 74(8): 1-10.

Wang Z, Li Q Q, Yang B S. 2008. Multi-resolution representation of digital terrain models with topographical features preservation. Science China (Technological Sciences), 51: 145-154.

Wardle D A. 1994. Statistical analyses of soil quality. Science, 264: 281-282.

Washington W M, Parkinson C L. 2005. An introduction to three dimensional climate modeling. Sausalito: University Science Books.

Watt A. 2000. 3D Computer Graphics. New York: Addison-Wesley.

Weber D, Englund E. 1992. Evaluation and comparison of spatial interpolators. Mathematical Geology, 24(4): 381-391.

Weber D, Englund E. 1994. Evaluation and comparison of spatial interpolators II. Mathematical Geology 26(5): 589-603.

Werbrouck I, Antrop M, van Eetvelde V, *et al.* 2011. Digital elevation model generation for historical landscape analysis based on LiDAR data, a case study in Flanders (Belgium). Expert Systems with Applications, 38: 8178-8185.

Wesseling P. 1992. An Introduction to Multigrid Methods. New York: John Wiley & Sons.

Wiener N. 1948. Cybernetics or Control and Communication in the Animal and the Machine. Cambridge: Technology Press.

Wiener N. 1950. Extrapolation, Interpolation, and Smoothing of Stationary Time Series. New York: Technology Press of M I T and Wiley.

Williamsona M S, Lentona T M, Shepherd J G, *et al.* 2006. An efficient numerical terrestrial scheme (ENTS) for Earth system modeling. Ecological Modelling, 198: 362-374.

Wise S. 2000. GIS data modeling-lessons from the analysis of DTMs. International Journal of Geographical Information Science, 14(4): 313-318.

With K A, King A W. 1999. Extinction thresholds for species in fractal landscapes. Conservation Biology, 13: 314-326.

Wood J D, Fisher P F. 1993. Assessing interpolation accuracy in elevation models. IEEE Computer Graphics and Applications, 272: 48-56.

Woods R, Rees P. 1986. Spatial demography: Themes, issues and progress. In: Woods R, Rees P (eds). Population Structures and Models: Developments in Spatial Demography. London: Allen & Unwin.

Wright J. 1936. A method of mapping densities of population with Cape Cod as an example. Geographical Review, 26: 519-536.

Wright S J. 2005. Tropical forests in a changing environment. Trends in Ecology and Evolution, 20: 553-560.

Wu C S, Murray A T. 2005. A cokriging method for estimating population density in urban areas. Computers, Environment and Urban Systems, 29: 558-579.

Wu J G, Levin S A. 1997. A patch-based spatial modeling approach: Conceptual framework and simulation scheme. Ecological Modelling, 101: 325-346.

Wulder M A, Han T, White J C, *et al.* 2007. Integrating profiling LIDAR with Landsat data for regional boreal forest canopy attribute estimation and change characterization. Remote Sensing of Environment, 110: 123-137.

Xu D Y, Yan H. 2001. A study of the impacts of climate change on the geographic distribution of Pinus koraiensis in China. Environment International, 27: 210-205.

Xu G L, Zhang Q. 2008. A general framework for surface modeling using geometric partial differential equations. Computer Aided Geometric Design, 25(3): 181-202.

Xu Z G, Xu J T, Deng X Z, *et al.* 2006. Grain for Green versus Grain: conflict between food security and conservation set-aside in China. World Development, 34(1): 130-148.

Xue Y K, Vasic R, Janjic Z, *et al.* 2007. Assessment of dynamic downscaling of the continental U. S. regional climate using the Eta/SSiB regional climate model. Journal of Climate, 20: 4172-4193.

Yakowitz S J, Szidarovsky F. 1985. A comparison of Kriging with nonparametric regression methods. Journal of multivariate analysis, 16(1): 21-53.

Yang T, Li H H, Wang W G, *et al.* 2012. Statistical downscaling of extreme daily precipitation, evaporation, and temperature and construction of future scenarios. Hydrological Processes, 26(23): 3510-3523.

Yang X, Wang M X, Huang Y, *et al.* 2002. A one-compartment model to study soil carbon composition rate at equilibrium situation. Ecological Modelling, 151: 63-73.

Yates S R, Warrick A W, Myers D E. 1986. Disjunctive kriging: Overview of estimation and conditional probability. Water Resources Research, 22: 615-627.

Yin Z Y, Stewart D J, Bullard S, *et al.* 2005. Changes in urban built-up surface and population distribution patterns during 1986-1999: A case study of Cairo, Egypt. Computers, Environment and Urban Systems, 29: 595-616.

Yu M, Gao Q, Liu Y H, *et al.* 2002. Responses of vegetation structure and primary production of a forest transect in eastern China to global change. Global Ecology and Biogeogr, 11: 223-236.

Yu Z, Fan L S. 2009. An interaction potential based lattice Boltzmann method with adaptive mesh refinement (AMR) for two-phase flow simulation. Journal of Computational Physics, 228: 6456-6478.

Yuan X, Liang X Z, Wood E F. 2012. WRF ensemble downscaling seasonal forecasts of China winter precipitation during 1982–2008. Climate Dynamics, 39: 2041-2058.

Yuan Y, Smith R M, Limp W F. 1997. Remodelling census population with spatial information from Landsat TM imagery. Computers Environment and Urban Systems, 21: 245-258.

Yue T X, Chen C F, Li B L. 2010a. An adaptive method of high accuracy surface modeling and its application to simulating elevation surfaces. Transactions in GIS, 14(5): 615-630.

Yue T X, Chen S P, Xu B, *et al.* 2002. A curve-theorem based approach for change detection and its application to Yellow River Delta. International Journal of Remote Sensing, 23(11): 2283-2292.

Yue T X, Du Z P, Lu M, *et al.* 2015a. Surface modelling of ecosystem responses to climatic change. Ecological Modelling, 306: 16-23.

Yue T X, Du Z P, Song D J, *et al.* 2007a. A new method of surface modeling and its application to DEM construction. Geomorphology, 91(1-2): 161-172.

Yue T X, Du Z P, Song Y J. 2008a. Ecological models: Spatial models and geographic information systems. In: Jørgensen S E, Fath B (eds). Encyclopedia of Ecology. England: Elsevier Limited.

Yue T X, Fan Z M, Chen C F, *et al.* 2011. Surface modelling of global terrestrial ecosystems under three climate change scenarios. Ecological Modelling, 222: 2342-2361.

Yue T X, Fan Z M, Liu J Y, *et al.* 2006. Scenarios of major terrestrial ecosystems in China. Ecological Modelling, 199(3): 363-376.

Yue T X, Fan Z M, Liu J Y. 2005a. Changes of major terrestrial ecosystems in China since 1960. Global and Planetary Change, 48: 287-302.

Yue T X, Fan Z M, Liu J Y. 2007b. Scenarios of land cover in China. Global and Planetary Change, 55(4): 317-342.

Yue T X, Haber W, Grossmann W D, *et al.* 1998. Towards the satisfying model for biological diversity. Ekologia 17 (Supp.1):

129-141.

Yue T X, Haber W, Grossmann W D, *et al.* 1999. A method for strategic management of land. In: Pykh Y A, Hyatt D E, Lenz M B (eds). Environmental Indices: Systems Analysis Approaches. London: EOLSS Publishers.

Yue T X, Li Q Q. 2010. Relationship between species diversity and ecotope diversity. Annals of the New York Academy of Sciences, 1195: E40-E51.

Yue T X, Liu J Y, Jørgensen S E, *et al.* 2001. Changes of HLZ diversity in all of China over half a century. Ecological Modelling, 144: 153-162.

Yue T X, Liu J Y, Jørgensen S E, *et al.* 2003a. Landscape change detection of the newly created wetland in Yellow River Delta. Ecological Modelling, 164: 21-31.

Yue T X, Liu J Y. 2001. A digital model for transforming information at various scales. In: Proceedings of International conference on Land Use/Cover Change Dynamics, 26-30 August, 2001, Beijing, China.

Yue T X, Liu Y, Zhao M W, *et al.* 2016a. A fundamental theorem of Earth's surface modelling. Environmental Earth Sciences, 75(9): 751.

Yue T X, Ma S N, Wu S X, *et al.* 2007c. Comparative analyses of the scaling diversity index and its applicability. International Journal of Remote Sensing, 28 (7-8): 1611-1623.

Yue T X, Song D J, Du Z P, *et al.* 2010b. High-accuracy surface modelling and its application to DEM generation. International Journal of Remote Sensing, 31(8): 2205-2226.

Yue T X, Song Y J. 2008. The YUE-HASM method. In: Li D R, Ge Y, Foody G M (eds). Accuracy in Geomatics, Proceedings of the 8th international symposium on spatial accuracy assessment in natural resources and environmental sciences, Shanghai, 25-27 June, 2008. Liverpool: World Academic Union.

Yue T X, Tian Y Z, Liu J Y, *et al.* 2008b. Surface modeling of human carrying capacity of terrestrial ecosystems in China. Ecological Modelling, 214: 168-180.

Yue T X, Wang Q, Lu Y M, *et al.* 2010c. Change trends of food provisions in China. Global and Planetary Change, 72(3): 118-130.

Yue T X, Wang S H. 2010. Adjustment computation of HASM: A high-accuracy and high-speed method. International Journal of Geographical Information Science, 24(11): 1725-1743.

Yue T X, Wang Y A, Chen S P, *et al.* 2003b. Numerical simulation of population distribution in China. Population and Environment, 25(2): 141-163.

Yue T X, Wang Y A, Fan Z M. 2009. Surface modeling of population distribution. In: Jørgensen S E, Chon T S, Recknagel F (eds). Handbook of Ecological Modeling and Informatics. Southampton: WIT Press.

Yue T X, Wang Y A, Liu J Y, *et al.* 2005b. SMPD scenarios of spatial distribution of human population in China. Population and Environment, 26(3): 207-228.

Yue T X, Wang Y A, Liu J Y, *et al.* 2005c. Surface modelling of human population distribution in China. Ecological Modelling, 181(4): 461-478.

Yue T X, Wang Y F, Du Z P, *et al.* 2016b. Analyzing the uncertainty of estimating forest carbon stocks in China. Biogeosciences, 13: 3991-4004.

Yue T X, Xu B, Liu J Y. 2004. A patch connectivity index and its change on a newly born wetland at the Yellow River Delta. International Journal of Remote Sensing, 25(21): 4617-4628.

Yue T X, Zhang L L, Zhao M W, *et al.* 2016c. Space and ground-based CO_2 measurements: A review. SCIENCE CHINA Earth Sciences, 59 (11): 2089-2097.

Yue T X, Zhang L L, Zhao N, *et al.* 2015b. A Review of Recent Developments in HASM. Environmental Earth Sciences, 74(8): 6541-6549.

Yue T X, Zhao M W, Zhang X Y. 2015c. A high-accuracy method for filling voids on remotely sensed XCO_2 surfaces and its verification. Journal of Cleaner Production, 103: 819-827.

Yue T X, Zhao N, Du Z P. 2016d. Earth's surface modelling. In: Sven Erik Jorgensen (ed.). Ecological Model Types. Amsterdam: Elsevier.

Yue T X, Zhao N, Fan Z M, *et al.* 2016e. CMIP5 Downscaling and Its Uncertainty in China. Global and Planetary Change, 146: 30-37.

Yue T X, Zhao N, Ramsey R D, *et al.* 2013a. Climate change trend in China, with improved accuracy.Climatic Change, 120: 137-151.

Yue T X, Zhao N, Yang H, *et al.* 2013b. The multi-grid method of high accuracy surface modelling and its validation. Transactions in GIS, 17 (6): 943-952.

Yue T X, Zhou C H. 1999. An approach of differential geometry to data mining. Towards Digital Earth: Proceedings of the International Symposium on Digital Earth. Beijing: Science Press.

Yue T X. 2000. Stability analysis on the sustainable growth range of population. Progress in Natural Science, 10(8): 631-636.

Yue T X. 2011. Surface Modelling, High Accuracy and High Speed Methods. New York: CRC Press.

Yun J K, Kim D O, Hong D S, *et al.* 2006. A real-time mobile GIS based on the HBR-tree for location based services. Computers & Industrial Engineering 51: 58-71.

Zeng Y, Wang Z L, Ma Z D, *et al.* 2000. A simple method for projecting or estimating α and β: An extension of the Brass Relational Gompertz Fertility Model. Population Research and Policy Review, 19: 525-549.

Zerger A, Smith D I. 2003. Impediments to using GIS for real-time disaster decision support. Computers, Environment and Urban Systems, 27: 123-141.

Zhang C H, Ju W M, Chen J M, *et al.* 2013. China's forest biomass carbon sink based on seven inventories from 1973 to 2008. Climatic Change, 118: 933-948.

Zhang D Z, Luo X L, Yu C S. 1999. Drawing Water from Southern China to Northern China. Beijing: China Water Power Press (In China).

Zhang J J, You L H. 2004. Fast surface modeling using a 6th order PDE. Eurographics, 23: 311-320.

Zhao M, Zhou G S. 2005. Estimation of biomass and net primary productivity of major planted forests in China based on forest inventory data. Forest Ecology and Management, 207(3): 295-313.

Zhao S J. 2010. GisFFE: An integrated software system for the dynamic simulation of fires following an earthquake based on GIS. Fire Safety Journal, 45(2): 83-97.

Zhao S Q. 1986. Physical Geography of China. New York: John Wiley & Sons.

Zheng X P. 1991. Metropolitan spatial structure and its determinants: A case-study of Tokyo. Urban Studies, 28(1): 87-104.

Zhou Q M, Liu X J. 2002. Error assessment of grid-based flow routing algorithms used in hydrological models. International Journal of Geographical Information Science, 16(8): 819-842.

Zhu C Q, Shi W Z, Li Q Q, *et al.* 2005. Estimation of average DEM accuracy under linear interpolation considering random error at the nodes of TIN model. International Journal of Remote Sensing, 26(24): 5509-5523.

Zienkiewlcz O C. 1967. The Finite Element Method in Structural and Continuum Mechanics. London: McGraw Hill.

Zimble D A, Evans, D L, Carlson G C, *et al.* 2003. Characterizing vertical forest structure using small-footprint airborne LiDAR. Remote Sensing of Environment, 87: 171-182.

Zimmerman D, Pavlik C, Ruggles A, *et al.* 1999. An experimental comparison of ordinary universal Kriging and inverse distance weighting. Mathematical Geology, 31(4): 375-390.

Zorita E, von Storch H. 1999. The analog method as a simple statistical downscaling technique: Comparison with more complicated methods. Journal of Climate, 12: 2474-2489.